温州市测绘志

温州市测绘志编纂委员会 编

上海三联书店

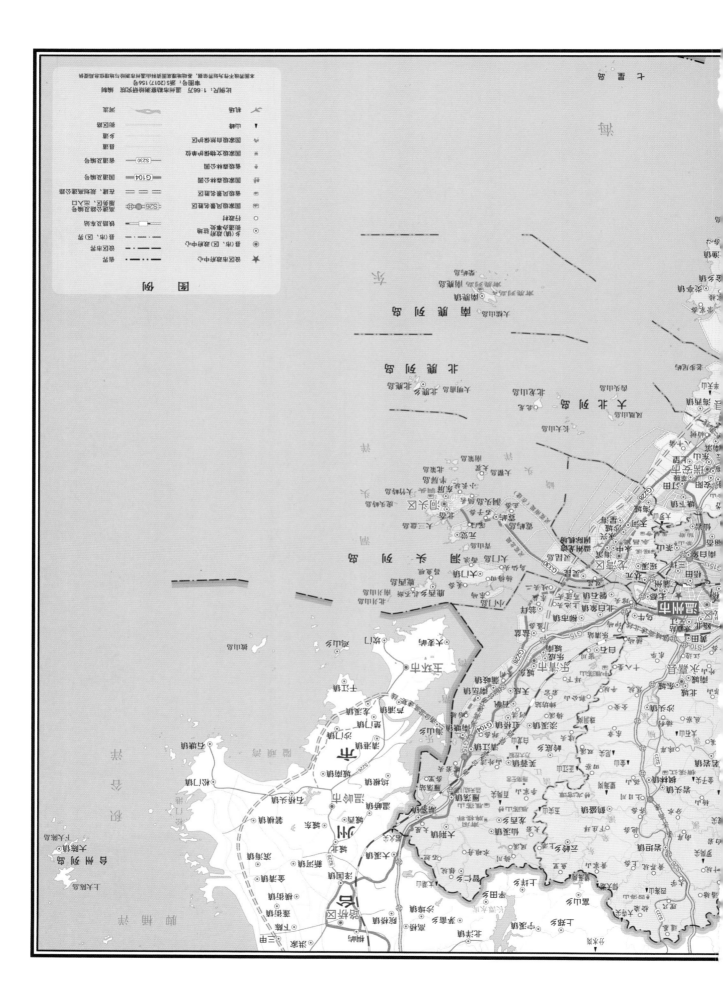

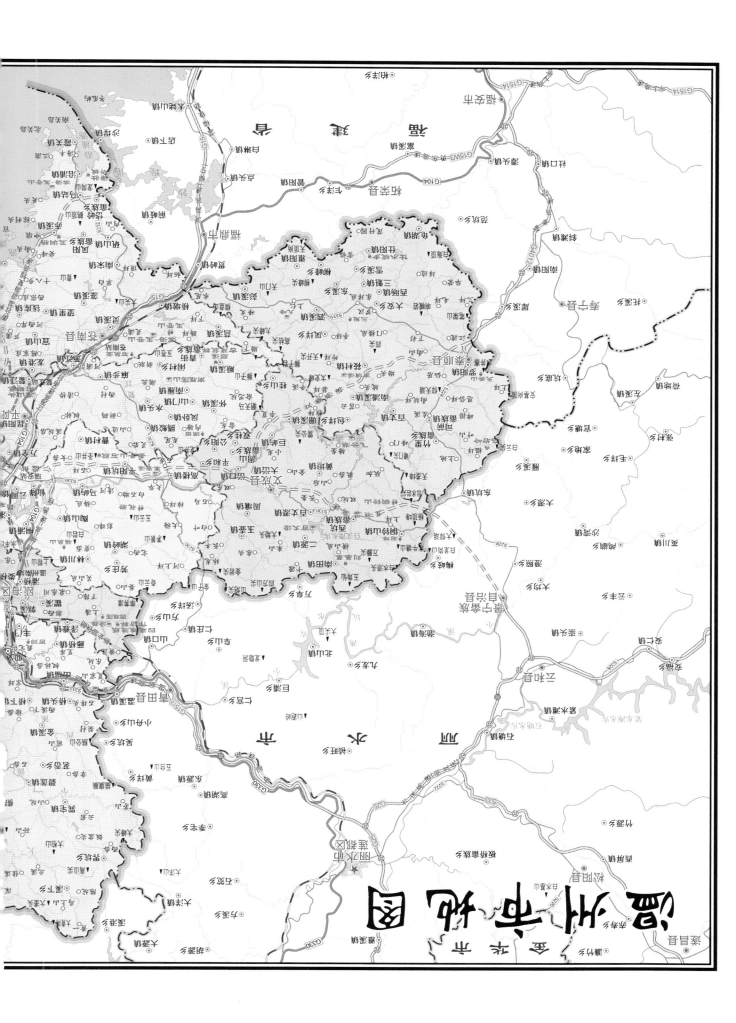

温州市地图

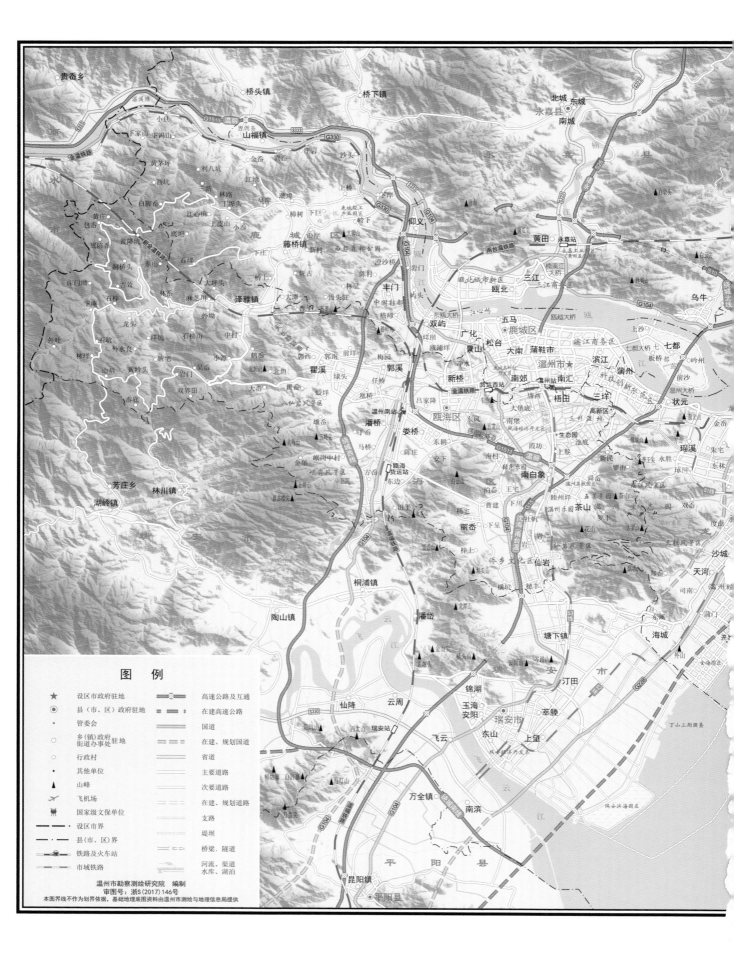

图 例

★	设区市政府驻地	高速公路及互通	
◉	县 (市、区) 政府驻地	在建高速公路	
•	管委会	国道	
○	乡 (镇) 政府街道办事处驻地	在建、规划国道	
○	行政村	省道	
•	其他单位	主要道路	
▲	山峰	次要道路	
✈	飞机场	在建、规划道路	
🏛	国家级文保单位	支路	
	设区市界	堤坝	
	县 (市、区) 界	桥梁、隧道	
	铁路及火车站	河流、渠道水库、湖泊	
	市域铁路		

温州市勘察测绘研究院 编制
审图号: 浙S (2017) 146号
本图界线不作为划界依据, 基础地理底图资料由温州市测绘与地理信息局提供

温州市区图

序

　　说起测绘工作,很多人感觉既熟悉又陌生。陌生是因为测绘作为经济社会发展的基础性工作,非常专业。熟悉是因为测绘成果我们每天都在使用,比如电子导航、网络约车、共享单车等都受益于测绘工作。简单地说,测绘工作就是"把地球搬回家",就是把地球上一切地理事物和地表人工设施信息全部真实地记录下来,形成各种各样的地图,为国计民生提供一切与地理位置有关的服务。因此,自古以来测绘都是"国之重器"。

　　温州测绘的历史,跟温州城一样悠远,已有2000多年历史。因为地域的关系,温州的测绘工作是从水域起步的。历史上有很多测绘成果,比如宋代创立的《永嘉水则》和《温州潮候表》,近代完成的《瓯江飞云江间滨海区域陡门改善计划书》,现代开创的大中小型水库和大型水闸测量,在东海完成的浙江海域沿岸、近海、远海首次基本海道测量。改革开放以后,温州建立了测绘管理机构,测绘生产单位、专业技术人员、工程测量项目迅速增加,测绘工作全面融入各个领域。新世纪以来,市、县两级政府更是持续投入,每年都完成一批基础测绘项目,取得了一系列成绩。建成并运行温州市连续运行卫星定位综合服务系统,全面启用温州市2000坐标系,完成似大地水准面精化,建立了现代测绘基准体系;地理信息数据不断丰富,基本实现1:2000地形图市域全覆盖,1:500地形图覆盖市县城区和主要乡镇约2000平方千米,高分辨率卫星影像和航空影像市域全覆盖,并在不断更新中;建成"数字城市"地理空间框架平台,以全市统一的地理信息公共平台,为政府部门、企事业单位和社会公众提供影像图、地形图、三维地图等地理信息成果在线服务,其中政务版平台已为全市130多个专业信息系统提供地理信息服务,公众版平台"天地图"更为全民提供全天候在线服务;完成了中华人民共和国成立以来第一次地理国情(市情)普查,绘就了温州大地首张最为全面精准详实的"地情图",首次摸清了地理市情家底;应急测绘保障服务体系初步建成,纳入了全市突发事件应急体系和综合防灾减灾工作体系,成为温州市重要的应急保障力量和"灾区上空的眼睛"。测绘工作以主动作为和不可或缺之姿,深度融入和服务于温州经济社会发展主战场。

　　温州测绘有丰富的内容,但是从古至今,从未有过全面系统的志籍记载。盛世修志,惠泽千秋。2005年，温州市测绘学会倡议编纂《温州市测绘志》。作为温州市测绘行政主管部门，我们规划局尊重群众的首创精神，决定牵头组织编纂《温州市测绘志》，委托测绘学会分工编写，并积极向温州市志办申报，将《温州市测绘志》列为温州市地方志的分志。我们组织修志的目的是系统地记载温州各个历史时期测绘事业的发展概况，全面地反映温州市测绘事业发展的历史进程，永续保存并发扬光大测绘精神这一宝贵财富，让全社会更好地了解温州测绘在国民经济建设、国防建设、社会发展和生态保护中的作用，从而推动测绘事业向前发展。

修志是一项系统工程，横陈百科，包罗万象，地级市编纂测绘志更是史无前例。因此，《温州市测绘志》编纂工作自然困难很多。但是，志书编辑部的工作人员，发扬了测绘人甘于吃苦、乐于奉献的精神，高标准、高质量、高水平地做好每一项工作。特别是六位主笔，他们不但把青春奉献给了温州测绘事业，而且在退休之后，仍然不忘初心，全身心地投入修志工作，寒暑十载，终于将一部精品佳志呈现给读者。这是一部具有时代特点和温州特色的专业志，是传承和彰显温州测绘行业文明的珍贵史料。在此，衷心感谢所有关心、支持、指导、帮助过本志编纂的单位和个人。

修志为用。在此，我呼吁温州市测绘工作者，认真读志用志，站在前人的基础上，科学判断，把握未来，主动担当，奋发有为，着力打造新型基础测绘、应急测绘、地理国情监测等业务构成的公益性保障服务体系，全面提升公共服务有效供给能力，提高保障服务国计民生的能力水平，为促进温州经济社会发展作出新的贡献。

冯金考

2018 年 10 月 5 日

目　　录

第一篇　测绘机构

第二篇　大地测量

第四篇　资源勘察和区域规划测绘

第五篇　政区界线、地籍和房产测绘

第八篇 海洋测绘

第十二篇　测绘科研和学术活动

第十三篇　测绘人物和文献辑录

凡 例

一、本志是首次记述温州市行政区域内的测绘历史和现状的理科专业性志书,力求真实周全,明古详今,突出时代特点和温州特色。遵照《地方志工作条例》和《地方志质量规定》要求,做到思想性、科学性和实用性的统一。

二、本志由总述、大事记和 13 篇专志组成。各篇专志下分章、节,节下各目的标题用大宋体和黑体字标示,力求醒目。地图和图表的编号均用"篇次—序号"的两位数表示,例如图 8-01、表 8-01。

三、本志的记述时限,上限力溯事物之发端,下限截至 2007 年底。少数连续性事件稍往后延,个别事项延至 2012 年。

四、本志的记述范围,限于温州市 2007 年行政区域内。因历史上台州市玉环县和丽水市青田县曾为温州所辖,1952～1963 年的丽水专区和 1954～1962 年的台州专区也曾一度并入温州,顾及测绘的全局性,亦偶有述及。

五、本志纪年,1911 年前用朝代年号纪年,并括注公元年数,如清光绪三年(1877);1912 年起单用公元纪年。唯《大事记》中的中华民国年间并用民国纪年和公元纪年。1949 年以后统称"中华人民共和国成立以后",偶称"新中国",但不用"解放前"或"解放后"这类不规范的措辞。

六、本志使用国家法定计量单位,例如长度单位用千米,不用公里;面积单位用平方千米,不用平方公里。数值采用阿拉伯数字,地图比例尺采用数字比例尺,亦用阿拉伯数字表示,海拔高程数字括注基准面。

七、本志的所有地名均以 2007 年各级政府地名办公室颁布的现行地名为准,力求地名规范化,避免使用错别字。因此不称洞头区,而称洞头县;2003 年 12 月前称梧埏,之后正式改名为梧田;乡镇亦以 2007 年前的地名称呼,与今有异。志书中的测绘专业名词和术语,以 1981 年上海辞书出版社《测绘词典》为准,该辞书缺列名词,参照其他正式出版的国家技术标准。

八、古代地名、机构、官职均按原名全称,括注今名。测绘机构和测绘单位均用全称,以免误读。

九、本志资料来自各级政府和测绘单位的档案、专著、论文、文稿等,均经核实,不一一注明出处,个别重要事件有不同资料难辩真伪者并列加注。

十、本志遵循生不立传原则,对业绩卓著的在世人物以名录和表格形式记述,不予独条简介收录。

总　述

测绘是测量和绘图的总称,近代发展成为独立学科"测量学和地图学"。测量学研究如何确定地球的形状和大小,如何测定地球表面的自然地形和人工地物的空间位置;地图学是利用各种测量资料,研究用何种投影来编绘地图。如今地图学还研究利用空间遥感技术编制地图及自动化制图技术。测绘的内容通常包括大地测量、工程测量、摄影测量、遥感技术、地图制图、海洋测绘、地籍测绘、房产测绘、行政区域界线测绘、地理信息工程等多个方面。测绘广泛服务于经济建设、国防建设、科学研究、文化教育、行政管理、人民生活等各个领域,具有不可替代的先行性和基础性作用。

一、温州的测绘环境

温州的环境包括自然环境和社会环境,与测绘有关的环境有自然地理环境和政区环境。本志涉及的政区环境有历史上的政区建置沿革及今天的政区现状。

(一)温州自然地理环境

温州市位于浙江省南部,东面濒临东海,南面与福建省的福鼎市、福安市、柘荣县和寿宁县毗邻,西面与丽水市的景宁县、青田县和缙云县接壤,北面与台州市的仙居县、黄岩区和温岭市接界,东北面隔乐清湾与台州市的玉环县(2017 年 4 月改为玉环市)相望,共有 10 个陆邻县(市、区)和 1 个海邻县。温州市与福建省界线长 222.3 千米,与丽水市界线长 286.5 千米,与台州市界线长 199.5 千米,界线总长 708.3 千米。温州市"四至"的最东端位于洞头鹿西岛东北的北爿山屿东端(东经 121°16′03″),最西端位于泰顺岭北与福建寿宁交界处的安基岗顶北侧(东经 119°37′09″),最北端位于永嘉黄南银寮村北侧(北纬 28°36′53″),最南端位于苍南七星列岛主岛星仔岛西南的横屿南端(北纬 27°05′53″)。全境跨经度 1°38′54″,跨纬度 1°31′00″;东西相距 162.34 千米,南北相距 168.09 千米。全市土地总面积 11878.82 平方千米。

温州地形复杂多样,地势西北高,东南低。西部和北部分布着高峻的北北东走向的洞宫山脉、括苍山脉、北雁荡山脉和南雁荡山脉,这些山脉的两侧又延伸出众多的支脉。主脉和支脉组成的温州山地面积 7057 平方千米,占全市陆地总面积的 61%。东部沿海平原和河谷平原狭小,面积仅 2181 平方千米,只占全市的 19%。介于西部山地和东部平原之间的中部是丘陵和山间盆地,面积 2331 平方千米,占全市的 20%。温州这种"山区多,平原少"的地形特点盖棺论定了温州市耕地和建设用地奇缺,耕地比重仅 13.28%。

温州海岸曲折，岛屿众多。大陆海岸线长 355 千米，海岛海岸线长 676.6 千米，海岸线总长度 1031.6 千米。温州大小岛屿 438 个，除 3 个河口冲积岛外，海洋岛 435 个。海岛总面积 136.48 平方千米，其中大门岛和洞头岛面积在 24 平方千米以上，面积 1 平方千米以上的海岛 18 个；住人岛 37 个，无人岛 398 个。温州海岛有洞头列岛、大北列岛、北麂列岛、南麂列岛、七星列岛和沿岸岛屿，其中洞头列岛的岛屿数量、面积和常住人口最多。洞头列岛由 171 个岛屿组成，总面积 100.3 平方千米，海岸线长度 331 千米，共有住人岛 14 个，无人岛 157 个。

温州海域范围在北纬 27°10′～28°20′之间，从大陆海岸线至－200 米等深线的冲绳海槽西缘，海域总面积 68954 平方千米，是陆域面积的 5.8 倍。影响温州海域的洋流，外海有日本暖流和台湾暖流，近海有东海沿岸流。东海沿岸流贴近温州海岸呈季节性流动，夏季北流，冬季南流，属于季风洋流。冬季东海沿岸流从长江口和杭州湾南下，每年挟带 3000 多万吨泥沙在温州沿岸沉积，形成温州众多的海积平原和辽阔的海涂。温州拥有辽阔的沿海滩涂。全市海岸线以下的潮间带，即平均大潮高潮线至理论深度基准面之间的海涂面积 97.8 万亩；若以海岸线至海图－5 米等深线的范围作为海涂资源，全市海涂面积 283.3 万亩。

温州潮汐分为海洋潮汐和河口潮汐两类。温州海域潮差大，潮流强，潮汐现象复杂多变。其原因并非日月引潮力直接在温州海域形成，而是太平洋潮波经琉球群岛附近水域传入，潮汐强度由外海向内海逐渐增强，到近岸和海湾形成强潮区。温州东部外海的潮汐类型属于不规则半日潮，西部内海属于规则半日潮，湾顶和河口属于不规则半日潮。温州潮差分布的区域差异很大，东部外海潮差较小，最大潮差约 2 米；西部内海潮差较大，最大潮差约 6 米；海湾潮差最大，湾顶比湾口更大，乐清湾顶最大潮差达 8.34 米。温州三大河流的河口平均潮差从口门向上沿程递增，然后又沿程递减，至潮区界为零。例如瓯江口的乐清黄华平均潮差 4.68 米，至七里港增至 4.75 米，然后沿程递减，龙湾炮台 4.52 米，江心屿 3.92 米，梅岙 3.19 米，花岩头 3.13 米，至温溪为 0 米。

温州气候类型是典型的亚热带季风气候，夏季受太平洋来的东南季风影响，高温多雨；冬季受高纬内陆来的西北季风影响，温暖少雨。根据全市 9 个市、县气象台站的平均值，温州七月平均气温 27.7℃，一月平均气温 7.5℃，年平均气温 17.7℃。温州城区多年平均 3 月 6 日开始进入春季，5 月 27 日开始进入夏季，10 月 5 日开始进入秋季，12 月 25 日开始进入冬季。在热量资源上，东部平原地区≥0℃积温为 6540℃，≥10℃积温为 5640℃，年平均无霜期 272.5～278.8 天。温州降水量 8 月份最多，多年平均为 238 毫米；12 月份降水量最少，多年平均为 38 毫米；年降水量全市平均为 1668 毫米，温州城区为 1749 毫米，西部山区最多的地方高达 2253 毫米，超过了福州、广州、海口等地，居全国一流。全年降水日数平原 176 天，山区 203 天，仅次于"蜀犬吠日"的四川盆地西部邛崃山区和"天无三日晴"的贵州大娄山区，也居全国一流。这给温州农业生产带来"光照欠缺"的致命危害。1950～2010 年的 61 年间，对温州有影响的台风 177 个，平均每年 2.9 个，最多年份 7 个，最少年份 0 个。其中成灾台风 103 个，平均每年 1.69 个，最多年份 5 个；登陆温州的台风 15 个，大约每 4 年 1 个。

温州河流众多，最主要的是瓯江、飞云江和鳌江三大河流，还有独流入海河流、入闽河流和平原塘河等。瓯江干流长 379.93 千米，流域面积 18168.75 平方千米，是浙江省仅次于钱塘江的第二大河。飞云江是浙江第四大河，干流长 194.62 千米，流域面积 3729.10 平方千米，流经丽水景宁、温州泰顺、文成、瑞安等县、市。鳌江是温州第三大河，干流长 81.52 千米，流域面积 1544.92 平方千米，流经文成、平阳、苍南三县。除三大河流外,温州独流入海河流自北而南有大荆溪、白溪、清江、淡溪、梅溪、赤溪、马站河等。温州入闽河流有仕阳溪、横溪、罗阳溪、彭溪、会甲溪、南宋溪等。温州平原上的塘河河面宽广,支流众多,纵横交错,四通八达,形成河网。主要塘河有温瑞塘河、永强塘河、瑞平塘河、平鳌塘河、江南塘河、灵溪塘河、沪山内河、乐琯塘河、乐虹塘河等九大系统。这些大大小小密如蛛网的河流多年平均年径流总量为139.29亿立方米,多年平均年径流深为1186毫米。温州河流的平均年径流系数为0.67,西部山区更高达0.75以上,居全国一流。除海岛外,温州各地单位面积产水量很高,年径流模数达42.6升/秒·平方千米。温州河流的含沙量和输沙量都很小,三大河流多年平均输沙总量只有340万吨(包括瓯江上中游来沙),其中瓯江270万吨,飞云江62万吨,鳌江8万吨。温州山地丘陵多年平均年侵蚀模数多在100～300吨/平方千米,东部平原在50吨/平方千米以下,属于国家6级标准的Ⅰ级微度侵蚀地区。由此可知温州水土流失程度是很轻微的。

温州水资源丰富,水资源总量141.13亿立方米,单位面积产水量为120.77万立方米/平方千米,是全国平均值的4.18倍。但由于人口密度大,人均水资源数量少,仅1547立方米,比全国平均值低20%。所幸的是瓯江上中游流入温州的入境水量140.44亿立方米,两者相加,温州人均水资源就高达3087立方米,因此,温州不是中度缺水地区,而是丰水地区。问题是温州水资源的利用率太低,全市平均利用率只有10.8%,海岛仅6.3%,广大的西部山区更低至3%以下。利用率低的原因除降水季节变化和年际变化大的自然因素外,关键是平原塘河水污染严重和山区蓄水工程建设滞后。

(二)温州政区建置沿革及现状

大约距今7000年,以温州为中心的瓯江流域生活着一群原始的土著人类,过着非常原始落后的渔猎生活,后人称之为瓯人。大约距今4000年的夏代早期,瓯人形成"东瓯族",创造出"好川文化"。大约在商代晚期"印纹陶文化"时,东瓯族居民建立自己的方国"东瓯国"(早期城邦式的原始国家)。公元前1000年,约当殷末周初时期,第四纪最后一次海侵结束,温州沿海平原成陆。此时东瓯人开始从丘陵和海岛山区迁居山麓洪积扇和冲积扇地区,开始了农耕生活。秦始皇三十三年(前214)废除东瓯国和闽越国,两国国王被废为君长,并在两国地域设置闽中郡,建立郡级行政区。陈涉起义时,东瓯人在驺摇的领导下,参加了推翻秦王朝的战争,立下了战功。西汉惠帝三年(前192),封驺摇为东海王,仍俗称东瓯王。东海国就是原东瓯国,是西汉103个王国之一,于是温州从城邦国家"方国"正式成为领土国家"王国"。东瓯王国的第一代国王叫驺摇,从驺摇往后历54年传4世至驺望,东瓯国灭亡,东瓯国的臣民被迫内徙,迁居江淮一带。

西汉昭帝始元二年(前85),在东瓯故地设立回浦县,并在回浦县设置会稽郡东部都尉。回浦县辖境包括今温州、丽水和台州三市,县治在回浦(今台州市椒江区北岸章安街道)。此时,今温州是扬州刺史部会稽郡回浦县下面的一个乡"东瓯乡"。

东汉光武帝建武六年(30),回浦县被撤销,并入鄞县,今温州为鄞县回浦乡属地。汉章帝章和元年(87),回浦县故地从鄞县中分出重立,并改称章安县,今温州为扬州刺史部会稽郡章安县东瓯乡。

东汉顺帝永和三年(138),东瓯乡从章安县中分出,另立为永宁县,辖境大致是今温州全市,县治在贤宰乡(今永嘉瓯北永宁山南麓)。这是温州单独设县的起始。此时,今温州是扬州刺史部会稽郡下面的永宁县。

三国时期,今温州地属东吴版图。吴大帝赤乌二年(239),分永宁县大罗山以南区域设置罗阳县,县治在北湖鲁岙(在今瑞安城区锦湖街道西岙村集云山麓洪积扇上)。这是瑞安设县之始。归命侯宝鼎三年(268),罗阳县改称安阳县。

吴会稽王太平二年(257),分会稽郡东部6县设置临海郡,郡治在临海,后迁章安。临海郡辖区包括今温州市、台州市、除遂昌县西部外的丽水市及宁波市的宁海县、象山县。此时,今温州是东吴扬州临海郡下面的永宁县和安阳县。

西晋时期,今温州仍隶属扬州临海郡。晋武帝太康元年(280),安阳县改称安固县。太康四年(283),分安固县南部设置始阳县,不久改称横阳县,县治在横阳(在今平阳昆阳镇仙坛山麓洪积扇上)。这是平阳设县之始。至此,今温州境内有永宁、安固和横阳三县。

东晋明帝太宁元年(323),临海郡一分为二,温峤岭(今温岭市西部)以北仍为临海郡,郡治在章安;温峤岭以南增设永嘉郡,郡治在永嘉(今鹿城老城区),仍隶属扬州。这是温州设置郡级行政区之始。同年,开始建造永嘉郡城"鹿城",行政中心才开始由瓯江北岸迁到瓯江南岸。同时,安固县城由北湖鲁岙迁到邵公屿(今瑞安老城区)重建扩建。

东晋孝武帝宁康二年(374),从永宁县中分出增设乐成县,县治在乐成(今乐清老城区),这是乐清建县之始。东晋增设的永嘉郡下辖永宁、安固、乐成、横阳、松阳5县。永宁县辖境在今鹿城、龙湾、瓯海3区和永嘉县,安固县辖境在今瑞安市、文成县东部和南部、泰顺县北部,横阳县辖境在今平阳县、苍南县、泰顺县南部,乐成县辖境在今乐清市、玉环县和洞头县,松阳县辖境在今丽水莲都区、青田县、云和县、景宁县、庆元县、松阳县、缙云县和龙泉市,即今除遂昌县外的丽水市。

整个南朝的170年中,永嘉郡的辖区和行政中心不变,但隶属多变,有时属扬州,有时属东扬州,而且变化频繁。南朝刘宋前期承东晋区划,永嘉郡隶属扬州。宋孝武帝孝建元年(454),分扬州南部的会稽、新安、东阳、临海、永嘉5郡设置东扬州,今温州全境属东扬州。5年后,到大明三年(459)撤销扬州为王畿,东扬州改名为扬州,永嘉郡隶属扬州。又5年后,到大明八年(464)重新恢复扬州和东扬州的建置,永嘉郡隶属东扬州。次年,景和元年(465)撤销东扬州,并入扬州,永嘉郡又属扬州。直到梁武帝普通五年(524),分扬州和江州设置东扬州,永嘉郡隶属东扬州。梁敬帝太平元年(556)撤销东扬州,永嘉郡再次隶属扬州。陈文帝天嘉三年(562)分扬州中的会稽等8郡设置东扬州,永嘉郡隶属于东扬州。

南朝的行政区划为州、郡、县三级制,隋代初期废郡,改为州、县两级制。隋文帝开皇九年(589),废永嘉和临海两郡为县;废章安、始丰、宁海、乐安诸县并入临海县;废安固、横阳、乐成诸县并入永嘉县;分松阳县的东乡设置括苍县;以括苍、松阳、永嘉、临海4县设置处州,州治在括苍(今丽水莲都区)。此外,改原东扬州8郡为吴州,设置吴州总管府,吴州总管府又隶属于扬州大总管府。次年,隋王朝派杨素平定永嘉沈孝彻的割据势力,今温州才真正纳入隋代版图。隋开皇十二年(592),处州改称括州,仍隶属吴州总管府。隋炀帝大业三年(607),重新恢复州、郡、县三级制,改括州为永嘉郡,郡治仍在括苍,隶属扬州。这期间的处州、括州和永嘉郡的称呼不同,治所和辖境相同,永嘉失去了郡治的地位。辖境大体上与三国东吴和西晋时期的临海郡相同,包括今温州、台州和丽水三市外,还包括今金华市武义县南部的柳城镇和桃溪镇一带,也包括今宁波市的宁海县和象山县。

唐太宗贞观元年(627),分全国为十道,今温州隶属江南道。唐玄宗开元二十一年(733),重分全国为十五道,今温州隶属江南东道。唐肃宗乾元元年(758),在江南东道下面分置浙江东道和浙江西道两节度使,今温州隶属浙江东道。唐代的州郡名称也多次变动,唐初改隋的郡为州,唐玄宗天宝元年(742)又改州为郡,唐肃宗乾元元年(758)又改郡为州。整个唐代290年间,大部分时间称州,仅16年时间称郡。

　　唐初高祖武德四年(621)永嘉郡复称括州,表示恢复开皇旧制。武德五年(622),原永嘉县从括州中分出设置东嘉州,原临海县也从括州中分出设置海州,次年改名为台州,并置括州总管府。此时,隋代的永嘉郡一分为三,今温州市称为东嘉州,今丽水市称为括州,今台州市和宁波市的宁海、象山两县称为台州。东嘉州下辖永宁、安固、横阳、乐成4县。两年后,武德七年(624)撤销乐成县并入永宁县,改总管府为都督府,此时东嘉州隶属括州都督府。

　　唐太宗贞观元年(627),废括州的都督府,撤销东嘉州重新并入括州,撤销横阳县并入安固县,并改永宁县为永嘉县。此时,温州境内仅有永嘉和安固两县建制,隶属江南道越州都督府下面的括州。唐高宗上元二年(675),将永嘉和安固两县从括州中分出设置温州。当时永嘉人李行抚到京师请求设州,因温州地处温峤岭以南,而且"虽隆冬恒燠",故取名温州。从此"温州"这一州名沿用至今,历时1330多年基本没有改变。

　　武则天载初元年(689),分永嘉县复置乐成县。大足元年(701),分安固县复置横阳县,至此温州恢复了唐初的四县建制。唐玄宗开元二十一年(733)温州改属江南东道。天宝元年(742)改温州为永嘉郡。唐肃宗乾元元年(758)重新改永嘉郡为温州,隶属浙江东道。大历十四年(779)改属浙江西道,建中元年(780)改属浙江东道,建中二年(781)改属浙江西道,贞元三年(787)又改属浙江东道。

　　唐末昭宗天复三年(903),安固县改称瑞安县。

　　唐代温州的州治在永嘉(今鹿城老城区),下辖永嘉、乐成、安固、横阳4县。永嘉县辖境在今鹿城、龙湾、瓯海3区和永嘉县,乐成县辖境在今乐清市、洞头县和玉环县南部,安固县辖境在今瑞安市、文成县东部和南部、泰顺县北部,横阳县辖境在今平阳县、苍南县、泰顺县南部。唐代温州境域与今温州市的范围大体一样,所不同的有三处。第一,今文成县西北部的南田镇一带唐代属于括州青田县;第二,今丽水青田县东部温溪镇和南部山口镇一带唐代属于温州永嘉县;第三,今台州玉环县南部唐代属于温州乐成县。

　　五代十国时期,温州地属吴越国。后梁开平二年(908),吴越王钱镠为避梁太祖朱晃父亲朱诚的讳,改乐成县为乐清县。后梁乾化四年(914),横阳县改称平阳县。五代吴越国的温州下辖永嘉、瑞安、平阳、乐清4县,州治仍在永嘉(今鹿城老城区)。

　　后晋天福四年(939年),吴越国在温州设置静海军节度使,温州属于节度州。宋初开宝八年(975年),温州静海军改为应道军。五代吴越时期温州隶属东府。

　　温州纳入北宋版图是在宋太宗太平兴国三年(978)吴越国纳土归宋以后,距离北宋王朝创建时已逾18年。该年,温州由节度州降为军事州,称为温州军。"军"作为宋代地方政区名称,有两种军,一种是领县的军,与府、州、监同级,隶属于路;一种是不领县的军,与县同级,隶属于府、州。这时的温州军降为县级。宋太宗至道三年(997),温州又升为州级。宋徽宗政和七年(1117),改温州为应道军节度州。北宋时期温州下辖永嘉、瑞安、平阳、乐清4县,州治仍在永嘉(今鹿城老城区)。

　　宋神宗熙宁七年(1074),分两浙路为两浙东路和两浙西路,但不久又合而为一,时而复分,时而复合,未成定制。分时温州隶属两浙东路,合时温州隶属两浙路。

　　宋室南渡以后,温州军隶属于两浙东路。直至南宋后期的度宗咸淳元年(1265),温州军才升为瑞安府,府治在永嘉(今鹿城老城区)。南宋时期的温州军或瑞安府均下辖永嘉、瑞安、平阳、乐清4县,隶属两浙东路。

元代在全国设立 11 个行中书省,行中书省简称行省。行省下辖路,路下辖县和州。元代"州"的含义不同于其他朝代的州,它是人口众多的要冲大县。行省和路之间又设置"道宣慰司"。元世祖至元十三年(1276),瑞安府改称温州路,隶属江淮行省的浙东道。至元二十一年(1284),江淮行省改称江浙行省。元成宗元贞元年(1295),瑞安县改称瑞安州,平阳县改称平阳州。温州路上隶江浙行中书省浙东道宣慰司,道治在庆元路(今宁波);下辖瑞安、平阳两州和永嘉、乐清两县。温州路治仍在永嘉(今鹿城老城区)。

明太祖在明王朝建立前二年(1366)在杭州设置浙江行中书省。明太祖洪武九年(1376),改浙江行中书省为浙江承宣布政使司,但习惯上仍称为省。省辖府,府辖县,省和府之间设道,形成"省—道—府—县"四级行政体制。洪武元年(1368),温州路改称温州府。洪武二年和洪武三年瑞安和平阳的州名分别恢复县名。此时,温州府下辖永嘉、瑞安、平阳、乐清 4 县。

明代宗景泰三年(1452),将瑞安县义翔乡的 5 都 12 里和平阳县归仁乡的 3 都 6 里分出设置泰顺县,县治在罗阳(今泰顺县城)。至此,明代的温州府上隶浙江承宣布政使司温处道,下辖"永乐瑞平泰"5 县。道治和府治都在永嘉(今鹿城老城区)。

清初承袭明制,至康熙初年改浙江布政使司为浙江省。雍正六年(1728)以前,今玉环县北部属于台州府太平县,南部属于温州府乐清县。该年将南北两部合并设置玉环厅,隶属温州府。清代温州府上隶浙江省温处道,下辖 5 县 1 厅。道治和府治均在永嘉(今鹿城老城区)。

北洋政府时期,改革封建政治,废除府、州、厅,保留道和县,实行"省—道—县"三级政区制度。民国元年(1912),废除温州府,保留"永乐瑞平泰"5 县,并改玉环厅为玉环县。民国三年(1914),在清代温处道的基础上改置瓯海道。瓯海道上承浙江省,下统 16 县。瓯海道范围包括今温州、丽水两市和台州市玉环县,即永嘉、瑞安、平阳、乐清、泰顺、玉环、丽水、青田、缙云、松阳、遂昌、龙泉、庆元、云和、景宁、宣平等 16 县。瓯海道尹驻地在永嘉(今鹿城老城区)。

南京国民政府时期,民国十六年(1927)国民政府定都南京,遵照孙中山《建国大纲》规定,取消道制,实行省、县两级制,各县直属于省。浙江全省共有 1 市 77 县,今温州市范围内有"永乐瑞平泰"5 县。全国实行县、市两级制后,因省域辽阔和县数众多,省对县难以实行全面管理,于民国二十一年(1932)5 月,在省和县之间重新设置行政督察区。今温州属于第十行政督察区,下辖永嘉、瑞安、平阳、乐清、玉环 5 县。督察专员办事处设在永嘉(今鹿城老城区)。同年 9 月,全省调整为 7 个行政督察区,温州为第四区。次年 4 月,全省改划为 6 个区,温州为第三区,并将泰顺划归本区管理;8 月,第三行政督察区改称永嘉行政督察区。民国二十三年(1934)3 月,浙江改设 9 个行政督察区,温州为第八区,下辖"永乐瑞平泰"和玉环 6 县。民国三十五年(1946)12 月,从瑞安、泰顺、青田 3 县边区划出 20 个乡镇增设文成县,这是文成建县之始。这样,第八行政督察区下辖县数增为 7 个。民国三十七年(1948)5 月,浙江省行政督察区又一次调整为 6 个,温州为第五区,下辖永嘉、乐清、瑞安、平阳、泰顺、文成、青田、玉环 8 县。行政督察区是省政府派出机构,不是一级独立的行政区,但后来与保安司令部合并,专员兼保安司令,对当时的政局有较大影响。

1949 年 5 月 7 日温州和平解放,建立温州市军事管制委员会。8 月 26 日温州成立浙江省人民政府第五区专员公署,同时分划原永嘉县瓯江以南区域成立温州市,作为全省三个省辖市之一。11 月 6 日改第五行政督察区为温州专区。当时政区制度不是市辖县,而是专区辖县。温州专区下辖永嘉、乐清、瑞安、平阳、泰顺、文成、青田、玉环 8 县,专署驻地温州市。温州市不属于温州专区管辖,而直隶于省人民政府。

1952年1月,撤销丽水专区,将原丽水专区的部分县并入温州专区。温州专区辖境增至13个县,即永嘉、乐清、瑞安、平阳、泰顺、文成、青田、玉环、丽水、云和、龙泉、景宁、庆元。

1953年6月,从玉环县境内分出洞头、大门2区设置洞头县,并成立直属专署的矾山矿区人民政府。温州专区下辖14个县和1个矾山直属区。

1954年5月,撤销台州专区,将原台州专区南部的温岭、黄岩、仙居3县及海门区(县级)并入温州专区。温州专区辖境增至17个县和2个直属区,这是温州幅员最广阔的时期。

1956年3月,原属温州专区的仙居县划归宁波专区,撤销海门和矾山两个直属区。温州专区下辖16个县,即永嘉、乐清、瑞安、平阳、泰顺、文成、洞头、玉环、青田、丽水、云和、龙泉、景宁、庆元、温岭、黄岩诸县。

1957年9月,恢复台州专区建制,温岭、黄岩两县重新划归台州专区,温州专区下辖14个县。

1958年6月,撤销洞头县,并入玉环县;撤销云和县,并入丽水县;7月,将温州市划归温州专区管辖;11月,撤销文成县,并入瑞安县;撤销庆元县,并入龙泉县。此时温州专区下辖1市10县,即温州市和永嘉、乐清、瑞安、平阳、泰顺、玉环、青田、丽水、龙泉、景宁诸县。

1959年1月,撤销台州专区,临海、温岭、黄岩、仙居4县又一次并入温州专区。温州专区下辖1市14县。

1960年1月,撤销景宁县,并入丽水县;撤销玉环县,北部划归温岭县,南部洞头区划归温州市。此时温州专区下辖1市12县。

1961年12月,从瑞安县中划出原文成故地,恢复文成县。温州专区下辖1市13县,即温州市和永嘉、乐清、瑞安、平阳、泰顺、文成、青田、丽水、龙泉、临海、温岭、黄岩、仙居诸县。

1962年5月,再度恢复台州专区,将临海、温岭、黄岩、仙居4县重新从温州专区划走。6月,从丽水县中分出云和、景宁故地重新设置云和县。此时温州专区下辖1市10县。

1963年5月,恢复丽水专区,将青田、丽水、云和、龙泉4县从温州专区划走,温州专区只剩下1市6县,即温州市和永嘉、乐清、瑞安、平阳、泰顺、文成诸县。

1964年10月,重新恢复洞头县,温州专区下辖1市7县。

1967年3月31日成立温州区军事管制委员会,1968年12月3日成立温州地区革命委员会,1970年正式将温州专区改名为温州地区,境域和县属不变,仍辖1市7县。

1976年"文化大革命"结束,1978年9月16日温州地区革命委员会改名为温州地区行政公署,下辖1市7县。

1980年4月,温州市恢复为省辖市,从温州地区中脱离。温州地区下辖永嘉、乐清、瑞安、平阳、泰顺、文成、洞头7县。

1981年6月,平阳县一分为二,将鳌江以南区域增设苍南县,温州地区下辖8县。

1981年9月,撤销温州地区,将原温州市和温州地区合并,称为温州市,实行市辖县体制。温州市下辖温州市区和8个县。

1981年12月,将温州市区的郊区梧田、永强、三溪、藤桥、泽雅5个区设置瓯海县,县政府驻温州城区飞霞北路。此时温州市下辖温州市区和9个县。温州市区下辖东城区、南城区、西城区和郊区。

1984年1月,将原温州市城区16个街道办事处和郊区5个乡镇合置鹿城区。同时将鹿城区以东的原温州市区郊区设置龙湾区，并将瓯海县永中镇的黄山和黄石两村划归龙湾区，区政府驻状元镇。此时，温州市下辖2区9县，即鹿城、龙湾2区和瓯海、瑞安、乐清、永嘉、平阳、苍南、泰顺、文成、洞头9县。

1987年4月，瑞安撤县设市，改称瑞安市，成为温州市首个县级市。

1992年3月，瓯海撤县设区，改称瓯海区。

1993年3月，乐清撤县设市，改称乐清市。至此，温州市下辖3个市辖区、2个县级市、6个县，共11个县级行政区域，形成今日温州市县级行政区划的格局。

2001年8月，温州市区的鹿城、龙湾、瓯海三区及周边的永嘉和瑞安的行政区划作了较大的调整，成为今日的政区现状。

在行政区划上，温州市是浙江省11个地级市之一。2007年下辖11个县级行政区，分别是永嘉、平阳、苍南、文成、泰顺、洞头6个县和瑞安、乐清2个市以及鹿城、龙湾、瓯海3个区。温州市人民政府驻地在鹿城区。温州市11个县级行政区下辖140个乡级行政区，包括6个乡，64个镇，69个街道，5405个行政村，500个社区和居民区。

二、温州测绘的发展历程

温州测绘的发展历程分为古代、近代、新中国成立后的前三十年、改革开放以来四个阶段。

（一）古代

温州古地"瓯居海中"，瓯人以舟楫代步，靠渔猎为生。与水息息相关的温州先民屡遭水害，尤其是台风和风暴潮带来的山洪和海溢，溺亡人数常以千计，甚至逾万。瓯人面对水灾，为求生存而治水自救，因此温州古代测量从治水起步，并始终为此而奋斗。

古代水域测量与数学、天文、潮汐、气象、指南针等有关知识同步发展，在治水、航渡、军事行动中逐步成形。瓯人先民治水，以"准、绳、规、矩"进行测量，探测水深最初用竹杆，唐代始用"下钩"法。航海远渡用北斗星导航，北宋使用指南针指航。宋元时期，潮汐研究更上一层楼。明代治水、航海、地图编制和天文观测均领先世界，华夏这些测绘活动和技术都辐射温州，应用于水利和航运。

唐会昌二年(842)，明州商人李处人开辟从日本值嘉岛直达温州港的航线。南宋温州首次辟为对外贸易口岸。元代温州"蕃人荟萃"，江心寺"僧多外国人"；元贞二年(1296)，温州人周达观随友好使团，"自温州港开洋"去真腊。温州港是古代海上陶瓷之路启碇地，江心双塔是船舶进出的导标型古航标，名列"世界百座历史文物灯塔"。明代郑和率舰队七下西洋，据此所编《郑和航海图》，标有经台州海门—苍南蒲门沿海的航线和航法。明倭寇猖獗之时，实行海禁，重视海防图的编制，最详备的是明嘉靖三十五年(1556)郑若曾的《筹海图编》。清康熙二十四年(1685)，浙海关在宁波建立，下设温州口，温州港重新恢复生机。

晋代，横阳人周凯率民筑海塘，开河道，建陡门，"遂使三江东往于海"。温州海滨有三条自北往南的古海塘，第一条始建于唐代，宋治平至嘉泰年间续建，并将原有汉河经开挖连成乐琯、温瑞、瑞平、江南诸塘河。第二条古海塘建于明洪武至万历年间，1548～1551年中段永嘉场的"土城"改建为石构的"沙城"长4619丈。第三条古海塘建于清康熙至道光年间，包括乐清万桥十二塘、永嘉山北塘、长沙塘等，共围涂田41515亩；瑞安和平阳围涂14755亩。

　　唐宋府县主官韦庸、刘默、韩彦直、沈枢督修永嘉会昌湖、韦公堤等水利工程。两宋,永乐瑞平分建瞿屿、广化、白沙、东山、塔山、石岗、阴均、沙塘诸陡门。宋元祐三年(1088)创立"永嘉水则",在府治谯楼前五福桥桥柱镌刻"平"字,永瑞塘河诸乡陡门皆按此水则启闭。明弘治九年建上陡门,在左墩镌刻"开、平、闸"三字,塘河诸乡按此启闭陡门。水则都是经简易水准测量而确定。

　　地图的起源先于文字。远古"口述地理,画地为图",全凭经验。魏晋裴秀编制《禹贡地域图》,创立"制图六体",这是我国最早的地图编制理论。现存最早的历史地图集《历代地理指掌图》,收录宋代所作《唐一行山河两戒图》,此图绘天下山河为南北两戒,南戒尽于南雁荡山。元代朱思本编绘《舆地图》,明代罗洪先增订为首本全国分省地图集《广舆图》,其中浙江舆图绘有温州等 11 个府的境界、主要河流、山脉和全部府县名称。古制图法都以大地为平面而绘制,明末意大利传教士利玛窦带来新的经纬度制图法,徐光启与之合译《几何原本》《测量法义》。清康熙聘请西方传教士采用新法编制《皇舆全览图》,在浙江实测经纬度点,其中温州 6 处。温州编制明万历三十三年《温州府境图》,清乾隆二十七年《温州府境全图》;历代温州府志和各属县县志均附舆图,《北雁荡山志》附名胜舆图。

　　温州地籍测绘始于南宋而盛于明。明洪武元年(1368)履田丈量,建立黄册和鱼鳞图并立的户、地籍税收管理制度。温州府于二十四年(1391)完成,全府田、地、山、塘、荡共 267.87 万亩。清雍正六年(1728)瑞安知县清丈田亩。

　　古代测量主要是距离、面积、高差、方位的测量,使用简易的丈杆、弓、测绳、步车、计里鼓车,矩、弩机、水平、望筒测北、指南针等简易器具。天文观测器具有表杆、日晷、璇玑、复矩、圭表、简仪等,用于记时的有漏刻,计算使用算盘。

(二) 近代

　　1840 年中英鸦片战争以后,列强不断入侵,国难深重。清道光二十年至二十五年(1840～1845),英国军舰遍测中国东南沿海;光绪十一年至十三年(1885～1887),英军布测大三角、天文点并复测部分海域。温台沿海有 1843 年测绘的英版海图《温州湾及附近》3 幅。1876 年,温州港被迫开埠,次年英籍税务司率舰艇来温州港测量选址建瓯海关,英国首任驻温领事在江心屿圈地兴建领事馆。瓯海关垄断来温外轮的税务和港政,1878 年首建象岩航标,1908 年又建冬瓜屿灯塔。1894 年中日甲午战争后,日本入侵中国沿海,全线测图。

　　清朝迭经战败,为加强海防建立水师,在各水师学堂均设置测绘课程。光绪八年(1882)刊行《温州古城城池坊巷图》。1884 年温州港首建招商码头。1890～1893 年,浙江省舆图局测绘《大清会典图》浙江幅。1894 年据实测资料以"计里画方"法绘制的《浙江省舆图并水陆道里记》石印出版,含全省各府、县图共 20 册。1897～1902 年,朱正元据英版海图经检测、修订和补充,编制有数学基础的航海图集《御览江浙闽沿海图》,含温台海域 3 幅。1895～1899 年,在新任温处道宗源瀚赞助下,瑞安孙诒让等创办算学书院,乐清创办算学馆,平阳人黄庆澄在温创办《算学报》月刊,这是温州的测绘培训之始。

　　1911 年,辛亥革命废除封建帝制,成立中华民国,测绘事业有较大发展。如专设测绘机构,制订测绘规章,开办测绘学校,并选优留学,造就测绘人才,引进西方的科学技术和仪器设备,常规测绘全面取代简易测量。在浙江建立省内大地原点和坎门高程系,开展天文大地测量,完成覆盖全省的地形图,并推进海洋测绘、地籍测绘、工程测量和航空摄影测量。

　　1913～1932 年,浙江陆军测量局在杭州建立紫薇园坐标系原点,测定经纬度,假定高程 50 米,布测全省三等三角网和低级水准网,采用白塞尔椭球参数计算,完成1∶5万地形图345幅。这是首次以等高线表示的地形图,虽质量欠佳,但对当时交通、水利等建设起了重要作用。后来侵华日军夺到此图予以复制,凭图三次袭击血洗温州。1929～1934年,浙江省陆地测量局修复紫薇园坐标系原点并重测经纬度,浙江省民政厅土地局布测全省大三角网5大干系,参谋本部陆地测量总局完成一等天文、基线测量,采用海福特椭球参数计算。这是浙江省土地测量的首级控制,国内领先。1935～1939年,据干系之一"衢温台系",加密补充锁"温属锁"和补充网"衢处温网"。1930～1934年,由曹谟选址,陆地测量总局建成坎门验潮所,据4年潮位资料所得平均海水面,建立坎门高程系。1931～1934年,布测坎门—杭州—南京和杭州—上海一等水准干线,浙江始用坎门高程系和吴淞高程系。1935年,中央研究院严济慈在温州进行天文观测,全国重力测量在温州有南箕山岛等点。

1928～1934年,施测浙江沿海大三角网,在温州港和海门港内外,规范化地首次实测1∶2万～1∶10万海图10幅。1918年瓯海道尹黄庆澜募捐自建公管礁港灯塔,1932年洞头人林环岛发动渔民自建自管虎头屿灯塔。1931年建立古鳌头水文站,1937年建立瓯江水位站。1938年中国沿海港口大多沦陷,海道测量局奉令暂行裁撤,测量舰艇悉遭日机炸沉。1943年,浙江省成立两支浙东海涂测量队,完成温州和台州1∶1万海涂地形图116幅。

1932年,温州人萧铮在南京创办国内首所地政学院,永嘉列入全国地籍整理试点。1940年,永嘉县地政处改编为土地登记处和土地测量队,县政府设地政科,人员达500多人,进口10台经纬仪,自制竹尺进行测量。省派驻测量分队施测小三角,永嘉县土地测量队负责图根、户地测量和内业求积制图。至1948年,永嘉平原6个区全面完成户地测量305万亩,平阳、瑞安、乐清、泰顺依次完成134、28、49、32万亩。并完成温州城厢1∶500,郊县1∶1000、1∶2000、1∶4000户地图,图籍表件准确美观。编制1937年《实测永嘉县城厢街巷详图》和1945年《永嘉县城区统计地图》。1933～1944年,编制永嘉、乐清、瑞安县全图,以及1∶40万永嘉地质图。

1915年,瑞安人林大同应聘担任浙江省水利委员会主任兼技正,成立3支测量队。次年第一测量队来瓯江测量,瓯海道尹委托当地人徐宗达向测量队商借仪器,测量城河干道草图及沿江各陡门距程和高程,主持拆修海坦陡门和疏浚城河。1921年,省道筹备处组织测量队,施测浙闽公路正线;1933年,省公路局勘测永嘉—丽水—龙泉公路并施工。1934～1937年,永嘉—丽水、港头—泽国、永嘉—瑞安—平阳公路先后通车,1938年为阻滞日敌犯境而破路为田。1933年建成永嘉南塘机场,1935年五马街等11条街路完成拓宽。1937年"八·一三"会战后,温州港成为抗战后方、对外沟通的海港而空前繁忙,建有7座码头,瑞安港和鳌江港亦建码头。1942年,华北水利委员会南迁,温籍工程师徐赤文受请带队来温州测量,完成《浙江省瓯江飞云江间滨海区域陡门改善计划书》,测定各陡门闸底高度及主要陡门位置图、平面图、剖面图,还测绘永瑞塘河、永强塘河河道断面图。联测原五福桥"永嘉水则"和上陡门"开、平、闸"字顶高度,制定永瑞塘河、永强塘河水域新水则。

民国时期,逐渐淘汰简易测量器具,向西方引进经纬仪、水准仪和平板仪、钢卷尺、六分仪、三杆分度仪等常规测量仪器,还有天文、基线、航空摄影测量和地图制印的仪器设备及计算数表、手摇计算机。测深沿用测杆和水铊,甘露号海测舰装有外海锤测机。

1928～1940年,浙江测量讲习所、杭州私立大陆高级测量科职业学校陆续培养地籍测绘人才,平阳人蔡秉长历任所长和校长。1932～1941年,平阳人张树森《平面测量学》《大地测量学》《最小二乘法》等著述出版,李锐夫亦出版《坐标制》书籍。近代温籍测绘人在工程测量、地籍测量、测绘教育、测绘论著方面卓有业绩,不少成为跨领域复合型领军人才,影响遍及浙江省乃至全国。

(三)中华人民共和国成立后的前三十年

1949 年中华人民共和国成立后,测绘事业全面兴起,蓬勃发展。如组建军事和国家、经济部门的测绘机构,建立全国性大地测量基准和各种技术规范,大量引进外国仪器设备,开展统一规划的大范围基本测量。1950 年,浙江省地质调查所等单位在平阳矾矿始行四等控制、地形和地下井巷测量。1951 年开始,温州开展城市测量,部、省属测量队相继来温助阵。惜三年困难时期测绘受挫,继而十年“文革”运动,测绘大多停顿。1969 年,国家测绘总局从机关到下属单位全部撤销,技术人员四散改行。所幸军事测绘部门仍在作业,温州港测绘亦未间断。

1951～1955 年,浙江省水利局布测省域二等水准路线,经温州有 8－5 线(宁波—温州)、8－6 线(温州—龙游)、8－7 线(温州—福鼎),初为吴淞高程系,精密平差后改为新建的全国性基准“1956 年黄海高程系”。1954～1958 年,总参测绘局建立全国性基准 1954 年北京坐标系,布测浙江省天文大地网,涉及温州区域有宁波—瑞安、瑞安—浦城、瑞安—福清 3 条一等三角锁;涉及温州的仙居区 4 条二等三角基本锁,加密二等三角补充网和三、四等三角点。采用克拉索夫斯基椭球参数计算,高斯－克吕格 6°带和 3°带投影。1973～1978 年,取消仙居区二等基本锁,改造二等补充网为一等三角锁直接控制下的二等三角全面网。

1956～1961 年,总参测绘局完成浙江 1:5 万航测地形图。1967～1978 年,南京军区测绘大队完成浙江第二代 1:5 万航测地形图 322 幅,其中温州 51 幅。温州编制出版 1965 年温州区域图和 1978 年温州市地图。1959～1966 年,编制泰顺、平阳、瑞安县地图;1971～1978 年,编制乐清、永嘉、泰顺、文成县地图。

1954～1956 年,海军海道测量队在温台沿海,据国家点布测二等三角网完成各项战备测量。1958 年,海军海测大队创立“海面水准法”,启用理论最低低潮面为深度基准面,完成国家首次领海基线测量在浙江的基点。1960～1976 年,东海海测大队完成浙江沿岸和近海基本海道测量,测深线 27 万千米,其中 1964 年北海海测大队南下温州支援海道测量。1975 年,交通部、国家海洋局、海军司令部共同审定包括温州港在内的全国 18 个开放港口及其附近 37 个验潮站的深度基准面数值。温台海域有 1970～1974 年版 11 幅,皆为基本海道测量成果。

1954 年开始,海军温州海道测量段在温州港勘设航标,至 1965 年建成 33 座;1955～1959 年温州地区水产局勘设温台沿海渔业航标 39 座,1965 年重建洞头虎头屿灯塔。1958 年天津海港测量队奉令全测温州港并为复测奠定基础,平面控制根据国家点布测三等三角锁,水位控制依托长期验潮站。使用水铊和测杆测深,六分仪定位,完成水深图 7 幅,探测航行障碍物 35 处。为温州代培技术人员,2 年后成立海港测量队。温州港航道冲淤多变,1964～1973 年复测 4 次,上溯永嘉瓯湾、下及乐清湾,使用记录式测深仪施测。

由于瓯江江心屿南港潮流量逐减,导致老港区日趋淤塞,1953～1975 年完成十多次水文测验,南京水利科研所经河工物理模试确定堵干强支的整治方案;1970～1974 年按此方案新建顺坝,老港区复活,称誉全国。1971 年,温州测绘人提出“瓯江南口工程”,经温州市水电局和山东海洋学院、南京水利科研所八年探索,基本搞清南口堵坝后的瓯江泄洪、进潮的定量变化和北口、口外航道的演变趋势及北口护岸问题。1978 年进行试验性立堵,1979 年进行试验性平堵,填筑锁江潜坝 2320 米。

1951～1965年,浙江省水电设计院在平阳南港、乐清虹桥、瑞安仙降和温瑞沿海地区,建立三、四等三角网和水准网,完成1∶1万地形图近400幅。六十年代,温州地区地质队开展1∶5万区域地质调查。1951～1976年,温州地区林业局完成4次林业资源调查。

1951～1957年,温州市建设局三次布扩城市应急小三角网共21点,假定坐标系;委托徐宗达按三等精度布测城市应急高程网122千米;完成温州城区1∶500地形图7.2平方千米,近郊1∶1000地形图36平方千米。1958年,建工部第二测量大队布测温州市和瑞安县三等三角网,联测应急小三角网作出精度评述,再据8-7线布测二等水准支线和三等水准,联测应急高程网17点。1960～1962年,在温州市区和梧埏、永强、仰义和藤桥施测1∶2000地形图113平方千米。1959年,浙江省工业设计院测量队据前17点联测高程,改算应急高程网,始称三等水准网,并在瑞安施测1∶2000地形图。

1951～1965年,新建重建灰桥、黎明、勤奋、蓝田、乌牛、南码道、梅浦、显桥、肥艚、龙江等中型水闸,新建苍南朱家站大型水闸;全面加固沿海海塘和"三江"江堤,还结合围垦区新建部分海塘。1956～1965年,兴建天河、桐溪等大量小型水库和白石、钟前、淡溪、福溪、百丈漈、吴家园、仰义等中型水库。1973年对鳌江最大支流横阳支江进行疏浚和截弯取直。1977年对温州城区勤奋河进行大规模的疏浚和拓宽。上述各项水利工程由浙江省和温州地、市、县各级水电部门测量。

1959年,完成青田—温州—百丈漈110千伏输电线路测量。1965年,文成百丈漈二级2.5万千瓦水电站的隧洞长4589米,从5个支洞、12个工作面并进施工,浙江省水利局特派专家韦乙晓扎守工地测量,次年以高精度测量全线贯通。1949～1955年,修复杭温、丽温、温分公路,温州境内共长253千米。1956～1965年,修建温州市区—永强、分水关—泰顺、瑞安—文成—景宁、清水埠—永嘉—仙居等省道;1973～1978年,修建云和—泰顺—寿宁、南水头—霞关省道,其中温州境内共新增770千米省道公路。

1949年以前的土地测量队人员大多流散。1950～1960年,新组建的有温州市建设局测量队、平阳矾矿测量队、地市县各级水电局测量队、地区交通和地质部门测量队等。温州高级工业学校土木科开设测量课程,1950年首批毕业生分派温州市建设局。1953年,燃料工业部在温州师范学校招收200人,经培训后分派各石油勘测单位;还有参干参军者经专业学习后分派海测部队,报考测绘院校学生毕业后分派各地测量单位。1952～1965年,张树森《实用天文测量学》和《测量学》,曹漠《中国地球形状》和《天文学大辞典》出版发行。

(四)改革开放以来

改革开放以来,温州经济迅速发展,测绘面貌日新月异。测绘管理机构相继建立,测绘队伍人数翻了几番。同时,引进电子计算机、光电测距仪、全站仪、GPS接收机、数字式测深仪及各种软件等数字化、智能化的新仪器,传统的测距、测角、计算、绘图直至控制测量、地形测绘、海洋测绘、地图制印等都实现根本性变革。温州和外来测绘队伍高效完成和更新大面积基本地形图,为城乡建设随时提供优质测绘保障。

1977～1987年,浙江省测绘局布测经温州一等水准路线3条,杭州—宁波—温州,龙游—温州,温州—福州,用1985国家高程基准;总参测绘局布测松台山基岩点至温州验潮站的一等支线水准。1996～1997年,建成国家A、B级GPS大地控制网,采用WGS-84地心坐标系,1980西安坐标系,其中温州境内3点。2002～2004年,建成省C级GPS网,温州境内65点。1960～1984年,总参测绘局在温州施测

1：2.5 万航测地形图 112 幅。1977～1990 年,浙江省测绘局在温州施测 1：1 万航测地形图 512 幅。

海洋测绘方面,1979 年浙江省河口所测验队完成温州沿岸 1：2.5 万海涂地形图。1985 年东海海测船大队在浙江沿岸复测南麂列岛稻挑山等 7 个领海基线的基点。1988～1992 年,东海和北海海测船大队完成浙江远海基本海道测量,涉及国家海洋疆界所在的东海大陆架外缘,计测深线 15 万千米。2003～2004 年,完成温州市际和县际海界 49 点勘界测量,并上报审批,唯苍南与福建的海界待定。2006 年,温州市始行海域使用权申请和宗海图测量,填海项目竣工验收测量。1979～2006 年,上海海测大队等单位在温州港完成 7 次全测,沿用 1973 年建立的平面和水位控制,范围扩至乐清湾顶部。

1979～1981 年,全国海岸带和海涂资源综合调查在温州进行试点,国家科委海洋组海岸河口分组第二次会议在温州举行。1991 年,温州市委、市政府成立瓯江南口工程课题组,重点研讨锁江潜坝对航道和江岸的影响,提出兴建灵霓海堤,完成预可行性研究报告。2002 年,洞头连岛七桥和灵昆大桥建成。2006 年 4 月 29 日,灵霓海堤建成,温州城区至洞头岛全线通车。

2001～2005 年,在瓯江口内外先后 8 次施测水下地形图。1978～2007 年,在飞云江赵山渡至上望河段监测 22 次,完成水下地形图及水文测验。1978～1991 年,温州航运管理处在鳌江港多次施测航道图,完成水文测验,实施航道整治。

国家上海海事局温州航标处主管温台沿海、港口干线航标。1984 年,温州港进一步对外开放,沿海重建北渔山、新建北鹿岛和西台山灯塔,后再增建 8 座,构成温州现代化灯塔链。至 2007 年,温州航标处管理干线航标 576 座,温州市海洋与渔业局管理渔业航标 21 座。

海图编制方面,1981 年出版《中国海岸带和海涂资源综合调查图集浙江省分册》,1989 年出版汪家君、吴松柏《浙江海区近代历史海图集》,1980 年和 1990 年航海保证部编制出版包括温台海域的我国第三、第四代航海图。

资源勘察方面,1981～1983 年,浙江省第十一地质大队完成温州 1：5 万地质与矿产图、城郊水文工程地质图。1984～1989 年,温州市水利部门完成水资源调查,实测温州市区、瑞安、乐清、平阳、苍南河道容积;温州市土地局据 1：2.5 万航片完成全市土地概查,据卫片转绘 1：1 万正视影像图,完成全市土地详查并编制土地利用现状图。温州市林业局完成 4 次森林资源调查。1979～1997 年,国家石油勘探部门查明温州以东的东海盆地面积约 15.5 万平方千米,沉积岩最大厚度 1.2 万米。2007 年,温州市文化部门据 1：1 万地形图完成全市文物普查。

2000～2004 年,丽水市勘测院受托测定温州市际和县际行政区域界线,浙江省地理信息中心承担内业,共测定界线长度 1293.3 千米,埋设界桩 40 座,还勘定瓯江、飞云江、鳌江的政区江界。

测绘管理方面,1985 年温州市规划处建立测绘管理科,1996 年改名温州市测绘局,重在测绘市场准入、产品质量监督、控制资料统管、规划红线放样管理等。1986 年,温州市规划局、市土地局联合发文《对建设项目加强测绘管理的通知》,规定规划红线放样管理程序,统一地形图坐标系统和质量标准及作业员应具资质。平面坐标统一采用省测绘局 1985 年 11 月 15 日批复同意的温州市独立坐标系,高程统一采用 1956 年黄海高程系。并确定 1：2000 航测图(中心区 1：1000)为基本地形,新 1：500 地形图按需择块施测。出台《温州市区控制资料暂行管理办法》。召开温州市首次测绘管理工作会议,部署测量标志普查和测绘资格审查工作。

1987 年,温州市受省测绘局委托,向审查合格的 23 个测绘单位首次颁发《测绘许可证》。到 2007 年,全市共有 42 个持证测绘生产单位,各级技术人员 456 名。1987 年,颁布《温州市测绘管理办法》,7

月 24 日起施行。1998~2004 年,温属 8 县(市)相继建立测绘管理部门。

温州市区提升控制测量、地形测量等级和规模方面,1994 年全国城市测量 GPS 应用研究中心和温州市勘察测绘研究院合作完成温州市三等 GPS 扩展网 142 点。2004 年,温州市勘测院和武汉大学合作,完成温州市二等 GPS 全面网和三等 GPS 加密网,含框架网 7 点和二等 87 点。温州市勘测院和温州综合测绘院,据省一等水准点完成温州市二等水准网 477 千米,覆盖温瑞东部平原。2007 年,建设 GPS 综合信息服务网"温州市连续运行参考站网络"。1984~1997 年,温州市勘测院布设一、二级红外测距导线,择各建设地块完成 1∶500 地形图 4442 幅;瓯海勘测院在瓯海区各镇完成 1∶500 地形图 872 幅。1988~1991 年,温州市勘测院在航测图外围施测 1∶2000 平板仪图 72 幅。1994~1997 年,温州市勘测院等四单位施测中心区 1∶500 航测地形图 2535 幅。1999~2004 年,温州市勘测院等四单位施测 1∶500 数字地形图 8720 幅,首次全覆盖市区城镇及平原。1995 和 2002 年,两次委托完成市区 1∶1 万和全市 1∶6 万航空遥感测量,编制 1∶5000 影像图。2006 年,委托中国测绘科学研究院,完成温州市大都市区规划范围 1∶1 万航空数字摄影测量,编制 1∶5000 的 3D 地形图 511 幅。1995 年普查温州市区给、排水地下管线,2000 年普查老城区电力、燃气、电信、电视、工业、军用等地下管线 2181 千米,2005 年为温瑞塘河整治普查排水管网 1970 千米。

编制出版 1986 年温州市地图,1993 年温州市行政区划图。1997~2003 年,编制出版温州市地图、温州城区地图、温州市卫星影像图、温州市区卫星影像图、瑞安市地图、泰顺县地图等,还完成编制《温州市实用地图册》《温州市城市总体规划图集》《温州市农业资源地图集》《温州市交通旅游工商地图册》《温州市地质矿产图》《交通旅游图》等。

温州各县(市)测绘 1∶500 地形图及其控制测量方面,1983 年温州市规划管理处施测瑞安城关镇四等独立网。1984 年委托浙江省测绘局外业大队施测永嘉上塘镇。1986~1991 年,乐清房管处委托浙江省煤田地质测量队等单位,施测乐成、柳市、虹桥、大荆、北白象、南岳镇共 17.1 平方千米;洞头县委托浙江省物探测量队施测北岙、黄岙镇;瓯海县自力施测瞿溪、永中、永昌、梧埏诸镇;文成县自力施测大峃镇 3.6 平方千米;泰顺县自力简测罗阳、三魁两镇地形图;温州市测绘学会科技咨询服务部施测永嘉清水埠镇 4.8 平方千米,为纳入温州市独立坐标系跨江联测。各镇首级控制分别布设四等或一级独立网。1989~1992 年,温州综合测绘院在市属多县建立三、四等三角网,例如瑞安三等三角网,建立瑞安市城市坐标系;乐清柳市及邻镇三等三角网,建立柳市独立坐标系;苍南灵溪、龙港三角网均属 $L_0=120°$,但投影面各为大地水准面和补偿高程面 -220 米;平阳昆阳、鳌江两镇各自布网。1992~1998 年,乐清各镇扩测,浙江、江西省测绘局外业大队分别施测乐成镇和其余 14 个镇。

1994 年,温州市三等 GPS 扩展网扩及瑞安、永嘉和平阳,为温州 GPS 测量之始。在瑞安,1983~2005 年瑞安规划测绘队施测 1∶500 地形图 314 平方千米,惜坐标系统不一;2005~2007 年,瑞安市委托浙江省第一测绘院布设三等 GPS 网和三等水准网,温州综合测绘院完成 1∶500 数字地形图 43 平方千米。在永嘉县,1994 年永嘉县测绘队在全县布设 GPS 点加密网,至 2004 年完成 1∶500 数字地形图 103 平方千米;2006 年与温州市勘测院合测三、四等 GPS 网。在乐清市,1998 年委托温州市勘测院布设 $L_0=121°$ 的三、四等 GPS 网,建立乐清市城市坐标系;2007 年委托浙江省第一测绘院改造为新三、四等 GPS 网,布测二等水准网;温州市测绘队完成 1∶500 数字地形图 61 平方千米。在洞头县,1994 年委托布设四等 GPS 网;2003 年温州市勘测院布设 $L_0=121°$ 的三、四等 GPS 网,建立洞头城市坐标系,并布测跨海红外测距三角高程测量的三等水准网;洞头县测绘大队完成 1∶500 数字地形图 76 平方千米。

在苍南县,1999 年委托国测第二地形队布设 $L_0=120°30'$ 的三、四等 GPS 网,分别归算为灵溪和龙港系统;温州综合测绘院施测三等水准网,苍南县测绘所完成 1∶500 数字地形图 141 平方千米。在平阳县,2002 年委托浙江省第一测绘院布设三、四等 GPS 网。在文成县,1996 年委托温州市勘测院布设三等 GPS 网,2007 年又布设 GPS 网和三等水准网;文成县测绘大队完成 1∶500 数字地形图 120 平方千米。在泰顺县,1998 年委托温州市勘测院布设 GPS 网,泰顺县测绘大队完成 1∶500 数字地形图 50 平方千米。瑞安、乐清、永嘉、洞头、文成的 GPS 网均已纳入温州市独立坐标系。

地籍测绘方面,1987～1988 年温州市及各县土地管理局成立,温州市勘测院开展解析法地籍测绘试验。1989～1996 年开展初始地籍调查,全市 140 个建制镇的建成区 244 平方千米完成 96%,5252 个行政村完成 49%。调查用 1∶500 底图,温州市区是放大 1∶2000 航测图,瑞安、乐清、洞头已有 1∶500 地形图,其余各县新测。2000～2002 年,瑞安市委托国测第二地形队和华北工程勘测院,完成 1∶500 数字地籍图 58 平方千米,提供光盘。2007 年,全市启动第二次土地调查,至 2010 年底完成 409 平方千米,占总数的 61%。

房产测绘方面,1987 年开始,房与房下之地分归房产和土地部门管理,各自颁发房屋所有权证和土地使用证。在温州市区,1993 年据 1∶2000 航测图放大的 1∶500 图,用皮尺丈量绘制房产分幅图;2002 年温州市、瓯海区等三支房地产测绘队完成 1∶500 数字房产图共 213 平方千米,量算房产 5664 万平方米。在瑞安,1983～1988 年完成 1∶500 房产图 3300 幅;1997 年委托国测第一大地队和第二地形队布设四等 GPS 网,复测 40 个乡镇 1∶500 房产图,量算房产 3000 万平方米。乐清市房地产测绘队完成 1∶500 房产图 2319 幅,量算房产 80 万平方米。苍南县房地产测绘有限公司完成 1∶500 房产图 1588 幅,量算房产 896 万平方米。平阳县房产测绘经常化,产籍资料较完整。

工程测量方面,1990 年温州永强机场通航,温州市地理学会科技咨询服务处和市水电勘测设计处完成南址选址勘测,温州市勘测处完成北址选址勘测及施工测量。1983～1990 年,先后建成杨府山、龙湾、磐石和七里港区,泊位从 5000 吨级增至 2 万吨级;至 2007 年,状元岙、乐清湾港区建成 5 万吨级泊位,大小门岛港区建成小门岛石化基地,这些工程由浙江省交通设计院等单位测量。1998 年金温铁路建成通车,2009 年甬台温、温福高速铁路建成通车,温州境内铁路总长 215.05 千米,桥、隧长度约占全线的一半,这些工程由铁道部第四勘测设计院等单位测量。2001 年、2003 年、2010 年先后建成金丽温、甬台温、诸永高速公路,温州境内总长 278.91 千米,这些工程由交通部第二公路勘察院、浙江省测绘大队等单位测量。

1989～1998 年,建成桥墩、金溪等中型水库和双涧溪、高岭头、三插溪等水电站;2001 年建成珊溪大型水库和 4×5 万千瓦水电站,由华东勘测院和温州市、县水电部门测量。1995 年建成永强标准海塘 19.1 千米,誉为"东海第一堤",由瓯海水电局测量。1984～1998 年,先后建成瓯江翻水站、泽雅水库、楠溪江引水等供水工程;1990～2005 年分三期建成温州电厂 145 万千瓦;2008 年建成浙能乐清电厂首期 2×60 万千瓦,二期 2×66 万千瓦;华润苍南电厂首期 2×100 万千瓦和 3.5 万吨级煤炭泊位,这些由浙江省河海测绘院、省测绘大队浙南处等单位测量。500 千伏输变线路,3 座变电所和金华、宁波、台州至瓯海回线,这些由浙江省电力设计院等单位测量。

2003～2008 年,建成温州市区中心片、东片和文成污水处理厂,建成东庄、临江、永强、苍南垃圾焚烧发电厂。温州市测绘单位完成温州大桥变形监测、永强平原地面沉降监测、甬台温高速公路崩坍地段变形监测、谢池巷侨宅倾斜观测、温州市体育中心体育场鉴定等特殊工程测量。

在地理信息系统建设方面,2004年温州市规划局建立市区平原区域500平方千米1∶500基础地理信息数据库,完成中小比例尺数字线划图数据入库。2005～2007年,完成市区大地成果、各类基础地形图和影像数据、1∶5000的3D数据入库,基本建立以数字线划图、数字正射影像图、数字高程模型、大地成果数据为主,元数据库、地名数据库、基础地形图产品库为辅的温州市基础地理信息数据库。基础地理信息系统开发与建库同步进行,已经形成三大功能系统,即地理空间数据库管理及应用主系统、数据预入库处理子系统、信息化数据采集子系统,涵盖数据采集、加工、建库、管理、应用、更新等整个业务流程。已经建成地籍、地下管线管理等数十项各专题地理信息系统。

1980年温州市地理学会测绘学组成立,1987年在学组基础上成立温州市测绘学会,1989年升格为温州市一级学会。共有个人会员449人,其中兼省测绘学会会员168人,兼中国测绘学会资深会员13人,高、中级技术职称233名;团体会员43个单位。近20年来,学会连续被评为省测绘学会先进集体、市科协先进集体和三星级学会。测绘学会结合社会经济实际,为社会提供科技咨询服务,主办和参加市级各类学术活动58次,参加全国和全省学术活动54次,《温州测绘》期刊出版25期,共180万字。多名会员在全国性期刊发表论文,获省、市科协优秀论文奖90篇。1989～2008年,温州市各测绘单位获奖工程项目21项,其中有浙江省建设工程钱江杯二、三等奖,省一等奖4项,国家二等奖3项。

大 事 记

温州自西汉惠帝三年（前192）驺摇封东海王开始，历代构筑城池、开凿河道、兴修水利、修建道路、土地经界、航渡和战事等皆以测绘为先导。

汉　代

西汉惠帝三年（前192）

驺摇封东海王，都东瓯（今永嘉瓯江北岸）。驺摇引领瓯人"启土俗化"，改变"断发文身"习俗，"肇辟榛芜"，开辟农田。

东汉永和三年（138）

置永宁县，县治在贤宰乡（今永嘉瓯北永宁山南麓），这是温州建县之始。

三　国

东吴赤乌二年（239）

分永宁县大罗山以南区域设置罗阳县，县治在北湖鲁岙（今瑞安锦湖街道西岙村集云山麓洪积扇上），这是瑞安设县之始。

在罗阳县的横屿（今平阳县宋埠仙口村南）开办官营造船厂"横屿船屯"，建造和修理船舶。

归命侯宝鼎三年（268）

罗阳县改称安阳县。在县治西半里建石紫河埭，埭长三十八丈，为瑞安历史上最早的水利工程。

晋　代

西晋永康年间（300～301）

横阳人周凯率民筑海塘，开河道，"遂使三江东往于海"。周凯抗洪殉职，后人立庙奉祀，视为治水圣人。

东晋太宁元年(323)

分临海郡南部设置永嘉郡,郡治在永嘉(今鹿城老城区),这是温州设置郡级行政区之始。

开始建造永嘉郡城"鹿城",行政中心才由瓯江北岸迁至瓯江南岸。

安固县城由北湖鲁岙迁至邵公屿(今瑞安老城区)重建扩建。

东晋宁康二年(374)

从永宁县中分出增设乐成县,县治在乐成(今乐成老城区),这是乐清建县之始。

晋时,永宁、安固、横阳三县筑海塘和江堤,开河八条。

南　朝

宋景平元年(423)

谢灵运任永嘉太守,开挖河渠,兴修水利,大量湖田得以开垦,牛耕和粪肥普遍使用。

宋元嘉十一年(434)

裴松之任永嘉太守,"勤恤百姓,吏人便之"。在布满湖沼的沿海平原开挖河渠,使山区水流排入江河海洋,而不蓄在湖沼里,耕田得以扩大,并推行水稻一年两熟制。

刘宋时期,安固县城建垣扩建,疏导县前河、西河、午堤河。束集云山来水汇于北湖,引溉郭外民田。

隋　代

开皇十年(590)

隋王朝开始统治温州。隋在温州 27 年统治中做了两件有益的事,第一,撤并郡县,将行政中心移驻括苍(今丽水),既改变了冗官碍事的弊端,又使西部山区得到开发;第二,实行均田制,使"宽乡"土地得以大面积开垦,宽乡农民比狭乡得到更多的授田。

唐　代

上元二年(675)

永嘉和安固两县从括州中分出设置温州,州治在永嘉(今鹿城老城区)。因温州地处温峤岭以南,而且"虽隆冬恒燠",故取名温州。从此"温州"这一州名沿用至今。

贞元四年(788)

温州刺史路应率民在乐成、横阳两县修筑堤堰,使"二邑得上田,除水害",并初步形成乐琯塘河和瑞平塘河。

会昌四年 (844)

温州刺史韦庸发动民工在温州城西南"西湖"上开挖疏浚通江排洪河道十里，并筑堤塘，使上河乡平原的瞿溪、郭溪、雄溪三河之水汇通于西湖。由此西湖改称会昌湖，所筑堤塘称为韦公堤。

五 代

后梁开平元年 (907)

温州刺史钱元瓘重修外城，营造内城，内城称为"钱氏子城"，并疏浚护城河，以固温州城防。

后梁乾化四年 (914)

横阳县民众开凿江南内河 (在今苍南县境内)，开垦江南平原，对鳌江下游南岸的大片平原带来巨大的灌溉和航运之利。

后唐长兴三年 (932)

乐清县令丁公率民筑埭治田，形成北阁、丁公、久防三处水利，引水灌田，民感公德，因名"丁公埭"。

宋 代

北宋元丰年间 (1078～1085)

温州各地出现许多商业集镇。平阳县有前仓 (今钱仓)，杷槽 (今肥艚)、泥山 (今宜山) 三镇，瑞安县有瑞安 (今安阳)、永安 (今江溪) 两镇，乐清县有柳市、新市 (今虹桥) 两镇，永嘉县有白沙镇 (今桥头白沙)。

北宋元丰四年 (1081)

温州知州李均、瑞安县令朱素率众建造石岗陡门，此陡门为南塘河 (今温瑞塘河) 挡潮、排洪、蓄水的重要水利枢纽。

北宋元祐三年 (1088)

温州创立"永嘉水则"，在府治谯楼前的五福桥第二间的石柱上刻"平"字，永瑞塘河诸乡陡门皆依此水则为准，规定河水位升至"平"字上高七寸，开闸泄水，降至"平"字下低三寸，合闸蓄水。

南宋绍兴二年 (1132)

乐清知县刘默发动民工修筑城西承流门外至琯头长达五十多里海塘，称为"刘公塘"，改善了大片农田的灌溉条件。

南宋绍兴七年 (1137)

蜀僧清了率众填平孤屿中川，移建江心寺于其上，又称中川寺。

南宋绍兴二十四年(1154)

修筑永嘉场军前大埭和平水埭,使数百顷农田免遭海潮侵袭。

南宋绍兴年间(1131~1162)

瑞安县用以工代赈的办法,修筑陶山湖的陂塘,塘内蓄水,塘外垦田,开垦了大片的湖田,也叫圩田。这是当时温州最大的垦田工程。

南宋淳熙四年(1177)

温州知府韩彦直募民工1.3万余工,疏浚温州环城河5589米,叶适撰写《东嘉开河记》。

南宋淳熙十一年(1184)

重建瑞安石岗陡门,以石更造,最为著名。

南宋淳熙十二年(1185)

平阳县修筑沙塘陡门。

南宋淳熙十三年(1186)

温州知州沈枢重修南塘河(今温瑞塘河)七十余里,次年竣工。陈傅良作《温州重修南塘记》。

南宋淳熙年间(1174~1189)

平阳县左司议蔡必胜率众修筑万全埭,长三十五里。
乐清县修筑黄华东、西两大埭和胡埭、章岙埭等。

南宋嘉定元年(1208)

平阳金舟乡(今苍南金乡)海滨修筑阴均埭,并建造阴均陡门,使附近四个乡四十多万亩农田免受咸潮侵害。

南宋嘉定五年(1212)

温州知州杨简倡导平阳江南(今苍南县境内)官民修筑下涝陡门、塘湾陡门、楼浦陡门、江西陡门、新陡门、萧家渡陡门等六座陡门,俗称"嘉定六陡"。

元　代

大德年间(1297~1307)

永嘉县尹王安贞率民重修华盖乡茅竹陡门,并疏浚陡门浦。

大德十年（1306）

提控腾天骥役民修筑平阳江南东塘，长一百二十丈。

至大四年（1311）

瑞安修筑昭仁陡门。

至顺三年（1332）

永嘉城郊修筑黄湖埭、莲花埭，以潴三溪水，灌农田二万顷。

至正二十四年（1364）

瑞安扩建城墙，辟东北水门，沟通各河道，向东水门导泄。

至正二十七年（1367）

乐清重浚城内河道，沟通东、西渠与两溪，引山泉入城，导洪水出东塘入海。

明 代

洪武二年（1369）

瑞安县履田丈量，土地以户口编黄册，以位置编造鱼鳞册。

洪武十一年（1378）

永嘉知县梁瑀履亩占数，编号画图，以正经界。

洪武十七年（1384）

信国公汤和奉旨巡视海防，筑城寨设防倭犯，军垦涂地，先后建成磐石（卫）、蒲岐、后所、永嘉、宁村、瑞安、海安、沙园、金乡（卫）、蒲门、壮士等卫所城寨。并大事整修温州城垣，疏浚城内诸河，以便粮运。

洪武二十四年（1391）

瑞安县进行土地经界，得出全县田地 56.44 万亩，为瑞安历史上最早的土地经界统计数。

洪武二十七年（1394）

平阳县修筑吴南堰，瑞安县在飞云江两岸修筑堤塘八十里。

洪武二十八年（1395）

乐清县新开河三十七条，县西八条，县东二十九条，初步形成乐清平原河网。

永乐十年 (1412)

平阳县修筑捍潮堤堰一百三十里。

宣德五年 (1430)

何文渊出任温州知府。在任六年,主持重修瑞安石岗陡门,乐清蒲岐海塘七百八十四丈,修建瞿溪堘闸,蓄水引灌水田数千亩,后人称"何公堘"。

景泰三年 (1452)

五月,划瑞安县义翔乡 5 都 12 里和平阳县归仁乡 3 都 6 里,设置泰顺县。

正德五年 (1510)

乐清知县徐公相视水道,刻木测量,凿石筑堘数里,改善田旱,施利惠民,后人称"徐公堘"。

正德十五年 (1520)

温州知府陆鳌,委推官程资重修蒲州堘,永嘉、瑞安两县二十四万亩农田受益。万历二年知府杨邦宪复修。嗣后知府卫承芳经实地测量,置水湫九处,分导主流,蓄泄相宜,堘方固之。

嘉靖八年 (1529)

朝廷首辅张璁命温州府尽拆河道设障,举城重浚城河,开复故道。

嘉靖二十年 (1541)

罗洪先绘制《广舆图》,其中《浙江舆图》是浙江省第一幅行政区域图,图内绘有温州区域。

嘉靖二十七年 (1548)

御史按郡筑永嘉场"沙城",委瑞安县丞曹龙督修,北起沙村寨,南达一都长沙,长四千六百十九丈,历时三载竣工。

嘉靖三十五年 (1556)

胡宗宪总督浙江军务,委郑若曾编绘海防巨著《筹海图编》,卷五《全浙沿海总图》中第一幅为温州府图,温州的海域、陆地及倭寇入侵的线路均有详尽标示。

万历七年 (1579)

瑞安知县齐柯,建丈量之议,亲为履田,握标登记,一无遗漏。

万历三十三年 (1605)

刊印《温州府境图》,这是温州市保存的弥足珍贵的古老地图。

清　代

顺治十四年(1657)

温州推官刘矩宗"勘治海田,豁无田之税"。

顺治十八年(1661)

清廷下令迁界。温州沿海居民被迫内迁,永嘉县迁弃茅竹岭以东的一都至五都和膺符乡的七都,乐清县迁弃94里,瑞安县先迁弃28里,后又迁弃6里,平阳县迁弃100多里。插木为界,名为迁界。

康熙十三年(1674)

靖南王耿精忠据闽反清,温州遭"耿变"之害,温州城西郭外莲花埭及浦桥遭毁,康熙三十八年,移埭址于浦桥内重建,更名谢婆埭。

康熙二十二年(1683)

清廷下令展界,恢复迁界时的界外地,允许原沿海居民回乡耕种,温州沿海迁弃之地始渐恢复。平阳蒲门于康熙二十三年始展复。

康熙五十七年(1718)

在全国性测量基础上完成《皇舆全览图》,该图为首次按经纬度点控制的实测中国全图,比例尺1:140万,内有全国图1幅,分省图32幅,其中浙江幅绘有温州区域的详细内容。

雍正四年(1726)

永嘉县永嘉场新筑长沙塘四千七百零六丈,山北塘一千零五十丈,共围涂地一万二千亩。

雍正五年(1727)

温处道、知府、知县率绅士薛英等,废西郭外谢婆埭,下移于浦桥外,复称莲花埭,内控三溪水,外捍咸潮,为温州一方水利之要。

雍正六年(1728)

瑞安知县乌铨清丈田亩,"以亩配丁,民无拖累之征,户免无田之苦。"

乐清知县唐传钰役民开浚东乡河,自钱家垟至南坪、蒲岐等地,溉田十余万亩。

雍正八年(1730)

陈伦炯编成《海国闻见录》,对温州港有详细描绘。

雍正九年(1731)

平阳兴建渡龙陡门,历经九年竣工。

雍正十三年(1735)

福鼎陈汝白兄弟来乐清南塘围垦涂地,至乾隆四十三年共筑塘八处,围地八千余亩。

乾隆元年(1736)

瑞安县民于城东海涂另筑新横塘,围垦土地,塘长四十五里,并在东山上埠建二孔陡门一座。

乾隆二年(1737)

八月,平阳大风雨七昼夜,海溢内涝,田禾尽没,江口海塘冲毁,民大饥。是岁,奉旨以工代赈,县民筑堤九百二十丈,起于江口,经三官瓦窑、林家院、肥艚直达老城。

乾隆三年(1738)

分司唐渐勘视后,请寓赈于工,修筑平阳仙口土塘一百九十二丈,又筑宋埠土塘三百八十丈,鳌江北岸江口土塘五百丈,并修筑小陡。知县彭绍堂谕瑞平两县厘民派费重修万全沙塘陡门。

乐清重修黄华塘,并与智广塘等九塘相连接,共长四千一百六十五丈。

乾隆四年(1739)

平阳知县彭绍堂率万全六都乡民,兴建宋埠陡门。

乾隆十一年(1746)

扩建平阳万全塘,并建大陡门三座,小陡门一座,东西筑堘以捍潮护岸。

乾隆十三年(1748)

永嘉场建山北塘,长约十里,受益蒲田一万二千亩。

乾隆二十七年(1762)

编制《温州府全图》。

嘉庆十三年(1808)

瑞安知县张德标率邑人疏浚城内河,并开浚各支河。

道光二十一年(1841)

温州知府组织绘制海防图集《温州全图》(共16幅)。1846年该图集有七幅(后又增加二幅)入藏英国国家博物馆。

道光二十四年(1844)

十一月二十八日,三艘英国舰船进入温州港,擅自测量港口南北水道,绘制海图。

瑞安乡绅洪守一发起疏浚瑞安东门至帆游四十里塘河,整修河上五十余座桥梁,历时三年。

咸丰四年(1854)

永嘉县民重修蒲州埭,累费二万两,永瑞二县农田受益。

同治九年(1870)

李永澜绘制《温州府治全图》。

光绪三年(1877)

一月,海关总税务局英人赫德派英籍税务司好博逊筹建温州海关,三月二日乘"凌风"艇来温,经半个月测量港内航道,选定关址。1877年英版《温州港航道图》是最早用新法测绘的温州港地图。

四月,英国首任驻温领事阿尔·巴斯特选择江心屿孟楼为临时馆址,在江心屿东塔下圈占土地筹建领事馆馆舍。

六月,德国"赛克洛波"号炮舰对温州港内航道进行测量。

光绪四年(1878)

七月,瓯海关在江心屿东南"象岩"上竖立铁柱,顶端悬挂圆球,作为航行标志,这是温州港近代最早的航标。

光绪五年(1879)

温州知州梁铭树役乡民督筑驿头埭一百四十余丈。

乐清县永康乡监生徐遇清率乡民开浚新河五百七十丈。

光绪八年(1882)

刊印《温州城池坊巷图》。

光绪十一年至十三年(1885～1887)

英国海军在中国东南沿海进行大三角测量,并作平差计算。花鸟山、大戢山、韭山列岛3点作天文观测。

光绪十九年(1893)

温州府海防同知郭钟岳按原图缩绘制成《温州府海防营汛图》。

光绪二十三年(1897)

朱正元编制《御览江浙闽沿海图》,这是19世纪中国编制的最佳海图集。

光绪二十七年(1901)

瑞安莘塍张钢等人向知县上书建议修筑东海新塘,南起东山,北到梅头,长约四十里。

光绪三十四年(1908)

瓯海关在飞云江口外的大北列岛东端,建造温州沿海第一座灯塔"冬瓜屿灯塔"。

宣统二年(1910)

上海商务印书馆1∶85万《浙江省全图》出版,对温州的行政区划、海港全貌有详尽的描绘。

中 华 民 国

民国四年(1915)

浙江陆军测量局完成1∶10万浙江省地形图的调查绘制。

浙江外海水上警察厅测绘浙江省沿海岱山至洞头1∶10万海图20幅。

民国五年(1916)

浙江省水利委员会第一测量队来温州测量瓯江,瓯海道尹黄庆澜委托徐宗达向测量队商借仪器,测量城河干道和沿江各陡门高程、江河水位,主持拆修海坦陡门和重浚河道。

浙江海塘测量处测绘1∶1万《浙江江海塘形势图》。

中国海关测绘1∶2.42万《温州港图》。

浙江省长吴公望提出修筑浙江省道公路,经省道筹备处派员测量选线,从杭州经嵊县、天台、温州至福建,称浙闽正线。

民国七年(1918)

浙江陆军测量局改测全省三等三角。

民国十五年(1926)

浙江省全省三等三角测量完成。

民国十七年(1928)

测量温州城内河道,水面面积468.3亩,这是最大的实测数据。1957年缩为213亩,1986年仅存171亩。

温州美术印刷公司印制《永嘉县城区全图》,中华书局和商务印书分局发行。

浙江测量学会成立。

民国十八年(1929)

浙江省陆地测量局建立玉环坎门验潮所。

民国十八至二十二年(1929~1933)

海道测量局施测温台沿海1:2万~1:10万海道图10幅。

民国十九年(1930)

浙江省水利局对浙江主要河流开始进行三角和水准测量。

浙江省测量学会《浙江测量》杂志创刊。

民国二十年(1931)

9月,海军海道测量局"庆云号"舰船来温州测量温州港和进口航道,绘制海图。

民国二十一年(1932)

浙江省水利局对浙江主要河流开始进行1:5000、1:1万地形测量。

洞头籍林环岛发动渔民捐资修建虎头屿灯楼,后重建为灯塔。

民国二十二年(1933)

瑞安城乡各地丈量土地,绘制丘形图。

永嘉县设立土地清丈处。

建造南塘飞机场。

民国二十四年(1935)

受浙江省民政厅指派,省土地测量队第十四分队进驻永嘉县(温州),第十三分队进驻瑞安,乐清和平阳也驻有测量分队。

永嘉县地政处成立,进行地籍登记整理工作,为全国五个试点县之一,人员500人,购置10台进口经纬仪,颁布地籍测绘规范和技术标准。

浙江省水利局对浙江主要河流1:5000、1:1万地形测量结束。

民国政府资源委员会派测量队勘测飞云江的九溪、泗溪及百丈漈水力资源。

严济慈先生测量并埋石的温州最早天文观测点,在今温州六中校园内,北纬28°00′58″.7,东经120°38′59″.4。今几经查找,没有找到此点,已经损毁。

民国二十五年(1936)

永嘉县改建灰桥陡门、海坦陡门、广化陡门、西陡门、东陡门、下陡门等。

民国二十六年(1937)

11月,永嘉县地政处据军用地图缩制成永嘉县图。

12月,永嘉县地政处据城厢地籍图缩编成1:5000《实测永嘉县城厢街巷详图》。

温州始设气象"测候站",并在郭公山金沙岭设置"瓯江水位站",规范记录气象、水文、雨量资料。

民国二十七年(1938)

1月,海军海道测量局奉命暂行裁撤,测绘人员部分遣散,5艘测量舰艇悉被日军炸沉。

永嘉县地政处绘制全县土地活页拼接进程图,共64页,装订成册。

民国二十八年(1939)

浙江省大三角测量完成。

民国二十九年(1940)

7月1日,永嘉县地政处改为土地登记处和土地测量队,县政府内设地政科。

永嘉县瓯江以南乡镇完成平原户地测绘和土地登记工作,标高假定浙江省陆地测量局紫薇园原点以上50米起算。

民国三十年(1941)

永嘉县田赋管理处成立。

平阳张树森编著出版《最小二乘法》。

民国三十一年(1942)

5月,八区行署聘华北水利委员会技术人员进行永瑞平原水利查勘规划及工程测量设计,完成《浙江省瓯江飞云江间滨海区域陡门改善计划书》。

测算永瑞塘河的河道面积为17.8平方千米,永强塘河的河道面积为2.4平方千米。

民国三十二年(1943)

浙江省水利局成立浙东"温属滨海海涂测量队"和"台属滨海海涂测量队"。温属队测1∶1万地形图54幅,台属队测1∶1万地形图62幅。

民国三十三年(1944)

华北水利委员会驻温州测量队勘测平阳南港、北港工程。

民国三十五年(1946)

温州各县先后成立地籍整理处,并设立测量队,以地籍整理工作为重心,清丈、登记全县土地。

永嘉县开始实测地籍图。

民国三十六年(1947)

9月,计划兴建的金华至温州铁路线路踏勘工作完毕,总长225千米。

浙江省地政局在温州举办测绘人员培训班,招收学员80名。

民国三十七年(1948)

1月,分出瑞安县10个乡镇、青田县6个乡、泰顺县2个乡及山垟、桂库等地建置文成县。

民国三十八年(1949)

5月7日,温州和平解放。

8月26日,在温州成立第五区专员公署,并将永嘉县瓯江以南的永嘉城区、城郊、梧埏、永强、三溪、藤桥、泽雅等地划出,设立温州市,直属省人民政府。

中华人民共和国

1949 年

12月20日,第五专员公署改称温州区专员公署。温州专区辖永嘉、乐清、瑞安、平阳、泰顺、青田、文成、玉环八县。

1950 年

温州市建设局编制《温州市旧城河道分布图》。

浙江地质调查所测绘平阳矾矿1∶2000、1∶5000地形图。

浙江省水利局开始进行全省主要河流流域的三角测量、地形测量。

1951 年

浙江省农业厅水利局配合中央和华东水利部,在浙江共同进行8－5线(宁波—温州)、8－6线(温州—龙游)、8－7线(温州—福鼎)等8条路线的精密水准测量。1955年完成。

温州市建设局布测温州市区小角网,共21点,城市水准94点,控制面积50平方千米。1956年完成。

1952 年

温州市建设局开始测绘温州城区1∶500地形图7.2平方千米,郊区1∶1000地形图36平方千米。1957年完成。

1953 年

浙江省第一次二类森林资源调查测量开始,1957年测绘结束。

浙江省水利厅在温州市布设温－1线、温－2线三等水准路线,并在永嘉、平阳布设三等水准路线52点,计142.6千米。1956年完成。

1954 年

浙江省水利水电勘测设计院完成永嘉、瑞安、乐清、平阳诸县沿海平原区域1∶1万地形图。

浙江省水利局对乐清虹桥区河道进行测量,提出虹桥区治涝方案。

总参谋部测绘局在浙江开始进行一、二等三角测量。

1955 年

3 月,海军海道测量队三分队在温州湾各岛屿和大陆沿岸布设三、四等三角网,在温州湾施测 1：2.5 万水深图,在玉环、洞头、温州、乐清、平阳沿岸施测 1：2.5 万岸线地形图,共 20 幅,面积 246 平方千米。1956 年 12 月完成。

5 月,浙江省水利局设立测量总队,开始进行全省主要河流流域的三、四等水准测量。

5 月 14 日,浙江省公路局第二测量队对温州至分水关段公路在原有公路基础上重新测设,1956 年 1 月 1 日全线通车。

温州专署水利局测量队和浙江省水电设计院测量队合作完成桐溪水库 1：1000 地形图 37 幅,面积 7.4 平方千米。

1956 年

2 月,海军海道测量队大地分队布测从南韭山至台州、温州海域二等三角补充网,共约 80 点,温州有黄石山、李王尖等点。

总参谋部测绘局测绘第一代 1：5 万地形图,其中浙江沿海 103 幅。1961 年完成。

1957 年

总参谋部测绘局完成浙江省一等三角测量。

1958 年

4 月～6 月,交通部派遣天津航道局海港测量队对温州港进行首次全面测量。海军航海保证部据此测量成果,于 1960 年制印现代首版温州港海图。

5 月～8 月,建筑工程部综合勘察院华东分院来温州建立城市控制一、二级(相当于国家三、四等)三角网,包括一级主网 13 点,二级插点 11 点,基线一条,控制面积 300 平方千米。

华东勘察分院在温州市区和市郊藤桥、仰义、梧埏、永强等区施测 1：2000 地形图,共 113 平方千米。1961 年完成。

海军海道测量大队和东海舰队机动测量队共同完成浙江境内领海基线测量。

总参谋部测绘局完成浙江省二等三角测量,开始在浙江沿海岛屿用大平板仪方法进行 1：1 万地形图测量。

浙江省民政厅编制出版 1：50 万《浙江省行政区域图》。

1959 年

1 月,温州专区由点到面开展第一次土壤普查工作。

1960 年

4 月,东海舰队海道测量大队开始在浙江海区沿岸进行基本海道测量。

1961 年

温州地区水利局测量队和水电设计院测量队等单位于 1958 年 8 月、1960 年 9 月、1961 年 12 月先后完成永嘉渔田水库、新开洋水库坝址及灌区、瑞安潘山翻水站各种大比例尺地形图,共 68 平方千米。

1962 年

华东勘察院施测瑞安城关镇 1∶2000 地形图。

总参谋部测绘局开始测绘第二代 1∶5 万地形图,其中温州地区 51 幅。1972 年完成。

温州地区水利工程处测量队完成温瑞塘河河道断面测绘。并完成林溪水库、白石水库、淡溪水库、钟前二级水电站、瑞安引水工程的 1∶5000、1∶1000、1∶500、1∶200 地形测量,共约 200 多平方千米。

1963 年

平阳矾矿开始 1∶2000 地形测量,面积 13.8 平方千米,1964 年完成。

温州地区水电工程处测量队测绘福溪水库、桐溪水库、下岙水库、秀垟水库、仰义水库和坑口塘、马岙、集云山、梧岙、金河等水库 1∶2000、1∶1000、1∶500 地形图,共 106 平方千米。1964 年完成。

1964 年

5 月~10 月,北海舰队海道测量大队近海测量中队南下温州,协助东海舰队海道测量大队完成"乐清湾—瓯江口沿岸基本海道测量",共测水深图 11 幅,测深里程 1.38 万千米,岸线地形图 26 幅,岸线总长 680 千米。

平阳县水利电力局对南港、江南河道进行测量计算,河道总长度 1095.17 千米,河道容积 3949.5 万立方米。

温州市建筑工业局编制 1∶5000《温州市区街道图》。

1965 年

温州地区专署监制 1∶20 万《温州区域图》。

9 月,温州地区水电工程处测量队在省水利厅测量工程师韦乙晓指导下,进行文成县百丈漈一级水电站输水隧洞的定线和放样测量,隧洞全长 4589 米,当时列为全国第二长洞。1966 年 9 月完成。

1966 年

1 月 1 日,洞头虎头屿灯塔重建发光。1974 年经国家农牧渔业部批准,定为国际灯塔。

1967 年

总参谋部测绘局完成浙江沿海岛屿 1∶1 万地形图测量,其中洞头列岛 20 幅。

1969 年

中国人民解放军总参谋部测绘局编绘完成浙江省 1∶10 万国家基本比例尺地形图。

1970 年

1 月，温州港第一、二期整治工程动工，1974 年 3 月完成。

东海舰队海测大队开始进行浙江海区近海基本海道测量。

1971 年

春季，温州进行飞播造林试点。

5 月 27 日，温州市革委会围垦海涂指挥部成立。6 月提出《瓯江南口围垦工程初步规划报告》。

1972 年

9 月，温州市革委会委托南京水利科学研究所组建"瓯江组"，进行"瓯江灵昆南口堵坝围垦定床模型试验"。温州市水电局派出人员，协助完成河工模型建造测量和模型试验。

1973 年

天津航道局海港测量队进行温州港第 5 次全面测量，测量范围由瓯江口外扩至乐清湾。

8 月，南京军区测绘大队在温州布设三等三角 101 点，控制温州地区全境，部分区域加密四等三角点 153 点，均采用 1954 年北京坐标系。1978 年 8 月完成。

1974 年

6 月，温州市水电局派员赴南京协助河工模试，完成 5 万多字的《在筑坝汊道上过坝水流的全潮过程与水力计算"割线插入迭代法"的提出、证明和应用》，交给南科所瓯江组。

9 月 23 日，浙江省测绘局成立。

1975 年

5 月，温州市水电局测量队以仅存的三个二等精密水准点为起始点，布测"温州市东部三等水准网"110 千米，设点 81 处。次年 4 月完成。

6 月，交通部、国家海洋局、海军司令部联合召开审定各开放港口深度基准面数值会议。会上审定包括温州港在内的全国 18 个开放港口及其附近 37 个验潮站的深度基准面数值，从而彻底改变历史上中国深度基准面的混乱局面。

浙江省测绘局开始进行全省 1:1 万地形图航空摄影。

1976 年

10 月，浙江海域的沿岸和近海基本海道测量告成，这在浙江历史上是首次。

浙江省测绘局编制《浙江省经济建设地图集》。

1977 年

5 月，浙江平阳光学仪器厂试制成功浙江第一台 ZS－10 型自动安平水准仪。

浙江省测绘局第一测量队开始进行全省一等水准测量。

1978 年

浙江省测绘局编制出版 1∶7.5 万《温州市地图》。

5 月,浙江省河海测绘院在瑞安赵山渡至上望先后施测飞云江断面 12 次,测绘断面图 210 幅,1∶1 万水下地形图 54 幅,总面积 390 平方千米。1994 年 7 月完成。

11 月 4 日,浙江省农垦局邀请全国各地专家在温州召开瓯江南口工程技术座谈会,温州市水电局提供三项资料,《瓯江南口围垦工程资料汇编(1971～1978)》《瓯江灵昆南口堵坝促淤围垦工程对口外主航道的影响》和《对堵口大坝施工的几种设想》,得到与会专家的肯定。

浙江省测绘局进行杭广南线、温福线、杭温线等公路一等水准测量,其中在温州境内共测 100 点,采用 1985 年国家高程基准。1984 年完成。

1979 年

2 月～4 月,瓯江南口堵江进行试验性平堵施工,完成 2320 米长的锁江潜坝,南口工程取得阶段性突破。

4 月,浙江省测绘学会召开第一次会员代表大会,宣布浙江省测绘学会正式成立。《浙江测绘》杂志创刊。

5 月 15 日,全国海岸带和海涂资源综合调查温州试点区工作在瓯江口向南至浙闽交界岸段展开。

10 月,上海航道局勘测处受温州港务局委托,进行温州港第六次全测,完成 1∶1 万、1∶2.5 万水深图 10 幅,测深线总长 2800 千米。

10 月～12 月,浙江省河口海岸研究所测验队从乐清湖雾至平阳琵琶门的沿海海岸潮间带,测绘 1∶2.5 万海涂地形图,完成测图面积 944 平方千米。经图上量算,温州沿海在理论最低低潮面以上的海涂资源为 89.4 万亩。

总参谋部测绘局完成仙居区二等三角网技术改造,并完成浙江省第二代 1∶5 万地形图修测更新。

1980 年

1 月 8 日～13 日,国家科委海洋组海岸河口分组第二次会议在温州召开,温州市水电局围垦科到会汇报《瓯江南口围垦勘测情况与筑潜坝后半年来的变化》。

1 月 16 日～24 日,全国海岸带和海涂资源综合调查温州试点区在温州召开汇报会。

4 月 7 日,温州市地理学会测绘学组成立。

12 月,温州地区地名普查领导小组成立。1982 年 4 月因地市合并改称为温州市地名委员会。

温州地区基本建设局规划设计处测量组编制完成《温州地区水系图》。

1981 年

2 月,出版《全国海岸带和海涂资源综合调查温州试点区报告文集》《温州试点区图志》《温州试点区资料汇编》三项成果。

4 月 23 日～28 日,全国海岸带和海涂资源综合调查温州试点成果审查会议在莫干山召开,温州市与会代表提出"关于要求在瓯江南口一带建立海涂资源利用开发实验区的建议"。

6 月 18 日,分出平阳县南部设置苍南县。苍南县政府驻灵溪镇,由温州地区行政公署领导。苍南县管辖灵溪、矾山、马站、金乡、钱库、宜山、桥墩 7 个区的 72 个公社。

9 月 22 日,温州地市合并,建立中共温州市委和温州市人民政府,实行市管县体制。

12 月 12 日,在温州市郊区建立瓯海县,辖永强、梧埏、藤桥、三溪、泽雅 5 个区。

温州市水利水电勘测院完成梧溪梯级水电站 1:1000、1:5000、1:1.2 万地形测量,共 34.4 平方千米。

浙江省测绘局开展全省测绘资料保密检查,编制出版《浙江省地图册》。

总参谋部测绘局在浙江开始修测更新第三代 1:5 万地形图。

1982 年

4 月 13 日,温州市科协批准成立"温州市地理学会科技咨询服务处"。地理学会委托测绘学组开展测绘服务。是年,服务处完成"瓯江下游垟湾—礁头段监测断面桩位测量"和"苍南县霞关渔港水深测量"。

8 月 15 日,《温州测绘》创刊。

浙江省建筑设计院勘测队和温州市市政工程处分别完成温州市区三、四等水准网,三等网 44 千米,四等网 22 千米。

温州市规划设计处完成苍南县灵溪镇 1:500 地形图。

上海勘察设计院测量文成至玉壶、吞口三等水准 68.5 千米,20 个点。1988 年完成。

1983 年

瑞安县测量队建立,完成城关镇 1:500 地形图 157 幅。

10 月 29 日~11 月 1 日,温州市测绘学组承办浙江省测绘学会"城市大比例尺航测成图学术讨论会",这是在温州市召开的首次全省性测绘学术会议。

温州市规划管理处完成温州市城市三、四等三角网测量(三等 29 点、四等 14 点),控制面积 250 平方千米。该项目获得省优秀工程三等奖。

1984 年

5 月,温州市规划建筑设计院勘测处成立,1986 年改名为温州市勘察测绘处。

12 月,温州市勘察测绘处在温州市首次引进光电测距仪,进行等级导线测量。

12 月 24 日,浙江省人民政府颁发《浙江省测绘工作管理暂行规定》和《浙江省测量标志管理实施办法》。

温州市开展水资源调查,沿海各县对平原河网进行测量计算。

测绘学组完成科技咨询项目"虹桥镇规划控制测量"和"温州机场南址首级平面控制测量"。

温州市水利水电勘测设计院测量队完成瑞安宝香桥闸地形测量 30 平方千米。

铁通部第四勘测设计院开始勘测金温铁路线。

全国科技情报检索刊物《中文科技资料目录·测绘》将《温州测绘》列入引用期刊之一。

温州市勘察测绘研究院开始测绘人民中路、西路以及双井头、水心、上陡门、桥儿头、新桥头、花坦头、翠微等居住区 1:500 地形图 327 幅,1989 年完成。

沈阳市勘察测绘研究院和温州市勘察测绘处共同测绘温州市大比例尺航测地形图,1∶2000 地形图 156 幅,1∶1000 地形图 88 幅,首次提供 1∶2000 影像图 133 幅,像片图 198 幅。1986 年完成。

1985 年

7 月~10 月,东海舰队海测船大队完成浙江海域国家领海基线 7 个基点的复测,内有平阳南麂列岛的稻挑山点。

瑞安县测量队测绘莘塍镇 1∶500 地形图 81 幅,塘下镇 31 幅。

浙江省测绘局完成永嘉上塘 1∶500 地形图 68 幅。

温州市水利水电勘测设计院测量队完成瑶溪水库库区和坝址的地形测量 3.1 平方千米。

9 月 10 日,温州市规划处发文,决定成立测绘管理科,并聘任人选。

11 月 15 日,浙江省测绘局发文,同意采用"温州市独立坐标系"作为温州城市平面坐标系统。

1986 年

5 月,浙江省测绘局完成全省大陆海岸线长度和海岸带面积量算工作。

6 月,温州市政府供稿,浙江省测绘局编制 1∶18 万《温州市地图》,10 月出版。

6 月 27 日,温州市规划局和温州市城市建设土地征用拆迁办公室联合发文《对建设项目加强测绘管理的通知》,规定在城市规划区内,统一使用"温州市独立坐标系"和"1956 年黄海高程系",7 月 1 日起施行。

9 月 19~27 日,浙江省测绘局联合验收组完成"温州市东部三等水准网"、"温州市区三、四等水准网"和"温州市大比例尺航测地形图"验收。

11 月 19 日,温州市首次测绘管理工作会议召开。

天津航道局海港测量队进行温州港第 8 次全面测量。

第十一地质大队编制完成《温州市农业资源地图集》。

浙江省煤田地质勘探公司综合物探测量队和浙江省物探大队测量队为乐清县测绘 1∶500 地形图 276 幅。1988 年完成。

1987 年

4 月 15 日,撤瑞安县,设瑞安市。

5 月 12 日,温州市向市属 9 个单位和县属 11 个单位发放《测绘许可证》。

7 月,温州市人民政府颁布《温州市测绘管理暂行条例》,7 月 24 日起施行。

10 月,温州市测绘学会成立。

1988 年

1 月,浙江省人民政府颁布《浙江省测绘工作管理办法》。

1 月~10 月,温州市测绘学会科技咨询服务部完成永嘉县清水埠镇 1∶500 地形图 111 幅,面积 4.8 平方千米。

3 月~7 月,温州市测绘学会与温州大学联合举办"测绘技术人员培训班"结业。

8月19日,浙江省测绘局发函,全省启用"1985国家高程基准"。

9月,温州市勘察测绘研究院完成温州南片1:2000地形图19幅。

1989年

3月13日,浙江省测绘局颁发《浙江省测绘许可证管理实施办法》。

3月,瓯海县规划处测量队开始测绘瞿溪、梧埏、永中、沙城等14个镇1:500地形图872幅,1997年4月完成。

4月,温州市勘察测绘研究院测绘龙湾区1:2000地形图31幅,计22.8平方千米。

6月16日,浙江省测绘局召开"向长期从事测绘事业职工颁发荣誉证书大会",温州市57名老测绘工作者获国家测绘局签发的荣誉证书。

10月,温州市测绘学会对新建的北麂岛灯塔进行测绘,1990年3月完成。获1990年浙江省优秀科技咨询二等奖。

11月16日,温州市规划局发文《关于在温州市规划区和规划控制区及其毗邻地段的测绘仍继续统一使用"1956年黄海高程系"的通知》。

12月25日,温州市测绘学会从二级学会升格为一级学会。

杭州大学地理系汪家君、吴松柏编制出版《浙江海区近代历史海图集》。

1990年

2月,浙江省物探大队测量队完成洞头县北岙镇、大门镇1:500地形图65幅。

5月,东海海测船大队和北海海测船大队共出动2000多人,测量船5艘,在温台以东的东海大陆架进行水深测量和海洋疆界测量。1992年6月完成。

6月30日,浙江省测绘局测绘印制温州市1:1万地形图472幅。

浙江省第十一地质大队施测瑞安市三等三角点10个,控制面积160平方千米。

温州市水电设计院测量队完成永嘉县碧莲、上塘等镇三等水准52点,71千米。

8月3日,温州市规划局印发《关于整顿全市测绘市场的紧急通知》。

8月21日,温州市人民政府办公室印发《关于开展测绘法规执行情况检查的通知》。

11月24日,召开温州市测绘学会第二次会员大会暨成立十周年学术交流会。

温州市各县、市、区完成编印地名录15本,地图册8本。

1991年

1月15日,温州市城乡建委召开专题技术研讨会,并发出《"三图并出"可行性技术研讨会议纪要》,后因故夭折。

4月,温州市勘察测绘研究院完成编制《温州市河道变迁地形图》。

4月12日,测绘学会离退休会员组建的温州市东南测绘技术应用研究所成立。

10月～12月,国家地矿部在温州进行航空遥感测量,完成全市1:6万彩色红外像片487张,覆盖面积2万平方千米;还完成市区、各县中心镇1:1万彩色红外像片3438张,覆盖面积4000余平方千米。

12月16日,温州市委办、市府办联合发文,决定成立瓯江南口工程课题组。

1992年

3月9日,撤销瓯海县,设立瓯海区。

6月16日~17日,举行瓯江南口工程课题研讨会。

6月~12月,浙江省测绘局外业大队完成乐成镇1:500地形图135幅,计8.4平方千米。

9月,温州市勘察测绘研究院完成温州西片1:2000地形图22幅,9.9平方千米。

12月,金温铁路开工,温州市测绘工作者为金温铁路测绘保障工作提供服务。

1993年

5月,温州市民政局地名委员会编稿,浙江省地名档案馆制图的《温州市行政区划图》出版。

5月,完成《瓯江南口工程预可行性研究报告》。

7月1日,《中华人民共和国测绘法》正式施行。

9月18日,撤销乐清县,设立乐清市。

1994年

5月,上报《瓯江灵昆南口堵坝围涂工程项目建议书》。

6月,浙江省测绘局外业大队完成乐成镇1:500地形图10.2平方千米。

8月,鹿城、龙湾、瓯海三区和瑞安市、平阳县、永嘉县建立《温州市城市控制GPS扩展网》,共布设142点,控制面积约2000平方千米。

10月,秦岭航测遥感中心航摄,温州市勘察测绘研究院、沈阳市勘察测绘研究院、瓯海测绘处、北京铁道部专业设计院等单位共同完成温州市区及周边区域1:500航测地形图2535幅,共105.37平方千米。

1995年

9月22日,测绘学会主办的"温州市大地综合测绘服务部"开业。

11月4日~5日,温州市规划局测绘管理处主办,测绘学会协办《测绘持证单位常规仪器操作竞赛活动》,苍南县规划土地测绘所、温州综合测绘院、温州市勘察测绘研究院分别获第一、二、三名。

温州市勘察测绘研究院完成温州市经济开发区、扶贫经济开发区、鹿城工业区、高科技开发区、瓯海经济开发区、沿江工业区1:500地形图990幅。

1996年

2月,《浙江省测绘志》出版,温州市测绘学会会员韦乙晓是该志编纂委员会顾问,温州测绘人为之搜集和整理大量文字资料。

3月1日,温州市人事局和市劳动局主办,温州市规划局和温州市勘察测绘研究院协办首期"温州市测绘工人技术等级考核培训班"。

7月,温州市勘察测绘研究院完成文成县15个主要乡镇统一的GPS控制网28点,控制面积500平方千米。

10 月,温州市勘察测绘研究院在市区布设三等水准网 51 点,207.8 千米,控制面积 220 平方千米。次年 3 月完成。

1997 年

2 月,北京图书馆编制出版《舆图要录》,其中有温州区域的舆地图 14 种。

2 月~9 月,泰顺县测绘大队完成 52 省道(云寿公路)的地形测绘,并完成实地放样和土石方计算。

1998 年

温州市勘察测绘研究院和泰顺县测绘大队在罗阳等 5 个镇布设 GPS 控制网 26 点。

国际航标协会第十四届会议在欧洲召开,评定世界百座历史文物古塔,温州江心双塔古航标入选。

8 月,中国通用航空公司摄影处理中心对金丽温高速公路的航摄资料进行技术鉴定,浙江省第一测绘院进行验收。

8 月,浙江省测绘局完成金丽温高速公路 1:1 万航测数字地形图,其中温州市境内 192 幅。

9 月,温州市勘察测绘研究院完成温州市体育中心体育场的鉴定测量。

10 月,温州市勘察测绘研究院布设乐清市城市控制三、四等 GPS 网 135 点,其中三等 46 点,四等 89 点。次年 3 月完成。

1999 年

温州市水利电力勘测设计院完成仰义水库大坝测量、库容测量和淹没范围测量。

国家测绘局第二地形测量队和温州综合测绘院在苍南县布设三、四等 GPS 网 126 点,其中三等 40 点,四等 86 点,控制面积 1261 平方千米;还布设苍南县三、四等水准,其中埋设三等水准点 49 点,三等水准路线长度 206 千米。

浙江省测绘局二分院和温州市测绘局、温州市经纬地理信息服务有限公司共同编制出版《温州市城区图》。

7 月~10 月,华东勘测设计研究院测绘研究分院完成温珊供水工程 1:1000 带状地形图 12 平方千米。

2000 年

3 月,浙江省河海测绘院受温州珊溪水利枢纽工程建设总指挥部委托,每年对飞云江滩脚至上望河口进行检测,至 2007 年 11 月先后施测 10 次,共完成断面图 741 幅,1:1 万水下地形图 42 幅。

5 月~11 月,国家测绘局地下管线探测工程院保定金迪地下管线有限公司完成温州市区地下管线探测,总长度 2181.29 千米,管线点数总计 109760 个,1:500 地形图 1339 幅。

7 月,温州综合测绘院完成平阳引水工程全线 34 千米的平面和高程控制测量,还完成输水管线路测量、带状地形图测量及 11 个隧洞长 20 千米的贯通测量。

温州市勘察测绘研究院、温州市综合测绘院、瓯海勘察测绘工程院、永嘉县勘察测绘院等单位共同完成温州市基础测绘 1:500 数字地形图 8720 幅,计 464 平方千米。

2001 年

2月,温州市水利电力勘测设计院完成飞云江流域防洪规划河道断面及地形测量,还完成鳌江流域江堤防洪规划测量。

3月～4月,浙江省河海测绘院完成飞云江北岸标准海堤三期工程水文测验和地形测量。

4月,浙江省统一征地事务办公室勘测中心完成金丽温高速公路24千米竣工测量。

5月,温州综合测绘院完成七里港区1∶500基础地形图测绘。

6月,浙江省测绘大队完成金丽温高速公路温州段一、二、三期土地竣工测量和调查。

10月,浙江省河海测绘院为瓯江南口工程专题研究提供基础资料,测量瓯江梅岙至黄华段1∶1万水下地形图13幅×3次。

平阳县测绘大队完成平阳县北港引水工程带状地形图32平方千米。

温州综合测绘院完成77省道(温州至永强)公路改造的纵横断面测量。

2002 年

1月,中铁大桥勘测设计院测量队完成苍南县瓯南大桥施工控制网测设。

1月,温州综合测绘院完成三垟测区基础测绘1∶500数字地形图12平方千米。

5月～10月,浙江省第一测绘院在平阳县布设C级GPS控制网16点。

7月～10月,国家海洋局东海海洋工程勘察设计研究院完成温州半岛工程浅滩一期工程水下地形测量和断面测量。

8月,浙江省统一征地事务办公室勘测中心完成珊溪水库坝区主体工程和赵山渡引水工程的建设用地复测和综合调查工作。

11月,国家测绘局第二地形测量队和华北工程勘测设计研究院分工完成瑞安市23个乡镇1∶500全数字化地籍图测绘,计58平方千米。这是浙江省县级单位首次大面积完成的全解析地籍测绘,界址点精度达±2～3厘米。

温州综合测绘院完成鹿城区西部三等水准测量20千米。

浙江省测绘大队完成甬台温高速公路瑞安段控制测量25千米,还实测和修测1∶2000地籍图,并行权属调查。

2003 年

2月,温州市勘察测绘研究院和永嘉县勘察测绘院合作完成七都岛测区基础测绘。

2月,丽水市勘察测绘院完成58省道分水关至泰顺公路改建工程测量。

4月,温州市勘察测绘研究院完成灵霓海堤工程的灵昆岛至霓屿岛的海上高程传递测量。

5月,《温州市实用地图册》出版发行。

6月～8月,国家海洋局第二海洋研究所完成温州绕城高速公路北线1∶1万带状地形图177平方千米,1∶2.5万地形图45平方千米。

6月～9月,浙江省测绘大队完成诸永高速公路1∶2000航测地形图,总长398千米,其中主线238千米,比较线160千米。

7月，温州综合测绘院完成永强平原 100 平方千米、历时 4 年的地面沉降监测。

7月，浙江省测绘局编制 1：12 万《温州市卫星影像图》。

7月，中国国土资源航空物探遥感中心完成温州市范围内新一轮彩色红外航空遥感综合调查，合计面积为 750 平方千米。

9月，温州市勘察测绘研究院完成洞头三等水准测量 100 千米，埋设 39 个水准点。

11月，浙江省测绘大队完成甬台温高速公路平阳、苍南境内的高速互通测量。

浙江省第一测绘院在原已布测的三等水准路线（经文成县、瑞安市、平阳县），进行升级为二等水准路线的测量。

2004 年

2月，温州市勘察测绘研究院完成灵昆岛 1：500 数字地形图 29 平方千米。

2月，浙江省测绘大队完成 56 省道瑞安至高楼段及 57 省道瑞安段的用地勘测。

3月，铁道第四勘测设计院进行甬台温铁路的定测，完成 1：2000 沿线用地图。

5月～10月，温州市勘察测绘研究院和武汉大学合作，完成温州市二等 GPS 全面网，含框架网 7 点在内共 94 点，控制面积 7000 多平方千米。并加密三等 GPS 网 50 点。

5月，浙江省测绘大队完成温州市绕城高速公路北线 1：2000 数字带状地形图 27 平方千米。

6月，温州市勘察测绘研究院完成温州大桥历时 4 年的变形监测及主塔位移监测。

6月，丽水市勘察测绘院测定温州市各县、市、区行政区划界线 1293.31 千米，埋设界桩 40 座。

6月，温州市勘察测绘研究院和温州综合测绘院合作，完成覆盖温州市区和瑞安市东部平原地区的二等水准网，路线总长 477 千米，控制范围 1200 平方千米，共埋设二等水准点 107 座。

8月，浙江省测绘大队完成苍南县南水头至霞关的 78 省道改线地形测量，完成 1：2000 数字带状地形图 22 平方千米。

11月，浙江省测绘大队浙南测绘处在琵琶门至平阳嘴沿岸海域完成 1：1000 地形图 12 平方千米，其中水下地形图 7 平方千米。

11月，浙江省第一测绘院完成浙江省 C 级 GPS 控制网，温州境内布设 65 个点，其中国家 A 级 GPS 点 3 个。

温州市勘察测绘研究院完成温瑞塘河整治测量，布设一级 GPS 控制 200 余点，三、四等水准 70 余千米。

温州市勘察测绘研究院基础地理信息中心据 1：500 数字地形图缩编完成 1：2000 数字地形图 259 幅，面积 192 平方千米。

2005 年

1月，完成温州市政排水管网普查 1969 千米。

1月，浙江省测绘大队完成甬台温高速公路崩塌地段变形监测。

1月，苍南县测绘所完成温福铁路苍南段带状地形图测绘和土地勘测定界工作。

3月～4月，浙江省河海测绘院在苍南县琵琶门至平阳嘴沿岸海域进行水下地形测量和水文测验，完成 1：1000、1：5000、1：1 万水下地形图依次为 16、80、173 平方千米，并提供 1：5000 水深图 18 幅，

1：1万水深图14幅。布设9条垂线,进行大、中、小潮同步综合水文测验。

3月～12月,浙江省统一征地事务办公室勘测中心开展温州绕城高速公路北线鹿城段土地权属、地类、房产、界桩放样等土地勘测定界工作。

4月～7月,浙江省河海测绘院完成瓯江梅岙至口门1：1万水下地形图和水深图各5幅,瓯江口外海域971平方千米范围的1：2.5万水下地形图和水深图各4幅。布设水位控制的临时验潮站27个。

6月,浙江省统一征地事务办公室勘测中心完成甬台温高速公路乐清段、南白象段、瑞安段、平阳段、苍南段的地形测量、地籍测量、建设用地竣工测量等。

7月,浙江省测绘大队完成珊溪水库勘测定界竣工复测。

8月,浙江省统一征地事务办公室勘测中心开展甬台温铁路温州段征地前期的勘测定界工作。

9月,上海市水利工程设计研究院完成温州浅滩一期围涂工程东围堤堤身观测。

11月～12月,浙江省测绘大队完成瓯海区温福铁路拆迁安置用地勘测定界测绘。

乐清市测绘队完成乐清湾港区一期北港区前期测量工作。

瑞安市规划测绘队完成莘塍镇和安阳镇的温瑞塘河河岸驳坎测量。

浙江省河海测绘院完成瓯江口内温溪至黄华段1：1万水下地形图14幅×4次,瓯江口外1：5万水下地形图2幅。

乐清市组织测量人员为"千村整治、百村示范"的村规划建设,在300多个村完成1：500简测地形图,共21平方千米。

洞头县组织测量人员为"千村整治、百村示范"的村规划建设,在14个村完成1：500简测地形图。

文成县测绘大队为"千村整治、百村示范"的村规划建设,在167个村完成1：500简测地形图,共35平方千米。

瑞安规划测绘队等三个单位为"千村整治、百村示范"的村规划建设,在157个村完成1：500简测地形图,共59平方千米。

永嘉县勘察测绘院为"千村整治、百村示范"的村规划建设,在260个村完成1：500简测地形图1089幅,共54平方千米。

泰顺县组织测量人员为"千村整治、百村示范"的村规划建设,在80个村完成1：500简测地形图200幅,共16平方千米。

平阳县测绘大队为"千村整治、百村示范"的村规划建设,在260个村完成1：500简测地形图,共167平方千米。

苍南县测绘所为"千村整治、百村示范"的村规划建设,在200余个村完成1：500简测地形图,共25平方千米。

2006 年

3月～11月,洞头县规划测绘大队在小门岛完成基础测绘1：500数字地形图。

4月,浙江省第一测绘院启用温州城市坐标系完成瑞安市GPS三等网90点和水准三等网402千米。

5月,浙江省测绘一院施测温州绕城高速公路北线,完成1：2000航测数字地形图。

7月,泰顺县测绘大队完成泰顺县引水工程测量。

12月,国家海洋局第二海洋研究所完成苍南县大渔湾围垦工程水下地形测绘。

12月,浙江省统一征地事务办公室勘测中心完成珊溪水库库区工程建设用地竣工测量。

12月,浙江省河海测绘院完成洞头县环岛西片围涂工程地形测量。

12月,永嘉县基础控制网完成三等GPS点56个,四等GPS点157个,三等水准点81个,三等水准路线长778.3千米。

温州市勘察测绘研究院基础地理信息中心开发乡镇版农村住房防灾信息系统,浙江省建设厅作为指定软件进行推广。

浙江省测绘局进行1∶1万地形图更新,温州市共更新209幅。

上海海测大队采用三角分带改正水深,完成温州港第12次全测,增测乐清湾1∶5万水深图1幅,布测验潮站24个。

2007年

1月,温州市勘察测绘研究院完成温州市三、四等GPS和二、三等水准加密控制网测量,共完成三等GPS点3个,四等GPS点46个,二等水准38千米,三等水准281千米。

4月,浙江省河海测绘院在飞云江潘山至上望河口段,设立7个临时潮位站,布设8个断面12条垂线,进行大、小潮同步水文测验。

6月,浙江省测绘大队完成瓯海大道西段快速路工程的土地勘测定界,面积23万平方米。

7月,温州市勘察测绘研究院等单位开始温州市区第二次土地调查暨数字地籍测绘,总面积410平方千米。

11月,浙江省测绘大队完成乐清全市范围内的河道调查,包括河道断面、长度和河岸线测量及水域面积和容积计算。

温州市勘察测绘研究院在苍南县沿海9个乡镇完成农村住房防灾能力普查,测绘1∶2000数字地形图100平方千米。

长江水利委员会水文局长江下游水文资源勘测局完成小门岛石化基地航道、围涂、桥梁工程控制测量和地形测量。

文成县测绘大队完成大峃镇1∶500数字地形图6平方千米。

温州市勘察测绘研究院在文成全县范围内布设三等水准网,路线总长496千米。

洞头县规划测绘大队等单位在洞头县完成1∶500基础图测绘,共60平方千米。

中国测绘科学研究院在温州市大都市区3442平方千米的规划范围内,实施1∶1万航空数字摄影测量,测制1∶5000的3D地形图。

温州市勘察测绘研究院完成温州市1∶5000的3D数据建库及数据综合浏览系统建设。

第一篇
测绘机构

测绘机构分为测绘管理机构和测绘单位两种类型。测绘管理机构是政府组织的领导和管理测绘行业的职能部门,而测绘单位则是具有测绘资质并持有《测绘许可证》从事测绘工作的施测单位,既有国营的,也有民营的。

第一章　测绘管理机构

温州市测绘管理机构的发展大体分为三个阶段。第一阶段是晚清和民国时期;第二阶段是中华人民共和国成立至改革开放前;第三阶段是改革开放以来,温州市及各县陆续建立了测绘管理机构,初步形成省、市、县的测绘管理体系,使温州测绘行业管理工作走上正常轨道。

第一节　清代和民国时期

清光绪十五年(1889),会典馆发出通知,"令各省测绘省、府、州、县图各一份附说送馆,限期一年完成。"浙江省为完成十一府七十八厅州县图测绘,1890年初,在杭州设立浙江通省舆图局。每府设一测绘公所,选正副府董各一人。每县亦设正副县董各一人,由县派差一名,夫役三至四名,照章测绘。

1912年3月,杭州组建浙江测量所。5月,定名为浙江陆军测量局,其任务是商承本省总参谋部,施行全省陆地测量,印制兵要地图,执掌全省丈量地面事宜。1912~1913年为初办时期。1914~1922年测量业务开展比较正常,每年进行三等三角和水准测量,绘制沿海及重要地区的1:2.5万地形图,并进行全省1:5万迅速测图。嗣后因政局、经费、人员等原因,测绘业务未能正常进行。

1928年,参谋本部设立陆地测量总局。1929年1月,浙江陆军测量局也随之改名为浙江省陆地测量局。浙江省陆地测量局直隶于军令部陆地测量总局,并受浙江省政府指导,管理全省陆地测量及制图业务各事项。浙江省陆地测量局除了继续完成全省1:5万迅速测图,沿海及重要区域1:2.5万地形图外,还协助浙江省土地局完成了全省大三角测量,及部分地区的1:1万、1:3000地形图多幅。

1932年,国民政府决定在江、浙两省选择5个县进行地籍整理登记的试点。1934年,永嘉被选定为地籍整理登记的试点县之一,省土地测量队第十四分队受民政厅指派进驻温州,负责完成地籍控制测量。1935年,永嘉县地政处成立,地址在今鹿城老城区,这是温州地区首个测绘管理机构。永嘉县地政处内设测绘业务股,主要从事地籍测量。1937年,浙江省地政局成立后,温州其他各县均先后成立地政处。1940年,永嘉县地政处改编,分为土地登记处和土地测量队,在县政府内设地政科。1941年,永嘉县田赋管理处成立。以上机构均有地籍方面的测绘管理职能。

在海道测量方面,1917年浙江开始进行沿海海道测量。1921年海军部海道测量局进行浙江沿海大三角测量。1929~1933年,海道测量局施测温台沿海1:2万和1:10万海道图,温州湾和温州港1:2.5万和1:4万海道图。至1938年,因抗日战争海道测量局暂行裁撤,部分人员遣散,测量舰艇被日军炸沉。1946年,恢复海道测量局。

第二节　中华人民共和国成立至改革开放前

中华人民共和国成立以后,测绘管理仍分属各业务对口部门进行管理。地籍测量归温州市地政处(1949年成立),工程测量归温州市人民政府建设科(1951年成立),房地产测量归温州市房地产管理处(1960年成立),海洋和航道测量则由海军温州水警区"温州海道测量段"后改称"航海保证科"负责。

1954年11月25日,奉军委总参谋部命令组建温州海道测量段,作为温州水警区的测绘管理部门,业务上直属华东军区海军(1955年10月24日更名东海舰队)司令部海道测量处领导。1959年11月19日,海军司令部海道测量部改名航海保证部,各舰队、基地、水警区的测绘管理机构亦随之改名,温州海道测量段改名航海保证科。

温州海道测量段的职责是担负温州水警区各舰艇部队和温台海域的航行安全保障,包括航海图、图书、器材供应,航标维护管理,海洋气象和海事等。编制9人,配60～70吨舰艇1艘,首任主任樊天祥。

1959年温州海道测量段改名"航海保证科"后,直至20世纪70年代,科内有航海、测绘、气象参谋和导航、航标技师等多名技术军官,下辖航标站和航海仪器修理所。台州石塘与舟山枸杞岛、福建天达山组成浙东沿海导航链,和大陈、南麂两个气象分队,均属于业务归口管理,行政上是温州水警区直属单位。20世纪70年代,温州航海保证科的科长是冯万顺。

第三节　改革开放以来建立的测绘管理机构

1980年以前,温州地区和温州市没有专门统一的测绘管理机构。1980年4月,浙江省测绘工作座谈会上,与会代表提出地、市、县要建立测绘管理机构的意见,经浙江省测绘局呈报省人民政府批复,暂由地、市、县建设部门归口设立专门机构或专人负责管理。1981年1月5日,温州地区行署办公室颁发温署办(1981)01号文件,确定原由地区民政局代行归口改由温州地区基本建设局负责管理地区测绘业务,协调全地区测绘生产,统一技术标准,管理测绘资料,保护测量标志。并规定今后各单位绘制测绘资料,均应送报基建局备案,所需有关测绘资料亦由该局审核,统一领用。

1981年,温州地区和温州市合并。1983年4月1日,温州市规划管理处发文,明确由规划管理测绘室负责管理温州市测绘业务,统一测绘技术标准,审批测量技术设计,负责测绘成果质量检查,管理测绘资料,保护测量标志。今后各单位测绘资料均应上报备案,所需测绘资料亦应审核统一领用。

一、温州市规划处测绘管理科

1984年7月,建设部颁发(1984)城测字第438号文件,要求沿海对外开放城市建立小而精的测绘管理机构,实行以市为主、省测绘局和市双重领导的体制。1985年8月13日,温州市城乡建设委员会发文(1985)167号批复,在温州市规划处内成立测绘管理科,人员编制4人。9月10日,温州市规划处

(1985)68 号文件决定成立"测绘管理科",统一管理温州市测绘工作。为了使各地测绘管理机构更好地开展工作,浙江省测绘局于 1986 年在《浙江省测绘工作管理暂行规定》中,制定各地市测绘管理机构 10 条基本职责。

(1) 根据社会主义现代化建设需要,制订各市、地测绘发展规划和计划;

(2) 贯彻执行测绘法规和技术标准;

(3) 掌握市、地测绘工作动态,组织协调,防止重复测绘;

(4) 对所辖各市、县的测绘单位进行资格审查,对进入本市、地辖区测绘的单位进行登记;

(5) 对在本辖区范围内测绘的各单位进行质量管理和技术指导;

(6) 测绘资料的管理,包括资料的收集、整理、保管和提供等,并对所辖各市、县测绘资料的管理进行业务指导;

(7) 测量标志的保护,包括宣传教育、组织检查、落实保管、处理问题等;

(8) 协助浙江省测绘局对本辖区地图编制印刷出版的管理工作,组织编制市、地区所需的各种地图;

(9) 协助浙江省测绘局对本辖区向外商提供的测绘资料组织审查和进行技术处理;

(10) 温州市人民政府、地区行政公署交办的事项。

二、温州市规划局勘察测绘管理处

1986 年 8 月 11 日,温州市规划处测绘管理科改名为"温州市规划局勘察测绘管理科"。1991 年 5 月 9 日,再改名为"温州市规划局勘察测绘管理处"。

三、温州市测绘管理处

1995 年 6 月 21 日,为了加强温州市的测绘管理工作和测绘行政执法力度,进一步理顺测绘管理体制,浙江省测绘局发出浙测函字(1995)3 号《关于在温州市规划局增挂温州市测绘管理办公室的建议函》。1995 年 8 月 23 日,温州市规划局向市编委发出温市规(1995)04 号文件《关于要求在我局增设"温州市测绘管理办公室"的请示》。1995 年 9 月 8 日,温州市机构编制委员会发文温市编(1995)95 号《关于市规划局勘察测绘管理处增挂"温州市测绘管理处"牌子的批文》。

1995 年 12 月 20 日,温州市规划局发文温市规(1995)175 号《关于温州市测绘管理处正式对外办公的通知》,通知中明确在温州市规划局增设"温州市测绘管理处",履行市政府测绘行政主管部门的职能。具体负责管理全市范围测绘规划、基础测绘、测绘资格审查、测绘资料审查、测绘任务登记、测绘市场管理、测量成果图的检查验收、测绘资料成果管理、测量标志保护管理、对测绘单位的业务指导和测绘人员技术培训等工作。并与市规划局勘察测绘管理处合署办公,即一套人马两块牌子,负责对全市测绘工作的行政管理。

四、温州市测绘局

1996 年 12 月 13 日,温州市人民政府办公室印发温政办(1996)159 号《关于印发温州市规划局职能配置内设机构和人员编制方案的通知》,文内第四点"设立温州市测绘局,归口温州市规划局管理"。该《通知》规定,温州市测绘局主要职责是负责全市测绘行业管理,测绘资料成图审查和保管,提供测绘资料成果,承担测绘行业的市场管理、测绘单位的资质审查工作。并负责建设工程红线实地检查和红线放样(灰线)检验工作,负责各县(市)测绘业务工作的指导与培训。温州市测绘局事业编制 10 名,其中领导职数 3 名。

1996 年 12 月 13 日,温州市测绘管理处改为温州市测绘局,地市级测绘管理机构在当时全国仅有两家称局。温州市测绘局成立后,制定《温州市测绘管理办法》,逐步形成测绘管理网络。

五、各县(市)测绘管理机构

温州市从 1985 年成立温州市测绘管理科,1996 年成立温州市测绘局,经过多年努力,温州各县市均建立了健全的测绘管理机构。当前温州市的瑞安市、乐清市、永嘉县、平阳县、苍南县、文成县六个县市设立了测绘管理机构,洞头、泰顺两个县在县规划建设局内设测绘管理机构。具体情况见表 1-01。

表 1-01　　　　　　　　　　　　　　温州各县(市)测绘管理机构情况

县市名称	编制人员	管理机构名称	成立日期	备　注
瑞安市	5	测绘管理所	2003 年 1 月	
乐清市	3	测绘管理站	2003 年 12 月	
永嘉县	3	测绘管理处	1997 年 11 月	
平阳县	5	测绘管理处	1998 年 8 月	同技术科合署
文成县	2	测绘管理处	2002 年 11 月	
苍南县	9	测绘管理办公室	2002 年 12 月	同村镇规划处合署
洞头县	2	测绘管理办公室	2003 年 12 月	
泰顺县	2	测绘管理办公室	2004 年 9 月	

六、市、县测绘管理机构的工作职责

根据《中华人民共和国测绘法》《浙江省测绘管理条例》及有关测绘法规和规章,规定了市、县测绘行政主管部门的主要工作职责。

(1) 贯彻执行测绘法律、法规和国家、省测绘工作方针、政策,并依法实施监督;制定本行政区域测绘事业发展规划。受委托研究起草政府规范性文件。温州市测绘行政主管部门还有指导县(市、区)测绘管理工作的职责。

(2) 会同同级政府其他有关部门编制本行政区域的基础测绘规划,提出基础测绘年度计划建议,对财政核拨的基础测绘经费使用情况进行监督与检查,组织实施本级政府的基础测绘规划和年度计划,审核使用财政资金的专业测绘项目,管理和提供本级政府组织实施的基础测绘成果。

(3) 依法管理地籍测绘、行政区域界线测绘、房产测绘和其他测绘工作,会同同级政府土地行政主管部门编制本行政区域的地籍规划并组织管理地籍测绘。

(4) 管理本级政府组织实施的基础地理信息数据,负责建立和完善市本级或县级城市综合基础地理信息系统,并向社会提供符合国家标准的基础地理信息数据;组织指导基础地理信息数据的社会化服务,并对有关部门建立地理信息系统采用符合国家标准的基础地理信息数据的情况实施监督。其中温州市测绘行政主管部门还有审核并报批本行政区域内需发布的重要地理信息数据的职责。

（5）管理与监督国家和省测绘基准、标准的应用。其中温州市测绘行政主管部门负责本级政府所在城市建立相对独立的平面坐标系统的审核和报批工作，以及温州市行政区域内县级政府所在城镇建立、改造的相对独立平面坐标系统和首级高程控制网审批工作。县级测绘行政主管部门负责审核并报批县（市）级人民政府所在城镇需确立、改造的相对独立的平面坐标系统和首级高程控制网。

（6）管理测绘市场。会同有关部门依法监督管理测绘项目的招投标工作，负责对本行政区域内的测绘市场监管，依法查处测绘违法案件。其中温州市测绘行政主管部门还有负责测绘任务登记和有关行政复议工作的职责。

（7）管理和保护本行政区域内的测量标志。按规定定期检查和维护永久性测量标志；温州市测绘行政主管部门负责市本级，县级测绘行政主管部门负责本行政区域内三、四等及以下测量标志迁建的审批；做好一、二等及以下测量标志迁建的审核和报批工作；指导乡级人民政府做好本行政区域内的测量标志保护工作。

（8）负责本行政区域内的地图编制、印刷、展示、登载和地图产品生产销售的监管工作；对公民进行国家版图意识的宣传教育。对公开出版和展示的本行政区域内的地方性地图按照国家和省的有关规定进行初审。

（9）对基础测绘、地籍测绘、行政区域界线测绘、房产测绘及其他测绘的成果质量实施监督管理。

（10）管理本行政区域内测绘成果目录和副本汇交工作；负责基础测绘成果副本和非基础测绘成果目录的接收、搜集、整理、归档、存储工作，并按规定汇交上一级政府测绘行政主管部门；按年度编制测绘成果目录向社会公布并提供使用，编制的成果目录同时上报上一级政府测绘行政主管部门；温州市测绘行政主管部门负责本市级，县级测绘行政主管部门负责本行政区域内有关单位所需测绘成果用途、品种、数量、范围、能否提供的检查并办理有关提供或转函手续；会同同级保密主管部门做好秘密测绘成果使用情况的管理和检查工作。

（11）负责本行政区域内的测绘综合统计，并按年度汇总，并报上一级政府测绘行政主管部门。

（12）接受上一级政府测绘行政主管部门对测绘工作的指导，承办上一级政府测绘行政主管部门交办的其他工作。

（13）温州市测绘行政主管部门还有负责本行政区域申报乙、丙、丁级测绘资质单位的受理和转报工作，以及受省测绘行政主管部门委托，对乙、丙、丁级《测绘资质证书》持证单位进行监督检查的职责。

第四节　温州市城市建设档案馆

温州市城市建设档案馆成立于1981年3月，坐落于温州市雪山路75弄1号，馆舍占地面积5.16亩，馆房建筑面积3258平方米，其中全封闭库房1598平方米，是温州市人民政府监督管理类事业单位，归口于温州市规划局。单位定编18人，现有工作人员34人，高级职称5人，中级职称9人。2001年2月经市编委下文批准，增挂"温州市城市建设档案管理处"牌子，具有了行政管理职能。2007年增挂了"温州市城市规划展示馆"的牌子。

温州市城市建设档案馆为国家一级专业档案馆,馆藏档案 168747 卷,起始时间为 1940 年,时间跨度 70 多年。馆藏档案涵盖温州市区范围内的城市规划、城市勘察、城市建设管理档案以及市政公用设施、交通运输、工业与民用建筑、人防、园林绿化、地下管线等建设工程竣工档案。档案载体包括文字材料、蓝图、底图、照片、录像、录音、光盘、硬盘等,构成门类齐全、结构合理、质量优化、载体多样的馆藏体系,能基本满足社会各界对城建档案的利用需求。

温州市城建档案馆也是温州市测绘档案保管单位,现藏有测绘档案 26081 卷(张、盘),具体内容为控制测量 123 卷、水准测量 40 卷、地形测量 349 卷、地形图 5209 卷、图历表 338 卷、航空摄影测量 3597 卷、航测成果 788 卷、底片 103 卷、航测原图 11598 卷、清绘原图 1763 卷、地质勘测 152 卷、地籍图 1686 卷、光盘 302 张、航空摄影硬盘 30 盘等。2011 年,对中国人民解放军总参谋部测绘局五、六十年代出版的温州地区地形图进行了修复工作,共托裱修复了破损地形图共计 300 余张,尽最大可能恢复了其原貌和利用功能,延长其使用年限。近年还委托省测绘局专业技术单位对 84 航拍底片和 94 航拍底片进行了数字化抢救,便于旧城和旧村改造工作,为未登记房产和土地确权提供了法律凭证,减少了大量的拆迁户的纠纷和上访隐患。温州市城建档案馆的测绘档案的规范化管理,为温州市的城市建设尤其是科学规划、科学决策、防灾救灾等发挥出重要的作用。

第二章 测绘单位

温州市从事测绘工作的测绘单位可以分为三类,第一类是 2007 年 12 月 31 日仍持有《测绘许可证》的测绘单位,称为"现有测绘单位";第二类是 2007 年 12 月 31 日以前陆续注销《测绘许可证》或停业的测绘单位;第三类是外地在温州从事过测绘工作的测绘单位。本章根据 2007 年底上报的测绘单位及其他有关材料整理而成。

第一节 现有测绘单位

现有测绘单位,是指 2007 年 12 月 31 日仍持有《测绘许可证》的测绘单位,包括温州市测绘单位和浙江省驻温州的测绘单位,共有 42 个,以资质高低排列。

1. 温州市勘察测绘研究院

温州市规划局下属的事业单位。其前身是由 50 年代温州市建设局测量工程科和温州市地方国营建筑公司设计室勘测队合并成温州市建筑设计院勘测队测量组。1984 年再与温州地区基建局规划设计处勘测组和温州市规划管理处测量组合并成立温州市规划建筑设计院勘测处。1986 年成立温州市勘察测绘处,1987 年温州市财税局地籍测量组并入,1988 年更名为温州市勘察测绘院,1998 年再次更名为温州市勘察测绘研究院。院址在温州市学院中路 289 号。

现有职工 200 余人,其中测绘技术人员 86 人,高级职称 12 人,中级职称 20 人。下设测绘分院、勘察分院、基础地理信息中心、基坑设计所、地质灾害评估与防治研究所等部门。持有工程勘察综合甲级和测绘甲级资质证书,是温州市城市勘测骨干队伍。该院测绘的主要业务范围有工程测量、地籍测绘、房产测绘、大地测量、海洋测绘、地图编制、摄影测量与遥感、地理信息系统工程等。

主要测绘仪器设备有各种型号的测距仪器 5 台、经纬仪 3 台、水准仪 15 台、全站仪 27 台、绘图仪 6 台、GPS 接收机 6 台(其中双频 RTK 2 台),以及交换机、航空摄影处理机、多波频探测仪、晒图机、服务器、工作站及各类软件等。

该院成立以来先后完成了主城区三、四等三角控制网,大都市区范围控制面积约 7000 平方千米的二等 GPS 网以及二、三等水准网等;利用现代数字测绘技术完成了城区 300 多平方千米的 1∶500 数字地形测绘与更新测量;完成了市区 500 多平方千米的数据入库和基础地理信息系统的建设;开发了浙江沿海地区农村住房防灾管理系统以及温州测绘成果管理分发系统等信息系统;完成了温州机场等省、市重点项目和较大范围的工程测量任务;开展了温州市区及各县的地图编制与出版 1∶5000、1∶2000、1∶500 比例尺的航空摄影测量以及地下管网普查和水下地形测量等工作。有 50 余项勘测项目被评为省、部级优质工程,其中"温州市城市控制 GPS 扩展网测量"项目获 1996 年度全国第五届优秀工程勘察国家银质奖,"温州市二等水准网测量"项目获 2005 年度省测绘优质产品一等奖,"温州市城市二等 GPS 网测量"项目获 2008 年度省钱江杯二等奖。

1991 年和 2002 年两次被评为全国城市勘测先进单位,1994 年被浙江省测绘行业协会授予"十佳测绘单位",连续 17 年被温州市人民政府命名为"文明单位"称号,1996 年被评为省建设系统"八五"期间科技工作先进集体。1991 年通过省建设厅全面质量管理达标验收,2001 年 11 月通过 ISO9001 - 2000 标准质量管理体系认证。2006 年,被浙江省勘察设计行业协会评为首批"浙江省勘察设计行业诚信单位",被温州市勘察设计咨询业协会评为"温州市勘察设计行业诚信单位"。之后又被中国勘察设计协会授予首批"全国工程勘察与岩土行业诚信单位"称号。

2. 浙江省第十一地质大队综合测绘院(温州综合测绘院)

成立于 1978 年,隶属于浙江省第十一地质大队,其前身为温州地质队。成立之初,有专业测绘人员 10 多名,分散于各矿区,服务于地质勘查测绘。随着改革开放和社会建设的发展需要,1986 年组建测量分队。1987 年取得测绘资质。1991 年改名为测绘队。1994 年测绘队兼并地质印刷厂成立"温州综合测绘院"。测绘业务覆盖温州、青田、玉环等地。2007 年晋升为甲级测绘资质。单位地址在温州市新桥站前路 199 号地质科技大厦内,办公用房 800 平方米。

现有职工 81 名,其中技术人员 51 名(中、高级职称技术人员 29 名)。下设院办、总工办、综合办、测量工程处 2 个、制图中心、质检办、财务室等。主要仪器设备有 GPS 接收机 9 台、全站仪 16 台(2″级精度以上 8 台)、精密水准仪 2 台、S₃ 型水准仪 7 台、测深仪 1 台、A₀ 和 A₄ 扫描仪各 1 台、彩色喷墨绘图仪 3 台,院部有计算机局域网和服务器,电脑配备人手 1 台,配有 MAPGIS、EPS、Walk、Cacc 等地理信息管理系统及测绘软件。

主要业务范围有工程测量、地籍测绘、房产测绘、地理信息系统工程、地图编制等。先后完成的主要测绘项目有永嘉清水埠、黄田、三江,苍南灵溪、龙港、钱库、金乡,瑞安市区,瑞安经济开发区,平阳县,乐清市,温州市区天河、茶山、仙岩、丽岙、海城、双屿、仰义、鹿城区西部、瓯海大道及青田县等三、四等平面控制网测量及三等水准网测量。并与市勘测院共同完成温州市 1∶5000 正射影像图控制测量及温州市二等水准网测量。

大、中型项目的地形测量主要有温州市区及各县(市)、青田县、玉环坎门等地 1∶500 地形图测绘项目 50 余项,测绘面积累计 300 多平方千米。

重要工程建设项目测绘主要有瓯海大道、南塘大道、龙金公路、渔藤公路、平阳引水工程隧道贯通等建设工程测绘,还有机场路修复工程测绘、蒲城古城墙修复工程测绘、龙湾永强片地面沉降监测以及众多的小工程建设项目测绘等。

地籍和房产测量有温州市区 4 万多宗企事业单位土地办证地籍测量及供地、放样等,还有龙港镇 50 多平方千米的房产测量。

地图制图主要有浙南地区各矿区地质图制图,永嘉、瑞安、瓯海、鹿城的地名志及温州市水利志的编制图,柳市、龙港、鹿城、龙湾行政区划图编制,永强、龙港、坎门等 1∶2000 地形图编制等。

先后被有关部门授予全国"国土资源系统功勋集体"、"全国国土资源管理系统先进集体"、浙江省

"文明单位"、浙江省行业协会"十佳测绘单位"、"AAA 级资信单位"等荣誉称号。

3. 浙江省测绘大队浙南测绘工程处(驻温测绘单位)

浙江省测绘大队组建于 1958 年,隶属于浙江省国土资源厅,主管单位是浙江省地质勘查局,是全国首批甲级测绘资质单位和首批实行 ISO9000 系列贯标单位之一,是浙江省从事专业测绘服务的省级事业单位。2002 年浙江省测绘大队在温州设立浙南测绘工程处(驻温州办事处),为浙江省测绘大队的外派机构,其人、财、物由大队统一管理。地址在温州市中兴大厦 A 幢 1605 室。

现有职工 48 人,各类专业技术人员占职工总数的 90% 以上。其中教授级高级工程师 1 人、高级工程师 3 人、工程师 5 人。主要仪器设备有静态 GPS 11 台、GPS RTK 3 台、手持 GPS 1 台、DGPS 1 台、全站仪 16 台、电子水准仪 1 台、水准仪 2 台、测深仪 1 台、测距仪 8 台、服务器 1 台、绘图仪 3 台、软件 30 套等。

主要业务范围有工程测量、地籍测绘、房产测绘、地理信息系统工程、大地测量、摄影测量与遥感、行政区域界线测绘、地图编制、海洋测绘等。

先后完成温州市瓯海大道工程、甬台温铁路勘测和放样,温州市房产测绘,温州市地籍测绘上万宗,苍南灵溪 1∶500 地形测量,青山控股温州大门岛镍加工项目工程测绘(水下地形)。完成的"乐清市水域调查项目(一标段)"荣获中国测绘学会优秀测绘工程铜奖,"甬台温高速公路崩塌地段变形监测项目"荣获 2007 年度浙江省建设工程钱江杯(优秀勘察设计)三等奖。多次被有关部门评为"重合同守信用"单位、"AAA 级资信单位"和"全国测绘质量表彰单位"。

4. 温州市瓯海测绘工程院

成立于 1986 年,原名为瓯海县规划处测量队,成立初期隶属于瓯海县城乡建设环境保护局。现归口温州市规划局瓯海分局管理,属集体所有制企业。1988 年 5 月首次取得《测绘许可证》,1996 年测绘资质由丁级晋升丙级。1996 年 10 月引进清华山维电子平板软件,开始数字化测图,1998 年全面淘汰平板仪,并完成了第一个 1∶500 全数字化测图项目,是温州市首个一体化成图的项目。1999 年开始,参加温州市的基础测绘,成为温州市的基础测绘主力单位。2003 年测绘资质晋升为乙级,近年来又向测绘产品多样化、作业方法信息化的方向发展。主要业务范围有工程测量、地籍测绘、房产测绘、地理信息系统工程等。

现有职工 51 人,其中高工 2 人、工程师 8 人、助工 8 人、技术员 5 人,技术人员占职工总数的 65%。院内机构设有院长办公室、质量检查科、总工办、外业一队、外业二队、生产经营科、资料室及财务室。院址位于温州市将军桥荣新路 10 号,办公用房面积 500 平方米。

该院拥有的仪器设备包括 GPS 接收机 3 台、全站仪 8 台、绘图仪 3 台、打印机 5 台、清华山维系列成图及测绘软件等。

20 多年来,完成大小测绘项目 6000 多项。在瓯海、龙湾区域内布设首级控制网,包括 GPS、一级导线网和四等水准网。1999 年开始,先后完成温州市区的梧田、娄桥、潘桥、海城、沙城、永中、永昌、仙岩、丽岙、泽雅等地的基础测绘,面积总计达到 170 多平方千米,其中仙岩测区 1∶500 数字化地形图获浙江省优质测绘工程二等奖。

5. 永嘉县勘察测绘院

成立于 1986 年 12 月,原名永嘉县测绘队,隶属永嘉县城乡建设环境保护局。2000 年 7 月变更为永嘉县勘察测绘院,隶属永嘉县规划建设局。企业性质为独立法人企业,实行独立核算和自负盈亏。主要业务范围有工程测量、地籍测绘、房产测绘、地理信息系统工程等。1991 年 9 月经测绘局批准为丁级测绘许可证。1994 年 12 月获丙级测绘许可证。2005 年 11 月晋升为乙级测绘资质等级。

现有职工 66 人,其中高级工程师 2 名、工程师 10 名、助理工程师 27 名、技术员 6 名,技术人员占职工人数 68.2%。下设办公室、质量检查部、生产经营部、技术开发部、基础测绘部、工程测量部、地理信息部、工程放样部、工程勘察部等部门,另设永嘉县勘察测绘院瓯北分院及各乡镇十四个测绘组。该院主要仪器设备有全站仪 7 台、测距仪 8 台、经纬仪 5 台、水准仪 6 台、绘图机 4 台、GPS 接收机 7 台、小平板仪 7 台、数字化仪 2 台、网络交换机 3 台、EPS 测图软件 9 套、GIS 量化软件各一套。该院现有勘察测绘设计大楼 4500 平方米,院址在永嘉县上塘镇。

该院自成立以来,共完成上塘、乌牛、黄田、枫林、七都等地 1∶500 地形图达 188.71 平方千米,1∶1000 地形图测量 3.3 平方千米。为配合地形测量,完成 GPS 点 3340 个、三等水准路线 834 千米、四等水准路线 1858 千米。其中 2003 年 4 月与温州市勘察测绘研究院合作完成的温州市七都岛测区 1∶500 数字化地形图,获全国城市勘察测绘优秀工程三等奖。2004 年 5 月完成的"永嘉县城乡一体化基础地理信息系统"获全国地理信息系统优秀应用工程银奖。

6. 温州市水利电力勘测设计院

成立于 1964 年 1 月,原名温州专署水利电力勘测设计室,当时隶属于温州专署水利局。1991 年取得测绘丙级资质。业务包括控制、地形、城乡用地、规划检测、市政工程、水利工程、建筑工程、线路工程、桥梁、隧道等测量,海洋测绘包括控制、水深、水文、底质、港口与航道工程、海域使用面积测量及内水航道图编制。

该院是企业化管理的自收自支事业单位,隶属于温州市水利局。现有测绘相关专业技术人员 13 人,其中高级工程师 5 人、工程师 5 人、助理工程师 3 人。院址在温州市机场大道 5477 号国大广场一号门 5 楼,办公面积为 1700 平方米。

现有仪器设备有静态 GPS 接收机 3 台、RTK 4 台、测深仪 5 台、全站仪 4 台、水准仪 3 台、绘图仪 3 台、打印机 10 台等。绘图软件有清华山维绘图软件,南方 CASS8.0 绘图软件,欧特克 CAD 正版软件 6 套。

1984 年以来,完成的主要的测绘项目有雷锋水库、仰义水库、泽雅水库、吴家园水库、温州自来水引水隧道测量、温州市西向浑水引水工程、苍南赤溪电站、瓯江翻水站、永嘉沙头引水工程、东坑岭电站、龙江水闸、泰顺双涧溪水库、泰顺洪溪美电站、飞云江北岸标准海堤、鳌江防洪规划、温州市西向排洪工程、江心屿共青湖水下地形测量、瑞安阁巷海涂围垦、福建金潭和长潭电站、瓯海新行政中心区河道断面测量、温州新客运站站区改线工程、温州市望江路三期、瓯江采砂规划、温州市区水域调查、温州市瓯江水域调查、珊溪水库电站等测绘工程。

7. 温州港蓝海航道测绘有限公司

前身为 1960 年成立的温州港务局海港测量队,担负温州港航道检测和协助全测、水文测验、整治施工、航标维护等任务。1987 年 2 月以"温州港务局基建工程处"之名首次取得测绘许可证。1960～1991 年,先后完成温州港航道检测 17 次,测图 40 幅;多断面多垂线全潮同步水文测验 20 多次;"三条江"整治工程和杨府山新港区航道整治工程的施工测量。2000 年 11 月 15 日,在原来温州市港务管理局测量队的基础上成立"温州港蓝海航道测绘有限公司",具有丙级测绘资质。公司地址在温州市江滨路麻行僧街 138 号。

主要业务范围有控制、海岸滩涂地形、水下地形、小型港口与航道工程等海洋测绘。现有职工13人,其中专业技术人员占职工总数的78%。主要测量仪器有全站仪2台、水准仪3台、数字化仪、绘图仪、信标机、测深仪等多台,还有地形成图软件、导航软件、海洋成图软件等多种专业软件。

该公司先后在温州市区及乐清、瑞安、永嘉、平阳、苍南、洞头等多个测区开展工作。承担大的测绘项目有1:500瓯江流域小码头前沿及水下地形图测绘、1:2.5万状元岙取沙区范围测量、1:1万瓯江流域全港水下地形测量、1:2000瓯江口南岸安澜亭至会展中心沿岸进港航道水下地形测量、1:5000七里港进港航道水下地形测量、三垟生态园断面线测量、1:1000磐石电厂进水孔和七都大桥临时通航孔、1:5000瓯江口航道治理工程等水下地形图测量。此外,还承担了市区以外的乐清湾港区港池试验性挖槽工程、瑞安中石化油船和泵船水深测量、鳌江全港、苍南北关岛全岛船坞工程、大门临港产业基地、瑞安进港航道、瑞安铁路桥、飞云江大桥临时通航孔等不同比例尺的水下地形测量。

8. 温州市民信房地产测绘有限公司

前身为温州市房地产管理局下属的温州市房地产测绘队,成立于1996年4月,2004年改制为现名称。具有丙级房产测绘资质,为中国房地产地籍测量委员会常务理事单位。公司地址在人民路国信大厦三、四层,办公面积710平方千米。

现有职工37人,其中高级工程师1人、工程师5人、会计师1人、助工等。下设办公室、总工室、质检室、测绘组。拥有全站仪、自动绘图仪、数字化仪、手持激光测距仪及微机等设备。

主要业务范围是房产测绘。先后完成温州市区的站前、蒲州、双屿房产图数据改造,仰义、上戍、藤桥测区房产图测绘及数字化改造,七都房产图数据改造,龙湾西区II区1:500房产图测绘。此外,还承担了同人花园、中心区C-29号地块、红日香舍苑、新田园、香格里拉大酒店、中瑞曼哈顿、百里路安置房、下吕浦住宅区、黄龙住宅区、解南商业圈等地的房产测绘。

9. 瑞安市规划测绘队

成立于1983年,1987年3月获取《测绘许可证》。1989年正式挂牌"瑞安市规划测绘队"。现系瑞安市规划建设局直属事业单位,丙级测绘资质。下设办公室、总工室、调度室、基础地理信息室、制图室、9个外业测量小组。现有职工43名,其中高级工程师和工程师8名,助工和技术员25名。

主要业务范围有控制测量、地形测绘、城乡规划定线、城乡用地、规划控制、市政工程、水利工程、建筑工程、线路工程、桥梁隧道、工程竣工等测量及房产测绘、地籍测绘、地理信息系统工程等。

主要仪器设备有GPS接收机4台套、全站仪10台、精密水准仪1台、常规水准仪6台、计算机23台、惠普服务器和奥林巴斯快速扫描系统各1套、绘图仪2台,以及清华三维Sunway地理信息系统、Epsx数据转换、Epsw外业测绘版、南方CASS系列数字化测绘及成图软件等。单位地址在瑞安市周松路78号。

该队在瑞安全市范围内施测了大量的1:500地形图,例如20世纪80年代完成了城关镇和飞云镇的35平方千米地形图,90年代以来除城关和飞云更新重测外,还完成汀田、莘塍、上望、鲍田、塘下、仙降、罗凤、陶山、马屿、丽岙等地的主要乡镇、村庄测绘工作,以及开发区、工业区、旅游区、农业园区的规划图和建设用图。

10. 乐清市测绘队

原名乐清县规划勘测设计室。1988年9月首次取得《测绘许可证》,1999年5月4日分设乐清城乡规划院和乐清市测绘队。该队隶属乐清市规划建设局,属全民事业单位,企业化管理,持有丙级测绘资质证书。地址在乐清市乐成镇宁康东路 98 号,办公面积 430 平方米。

现有 32 位专业技术人员,其中高、中级职称 6 人,初级职称 15 人。测绘队下设质检组、办公室、地形测绘组、工程测量组、私建放样组、地理信息中心。

主要业务范围是工程测量,包括控制、地形、城乡规划定线、城乡用地、规划检测、市政工程、水利工程、建筑工程、线路工程、地下管线、桥梁隧道、变形(沉降)观测、竣工测量等,还有地籍测绘、房产测绘、地理信息系统工程等。

主要测绘仪器设备有全站仪 9 台、动态天宝 GPS 3 台、微机 40 台、彩色工程绘图仪 2 台等,基本实现全数字化测绘和无纸化办公。2005 年 3 月开发建立基础地理信息系统,并对乐清市重点项目及防空普查数据进行入库,建立专题 GIS。

多年来,共完成乐清市 200 平方千米的数字化地形图,累计完成规划测绘工程 2500 余项,完成建设项目竣工测量 1200 多项。2001 年获浙江省优质测绘产品奖,2002 年获温州市测绘学会先进集体,2003 年获乐清市人民政府先进集体,2007 年获乐清市规划建设系统先进集体。

11. 平阳县测绘大队

创建于 1992 年 11 月,原名平阳县规划测量队,1998 年更名为平阳县测绘大队。原隶属于平阳县规划管理局,现隶属于平阳县规划建设局,丙级测绘资质证书。单位地址在平阳县昆阳镇解放街 240 号,办公用房 1100 平方千米。

现有职工 22 人,其中工程师 4 名、助工 4 名、技术员 3 名,各类专业技术人员占职工总数 60% 以上。设有三个测绘中队,另设办公室、数字化成图室、档案资料室、工会室等。

主要仪器设备有 GPS 3 台、全站仪 5 台、水准仪 3 台、计算机 18 台、扫描仪 1 台、绘图仪 2 台。

主要业务范围是工程测量,包括控制、地形、城乡规划定线、城乡用地、规划检测、市政工程、水利工程、建筑工程、线路工程、桥梁隧道、竣工测量。先后完成平阳县城镇 1∶500 地形图 250 平方千米、350 个乡村地形测绘及北港和珊溪等供水工程、站前小区、57 省道改道等项目的带状地形测绘,还承担县城老城改造、轻工园区、皮革园区、礼品园区、服饰园区、印务园区、家具园区、鞋业园区等项目的工程放线任务。

12. 苍南县测绘所

前身为苍南县规划土地测绘所,1988 年 5 月组建。1997 年 3 月更名为苍南县测绘所,现已取得丙级测绘资质证书,隶属于苍南县规划建设局。地址在苍南县规划建设局大楼后座 5 楼。

主要业务范围有控制、地形、城乡规划定线、城乡用地、规划检测、市政工程、水利工程、建筑工程、线路工程、地下管线、桥梁隧道、竣工测量等,还有地籍测绘、房产测绘、地理信息系统工程。

现有员工 19 人,其中中级职称 6 人,初级职称 8 人。设有综合科、生产科、质检科。拥有 GPS 接收机 4 台套、RTK 接收机 2 台套、全站仪 6 台、水准仪 3 台、计算机 16 台、绘图仪 2 台、数字化仪以及清华山维 Epsw 2005、南方 CASS 5.0 等数字化成图专业软件。

已完成的主要测绘成果有灵溪、沿浦、肥艚、矾山、芦浦、钱库、金乡、龙港大道和温福铁路苍南段等区域 1∶500 数字地形图 80 多平方千米。

13. 泰顺县测绘大队

前身为泰顺县基本建设局规划办公室的内设机构,1983 年 5 月开始从事村镇规划测量。1991 年 4 月成立泰顺县规划勘测设计室,1993 年 3 月组建泰顺县城乡测绘队,并获得丁级测绘资格证书。1995

年 8 月改名为泰顺县规划测绘队,隶属泰顺县规划局。1998 年 8 月 4 日,成立泰顺县测绘大队,隶属泰顺县规划建设局,系独立法人自收自支的事业单位。2004 年 1 月升级为丙级测绘资质。地址在泰顺县城关城北路 78 号,办公用房面积 150 平方米。

现有职工 17 人,其中工程师 5 人、助理工程师 6 人、技术员 4 人,技术人员占职工总数 85% 以上。内设生产部、质检部、综合部、财务部、档案室、绘图室等部门。拥有 GPS-RTK 8 台、全站仪 5 台、水准仪 5 台、手持测距仪 5 台、地下管线控测仪 1 台、电子经纬仪 1 台、测距仪 1 台、绘图仪 2 台、打印机 4 台等设备,还有南方系列的工程测量、地籍测量、房产测量、管线测量等软件各 1 套,测图精灵 2005、平差易 2005、CASSCAN 5.0 各 1 套。

主要业务范围是工程测量,包括控制、地形、城乡规划定线、城乡用地、规划检测、市政工程、水利工程、建筑工程、线路工程、地下管线、桥梁隧道、竣工测量等,还有地籍测绘、房产测绘等。

该大队先后完成泰顺县城镇规划区、工业区、度假村、产业转移基地、文化园、新城区等 1:500 数字地形图 70 平方千米,还有其他工程测量、定线放样、小型水利、桥梁隧道、管线等测绘项目 800 多个。

14. 温州市横宇数码测绘有限公司

成立于 2003 年 9 月 18 日。2004 年 2 月取得丁级测绘资质证书。2005 年 2 月晋升为丙级测绘资质。地址在温州市汤家桥南路今日嘉园 601 室。现有工程师 3 名,助理工程师 4 名,技术员 7 名,技术工人 13 名。是一家民营股份制测绘公司,主要业务范围有控制、地形、城乡用地、规划检测、市政工程、水利工程、建筑工程、线路工程、桥梁隧道、竣工测量、地籍测绘、海洋测绘等。

主要设备有静态 GPS 接收机 5 台套及随机软件 1 套、索佳全站仪 1 台、尼康全站仪 5 台、宾得免棱镜全站仪 2 台、徕卡全站仪 1 台、水下地形测深仪及成图软件 1 套、自动安平水准仪 3 台套、绘图仪等。

公司成立以来完成的主要工程测量项目有青山电站 1:1000 地形图、东溪乡水电站地形图、永乐河防洪规划工程、永嘉县双桥引水工程、灵昆岛北围堤中心水闸 1:500 地形图、瓯北镇瓯江标准堤工程地形测绘、楠溪江黄田段水下地形测绘、苍南县万城供水工程测量、乐清湾中欧船厂工程测绘、温州市区内河测量约 160 千米,并完成云南省元江县桥头电站测量、陕西省文泾水电站测量、与华东勘测设计研究测绘分院合作完成深圳市龙岗区地籍测绘等,还与平阳县、文成县和乐清市测绘单位合作施测了一批 1:500 数字化地形图。

15. 温州浙南测绘有限公司

成立于 2001 年 1 月。2002 年 2 月取得丁级测绘资质,2006 年 1 月升为丙级测绘资质,是股份制企业单位。公司设"三科四室",即工程测量科、房产测量科、拆迁丈量科、生产质检室、档案室、办公室、财务室。主要业务范围有控制、地形、市政工程、线路工程、竣工测量、地籍测绘、房产测绘等。

现有职工 20 人,其中工程师 3 名、经济师 1 名、助理工程师 7 名。主要设备仪器有徕卡(Leica)手持测距仪、拓普康(Topcon)全站仪、用 CAD 2002 为平台自行开发的制图软件等。地址在温州市环城东路浙南大厦 F 层。

先后完成的主要测绘工作有拆迁房面积丈量 106 万平方米,安置房面积计算 234 万平方米,以及温州市解放南路、信河街等改建区的 1:500 房产分幅图修测 2 幅。

16. 温州市方园地理信息开发有限公司

成立于 2003 年 2 月,从事地理信息开发。公司从业人员有高级职称 1 人,中级职称 2 人,初级职称 9 人。2006 年 3 月取得丙级测绘资质。主要仪器设备有全站仪 2 台、绘图仪 2 台、扫描仪 1 台、定位仪 1

台、拷贝机 1 台、微机 14 台。

主要业务范围是地理信息系统,包括地图数字化、建立数据库、建立专业地理信息系统。主要完成地图数据入库、温州地理信息网、常州地理信息网、房产管理系统等项目。

17. 温州市规划信息中心

设立于 2002 年 6 月,是温州市规划局直属事业单位,丁级测绘资质。主要业务范围有摄影测量数据处理、空间遥感地理信息数据处理、外业采集的地理信息数据处理、地图数字化、建立数据库、建立专业地理信息系统等地理信息系统工程。地址在温州市规划局办公楼二楼。

现有职工 13 名,其中高级职称 1 名、中级职称 9 名、初级职称 1 名。主要设备有电脑服务器 4 台、电脑 36 台、UPS 2 台、电脑交换机、扫描仪等多台。

主要完成温州市规划信息资料的整理入库及系统的管理维护工作、基础测绘数据资料转换、城市建设现状调查、电子地图网上发布系统的开发建设等工作,并设计开发完成温瑞塘河综合整治 GIS 系统、规划动态管理系统、规划监察信息系统、一书两证管理系统、规划管理单元系统等,同时参与开发温州市基础地理信息系统、数字城市基础地理空间框架建设等项目,并对温州市域各大比例尺的测绘数据进行更新维护,及时完善提供各项测绘数据处理服务。

18. 国家海洋局温州海洋环境监测中心站

成立于 1971 年,隶属于国家海洋局东海分局,为独立法人事业单位。2002 年 9 月～2006 年 11 月,测绘资质为国家海洋局的海域使用测量乙级资质。2006 年 11 月转为国家测绘局的海洋测量丁级资质。主要业务范围是海域使用面积测量。地址在温州市车站大道华海广场 8 楼。

现有专业技术人员 59 人,其中高级工程师 10 名、工程师 29 名、助理工程师和技术员 20 名。配备测绘仪器有测深仪 2 台、信标机 2 台、全站仪 1 台、水准仪 3 台、数字化仪 1 台等。

该中心站根据国家和地方海洋行政主管部门实施海域使用管理的需要,完成了温州市海域用海项目的海籍测量工作,现负责温州地区新涉海项目的海籍测量工作和违章用海的面积测量工作。

19. 温州市经纬地理信息服务有限公司

成立于 1997 年 7 月,取得丁级测绘资质证书。1998 年成立龙湾分公司。1999 年成立瓯海分公司,2003 年瓯海分公司撤销。现有员工 22 人,其中专业技术人员 17 人,占职工总数的 77.27%。地址在温州市黎明西路海发大楼 207 室。

公司现有全站仪 4 台、水准仪 2 台、地下管线探测仪 2 台、绘图仪 3 台等设备,还有地下管线处理软件、平板测绘和控制网微机平差软件等。

主要业务有控制、地形、城乡规划定线、规划检测、市政工程、水利工程、建筑工程、线路工程、地下管线和竣工测量等工程测量。该公司是《温州市地下管线探测及信息化管理技术规定》的主编单位,全国城市地下管线委员会常委单位。

公司累计完成竣工测量 2000 多项,完成地下管线探测 4100 多千米,2000 年承担温州市地下管线普查管理质量监理,2004 年承担温州市市级排水网普查监理工作。

20. 温州市七里规划管理分局测量队

成立于 1997 年 11 月 24 日,是温州市七里规划管理分局下属单位,持有丁级测绘资质证书。地址在乐清市七里港镇沿江大道 188 号。

现有测绘、规划、路桥等各种专业人员 8 人,其中测量人员 6 人。拥有全站仪、彩色绘图仪、经纬仪、水准仪、数字化成图软件、GPCAD 软件等。主要业务范围有控制、地形、多层建筑物放样和城镇规划定线等工程测量。

已完成的主要测绘项目有常安集团工业园区、乐清慎江阀门厂、七里港中学、中央直属粮库温州库、曹田前村和后村、里隆村等 1∶500 地形图测绘,另有进港大道、中山路、柳黄公路等道路基础设施规划线放样等。

21. 温州市大禹测绘有限公司

成立于 2003 年 10 月,2006 年 3 月取得丁级测绘资质,股份制企业。地址在温州机场大道 1504 号。主要业务范围有控制、地形和水利等工程测量。

现有职工 10 名,其中测绘专业技术人员 4 名。主要设备仪器有 DS3、C40 水准仪各 1 台,GTS 335、GTS 225 各 1 台。

2003～2007 年完成主要项目有瓯海区千库保安工程、鹿城区 10 个山塘治理、永兴土地平整、海滨围垦、丁山围垦、新开堤塘河断面、龙湾区千库保安工程、永强堤边塘河、泽雅周岙溪治理、瞿溪肇山水库等地形测绘和横断面测量。

22. 温州市立民房地产测绘有限公司

成立于 2005 年 11 月,丁级测绘资质,股份制企业,是一家以房地产测量为主营业务的专业测绘技术公司。地址在状元镇前岩龙湾房管大楼。

现有员工 7 人,其中工程师 1 人、助理工程师 2 人。仪器设备有徕卡全站仪、手持测距仪等。

已完成房产面积测算 171 件,其中主要有华迪钢业房屋建筑面积实测 17084 平方米,东方明珠房屋建筑面积预测 73787 平方米,繁灵苑房屋建筑面积预测 6821 平方米,锦绣江南房屋建筑面积预测 139972 平方米。

23. 温州市东纬土地信息咨询有限公司

成立于 2005 年 5 月 19 日,单位性质为有限责任公司,由温州市土地开发公司控股。是从事市场开发及土地信息综合利用的服务型企业,具有地籍测绘丁级资质。地址在温州市黎明西路 6 号。

公司现有员工 6 人,其中中级专业技术人员 1 人,初级技术人员 2 人。公司拥有全站仪一套、彩色绘图仪 1 台等设备。

主要业务范围有控制测量、地籍图修补测量、地籍要素测量、宗地测量和土地面积测算等地籍测绘。至 2007 年底完成地形测量约 1 平方千米。

24. 温州志图测绘有限公司

成立于 2005 年 12 月 13 日,2006 年 11 月 20 日取得丁级测绘资质。属于民营企业,以测绘为主业,地址在瓯海区潘桥民新路 8 号(1 幢 3 楼北侧)。

现有工程师 2 名,技术员 7 名。主要仪器设备有宾得全站仪 4 台、GPS 接收机 2 台、电子水准仪 1 台等。主要业务范围是地籍测绘和控制、地形、市政等工程测量。

2007 年 3 月获得省土地信息中心授权,可以从事对土地利用总体规划实施影响的评估报告的编制、电子地图和电子沙盘的制作以及在温州地区代理 MAPGIS 软件系列产品和 0.6～1.0 米卫星影像的销售事宜。

25. 温州市鸿运房产测绘有限公司

成立于 2003 年 7 月,2005 年 3 月取得房产测绘丁级资格。有测绘工作人员 9 名,其中高级工程师

2 人、工程师 2 人、助理工程师 5 人。

主要仪器设备有 S₃ 水准仪 1 台、全站仪 1 台、手持测距仪 2 台、房产测绘软件等。主要业务范围是房产面积测算。

26. 温州市瓯海区房地产测绘队

成立于 2000 年 9 月，隶属于瓯海区房管局的国有企业。2001 年 9 月获得丁级测绘资质。地址在瓯海区振瓯路 41 号。

现有人员 20 人，其中高级工程师 2 人、工程师 2 人、助理工程师 4 人，取得房产测绘上岗证的有 12 人。全队拥有 2 台全站仪、1 台水准仪、6 台手持激光测距仪和 20 台计算机等设备。主要业务范围是房产测绘。

自成立以来，完成商品房面积测算 91 万平方米，单位房产测绘 3000 余件，私有房产测绘 4.3 万件，其中较大项目有长城大厦、金鼎花苑、丽乔茶堂、金州大厦、联众华庭等。还为南塘大道项目拆迁、瓯海区房产管理、群众房产登记和发证提供测绘服务。

27. 瑞安市房地产测绘队

成立于 1998 年 10 月，丁级测绘资质，是瑞安市房产管理局直属的自收自支性质的事业单位，主要业务范围是房产测绘。地址在瑞安市安阳路 95 号 5 楼。

现有干部职工 10 人，其中工程师职称以上的 4 人。主要仪器有全站仪 1 台、手持测距仪 5 台等。

已完成桃花锦苑、华峰公司、虹北锦园、上望安置房、车头村、瑞立集团等约 1100 万平方米的建筑面积测算量。

28. 瑞安市土地调查登记测绘事务所

组建于 1999 年，为瑞安市国土局下属集体企业。现有丁级测绘资质证书，乙级土地勘测资质证书，乙级土地调查登记代理资质证书。地址在瑞安市罗阳大厦 B 单元 401 室。

现有测绘工程师 2 人，测绘技术专业人员 16 人。在瑞安市范围内设置 11 个土地登记点和 1 个测量管理构构。主要业务范围有土地登记代理、土地勘测技术报告编写、地籍测绘等。主要仪器设备有全站仪索佳 SET 510、徕卡 TC 402 和 TC 705、南方 NTS‐335、天津欧发 DS 32 和 PTKH 82 水准仪。

主要完成 1：500 地籍图宗地图修补测量 600 幅，违章处理测图 200 幅，1：2000 地形图 65 幅，土地勘测技术报告 60 份，土地登记代理 6 万宗，1：500 地籍图坐标转换涉及面积约 57 平方千米。

29. 瑞安市云江水电勘测设计所

组建于 1979 年，原名瑞安县水电勘测设计所测量队。1987 年 3 月以"瑞安县水电设计室（测量队）"之名首次取得测绘许可证。1997 年 7 月取得丁级测绘资质证书。属瑞安市水利局主管的集体企业，设有业务组、测量组、质检组等，现有技术人员 6 人。地址在瑞安市商城大厦 5 楼。

主要业务范围有控制、市政、水利、线路和竣工测量等工程测量。主要仪器设备有全站仪 1 台、水准仪 2 台、数字化仪、绘图仪、地形成图软件等。

1984 年 9 月～10 月，完成瑞安—梅头海涂围垦堤塘四等水准测量，共埋设 28 个水准标石。1989 年 10 月～1991 年 3 月，参与北麂岛灯塔的选址、施工、位置测绘。另外，还完成马屿天井垟河道断面测量、林溪乡溪坦村流域测量、飞云江高楼段地形测量、三十三溪永安段地形测量等。

30. 瑞安市中瑞测量有限公司

成立于 2006 年 5 月 8 日，属股份制的民营企业，丁级测绘资质。地址在瑞安日报大楼一楼。现有员工 14 名,其中工程师 1 名,助理工程师 2 名。

主要仪器设备有全站仪 2 台、水准仪 1 台、绘图仪 1 台、计算机 12 台等。

主要业务范围是地籍测绘和控制、地形、市政等工程测量。已完成 1:500 地形图测量 2.8 平方千米。

31. 乐清市水利水电测绘队

成立于 2001 年 7 月,丁级测绘资质。现有员工 7 人,其中专业技术人员 3 人。地址在乐清市深港大厦 5 楼。

主要仪器设备有 GPS 全球卫星定位测绘仪器、全站仪 2 台、水准仪、绘图仪、测深仪、数字化仪器等,还有南方 CASS 7.0 地形图软件、天拓水上成图软件等专业软件。主要业务范围是控制、地形和水利等工程测量。

已完成乐清市水利建设项目有 1:500 和 1:1000 河流地形测绘、1:200 河流横断面测绘、1:1000 土地平整测绘、乐清市小型水库的工程测绘、乐清市国土局造地办的 1:1000 土地平整测绘、乐清市标准海塘的测绘等。

32. 乐清市大地勘察测绘设计有限公司

成立于 2005 年 7 月,属股份制企业。2005 年 9 月 1 日取得土地勘测机构注册证书。2006 年 3 月 29 日取得丁级测绘资质证书。地址在乐清市宁康东路 98 号。

现有职工 30 人,其中高级工程师 1 人,工程师 3 人,助理工程师 5 人,测工 15 人,技术人员占职工总数的 80%。主要业务范围是地籍测绘和控制、地形、市政、矿山等工程测量。现有 8 台全站仪、1 台水准仪、6 台 GPS 接收机、多套测绘软件等设备。

2006 年 10 月采用南方 CASS 成图软件完成石帆镇岭头村 1:2000 地形图的土地整理和大荆镇蔡界山村 1:2000 土地整理竣工验收;2007 年完成征农转用项目 62 个,测量宗地 57 宗。

33. 乐清市房地产测绘队

成立于 1997 年 3 月,当年 7 月取得丁级测绘资质。隶属于乐清市房地产管理局的集体企业。现有职工 11 人,其中中级职称 3 人、初级技术人员 5 人,有 8 人取得房产测绘上岗证。主要经营范围是房产测绘。主要仪器设备有苏光 S_3 水准仪、徕卡全站仪、测距仪、绘图仪等。

已完成乐清市华东电器有限公司、四都乡生态住宅小区、阳光花园、香格里拉嘉园、宁康嘉园、乐清湾食品公司等房产测绘。

34. 永嘉县房地产测绘队

成立于 2000 年 8 月,隶属于永嘉县房产管理局,是全县唯一从事房产测绘的国有企业,丁级测绘资质。地址在永嘉县上塘镇嘉宁街 21 号房管大楼四楼。

现有职工 16 人,其中工程师 2 人,房地产估价师 1 人,助理工程师 4 人,技术员 4 人。拥有全站仪、手持激光测距仪等以及 CAD 房产测绘软件、UPS 等测绘设备。主要业务范围是房产测绘。

已完成的主要测绘项目有阳光景园、华鑫香港城、楠江大厦、阳光大厦、五中花园、罗夫罗伦、红蜻蜓、东瓯锦园、大自然、华达、码道村等房产测绘,累计已完成房屋测绘建筑面积 1200 多万平方米。

35. 平阳县诚信房产测绘有限责任公司

成立于 2002 年 9 月,丁级测绘资质,股份制企业。业务范围为房产测绘,是平阳县从事房产测绘的专业单位。地址在平阳县昆阳镇天来巷 27 号。

现有专业技术人员 7 人,其中工程师 2 人,技术人员 5 人。拥有测距仪 5 台、全站仪 2 台、绘图仪 1

台等设备,另有房产测量师(ABDRS)6套、CASS 5.1单机版和网络版各1套。

已完成房屋面积实测184个项目,合计面积256万平方米;房屋面积预测42个项目,合计面积147万平方米。该公司承揽平阳县所有房屋面积测算,并承担零星新建地块的房产图修补测量工作。

36. 苍南县房地产测绘有限公司

成立于1990年,前身是苍南县房地产测绘队,隶属苍南县房产管理局。1999年成立房地产测绘有限公司,丁级房产测绘资质。地址在苍南县灵溪镇商场一街24-1号。

业务范围是房产测绘。现有职工15人,其中工程师3名、助理工程师8名、技术员2名。主要仪器设备有全站电子速测仪、绘图仪、水准仪、电子测距仪、专业成图和计算软件等。

已完成苍南县的矾山、观美、莒溪、华阳、肥艚、望里、金乡、龙港、灵溪、沿浦、宜山、灵江、沪山、芦浦、南宋、赤溪、炎亭、大渔、马站、霞关、湖前、桥墩、藻溪等地1:500房地产平面图测绘,以及约20万平方米房产测量。

37. 文成县测绘大队

成立于1984年3月,前身为文成县城乡建设环境保护局城建办测量队。1988年5月首次取得测绘许可证。1990年4月改为文成规划局测量队,并取得丁级测绘资质证书。2002年5月又改为文成县测绘大队。现是文成县规划建设局的下属事业单位。地址在文成县大峃镇建设路75号4楼。

现有职工20多名,其中工程师3名、助工5名。下设质检部、生产部、综合部、办公室。主要业务范围是控制、地形、市政工程、城镇规划定线、竣工测量等工程测量和地籍测绘。主要仪器设备有进口全站仪4台、GPS接收机4台、经纬仪、水准仪、彩色绘图仪、清华山维测绘软件等。

已完成大小测绘项目2000多项,工程放样项目1000多项。主要有百丈漈1:1000地形图测量4.5平方千米、龙川下田1:500地形图测量2.7平方千米、文成县2006年度地震灾害区1:500地形图测量3.38平方千米、2003年至2007年度中心村1:500地形图测绘35平方千米、各乡镇建成区和招商引资项目1:500数字化地形图测绘30多平方千米等。

38. 文成县水利测量队

成立于1979年,当时与县水利水电股同一班子。1985年分设水利水电勘测设计室。1987年取得测绘许可证。2005年8月11日成立文成县水利测量队。2006年3月16日经省测绘局批准取得丁级测绘资质。地址在文成县大峃镇建设路98号。

现有测绘人员6人,其中工程师1人、助理工程师2人。主要仪器设备有全站仪2台、水准仪1台、测距仪1台、绘图仪1台、三维测绘软件1套等。主要业务范围是控制和水利工程测量。

主要测量成果有文成县水域调查、文成县龢青山电站工程测量、坑下山电站工程测量、新东电站工程测量、岩门电站工程测量、泗溪河综合治理工程测量、全县农田水利和河道测量等。

39. 文成县房产测绘队

成立于2002年6月,2004年1月取得丁级测绘资质。主要业务范围是房产测绘,现有测绘技术人员4人,均取得测绘上岗证。地址在文成县大峃镇建设路172号4楼。

已完成住宅房屋测绘31457套,建筑面积13万多平方米,并完成1:500房产分幅平面图196幅,计12.25平方千米。

40. 泰顺县房地产测绘队

组建于1997年,原归属于县房产局房产科。2000年3月成立泰顺县房地产测绘队,隶属于县房管局的事业单位。2005 年 11 月获批为丁级测绘资质。地址在泰顺县城关城北路 153 号房管大楼三楼，办公面积 61.5 平方米。

现有正式职工 7 人，其中测绘工程师 1 名，评估师 1 名，助理工程师 4 名，技术员 1 名，持有房产测绘上岗证工作人员 4 名。主要仪器设备有徕卡 TCR 402 全站仪 1 台、徕卡手持测距仪 3 台、自动绘图仪 1 台、《房产测量师》软件 2 套等。

主要业务范围是房产面积测算。已完成的主要测绘项目有三魁、仕阳、罗阳房产分幅图及桃花园、天盛、金都、银都等住宅小区 60 多万平方米的商品房面积测算等。

41. 洞头县规划测绘大队

成立于 1992 年，原名洞头县规划管理局测量队。1994 年取得丁级测绘资质。2001 年更名为洞头县规划测绘大队。地址在洞头县北岙镇新城大道 333 号。

现有职工 20 人，其中高级工程师 1 名，助理工程师 9 名，技术员 3 名，技工 2 名，技术人员占职工总数的 70%。主要仪器设备有 GPS 4 台、全站仪 5 台、手持测距仪 2 台、电子安平水准仪 2 台、电子绘图仪 2 台等。

主要业务范围是控制、地形、市政、建筑物放样、城镇规划定线等工程测量和房产测绘。主要从事地形图测绘、工程放样及验线等测量工作，1999 年开始进行数字地形图测绘工作。

2000～2003 年，先后在大门镇、北岙二期围垦、东沙港测绘 1∶500 数字地形图 10.02 平方千米及 1∶1000 数字地形图 1.6 平方千米。2003 年协助温州市勘察测绘研究院施测"洞头县基础测绘控制网"三、四等 GPS 点 84 点、三等水准测量 240 千米。2004 年起，洞头开始启用"洞头县独立坐标系"，该大队全面进入基础测绘工作，至 2007 年底，共完成一级导线测量 332 点，四等水准测量 400 千米，1∶500 数字地形图 70 平方千米。

42. 洞头县宏大房地产测绘有限公司

成立于 2006 年 2 月，属股份制企业，同年 4 月取得丁级测绘资质证书。地址在洞头县北岙镇车站路 56 号。

现有职工 7 人，其中工程师 2 人，取得测绘上岗证 4 人。主要仪器设备有徕卡手持测距仪 2 台、《房产测量师》绘图软件 2 套等。

该公司是洞头县从事房产测绘的专业单位，主要业务范围是房产面积测算。已完成望海山庄实测、海上人家 H 幢预测、金海花园实测、育才花苑 D 区实测等项目，共计 17 多万平方米。

第二节　已注销的测绘单位

2007 年 12 月 31 日以前陆续注销《测绘许可证》或停业的测绘单位，共有 16 个。

1. 温州市水电局测量队

1958 年，温州市农林水利局水电科设立测量队。1972 年 5 月 8 日温州市农林水利局分设温州市水电局，测量队归水电局，称为"温州市水电局测量队"。1981 年 9 月因温州地、市合并，温州市水电局测量队终止工作。历届负责人是邢文旗，王国俊，施正琛。

该测量队完成的主要测量项目很多。1959 年完成水利普查，测量仰义水库库容。1960～1962 年测量雷峰水库库容、仰义—渔渡的瓯江堤塘、黎明陡门等。1964年测量勤奋陡门。1972～1974年参与南京水科所完成的"瓯江南口堵坝围垦定床模型试验"。1975年5月～1976年4月完成"温州市东部三等水准网"高程控制测量,总长110千米,埋石81点。1977年完成勤奋水闸配套工程测量。1978～1979年完成温州市西部三等水准网133千米、196点的勘察设计和选埋,并完成泽雅水库坝址测量和岩门陡门、城东陡门、戍浦江断面等测量。1978～1981年完成瓯江南口堵江大坝轴线测量和瓯江北口江岸岸滩崩坝监测断面的选址、端点桩选埋。1980年和温州地区水利局测量队合作完成瓯江翻水站引水工程的引水渠道测量。撰写《瓯江灵昆南口堵坝促淤围垦工程对口外主航道的影响》等4篇论文,向在温召开的国家科技会议汇报。

2. 永嘉县水利电力局测量队

成立于1960年6月。1962年12月以后由于国家调整政策,测量队人员被下放和调整,1973年5月重组测量队。1987年取得测绘许可证。1992年由于技术力量减弱等原因,该测量队被吊销测绘许可证。1995年该测量队并入永嘉县水利设计院。历任队长有李宝荣,汪建仲,郑九溪,历时辉。

该测量队成员曾有12名正式职工,2名临时工。其中工程师5名,助工1名。测绘仪器有游标经纬仪1台、30″经纬仪2台、J_6经纬仪3台、S_{10}水准仪3台、S_3水准仪3台、大平板仪1台、小平板仪3台等。

历年完成的测绘任务很多,例如测绘新开垟、龙潭背、下岙、小子溪、半岭、白水、鲍江、金溪(黄坦)、黄山溪等水库地形图,测绘瓯北1∶1000地形图,测绘岩头古村落1∶500地形图,测绘七都百三下围垦地形图等。此外,还完成楠溪江口河道纵横断面、山溪头水库、大岙坦水电站引水隧道、温州永强机场工程、上塘至岩头35千伏电力线路、楠溪江引水工程、永乐河防洪工程、上塘至桥下公路隧道工程等测绘任务。

3. 平阳矾矿生产科

1964年,平阳矾矿成立矿山测量技术组,进行矿山测量。有测量人员15人,其中技术人员5人。1989年有测量人员13人,其中工程师1人,助理工程师和技术员3人,归平阳矾矿生产科领导。主要测绘仪器设备有J_2型经纬仪3台、J_6型经纬仪4台、水准仪3台、大平板仪1台、直角坐标展点仪1台等。持有矿山地质测量丙级机构证书。1991年因主要技术骨干退休,注销测绘资质。地址在苍南县矾山镇。负责人是周锡鉴。

平阳矾矿各矿区布满大大小小的采空洞穴,地形相当复杂,矿山测量主要任务是为矿山开采和安全生产提供服务。自1965年开始,测量人员进行巷道一级导线测量、采空区和开采区1∶500地形图测量、各矿区水平巷道1∶1000平面图测量、井上和井下对照1∶2000平面图测量、井上和井下联系测量、井巷掘进施工测量和贯道测量等。

4. 平阳县矿冶公司测量队

1972年5月,从平阳县夺煤指挥部中抽调部分人员组建而成。1987年成为首批持有测绘资质单位,当时有测量、地质、化验技术人员4名,测工3名。1991年取消测绘资质。测量队负责人林新发。

完成的主要测绘项目,1972年3月在平阳山门雁山、帆岩铁矿区测绘1∶5000地形图,1974年测绘腾蛟岭门硫铁矿1∶2000地质图,1975年为平阳山门铜矿测绘1∶2000规划图。

5. 温州市城建设计院测量队

成立于1978年1月,以温州老城区的道路、桥梁、给水、排水工程测量为主。80年代和90年代期间,温州市区主要市政工程测量都由该队承担,是当时一支重要测绘队伍。在技术力量上一直拥有工程师3人和助工、技术员多名。2000年以前为丙级测绘资质。由于技术人员退休和调动等原因,2001年降为丁级资质,2007年注销测绘资质。历届负责人是方汉,潘宝松,贾建军。

承担重大测绘项目很多。1979年,完成温州城区三、四等水准网,总长40千米,控制面积20平方千米。该项目广泛应用于规划、城建、房管、港务等部门,影响较大,特别是得出的吴淞高程＝黄海高程＋1.875米,为《浙江省测绘志》引用。

1984年完成人民路东段1：200地形图测绘30幅,1988年与温州市地理学会科技咨询服务处共同完成永嘉清水埠镇1：500地形图测绘,1993年完成城区锦绣路全线1：500地形图1.32平方千米。

1993年10月,该队对城区80年代初所设水准点进行调查。由于城市建设毁坏、软土基础沉降等原因,原先107点中仅存57点,毁坏率达47%。为此,补埋23个标石,利用老点33个,构成三、四等水准路线复测网63千米,控制城区面积40平方千米。

6. 温州市测绘学会科技咨询服务部

1982年4月13日,温州市科协批准建立温州市地理学会科技咨询服务处,由学会下属的测绘学组经营管理,实行独立核算,自负盈亏。1987年5月12日获浙江省测绘局颁发《测绘许可证》。1987年10月温州市测绘学会成立(温州市地理学会下属的二级学会),设"温州市测绘学会科技咨询服务部"。1990年12月浙江省测绘局注销学会办的测绘许可证,1991年3月停止接受测绘任务。历届负责人是方汉,徐瑞钰,朱初光。

服务处或服务部存续期间承担的主要测绘项目,1982年与温州港务局海港测量队协作完成瓯江礁头—垟湾段76~99号断面的定期监测,苍南霞关渔港1：2000水深图测量。1982年和1985年,两次受外垟公社委托,在西洲岛南江驿头埭完成1：1000水下地形图各4幅。1984年8月完成虹桥镇规划控制测量。1985年2月完成温州永强机场南址首级平面控制网测量。此后还完成温州造船厂控制和地形测量、温州中医院地形图测绘等10多项。1988年1月~10月,完成永嘉清水埠镇1：500地形图111幅计4.8平方千米。1990年5月与温州航运管理处协作完成楠溪江口雅林角至新涂1：2000航道图3幅。还有永强四等导线测量、瓯北镇西部四等三角和一、二级导线测量等。

7. 温州市东南测绘技术应用研究所

1991年4月,经鹿城区科委批准建立,属股份制民办科技开发机构。拥有离退休的高级工程师8名,工程师7名,助理工程师3名。测绘仪器有苏光J$_2$经纬仪、S$_3$水准仪、红外测距仪等。1993年初,建立测绘仪器部、物业评估部、地图立模部、测绘培训部等分支机构。1993年4月16日取得丙级资质《测绘许可证》。1995年10月降为丁级资质。1996年底,停止测绘业务。1998年6月向税务机关报停。历届负责人是朱初光,徐公美,王国俊。

完成重要的测绘项目,与温州市水电勘测设计院测量队合作完成洞头三盘港航道测量,包括控制测量和1：2000岸线地形图测量。龙湾区龙东沿岸滩涂开发前期研究,温州市蒲州镇丁埠头—屿田滩涂测量,温州东向水厂管道布设,瓯江二桥前期地形测量,温州市水心河横断面测量,苍南宜山镇地籍勘丈等。

8. 永嘉县地政处(地籍整理处)

成立于1935年,1940年改编分为土地测量队和土地登记处。从成立到1940年6月,完成永嘉县全部平原地区(第一区至第六区)83个乡镇70多万丘地籍的复丈和第一次土地登记。至1948年8月完成图根测量3.5万点,户地测量和调查305万亩,以及求积、制图、造册等内业工作。1949年5月温州和平解放,与浙江省第十四测量队皆为温州军事管制委员会所设房产委员会接管,合并组建温州地政处。1949年8月析永嘉县瓯江以南地区设立温州市,该地政处即撤销,人员分别安置到民政科地政股和财政科公有房产管理股。1950年10月,新设的两股合并为民政局下属的房地产管理科。因地籍制度的大变革和机构频繁变动,原有数百名土地测量人员基本散尽。

9. 浙江省第十四测量队(省土地测量队第十四分队)

1934年受浙江省民政厅第四科指派进驻永嘉县,主要任务是为土地测量施测小三角点。至1948年8月,该测量队在永嘉县共完成小三角测量409点。至于这支测量队在温州的其他测量业绩不详,其人员流散情况同上。

以下为未提供详细材料已注销或停业的测绘单位。

10. 温州市建设局测量队

1951年成立,主要业绩见大事记。1961年大部分人员精简下放。

11. 温州市房屋建设开发公司设计室

1987年2月11日成立,1991年2月26日注销。

12. 瓯海县水利电力勘测设计室

1987年3月11日成立,1991年2月26日注销。

13. 洞头县水利水电勘测设计室

1987年3月11日成立,1995年5月6日注销。

14. 温州大学土木系

1987年6月16日成立,1991年2月6日注销。

15. 温州市土地管理局劳动服务公司

成立时间不详,2005年12月31日注销。

16. 温州市创新工程测绘有限公司

成立时间不详,2005年12月31日注销。

第三节　外地来温州的测绘单位

2007年12月31日以前,浙江省及外省在温州地区从事过测绘工作的主要测绘单位,以年代前后排列。

浙江陆军测量局下属的三角、地形、制图科

浙江陆地测量局下属的三角、地形、制图科

浙江省水利委员会第一测量队

华北水利委员会测量队

浙江省水利局测量队

海军部海道测量局

华东军区海司海道测量处

海军海道测量局测量队

海军海司海道测量大队

浙江省水利水电勘测设计院

总参谋部测绘局

建设部勘察院华东分院

天津航道局海港测量队—天津海测大队

建筑工业部城市设计院第二测量队

能源部华东勘察院

浙江省测绘局外业测绘大队

浙江省地理信息中心

浙江省第一、二测绘院

浙江省测绘大队

浙江省河口海岸研究所测验队—浙江省河海测绘院

上海航道局勘测处—上海海测大队

上海勘察设计院

东海海测大队—东海海测船大队

北海海测大队—北海海测船大队

浙江省建筑设计院勘测队

浙江省交通设计院

沈阳市勘察测绘院

浙江省煤田地质勘探公司测量队

浙江省物探大队测量队

浙江省丽水地区勘查测绘院

江西省测绘局外业大队

全国城市测量 GPS 应用研究中心

国家测绘局第一大地测量队

国家测绘局第二地形测量队

中国国土资源航空物探遥感中心

国家测绘局地下管线探测工程院

保定金迪地下管线探测有限公司

中铁大桥勘测设计院

国家海洋局东海海洋工程勘察设计研究院

华北工程勘测设计研究院

国家海洋局第二海洋研究所

铁道部第四勘测设计院

中国测绘科学研究院

浙江省统一征地事务办公室勘测中心

上海市水利工程设计研究院

第二篇
大地测量

　　大地测量是为建立国家或地区大地控制网所进行的精密控制测量。它的主要任务是定位，提供精确的点位坐标、距离、方位等。大地测量的定位方法有天文测量、三角测量、水准测量、全球卫星定位系统(GPS)测量。中华人民共和国成立以后，温州的大地测量进入了精密定位的新阶段，采用了全国统一的大地测量基准和坐标及高程系统，全国统一的技术标准和作业规范。20世纪70年代以前的大地测量通常称为传统大地测量。70年代以后，随着空间技术、计算机技术和信息技术飞跃发展，为大地测量注入了新的内容，形成了现代大地测量。

第一章　测量基准和坐标系统

大地测量基准是指测量所依据的各种起算面、起算点及其坐标系统,主要包括大地平面基准、高程基准、重力基准和长度基准等。

第一节　大地基准和大地坐标系统

大地基准用作大地坐标系的基本参考依据和大地坐标计算的起算数据,是各种测量的基础。按时间顺序,依次有紫薇园坐标系、1954 年北京坐标系、1980 国家坐标系、世界大地坐标系、2000 国家坐标系等,另有温州市独立坐标系。

一、紫薇园坐标系

中华人民共和国成立前,国家未能形成统一的大地坐标系统,各地大多采用局部系统。民国时期,温州地区大地测量基准采用浙江省第一次建立的全省测量基准,即杭州紫薇园平面坐标系统。紫薇园原点坐标曾经测定两次,1913 年初建紫薇园坐标系,1928 年重建紫薇园坐标系。以紫薇园原点起算,原点横坐标 Y=0,纵坐标 X=110483.213 米,X 值是按浙江中央纬度(北纬 29°15′)至紫薇园原点的纵线距离。紫薇园坐标系统 X 在中央纬度以北为正,在中央纬度以南为负,Y 在原点以东为正,以西为负。温州地区在浙江中央纬度以南,其纵坐标均为负。这个坐标系一直使用至 1950 年代初期,使用中曾被称为"浙江坐标系"。

紫薇园坐标系在 1929 年以前与 1929 年以后,虽指同一原点,但含义上不同,区别不仅在于所采用的原点天文经纬度和方位角数值不同,还在于采用的参考椭球体不同,前者采用白塞尔(Bessel)椭球体(a=6377397.155 米,f=1/299.1528),后者采用海福德椭球体(a=6378388 米,f=1/297.0)。1957 年以后采用全国统一的克拉索夫斯基椭球体(a=6378245 米,b=6356863.0188 米,f=1/298.3)。

杭州市勘测设计研究院受杭州市测绘管理处委托,对紫薇园原点进行了 GPS 测量,由 1987 年杭州市重新改造布设的城市二等三角点中的服装厂、池塘庙、观音塘、葛岭 4 个点组成 GPS 网。观测采用了 5 台 Trimble 4000ssT 双频接收机,根据各控制点周围对 GPS 观测条件限制,特别是紫薇园南面高层建筑的影响,制定详细观测计划,观测时间段选择为 2000 年 9 月 4 日 13:00~14:30,有效同步观测时间为 1 小时。紫薇园 GPS 网的平差采用 Trimble 的 Trimnetplus 软件,首先在 WGS-84 坐标系下进行无约束平差,然后在 1954 年北京坐标系下进行全约束平差,得到三维坐标及有关精度信息,最后将平差后所得的 1954 年北京坐标系下的控制点平面坐标换算为大地坐标。平差后紫薇园坐标点位精度良好,平差后紫薇园坐标与坐标比较结果:

$$\Delta X = 3.7 \text{ cm} \qquad \Delta Y = 1.0 \text{ cm}$$
$$\Delta B = 0.0012'' \qquad \Delta L = 10.0004''$$

二、1954 年北京坐标系

中华人民共和国成立后,我国大地测量进入全面发展时期,在全国范围内开展正规而全面的大地测量。鉴于当时的历史条件,暂时采用克拉索夫斯基椭球参数,将前苏联的坐标系统引测过来加以使用,并且经过中国东北边境的呼玛、吉拉林、绥芬河三个基线网的点,同苏联的天文大地网进行联测,把苏联 1942 年坐标系统传递到我国东北地区。随后又将中国北部已测设的一等三角锁进行平差,使引测的坐标系统传递到北京及华北地区,将建立的坐标系统定名为 1954 年北京坐标系。高程异常则以苏联 1955 年建立的大地水准面差距重新平差结果为依据,按我国的天文水准路线传算而得。

因此,1954 年北京坐标系实际上就是苏联 1942 年坐标系的延伸,是一种过渡性的非正式坐标系。它的原点不在北京,而在苏联的普尔科夫。该坐标系采用克拉索夫斯基椭球作为参考椭球,高程系统采用 1956 年黄海平均海水面为基准。

1954 年北京坐标系地球椭球基本几何参数:

长半轴 a(m)	6378245
短半轴 b(m)	6356863.0188
扁率 α	1/298.3
第一偏心率平方 e^2	0.006693421622966
第二偏心率平方 e'^2	0.006738525414683

1954 年总参谋部测绘局在北京建立大地原点,命名为"1954 年北京坐标系",并确定为全国统一坐标系统。

1956 年包括浙江省一等三角锁系在内的中国东部地区一等三角锁平差计算完成后,包括温州地区在内的浙江全省始用 1954 年北京坐标系。

使用最早是航空摄影测量的浙江省 1∶5 万地形图,而后全省各测绘单位及经济建设部门广泛应用。随着二等三角基本锁、二等三角补充网和三、四等三角点的平差计算成果的使用,全省天文大地网都以 1954 年北京坐标系,基本替代原来使用的紫薇园坐标系和其他独立坐标系,成为浙江全省与全国统一坐标系统。

三、1980 国家大地基准及 1980 西安坐标系

1980 年,国家在陕西省西安市以北 60 千米的泾阳县永乐镇北洪流村,建立 1980 年国家大地坐标系原点,称为"西安大地原点"。于此求出大地原点的一组基准数据,称"1980 国家大地基准",大地坐标系称为"1980 西安坐标系"。确定采用通过地极坐标系统 JYD(1968.0)平北极和国际时间局(BIH)

1968 系统的格林尼治天文台的子午面为首子午面,以此子午面与 JYD(1968.0)对应的赤道交点为经度零点。在中国以上海天文台相对于格林尼治天文台的经度起算。

国家测绘局规定,从 1985 年起,新作测量及新测地形图使用"1980 西安坐标系"。此后,各地在施测 1∶1 万及更大比例尺地形图以及在更新 1∶5 万、1∶10 万地形图时便广泛应用。

温州地区在 2000 年后,按跨地区的大型工程建设,国土资源部门土地资源调查等需要,对原有或新测的测绘成果通过其两个坐标系统的数学关系和变换参数换算为"1980 西安坐标系"。现在使用"1980 西安坐标系",仅为两个大地测量系统的坐标换算。

四、世界大地坐标系 WGS-84

1993 年利用全球卫星定位系统(GPS)新技术,在温州市区及沿海各县的范围内进行城市控制网扩展,采用 WGS-84 地心坐标系。世界大地坐标系 WGS-84 由美国国防部在与 WGS72 相应的精密星历 NSWC-9Z-2 基础上,采用 1980 大地参考数和 BIHI1984.0 系统定向所建立的一种地心坐标系。WGS-84 地心坐标系属质心坐标系,称"世界大地坐标系 WGS-84"。城市控制网扩展网的观测成果进行 GPS 网平差,利用重合点坐标求转换参数后,换算为"温州市独立坐标系"坐标。

五、2000 国家大地坐标系

2003 年,中国完成 2000 国家 GPS 网计算,2000 国家 GPS 网包括国家测绘局建设的国家高精度 GPS A、B 级网、总参测绘局建设的 GPS 一、二级网和中国地壳监测网络工程中的 GPS 基准网、基本网和区域网。2000 国家 GPS 网是定义在国际地面参考系统 ITRS2000 地心坐标系统中的区域性地心坐标框架,它综合了全国性的三个 GPS 网观测数据,一并进行计算而得。借鉴国际地心坐标系统的定义,中国地心坐标系统的名称为"2000 国家大地坐标系"。

经国务院批准,根据《中华人民共和国测绘法》,国家测绘局于 2008 年 6 月 18 日发布公告,2008 年 7 月 1 日后新生产的各类测绘成果应采用"2000 国家大地坐标系"。温州市亦随之推广应用"2000 国家大地坐标系"。

六、温州市独立坐标系

原为 1983 年温州市三、四等三角网测量所选择平面独立坐标系。1985 年 11 月 15 日,浙测字(1985)第 078 号批复,同意采用"温州市独立坐标系"作为城市平面坐标系统。"温州市独立坐标系"一直延用至今。

1982~1983 年温州市完成的城市首级平面控制测量,采用东经 120°××′作为中央子午线的城市独立坐标系统。作此抉择是为满足有关规范对城市测量"投影长度变形值不大于 2.5 厘米/千米"的要求。

温州市区(鹿城、龙湾、瓯海三区)地理位置为经度 120°20′~121°11′,东西宽度 85~90 千米。当采用高斯正形投影统一 3°带的平面直角坐标系统,温州市城市统一 3°带的主子午线经度为 120°,投影长度变形值大于 2.5 厘米/千米,不能满足投影长度变形值的要求。应采用高斯正形投影任意带的平面直角坐标系统,根据温州市区城市地理位置和平均高程选择采用 1954 年北京坐标系,以通过城市中心经线 120°××′为中央子午线的任意带坐标系,投影面采用黄海平均海水面。

1985 年 11 月 5 日,温州市城乡建设委员会温市建委城字(1985)222 号文件"关于请求批准温州市独立坐标系的报告"主送浙江省测绘局。文件称"根据国务院国发(1983)192 号文件,对外开放城市的平面坐标要全部采用独立系统。因此,建议以已经建立的上述坐标系作为温州市对外提供测绘资料的平面坐标系统,简称温州市独立坐标系"。1985 年 11 月 15 日,浙江省测绘局浙测字(1985)第 078 号批复同意采用"温州市独立坐标系",作为城市平面坐标系统。

1986 年 6 月 27 日,温州市规划局和温州市城市建设土地征用拆迁办公室联合发文,温市规(1986)31 号、温征拆字(1986)10 号"对建设项目加强测绘管理的通知",规定必须使用"温州市独立坐标系"和 1956 年黄海高程系。

1986 年下半年开始,在温州市区(鹿城、龙湾、瓯海三区)范围内已陆续在城市规划、建设、市政、土地、房产、交通、港口、水利、电力等部门的测绘单位,对各种比例尺地形测图、征用土地(划拨)丘形图、建筑物坐标定位、大中型工程建设项目施工、放样等开始使用"温州市独立坐标系"。

1994 年布设"温州市城市控制 GPS 测量扩展网",控制测量范围包括温州市鹿城区、瓯海区、龙湾区、瑞安市、乐清市(七里片)、永嘉县、平阳县,后增加洞头县的扩展范围,总扩展面积 3000 平方千米,均采用温州市独立坐标系,把各县、市的建制镇的规划测量也纳入温州市独立坐标系。

2004 年,布设施测温州市二等 GPS 全面网、三等 GPS 加密网的基础测绘项目,控制面积 7000 平方千米,最后把"温州市独立坐标系"改称为"温州城市坐标系统",范围扩大到整个乐清市和苍南县。

第二节　高程基准和高程系统

国家高程基准是推算全国各地地面点高程(俗称海拔)的起算依据。区域性高程基准大多用验潮站的长期平均海水面来确定,通常定义该平均海面的高程为零。在地面预先设置好一固定点,利用精密水准测量联测固定点与该平均海面的高差,从而确定固定点的海拔高程。这个固定点就称为水准原点,其高程就是区域性水准测量的起算高程。

一、坎门高程系

民国初期,温州地区高程系统采用紫薇园原点假定高程 50 米起算。1929 年开始,浙江陆地测量局在玉环坎门建立"坎门高程系",据此测量的杭州—坎门一等水准干线,是全省精密水准测量的开始。坎门高程系由此干线传递至南京,成为全国水准测量的起算点。

1929 年,民国政府陆地测量总局在进行综合考察、全面分析和反复比较后,认为温州地区玉环县坎门镇平石岙嘴符合建站和验取海平面的基本条件,可设为"海拔零点"的验取点。同年 5 月,由中国天文与测地界的宿老曹谟先生选址,在坎门镇东南角隅的前台村平石岙嘴修建验潮站。这里面向东海,海面开阔,海底平坦,水域较深,海蚀地貌独特。平石岙嘴长约 100 米,宽约 12 米,深 10 米,沟壁直立,呈东北至西南向。6 月 11 日,由民国政府陆地测量总局始建,以测求与地球表面最相接近的中等海水面,作为高程基准依据。这年秋天及翌年春,从国外进口的英制自动验潮仪运抵坎门,并安装完毕。1930 年春,坎门验潮站建成,共耗银 1900 余元。1930 年 5 月开始潮汐观测。1933 年又在验潮室附近基岩上设立一等水准点,即 252 号验潮基准点。见图 2-01。

图 2 - 01　坎门验潮站

坎门验潮站是中国人自己修建的第一座验潮站。验潮站自动验潮仪每昼夜旋转一周,量记潮位自画曲线 144 个。按月算出自水尺零点起算的最低潮位(0.3～0.9 米)、最高潮位(6.3～7.4 米)及各月平均潮位(3.6～4.05 米),最后算出 1930～1934 年 48 个月的平均潮位(3.88 米)作为中等海水面。

潮汐观测资料算得的坎门中等海水面(位于水尺零点以上 3.880 米处)为"零",作为高程起算面。通过精密水准测量,把"零点"起算数据引测到设在基岩上的验潮基准点上,其高程为 6.959 米,称为"坎门水准原点"。为防止原点被破坏,又在原点附近增设了备用的基准参考点"副点"。

坎门高程系的水准基点,位于前台村平头山,距验潮井 19 米,原编号 252,系陆地测量总局设立的一等水准点,由普通岩石凿成。

1930～1935 年,布测杭州—坎门、杭州—上海、杭州—南京 3 条一等水准干线,埋设测量标志,并在玉环县域内布设了 23 个水准点(包括主点和支点)。1933 年秋,采用瑞士产威特精密水准仪和铟钢尺,往返各测量一次,将"坎门零点"数据引测至南京下关大石桥水准原点(原陆地测量总局大院内),形成陆地测量总局独立的高程系统。

1936 年 1 月开始,参谋本部陆地测量总局正式启用坎门高程系,并引测到全国 17 个省市,应用于军事测图。但坎门高程系当时未引测到温州。

1955～1956 年,海军司令部海道测量队在温台沿海布设二、三、四等大地控制点及施测 1：2.5 万岸线地形图中,使用过坎门高程系统。1958 年著名地图学家曾世英主持编绘的《中华人民共和国全图》的附件中,引用了坎门零点的起算数据。

1958 年国家海洋局重建坎门验潮站。1965 年及 1978 年国家测绘总局第二大队测量队和总参谋部测绘局第一大队测量队先后用一等水准联测重建的坎门验潮站,其中 1965 年由泽坎(泽国镇—坎门)支线 13 号点(即杭坎干线 252 点)联测至坎门验潮站标尺零点,分别用水准、投影和钢尺直接量取等方法,得出泽坎支线 13 号点至坎门零点高差为－(4.96056－2.07246＋0.640＋7)＝－10.52810 米,水尺长 7尺,零点在水尺底端。联测资料存坎门验潮站。

"坎门高程"在国内外具有相当高的知名度,目前该站为国际潮位资料交换站。

二、吴淞零点高程系

1860 年,上海海关在长江口内东距海滨 40 多千米处的吴淞口设立验潮站。1871 年,上海海关巡工司在上海黄浦江西岸张华浜设立吴淞零点水尺。经过 1871～1900 年长达 30 年的水位观测,确定一个比当时实测最低水位略低的水位作为水尺零点,它是长江流域及长江口附近海域习惯基准面。此点在平均最低水位以下 0.49 米,定名为"吴淞零点",是吴淞零点高程系统的起算依据。1922 年设立吴淞零点高程佘山基点。

1955 年浙江省施测完成的精密水准网,先采用吴淞零点高程系,经精密平差后改用 1956 年黄海高程系。通过该精密水准网的 8−5、8−6、8−7 线,这两种高程系才先后引测到温州。此后,在温州市水利、航运、交通、城市建设及其他工程测量中使用,始用吴淞零点高程系,1957 年以后逐步改用 1956 年黄海高程系。但在水利、航运部门及市政工程部门仍有使用吴淞零点高程系,并以加减常数的办法,建立两种高程系间高程值的换算。详见表 2−01。

表 2−01　　　　温州市各部门关于 1956 年黄海高程系与吴淞零点高程所采用的换算常数

使用部门或单位	采用换算常数(米)	来源或使用情况
温州市水利局	1.871	1980 年前内部沿用
温州市港务局	1.871	1980 年前内部使用
温州市规划局	1.871	1985 年 11 月温州市规划局在市区采用
温州市政工程处	1.875	采用市区 8−7−2_2 吴淞零点高程 6.320 米与该点 1956 年黄海高程 4.445 米的差值

三、1956 年黄海高程系

1954 年,国家确定青岛验潮站为中国基本验潮站,在青岛市观象山上建立"中华人民共和国水准原点",以青岛验潮站 1950～1956 年的 7 年潮汐资料推求的黄海平均海水面作为中国高程基准面。以高程测量的零起算面(高出验潮水尺零点 2.3900 米),称为"1956 年黄海平均海水面"。根据 1955 年 5 月对验潮站水尺基点和原点网中各点进行联测成果,推算出青岛水准原点高程 72.289 米,为 1957 年中国东南部地区精密水准网严密平差的起算依据,定名为"1956 年黄海高程系"。坎门高程与 1956 年黄海高程的关系,根据 1987 年出版的《中华人民共和国大地测量图集》,坎门平均海水面高出 1956 年黄海平均海水面 0.228 米。

1957 年起,随着中国东南部地区精密水准平差成果的提供使用,温州市各专业部门开始使用 1956 年黄海高程系,作为国家基本的统一高程系统,一直使用至 1997 年。

四、1985 国家高程基准

1985 年国家测绘局等部门联合发文,确定全国统一高程采用青岛大港验潮站 1952～1979 年连续观测的潮汐资料,计算出"1985 年黄海平均海水面",此面高出验潮水尺零点 2.4289 米,位于工作水准面之下 3.5711 米,被确定为"1985 国家高程基准面"。水准原点仍采用位于青岛观象山的"中华人民共和国水准原点"。采用 1980 年观测的水准原点网与备用水准原点网的成果和已有的及增测的重力成果,按 1901 至 1909 年赫尔默特的正常重力公式计算,求得青岛水准原点相对于验潮工作水准面的高差为＋68.6893 米,得出青岛水准原点的高程为＋72.2604 米。据此,以"1985 国家高程基准面"和青岛水准原点的高程为 72.2604 米作为全国新的高程起算依据,称为"1985 国家高程基准"。国家海洋局根据坎门验潮站 1959～1984 年观测结果,计算坎门平均海水面在"1985 国家高程基准"之上 0.2191 米。

1997 年,在温州市区范围内完成温州市三等水准网测量,平差后温州市三等水准"1985 国家高程基准"成果与"1956 年黄海高程系"比较,最大差值为 9.01 厘米,平均差值 6.14 厘米,与浙江省境内两种高程系差值基本吻合。1997 年 10 月,温州市正式启用"1985 国家高程基准"新成果。

第三节　重力基准和重力测量系统

重力测量是测定空间一点的重力加速度值,重力基准是标定一个国家或地区的重力值的标准。我国先后经历了三个重力基准和重力测量系统。20 世纪 50 至 70 年代,我国采用波茨坦重力基准,而重力参考系统采用克拉索夫斯基 GRS80 椭球常数。20 世纪 80 年代,我国重力基准用经过国际比对的高精度相对重力仪自行测定,而重力参考系统则采用 IUGG75 椭球常数及其相应的正常重力场。到了 21 世纪初,我国形成了"2000 国家重力基本网"。

一、1957 重力系统

1953～1956 年,中国科学院南京地理研究所与总参测绘局合作,用四摆仪测量了一批重力点。1955 年中国政府请苏联派航空重力测量队来华,进行了莫斯科与北京、西安、上海、青岛、南京 5 个重力基本点之间的联测。1956 年冬,国家测绘总局重力测量队在全国布设重力网,初步形成国家重力测量控制网。1957 年根据中苏两国政府签订的科学技术合作协议,苏联再次派航空重力测量队来华协助进行基本重力点和一等重力点网的测定。至 1957 年 8 月,全国共完成 27 个基本重力点(含 1955 年已测的 5 点)的联测边与苏联重力网相连接,还进行了北京—乌兰巴托—平壤—河内 4 个基本重力点的国际联测,测定精度为 ±0.5 毫伽。以"波茨坦系统"为基准,通过与苏联联测,将中国基本重力点的重力值归算到"波茨坦系统",构成中国"1957 重力系统"。

1957 年我国第一次建立了重力测量系统和重力基本网。"1957 重力系统"的建成,填补了中国重力基准的空白,标志着中国物理大地测量已经开始。这些基本点可以作为推算其他新测重力点的重力值和归算已测重力点到统一系统的依据,并作为国内各种重力仪的检测基准,以确定其格值和掉格的情况。

然而,"1957 重力系统"存在着较多问题。第一,联测精度低。第二,波茨坦重力基准是 1910 年前建立的,20 世纪 60 年代已发现本身存在 +14 毫伽的系统误差,中国的 1957 网也不可避免地存在这一误差。第三,由于仪器精度提高和观测方法的改进,20 世纪 50 年代后期布测的中国 1957 网精度自然跟不上时代。第四,1957 网重力控制点大部分集中在东部地区,西部地区稀少,使该地区开展重力加密测量受到影响。第五,测量 1957 网时,中国尚无高精度重力检定基线。

二、1985 重力基准

由于"1957 重力系统"存在诸多问题,1957 网已不适应现代科学技术飞速发展的要求。1975 年,国家测绘总局决定以更高精度重新建立中国重力原点、重力基线和改建重力基本点网。由计量科学院测定原点重力值,作为中国重力测量基准,用高精度重力仪和摆仪改建原有重力基本点网,并建立重力基线。

1978 年 4 月,国务院和中央军委进一步强调要在中国建立新的重力系统,以适应经济建设、国防建设和现代科学技术发展的需要。全国重力网的布测,要求国家测绘总局会同中国科学院、国家地震局和总参测绘局合作完成,并与 1971 国际重力系统进行可靠的联测。为使绝对重力测量具有世界水平,国家测绘总局决定开展国际合作。1981 年 7 月~11 月,国家测绘总局与意大利都灵计量研究所签订了科技合作协议。由都灵计量研究所提供可移动式绝对重力仪,并派专家来华,共同进行绝对重力测量。先后在北京(玉渊潭)、上海、福州、广州、长沙、武汉、南宁、昆明、西安(大地原点)、郑州、青岛等 11 个点完成了绝对重力观测,总误差平均为±10 微伽。整个测量起闭于北京玉渊潭重力点上,由此 11 个点构成的基线,其重力差的幅度为 1772 毫伽。

1983 年 5 月~1984 年 5 月,国家测绘局组织协调,中国科学院测量与地球物理研究所、国家地震局、总参测绘局、陕西省测绘局、国家测绘局科学院研究所等参加,完成了新的国家重力基准及基本点网野外观测。全网包括 6 个重力基准点、46 个重力基本点和 5 个引点,平差后点重力值精度为±8 毫伽,获得了中国新的高精度重力网。

1984 年 3 至 5 月,为使新网与"1971 国际重力基准网"系统一致,进行了多线路的高精度国际重力点联测,使用 6 台 LCR－G 型重力仪,联测了北京玉渊潭基本点同日本东京、京都、水泽、筑波和法国巴黎以及包括香港地区的 23 个国际已知重力点。对国际、国内相对重力联测和绝对重力测量的成果进行了联合的以测段差为观测量的间接观测平差。平差工作于 1985 年完成。新重力网称为"1985 国家重力基本网",其中各基准点及其成果称为"1985 国家重力基准"。1989 年 9 月,国家测绘局决定在北京白家疃地震台设置绝对重力观测室,作为中国参与世界绝对重力基准网点联测点之一,北京玉渊潭绝对重力点则作为副点。

三、2000 重力基准

1999~2002 年,我国采用更高精度、更高分辨率和包含全部陆海国土的"2000 重力基准",并建成 2000 国家重力基本网。这个新的国家重力基本网的精度为 $\pm(7\sim8)\times10^{-8}$ 米·s^{-2}。它由 259 个重力点组成,其中基准点 21 个,基本点 126 个,基本点引点 112 个。温州布设 1 个重力基本点。

第四节　长 度 基 准

民国时期没有精确的长度基准,在使用上各种长度单位并存。中华人民共和国成立后,开始推行米制,以逐步取代其他旧制和英制。1959 年 6 月 25 日,国务院正式确定米制作为中国基本计量制度,在全国统一推行。20 世纪 50 至 60 年代,因中国长度标准检定室尚未建成,测量所用的基线尺及其他米尺,均送苏联莫斯科测绘学院用光学机械检定,间接地与苏联的国家原尺比较,而苏联原尺则与国际米原器对比。

1963 年,国家测绘总局与国家计量局联合在北京建立长度标准实验室(后称长度标准检定室),将国家测绘总局 1959 年设在武汉测绘学院的一套设备运到北京,交国家计量局计量科学研究院使用。这套设备是将 24 米全长(测量用基线尺为 24 米)等分为 8 段,每隔 3 米安置 1 个读数显微镜,用 3 米 H 型工作基准尺 C10 依次测量,得出 24 米两端显微镜光轴中心之间的长度,用以检定一等基线尺。

20 世纪 60 年代末,计量院研制成基线尺温度系数测定装置,用空气调节法代替当时国外常用的电热法,使检定条件与实际使用环境相接近,而且能自动控制温度。1977 年 5 月,中国正式加入国际米制公约组织,使中国的长度基准直接与国际米原器对比,标准合一。由于双频激光在长度计量中的广泛应用,20 世纪 80 年代初在国际上形成米的新定义,中国经过数年研究,也在这一时期制成了第一台双频激光干涉仪,并将这一干涉仪用于基线尺的尺长检定,取得比机械检定更为精确的结果,使中国的长度基准进入现代化。其后,又将双频激光干涉方法直接用于野外传递。

中华人民共和国成立后,全国各地建成的主要野外比尺场和检定场近 30 个。建成最早的为军测局比尺场,使用最多的为西安北郊比尺场,测定精度最高的为北京长阳检定场,直线最长的为新疆阜康检定场,闭合边最长的为陕西礼泉检定场。

1986 年,浙江省测绘局在笕桥机场跑道南侧修建杭州长度检定场,全长 3008 米,呈东西方向。检定场共分 14 个尺段,设 15 个节点,每个节点埋设 1.3 米深度的钢筋混凝土标石,标石顶面嵌有 15 毫米直径的不锈钢标志,加标志盖后,与地面同高。

杭州长度检定场建成后,温州市勘察测绘处刚从瑞典引进的 AGA112 红外测距仪、日本产的 Redmini 2 小型红外测距仪等均送往杭州长度检定场检验。此后温州市各测绘单位购置的红外测距仪和各类型全站仪也均送往杭州检定场检验。

第二章 天文测量

大地天文测量是指用天文观测方法测定某地的天文方位角和地理经纬度,其成果可以为三角测量和导线测量提供起算和校核数据,确定垂线偏差来研究大地水准面的形状,以及在进行地质、地理调查时作控制之用。

第一节 古代天文观测和天文学术思想

温州古代天文观测始于唐代,盛于元代。特别是元代平阳人陈刚和史伯璿的天文学术思想在中国古代天文观测方面作出了重要贡献。

一、唐代僧一行天文测地以温州雁荡为南戒

唐玄宗开元十二年(724),僧一行(673~727年)等人施行世界最早的子午线测量和纬度实测,开创认识地球形状和大小的先河,为天文测地奠定基础。

唐代僧一行的天文测地成果,述及温州山河。据雍正《浙江通志》(卷一)记载,僧一行"画天下山河为南北两戒,以南戒尽于雁荡。盖谓巴蜀湖南之山,驱金陵、渡钱塘而结束于此也。"至宋代,则将僧一行的"两戒"之说用地图形式予以表现,称《唐一行山河两戒图》,收入《历代地理指掌图》。该图南雁荡山赫然在目,周边标注有温州、处州、台州、福州等地。

二、元代平阳人陈刚著《浑天仪说》

元代,温州平阳人陈刚著《浑天仪说》。这是温州关于浑天说的最早著作。

浑天说,中国早期代表人物是西汉时的落下闳,他创制浑天仪,模拟天体运行以观测天象,并将观测结果成功地用于《太初历》的创立。转动浑天仪,可复演天体的视运动。后来,张衡著《浑天注》,对浑天说作出扼要表达:"浑天如鸡子,天体圆如弹丸,地如鸡子中黄,孤居于内。天大而地小。地表里有水,天之包地,犹壳之裹黄。天地各乘气而立,载水而浮。"天文学家张衡在其著作《灵宪》中,对浑天说有最完整的阐述和记录。浑天说对人们无法看到的地平之下的天地部分作出令人信服的推断,而且能用仪器演示出来,这就使更多人信服。东汉末年,浑天说的最大进步在于把地球看作是个球体,这种认识接近现代科学。

浑天仪是中国古代测定天体位置的一种仪器。在支架上固定着两个互相垂直的圈,分别代表地平

圈和子午圈;其内还有能绕一条和地轴平行的轴转动的若干个圈,分别代表赤道、黄道、时圈、黄经圈等。并且在可转动的圈上,附有可绕中心旋转的窥管,用以观测天体运行。北宋熙宁元年(1068),沈括改革旧浑仪,取消白道环,改造望筒、黄道环、赤道环,提高观测准确度。熙宁七年(1074),沈括上呈"浑仪、浮漏、景表"三议,详细说明改革浑仪和景表的原理以及自己的天文见解。浑仪、浮漏、景表三种仪器,可分别测量天体位置、时间、日影长短,确定南北子午线方向。

三、元代平阳史伯璿关于地体投影暗虚说的论证

宋元理学的一个重要内容是阐述天文思想,诸多理学家参与论争辩驳,推动了天文理论与观测实践的发展。元代平阳人史伯璿(1299～1354年)著《管窥外编》,在天地结构和大小、天体论和天象论等方面都提出见解并作论证,最为突出的是在日月食天象论的探索中对地体投影暗虚说的论证。

东汉中期,张衡著《灵宪》,认为由于日光被地体所遮蔽而生成黑暗的暗虚,当月亮正好运行过暗虚时便发生月食。这对科学月食论的诞生作出重要贡献。但由于张衡的天地结构理论存在严重缺失,如地体的大小没有明确的说法,以致入宋之后又产生"日体暗虚说"。倡导者先为张载,继为朱熹。朱熹认为"望时月食,谓之暗虚,盖火日外影,其中日暗,到望时,恰当著其中暗处,故月食失明。"《宋史·天文志五》把朱熹的这一说法阐述得更为明确:"月之行在望与日对冲,月入于暗虚之内,则月为之食。""所谓暗虚,盖日火外明,其对必有暗气,大小与日体同。"

史伯璿对日体暗虚说提出质疑:"其说尤可疑!夫日光外照,无处不明,纵有暗处在内,亦但自暗于内而已,又安能出外射月,使之失明乎?"并申明自己坚定持地体投影暗虚说:"惟张衡之说似易晓。衡谓:对日之冲,其大如日,日光不照谓之暗虚。暗虚逢月则食月,值星而星亡。""但曰其大如日,则恐大不止此,盖月食有历二三个时辰者,若暗虚大只如日,则食安得如此久?今天文家图暗虚之象,可以容三四个月体,有初食、食既、食甚之分。可见暗虚之大,不止如日之大而已。"

史伯璿还有独到的思考:"但不知对月之冲,何故有暗虚在彼?愚窃以私意揣度:恐暗虚是大地之影,非有物也。盖地在天之中,日丽天而行,惟天大地小,地遮日之光不尽,日光散出遍于四外,而月常得受之以为明。然凡物有形者,莫不有影,地虽小于天,而不得为无影。既曰有影,则影之所在,不得不在对月之冲矣。盖地正当天之中,日则附天体而行。故日在东则地之影必在西,日在下则地之影必在上。月既受日之光以为光,若行值地影,则无日光可受,而月亦无以为光矣,安有不食者乎?如此,则暗虚只是地影。可见既是地影,则其大不止如日又可见矣。"《中国古代天文学思想》作者认为:"这是中国古代关于地体投影暗虚说最详细的论述。其说层次分明,比起其先辈的相关论述都更有说服力。"

第二节　经纬度测量

简易经纬度测量,浙江开始于明代后期,温州则开始于清代初期,并延续至民国初年,主要有清康熙年间和民国初年两次实测资料。

一、清代温处两府实测经纬度6点

清康熙四十七年(1708),开始聘用外籍传教士及汉、满族测绘人员在全国进行经纬度测量。至康熙

五十六年(1717),除西藏、新疆西部、四川西部外,完成测量经纬度点 641 处。浙江测定经纬度点 30 处,其中在温处两府有 6 处,即永嘉、泰顺、平阳县下关(今苍南县霞关镇)和蒲门所(今苍南县蒲城)、丽水、龙泉。见表 2-02,摘自《中国实测经纬度成果汇编》。

表 2-02　　　　　　　　　　　　　清代康熙年间在温处两府实测经纬度点

府名	测站(测点)	东经	北纬
温州	永嘉	120°48′02″	28°02′15″
	泰顺	119°48′45″	27°34′48″
	平阳县下关	120°37′04″	27°11′45″
	平阳蒲门所	120°33′53″	27°15′36″
处州	丽水	119°54′49″	28°25′36″
	龙泉	119°07′32″	28°08′00″

这是浙江全省范围内首次大规模实测经纬度。所测纬度全部用天文观测方法完成,由于夜间观测北极星不便,多用太阳子午正高弧法测定。因为当时天文经度观测误差比实地丈量推算误差大,所以经度多数是实地测量距离、方向或按地图上里程与已定点联络推算而得。实地丈量使用法国人皮卡创用的带有望远镜的象限仪和绳索,成果由传教士杜德美在北京推算整理。用天文观测方法实测经度采用月蚀观测法或木卫星蚀(木星的第一卫星)观测法,即在不同地点观测月蚀或木卫星蚀出没时刻以计算经差,但精度低。

二、民国初期温州实测经纬度 2 点

鸦片战争之后,殖民主义者在浙江沿海多次施测经纬度点,如 1915～1916 年,美国地磁测量队队员 Brown.F 在浙江测定经纬度 8 点,精度记载至分。温处道有平阳灵溪(今属苍南)和永嘉 2 个测点。见表 2-03,摘自《中国实测经纬度成果汇编》。

表 2-03　　　　　　　　　　　　　民国初年温州实测经纬度 2 点

测站(测点)	东经	北纬	测站(测点)	东经	北纬
平阳灵溪	120°33′	27°29′.8	永　嘉	120°38′	28°00′.9

第三节　一、二等天文测量

一、二等天文测量是建立国家天文大地网的重要控制基础,温州的一、二等天文测量开始于民国时期,而天文大地网的布设则在中华人民共和国成立之后。

一、三等三角测量中的天文测量

民国初期,为实施十年迅速测图,浙江省全面布设三等三角控制网,在杭州、上虞、台州、义乌及永嘉

5 条基线端点,布测拉普拉斯点。用度盘直径为 24 厘米的经纬仪,按北极大距法测定天文方位角,同时测定纬度,并检测精密恒星时表,用于计算拉普拉斯方位角,这是浙江省首次使用近代方法观测天文点。见表 2-04。

表 2-04　　　　　　　　　　三等三角测量涉及温州的天文测量情况

基线名称	方向	位置	方位角	或然误差(中误差)
永嘉	北端点—南端点	西郭	178°31′23″.79	±1″.35(±2.00)

二、大三角测量中的天文测量

1936～1937 年,参谋本部陆地测量总局在杭州的省陆地测量局大院内、衢县双塘头、鄞县王隘、玉环县坎门钓艚村等地完成一等天文测量 4 点。成果记载在 1942 年出版的《陆地测量总局各地经纬度实测录》(《测量杂志》第二期)。玉环县的天文测量情况见表 2-05。

表 2-05　　　　　　　　　　大三角测量涉及温州的天文测量情况

点名	等级	位置	经度及或然误差		纬度及或然误差
玉环	I	坎门钓艚村	8h05m06s.093 ±0s.010	121°16′31″.395 ±0″.15	28°04′54″.01 ±0″.88

陆地测量总局的天文测量是配合大三角测量,在三角点上直接测定经纬度及方位角,与该三角点由大地基准点推得的大地位置作比较,以求测站点的垂线偏差。一等天文经度观测使用德国产卡尔班伯(Carl Bamberg)或海岱(Hegde)折镜子午仪,用无线电收录时号,记录在与其连接的记时器上(使用法国布来特公司熏烟记时器),并在收时前后各对一组中星进行观测(观测一组南北双星分别通过南中天与北中天的时刻),每组至少观测 8 颗星(南北各半)。每测站成对观测南北星 15 组,各组间的较差不超过 0s.15(合 2″.25)。

由各星的赤经及所记录的中央时刻计算表差,然后连于记时器上,比较表面时与无线电时号之差,计算出经度。一等天文纬度观测使用同一子午仪,按泰尔各特法至少分两夜观测。每站观测 20 对南北星天顶距,其较差在 ±2″ 以内。天文方位角用威特精密经纬仪或德国产卡尔班伯二等经纬仪按北极星任意时角法观测,每站分三夜观测,取 32 组的结果,各组较差在 ±5″ 以内。

1935 年 5 月 26 日,中国研究院研究员严济慈在温州中学分部(今温州实验中学)操场使用德国产仪器观测天文经纬度,连测 3 个白天,测站所埋标石至 80 年代仍在,但今荡然无存。该点观测结果由当年任温州中学教务主任的陈铎民先生提供,见表 2-06。这是温州市区最早的天文观测点。

表 2-06　　　　　　　　　　温州中学分部操场的天文点情况

地名	位置	东经	北纬
温州市区	温州中学分部操场	120°38′59″.4	28°00′58″.7

三、国家天文大地网测量中的天文测量

1954～1955 年,总参谋部测绘局在浙江省全境布设天文大地网,在杭州、宁波、瑞安及仙居一、二

等基线网起始边两端点和各一等三角锁段中间的 1 个三角点上，共测定一等天文点 7 点，其中皋亭山、赭山、章下陈、茗山(乐清)、小陡门村东(今龙湾区)等 5 点为拉普拉斯点。二等天文点 5 点是花尖山、山顶山、龙隐洞、张母山、黎冲岩。浙江省境内天文点观测精度见表 2-07，在温州的天文点分布情况见表 2-08。

表 2-07　　　　　　　　　　　　**浙江省境内天文点观测精度统计**

国家天文大地网等级	天文经度中误差	天文纬度中误差	天文方位角中误差
一等	$\pm 0''.20 \sim \pm 0''.62$	$\pm 0''.07 \sim \pm 0''.32$	$\pm 0.14'' \sim \pm 0''.29$
二等	$\pm 0''.11 \sim \pm 0''.15$	$\pm 0''.11 \sim \pm 0''.16$	$\pm 0.25'' \sim \pm 0''.40$

表 2-08　　　　　　　　　　　　**国家天文大地网测量涉及温州的天文点分布情况**

点名	等级	天文大地网中点位	位置
茗山	一等拉普拉斯点	一等基线网起始边端点	乐清
小陡门村东	一等拉普拉斯点	一等基线网起始边端点	龙湾区
龙隐洞	二等	一等三角点	青田(当年属温州)

天文观测依据总参谋部测绘局 1953 年《一、二、三、四等天文观测细则》，1975～1977 年重测和增测各点依据《一等天文测量细则》及 1977 年《天文经纬仪光电法测时作业手册》试行本。

1954～1955 年，宁波、瑞安基线网端点章下陈、茗山、小陡门村东 3 处一等天文经度采用恒星中天法观测 6 个星对，其余一等天文经度(包括 1975～1977 年重测点)均采用金格尔法或金格尔耳目法(即双星等高测时法)，观测 6～8 个星对，并收录科学式时号。一等天文纬度全部采用泰尔各特法，观测星对 9～16 组。二等天文点采用 45 度棱镜多星等高法，观测 4 个星对，同时测定天文经纬度。一、二等天文方位角均采用北极星任意时角法观测 36 或 18 个星对。

使用仪器有德国产 1″和 2″万能仪、海岱子午仪、威特 T4 子午仪、AY5″/10″经纬仪及 45°棱镜等高仪等。天文点成果记载在总参谋部测绘局编制的《中华人民共和国一、二、三等天文成果表》和国家测绘总局《全国一、二等天文成果表》。其中天文经度值已加入归心、极移、人仪差等改正；天文纬度值已加入归心、化归海水面、极移等改正；天文方位角值已加入归心、子午线收敛角、光行差、极移和化归海水面等改正。

第三章 重力测量

重力测量是指测定地面点重力加速度的技术和方法。按使用仪器与测量方法分为相对重力测量和绝对重力测量,按用途分为大地重力测量和地质勘探重力测量,按精度分为高精度重力测量和一般重力测量。

第一节 大地重力测量

温州的大地重力测量始于1933年,中华人民共和国成立以来进行过多次国家重力网的一等和二等重力点测量及海洋重力测量。

一、民国时期初测重力点

1933~1935年,全国首次进行重力测量。时任上海徐家汇天文台台长的法籍传教士勒端和国立北平研究院物理研究所鲁若愚、张鸿吉等人在中国境内建立167个分离的重力点,包括浙江省9点,其中温州区域有南箕山岛(今作南麂岛)等点。

1937年3月至7月,派张鸿吉带一台第150号同类型摆仪,从上海出发经浙江、江西等地至云南昆明,单独作重力测量时,在浙江测定衢州、天台山、白溪、丽水4点。所测重力点虽有简略位置,但未在地面上标定,已失去使用价值。

二、一等重力点测量

国家重力基本网是确定我国重力加速度数值的坐标体系。1955~1957年,中国建立第一个国家重力控制网,其中在浙江境内布测杭州和衢州两个一等重力点。1983年后进行新的建网工作,基本网包括6个基准点、46个基本点和5个引点,共计57个基本重力点。1999~2002年建成2000国家重力基本网,温州布设1个重力基本点。

国家海洋部门实施海洋重力测量,浙江省在温州沿海和舟山群岛使用弦线重力仪,布测一等重力点。

三、二等重力点和加密重力点测量

1958 年,中国科学院大地测量与地球物理研究所在浙江长兴、平湖、黄岩、温州、丽水、嵊县、衢州、杭州施测二等重力点 8 点。1951～1983 年,总参谋部第一、六测绘大队、国家测绘总局重力队、科学院重力队、中国航空重力队在浙江省布测二等重力点和加密重力点 1000 余点,分别按照总参谋部第一测绘大队《重力测量细则》草案、国家测绘总局各年度《大地重力测量细则》草案等施测。

1981 年在杭龙(杭州—龙游)、甬温(宁波—温州)、龙温(龙游—温州)及青杭(青田—杭州)、温福(温州—福州)一等水准线上测定加密重力点 170 余点,联测中误差为±0.7 毫伽。

根据 1987 年出版的《大地测量图集》中的《重力点密度分布图》统计,浙江省共有重力点 3100 余点,按 1∶5 万图幅统计,浙南地区的大部分图幅 2～5 点,部分图幅 6～9 点,少数图幅仅有 1 点。按经纬度 1°×1°范围重力点数统计,浙南、浙西山区仅 30～40 点,但完成的基础重力测量可满足国防和经济建设的需要。

国家海洋部门在浙江沿海(包括温州沿海)和舟山群岛地区布测加密重力点及海洋重力测量 545 点。

第二节　地质勘探重力测量

温州市地质勘探重力测量主要在 20 世纪 80 年代进行,其中主要成果在 1985～1989 年的 1∶20 万比例尺重力测量。

一、四省一级基点网

1985 年 8 月至 12 月,地质矿产部第二综合物探大队与广东、江西、浙江、湖北四省物探大队协作,由 209 队完成广东、浙江、江西及湖北东部地区勘探重力基点网(简称"四省网")的联测任务。联测分三个阶段实施,浙江省施测于第二阶段(1985 年 9 月 26 至 30 日),有杭州、宁波、黄岩、衢州、义乌、温州、丽水 7 点(I-10-01 至 I-10-07),温州点号为 I-10-06,见表 2-09。

表 2-09　　　　　　　　　1985 年四省一级基点网涉及温州的重力测量点

等级	点名	点号	点位	中误差(微伽)
一级基点	温州	I-10-6	浙江省亚热带植物研究所(温州景山)	±39

二、海洋 1∶100 万比例尺区域重力测量

1980～1981 年,国家海洋局地质调查大队在浙江沿海岛屿及海域(包括温州市沿海岛屿及海域),实施 1∶100 万比例尺海洋区域重力测量,由北纬 27°至 31°,控制面积 3 万平方千米。

三、浙江省 1∶20 万比例尺区域重力测量

1985～1989 年,浙江省进行 1∶20 万比例尺重力测量包括加密重力基点测量和区域重力测量。

1. 加密重力基点测量

1985 年开始,浙江省地球物理地球化学勘查院,先后开展全省 1∶20 万比例尺区域重力测量。为传递重力值和检查仪器混合零点掉格,在全省一级基点控制下,先在诸暨及浙东、浙南、浙西、浙北五个地区加密二级重力基点 186 点,二级支基点 5 点,三级支基点 46 点。浙南地区重力基点情况见表 2-10。

表 2-10 1985~1989 年浙南地区加密重力基点测量

地区	点数			使用仪器	联测中误差(微伽)
	二级基点	二级支基点	三级支基点		
浙南地区	36	2	12	ZSM-Ⅲ型 4 台	±18(二级),±18(三级)

各基点使用 3~5 台国产 ZSM-Ⅲ型或 Z400 型石英弹簧重力仪,采用三程循环法,每边段至少取 3~4 次以上合格独立增量;使用 LCR-D 型、G 型(拉科斯特)重力仪,采用往返观测法,每边段至少取 2 次以上合格独立增量。测前与测后仪器集中在南京紫金山 G2-G3 重力格值标定场和莫干山格值标定场实施格值测定,基点坐标由 1∶5 万地形图上量取,高程以经纬仪支导线测得。

2. 浙东、浙南、浙西、浙北区域重力测量

1985 年先测诸暨幅,1987 年以后布测浙东、浙南、浙西、浙北地区,共计完成重力测点 13005 点,扫面面积 7.33 万平方千米,平均每 5.6 平方千米有 1 点。作业依据 1983 年《区域重力调查技术规定》。测点点位选择 40 米范围内地势相对平坦地段,采用不规则网形式,均匀分布。观测使用 ZSM-Ⅲ型重力仪,按单程闭合路线逐点观测法,从一个基点出发,联测若干测点,闭合至同一基点或另一个基点。闭合时间不超过 10 小时,测点坐标由地形图上量取,高程在 1∶1 万地形图上或用航片求得。

1979~1997 年,为勘探东海石油资源,中海物探公司在温州一带海域进行重力测线 16.92 万千米,磁力测线 16.06 万千米,控制面积 77.3 万平方千米。

第四章　长度测量

大地测量中的长度测量主要是基线测量,基线测量的精度直接关系到整个大地网测量的质量,因此基线测量必须具有很高的精度,必须有极为完善的丈量工具和严密的丈量方法。清代康熙年间,实施经纬度和三角测量时,使用绳索丈量基线长度,丈量精度很低。民国初期始用铟钢(因瓦)基线尺丈量基线,丈量精度明显提高。铟钢尺的规格甚多,按长度有 24 米、50 米等几种,在形状上有带状尺和线状尺之别,一般最常用的是 24 米线状铟钢尺。随着电磁波测距仪器的诞生,长度测量技术发生根本性的变化。1973 年,总参谋部测绘局在改造浙江省一等三角锁环内仙居区二等三角补充网时,加测一、二等激光测距边 7 条,将现代物理测距技术开始用于浙江天文大地网。自此,长度测量不再使用铟钢基线尺,完全为电磁波测距仪所取代。

第一节　三等三角和大三角网基线测量

民国时期,基线长度测量进行过三等三角网基线测量和大三角网基线测量。

一、三等三角网基线测量

民国初期,浙江陆军测量局根据北京参谋本部所制定的全国十年迅速测图计划,实施全省三等三角测量时,在杭州、上虞、台州、义乌、永嘉 5 地布测 5 条基线,其中永嘉基线测量的结果与精度见表 2 - 11。

表 2 - 11　　　　　　　　　　三等三角测量涉及温州的基线测量情况

基线名称	位置	施测年份	长度(米)	中误差(毫米)	相对精度
永嘉	西郭	1918	1307.339	±7.39	1∶17.7万

各基线两端建有永久性标石,使用法国卡班特(G. Carpenter)厂用镍钢合金制造的 4 根 25 米线状铟钢基线尺丈量,补尺用 8 米尺及 4 米尺各 1 根。基线尺直径 2 毫米,两端三棱柱体各长 15 厘米,刻有极精细的分划线。每尺段丈量时,先置三角架和拉力架,将基线尺两端支于拉力架上,悬挂 10 千克重量的滑车重锤,三角架顶部铜质基线柱刻有十字线,用显微镜读数。每条基线往返丈量 6 次,基线丈量后还要加入倾斜、温度及尺长等误差改正,并化算至规定基准面。

二、大三角网基线测量

1929~1939 年,浙江大三角测量布设基线 310 条,其中一等 12 条,占总数的 3.9%。1932 年在黄岩测量一等基线概长 5300 米,相对精度 1∶214 万。一等基线测量使用尺长为 24 米和 25 米的铟钢基线尺。

第二节　国家天文大地网一等基线测量

全国天文大地网在每锁段交叉处都布设基线及基线网。1954~1955 年,在浙江省境内一等三角锁系交叉处布测的一等基线有杭州、宁波、瑞安 3 条。作业采用 1953 年译印的苏联 1940 年《一、二等基线测量细则》。基线端点埋设有柱石、盘石各一个,柱石上埋设有不锈钢或黄铜镀银做的点针。

各基线全长分为三节,使用 6 根瑞典耶林型 24 米、25 米线状铟钢基线尺在轴杆头上组合交替丈量,每节使用 4 根尺,其中两根用于往测,另两根用于返测。铟钢基线尺每年送苏联莫斯科测绘学院基线检定室,用 541 杆尺检定,尺长标准和温度系数与国际标准是一致的。1951 年在北京总参谋部测绘局院内建立野外基线检定场,全长 600 米,每年出测前与收测后进行野外比尺的检定。基线丈量精度见表 2-12。

表 2-12　　　　　　　　　　1955 年温州地区一等基线测量情况

基线名称	等级	施测年份	概长(米)	基线全长中误差(毫米)	相对精度	基线网形状
瑞安	I	1955	8293	±12.01	1∶69 万	双菱形

基线加入各项改正后,通过单菱形或双菱形基线网三角观测,实行 1 次或 2 次扩大,最后扩大边用于一等三角锁长度起算或检核数据。

第三节　电磁波测距

电磁波测距是利用电磁波传输测距信号以测定两点间距离的一种方法,具有测程远、精度高、作业快、不受地形限制等优点。目前已成为大地测量、工程测量中距离测量的主要方法。所用仪器分为微波测距仪、红外测距仪、激光测距仪三种,

一、仙居区二等三角补充网激光测距边

1975~1977 年,仙居区二等三角网实施改造时,重测与增测的激光测距边有杭州和瑞安两基线网扩大边及东阳、丽水、宁溪、六横岛二等测距边,共计测距边 7 条,使用瑞典产 AGA-8 型激光测距仪,每条边不少于 24 测回,分布在 3 个以上光段,每光段开始时用频率 1、3、4 测量一次,其他测回只用频率 2 测量。仪器常数均经铟钢基线尺测定的检定场测定,统一至国际长度基准系统。精度见表 2-13。

表 2 - 13　　　　　　　　**1975～1977 年仙居区二等三角网改造在温激光测距情况**

测距边名称	等级	端点点名	概长（米）	相对精度
瑞安基线网扩大边	I	乐清茗山—洞头霓屿山	31171	1：25 万以上

二、温州市三、四等三角网红外测距边

温州市三、四等三角网，布设 3 条起始边：大主山—前岩山，牛山—营盘山，大将山—叠石山；由同济大学测量系使用 AGA - 14A 型红外测距仪，于 1983 年 8 月 18 日至 9 月 2 日观测完成。红外测距边观测成果经气象改正、加常数改正、乘常数改正，所得长度再归化到黄海平均海水面，并投影到本三角网所选择的任意带中央子午线高斯平面上。起始边情况见表 2 - 14。

表 2 - 14　　　　　　　　**温州市三、四等三角网起始边情况**

起始边名称	等级	施测日期	往返测之差（毫米）	改正后长度（米）	归化后长度（米）	投影后长度（米）
大主山—前岩山	III	1983 年 8 月 18 日～9 月 2 日	8	4867.128	4866.929	4866.936
牛山—营盘山	III	1983 年 8 月 21 日	12	3643.156	3643.047	3643.048
大将山—叠石山	III	1983 年 9 月 1 日	2	3584.005	3583.805	3583.810

第五章 三 角 测 量

三角测量是建立水平控制网的主要方法。清代康熙年间,浙江开始使用三角测量方法实行测图控制。民国初期,浙江陆军测量局完成的三等三角网是全省较大规模的三角测量,其范围包括温州。1929年,实施全省大三角测量,建立主干系、联络网、补充网、补充锁,并重新建立以紫薇园为原点的浙江省统一坐标系统。中华人民共和国成立后,浙江省三角测量发展为由高级到低级逐级全面控制的天文大地网。该网采用国家统一坐标系和全国统一的技术标准,参与全国整体平差,是浙江历史上精度最高的一个天文大地网。

第一节 三等三角和大三角网测量

民国时期,温州进行过三等三角测量和大三角网测量,用三角测量方法实行测图控制。

一、三等三角测量

1918年,北京参谋本部拟定全国十年迅速测图计划,其中大地控制测量改为三等三角测量,浙江陆军测量局遂改变计划,在全省分期开展三等三角测量。至1926年,共实施22期,完成三等三角测量1835点,四等三角测量527点,分布于全省75县,为当时全国完成全省三角控制测量的4个省份之一。

每期三角测量,按选点、造标、观测及计算四部分程序实施。三角点边长4～20千米,沿海岛屿个别边长达40千米以上,通常建造3米左右方锥形寻常觇标。三角观测使用二、三等经纬仪,三等点水平角观测6测回,四等点观测3测回,同一方向各测回间限差规定在±5″以内。天顶距观测以望远镜盘左、盘右各读两次。

三角点由紫薇园原点起算,并用杭州及永嘉等5条基线及基线指角(方位角)为起算和检核数据。三角测量计算包括三角锁概算(归心、球面角超、边长概算等)与平均计算(即平差计算)、纵横坐标概算与平均计算、经纬度计算以及三角点高程计算等,计算采用白塞尔(Bessel)椭球体。

二、大三角网测量

1929年,浙江省民政厅土地局开始布测全省大三角测量。1939年竣工,完成杭嘉湖、杭甬台、杭金衢、金台、衢温台等5个大三角干系136点测量,其中本点105点,补充31点,并布设支系99点。以上各系共计完成 235 点,构成全省范围的一个大三角网,是浙江历史上第一次规模最大、精度较高的三角测量,又是当时全国两个布设大三角测量省份中惟一完成大三角测量的省份。

1934 年 7 月,完成杭嘉湖、杭甬台、杭金衢、金台、衢温台 5 大三角干系,构成"日"字形三角锁。1935 年 7 月起,在 5 大干系内外布设支系,支系分联络网、补充网及补充锁三种。有宁绍台、金处台两联络网 43 点,安临昌淳新、衢处温两补充网 45 点及温属(温州属)、宁属两补充锁 11 点。联络网是插入诸干系之间的三角网,补充网、补充锁是在诸干系之外空白地区布设。构成的图形主要有完全四边形和中点多边形,间有在单三角形或四边形中插入一点。本点边长 20～25 千米,补点边长 10～30 千米。三角点埋设盘石和柱石。山地建造方锥形寻常标,标高 6 米,平地建造内外架隔离的方锥形高标。

角度观测使用瑞士威特经纬仪,照准回照器或回光灯。大三角本点用方位观测法测 16 测回,三角形闭合差不超过±3″;大三角补点观测 8 测回,三角形闭合差不超过±5″。见表 2 - 15。

表 2 - 15　　　　　　　　　　大三角测量涉及温州的网、锁完成概况

网锁名称	类别	三角点数量	施 测 年 代	控制面积(千亩)(平方千米)
衢温台系	干系	23	1933 年 10 月～1934 年 9 月	15142.17(10094.78)
温属锁	补充锁	6	1935 年 12 月～1936 年 4 月	395.13(263.42)
衢处温网	补充网	27	1938 年 10 月～1939 年 5 月	17775.59(11850.39)
合计	—	56	—	33312.89(22208.59)

第二节　国家天文大地网三角测量

国家天文大地网的三角测量,20 世纪 50 年代温州进行了一等三角锁测量和二等基本三角锁测量。

一、一等三角锁测量

1954～1957 年,总参谋部测绘局在浙江省境内沿子午线和平行圈方向,布测一等三角锁 8 条(其中省内完整的三角锁 4 条),计 123 点,构成纵、横三角锁交叉的网状,作为浙江天文大地网的首级控制。其中经温州的三角锁 3 条:宁波—瑞安、瑞安—浦城、瑞安—福清。其精度见表 2 - 16,点位资料见表 2 - 17。一等三角锁由单三角形、完全四边形或中心多边形组成,锁段长 150～350 千米,最大边长 45～76 千米,最短边长 16～22 千米,一般边长 27～33 千米。见图 2 - 02。

表 2 - 16　　　　　　　　　　温州的一等三角锁精度统计

三角锁名称	等级	点数	施测单位及年代	中误差(秒)		最弱边相对精度
				按菲列罗公式	平差后	
宁波—瑞安	Ⅰ锁	21	总参测绘局　1954～1956	±0.70	±0.57	1∶195000
瑞安—浦城	Ⅰ锁	14	总参测绘局　1955～1957	±0.57	±0.57	1∶234000
瑞安—福清	Ⅰ锁	3	总参大地二队 1955～1957	±0.39	±0.52	1∶281000

表 2－17 温州境内一等三角锁点位资料统计

三角锁名称	等级	点名	所在位置	点位情况
宁波—瑞安	Ⅰ锁	百岗尖山	乐清市雁荡镇	
	Ⅰ锁	南尖山	乐清市	
	Ⅰ锁	茗山	乐清市北白象镇	
	Ⅰ锁	霓屿山	洞头县霓屿乡	
	Ⅰ锁	小叠山	玉环县大麦屿	
	Ⅰ锁	马宅山	乐清市	
	Ⅰ锁	小陡门东	龙湾区海滨镇	基线扩大边
	Ⅰ锁	基东	乐清市翁垟镇	
	Ⅰ锁	基西	乐清市柳市镇	基线
瑞安—浦城	Ⅰ锁	蛙蚂绛	永嘉县桥下镇	
	Ⅰ锁	凌云峰	瓯海区泽雅镇	
	Ⅰ锁	大坳头	文成县二源乡	
瑞安—福清	Ⅰ锁	鲳儿基顶	龙湾区天河镇	
	Ⅰ锁	盘古楼尖	瑞安市	
	Ⅰ锁	外七山	瑞安市	
	Ⅰ锁	半天山	平阳县鳌江镇	
	Ⅰ锁	大玉苍山	苍南县	
	Ⅰ锁	鹤顶山	苍南县矾山镇	

依据 1953 年译印的苏联《一等三角测量细则》及总参测绘局 1954 年编印的《大地测量技术补充规定》作业,按山地、平原、岩石地区三类,埋设三角点中心标石。山地标石由两块盘石及一块柱石组成,柱石面在地下 30～50 厘米;平原或丘陵地区埋设盘石、柱石共三块;岩石地区埋设高 10 厘米盘石、柱石各一块。所有盘石、柱石顶面均嵌有钢质十字标志。每个一等三角点都建有标,其类型有寻常标、钢标、复合标、双锥标等,钢标最高达 30 余米。

水平角观测使用仪器是瑞士威特 T₃ 或苏联制 TT2/6 经纬仪。观测方法按史赖伯全组合测角法。照准目标各点在通视良好、成像清晰稳定情况下,白天照准回光器,夜间用回光灯。1954 年北京坐标系,1956 年黄海高程系。

二、二等基本三角锁测量

1954～1958 年,由总参谋部测绘局在浙江省一等三角锁环内外,按十字形交叉状,布设二等基本三角锁 9 条。其中仙居区布设的 4 条中的"仙居—庆元"二等基本锁共计 8 点,经温州西部边缘和丽水地区交界处的温州境内布设 4 点。

二等基本锁由单三角形或完全四边形组成,最大边长 24～40 千米,最短边长 11～18 千米,一般边长 19～23 千米。埋设混凝土或青石中心标石,建造木质或钢质标,其类型与一等三角点相间。

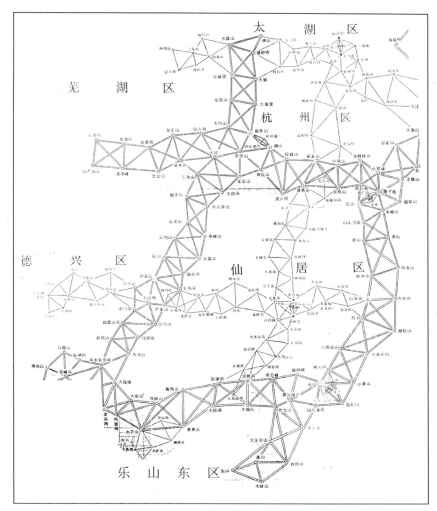

图 2 - 02　1954～1955 年浙江省一、二等三角锁

作业依据为 1953 年译印的《二等三角基本锁测量细则》(苏联 1939 年版)、《二、三、四等三角测量细则》(苏联 1943 年版)及总参谋部测绘局 1954 年印发的《大地测量技术补充规定》。

水平角观测使用仪器是瑞士威特 T₃、苏联制 TT2/6 及 OT－02 经纬仪,按全组合测角法。其精度见表 2－18。

表 2－18　　　　　　　　　　涉及温州的二等基本三角锁精度统计

锁、网名称	等级	点数	施测单位及年代	中误差	
				按菲列罗公式	平差后
仙居区　仙居—庆元	Ⅱ锁	8	总参测绘局 1955 年	±1″.11	±1″.21

1973～1978 年,改造重测仙居区二等三角网,取消二等基本锁这一级。原布设的 4 条二等基本锁 43 点,成为浙江省一等三角锁环内直接布设的二等三角网点,其中温州境内的 3 点是大青岗、大柏山、儿坑岗头,都在永嘉县境内。

第三节　二等补充网和三、四等三角测量

一、二等三角补充网测量

1954～1958 年,总参谋部测绘局等单位在浙江省一、二等三角锁环的方块区内外,按连续的三角网图形,布设二等三角补充网,其中有温州所在的仙居区二等补充网。作业依据 1953 年译印的苏联《一、二、三、四等三角测量细则》,规定测角精度±2″.5,三角形边长 8～15 千米,平均 13 千米,成为进一步加密三、四等三角和 1∶5 万比例尺测图的控制基础。

仙居区二等三角网位于省内 4 条一等三角锁环内,原是 1956～1957 年施测的仙居区二等补充网,共有 277 点,边长 6.4～37.4 千米。

1973～1978 年,仙居区二等补充网按 1958 年颁发的《中华人民共和国大地测量法式(草案)》实施改造,取消二等基本锁,成为一等三角锁环直接控制下的二等三角全面网,并加测杭州、瑞安、岱山、东阳、丽水、宁溪、六横岛一、二等激光测距边 7 条。作业依据《国家三角测量和精密导线测量规范》(1972 年试行本,1974 年正式本),全区有 497 点(其中包括联测一等点 75 点),边长 5.7～26.7 千米,平均边长 13.9 千米。温州境内有 92 点(包括联测一等点 12 点)。见表 2－19。

表 2－19　　　　　　　　　　　　温州地区二等三角点位分布情况

三角锁网名称	等级	点位所在县(市、区)	二等三角点点名	联测一等点点名	合计点位数
仙居区二等补充网	Ⅱ补	永嘉县	大青岗、大柏山、儿坑岗头、九岗、头发尖、太寺基、望海岗、三个尖、三千山、苍山、象龙尖、石马尖、金子岩、金山、正江山、刀山、太石山、白岩头、脑公山、燕山、方岩尖、天顶尖、永宁山	蛤蟆降	24 点
	Ⅱ补	乐清市	太湖山、六坪山、西门山、三江山、白龙山、盐盆山、岐头山	白岗尖山、南尖山、茗山	10 点
	Ⅱ补	鹿城区	五磊山	—	1 点
	Ⅱ补	龙湾区	黄石山、哨子墩	鲳儿基顶	3 点
	Ⅱ补	瓯海区	五龙山(白云山)、雨仪山	凌云峰	3 点
	Ⅱ补	瑞安市	李山、桃儿山、雪尖山、圣井山、西大山、烟墩山、凤凰岛、北龙山、北麂山	盘古楼尖、外七山	11 点
	Ⅱ补	平阳县	南麂山、头屿山、岩山、赵垟山	半天山	5 点
	Ⅱ补	苍南县	王道头、白玉坑、南高山、望州山、粪箕山尾、林五寨山、北关山	大玉苍山、鹤顶山	9 点
	Ⅱ补	文成县	龙潭山、虎尖、朝天马、赤沙岗、郑山、石门尖、背头尖、来垄头、峰门尖	大坳头	10 点
	Ⅱ补	泰顺县	见头垟、香火尖、白云尖、绛尖峰、四尖、向喊岩、四贯龙岗、白海顶、来垅绛头、弥陀望、笔架山、天顶岗、花眉尖、白玉尖、柯岭头、东角尖	—	16 点
		总计	80 点	12 点	92 点

二、温州三、四等三角测量

1. 仙居区三、四等三角测量

在仙居区二等三角补充网测区测量的同时,插入三、四等三角点,其图形有单点插入一、二等点三角形或多点插入几个二等点三角形内,联测成网,少数点也采用前方交会或后方交会。使用的仪器有威特 T_2、蔡司 010 和 030 经纬仪,采用全圆方向观测法测 3 测回。仙居区三等点 116 点,边长 5.8~16.2 千米,测角中误差±2″.4。

1973~1978 年,对仙居区二等补充网实施改造的同时,对东经 120°30′以东地区重测三、四等点 471 点,三等点使用威特 T_3 仪器测 9 测回或蔡司 010 经纬仪测 12 测回;四等点用威特 T_3 测 6 测回或蔡司 010 仪器测 9 测回,测角中误差±1″.8。1978~1979 年使用《999 点三角、高程联合平差程序》在 6912 电子计算机上平差,平差后方向中误差±1″.23。

2. 乐清湾区三、四等三角网

1956 年由海道测量部施测,北起浪机山,南至南麂山一带,共完成三、四等三角 153 点。作业依据 1953 年译印的《一、二、三、四等三角测量细则》。三等网用威特 T_2 经纬仪测角,三角形最大闭合差 11″.8。四等网用威特 T_1 经纬仪,三角形最大闭合差 25″.6。三等点高程由坎门验潮站水准点起算。乐清湾区有 14 点与仙居区三角点重合。观测成果于 1960 年由总参谋部测绘局平差。

3. 温州地区军控三等三角全面网

1973 年 8 月~1978 年 8 月,南京军区测绘大队在温州布设三等三角 101 点,控制温州全境,部分区域加密四等三角 153 点。均采用北京坐标系。

4. 温州永强机场四等三角测量

1985 年 2 月,为永强机场(南址)选址勘测,温州市地理学会科技咨询服务处布设以国家一等三角点小陡门东和三等三角点黄石山为已知点的典型图形四等三角 2 点。

1985 年,温州市勘察测绘处为永强机场(北址)勘测,在国家一等三角点小陡门东和鲳儿基顶之间布设三等导线点沙前、八甲、鳝庄东、横山 4 点,并建造寻常标,导线长 13.7 千米。在机场场区测设四等三角点 2 点。坐标系统采用 1954 年北京坐标系,并转换为温州市独立坐标系。

第四节　温州市区三角网测量

一、1958 年一、二级三角网测量

1958 年,浙江省建设工程局为测制温州市区 1∶2000 地形图,委托建筑工程部城市设计院第二测量大队,在温州市区布测一、二级三角网,包括一级主网(相当于三等)13 点、二级插点(相当于四等)11 点,折基线 1 条。测量范围,北起永宁山、胜美尖,南接华亭山、鲤鱼山,东临黄石山,西至叠石山、戴宅山,控制面积 240 平方千米。见图 2-03。

该网以国家二等点永宁山为起算点,永宁山—胜美尖(三等点)方位角为起算方位。坐标系统为 1954 年北京坐标系,高斯克吕格 3 度带投影。

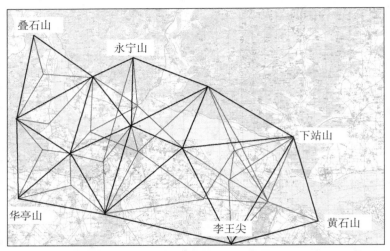

图 2 - 03 1958 年一、二级三角网图

作业依据 1958 年《城市测量规范》试行本。一级主网由 3 个中心多边形和 2 个单三角形组成,建造锥形标等 14 座,主网最大边长 10.5 千米,一般边长 6~7 千米。测区北部布设菱形基线网,折基线长 2.9 千米,使用 3 根阿斯卡尼亚 24 米线状因瓦基线尺,往返丈量 6 次,相对精度 1/198 万,基线网内各角使用威特 T_3 经纬仪,按全组合法不等权观测,各角测回数按最适当权分配,分别为 24 或 6 测回,基线网扩大边相对精度 1/46 万。主网水平角按全圆观测法,使用威特 T_3 或 T_2 经纬仪测 8 或 12 测回,插点测 4 或 6 测回。最弱边相对精度 1/9.8 万。然而,该网坐标偏扭较大,从起算点传递至国家二等点李王尖,点位相差 0.52 米。其原因可能是降格采用三等起算方位角所致。

该网还联测温州市建设局于 1951~1956 年经 3 次布扩测共 21 点的"温州市区小三角网",作出精度评价。联测无点位或边长的重合,仅对小三角网的若干个点进行交会得出其坐标,再反算出方位角和坐标,与原值进行比较。详细情况见《城市测量》篇。

1958 年 12 月~1959 年 3 月,浙江省工业设计院测量队在温州市西郊双岭至前陈一带布设四等三角补充网 11 点(相当于今一级小三角),控制面积 12 平方千米,三角形最大闭合差 8″.1,测角中误差 ±4″.2。1960 年~1962 年,建筑工程部综合勘察院华东分院受温州市建设局委托,在温州市区梧埏、永强扩展四等三角点 2 点,测角中误差 ±2″.5。温州市区一、二级三角网作为首级控制网成果一直使用至 1983 年。

二、1983 年温州市三、四等三角网测量

1981 年 3 月~1983 年 11 月,为满足城市测量"投影长度变形值不大于 2.5 厘米/千米的规定,采用温州城市中心经度为中央子午线",温州市城市规划管理处组织实施首级控制三等三角全面网共 29 点。由 10 个中心多边形和 1 个完全四边形组成,边长 2.2~5.4 千米,平均 3.9 千米。加密四等插网 14 点,边长 1~4 千米,平均 2.0 千米。布设范围,北沿瓯江,南抵白云山,东起黄石山,西至瓯江大桥,控制面积 250 平方千米。见图 2 - 04。

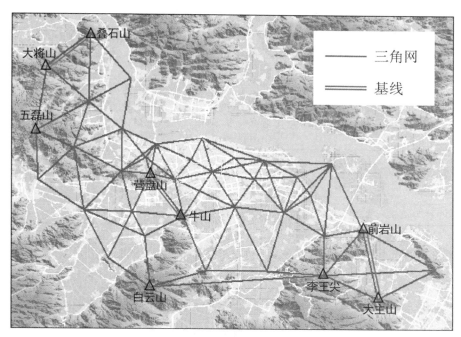

图 2-04 1984 年温州市三、四等三角网

1981 年 12 月开始选点,1982 年 6 月造标埋石,1983 年 4 月开始观测,同年 9 月完成全部野外作业。

市区三角点点位多数选在建筑物顶部,埋设混凝土标石,钢质标志,建造 1.1 米钢架标。郊区点位选在山顶上,埋设中心标石和混凝土寻常标。三角点标石类型和觇标类型,详见表 2-20 和表 2-21。

三角网以 1957 年施测的仙居区二等三角点"白云山"为坐标起算原点,白云山—李王尖为起算方位。并联测白云山—五磊山二等点为固定角条件。

作业依据 1974 年《国家三角测量和精密导线测量规范》,参照 1978 年的《工程测量规范》及《北京市城市测量规范》。使用两台经严格检验的国产苏光 J_2 经纬仪,按全圆方向观测法,三等点测 12 测回,四等点测 9 测回,天顶距按三丝法测 2 测回。

表 2-20　　　　　　　　　　　　　　温州市三、四等三角点标石类型一览表

标 石 类 型	埋石的三角点名称
混凝土标石三层	五磊山、白云山、李王尖
混凝土标石二层	大将山、稽师尖、下社山、仙门山、朱坑、横社山、牛山、东庄、梧埏、渚浦山南、娄桥、黄屿山、七都樟里、蒲州东北、前岩山、黄石山、下蒲、玕屿山南、屿头山
混凝土柱石岩层盘石	寨上、徐岙、戴宅山
岩石标石铜质标志	叠石山、礁下丁山、十里黄山
石标混凝土浇灌	营盘山、翠微山(青石)、球山(有半球形)、下营山
石标混凝土浇灌	巽山、西山
单层石标	卧旗山(金属标志)、外岙、杨府山(混凝土标石、金属标志)
刻石标	大主山
建筑物顶部埋设铜质标志	海坦山、蝉街、温革、合纤

表 2-21　　　　　　　　　　　温州市三、四等三角点觇标类型一览表

觇 标 类 型	建标的三角点名称
钢寻常标,高 6 米	五磊山
Ⅰ型混凝土寻常标高 5.5～6 米,橹柱截面为矩形,横梁为角钢,标心柱为 Φ33.5 的镀锌管	白云山、李王尖、大将山、卧旗山、寨上、稽师山、下社山、礁下丁山、仙门山、横社山、娄桥、黄屿山、渚浦山南、牛山、东庄、梧埏、大主山、七都樟里、外岙、徐岙、十里黄山、戴宅山、朱坑、下营山、下蒲、玕屿山南、屿头山、球山、蒲州东北
Ⅱ型混凝土寻常标高 4～6 米,橹柱截面为三角形,混凝土横梁,标心柱为长约 0.8 米 Φ60 钢管	叠石山、翠微山、杨府山、前岩山、黄石山、营盘山、西山、巽山
1.1 米钢架标,标心柱为长 3 米 Φ33.5 镀锌钢管	海坦山、蝉街、温革、合纤

　　三角网平差在高斯投影平面上进行,三、四等三角网均按间接观测平差程序在西门子计算机上平差,平差后测角中误差分别为 $\pm 1''.25$ 和 $\pm 1''.33$,最弱边相对精度分别为 1:12.6 万和 1:18.5 万。

图 2-05　Ⅰ型混凝土寻常标

第六章 水 准 测 量

水准测量是利用水准仪提供的一条水平视线,借助于带有分划的水准尺,测量出两地面点之间的高差,然后根据测得的高差和已知点的高程,推算出另一个点的高程。民国时期,温州进行过低级水准测量和塘河、陡门水准测量。中华人民共和国成立后,浙江省水利部门布测全省精密水准,把吴淞高程系和1956年黄海高程系传递至温州,首次为温州建立了高程控制的基础。1977~1983年,按国家统一规划,浙江省测绘局在温州市布测完成全省一等水准网。

第一节 早期水准测量

民国初期,浙江省开始进行的水准测量,是以杭州紫薇园原点假定高程50米起算。1928年起,水利部门在各河流进行水准测量仍大多采用假定高程。1931~1934年,浙江省陆地测量局布测一等水准干线,将坎门高程系传递至南京,并从上海引进吴淞高程系,但均未引测入温。1934~1942年,永嘉县对河流和陡门进行了水准测量,联测宋元祐三年(1088)镌刻的"永嘉水则",都采用假定高程。

一、低级水准网

1913~1918年,浙江陆军测量局施测全省低级水准1725千米,共863点,北起杭州紫薇园原点,东至鄞县、奉化、宁海、临海,南至温州永嘉、青田、丽水,西至建德、兰溪、金华,构成一个大闭合环,又由杭州、嘉兴等地构成一个小闭合环。

低级水准测量,按选点、埋桩、观测及计算四步实施。各水准点间距2千米,埋设木桩,间有石桩,未作永久性设置。观测使用一等水准仪,误差限差规定每千米小于4毫米(相当于三、四等之间)。按水准环平差其高差观测值。高程起算采用1912年建于杭州旧藩署的紫薇园原点假定标高50米。温州地区分布情况见表2-22。

表2-22　　　　　　　　　　低级水准网温州地区分布情况

施测年代	水 准 路 线	点数	长度(千米)	说　　明
1918年春	乌岩—永嘉—青田—丽水	287	572.5	民国时期,青田、丽水属瓯海道
1918年秋	丽水—缙云—永康—金华			

二、永嘉塘河和陡门水准测量

1934 年,浙江省水利局驻青田测量员来到永嘉县城,实地测定各河流纵横剖面及高程,共设立水准标志 103 点,测定河流 11 条,并联测北宋元祐三年(1088)镌刻的"永嘉水则"。大部分水准点选在各桥面中部,用红漆绘写方形记号和编号,采用南门外永津宫门槛石假定标高 10.000 米起算。

1942 年,华北水利委员会南迁,温籍工程师徐赤文受请带队来温测量,完成《浙江省瓯江飞云江之间滨海区域陡门改善计划书》。以海坦山麓井圈石作为第一号水准点,假定高程 10.000 米,测定各陡门闸底高程,得出五福桥"永嘉水则"的"开、平、闸"各字顶高程分别为 7.06、6.84、6.74 米,上陡门镌刻的"开、平、闸"各字顶高程各为 7.15、6.92、6.80 米。

第二节 精密水准测量

1951～1955 年,根据华东军政委员会水利部关于布测华东地区南北干线精密水准测量方案,由浙江省农业厅水利局、钱塘江水利工程局等单位先后成立两个精密水准测量分队,配合中央水利部、华东水利部共同完成 8 条精密水准线路的选点、埋石、观测,共计 869 点,1769 千米。其中有 3 条布测线路经温州地区,即 8-5 线(宁波—温州)、8-6 线(温州—龙游)、8-7 线(温州—福鼎)。这是浙江现代精密水准测量的开端,该成果被纳入中国东南部地区精密水准网统一平差。见表 2-23。

表 2-23　　　　　　　　　精密水准线路涉及温州地区统计表

线号	起迄点	线长(千米)	点数(个)	施测年代	施 测 单 位
8-5 线	宁波—温州	399.3	188	1953～1954	浙江省水利局与总参谋部测绘局第一大地队合测
8-6 线	温州—龙游	298.6	141	1954	浙江省水利局
8-7 线	温州—福鼎	123.3	51	1953～1955	浙江省水利局

精密水准测量依据 1951 年华东军政委员会水利部制定的《华东精密水准测量规程》作业,1955 年以后,依据中央水利部 1954 年制定的《水利部精密水准测量细则》执行。水准观测全部采用威尔特 N_3 精密水准仪和因瓦水准标尺,每测段往返测不符值不超过 $\pm 4\sqrt{k}$ 毫米,每千米偶然中误差 ± 1.5 毫米,系统中误差 ± 0.3 毫米。温州境内的 8-5 线、8-6 线、8-7 线,1955 年前采用吴淞零点高程系,由江苏平望 3-3 线引接,高程以镇江 BM308 点起算(采用 1947 年校测高程 9.391 米);参与中国东南部地区精密水准平差后,采用 1956 年黄海高程系。

1955 年精密水准网是温州市各项高程测量的起算依据。从 1975～1985 年,温州市据残存的巽山 8-7-2 等几个基岩点,施测三、四等水准网,一直使用到 20 世纪 90 年代。

第三节　一等水准测量

一等水准网是国家高程控制网的骨干，也是探索地壳升降、平均海水面变化等科学研究的主要资料。20世纪60年代初期，国家开始全国一等水准测量，其中通过温州境内的有杭州—广州—南宁的一等水准线路。1975～1983年完成涉及温州的浙江省一等水准网的施测。

一、杭广南一等水准

杭广南（杭州—广州—南宁）一等水准，由国家测绘总局第二大地测量队施测。1964年5至10月施测杭广南线杭州—宁波段。1965年3月至10月由宁波41甲点，沿公路经泽国、温州测至福建福安，其中浙江省境内505千米，泽国—温州段利用旧水准点8点。杭广南线在温州境内有清江（乐清）、楠溪江（永嘉港头）、瓯江（永嘉梅岙）、飞云江（瑞安）跨河水准4处。温州境内的点位分布见表2-24。

表2-24　　　　　　　　　　杭广南一等水准在温州地区点位分布情况

县市区及点位个数	点　名	所在位置	县市区及点位个数	点　名	所在位置
乐清市（17个）	Ⅰ杭广南94	格溪	温州市区（7个）	Ⅰ杭广南125	渔渡
	Ⅰ杭广南95	水涨		Ⅰ杭广南125-1	岩门
	Ⅰ杭广南99甲	白溪车站		Ⅰ杭广南128	华侨中学
	Ⅰ杭广南99-1	靖底施		Ⅰ杭广南131	温州党校
	Ⅰ杭广南101-1	清北村		Ⅰ杭广南131-1	十里亭
	Ⅰ杭广南102	渡口		Ⅰ杭广南133	竹岙
	Ⅰ杭广南104	清江街		Ⅰ杭广南134	曹建村
	Ⅰ杭广南106	龙泽	瑞安市（6个）	Ⅰ杭广南135	竹溪村
	Ⅰ杭广南107	虹桥镇		Ⅰ杭广南135-1	肇平垟
	Ⅰ杭广南108	竹社		Ⅰ杭广南137	仙甲村
	Ⅰ杭广南109	城关村		Ⅰ杭广南138	瑞安市区
	Ⅰ杭广南110	宋家庄		Ⅰ杭广南141	东风村
	Ⅰ杭广南111-2	宋家庄		Ⅰ杭广南141-1	孙桥乡
	Ⅰ杭广南112	柳市镇	平阳县（4个）	Ⅰ杭广南144（基）	昆阳镇
	Ⅰ杭广南113	沙门村		Ⅰ杭广南145	和平村
	Ⅰ杭广南114	高岙		Ⅰ杭广南146	上风桥
	Ⅰ杭广南114-1			Ⅰ杭广南147	后林村
永嘉县（7个）	Ⅰ杭广南114-2	乌牛码道村	苍南县（6个）	Ⅰ杭广南148	百丈村
	Ⅰ杭广南116	挂彩村		Ⅰ杭广南149	灵溪镇
	Ⅰ杭广南116-1	梅园村		Ⅰ杭广南150	草田村
	Ⅰ杭广南118	江头村		Ⅰ杭广南150-1	柳垟
	Ⅰ杭广南119	清水埠		Ⅰ杭广南151	桥墩门
	Ⅰ杭广南120	清水埠		Ⅰ杭广南151-1	树枫村
	Ⅰ杭广南121	和一村			

作业依据为1958年出版的《一、二、三、四等水准测量细则》及1964年国家测绘总局《大地测量业务技术指示》，使用蔡司004水准仪和因瓦标尺往返测，视线长度一般为40～50米。1965年观测宁波—

福安段前,按规范对宁波 41甲 点进行检测(检测杭广南 40—41甲),与 1964 年测得高差互差为＋0.84 毫米,在允许误差范围内。

1967 年因受"文化大革命"影响观测中断,此成果未最后平差,没有提供使用。然而,1977～1983 年布设全省一等水准网时,仍利用旧有杭广南线的多数水准标石。

二、全省一等水准网

1975 年,浙江省测绘局提出《全省一等水准测量技术设计方案》,1976 年该方案被纳入国家测绘总局等部门制定的《全国一等水准路线布测规划》。1977～1983 年浙江省测绘局完成浙江省境内的无杭(无锡—杭州)、杭温(杭州—温州)、杭龙(杭州—龙游)、龙温(龙游—温州)、江龙(江山—龙游)、青杭(青阳—杭州)及温福(温州—福鼎)等 7 条一等水准路线,共 1632.3 千米。其中涉及温州的见表 2-25 和表 2-26。

表 2-25　　　　　　　　　　1975～1983 年全省一等水准网涉及温州地区布设情况

线号	线名	等级	水准点数量	线路长(千米)	施测年份	往返测高差不符值(毫米)	
						观测值	允许值
23	杭州—温州	I	146	579.5	1979	−5.4	±48.2
24	龙游—温州	I	92	303.9	1980	11.9	±34.9
28	温州—福鼎	I	111	省内 104.8	1980	8.9	±42.2

表 2-26　　　　　　　　　　1975～1983 年全省一等水准网在温州点位分布情况

水准线路名称	等级	点位所在地	点名	点位位置	点位个数
杭州—温州	I	乐清市	I 杭温 017-1 I 杭温 018	滥田湖 清江镇	2
	I	鹿城区	I 杭温 020 I 杭温 021 基岩点 I 杭温 022 参	双屿镇 松台山 松台山	3
龙游—温州	I	永嘉县	I 龙温 074 I 龙温 075 I 龙温 076 I 龙温 077 I 龙温 G-1 I 龙温 079 I 龙温 081	 林福村 壬田村 白垟村 垟塆村 梅岙上村 梅岙下村	7
	I	鹿城区	I 龙温 081-1 I 龙温 082 I 龙温 083	后京村 岩门村 双屿镇	3
温州—福鼎	I	鹿城区	I 温福 001	慈湖镇	1
	I	瑞安市	I 温福 002 I 温福 003	上金村 飞云镇	2
	I	平阳县	I 温福 004 I 温福 004-1 I 温福 005 I 温福 006	平阳第一农场 郭庄村 昆阳镇 雁门村农场	4

这次一等水准网控制全省范围,密度增大;执行技术标准、测量精度较前均有所提高。成果纳入全国一等水准测量网并整体平差,采用 1985 国家高程基准。正式成果已出版。

作业依据 1974 年出版的《国家水准测量规范》。水准点大部分利用旧有杭广南(杭州—广州—南宁)一等水准和部分原精密水准标石,按新设水准路线名称重新编号,新旧一等水准标石类型有基岩水准标石、混凝土基本水准标石、混凝土普通水准标石、岩层基本水准标石、岩层普通水准标石 5 种,标石平均间距 3.8 千米。浙江省境内有杭州青杭 108 基、温州松台山杭温 021 基、建德白沙杭龙 008 基和杨村桥浙 1-58 等 4 座基岩点。温州境内点位分布情况见表 2-26。

观测使用 2 台蔡司 004 水准仪(符合水准器式水准仪)和蔡司柯立(Koni)007 水准仪(补偿式自动安平水准仪)。水准观测按前后视交替读数,先读基本分划,后读辅助分划,往测奇数站观测顺序是后(基)—前(基)—前(辅)—后(辅);偶数站是前(基)—后(基)—后(辅)—前(辅),返测顺序相反。

杭温、温福、龙温等线在乐清市清江、永嘉县楠溪江、温州市瓯江、瑞安市飞云江及大溪,共有跨河水准 6 条(其中瓯江跨河 2 次),最大河宽 1033 米(飞云江),最小 190 米(大溪)。按《国家水准测量规范》规定要求,选择跨河地点后,采用平行四边形形式,在江河两岸各安置仪器和标尺。视准的觇板根据各河流的宽度,用锌质材料制作成 4 种不同的规格。跨河水准采用倾斜螺旋法之一,读定符合水准器,用 2 台仪器对向同时观测,其双测回数,按河宽采用 4~12 测回,同时又采用光学测微法另获取一份成果,以作对比(飞云江跨河水准除外)。跨河水准测量情况见表 2-27。

表 2-27　　　　　　　　　　　　　　　　　　一等水准网跨河水准测量情况

水准线路名称	河流名	河宽(米)	所在地	跨河测段点号	测回数	每双测回高差中误差(毫米)	双测回高差中误差(毫米)
杭温线	清江	812	乐清清江渡口	杭广南 103—杭温 018	8	±1.53	±0.54
	楠溪江	420	永嘉清水埠渡口	杭广南 118—杭广南 119	4	±0.68	±0.34
	瓯江	482	永嘉梅岙渡口	杭广南 122—杭广南 124	4	±0.83	±0.42
温福线	飞云江	1033	瑞安渡口	杭广南 139—温福 003	12	±2.40	±0.69
龙温线	大溪	190	丽水碧湖渡口	龙温 040—龙温 042	4	±0.53	±0.26
	瓯江	482	永嘉梅岙渡口	龙温 081(杭广南 122)—龙温 082(杭广南 124)	4	±0.86	±0.43

一等水准测量结束后,浙江省测绘局承担与其他施测单位水准线合成的 35、36、38、41、42 环共 5 个环的闭合差计算任务,前 4 个环一次拼接成功,而涉及温州的 42 环有关路线,在重新进行正常水准面不平行改正后闭合,见表 2-28。

表 2-28　　　　　　　　　　　　　　　　　一等水准测量温州地区环线闭合差统计

环号	施测单位	环线周长(千米)	结点	环闭合差(毫米)	
				计算值	允许值
42	浙江省测绘局、总参测绘局、福建地震队	1399.9	I 等温州松台山基岩点	+59.5	±74.8

经温州境内一等水准线与原有精密水准线有许多重合的水准点,这些重合点的两种高程系(1956年黄海高程系与 1985 国家高程基准)成果的最大差值与平均差值见表 2-29。

表 2 - 29 温州地区两种高程系水准点成果差值

一等水准线名称	重合的原水准线名称	重合点个数	最大差值(毫米)	平均差值(毫米)
杭州—宁波—温州	8 - 4、8 - 5 线	32	＋70	＋52
龙游—温州	8 - 6 线	120	＋81	＋70
温州—福州	8 - 7 线	2	＋69	＋68

1993 年浙江省测绘局外业测绘大队进行一等水准温福线(温州—福州)复测,对部分已遭破坏点,测前重新选埋。

三、温州验潮站一等支线水准

1978～1980 年,总参谋部测绘局第三测绘大队布设一等支线水准,由Ⅰ温州松台山基岩点联测郭基 79 - 1、浙 BM8 - 5 - 191、温州验潮站。

1995 年浙江省测绘局外业测绘大队对一等温州支线进行检埋。

第四节　二等和三、四等水准测量

1953 年～2003 年,温州地区先后进行多次二等水准网测量和三、四等水准测量,测量数据均编入浙江省水准测量成果表。

一、浙江二等水准网测量

1980 年,浙江省测绘局提出《二等水准测量技术设计方案》。1981 年 4 月该方案纳入国家测绘局以测发字(1981)第 118 号文颁发的《国家二等水准网统一设计方案》,浙江省测绘局承担全省二等水准测量任务。1981～1987 年,浙江省测绘局外业测绘大队完成位于全国一等水准环中的第 35、36、38 及 42 环。浙江二等水准网在温州境内仅有第 42 环中的一段,即由丽水市云和县经景宁县、温州市泰顺县至福建省福鼎县,称"云和—福鼎Ⅱ"。该二等水准线路在浙江省境内长 242.3 千米,在福建省长 34.1 千米。见表 2 - 30。

表 2 - 30 1981～1987 年浙江省二等水准网在温州市线路

环号	线名	等级	起讫点	线长(千米) 省内	省外	点数	施测年份	每千米中误差(毫米)
42	云和—福鼎	Ⅱ	碧云 12 基上—杭广南 156 基甲上	242.3	34.1	70	1984	±0.42

二等水准作业依据 1974 年《国家水准测量规范》。使用蔡司 004 仪器,采用光学测微法进行往返测量。"云和—福鼎Ⅱ"的点位,在泰顺县境内共 37 处,按序号 26～62 命名。所在位置为杨寮、恩坑桥、岐岗、龙角坑、台边、司前(两处)、大段、梨树坵、叠石、花坪、下稔、上稔、仙居、木亭后、昌埔垅、泰顺县城(两处,其中Ⅱ云福 43 为基岩点)、川山洋、江渡、育秀坑、南院、岭头洋、王山洋、外西坑、村底、三魁、大龙口、矿步头、秀溪、安基、外湾、新联、沐峰、新登(基岩点)、坟下、梅坑。

二、温州新设二等水准线路测量

2003 年，浙江省第一测绘院对原布测的三等水准线路进行升级为二等水准测量，起点为丽水市青田县的Ⅰ龙温 070，经文成县和瑞安市，终点为平阳县Ⅰ杭广南 144 基。该新设二等水准分两条线路，一条是Ⅱ青樟线（青田县—文成县樟台乡樟岭村），线路中二等水准点在文成县有 17 个；另一条是Ⅱ樟立线（文成县樟台乡樟岭村—平阳县萧江镇立后村），线路中二等水准点在瑞安市有 5 个，平阳县有 8 个。

三、温州三、四等水准测量

1953～1956 年，浙江省水利厅在精密水准 8 - 5 线、8 - 6 线、8 - 7 线的基础上，分别布设三等水准温 - 1 线、温 - 2 线，并在平阳和永嘉布设三等水准线路。共计三等水准 52 点，线路长度 142.6 千米；四等水准 66 点，线路长度 387.7 千米。均为黄海高程系。

1955～1958 年，总参谋部测绘局在浙江省境内施测金华—丽水、龙泉—浦城三等水准线路，以及永嘉—永苍、瑞安—寿宁和三门地区 3 条四等水准线路 325 千米，49 点。依据为译印的苏联《三、四等水准及经纬仪高程测量规范》，使用威特 N3 水准仪和因瓦标尺测量。

第五节 温州市区水准测量

温州市区经济发达，建设工程繁多，对水准测量要求详尽而精准。因而，中华人民共和国成立后温州市区和城区进行了多次不同级别的水准测量，下面按时间先后予以记述。

一、1958 年温州市区二、三等水准网

1955～1957 年，温州市建设局委托徐宗达按三等水准要求布测温州市区应急高程网，路线总长 122 千米，埋石 94 点。西起郑桥，东至下陡门，北沿瓯江，南达牛山和划龙桥，控制面积约 40 平方千米。委托省精密水准测量队联测应急网 8 号点作为起算高程。

1958 年，建筑工程部城市设计院第二测量大队在温州市区布测二、三等水准网。其目的一是为测绘 1∶2000 地形图提供高程控制，二是通过联测改造市区先前建立的应急高程网。二等水准网起自市区"8 - 7 - 1"，东至状元"导 2"，西沿温金公路经仰义至渔渡村二等点"460"，均为支线水准，双测往返，名"319 线"，全长 31.9 千米。埋设二等水准标石 5 座，联测应急高程网标石 10 座。

三等水准全长 16.2 千米，起自市区"8 - 7 - 2"，经新桥、双屿至仰义接 319 线。埋设三等标石 2 座，联测应急高程网标石 7 座。

作业依据 1958 年《城市测量规范》试行本，1956 年黄海高程系。观测使用瑞士产威特 N3 水准仪和因瓦水准标尺，双人单站往返测量。

1959 年，浙江省工业设计院勘测队据前述共 17 点的联测成果，改算应急高程网原 94 点高程，称"三等水准网"，提供使用（吴淞）。

二、1975～1980 年温州市区三等水准网

温州市区三等水准网分为东部和西部两个区域,分两期先后完成。

1. 1975～1976 年温州市区东部三等水准网

1975 年 6 月～1976 年 4 月,温州市水电局在城区和郊区永强、梧埏布测温州市东部三等水准网,计有温塘(Ⅲ温-11 线)、天龙(Ⅲ温-12 线)、石青(Ⅲ温-13 线)及徐帆(Ⅲ温-14 线)4 条水准线路。高程据精密水准点 8-7-2₂(市区巽山山脚)、8-7-8(瑞安塘下区帆游山山脚)、8-7-14₁(瑞安塘下区沙门山山脚)起算,采用 1956 年黄海高程系。分两个阶段实施,第一阶段完成永强区水准网并接测至瑞安县 8-7-14₁,第二阶段完成梧埏区水准网并接测至市区 8-7-2₂ 和瑞安 8-7-8。见表 2-31 和图 2-07。

表 2-31 温州市区东部三等水准网线路和长度表

线 路 名 称	起 迄 点	长度(千米)
Ⅲ温-11 线(Ⅲ温塘线)	温州市区"8-7-2₂"至瑞安县塘下区"8-7-14₁"	66.2
Ⅲ温-12 线(Ⅲ天龙线)	温州市永强区天河公社"118"至龙湾公社"110"	21.9
Ⅲ温-13 线(Ⅲ石青线)	温州市永强区石浦村"1121"至青山村"121"	4.9
Ⅲ温-14 线(Ⅲ徐帆线)	温州市梧埏区状元公社徐家桥"107"至瑞安县塘下区白门公社帆游"8-7-8"	17.0

温州市区东部三等水准网线路总长 110.0 千米,共 81 点。全网以岩层普通水准标石 12 座、普通水准标石 8 座为骨干,新设刻石标 44 座,利用旧标石 17 座。新设标石规格见图 2-06。

岩层普通水准标石的编号及埋设地点:

Ⅲ106(杨府山东北角防空洞口西侧),

Ⅲ108(茅竹岭海军西营房 4 号楼东头),

Ⅲ109(海军东营房 12 号楼南侧),

Ⅲ110(白楼下温州海洋渔业公司防空洞北口西侧),

Ⅲ111(上岙村林兆松屋后),

Ⅲ112(永强粮管所黄石购销站内西北角),

Ⅲ118(天河上厂西南三岔路口将军岩上),

Ⅲ120(白水坦头村南面小桥边山脚)。

Ⅲ151(状元石坦小学西侧),

Ⅲ152(状元大岙溪饭井山下三岔路口岩坦上),

Ⅲ153(茶山徐岙村西岩坡上),

Ⅲ154(茶山茶一大队米桥头岩上)。

还有刻石标Ⅲ1211(永强青山电站内西北角岩上)。

三等水准网由 5 个结点组成,共测 31 个测段。按往返测高差不符值计算,每千米高差中数的偶然中误差 MΔ 小于 ±3 毫米,按路线闭合差计算所得的系统中误差为 ±0.46 毫米/千米。平差后各结点的高程中误差为 ±5.2～±6.6 毫米。

作业依据 1974 年《国家水准测量规范》,使用上海光学仪器厂 1962 年的试产品(相当于 S₃ 级)水准

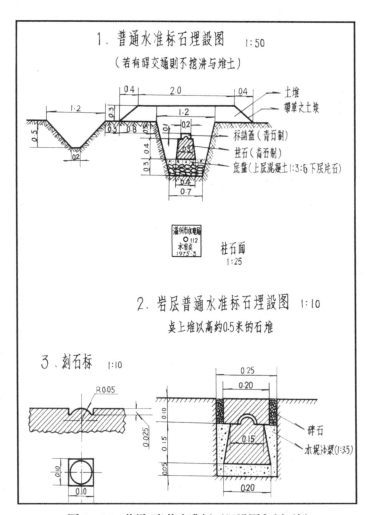

图 2 - 06　普通、岩普水准标石埋设图和刻石标

仪及区格式木质水准标尺。

1977～1980 年,瓯海县水电局布设跨越大罗山红岩岭山脊的四等水准线路。起点为茶山Ⅲ154,终点为永强青山电站Ⅲ1211。

1980～1983 年,温州市水电局、瓯海县水电局以上呙Ⅲ111 为起终点,跨越近 3000 米的锁江潜坝,在灵昆岛上布设 68 点,总长 44 千米,有 6 个结点的四等水准网。标石大多是 1972～1983 年间先后埋设的,新设刻石标 23 点。

2. 1978～1979 年温州市区西部三等水准网

1978～1979 年,因水利工程建设的需要,温州市水电局布设温州市区西部三等水准网。1978 年布设由巽山"8 - 7 - 2₂"经渔渡、藤桥、泽雅、洞桥头、白脚坳、外垟横山至永嘉县朱涂"8 - 6 - 11"共 71 千米的路线,途中有 600 米的高山和两段宽约 250 米的江面。次年又增布由藤桥经泽雅下庵、庙后、五凤垟至洞桥头共 16 千米的三等水准路线,途中有 650 米的高山。两线路共埋设岩层普通水准标石 50 座,设刻石标 69 座,利用旧点 7 座,均未正式观测。但为应急需要,1980 年对增布的三等水准路线已完成四等水准测量。

后因工程缓建,调整西部三等水准网,把中西部三等水准网纳入西部网中,构成Ⅲ温-17、Ⅲ温-18、

Ⅲ温-19三条三等水准路线。全网路线总长133千米,埋设岩层普通水准标石81座,设刻石标115座。见图2-07。1981年温州地市合并,终未继续施测。

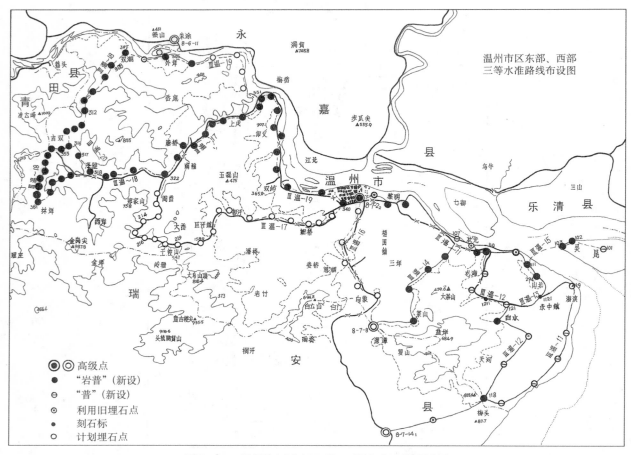

图 2-07 温州市区东部、西部三等水准路线布设图

三、1979～1985年温州市城市三、四等水准网

1. 1979～1980 年温州市城区三、四等水准网

1979～1980 年,温州市政建设工程处在城区范围布测三、四等水准网,完成四等水准 40 千米,控制范围约 20 平方千米。新埋标石 40 座,联测旧标石 17 座。点距 200～300 米。使用国产 S₃ 型水准仪观测,以市区 8-7-2₂ 精密水准点(基岩点)为起始点,采用吴淞高程系统,后换算黄海高程,系统差+1.875 米。

该高程成果从 1980 年 8 月开始向全市提供,至 1990 年代中期广泛应用于城市规划、建设、房管、港务等部门。

2. 1982 年温州市城区三、四等水准网

1981～1982 年温州市规划管理处委托市政建设工程处负责选点、埋石,省建筑设计院勘测队施测完成城区三、四等水准网。

该网东起旺增桥,西至双屿变电所,北沿瓯江南岸,南至西山蜡纸厂、蜜饯厂,控制范围约 60 平方千米。作业依据 1958 年《城市测量规范》试行本和 1974 年《国家水准测量规范》。共完成三等水准 47.6

千米,四等水准 22.5 千米,新埋三、四等标石 42 座,利用旧标石 68 座。点距平均 500 米。三等水准沿城区主要街道组成 4 个闭合环,环距 6 千米,另有 3 条附合三等水准路线。四等水准大部分是单线附合于三等点上,有结点 2 个。见图 2 - 08。

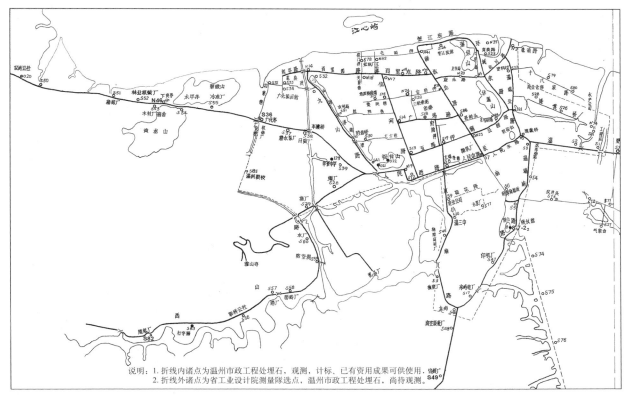

说明:1. 折线内诸点为温州市政工程处埋石,观测、计标、已有资用成果可供使用。
　　　2. 折线外诸点为省工业设计院测量队选点,温州市政工程处埋石,尚待观测。

图 2 - 08　1982 年温州市城区三、四等水准网

因温州城区旧城改造和道路拓宽,原水准点破坏较多,沉降较严重,温州城建设计院测量队于 1993 年 10 至 12 月,1995 年 11 至 12 月,两次共完成城区 20 平方千米三等水准 50.35 千米,四等水准 13 千米,73 个水准点,布设 6 个环,1 条支线,2 条附合线路的三、四等水准网复测任务。采用蔡司 Ni005A(相当于 S_1 级)自动安平水准仪和国产 S_3 水准仪观测,复测结果为年平均沉降量 0.314 米。复测水准精度符合测量规范规定,并通过测绘管理部门验收。

3. 1985 年黄华四等水准网

因七里黄华码头建设及对温州市三、四等三角网在灵昆至瓯江北岸的七里、黄华各点高程联测的需要,1985 年 3 月至 4 月,由温州市规划设计院勘测处、浙江省建筑设计院勘测队共同完成黄华测区四等水准网测量。该网由四个环和一条附合路线组成,共有水准点 31 个,其中新埋 23 点,利用旧点 6 个,水准路线总长 49.5 千米。起始点为国家二等水准点 8 - 5 - 179、8 - 5 - 176,高程系统为 1956 年黄海高程系。

水准测量仪器采用南京测绘仪器厂生产的 S_3 水准仪和区格式木质红黑双面尺。测量精度统计,平差后每千米高差中误差±3.7 毫米,结点高程中误差最大为±7.0 毫米,最小为±3.5 毫米。

四、1996 年温州市三等水准网

1996 年 10 月~1997 年 3 月,温州市规划局委托温州市勘察测绘研究院实施温州市三等水准网测量。布设范围为鹿城区、龙湾区及瓯海区部分区域。共布设三等水准点 49 座,其中利用旧标石 6 座,线路总长 290 千米,高程控制面积 220 平方千米。作业依据 1974 年《国家水准测量规范》、1985 年《城市测量规范》CJJ 8-85。以国家一等水准点 I 杭温 022 参、I 温福 001 为高程起算数据,由 19 条水准线路组成 11 个结点和 7 个水准环线。采用 DS₃ 型水准仪和区格式木质水准标尺。高程系统为 1985 国家高程基准,在市区范围内正式启用 1985 国家高程基准新成果。1997 年 10 月经浙江省测绘产品质量监督检验站验收。

五、2004 年温州市区二等水准网

2002 年 7 月~2004 年 6 月,受温州市规划局委托,温州市勘察测绘研究院和温州综合测绘院合作完成覆盖温州市区和瑞安市东部沿海平原经济发达区域的二等水准网测量,控制范围 1200 平方千米。为保证质量,组织编写《温州市二等水准网创优计划》《温州市二等水准网工程项目设计书》《温州市二等水准网技术设计书》《温州市二等水准网观测实施细则》《温州市二等水准网工程项目监理报告》《温州市二等水准网测绘工程检验方案》。并成立了工程项目监理组,从选点和各种不同类型的水准标石埋设及水准观测进行全过程跟踪检查。

共埋设二等水准点 107 座,其中基岩水准标石 7 座,岩层基本水准标石 63 座,打桩型混凝土普通水准标石 29 座,普通混凝土水准标石 7 座,深层双金属管水准标志 1 座。温州地区属于典型软土地基,打桩型混凝土普通水准标石,实为钻孔灌注桩型,钻孔直径 0.5 米,深度 25 米,底部浇灌混凝土,上部配置 5 根 Φ12 螺纹钢。测区范围内埋设二等水准 GPS 标石观测墩,其中在瓯江口至飞云江口的海岸埋设了 5 座,以利对东海海堤变形和沉降监测,为城市防洪减灾提供测绘依据。

作业依据为 1991 年 5 月 5 日国家技术监督局发布的《国家一、二等水准测量规范》GB12897-91,2003 年 4 月国家测绘局制定的《数字水准仪检校及一、二等水准测量规程》(试行)。水准观测采用 2 台德国蔡司 Dini12 数字水准仪和其配套的因瓦条码水准标尺,使用北京励精思专用数据处理程序软件"Length500 数据处理",以只读形式保存原始数据。

共完成水准路线 26 条,145 个测段,构成 26 个闭合环,线路总长 476.9 千米。见图 2-09。每测段往返测不符值不超过 $\pm 4\sqrt{k}$ 毫米(K 为千米数),最大为 +4.69 毫米,环闭合差最大为 +8.9 毫米,每千米水准测量偶然中误差 ± 0.54 毫米,每千米水准测量全中误差 ± 0.40 毫米。

六、2005~2007 年温州市区二等水准网复测

2005 年 1 月,温州市勘察测绘研究院进行温州市二等水准网复测,发现部分水准点有不同程度的沉降。为此,温州市规划局决定对全部打桩型水准点和部分混凝土普通水准点进行第二次复测,至 2007 年 7 月完成。第二次复测水准点主要集中于沉降相对较大的东部和市区沿江区域,包括 29 个二等打桩型水准点、4 个二等混凝土普通水准点、3 个三等打木桩型水准点、4 个三等混凝土普通水准点和 1 个国家一等水准点(I 杭广南 131-1),并联测基岩点 3 个,岩层水准点 14 个,观测长度为 190.9 千米。

通过 2005 年和 2007 年复测成果进行比较分析,岩层水准点两次成果较差最大值 3.7 毫米,属正常误差,说明岩层水准点相当稳定。普通混凝土水准点年均沉降量在 -5.7~1.0 毫米,沉降较小,可满足工程测量的要求。打桩型水准点年均沉降量在 3.2~40.5 毫米,城区西部的点其沉降量明显小于东部和瓯江边的点,其中年均沉降量小于 10 毫米有 7 点,年均沉降量 10~20 毫米有 10 点,年均沉降量大于

20 毫米有 12 点,分别为 II 温州 024、II 温州 028、II 温州 031、II 温州 034、II 温州 079、II 温州 086、II 温州 093、II 温州 094、II 温州 095、II 温州 099、II 温州 100、II 温州 110。

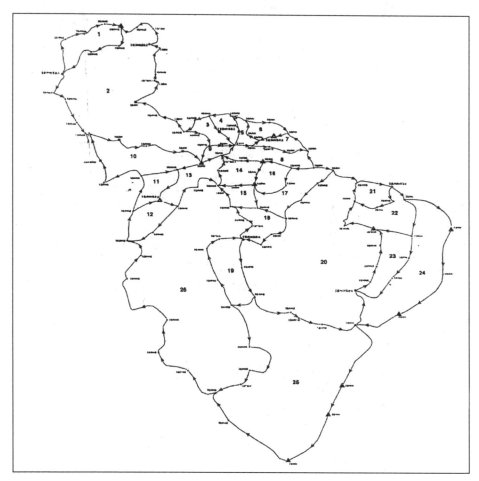

图 2-09　温州市二等水准网线路图

七、2006 年温州市区三等水准加密网

2006 年 8 月,温州市勘察测绘研究院受温州市规划局委托,完成温州市区三等水准加密网。布设范围以市辖三区的平原地区为主,考虑到灵霓海堤已建成通车,为尽快把洞头的高程系统纳入到市区统一的范围内,按二等水准的测量精度要求,由龙湾扶贫开发区直接向洞头霓屿引测高程。

在温州市区二等水准网下,布设二等水准支线 1 条,长 38.3 千米;三等水准附合路线 32 条,闭合路线 5 条,支线 1 条,总长 281.0 千米。新设二等水准点 3 座,全部为岩层点;新设三等水准点 84 座,其中岩层点 52 座,普通点 10 座,桩基建筑点 18 座,利用旧点 4 座。联测国家一等水准点 2 座,联测温州市二等水准点 59 座。

本测区采用德国 ZEISS DiNi12 自动安平水准仪配 3 米铟钢水准标尺、瑞士威特厂 NA2 自动安平水准仪配区格式木制标尺进行观测。采用清华山维 NASE V3.0 软件平差计算,往返高差和路线闭合差精度平差后最弱点高程中误差质量良好。执行技术标准为《国家一、二等水准测量规范》GB12897 - 91、《国家三、四等水准测量规范》GB12898 - 91。高程系统为 1985 国家高程基准。

第七章　全球定位系统(GPS)测量

全球定位系统(GPS)测量是利用人造卫星进行精确测量。定位方法分为静态定位和动态定位两种。美国发射的 24 颗 GPS 工作卫星,组成 GPS 工作卫星星座,均匀分布在 6 个轨道平面上运行。地球上任何地点、任何时刻在高度角 15°以上的天空至少能同时观测到 4~6 颗卫星。用户在地面用 GPS 接收机,即可得到用户天线的三维坐标。

当今世界除美国 GPS 外,还有中国北斗、俄罗斯格洛纳斯(GLONASS)、欧洲伽利略(Galileo)卫星导航定位系统。

第一节　第一期 GPS 卫星定位测量

1988 年 10 至 12 月,中国陆地海洋卫星定位网协调委员会应用 GPS 卫星定位技术在宁波市江北公园(杭广南 42 号点)、宁海(杭广南 60 号点)、黄岩(杭广南 84 号点)、温州(松台山基岩点)及杭州(青杭 108 基岩点)5 个水准点上联测,求得坐标和高程数据。这是中国第一期 GPS 卫星定位网的组成部分,也是浙江省接收卫星定位测量的开端。

卫星定位观测,依据事先拟定的《GPS 卫星定位野外观测技术要求》,使用美国马格拉沃克斯公司与瑞士威特厂联合生产的 4 台 WM101 型地面接收机,以同步观测方式进行。仪器为五通道 C/A 码(标准码)接收机,接收 L1 和 L2 两个频率,实施电离层传播修正和连续测量,专用软件事后处理。定位精度为±5 米(1 小时平均),相对精度±10 毫米加距离的百万分之二。

内业计算利用武汉测绘科技大学和国家海洋局科技情报研究所共同完成的软件包。计算得出的成果,以地球质心为原点的三维直角坐标 X、Y、Z 以及按照相应椭球体上函数式推求的测站点纬度、经度和高程。1989 年温州市 GPS 点在上述三种坐标系中的坐标差值,见表 2-32。

中国沿海地区大地水准面和椭球体面之间的差距较大,浙江省大部分在 60 米以上。温州市松台山基岩点用 GPS 定位测量所得大地高和 1985 国家高程基准的正常高推算的高程异常(似大地水准面差距),与根据天文重力水准公式计算的高程异常值比较,其差值见表 2-33。

表2-32
1989年温州市GPS点(松台山基岩点)坐标差值比较

项目	差值(米或秒)			
"WGS-84系" 减 "北京-54系"	△X	14.604	△B	−0″.03
	△Y	−151.477	△L	2″.37
	△Z	−77.009	△H	−49.200
"WGS-72系" 减 "北京-54系"	△X	28.3	△B	0″.13
	△Y	−144.9	△L	1″.81
	△Z	−82.0	△H	−50.757
"WGS-84系" 减 "WGS-72系"	△X	−13.696	△B	0″.13
	△Y	−6.577	△L	0″.55
	△Z	4.991	△H	1.56

表2-33
1989年温州市松台山基岩点GPS点高程异常比较

序　号	项　　目	高程或差值(米)
1	大地高(北京54系GPS成果)	72.574
2	正常高(1985国家高程基准)	6.157
3	高程异常值(1)~(2)	66.417
4	高程异常计算值	67.9
5	差值(3)~(4)	−1.483

第二节　国家A、B级和省C级GPS测量

一、国家A、B级GPS测量

国家A级和B级GPS大地控制网分别由33个点和818点构成。国家A级GPS网平均边长为650千米,共有27个主点和6个副点,大致均匀分布于全国各地。国家B级网在东部沿海经济发达地区平均站间距离为50~70千米,中部地区平均站间距离为100千米,西部地区平均站间距离为150千米。

2004年2月20日~3月27日,浙江省第一测绘院为浙江省C级GPS控制网布设施测时,在浙江省内增设A级GPS网26点,其中在温州市3点(平阳县、泰顺县、鹿城区各1点)。A级GPS网观测使用Ashtech Z-XⅡ仪器、Ashtech UZ-12仪器同步观测,有效观测时间为24小时。

国家B级GPS网,在浙江省境内布设22点,其中温州市3点,分布在平阳县南麂岛ⅠH01、萧江镇ⅠS15(杭广南147)和鹿城区仰义乡ⅠS14(杭广南25)。在瑞安烟墩山布测1个GPS二级网点,1992年由总参测绘局第一测绘大队选点观测。

A级GPS网平差时曾采用了GAMIT、Beinese、GPSADJ三种不同的网平差软件进行计算,计算结果之间的互差最大为±(3~5)厘米。最后采用武汉测绘科技大学研制的GPSADJ软件所得的计算成果。B级网由于点数较多,其平差分成两步,先按照分区作各子网的单独平差,最后再联合各分区作全网平差。

2003年完成了2000国家GPS网的计算。2000国家GPS网共有28个GPS连续运行站,2518个

GPS 网点,相对精度为 10^{-7}。

二、浙江省 C 级 GPS 基础控制网

浙江省 C 级 GPS 基础控制网由浙江省测绘局委托浙江省第一测绘院施测,于 2002 年 10 月～2004 年 11 月完成。该网由框架网和全面网组成,其中框架网 8 点,全面网 379 点。

1. 点位布设

浙江省 GPS 基础控制网的平均点距控制在 20 千米以内。在平原地区或经济发达地区平均点距不大于 15 千米,在丘陵和山区平均点距为 20～30 千米,大山区相邻的最大点距一般不超过 50 千米。GPS 控制网组网时每点不少于 3 条边联结,并且每个环不超过 6 条边。浙江省 GPS 基础控制网布设在温州市域共设 65 个点,其中包括 3 个国家 A 级 GPS 点。见表 2－34。

表 2－34　　　　　　　　　　　浙江省 GPS 基础控制网在温州市域布设

县市区	鹿城区	瓯海区	龙湾区	永嘉县	乐清市	瑞安市	平阳县	苍南县	洞头县	文成县	泰顺县
点数	2	3	3	8	12	5	5	8	4	5	9
其中 A 级	1	0	0	0	0	0	1	0	0	0	1

2. GPS 控制网施测

GPS 网施测分为 GPS 框架网与 GPS 全面网两种模式,采用标称精度不低于 5 毫米＋1ppm×D 的双频 GPS 接收机进行观测。2002 年 12 月 25 至 28 日,使用 4 台 Trimble 5700 仪器和 3 台 Leica SR530 进行框架网同步观测,有效观测时间为 24～48 小时。全面网使用 9 台 Trimble 5700 仪器、4 台 Ashtech Z－XⅡ仪器、2 台 Ashtech UZ－12 仪器、3 台 Leica SR530 仪器、1 台 Leica SR299 仪器,2002 年 10 月 15 日～2003 年 1 月 16 日分两组进行同步观测,有效观测时间为 2～3 小时。

2004 年 8 月 17 日～8 月 23 日进行补测,使用 Leica SR530 仪器、Trimble 5700 仪器同步观测,有效观测时间为 4 小时。

作业依据为《全球定位系统(GPS)测量规范》(GB/T 18314－2001)、《精化区域大地水准面试点数据处理技术设计》《精化区域大地水准面试点数据处理方案》,均系国家基础地理信息中心、国家测绘局大地数据处理中心制定。

GPS 观测和记录的时间系统均采用协调世界时(UTC)。GPS 框架网与 GPS 全面网在 GPS 测量作业基本技术指标不同,见表 2－35。

表 2－35　　　　　　　　　　　　GPS 测量作业基本技术指标

项　　目			技 术 指 标
框架网	观测时段长度		≥24hours
	平均重复设站数		≥1
全面网	观测时段长度	正常观测条件下	≥120min
		观测条件较差时	≥180min
	平均重复设站数		≥2

3. GPS 数据处理、网平差及精度统计

2004 年 11 月，国家测绘局大地数据处理中心完成浙江省 GPS 基础控制网数据处理、网平差及精度统计。浙江省 GPS 基础控制网测量采用 ITRF 97（国际地球参考框架）作为坐标框架的 WGS 84 坐标系统，卫星轨道采用 IGS 精密星历，参考历元为 2000.0。数据处理采用 GAMIT/GLOBK 软件。

GPS 框架网与 GPS 全面网的平差，均采用与 GAMIT 配套的综合平差软件 GLOBK，在 WGS 84 椭球上进行整体平差处理。固定或强约束国家 GPS 2000 大地控制网点，使 GPS 框架网和 GPS 全面网与国家 GPS 2000 大地控制网保持一致。GPS 框架网点坐标水平方向精度均优于 3 毫米，高程方向精度均优于 4 毫米。GPS 全面网点坐标精度优于 3 厘米，水平方向精度优于 1.5 厘米的占 96.4%，高程方向精度优于 1.5 厘米的占 96.1%。基线相对中误差有 99% 优于 3.0×10^{-7}。

高程系统和基准为 1985 国家高程基准。坐标系统为 1980 西安坐标系与 1954 年北京坐标系，1980 西安坐标系和 1954 年北京坐标系的坐标是通过重合点，采用布尔莎-沃尔夫（Bursa - wolf）转换模型求得。

第三节　1994 年温州市三、四等 GPS 扩展网

因城市建设的范围不断扩大，原 1983 年布测的温州城市首级控制"三、四等三角网"不能满足城市总体规划、建设和管理的需要。1994 年，以原三、四等三角网为基础，向南、向北扩展，组成温州市三、四等 GPS 扩展网，范围包括温州市区、永嘉县、乐清市七里片、洞头县、瑞安市、平阳县，总控制面积 3000 平方千米。

该扩展网由温州市勘察测绘研究院和全国城市测量 GPS 应用研究中心为主，分别负责技术设计和观测、计算。永嘉县勘察测绘院、瓯海测绘工程院、瑞安市规划测绘队、平阳县测绘大队、洞头县规划测绘大队协作进行本县、市 GPS 扩展网点的选址和埋设工作。

温州市三、四等 GPS 扩展网共布设三等 GPS 控制网 142 点，详见图 2 - 10。图中点位分布如下。

温州市区 48 点：3 个重合点，南部 18 点，东部 15 点，西部 12 点；

瑞安市 38 点：塘河流域山谷地带 7 点，飞云江南岸沿海平原区 6 点，西部飞云江两岸平原区 25 点；

永嘉县 22 点：楠溪江流域县城、黄田、沙头、枫林、碧莲等镇；

乐清市七里片：8 点；

平阳县 26 点：萧江、水头、腾蛟等镇 17 点，县城以北近瑞安市界的平原地区 9 点。

这次测量采用 6 台美国产 Trimble4000SE 单频接收机，标称精度 ±（10 毫米＋2ppm×D）；外业使用 1 台便携式计算机（型号 Compagz386S20）和 1 台打印机，处理数据并打印结果。

这次测量的成果有 WGS - 84 三维自由网大地坐标（B、L、H）和地心坐标（X、Y、Z），1954 年北京坐标系二维平差成果，中央子午线 123 度高斯平面直角坐标，温州市城市独立坐标系二维平差成果。

GPS扩展网

图 2-10 温州市三、四等 GPS 扩展网

第四节 2004 年温州市二等 GPS 全面网

2004 年初,温州市规划局因温州大都市规划和建设的需要,建立温州市三维测绘基准,下达温州市二等 GPS 全面网、三等 GPS 加密网的基础测绘项目。2004 年 5 月开始,同年 10 月完成。该项目由温州市勘察测绘研究院和武汉大学共同承担,温州市勘察测绘研究院主要承担控制网方案设计和外业踏勘、选点、埋石、观测以及参与内业平差等工作,武汉大学主要参与方案论证、作业指导、内业计算和似大地水准面精化计算工作。

先布设高精度 GPS 框架网点,共选 7 个点,作为整个控制网的骨干。然后在框架网点基础上,布设二等全面 GPS 网,含框架网点在内共 94 个点,其中新选点 57 个,利用老点 37 个,控制面积 7000 多平方千米。在温州市区和瑞安市飞云江以北沿海一带布设 GPS 三等加密网,共 50 个点,在此范围内并对大部分 GPS 点进行了水准高程联测,利用 GPS 和水准成果进行似大地水准面精化。

温州市二等 GPS 全面网、三等 GPS 加密网布设情况,见图 2-11,表 2-36,表 2-37。

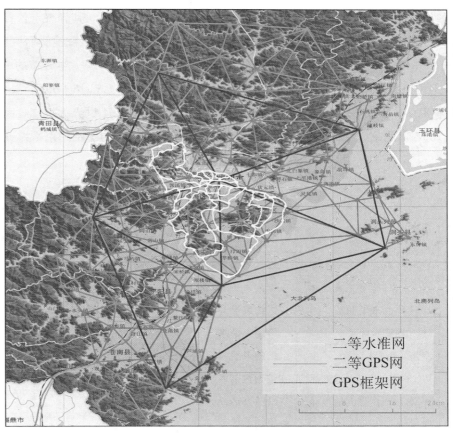

图 2-11　温州市二等 GPS 全面网、三等 GPS 加密网

表 2-36　　　　　　温州市二等 GPS 全面网、三等 GPS 加密网布测方式和观测时间

网　　名	平均边长	点　　数	布测方式	每站同步观测时间
框架网	约 40 千米	7	整网同步观测	>48 小时
二等全面网	约 9 千米	87	边、网连接相结合	>2 小时
三等加密网	约 5 千米	50	边、网连接相结合	>2 小时

表 2-37　　　　　　温州市二等 GPS 框架网点的分布情况

编号	点名	等级	所在位置	埋石情况	说　　明
G036	青少年中心	II	温州市青少年中心	基岩水准标石、GPS 观测墩	温州市二等水准点(II温州 003)
G072	上望盐场	II	瑞安市飞云江农场上望盐场	打桩型混凝土水准标石、GPS 观测墩	
G054	湖岭	II	瑞安市湖岭镇	混凝土现浇盘石和柱石两层标志、GPS 观测墩	
G020	蒲岐	II	乐清市蒲岐镇	混凝土现浇盘石和柱石两层标志、GPS 观测墩	
G005	碧莲	II	永嘉县碧莲镇	混凝土现浇盘石和柱石两层标志、GPS 观测墩	
G093	括山	II	苍南县括山乡	混凝土现浇盘石和柱石两层标志、GPS 观测墩	
G068	洞头	II	洞头县北岙镇小三盘乡	混凝土现浇盘石和柱石两层标志、GPS 观测墩	

这次测量的仪器为 8 台 TOPCON Hiper 双频接收机进行 GPS 观测。其静态定位标称精度为平面 3 毫米＋1ppm×D,高程 5 毫米＋1ppm×D。该仪器经由浙江省质量技术监督检测研究院鉴定,接收机的测量误差 $\Delta d \leqslant 3$ 毫米,检测表明各项技术指标符合要求。作业依据为 1997 年颁布的中华人民共和国行业标准《全球定位系统城市测量技术规程》CJJ73－97,《城市测量规范》CJJ8－99。

这次测量提供的成果有 GPS 二等全面网和三等加密网的 WGS－84 世界大地坐标系三维无约束和约束平差成果,1954 年北京坐标系、1980 西安坐标系、温州城市坐标系的二维约束平差成果。精度统计见表 2－38。

表 2－38   二等 GPS 全面网、三等 GPS 加密网精度统计

GPS 控制等级	坐标系统	平差方法	最弱点点位中误差(厘米)	最弱边相对中误差
二等全面网	WGS－84 世界大地坐标	三维无约束平差	±5.22	1∶704000
	WGS－84 世界大地坐标	三维约束平差	±5.29	1∶692000
	1954 年北京坐标系	二维约束平差	±1.82	1∶444000
	1980 西安坐标系	二维约束平差	±1.79	1∶454000
	温州城市坐标系	二维约束平差	±1.13	1∶723000
三等加密网	WGS－84 世界大地坐标	三维无约束平差	±5.90	1∶259000
	WGS－84 世界大地坐标	三维约束平差	±4.67	1∶215000
	温州城市坐标系	二维约束平差	±1.54	1∶217000

第五节　温州市连续运行参考站网络(WZCORS)

温州市连续运行参考站网络(Wenzhou Continuously Operating Reference Station),简称 WZCORS,是温州市新建立的一个高精度、高时空分辨率、高效率、高覆盖率的 GPS 综合信息服务网,把全球定位系统(GPS)这一新技术综合应用于温州市的大地测量、工程测量、气象监测、地震监测、地面沉降监测以及城市地理信息系统等领域。

2007～2010 年,温州市勘察测绘研究院负责温州市卫星定位连续运行综合服务系统的设计和建设,共选 10 个 GPS 连续观测站点,站点的具体位置见表 2－39,图 2－12。其中瑞安站属于省网,由浙江省测绘局统一建设,温州站由浙江省地震局负责建设。

基准站建设包括基准站观测墩、室内机房、防雷设备、数据传输网络等。见图 2－13。

WZCORS 系统由参考站网络、控制中心、数据中心、用户应用系统、数字通信系统组成。参考站站点间距离为 40～80 千米。在温州市勘察测绘研究院建立控制中心和用户中心,在通信网络的基础上实现参考站到控制中心的实时传输;建立管理和数据库平台,管理各参考站的运行,并实现数据入库和分流;建立网络 RTK 和 DGNSS 服务平台,利用 GPRS、CDMA 等向全市用户提供实时厘米级定位服务,利用 GPRS 或 CDMA 等向全市用户提供米级精度的导航定位服务,利用 Internet 向全市用户提供参考

站原始观测数据下载服务。

表 2-39　　　　　　　　　　　　　　**WZCORS 的 10 个参考站站点具体位置**

行 政 辖 区		参考站名称		点　位	数量	备注
温州市	永嘉县	岩坦	YATA	永嘉县岩坦镇广播站	1	屋顶站
		上塘	SHTA	永嘉县气象站	1	基岩站
	龙湾区	温州	WENZ	龙湾区瑶溪镇	1	基岩站
	洞头县	洞头	DONT	洞头气象局	1	屋顶站
	乐清市	乐清	LEQI	乐清市淡溪镇水厂	1	屋顶站
	瑞安市	瑞安	RUIA	瑞安市气象站	1	基岩站
	苍南县	苍南	CANA	苍南县规划建设局	1	屋顶站
	文成县	文成	WENC	文成县气象站	1	地面站
	泰顺县	罗阳	LUOY	泰顺县气象站	1	地面站
		雅阳	YAYA	泰顺县雅阳镇敬老院	1	屋顶站

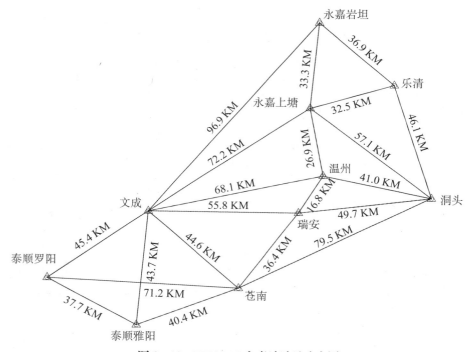

图 2-12　WZCORS 参考站站址分布图

WZCORS 性能及子系统与功能

WZCORS 性能主要包括自动运行能力、完整性监测能力、自动计算能力、联网和扩充能力、数据服务能力、静态及动态高精度定位能力、差分导航能力等。在 WZCORS 中,由各参考站和 IGS 站构成温州市的空间坐标参考框架;由参考站、IGS 站和温州市境内的国家一、二等三角锁网点或国家 A、B 级GPS 控制网点,建立 WZCORS 动态三维基准;由参考站、温州市境内省 GPS 基础控制网(C 级网)点、城

图 2 - 13　基准站观测墩

市坐标系已知点构成基准网,有效地利用原有的 GPS A、B 级网和城市坐标系控制成果,向用户提供坐标转换参数。详见表 2 - 40。

表 2 - 40　　　　　　　　　　　　　　　　WZCORS 子系统与功能

系 统 名 称	主要工作内容	设 备 构 成	技 术 实 现
参考站网子系统 (RSS)	卫星信号的捕获、跟踪、采集与传输;设备完好性监测	单个参考站(含 GPS 接收机、计算机、UPS 等)	
系统控制中心 (SMC)	数据分流与处理;系统管理与维护;服务生成与用户管理	计算机、网络设备、数据通信设备、电源设备	一个中心
数据通信子系统 (DCS)	把参考站 GPS 观测数据传输至系统控制中心	气象专网、SDH 等	有线网络
	把系统差分信息传输至用户	公众移动通信网	GPRS 等
数据中心 (UDC)	管理各播发站、差分信息编码、形成差分信息队列	计算机、软件	软件实现
用户应用子系统 (UAS)	按照用户需求进行不同精度定位	GPS 接收设备、数据通信终端、软件系统	适于 DGPS、RTK 等

第三篇
地形测量

　　地形测量因测绘技术和所用仪器的进步而不断发展。古代是舆地图测绘,近代主要是平板仪测量,现代普及航空摄影测量和地面摄影测量以及遥感测量,而且实现大比例尺数字化成图。进入 21 世纪,不论地面、空天和数字化测图都全面取代了过去的模拟测图。

第一章 舆地图测绘

清代以前绘制的舆地图，控制基础差，控制点是以府城和县城为主，而县城与府城、府城与省城、省城与京城之间的距离等均用步量或驿站的距离，然后根据方位和距离绘制舆地图。舆地图主要反映地理事物的平面位置，水体、山体等地貌用象形符号或写景法表示。

第一节 《皇舆全览图》测绘

清代康熙四十六年(1707)十二月，康熙皇帝聘请法国传教士白晋等应用西方经纬度制图法，在北京附近进行小片试验性的测绘，效果远胜旧图。因此，康熙皇帝扩大测绘规模，按经纬度制图法测绘各省地图。康熙四十七年至五十七年(1708～1718)，关内15省包括台湾及关外蒙古各地图集测绘完毕，取名《皇舆全览图》。该图是中国第一部大规模以经纬度为控制的实测全国地图，采用伪圆柱投影，按省分幅，其规模及精度在当时居世界领先地位。

《皇舆全览图》的控制测量采用比较接近现代的三角测量法。第一步是应用天文观测方法先确定少数点的经纬度，经度以通过北京钦天监观象台的子午线为起始线，在此线以东为东经，以西为西经；纬度以传统的北极星出地高度来确定。第二步是在地面上选定一系列观测点，构成许多相互连接的三角形，然后在已知经纬度点观测各方向间的水平角，并精确测定起始边长；再以起始边长为基准线，推算其他各点的经纬度坐标。《皇舆全览图》应用这种方法测定的经纬度点共630处。

为测绘《皇舆全览图》，统一全国的丈量尺度。康熙四十三年(1704)，规定以200里合地球经线1°的弧长，这在当时是一个创举。并在北纬41°与47°两地经线的弧长实测相差258尺。康熙五十年(1711)，测绘工作全面铺开之时，规定以工部营造尺(1尺=0.317米)为标准，合1800尺为1里，也就是每尺合经线百分之一秒。

康熙五十一年(1712)，为编制《皇舆全览图》派人来浙江测绘。在浙江实测经纬度点30点，其中温州4点，分别为永嘉、泰顺、镇下关、蒲门所。浙江图幅绘有居民地、河流、山脉、海岸线、岛屿等，但无道路。居民地按行政区域分级，府为方框，县为圆圈，府、县均注有名称。河流用双线，山用侧视符号表示，海岸线较完整，省界用虚线绘出。

1930年翁文灏撰写《清初测绘地图考》记述："受命作图者皆努力从事各省重要地方，务必设法亲到，各府、州、县志皆加查阅，各处官吏皆经询问，而尤要者在实地测量用三角法测定地点。"此外，考文中又引用当时测图者的记述:"余等绘制中国地图之时,并不根据官府所用之旧图,亦不用各地通行之里数。余等决议一切重新测定,以前知识只可用以参考之路线,应选定测量之地点。"这是浙江第一次以实测资料为基础编绘舆地图。

第二节　《大清会典图》测绘

清代光绪十二年(1886)十月,清政府成立会典馆。1889 年,会典馆鉴于以往"会典原图,未标经纬线及开方,有省府各图而无州县图,且未经实测,绘法不善",决定增修《大清会典图》。并发出通知:"令各省测绘省、府、州、县图各 1 份,并附说送馆,限期一年完成。"1890 年,成立画图处,专司编绘。1891 年,会典馆发出第二个通知和章程五条,规定测绘地图的各项要求:①地图方位定为上北下南,左西右东;②各省要实测经纬度,地图采用圆锥投影;③府、县图的说明,要列出沿革、范围、天度、山岭、水道、乡镇、官职等七项内容;④使用"计里画方"法,省图每方为百里,府图每方为五十里,县图每方为十里,每方边长七分二厘(相当于比例尺省图为 1:250 万,府图为 1:125 万,县图为 1:25 万)。通知下达后,因要求太高,后又降低标准,各省按实情绘制。

1890 年初,浙江通省舆图局成立,调宗源瀚任督办,主持其事。内阁中书黄炳垕为商订,龙泉县知县胡文渊为总核。每府设测绘公所,正副府董各 1 人;每县设正副县董各 1 人,派差 1 名,夫役 3~4 名。同年 7 月,制定浙江省《测绘章程》共 20 条。从仪器到方法,从测量到绘图,从天度到道里,从图式到图说,从机构到人员和经费等都有明确规定,这是浙江省测制《大清会典图》的测绘技术规范。

测量仪器和工具主要有三种。全圆仪,周边匀分 360 度,4 个象限,配有支架和直柱,用来测定地物点位置;矩度仪,是以量代算即得所测之高远数的一种木制仪器,用来测定高深远近;代弓绳,以细生麻制作,经营造尺较准,1 绳 10 丈,计 20 弓,18 绳当 1 里,用来丈量距离。

测量方法,用定向盘测方向,平地距离用代弓绳丈量,山区和较长距离用交会法,以"勾股弦三者比例方法"推算之,高低用全圆仪或矩度仪测量。地物位置用交会法测定,每县于旷野中或城墙上,自东至西,量百丈或数十丈为底线(基线),底线东西两端各置全圆仪,分别绘出所测物体的方向线,测记方向线与以定向盘定准的子午中线的角度,并测底线的子午偏度,东西两端方向线的交会点,即为所测物体的位置,再依次按量勾测弦得股之法推算距离和绘图。从底线测定境内各点(图根点)鸟里相距之后,便携稿遍测四乡,随测随绘,并记明各点偏离方位的角度。绘图按会典馆颁布的图式和格式进行。图说是按嘉庆《大清会典》所载浙江各府图说的抄本,经实地调查、核对、修改而成。

温州各县实测舆图,由测算县董率领差、夫役数人,按照《测绘章程》,大县用 6 个月,小县用 4 个月完成,将图册与图说送府测绘公所,府董以十里方图用会典馆颁式格纸汇成五十里方府图,以五里方图用省局格纸汇成二十里方府图,并附图说再送省舆图局,最后经省舆图局宗源瀚、胡文渊定稿。从 1890 年开始至 1893 年夏,全省参与测绘百余人,完成十一府、七十八厅、州、县的百里方省图和图说,五十里方府图和图说,十里方厅、州、县图和七格表。

按《测绘章程》规定,对居民地(府、县、镇市、乡所等)、山岭、水道、陆路、桥梁、省府县界等测绘较细。各要素以多色清绘,例如河道双钩,清水染青,潮水染赭,陆路作墨,山路作赭,山形以深青染顶,余作草绿色等。这是浙江省历史上规模最大的一次舆地图测量,而且全部是由国内测绘人员完成。

1899 年,《大清会典图》由上海中华书局石印,16 开本,共 170 卷,分装为 74 册。浙江在《大清会典图》的基础上,又编制《浙江全省舆图并水陆道里记》,于清光绪二十年(1894)石印出版,装订成 20 本。

第二章 地形控制测量

地形控制测量是依据四等以上平面、高程控制网扩展的加密测量。地形控制测量分首级地形控制点和图根点两级,本章主要记述首级地形控制点的测量。过去以小三角测量为主,次为导线测量。自从电磁波测距仪问世,导线测量几乎取代小三角测量。随着 GPS 测量的普及,又全面取代传统的小三角测量和导线测量。

第一节　全省性小三角测量

1959～1961 年,为满足国防建设和地形测图平面控制的需要,总参谋部测绘局的测绘队,在浙江已有大地测量控制网基础上进行大面积小三角测量,共完成 2299 点,其中一级小三角 677 点,二级小三角 1622 点。作业依据总参谋部测绘局颁发的测量细则。点的密度一般为每 10～20 平方千米 1 点,重要地区每 8 平方千米 1 点,僻远山区为每 15～25 平方千米 1 点。测量精度较好,平面精度的一、二级小三角点边长均为 2～15 千米,一级点锁、网和插点的三角形每个内角不小于 20°,测角中误差 $\pm6''.5$,坐标方位角中误差 $\pm10''$,最弱边相对中误差 1∶1 万为 ±0.5 米;二级点的三角形交会角不小于 20°,点位中误差 ±1.0 米。高程精度的一、二级小三角点高程中误差分别为 ±0.3 米和 ±0.4 米。

在 1∶5 万比例尺图幅内,在 6～15 个左右三角点或小三角点上,测定磁方位角。一、二级小三角点均建造觇标和埋设石质或混凝土中心标石。觇标类型有串字形觇标、独杆觇标、活动高木标、树上标杆等,标石分山地标石和平地标石两类。

水平角观测使用 TT-3、030 经纬仪测 6 测回,使用 T_2、010、Th-2 经纬仪测 4 测回。同时进行天顶距观测,按盘左、盘右两个位置,一级点方向用三丝法测 2 测回或中丝法测 3 测回,二级点方向用三丝法测 1 测回或中丝法测 2 测回。三角高程用双向式计算,其环线闭合差不大于 $\pm0.5\sqrt{n}$(n 为边数);用单向公式计算,其往返闭合差,凡边长大于 10 千米的不大于 D/10 米(D 为距离),边长等于或小于 5 千米的,不大于 0.6 米。一级点至少有 2 个双向、1 个单向的高差结果,二级点至少有 2 个单向高差结果。

全省性小三角测量点,在温州市(缺乐清、洞头、泰顺资料)共有一级 110 点,二级 360 点,分布情况详见表 3-01。

表 3 - 01　　　　　　　　　　温州市各县(市、区)小三角点分布情况

区 域 名 称	一级点数	二级点数	区 域 名 称	一级点数	二级点数
鹿城、龙湾、瓯海区	15	37	平阳县	13	75
瑞安市	40	77	苍南县	11	72
永嘉县	13	14	文成县	18	85

第二节　温州市小三角测量和导线测量

温州市基本比例尺系列(1∶2000～1∶500)基础地形图的控制测量,1954～1983 年主要布设小三角网,1984 年随着电磁波测距仪的引进,导线测量得到广泛应用,特别是在建筑密集的城镇和林木荫蔽地区更多采用导线测量。据 1986 年温州市规划、土地部门联合文件规定,平面坐标系统采用温州市独立坐标系,高程采用 1956 年黄海高程系。

一、温州市区小三角测量

1958 年 12 月～1959 年 3 月,温州市建设局委托浙江省工业设计院测量队,在西郊双岭至前陈一带,测绘 1∶1000、1∶500 地形图。布设四等三角补充网 11 点(相当于一级小三角点),等外点 110 个(相当二级小三角点),测角中误差分别为±4″.2 和±6″.2。

1960～1961 年,温州市建筑工业局委托建筑工程部综合勘察院华东分院,施测藤桥和仰义 1∶2000 地形图。在藤桥,布设小三角线形锁 14 点,两端丈量基线,基线丈量精度 1∶2 万,采用磁北方位,假定坐标和高程。在仰义,依据三角点凤凰山与基南 2 点,布设一级小三角线形锁 12 点。两地均使用 T_1 经纬仪观测 3 个测回,测角中误差分别为±10″.4 和±13″.0。

1961 年 8 月～1962 年 5 月,再次委托建筑工程部综合勘察院华东分院,施测梧埏和永强 1∶2000 地形图。在梧埏测区,在三、四等三角网控制范围之内,采用后方交会法布设小三角 6 点,分别为前陈、横江头、咸占渎、砖亭、梧埏东、三义口埋设水泥标石,使用英国 Wattn2 经纬仪以方向法观测 2 个测回,取不同已知点组合计算坐标,再取中数。其中 3 点两组坐标互差较大,咸占渎和三义口 2 点超过 0.2 米,砖亭点达 0.47 米。在永强测区,控制范围包括永中镇和宁村、沙村、永兴、七甲、度山头等地,依据四等三角点布设小三角线形锁 17 点,小三角共 23 点,平均边长 1.0～1.5 千米,使用 T_2 经纬仪以全圆测回法观测 2 个测回,三角形闭合差均在 20″ 以内,采用近似平差法计算。

二、温州市区导线测量

1983～1986 年,为应急择块施测 1∶500 地形图,依据温州市三、四等三角网和水准网,在市区首次全面布设一、二级导线。

1. 温州市区一级导线测量

1983 年,温州市城建档案馆委托市规划管理处测量队布测一级导线。1985 年 2 月,温州市勘察测

绘处接替施测,率先使用红外测距仪量测导线边长。测量范围东起龙湾,西至双屿,北沿瓯江,南接瓯海县界,控制面积 96 平方千米。布设一级导线 149 点 76.2 千米,一级小三角 28 点,两者共 177 点;四等水准 8 点,包括联测一级导线点高程在内,水准路线总长 73 千米。1986 年 4 月竣工。导线平均边长,建成区 324 米,郊区 399 米。平差后最弱点中误差±0.025 米。经温州市规划局测绘管理科组织验收,质量评为良级。1988 年又增设 2 条一级附合导线,一条是合纤至巽山线,共 6 点 1.4 千米,埋设铁罐、青石、铜十字标志;另一条是翠微山至Ⅰ134 线,共 10 点 2.5 千米。

2004 年 6 月～2006 年 1 月,为修测市区 1∶500 数字地形图,在老城区、鞋都、高教园区、新城片、市扶贫开发区、状元、滨海、炬光园区,共完成 GPS 一级导线 500 点,控制面积 74.4 平方千米。执行《浙江省 1∶500、1∶1000、1∶2000 基础数字地形图技术规定》和《温州市基础测绘 1∶500 地形数据更新技术暂行规定》(2003 年 5 月)。

2. 温州市区二级导线测量

1987～1988 年,温州市勘察测绘研究院在市区一级导线控制下,布设二级导线 418 点 76.8 千米。测量范围北沿瓯江,南至南郊乡,东起杨府山,西临梅岙,控制面积 40 平方千米。共分 5 个测区,老城区 117 点 19.2 千米,沿江东区 116 点 21.3 千米,市郊南区 82 点 16.9 千米,双屿和广化区 68 点 12.5 千米,西山区 35 点 6.9 千米。全测区导线平均边长 172 米。点位分布均匀,平均密度每平方千米 10 点。1988 年经市规划局勘测管理科组织验收。

1999～2004 年,覆盖市区的 1∶500 数字地形图作为基础测量立项,受温州市测绘局委托,温州市勘察测绘研究院、温州综合测绘院、瓯海测绘工程院、永嘉县勘察测绘院合力测绘,完成布设一级导线 2203 点,二级导线 1764 点,总面积 464.0 平方千米。测图范围东起永强机场、滨海园区、沙城、天河、海城街道,西至双潮、临江、藤桥、泽雅、瞿溪,北沿瓯江南岸,南至仙岩和丽岙。

3. 温州市区主干道路一级导线测量

1986 年完成的一级导线历经十年,损坏严重,温州市测绘管理处委托温州市勘察测绘研究院再次布设测量,分东西两段。1996 年 7 月,始测东段主干道路一级导线。先布设四等 GPS 网 21 点作为起始控制点,自温州火车站沿车站大道,经下吕浦向北到三十六村,东往物华天宝和新城大道,沿机场大道经汤家桥、上江、状元、茅竹岭、金岙、宁村西,至永强机场。另由十里亭沿疏港公路,经火车站、黄屿山至状元。再布设 15 条导线组成多结点导线网,结点有十里亭、火车站、下吕浦、Ⅰ2099、三十六村、物华天宝、状元,再而由状元经茅竹岭、金岙、上岙、宁村西、永强机场等四等点组成 5 条单一导线。共布设一级导线 102 点,其高程均按四等水准直接联测。

1998～1999 年,布设西段主干道路一级导线,其范围东起杨府山,西至朱坑,北沿瓯江南岸,南至蟠凤和玕屿山。先布设三等 GPS 网 3 点和四等 GPS 网 12 点,作为一级导线的起始点,控制南塘大道、过境公路、瓯海大道、鹿城路、城南大道、马鞍池路、西山路、金温大道、104 国道、黎明路、学院路、上陡门路、江滨路、飞霞路、牛山北路、新村路、小南路、西城路、府前街等 19 条主干道路。共布设一级导线 207 点 68.5 千米,构成 2 个多结点网、1 个单结点网及 1 条附合导线。测角中误差±4″.36。

三、温州市各县(市)小三角测量和导线测量

温州各县(市)地形控制测量,1985 年前大多布设小三角网,此后随着电磁波测距仪的引进,一般城镇均布设导线。1994 年以后,普遍采用 GPS 测量布设一、二级控制点。详见表 3-02。各县(市)地形

图测量详见《城市测量》篇。

表 3–02 截至 2007 年温州各县(市)地形控制测量布点情况

县市名称	一级小三角(点)	二级小三角(点)	一级导线(点)			二级导线(点)		
			常规测量	GPS 测量	合计	常规测量	GPS 测量	合计
瑞安市	33	—	491	755	1246	1071	0	1071
乐清市	211(E 级 GPS)	—	1817	62	1879	1349	148	1497
永嘉县	46	24	445	956	1401	1106	100	1206
洞头县	12	4	126	0	126	391	0	391
平阳县	—	—	一、二、三级导线 798					
苍南县	35	—	512	133	645	269	0	269
文成县	11	—	380	0	380	1238	0	1238
泰顺县	—	—	274	0	274	412	0	412

第三章 平板仪测量

平板仪有大平板仪和小平板仪之分。根据不同的地形条件和仪器装备,测绘地形图可选用大平板仪或者小平板仪。两者都是先完成测站点周边所有地貌和地物点后,再进行地形编绘。

第一节　浙江省1∶5万和1∶2.5万地形图

包括温州在内的浙江省平板仪测绘地形图是民国时期和20世纪50年代的早期地形图,主要是1∶5万迅速测图和1∶5万地形图两种。

一、浙江省1∶5万迅速测图

1914年,为全国1∶5万迅速测图,民国北洋政府参谋本部第五局制定十年速测计划。1928年完成3595幅,其中浙江省320幅。北洋政府垮台后,南京政府参谋本部陆地测量总局制定第二个十年测图计划,1929～1939年完成2377幅,这次测图加强控制基础,确定临时大地原点和高程系统,采用国际椭圆体参数和兰勃特投影,重新分幅。后因抗日战争,测图难以正常开展,1940～1949年仅完成1236幅。自1912～1949年,全国累计测图7208幅。

1. 浙江省完成1∶5万迅速测图

1913～1943年,浙江陆军测量局按参谋本部颁布的迅速测图计划,完成全省1∶5万地形图测量并印刷出版,共345幅。其中沿海一带及重要区域,先测1∶2.5万地形图,再编绘成1∶5万地形图。

地形图采用小平板仪测图方法,分图根控制测量和碎部测图两部分。图根控制又分为解析图根和图解图根。碎部测图用测斜照准仪和小平板、方框罗针等,按规范图式要求将地物、地貌测绘于图纸上,取得地形原图,经制图清绘印刷出版。该套地图采用矩形图廓,图幅46厘米×36厘米,无坐标网格,每幅经差为15′,纬差为10′,坐标系统采用紫薇园坐标系原点(X=110483.213,Y=0),高程为紫薇园原点假定标高50米起算。地貌用等高线表示,等高线注有高程,基本等高距为20米,主要山顶注有高程。采用1914年参谋本部第六局制定的《地形原图图式》。

地形图全部采用黑色单色印刷出版,图内地貌、地物等要素表示齐全。居民地分为绘出外轮廓和绘以黑块两类,道路分铁路、公路、大路、小路等,并绘出河流、湖泊、海岸、滩涂等,植被分为树林、草地、果园、稻田等。

1∶5万迅速测图,数学精度差,与各邻省间因无统一的平面控制网和水准网,无法拼接。但这是首次覆盖全省大陆和海岛的地形图,在近代历史上对交通建设、水利建设及抗日战争都起过重要作用,同时遭外敌夺取亦为敌所用。1944年"九·九"事变温州第三次沦陷,日军就是据这套1∶5万地形图从丽水、青田东进,经"温溪街"入侵温州的。温溪街幅局部见图3-01。

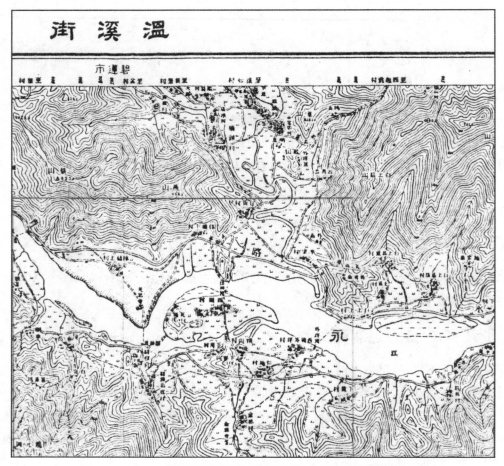

图3-01　1∶5万迅速测图温溪街图幅局部(瓯江西洲岛与桥头村)

2. 侵华日军复制浙江1∶5万地形图

1938～1945年,侵华日军"支那派遣军参谋部",掠夺到浙江全省345幅1∶5万地形图,即行复制。日军复制的图幅内全部地貌、地物和各种注记等与原图变化不大,只在图廓外加注日军自定的各图幅编号及复制年月、单位等字样。温州区域共复制31幅,其中1940年3幅,1941年18幅,1942年4幅,1943年1幅,1945年5幅。

3. 美国复制浙江1∶5万地形图

第二次世界大战期间,美国获取南京国民政府许多大地测量成果和地形图等测绘资料。1944～1945年,美国陆军制图局依据浙江陆军测量局1916～1932年测制、南京陆军测量总局1936～1937年复制的1∶5万地形图重新编绘,部分按航测综合法或立测法成图,各图幅下沿对成图法有图解说明。共出版杭嘉湖、宁波、舟山、台州、温州等沿海重要地区1∶5万地形图155幅,1944年第一版,1945年第二版。初版部分图幅采用浙江紫薇园坐标系统,其他图幅均采用南京坐标系统。由浙江紫薇园系统转换成南京系统时,经度减 6″,纬度减 4″;高程以平均海水面起算,未注明系统。磁偏角采用 1945 年平均值,无年变量。每幅图的南、北图廓外有 p、p′两基点,p 与 p′连线即磁北方向线。地形图采用多圆锥投影,多色印刷,图廓外各种说明和注记均用英文。从图面看比较美观,但因平面坐标和高程系统不统一,实际质量并无多大提高。此图现存总参谋部测绘局地图资料档案馆。

4. 新四军复制浙江 1∶5 万地形图

1944 年 9 月,新四军一师主力,从苏中渡江南下,执行开辟苏、浙、皖边区根据地,向东南沿海发展的战略任务。从苏中公学第一期将要毕业的学员中选调 30 名,从地方聘请陶鑫任测绘教员,成立一师测绘室,聘请石印工人,租用石印机,边绘边印,昼夜突击复制和印刷以浙江天目山为中心的苏、浙、皖边区 1∶5 万地形图。

1945 年 2 月,苏浙军区成立,一师测绘室改编为苏浙军区司令部测绘室,并继续赶印苏、浙、皖边区 1∶5 万地形图。2 月中旬,军区机关移驻浙、皖边境,发现两省交界处 1∶5 万地形图有大片空白区,粟裕司令员指示测绘室立即进行补测,先用小比例尺图放大成 1∶5 万地形略图,两次分片实测调查,用简易测图法勾绘地形,5 月底完成。

二、浙江省 1∶2.5 万地形图

包括温州沿海在内的浙江省 1∶2.5 万地形图,现存的有两种,一种是 1935 年出版的黑白地形图,另一种是 1961 年出版的彩色地形图。

1. 1913～1927 年 1∶2.5 万地形图测量

1913～1927 年,浙江陆军测量局按照参谋本部颁布的迅速测图计划,在测量 1∶5 万地形图的同时,在省内沿海要塞及重要区域,采用测斜照准仪和小平板测量 1∶2.5 万地形图,主要有杭州、绍兴、衢州地区和舟山群岛及东南沿海一带。至 1937 年止,陆续出版 482 幅;其中舟山群岛及东南沿海 325 幅,1935 年出版。

该套地形图采用矩形图廓,46 厘米×36 厘米,每幅图的实地面积为 103.5 平方千米。平面坐标采用紫薇园坐标系,起算高程为紫薇园原点假定值 50 米。无方里网和经纬度注记,基本等高距为 10 米,采用 1914 年制定的《地形原图图式》。1∶2.5 万地形测图,实际是 1∶5 万迅速测图的组成部分,质量情况与 1∶5 万地图类同。

2. 1958～1960 年 1∶2.5 万地形图测量

1958～1960 年,总参谋部测绘局用平板仪施测浙江东南沿海 1∶2.5 万地形图 233 幅,其中温州区域 112 幅。其中 20 幅是根据 1955～1956 年海军海道测量队在温台沿海用大平板仪实测 1∶2.5 万岸线地形图转绘。该套地形图于 1961 年用黑、棕、蓝、绿、黄 5 色印刷出版。采用 1954 年北京坐标系,高斯 6 度带正形投影,1956 年黄海高程系,基本等高距为 5 米。按国际标准分幅,每幅经差 7′35″,纬差 5′00″。作业依据 1958 年国家测绘总局和总参测绘局联合颁发的《1∶2.5 万、1∶5 万、1∶10 万比例尺地形图平板仪测量规范》和《1∶2.5 万、1∶5 万、1∶10 万比例尺地形图图式》。

地形图内容按规范和图式规定表示,包括埋石的控制点,方位物,居民地和独立房屋,工业、农业和其他社会事业的地物,铁路、公路和其他道路,海洋、江河、沟渠、湖池、井泉等,境界及垣栅,以及地貌、植被、土质、土壤、各种注记等。

地物对于附近控制点的位置中误差,在图上平地和丘陵地未超过 0.5 毫米,山地和高山地未超过

0.75 毫米。图上高程注记点对于附近控制点的高程中误差,平地未超过 1.2 米,丘陵地未超过 1.7 米,山地未超过 2.5 米,高山地未超过 5.0 米。等高线对于附近控制点的高程中误差,平地未超过 1.5 米,丘陵地未超过 2.2 米,山地、高山地等高线都与图上所注的高程和在倾斜变换点上求得的高程相适应。

第二节　温州市五种大比例尺地形图

温州市用平板仪测绘的地形图主要有 1∶1 万、1∶5000、1∶2000、1∶1000 和 1∶500 五种地形图。

一、温州市 1∶1 万和 1∶5000 地形图

1944 年,浙江省建设厅拟在平阳南港、北港建闸蓄水以灌溉农田,疏通两港河道,委托华北水利委员会驻浙江测量队施测 1∶1 万地形图 24 平方千米。

1950～1954 年,浙江省水利电力设计院在瑞安仙降、乐清虹桥、平阳南港,使用小平板仪配经纬仪施测 1∶1 万地形图 29 幅,采用浙江省紫薇园坐标系和假设高程。

1954 年,浙江省水利电力设计院按浙江省水利局《三等测角规范草案》,在平阳南港布设四等三角 14 点,施测 1∶1 万地形图 31 幅,面积 206.5 平方千米,同时测量河流横断面 348 个。

1957 年,浙江省水利电力设计院在平阳南港,使用小平板仪配经纬仪施测 1∶1 万地形图 28 幅,采用浙江省紫薇园坐标系和吴淞高程。

1958 年,浙江省工业设计院测量队在温州市修测、补测民国时期的 1∶2000 地形图 147 平方千米,缩编为 1∶1 万地形图。其范围北沿瓯江,南至梧埏,东起小陡门,西至渔渡和澄沙桥。

1959 年,浙江省水利电力设计院第一测量队在"永瑞乐测区",即温州市区、瑞安、乐清三地之间的沿海平原 147 平方千米范围内,施测和修测、缩绘 1∶1 万地形图,共 96 幅,每幅图的经差 1′52″.5,纬差 2′30″。采用 1954 年北京坐标系和 1956 年黄海高程系。

1963～1965 年,浙江省水利电力设计院为文成百丈漈一、二级水电站的设计,完成 1∶1 万地形图 4 幅,还有 1∶1000～1∶500 地形图 41 幅。

1988 年,浙江省水利电力设计院为建设乐清县淡溪水库,完成 1∶1 万、1∶5000 地形图 3.67 平方千米。

1993 年,浙江省水利电力设计院为全省农田水利建设的综合治理,完成 1∶1 万地形图 72 幅,其中温州平阳江岸滩涂 8 幅。

此外,在温州市域范围内还陆续完成多地 1∶5000 地形图测绘。

1954 年,浙江省水利电力设计院在平阳南港,完成 1∶5000 地形图 7 幅。

1958 年 4 至 6 月,浙江省建筑设计院勘察分院为温州化肥厂总图设计和温州化工厂选址,先后完成 1∶5000 地形图 10.00 平方千米和 7.50 平方千米。

1970 年代,浙江省化工地质大队在瓯海县渡船头伊利石矿区(今在鹿城区),完成 1∶5000 地形图。

二、温州市 1∶2000 地形图

1959 年,浙江省工业设计院测量队在瑞安县,依据三等网点西山、万松山、八十亩,扩展四等三角网

10 点,施测 1:2000 地形图。

1960～1961 年,建筑工程部综合勘察院华东分院受温州市建筑工业局委托,在市区中心片布设小三角及单三角形作为测图导线的控制,用大平板仪施测 1:2000 地形图 45 平方千米,其中 36 平方千米使用温州市建设局实测的 1:1000 和 1:500 地形图缩编,再进行补测和修测。范围东起杨府山,西至西山,北沿瓯江,南近鲤鱼山。依据 1958 年一、二级三角网(相当三、四等三角),采用吴淞高程系。同期,施测仰义和藤桥 1:2000 地形图 10 平方千米和 16 平方千米。1961 年 8 月～1962 年 5 月,施测梧埏 1:2000 地形图 16 平方千米,测量范围东起前陈村,西到西湖村,南至鲤鱼山山脚,北面与市区 1960～1961 年已测 1:2000 图相接。施测永强 1:2000 地形图 26 平方千米,测量范围包括永中镇和宁村、永兴、七甲、新城等地。以上四次测图,面积共 113 平方千米,图幅 50 厘米×50 厘米,执行 1959 年城市测量规范。

1988 年 9 月～1992 年 7 月,温州市勘察测绘研究院接受温州市区 1:2000 地形图施测任务。范围是 1986 年 1:2000 航测地形图的外围,分为南片、东片、西片三部分,用大平板仪测图,完成 72 幅,面积共 51.7 平方千米。其中,在南片的三郎桥和梧埏等地,即航测图南界再向南扩测 2 千米,完成 19 幅图,面积 19.0 平方千米。布测一级导线 116 点,二级导线 25 点,四等水准 61 千米,图根导线 528 点(含支导线 155 点)。在市区东片的龙湾区瑶溪和山北等地,完成 31 幅图,面积 22.8 平方千米。布测一级导线 109 点,二级导线 113 点,四等水准 74 千米,三角高程路线 8 千米,图根导线 1310 点。在市区西片的仰义乡的瓯江以南,北至石钟山翻水站,南接航测图北界,完成 22 幅图,面积 9.9 平方千米。布测一级导线 91 点,四等导线 3 点,三等水准 13 千米,四等水准 37 千米,三角高程路线 7 千米。以上三个片区的测图技术标准主要执行 1985 年《城市测量规范》和 1988 年《1:500、1:1000、1:2000 比例尺地形图图式》。各级导线均采用 AGA122 光电测距仪测距。四等导线测角中误差±2″.3,方位角闭合差±1″.5,相对闭合差 1:10.6 万。

三、温州市 1:1000 地形图

1953～1957 年,温州市建设局规划科测量队完成温州市近郊 1:1000 地形图 36 平方千米,采用假定平面坐标系和吴淞高程系。

1958～1959 年,浙江省工业设计院测量队在市区西郊双岭至前陈一带,测绘 1:1000 地形图 12 平方千米,包括温州化工厂 2.05 平方千米,温州化肥厂 6.5 平方千米。

1993 年～1994 年,温州市勘察测绘研究院在新城区,范围东起中央涂,西至球山,北沿瓯江,南抵上田村,完成 1:1000 地形图 31 幅,面积 5.2 平方千米。另外,新城区中西部地形图 13 幅 2.0 平方千米,委托温州综合测绘院采用解析法测图。两者合计完成地形图 44 幅,面积 7.2 平方千米,共布设一级导线 10 点,二级导线 64 点,四等水准 17 千米。

四、温州市 1:500 地形图

1936 年,永嘉县地政处完成城厢户图 86 幅,这是温州市区最早实测的最大比例尺地图。

1953～1957 年,温州市建设局规划科测量队在老城区完成 1:500 地形图 113 幅,面积 7.2 平方千米。按假设坐标系进行地形图分幅,图幅编号次序由东北角起向南排列。以基东纵横坐标为基础,分四个象限,实际完成东北象限 68 幅,东南象限 14 幅,西北象限 28 幅,西南象限 3 幅。测绘时,该测量队分控制组、地形组、水准组三部分。总共完成应急小三角网 21 点,图根 1654 点,应急高程网 94 点 122 千米。1970～1979 年,对这批地形图中的 40 幅图,据地物点设站进行修测和补测。由于图纸伸缩变形和地物变迁,该套图矛盾百出。

1958 年,浙江省工业设计院测量队在双屿温州化工总厂,先后完成 1∶500 地形图 0.44 平方千米和 1∶500 竣工地形图 10 幅。

1959～1982 年,温州市规划建筑设计院为温州市有关建设项目,完成 1∶500 地形图共 40 幅。

1984 年 5 月,温州市规划建筑设计院勘测处受温州市对外经济开放委员会委托,在首次上报审批的"温州经济开发区"定点区域(位于黄石山以北,蓝田陡门至龙湾炮台山的沿江地带,后来改名为温州市扶贫经济开发区),抢时完成 1∶500 地形图 63 幅,面积 2.72 平方千米。依据 1983 年温州市三、四等三角网和 1976 年温州市东部三等水准网,布测四等插点 2 点(龙湾炮台山、朱宅),一级小三角 6 点,二级小三角 13 点,四等水准 12 千米,图根 393 点。这是改革开放初期首项严格遵照《城市测量规范》测量的大块地形图。尔后,1993 年、1996 年、1999 年先后扩测 1∶500 地形图 58 幅、14 幅、29 幅,四次共测图 164 幅,总面积 8.7 平方千米。

1984～1997 年,温州市勘察测绘研究院根据所布测的市区一、二级导线,在市区建设地块应急测绘 1∶500 地形图,共 4442 幅。具体情况见《城市测量》篇。

1989～1997 年,瓯海规划测绘处在区内各镇完成 1∶500 地形图,共 872 幅,面积 37.6 平方千米。为此布设一级导线 134 点,二级导线 352 点,四等水准路线 149 千米。见表 3-03。

表 3-03　　　　　　　　　　1989～1997 年瓯海各镇完成 1∶500 地形图一览

完成年月	工程项目	一级控制点(点)	二级控制点(点)	水准测量(千米)	测图面积(平方千米)	完成图幅(幅)
1989 年 3 月	瞿溪镇	4	55	16	2.2	57
1990 年 3 月	梧埏镇	—	14	3	2.6	58
1991 年 5 月	永中镇	17	28	—	3.3	67
1991 年 5 月	永昌镇	—	—	—	1.8	35
1991 年 5 月	茶山镇	8	23	12	1.3	32
1991 年 7 月	泽雅镇	—	20	5	0.6	17
1991 年 9 月	沙城镇	—	10	6	1.2	31
1991 年 11 月	天河镇	11	21	4	1.6	31
1992 年 7 月	新桥镇	—	66	13	3.1	79
1992 年 8 月	娄桥镇	6	30	15	1.6	57
1993 年 5 月	海滨镇	20	25	18	4.5	94
1993 年 9 月	郭溪镇	19	12	14	1.1	24
1994 年 11 月	临江镇	—	—	—	2.7	63
1996 年 5 月	潘桥镇	28	10	30	6.8	155
1997 年 4 月	沙城镇(扩测)	21	38	13	3.2	72
合　计		134	352	149	37.6	872

第四章　航空摄影测量和遥感测量

　　航空摄影测量是在飞机上使用摄影仪拍摄的地面航空像片,然后依据像片影像与地面对应实体之间的数学关系,经过判读、调绘、量测等处理,最后获得所需比例尺的平面图和地形图。这种航摄测量,浙江省在1931年6月用于钱塘江治理,揭开中国航空摄影测量的第一页。航摄测量历经成图比例尺由1:5万到1:500,航摄像幅由18厘米×18厘米到23厘米×23厘米,由黑白到彩色的发展过程,并从模拟摄影测量向数字摄影测量发展。如今,航空摄影测量成为基本比例尺地形图测量的主要方法。

　　遥感测量是利用卫星的传感器接收物体辐射的电磁波信息,再经加工处理成为可识别的图像。温州实施遥感测量始于1991年。

第一节　浙江省1:5万、1:2.5万和1:1万航测地形图

　　浙江省航空摄影测绘的地形图主要有20世纪50年代至90年代测制的1:5万、1:2.5万和1:1万三种航测地形图。

一、浙江省1:5万航测地形图

　　1954～1981年,总参谋部测绘局在浙江省先后三次施测全省和局部区域1:5万航测地形图。

1. 第一代1:5万航测地形图

　　1954～1956年,由苏联航摄团使用伊尔-12、伊尔-14飞机和AΦA-37航摄仪进行航空摄影,焦距69～70毫米,航摄比例尺1:2.5万～1:4万,像幅18厘米×18厘米,摄影面积约7万平方千米。航向重叠一般为60%～65%,最小为56%;旁向重叠一般为30%～35%,最小为15%;像片倾斜角一般为2°,最大未超过3°;旋偏角一般为6°,最大未超过8°;航线弯曲度一般为3%;每条航线上,最大航高与最小航高之差未超过50米。这是浙江历史上第一次获得全省性的航摄资料。

　　1956～1961年,总参谋部测绘局据此航摄资料,完成浙江省1:5万航测地形图219幅。其成图方法,平地和低丘地采用综合法,丘陵地采用微分法,山地采用全能法。按国际标准分幅,纳入1954年北京坐标系和1956年黄海高程系。高斯-克吕格6°带投影。各图幅的中央子午线为117°或123°,每幅图的经差15′、纬差10′,图幅内绘有千米网,基本等高距10米。1959年以前,采用苏联的规范和图式施测;1959年以后,执行国家测绘总局、总参测绘局共同制定的《1:2.5万、1:5万、1:10万比例尺地形

图航空摄影测量外业和内业规范》与《1：2.5万、1：5万、1：10万地形图图式(草案)》。

1961年1：5万航测地形图的精度指标与国际指标基本一致,在数学精度、地理精度、整饰精度和技术水平等方面,都是浙江历史上最好的一代1：5万地形图。地形图内容有十一大要素,包括埋石的控制点,方位物,居民地和独立房屋,工业、农业和其他社会事业的地物,水系和道路,境界和垣栅,植被,土壤,土质,地貌,注记等。第一,地貌用等高线表示,有基本等高线,加粗等高线,局部地区还有半距等高线和辅助等高线,并绘有坡度尺,标示斜坡坡度,能完整地显现总貌和微型地貌及典型地貌特性。第二,水系分河流、湖泊、水库、港湾等,类型和等级划分适当,表示完整,主次分明。第三,道路分为铁路、铺装公路、普通公路、简易公路、土路、小路等多种类型,等级分明,取舍恰当,能反映道路网特征和不同地区的分布密度。第四,居民地的区分详细,分省、市、县驻地和乡镇、村庄五级。城市和城市式居民地内的房屋分耐火与非耐火两种。第五,植被按木本植物、草本植物、竹林、农作物等分类表示,反映各地类间的基本比例和分布情况,在其范围内成片套印颜色。另外,境界有省、市、县界3种,地理名称注记密度适中。图3-02为1961年1：5万航测地形图温州市幅局部(温州市中心区和瓯江北岸)。

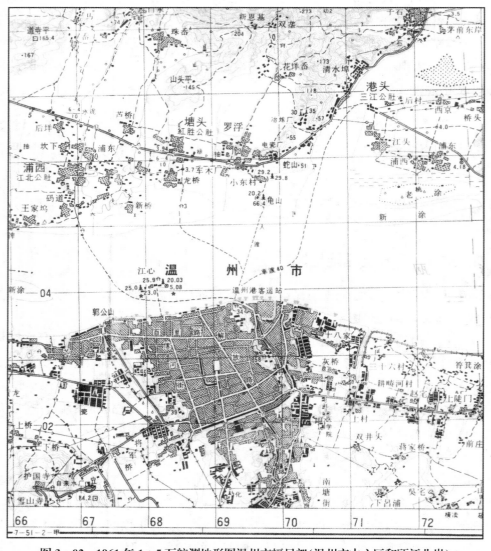

图3-02　1961年1：5万航测地形图温州市幅局部(温州市中心区和瓯江北岸)

2. 第二代 1∶5 万航测地形图

1963～1964 年和 1968～1973 年，中国人民解放军空军航测团在浙江省大部分地区先后进行两次航空摄影，航摄仪为 АΦА－T3 型，航摄比例尺 1∶2.5 万～1∶4 万，像幅 18 厘米×18 厘米，航摄面积为 6 万平方千米。1967～1978 年，根据总参测绘局的安排，南京军区测绘大队采用重摄重测和修测两种方法，组织实施第二代 1∶5 万地形图测量。主要任务是更新地物版，地貌版一般只修测变化部分。1967～1975 年，进行航测外业实地修测和编绘，1978 年完成印刷出版。浙江省第二代 1∶5 万航测地形图共 322 幅，其中温州市域 51 幅。

第二代 1978 年 1∶5 万航测地形图的坐标系、高程系、分幅、投影同第一代。各种技术标准和精度要求，统一遵照总参谋部 1969 年制定的《1∶2.5 万、1∶5 万、1∶10 万航测内、外业规范》和《1∶2.5 万、1∶5 万、1∶10 万地形图图式》。

3. 第三代 1∶5 万航测地形图

1981 年 4 月，南京军区在浙江沿海及部分内陆地区，采用重摄重测和修测等方法，对第二代 1∶5 万地形图进行更新，完成第三代航测地形图 166 幅，1983 年出版 20 幅，1984 年出版 52 幅和 94 幅。

第三代 1∶5 万航测地形图的更新，遵照总参谋部测绘局 1973 年制定的《1∶2.5 万、1∶5 万、1∶10 万航测内、外业规范》，1971 年制定的《1∶2.5 万、1∶5 万、1∶10 万地形图图式》和各种技术补充规定执行。

二、浙江省 1∶2.5 万航测地形图

浙江省 1∶2.5 万地形图，不论是航摄测图或平板仪测图，都具有内容完备、要素齐全、综合取舍恰当、数学精度较高、线条光滑、印刷质量良好等优点，是高质量和高水平的地形图。总参谋部测绘局在浙江省先后两次施测全省和局部区域 1∶2.5 万航测地形图。

1. 1964～1988 年 1∶2.5 万航测地形图

1964～1988 年，总参谋部测绘局采用航空摄影测量方法，重新测量浙江东南沿海 1∶2.5 万地形图 204 幅，其中温州市 112 幅。这次航测分三个阶段，第一阶段是 1964～1973 年航测，1968～1974 年出版 32 幅；第二阶段是 1976～1980 年航测，1976～1984 年出版 128 幅；第三阶段是 1983 年航测，1988 年出版 44 幅。

平面坐标均采用 1954 年北京坐标系，按 6°度带高斯正形投影计算平面直角坐标。高程采用 1956 年黄海高程系。成图方法在平坦地采用综合法，丘陵地采用微分法，山地采用全能法。各项技术标准与 1∶5 万航测地形图相同。基本等高距为 5 米，沿海和岛屿图幅的海部要素按海图转绘。地形图的内容，地物和地貌的精度与平板仪测量的 1∶2.5 万地形图相同。

2. 1994～1996 年 1∶2.5 万航测地形图

为更新 1∶2.5 万航测地形图，1994 年 11 月进行航摄，1995 年调绘，1996 年出版，共计 336 幅。采用 1954 年北京坐标系和 1985 国家高程基准。

三、浙江省 1∶1 万航测地形图

温州市 1∶1 万航测地形图有 1977 年和 1990 年两种版本。1977 年版只有温州市区 6 幅，范围小且很粗糙。1990 年版的地形图，包括大陆和海洋，共 512 幅，是非常精致而珍贵的地图。

1. 1973～1977 年温州市区 1∶1 万航测地形图

1973 年,南京军区测绘大队在温州市区进行航空摄影,1973 年 5 月进行外业调绘,1977 年完成并出版 1∶1 万地形图 6 幅。执行 1969 版规范和图式,采用高斯-克吕格 3°带投影,自由分幅,等高距为 10 米,部分图幅有潮信表、回转潮流图等。1954 年北京坐标系,1956 年黄海高程系。

2. 1975～1990 年浙江省 1∶1 万航测地形图

1974 年,浙江省测绘局成立后,根据全省国民经济建设的需要,确定以航空摄影测量方法测制全省 1∶1 万地形图为重点任务。这次航测,全省大陆分为 11 个测区,由中国通用航空公司太原公司和中国人民解放军航测团执行航空摄影。1975 年开始航摄,历时 12 年,至 1986 年完成。其中温州市大陆航摄区域有关参数见表 3－04。1989 年 4 至 5 月,中国航空公司太原公司受浙江省测绘局委托,对浙江沿海岛屿进行航空摄影,航摄比例尺 1∶2 万,航摄仪型号 RC－10,航摄焦距 152.09 毫米,像幅 23 厘米×23 厘米。

表 3－04　　　　　　　　　　　　1979～1984 年温州市大陆完成航摄区域一览

摄区名称	航摄年月	航摄比例尺	航摄仪型号	航摄焦距（毫米）	像幅（厘米）	航摄范围
云和	1981 年 9～11 月	1∶2 万	AA－T、AA－41	98	18×18	苍南、云和、青田
	1982 年 4～5 月	1∶2 万		98	18×18	永嘉、泰顺、庆元
温州	1984 年 4～6 月	1∶1.8 万～1∶2 万	RC－10	153.6	23×23	温州市、玉环
文成	1979 年 4～6 月	1∶1.5 万～1∶1.7 万	航甲 17	98～101	18×18	文成、平阳
永嘉	1979 年 4～6 月	1∶3 万	MR 13	89.0	23×23	永嘉、仙居、黄岩

浙江省 1∶1 万航测地形图,1978 年正式进行航摄测量内业生产,全省共 3856 幅,其中浙江省测绘局完成 3601 幅,省地矿局完成 247 幅,南京军区测绘大队完成 8 幅。至 1990 年底全部完成。航测内业包括照相缩放、纠正镶嵌、电算加密、立体量测仪测图、多倍仪测图、精密立体测图仪测图、原图编绘等。成图方法开始有综合法、微分法和全能法三种,后改为综合法和立测法两种。

该套 1∶1 万航测地形图,平面坐标全部采用 1954 年北京坐标系,按 3°带高斯正形投影计算平面直角坐标。1988 年以前采用 1956 年黄海高程系,1988 年以后采用 1985 国家高程基准。基本等高距平地为 1 米,丘陵地 2.5 米,山地 5 米,高山地 10 米。矩形图幅,50 厘米×60 厘米。图上地物点、高程注记点和等高线对附近野外控制点的平面位置中误差、高程中误差均达到规范要求。

浙江省 1∶1 万航测地形图的质量达到国家技术标准。经过国家测绘局和华东各省市测绘局多次联合进行实地综合检测,认为该套地形图的质量较好,数学精度较高,内容要素齐全,综合取舍恰当,能正确显示平原、盆地、丘陵、低山、高山等地区的地形特征。从此,浙江有了第一套覆盖全省的 1∶1 万地形图,提供了改革开放以来各项建设和社会发展所需的基础资料,同时也为编制 1∶2.5 万地形图和修测更新 1∶5 万和 1∶10 万地形图打下基础。

该套地形图中,温州市占 512 幅,其中大陆部分 472 幅,海岛部分 40 幅。按 2000 年行政区划,温州市各县(市、区)图幅数见表 3－05 和图 3－03。

表 3-05　　　　　　　　　　**2000 年温州市各县(市、区)1∶1 万航测地形图图幅数**

县(市、区)	图幅数	县(市、区)	图幅数	县(市、区)	图幅数
鹿城区	10	乐清市	68	文成县	69
龙湾区	9	永嘉县	126	泰顺县	81
瓯海区	45	苍南县	66	洞头县	22(海岛)
瑞安市	80(含海岛 13 幅)	平阳县	57(含海岛 5 幅)		

注:本表共计 633 幅,其中各县(市、区)边界有重叠图幅 121 幅。

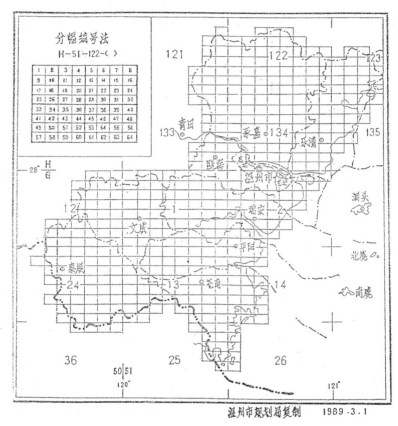

图 3-03　温州市 1∶1 万航测地形图分幅图

第二节　温州市 1∶2000、1∶1000 和 1∶500 航测地形图

20 世纪 80 年代和 90 年代温州市先后进行两次航空摄影测量,完成 1∶2000、1∶1000 和 1∶500 三种航测地形图。

一、温州市 1∶2000 和 1∶1000 航测地形图

1984 年,为改变测绘落后于规划的局面,温州市决定采用航空摄影测量完成温州市区 1∶2000 地

形图。由浙江省测绘局为全权代表,委托中国民航工业航空服务公司第二飞行总队执行航摄任务。

1984 年 4 月～5 月 7 日,完成温州市区 8480、8415 两个摄区共 108 平方千米的航摄,范围东起龙湾经济开发区,西至双屿温州化工总厂,东西长 35 千米;北沿瓯江南岸向南扩展,南北宽 3～5 千米。1984 年 5 月 19 日,完成黄华 8466 摄区 45 平方千米,范围东起黄华,西至磐石,东西长 13 千米;南沿瓯江北岸向北扩展,北南宽 3～4 千米。航摄仪为瑞士 RC－10,航摄焦距 153.82 毫米,像幅 23 厘米×23 厘米,航摄比例尺 1∶7500。市区两个摄区 10 条航线,黄华摄区 4 条航线,均由东向西沿图幅中心线飞行,航向重叠为 60%,绝对航高为 1150 米、1160 米、1140 米。获得资料见表 3－06。

表 3－06　　　　　　　　　　　　　　　　1984 年温州市航摄资料

摄区编号	摄区	比例尺	像片数(张)	面积(平方千米)	航线(条)	绝对航高(米)
8480	温州市区	1∶7500	70	108	10	1150
8415	温州市区	1∶7500	103			1160
8466	黄华	1∶7500	100	45	4	1140

1984 年 5 月,浙江省测绘局对航摄资料进行验收。验收组认为航片清晰,反差适中,个别航向重叠小于 53%,偏角达 7°,个别重叠带有烟雾覆盖,各项飞行和拍摄质量合格。

1984 年 7 月,委托沈阳市勘察测绘处依据航摄像片成图,平地 126 平方千米采用综合法成图,山地 30 平方千米采用全能法成图。1984 年 11 月～1985 年 1 月,进行航测外业作业,其高程在市区片由温州市勘察测绘处施测,黄华片由浙江省工业设计院施测。1986 年 7 月,结束航测内业。先完成 1∶1000 航测地形图,然后再缩编成 1∶2000 地形图。最后提交 1∶2000 航测地形图 156 幅,1∶1000 航测地形图 88 幅,还有 1∶2000 影像图 133 幅。1∶2000 航测地形图 156 平方千米,其中城市中心区 20 平方千米,图幅 50 厘米×50 厘米,采用温州市独立坐标系和 1956 年黄海高程系。

1986 年 9 月 19～27 日,浙江省测绘局组织检查验收,验收组共 27 人。验收报告书认为温州市 1∶2000 航测地形图的平面位置中误差为 ±0.33～±0.45 毫米,达到规范 ±0.5 毫米的要求;1∶1000 航测地形图为 ±0.55～±0.60 毫米,也基本达到规范要求。但地形图内容尚需全面检查、补调、修改或修测。1987 年,最后经补调和修测后交温州市规划局使用。

二、温州市区 1∶500 航测地形图

1994 年 10 月 9 日,温州市勘察测绘研究院和瓯海县规划测绘处共同委托秦岭航测遥感中心实施温州市区航空摄影测量,航摄范围东有永中镇、海滨镇、永昌镇、永兴镇、天河镇,西有双屿镇、郭溪镇、巨溪镇、潘桥镇,北沿瓯江包括灵昆岛,南有南白象镇、茶山镇,总面积约 400 平方千米。采用航摄仪 RC－10 型,焦距 304.079 毫米,像幅 23 厘米×23 厘米,航摄比例尺 1∶3000。航摄航线共计 80 条,历时 15 天完成。为确保航摄像片质量,特邀浙江省测绘局、沈阳勘察测绘研究院、济南勘察测绘院专家组织验收。

1994 年 11 月,由温州市勘察测绘研究院、沈阳勘察测绘研究院、瓯海县规划测绘处与铁道部专业设计院共同完成 1∶500 航测地形图共 2535 幅,图幅 40 厘米×50 厘米,面积 105.37 平方千米,主要覆盖市区中心区。

1994 年 12 月,温州市勘察测绘研究院组成航测队,购置西安 1001 军工仪器厂 18×18 立体测图仪 2 台,次年开始生产。在 1997 年完成 1∶500 航测地形图 1730 幅,面积 62.37 平方千米。

1995 年 5 月～8 月,委托沈阳勘察测绘研究院完成航测地形图 288 幅,面积 18 平方千米,范围东起灰桥,西至郑桥,北沿瓯江南岸,南至将军桥和人民路。

1995 年初,瓯海县规划测绘处先在茶山镇和郭溪镇进行试测;10 月,与铁道部专业设计院合作,在灵昆镇完成航测地形图 517 幅,面积 25 平方千米。1997 年,经自查对部分图幅进行修测和补测。1997 年 11 月,浙江省测绘产品质量监督检验站和温州市测绘局组织人员对上述 1∶500 航测地形图进行检查验收,评为合格。

第三节　温州市 1∶5000 遥感影像图

温州市 1∶5000 遥感影像图有 1995 年和 2003 年两种版本,均是用飞机拍摄的彩红外像片经一系列内业作业,制作成彩红外遥感影像图。并在影像图上加注地面高程和地理事物名称,深受各单位喜爱,各种大会议室和办公室普遍选作挂图。

一、1991 年温州市 1∶5000 遥感影像图

1991 年 10 至 12 月,地矿部遥感中心应温州市人民政府要求,组织实施温州市彩红外航空遥感测量,完成全市 1∶6 万和市区、各县(市)中心镇 1∶1 万彩红外像片,像幅 23 厘米×23 厘米。前者有像片 487 张,覆盖面积 2 万平方千米;后者有像片 3438 张,覆盖面积 4000 余平方千米。

为充分利用这些彩红外像片,温州市成立航空遥感综合调查研究项目总体部,组成单位有国家地矿部遥感中心和温州市计委、建委、科委、农委、规划局、土地局、水电局、港务局、矿管处、经济建设规划院、温州市勘察测绘研究院等。1995 年,编制完成并出版温州市 1∶5000 彩红外遥感影像图。这套图中的温州市区影像图由 60 厘米×50 厘米分幅图组成,采用温州市独立坐标系和 1956 年黄海高程系。

二、2001 年温州市 1∶5000 遥感影像图

2000 年 12 月～2001 年 1 月,国土资源部航空物探遥感中心受温州市人民政府委托,派出运五型和加拿大双水獭型飞机,完成温州市 1∶6 万和市区、飞云江口、鳌江口 1∶1 万彩红外反转遥感摄影,像片均制作光盘。

2002 年,温州市规划局委托遥感中心编制 1∶5000 正射影像图。项目包括航片扫描、空中三角测量加密、DEM 立体编辑与拼接、影像正射纠正、图廓整饰和注记等。分两期实施,第一期完成温州市区 102 幅,第二期完成永嘉县、瑞安市、乐清市图幅,合计面积 750 平方千米。2003 年出版发行。该套影像图按设计书规定的生产工艺流程组织实施。像片控制点坐标采用 GPS 测量得出。正射影像图采用矩形 60 厘米×45 厘米自由分幅,图号按图幅左下角坐标制定。各县指标符合温州市规划局的使用要求。

作业依据与技术要求为《1∶5000～1∶1 万地形图航空摄影测量外业规范》GB/T13977 - 92,《1∶5000～1∶1 万地形图图式》GB/T5791 - 93,《1∶5000～1∶1 万地形图航空摄影测量内业规范》GB/T51399 - 92,《全球定位系统测量规范》GB/T183 - 2001。

第五章　数字化测图

模拟测图有平板仪测量的地形图和航空摄影测量的航测地形图。同理,数字化测图亦有数字地形图和航测数字地形图之分。前者是从地面直接采集数字地图要素成图,后者是从飞行器上拍摄地面影像的数字航空像片成图。数字化测图的点位平面精度远高于模拟测图。

第一节　温州市 1∶5000 航测数字地形图

2004 年,按照温州市委、市政府提出建设大都市区的战略部署,温州市规划局决定在温州市大都市区规划范围内实施 1∶1 万航空数字摄影测量,测制 1∶5000 数字航测地形图。

一、航空数字化摄影

温州市大都市区的测区范围,东起大陆海岸线,西至鹿城、瓯海、瑞安与青田县界,南至苍南金乡镇,北抵乐清蒲岐镇和永嘉上塘镇,涉及温州市区三区、永嘉、瑞安、乐清、平阳和苍南的部分区域。委托中国测绘科学研究院施测,航摄单位为浙江华东通用航空公司。航摄总面积 3415.5 平方千米,划为 7 个分区。至 2005 年 3 月,完成 4、5、6、7 分区,面积 1242 平方千米。其中 6、7 分区及 4 分区 1～3 条航线为真彩色摄影像片,共 564 张;5 分区及 4 分区 4～7 条航线为彩红外摄影像片,共 765 张。

航空摄影使用运五飞机,由 RC－30 相机和 CCNS4 导航系统完成,航摄焦距 153.93 毫米,像幅 23 厘米×23 厘米,选用柯达 2444 真彩色和 1443 彩红外航空摄影胶片。航摄比例尺 1∶1 万。航摄 5 个架次,飞行方向为东西向,像片航向重叠 50％～65％,旁向重叠在 30％～35％之间,旋偏角符合规范要求,个别达 13°,影像质量大部分良好。

二、航空数字化成图

航测外业,像片平面控制采用 E 级 GPS 测量,高程控制采用水准测量。外业调绘采用立体测图法和内外业一体化作业方法。作业内容为 GPS 像片连测,像片调绘 3D(DLG、DEM、DOM)1∶5000 地形图各 511 幅。2005 年 12 月 15 日前完成 180 幅,2006 年 3～12 月完成 331 幅。

航测内业,以空中三角测量加密方法,采用 TX4－pbba－PATB 软件进行加密。2005 年 7～12 月,按规定计划完成瑞安、平阳数字线划图(DLG)、数字高程模型(DEM)、数字正射影像图(DOM)各 133 幅,面积为 884

平方千米。平面控制采用温州市城市坐标系,高程系统为 1985 国家高程基准。2005 年 12 月 31 日,由浙江省测绘产品质量监督检验站进行检验,认定质量合格。尔后,继续完成市区三区、永嘉、乐清 3G 图各 378 幅。

第二节 温州市 1∶2000 缩编数字地形图

1999～2004 年,温州市完成基础测绘 1∶500 数字地形图。2000 年,温州市规划局委托温州市勘察测绘研究院基础地理信息中心,根据 1∶500 数字地形图缩编成 1∶2000 数字地形图。缩编采用人工和自动化相结合的方法。

2004 年 12 月 20 日,完成第一期任务,范围包括丽岙、仙岩、藤桥、七都、状元、天河、海城及经济开发区,计 1∶2000 图 296 幅,面积 225 平方千米。第二期在清华三维公司 EPSW 平台下进行,即把同一平方千米缩编成一幅 DGN 格式的 1∶2000 地形图。整个生产流程是先作数据准备,再在 Antu Basemap 中进行自动化数据处理,在 Scr Digit2000 中进行人工数据处理,最后在 Basemap 2000 中完成地物属性数据检查和修改。2005 年 9 月底,完成城市中心区、仰义、郭溪、南白象、潘岙、潘桥、三垟、上成等区域,计 1∶2000 图 259 幅,面积 192 平方千米。

第三节 温州市 1∶500 航测数字地形图

随着国民经济信息化的发展,《浙江省测绘管理条例》明确规定,县级以上地方人民政府应当将基础测绘纳入本级国民经济和社会发展年度计划及财政预算。1998 年,温州市人民政府常务会议决定启动基础测绘,其经费列入温州市国民经济和社会发展年度计划,逐年安排。1999 年,基础测绘统一采用北京清华山维新技术开发公司的 EPSW 98 电子平板,这是计算机软件驱动的自动化测图设备,能够在外业边测量边自动成图,形成的数据可转换成通用交换格式 GIS 数据。浙江省第一测绘院、温州市勘察测绘研究院、温州综合测绘院、瓯海测绘工程院、永嘉县勘察测绘院共同参与全要素、全野外数据采集的基础地形图测绘。经过五年努力,2004 年完成温州市鹿城区、瓯海区、龙湾区 1∶500 数字地形图 8720 幅(图幅 50 厘米×50 厘米),面积 464.0 平方千米,覆盖三区所有城镇和平原。见图 3 - 04“温州市区 1∶500 数字地形图覆盖范围”。尔后,陆续测绘部分山区,至 2010 年共完成测图面积 520 平方千米。各单位施测概况见表 3 - 07、表 3 - 08、表 3 - 09、表 3 - 10。

表 3 - 07　　　　　　　　　温州市勘察测绘研究院施测 1∶500 数字地形图概况

测 绘 年 月	测区	一级导线(点)	二级导线(点)	水准路线(千米)	测图面积(平方千米)	完成图幅(幅)
1999 年 4 月	城区中心区	36	56	63	2.0	39
1999 年 6 月～8 月	温州鞋都	—	—	—	2.5	42
1999～2000 年	温州东片	117	58	—	24.3	419
2000～2001 年	温州市区	14	—	10	7.0	127

测 绘 年 月	测区	一级导线（点）	二级导线（点）	水准路线（千米）	测图面积（平方千米）	完成图幅（幅）
2001年10月～12月	仰义	—	120	36	9.1	182
2002年1月～3月	上戍	—			3.3	66
2001年10月～2002年6月	天河	121	—	38	9.8	200
2002年6月～11月	藤桥	137		29	9.9	198
2002年8月～12月	南白象	50（GPS）	24	40	12.0	206
2002年9月～12月	永强机场	16（GPS）	48	—	10.1	182
2002年11月～2003年2月	七都	97（GPS）	10	99	12.4	258
2002年11月～2003年5月	潘桥	136		29	9.6	192
2003年6月～10月	临江、双潮	87（GPS）	—	91	13.0	371
2003年7月～2004年1月	灵昆（带状图）	205		97	20.7	394
合计		—	1016	316	532	145.7	2876

表3－08 温州综合测绘院施测1：500数字地形图概况

测绘年月	测 区	一级导线（点）	二级导线（点）	水准路线（千米）	测图面积（平方千米）	完成图幅（幅）
2000年10月	市区西片	29	227	74	24.2	450
2001年10月	海滨	86（GPS）	43	81	28.4	521
2000年7月	老城区	22	54	—	10.4	190
2001年	三垟	62	12	30	11.5	187
2002年	上戍	101	14	55	6.5	136
2002年1月	瓯海经济开发区、南湖	62	12	30	11.5	187
2002年10月	郭溪	49	6	41	9.2	163
2002年8月	藤桥	76	35	57	9.8	236
合计		—	487	403	368	111.5	2070

表3－09 瓯海测绘工程院施测1：500数字地形图概况

测绘年月	测区	一级导线（点）	二级导线（点）	水准路线（千米）	测图面积（平方千米）	完成图幅（幅）
1999年3月	沙城镇	22	43	19	7.2	145
1999年4月	梧埏镇	23	96	53	18.3	312
2000年5月	藤桥镇	11	28	—	3.9	104
2001年2月	永中镇	46	58	52	16.0	258
2001年1月	市区南片	—	19	—	6.0	96
	娄桥镇	25	73	46	16.3	272

测绘年月	测区	一级导线（点）	二级导线（点）	水准路线（千米）	测图面积（平方千米）	完成图幅（幅）
2002 年 10 月	上戍乡	—	—	—	1.0	25
2002 年 9 月	海城	42	43	51	13.4	221
2002 年 10 月	仙岩	30	31	—	8.0	146
2003 年 11 月	巨溪	106	—	57	16.5	264
2002 年 3 月	丽岙	100	91	86	25.0	470
2002 年 8 月	潘桥	137	—	—	23.1	443
	生态园区	17	4	11	4.0	64
2003 年	泽雅	4	45	20	8.0	191
合计	—	563	531	395	166.7	3011

表 3 - 10　　　　　　　永嘉县勘察测绘研究院施测 1：500 数字地形图概况

测绘年月	测区	一级导线（点）	二级导线（点）	水准路线（千米）	测图面积（平方千米）	完成图幅（幅）
1999 年 6 月	划龙桥	0	56	26	2.0	39
2000 年	龙湾	66	376	166	25.7	476
2001 年 7 月	高教园区	23	72	74	6.5	139
2002 年 12 月	七都东片	48	10	74	5.9	109
合计	—	137	514	340	40.1	763

图 3 - 04　　温州市区 1：500 数字地形图覆盖范围

第四篇

资源勘察和
区域规划测绘

　　各种资源的勘察和区域规划测绘是自然资源和文化资源开发利用及社会经济发展的先行性基础工作,特别是各类资源专题地图的编制更显重要。本篇主要记述土壤和土地资源、森林资源、矿产资源调查测绘,河流水文调查和江河流域规划测绘,区域地质调查和地质勘探测绘,旅游资源和人文地理调查测绘。

第一章　土壤普查和土地资源调查测绘

历史上,温州为征收税赋而进行过农田清丈和部分荒地测量。1929～1948年,温州市区及各县以简易的常规测绘器具先后开展大规模的土地清丈和土地测量。中华人民共和国成立后,多次进行土壤普查和土地资源调查测绘,摸清了温州全市的土壤类型和分布,以及各类土地资源的数量和分布。

第一节　土壤普查测绘

土壤普查是在一定区域内,对土壤的成因、类型及其性状、肥力、分布、改造利用所进行的一项全面调查。内容包括土壤类型的确定、土壤物理和化学状况的测定、土壤肥瘠评价、低产土壤改良规划等。温州已进行两次土壤普查,第一次在1958～1960年,第二次在1979～1989年。

一、第一次土壤普查

1958～1960年,中华人民共和国成立后进行第一次全国性土壤普查,这次普查以土壤农业性状为基础,提出国家首个土壤分类系统。1958年6月,浙江省先在衢县、绍兴等地试点,同年12月举办土壤普查和土地规划讲习班,然后分赴各地层层试点。平阳县土壤普查始于1958年12月,乐清、文成、泰顺等县始于1959年。当时在"大跃进"背景下,提出"以土为主,土洋结合"两条腿走路方针,采用"边普查,边规划,边行动"的做法,仅用半年时间就完成全市耕地土壤普查和非耕地土壤概查,各地基本完成耕地面积清丈和土地利用规划的制定。土壤普查运动结束后,省、专区、县和公社各级农业部门分别编写土壤普查鉴定和土地规划报告,绘制1∶50万、1∶20万、1∶5万土壤分布图和土地利用规划图。

根据这次普查成果,温州土壤类型分为14个土科,30个土组,101个土种。其中水田土壤以青紫塥粘土科为主,约占水田土壤的30%。其他土壤为黄大泥、淡涂泥、泥砂土、黄泥砂土、培泥砂土、泥筋土等土科。

二、第二次土壤普查

1979年11月,温州市根据中国土壤学会制定的《全国土壤分类暂行草案》和浙江省的"土壤普查技术规程",开始进行第二次土壤普查,在广度和深度上新增很多内容。至1989年11月结束,历时10年才告完成。该次土壤普查,组织和培训了各类专业人员近300人的精干队伍,采取市、县结合的工作方法,应用航摄像片为野外工作底图,用卫星照片进行成图校核。完成常规理化分析88个项目,12.6余万项次,野外速测项目62.8万次。编写市、县土壤普查报告、土地利用现状报告、专题调查论文等136份,绘制市、县级成果图件16类340份。其中市级除编写《温州土壤》《土壤与植物》专题论文集和《温州市土地利用现状图》外,还完成数据资料汇编14册。这次土壤普查,分级完成了不同比例尺的土壤类型分布图、土地资源利用图、土壤养分图、土壤改良利用分区图。

根据新的土壤分类系统,温州第二次普查的土壤类型分为10个土类,19个亚类,44个土属,88个土种。十大土类中,水稻土占20.30%,红壤占41.42%,黄壤占11.29%,潮土占1.61%,盐土占6.32%,紫色土占3.11%,粗骨土占15.45%,新积土占0.39%,石质土占0.11%,草甸土占0.01%。见图4-01和表4-01。

图 4 - 01 温州市土壤分布图

此图引自姜竺卿著《温州地理》自然地理分册第五章《温州土壤地理》359 页。

表 4 - 01 　　　　　　　　　　　　　　温州市土壤分类表

土类	亚类	土　属	土　种
水稻土	渗育型水稻土	黄泥田	黄泥田 山地黄泥田 砂性黄泥田 白瓷泥田 白砂田
		红泥田	红泥田
		培泥砂田	培泥砂田 培砂田
		江涂泥田	江涂泥田 脱钙江涂泥田 江涂砂田
	潴育型水稻土	淡涂泥田	淡涂泥田 淡涂粘田 青墡淡涂粘田
		涂泥田	涂泥田 涂粘田
		滨海砂田	砂岗砂田
		酸性紫泥田	酸性紫泥田 紫粉泥田
		洪积泥砂田	洪积泥砂田 峡谷洪积泥砂田
		黄泥砂田	黄泥砂田 山地黄泥砂田 黄粉泥田 黄大泥田
		泥砂田	泥砂田
		紫泥砂田	酸性紫泥砂田
		江粉泥田	江粉泥田 泥炭墡江粉泥田 砂性江粉泥田
		老淡涂泥田	老淡涂泥田
	脱潜潴育型水稻土	黄化青紫墡粘田	黄化青紫墡粘田
		青紫墡粘田	青紫墡粘田 泥炭墡青紫墡粘田 泥砂头青紫墡粘田 黄泥砂头青紫墡粘田
		弱脱潜青紫墡粘田	弱脱潜青紫墡粘田
	潜育型水稻土	烂浸田	烂浸田 烂灰田 烂瀹田 白心烂黄泥砂田
		烂泥田	烂泥田 泥炭墡烂泥砂田
红壤	红壤	砂粘质红泥	砂粘质红泥
		红泥土	红泥土 红泥砂土 红砾泥
		红粘土	红粘土
	黄红壤	黄泥土	黄泥土 黄泥砂土 黄砾泥
		黄红泥土	黄红泥土
		砂粘质黄泥	砂粘质黄泥
		黄粘土	黄粘土
	红壤性土	红粉泥土	紫粉泥土
	饱和红壤	饱和棕红泥	棕红泥 棕红泥砂土
黄壤	黄壤	山地黄泥土	山地黄泥土 山地黄泥砂土 山地黄砾泥土 山地香灰土
		山地黄粘土	山地黄粘土
潮土	潮土	洪积泥砂土	洪积泥砂土 峡谷洪积泥砂土
		培泥砂土	培泥砂土 培砂土
		砂岗砂土	砂岗砂土

土类	亚类	土　属	土　种
	灰潮土	淡涂泥	淡涂泥 淡涂粘
		江涂泥	江涂泥 江涂砂
滨海盐土	潮化盐土	咸泥土	轻咸泥土 重咸泥土 轻咸粘土
	滨海盐土	涂泥土	涂泥土
	潮间盐土	潮间滩涂	砂涂 泥涂 粘涂
紫色土	酸性紫色土	酸性紫色土	酸性紫砂土 酸性紫泥土
山地草甸土	山地草甸土	山地草甸土	山地泥炭草甸土
粗骨土	铁铝质粗骨土	石砂土	石砂土 乌石砂土
		白岩砂土	白岩砂土
石质土	石质土	石质土	石渣土 石质土（岩秃）
新积土	水成新积土	卵石清水砂	卵石滩 清水砂

第二节　土地资源调查测绘

　　土地是陆地的表层部分，它由岩石、风化物和土壤构成。因而在理论上它不包括海域和内陆水域，但在土地资源调查的实际测绘中包含了内陆水域。温州市域的土地资源总面积是多少？这是一个谜一般的问题，因为各局、委的数据及权威书籍的说法不一，由此衍生出来的人均耕地面积、耕地比重、森林覆盖率、人口密度、城镇密度等更是五花八门，应有尽有。目前，温州绝大多数官方文章和书籍都采用11784平方千米，然而"11784"这个数字却是无源可查，无案可稽。根据温州市第三次土地详查资料，温州市的土地总面积应是11878.82平方千米。

一、第一次土地概查

　　1958年，根据全国统一部署，温州市开展第一次土壤普查的同时进行全市土地资源概查。根据这次概查汇总资料，温州土地总面积10362.33平方千米（1554.35万亩），其中包括山地、丘陵、平原和海岛面积，未包括内陆水域面积。如果将内陆水域面积加上去，温州土地总面积也只有11041.8平方千米（1656.27万亩）。显然，这与实际面积相距甚远。

二、第二次土地概查

　　1978年，全国科技大会通过科学技术规划，把农业资源调查和农业区划列为108项国家重点项目的第一项，其中土地资源调查是农业四大资源调查的内容之一。1979年，由全国农业区划委员会牵头，农业部、林业部、国家测绘总局等有关部门协同参加，进行全国分省的土地利用现状调查。

　　1979年11月开始，温州市与全国同步，在第二次土壤普查的同时进行第二次土地资源概查。1984年9月在第二次土壤普查的基础上，用1：2万到1：3万的航摄片开展以县为单位分乡的土地利用现状调查。采取外业调查与室内判读相结合的方法,对温州市的耕地、园地、林地、牧草地、居民地、工矿用地、交通用地、水域、未利用地九大类土地类型进行详细调查、测绘和面积量算。1986年6月进行数据汇总工作,结果揭示温州市土地总面积12024.93平方千米(1803.74万亩)。现在看来这个数值是偏大的,其原因是从"理论深度基准面"起算,这是错误的;也不能从地形图上采用的"黄海基准面",即黄海多年平均海平面起算。正确的应从海岸线,即大潮平均高潮面起算,不包括潮间带和潮上带的海域部分,即要剔除海涂面积。

温州市下属各县的第二次土地资源概查情况如下。

永嘉县:1981~1984年使用1:2.5万航摄片,以乡为单位结合第二次土壤普查进行土地调查,结果揭示全县土地总面积403.91万亩。并编绘"永嘉县土地面积分布及利用现状图"。1985年由浙江省测绘局综合测绘大队编制"永嘉县农业区划图"。

苍南县:1982~1983年结合第二次土壤普查进行土地调查,全县土地总面积189.16万亩。其中耕地(水田、旱地)44.37万亩,占总面积23.4%;林地57.79万亩,占总面积30.6%;荒地42.12万亩,占总面积22.3%。

文成县:1985年3~9月在第二次土壤普查基础上,使用1:1.7万、1:2.5万、1:5万三种航摄片,进行全县土地概查,全县土地总面积193.8万亩。其中耕地(水田、旱地)34.1万亩,占总面积17.6%;林地125.2万亩,占总面积64.6%。并编绘1:5万"文成县土地利用现状图"。

乐清县:1985年10月开始,在第二次土壤普查基础上,以1:5万地形图为工作底图,开展土地资源调查,完成《乐清县农业区划》,报省市区划部门鉴定,通过验收。

其他各县不详。

三、第三次土地详查

以上两次土地利用现状调查均为土地概查,其成果没有真实反映全市农业资源和土地利用状况,因此不能满足各级政府制订国民经济发展规划的要求。1984年5月16日,国务院以国发(1984)70号文件批转农牧渔业部、国家计委等部门《关于进一步开展土地资源调查工作的报告》。同年9月,全国农业区划委员会颁布《土地利用现状调查技术规程》(下称《规程》)。浙江省政府于1986年5月21日发出切实贯彻国务院(1984)70号文件精神的通知,要求各地努力完成土地详查任务。1987年1月制定《浙江省土地利用现状调查技术规范》(下称《规范》)。

1990~1993年,温州市以《规程》和《规范》作为调查的技术标准,进行第三次土地调查,称为"土地详查"。温州各县土地资源调查、农业区划的重点为外业调绘,尤其重视行政区划、权属界线的调查标绘和地类图斑界线的准确性。按《规范》要求,地类调查分为4大类,9个一级类型,44个二级类型,32个三级类型。在外业勘查中除使用1:1万、1:2.5万、1:5万地形图及航摄片外,还利用收集到的各县行政区域图、地质图、水文图、气象图、森林分布图、交通图、土壤图等,作为勘查测绘的参考资料。测绘人员使用1:1万、1:5万地形图及航摄片开展如下作业。

(1)在地形图或航摄片上进行外业调绘,标出村级以上的行政境界、土地使用界、地类分界,以及道路、植被、农作物等。

(2)在地形图上量测地表坡度,为合理利用土地和实现农业机械化规划提供依据。

(3)在地形图上按耕地、林地、荒地、水域、居民地、道路等分门别类量算面积。

（4）编制各县土地资源图，农业区划图（1∶5万为主），及各种农业资源和自然数据表册。

土地面积量算的方法，主要有微机法、求积仪法、方格法、网点板法。一级面积控制全部用微机法，二级分区面积控制用微机法与网点板法配合进行。量算精度都达到了《规范》规定的限差要求。

这次温州市土地详查成果经汇总，温州市土地总面积11878.82平方千米（1781.823万亩），比第二次土地概查少146.11平方千米（21.92万亩）。这是迄今为止最正确的数值。这次土地详查工作结束后，编写了《温州土地资源》一书，还有土地数据汇总表15种，以及1∶1万、1∶5万、1∶25万的《温州土地利用现状图》三种，并建立农村地籍登记档案。县级土地资源调查成果有各县、市、区编制的1∶1万分幅土地利用现状图，分幅土地权属界线图，分幅坡度级图，另有1∶1万乡镇土地利用现状图，乡镇土地边界结合图，1∶5000村级土地利用现状图，以及1∶5万县级土地利用现状图，县级土地边界结合图等。

按土地利用类型，温州土地资源分为农业用地、非农业用地、内陆水域和未利用土地四大类。农业用地包括耕地、林地和草地，共1339.7万亩，占全市土地总面积的75.2%。非农业用地包括城镇建设用地、农村住宅用地、交通用地和工业用地，共206.7万亩，占全市土地总面积的11.6%。内陆水域占5.7%，未利用土地占7.5%。温州农业用地中，林地面积最大，占农业用地的82.0%；其次是耕地，占17.7%，草地只占0.3%。温州非农业用地中，面积最大的是城镇建成区用地，占49.1%；其次是农村住宅用地，占32.8%；交通用地占10.0%，独立工业区用地占8.1%。

表4-02 温州市土地资源详查统计表

土地利用类型		面积（万亩）	比重（%）	备　　注
农业用地	耕地	236.6	13.3	其中水田占73.9%，旱地占26.1%
	林地	1098.6	61.7	其中有林地976.3万亩，宜林地122.35亩
	草地	4.5	0.3	包括林间草地共339万亩，占19.0%
非农业用地	城镇建成区用地	101.5	5.7	包括城镇建成区中的工业用地
	农村住宅用地	67.7	3.8	指城镇以外的村庄用地
	交通用地	20.7	1.2	指公路、铁路、机场和港口用地
	独立工业区用地	16.8	0.9	不包括建成区中的工业用地
内陆水域		101.9	5.7	包括河湖、水库和山塘等水面
未利用土地		133.5	7.5	包括土质荒山、裸岩荒山和盐碱地等
总计		1781.8	100	不包括新围垦的海涂

说明：

（1）温州园地主要是果园和茶园，其面积已包括在林地中，不能重复统计。

（2）由于土地资源是从海岸线（大潮平均高潮面）起算，所以不包括潮间带的滩涂面积，也不包括1993年以来新围垦的已围未垦和已围未填的海涂面积。

（3）温州内陆水域包括江河水面78.37万亩和水库山塘23.55万亩。

第二章 森林资源调查和飞播造林测绘

长期以来沿袭"重采轻育"的生产经营方式,森林一直处于耗竭式开发利用状态,致使森林资源日益枯竭,导致水土流失,生态恶化。改革开放以来,通过森林资源调查测绘所掌握的第一手资料,采取一系列保护措施,实施抚育和播种,使其得到恢复和发展。

第一节 森林资源调查测绘

旧时,温州市及所属各县没有进行过森林资源调查工作。中华人民共和国成立后,温州全域开始实施森林资源调查和测绘,并提出相应的区划措施。五十多年来,各县、市、区已进行 8 次森林资源调查,先后使用 1∶5 万和 1∶2.5 万地形图为普查工作用图,并作为表述调查成果的载体,编绘森林资源分布图等。每次调查后,测绘人员均提交 1∶5 万林区基本图、林相图、森林分布图等专题地图。

一、第一次森林资源调查测绘

1951 年下半年,浙江大学农学院和华东革命大学浙江分校第 6 期学员共 348 人,分 8 个队开展全省森林资源普查。其中温州队负责永嘉、泰顺、文成、青田四县(当时青田县属温州专区)的普查,利用 1∶5 万地形图为工作底图,采用目测与访问群众相结合的方法踏查森林资源。历时两个多月,完成 4 个县的松、杉、杂(硬阔)、竹林的分布面积、林木蓄积量和荒山面积的林业调查。内业集中浙江省林业厅整理,普查成果资料归口省林业厅管理。

二、第二次森林资源调查测绘

1955~1957 年,永嘉、泰顺、文成、平阳、瑞安、乐清等县进行森林资源调查,由省林业调查队分队深入各县,分期分批完成。这次调查方法,一是根据林业部《森林调查设计规程试行方案》,以经纬仪闭合导线进行控制,用平板仪配合罗盘仪施测 1∶1 万地形图作为基本图,采用带状标准地与目测相结合,实测记录林分因子;二是根据林业部《森林踏查暂行办法草案》,用已有的 1∶5 万地形图作为踏查基本图,林片调查区划综合小斑,同一小斑内不同地类、林分面积以目测百分数推算,采用目测为主的方法踏查林分因子。查明各县林业用地的有林地(用材林、薪炭林、经济林、竹林)、疏林地和荒山面积,以及林木蓄积量、分龄级蓄积量、毛竹立竹量和森林覆盖率等。调查成果资料汇总上报浙江省林业厅。

三、第三次森林资源调查测绘

1963～1964 年,温州市各县林业部门组织调查队,利用上次调查档案资料,全面进行访问了解,概查县、区、乡(镇)三级林业用地,查明有林地的各林种、灌木、荒山面积,以及林木蓄积量、毛竹立竹量等状况。并测绘森林资源分布图,制订各县《十年林业发展规划》。历时半年,完成内外业调查任务。

四、第四次森林资源调查测绘

1975～1976 年,遵照农林部指示,全国开展首次二类森林资源调查。泰顺、文成、永嘉、平阳、瑞安、乐清、洞头、温州市郊区的林业部门,抽调林业技术人员,吸收高中以上文化程度的社会知识青年参加,各县组织 20～50 人的森林调查专业队,经浙江省林业勘测部门短期培训,前往各县开展实地调查。利用新版 1:2.5 万地形图为工作底图,严格按技术规程,对比勾绘区划小斑,采用实测与目测相结合方法,查定林分因子,正确度＞85％。这次调查的外、内业经一年半时间全面完成,首次查清各县、区、乡、村四级森林资源数据,包括林业用地、森林覆盖率、林木蓄积量、树种分龄组蓄积量、毛竹立竹量等。各县在此基础上编制《林业发展近期三年规划》和基地造林计划。

五、第五次森林资源调查测绘

1983～1986 年,温州市 11 个县市区,再次进行二类森林资源调查。据《浙江省二类森林资源调查技术操作细则》,采用 1:2.5 万地形图为工作底图,参照 1981 年 1:2.7 万航摄片和 1976 年清查图纸,逐片对比勾绘区划小斑。这次调查取得全县林地面积、乔木树种面积和林木蓄积量等数据,实现"五大表"调查统计数据到乡(镇)。最后汇总编绘各县森林资源分布图,并撰写《温州市林业区划报告》。

六、第六次森林资源调查测绘

1989～1990 年,鹿城、龙湾、瓯海、洞头、乐清、永嘉、瑞安进行二类森林资源复查,以 1985 年 1:2.5 万调查底图和调查资料为基础,摸清森林资源动态变化,编制"八五"期间森林采伐限额。小斑调查采用目测和实测相结合,对新成林资源予以验收。采用浙江省林勘院编制的《林业勘察设计常用数表》,查胸高断面面积,按蓄积量标准表(V2)和二元立林材积表,计算统计。历时半年完成外内业,取得"五大表"森林资源调查统计数据,各县(市、区)均编绘"森林资源分布图"(唯乐清仅采用一类森林资源调查数据)。在此基础上撰写《温州市二类森林资源调查复查报告》。

七、第七次森林资源调查测绘

1994～1995 年,全市各县林业局组织森林调查队,开展外业调查。根据《浙江省二类森林资源调查技术操作细则》,采用小斑调查为主的方法,利用 1:1 万地形图,在各县(市、区)范围内逐片对比勾绘地类单元小斑,测定小斑地类面积、林分面积、蓄积量等因子,取得森林资源"五大表"调查统计数据。

八、第八次森林资源调查测绘

1998～2000 年,20 世纪最后一次各县二类森林资源调查。本次调查在勾绘区划小斑时,除传统项目外,普遍重视水源涵养林、水土保持林、沿海防护林、农田防护林、风景林的划定,为生态公益林规划提供数据。小斑资源数据全部按行政区划范围和权属输入电脑,自动完成计算统计。据本次调查结果,重新编绘各乡(镇)1:1万山林现状图,1:5万全县森林资源分布图,并绘制全县公益林规划图。

2000年结束的第八次森林资源调查报告显示,温州全市森林面积976.26万亩,不包括灌木林49.12万亩、疏林15.33万亩、未成林14.33万亩、无林地43.44万亩和苗圃地0.14万亩面积,因而温州市森林覆盖率为54.79%。全市林木蓄积量1250.78万立方米。温州各县、市、区的森林面积和覆盖率及林木蓄积量见表4-03。

表4-03　　　　　　　　　　　　　　温州各县(市、区)森林面积和覆盖率

县市区	永嘉	泰顺	文成	乐清	苍南	瑞安	平阳	瓯海	洞头	鹿城	龙湾
面积(万亩)	263.5	188.3	129.9	90.2	85.4	83.0	70.3	48.7	6.15	3.67	2.62
覆盖率(%)	69.2	74.8	70.6	48.6	51.6	41.9	52.8	52.8	44.0	8.31	6.26
蓄积量(万米³)	353.6	216.3	225.3	115.2	91.1	95.8	90.9	48.9	3.95	8.81	0.91

说明:
(1) 本表森林面积指有林地面积,不包括灌木林地、疏林地、未成林地、苗圃地和无林地面积。
(2) 本表蓄积量指林木蓄积量,不是活木蓄积量,即不包括疏林蓄积量、"四旁"蓄积量和不成林的散生木蓄积量。

第二节　飞播造林的测绘保障

手工造林艰难而成本高,飞播造林能大幅度提高劳动生产效率,降低造林成本,是温州市植树造林的一种新技术。1971年,在浙江省农林厅指导下,温州地区林业部门在永嘉、泰顺试点。结果表明,在播区播期的适宜条件下,飞播造林可获成功。以当时造林成本计算,飞播造林每亩5元,人工撒播每亩20元,飞播比人工点播提高工效数百倍。因此,为加快荒山绿化,温州各县推广飞播造林,并在实践中不断完善提高。

一、飞播造林的成效和测绘

在飞播造林作业中,测绘占有较大份额。以温州市林地面积最大的永嘉县为例,从工程量和费用投入计,测绘都占30%以上。测绘人员要参与调查设计、飞行外业、播后养护等环节。现在各县林业部门都有一支10来人的测绘队伍,但尚未取得省颁的测绘专业资质证书。1971年春,温州市在永嘉、泰顺开始飞播造林试点,1980~1991年全面开展。据1994年底统计,全市共飞行378架次,221个播区,飞播作业183.8万亩,成林101.9万亩,成效率69.9%。

1986年,温州市有包林和、吴立件、徐杨柳、沈永南、刘伟林5人获国家林业部、民航局、人民解放军空军司令部颁发的全国飞播造林先进工作者称号。1997年,永嘉县获全国飞播造林先进县荣誉,浙江省仅此一县。温州市飞播造林成效面积见表4-04。

为了快速完成火烧迹地更新和退耕还林任务,2001年3月再度启动飞播造林。全市飞播作业分布在泰顺、文成、苍南、平阳、瑞安、瓯海、龙湾、乐清等8县、市、区,飞播面积13.98万亩,40个播区,飞行

29架次,投入308万元,为温州市规模最大的一次飞播造林。

表4-04　　　　　　　　　　**1971～1991年温州市飞播造林成效面积统计**

县市区	飞播次数(年)		飞机播种造林(亩)			成效率(%)
	开播年份	年次	作业面积	有效面积	成效面积	
全市	1971年	10	1838305	1464590	1018714	69.9
永嘉	1971年	10	660848	503189	295252	58.7
泰顺	1971年	9	414084	356284	237172	66.6
乐清	1972年	3	75887	60172	47693	79.3
平阳	1984年	6	184023	137930	90010	65.3
苍南	1984年	6	190753	170246	149205	87.6
文成	1986年	5	163481	127979	118632	92.2
瑞安	1987年	4	72918	60282	50296	83.4
瓯海	1990年	2	61657	44000	28200	61.4
龙湾	1990年	2	7454	4508	2254	50.0

二、飞播造林的设计、飞行和播后养护

现在,飞播造林是温州市绿化荒山的主要手段,其航线设计、地标设立、播后三年观察,都离不开测绘保障。1980年,浙江省林业勘测设计院在完成全省国营林场建场前的造林调查规划设计测绘基础上,将原测绘1∶1万林场地形图放大成1∶5000地形图,再做补充调查测量,进行新的规划设计,对一些大的林场,如文成石垟林场重新测绘1∶5000平面图。

1. 航线设计

按运五机型、FB-85型撒播器的技术参数,飞播造林设计图要求选用现势性好的1∶1万、1∶2.5万、1∶5万地形图,位置图用1∶10万～1∶50万地形图,图面应标明播区范围、行政界线、主要村镇、山峰及海拔、山脊走向、飞播航向、航标位置及影响作业的高压线等障碍物。每块飞播小区以长2～4千米、宽1～4千米为宜,面积大于5000亩,方向为东南—西北,航高在100～150米,飞行长度大于1000米,净空条件良好,转弯半径大于1500米,航速160千米/小时,海拔小于1200米,地势起伏不大较为理想。

2. 飞行作业

运五飞机,飞行一架次,装种700～750公斤,可飞播3500～5000亩。一个飞行日以3～4架次计,一天能造林1～2万亩。1971～1991年,利用台州路桥机场起降作业,1991年起在永强机场起降作业。

飞行作业天气标准,能见度>5千米,风速<5米/秒,风向45°。每年具体飞播时间一般在春天谷雨前,多在3～4月。但也有11～12月的冬季飞播,可缓解调机困难,提高飞机利用率。机场和播区现场要配备业务熟悉人员,地标设立位置准确,符号明显。播区电台与机组紧密联系,每架次结束后要向机场汇报,按规定填写作业表及质量检查表,以架次鉴定飞行作业质量。

3. 播后养护

飞播后立即封山,一般封禁5年。在此期间禁止开荒种地、打柴割草、烧灰积肥、放牧和挖药材等活

动。作业人员要随时掌控飞播的种子发芽及一、二、三年内的幼苗成活或枯死情况。掌控人员按海拔、坡向、坡位和不同植被密度等因素,设置若干观察样方,样方面积一般为 2～4 平方千米,长度固定,标志明显,专人定期观察记载。飞播 5 年后,全面检查幼苗生长、保存率及分布状况,评定飞播造林成效,并提出今后经营管理意见。

第三章 河流水文调查和流域规划测绘

治水是国计民生的大事。水文调查测绘和江河流域规划测绘是河流治理和水利规划及建设的基础，是治水决策者的首要而必备的依据。本章主要记述瓯江、飞云江、鳌江三条河流的水文调查测绘和流域规划测绘。

第一节 河流水文调查测绘

温州市水文调查可上溯至三国孙吴时期，经海岸带查勘而择址飞云江口南岸海湾修建横屿船屯。自 1935 年以来，对瓯江、飞云江、鳌江三大河流（以下简称"三江"）进行多次水文和水力资源调查测绘。本节分述"三江"水系的河道查勘和水文勘测。

一、地下水水文地质勘测

1935 年，永嘉县政府经勘测，在城区府头门钟楼等地打井，寻找地下水源。1956 年，上海凿井公司在温州西山、水心、瓜棚下、双井头、古岸头、三溪等地试钻 7 口深井，结果 2 口无水，5 口少水或水质不佳。

1965～1974 年，浙江省地质局和省第六地质大队，在瓯江口、飞云江下游、鳌江流域进行水文地质普查和工程地质调查，查明区域内各主要含水层的分布规律，第四系含水层受海水污染的影响范围及其淡水界线，淡水含水层的埋藏条件、补给、排泄、水质、水量及动态变化等。查明鳌江流域的潜水主要分布在河谷平原及大沟谷的中下游地段，由全新世冲积砂砾石所组成；水头至山门街、腾蛟附近以及观美至桥墩等地的含水层主要为砂砾石，无胶结，透水性好，呈长条状分布，藏水量丰富。1976 年，编制出版《1∶2 万平阳幅 G-51-1》《井泉汇总表》《钻孔综合成果表》等区域水文地质普查报告。

1979 年，"全国海岸带和海涂资源综合调查"温州试点工作队，对温州滨海地区开展浅滩打钻调查水文地质。查明温州滨海平原，因全新世海侵的影响，部分地下水遭受咸化，化学成分也变得更复杂，在古河道中心部位出现带状分布咸水。滨海平原的瓯江、飞云江、鳌江入海河口段的承压水含水层分上、中、下三层，第一含水层水质均为咸水或微咸水，如飞云江河漕附近的古河道均为咸水，而北岸的莘塍—塘下以东则为微咸水；第二含水层也几乎都是咸水或微咸水；第三含水层，飞云江的古河床中心为咸水,向两侧往往过渡为淡水,鳌江则都是淡水,瓯江口南侧靠状元桥附近为咸水,永强东部均为淡水。

二、瓯江流域查勘

瓯江是浙江省第二大河,发源于丽水龙泉市屏南镇南溪村附近的锅冒尖(海拔1770.5米),源头附近的黄茅尖(海拔1929米)和百山祖(海拔1857米)是浙江省地势最高的地方。从这里流出的瓯江干流流经龙泉、庆元、云和、丽水和青田等县、市后进入温州市,在灵昆岛以东注入温州湾。2010年10月13日浙江省测绘与地理信息局采用高分辨率的卫星影像资料及1∶1万地形图量算资料发布的最新公告显示,干流全长379.93千米,流域面积18168.75平方千米(含省外37.66平方千米),长度比原先数据短了8.07千米,流域面积大了210.75平方千米。该公告要求行政管理、新闻媒体、对外交流、教学科研等单位应当使用最新的公告数据。

经过多年的查勘和测算,瓯江下游温州境内干流段长78千米,温州境内流域面积4066平方千米,占瓯江流域总面积的22.38%。瓯江下游温州段的各种具体测绘见本章第二节。

三、飞云江流域查勘

飞云江是浙江省第四大河,温州市第二大河。它发源于泰顺、景宁边界的白云山(海拔1611米)西北坡,源头段叫漈坑。干流全长194.62千米,流域面积3729.10平方千米。这是2010年10月13日浙江省测绘与地理信息局采用高分辨率的卫星影像资料及1∶1万地形图量算资料发布的最新公告数据,长度比原先数据短了4.08千米,流域面积小了15.2平方千米。

1935年,民国政府资源委员会派测量队勘测飞云江干流的九溪坝段和支流泗溪百丈漈,计划开发飞云江水力资源,后因抗日战争爆发而中止。1944年和1946年,浙江省政府两次派员查勘百丈漈水电站坝址,欲建未成。1950年3月,钱塘江水力发电勘测处查勘飞云江,同年4月编写《百丈漈水力发电工程初步报告》。1951年又提出《工程勘测概要报告》。1952年6月,浙江省工业厅组织调查,1957年1月提出《百丈漈水电站技术经济调查报告》。

1956年9月25日~12月28日,电力工业部上海水力发电设计院和浙江省水利厅勘测设计院联合组成瓯江、飞云江水力资源普查队,历时95天,行程1334公里,对瓯江、飞云江和鳌江三条河流的水力资源进行了全面的普查。1957年2月编写完成《瓯江、飞云江水力资源普查报告》,提出飞云江干流建设九溪、赵山渡两个水电站的初步设想。建议九溪以水力发电为主,兼作下游平原灌溉和防洪的调蓄水库;赵山渡以发电与灌溉供水相结合,由北岸开渠引水至瑞安县城附近,与温瑞河网衔接,解决下游平原的灌溉缺水问题。

1959年4~5月,华东水利学院和水电部上海勘测设计院共同派员,对飞云江干流进行全面查勘,1959年8月编写完成《飞云江流域踏勘报告》,经初步研究提出涂渎口、九溪、大阳口、赵山渡、滩脚等5个坝址的开发条件,初拟了5组可能开发的梯级组合方案。

1959年8月29日~9月15日,华东水利学院、浙江省水利电力厅和上海勘测设计院进行补充查勘,1959年9月完成《飞云江流域补充踏勘报告》,增加金钟和百丈口两个坝址,最后选择"金钟—九溪—赵山渡—滩脚"方案,作为下一步梯级开发规划的基础。

1972年5~9月,浙江省水电设计院和温州地区水电局为编制飞云江流域水利规划,进行全流域的查勘和社会经济调查。

1978~1984年,温州地区水电局和相关各县水电局,先后进行水力资源普查、海岸带调查、水资源调查、水利区划等工作。1993年10~11月,浙江省水电设计院为第二次编制飞云江流域水利规划,对全流域进行复勘。

四、鳌江流域查勘

鳌江为温州市第三大河,发源于文成县桂山乡吴地山(海拔1124米)东坡,源头海拔835米。源头至狮子口,干流全长81.52千米,流域面积1544.92平方千米。这是2010年10月13日浙江省测绘与地理信息局采用高分辨率的卫星影像资料及1:1万地形图量算资料发布的最新公告数据,长度比原先数据短了0.48千米,流域面积小了2.92平方千米。然而,鳌江河口随着填海围垦而不断外延,长度在不断增加。

1956年11月27日~12月12日,浙江省水利厅和电力工业部上海水力发电设计院联合组织普查队,对鳌江流域的地理、地质、水旱灾害、水土资源、水利设施和社会经济等进行普查。普查报告提出鳌江流域水利规划主要应服务农业,防洪排涝,发展灌溉,消灭水旱灾害,保证农业丰收。在开发农田水利的同时,结合改善航运,修建中小型水力发电站,达到综合利用的目的。建议对北港的五斗(即湖窦)、朝阳谷和南港的莒溪、藻溪、双溪、对面山等处宜建电站的地点进一步勘测。

1979年11月,温州地区水电勘测设计室完成《温州地区瓯江、飞云江、鳌江水利规划要点及河口治理初步设想》,建议采用建闸与建港相结合,将鳌江河口向口外延伸至琵琶门入海,然后在琵琶门建档潮闸和建港的设想。1980年1月,全国海岸带和海涂资源综合调查温州试点工作队在温州雪山饭店召开汇报会,会上论证了将鳌江河口延伸至琵琶门入海并在该处建闸的治理方案,认为这一工程措施比较全面地考虑了水利、航运、促淤围垦各方面的利益。

1984年1月,鳌江流域的平阳、苍南、泰顺、文成等县组织专业力量,开展水资源调查和水利区划工作。经过一年多努力,1985年底完成《水资源调查和水利区划报告》,为鳌江流域水资源开发和利用提供科学依据。

五、河道测量

1916年,永嘉县测量瓯江各陡门槛坎高程和沿江洪水位,设计疏浚和修筑陡门方案。1942年,华北水利委员会测量队应八区行署请求,全面测量永瑞塘河的河道断面、水位高度和沿线陡门,并提出《浙江省瓯江飞云江间滨海区域陡门改善计划书》,调整塘河区域"水则"。1954年,浙江省水利局测量乐清虹桥区河道,提出虹桥地区治涝方案。1962年,温州地区水利工程处测量队,测量温瑞塘河河道断面。

1984年,温州市各县水利电力局,测量各县域内全部沿海平原河道,其成果见表4-05。

1990年,温州市水电勘测院测量队,测量市区九山河、山前河、水心河、小南门河、洪殿河等河道,河道总长14.81千米。

表 4 - 05   **1984 年温州市各县沿海平原河道调查成果**

地 区	鹿城、龙湾	瓯海县	永嘉县	乐清县	瑞安县	平阳县	苍南县
河道总长(千米)	120.82	670	11.2	1033.88	1095.17	556	1012.7
水面面积(万平方米)	695.96	962.93	200	1997	—	1720	637
蓄水容积(万立方米)	1401.79	4129	333.45	4192	3949.5	2935	4342

第二节　江河流域规划测绘

　　温州"三江"流域的规划测量和综合治理,与全市农田水利和人民生活息息相关。20 世纪 50 年代,温州地区各县曾进行多次"三江"流域的规划测量,其中 1954～1965 年,浙江省水电部门在"三江"实施大规模流域规划测量,完成三、四等三角 96 点,1∶1 万地形图 189 幅,1∶5000 地形图 87 幅,河道断面 1818 个。60 年代以来,随着温州市基础测绘的覆盖面日益扩大,大规模的流域规划测量逐年减少。温州市江河流域规划测量主要包括以下五个方面。

一、水准测量

　　1951～1955 年,浙江省农业水利厅应全省农业发展和水利区划建设的急需,在全省布设 8 条精密水准线路(相当于现行二等水准精度)进行水准测量。其中 3 条经过温州,这 3 条是宁波—温州的 8－5 线,温州—龙游的 8－6 线,温州—福鼎的 8－7 线。而且以此为基础,在永嘉、瑞安、平阳三县布设三等水准线路,施测 142.6 千米,四等水准线路施测 387.7 千米,均为黄海高程系。

　　1955～1960 年,浙江省水利厅勘察测绘院为规划治理"三江"流域,在精密水准控制下,施测四等水准线路 216.8 千米,68 点;1960～1989 年,继续施测三等水准 438.4 千米,162 点,四等水准 110.8 千米,99 点。执行技术标准,1961 年前为苏联的《三、四等水准测量细则》,1961～1975 年为 1958 年版《三、四等水准测量细则》,1980 年起执行 1974 年版《国家一、二、三、四等水准测量规范》。高程系统,瓯江流域部分线路采用假定高程,其余均为 1956 年黄海高程系。具体完成情况见表 4－06。

表 4 - 06   **1957～1988 年"三江"流域三、四等水准测量完成情况**

流域名称	施测年份	三 等 水 准		四 等 水 准	
		长度(千米)	点数(个)	长度(千米)	点数(个)
瓯江流域	1959 年	39.1	17	193.0	62
	1960 年～1988 年	327.2	118	47.9	53
飞云江流域	1959 年	—	—	23.4	6
	1964 年～1980 年	66.2	24	62.9	46
鳌江流域	1957 年	103.5	27	—	—
	1961 年	44.8	20	—	—
合　计		580.8	206	327.2	167

二、三角测量

1950～1956年，以民国时期的三角点为依据，补测了二、三、四等三角点。1957年，因国家一、二等三角网已在浙江全省建成（1954年北京坐标系），温州实施三、四等三角测量。测量技术标准，1953～1954年执行浙江省水利局制定的《三角测量规范草案》，1955～1960年执行苏联的1943年《二、三、四等三角测量细则》，1961～1974年执行国家测绘总局1958年制定的《一、二、三、四等三角测量细则》，1987年起执行水利电力部1985年的《水利水电工程施工测量规范》。平面坐标系统，1954年为杭州紫薇园坐标系，其余皆为1954年北京坐标系，唯泰顺县境内的闽江流域为假定坐标。见表4－07。

表4－07 1953～1988年温州市"三江"流域三角测量情况

流域名称	等级和点数（个）		测量年份
	三等	四等	
瓯江流域		30	1954年、1988年各为13点、17点
飞云江流域	26	43	1954年～1965年
鳌江流域		14	1954年
闽江流域（庆元）		17	1966年

三、地形测量

1943年，平阳县聘请华北水利委员会测量队勘测设计鳌江北港、南港水利工程。

1946年5月，浙江省水利勘测队测量北港流域，拟定治理南湖的工程规划。

1951年和1952年，温台丽办事处先后测量平阳县南港平原和乐清县虹桥地形图。

1954年，浙江省水利局测量完成南港流域中下游平原1∶5万地形图。

1959年，军委总参谋部测绘局完成包括鳌江流域在内的1∶5万航测地形图。

1962年，军委总参测绘局完成温州地区1∶5万航测地形图。

1979年10～12月，为准确计量海岸线及沿海滩涂的面积和高程，浙江省河口海岸研究所测验队，组织60余人进行海涂地形测量，从乐清县的湖雾镇至苍南县的琵琶山，完成1∶2.5万地形图。完成理论基准面以上至高潮位之间的滩涂面积89.4万亩，其中属于鳌江流域有13.5万亩。

温州市"三江"流域的地形测量情况见表4－08。

表4－08 1950～1990年温州市"三江"流域地形测量情况

流域名称	地形图（幅/平方千米）或带状地形图（千米）				备　注
	1∶5000		1∶1万	1∶2.5万	
瓯江流域	53/123.35	110千米	217/3103.3	—	16/2500
飞云江流域	30/56.8	18千米	29/198.2	25千米	—
鳌江流域	—	30千米	59/419.9	25千米	—
合计	83/180.15	158千米	305/3721.4	50千米	16/2500

备注栏：1957年前杭州紫薇园坐标系，以后为北京坐标系

四、断面测量

为满足流域规划的需要,水利部门对主要河流进行地形测量时,亦施行河道横断面测量。历年制定的地形测量技术规范和规定,对断面测量均有明确要求,即采用测记法,并绘制横断面图。断面基点是横断面测量的平面和高程基础,其平面位置用解析法测定,高程用等外水准测定。当要求不高时,断面基点点位在实地用目测法直接标在1:1万地形图上;对于流速很小的河道,高程有的用水面传递接测。同一断面需定期重复测量进行比较,均在两岸埋设永久性断面基点,其高程用三、四等水准测定。

断面点的位置和高程,一般用视距法测定。断面点的间距皆以能正确反映断面形状和面积的原则来确定。水深测量根据流速和深度情况,分别采用测深杆、测深锤、回声测深仪等。

1950～1989年温州市"三江"流域河道断面测量情况见表4-09。

表4-09　　　　　1950～1989年温州市"三江"流域河道断面测量情况

流 域 名 称	横断面个数	测 量 年 份	备　　注
瓯江流域	268	1951～1954年	
飞云江流域	899	1951～1972年	1954年前682个
鳌江流域	742	1954～1981年	1954年前348个

五、综合测量

从1978年开始,温州市经济步入快速道,依据当时整体规划、交通、航道建设等需要,邀请外单位对温州市"三江"流域进行各项测量及规划,完成测量情况见表4～10。表中代号①是平面控制,②是高程控制及潮位站,③是地形测量,④是断面测量。

表4-10　　　　　1978～2005年温州市"三江"流域综合测量情况表

流域名称	平面控制①　高程控制②	地形测量③　断面测量④	备　　注
瓯江流域	① 1978.4～1980.4　137点 ② 1979.10～1979.12　20千米 ② 2001.10～2002.7　潮位站8座 　（1985国家高程基准） 　湖雾镇至琵琶山 潮位站27座 ② 2004.3～2005.12 　4等水准39千米（1985） 　4等水准35千米（吴淞基面） ① GPS E级点16点	④ 断面43条　2800千米 　地形岸线　100千米 ③ 1:1万图　132平方千米 　1:1千图　116平方千米 　1:5万图　763平方千米 ④ 断面　66千米 ③ 1:1万图　111.8平方千米 　1:2.5万图　971平方千米	1954年北京坐标系 黄海基面 1954年北京坐标系 吴淞基面
飞云江流域	① 1978.4～1980.4 　1978.5～1994.7	④ 断面39条 ③ 1:10万图　390平方千米 ④ 断面210条	1954年北京坐标,1992年前为吴淞基面,后为1985国家高程基准
鳌江流域	① 1978.4～1980.4 ② 1979.10～1979.12	④ 断面48条 ③ 1:2万8幅　596平方千米 ③ 水深图　550平方千米	吴淞基面

第四章　区域地质调查和地质勘探测绘

　　从区域地质调查,到矿产普查和地质勘探,最终提交地质报告,都离不开测绘,在地理信息数字化的今天,地质测绘尤显重要。本章主要记述区域地质调查测绘,地质勘探及探矿工程测绘,东海石油地质勘探测绘。

第一节　区域地质调查测绘

　　区域地质调查是地质找矿的开始阶段,通常是对一个地区的地质状况、大地构造等进行初查和普查。使用的工作底图以中小比例尺为主,一般为1∶20万~1∶5万,地质观测点、物探点、钻探点布置较稀,并结合当地群众提供的线索进行必要的坑探。主要是对该地区的地质找矿进行战略性作业,为有潜力的矿区进行详查和评估提供依据。

　　1917年,北京地质调查所叶良辅开始在长兴、诸暨、平阳、青田等地进行地质线路调查,出版《浙江平阳之明矾石》《浙江沿海之火成岩》等论著。1924~1934年,浙江省建设厅矿产调查所等单位,在局部地区矿点上进行了一些地质调查测量。

　　60年代,浙江省地质局在全省进行1∶20万区域地质调查,其野外工作底图采用总参测绘局1∶5万地形图。调查成果在1∶20万地形图上进行汇总整理,为此编制全省1∶20万地质专业地形图,共计29幅。每幅图的主要调查成果有地质图和矿产图,均以10~20色清绘,并印刷出版。

　　1982~1989年,采用不同的技术方法编制1∶2.5万地形图,共326幅,作为区域地质调查的工作地图。这次全省区域地质调查成果主要有1∶5万地质图和矿产图,城市附近的图幅还有水文和工程地质图,以10~15色清绘并制印出版。

　　20世纪60至80年代,在浙江省1∶20万、1∶5万区域地质调查成果的基础上,以初查、普查形式开展温州1∶5万区域地质调查。广大地质和测绘人员爬山涉水,长期奋战在深山野岭,使用当时传统的"老三仪"(经纬仪、水准仪、平板仪),采用总参测绘局第一、二代1∶5万及1∶2.5万地形图作为工作底图,辅以温州地质队测绘的草测图。温州区域地质调查的主要成果是1∶5万地质图和矿产图,城郊另有水文工程地质图。这为今后地质勘探的详查、地质灾害的防治等提供基础资料。

第二节　地质勘探及探矿工程测绘

地质勘探是在区域地质调查基础上进行。地质调查初查和普查后,在矿产资源有潜力的区域划定范围,进行下一步的地质勘探,以详查为主。主要内容有控制测量、地形测量及相关的地质探矿工程测量。温州市域矿产资源已发现的矿种有 30 余种,矿产地 350 多处。非金属矿比较丰富,苍南县矾山的明矾矿石探明储量达 2.4 亿吨,占浙江省总量的 68%,占全国总量的 37%,在全国矾矿储量排名中位列第一,有"矾都"之称。其次,温州还有储量丰富的叶腊石、伊利石、高岭土、铅锌矿、钼矿等矿产资源。这些矿产的勘探和开发,都离不开区域地质调查。

一、矾山矿区地质勘探测绘

温州市矾山的地质勘探和相应的测量始于 1949 年,地质勘探测绘的专业程度领先全省。1950 年,浙江省地质调查所在矾山矿区测量 1∶2000 地形图 5 平方千米,可惜质量达不到地质专业用图要求。

1956 年,华东地质局测绘大队据地质部按 1954 年编制的《大比例尺测量规范》,在矾山矿区布设四等三角网 13 点,四等水准 30 千米,控制面积 15 平方千米,起始坐标从 1948 年陆地测量总局编制的 1∶100 万地图上量取,同年完成 1∶2000 地形图 5.5 平方千米。这次测绘较细致,是地质系统按规范测绘大比例尺地形图的先导,但限于当时条件,平面坐标和高程系统近乎假定。

1963～1964 年,浙江省地质局测量队在矾山矿区测绘 1∶2000 地形图 13.8 平方千米。这次测量严格执行国家测绘技术标准和规范,平面控制三、四等三角网为 5″、10″ 级小三角的解析图根点,联测国家大地控制网,1954 年北京坐标系;高程控制四等水准网为等外水准,联测国家水准网,1956 年黄海高程系。地形图采用国际分幅。

二、温州区域地质勘探测绘

温州地区地质队以浙江省 1∶20 万、1∶5 万专业地质图和矿产图为基础,开展温州区域地质勘探测绘(不含矾山矿区)。

采用测绘仪器,1990 年代前为 Tne0010B 型经纬仪,RED2L 测距仪,国产 J6、J2 经纬仪,国产 S3 型水准仪及大小平板仪;1990 年代后为蔡司 Dini12 数字水准仪,索佳 SET2B、SET5F、GTS332(拓普康)、GET2110 全站仪和天宝 4600 型单频接收机及相关软件。1990 年代开始探索测记法测图。

采用测绘技术标准为《地质工程测量规范》《工程地质测绘标准》《三、四等水准测量规范》《城市测量规范》(CJJ8-85、99)《1∶500、1∶1000、1∶2000 地形图图式》《1∶5000、1∶1 万地形图图式》(各种不同年代版本)《大比例尺图测量规范》等。

平面坐标和高程系统,除个别小测区外,均为 1954 年北京坐标系和 1956 年黄海高程系,投影面一般选择矿区平均高程面。重要地物与地物轮廓对于附近图根点的平面位置中误差不大于 0.6 毫米,次要地物与地物轮廓平面位置中误差不大于 0.8 毫米。大比例尺地形图基本等高距为平地 0.5 米,丘陵地 1.0 米,山地 1∶1000 为 1.0 米,1∶2000 为 2.5 米;1∶5000 地形图基本等高距为平地 1.0 米,丘陵地 2.5 米,山地 5.0 米。

三、温州地质勘探工程测量

温州地区地质队组建后,有测绘人员10多人。1987年前测绘作业有地质工程测量、物探测量、化探测量等,主要为地质找矿服务,完成5″级小三角、四等水准、图根测量及少量1∶2000地形图。从1990年代开始,随着温州经济迅速发展,测量作业转为对外服务为主,而传统的地质勘探工程测量仍占有一定比例。1972~2007年,主要矿区的工程测量情况如下。

1. 仙岩测区

主要为明矾石矿、黄铁矿的勘探测绘。1972~1982年完成1∶100剖面线19条,22.975千米,钻孔88个,槽探、浅井地质观测点等1700余点。测量人员逐一测定这些点位的三维坐标,并测设图根点36点。

2. 永嘉县测区

石染(钼矿):2001~2004年完成1∶2000地形图2.8平方千米。

佳溪(金银矿):1995~2000年完成草图2.0平方千米,图根点65点,1∶1000剖面线8388米,地质点84点。

下龙(金银矿):1995~2006年完成1∶2000地形图2.0平方千米,GPS E级点8点,图根点28点,1∶1000剖面线3276米,地质点115点。

西坑(锰矿):1962年5月完成1∶1000地形图29.18平方千米,剖面线84772.29米。

银坑(铅锌矿):1982年9月完成部分地质测绘。

3. 泰顺县测区

龟湖(叶腊石矿):1985~1988年完成1∶1000剖面线10.362千米,钻孔28个,探槽45个,地质点125点。

泽滨(锡矿):1984年12月完成1∶2000地形图2.261平方千米,断面点5890点,中小型矿点16处。

第三节　东海石油地质勘探测绘

浙闽沪陆地以东的东海面积77.3万平方千米,由五个地质构造单元组成,其中东海大陆架沉积盆地面积约26.7万平方千米,沉积岩厚度超过1.2万米。这就在理论上决定了东海沉积盆地有着非常丰富的石油和天然气资源。经勘查,东海沉积盆地有四套油气层,即上白垩统-古新统、始新统、渐新统和下中新统油气层。石油资源的可能值为50亿吨,天然气的可能值为2000亿立方米,而且储油条件、盖层条件和圈闭条件都很好。1989年以来,在平湖油气田南面勘探出龙井、断桥、春晓、天外天等大型油气田,在平湖油气田北面勘探出宝云亭油气田。从1974年至1996年的22年中地矿部上海局共投入地勘投资9亿元,基建投资7亿元,打探井30口,其中16口发现高产油气流,探明油气控制储量折合天然气1050.65亿立方米。石油工业部中国海洋石油总公司也在东海盆地投入了大量的地球物理勘探工作和钻井施工,取得了丰富的油气成果。

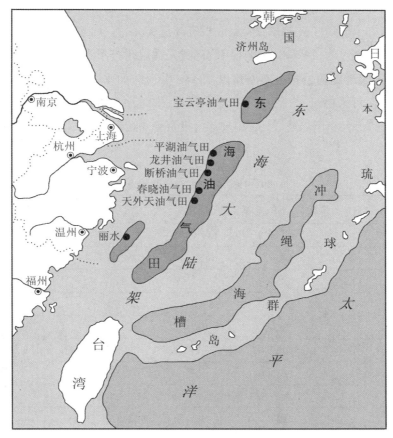

图 4‑02　东海油气田分布图

一、东海石油地质勘探

1948～1959 年,美国"SS‑326"、苏联"曙光"号海洋调查船在东海进行磁力测量。1959～1962 年,中国地质部航磁大队在东海大陆架开展 1∶100 万航空磁测。中外学者都认为东海石油和天然气资源丰富。

1974 年开始,地矿部上海海洋地质调查局全面开展东海油气勘查工作,查明了东海盆地中面积 4.6 万平方千米西湖凹陷区丰富的油气资源。1983 年 6 月平湖一号井首获油气流,1986 年 6 月平湖二号井又获高产油气流。平湖油气田 5 口井共探明控制储量 400 亿立方米,已向上海和舟山日输送 80 万立方米天然气。1992 年,我国政府开放东海部分海域对外合作招标,面积 7.28 万平方千米。其中北块海域距上海以东 230 千米,面积 1.88 万平方千米;南块海域位于温州以东 110 千米,面积 5.4 万平方千米。

1992 年 7 月 1 日中国海洋石油总公司(简称中海油)正式宣布温州龙湾区状元作为东海石油勘探开发后方补给基地,从此温州拉开了石油战幕。1992 年 12 月在温州市区状元镇建立东海石油勘探基地。1994 年 10 月完成状元基地一期土建工程,建筑面积 8428 平方米。短短几年内温州就建成了基地、码头、直升飞机、交通、气象、通信、住宿、配餐、医疗、旅游、进出口、劳务、金融、法律和急救等 15 项功能齐全的服务项目。中海油系统有 20 多家公司在温州设立了包括测井、钻井、定位、物探、物资供应、船舶等方面的分公司或办事处。美国德士古、英荷壳牌、美国优尼科、马克修斯、埃索等 6 家国际著名的石油大公司也都在温州建立了作业指挥机构。1994 年 12 月,美国德士古石油公司率先在温州以东 135 千米的海域开钻,至 1996 年共打了 13 口井,完成投资 3 亿美元,有 3 口井见到了油气显示,但未获得工业油气流,结果以失败告终。这些外国公司耗用数亿美元在温州打了水漂后悄然离去。

然而,2005 年英国超准能源公司在离温州以东 130 千米的丽水 36-1 气田钻出一口油气井,日产 27.96 万立方米天然气,可采储量 49 亿立方米。中石化、中海油和香港侨福集团等石油巨头又来温州实地考察,声称要在洞头大、小门岛建设占地 150 亩、投资 50 亿元的 LNG 接收站和配套的主干管道及燃气电厂等。

表 4-11 　　　　　　　　　　　　　　1979～1997 年东海石油勘测统计

年　份	地震测线(千米)	重力测线(千米)	磁力测线(千米)
1979 年	6954.2	—	—
1980 年	4600.7	1283	1283
1981 年	36168.0	21968.3	—
1982 年	33992.5	69167.0	71812
1983～1985 年	41739.7	16824.7	51983.2
1985～1990 年	84982.05	35523.3　6264.0(化探)	12646.3
1991 年	4246.0	6143.2	4651.4
1992 年	5291.733(202.883)杭州湾	1063.55	1063.55
1993 年	2142.0	1345.7	1345.7
1994 年	31561.65	11842.2	11842.2
1995 年	25042.8	3975.7	3975.7
1996 年	1888.0	—	—
1997 年	2652.7	—	—
合计	281262.033	169236.65	160558.05

二、东海石油勘探的定位和导航测量

海洋油气勘探测量作业特点为动态测量,与陆地勘测有很大不同。因此所有物探的炮位和观测点的三维坐标,都必须在航行中瞬时测定;相应的海洋定位和导航亦应利用一切专业设备和技术,并于外业完成后提供一定比例尺的水面、水下点位分布图,以满足地质物探的要求。

60 年代初,先在海滩和浅海作业,使用光学六分仪后方交会法,测定地震炮点和重力观测点的位置,以第四点校核,精度可达 ±15 米。为配合浅海的勘测作业,在海岸边利用国家测绘部门已建的三角点,或自行补建通用钢标,或选择高大建筑物等自然物标,测定其坐标作为控制点。这些陆地钢标高 24～32 米,海上钢标高出海面 10 米左右,还有浮鼓为直径 1.8 米的航标灯浮。位置测定后,即报国家海事部门发布《航海通告》。

1966 年,引进法国道朗 3P 无线电定位仪用于深海定位导航,精度 ±20 米。系双曲线相位系统,只适用白天工作,且易受天波干扰引起整相位周数混乱;有时突受雷电干扰,定位数值失真,往往使物探采集资料报废。因此仍需测定海域附近的钢标及大量抛放的灯鼓,供物探船在每日作业始末对定位仪进行相位对标校核。

1974年,引进法国道朗P100型一级相位定位仪,仍需日出而作,日落而息。定时进行相位对标校核,致使物探作业效率受到影响。1966～1976年"文革"期间,百业停滞不前。直至1981年,引进美国X-1502大地卫星接收机、塞茉第斯无线电定位系统、船用综合卫星定位导航系统等,着手成立中外合资定位公司,以期打破定位市场被外方垄断的局面。经过选择和谈判,1983年7月,分别成立中国渤海雷卡定位测量有限公司和中国南海雷卡定位测量有限公司。合资公司的成立,使我国海洋定位导航这一专业领域,拥有国际上最先进的技术和装备。先后使用塞茉第斯、脉冲8、哈波菲克斯、阿戈等陆基定位系统和美国X-1502大地卫星接收机、全球卫星定位系统(GPS)和差分GPS及其数据链设备等。

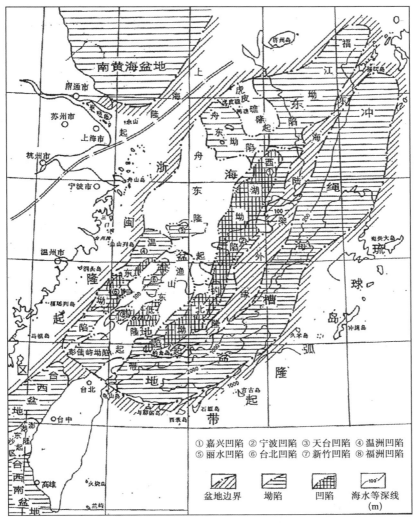

图4-03　东海海域构造区划图

1987年,为了提高海洋的定位质量和效率,引进高精度的短程无线电定位系统和GPS测地系统,并专门成立测量定位技术服务中心进行专业管理。

进入20世纪90年代,国际上的海洋定位作业普遍采用卫星全球定位系统取代台站多、费用高、人员多的陆基无线电定位系统,实现全天候、全覆盖、低成本、高精度的要求。从 1993 年起普遍采用该项技术,不但扩大控制范围,同时取消大部分陆地台站,使作业成本大幅度降低。1993～1994 年,利用英国雷卡测量公司布设在香港、越南、日本等地的 GPS 控制点,与中国公司布设在沿海地区控制点进行联测,并由雷卡公司使用美国精密星历进行平差处理,建立了纳入世界 WGS - 84 坐标系的 GPS 大地控制网,使各海区定位作业的坐标建立在统一可靠的基础之上。

第五章　旅游资源和人文地理调查测绘

温州市东濒东海,西依洞宫山脉,北靠括苍山脉,是一个山清水秀、植被常绿的滨海旅游城市。瓯海潮踪,雁山云影,楠溪澄碧,百岛竞辉,更有众多的古代名刹和人文遗迹,自然旅游资源和人文旅游资源极其丰富。依据旅游资源的吸引级别分类,温州市有众多的国家级风景区、省级风景区和市级风景区,它们的开发和管理都已进行过基础测绘,分别为1∶1万、1∶2000、1∶1000、1∶500地形图,然后编绘成各种景区规划图、交通图、旅游图等,还有为景区公路、隧洞、缆车建设而绘制的中线、断面、贯通等工程测量图。

第一节　国家级风景区和自然保护区测绘

温州市有雁荡山、楠溪江、百丈漈—飞云湖三个国家级风景区,另有两个国家级自然保护区,它们吸引了海内外各方游客,为温州市的旅游业开辟了广阔的空间和美好前程。

一、雁荡山风景名胜区测绘

雁荡山风景区包括北雁荡山、南雁荡山和中雁荡山。1989年经国家批准将南雁荡山和中雁荡山纳入国家级风景名胜区范围。

1. 北雁荡山风景区测绘

北雁荡山风景区位于乐清市北部,总面积150平方千米。由灵峰、灵岩、三折瀑、大龙湫、雁湖、显胜门、仙桥、羊角洞8个景区组成,胜迹景点500多处。在管理质量上属于5A级景区。为规划建设北雁荡山风景区,先后进行多次测绘。

(1)1979~1980年,温州地区基本建设局规划处邀请社会人士合作,在响岭头、灵峰、净名寺及沿路施测1∶500地形图。限于基础条件,平面坐标和高程皆为假定,控制采用导线和交会相结合,以小平板仪配合皮尺测图,图幅40厘米×50厘米,共61幅。并分别编绘灵峰、谢公洞、响岭头、烈士墓、净名寺、响岩、上灵岩、下灵岩8幅规划专用图。

(2)1984年末,温州市勘察测绘处在白溪至响岭头,布设一级控制点12点,二级控制点22点,施测1∶500地形图5幅。采用温州市独立坐标系,1956年黄海高程系。

(3)洞窟测量。雁荡山的峰、嶂、洞、瀑,号称"雁荡四绝"。景区的洞窟众多,拥有观音洞、北斗洞、仙姑洞等 60 多个洞窟。为搞好各个洞窟的平面和立面规划设计,必须实施洞窟测量。1982 年在观音洞施测时,温州地区规划处采用各层重叠投影法设置控制点,分 10 层测量各层的 1：200 平面图;以水准仪测定底层和每层的地面高程,用钢尺直接量取层高校核。

1985 年,温州市勘察测绘研究院承接雁荡山旅游管理局为修复观音洞进行平面图测量,先测出九层楼阁的每层平面图及每层的底高和顶高,然后重叠成彩色的九层完整观音洞图。该图比例尺为 1：100,清楚显示每层的台阶、平面位置、地面高程和顶面高程。经这次测量,观音洞九层的各层地面高程,一层为 143.95 米,二层 146.52 米,三层 149.00 米,四层 151.30 米,五层 153.92 米,六层 156.15 米,七层 159.42 米,八层 161.62 米,九层 163.75 米,最高层的大厅高程 164.99 米。

(4) 风景点地名调绘。1981～1982 年,温州市地名委员会和乐清县地名办公室组成雁荡山风景名称调绘组,实地调绘雁荡山 2 个区、14 个乡、7 个景区的地名,面积 500 平方千米。共标绘风景点 504 个,其中有 102 峰、21 嶂、108 岩、29 石、60 洞、8 门、4 阙、9 谷、8 坑、9 天、2 孔、8 岭、23 湫瀑等;新发现陡塞门坑、碎石坑等 10 余处潜在或传闻的新景点,最后编制成《雁荡山风景名称图》。

2. 南雁荡山风景区测绘

南雁荡山位于平阳县西部,面积 97.68 平方千米。由东西洞、顺溪、畴溪、石城、东屿五大景区组成,在管理质量上属于 4A 级景区。

2005 年,平阳县测绘大队在东西洞主景区测绘 1：500 数字地形图,2.5 平方千米,编绘旅游图。

二、楠溪江风景名胜区测绘

楠溪江风景区位于永嘉县境内,为 1988 年 8 月国务院公布的第二批国家级重点风景名胜区,在管理质量上属于 4A 级风景区。整个风景区东西长约 47 千米,南北宽约 40 千米,总面积 670.76 平方千米,占楠溪江流域的四分之一。由楠溪江中游、大若岩、石桅岩、北坑、珍溪、陡门、四海山 7 个景区组成,景点 800 多处。以"山秀、岩奇、瀑多、村古、滩美"著称,沿江有 36 湾、72 滩,大小滩林 80 余处,兼有宋代苍坡、芙蓉等古村落,更添文化特色。

大若岩是楠溪江主要景区。1982 年,温州市地名委员会和永嘉县地名办公室联合进行景区地名调绘,编制《大若岩风景区地名图》。

1989～1995 年,永嘉县土地管理局组织系列测绘,在地籍调查的同时,完成楠溪江水深和断面测量。并以 780 张航摄片为基础,编绘楠溪江流域风景旅游图。采用温州市独立坐标系,黄海高程。这是楠溪江景区的首次正规测绘。

2006 年 10 月,永嘉县勘察测绘院对楠溪江风景区的边界及核心景区范围线进行全数字化测绘,核心景区面积 115.3 平方千米,著名景区和景点有大若岩、石桅岩、北坑、水岩、陡门及四海山森林公园。采用的规范和依据是《工程测量规范》(GB-1993),《全球定位系统城市测量技术规程》(CJJ73-1997) 和技术设计书。测绘作业使用 2″级全站仪,并采用 GPS RTK 放样。先将界桩按坐标展绘在 1：1 万地形图上作为工作底图,在全景区边界测设界桩 148 座,核心景区范围线测设界桩 58 座,最后提供光盘和纸质图,以便今后动态修测。2007 年 1 月通过验收,界桩平面位置的精度达 ±1″。完成《楠溪江风景名胜区总体规划修编》(2005～2020 年)。

三、百丈漈—飞云湖风景名胜区测绘

百丈漈—飞云湖风景区位于文成县境内,总面积 282.9 平方千米,2004 年 1 月列入国家级风景名胜区。由百丈漈、峡谷景廊、天顶湖、刘基故里、朱阳九峰、飞云湖、铜铃山、岩门大峡谷、龙麒源、月老山 10 个景区组成。其中百丈飞瀑由三级瀑布组成,仅一漈单级高 207 米,宽 60 多米,飞瀑倾泻,声震山谷。

2003 年,江西省规划院据 1:1 万航测地形图,编制百丈漈景区总体规划图和旅游图。

2003 年,文成县测绘大队施测天顶湖景区 1:1000 数字地形图 5.5 平方千米。

2006 年,文成县测绘大队施测刘基故里 1:500 数字地形图 0.3 平方千米。

四、乌岩岭国家级自然保护区测绘

乌岩岭自然保护区位于泰顺县西北部,面积 188.62 平方千米,1994 年列为国家级自然保护区。保护区内的白云尖(1611 米)是温州市第一高峰。主要保护中亚热带森林植被和黄腹角雉等珍奇动物。现已开辟为旅游度假胜地。

1987 年,泰顺县环境监测站成立,并在保护区内施测 1:5000 地形图 40.2 平方千米。1994 年纳入国家级自然保护区后,泰顺县测绘大队施测 1:500 地形图,并据 1:1 万航测地形图编绘专题用图。

五、南麂列岛国家级海洋自然保护区测绘

南麂列岛自然保护区位于平阳县东面东海之中,距大陆海岸线 41 千米。南麂列岛保护区由 23 个岛屿组成,陆地面积 11.13 平方千米,海域面积 189.93 平方千米。南麂海域的海洋生物资源丰富,有"贝藻王国"的称誉。1990 年列为国家级海洋自然保护区,后来纳入联合国"人与生物圈"保护区网,成为温州唯一的"世界级"自然保护区。现已辟为热门旅游风景区,有三盘尾、大沙岙、竹柴百屿等景区组成。

1955 年 2 月,南麂列岛解放,当时属洞头县,1957 年始归平阳县管辖。1956 年,中国海军海道测量队施测南麂列岛 1:2.5 万地形图和周边海域水深图,为 1954 年北京坐标系和黄海高程系。

第二节　省级风景名胜区测绘

除国家级风景区和自然保护区外,温州市还有洞头海岛、江心屿、寨寮溪、玉苍山、南麂、泽雅、仙岩、瑶溪 8 个省级风景区,温州乐园、动物园等 12 个市级风景区。

一、江心孤屿测绘

江心孤屿简称江心屿,位于瓯江下游江中,是中国四大孤屿之一。江心孤屿风光秀丽多姿,人文景观丰厚,素有"海上蓬莱"、"诗之岛"的美称,为温州市著名风景区。

1974 年以前,江心孤屿面积仅 40200 平方米(60 亩)。此后,由于瓯江下游抛石建坝,整治温州港航道的同时,孤屿西面的泥沙迅速淤积,形成面积巨大的江心沙洲。于是江心屿迎来了扩建工程,如今的江心屿公园东西长 2800 米,南北平均宽 251 米,最宽处 400 米,最窄处 216 米,面积达 71 万平方米

（1070 亩）。

东塔南麓地面，留有 1953 年国家埋设的精密水准点"8－5－191"，标高为黄海高程 5.074 米，据此测定东塔高程为 45.5 米，西塔高程为 50.6 米。

1970 年代中期，为孤屿扩展西园而修建北岸护堤工程，温州市建筑设计室勘测组完成带状地形图及断面测量，为假定平面坐标系和吴淞高程系。

2000 年以来，江心孤屿已为温州市 1∶500 数字地形图覆盖。

二、洞头海岛风景区测绘

洞头列岛位于瓯江口外东海之中，由 171 座海岛组成，其中住人岛 14 座，列岛总面积 100.3 平方千米。洞头海岛风景区由洞头半岛工程、仙叠岩、半屏山、东沙、望海楼、中普陀寺 6 个景区组成，虽为省级风景区，但每年接待游客数量超过了国家级的楠溪江和百丈漈风景区，仅次于北雁风景区，居全市第二位。

1994～2007 年，完成三、四等 GPS 点 84 点，一级导线 332 点，三等水准 240 千米，四等水准 400 千米，1∶500 数字地形图 70 平方千米，采用温州市独立坐标系，黄海高程系。唯在灵霓北堤竣工前，部分测绘采用假定坐标系及洞头验潮站高程。

三、仙岩风景区测绘

仙岩景区位于瓯海区的大罗山西南部，景区面积 30.45 平方千米，主要景点有梅雨潭、雷响潭、龙须潭、圣寿禅寺等。朱自清先生的著名散文《绿》，为仙岩景区招来了大量游客。

2002 年 8 月～10 月，温州市瓯海测绘工程院为仙岩景区进行规划测绘，布设一、二级导线，四等水准 86.4 千米，完成 1∶500 数字地形图 32.98 平方千米。

四、寨寮溪风景区测绘

寨寮溪风景区位于瑞安市西部的飞云江中游末段，长 17.2 千米，景区面积 64 平方千米。由花岩、玉女谷、九珠潭、龙潭、回龙涧、腾烟瀑、漈门溪 7 个景区组成，以溪清岩秀、瀑潭串接、滩林蜿蜒的山水风光取胜。

1994～2007 年，瑞安市规划测绘队施测寨寮溪风景区 1∶500 地形图，编绘景区规划和旅游图。

五、玉苍山风景区测绘

玉苍山景区位于苍南县西部桥墩水库北面，面积 23.8 平方千米。为省级和 4A 级风景区，温州十大名胜景区之一。该景区以花岗岩球状风化的石蛋地貌取胜，有"石海"之称。

据 1∶1 万航测地形图，编绘玉苍山景区规划和旅游图。

六、承天氡泉景区和泰顺廊桥测绘

承天氡泉位于泰顺县雅阳镇承天村玉龙山下的会甲溪大峡谷底部，是一宗极佳的地热资源和旅游资源，泉眼涌泉水温 62℃，属热泉型承压地下热水，并富含氡、氟、硅及多种微量元素，现已建成为疗养和休闲兼容的旅游景区。

泰顺是全国著名的廊桥之乡，有木拱廊桥、木平廊桥、石拱廊桥等明清桥梁 33 座，著名的有泗溪双涧桥和溪东桥、洲岭三条桥和毓文桥、三魁薛宅桥、仙稔仙居桥、筱村文兴桥、戬洲永庆桥等。

1973 年,浙江省水文地质大队进行承天氡泉调查,检测泉水成分。

2003 年 8 月,温州大学等组成调查组勘察规划泰顺县各景点。

2001～2005 年,泰顺县测绘大队前后 6 次实施测绘。其中氡泉主景区测绘 1∶500 数字地形图 2.5 平方千米,并据此编绘氡泉景区规划图和旅游图。另外,还编制泰顺廊桥分布图。

第三节　人文地理调查测绘

温州市人文地理调查测绘,主要有地名普查测绘和人文社会调查测绘,包括各种遗址遗迹、建筑设施等。

一、温州市域地名普查测绘

1981～1983 年,完成温州市域地名普查。外业基层调查工作,主要采用总参 1∶5 万地形图编绘乡镇地图作为工作底图,部分区域新测 1∶2000 地形图;高程采用 1956 年黄海高程系。历史典籍资料查阅温州府志、永嘉县志及各县县志。各类数据按行政隶属关系逐级统计,确定标准地名,并表示出地名的由来、含义、沿革、地理位置、行政归属、标准书写、读音和别名等,反映自然地理和社会经济发展状况。所列地名均为 1982 年地名普查经标准化处理的现行地名,具有法定性。

鹿城区是温州市的政治、经济、文化中心,历史悠久。这里所有街巷地名大多有历史、地理、方言等复杂的成因,并有其掌故和沿革。保持地名的相对稳定是任何朝代的大事,但"文革"期间,街巷地名更改得面目全非,如"五马街"被改为"红卫路","信河街"被改为"兴无路","康乐坊"被改为"东风路","谢池巷"被改为"绿化巷"等。鹿城区更改街巷地名就达 98 条之多,这给地方图籍、正常通讯、外地来温人员带来极大不便和严重后果。1981～1983 年地名普查时,正本清源,一律恢复原名,并规范地名用字。

二、温州市域人文社会调查测绘

温州历史悠久,文化底蕴丰厚,是中国山水诗发祥地,南戏故乡。根据 80 年代文物普查和坊间留存遗迹记录,特别是重点建筑文物,均多次施测大比例尺地形图,并编绘于旅游图中。自 2002 年以来,温州市勘察测绘研究院、温州市瓯海测绘工程院、瑞安市规划测绘队,采用统一技术标准和基准(温州市独立坐标系、1985 年国家高程基准),将重点文物建筑测绘在 1∶500 数字地形图中,并刻成光盘。

1. 叶适(1150～1223 年)墓

叶适墓位于温州市区海坦山的慈山南麓。叶适成年时居住在松台山之南的水心一带,悉心著述,人称"水心先生"。叶适是中国重商经济"永嘉学派"的代表人物,当时与朱熹理学派、陆九渊学派鼎足而立,在哲学、史学、文学、政论方面都有卓越贡献。这种重商文化是现代温州经济发展的文化基因。

2. 张璁(1475～1539 年)碑亭

张璁生于瓯海区永中镇普门村,为明朝嘉靖皇帝的首辅重臣,官至文华殿大学士,人称"张阁老",民间种种传闻甚多。鹿城区张府基、大士门、三牌坊、妆楼下一带,有数百住户的居民区当年都是"张阁老"的府邸,原迹毁于兵火,仅存街巷地名。张璁碑亭现移位于松台山南麓妙果寺西侧园林内。

3. 谯楼(907 年始建)

谯楼位于鹿城区鼓楼街与公安路交会处,原是五代吴越国所建"钱氏子城"的南城门更鼓楼,俗称鼓楼。元代至正十三年(1353)拆除钱氏子城的城墙,仅留南城门及谯楼。温州古城的谯楼是揭示温州古代城防形制和街坊布局的珍贵古建筑文物。

4. 玉海楼(1888 年始建)

玉海楼位于瑞安市道院前街,为孙衣言、孙诒让父子所建,是清代著名的藏书楼。原藏书八九万卷,以珍本、批校本、乡邦文献为特色。1996 年被国务院列为全国重点文物保护单位。

第五篇
政区界线、地籍
和房产测绘

　　温州市各级政区界线测绘,地籍测绘,房产测绘,以及界线勘定和界内面积量算,都是事关权益的工作,要求做到十分仔细和准确。从古代手工丈量到近代模拟测图量算,再到今天的数字测量,其方法愈来愈先进,测算精度愈来愈高。

第一章 政区界线测绘和海陆面积量算

各级政区都有法定分界线或历史习惯线所形成的管辖范围及其面积。多年以来,温州市、县、乡各级政府一直按历史习惯线规定的政区范围进行行政管理,但各级政区界线多有模糊状况,接壤边界存在诸多重叠或漏测的现象。2000~2004 年,国家民政部门启动各省境内行政区域界线的测定工作,温州市、县各级测绘单位进行政区界线测绘工作,包括陆域界线、海域界线以及瓯江、飞云江、鳌江的江上界线等。

第一节 行政区划界线测绘

截至 2005 年,已完成温州市与台州市、温州市与丽水市的界线测定,并完成温州市下辖县级基层政区界线的测绘。

一、温州政区概况

秦始皇三十三年(前 214),今温州是闽中郡的组成部分。东晋太宁元年(323),置永嘉郡,郡级政区建立至今已近 1700 年。唐高宗上元二年(675),始置温州,"温州"州名沿用至今已逾 1300 多年。

1949 年 5 月 7 日温州和平解放,同年 8 月 26 日成立浙江省人民政府第五区专员公署,11 月 6 日改称温州专区,辖永嘉、瑞安、乐清、平阳、文成、泰顺、青田、玉环 8 县。并析永嘉县的城区和瓯江以南 5 个区置温州市,不属温州专区管辖,而直隶于浙江省人民政府。瓯江以北的各区置永嘉县,改名双溪县,后复称永嘉县。

1952 年 1 月,撤销丽水专区,所辖 5 县并入温州专区。1954 年 5 月,撤销台州专区,其中 3 县 1 区并入温州专区。至此,温州专区共辖 17 个县和 2 个直属区,即永嘉、瑞安、乐清、平阳、文成、泰顺、青田、玉环、丽水、云和、龙泉、景宁、庆元、洞头、黄岩、温岭、仙居、海门区、矾山矿区,这是历史上温州专区辖县最多、幅员最广的时期。

1957 年 9 月,恢复台州专区建制,温州专区下辖 14 个县。1963 年 5 月,恢复丽水专区,温州专区下辖 1 市 6 县,即温州市、永嘉县、乐清县、瑞安县、平阳县、文成县、泰顺县。1964 年 10 月,重新恢复洞头县,温州专区辖 1 市 7 县。1970 年,温州专区改名为温州地区,仍辖 1 市 7 县。

1981 年,温州地区和温州市合并,实行市管县体制。同年,析温州市西部和南部郊区 5 个区置瓯海县,并析平阳县鳌江以南 7 个区置苍南县。1984 年,撤销温州城区置鹿城区,析温州市东部郊区状元镇、龙湾乡等置龙湾区。

1987 年,瑞安撤县设市。1992 年,瓯海县改名为瓯海区。1993 年,乐清撤县设市。至此,温州市辖鹿城、龙湾、瓯海 3 区,瑞安、乐清 2 市,永嘉、洞头、平阳、苍南、文成、泰顺 6 县,共 11 个县级政区,至今未变。(详见志首的《总述》)

2001 年 8 月,温州市区的鹿城、龙湾、瓯海三区及周边的瑞安市和永嘉县的政区范围作了较大的调整,压缩了瓯海区面积,扩大了鹿城区和龙湾区面积;并将瑞安塘下镇的 10 个村 2 个居民区划归龙湾区,将瑞安丽岙镇和仙岩镇划归瓯海区;还将永嘉县七都镇和中央涂居民区划归鹿城区。

截至 2005 年,已完成温州市及县级基层政区测绘,详见表 5 - 01。温州市及县级政区界线见本志扉页彩色地图。

表 5 - 01　　　　　　　　　　　　　　　2005 年温州市行政区划统计表

政区	单 位 驻 地	面积 (km²)	人口 (万人)	街道 (个)	镇 (个)	乡 (个)	社区 (个)	居民区 (个)	行政村 (个)
温州市	市府路 500 号	11784	750.28	30	119	143	266	240	5392
鹿城区	广场路 188 号	294	67.33	12	4	5	160	0	144
龙湾区	永强大道 4318 号	279	31.55	5	5	0	2	15	147
瓯海区	兴海路 50 号	614	40.13	7	6	0	13	12	251
瑞安市	万松东路 154 号	1271	113.48	6	12	19	24	37	910
乐清市	乐成镇人民路 2 号	1174	116.97	0	21	10	17	32	912
洞头县	北岙镇县前路 12 号	100	12.34	0	3	3	6	3	84
永嘉县	上塘镇县前路 94 号	2674	89.34	0	12	26	13	12	906
平阳县	昆阳镇县前街 8 号	1051	84.82	0	17	14	26	12	583
苍南县	灵溪镇玉苍路 61 号	1272	123.11	0	20	16	4	94	776
文成县	大峃镇建设路 125 号	1293	36.47	0	8	25	0	13	384
泰顺县	罗阳镇东大街 6 号	1762	34.74	0	11	25	1	10	295

二、市级政区界线测绘

温州市与邻市的丽水市、台州市的市界,一直按双方认可的历史习惯线划分,未经测绘定位。随着社会和经济快速发展,为加强法制建设,国家民政部门启动以精准测绘为基础的行政区划界定工作。

行政区划界线测绘的技术标准起点高。外业采用 GPS、全站仪测定界点三维坐标,点位误差(图面距离)不大于 ±0.3 毫米,个别点经审批可适当放宽至 ±0.5 毫米。

平面基准采用 1954 年北京坐标系,高程基准采用 1956 年黄海高程系,地图投影采用高斯-克吕格 3°带投影(L_0＝120°)。

作业程序。首先由上级民政部门组织双方人员实地确认界线,凡有争议的,上级政府派员踏勘、协商、裁定。然后埋设转折点界桩,并委托专业测绘单位测定界点三维坐标。最后提交三套成果数据的光盘(不压缩的 TIF 格式),以便今后修测。

温州市与丽水市、台州市的市际界线测绘,委托丽水市勘察测绘院承担外业,2000～2002年完成。界线总长1293.31千米,埋设界桩40座;委托浙江省地理信息中心承担内业,2003年8月～2004年6月完成勘界资料扫描矢量化。只是涉及苍南、泰顺两县的浙闽省际界线尚未测绘。

为保证政区界线测绘的准确性和数据通用性,在系统开发、数据库的建设中采用现行国家标准和行业标准,见表5-02。

表5-02   **行政区划界线测绘采用的标准**

序号	标 准 名 称	标 准 编 号	备 注
1	县以下行政区划代码编制规则	GB10114-88	
2	中华人民共和国行政区划代码	GB/T2260-1999	
3	国家基本比例尺地形图分幅和编号	GB/T13989-1992	
4	1∶1万、1∶5万、1∶10万地形图要素分类代码	GB/T15600-1995	
5	国土基础信息数据分类与代码	GB13923-1992	
6	省级行政区域界线测绘规范	GB/T17796-1999	
7	1∶5000、1∶1万地形图图式	GB/T5791-93	
8	1∶5000、1∶1万地形图航空摄影测量内业规范	GB/T13990-92	
9	中华人民共和国测绘行业标准-基础地理信息数字产品1∶1000、1∶5万数字栅格地图	国家测绘局	2001年3月
10	1∶1万基础地理信息数据生产与建库总体技术纲要	国家测绘局	2001年6月
11	浙江省1∶1万数字线划图(DLG)技术规定(暂行)	浙江省测绘局	2002年

第二节　土地面积量算

清代以前,历代王朝虽有土地经界,但限于技术水平,仅统计田亩,作为征收赋税之用,从未确切量算土地面积。清光绪二十八年(1902),我国首次量算国土面积,但准确性很差。中华人民共和国成立后,杭州大学地理系和浙江省测绘局、省林业勘察设计院等单位,先后进行浙江全省陆域、内水、海涂、领海面积和海岸线长度的测算,取得了较精确的数据。

一、民国时期温州土地面积分类量算

1928年,浙江陆军测量局应时势的需要,据历年所测浙江省1∶5万、1∶2.5万地形图和历年《兵要地理调查表》所载村庄、河流、道路等情况,进行全省各县分类面积的量算。量算分平地、山地、道路、河湖、沙涂、海湾6类。凡田、地、居住地和已垦海涂列入平地类,凡小路、公路、大车道列入道路类,凡江河、湖泊、汊荡等列入河湖类,凡海滨泥涂、江边沙滩不能种植的列入沙涂类。鉴于当时中国领海权尚未完全确定,因此规定量算沿海海湾面积,皆算至所属最外岛屿为止,如瑞安量至裤福山,平阳量至后麂山,玉环量至披山岛。海湾与内河的分界,瓯江在磐石卫,飞云江在沙园所城。1929年出版《浙江陆军测量局报告书》,专载这次量算的结果。1932年,浙江省陆地测量局依据刚完成的龙泉、庆元、云和、景宁、泰顺 5 县 1：5 万地形图,重新量算该 5 县分类面积,并将全省土地面积数据上报内政部统计司。1935 年 7 月,浙江省陆地测量局根据全省各县分类面积量算情况,整理出版《浙江省各县面积分类明细表册》,表册中的面积分平方公里、公亩、平方市里、市亩 4 种计量单位。温州各县分类面积见表 5-03。

表 5-03 　　　　　　　　　　　　　1935 年量算的温州各县土地面积分类表 　　　　　　　　　　单位：平方千米

类别	平地	山地	道路	河流	沙涂	海湾	总面积
永嘉①	505.96	3087.51	6.97	123.75	54.41	356.99	4135.59
瑞安②	450.88	1429.95	3.32	72.66	38.82	1142.64	3138.27
乐清	337.42	810.86	2.65	31.52	101.19	208.69	1492.33
平阳③	552.74	1501.29	3.32	46.78	57.07	3529.10	5690.30
泰顺	78.96	470.79	2.32	28.86	2.99	—	583.92
玉环④	85.27	373.91	1.66	10.95	119.77	2092.18	2683.74
丽水	134.37	988.36	1.99	19.24	5.97	—	1149.93
青田	87.59	2617.05	3.65	51.76	19.24	—	2779.28
龙泉	128.73	2595.15	2.99	16.26	17.58	—	2760.71
庆元	81.62	1787.94	2.32	10.62	15.59	—	1989.09

注：①包括今温州市区三个区及永嘉县。②包括今文成县。③包括今苍南县。④包括今洞头县。

表 5-04 　　　　　　　　　　　　民国时期计量单位的长度关系和地积关系换算表

制 　　别		单位名称	换 算 系 数		
			市用制	标准制	旧营造制
长度	市用制	市尺	1 市尺	0.3333 公尺	1.042 尺
		市里	1 市里	0.5 公里	0.86806 里
	标准制(公制)	公尺	3 市尺	1 公尺	3.125 尺
		公里	2 市里	1 公里	1.73611 里
	旧营造制	营造尺	0.96 市尺	0.32 公尺	1 尺
		营造里	1.152 市里	0.576 公里	1 里
	英制	英尺	0.9144 市尺	0.3048 公尺	0.9525 尺
		英里	3.21866 市里	1.60934 公里	2.9525 里
地积	市用制	市亩	1 市亩	6.6667 公亩	1.0851 亩
		市顷	1 市顷	6.6667 公顷	1.0851 顷
	标准制(公制)	公亩	0.15 市亩	1 公亩	0.1628 亩
		公顷	0.15 市顷	1 公顷	0.1628 顷
	旧营造制	营造亩	0.9216 市亩	6.144 公亩	1 亩
		营造顷	0.9216 市顷	6.144 公顷	1 顷

二、温州市土地面积详查

土地面积是一项具有法定性的严肃数据,不能夹带丝毫的马虎和差错。温州市准确的土地总面积应采用 1990～1993 年"第三次土地详查"得出的数据,为 11878.82 平方千米(1781.823 万亩)。随着围海造地的土地面积扩大及与邻区勘界的确定,这个数据还要作相应的增大。

1958 年,温州市进行第一次土地概查。1984 年,进行第二次土地概查。这两次土地概查得出的温州市土地面积都不准确,不能采用。1990～1993 年温州市进行第三次土地详查,得出的土地总面积是最值得信赖的准确数据。而且,这次土地详查还把全市土地利用类型分为 4 大类,9 个一级类型,44 个二级类型,32 个三级类型。四大类为农业用地、非农业用地、内陆水域和未利用土地。其中农业用地包括耕地、林地和草地,共 1339.7 万亩,占全市土地总面积的 75.2%。非农业用地包括城镇建设用地、农村住宅用地、交通用地和工业用地,共 206.7 万亩,占全市土地总面积的 11.6%。内陆水域占 5.7%,未利用土地占 7.5%。详见本志第四篇第一章第二节。

第三节　海域面积量算

温州市拥有广阔的海域,海域总面积为 68954 平方千米,是陆域面积的 5.8 倍。这个数字是怎么测算出来? 测算依据又是什么?

根据 1982 年通过的《联合国海洋法公约》,靠海各国都有从海岸基线往外 200 海里(370 千米)"专属经济区"的权利。温州海岸基线以外 200 海里范围内属于温州海域,这就是确定温州海域的法律依据。领海基线是测算沿海国领海和专属经济区的起点,通常是沿海国的大潮低潮线,但在一些海岸线曲折的地方,或者在海岸附近有列岛和群岛时,就使用直线基线划定的方式。1958 年 9 月 4 日我国发表了《中国政府关于领海的声明》,宣布我国的领海宽度为 12 海里(22.2 千米),以连接大陆岸上与沿海岛屿上各基点之间的直线为基线,从基线外延伸 12 海里的水域为中国的领海。1992 年 2 月 25 日,第七届全国人大常委会第 24 次会议通过《中华人民共和国领海及毗连区法》规定我国领海的宽度从基线量起为 12 海里。1996 年 5 月 15 日,我国政府正式宣布了 77 个领海基点,其中大陆和沿海岛屿领海基点 49 个,西沙群岛领海基点 28 个。温州平阳南麂列岛最东端的稻挑山岛(121°07.8′E,27°27.9′N)就是其中一个基点。这些基点的直线连线称为领海基线。领海基线往外延伸 12 海里是我国领海,毗邻领海外从领海基线往外延伸 24 海里是我国的毗连区,从领海基线量起的 200 海里的海域都属于我国的专属经济区。

然而,中国与日本之间的东海宽度不足 400 海里,平均宽度只有 210 海里,这就产生了中日专属经济区的重叠问题。日本方面依据 1982 年公布的《联合国海洋法公约》,坚持按中间线原则划分。我国政府根据 1958 年联合国《大陆架公约》的"自然延伸法则"划分,即东海大陆架东缘与冲绳海槽之间水深 200 米等深线作为中日东海分界线。中国政府声明,东海目前尚未划界,所谓"中间线"是日本单方面提出来的,中国从来没有接受,今后也不会接受。

温州海域面积是在大比例尺海图中从理论深度基准面至 200 米等深线水域中量算出来的。海图中等深线注记的海水深度,我国是采用"理论深度基准面"作为起算面,即海面可能降落到的最低低潮面。

理论深度基准面是1956年起中国海军海道测量部在全国海洋测绘中统一采用的标准基准面,1958年、1965年、1971年、1975年多次将理论深度基准面的数值作了调整。直至1990年12月1日开始实施国家标准《海道测量规范》(GB12327-90)。我们从1991年以后绘制出版的大比例尺海图中量算出从理论深度基准面到-5米,即0米至-5米等深线之间的温州海域面积为1237平方千米,0米至-10米之间的温州海域面积为2456平方千米,0米至-20米之间的温州海域面积为5987平方千米,0米至-100米之间的温州海域面积为40394平方千米,0米至-200米之间的温州海域面积为68305平方千米。见表5~05。

表5-05　　　　　　　温州海区(27°10′~28°20′N)从理论深度基准面起算的海域面积

海 域 范 围	港湾内海域面积 (平方千米)	港湾外海域面积 (平方千米)	合计海域面积 (平方千米)
理论深度基准面至-5米	993	244	1237
理论深度基准面至-10米	1419	1037	2456
理论深度基准面至-20米	1560	4427	5987
理论深度基准面至-40米	1560	8407	9967
理论深度基准面至-60米	1560	11747	13307
理论深度基准面至-80米	1560	18702	20262
理论深度基准面至-100米	1560	38834	40394
理论深度基准面至-200米	1560	66745	68305

地形图上注记的等高线海拔高度,我国1956年以后统一采用"黄海基准面"作为起算面,即黄海多年平均海平面。海图上的理论深度基准面与地形图上的黄海基准面之间还有一个"遗漏地带",这个遗漏地带包括潮间带下部的黄海基准面以下到理论深度基准面之间的海域部分。此外,另有一个遗漏地带是海岸线(大潮平均高潮面)到黄海基准面之间的海域,包括潮间带上部和潮上带的海域部分。温州海岸线至理论深度基准面之间的海域面积为649平方千米。表5-06中各级别的合计海域面积应加上649平方千米,才是温州实际海域面积。因此,温州海区海岸线至-5米,即-5米以上的海域面积为1886平方千米,-10米以上的温州海域面积为3105平方千米。-20米以上的温州海域面积为6636平方千米,这个面积大约是领海基线以内的温州内海面积,是温州陆域面积的56%。-100米以上的温州海域面积为41043平方千米,是陆域面积的3.5倍。-200米以上的温州海域面积为68954平方千米,是陆域面积的5.8倍。见表5-06。

表5-06　　　　　　温州海区(27°10′~28°20′N)从海岸线起算的海域面积　　　　　　单位:平方千米

深度等级	-5米以上	-10米以上	-20米以上	-40米以上	-60米以上	-80米以上	-100米以上	-200米以上
海域面积	1886	3105	6636	10616	13956	20911	41043	68954

综上所述,从温州大陆海岸线至-200米等深线为温州海域的区域范围,它的宽度最窄处为140海里(260千米),最宽处为216海里(400千米)。除去领海基线以内的内海部分,温州海域没有超出《联合国海洋法公约》规定的200海里。温州的经济管辖海域面积68954平方千米,是陆域面积的5.8倍。

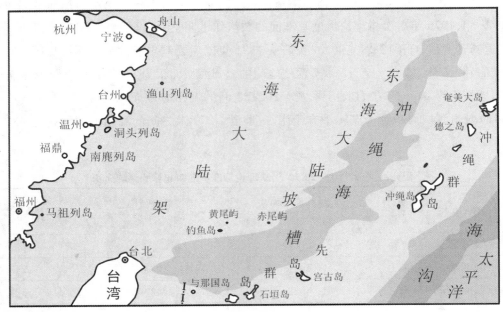

图 5 - 01　温州以东的东海形势图

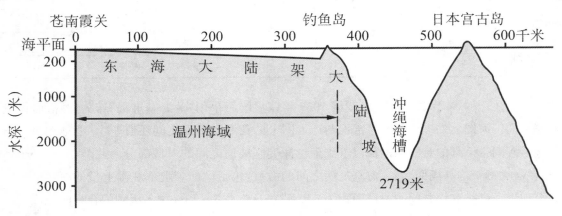

图 5 - 02　苍南霞关至日本宫古岛海底地形剖面图（ESE 方向）

第二章　地　籍　测　绘

"地籍"原意是"国家为征收土地税而建立的土地登记册簿",数千年来历经税收地籍、产权地籍、现代地籍等发展阶段。地籍测绘是土地管理的必要手段,田赋、税收、产权等均以此为依据,其名称随内涵而不断演变,由土地丈量、土地经界、土地陈报、土地测量到地籍测绘。

第一节　古代土地经界与鱼鳞图册

土地丈量是地籍测绘的发端,历史久远。商周时期实行"井田制",战国时期秦国商鞅变法"废井田,开阡陌",隋唐时期普遍实行"均田制",对土地、赋税进行统一登记,并建立户籍制度,地籍附于户籍册内。温州在两晋时期,已陆续开发沿海平原沃土,历朝征收田赋都以占有耕地面积而定,因此土地丈量尤为重要。温州有正式记载的地籍测量,始于宋代。

一、宋代和元代

唐代天宝(742~756年)以后,北方和福建大量人口迁入温州,均田制遭破坏,土地兼并之风盛行,大地主坐拥良田数万亩。由此,形成赋籍混乱,粮赋失衡。历代王朝皆采取土地经界与编造鱼鳞图册作为管理土地与赋税的手段。

土地经界就是土地疆域的划分。经,即划界丈量;界,指田沟之类的界线。《孟子·滕文公上》曰"夫仁政必自经界始,经界不正,井地不均,谷禄不平。是故暴君污吏必慢其经界。经界既正,分田制禄,可坐而定也。"土地经界属施政举措,更是社会稳定的根基。南宋绍兴十二年(1142),左司员外郎李椿年上书,力陈经界不正之十害。经五年有余,李椿年行土地经界所造砧基簿,田册明析确实,时称"绍兴籍"。温州地方文献记载,绍兴十一年(1141),瑞安推行经界法,绘图建册,编制丁口本、土地鱼鳞册等类地籍资料。

元袭宋制,各路、州、县多有土地经界之举。元初推行土地经界,其规模和成果对后世影响颇大。土地经界分四个步骤进行,第一步自报土地数量,第二步履亩丈量核实,第三步将履亩核查结果与官府所藏的原簿以及业主所持田契质对,第四步绘制鱼鳞图册,并向业主重新发放田契。例如至元二十七年(1290),乐清县土地经界得出,田地、山荡共41.77万亩,其中耕地33.85万亩,丁10.67万,男性劳动力每人平均拥有耕地3.16亩。

二、明代和清代

明初洪武年间(1368～1398年),因富户畏避徭役,以田寄于亲邻或佃仆名下,造成赋税流失。乡里欺县,县欺府,府欺道,道欺省,奸弊百出,相沿成风,导致富者愈富,贫者愈贫。明太祖朱元璋为巩固政权,下令重建赋役制度,行土地经界,编造鱼鳞图册。此时的土地经界分两种方式施行,一是直接派员到地方主持,二是指令地方官吏自行主持。朝廷遣员集里甲耆民,"躬履田亩以量之,图其田之方圆,次其字号,悉书主名及田之丈量四至,编类为册,其法甚备。以图所绘,状若鱼鳞,故号鱼鳞图册。"此图册包括分图和总图两部分。分图按每块土地实地形状,加以简单描绘,务须明确注明土地面积、周围四至、现业或原业主人,并编成字号。总图以乡为单位绘制,按土地自然排列,田地以丘相挨,或官或民,或高或圩,或肥或瘠,或山或荡,逐图细注,而业主之姓名随之,年月买卖,则年有开注。

明万历八年(1580),朝廷拟订《清丈田粮八款》,规定清丈对象、计算方法、丈后纳税原则、清丈的主管官员、期限和经费开支等。次年,浙江各县展开大规模的土地清丈经界。

清代顺治、康熙年间,又行土地清丈经界,以复明代鱼鳞图册,落实土地与粮赋的管理。浙江各县于康熙初年先后开展清丈。清同治年间,为整理因太平天国之变而毁于兵火的各地鱼鳞图册和粮赋文书,浙江设立清赋总局,各县设清赋局,专事土地清丈。

据乾隆《温州府志》记载,明洪武二十四年(1391)温州全府鱼鳞图册记载田、地、山、塘、荡共计267.87万亩;明嘉靖三十二年(1553),则为269.91万亩;明万历三十八年(1610),仅有260.86万亩。清承万历旧册,顺治年间(1644～1661年),经编查为247.32万亩。明清时期,温州各县的土地经界情况整理如下:

明初洪武元年(1368),平阳县有耕地80.6万亩,丁17.04万,男性劳动力平均每人拥有耕地4.73亩。次年,平阳知县下设房,房设司吏、典吏各一人,专门掌管全县土地、人口事宜。

明初洪武十四年(1381),乐清县编造鱼鳞册(土地清册)和黄册(户籍册)。清顺治十八年(1661),乐清实施清廷颁布的迁界令,县署迁往大荆,内迁人口69636人。清康熙九年(1670),开始展界复丈,即重新测丈田地。清道光五年(1825),乐清全县实丈田地、山地共43.62万亩,其中耕地36.16万亩,人口58530户,228855人,人均耕地1.58亩。

据民国《瑞安县志稿》记载,明洪武二十四年(1391),瑞安全县田、地、山、塘、荡共56.19万亩。至明嘉靖三十二年(1553)减少至50.01万亩。"三轮黄册虚漏之弊甚多",瑞安知县刘畿一次就查出漏落之田4263亩。清嘉庆五年(1800),经编查全县田、地、山、塘、荡加上新涂田共48.17万亩。清光绪十三年(1887),减少到47.08万亩。土地减少的原因,少数确系自然"水冲、沙压"的水土流失,但多数实系人为捏造,如土地买卖中,吏房、册库员少报和不报等所致。编审鱼鳞图册和黄册的目的就是应对这种隐匿瞒报和不报的乱象。然而,直到民国,温州地籍管理的正常秩序始终未能建立。

第二节　民国时期的土地测量

民国时期,浙江举行的全省土地测量(1944年后称地籍测量),主要目的是获取征收赋税的土地准确数据,仍属税收地籍测绘。其规模之大,质量之佳,历时之长,均居全国各省首位。

一、民国时期土地陈报、查丈和编造丘地图册

清末,永嘉县下辖几十个都图,每一都图设有册库员掌管土地册籍(鱼鳞图册等)。土地买卖转移过户由册库员办理,册库员可以代代世袭,图册归私人保管,政府不发工资,土地买卖、交易过户由私人收费。长此相沿,致奸恶欺瞒,弊端百出。

民国初年,每县设民政科、财政科、建设科,分管土地产权、田赋、地籍。当时,因战乱各县承清廷的鱼鳞图册已散失殆尽,土地权状混乱,赋税流失严重。1914年,成立全国经界局,编制《经界法规草案》,政府下令清理田亩,厘定经界。1922年,孙中山为推行"平均地权,耕者有其田"政策,设置土地局,首行颁发土地权状(契据)试点。

1928年,为了整理土地,以裕赋税,浙江省制订方案,拟开展全省土地测量。1929年初,鉴于土地测量尚在拟定阶段,浙江省民政厅在全国第一次民政会议上提议《土地整理第一期办法大纲》案,拟由业主自行陈报土地亩数和图册权状,政府派员调查并进行清丈核实,据此重新编制丘地图册。这种作为杜绝欺隐、充裕税收的治标办法得到大会通过。同年4月,浙江省民政厅拟具《浙江省土地陈报办法大纲》和《浙江省土地陈报施行细则》,提请浙江省政府委员会第216次会议审议通过,通令各县办理。

1929年5月1日~8月16日,各县相继设立土地陈报办事处,并以各村里委员会为直接办理机构。浙江省民政厅先后举办土地陈报讲习会,调派浙江测量讲习所学员并招聘专业测量人员,督促并参与指导这项工作。土地陈报与查丈按完粮地统计亩分,确定该业户的完粮数,即以丘领户。为配合土地查丈,温州府永嘉、处州府丽水等县各指定一二都图试办编造丘地图册,使户、地、粮三者联系。由各县田赋催征和造册人员召集查丈队伍,以征粮都图为单位查丈土地,查造各都图的丘地图册,注明某地属某户、完粮者姓名和地址、亩分粮额等。省里先后几次派员到温州府所属的永、乐、瑞、平、泰五县督办推行。1930年4月,全省土地陈报结束。据这次土地陈报,温州府五县土地总面积合计421.26万亩,较前增多205.64万亩。尔后的土地清丈、查丈和地籍整理,均有较多的土地面积溢增。据《重修浙江通志稿》记载,永嘉县陈报公私土地885415亩,当时全县征粮面积为699108亩,陈报面积比征粮面积多出186307亩。

1932年,浙江省民政厅土地测丈队派员来永嘉县办理丘地图册编查工作,采用业主自报亩分和编查队估算相结合的办法。作业人员在现场以目测、步测描绘丘形,或用平板仪交会法测定田界,描绘丘图,再计算面积。(丘,意指地表上具有边界的地块,是地籍和产权的基本单位)

1933~1935年,瑞安县开展土地查丈、户地编查、编造丘地册等工作,全县田地计48.46万亩。温州各县都分阶段完成土地陈报、土地测量、土地评估、土地发证等工作。

二、民国时期的土地测量技术

民国时期浙江省的土地测量,先后由省民政厅土地局、地政局主持。随着近代测绘技术、仪器、管理的引进,省土地局、地政局陆续颁布各项土地测量规范和技术标准。

1932年,温州人萧铮在南京创办国内首所地政学院。国民政府决定在长江下游的江、浙两省选择5个县进行地籍整理登记试点,1934年永嘉县被定为试点县之一。1935年4月,永嘉县地籍整理处率先成立,通称地政处,行政上属永嘉县政府,业务上由浙江省民政厅领导,张鑫、郑孟津先后任处长。随后各县都成立地政处,蔡秉长任平阳地政处处长,林洪柱任瑞安地政处处长,陈云谷任乐清地政处处长。地籍整理处主管户地的清丈、测量和土地登记工作。1940年,永嘉县地政处改编为土地登记处和土地

测量队,县政府设地政科,各县也相应改编。

浙江举办的全省土地测量,按大三角测量、小三角测量、地籍测量(含图根测量,户地测量和调查、求积、制图、造册)等工序进行。大三角测量由省完成,小三角测量主要由省派驻的测量队完成,各县地政处负责地籍测量的管理工作。地籍测量在土地测量和管理中占有重要地位和作用,整个地籍测量的业务程序,环环相扣。

1935年,永嘉县地政处组织队伍,先后在城区道后原蚕桑学校旧址、西山包公殿、窦妇桥吕宅祠堂等处办公,最兴旺时人员达700多人,1939～1940年因抗日战争,编制紧缩减至500多人。并向银行贷款6万元法币,购置10台进口经纬仪,置办小平板仪,自制量距竹尺。遵照"土地法"和浙江省颁布的土地测量规范和技术标准《地籍测量规范》《图根测量实施细则》《户地测量实施细则》,进行土地测量。这是温州近代土地测量的开端。

1. 大三角测量

1929年,浙江省民政厅土地局三角测量队,在全省统一测设大三角网5大干系,逐年展开。参谋本部陆地测量总局完成一等天文、基线测量。采用1930年杭州紫薇园坐标系、海福特椭球参数计算。这是全省土地测量的首级控制。1933年2月～1936年4月,完成全省5大干系之一的"衢温台系"测设,控制范围为龙游、丽水、青田、缙云、永嘉、瑞安、乐清、玉环、温岭等。还加密补充锁"温属锁"(控制范围为瑞安、平阳、永嘉)和补充网"衢处温网"。详见第二篇《大地测量》。

2. 小三角测量

按浙江省统一技术标准,小三角测量分选点、造标埋石、观测、计算四项工序。小三角点分一等点、二等点、一等补点和二等补点四种,边长为2～8千米不等。一等点和一等补点均建造觇标、埋石并作测站,采用海特经纬仪(Gnustav Hayde Dresden)或威特经纬仪(Wild)观测4测回,三角形闭合差不超过12″,采用纵横线平均法计算或边角2次平均法计算,计算边与核勘边之差不超过1∶5000。二等点和二等补点均竖标旗并埋设木桩,仪器同前,观测3测回,三角形闭合差不超过20″,采用边角2次平均法计算。

浙江省地政局向永嘉、瑞安、平阳分别派驻测量队施测小三角点。1935年12月,省第14测量队派驻永嘉县开始施测。永嘉县小三角测量的起算依据,为大三角网位于境内的白云尖、李王尖、胜美尖诸点。城区的华盖山、松台山、海坦山、郭公山、西山等均选为小三角点。除华盖山大观亭和江心东塔外,皆埋设标石。全县共完成小三角布点409点。1937年,省第10测量队派驻平阳县,亦以省统一的大三角网为基础,完成小三角布点236点。1941年,省第13测量队派驻瑞安县,至1942年11月布点194处,完成全县小三角测量作业的80%。以上永嘉、平阳、瑞安三县共布设小三角点839点,控制面积7935.4平方千米。1944年,乐清县开展土地测量,完成小三角点120点。

3. 图根测量

图根点,在平旷区域多用导线法布测一、二等点,埋设木桩或石桩;在山地多用三角法布测交会点,距离1～3千米。观测2测回。每幅地图要求有均匀分布6点以上的图根点。一等导线点,采用复测经纬仪观测和钢尺量距,量距往返2次,较差不超过$0.1\sqrt{k}$米;方位角观测误差不超过$0'.5\sqrt{n}$(n为测站数);纵横线误差$\sqrt{\triangle x^2 + \triangle y^2}$,在1∶500、1∶1000、1∶2000测图区域,依次应小于$0.15\sqrt{n}$、$0.20\sqrt{n}$、$0.25\sqrt{n}$米。二等导线点采用竹尺量距。永嘉县自1935年12月至1940年9月,完成首批图根导线16288点。

4. 户地测量和调查

永嘉县自 1936 年 2 月开始户地测量。户地测量以图根点为依据,测定每丘地的形状和界址,并调查所有人姓名和使用情况,以及使用人姓名和收益等,作为确定土地权状的依据。户地测量方法,主要是用小平板仪配合皮尺或竹尺直接量距,测量丘形。土地地目分十大类,即农地、宅地、池塘、杂地、道路、河川、城堞、沟渠、铁路、林地。

5. 求积,制图,造册

求积,制图,造册皆属内业。内业由业务组总管,下设求积组、绘图组、造册组、审核组。在各外业测丈组完成的户地图(清丈图)基础上,按图根点拼图,拼接无误再清绘。以乡镇为单位,逐图、逐丘编号。求积采用三斜法,即把一丘地的图形,剖析成若干个三角形,量读其底边和高,算取面积。或采用求积仪在图上分丘量算,此法须 2 人分别量读共 4 次,取中数为准。

制图分为六种图类。①各丘地联络缩绘之各段公布图;②分丘绘制,以备发给业户的户地图;③每段各丘地联络缩绘以表示其面积、形状及界址的地籍图;④以地籍图分段缩绘,表示地形、原图号数及地号情况的一览图;⑤以每区(或都)各段一览图缩制而成,表示全部地形的区全图;⑥集合全县各区(都)全图缩绘而成的全县总图。1936～1940 年,永嘉县各外业测丈组完成首批户地图(清丈图),原图图幅为 40 厘米×50 厘米,比例尺通常为 1∶1000,城镇采用 1∶500,山地和沙地采用 1∶2000 或 1∶4000。户地图编号以 1∶4000 图幅为单位,依杭州紫薇园坐标原点的纵横坐标轴线区分为 4 区。户地图的拼接,限差为 0.6 毫米。这次完成的测丈原图,共有 1∶500 图 229.25 幅,1∶1000 图 3978.8 幅,1∶2000 图 1044.5 幅,1∶4000 图 13.3 幅。在此基础上,内业清绘 1∶2000 活页图 100 幅,缩绘 1∶1 万活页拼接图 64 幅。

造册工作是分乡镇编造业主及土地占有情况总册,然后将丘形图及土地占有情况及业主名册公布于众。

6. 各县第一次土地登记完成情况

(1)永嘉县完成情况。1940 年 6 月,永嘉县完成瓯江以南 5 个区和江北罗浮区第一次土地所有权登记工作。见表 5-07。为搞好这次户地登记和发放土地所有权状的工作,永嘉县地政处在事前按以下程序进行准备。

表 5-07　　　　　　　　　　1940 年 6 月永嘉县第一次土地登记完成数量统计表

区号	乡镇数	原丈丘数	复丈后丘数	已登记丘数	已登记丘数/复丈后丘数
第一区(城关)	9 镇	18239	20228	19923	98.5%
第二区	17 乡	153768	156994	141116	89.9%
第三区	12 乡	96730	112909	101665	90.0%
第四区	24 乡	239543	254254	238529	93.8%
第五区	5 乡	87773	88375	84059	95.1%
第六区	16 乡	145093	145195	121755	83.9%
合计	83 乡镇	741146	777955	707047	90.9%

注:此表永嘉县包括现永嘉县及瓯江南岸的鹿城、龙湾、瓯海三区。

外业:①公布户地图,公告登记期限;②业户阅对户地分布图,填写阅图意见;③办理第一次所有权登记;④逾期登记土地的判定和处理;⑤估定地价;⑥分页所有权状。

内业：①审议地价；②契据检验；③制作土地清册（以地号为准）；④旧户册编号；⑤制作所有权状；⑥土地纠纷调处；⑦设计筹划房屋建筑物税的征收。

（2）平阳县完成情况。1937～1943年，完成图根测量22201点，控制范围120.87万亩，占全县面积37.3％。1940年7月～1943年，从城关向全县依次推进，完成户地测量121.35万亩，求积117.35万亩，制图82.20万亩，计67.35万丘。1945年以后继续进行逐户地籍调查，明确权属及利用现状，登记发证。在城关、鳌江、宜山等区20个乡镇，发放《土地所有权状》计16.88万起。各级为此设立地籍整理的专门机构。

（3）瑞安县完成情况。1941年3月～1942年11月，完成图根测量7274点，完成城关户地测量。内业先按图根拼接户地图，再行求积、制图、造册，提供土地登记的依据，并绘制附于《土地所有权状》的户地图，以及表示各丘总体分布情况的地籍图。1946年，县地籍整理办事处成立，省第13测量队驻县工作，全县土地测量在1949年完成。

（4）乐清县完成情况。1943年1月，由中央拨款进行城镇地籍整理，至翌年底完成测量登记2万亩。1944年，组织测量队举办土地测量学习班，开展土地测量及绘图。1947年3月，县地籍整理办事处成立，办理土地测量、调查、登记工作。至1948年，完成图根测量10311点，户地测量49.17万亩，全县土地面积经测量核实为192.57万亩（含滩涂15.20万亩）。

（5）泰顺县完成情况。完成图根测量259点，户地测量32.31万亩。1943年开始地籍登记，发放《土地所有权状》5806起。

7. 各县地籍测绘完成情况

从1929年至1948年的20年间，浙江有60个市、县开展土地测量，但由于各种原因，仅完成全省土地面积的20％，多数县未完成，有的县仅测量很少一部分。截至1948年8月，永嘉、乐清、瑞安、平阳、泰顺、青田诸县地籍测绘完成情况，见表5-08。永嘉县从1935年12月开始小三角测量算起，历经13年，其间抗战时期温州3次沦陷，而全县的土地测量和地籍测绘工作一直按计划进行，取得全面成果，实属不易。永嘉县完成户地测量304.76万亩，实现城厢和永强区、梧埏区、三溪区、第五区（藤桥、桥头）、江北罗浮区的全覆盖，并全面完成土地登记和发放《土地所有权状》。

表5-08　　　　　　　　截至1948年8月永乐瑞平泰青诸县地籍测绘完成情况

县市	面积（亩）	小三角测量（点）	图根测量（点）	户地测量（亩）	计算面积（起）	绘制分布图（起）
永嘉	5667895	409	35404	3047650	1506144	1101805
乐清	1925462	120	10311	491743	160726	115347
瑞安	2993449	194	7274	282464	288670	140541
平阳	3241783	236	22201	1336192	837010	741775
泰顺	2875889	—	259	323062	27758	100928
青田	4168731	—	—	949	2806	2806

据1991年温州市房管局赵国熊提供情况，1949年设立温州市时，前永嘉县的瓯江以南各乡镇户地图移交给温州市房管部门管理，共有1：2000户地图631幅，1：1000户地图1920幅，城厢1：500户地

图 86 幅(图幅 40 厘米×50 厘米,图纸已裱)。其中郊区户地图后来被温州市财税局借走。瓯江以北各乡镇户地图存放在永嘉县财税局。温州城厢户地图是城区最早实测的最大比例尺地图,准确美观。拼幅见图 5-03。

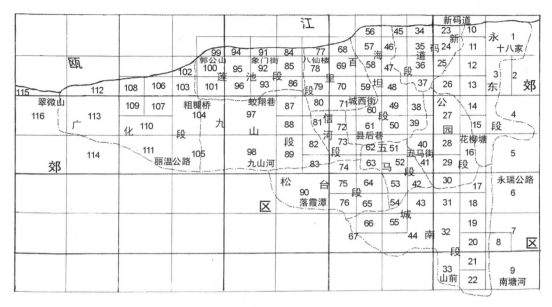

图 5-03　民国时期土地测量温州城厢拼图式(数字为原编统一图幅号)

三、沙田绘丈和盐田测量

瓯江口与口外沿岸,在径流和潮流挟带的泥沙共同作用下,泥沙逐渐淤积,河口不断东移,滨海海涂逐年向海扩展。历代劳动人民在此开辟盐田,并垦植新淤涨的滩涂,形成新的"沙田"。而老盐田离海渐远,经淡化成为农田,当地人称为"老沙田"。盐田与新、老沙田交错,地籍错综复杂,以至争讼不断。清嘉庆六年(1801),为确定沙田与盐田之地界,明晰两浙盐场地理位置及界址,特颁布《钦定重修两浙盐务志》。委托苏州府吴县监生周瓒、杨昌绪两人将温州的盐田绘制成《长林场图》《永嘉场图》《双穗场图》《黄岩场图》等盐场图。

1928 年沙田始归财政部浙江沙田局管理,1934 年盐田始归财政部两浙盐务整理委员会管理,他们都曾各自进行盐田和沙田的绘丈测量。

1928 年夏,浙江沙田局组建绘丈队,设 16 个绘丈组,每组测绘员 1 人,测夫 2 人,并制订各种规章制度、测量准则和绘图图例,如《浙江沙田局分局办事细则》《浙江省财政厅清理沙田绘丈队业务实施细则》等,还购置绘丈内外业测绘仪器和用具。当年,完成旧温属分局分区地形图和地积图各 21 幅,合计沙田 26.15 平方千米(39225 亩)。沙田绘丈工序分图根测量、地形测量和分户清丈。采用交会法和导线法测量图根点,平板仪测量 1:500、1:5000 地形图。测竣缩编绘制成 1:5000 地形图,并算出沙田面积。在此基础上挨户进行分户清丈,调查各业户所有沙田的周界,测量户地形状,计算亩分和填制丈单,标出各业户地界,最后绘制成 1:2500 沙田地籍图。

1934 年 4 月,财政部两浙盐场整理委员会成立,属下测量队立即进行盐田测量。项目包括控制测量、1:2000 盐田地形图测量、各盐户盐田地籍测量,还包括沿海塘基、盐仓、运盐公路测量等。最后编绘成 1∶5000 盐场形势图。采用的技术标准有《测量须知》《测量队办事细则》。至 1949 年,温州全区有盐田 14860 亩,其中乐清盐盆盐场 4000 亩,鳌江江南盐场 1212 亩。

第三节 现代地籍测绘

1951 年,土地改革运动在温州全面铺开,各县农村采用丈杆、测弓、测绳等简易器具丈量土地,没收地主和富农的土地,分发给无地少地的农民。各县人民政府根据全国政治协商会议共同纲领第二十七条"保护农民已得土地所有权"规定,颁发《土地房产所有证》,通称土地证,房屋作为土地附属物记载其上。1956 年,对土地、农具等生产资料私人所有制实行社会主义改造,完成农业合作化。从此土地所有权归属国家,各项建设用地按国家计划划拨,农民只有土地的限期使用权。但此时地籍测绘衰落,测绘人员流散,新的地籍管理制度未及建立。

1949 年至 1978 年的中华人民共和国前 30 年,温州地区及各县地政工作先后由民政、建设、房管、农业部门管理。主要是利用民国时期的地籍档案,为各项建设征用城乡土地及办理房地产转让、租赁和纠纷处理。温州市财税局负责市区地籍档案的管理和维护,设有地籍测量组。1966 年至 1976 年"文革"期间,温州土地处于失管状态。

1978 年改革开放以来,实行社会主义市场经济,土地管理制度由无偿使用逐步向有偿使用过渡,地籍再度为各级政府和社会所重视。1983 年,温州市城市建设土地征用拆迁办公室成立。1987 年 2 月,批准市区第一例涉及台资的"瓯昌饭店"建设用地,共 13.22 亩,收取征地费 12.83 万元,使用期限 40 年。

1987 年,温州市财税局的地籍测量组人员连同民国时期的地籍档案并入温州市勘察测绘处。1987 年 11 月,温州市土地管理局成立,各县也相继建立土地管理机构。从此,建有房屋的土地,始归土地和房产部门分管,土地局颁发《国有土地使用证》,房管局颁发《房屋所有权证》。而此前房屋与房屋占地是由房管部门统管,只颁发《房屋所有权证》。随着经济的发展,各项建设用地规模日增,城乡遍地乱建私房,大家都想尽多占有地价飞涨的土地。在新形势下,为了保护土地和满足各项建设的用地需求,温州市土地管理和地籍测绘逐步走向规范化、现代化、法制化。1989 年,温州市开展解析法现代地籍测量试点。1992 年,全面进行初始地籍调查。1995~1997 年,永嘉、苍南、文成三县相继开展较大面积数字化地籍测绘。2000~2002 年,瑞安市进行省内县级首次大面积全数字化地籍调查。2007 年 7 月,温州市启动第二次土地调查,实施全市性首次全数字化地籍调查。

一、解析法地籍测量试点

1986 年,浙江省测绘局率先开展图解法、解析法和航测法的现代地籍测量试验。1989 年 12 月,温州市勘测院受温州市土地局委托,选择鹿城水心住宅区西小区进行解析法地籍测量试点,目的是为全市全面开展地籍测量,探索符合温州城乡实际的程序和方法。水心住宅区分东、西小区,总面积 1.4 平方千米。西小区有松、杨、柳、樟等 14 个组团,房屋平面布局为点式和条式相结合,均为 5~8 层新建楼房,以民居为主。

水心西小区施测地籍图以 1∶500 地形图作为工作底图,推行全面质量管理体系(TQC)。试点作业依据《城镇地籍调查规程》(ZB-89),《城市测量规范》(CJJ-85),《1∶500、1∶1000、1∶2000 地形图图式》(GB-87),本测区技术设计书(89-11)。外业以极坐标法和交会法相结合测定界址点,明显提高工效。内业使用 286 微机计算界址点坐标,以保证测量精度;使用袖珍计算器 PB770 计算街坊、宗地面积数据。试点工作于 1990 年 7 月结束,成果通过温州市土地局组织的验收。1990 年 9 月 20 日,据试点成果开始发放《国有土地使用证》417 本。

控制测量新布设的图根点,以国产 J_2 经纬仪观测左右角 1 测回,合计 158 点,平均 400 点/平方千米。地籍编号有行政区、街道、街坊、宗地四级,统一自左往右、从上至下顺编。地籍细部测量主要是测定街坊和宗地界址点,方向以 J_2 经纬仪观测 1 测回,距离使用光电测距仪测定。施测精度见表 5-09。

表 5-09 　　　　　鹿城水心住宅区西小区地籍测量试点解析边长与实量边长比较 　　　　　单位:厘米

街坊号(组团)	点数(n)	误差分布(△)											中误差 $M=\pm\sqrt{[\Delta\Delta]/2n}$
		0	1	2	3	4	5	6	7	8	9	10	
011612(榕组团)	216	92	40	27	21	10	9	10	2	2	2	1	±1.91
011608(杨组团)	46	11	16	5	5	3	1	1	2	1	1	0	±2.17
011607(柏组团)	244	69	56	36	23	13	10	13	8	6	9	1	±2.45
011611(樟组团)	202	69	47	36	17	7	10	6	4	4	1	1	±1.96
合　计	708	241	159	104	66	33	30	30	16	13	13	3	±2.14

面积量算采用解析法。求得街坊、宗地界址点坐标后用 CASIO 或 PB770 袖珍机按程序计算面积,并打印出图形和数据;采用传统的三斜法,按宗地几何图形计算面积;使用 KP-96N 电子求积仪在地籍图上直接量测面积。量算精度见表 5-10。

表 5-10 　　　　　　鹿城水心住宅区西小区面积量算及相对精度 　　　　　单位:平方米

街坊号(组团)	①总面积	②道路	③绿化	④宗地	差数=①-(②+③+④)	相对精度
06(松组团)	14625.82	1672.93	8179.62	4767.27	6.00	1:2438
07(柏组团)	15723.26	1528.49	8972.72	5237.53	-15.48	1:1016
08(杨组团)	14283.73	1882.31	7110.10	5396.12	-10.48	1:1363
09(柳组团)	9344.93	1226.00	4297.65	3823.12	-1.84	1:5079
11(樟组团)	23458.60	2407.83	12398.77	8637.13	14.87	1:1578
13(枫组团)	18528.78	2868.51	9399.15	6268.34	-7.22	1:2566
14(桃组团)	15350.68	1448.52	8474.00	5416.49	11.67	1:1315
15(李组团)	11691.87	1425.95	6572.30	3684.81	8.81	1:1327
16(杏组团)	12242.40	1021.30	6682.50	4546.72	-8.12	1:1508
18(梅组团)	14882.07	1336.05	7812.90	5725.08	8.04	1:1851
20(桉组团)	7390.38	1487.86	1152.69	4749.83	0.00	—
21(桂组团)	12415.17	1038.28	7268.70	4105.67	2.52	1:4927
22(柑组团)	18014.14	2155.10	8875.60	6971.65	11.79	1:1528
23(竹组团)	23218.54	2354.55	11875.70	8978.25	10.04	1:2313

此前,乐清县和苍南县也先后进行解析法地籍测量试点。

1989 年 5 月,乐清县规划勘测设计室测绘组在北白象镇 0.2 平方千米范围开展土地调查和地籍测量试点。采用 1954 年北京坐标系,以 5″级小三角、加密二级导线、图根点为控制网。根据土地调查人员对权属、四至、面积、用途调查提供的宗地草图,测量人员在野外用测距仪配合经纬仪以极坐标测记法测定界址点,经袖珍计算器得出界址点坐标,完成樟湾村 1∶500 地籍图 4 幅。成果经有关部门验收通过。

1989 年 10 月,苍南县规划土地测绘所在灵溪镇新城区 0.2 平方千米范围开展地籍测量试点。采用 1954 年北京坐标系,1985 国家高程基准。以解析法测定界址点,测距仪测边,辅以权属调查资料,编绘成地籍图。成果通过温州市土地管理局验收。

二、温州市各县(市、区)初始地籍调查

1989～1996 年,温州市各县(市、区)进行初始地籍调查。调查底图为 1∶500,市区采用 1∶2000 航测图放大,瑞安、乐清、洞头用现有地形图,永嘉、平阳、苍南、文成、泰顺用新测地形图,各县均以村镇规划施测的简测图作为辅补。面积按宗地图计算。执行技术标准是《城镇地籍调查规程》(ZB-89),《城镇地籍调查规程》(TD1001-1993),《地籍图图式》(CH5002),《地籍图图式》(CH5003-94),《城市测量规范》(CJJ-85),《1∶500、1∶1000、1∶2000 地形图图式》(GB-87)。全市 140 个建制镇内的建成区总面积 244.28 平方千米,完成率 96.2%;全市 5252 个行政村,完成率 48.9%。各县(市、区)完成情况见表 5-11。

表 5-11　　　　　　　　　　1996 年温州市及各县(市、区)完成初始地籍调查汇总表

政区名称	城镇				农村		
	建制镇数(个)	建成区总面积(平方千米)	完成调查面积(平方千米)	完成百分比(%)	村数(个)	完成调查数(个)	完成百分比(%)
温州市	140	244.28	235.01	96.2	5252	2567	48.9
鹿城区	1	26.27	23.27	88.6	5	5	100.0
龙湾区	5	8.49	8.49	100.0	45	45	100.0
瓯海区	19	29.49	29.49	100.0	212	212	100.0
瑞安市	25	22.67	22.66	100.0	445	410	92.1
乐清市	19	54.40	51.70	95.0	638	595	93.3
永嘉县	14	32.10	32.10	100.0	895	658	73.5
洞头县	2	1.70	1.70	100.0	90	10	11.1
平阳县	16	28.00	25.50	91.1	853	197	23.1
苍南县	22	23.10	22.50	97.4	966	257	26.6
文成县	7	10.26	9.80	95.5	571	13	2.3
泰顺县	10	7.80	7.80	100.0	532	165	31.0

1. 温州市区(鹿城、龙湾、瓯海)

1989 年,瓯海县(1992 年撤县设区)瞿溪镇委托冶金部宁波勘测院以 1∶500 地形图作为工作底图,完成地籍测量 1.04 平方千米。1992 年,在温州市区缺少 1∶500 地形图的情况下,温州市测绘学会倡

议"三图并出",市建委发文要求"市规划局、土地局、房管局三家合作配合测绘单位先在市区鼓楼街道试点",但因故未能如愿。温州市规划局将42幅1∶2000航测地形图放大成1∶500地形图,提供给鹿城区房地产管理局作为房产测绘的工作底图。为解决发放《国有土地使用证》之急,温州市土地管理局亦照此方法解决1∶500地籍测绘的工作底图,并采用任意坐标系(近似温州独立坐标系),委托外地多支测绘队伍施测。至1996年结束初始地籍调查,完成温州市区1∶500地籍图(40厘米×50厘米)3279幅,共164平方千米。从测量精度衡量,这批地籍图远低于有关测量规范要求。

2. 瑞安市

1987年,瑞安撤县设市,瑞安市规划土地管理局成立。1990年7月～1991年1月,先在城关镇0.07平方千米范围进行1∶500地籍图测量试点。1992年6～10月,在飞云镇0.3平方千米范围继续试点。随后在瑞安全市展开地籍测量。因规划部门提供的1∶500地形图坐标系统不一,为应急不得不作变通,即东部地域的地籍图为瑞安市城市坐标系,而中、西部地域只能采用多个假定坐标系。1991～1996年,瑞安市查清城关镇73个居民区(村)土地权属来源及所有者和使用者及土地性质、坐落、四至、面积、用途等情况,建立城关镇地籍档案。这次地籍调查面积8.04平方千米(占全镇92.19%),外业调查19306宗(完成90.4%),发放《国有土地使用证》14763件(完成72.8%),绘制1∶500地籍图195幅。

3. 乐清市

1987年12月,乐清县规划土地管理局成立(1993年撤县设市),开始纠正无序使用土地。1988年8月,在全县16个建制镇建成区的103个村和27个居民区,开展土地申报登记。该区域内本应登记872个单位,4.09万户,至年末申报登记775个单位,3.89万户,共4.71万宗,申报率95.1%。

4. 永嘉县

1988年10月,永嘉县土地管理局成立。1989年9月,在县城上塘镇率先开展地籍调查。至1995年末,巽宅、碧莲、大若岩、岩坦、岩头、枫林、沙头、上塘、黄田、瓯北、乌牛、桥下等12个建制镇相继完成地籍调查,共颁发《国有土地使用证》24336件。相应的地籍测绘随之展开,委托河北省地矿局测量队等单位施测。1990年3月～1995年12月,在经济较发达的上塘镇、乌牛镇、桥下镇、瓯北镇、岩头镇共完成1∶500地籍图19.2平方千米。这些地籍图起点高,执行新颁布的技术标准,纳入温州市独立坐标系。乌牛镇首次测绘数字化地籍图,界址点精度明显高于按常规测绘的模拟地籍图,提供的数据和图件软盘便于今后数据库的建立。经图线检查、图幅拼接、宗地面积抽查,正确率均在95%以上。至1995年底,共完成地籍宗地资料115816宗,1∶500城镇地籍图428幅(50厘米×50厘米)。同时完成全县农田保护区1∶5万图1幅,乡镇农田保护区1∶1万图45幅,调查航片780张。

5. 洞头县

洞头设县较迟,基础测绘覆盖面有限。1988年洞头县土地管理局成立,有关土地管理、地籍调查才走上轨道。最初只是凭小平板仪和皮尺在实地丈量长度后计算面积,以解决《国有土地使用证》的发放。1991年5～6月,完成黄岙镇地籍图0.27平方千米;1995年2～6月,完成北岙镇地籍图1.31平方千米。两镇均以1990年经过验收的1∶500地形图作为工作底图,测量单位为温州市技术服务部。2008年10月,在北岙镇和大门镇开展数字地籍测绘,面积7平方千米,由浙江华东测量有限公司承担。

6. 平阳县

1987年12月,平阳县土地管理局成立。首选水头镇进行地籍调查试点,地籍测绘委托江西省测绘局外业大队承担,采用1954年北京坐标系,吴淞高程系。1989年7月26日～11月18日,埋设永久性各类测量标志 167 点,完成 1∶500 地形图(50 厘米×50 厘米)2.15 平方千米。1989 年 12 月 30 日开始地籍调查,完成 1∶500 地籍图 22 幅及地籍册 3000 本,发放《国有土地使用证》4600 件。

鳌江镇地籍测绘,委托华北矿山勘测院(保定)承担,采用 1954 年北京坐标系,1985 国家高程基准。1992 年 6 月～1993 年 1 月,布设一、二级导线和图根共 1136 点,完成 1∶500 地籍图 50 幅(40 厘米×50 厘米)2.3 平方千米,发放《国有土地使用证》1.25 万件。

1992 年 12 月,全县开展地籍调查。至 1996 年底,萧江、腾蛟、麻步、山门、钱仓、宋桥等各建制镇全部发放《国有土地使用证》,只有县城昆阳镇因旧城改造暂缓发证。城镇发放《国有土地使用证》32620 件,农村发放《集体土地建设用地使用证》37218 件。见表 5 - 12。

表 5～12   1989～1996 年平阳县各镇地籍图统计

镇 名	比例尺	测区面积(平方千米)	地籍图图幅数(幅)	调 查 时 间
山门镇	1∶500	1.20	19	1996 年 4～12 月
钱仓镇	1∶500	1.30	26	1996 年 4～12 月
宋桥镇	1∶500	1.20	20	1995 年 3～12 月
郑楼镇	1∶500	1.60	32	1995 年 3～12 月
榆垟镇	1∶500	—	2	1992 年、1995 年 4～12 月
宋埠镇	1∶500	0.80	16	1995 年 4～12 月
凤卧镇	1∶500	0.30	6	—
腾蛟镇	1∶500	1.50	38	1994 年 4 月～1995 年 12 月
鹤溪镇	1∶500	1.10	24	1995 年 4 月—1995 年末
萧江镇	1∶500	0.80	25	1994 年 3 月—1994 年末
鳌江镇	1∶500	2.20	50	1992 年 2 月—1994 年末
水头镇	1∶500	1.40	22	1990 年 4 月—1991 年 4 月
昆阳镇	1∶500	2.60	80	1996 年 12 月—1997 年末
顺溪镇	1∶500	0.30	4	—

1999 年 8～12 月,委托国家测绘局第二地形测量队在昆阳、鳌江镇施测 1∶500 地形图和地籍图,在郑楼、榆垟、水头、水亭、万全、务垟等乡镇施测 1∶500 地籍图,以县土地局在 1994 年以后所测地籍图为工作底图,采用 1954 年北京坐标系,1985 国家高程基准,图幅 40 厘米×50 厘米。这次地形图和地籍图测绘,控制、细部、调查和资料整理都比较正规,给今后地籍图动态管理奠定良好基础。8 个乡镇的 1∶500 地籍图总面积 22.24 平方千米,2002 年 9 月经温州市土地局验收通过。8 个乡镇的地籍图面积如下。

昆阳镇:一、二级埋石导线点 111 点,1∶500 地籍图 166 幅 6.58 平方千米;

鳌江镇:一、二级埋石导线点 100 点,1∶500 地籍图 143 幅 6.04 平方千米;

郑楼镇:1∶500 地籍图 2.05 平方千米;

榆垟镇:1∶500 地籍图 1.25 平方千米;

水头镇:1∶500 地籍图 2.83 平方千米;

水亭乡：1：500 地籍图 1.40 平方千米；

万全乡：1：500 地籍图 1.03 平方千米；

务垟乡：1：500 地籍图 1.06 平方千米。

7. 苍南县

1981 年 6 月 18 日，从平阳县的灵溪、矾山、马站、金乡、钱库、宜山、桥墩 7 个区分出，设置苍南县，县城在灵溪镇。1988 年，苍南县规划土地局成立。1990～1997 年，在龙港镇（1984 年 6 月新设）、沿浦镇、灵溪镇、宜山镇、湖前镇、桥墩镇、金乡镇 7 个镇，先后完成 1：500 地籍图共 17.3 平方千米，其中沿浦镇采用部分解析法测定界址点。至 2008 年底，苍南县测绘所为建设项目土地报批，共完成土地勘测定界图 1070 幅。

8. 文成县

1988 年，文成县土地管理局成立。1990～1998 年，先后在大峃、珊溪、玉壶、南田、巨屿、黄坦、西坑等建制镇施测 1：500 地籍图，共 9.73 平方千米，其中 1997 年 3～4 月施测的巨屿镇 1：500 地形图始用数字化成图，由县地籍测绘队和江西省地矿局测绘大队、丽水勘察测绘院等共同完成。均为 1954 年北京坐标系 3°带，投影面高程 300 米，1985 年国家高程基准，使用红外测距仪测边，以部分解析法、全解析法测定界址点。县土地管理局派员配合地籍调查和验收，各镇最后成果由温州市土地管理局组织验收。发放《国有土地使用证》3582 件。

9. 泰顺县

1988 年 1 月，泰顺县土地管理局成立。1989 年 11 月～1991 年 3 月，组织 37 人的地籍测绘队，先在泗溪镇建成区 0.36 平方千米范围进行试点，采用假定坐标及附合、闭合导线控制，以部分解析法测定界址点，最后绘制地籍图。1990 年 10 月～1996 年 2 月，在试点基础上，完成以下各镇地籍测量：罗阳镇 3.2 平方千米，筱村镇 2.3 平方千米，司前镇 1.3 平方千米，雅阳镇 1.0 平方千米，百丈镇 1.2 平方千米，仕阳镇 2.0 平方千米，三魁镇 1.8 平方千米。

2007 年 7 月～2008 年 4 月，委托浙江省有色金属测绘院，完成罗阳镇 7.5 平方千米和雅阳镇 1.0 平方千米的城镇数字地籍调查测绘。并提供相应图件和成果数据光盘，为泰顺县数字地籍以及地籍数据库建立和管理提供更高平台。

三、大面积全数字化地籍测绘试验

1996 年完成的初始地籍调查，精度较差，加上城乡建设的迅猛发展，现势性亦低。为适应数字温州的建设，地籍图亟须更新。随着数字化和智能化新仪器不断引进，温州市各县（市、区）大多开展较大面积数字化地籍测绘试验，如 1995 年永嘉乌牛镇，1997 年苍南沿浦镇和文成巨屿镇，2008 年洞头北岙镇和大门镇，泰顺罗阳镇和雅阳镇等。全数字化地籍测绘能显著提高界址点的精度，而且界址边长、宗地面积计算和地籍图绘制均由计算机完成，全部提供光盘。测绘单位不再靠土地调查人员绘制的宗地草图来绘图，提高了质量，加快了进度。而且便于今后修测，也便于变换坐标系统，使地籍图能在较长时期内使用。

下面选择瑞安市 57.89 平方千米范围的全数字化地籍调查试验为例，予以具体记述。

2000 年 7 月，瑞安市土地管理局推出"瑞安市 23 个乡镇地籍图测绘项目"，中标施测单位为国家测绘局第二地形测量队和华北工程勘测设计研究院（保定），权属调查由瑞安土地局地籍管理科组织下属的土地管理所与地籍测绘同步进行，并聘请技术顾问，负责地籍测绘的质量监理。总共权属调查99247丘，涉及土地使用证30282件。这次测绘的执行技术标准是《城镇地籍调查规程》(TD1001-1993)，《全球定位系统城市测量技术规程》(CJJ73-1993)，《浙江省地籍图图式》，《城市测量规范》(CTT8-1999)。采用坐标系是瑞安市三等GPS网第一套成果。工程共完成四等GPS加密网86点，一、二级导线和E级GPS共1328点，图根导线7990点，1:500全数字化地籍图1944幅(40厘米×50厘米)。地籍图及界址点坐标、边长、宗地面积全部提供光盘，为顾及应用习惯再打印提供聚酯薄膜图、纸图和表册。

2002年11月4日，浙江省国土资源厅对该工程组织抽样检查并通过验收。抽样6个乡镇，每个乡镇抽样8幅，共48幅地籍图，全部采用间距检测法检查，分6个小组对成果从文字、权属、控制、细节、图表等分项检查评分。最后结论认为："瑞安市地籍调查技术路线科学，组织严密，在我省县级单位首次大面积完成全解析地籍测绘任务，成果质量较高，能够满足土地登记发证的要求和地籍管理的需要，达到预期目的，一致同意通过验收。"具体精度指标详见表5-13。

表5-13　　　　　　　瑞安市大面积全数字化乡镇地籍图抽样验收界址点精度统计

测绘单位	乡镇	检查总边数	Δ≤5cm	5cm<Δ≤10cm	11cm<Δ≤30cm	M(cm)
国家测绘局第二地形测量队	安阳	168	146	16	6	±2.94
	飞云	232	215	17	0	±2.92
	汀田	181	156	14	11	±3.35
合计		581	517	47	17	±3.07
百分比		100%	89.0%	8.1%	2.9%	—
华北工程勘测设计研究院	塘下	178	161	17	0	±2.84
	鲍田	176	156	17	3	±2.76
	仙降	224	200	21	3	±2.28
合计		578	517	55	6	±2.63
百分比		100%	89.5%	9.5%	1.0%	—

四、温州市第二次土地调查暨数字化地籍调查

随着甬台温高速公路、金丽温高速公路、绕城高速公路、高速铁路、海港、航空港、输变电线路、输水管线等大型工程的建成，温州市各县(市、区)进行第二次土地调查暨数字化地籍调查(简称"二调")。"二调"的目的是在1996年完成的全市初始地籍调查基础上，进一步查清温州市土地基础数据，各类土地分布和利用状况，建立土地调查和登记制度。要求调查城镇内每宗土地的地类、面积、权属及其位置和利用状况，以及国有土地使用权和集体土地所有权状况，在此基础上建立国家、省、市、县四级集影像、图形、面积和权属于一体的土地调查数据库及管理系统。按21世纪地籍测绘技术发展，"二调"应带有一定前瞻性。

"二调"的平面坐标系统采用温州城市坐标系，并提供与1980年西安坐标系的转换方法、模型、参数及程序。高程起算基准为1985国家高程基准。地籍图的基本精度要求有三方面：①界址点与邻近地物

点关系距离中误差不得超过±5厘米;②地物点相对控制点的点位中误差,明显地物点不超过±5厘米,街坊内部地物点不超过±7.5厘米;③相邻地物点之间的间距中误差不超过±5厘米。另外,还规定数据库采用 ORACLE 数据库,城镇土地调查统一采用 MAPGIS 城镇土地调查管理系统软件。作业单位需提供温州独立坐标系和 1980 年西安坐标系的 MAPGIS、EOO、VCT 格式的电子数据成果各 2 套。调查底图大都是使用规划部门提供的 1∶500 数字化地形图(光盘)。

"二调"的总面积为 671.3 平方千米,要求在 2010 年 12 月 31 日完成。在现有地籍数据的基础上,应用现代测绘和信息技术,以街坊为单位进行数据整理、权属调查、地籍测绘、地类调查,获取区域内土地权属、界线、位置、用途、数量、质量等基本信息,形成一系列图件、数据、文字及数据库等成果,为温州市今后的城市规划实施和经济发展提供土地宏观调控,以及为国土资源管理提供依据和基础。"二调"经费由温州市人民政府拨款。

截至 2010 年 12 月底,全市已完成调查面积 408.6 平方千米,占应调查面积 60.9%;发放《国有土地使用证》121.0538 万件,占应发证的 94%。因"二调"尚在进行中,这里只能记述到 2010 年底。"二调"进展及经费、软件情况见表 5 - 14。

表 5 - 14 　　　　　　温州市第二次土地调查暨数字化地籍调查进展情况统计(2010 年底)

政区名称	进展情况(平方千米)			经费情况(万元)				测量软件选用情况
	应调查面积	已调查面积	完成比例%	预算经费	已批经费	已投入	待投入	
市本级	408.0	217.7	53.4%	4670	4160	1111	3049	Walk
瑞安市	70.0	60.0	85.7%	918	918	174	744	Walk
乐清市	59.3	49.7	83.8%	548	548	159	389	WalkCASS7.1
永嘉县	15.0	15.0	100%	1500	500	40	440	Walk
洞头县	15.2	4.3	28.3%	304	95	95	209	南方(CASS)
平阳县	20.8	9.8	47.1%	1162	108	63	45	南方(CASS)
苍南县	52.8	22.0	41.7%	976	442	274	168	南方(CASS)
文成县	10.2	10.2	100%	253	253	134	121	南方(CASS)
泰顺县	20.0	19.9	99.5%	380	220	88	132	Walk/CAD
温州市合计	671.3	408.6	60.9%	10711	7244	2138	5297	

温州市区从 2007 年 7 月启动"二调"以来,一直正常进展。市辖各县(市、区)城镇从 2009 年"二调"启动以来(苍南县是 2008 年 10 月启动),至 2010 年 12 月已完成调查面积 190.9 平方千米,占应调查的 72.5%。具体情况依次列述如下:

1. 温州市区(鹿城、龙湾、瓯海、开发区)

截至 2010 年 12 月底已完成调查面积 217.7 平方千米,占应调查的 53.4%。已发《国有土地使用证》,鹿城区 30.5073 万件,占应发证 92%;龙湾区 4.1150 万件,占应发证 90%;瓯海区 5.6254 万件,占应发证 97%;开发区 5.1333 万件,占应发证 100%。

2. 瑞安市

完成调查面积 60.0 平方千米,占应调查面积 85.7%。已发《国有土地使用证》13.7336 万件,占应发证的 96%;已发《集体土地建设用地使用证》707 件,占应发证的 78%。

3. 乐清市

完成调查面积 49.7 平方千米，占应调查面积 83.8%。已发《国有土地使用证》5.1451 万件，占应发证的 87%；已发《集体土地建设用地使用证》782 件，占应发证的 99.7%。

4. 永嘉县

完成调查面积 15.0 平方千米，占应调查面积 100%。已发《国有土地使用证》5.3329 万件，占应发证的 92%；已发《集体土地建设用地使用证》3730 件，占应发证的 62%。

5. 洞头县

完成调查面积 4.3 平方千米，占应调查面积 28.3%。已发《国有土地使用证》2.0323 万件，占应发证的 98%；已发《集体土地建设用地使用证》70 件，占应发证的 80%。

6. 平阳县

完成调查面积 9.8 平方千米，占应调查面积 47.1%。已发《国有土地使用证》15.4792 万件，占应发证的 98%；已发《集体土地建设用地使用证》323 件，占应发证的 55%。

7. 苍南县

完成调查面积 22.0 平方千米，占应调查面积 41.7%。已发《国有土地使用证》29.3273 万件，占应发证的 96%；已发《集体土地建设用地使用证》805 件，占应发证的 87%。

8. 文成县

完成调查面积 10.2 平方千米，占应调查面积 100%。已发《国有土地使用证》1.5957 万件，占应发证的 93%；已发《集体土地建设用地使用证》320 件，占应发证的 83%。

9. 泰顺县

完成调查面积 19.9 平方千米，占应调查面积 99.5%。已发《国有土地使用证》3.0267 万件，占应发证的 88%；已发《集体土地建设用地使用证》11 件，占应发证的 4%。

第三章 房产测绘

房产测绘是对房屋的位置及其面积所进行的测绘。房产测绘的成果是确定房屋产权和产籍、保障公民合法权益的重要依据,也是发展房地产业,进行城市建设和管理必不可少的基础工作。

第一节 古代和近代房产测绘

东晋太宁元年(323)置永嘉郡,修建永嘉郡城,街巷民居初具规模。南宋时,朝廷南迁,温州社会和经济加速发展。此时,温州古志始有"实行土地经界,编造鱼鳞图册"的记载。历经元、明、清各代,直至民国,房产历来依附于土地,视为土地附属物,鱼鳞图册就是古代的地籍图册。

明代,府和县均下设户房,分粮科和户科,负责田赋、人口和土地管理,包括地上附属物"房屋"。清代,县税课司兼管房地产买卖、典当等征收契税工作,业主向官府申请,经验契属实和缴纳契税后,在契据边粘贴官印契纸,加盖县府公印,称为红契。

民国时期,县政府设民政科和建设科,分别管理土地产权、地籍、赋税和土地垦荒、改良、利用。1922年,设置土地局,首行颁发附记房屋状况的土地权状试点。

1935年4月,永嘉县地政处成立,地籍和房产一并管理。下设城区、永强、梧埏三个土地登记分处,管理房地产权,除财政部门发给契纸之外,另发土地所有权状,房屋作为土地附属物记载其上。此时,仅凭目测步量绘制的古鱼鳞图册因战乱已散失殆尽,随着近代测绘技术的引进,测制合格的房地产图和册籍已是当务之急。

1937年4月,平阳县成立地政处,并建立测量队,负责土地测量及土地、房产管理。1944年,地政处和测量队各有专人负责,土地测量外业由测量队完成,内业由地政处完成。内外业人员共有200多人。民国时期,平阳县房产未能全面登记。1938～1945年为征收赋税,仅对宅基地进行登记,范围限于昆阳、鳌江、宜山、灵溪(局部),并进行土地测量、土地登记和规定地价。

1937年,瑞安县成立地政处,管理县内土地编查、地籍测绘和房政工作。1940年,瑞安城关测定面积1.7平方千米,街巷增加至169条,人口37868人。

1947年3月,乐清县成立地籍整理办事处,进行土地调查、测量和登记,办理房政。民国时期无专门房管机构,一般由县财政局代管房屋租赁和买卖。

第二节　现代房产测绘

现代房产测绘为房屋产权初始登记、转移变更登记以及被拆迁房屋的产权注销登记服务,是发放和变更《房屋所有权证》的必要依据。随着城市的扩大和房屋结构高层化,尤其是房价的飙升,房产测绘及其精度日渐受到重视。

新中国前30年的计划经济时期,建有房屋的土地,以房产为主统归房地产主管部门管理,各权属户房产面积经丈量并绘制成户地图,只颁发《房屋所有权证》。改革开放以来的1987年,温州市和各县(市、区)土地管理局成立,房下之"地"和"房"分别归口土地、房管部门管理,各自颁发《土地使用证》和《房屋所有权证》。

1997年起,以手持测距仪和全站仪代替以往的皮尺、角尺等外业量测器具;使用微机打印面积数据,再无手写带来的错漏,房产测绘从受理作业到提供数据和图籍,均实现了计算机化。1998年开始普及AutoCAD制图,制表采用CCED。采用中国建筑科学院"ABDRS房产测量师"软件,该软件在AutoCAD平台实现面积计算、分摊和表格提取自动化,大大提高了生产效率。面积量算软件还有南方CASS(2.0、5.0、7.1)和上海数维Walkflooy。测图软件有清华山维EPSW98 - EPSW2005。

2001年,温州市商品房测绘,按国家有关规定统归具有资质的房产测绘单位负责,遵照规范二级精度要求量算面积。执行技术标准方面,1997年执行《房产测量规范》(CH5001 - 97),2000年8月起执行《房产测量规范》的房产测量规定(GB/T17986.1 - 2000)及《房产测量规范》的房产图图式(GB/T17986.2 - 2000),2007年7月1日起同时执行《浙江省房屋建筑面积测算实施细则》(试行)。此外,还有《1:500、1:1000、1:2000地形图图式》(GB/T7929 - 1995),《1:500、1:1000、1:2000地形图要素分类与代码》(GB14804 - 1993)。

一、温州市区(鹿城区、龙湾区、瓯海区)

1949年5月,温州和平解放,温州军事管制委员会设房产委员会,接管永嘉县地籍整理处(包括房地产册籍档案)和浙江省第十四测量队,合并为温州地政处。1949年8月,析永嘉县瓯江以南地区成立温州市人民政府,在民政科设地政股,财政科设公有房产管理股。1950年10月,地政股和公有房产管理股合并为民政局下属的房地产管理科。1957年6月,改称为温州市房地产管理处(对内仍是民政局下属的科)。1960年5月,城区设立五马、城东、城西3个房管所。1962年6月,房地产管理处成为市人民委员会序列的直属机构。1968年4月,成立温州市房地产管理处革命委员会。1971年2月,升格为温州市房地产管理局。1980年8月,温州市城建指挥部并入市房管局。1985年3月,市房管局下放鹿城区管辖。1988年9月,恢复温州市房地产管理局建制。

1951年5月,《温州市房地产登记暂行办法》颁布,在市区全面进行产权登记,共登记18958件,占应登记数的97.63%。1952年开始发放《房地产所有权证》,共发放市店11166间,住宅42161间,并整理原有图册,重绘原图116幅和户地图192幅,计20427丘,分为13个地段号,汇编房地产登记总册207本。通过发证对各类产权进行审查清理,建立产权管理制度。在此期间,测绘人员参与房地产图件的丈量、绘制和面积计算。

1949 年,市区房屋多为砖木结构,间有西式砖混结构楼房,城区房屋总面积为 246.9 万平方米,人均居住面积 6.4 平方米。改革开放以来,温州房屋建设发展较快,不再单一依靠国家投资,而演变为多层次、多形式、多渠道集资,充分发挥地方、单位、个人建设房屋的积极性,并形成明显的温州特色。至 1990 年底,城区房屋总面积达 1432 万平方米,为解放初期的 5.8 倍,人均居住面积 8.1 平方米。

1949 年以后,市区的房地产管理分为三个阶段。1949~1965 年为第一阶段,主要建立房地产管理机构,制定管理规章,进行城区私有出租房屋的社会主义改造,开展城区房地产普查。1966~1976 年为第二阶段,正值"文革"时期,房地产管理工作一度陷于混乱和停滞状态。1978 年以来为第三阶段,健全经营管理机制,加强产权、产籍、产业管理,完成城镇房屋普查。《中华人民共和国宪法》(2004 年修正版)第十三条确立"公民的合法私有财产不受侵犯。国家依照法律规定保护公民私有财产权和继承权"。1995 年施行的《中华人民共和国城市房地产管理法》对此亦作相应规定。

房产测绘同国家宏观经济政策紧密相关。1949 年,国家实行计划经济,采取福利分房,少有房地产买卖,房产测绘萎缩。1978 年起,改革开放实行市场经济,房屋交易等经济活动日趋活跃,房产测绘逐渐复苏。1988 年 3 月,温州市房地产管理局因进行城镇房屋产权登记发证,急需一套 1∶500 地形图,温州市规划局将 42 幅 1∶2000 航测地形图放大为 1∶500 地形图,提供给房地产管理局使用。专业房产测绘队伍相继组建,最早是隶属市、区房管局的房地产测绘队,主要承担市属各区新建、拆扩建、转移变更、法院委托鉴定等项目的房屋建筑面积测量、安置房使用面积测量和商品房预售前的测算。1996 年,温州市房地产测绘队成立(2004 年改制为民信房地产测绘有限公司),1997~2007 年完成房产建筑面积测算 42 项 1237 万平方米,其中较大项目有南浦住宅区、新城中心区、江滨路改建等。2000 年,瓯海区房地产测绘队成立,2001~2008 年完成房产建筑面积测算 491 万平方米,公私房产测绘 3.5 万件。2001 年,隶属温州市旧城改建指挥部的温州浙南测绘有限公司成立,2001~2007 年完成旧城拆迁房面积丈量 106 万平方米,安置房面积测算 234 万平方米。

温州市房地产管理局为确保《房屋所有权证》的顺利发放,委托外地测绘单位以放大 4 倍的 1∶500 地形图作为工作底图,采用任意坐标系(近似温州城市坐标系),布设首级控制二级闭合导线,用了三年时间,通过实测和编绘相结合方法,完成市区房产分幅图。然而,用 1∶2000 放大的 1∶500 地形图为工作底图,其数学精度较差,以此施测的房产分幅图的质量欠佳,而且平面坐标系统不统一,也给今后的动态变更测量带来混乱。

1999~2004 年,市区基础测绘 1∶500 数字地形图实现全覆盖。2001 年,温州市房管局决定启动 1∶500 数字房产图测量,以更新模拟房产分幅图。市房管局共投入 220 万元,陆续从市测绘局购买全要素数字地形图 188 平方千米。在市区范围进行房产调查,并对前测数据进行改算。2002 年,委托国家测绘局第二地形测量队在急需的火车站站前、蒲州、藤桥、七都及市区西片施测 1∶500 数字房产图 48 平方千米。温州市房地产测绘队在其余地段施测 1∶500 数字房产图 105 平方千米。该队还开发房产图数据改造程序,其主要功能有点线面地物数字化改造、多义线合成、符号化、分幅图自动化切割、自动绘制图廓、丘号编写和检查等。2005~2008 年,瓯海区房地产测绘队施测茶山、郭溪、瞿溪、泽雅、景山、南白象、梧埏、新桥 1∶500 数字房产图,共 1206 幅,60 平方千米。上述 3 个测绘单位在市区共施测 1∶500 数字房产图 213 平方千米,房产面积量算 5664 万平方米。

温州市区各个时期的重要建筑物和主要标志性建筑物,不论单体或集群的房产测绘均是重点项目。其中 2001 年以后建成的采用数字房产测绘,执行最新的技术标准和项目技术设计书,温州市城市坐标系,成图比例尺 1∶500,图幅 50 厘米×50 厘米。采用全野外采集法生产的地形图数据或航测法获得的地形图数据。数据成图精度,地物点相对于邻近控制点点位中误差±7.5 厘米,地物点间距中误差±7.5 厘米。

1. 温州市区各个时期的重要建筑物房产测绘案例

1953 年,在财政困难的情况下拨款 20 万元,建成温州市历史上首个住宅小区"清明桥工人新村",计平房 20 幢,280 户工人和劳模迁入新居。

1963 年,四层的华侨饭店竣工。

1965 年 12 月,温州市华侨集资建成砖混结构新住宅 5000 平方米。

1985 年 1 月,14 层的东瓯大厦建成。

1993 年 2 月,伯爵山庄建成,共 24 幢,228 套,平均每套 150 平方米,当时售价 3000～3700 元/平方米,两天内销售一空。

1995 年 4 月,南浦、黄龙两个住宅区的安居工程动工,面积 141.85 万平方米,可供 2.2 万户 9 万人居住。

1992～1997 年,市区大规模旧城改造基本完成,计有府前街、胜利路、安澜亭、飞霞南路、新村路、西城路、马鞍池路、人民东路等 12 条主要街道,共拆除旧房 128 万平方米,建新楼房 298 万平方米,其中 35 幢为 20 层以上高层建筑,共有 1.6 万拆迁户回迁新居。

2. 温州市区各个时期的主要标志性建筑物房产测绘案例

1985 年建成的东瓯大厦,14 层,高 53 米。

1990 年建成的中国工商银行,17 层,高 75.55 米。

1999 年建成的电信大楼,31 层,高 156 米。

2005 年建成的华盟大楼,45 层,高 168 米,18 部电梯,顶部可起降直升机。

2011 年封顶的世贸中心,68 层,高 333.33 米,是当时浙江省第一高楼。

二、瑞安市

1949 年 5 月,瑞安县财粮科设立册籍室,负责房屋产权管理。土改时期,因民国时期的产权和产籍档案因保管不善,损失无存,县民政科聘用社会测绘人员,以简易器具测丈全县房地产,发放《土地房产所有证》。

1952 年～1953 年 3 月,在城关测绘 1∶250 分户丘形图,在此基础上绘制成 1∶500 房产分幅图 31 幅,作为产权和产籍管理的依据。

1983 年 3 月～1985 年 5 月,布设控制网,测绘完成城关镇 29 个居民区和莘塍镇 1∶500 房屋现状分布图。

1990 年 10 月,瑞安市房管所改为房管处。1992 年 1 月,升格为瑞安市房地产管理局。面对道路狭窄、沿街房屋多为砖木结构的旧城区,1990 年采取"以路带房、以房建路、聚财建城、综合开发"的办法进行旧城改造。改造后的沿街一层为商业店面,二层以上为商品住宅出售,收取资金建造道路和公共设施,先后完成解放中路、解放南路、广场路、虹桥路等 13 条主要街道的改建工程。1990～1995 年,建成商品住宅小区 114 万平方米,1 万多户居民喜迁新居。至 1997 年,又建成商品房 65 万平方米。此时,瑞安市区人均住房面积达 11.2 平方米,基本解决了人均 8 平方米以下困难户的住房问题。1995～1998

年,旧城东面安阳新区建成各类建筑 348 幢,总面积达 100.8 万平方米。

瑞安市建成区面积从 1992 年的 3.9 平方千米扩大到 8.4 平方千米,全面开展房屋产权初始登记、转移变更登记、拆迁房屋产权注销登记。至 1998 年底,全市累计登记面积 2902.57 万平方米,发放《房屋所有权证》面积 2477.90 万平方米。

为适应房地产市场的快速发展,1983~1988 年,瑞安市测绘 1∶500 房产分幅图 3300 幅,150 平方千米,覆盖全市 40 个乡镇。1997 年,瑞安市房地产管理局委托国测第一大地队和第二地形队,依据国家三角点(含军控点)布测四等 GPS 网 125 点,复测 40 个乡镇 1∶500 房产图。1998 年,瑞安市房地产测绘队成立。尔后,对城关镇 60 平方千米房产分幅图进行内业数字化,为房产图的动态管理和建立数据库打下基础,完成房产面积量算 3000 万平方米。

三、乐清市

1965 年前,乐清县的房管机构无独立编制,宅基地管理与土地管理常交织在一起,先后归县财政局、农业局、基建局管辖,职责不清。因此给房管工作带来一定困难,房产测绘仅以皮尺和手记量算房屋面积,为房屋出租和过户提供数据。

1986~1991 年,乐清县房地产管理处委托浙江省煤田地质测量队等,施测乐成、柳市、北白象、虹桥、大荆、南岳镇 1∶500 地形图,共 17.1 平方千米。这是温属各县最早施测的一批正规地形图,初衷是作为房产测绘的底图使用,而实际效果是为城镇规划和城镇建设解难。

1997 年,乐清市房地产测绘队成立。1999~2006 年,完成房产面积量算 80 万平方米,新测和补测 1∶500 房产分幅图 2319 幅,基本覆盖全市各镇中心村。具体分布情况,1999~2000 年乐成镇 61 个中心村 836 幅;2001 年乐成镇和白石镇 38 个中心村 373 幅;2003 年大荆镇 27 个中心村 648 幅;2004 年乐成镇和柳市镇 28 个中心村 135 幅;2005 年象阳镇和雁荡镇 28 个中心村 243 幅;2006 年芙蓉镇和石帆镇 17 个中心村 84 幅。

2001 年,委托温州综合测绘院完成全市地形图矢量化,为房产图数字化和建立数据库预作准备。

四、永嘉县

1958 年以前,永嘉县的土地和房产先后归县财政局、民政局、农业局分别管理。1977 年 3 月永嘉县房地产管理处成立,1997 年 6 月升格为永嘉县房地产管理局。

1985 年 5 月,上塘、清水埠、桥头镇进行房屋普查,至 12 月底完成普查房屋建筑面积 114.1 万平方米。1986 年 9 月,启动全县城镇房屋产权登记发证。至 1990 年底,上塘、瓯北、桥头、桥下、岩头、碧莲 6 镇,收材料 12230 件,面积 187.5 万平方米,发放《房屋所有权证》5663 件。房产测绘人员以皮尺丈量计算房屋面积,绘制房产示意图,提供发证的基本材料。

2000 年,永嘉县房地产测绘队成立。执行县房地产管理局规定的测绘任务,对旧城改造和房屋拆迁项目进行量算,负责公共房屋建筑面积和房产登记测量工作。至 2009 年底,量算房产面积 300 万平方米。使用的工作底图是永嘉县勘察测绘院测绘的地图,前期为模拟地形图,21 世纪初为数字化地形图和光盘。

五、洞头县

1978年2月,县房产管理所成立,隶属县财政局;1982年6月以后,先后归县基本建设局、环境保护局管辖。1991年8月,县房地产管理处成立。1997年7月,改名为县房地产管理局,仍归县建设局管辖。2001年12月升格为县政府直属单位。

1986年,在县城北岙镇开展房屋普查。普查结果显示,房屋总建筑面积32.85万平方米,其中住宅21.7万平方米,人均住房面积20.6平方米(当时人口2201户10540人)。

1990年,启动全县房屋产权登记发证,因条件限制,只能以皮尺、手记等简易方法测算房产面积。1991年,所用房产分幅图由县测绘大队提供。这次房屋产权登记形成一套较完善的房屋产权登记办法和程序,拥有浙江省二级达标档案室。

21世纪初,在1∶500数字地形图覆盖全县的基础上,房产测绘也从模拟向数字化过渡。2004年始用AutoCAD软件测算及绘图,采用温州市城市坐标系,房产测绘进一步规范化。

2006年,洞头县宏大房地产测绘有限公司成立。至2010年底,测算房产面积逾200万平方米。其所提供的图册和数据具有法定性质,可作为公民资产评估和法律诉讼的依据。

六、平阳县

1952年,平阳县政府设财税科,负责全县农业税征收、契税、房管工作。1958年以后,县财税局负责全县房屋产籍管理。1978年9月,县房地产管理所成立,并移交三项产籍资料。三项产籍资料为1939年测绘的地籍蓝图,1952年房产登记清册,1953年土地登记清册。这些房产和土地登记清册,是根据土改时房地产变化情况登记的。1981年分出苍南县后,平阳县房管所划属县城市建设局。1985年1月,县房管所改名县房地产管理处。

鳌江镇房管站的产籍管理最完整。1973年,首先对直管公房产籍进行整理,实地逐户测绘,制成房地产分户和分丘平面图,编写卡片,搞清坐落、产权、房屋结构、层次、面积等。1984年11月,在鳌江召开县房管资料工作会议,要求健全全县册籍管理工作。1985年3月,开展各镇和独立工矿区的房屋普查,共普查8个镇,计21337户,房屋面积275万平方米。8镇的人均住房面积6.63平方米,比1978年的人均4.98平方米,增加了33.2%。

1985年9月,平阳县房管处聘请测绘人员9人,完成各镇1∶500房产分幅图21平方千米,其中利用民国时期老图复制蓝图163幅,采取布网修测和全测相结合的方法测绘373幅。整理8个镇的地号册和土改册,共47本,制定收费标准,为总登记做好准备。鉴于复制蓝图现势性差,1987年12月再次聘请测绘人员,采用独立坐标系和磁北方位,测绘全县城镇1∶500房产分幅图。至1989年9月完成367幅,其中昆阳镇83幅,鳌江镇112幅,萧江镇31幅,麻步镇41幅,水头镇43幅,山门镇17幅,腾蛟镇40幅。并编制1∶5000总图。

1986年8月~1989年底,开展房屋产权登记,逐户建立户籍档案和房地产卡片。收件18728件,占应登记房屋总数的90.8%;发放《房屋所有权证》4512件,占应发户数的18.8%。

七、苍南县

1981年苍南建县后,县基本建设局下设苍南房管所,负责全县直管公房的维护、租赁、产权管理等。

1985 年,全县进行房地产普查。1985～1990 年,苍南县房地产管理处地政股成立测绘组,以小平板仪配合水准仪测绘灵溪镇、金乡镇、钱库镇等建制镇的 1：500 房产分幅图。因设备和技术人员条件限制,没有布设统一控制网,每个镇都采用独立坐标系和相对高程及磁北方位。

1988 年,委托平阳县测绘大队,测绘龙港镇 1：500 房产分幅图,平面控制布设三角网及经纬仪导线,1954 年北京坐标系。这是苍南县首次应用现代技术和设备进行的房产测绘。

1996 年,苍南县房地产管理局成立房地产测绘队,负责县内各村镇 1：500 房产分幅图测绘和各类房屋面积测算。1999 年成立苍南县房地产测绘有限公司。至 2007 年底,测绘 1：500 房产分幅图 1588 幅,88.55 平方千米,量算房产面积 896 万平方米,发放《房屋所有权证》120281 件。

八、文成县

1961 年恢复文成县后,由县财税局兼管公房租赁和典当。1977 年,成立县房管委员会。1987 年,改称县房产管理处,归口县城乡建设环保局。

1989 年开始进行房产测绘。因条件限制,只能以皮尺、手记等简易方法进行测丈,为建制镇和独立工矿区房屋登记发证。先在大峃镇周村试点,测绘房屋面积 7.15 万平方米,发放《房屋所有权证》494 件。至 1990 年底,完成测绘县城和工矿区房屋面积 77.47 万平方米,占总面积的 80.4％,累计登记收件 3813 件,其中公房测绘面积 26.15 万平方米,发放《房屋所有权证》505 件。

2002 年,文成县房地产测绘队成立。完成大峃镇、玉壶镇、黄坦镇、巨屿镇、珊溪镇、南田镇、西坑镇、周壤乡、龙川乡 1：500 房产分幅图,共 196 幅,平板仪测绘,独立坐标系,磁北方位。至 2008 年,房产面积量算 651 万平方米,其中住宅 31457 套,计 595 万平方米,非住宅面积 56 万平方米。

九、泰顺县

1949 年,泰顺县共有 4.98 万户 16.18 万人,泰顺房地产管理由县财政局兼管。1979 年县财政局设立公房管理所,1985 年成为县城乡建设局房地产管理所,1992 年成立房地产管理处,1997 年升格为泰顺县房地产管理局。

1979 年开始进行房地产测绘,限于条件只能以皮尺、手记等测丈计算套内面积,用于公房租赁收费管理。1984 年 8 月开始私房普查,至 1987 年 10 月,县城房屋登记工作基本结束,并给私有房屋所有人发放《房屋所有权证》。

1997 年,泰顺县房地产测绘队组建。1998 年 7 月,温州市房地产测绘队无偿赠送平板仪 1 台、经纬仪 1 台、手持激光测距仪 3 台给泰顺县房地产测绘队。至此,泰顺告别"皮尺马尾丝照准器"作业方式。随着房产测绘业务的开拓,泰顺县房地产测绘队陆续购置全站仪、微机等,实现房产测绘从模拟向数字化的转变。

泰顺县地处山区,各乡镇全被大山隔断,各聚居点相距甚远,因此房产测绘采用独立坐标系,在 36 个乡镇及部分中心村测绘 1：500 房产分幅图 418 幅。量算各类房屋面积 332 万平方米,其中商品房 66 万平方米。

第六篇
城市测量

　　城市测量，原本是指城市范围内的各项测量。但改革开放以来，城市的测量范围已扩大至郊外的许多乡镇和村庄。2007 年 10 月 28 日颁布《中华人民共和国城乡规划法》，将原先的"城市规划"扩改为"城乡规划"，这就更需要把原先的城市测量范围扩大到乡镇。因此，如今的城市测量就是城乡测量，是指为城乡的规划、施工、管理、运营所进行的各项测量，包括平面控制测量、高程控制测量、航空摄影测量、地形测量、建筑工程测量、市政和园林测量、地下管线测量、人防工程测量等。

第一章 城市平面控制测量

城市平面控制网,要有统一的平面坐标系统。1985 年 11 月 15 日,浙江省测绘局批复同意采用"温州市独立坐标系",作为温州城市平面坐标系统。1986 年 6 月 27 日,温州市规划局和温州市城市建设土地征用拆迁办公室联合发文规定,在城市规划区统一使用"温州市独立坐标系"和"1956 年黄海高程系"。从此,温州市区全面采用温州市独立坐标系,并逐步向各县乡镇扩展。2004 年,温州市独立坐标系改称为"温州城市坐标系统"。

第一节 温州市区平面控制测量

温州古城始建于东晋太宁元年(323),是当时永嘉郡的郡治所在地,至今已有近 1700 年历史。当时永嘉郡城规模很大,四周城墙长约 9000 米,占地面积 3.8 平方千米,虽然比全省第一个郡级城市迟了 194 年,但在东晋时期全省六个郡级城市中,用地规模位居第一。

温州古城墙的修建,工程浩大,它的定线放样、砌筑和竣工都离不开测量,可惜古籍均无测量记载。现在留下的只有 1937 年《实测永嘉县城厢街巷详图》和 1948 年完成的温州城厢 1∶500 户地图 86 幅,这是温州古城最早的大比例尺实测图。中华人民共和国成立后,温州市区进行了以下四次规模较大的平面控制测量。

一、1951～1956 年温州市区应急小三角网测量

1951～1956 年,温州市建设局测量队在温州市区分三次布设应急小三角网 21 点,范围东起灰桥,西至渚浦山,北从瓯江南岸,南抵牛山,控制面积约 50 平方千米,见图 6-01。

1951 年 10 月初次布设 10 点,选择公路作为基线场,基东在广化陡门南,基西在太平寺西,基线长 932.531 米,用未经检验的普通钢卷尺丈量得出。西山—营盘山为基线网扩大边,方位角以磁北定向,假定坐标系(假定起始点"基东"的横坐标为+800 米,纵坐标为-2000 米)。初次布设点除上述 4 点外,还有灰桥、划龙桥、樟树下、山前、松台山、海坦山 6 点。

1954 年 5 月,接初布控制网向西北扩展 7 点,分别为郑桥村、卧旗涂、翠微山、牌楼山、君子峰、江心寺、瓯浦垟。1956 年 6 月,接初布网再向西南扩展 4 点,为横塘山、西堡、管屿、旸岙。全网 21 点分别组成单三角形、大地四边形和中心多边形,使用 T₂ 经纬仪观测,观测值取至 0.1″。三角形闭合差共 29 个,

均在限差±24″之内。在全国城市测量中,可谓率先布网的地级市之一。

1953～1957 年,温州市建设局测量队在城区施测 1︰500 地形图 113 幅 7.2 平方千米,在近郊施测 1︰1000 地形图 36 平方千米,其图根控制均从这个应急小三角网基础上加密网点,逐级发展。

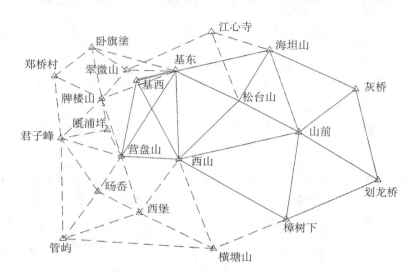

图 6 - 01　1951～1956 年温州市应急小三角网

二、1958 年温州市区一、二级三角网

1958 年布测的温州市区一、二级三角网分为首级网和加密网两种。

1958 年,为测制温州市区 1︰2000 地形图,浙江省建设工程局委托建筑工程部城市设计院第二测量大队,按《城市测量规范》(草案),在温州市建立一、二级三角网(相当于国家三、四等网),包括一级主网 13 点,二级插点 11 点。控制范围北起永宁山和胜美尖,南接华亭山和鲤鱼山,东临黄石山,西至叠石山,面积 240 平方千米。该网以国家二等点永宁山为起算点,永宁山—胜美尖(三等点)的方位角为起算方位,1954 年北京坐标系,高斯-克吕格 3°带投影。

应温州市建设局要求,第二测量大队对前述应急小三角网进行联测并作出结论:起始点“基东”的国家坐标为 X＝3099 910.127,Y＝563 888.585,坐标轴偏西 3°39′08″,起始边长精度仅 1/1500。这次修编本志,经查阅资料获知,联测未在小三角网点设站,两网无重合边或点,仅对小三角网的若干个点进行前方交会获得坐标,再反算出方位角和边长,与原值比较而作出结论。所以该方法欠严,不符有关规范要求。

该次布测的一、二级网,坐标偏扭较大,从起算点传递至国家二等点李王尖,点位相差 0.52 米。其原因可能是降格采用三等起算方位角所致。1960 年,建筑工程部综合勘察院华东分院来温州,要据此网发展次级网,事先作出改造方案,拟将该网附合于国家二等三角点白云山、永宁山、李王尖和一等三角点小陡门东,再在永强东部布设新的四等网。后未实施。1958 年一、二级三角网作为温州市区首级平面控制,一直使用至 1983 年。

加密网点和应用情况介绍如下。

1958 年 12 月～1959 年 3 月,浙江省工业设计院测量队,在温州西郊双屿至前陈一带,布设四等三角补充网 11 点（相当国家一级小三角），等外点 110 点（相当国家二级小三角）。

1960～1962 年，建筑工程部综合勘察院华东分院受温州市建筑工业局委托，在藤桥布设小三角线形锁 14 点，在仰义布设一级小三角线形锁 12 点；在梧埏采用后方交会法布设小三角 6 点，在永强布设小三角线形锁 17 点。

1977 年，建设市区西线工业排污管道时，温州市建筑设计室测量组根据 1958 年首级网残存标石，布测旸岙—勤奋水闸的钢卷尺量距经纬仪导线。其成果应用，为同年兴建的温州市勤奋水闸配套工程的拓宽整治旸岙以下泄洪河道，在全线测绘 1∶500 河道地形图提供控制。

三、1983 年三、四等三角网，1994 年三、四等 GPS 扩展网

1981～1983 年，温州市城市规划管理处组织施测，完成 1983 年首级网。首级控制三等三角全面网共 29 点，由 10 个中心多边形和 1 个完全四边形组成，平均边长 3.9 千米。并布测加密四等插网 14 点，平均边长 2.0 千米。布设范围北沿瓯江，南抵白云山，东起黄石山，西至瓯江大桥，控制面积 250 平方千米。三角网以国家二等三角点白云山为坐标起算点，白云山—李王尖方位为起算方位，并联测白云山—五磊山二等点为固定角条件。为满足城市测量"投影长度变形值不大于 2.5 厘米/千米"的规定，采用温州城市中心经度为中央子午线（后称温州市独立坐标系）。作业依据 1974 年《国家三角测量和精密导线测量规范》。

1994 年温州市三、四等 GPS 扩展网，是以 1983 年三、四等三角网为基础，向南北扩展，共布设三等 GPS 点 142 点，分布在温州市区、永嘉县、乐清市七里片、瑞安市、平阳县，依次为 48 点、22 点、8 点、38 点、26 点，总控制面积约 3000 平方千米。温州市勘察测绘研究院和全国城市测量 GPS 应用研究中心实施完成。

加密网点和应用情况介绍如下。

1984 年 4 月，温州市勘察测绘处受龙湾经济开发区委托，为施测 1∶500 地形图，根据三等点前岩山和黄石山，组成四边形插入四等点炮台山和朱宅 2 点。

1985 年 4 月～1986 年 4 月，温州市勘察测绘处使用瑞典 AGA 112 型红外测距仪布测，范围东起龙湾，西至双屿，北沿瓯江南岸，南接瓯海县界，沿市区主要街巷和道路，首次布设一级导线和一级小三角共 177 点，其中导线 149 点，面积共 76.2 平方千米。成果由温州市规划局测绘管理科验收，被评为良级产品。

1987～1988 年，在市区一级导线控制下加密二级导线 418 点，共 76.8 千米。1996～1999 年，因十年前所布一级导线点大多遭受破坏，在市区主干道路的东、西段分别布设一级导线共 309 点。东段先布四等 GPS 网 21 点，再布一级导线 102 点；西段先布三、四等 GPS 网 3 点和 12 点，再布一级导线 207 点。

1988～1992 年，温州市勘察测绘研究院接受市区 1986 年 1∶2000 航测地形图的外围测绘，分南、东、西片用大平板仪施测，完成 1∶2000 地形图 72 幅。在南片三郎桥一带，据 1983 年首级网"黄屿山、外岙、徐岙"和"梧埏、老殿后"分别插入四等点 3 点和 2 点，均按规定埋石而未造觇标，再布测一级导线 116 点。在东片瑶溪—山北一带，布设四等导线 8 点计 11.0 千米，一级导线 109 点。在西片仰义乡布测四等导线 3 点计 7.1 千米，一级导线 91 点。

1989～1991 年，温州综合测绘研究院在天河镇，据 3 个三等点布设四等三角点 5 点，测定起始边 2

条;在茶山镇,据李王尖、徐岙、东庄诸点,布设由 7 点组成的四等三角网;在七都岛至乌牛,布设四等导线 4 点计 8.0 千米。

1994 年统计,温州勘察测绘研究院等单位在温州经济开发区、瓯海县址、蒲鞋市、瑶溪、水心、温州机场、车站大道、瞿溪、潘桥等 23 个测区布设一级小三角 112 点,二级小三角 190 点。

1998～2001 年,温州市勘察测绘研究院在温州经济开发区,据三等点徐岙、外岙,两次加密四等 GPS 网,共 26 点;据三等点杨府山、外岙、梧埏,布设四等 GPS 网 11 点。

2001～2002 年,温州综合测绘院完成三等 GPS 网 34 点,四等 GPS 网 23 点,具体分布,在三垟和瓯海经济开发区,四等 GPS 网 10 点;在仙岩、丽岙、海城,三等 GPS 网 19 点,四等 GPS 网 8 点;在鹿城特色工业园区,三等 GPS 网 15 点,四等 GPS 网 4 点;在郭溪,四等 GPS 点 1 点。

2004 年,温州市瓯海测绘工程院在泽雅据三等 GPS 点石柱门、麻芝川、大潭、林岙,布设四等 GPS 点鹤岙、潘宅、小源、外岙 4 点。

2004 年,温州市勘察测绘研究院为温瑞塘河整治,在老城区三桥路以东、杨府山和汤家桥以西、瓯江以南、铁路线以北约 42 平方千米范围内,布设一级点 241 点,其中 GPS 点 191 点,2004 年 8 月经省质监站验收合格。同年为市政排水管网普查布设四等 GPS 点 2 点。

1999～2004 年,温州市启动基础测绘,温州市勘察测绘研究院、温州综合测绘院、瓯海测绘工程院、永嘉县勘察测绘院合作完成 1∶500 数字地形图 464.0 平方千米,全覆盖市区三区的城镇和平原。尔后续测部分山区,至 2010 年覆盖面积扩大至 520 平方千米。为此据 1983 年首级网和 1994 年 GPS 扩展网,先加密四等 GPS 网 66 点,一级导线 2203 点,二级导线 1764 点;继自 2006 年 8 月至 2007 年,扩展三等 GPS 网 3 点,加密四等 GPS 网 46 点。

2004～2006 年,温州市勘察测绘研究院为 1∶500 数字地形图修测,在温州市老城区、鞋都、高教园区、新城片、扶贫开发区、状元、滨海、炬光园等地,布设一级导线 500 点,控制面积 74.4 平方千米。

四、2004 年温州市二等 GPS 全面网

2004 年,温州市勘察测绘研究院和武汉大学合作完成温州市二等 GPS 全面网,共 94 点,其中框架网 7 点,分布在温州市区、永嘉、乐清、洞头、瑞安、苍南等地,控制面积 7000 多平方千米。在温州市区和瑞安沿海一带,布设三等 GPS 网 50 点。提供 1954 年北京坐标系、1980 西安坐标系、温州城市坐标系的二维约束平差成果。

第二节　各县(市)城乡平面控制测量

温州市各县(市)城乡平面控制测量经历了多个阶段,现已形成精准的各级三角网、三角独立网及 GPS 基础控制网、全面网、扩展网、加密网等。下面分县(市)介绍城乡平面控制测量。

一、瑞安市

三国东吴大帝赤乌二年(239),设置罗阳县,这是瑞安建县之始。县城在北湖鲁岙,位于今瑞安老城区北面西岙村的集云山南麓洪积扇上,今遗址荡然无存。历 84 年后,至东晋太宁元年(323),即建设永

嘉郡城的同年,瑞安县城迁至邵公屿(今瑞安老城区人武部址)重建扩建。相传城垣建于南朝刘宋时代,当时城墙长 902 米,城区用地面积 5.1 万平方米(76 亩),可见当时瑞安县城的规模极小。后经历代多次扩建,至明嘉靖三十一年(1552),城垣长度增至 3648 米,城区面积增为 74 万平方米(1110 亩)。民国二十七年(1938)政府下令拆除城墙,三年内全线拆毁,片石无留。

瑞安市城市平面控制测量,历经五个阶段,分别为 1958 年瑞安县三等三角网,1983 年瑞安城关四等三角独立网,1990 年瑞安市三等三角网,1994 年温州市三、四等 GPS 扩展网,2004 年温州市二等 GPS 全面网。

1. 1958 瑞安县三等三角网

1958 年,建工部勘察设计院华东分院第二测量大队,根据国家仙居网二等三角点沙园、下山根、黄岩山,在瑞安县布设三等三角网,使用威尔特 T₃ 经纬仪观测。三等点有西山、万松山、八十亩等 15 点,今多遭破坏,仅存"八十亩"点。

1959 年,浙江省工业设计院勘察测量队,在瑞安加密四等三角网 10 点(另有资料是 21 点),执行 1959 版《城市测量规范》。今亦多遭破坏。

2. 1983 年瑞安城关四等三角独立网

1983 年 7 月~1984 年 1 月,温州市规划管理处测量组受瑞安县城建局委托,布测瑞安城关四等三角独立网,执行国家建委《工程测量规范(试行)》T126－78。以一等点"鲳儿基顶"起算,至二等点西太山和龙潭山定向,先布三等插点烟墩山;在此基础上再布设由 7 点组成中点多边形的四等网,控制城关镇面积约 20 平方千米。建造混凝土寻常标 9 座,钢架标 1 座。四等三角独立网测角中误差±0″.99,1954 北京坐标系,4°带坐标。成果经浙江省测绘局验收,评为良级品,见图 6~02。

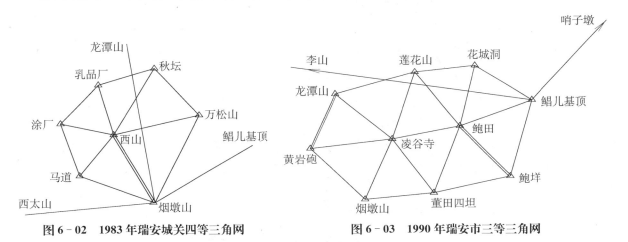

图 6-02　1983 年瑞安城关四等三角网　　　　图 6-03　1990 年瑞安市三等三角网

3. 1990 年瑞安市三等三角网

1990 年夏,浙江省第十一地质大队测绘分队受瑞安市规划土地管理局委托,布测瑞安市三等三角网,执行 1985 年版《城市测量规范》和 1974 年版《国家三角测量和精密导线测量规范》。据一等点鲳儿基顶起算,至二等点李山和哨子墩定向,共布设 10 点,组成 2 个中点多边形,控制瑞安东部区域约 160 平方千米。建造寻常钢标 7 座,钢架标 1 座。测角使用 J₂ 级经纬仪,起始边 2 条使用 Red 2L 红外测距仪施测。边长先投影到大地水准面,再投影到以 120°35′ 为中央子午线的高斯平面上进行平差计算,平差后测角中误差±1″.31,最弱边相对中误差1:9.6万,见图6~03。

1990年三等网与1983年四等网,皆有鲳儿基顶和烟墩山点,但重合点烟墩山在两网的坐标值不同,$\triangle X=-0.158$米,$\triangle Y=-0.460$米。为旧网控制下的已测地形图能继续使用,决定保持旧值,即平移1990网坐标系重合于1983年网。平移后取名"瑞安市城市坐标系"。

1990年三等三角网的加密网点,1990年10月瑞安市规划测绘队联测改算1983年城关四等网;1992~1994年,在董田、罗凤、仙降布设四等点4点。1993年4月,在上望、肖宅布设四等导线6点,平差后方向中误差为±0″.37,点位中误差为±2.57厘米;1995年11月,在飞云、孙桥布设四等导线8点,平差后方向中误差为±1″.56。以上两处导线测量均采用J₂级经纬仪测角,Red 2L红外测距仪测边。

4. 1994年温州市三、四等GPS扩展网

1994年,全国城市测量GPS应用研究中心施测。该网在瑞安市域共38点,控制范围约1000平方千米,无约束平差精度良好,而二维约束平差因所选择的约束点和后处理不同,分别形成3套坐标成果。

第一套成果选择约束点为鲳儿基顶和2个二等点,属$L_0=120°$国家统一3°带坐标系。

第二套成果约束点选择1990年瑞安市三等三角网中的3点,即以"小网"控制"大网"平差,当初视为"瑞安市城市坐标系",随后发现"作四等GPS加密无法闭合"的问题。因此规划测绘在市域东部仍沿用1990年三等三角网成果,西部则无奈暂用第二套成果,虽同称瑞安市城市坐标系,其实是两种不同的坐标系。

第三套成果是在任意带$L_0=120°35'$的高斯正形投影平面上,选择与第一套相同的约束点完成平差,其坐标再行后处理。后处理以$L_0=120°$的"鲳儿基顶"坐标为起始数据和"鲳儿基顶—圣井山"在两个不同带的方位角之差$(-0°16'19″.01)$为旋转角,对任意带120°35'的各点坐标进行旋转和平移。

1996年4月,温州市勘察测绘研究院在梅头建立四等GPS控制网10点。

1997年,国家测绘局第一大地队和第二地形队受瑞安市房地产管理局委托,施测四等GPS独立网125点,以国家二等点、军控点共4点约束平差,属1954北京坐标系4°带的坐标成果。执行《全球定位系统城市测量技术规程》。

2000年,瑞安市土地管理局委托国家测绘局第二地形队和华北工程勘测设计研究院,测绘23个乡镇1:500地籍图,按照《全球定位系统城市测量技术规程》,据上述第一套成果(1954北京坐标系4°带数据),联测三等GPS扩展网21点次,在安阳、塘下、马屿、陶山、高楼,分片加密四等GPS网共86点。

5. 2004年温州市二等GPS全面网、2005年瑞安市三等GPS加密网

2004年,由温州市勘察测绘研究院施测。二等GPS全面网在瑞安市域有18点,采用温州城市坐标系。

2005年11月~2006年4月,浙江省第一测绘院受瑞安市测绘管理所委托,以2004年温州市二等GPS全面网,布设瑞安市三等GPS加密网,共90点。并进行似大地水准面精化,新埋石22点,联测规划局、国土局、房管局旧点49点,与省、市网重合19点。控制范围为瑞安陆域及北麂列岛和大北列岛,提供1980西安坐标系、新1954年北京坐标系、温州城市坐标系共三套坐标。

执行1999版《城市测量规范》和1997版《全球定位系统城市测量技术规程》。使用天宝GPS接收机5700系列4台、徕卡530系列3台、徕卡1230系列4台。网的基线边长25.06~1.01千米,平均4.86千米,最大环闭合差12.6厘米(限差21.2厘米)。平差后最弱点点位中误差±1.2厘米,最弱点大地高中误差±2.6厘米,正常高中误差±0.8厘米。该项目经浙江省测绘产品质量监督检验站验收

合格。

GPS 网的增设。1996～2007 年,温州综合测绘院、温州市勘察测绘研究院、瑞安市规划测绘队共同完成梅头镇、飞云镇、陶山镇、碧山镇及瑞安经济开发区南北拓展区、三十四溪等 7 个测区四等 GPS 网共 50 点。

二、乐清市

东晋宁康三年(374),始建乐成县,县城在今乐清老城区北部山麓。乐成设县初期有城无垣的历史长达 370 年之久,这是因为县城三面有高山峻岭环峙,只有东南一面靠尚未完全成陆的潮间滩涂,与外界往来交通要往西、往北翻山越岭。这种有险可守的地理位置使之迟迟未能建造城垣。直至唐代天宝三年(744),才始筑城垣,当时城垣长 576 米,城区面积 2.1 万平方米(31 亩),这种规模跟 460 年前修筑的平阳县城一般大。清嘉庆元年(1796),因台风损坏而进行大规模扩建。这时城墙长 4608 米,城区面积 1.25 平方千米(1875 亩)。民国二十七年(1938)因日机轰炸,便于居民疏散,政府下令拆除城墙。

乐清现代城镇控制测量始于 1984 年,共经历以下三个阶段:

1. 1984 年乐清七里港三等三角网

1984 年 12 月,因七里—黄华港区规划需要,温州市勘察测绘处凭借 1983 年温州市首级控制网的七都樟里、前岩山、黄石山三等点,向北扩展联结国家二等点岐头山,布设七里港三等三角网。共设三等点 8 个,其中新埋石 3 个,重合点 5 个,造标 7 座,测定金光岙—岐头山起始边。其范围东起岐头山,西近磐石西山,北起大港山和金光岙,南至码道、里隆及横河,质量符合规范要求。

1984 年,温州市勘察测绘处在七里和黄华加密四等网 8 点。

1984 年 12 月～1985 年 5 月,温州市勘察测绘处在七里港三等三角网控制范围内,加密四等导线网 33.3 千米,埋设混凝土标石 12 座。

1994 年 2 月,全国城市 GPS 研究中心接受委托,布设温州市三、四等 GPS 扩展网,在七里港区布设 8 点。

2. 1986～1998 年乐清各镇三角独立网

(1)乐成镇

1986 年 2 月～1987 年 5 月,浙江省煤田地质勘探公司测量队受乐清县房地产管理处委托,在乐成镇布设四等三角独立网,共 5 点,控制面积 22 平方千米。以盐盆山二等点为起算坐标,盐盆山—白沙东山为起算方位,白象山—乐中后山为光电测距起算边,边长归算至黄海平均海水面。1956 年黄海高程系。

1992 年 6 月～12 月,浙江省测绘局外业测绘大队受乐清县城市建设指挥部委托,在乐成镇布设双中点多边形四等独立网,共 10 点,以盐盆山二等点为起算坐标,盐盆山—马宅山(一等点)为起算方位,盐盆山—水库东、外峰门—求雨岩为光电测距起算边,边长归算至黄海平均海水面。平面坐标系统为未经投影的平面直角坐标,中央子午线 120°,采用间接平差法计算。1985 国家高程基准。

1993 年 11 月,浙江省测绘局第一测绘院凭借四等网向东南方向扩展四等 GPS 网 2 点。

1996 年 9 月,浙江省丽水地区勘察测绘院受乐清市房地产管理局乐成镇盐盆办事处委托,在盐盆布设四等三角网 3 点,与二等点盐盆山组成一个大地四边形。丽水院转托温州市勘察测绘研究院,施测四等三角网点 GPS 成果,提供中央子午线为 121°的坐标。

（2）柳市镇

1987年9月～10月，浙江省煤田地质勘探公司测量队受乐清县房地产管理处委托，在柳市镇布设一个中点多边形四等三角独立网，共7点。以凤凰山为起始点，马宅山为起算方位，三里—新华开关厂为光电测距起算边。

1992年，江西省测绘局外业大队受柳市镇委托，布设四等导线独立网15点，以白龙山二等点为起算坐标，白龙山—三里为起算方位，控制面积30平方千米。1993年5月，增设12点，并与前布15点进行统一平差。

1994年10月～1995年2月，温州综合测绘院受柳市镇政府委托，在柳市镇经检测发现1987年以军控点支点"三里"为起始点的四等三角独立网，因部分点标石毁坏或严重位移必须再建。新建三等三角网包括柳市、北白象、象阳3镇，控制面积80平方千米。网中有国家一等三角点和温州市首级三等网2点，共7点，施测2条基线，以大港山为起算点，大港山—金光㟌为起算方位。为使各项工作顺利延续，先在温州市独立坐标系严密平差，然后利用三里和茗山两点转换至1987年柳市独立网系统。同时，布设四等导线4点。

（3）大荆镇

1987～1988年，浙江煤田地质勘探公司测量队受乐清县房地产管理处委托，在大荆镇布设一个中点多边形四等三角独立网6点。

1995年6月～9月，温州综合测绘院受大荆镇政府委托，施测该镇外围与水涨一带地形图，布设由两个三角形、一个中点多边形组成的三角网，包括起算点共9点，控制面积20平方千米，观测两条起算边，采用PC-1500严密平差程序，平差后测角中误差±2″.31，最弱边相对中误差1∶6.3万。

（4）虹桥镇

1984年7～8月，温州市地理学会测绘学组在市科学技术咨询服务公司的组织下，受虹桥镇政府委托，施测完成虹桥镇规划控制测量项目一级导线7772米（钢卷尺量距），导线点埋设标志。

1987年，浙江省煤田地质勘探公司测量队受乐清县房地产管理处委托，在虹桥镇布设四等三角独立网。

1992年9月，江西省测绘局外业大队受虹桥镇委托，布设四等结点导线网共9点，长12808米。该导线网主要缺陷是以1987年四等网"工商银行"房顶点为起算坐标，因基础沉陷和倾斜，使用时已发生移位，导致该网起算成果偏差和起算方位的旋转。

1998年3月，丽水勘察测绘院受虹桥镇政府城建办委托，布设四等GPS控制网9点，以二等点三江山、三等点石堘山为起算数据，控制面积50平方千米。使用天宝4600LS GPS接收机3台，天宝TRIMNET PLUS网平差软件。中央子午线为120°，1954年北京坐标系，1956黄海高程系。

（5）北白象镇

1987年，浙江省物探大队测量队受北白象镇政府委托，布设5″级小三角独立网。

1992年9月，江西省测绘局外业大队受北白象镇政府委托，布设四等导线7点。

（6）其他乡镇

1992年，江西省测绘局外业大队受镇政府委托，布设白石镇四等导线4点；同年，布设翁垟镇四等导线9点。

1995年5月～8月，乐清市规划勘测设计室和温州综合测绘院受芙蓉镇政府委托，布设芙蓉镇四等三角网9点。

1997年6月～11月，丽水勘察测绘院受乐清市房地产管理局和镇政府委托，布设淡溪镇四等三角网4点，其中新埋3点，以石壁山三等点为起算坐标，石壁山—三江山（二等点）为起算方位，测距边未经投影改正，测角中误差±1″.36，平差后最弱边边长相对中误差1∶29.9万，最弱点点位中误差±1.36厘米。

1997年6月，温州综合测绘院受四都乡政府委托，布设四等三角网6点。

1998年5月，温州综合测绘院受天成乡政府委托，布设四等GPS网3点。

3. 1998年乐清市GPS基础控制网和2007年乐清市GPS基础控制改造网

1998年10月～1999年3月，温州市勘察测绘研究院受乐清市规划建设局委托，布设乐清市GPS基础控制网共135点，其中新点131点（三等46点，四等89点）。控制范围为东经120°45′～121°15′，北纬27°58′～28°30′，面积约1200平方千米。布设边长，城镇地区2～3千米，山区8～9千米。

观测使用3台WILD200S单频接受机（标称精度10毫米＋2ppm），1台便携机IBM345C；基线解算采用GPS接收机的随机预处理软件包SKI。

以国家一等和二等点茗山、南尖山、白龙山、三江山为约束点，121°为中央子午线，大地水准面为投影面进行约束平差，建立"乐清市城市独立坐标系"。并提供$L_0＝120°$的国家统一坐标系成果。

2007年9月～2008年3月，浙江省第一测绘院受乐清市规划建设局委托，以浙江省GPS基础控制网及温州市二等GPS全面网为基础，改造乐清市GPS基础控制。布设三等GPS网63点，四等GPS网100点，建立"乐清市城市独立坐标系"对温州市独立坐标系、1980西安坐标系、1954年北京坐标系的转换关系。执行1999版《城市测量规范》和1997版《全球定位系统城市测量技术规程》。

三、洞头县

1953年6月，将玉环县原辖洞头和大门两个区及周围小岛设置洞头县，此为洞头设县之始。1958年5月，洞头县撤销，并入玉环县。1960年1月划归温州市，1964年11月恢复洞头县。洞头县的县城是洞头岛的北岙镇。

洞头县的城乡控制测量有以下四次。

1. 20世纪50年代海测二、三、四等三角网

1956年，海军海道测量队大地分队，以总参在浙江沿海布设的一等三角网点为起始数据，接南韭山岛，在台州和温州海域继续布测二等三角补充网，瓯江口南岸黄石山、李王尖和洞头本岛最高峰烟墩山（炮台山）都选为二等点。同时，海道测量队第三分队在温台沿海包括洞头列岛，加密布设三、四等三角网点。

2. 1989年洞头县北岙镇四等三角网

1989年，浙江省物探大队测量队受洞头县城建局和土地局委托，在北岙镇布设四等三角网9点，边长0.9～2.3千米，平均1.57千米，控制面积20平方千米。起算点为国家三等点烟墩山（前海测二等点），起始方位为烟墩山—霓屿山（一等点），起始边使用AGA112测距仪测定，观测使用蔡司010BT₂型经纬仪。按条件分组法平差，平差后测角中误差±1″.67，最弱边相对中误差为1∶12.2万。同时，在大门岛黄岙镇布设5″级小三角网，与国家三等点大黄山联测。

3. 1994年洞头县四等GPS控制网

1994年5月，北京华星勘探新技术公司受洞头县规划局委托，布设洞头县四等GPS网共23点，控

制洞头北岙镇、大门镇、元觉岛、霓屿岛、小门山、半屏山等区域,纳入温州市独立坐标系。

4. 2003 年洞头县三等 GPS 基础控制网

2003 年,温州市勘察测绘研究院受洞头县规划建设局委托,布设洞头县 GPS 基础控制网,包括三等 32 点,四等加密 52 点,控制范围 890 平方千米。采用 8 台 4600LSTrimble 单频接收机观测,TrimbleTGO1.6 软件进行基线处理。基线相对精度 1∶27 万～1∶19 万,平差后最大点位中误差 ±2.4 厘米,边长相对中误差 1∶27.77 万。据 2003 年浙江省基础控制网点李王尖、白云山、洞头、大门岛、头岩岗,进行约束平差,中央子午线 121°,投影面为大地水准面,建立"洞头城市坐标系"。并建立对温州市独立坐标系的换算关系。本项目经省质量监督检验站验收合格。

四、永嘉县

古代永嘉县治一直在瓯江以南的温州古城内。1949 年 8 月,析永嘉县瓯江以南地区设立温州市,永嘉县境只保留瓯江以北地区。1958 年,永嘉县政府迁驻楠溪江畔的上塘,从此上塘镇成为永嘉县城。

永嘉县的城镇控制测量主要有以下三次。

1. 1983 年温州市三、四等三角网在永嘉县的扩展

1987 年 12 月,温州市科技咨询服务公司受永嘉县清水埠镇政府委托承担测量工作,由温州市测绘学会具体实施。1988 年,主动跨江联测 1983 年温州市三等网 3 点,建立清水埠四等三角网 5 点,为永嘉县纳入温州市独立坐标系启步。平差后测角中误差 ±1″.66,最弱边边长相对中误差 1∶10 万,最弱边相对点位中误差 ±0.027 米,经省验收评为良级品。执行 1985 版《城市测量规范》和 1974 年版《国家三等测量和精密导线测量规范》。后来,1993 年在黄田测区布设四等三角网 4 点,与清水埠四等三角网组成统一网。

1989 年,温州市勘察测绘研究院受永嘉县城建局委托,布设乌牛四等导线 4 点,全长 16.1 千米,由温州首级控制网点磐石西山起,经龟山、芦山头、乌牛码道、老涂,附合至七都樟里三等点。执行 1985 版《城市测量规范》,使用 AGA112 测距仪测定边长。

1995 年 3 月～12 月,温州综合测绘院在三江测区,布设四等三角点 3 点,四等导线 6 点。

1996 年 7 月,永嘉县测绘队在上塘镇西部布设四等导线 5 点,计 6.5 千米,经温州市测绘管理处验收合格。

2. 1994 年温州市三、四等 GPS 扩展网

1993 年 10 月 12 日,温州市规划局下达"关于温州市 GPS 测量任务通知",永嘉县测绘队承担县域内 GPS 控制网的选点和埋石工作。在上塘镇、瓯北镇(黄田、罗东、三江)、桥头镇、沙头镇、岩头镇、枫林镇、碧莲镇、七都镇、乌牛镇域内,共选定和埋设三等 GPS 网 22 点,另在岩坦镇选埋 D 级 GPS 网 7 点。1994 年 2 月 25 日～3 月 10 日,全国城市 GPS 应用研究中心承担观测和内业计算。

1995 年、1997 年 3 月、1998 年 6 月,温州市勘察测绘研究院受永嘉县规划局委托,先后在七都镇布设 D 级 GPS 控制网 5 点,在桥头镇布设 5 点,在黄田镇三岙布设 2 点。

3. 2004 年温州市二等 GPS 全面网、2005 年永嘉县三等 GPS 基础控制网

2002 年 9 月,永嘉县勘察测绘院购入 Trimble400LS GPS 接收机 4 台。12 月,在七都镇东片测区布设 D 级 GPS 控制点 4 点,2003 年 3 月通过浙江省测绘局验收。2004 年和 2005 年,先后为县域村镇测量布设 D 级 GPS 点 35 点和 16 点。

2005年2月,永嘉县首级网三等GPS基础控制网,由永嘉县勘察测绘院和温州市勘察测绘研究院共同施测。在省C级GPS基础网6点和温州市二等GPS全面网基础上,布设永嘉县三等GPS网50点,四等GPS加密网157点,覆盖永嘉县全境,控制面积逾2700平方千米。执行1997版《全球定位系统城市测量技术规程》和1999版《城市测量规范》。提交温州城市坐标、WGS-84坐标、1954年北京坐标和1980西安坐标6度带、3度带成果各一套。

五、平阳县

西晋太康四年(283),在今平阳和苍南两县境内设置始阳县,县城在横阳,即今平阳县城昆阳镇老城区的仙坛山与九凰山之间。当时城墙长576米,城区用地面积2.1万平方米(31亩)。虽然规模极小,但它是温州最早修建城墙的一个行政中心。后经历代扩建,至明洪武七年(1374),城墙长度扩至2022米,面积增至26.42万平方米(396亩)。最后于民国三十一年(1942)因日机轰炸,政府下令拆除城墙,二年后全部拆毁。

平阳县的平面控制测量有三等三角网、四等导线网及三、四等GPS扩展网。

1. 1992年昆阳镇三等三角网,鳌江镇四等导线网

1992年,浙江省第十一地质大队测绘分队在昆阳镇布设三等三角网10点,由四边形和3个中心多边形组成,起始边连接苍南县龙港网。为加强昆阳网的精度,加测蔡家山—九凤山、岗头—鸣山2条起始边。1995年4月,温州综合测绘院和平阳县规划测量队合作,在昆阳镇加密四等导线网6点。

1992年10月,浙江省第十一地质大队测绘分队在鳌江镇布设四等导线网4点。

1994年和1996年,平阳县规划测量队先后在水头镇和萧江镇布设四等导线网4点和2点。

2. 1994年温州市三、四等GPS扩展网

1994年4月,温州三等GPS扩展网在平阳县域布设25点,其中鳌江两岸的萧江、麻步、水头、腾蛟诸地16点,万全一带9点。

2002年5月~10月,浙江省第一测绘院受平阳县规划建设局委托,在全县范围内布设三等GPS网16点,加密四等GPS网87点。

六、苍南县

1981年6月,从平阳县分出鳌江以南的七个区设置苍南县,县城在灵溪镇。

1982年,苍南县政府为施测1:500地形图,在灵溪镇、龙港镇(原沿江和龙江公社)布设5″级小三角,独立坐标系,此为苍南设县后的首次测量。以后又有1989年和1999年两次较大规模的控制测量。

1. 1989年灵溪镇四等三角网,龙港镇三、四等三角网

1989~1991年,苍南县规划土地管理局委托浙江省第十一地质大队测绘分队,完成灵溪镇和龙港镇的控制测量。作业依据1974版《国家三角测量和精密导线测量规范》,1985版《城市测量规范》,使用010 B经纬仪按方向法观测。在灵溪镇布设四等三角网和扩展网共22点,在龙港镇布设三、四等三角网共11点。皆采用1954年北京坐标系,灵溪镇属$L_0=120°$的国家统一3度带,投影面为大地水准面;而龙港镇属$L_0=120°$的抵偿坐标系统,投影面为−220米。

1989年,在灵溪镇的杨家甲—草田山、山东—大后山范围内,布设四等三角网13点,边长2~4千米,埋设混凝土上下标石。起始点为国家二等三角点大后山。平差在高斯平面上进行,平差后方向中误

差±1″.09,最弱边相对中误差1∶8.77万。1991年,在灵溪四等网基础上向桥墩镇方向扩展四等三角网9点,并重新进行整体平差,成果经省测绘局验收合格。

1989年,在龙港镇布设三等三角网4点,四等网7点。1995年,受苍南县建设局委托,在桥墩镇和金乡镇布设5″级小三角网,在钱库镇布设D级GPS网6点。

2. 1999年苍南县三、四等GPS全面网

1999年12月~2000年10月,国家测绘局第二地形测量队和温州综合测绘院,受苍南县规划建设局和房产管理局委托,分工完成苍南县三、四等GPS网测量和三、四等水准测量。苍南县三、四等GPS网共126点,其中三等40点,四等86点,覆盖全县。选用$L_0=120°30′$的任意带坐标系,参考椭球面为投影面,约束点为国家一、二等三角点。采用Ashtech单频GPS接收机观测,Ashtech公司提供的软件进行数据检查和基线解算,同济大学提供的TGPPS网平差软件进行平差。

为充分利用原1∶500地形图,苍南县仍把此GPS网归算到以120°为中央子午线的坐标系中去,即120°30′的中央投影子午线和120°的坐标值,并把投影面从参考椭球面依次换算为同灵溪镇、龙港镇一致,最后分别算出GPS网在灵溪系统和龙港系统的各点坐标值。因此全县两个系统共存,各管一片。

七、文成县

1946年12月,由瑞安、泰顺、青田三县边区始置文成县,1958年11月并入瑞安县,1961年12月复置文成县。县城大峃镇是个狭小的山间盆地,海拔93米。

1977年,大峃镇为建设水厂,首次测绘完成1∶500地形图72幅,采用假定坐标和高程。1985~1987年,浙江省测绘局外业大队为大峃镇无偿施测5″小三角12点,二级导线61点,三等水准15千米;文成县城建环保局完成大峃镇1∶500地形图57幅,采用1954年北京坐标系6度带,$L_0=117°$,1956年黄海高程系。

文成县的平面控制测量主要有1996年和2007年两次。

1. 1996年文成县三等GPS控制网

1996年7月,温州市勘察测绘研究院受文成县规划建设局委托,为建立以大峃镇为中心,统一全县15个主要乡镇的平面坐标系,布设文成县三等GPS控制网28点,涉及范围500平方千米。布设时考虑测区实际条件,边长在山地放宽到9~11千米,在县城和建制镇缩短为2~3千米。点位分布,东北部玉壶镇3点,中部大峃镇及龙川、中樟、樟台7点,南部东垟、孔龙、花前、李井、珊溪6点,西北南田镇4点,西部西坑和百丈漈5点,西南王宅和雅梅3点。数据采集使用3台WILD GPS 200S单频接收机,标称精度±(10毫米+2ppm),数据预处理使用1台Compag型便携机,基线处理采用接收机随机SKI软件包,平差采用同济大学TGPPS软件。以国家一等点大坳头为起算数据,大坳头—马岩山(三等点)为起算方位,进行二维约束平差,将WGS-84坐标转换到1954年北京坐标系。并转换为以文成区域中心东经120°为中央子午线3°带坐标,建立文成县独立坐标系统。

2007年,中国水利水电第十二工程局受文成县水利局委托,进行文成县陆地水域调查,布设D级GPS控制网96点,采用1980西安坐标系和1985国家高程基准。

2. 2007年文成县三、四等GPS基础控制网

2007年4月~12月,温州市勘察测绘研究院受文成县规划建设局委托,布设文成县三等GPS基础控制网共112点,其中框架点5点,三等39点,四等68点。并联测省C级GPS基础控制网和1996年

文成县三等 GPS 控制网 16 点。纳入温州市城市坐标系。三等点一般以 0.7 米×0.7 米×0.8 米规格埋设上下标志,四等点以 0.5 米×0.5 米×0.6 米挖坑浇注,均设警示牌。使用 TOPCON Hiper-pro 双 GPS 接收机 10 台,观测时段框架网≥6 小时,三等网≥60 分钟,四等网≥30 分钟,数据采样率间隔 15″,共计观测 41 个时段 276 站次,三、四等平均重复上站率为 2.51,均高于规范要求。

GPS 网数据处理采用 Trimble TGO 1.6 软件解算,平均边长框架网 25.2 千米,三等网 6.1 千米,四等加密网 3.4 千米。基线各独立环闭合差最大绝对值框架网 8.8 毫米、三等网环 44.3 毫米、四等网环 46.8 毫米。观测数据质量优良。

GPS 网平差计算采用武汉大学科学系统 COSA 系列软件,分别对框架网、三等网、四等网进行 WGS-84 年世界大地坐标系三维无约束平差,以温州市二等网为起算数据进行二维约束平差(分别在 1954 年北京坐标系和 1980 年西安坐标系下进行),同时进行温州城市坐标系的坐标计算,将文成基础控制网全面纳入温州城市坐标系。

八、泰顺县

明代景泰三年(1452),划瑞安和平阳两县部分区域设置泰顺县,县城在罗阳,海拔 503 米,是典型的山区城镇。泰顺县城有城无垣的历史也有 78 年之久。直至明嘉靖九年(1530)才开始修筑城墙,仅用 150 天时间奇迹般地建成城墙。城墙长 1728 米,城区用地面积 16.6 万平方米(249 亩)。1952 年起罗阳城墙开始陆续拆除,目前仅留烈士墓后墙长 96.7 米的一段残垣遗址。

1982 年,泰顺县自力施测罗阳镇 1∶500 地形图 66 幅,共 3.3 平方千米。1985～1986 年,施测三魁镇 1∶500 地形图 8 平方千米,均为假定坐标系和磁北定向。这是泰顺县早期完成的测绘。

1998～2007 年,温州市勘察测绘研究院和泰顺县测绘大队在百丈、雅阳、罗阳、司前、泗溪等镇,先后布设 GPS 控制网 26 点。采用 8 台 GPS-RTKFrimbie 单频接收机进行观测,用 TGO 1.6 软件进行基线处理,1954 年北京坐标系和 1985 国家高程基准,执行《全球定位系统城市测量技术规程》和《城市测量规范》。

第二章　城市高程控制测量

城市高程控制测量,同样要遵循从整体到局部的布网原则。布网方法主要采用水准测量,温州市的水准测量等级划分为二、三、四等水准和等外水准,还有三角高程测量。随着科技的发展,又有红外测距三角高程测量和海面水准传递高程测量,都可达到与水准测量相当的精度。

1913～1918年,浙江省完成低级水准网,紫薇园高程系经丽水—青田引测至温州。1951～1955年,浙江省完成二等精密水准网,吴淞高程系通过8-5线(宁波—温州)、8-6线(温州—龙游)、8-7线(温州—福鼎)引测至温州。不久,经精密平差,又将1956年黄海高程系引入温州。1986年温州市发文,规定统一使用"1956年黄海高程系"。黄海基面和吴淞基面的换算值采用1.871米,停用1.875、1.858米等数值,即1956年黄海高程系值+1.871米=吴淞高程系值。

1987年5月26日,国家测绘局发布通告,启用"1985国家高程基准"。1997年10月,温州市区才启用1985国家高程基准。1985国家高程基准在1956年黄海高程系之上0.029米,而浙江省的平均值为0.063米。换言之,温州市的1956年黄海高程系值+0.063米=1985国家高程基准值。

第一节　温州市区高程控制测量

北宋元祐三年(1088),温州创立"永嘉水则"。水则镌刻在谯楼前五福桥(大洲桥)西北第一间第一条桥柱上。明弘治九年(1496),刻立"上陡门水则",永瑞塘河诸乡皆按"水则"开、关陡门。这些都是温州古代著名的高程控制基准。近代,温州市区两次联测古代"永嘉水则"。到了现代,温州市区三度建立首级高程控制网和加密网。

一、近代塘河和陡门水准测量

1916年,浙江省水利委员会第一测量队来温州,瓯海道尹委托当地人徐宗达测竣并标注沿江各陡门的距程和闸槛高程及各地洪水位的河道草图,主持拆修海坦陡门和河道疏浚。

1934年5月,浙江省水利局驻青田测量员2人到温州进行城区河道测量,假定南门外永津宫门槛石高程为10.00米起算,设立水准标志103点(多在各桥面中部用红漆绘制方形标志并编号),实地测定各河流纵横剖面和高程,联测"永嘉水则"和"上陡门水则"。这次测量主要有以下11条河道线路。

大街河(A线)　　自大南水门起沿南大街、北大街折沿永宁巷至海坦陡门止;

府学巷河(B线)	自大街河起至春草池止;

府学巷河(B线)　　　　自大街河起至春草池止;

小南河道前河(C线)　自小南水门起沿小南大街、府前街经道后及仓桥街至大街河止;

渔丰桥河(D线)　　　自道前河起沿馒头巷及渔丰桥巷至大街河止;

信河街河(E线)　　　自西头河起沿信河街、天雷巷至屯前折沿瓜棚下至白莲塘止;

西门大街河(F线)　　自青龙殿前起沿西门大街及百里坊至大街河止;

沧河巷河(G线)　　　自信河街起沿沧河巷至仓桥街河止;

蛟翔巷河(H线)　　　自信河街起沿蛟翔巷至九山河止;

府城殿巷河(I线)　　自信河街起沿府城殿巷至大街河止;

蝉街河(J线)　　　　自信河街起沿蝉街至小南大街河止;

纱帽河(K线)　　　　自小南大街河起沿登选坊及纱帽河至大街河止。

1942年,温籍工程师徐赤文受聘带队来温州测量,完成《浙江省瓯江飞云江间滨海区域陡门改善计划书》。以海坦山麓井圈石为第一号水准点,假定高程10.00米起算,测定各陡门闸底高度、平面位置图、剖面图和永瑞塘河、永强塘河河道断面。联测"永嘉水则"得出"开、平、闸"三字顶部水位为7.06米、6.84米、6.74米,得出"上陡门水则"的"开、平、闸"三字顶部水位为7.15米、6.92米、6.80米,两者十分接近。还制定永瑞塘河和永强塘河的新水则。

二、1955～1957年城市应急高程网

1955～1957年,温州市建设局按三等精度布测应急高程网,西起郑桥,东至下陡门,北接瓯江,南达牛山和划龙桥,控制面积40平方千米。1955年冬埋设水准标石,在旧城区间距为200～600米,埋石44点;郊区间距为600～1200米,埋石50点。水准标石20厘米×20厘米×60厘米,顶上留一半径4厘米的乳头式半球,用白石凿成。标石上部与地表持平,底部基础用60厘米×60厘米×20厘米的片石、红土灰浆夯实。1956年7月开始观测,1957年完成。三等水准94点,线路全长122千米。全网总环分6个小环,67条线路,106个测段。起始点即本网8号点委托省水利局测定,H=6.643米(吴淞)。技术要求遵照国家城市测量规范草案执行。此应急高程网的外业和内业,全部委托编外科技人员徐宗达完成。温州市规划局档案室在1990年尚保存这次测量完整的平差计算资料。全网偶然中误差±0.87毫米,系统误差0.39毫米。从布网、埋石、观测、平差及资料的完整性看,基本符合规范要求。

1958年,城建部第二大地队根据8-7线布测二等水准支线319线(状元西到渔渡)和三等水准(新桥至渔渡接319线),先后联网重测应急高程网10点和7点。1959年,浙江省工业设计院根据这17点重测成果,再次计算应急高程网,始称三等水准网。1961年,浙江省地质局测绘处编纂《浙江省三、四等水准成果表》,以1958年重测成果为准,而对未经重测点统一减去常差1.858米,并凑整至厘米,改称320线温州市城市水准。

1953～1957年,温州市建设局测量队在老城区和近郊完成1:500和1:1000地形图7.2平方千米和36平方千米。1960～1962年,建筑工程部综合勘察院华东分院受温州市建筑工业局委托,施测1:2000地形图,在市区中心片和梧埏完成45平方千米和16平方千米。这些地形图均据应急高程网施测图根点高程,属吴淞高程系。

三、1975～1976年温州市东部三等水准网(东部网),1982年温州市城市三、四等水准网(城市网),1985年黄华四等水准网(黄华网)

三网属1956年黄海高程系,作业依据1974年《国家水准测量规范》,1986年9月同时通过浙江省测绘局组织的联合验收,质量评定分别为良级品或合格品。东部网和城市网都以"8-7-2$_2$"为起算点,组成温州市区第二代首级高程控制网,黄华网则属乐清县(磐石—七里港区)首级高程控制网。

1. 东部网

1975年6月～1976年4月,温州市水电局测量队在市区、郊区永强和梧埏、瑞安塘下,布设三等水准网。事前实地勘查市内及周边主要水准网的埋石点情况,发现损坏严重,或有明显沉降。测量队抢时间制定全网布设方案,分两个阶段实施。第一阶段完成永强区水准网,并联测至瑞安塘下区沙门山山脚"8-7-14$_1$";第二阶段完成市区杨府山以东沿江地带和梧埏区水准网,并联测至市区巽山山脚"8-7-2$_2$"和瑞安塘下区帆游山山脚"8-7-8"。全网以岩层普通水准标石12座、普通水准标石8座为骨干,新设刻石标44座,利用旧有标石17座。共81点,路线总长110.0千米。全网由4条路线和5个结点组成,共31个测段。各路线每千米高差中数的偶然中误差M∆＜±3毫米,平差后各结点的高程中误差为±5.2～±6.6毫米。观测使用上海光学仪器厂1962年产水准仪和木质水准标尺。该项测量竣工时仍在文革期间,成果经省厅驻温州地区水电工程处韦乙晓工程师检查认可后交付使用。

1978～1980年,为建设瓯江翻水站,温州地区水电勘测设计室测量队在郭溪、藤桥、外垟布设三等水准共60千米(含3条瓯江过江水准),起始点为8-6线。

2. 城市网

1981～1982年,温州市政建设工程处受温州市规划处委托,在1979～1980年城区四等水准网基础上扩展,利用前网标石68座,新埋三、四等标石42座,控制范围从20平方千米增至60平方千米。由省建筑设计院勘测队观测,共完成三等水准47.6千米,四等水准22.5千米。后来,由于水准点因旧城改造和严重沉降,受损较多,1993年和1995年温州市城建设计院测量队,采用蔡司Ni005A自动安平水准仪、因瓦水准尺和国产S$_3$水准仪、木质标尺,先后完成73座遗存水准点的复测。复测精度符合规范,成果通过测管部门验收。

3. 黄华网

1985年3月～4月,温州市规划设计院勘测处、省建筑设计院勘测队共同完成黄华网。全网由4个环和1条附合路线组成,总长49.5千米,共埋石31座,其中新埋23座,利用旧点6座,起始点为"8-5-176"和"8-5-179"。采用南京仪器厂生产的S$_3$水准仪配木质水准标尺观测。平差后各结点的高程中误差为±3.5～±7.0毫米。

4. 加密网点和应用情况

1977～1980年,温州市水电局测量队结合工程逐段施测,布设翻越大罗山红岩岭山脊,经香山寺、瑶溪泷至龙湾青山村的四等水准路线。路线起自东部网茶山镇米桥头巨岩上的"154"(岩普),终点为青山电站院内山岩上的"1211"(刻石标)。1980年,为应工程急需,对已埋石的"1978～1979年温州西部三等水准网"藤桥—泽雅—下庵—庙后—五凤垟—洞桥头的山地段,施测四等水准16千米。起点在曹平岭北口,系瓯江翻水站三等水准点。

1979～1980年,温州地区基本建设局测量组受温州港务局委托,完成杨府山港区码头测量。高程控制以东部网"106"(岩普)等3个水准点为起算点。

1980～1983年,温州市水电局、瓯海县水电局测量组以东部网在上岙的"111"(岩普)为起、终点,往返跨越近3000米的瓯江南口锁江潜坝,在灵昆岛上布设总长44千米有6个结点的四等水准网。共68个点,标石大多是1972～1983年间为瓯江南口堵坝促淤围垦工程先后埋设的。包括普通水准标石、岩层普通水准标石和简易普通水准标石,新设刻石标23点。

1983年,温州市规划管理处测量组,布设四等水准路线32.5千米,为11座三、四等三角点卧旗山、翠微山、巽山、梧埏、娄桥、玕屿山南、朱坑、球山、下蒲、蒲州北、下营山测定高程。

1984年,温州市勘察测绘处首次在黄石山北的温州经济技术开发区承测大面积1∶500地形图,据东部网"111""112"(岩普)为高程起算点。

1984年,为温州市1∶1000和1∶2000航测地形图平原部分的高程注记,布设四等水准路线,再测定高程注记点。瓯江以南共计140幅,由温州市勘察测绘处承担;瓯江以北的磐石至黄华共计45幅,由省工业建筑设计院勘测队承担。江南、江北分别以城市网和东部网、黄华网作为高程的起算依据,1985年2月20日和5月25日先后完成。

1985年,为温州永强机场选址,温州市水电勘测设计处和瓯海县水利电力局,先在南址施测三等水准16.4千米。温州市勘察测绘院,继在北址施测三等水准16千米和四等水准11千米。起始点均为东部网在渔池村的普通水准标石"114"。

1985～1988年,温州市勘察测绘处为测定一级导线177点的高程,据东部网和城市网的若干点并补充埋设四等水准标石8座,组成24个环、总长67千米的水准路线联测,其中采用四等和等外水准联测的为118点和18点,采用间接高程联测的41点。

1988～1990年,温州市勘察测绘处为施测1∶2000地形图的高程控制,在南片(三郎桥—梧埏)据东部网和城市网布测四等水准路线61千米,联测一级导线116点。在东片(瑶溪—山北),据东部网布设四等水准路线74.2千米和间接高程路线8.4千米,联测一级和二级导线109点和113点。

1994年,因14号台风破坏,永强海塘全线遭毁,必须立即重建。老海塘(从蓝田水闸至老鼠山水闸的泥土塘)全长25.4千米均毁为一片滩涂,所幸当年东部网设在各陡门的刻石标尚存5处,点号为1123(蓝田水闸),1131(城东水闸),1142(杨七爷殿水闸),1153(沙城水闸),1164(老鼠山水闸)。瓯海县水电局进场测量,以这些点高程控制的起算数据重建新海堤。当年11月开工建设,1995年4月汛期前海堤顶高建到7.5～8.0米。1995年9月,外内坡砌石与塘、路一体建成,塘顶防浪墙高程10.6米(吴淞)。

四、1996年温州市三等水准网,2004年温州市二等水准网

1996～1997年,温州市勘察测绘研究院受温州市规划局委托施测完成三等水准网。布设范围为鹿城区、龙湾区、瓯海区部分地域,控制面积220平方千米。全网埋设水准点49座,其中利用旧有标石6座,由19条水准线路组成11个结点和7个环线,总长290千米。以国家一等水准点杭温022和温福001为高程起算数据,1985国家高程基准。

2002～2004年,受温州市规划局委托,温州市勘察测绘研究院和温州综合测绘院合作完成二等水准网。覆盖温州市区和瑞安市东部沿海平原,控制面积1200平方千米。全网埋设水准点107座,由26条水准路线、145个测段构成26个闭合环,总长476.9千米。2005年进行复测,发现打桩型水准点29

座和普通混凝土水准点 7 座有不等的沉降。打桩型水准点年均沉降量 3.2~40.5 毫米,其中小于 10 毫米 7 点,10~20 毫米 10 点,大于 20 毫米 12 点。为此,2007 年进行第二次复测,主要是沉降相对较大的沿江和沿海区域,复测路线总长 190.9 千米。

加密网点和应用情况简介如下。

1998~1999 年,温州市勘察测绘研究院施测市区西片主干道路一级导线点高程,以 1996 年温州市三等水准网点温 02、温慈 02 和国家水准点杭温 022、温福 001、郭巷 79-1 为起算点,新设水准点 8 个并联测 GPS 四等点东风和文明桥,布测四等水准路线 80 千米。

1999~2004 年,温州市勘察测绘研究院等四个单位完成市区基础测量 1:500 数字地形图 8720 幅,面积 464 平方千米。为这批测图的高程控制,布设四等水准路线 1635 千米。

2004 年温州市二等 GPS 全面网,高程是据二等水准点起算,按三等水准精度以支线方式测至 GPS 点。温州市勘察测绘研究院施测,两个作业组在一个月内完成野外工作,共施测 50 个 GPS 点的三等水准高程,观测路线总长 104.3 千米,其中支线 24.5 千米。

2006~2007 年,温州市勘察测绘研究院受市规划局委托,施测完成"2006 年温州市区三等水准加密网"。据温州市区二等水准网,新设三等水准点 84 座,并联测国家一等水准点 2 座和温州市二等水准点 59 座。三等水准路线总长 281 千米,包括附合路线 32 条,闭合路线 5 条,支线 1 条。同期,因灵霓海堤已经通车,为尽快把洞头县的高程系统纳入温州市区,按二等水准测量精度要求,从龙湾扶贫开发区直接向洞头霓屿岛引测高程。布设二等水准支线 38.3 千米,埋设二等水准标石 3 座。

2004~2008 年,温州市勘察测绘研究院对温州市 1:500 数字地形图进行修测,各控制点均联测水准,路线总长 658.6 千米。见表 6-01。

表 6-01　　　　　　　　　温州市 1:500 数字地形图修测布设四等水准路线

测　　区	测区面积 (平方千米)	四等水准 (千米)	施测时间
鞋都、高教园区、新城片、老城区	51.87	96.6	2004 年 6 月~12 月
滨海园区、扶贫开发区、状元、炬光园、鞋都二期	42.91	179.6	2005 年 7 月~2006 年 1 月
仰义、新桥、梧田、永强、呑底	47.0	180.3	2006 年 7 月~2007 年 3 月
市区、瑶溪	66.2	202.1	2007 年 7 月~2008 年 4 月

为林里测区 1:1000 数字地形图测绘,温州市勘察测绘研究院以二等水准点温州 015 为起算点,布设三等水准支线 8.5 千米,埋石 3 座,并再以三等水准点作为起算点,加密四等精度的三角高程路线 1.6 千米,联测四等 GPS 点和一级导线点。

第二节　各县(市)城乡高程控制测量

温州市各县(市)城乡高程控制测量经历了多个阶段的多次测量,现已形成精准的三、四等水准网。下面分县(市)介绍城乡高程控制测量。

一、瑞安市

1. 1983 年瑞安县城三、四等水准网

1983 年 11 月~1984 年 1 月,温州市规划设计处测量组受瑞安县城建局委托,按 1974 版《国家水准测量规范》,布设瑞安县城三、四等水准路线 40 千米,共 46 点。其中三等 22 千米计 28 点,四等 18 千米计 18 点。三等水准以国家精密水准点 8-7-19 起算,组成 7 个闭合环,其精度为每千米高差中误差 ±3.40 毫米。使用 S_3 型水准仪配区格式木质水准尺施测,吴淞高程系。

1989~1993 年,瑞安市规划测绘队为测绘地形图,完成 5 个测区四等水准网,合计 30.7 千米。其中曹村 4.7 千米,鲍田 7.0 千米,董田 8.0 千米,汀田 8.0 千米,上望 3.0 千米。执行 1974 版《国家水准测量规范》和 1985 版《城市测量规范》,1985 国家高程基准。

2. 1990 年瑞安市三等水准网

1990 年夏,浙江省第十一地质大队测绘分队受瑞安市规划土地管理局委托,布设三等水准网 31 千米,以一等水准点温福 7、温福 8、温福 9 起算,每千米偶然中误差 ±2.58 毫米,1985 国家高程基准。

3. 1997 年瑞安市区三等水准网"城关环",2001 年瑞安市中部三等水准网"安马线"

1997~2002 年,瑞安市规划测绘队以一等点杭广南 137 和 147 为起始点,四度布测三等水准共 145.9 千米,1985 国家高程基准,执行 1991 版《国家三、四等水准测量规范》。

1997 年,在瑞安市区施测三等水准网"城关环",埋设普通水准标石 11 座,联测原有水准点 8 座,导线点 6 个,形成双结点闭合路线,总长 41.5 千米。使用 S_3 型水准仪和木质水准尺施测,以国家一等点杭广南 137 起算,每千米偶然中误差 ±3.4 毫米。

2001 年 3 月~2002 年 4 月,在瑞安市中部施测三等水准网"安马线"。埋设普通水准 19 座,联测原有水准点 2 座,从一等点杭广南 137 至 147 点,形成双结点附合路线,总长 58.3 千米。以 AT-G3 型水准仪和木质水准尺施测,每千米偶然中误差 ±3.74 毫米。同期,施测陶山至湖岭三等水准支线 19.6 千米。

2002 年,为塘下片排污工程需要,施测三等水准路线 26.5 千米。

2002 年~2003 年,温州综合测绘院在瑞安经济开发区南区和东工业园区,先后布设三等水准路线 50.4 千米和 30.6 千米。

4. 2004 年温州市二等水准网,2005 年瑞安市三等水准网

2004 年,温州市二等水准网经过瑞安市东北部,区域内埋标石 15 座,其中 12 座基本标石埋在岩石上,1985 国家高程基准。

2005 年 11 月~2006 年 3 月,浙江省第一测绘院受瑞安市测绘管理所委托,按 1991 版《国家三、四等水准测量规范》,布测瑞安市三等水准网。新埋设普通水准点 50 座,利用原有水准点 19 座,联测 GPS 点 19 座,水准路线总长 402 千米。使用徕卡 DNA03 数字水准仪配徕卡条码因瓦标尺施测,电子记簿。以温州市二等水准樟立线成果起算,每千米偶然中误差 ±1.16 毫米,最弱点高程中误差 ±8.02 毫米。经浙江省测绘产品质量监督检验站验收评为优秀,获浙江省优质产品一等奖和中国测绘学会优质测绘工程铜质奖。

同期,浙江省第一测绘院和国家测绘局大地测量数据处理中心,共同承担瑞安市 GPS 似大地水准面精化项目。以瑞安市三等水准网成果为控制,选用地心坐标系 ITRF97 参考框架、2000 国家重力基

准和美国 EGM96 参考重力场模型,计算相关控制点大地高成果。

二、乐清市

1. 1985～1996 年各镇水准网

1985～1996 年,乐清 12 个镇的水准网各自委托施测,所幸大多是以过境的精密水准 8-5 线(宁波—温州)为起始点,误差较小。采用 1956 年黄海高程系,后为 1985 国家高程基准。

据综合资料,12 个镇各自进行的水准测量,其中 5 个镇完成四等水准共 209.9 千米,埋石 19 座,分别为柳市 110.3 千米,虹桥 52.3 千米,淡溪 12.7 千米,南岳 26.0 千米,芙蓉 8.6 千米。据不完全统计,施测单位的完成情况,浙江省煤田地质勘探公司测量队在 1986～1987 年完成 19 千米;浙江省测绘局外业大队在 1992 年 6～12 月完成 22.7 千米,埋石 5 座,在 1993 年 10 月～1994 年 6 月完成 24.6 千米,埋石 9 座;浙江丽水市勘察测绘院在 1996 年 9 月完成 13 千米;江西省第一测绘院在 1998 年 6 月～1999 年 3 月完成 17.8 千米。

2. 1998 年乐清市三等高程控制网,2007 年乐清市二等水准网

1998 年 10 月～1999 年 3 月,温州市勘察测绘研究院受乐清市规划建设局委托,在施测乐清市 GPS 控制网期间,同时完成乐清市三等高程控制网。布设三等水准单结点网、附合路线和支线各 1 条共 19 点,联测 4 个 GPS 点,路线总长 76.6 千米。布设四等水准 4.9 千米,联测 2 个 GPS 点。

2007 年 4 月～2008 年 1 月,浙江省第一测绘院受乐清市规划建设局委托,布测完成乐清市二等水准网,路线总长 302 千米。执行 1999 版《城市测量规范》和 2006 版《国家一、二等水准测量规范》。

三、洞头县

1. 1989 年据“洞头验潮站高程基准”起算的四等水准网

1989 年,浙江省物探大队测量队受洞头县城建局和土地局委托,施测北岙镇和黄岙镇地形图。北岙镇高程据“洞头验潮站高程基准”起算,布设四等水准网 6 点,路线长 11.2 千米,四等水准支线 2 条 1.6 千米,联测 1 个四等三角点、22 个二级和三级导线点。黄岙镇据青菱屿三角高程为起算点,布设四等水准网 3 点,路线长 4.8 千米,联测 11 个二、三级导线点。执行 1985 版《城市测量规范》和 1974 版《水准测量规范》。

“洞头验潮站高程基准”是通过与大陆联测得出的“黄海 0 点”,温州水文站从上干山、琵琶山、龙湾潮位站经同步验潮期间的海面传递(海面水准法),引测黄海 0 点至洞头验潮站。为固定这个数据,洞头县水电局在水桶雷港货运码头附近埋设水准点“洞头校 2”,并从洞头验潮站转测黄海 0 点至此。

2. 2003 年洞头列岛三等水准组合网

2003 年 9 月,温州市勘察测绘研究院受洞头县规划建设局委托,在洞头列岛布设三等水准组合网。通过几何水准,结合跨海红外测距三角高程测量的组合水准路线,将“1985 国家高程基准”向洞头本岛跨海传递,再经连岛各桥布测几何水准构成闭合环。并从状元岙岛,向青山岛—大门岛—鹿西岛依次跨海传递高程。

此前 4 个月的 5 月,因灵霓海堤建设的需要,温州市勘察测绘研究院采用红外测距三角高程测量,按四等水准精度完成从灵昆岛向“霓屿岛固定水准点”的高程传递,路线长度逾 15 千米。洞头列岛三等水准组合网,起自“霓屿岛固定水准点”,首段霓屿岛官财岙—洞头本岛吹风岙,跨海 3.6 千米,采用红外

测距三角高程测量,继在有桥相连的洞头本岛—三盘岛—花岗岛—中屿岛—状元岙岛—霓屿岛之间采用三等水准测量。共布设 39 个水准点,路线长度 99.9 千米。使用瑞士威特 NAK2 型水准仪配木质区格式水准标尺观测。状元岙岛—青山岛的跨海距离为 1.9 千米,青山岛—大门岛为 3.5 千米,大门岛—鹿西岛为 3.8 千米,亦采用红外测距三角高程测量进行联测,连前共 4 处总长 12.8 千米。使用拓普康全站仪测距,瑞士威尔特 T₃ 经纬仪测角。

2004 年 9 月,洞头县规划测绘大队在大门岛,完成四等高程测量 22.37 千米。

四、永嘉县

1992 年~1993 年,浙江省测绘局外业大队在永嘉县完成三等水准测量,其中坦清线(坦下—清水埠)共 10 点,霞坦线(霞家岙—坦下)共 5 点,仙霞线(仙居—霞家岙)共 11 点,霞水线(霞家岙—水涨)共 8 点,缙坦线(缙云—坦下)共 19 点。

永嘉县在全县基础测量中,至 2006 年 12 月共布测三等水准路线 778.3 千米,埋石 81 座。1985~2003 年,为各城镇的建设和地形图施测,在上塘镇、清水埠镇、桥头镇、大若岩镇、桥下镇、瓯北镇、岩头镇、枫林镇、岩坦镇、碧莲镇、沙头镇、巽宅镇、乌牛镇、七都镇等,布设四等水准路线 779.3 千米,共埋设水准标石 110 座。执行 1985 版《城市测量规范》和 1974 版《国家水准测量规范》。

在"千村整治、百村示范"新农村建设的村镇规划测量中,完成四等水准路线 839.4 千米,分别是 2004 年 358.4 千米,2005 年 164.1 千米,2006 年 180.2 千米,2008 年 136.7 千米。

五、平阳县

1995 年 4 月,温州综合测绘院受平阳县规划测量队委托,在昆阳镇布测四等水准路线 15 千米,并联测四等导线点。

1996 年,平阳县规划测量队在水头镇施测四等水准 11 千米。

1998 年,平阳县测绘大队在郑楼镇施测四等水准 21 千米。

1994 年和 1998 年,平阳县测绘大队在萧江镇先后施测四等水准共 30 千米。

2001 年 9 月,在平阳县经济开发区施测四等水准 17 千米。

六、苍南县

1989 年,浙江省第十一地质大队测绘分队受苍南县规划土地管理局委托,在灵溪镇完成四等水准 74 点,计 25 千米;在龙港镇完成四等水准 90 点,计 30 千米。执行《城市测量规范》,使用 S₃ 水准仪配木质水准标尺观测,1985 国家高程基准。

1998 年 6 月~1999 年 1 月,温州综合测绘院接受委托,在钱库镇布测三等水准路线 27.0 千米,并联测一级导线网 4 点。

1999 年 12 月~2000 年 10 月,温州综合测绘院受苍南县规划局和房产管理局共同委托,布设苍南县三、四等水准网,埋设三等水准标石 49 座,路线长度 412.6 千米;四等水准 64 千米,联测 GPS 点 8 点(含山地 4 点)。三等水准使用拓普康 AT-G6 自动安平水准仪和木质水准尺施测,1985 国家高程基准。

2003 年,温州市勘察测绘研究院和浙江省核工业二六九勘察测绘院受苍南县规划建设局委托,在施测灵江山海协作区数字地形图时,完成四等水准路线 62.94 千米,1985 国家高程基准。

2006 年,温州市勘察测绘研究院受苍南县规划建设局委托,结合基础数字地形图测绘,检测灵溪和龙港三等水准共 94.4 千米,施测灵溪和龙港四等水准 145.2 千米和 63.5 千米。

七、文成县

1982 年,上海勘察设计院受文成县水利局委托,布测大峃—玉壶—峃口的三等水准路线 68.5 千米,埋设水准标石 20 座,执行 1974 版《国家水准测量规范》。

1985~1986 年,浙江省测绘外业大队为大峃镇无偿布设三等水准 15 千米,埋石 24 点,1956 年黄海高程系。执行 1985 版《城市测量规范》。

1988 年,文成县水利局为青山水电站建设,布测三等水准 6.7 千米计 136 点,普通水准 10 千米计 250 点。

2007 年 4 月,文成县水利局联合水利部水电工程局,施测大峃镇—黄坦—富岙三等水准 28 千米,埋设水准点 32 座;施测峃口—珊溪三等水准 18 千米,埋设水准点 16 座。

2007 年,温州市勘察测绘研究院受文成县城市规划建设局委托,布测文成县三等水准网总长 496.3 千米,埋点 98 座,其中联测二等水准点 8 座和旧点 14 座,1985 国家高程基准。采用德国 ZEISS DiNi12 和瑞士徕卡 DNA03 数字水准仪,皆配 3 米条码铟钢水准标尺观测。内业平差采用清华山维 NASEV3.0 软件。

八、泰顺县

1983 年,浙江省测绘局施测云和—福鼎二等水准路线,穿越泰顺县城及主要城镇,共埋设 62 点。此前,三等水准瑞古线(瑞安—古田)经过泰顺境内埋设 4 点,军测水准路线经泰顺埋有 1 点。这为泰顺县高程控制打下良好基础。

1990 年,浙江省水利电力勘测院为建设三插溪水电站,布测司前—东坑四等水准路线 13.5 千米。使用光电测距三角高程代替水准测量,1956 年黄海高程系。执行 1985 版《城市测量规范》和 1974 版《国家水准测量规范》。

2007 年,泰顺测绘大队为建设泰顺新城区,布设四等水准 31.1 千米,联测平面控制点和水准点共 242 点。使用 S_3 水准仪观测,执行《城市测量规范》。

第三章　城市地形测量

城市地形测量,要以全域统一的平面控制网和高程控制网为基础,施测城乡全覆盖的基础地形图。按成图方法不同,有简测地形图、普通地形图、航测地形图、数字地形图之分,都是遵照专门测量规范施测完成的。有别于第三篇的地形测量,本章记述温州市三区城市地形测量和各县(市)城镇地形测量。

第一节　温州市区地形测量

1999 年～2004 年,温州市勘察测绘研究院、瓯海测绘工程院、温州综合测绘院、永嘉县勘察测绘研究院等测绘队伍经过五年努力,施测完成鹿城、龙湾、瓯海三区建成区及平原地区 1∶500 数字地形图 8720 幅(50 厘米×50 厘米),面积 464.0 平方千米,后来又续测部分山区,至 2010 年测图面积增至 520 平方千米。这是温州测绘史上首次最全面、规模最大、精度最高的基础地形图测量,为各部门专业测绘、城市规划和各项工程建设提供工作底图,是一项基础工程。关于温州三区,特别是鹿城区的地形测量在第三篇《地形测量》中已述及的内容,这里从略。

一、鹿城区地形测量

1984 年,温州市勘察测绘处在双屿镇完成 1∶500 地形图 5 幅,1991 年在营楼桥(白楼)完成 7 幅,1993 年在温化总厂生活区完成 7 幅,在地砖厂完成 6 幅,在木材厂完成 6 幅,在中央涂完成 6 幅。1994 年,在双屿镇施测 1∶500 地形图 58 幅,计 2.3 平方千米。

二、龙湾区地形测量

温州市勘察测绘处在状元镇、龙湾镇、蒲州镇、瑶溪镇、龙水镇等区域施测 1∶500 地形图,简述如下:

1985 年,在状元镇完成 1∶500 地形图 49 幅,计 2 平方千米。1987 年,完成状元中学、镇开发公司地形图 9 幅。1990 年,完成状元新街地形图 8 幅。

1985 年 7 月,在龙湾镇白楼下施测 1∶500 地形图 18 幅,计 1.2 平方千米。1988 年和 1993 年,受龙湾城建局委托,先后完成 5 幅和 24 幅。

1987 年 11 月,在蒲州镇完成 1∶500 地形图 7 幅。1993 年 5 月,在蒲州镇完成 77 幅,其中上蒲州村 7 幅,中蒲州村 8 幅。1995 年 7 月,在蒲州镇完成 47 幅,计 2.2 平方千米,后补测 8 幅。

1987年,在瑶溪镇完成1:500地形图15幅。1992年,为瑶溪风景区施测地形图13幅,1997年补测7幅。2000年,完成瑶溪镇政府地形图4幅。

1991年,在龙水镇为道路建设施测1:500地形图5幅。1996年施测青山村地形图3幅。

三、瓯海区地形测量

1981年和1984年,温州市规划管理处测量组先后两次施测瓯海县人民政府临时驻地"市第三招待所"和瓯海县府地形图,完成1:500地形图47幅,计1.8平方千米。

1985年,温州市勘察测绘处在新桥镇完成1:500地形图10幅。

1988年7月,温州勘察测绘院在新桥镇住宅区和镇政府,完成1:500地形图20幅,计0.36平方千米。

1989～1997年,瓯海县规划处测量队和瓯海测绘工程院在瓯海各镇,施测完成1:500地形图872幅,计37.6平方千米。涉及瞿溪镇、梧埏镇、茶山镇、泽雅镇、新桥镇、娄桥镇、郭溪镇、临江镇、潘桥镇,还有2001年前划归的永中镇、永昌镇、沙城镇、天河镇、海滨镇。

四、各种开发区和工业区测量

1. 温州市扶贫经济开发区

1984年5月,温州市对外经济开放委员会委托温州市勘察测绘处测绘扶贫经济开发区。测区位于瓯江口南岸的龙湾乡龙东村,西北以龙湾浦为界,西南紧倚黄石山,面积2.72平方千米。布设四等三角2点,5″小三角6点,10″小三角13点,图根393点,四等水准12千米,施测1:500地形图63幅。1992～1993年,因开发区范围东移,增测58幅;1996年和1999年,陆续再增测14幅和29幅。先后共测1:500地形图164幅,计8.7平方千米,温州市独立坐标系和1956年黄海高程系,执行1985版《城市测量规范》。

2. 温州经济技术开发区

1987年3月,温州市人民政府先在龙湾区境内划出0.88平方千米,设立龙湾出口工业区(温州经济开发区前身),委托温州市勘察测绘处分二期施测地形图。第一期是1987年4月5日～5月27日,完成一级导线12点计3.5千米,二级导线27点计5千米,水准路线9.7千米,1:500地形图52幅,计1.7平方千米。第二期是1987年7月23日～8月15日,完成二级导线5点计1.1千米,1:500地形图11幅。1992年12月,完成1:500地形图25幅。1993年,在该开发区上江一带完成1:500地形图75幅,并完成经济开发区绿化带地形图34幅。前后共测地形图197幅,计9.2平方千米。

3. 鹿城工业区

位于鹿城区双屿镇。1988年8月,温州市勘察测绘处完成鹿城工业区地形图27幅,排污管道图21幅。1995年,完成该工业建成区地形图13幅。

4. 瓯海经济开发区

位于瓯海区梧埏镇。1990年,瓯海测绘工程院布设二级导线145点,四等水准2.8千米,施测地形图58幅,计3.64平方千米。

5. 鹿城高科技开发区

位于吴桥路和牛山北路以西,过境公路以东,会昌湖以南。1992年11月,温州市勘察测绘研究院完成该开发区地形图15幅。

6. 沿江工业区

位于鹿城区双屿镇瓯江西岸,南接中国鞋都。1995 年,温州市勘察测绘研究院布设一级导线 9 点,图根 252 点,施测地形图 34 幅。

7. 炬光园

1999 年 11 月,温州市高新科技产业园炬光分园迁址鹿城区南郊乡德政村牛桥底,温州市勘察测绘研究院始测炬光园地形图。2001 年 10 月,测设该园区 10 条道路,总长 5025 米。2002~2004 年,完成该园区 36 家企业厂区测绘。

8. 鹿城轻工特色园区

位于鹿城区上戍乡。2003 年,园区一期用地范围由温州市勘察测绘研究院测量,首批 23 家轻工特色企业开工建设。2007 年,温州经纬地理信息服务有限公司对已竣工企业进行竣工测量。

9. 村镇工业区

1988~1999 年,温州市勘察测绘研究院完成测绘村镇工业区(点)地形图 124 幅,其中鹿城区双屿镇、黎明乡、南郊乡 61 幅,龙湾区瑶溪镇 44 幅,龙水镇 7 幅,状元镇 12 幅。

五、旧城改造和新居住区测量

1959~1979 年,温州市建筑设计室测量组进行多次多地测绘。1959 年完成汇车桥新村、永宁巷、七枫巷等居民住宅拆建改建工程地形图;1961 年完成清明桥华侨住宅地形图;1964 年完成广场路旧房拆建前后地形图;1966 年完成西山等处职工住宅建造地形图;1967 年完成重建解放南路沿街房屋(公园路至县前头因文革两派武斗烧毁)地形图;1977 年完成美人台、胜利新村(先进生产者和高知居住区)地形图;1979 年完成东瓯大厦地形图。以上总共完成测图 40 幅。

1963~1967 年,温州市第六建筑工程公司测绘 1：200 和 1：500 工程地形图,共计 81 万平方米。

1978~1984 年,温州地区基本建设局规划设计处测量组,完成 1：200 和 1：500 地形图 120 幅,涉及单位有景山宾馆、温州师范学校、地区行政公署、邮电局、物资局、档案馆、港务局、公安局、电视台、党校、温州医学院、卫生学校、亚热带研究所、东屿电厂三期等。

1983 年 11 月,温州市规划管理处测量组开始在蒲鞋市小区(双井头以西、蒲鞋市南侧)布设小三角 10 点,图根导线和图根水准约 200 点,测绘地形图 20 幅,计 1.2 平方千米。

1984 年 4 月,前述各测量组合并,新组成温州市勘察测验处,完成下列测量项目。

桥儿头居住区(包括紫薇小区):1985 年施测火车站至蒲鞋市地形图 108 幅;1987、1989、1994 年陆续增测地形图共 16 幅,总用地 22.96 公顷。

双井头居住区:1985 年完成该住宅区测图;1992 年因扩建需要再测图 8 幅。

上陡门居住区:1985 年布设一级导线 8 点,二级导线 14 点;1986 年再布二级导线 16 点,施测地形图 15 幅;1992 年增测 7 幅,1998 年补测 2 幅。

站前东小区:1985 年开始测量,1998 年完成地形图 5 幅;温州市市政配套有限公司施测竣工图 5 幅。

洪殿居住区:1980 年开始测量,次年建成楼房 35 幢;1984 年增测图 2 幅;1987~1988 年增测地形图 8 幅;1992 年又测洪殿村委会 2 幅;1994 年村民联建房 1 幅;1998 年洪殿街道 2 幅;1999 年洪殿北路安居房 1 幅。

南塘街居住区:1993 年完成地形图 21 幅。

新桥居住区：1986 年完成地形图 10 幅；1988 年完成一级导线 7 点，二级导线 14 点，地形图 6 幅。

水心住宅区：1987 年 10 月～1989 年 8 月，温州市勘察测绘研究院在西小区完成二级导线 2 点，地形图 13 幅；1993 年增测地形图 8 幅。

南浦居民区：1993 年温州市勘察测绘研究院施测地形图 5 幅，1996 年增测 4 幅，1997～1999 年又测 20 幅；2003 年完成南浦九区地形图；1998 年市政配套有限公司完成竣工测量。

新桥头住宅区：1994 年，温州勘察测绘研究院完成包括花坦头小区在内的地形图 25 幅。

六、市区单位用房及高层建筑测量

1986～1999 年，温州市勘察测绘研究院测量完成各种不同性质单位的 1：200 和 1：500 地形图 1037 幅。涉及单位有温州大学、温州师范学院、温州职工业余大学、温州商校、温州建校、温州农校、温州纺织技校、温州日报、广播电台、电视台、温州市人民大会堂、工人文化室、少年宫、图书馆、体育馆、体育俱乐部、体校、美校、温州剧院、东南剧院、解放电影院、白鹿影城、华侨饭店、温州饭店、景山宾馆、华联商厦、东瓯大厦、中国人民银行、农业银行、建设银行、工商银行等。

1997～2006 年，温州市经纬地理信息公司完成 11 座高层建筑测绘，完成竣工图 72 幅。

第二节　各县(市)城乡地形测量

温州市各县(市)城镇地形测量经历了多个阶段的多次测量，现已拥有多种比例尺的地形图。下面介绍各县(市)城镇地形测量，主要包括各城镇地形图测量、工业区和风景区测量、村镇规划建设测量等。

1979 年，全国村镇建设工作会议决定每个集镇要编制规划，必须具有二图一书(现状图、规划图和说明书)，温州地区基本建设局规划设计处当年即在瑞安白门、韩田两村试点。1981 年，温州各县均开办村镇规划测量学习班，共办 12 期，学员 681 人，其中有 259 人分配到 117 个建制镇从事规划测量。1983 年，全市完成 518 个大队、864 个中心村的现状地形图。截至 1989 年，瓯海县完成 31 个乡镇所属村庄的 1：1000 现状地形图。这批村镇现状地形图，控制质量差，地貌和地物表示不全，点位精度离规范要求很远，属"简测地形图"。2003～2006 年，温州全市开展"千村整治，百村示范"工程建设，利用这批简测地形图并进行修补测量。全市共有 1900 个村庄完成规划测量，其中 868 个村庄的"整治"通过验收，47 个村庄获得省级"全面小康建设示范村"称号，71 个村庄获得市级称号。

一、瑞安市

1979～1994 年，瑞安市主要采用大、小平板仪测图，少数测区采用经纬仪测记法成图。1996 年起，逐步采用数字化成图。平面坐标系统，1983～1990 年为 1954 年北京坐标系，但边长未作改正；其后始用瑞安城市坐标系，提出 3 套坐标，一度比较混乱；2005 年起统一采用温州城市坐标系。测图执行国家《城市测量规范》，2005 年始用浙江地方标准。

1984～1989 年，瑞安市规划测绘队在城关、莘塍、飞云三镇施测 1：500 地形图 19 平方千米，在马屿、湖岭、丽岙、场桥、梅头等镇，采用假定坐标测图 15.4 平方千米。1990～2005 年，瑞安市完成 1：500 地形图 294.6 平方千米，大多是瑞安市规划测绘队施测，次为温州综合测绘院等施测。2006～2007 年，委托温州综合测绘院在上望、碧山、马屿、高楼、湖岭、龙湖等乡镇,施测1:500数字地形图42.7平方千米,温州城市坐标系,1985国家高程基准。

1. 城镇地形图测量

1958~1959年,先后委托建工部勘察设计院第二测量大队和浙江省工业设计院勘察测量队,测绘1:2000地形图。1984~2007年,瑞安市规划测绘队完成测图239.5平方千米。2002~2007年,温州市勘察测绘研究院和温州综合测绘院,分别测图28.1平方千米和38.3平方千米;另有农业园区土地整理项目测图40平方千米。合计测图338.4平方千米。见表6-02和表6-03。

表6-02　　　　　　　　　　1984~2007年瑞安市地形图测绘统计表　　　　　　　面积单位:平方千米

测区名称	测量时间	测量面积	平面控制及四等水准测量(千米)	坐标系统	备注
城关镇	1984年	6.0	一级小三角12点	瑞安坐标	
莘塍镇	1985年	4.5		瑞安坐标	
飞云镇	1986年	7.0		瑞安坐标	
马屿镇	1987年	3.5		独立坐标	
陶山镇	1987年	1.5		1954北京	
湖岭镇	1987年	1.0		独立坐标	
丽岙	1988年	3.5		独立坐标	
场桥	1988年	3.0		独立坐标	
梅头	1988年	2.5		独立坐标	
曹村	1989.11~1990.11	1.2	二级导线20点、四等水准4.7千米	独立坐标	
东山	1990年	2.3		瑞安坐标	
城关镇	1990.7~1991.1	0.1	一级导线11点、二级导线16点	瑞安坐标	地籍测量
鲍田	1990.8~1992.5	1.3	二级导线37点、四等水准7.0千米	瑞安坐标	
董田	1992.3~1993.7	2.5	一级小三角5点、二级导线67点、四等水准8.0千米	瑞安坐标	
飞云镇	1992.6~1992.10	0.3	一级导线11点	瑞安坐标	地籍测量
仙岩	1990.5~1992.1	2.4	二级导线53点	瑞安坐标	
桐浦	1992年10月	1.2	一级小三角3点、二级导线34点	独立坐标	
碧山	1993.9~1994.3	2.5	一级小三角5点、二级导线34点	独立坐标	
汀田	1992.10~1994.7	4.5	一级导线31点、二级导线67点、四等水准8.0千米	瑞安坐标	
上望	1993.5~1994.10	2.5	一级导线25点、二级导线32点、四等水准3.0千米	瑞安坐标	
新华	1993.9~1994.7	2.2	二级导线22点	瑞安坐标	
仙降	1994.5~1995.9	4.0	一级小三角8点、二级导线54点	瑞安坐标	
梅屿	1994.11~1995.4	1.1	一级导线7点	瑞安坐标	
上、下沙塘	1994年5月	2.5	一级导线30点、二级导线20点	瑞安坐标	
肇平垟、三都	1994年3~7月	3.2	一级导线9点、二级导线26点	瑞安坐标	
经济开发区	1994年	4.5	一级导线48点	瑞安坐标	飞云江农场

测区名称	测量时间	测量面积	平面控制及四等水准测量（千米）	坐标系统	备注
开发区南区一期	2002 年	3.5	四等水准 8.28 千米	瑞安坐标	飞云镇
袜业基地	2002 年	2.8	一级 GPS 9 点、二级导线 39 点	瑞安坐标	碧山、桐浦
桐浦移坟基地	2002 年 12 月	0.4	一级 GPS 6 点	瑞安坐标	
开发区南区二期	2003 年 3～5 月	3.5		瑞安坐标	飞云镇
东工业园区	2003 年 5～7 月	6.0	一级 GPS 34 点、二级导线 51 点、四等水准 24.8 千米	瑞安坐标	塘下镇
集云山	2003 年	1.8	一级 GPS 9 点	瑞安坐标	锦湖街道
扶贫园区	2003 年 9～11 月	5.0		瑞安坐标	鹿木乡
金潮港	2003 年 7～9 月	2.5	一级 GPS 28 点、四等水准 25.53 千米	瑞安坐标	陶山镇
西工业园区	2003.10～2004.5	4.5	一级 GPS 20 点、二级导线 31.1 点	瑞安坐标	陶山、碧山
飞云补测	2003 年 11 月	1.5	一级 GPS 11 点、四等水准 20.8 千米	瑞安坐标	
桐浦下岙村	2003 年 12 月	0.4	一级 GPS 5 点、四等水准 8 千米	瑞安坐标	
桐溪华侨公寓	2004 年 3 月	0.5	一级 GPS 5 点	瑞安坐标	桐浦乡
荆谷农副产品	2004 年 7 月	2.5	一级 GPS 12 点	瑞安坐标	
开发区北区二期	2004 年 4～8 月	6.0	二级导线 14 点	瑞安坐标	上望新村
火车站站前区	2004 年 12 月	2.0	一级 GPS 6 点、四等水准 9.2 千米	瑞安坐标	飞云镇
火车站站前区	2005 年 3 月	9.0		瑞安坐标	修测
安阳新区	2005 年 4～5 月	4.8	一级 GPS 25 点	瑞安坐标	
开发区起步区	2005 年 6～8 月	1.9	二级导线 10 点、四等水准 9.2 千米	瑞安坐标	
开发区发展区	2005 年 8～10 月	1.5		瑞安坐标	肖宅以西
飞云孙桥	2005 年 10～12 月	2.8	一级 GPS 12 点、四等水准 12.4 千米	瑞安坐标	
滨江三期	2005 年 9～12 月	2.0	一级 GPS 8 点、二级导线 5 点、四等水准 13.5 千米	瑞安坐标	西门
飞云林垟	2005 年 9 月	1.4	一级 GPS 9 点、二级导线 21 点、四等水准 21.2 千米	瑞安坐标	补测
上望一期	2005.12～2006.5	3.6	一级 GPS 19 点、四等水准 17.6 千米	瑞安坐标	
马屿江浦	2006 年	1.8	一级 GPS 13 点	瑞安坐标	
莘塍中心区	2006 年 2～3 月	2.0		瑞安坐标	修测
桐浦乡	2006 年 1～6 月	3.5	一级 GPS 13 点、四等水准 9.5 千米	瑞安坐标	
南塘大道	2006 年 2～4 月	1.8	一级 GPS 18 点、二级导线 6 点	瑞安坐标	塘下至莘塍
塘下中心区	2006 年 8～10 月	4.2	二级导线 70 点、四等水准 19 千米	瑞安坐标	修测
龙湖镇	2006 年 7～10 月	2.4	一级 GPS 21 点、四等水准 13.5 千米	温州坐标	
桐浦云峰山	2006 年 6 月	0.5	一级 GPS 6 点	瑞安坐标	
上望二期	2007 年 3～6 月	5.8	一级 GPS 37 点、四等水准 21.1 千米	温州坐标	
马屿镇	2007 年 3～7 月	7.2	一级 GPS 48 点、四等水准 31.65 千米	温州坐标	
碧山镇	2007 年 6～10 月	6.7	一级导线 29 点、四等水准 23.9 千米	温州坐标	
农业园区	2000～2001 年	40.0	包括上望、莘塍、塘下、汀田、梅头	瑞安坐标	1∶1000

表 6-03　　**2002～2007 年温州综合测绘院、温州市勘察测绘研究院地形图测绘统计表**

测区名称	测 量 时 间	测量面积（平方千米）	平面控制（点）及水准测量（千米）	坐标系统	测绘单位
肖宅	1995 年		I44 点 2.7 千米		
南拓展区一期	2002 年 10 月	14.5	四等 GPS 9 点、一级 GPS 61 点、四等水准 33.3 千米	瑞安坐标	温州综合院
南拓展区二期	2003 年 4～8 月	12.0	一级 GPS 91 点、四等水准 43 千米	瑞安坐标	温州综合院
东工业园区	2003 年 5～7 月	11.8	二级导线 65 点、三等水准 30.6 千米、四等水准 21.8 千米	瑞安坐标	温州综合院
安阳、上溪、梧岙	2006 年 4～5 月	1.6	三等水准 14.8、四等水准 2.6 千米		
高楼乡	2006 年 6～9 月	8.3	一级 GPS 61 点、四等水准 29.6 千米	温州坐标	市勘测院
湖岭镇	2007 年 4 月	4.5	一级 GPS 40 点、四等水准 23.6 千米	温州坐标	市勘测院
鹿木、潮基、芳庄、平阳坑	2007 年 6～10 月	7.8	一级 GPS 60 点、四等水准 50.1 千米	温州坐标	市勘测院
塘下镇鲍田	2008 年 3～7 月	7.5	一级 GPS57 点四等水准 27.4 千米	温州坐标	市勘测院

2. 工业园区和风景区测量

1994～2007 年，完成瑞安经济开发区、北工业园区、东工业园区、西工业园区、扶贫开发区、袜业基地等六大工业园区地形测量，总面积 50 平方千米。

1994～2007 年，完成寨寮溪、铜盘岛、圣井山、桐溪等四大风景区地形测量，总面积 5.0 平方千米。

3. 村镇规划测量

1979 年，瑞安县选择两村进行村镇地形图测量试点，控制采用大平板导线，完成白门村 1∶500 简测地形图 0.25 平方千米，韩田村 0.7 平方千米，并为瑞安培养规划测量人员约 100 人。1983 年，完成 62 个中心村 1∶1000 简测地形图。1999 年，村庄规划扩及 21 个乡镇共 123 个村，测图面积 160 平方千米，其中 31 个村新测，其余村利用老图修补测。

2001～2007 年，为"千村整治、百村示范"规划建设，完成 27 个乡镇 157 个村庄的 1∶500 简测地形图，合计面积 58.59 平方千米。地形图由三个单位测绘，其中瑞安市规划测绘队完成 22.36 平方千米，安徽省第二测绘院完成 33.43 平方千米，瑞安中瑞测量有限公司完成 2.8 平方千米。

2006 年开始，为减轻农民自住建房负担，免费提供地形图。对基础图尚未覆盖区域，进行专门测绘，2006 年测图 84 起，2007 年测图 48 起。

农村住房防灾能力普查测量，瑞安市规划测绘队在海安、汀田、场桥、阁巷、龙湖、莘塍、高楼、北龙、北麂等村镇，施测 1∶2000 专用地形图 112.7 平方千米。

二、乐清市

1979～1999 年，乐清市主要采用平板仪进行测量，执行 1985 版《城市测量规范》和 1987 版《1∶500～1∶2000 地形图图式》。1999 年，开始测量数字地形图，执行 1999 版《城市测量规范》和 1995 版《1∶500～1∶2000 地形图图式》。1999 年前为各镇独立坐标系，2000 年开始采用乐清城市独立坐标系。

1. 城镇地形图测量

（1）乐成镇

1986年2月～1987年5月,浙江省煤田地质勘探公司测量队受乐清县房地产管理处委托,布设一级导线19点,二级导线103点,四等水准19千米,完成乐成镇1∶500地形图5.15平方千米,1956年黄海高程系。

1992年6～12月,浙江省测绘局外业大队受乐清县城市建设指挥部委托,布设一级导线82点,二级导线66点,完成乐成镇南片1∶500地形图135幅,计8.4平方千米。

1993年10月～1994年6月,浙江省外业测绘大队受乐清城市建设指挥部委托,在镇东片和南片外围,布设一级导线116点,二级导线58点,施测四等水准24.57千米,埋设标石9座,完成1∶500地形图164幅,计10.25平方千米,1985国家高程基准。

1998年6月～1999年3月,浙江省第一测绘院接受委托,布设一级导线34点,二级导线27点,水准路线17.83千米,完成1∶500地形图2.56平方千米。

2001年3～5月,浙江省第一测绘院受托,在乐成中心区、老城区、教育园区布设E级GPS网133点,完成1∶500数字地形图161幅,计5.69平方千米。乐清市独立坐标系,1985国家高程基准。

2003年9月,乐清市测绘队完成乐成中心区1∶500数字地形图1.24平方千米。

2004年1月,乐清市测绘队完成乐成教育园区1∶500数字地形图。

2005年4月,乐清市测绘队在潘家垟、万岙、宋湖、湖上岙等村和乐成城区,先后完成1∶500数字地形图2.24平方千米和2.22平方千米。

2007年12月,乐清市测绘队完成乐成三陡门片1∶500数字地形图2.3平方千米。

(2)柳市镇

1987年9月～1988年1月,浙江省煤田地质勘探公司测量队受乐清县房管处委托,在柳市镇布设一级导线82点,二级导线21点,水准路线12.76千米,完成1∶500地形测图2.61平方千米。

1992年7～10月,江西省测绘局外业大队受托,布设一级导线128点,二级导线121点,完成1∶500地形图15.34平方千米。

1993年3～12月,温州综合测绘院受托两次进场,布设一级导线139点,二级导线217点,水准路线48.57千米,完成1∶500地形图15.34平方千米。

1994年3月～1995年4月,温州综合测绘院继续布设一级导线42点,二级导线72点,完成1∶500地形图61幅,计3.8平方千米。

1996年8月～1997年7月,温州综合测绘院受柳市镇委托,布设一级导线106点,二级导线46点,导线按四等水准精度施测光电测距三角高程,完成西岙片1∶500地形测图5.0平方千米。

2000年2～4月,浙江省第一测绘院受乐清市规划局委托,在柳盐路(长9千米)布设E级GPS网45点,完成1∶500数字地形图51幅;2001年6月,在柳市镇布设E级GPS网103点,完成1∶500数字地形图225幅。乐清市独立坐标系。

2000年11～12月,温州综合测绘院受柳市镇政府委托,布设E级GPS网30点,一级导线4点,施测柳市镇6条主干道路带状1∶500数字地形图。柳市独立坐标系,1985国家高程基准。

2006年12月,乐清市测绘队完成柳市镇基础测绘,新测1∶500数字地形图2.26平方千米,修测1.75平方千米。

1980～2007年乐清市各镇地形测量汇总见表6～04。

表 6-04   1980～2007 年乐清市各镇地形测量汇总表

测区	测量时间	一级点数	二级点数	水准联测（千米）	地形测量（平方千米）	测量单位、备注
乐成镇	1986.2～1987.5	19	103	19	5.15	浙江煤田地质勘探公司测量队
	1992 年 6～12 月	82	66	22.66	135 幅 8.4	浙江省测绘局外业大队
	1993.10～1994.6	116	58	24.57	164 幅 10.25	浙江省测绘局外业大队
	1996 年 9 月	19	10	13.0		浙江省丽水地区勘察测绘院
	1998.6～1999.3	34	27	17.83	2.56	江西省第一测绘院，建成区
	1998.10～1999.3				81.53	温州市勘察测绘研究院
	2001 年 3～5 月	E 级 GPS133			161 幅 5.69	浙江省第一测绘院
	2001 年 7 月	E 级 GPS33		24.7	157 幅 7.50	浙江省第一测绘院
	2001 年 8 月	E 级 GPS127		45.1	76 幅 2.74	浙江省第一测绘院
	2002 年 1 月				45 幅 1.1	浙江省第一测绘院
	2003 年 3～5 月				95 幅 6.00	乐清测绘队
	2004 年 1 月					乐清测绘队
	2005 年 4 月				2.24，2.22	乐清测绘队，万岙宋敖后所片
	2007 年 12 月				2.3	乐清测绘队，三陡门片
柳市镇	1987.9～1988.1	82	21	12.76	49 幅 2.61	浙江煤田地质勘探公司测量队
	1992 年 7～10 月	128	121	49.0	15.34	江西省测绘局外业大队
	1993 年 3～12 月	102	127	48.57	12.15	温州综合测绘院
	1993 年 3 月	37	90		3.19	江西省测绘局外业大队
	1994.3～1995.4	42	72		61 幅 3.80	温州综合测绘院，重测老城区
	1996.8～1997.7	106	46		5.0	温州综合测绘院
	2000 年 2～4 月		E GPS45		51 幅	浙江省第一测绘院
	2001 年 8 月	E 级 GPS126		49.1	225 幅	浙江省第一测绘院
	2000.12～2001.11	4	EGPS30	19.8		浙江省第一测绘院
	2001 年 6～12 月	16		5.27	1.5	乐清市测绘队
虹桥镇	1987 年 9 月				3.48	浙江煤田地质勘探公司测量队
	1992 年 9 月	77	107	14.88		浙江省测绘局外业大队
	1998 年 3 月	46	33	37.40		浙江省丽水地区勘查测绘院
	1998 年 11～12 月	小三角 4 点	11		1.3	温州综合测绘院
	2000 年 4～6 月	E 级 GPS26			62 幅 2.58	浙江省第一测绘院
	2001 年 4～5 月	GPS 6 点			3.0	温州综合测绘院
大荆镇	1987～1988 年				2.11	浙江煤田地质勘探公司测量队
	1996.12～1997.3	11	3			浙江省丽水地区勘查测绘院，修测房产图

续表

测区	测量时间	一级点数	二级点数	水准联测（千米）	地形测量（平方千米）	测量单位、备注
	1995 年 6～9 月	33	4	23.4		温州综合测绘院
	2003 年 2～4 月				2.1	乐清测绘队
北白象镇	1987 年				2.60	浙江煤田地质勘探公司测量队
	1992 年 9 月	73	28			浙江省丽水地区勘查测绘院，修测房产图
	2000 年 6 月				130 幅 6.75	温州综合测绘院
	2001 年 9 月		30		134 幅 5.6	乐清测绘队
淡溪镇	1987 年 6～11 月	25	33	三等 12.8	3.45	
南岳镇	1989 年 6～10 月	小三角 6 点	33	26.0	1.2	乐清县规划勘测设计室
七里、黄华	1987.11～1988.4	合计 116				温州市勘察测绘处，磐石 43、横河 25、黄华 48
	1987.11～1988.4				4.0	浙江省交通厅航道勘测设计室
	1993 年 5 月				42 幅	温州市勘察测绘研究院
	1998 年 4～7 月				21 幅 0.81	国家测绘局第二地形测量队
	1999.5～2001.5	304	181	163.4	54	温州综合测绘院
芙蓉镇	1995 年 8 月	17	9	8.6	51 幅 2.6	温州综合测绘院乐清测绘大队
	2006 年 11 月				9.91	乐清测绘大队
白石镇	1998 年（约）	37	55			江西省测绘局外业大队
雁荡镇	1980 年				62 幅	温州地区规划设计处测量组，灵峰-灵岩
	1984 年	12	22		31 幅	温州地区规划设计处测量组，松阳、白溪
	1995 年 11 月	11	32	17.2	55 幅 3.1	浙江省化工地质大队测量分队
	1998 年		30			浙江省丽水地区勘察测绘院
	1991 年 5 月	10	21		0.8	乐清县规划勘测设计室
	2007 年 12 月		30		3.34	乐清测绘大队
南塘镇	1998 年 10～12 月	68	24		92 幅 5.0	江西省第一测绘院
	2002.10～2003.11				4.0	江西省第一测绘院
四都镇	1997 年 3～8 月	24	13	三等 17.3 四等 8.9	3.0	温州综合测绘院
天成镇	1996.9～1997.3	20			4.6	温州综合测绘院，一期
	1997.7～1998.6		39		4.3	温州综合测绘院，二期
	1998.10～1999.3			三等 76.63		温州市勘察测绘研究院
	2007～2008 年			二等 302		浙江省第一测绘院

2. 工业区测量

2000年6月,浙江省测绘局测绘一院和乐清测量队在乐成盐盆中心工业园,布设GPS网224点,四等水准20.8千米,埋设标石3点,完成1∶500数字地形图161幅(折满幅129幅),计8.06平方千米。

2000年9～12月,浙江省第一测绘院受托完成多个工业区测量项目。在高速公路口中心工业区布设E级GPS网18点,四等水准路线7.74千米,完成1∶500地形图53幅(折满幅34.4幅),计2.15平方千米;在乐清工业区翁垟片布设E级GPS网197点,四等水准路线38.8千米,完成1∶500地形图228幅,计11.16平方千米;在乐清市正泰工业区布设E级GPS网30点,完成1∶500地形图33幅。

2001年4月～2005年12月,乐清市测绘队施测下列工业区1∶500地形图。2001年4月,完成温州大桥工业区地形图2.4平方千米;2002年8月,完成乐成特色工业区地形图2.08平方千米;2002年5月,完成象阳镇特色工业区地形图1.24平方千米;2005年12月,完成临港工业区(南岳—蒲岐的乐清湾沿岸平原及部分滩涂)地形图23.48平方千米。同期,还完成柳黄公路(柳市—黄华,长9.3千米)征用土地测量300亩;完成温州电厂(在磐石东村等7个村)征用土地测量450亩;并完成乐成宋湖—后所工业区、慎海工业区、柳市东风—后街工业区、虹桥钱家垟—黎明溪西工业区、白象、翁垟、蒲岐、清江、芙蓉、天成、朴湖等工业区的征用土地测量。

3. 村镇规划测量

1983～1989年,乐清县组织87人参加村镇规划测量学习班,结业后在21个镇40个乡914个中心村进行规划测量,完成1∶1000简测地形图914幅。

2003～2005年,为"千村整治、百村示范"新农村建设,完成各镇共300多个村庄1∶500简测地形图21.09平方千米,其中雁荡镇3.88平方千米,仙溪镇1.21平方千米,大荆镇2.1平方千米,北白象镇6.75平方千米,乐成镇和柳市镇2.7平方千米,以及淡溪镇、翁垟镇、石帆镇、白石镇、南塘镇、清江镇共4.45平方千米。

2007年,进行防灾普查测量,完成蒲岐镇和清江镇1∶500地形图4.27平方千米。

三、洞头县

1982～2007年,洞头县完成全县1∶500地形图98.29平方千米,1∶1000地形图4.3平方千米,1∶2000地形图13平方千米。其中洞头县规划测绘大队完成78.03平方千米,浙江省物探大队测量队完成6.3平方千米,浙江省测绘大队完成4.76平方千米,珠海测绘院完成3.48平方千米,温州地区基本建设局规划设计处测量组完成3平方千米,瓯海工程测绘院完成2.3平方千米,温州综合测绘院完成0.42平方千米。

1. 城镇地形图测量

(1)北岙镇

1981年10月,洞头县地名办为准确标绘北岙镇各街巷、企事业单位、名胜古迹、地理实体的名称,委托温州地区基本建设局规划设计处测量组,布设二级小三角四边形网4点,施测1∶2000地形图3平方千米。

1989年,浙江省物探大队测量队受洞头县规划局委托,完成北岙镇1∶500地形图39幅,计2.39平方千米。平面控制是联测国家点烟墩山、霓屿山的四等三角网,为$L_0=121°$的国家统一坐标系,高程系统是洞头验潮站高程基准,这是洞头县完成的首次正规测图。

1995 年 3 月,洞头县规划管理局测量队完成大沙岙海滨浴场 1∶500 地形图 1.64 平方千米。布设一级小三角线形锁 5 点,从已知边 DT9－DT10 起,闭合于南炮台。采用温州市独立坐标系和洞头验潮站高程基准。

2001 年,洞头县规划测绘大队和温州综合测绘院,共同完成数字地形图 2.3 平方千米。

2004～2007 年,洞头县规划测绘大队完成基础测绘 1∶500 地形图 23.04 平方千米。

(2) 大门镇

1989 年,浙江省物探大队测量队受委托,布设一级小三角 7 点组成中点多边形,联测国家四等点青菱屿和三等点大黄山,完成大门镇 1∶500 地形图 26 幅,计 1.52 平方千米。1954 年北京坐标系,洞头验潮站高程基准,执行 1985 年《城市测量规范》。这是大门镇第一次地形测量,尔后还有多次测量。

1996 年,洞头县规划管理局测量队在大门镇马岙潭,施测 1∶500 地形图;2000 年 7 月,采用全站仪施测大门镇 1∶500 数字地形图 3.02 平方千米;2004 年,完成大门镇 1∶500 数字地形图 19.46 平方千米(含北小门岛 9.38 平方千米);2005 年,完成营盘基 1∶500 数字地形图 1.00 平方千米,滩头 6.71 平方千米。

(3) 东屏乡

2001 年 7 月,洞头规划测绘大队在东屏乡东岙村,使用全站仪施测 1∶500 数字地形图 0.33 平方千米。2004 年,完成基础地形图 1.34 平方千米。2005 年,珠海测绘大队受洞头县规划建设局委托,完成半屏二村 1∶500 地形图 0.27 平方千米。

(4) 元觉乡

1998 年,洞头县规划管理局测量队用测记法完成元觉乡花岗村地形图 0.42 平方千米。2001 年 11 月,完成沙角村地形图 0.25 平方千米。1999 年 11 月,委托珠海测绘大队完成元觉乡状元岙小北岙村地形图 0.95 平方千米。2004～2007 年,完成基础地形图 3.46 平方千米。

(5) 霓屿乡

1997 年,施测霓屿乡政府驻地布袋岙村 1∶500 地形图 0.26 平方千米,使用 DT2 经纬仪和 D303 测距仪以测记法成图。2004 年,完成基础地形图 9.93 平方千米。

(6) 鹿西乡

1998 年,珠海测绘大队受洞头县规划建设局委托,完成鹿西乡 1∶500 地形图 0.56 平方千米,采用温州独立坐标系和洞头验潮站高程基准。2003 年,完成鹿西基础地形图 1.26 平方千米,东臼村 0.31 平方千米。2005 年完成鲳鱼礁村 0.56 平方千米。

2. 工业区和渔港测量

该项测量均由洞头测绘大队完成,采用温州市独立坐标系和洞头验潮站高程基准。

1995 年,在双朴电子工业区布设一级导线 3 点,二级导线 12 点,完成 1∶500 地形图 0.3 平方千米。

1998 年,在花岗渔村布设一级导线 1.7 千米,完成 1∶500 地形图 0.42 平方千米。

2000 年,在九厂后海工业区,完成 1∶500 地形图 0.65 平方千米。

2002 年,在东沙避风港完成 1∶500 地形图 1.0 平方千米,在东沙渔港完成 1∶1000 地形图 2.5 平方千米。

2001～2004 年,完成土地储备 1 期至 4 期 1∶500 地形图 10.12 平方千米。

3. 村镇规划测量

1983 年,洞头县参加村镇规划测量学习班 6 人。1983～1989 年,开展村镇规划测量,采用大平板导线为平面控制,完成 8 个中心村 1∶1000 简测地形图。

2003～2005 年,为"千村整治,百村示范"新农村建设,完成 14 个村庄简测地形图。

四、永嘉县

1986～2007 年,永嘉县城镇地形测量覆盖县城上塘镇及桥头镇、瓯北镇、桥下镇、大若岩镇、乌牛镇、岩头镇、枫林镇、碧莲镇、沙头镇、西溪镇、岩坦镇等 12 个镇。1990～2007 年,在 32 个测区布设一级导线 1401 点,二级导线 1206 点,三级导线 33 点,其中采用 GPS 布设一级点 956 点,二级点 100 点,完成城镇 1∶500 地形图 120.82 平方千米,计 2194.6 整幅。

1. 城镇地形图测量

(1) 上塘镇

1981 年 11～12 月,永嘉县水利局在县城上塘镇首次施测 1∶2000 地形图 7 幅,采用经纬仪配合小平板仪作业,1954 年北京坐标系和 1956 年黄海高程系。

1984 年 4 月～1985 年 6 月,浙江省测绘局外业大队受永嘉县建设局委托,布设一级小三角 8 点,二级导线 76 点,完成上塘镇 1∶500 地形图 68 幅,计 3.54 平方千米。

1995 年 7 月,永嘉县测绘队在上塘镇西部扩测 1∶500 地形图 112 幅,计 4.77 平方千米。1996 年,通过温州市测绘管理处验收。

1997 年,永嘉县测绘队在上塘镇东部扩测,布设一级小三角 1 点,一级导线 35 点 18 千米,二级导线 127 点 29.7 千米,四等水准联测 155 点,完成 1∶500 地形图 130 幅,计 4.63 平方千米。

1999 年,永嘉县测绘队在上塘镇渭石,完成 1∶500 地形图 123 幅,计 4.65 平方千米,2001 年经省测绘产品质量监督检验站验收合格。

2000～2003 年,永嘉县勘察测绘院先后在上塘镇的路口、陈岙、仁堂三地进行 1∶500 地形图测量。2000 年,在上塘路口布设一级导线 7 点,二级导线 49 点;2001 年,在陈岙布设一级导线 9.83 千米,二级导线 4.8 千米,联测四等水准 31 千米,完成地形图 107 幅,计 3.46 平方千米;2003 年,在仁堂布设一级导线 18 点,二级导线 11 点,联测四等水准 21 千米,完成地形图 57 幅,计 1.21 平方千米。2004 年 7 月,三地均通过温州市测绘局验收。

2007 年,永嘉县勘察测绘院在上塘镇布设一级 GPS 网 55 点,四等水准 49 千米,完成 1∶500 数字地形图 5.5 平方千米。

(2) 瓯北镇

1988 年,温州市测绘学会受清水埠镇政府委托,完成瓯北镇 1∶500 地形图 111 幅,计 4.84 平方千米。

1991 年,浙江省第十一地质大队测绘分队接受委托,向西扩测完成江北一带 1∶500 地形图 19.7 平方千米。

1993 年,温州综合测绘院和永嘉县测绘队受瓯北镇政府委托,布设一级导线 25 点,二级导线 44 点,联测四等水准 19.3 千米,共同完成 1∶500 地形图 152 幅,计 5.1 平方千米。1994 年 9 月,在黄田测区布设一级导线 27 点,二级导线 34 点,完成 1∶500 地形图 54 幅,计 2.3 平方千米。

1995 年 3 月～12 月,温州综合测绘院在三江测区布设一级导线 49 点,二级导线 15 点,联测四等水准 18.8 千米,完成 1∶500 地形图 172 幅,计 8 平方千米。

1996 年～1997 年 3 月,温州综合测绘院在黄田测区布设一级导线 28 点 9 千米,二级导线 41 点 51 千米,三级导线33点21千米,四等水准2.4千米,完成1:500地形图70幅,计2.28平方千米。

1999年,永嘉县测绘队在瓯北镇布设一级导线23点8.5千米,二级导线192点44千米,四等水准88千米,完成1:500地形图123幅,计4.8平方千米。

2000年,永嘉县测绘队完成瓯北镇1:500地形图修测180幅,计4.65平方千米,并通过浙江省测绘产品质量监督检验站验收。

2001年9月,永嘉县测绘队在瓯北镇罗东测区布设一级导线29千米,二级导线26千米,联测四等水准75.5千米,完成1:500地形图352幅,计11.2平方千米。2002年,通过浙江省测绘产品质量监督检验站验收。

(3)其他各镇

1979~1993年,完成桥头镇、碧莲镇、岩头镇、枫林镇1:500地形图,采用假定坐标,1954年黄海高程系。1985~2005年永嘉县其他各镇1:500和1:1000地形测量情况见表6-05。

表6-05　　　　　　　　1985~2005年永嘉县其他各镇1:500和1:1000地形测量情况表

测区名称	测量时间	测量面积 (平方千米)	一级导线 (点)	二级导线 (点)	水准测量 (千米)	测绘单位
桥头镇	1985年	0.7	小三角7	小三角14	11.2	温州市勘察测绘处
	1985年	1.75	比例尺1:1000			温州市勘察测绘处
	1998年	1.83(50幅)	3	14	16	永嘉县测绘队
	2005年	9.72(194幅)	110	14	84	永嘉县勘察测绘院
桥下镇	1991年	19(408幅)	小三角8	50	8.3	永嘉县测绘队
	1997年	3.5(91幅)		47	17.16(47点)	永嘉县测绘队
大若岩镇	1989年	2.0	小三角10	小三角15	20	永嘉县测绘队
	1995年	1.1(28幅)	10	5		永嘉县测绘队
乌牛镇	1990年	3.0(76幅)	42	34	20	永嘉县测绘队
岩头镇	1989年	1.0	比例尺1:1000			永嘉县测绘队
	1992年	44幅	小三角7	57	21.78	永嘉县测绘队
	1995年		10	5		永嘉县测绘队
	1997年	1.86(47幅)	9	25	11.36	永嘉县测绘队
枫林镇	1989年	1.1	比例尺1:1000			永嘉县测量队
	1994年	19幅	22	67	13.31	永嘉县测绘队
碧莲镇	1989年	1.2	比例尺1:1000			永嘉县测绘队
	1995年		11	47	13.64	永嘉县测绘队
沙头镇	1995年	40幅	9	40	15.58	永嘉县测绘队
西溪镇	2000年		7	4		永嘉县测绘队
	2002年		11	4		永嘉县勘察测绘院
岩坦镇	2004年	3.9(78幅)	33		62	永嘉县勘察测绘院

注:1:1000地形图已注明,未注者均为1:500地形图。

2. 工程图和古村落测绘

工程图是为各项建设工程提供小面积测图，因设计要求需增大比例尺，采用 1∶500、1∶200、1∶100 地形图，精度均以 1∶500 图为准。1990～1999 年，永嘉勘察测绘院共完成 514 件，2000～2007 年共完成 847 件。

芙蓉村是楠溪江畔著名的千年古村落，始建于北宋天禧年间，现存村落系元代至正年间重建。1998 年，永嘉县测绘队完成芙蓉村 1∶500 地形图 47 幅，计 1.86 平方千米。

3. 村镇规划测量

1983～1988 年，永嘉县因村级规划编制，全县组织施测 800 多个行政村 1∶1000 简测地形图。

2002～2007 年，为"千村整治，百村示范"规划测量，永嘉勘察测绘院完成 260 个村 1∶500 地形图 54.45 平方千米。其控制测量布设四等 GPS 网 51 点，一级导线 701 点，二级导线 2 点，四等水准 839.46 千米。见表 6-06。

表 6-06　　　　　　　　　　　**2002～2007 年永嘉县村镇规划测量完成情况综合表**

年份	村数	四等 GPS（点）	一级导线（点）	二级导线（点）	水准测量（千米）	地形图面积（平方千米）	幅数	验收
2002 年	20							县验收
2003 年	81							县验收
2004 年	85	35	237		358.4	32.73	655	省验收
2005 年	44	16	204	2	164.16	7.90	158	省验收
2006 年	30		162		180.19	7.83	156.6	省验收
2007 年			98		136.71	5.99	119.8	省验收
合计	260	51	701	2	839.46	54.45	1089.4	

五、平阳县

1992 年～2001 年，平阳县共布设一、二、三级导线 787 点，完成 12 个乡镇 1∶500 地形图 95.5 平方千米。2002 年开始采用数字化成图技术，对 13 个乡镇和郑楼、宋桥工业区进行全面测量和补测，至 2007 年共完成 1∶500 数字地形图 172.5 平方千米。

1. 城镇地形图测量

（1）昆阳镇

1995 年 5 月，平阳县规划局设计室测量队在县城昆阳镇布设一级导线 14 点，二级导线 85 点。2002 年 8 月，平阳县测绘大队完成昆阳镇城东片 1∶500 数字地形图 5 平方千米。2007 年 12 月，又完成昆阳镇城南片 1∶500 数字地形图 3.5 平方千米。

（2）鳌江镇

2004 年 3 月～2005 年 10 月，鳌江镇施测 1∶500 数字地形图 28 平方千米。

2005 年 3 月，浙江省第一测绘院受鳌江镇委托，布设一级 GPS 网 773 点，8″导线点 10 点，四等水准路线 233.8 千米，完成 1∶500 数字地形图 39.8 平方千米，采用平阳独立坐标系，1985 国家高程基准。

（3）其他各镇

1979～2008 年,平阳县其他各镇也进行地形测量。如在水头镇,1997 年浙江省第一测绘院受平阳县规划建设局委托,完成 1∶500 地形图 79 幅,计 3.0 平方千米。在山门镇,2006 年完成抗日救亡学校和红军挺进师纪念碑数字地形图 0.5 平方千米。具体情况见表 6-07。

表 6-07　　　　　　　　　**1979～2007 年平阳县其他各镇完成地形测量情况表**

测区名称	测量时间	测图面积（平方千米）	一级导线（点）	二级导线（点）	测 绘 单 位
山门镇	1993 年 7 月		71 点		平阳县规划局设计室测量队
	2004.3～2005.6	20			平阳县测绘大队
	2005 年 10 月	8			平阳县测绘大队
榆垟镇	2004 年 5～7 月	3			平阳县测绘大队
钱仓镇	1979 年 7 月	2			温州地区基本建设局
	2004 年 10 月	4			平阳县测绘大队
	2005 年 3～8 月	6			平阳县测绘大队
腾蛟镇	1994 年 4 月				平阳县规划局设计室测量队
	2005 年 4～12 月		小三角 11 点　63		平阳县测绘大队
宋埠镇	2006 年 4～7 月	3.5			平阳县测绘大队
麻步镇	2007 年 6～11 月	6			平阳县测绘大队
水头镇	1997 年 3～4 月	3.0	79	74	浙江省第一测绘院
	2007 年 6～12 月	20			平阳县测绘大队
萧江镇	2008 年 10 月				平阳县测绘大队
凤卧镇	2005 年 6 月				平阳县测绘大队
南雁镇	2005 年 6 月				平阳县测绘大队
各乡镇	1993 年 3 月～2001 年			787	平阳县测绘大队

2. 工业园区测量

2002～2007 年,平阳县测绘大队在郑楼工业区和万全轻工园区,完成 1∶500 数字地形图 25 平方千米。

3. 村镇规划测量

1983 年,平阳县举办 2 期村镇规划测量学习班,参加人数近 100 人,结业后完成 12 个村规划测量。

2003 年,为"千村示范,百村整治"规划建设新农村,平阳县规划建设局委托平阳县测绘大队对钱仓镇、梅源乡、鳌江镇、墨城办事处、埭头村、宋埠镇、麻步镇等主要乡村,施测 1∶500 地形图。因村庄分散,未统一布设控制网,大都以村为单位磁北定向,并假定坐标和高程。2003 年 3 月～2008 年 12 月,完成 260 个村庄测绘,计 167 平方千米。

六、苍南县

1982年,苍南县政府委托温州地区基本建设局设计处测量组,布设小三角作为首级控制,完成灵溪镇和龙港镇1∶500地形图。1989～1997年,苍南县规划土地测绘所采用平板仪施测1∶500地形图38.7平方千米,1∶1000地形图1.0平方千米。1997年,苍南县规划土地测绘所更名为苍南县测绘所,归县规划局主管,添置新的测绘仪器和成图软件,全面启动数字化成图。当年完成1∶500数字地形图20.2平方千米,1997～2008年又完成52平方千米。2006年,苍南县完成灵溪、龙港两镇基础地形图59.5平方千米。

1. 城镇地形图测量

（1）灵溪镇

1982年1～12月,温州地区基本建设局设计处测量组受苍南县政府委托,在灵溪镇完成1∶500地形图2平方千米。为此布设由3个中心多边形组成的5″小三角14点,丈量基线2条,相对闭合差1∶1.2万,采用假定坐标和吴淞高程。

1989年,浙江省第十一地质大队测绘分队受苍南县规划土地管理局委托,布设一级导线34点,二级导线56点。1991年,完成灵溪镇1∶500地形图2平方千米。1993年,再次完成1∶500地形图11平方千米。

（2）龙港镇

1982年10～12月,温州地区基本建设局规划设计处测量组受苍南县政府委托,在沿江、龙江两公社布设5″小三角14点,以国家军控点洪宫—岩斗为起始方位,在蔡家殿量测基线,完成1∶500地形图2平方千米,采用独立坐标和吴淞高程系。

2006年,温州市勘察测绘研究院受龙港镇政府委托,布设一级导线158点,图根1522点,完成龙港镇1∶500地形图22.5平方千米。

1990～2006年,温州综合测绘院在龙港镇布设一级导线87点,二级导线169点,完成1∶500地形图12.17平方千米,详见表6-08。

表6-08 **1990～2006年温州综合测绘院完成龙港镇地形图情况表**

测区名称	测量时间	一级导线（点）	二级导线（点）	地形图（平方千米）
龙港	1990年	34	56	
龙江、蒲后、象北	1992年～1992年11月		49	3.07
龙港	1996年5月～1997年	36	39	3.8
龙港、李家垟	1998年8～11月		11	2.0
龙港、象北	2003年3～4月	3（GPS）	14	2.0
龙港、凤浦	2006年3～4月	14（GPS）		1.3
合计		87	169	12.17

（3）其他各镇

1989～2008 年，苍南县其他各镇完成地形测量 42.26 平方千米，详见表 6-09。

表 6-09　　　　　　　　　　1989～2008 年苍南县其他各镇完成地形测量情况

城镇名称	测量时间	测图面积（平方千米）	一级导线（点）	二级导线（点）	比例尺	测绘单位
沪山镇	1990 年	0.7			1：1000	苍南县测绘所
桥墩镇	1991 年	2.0	16	26	1：500	温州综合测绘院
	1998～2008 年	2.7			1：500	苍南县测绘所
沿浦镇	1993 年	1.1			1：500	苍南县测绘所
南宋镇	1994 年	0.5			1：500	浙江省第四地质大队
望里镇	1989 年	1.0			1：1000	苍南县测绘所
	1994 年	1.0			1：1000	苍南县测绘所
	1998～2008 年	0.8			1：500	苍南县测绘所
肥艚镇	1994 年	2.0			1：500	苍南县测绘所
	1995 年	1.2			1：500	苍南县测绘所
	1998～2008 年	2.5			1：500	苍南县测绘所
金乡镇	1991～1994 年	3.0	小三角 9	42	1：500	温州综合测绘院
	1998～2008 年	5.5			1：500	苍南县测绘所
钱库镇	1998～1999 年	5.51	95	48	1：500	温州综合测绘院
	1998～2008 年	6.5			1：500	苍南县测绘所
宜山镇	1999 年 6～9 月	1.05	5″小三角	19	1：500	苍南县测绘所
观美镇	1998～2008 年	0.8			1：500	苍南县测绘所
炎亭镇	1997～2008 年	0.8			1：500	苍南县测绘所
马站镇	1997～2008 年	2.5			1：500	苍南县测绘所
霞关镇	1999 年	0.5			1：500	温州综合测绘院
灵江镇	1989 年	0.6			1：500	苍南县测绘所

2. 工业园区测量

1993～1995 年，苍南县规划土地测绘所完成灵溪镇、龙港镇、金乡镇、宜山镇、观美镇等工业园区 1：500 地形图 5 平方千米；1989～1997 年，完成单体建设工程项目 1：500 地形图测量共 600 余项，合计 30 平方千米。

2000～2006 年，苍南县测绘所先后完成 4 处工业园 1：500 数字地形图，分别为 2000 年灵溪江南小区 2.8 平方千米，2003 年钱库工业园区 1.1 平方千米，2004 年金乡第二工业区 1.8 平方千米，2006 年金乡第三工业区 2.2 平方千米。

2003 年，浙江省核工业二六九勘察测绘院和温州勘察测绘研究院共同完成灵江山海协作区 1：500 数字地形图 20.8 平方千米。

3. 历史文化保护区测量

1997年,温州综合测绘院完成国家级历史文化保护区蒲壮所城1:500地形图0.6平方千米。

2007年,浙江省有色测绘院完成省级历史文化保护区金乡卫城1:500数字地形图1.6平方千米。

2001～2007年,苍南县测绘所先后完成6处国家级和省级历史文化保护区1:500数字地形图测量,分别为2001年的国家级历史文化保护区雾城壮士所城0.15平方千米,2003年的国家级历史文化保护区白湾堡0.1平方千米,2004年的国家级历史文化保护区钱库桐桥石棚墓0.1平方千米,2006年的国家级历史文化保护区矾山福德湾矾矿遗址0.15平方千米,2007年的省级历史文化保护区碗窑0.3平方千米,2007年的国家级历史文化保护区马站魁里行检司遗址1:500数字地形图1幅。

4. 村镇规划测量

1982年,苍南县城乡建设环境保护局举办两期村镇规划培训班,建立村镇规划测量队,共30余人。1983～1987年,完成884个中心村的简测地形图。

1993年,苍南县规划土地测绘所完成下垟郑村、东排村、西排村、新兰村、新陡门村等20多个村的新农村规划1:500地形图,共15平方千米。

2003～2008年,苍南县测绘所为"千村整治,百村示范"工程,完成200余个村规划测量,测图面积共25平方千米。

七、文成县

1983～1997年,文成县各城镇采用大平板仪测图或小平板仪配合经纬仪测记成图,完成1:500地形图共60平方千米,采用假定坐标系和1956年黄海高程系。1999年,文成测绘大队开始实施1:500全要素数字地形测量,经过七年努力,至2007年完成全县8大镇、24个乡、700个村庄1:500数字地形图120平方千米,采用文成独立坐标系和1985国家高程基准,执行《城市测量规范》。

1. 城镇地形图测量

1977年底,为建设县城水厂,完成大峃镇1:500地形图72幅,采用假定坐标和高程。

1986年11月,浙江省测绘局外业测绘大队无偿支援,完成大峃镇5″级小三角12点,二级导线61点,四等水准21千米。1987年,文成县规划局测量队据此控制网,施测完成大峃镇1:500地形图57幅,计3.56平方千米,采用1954年北京坐标系和1956年黄海高程系,执行1985版《城市测量规范》。

2007年,文成县测绘大队完成大峃镇1:500数字地形图5平方千米,采用文成独立坐标系和1985国家高程基准,执行1985版《城市测量规范》。

2. 工业园区和工程图测量

2003～2007年,文成县测绘大队完成县城和各乡镇工业园区1:500地形图测量,总面积17.35平方千米。其中县工业园区1.2平方千米,三坑工业区0.5平方千米,百丈漈神力集团开发区5.5平方千米,黄坦镇工业区1.8平方千米,东垟沙洲工业区2.2平方千米,周壤乡工业区0.3平方千米,百丈漈工业区1.9平方千米,玉壶工业区0.35平方千米,樟山生态工业区1.8平方千米,珊溪坦岐下开发区1.8平方千米。

同期,文成县测绘大队完成工程项目测量522项,合计面积40.1平方千米。其中2003年85项5.9平方千米,2004年95项3.3平方千米,2005年90项8.9平方千米,2006年106项7平方千米,2007年146项15平方千米。

3. 地质灾害防治测量和扶贫迁村安置测量

文成县是浙江省地质灾害多发县之一,被列为重点防治区。截至2007年,全县共发现250处地质灾害隐患点,主要是滑坡、崩塌、泥石流三种,其中滑坡占80%,崩塌占9%,泥石流占11%。这些地质灾害隐患点主要是利用1:1万地形图进行野外调查,并设立监测点进行监测。文成县地质灾害隐患点已测绘完成1:500地形图共0.18平方千米,地形剖面测量1千米,1:1000地质工程图0.18平方千米。

2006年,文成县测绘大队施测4处地震灾害安置点1:500地形图,各处测图有珊溪镇李井村、山根垟村等5个村2.5平方千米,黄坦镇石垟村、共宅村、垟笨村、底庄村0.5平方千米,云湖乡包山垟、潘山村0.2平方千米,仰山乡4个村0.9平方千米。

2004年,文成县测绘大队施测3处扶贫迁村安置点1:500地形图1.35平方千米,其中珊溪5个村0.8平方千米,巨屿1个村0.35平方千米,黄坦1个村0.2平方千米。此外,还施测公阳乡山坑村和牛堂村、周壤乡外南村、金炉乡王家村和下垟村、双桂乡桂西村、南田镇黄寮村等地扶贫迁村安置点的1:500地形图。

4. 村镇规划测量

1984~1985年,文成县按村镇规划"二图一书"要求,组织经短期培训的村镇规划测量人员,完成珊溪、玉壶、南田、黄坦、西坑等镇320个行政村的1:500简测地形图400多幅,但质量较差。

2003~2005年,为"千村整治,百村示范"工程,文成县测绘大队组织力量,完成167个村1:500简测地形图35平方千米。

八、泰顺县

1985~1999年,泰顺县完成7个重点镇1:500地形图,百丈镇为1954年北京坐标系,其余均为假定坐标。2000~2007年,使用全站仪一体化成图,采用北京清华山维测图软件进行数字地形图测量,完成1:500数字地形图50平方千米,1954年北京坐标系,1985国家高程基准。

1. 城镇地形图测量

（1）罗阳镇

1982年10月,泰顺县组织技术人员利用小平板仪施测,完成县城罗阳镇1:1000地形图3.33平方千米,以磁北方位定向,采用假定坐标。

1999年11月~2000年3月,浙江省煤田地质局测绘大队和湖州测量队合作完成新城区1:500地形图5平方千米。

2004年10月~2005年12月,泰顺县测绘大队完成老城区1:500数字地形图5平方千米。

2007年8~11月,泰顺县测绘大队和温州市勘察测绘研究院共同完成新城区扩展测区1:500数字地形图11平方千米。

（2）仕阳镇

1993年5月,完成仕阳镇1:500地形图12幅,计0.6平方千米。

1997年,完成仕阳镇埠下村1:500地形图29幅,计1.45平方千米。

1998年,泰顺县测绘大队完成仕阳镇1:500地形图3幅,计2平方千米。

1999年,完成章坑1:500地形图15幅,计0.75平方千米。

（3）其他乡镇

1984～1995 年,泗溪镇、三魁镇和柳峰乡也相继完成地形测量,见表 6 - 10。

表 6 - 10　　　　　　　　　　　　泰顺县其他各乡镇完成地形测量情况

测区名称	时间	面积(平方千米)	图幅数	比例尺	测量单位
泗溪镇	1984～1985 年	10	200	1∶1000	泰顺县规划办
三魁镇	1985～1986 年	8		1∶500	泰顺县规划办
柳峰乡	1995 年	0.7	14	1∶500	泰顺县规划测绘队

2. 工程图测量

1985 年,泰顺县规划办公室测绘 1∶500 工程图 2 幅。1988 年,在仕阳镇沙江尾小区施测 1∶500 地形图 3 幅。1988 年,在彭溪镇岩洋工业区施测 1∶500 地形图 1.2 平方千米。施测交垟工业区和全县希望小学、电信大楼、法院、广播电视台、饲料加工厂、医院、托管所等企事业单位工程建设项目 1∶500 地形图。

2000～2008 年,泰顺县测绘大队完成白鹤山庄、九峰红军挺进师纪念馆、莲头度假村、雅阳万丰度假区、松垟秀涧温州国际环业生态旅游中心等五项单体工程 1∶500 地形图测量,共计 2.56 平方千米。

3. 村镇规划测量

1979 年,泰顺县组织村镇规划学习班,培养规划测量人员 65 人。1983～1988 年,共完成 392 个村镇和行政村的地形图,见表 6 - 11。

2003～2007 年,贯彻落实"千村整治,百村示范"工作,全县共完成 80 个村的 1∶500 地形图 15.9 平方千米,计 200 幅。见表 6 - 11。

表 6 - 11　　　　　　　　1983～2007 年泰顺县完成村镇简测地形图情况

年份	村数	测图面积(平方千米)	年份	村数	测图面积(平方千米)
1983 年		5.0	2003 年	8	3.4
1984 年	230	2.0	2004 年	6	1.3
1985 年	109	2.5	2005 年	32	5.0
1986 年	15	0.3	2006 年	12	2.2
1987 年	18	0.4	2007 年	22	4.0
1988 年	20	0.5			

第四章　市政建设测量

如今学界把"市政工程设施"改称为"城市基础设施",并得到社会各界普遍认可。不管名称如何,它包括城镇的道路、桥梁、给水、排水、污水处理、城市防洪、园林、道路绿化、路灯、环境卫生等城市公用事业工程。这些工程的建设和管理,自始至终伴随着必不可少的测量工作。

第一节　温州城区道路和桥梁建设测量

本节主要记述温州老城区、扩建区、住宅小区的道路拓宽和建设测量,以及温州城区的桥梁普查测量和修建测量。由于本志截止年代所限,没有涉及铁路、城市轻轨 S1 线的线路及其车站建设测量。

一、老城区道路改建测量

旧时,温州古城道路狭窄,大街宽 4～5 米,坊巷仅 2～3 米,砖石路面,只适应人行、抬轿和人力车的通行。1933 年,永嘉县市政委员会曾制定城厢路政计划,由于资金缺乏和措施不力而未能全部实施。民国时期仅拓宽 7 条街路,其中铺筑新路面的只有五马街、忠孝路(今永川路)和永楠路。但道路测绘早就开始,贯穿于整个道路建设的规划阶段、施工阶段和运营管理阶段。

1949～1965 年,温州市人民政府建设局派专业人员负责道路翻修测量。1950～1957 年的八年间,共翻修主要道路 12 条,总长度 9.173 千米,面积 12 万平方米。第一条翻修的是广场路,接着有五马街、解放路、百里路、信河街、府前街、康乐坊、胜利路、上岸街、新码道、公园路、河西桥等 11 条城区主要道路。其中信河街、百里路、公园路、康乐路均将路旁河道改设下水道,以拓宽路面。1960 年,谢池巷作为旧城道路维修的试点,将原路旁河道改为下水道,修建街心花坛 540 平方米,两侧为单行线车道。1961～1962 年,望江路(今望江东路)经拓宽改建,总宽 30 米,车行道 14 米,是当时全城最宽的道路。路北沿江建花坛 1545 平方米,辟为望江公园。1965 年,拓建西门和平路,东接百里路,西通下横街;同年,修建吴桥路,接通小南路至飞霞南路,形成城区环状通道;兴建环城东路,将原东护城河改建为下水道,总宽 26 米,车行道 16 米,贯通飞霞南路至望江路,成为城区南北向的交通干道。

1979～1982 年,温州市规划管理处为城区道路规划,完成 1:500 带状地形图 73 幅,共 3.685 平方千米,涉及温强路(今黎明路)、沿江路、灰桥路、洪殿路、环城路、垟头下路、小南路、大南路、鹿城路。1983 年,该处两个测量组施测道路,一组完成飞霞南路、锦春坊—垟头下、十八家—灰桥、吴桥—东屿、大桥头—河通桥等路段1∶500地形图5幅,另一组完成鹿城路1∶500地形图及垟儿路带状地形图2.0千米。

1978～1987年,温州市市政工程处完成城区道路1∶500带状地形图30幅,涉及小南路、坦前、府学巷、九山路、百里路、烈士路、望江路、毛纺厂路、葡萄棚路、府前街、水门头、东门浦、浦西路、永川路、十八家路、蒲鞋市路、公园路、农药厂路、33村路、上村路、麻行僧街、飞霞南路、飞霞北路、花柳塘、人民东路、黎明路(南站至冶金厂)、鹿城路(半腰桥至下寮)。这些带状图为城区道路拓宽提供基础资料。1986年温州市区大例尺航测地形图完成后,道路带状图基本上不再测绘。

80年代中期,温州老城区开始改造建设,人民路是第一条改建的道路。80年代后期,老城区拓宽改造交通卡口有南站、小南门、中山桥、清明桥、四顾桥、河岭桥、兴文里、大士门等8处,其中南站交叉口面积6502平方米,公园路交叉口面积2018平方米。1988～1999年,相继完成人民东路、人民中路、人民西路、府前街、胜利路、小南门、飞霞南路、安澜亭、新村路、西城路、马鞍池路、环城东路等12条道路拓宽及沿街房屋拆建改建。2000年,改造五马街,并对纱帽河和解放北路进行修整,同时陆续改建解放南路、吴桥路、信河街、荷花路、莲池路、五马街、公园路东段、广场路口、解放北路等,共计长度6315米。

2007年,温州市规划信息中心对温州市区道路进行调查量测,主、次干道和支路共计971条,其中建成区城市道路情况见表6-12。

表6-12　　　　　　　　2007年温州建成区道路量测情况

建成区道路		长度(千米)	面积(平方千米)	平均宽度(米)	道路网密度
快速路		4.2	0.14	34.0	0.02
主干道≥36米		142.8	6.75	47.3	0.84
次干道24米≤D<36米		153.5	4.19	27.3	0.90
支路	12米≤D<24米	233.3	3.80	16.3	1.44
	古城7米≤D<12米	12.5	0.12	9.3	1.44
汇总		546.2	15.00	22.9	3.78

截至2003年,城区11条主干道中,红线宽度已达40～50米,宽度>10米主要道路31条,宽度>3.5米道路113条,总面积503.09万平方米。温州城区主干道测量记述如下。

1. 人民路

1985年3月5日,温州市勘测处和市政管理处测量组受公共事业开发公司委托,测绘人民东路1∶200地形图。3月5日～25日,温州市勘测处布设一级导线4点,二级导线25点,完成人民东路37幅计0.22千米;市政管理处完成14幅计0.074平方千米(谢池巷至人民东路)和23幅计0.146平方千米(飞霞桥至花柳塘河,南站交叉口至解放路)。1987年12月,人民中路和人民西路开始改造,温州市勘察测绘研究院在"解放路口—清明桥"东西全长2250米范围内,布设二级导线22点计3.25千米,四等水准4.01千米,完成1∶500地形图12幅。1988～1991年,18次补测沿路拆迁范围。

2. 鹿城路

东起人民西路,西至过境路,长4751米,原为温金公路城区段,路宽仅18米。1983年,温州市规划管理处完成东段带状地形图 2800 米。1987 年,拓宽路面至 28 米。1992 年和 1995 年,温州市勘察测绘研究院在西段布设二级导线 24 点,完成测图 68 幅。

3. 黎明路

从南站交叉口经杨府山工业区通往龙湾开发区的主要通道,原为温强公路城区段,全长 3392 米,车道宽仅 8 米。1978 年,温州市政工程处先后完成温强公路南站—冶金厂、冶金厂—山下桥的道路测量。1979 年,温州市规划管理处完成温强公路带状地形图。

4. 飞霞南路

从南站至吴桥路口,长 2445 米。1983 年,温州市规划管理处一测量组苦干 29 天,为该段道路的改建施测地形图。1992 年,三板桥—吴桥路口段拓宽,温州市勘察测绘研究院测量完成地形图 7 幅。1995 年,完成中线定位放样。

5. 马鞍池路

东起飞霞南路,经卖麻桥路,向西贯通小南路至过境路,全长 2452 米。1987~1988 年,温州市勘察测绘研究院完成地形图 7 幅。1991~1993 年,再度进行两次测绘。新建的马鞍池东路,东起飞霞南路,西至小南路,长 941 米,路宽 28 米。

6. 环城东路

环城东路改建段,南起人民路,北至公园路口,东起花柳塘河,西邻中山公园,拆除旧房建筑面积 39323 平方米,总投入 3 亿元。1994 年,温州市勘察测绘研究院完成该段地形图 7 幅。

7. 西城路

改建区北起和平路,南至鹿城路,东临月湖巷和教场新路,西至花园巷。1991 年、1992 年和 1993 年,温州市勘察测绘研究院完成西城路改建区地形图 3 幅。新建道路长 673 米,宽度从原 3~10 米拓宽至 20 米,公共配套设施也大为改善。

8. 新村路

北起鹿城路,南至马鞍池路,全长 791 米,路宽 28 米。1991 年,温州市勘察测绘研究院施测新村路地形图 7 幅。

9. 小南路

南起马鞍池路,北至人民路与胜利路相接,原宽 10 米,改建后宽 26 米,温州市勘察测绘研究院完成小南路地形图 2 幅。

除上述道路外,1992 年温州市勘察测绘研究院分别完成吴桥路改建地形图 2 幅,蝉街改建地形图 5 幅,上村路等地形图和路中红线放样工作。

二、城市扩建区道路建设测量

改革开放后,温州城区范围迅速扩大。1996~2000 年,新建主要道路有城南大道、车站大道、惠民路、学院东路、翠微大道、温州大道、划龙桥西路、过境公路、江滨路、市府路等。这些道路建设测量记述如下。

1. 城南大道(今锦绣路)

东起物华天宝,西接西山东路,全长 6280 米,宽 50 米,有桥梁 8 座。1985 年,据规划初定的道路走向,温州市规划局测绘管理科人员沿线选定一级导线 11 点,埋石人员随行。委托温州市勘察测绘处施测,同年完成一级导线、二级导线 25 点和全线带状地形图,道路沿线规划测量实施"图上有形,实地有桩"的坐标控制。1995 年,又新测图 7 幅,部分区域利用前带状地形图。1996 年 10 月 1 日全线通车。

2. 车站大道

北起江滨路,南至火车站,全长 3835 米,宽 50 米。温州市勘察测绘研究院先后进行三次测量,1983 年第一次施测火车站至蒲鞋市图幅,1993 年第二次施测完成 69 幅图,1995 年第三次补测 19 幅图,实现全线有图覆盖。1996 年 1 月通车。

3. 惠民路(上陡门路)

北起城南大道,南至市府路。1992 年,温州市勘察测绘研究院完成上陡门路地形图 7 幅,包括惠民路范围,道路全长 1080 米,宽 40 米。

4. 学院东路

东起会展路,西至府东路。1993 年,温州市勘察测绘研究院完成学院东路地形图 7 幅,工程于 1998 年 10 月 12 日开工。

5. 翠微大道

北起东瓯大桥,穿过景山隧道和娄桥高架桥,跨越三溪河,至金温大道交叉口止,全长 3300 米,宽 43 米。工程包括双向 4 车道、800 米长双向隧道、跨河桥梁 2 座、地下过街人行通道等。1993 年,温州市勘察测绘研究院施测瓯浦垟地形图 16 幅,旸岙水厂山地地形图 2 幅。1999 年 1 月 2 日始建,同年 12 月 31 日竣工。

6. 温州大道(原名疏港公路)

1992 年,温州市勘察测绘研究院完成该道路带状地形图 58 幅。后来,温州大道拓宽工程分两期。一期由车站大道至南塘大道,长 1080 米,宽 50～60 米,2000 年 3 月开工,当年底竣工;二期由南塘大道至十里亭,长 1950 米,宽 50 米,其中桥梁 3 座 313 延长米,2001 年 5 月开工。

7. 划龙桥西路(今划龙桥路西段)

东起南浦路,西至牛山北路和飞霞南路交叉口,全长 1550 米,宽 40 米。1993 年,温州市勘察测绘研究院完成南塘地形图 21 幅。

8. 过境公路

1995 年,温州综合测绘院在三维桥(将军桥)至牛山十里亭加油站段的过境公路中线每侧 80 米范围,布设二级导线 16 点,施测 1∶500 带状地形图 15 幅,长 3 千米。

9. 江滨路

东起状元油库码头,西至东瓯大桥,原名江滨路,全长 27.5 千米。1999 年,温州市勘察测绘研究院及有关单位共同完成该道路的基础地形图。江滨路工程包括城市道路、防洪堤水利工程、沿线旧城改建及拆迁安置工程。至 2001 年,江滨中路、江滨东路陆续竣工通车,星河广场和郭公山公园相继开放使用,共建成道路 6754 米,绿化 8.5 万平方米,完成拆迁 8600 户计 86.5 万平方米。

10. 市府路

东起汤家桥路,西至车站大道,全长 2995 米,红线宽 66 米。1999 年,温州市勘察测绘研究院首次完成市中心区基础地形测量,给市府路的道路设计预作准备。2000 年 8 月开工,2001 年竣工。2002 年,温州市经纬地理信息公司完成竣工测量。

三、住宅小区道路施工测量

站前东小区是温州火车站的门户,区内有 18 个地块,建筑面积 29.2 万平方米,其中住宅面积 21 万平方米,商业面积 17 万平方米,公共建筑 5 万平方米。小区内有东西向道路 5 条,即纬一路(今锦江路)495.46 米,纬二路 495.46 米,纬三路 370.46 米,纬四路 370.46 米,纬五路 493.65 米;南北向道路 3 条,即经一路 457.27 米,经二路 427.27 米,经三路 239.77 米;另有站前路 441.57 米、经东一路 124.5 米、经东二路 112 米等,总共 12 条道路,合计长度 4087.79 千米。站前东小区的 12 条内部道路由温州市规划设计院设计,温州市建设配套市政有限公司组织施工。

1987～2005 年,温州市勘察测绘研究院完成市区道路测量项目,见表 6－13。

表 6－13 **1987～2005 年温州市勘察测绘研究院完成市区道路测量统计**

年份	图幅数	道路名称(幅数)
1987 年	42	解放北路(11)、水心组团(13)、马鞍池东路(9)、矮凳桥、瓯海西小区、新桥路(5)、人民西路(12)
1988 年	29	马鞍池(7)、勤奋路、广化桥—将军桥、灰桥路、龟湖路、桥儿头、新村路(7)、上村路、黎明路、鹿城路(3)、人民中西路(12)
1989～1990	3	洪殿北路、灰桥路、过境公路(1)、鹿城路(2)、花坦路(1)
1991 年	30	勤奋路(5)、下横街(5)、新村路(7)、环城路(5)、吴桥路东(1)、西城路(5)、马鞍池路(2)
1992 年	157	马鞍池荷花段(1)、马鞍池二期(10)、学院中路(2)、城南大道(58)、飞霞南路(7)、西城路(2)、吴桥路(2)、鹿城路(65)、惠民路(7)、小南路(3)
1993 年	206	车站大道(69)、和平路(3)、马鞍池路(4)、学院东路(7)、小南路(2)、桥儿头(1)、鹿城路(68)、西城路(26)、蝉街(6)、划龙桥路(21)
1994 年	19	环城东路(7)、过境公路(7)、机场路(147 幅)、公园路(5)
1996 年	34	马鞍池东路(4)、西过境公路(27)、小南路(3)
1995～1997	63	西城路(1)、车站大道(19)、龙腾路(2)、鹿城路(18)、城南大道(6)、过境公路(20)、锦锈路(7)、十里亭交叉口(1)
1998 年	23	江滨路(7)、三桥路(16)
1999 年	25	江滨路(10)、镇中大街(3)、划龙桥路(7)、过境公路(5)
2000 年	23	沿江路(10)、高田路(1)、划龙桥西路(2)、民航路(4)、西进城口(5)、城南大道(1)、瓯海大道(34)
2001 年	27	江滨路(5)、机场路(4)、疏港公路(10)、南塘大道(8)、矮凳桥(1)
2002～2003	5	立交桥(1)、陡门东路(4)、西山路(1)
2005 年	11	瓯海大道(9)、江滨路(1)、南洋大道(1)

四、城区桥梁修建测量

温州古城河道纵横,桥梁密布,高桥和平桥连街接巷,一片水乡景色,"楼台倚舟楫,水巷小桥多"是温州古城一大特色。明嘉靖至万历年间(1522～1619 年),温州城内外新建桥梁 75 座。至清光绪八年

（1882），温州古城四隅四厢，共有桥梁 185 座。保留至今的明清古桥有 6 座，即水心桥、灰炉桥、汇车桥、河屿桥、新桥、小坝节桥。水心桥是七孔石板桥，长 35 米，宽 3.2 米。民国期间新建桥梁 5 座，即统一桥、飞霞桥、中山桥、万里桥、维通桥。古代桥梁都是石结构，不需严密的测绘技术，只使用简单的测验工具即可。

1949 年，12 条主要道路翻修，拆除信河街石桥 22 座，解放路 20 座，百里路 4 座。

1956 年，府前桥和四顾桥改为混凝土桥，1961 年河道填塞改成下水道，两桥均废。

1958 年，拆除城区小桥 30 多座，改建清明桥，加固飞霞桥和大、小南门水门桥，同时新建广化桥、半腰桥、中山二桥。

1958～1964 年，重建双连桥、小南门桥、西门大桥、广利桥、虞师里桥。在修建温瑞公路、温状公路、西山公路时，又新建、改建、重建桥梁 30 座。

1980～1990 年，温州市区新建桥梁有瓯江大桥、前庄桥、坝节桥、得胜桥、师院桥、飞霞二桥、上新桥等 17 座；改建和扩建桥梁有矮凳桥、胜昔桥、河通桥、塘桥、鼓桥、广利桥、茶厂大桥、清明桥、灰桥、三河桥、上陡门桥等 20 座。至 1990 年底，城区共有桥梁 62 座，总长 2053.34 延长米，总面积 28309 平方米。其中钢筋混凝土桥 48 座，石拱桥 2 座，老石桥 8 座，其他桥 4 座。

改革开放以来，温州的桥梁种类和结构日趋复杂，因此对桥梁测量的精度要求较高，测量内容也大为增加。如大中型桥梁建设，在设计阶段首先要提供地形图，在施工中必须进行桥梁施工控制网的布设，以测设桥墩位置。对于一般小型桥梁的施工测量，主要是按照设计图纸在现场进行定位放线，把桥梁和台墩的纵横中线及各部尺寸、高程在实地测设出来，作为施工的依据。同时要进行基础施工测量，根据桥台和桥墩的中心线定出基坑，开挖边界线。在桥墩和桥台砌筑至一定高度时，要据水准点测定墩身和台身的水平线，以控制墩帽和台帽的砌筑高度；在上部结构安装时要检测墩台上支座钢垫板的位置。因此，在桥梁建设的每个阶段都离不开测量。温州大桥、瓯江大桥、七都大桥等大型桥梁建设。详见本志第七篇《工程测量》。

第二节　温州市区水厂和供水管道建设测量

温州市区有城市水厂 5 座，2001 年总供水能力为 67.2 万吨/日。乡镇水厂有 26 座，总规模 12 万吨/日。其中鹿城区 2 座，总规模 0.8 万吨/日；瓯海区 8 座，总规模 4.2 万吨/日；龙湾区 11 座，总规模 7.4 万吨/日。五座主要水厂和供水管道建设测量记述如下。

一、西山水厂

位于鹿城区雪山路，为温州市首座水厂。1957 年 10 月动工兴建，1958 年 8 月竣工，当时供水能力为 5000 吨/日。原水由郭溪的塘下坑水库供应，温州水利局测量施工，运行管理测绘由第一建筑工程公司承担。1960 年，西山水厂进行二期工程建设，1962 年竣工，启用温瑞塘河水作为原水，供水规模增至 1.3 万吨/日。1981 年 8 月施行水厂挖潜改造工程，1982 年 9 月完成，供水规模增至 2 万吨/日。1986 年底，西山水厂又进行扩建工程，1987 年 12 月完成，供水规模增为 3 万吨/日。以上工程测量工作分别由温州市建筑设计院测量组和温州勘察测绘研究院完成。同时完成西山水厂至水心住宅区管线带状地形图 2 幅,1992 年又完成西山水厂 1∶200 地形图 1 幅。

1997 年 2 月,新西山水厂开工建设,1998 年竣工,启用泽雅水库水作为原水,供水规模达到 10 万吨/日,由上海市政工程设计院设计测量。

二、东向水厂

坐落在锦绣路 412 号的蒋家桥吕浦河畔,1970 年开始兴建,1976 年 1 月正式供水,规模为 2 万吨/日。1984 年东向水厂扩建工程竣工,供水规模增至 4 万吨/日。1995 年进行河对岸的二厂区第一期工程建设,启用曹坪泵站翻转的瓯江水作为原水,供水规模增为 6 万吨/日。1996 年二厂区第二期工程竣工,供水能力增至 10 万吨/日。

温州市建筑设计院和温州地区基本建设局规划设计处测量组,先后完成二厂区的有关测量,包括水厂电缆管线图,在水厂办公楼顶设立小三角点。

三、旸岙水厂

位于景山南坡的底莲花山,即诸浦岭往南 300 米处。1987 年 12 月 25 日动工,1990 年 1 月 22 日正式通水,供水能力为 8.5 万吨/日。1986 年,温州市项目办委托温州市勘察测绘研究院,完成仙门泵站、旸岙水厂及引水管线带状地形图测量,分三期施测。

第一期是 1983 年 4~6 月,主要施测娄桥的仙门泵站,完成泵站区 1∶200 地形图 15 幅。1986 年 4~8 月,自仙门大桥泵站至诸浦山布设一级导线 18 点 8.55 千米,由仙门山、玕屿山南、诸浦山组成结点网;并据一级导线点加密二级导线 17 点 4.07 千米,布设水准路线 21.36 千米,完成 1∶500 带状地形图 10 幅,计 3.7 千米。

第二期是 1986 年 10~12 月,因工程情况变化,易地施测二级导线 22 点 3.5 千米,四等水准 2.5 千米,完成 1∶200 地形图 4 万平方米,带状地形图 26 万平方米,1∶500 地形图 27.9 万平方米。以水厂新址底莲花山为中心,完成温瞿公路至底莲花山长 800 米道路的中线定线、纵横断面和涵洞测量,测绘 1∶200 地形图 24 幅,1∶500 地形图 2 幅。

第三期是 1987 年 3~4 月,补测二级导线 0.62 千米,引水管线中线定位测量 3710 米,测定管线折角点的坐标和高程 17 点,完成 1∶200 地形图 24 幅,1∶500 地形图 2 幅,后来又补测底莲花山水厂厂址 1∶500 地形图 2 幅。1987 年 5~7 月,按输水管线走向完成由水厂沿鹿城路至双屿的 1∶200 带状图 8 千米,双屿至仰义 1∶200 带状图 3 幅。

水厂建成供水后,1992 年 4~5 月完成旸岙水厂至雷锋水库的管线连接测量,共布设二级导线 36 点,完成 1∶500 地形图 47 幅,旸岙水厂 1∶500 地形图 2 幅。1996 年,完成旸岙水厂二期工程地形图 2 幅。

四、浦东水厂

原名新旸岙水厂,位于郭溪镇浦东村东北奋斗团山,因此前身为奋斗团水厂。1990 年,奋斗团水厂竣工,供水规模为 6 万吨/日。1998 年 2 月建设"新浦东水厂"一期,1998 年 11 月建设二期,1999 年 12 月全部竣工,2001 年 1 月 8 日竣工验收,供水规模为 10 万吨/日,是当时温州最大的水厂。

1996 年,温州市勘察测绘研究院布设一、二级点加密,完成水厂 1：500 地形图 23 幅；1998 年 12 月～1999 年 1 月,布设一、二级导线,又修测 1：500 地形图 11 幅。

五、状元水厂

位于状元镇龙腾南路,包括老状元水厂和新状元水厂。老状元水厂建于 1987 年 3 月,供水能力 2500 吨/日,历经 1988、1989、1992 年三次扩建,1994 年 6 月底供水能力提高到 3 万吨/日。后来经过挖潜改造,老水厂最后供水规模为 8 万吨/日,主要担负温州经济开发区和龙湾区域的供水。新状元水厂于 2001 年 9 月开工,2005 年 8 月投入运营,设计供水规模为 30 万吨/日。

1989 年 5 月,温州市勘察测绘研究院施测老状元水厂 1：200 地形图 2 幅,1992 年又施测 1：200 地形图 4 幅。1999 年施测新状元水厂地形图 4 幅。2000 年 8 月,温州综合测绘院布设控制网 24 点。2006 年,温州市经纬地理信息服务有限公司完成 1：500 竣工图 4 幅。

六、供水管道铺设测量

截至 1990 年底,温州市区已铺设进厂和出厂输水管道总长 35.24 千米,城市输水管道 180.15 千米。从水库或引水泵到水厂的进水管共 5 条,总长度 14607 米,管径 400～1000 毫米。水厂至城区的输水管共 10 条,总长 20632 米,管径最小的 250 毫米,最大的为 1200 毫米。

管线铺设均须施测带状地形图。例如 1999 年 7～10 月,在珊溪供水工程的市区段,共布设四等 GPS 网 17 点,一级导线 67 点,二级导线 43 点,四等水准 116.405 千米,纵断面 39.046 千米；完成 1：1000 带状地形图 100 幅,计 12.06 平方千米；1：500 地形图 33 幅,计 1.145 平方千米；1：200 大样图 73 幅,计 1.346 平方千米。采用温州市独立坐标系,1985 年国家高程基准。2001 年 7～8 月,施测陈岙泵站至状元水厂输水管线纵断面 21.6 千米,折点放样 54 点。

温州水务集团公司用水管理处根据公司测量组的成果编制市区历年给水管网基本情况,见表 6-14 和表 6-15。

表 6-14　　　　　**温州市区历年管径大于 100 毫米的自来水管道长度**　　　　　长度单位：千米

年份	当年新增长度	管道总长	年份	当年新增长度	管道总长
1990 年	—	212.2	1998 年	54.80	470.23
1991 年	—	225	1999 年	43.30	558.11
1992 年	13.65	238.65	2000 年	45.49	608.72
1993 年	13.36	252.01	2001 年	44.93	649.44
1994 年	28.18	280.19	2002 年	55.48	704.92
1995 年	38.96	319.15	2003 年	79.75	784.67
1996 年	33.00	352.15	2004 年	90.37	875.04
1997 年	67.60	419.25	2005 年	261.89	1128.784

表 6 - 15　　　　　　　　　　　2001～2005年温州市区各管径长度汇总　　　　　　　　　　长度单位：千米

口径 （毫米）	2001年 新增长度	2002年 新增长度	2003年 新增长度	2004年 新增长度	2005年 新增长度	2005年 接收长度	历年 累计长度	占总长 （％）
DN100	141.1	5.923	15.85	14.445	27.46	14.30	219.078	19.27
DN150	141.2	10.077	25.679	16.422	40.48	14.03	247.889	21.80
DN200	83.95	6.189	12.642	18.045	32.09	20.38	173.3	15.24
DN250	9.07	—	—	—	—	1.6	10.67	0.94
DN300	81.59	7.035	7.01	6.204	13.94	20.72	136.499	12.01
DN400	46.5	8.187	10.63	9.959	9.15	3.35	87.768	7.72
DN500	25.89	2.165	0.07	1.46	2.86	3.97	36.41	3.20
DN600	50.95	6.892	5.28	2.371	7.89	12.63	86.012	7.57
DN700	4.18	—	—	—	—	—	4.18	0.37
DN800	26.82	1.17	0.15	0.306	14.54	2.1	45.089	3.97
DN900	0.43	—	—	—	—	—	0.43	0.04
DN1000	20.16	7.843	1.729	4.696	7.47	7.784	49.685	4.37
DN1200	6.3	—	0.712	7.406	1.7	3.062	19.18	1.69
DN1400	10.5	—	—	7.323	0.4	—	18.223	1.6
DN1600	0.8	—	—	—	—	—	0.8	0.07
DN1800	—	—	—	1.733	—	—	1.733	0.15

第三节　各县（市）市政建设测量

除温州市区外的8个县（市）市政建设测量包括道路建设、桥梁建设、供水工程建设、排水工程建设四个方面的测量，偶然涉及电力工程建设测量。

一、瑞安市

1. 道路建设测量

1984年，安阳镇通过多方筹资扩展道路街巷，解放路旧街从10米拓宽至17米。1988年，建成万松路（宽38米）、隆山路、机场路，并扩建街巷，改建混凝土路面243条，总长31千米。据1995年市政公用设施普查，瑞安市21个镇共有普通道路61千米，土路63千米，胡同里弄364千米，人行道198千米，其中城关镇街巷101千米。

2. 桥梁建设测量

据1995年市政公用设施普查，瑞安市21个镇共有桥梁639座，总长14771米，其中城关镇有56

座。新建桥梁 10 座,改建桥梁 32 座,其中飞云江大桥长 1721 米。此后又建成飞云江二桥(高速公路桥)、飞云江三桥(连接城区和飞云镇),还建成高楼大桥、塔石大桥、马屿大桥等,沟通飞云江两岸乡镇。

3. 供水工程测量

瑞安市自来水厂始建于 1964 年,经 1976 年和 1984 年两次扩建,至 1990 年日供水量达到 1.5 万吨。另引塘河水、溪水、井水建设乡镇水厂 17 座。据 1995 年市政公用设施普查,瑞安市供水管道长度 1092 千米,其中城关镇 192 千米。2002 年,珊溪水库和赵山渡枢纽建成后向瑞安供水,相继建设江北水厂、凤山水厂及其供水设施。2000~2007 年,测量供水管道共长 509.948 千米。

4. 排水工程测量

据 1995 年市政工程设施普查,瑞安市城关镇、莘塍镇、汀田镇、塘下镇、鲍田镇、海安镇、场桥镇、梅头镇等 19 个镇的排水设施,共有管线长度 210 千米。2000~2007 年,测量排水工程共长 1701.287 千米。

二、乐清市

1. 道路建设测量

乐成旧城的主要街道原来只有东街、西街和北街,宽度仅 4 米。1966 年,拓宽东街西段至 12 米,改建为混凝土路面;70 年代,拓宽南街至 18 米,长 1080 米,成为县城主要商业大街;80 年代,开辟建设东路、建设中路、环城西路、人民路等主要街道。1990 年,乐成镇有 37 条街道,72 条弄巷,总长 32 千米,总面积 25 万平方米,人均占有路面 5.5 平方米。

据 1995 年测量统计,乐清各镇的道路、弄巷、人行道总长 243 千米,总面积 142 平方米。例如大荆镇在 1990 年建成荆山北路、荆山南路和建设路,宽度 9~18 米,总长 1680 米。虹桥镇建成主要街道 28 条,总长 16 千米,其中 1979~1988 年新建 24 条,长 13.5 千米,宽 10~24 米,铺设混凝土路面。柳市镇在 1985~1990 年建成新市街、龙井街、北丰路等主要街道 6 条,宽 7~18 米,全镇现有 20 条街巷,总长 12 千米,面积 7.5 万平方米,全铺成混凝土路面。北白象镇在 1980~1990 年新建利民路、富强路、友谊路、东兴街等主要街道 19 条,总长 11.3 千米,宽 8~12 米,改造旧街 7 千米,全部铺设混凝土路面。

1987~1988 年,因港区建设规划,温州市勘察测绘研究院在七里至黄华进行道路测量,共布设一级导线 116 点,测量道路长 36.61 千米和弯道转点 56 点。

1999~2000 年,浙江省第一测绘院受乐清市规划局委托,在 104 国道乐清路段,测绘长 43.2 千米、面积 8.87 平方千米的 1∶500 数字地形图 154 幅,为此布设四等 GPS 控制网 9 点,一级导线 119 点,二级导线 109 点,水准 54.2 千米。继而在柳盐路两旁布设 GPS E 级点 45 点,测绘 1∶500 带状地形图 51 幅,长度约 9 千米。

2. 桥梁建设测量

1949 年以来,乐成镇新建和改建桥梁 15 座,其中 6 座于 1984~1988 年建成,特别是新建的南门、东浦、西霞三座大桥,将乐成镇中心区和东、西、南、北四个方向都能快速连接杭温公路。1995 年测量了全市大小桥梁 371 座,总长 10167 米,其中乐成镇 49 座,总长 950 米,面积 11528 平方米。

3. 供水工程测量

乐成镇居民自古取用溪水和井水,用水紧缺。1965~1966年,依托西山水库建成乐清自来水厂,布设直径100毫米水管2700米,1974年再次布设直径300毫米主干水管1258米。截至2004年,乐清市自来水公司管理的有乐成孝顺桥水厂、乐成东山水厂、乐成西山水厂、大荆水厂、雁荡水厂5座,乐清市农村改水办公室管理的有柳市水厂、南清芙水厂、湖雾水厂、慎海水厂4座。这9座水厂中,只有孝顺桥和柳市水厂的日供水量达10万吨,其余都是几千吨的小厂。因此,乐清缺水局面只有靠楠溪江引水工程来解渴。

4. 排水工程测量

1984~1989年,乐成镇主要排水系统是雨污合流,采用明沟和混凝土排水管道两种,共铺设直径400毫米以上混凝土排水管道27千米。1995年城市市政公用设施普查,通过丈量和测算,排水管道共长113千米,其中乐成镇为27千米。

三、洞头县

1. 道路建设测量

1949年前,县城北岙镇仅有3米宽的街道2条,总长200余米。至1987年,开辟大小道路17条,巷弄26条,总长13780米;至1990年底,北岙镇大部分街巷进行拓宽、改直、延伸,例如中心街向南延伸300米,全长增至1100米,宽6~11米,铺设混凝土路面。据1995年市政公用设施普查,洞头北岙镇和大门镇有高级、次级道路11千米,详见表6-16。

表6-16　　　　　　　　　1995年洞头县北岙镇和大门镇道路调查情况

镇名	高级和次级道路		土路		胡同里弄		人行道		占地面积
	长度	面积	长度	面积	长度	面积	长度	面积	
北岙镇	9	6	—	—	6	1	2	1	8
大门镇	2	1	2	1	—	—	3	1	3
合计	11	7	2	1	6	1	5	2	11

注:本表长度单位为千米,面积单位为平方千米。

2. 供水工程测量

1949年初,北岙镇居民主要饮用井水。1954年建成自来水厂,年供水量1.08万吨。1985年建成大长坑水库和龙潭坑水库蓄水,年供水量增至122万吨。1988年新建日供水量5000吨的自来水厂。1995年经测量,全镇供水管道长18千米。2006年洞头半岛工程完工后,直接从温州市区通过管道输水直达北岙镇。

四、永嘉县

1. 道路建设测量

永嘉县上塘村,原来只有一条不足200米长、宽2米的小街。1958年8月永嘉县政府从温州九山迁此,陆续建设道路,形成"二横二竖一过境"的道路网系统。至1990年底,有街巷47条,全长124.82千米。其中长100~420米的弄巷20条,长50~100米的巷弄4条。见表6-17。

据1995年城市市政设施普查,全县13个镇共有各类道路长687千米。

表6-17　　　　　　　　　　　1995年上塘镇主要街路数据统计

路名	县前路	上塘街	永建路	沿江路	永中路	镇前街	码道街	嘉宁街	新华街	环城西路
长度(米)	1700	1280	2480	1100	810	220	1050	270	220	1460
宽度(米)	21	6～7	12、24、8	16	6	6	6～18	10	6	24
建成年份	1977	1958	1959	1958	1959	1964	1959	1962	1973	1987
改建年份	1983	1983	—	1985	1983	1983	1988	1983	1982	—

2. 桥梁建设测量

1990年底,全县各镇净跨5米以上的公路桥共206座,其中长超百米的大型桥12座,中型桥23座,小桥171座。1995年据11个镇调查,共测量桥梁159座,长度3785米,其中瓯北镇48座,黄田镇34座,乌牛镇28座,桥下镇10座,其他乡镇均在6座以下。

据1990年底的测量调查,10米以上的溪涧漫水坝"碇步"104条,其中百齿以上39条,以花坦、鹤盛、西源三乡最多。花坦乡东村上溪碇步长127米,249齿,建于南宋祥兴二年(1279),1957年重新修建。

3. 供水工程测量

上塘镇居民历来饮用溪水和井水,1976年10月建成永嘉自来水厂,日供水1200吨。1991年,进行三、四等三角和测距导线测量,测绘地形图,建成从楠溪江中游引水工程,上塘镇用水状况大为改观。

1985年,清水埠镇建成清水埠自来水厂,引花岙水库原水,埋设管道14千米。1990年该镇又建成水厂一座,日供水能力达3千吨,由温州市经纬地理信息有限公司测量地下供水管道。1988年,桥头镇建成日产3千吨水厂,埋设管线1.5千米。同年,岩头镇和沙头镇也建成自来水厂。1989年,建成碧莲镇水厂。

4. 排水工程测量

1958年,上塘镇陆续修建永建路、县前路、环城西路等下水道。至1990年底共建成下水道48条,总长6.5千米,直通鹅浦河和中塘溪,排入楠溪江。下水道由浆砌块石成拱形暗沟,矩形断面1米×1.2米或1米×0.8米。

1980～1990年,瓯北镇在楠江路、罗浮大街、襟江中路、江北大街等修建雨污合流下水管道4条,经测量总长5418米。

五、平阳县

1. 道路建设测量

平阳县城昆阳,在清代有街道12条,巷17条,路面均为石板或石块铺设。民国时期有街道13条,巷18条。50年代,县城主要街道改为青砖路面。1970～1980年,县城共建成33条街道,31条巷,所有街巷均改建为水泥路面。1980～1990年,新建和整修街巷70条,经测量总长约20千米,面积11.4万平方千米。主要道路见表6-18。

表 6-18　　　　　　　　　　　1990 年平阳县昆阳镇主要道路一览

路名	白石街	解放街	县前街	新桥路	城南街
长度（米）	370	1157	160	380	1440
宽度（米）	8.5～10	7～12	10	8	3.5
改建年份	1983	—	1986	1983	1989

平阳县各镇道路建设测量情况如下。

鳌江镇，1980 年前有街道 27 条，巷 33 条。1988 年底全镇共修筑道路 126 条，测量总长为 18 千米，面积 8.066 万平方米。

水头镇，1949 年 5 月前只有沿溪街道一条，用溪滩卵石铺筑。1985 年后共修建街道 39 条，其中水泥路面 33 条。

萧江镇，1986～1988 年修建道路 18 条，绝大部分为水泥路面。

宋桥、宋埠、钱仓、麻步、鹤溪、腾蛟、山门、南雁、顺溪、凤卧等 10 个建制镇，1988 年前新建和改建道路 33 条。

2. 桥梁建设测量

民国期间，县城四周为护城河，城内主要桥梁有 21 座。1939～1945 年，兴建桥梁 6 座。1949 年 5 月以后，城内大多数河道均被填塞，原有石板桥拆毁或改建，葛溪桥、西门桥、北门桥、北门外桥等由石板桥改建为钢筋混凝土结构，新建东门桥、东门新桥、隧洞桥等。

3. 供水工程测量

1960 年前，县城内河通畅，山泉清澈，居民用水来自溪水、井水和河水。此后，因人口增加、工业发展及河道填塞，用水紧张，要上山肩挑溪水饮用。1975 年建成自来水厂，1987 年扩建，1988 年经测量昆阳镇铺设管道长 3.2 千米。

鳌江镇 1964 年建水厂，1985 年扩建；水头镇 1985 年建水厂，安装水管 16 条，总长 7.2 千米；萧江镇 1986 年建水厂，安装直径 100 毫米管道 5.5 千米。

4. 排水工程测量

旧时，县城内历代依靠内河或路旁沟渠作为排水渠道。1949 年填塞白石河，道路两旁设暗沟排水。1980～1988 年，共铺设下水道 21 条，长 4.7 千米，窨井 360 个。至 1990 年，下水道增至 40 条，经测量总长 8.78 千米。

鳌江镇，1988 年修筑下水道 41 条，经测量总长 1.15 千米。

六、苍南县

1. 道路建设测量

1990 年，灵溪镇新建扩建道路 43 条，总长 33 千米。东西向的主要街道有江滨路长 2.38 千米，宽 24 米，玉苍路长 2 千米，宽 22 米，后来又建学士路、江北路等。南北向的主要街道有城中路、莲池路、望鹤路、大门路、江湾路等，总长 4.27 千米，宽度 10～24 米。至 1995 年，共有大小街道 67 条，全长 73 千米。道路中线和定位由苍南测绘所进行测量，共完成 80 千米。

1982 年,龙港镇在新测地形图上规划道路网。至 1990 年底,新建街道 31 条,总长 30 千米。其中最长的是龙翔路,长 3085 米,宽 24 米;最宽的是人民路,长 2324 米,宽 30 米。至 1995 年,龙港镇建成大小街道 78 条,总长 73.5 千米。1997 年苍南县测绘所采用 GPS-RTK 测定道路 20.1 千米。

2. 桥梁建设测量

据 1995 年城市市政设施调查,苍南县桥梁共有 267 座,长度 6478 米,其中灵溪镇 35 座,龙港镇 76 座。由苍南县测绘所进行桥梁施工定位测量的有 20 余座,其中较大的有龙港大桥,于 1987 年 8 月动工,1988 年底竣工,1989 年 1 月 6 日通车,大桥长 396 米,行车道宽 8 米,两侧人行道各 1 米,全桥共 23 孔,主桥 8 孔各 15 米。另有瓯南大桥连接龙港和平阳鳌江,全长 881 米,主桥 408 米,于 2003 年 7 月 6 日开工,2007 年 4 月 29 日通车,由中铁大桥勘察设计院承担勘察测量。

3. 供水工程测量

截至 1995 年,苍南县共建成自来水厂 21 座。共完成隧洞和供水管线测量,总长 7.177 千米。另由桥墩水库引水至灵溪第二水厂,铺设直径 100 毫米水管 11.8 千米。

4. 排水工程测量

灵溪镇建城区内污水管网共长 12 千米,由苍南县测绘所测量。

七、文成县

1. 道路建设测量

截至 1990 年,县城大岙镇改建或新建街巷 98 条,经测量,建成区道路总长 4.2 千米,占地面积 4.47 万平方米。其中大岙街在 1949 年前宽仅 2 米,至 1978 年拓宽到 10 米,长 1520 米;周村街原为宽 1.5 米的卵石路,1980 年拓宽至 6 米,长从 100 米增至 260 米。1985 年,新建和扩建的道路有苔湖街、凤溪路、石坟路、城东路、栖霞路、栖云路、健康路、二新街等 14 条。

2. 桥梁建设测量

1990 年底,文成境内共有大小桥梁 90 座,总长 2333 米。其中桥长 50 米以上的有 7 座,20 米以上有 45 座。桥梁结构分为木拱桥、石拱桥、石板桥、钢筋混凝土桥等。城镇桥梁有 14 座,其中著名的有珊门桥、四洲桥、周村桥、泰享桥等。1995 年普查测量的主要桥梁 70 座中,总长 2081 米,总面积 1.27 万平方米。

3. 供水工程测量

1982 年,在大岙镇树山垟脚建设水厂,后来又建成新压垟水厂。2004 年铺设风垟村至华侨新村输水管道,长 5.0 千米。2006~2007 年,大岙镇进行地下管线改造工程,铺设管径 600 毫米的钢管长 2.0 千米,均由文成县测绘大队测量。

1988 年文成县在珊溪镇和王壶镇各建水厂 1 座,均由文成县测绘大队完成供水系统的测绘。

4. 排水工程测量

旧时大岙镇仅靠一条长 1800 米、宽 1.5 米的水渠排放生活污水。1985 年新建桥头渠和林店尾渠 2 条排水渠,同时在石坟垟和楠云路等地建成下水道 10 条,总长 486 米。2006~2007 年,铺设管径 800~500 毫米的钢筋混凝土排水管 4.0 千米,并结合泗溪河治理工程,新建排水管涵 5.8 千米。2006 年完成建成区排水管网的工程测量。

八、泰顺县

1. 道路建设测量

泰顺县城罗阳镇,旧时只有5街2巷,宽度不足3米,卵石路面,凹凸不平。1959年部分道路拓宽,1975年全部旧街改建混凝土路面。至1988年,罗阳镇改建、拓宽、新建街道29条,新辟弄巷20条。主要街道有北大街长300米,宽13米;西大街长594米,宽11米。还将旧城墙址改建为环城路,长496米,宽11米;旧垟心街拓建至长248米,宽11米。根据1995年市政设施普查,罗阳镇共有高级道路13千米,普通道路4千米,土路1千米,胡同里弄6千米,人行道11千米。至1996年,新建或扩建道路有新城大道、城北路、寿景路、泰分路等22条,总长60余千米。

2. 桥梁建设测量

泰顺桥梁有木拱廊桥、木平廊桥、石拱廊桥、普通桥梁等类型,尤其是廊桥堪称世界桥梁建筑中的瑰宝。据《泰顺县交通志》记载,全县现存桥梁共计958座,总长16829延长米,其中解放前修建的476座,长7923延长米,包括明清廊桥33座,在世界桥梁史上占有重要地位的廊桥18座。

1981年地名调查时,经测量的廊桥有92座。1995年市政设施普查时,经测量的廊桥有71座。2007年统计时,泰顺共有廊桥60座,其中保存完好的木质廊桥32座(平桥21座,拱桥11座),在世界桥梁史上占有重要地位的有6座。见图6-04。

经测量,泰顺县现存碇步桥共245条,长的有200多齿,短的10多齿。其中最长的仕水碇步,长136米,223齿,系双层结构堤梁桥,即由高低两块桥石砌成,高者为白色花岗岩砌成的主行道,低者为青石砌成的次行道。仕水碇步位于仕阳镇溪东村的仕阳溪上,现存碇步建于清乾隆五十九年(1794),为国家级文物保护单位。

2001年,泰顺县测绘大队完成白鹤山庄区域地形图,为同济大学桥梁系为其设计全长358米的钢索桥提供测绘服务。

3. 给水工程测量

罗阳镇居民历来饮用井水和溪水,1972年创办泰顺县自来水厂,打深井取水。1986年将水厂移建于梅岙山上。现在罗阳镇水厂原水取自东溪,铺设管径400毫米输水管道2.7千米,泰顺县测绘大队测量供水管线40千米。

1998~2008年,罗阳、三魁等11个镇共建设水厂11座,泰顺县测绘大队完成水厂1:500地形图20幅。

4. 排水工程测量

县城污水原先由阴沟排入溪中,后来结合街道改建和新建,在建成区循街心铺砌0.7米×0.8米的排水暗沟19条,经测量共长5154米。

九、1995年温州各县(市)市政设施普查测量

1995年,按照《浙江省城市市政公用设施普查工作的通知》要求,温州各县(市)均成立了普查工作领导小组,开展普查。瑞安市18镇,乐清市19镇,永嘉县14镇,洞头县2镇,平阳县16镇,苍南县22镇,文成县8镇,泰顺县9镇,均施行调查测量,普查情况见表6-19和表6-20。

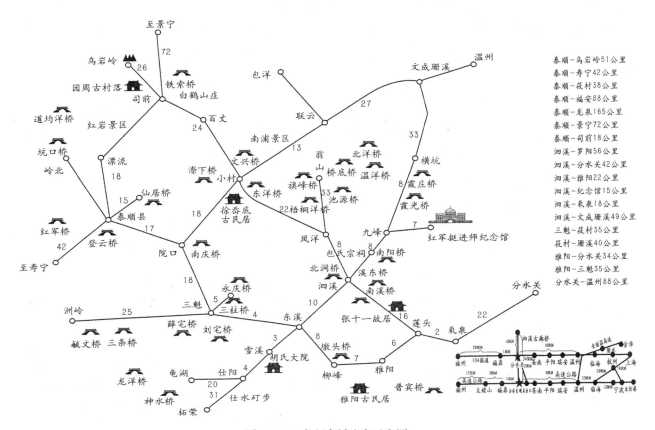

图 6 - 04　泰顺廊桥分布示意图

表 6 - 19　　　　　　　　　　　　　　1995 年温州各县(市)城市道路普查综合情况

道路等级	长度/面积	瑞安市	乐清市	永嘉县	洞头县	平阳县	苍南县	文成县	泰顺县
高级和次高级道路	长度	329	216	225	11	106	186	63	22
	面积	266	197	169	7	88	127	39	14
普通道路	长度	61	41	37	—	56	32	20	17
	面积	43	36	21	—	40	24	15	12
土路	长度	63	17	24	2	19	21	24	3
	面积	55	30	20	1	18	24	15	3
胡同弄里	长度	364	128	221	6	28	43	58	16
	面积	85	32	63	1	7	11	13	1
人行道	长度	198	118	150	5	129	297	24	30
	面积	52	50	33	2	41	107	6	7
分车带、绿化带	面积	1	5	—	—	—	4	—	—
道路占地	面积	502	350	306	11	202	297	88	37

注：本表长度单位是千米,面积单位是平方千米。

表6-20　　　　　　　　　1995年温州各县(市)排水和供水设施普查综合表　　　　　　　长度：千米

管道类型	管道名称	瑞安市	乐清市	永嘉县	洞头县	平阳县	苍南县	文成县	泰顺县
排水管道设施	管道长度	210	113	67	3	87	178	11	12
	水泥管	184	98	34	—	64	168	1	—
	其他	25	15	33	3	23	10	10	12
	Φ700 以上	15	3	10	—	2	10		
	Φ500～700	53	44	11	—	10	25	—	—
	Φ300～500	100	44	11	—	37	120	1	—
	Φ150～300	13	6	4	—	14	20	—	—
	Φ150 以下	1	15	2	3	—	2	10	
排水管道性质	雨水	17	18	2	—	35	54	1	1
	污水	15	16	1	—	20	43		
	雨污合流	178	79	64	3	32	81	10	12
	其他	28	1	29	—	24	1	10	12
供水管网	管道长度	1092	731	336	18	204	151	141	32
	钢管	759	452	186		95	5	12	3
	铸铁管	45	124	22	17	11	2	4	25
	水泥管	251	138	62	1	98	133	17	—
	塑料管	35	10	65		—	11	—	3
	其他	2	7	1		—	—	108	1
	Φ700 以上	5	5	—	—	—	—	—	—
	Φ500～700	3	7	1	—	—	3	—	1
	Φ300～500	38	45	10	6	13	24	5	4
	Φ150～300	162	103	82	10	48	67	9	14
	Φ150 以下	884	571	243	2	143	57	127	13

第五章　地下管线测量

温州城市地下管线种类有给水、排水、燃气、电力、工业管道、电信电缆等8大类,24种,总长度达1万多千米。地下管线被视为城市的生命线,各种管线及其附属物新建、扩建、改建的勘测设计、施工、竣工验收、养护及运营管理等都需要进行相应的测量工作。尤其是不破坏地面覆土的情况下,快速准确地探测地下管线的位置、走向、埋深及防腐层破损点等,已成为当代城市运行必不可少的前提条件。温州市地下管线测量过程包括资料搜集和踏勘、技术设计、实地调查、仪器探查、管线点测量、地下管线图绘制、地下管线数据库建立等。所用仪器主要是地下管线探测仪,利用电磁感应原理的探测仪优点是探测速度快,简单直观,操作方便,精确度高,但探测非金属管线时力不从心;利用电磁波原理的探测仪能对付所有材质的地下管线,俗称管线雷达,但测深能力较差。温州市区地下管线测量最主要的单位是温州市经纬地理信息服务有限公司(以下简称市经纬公司)。

第一节　温州城区地下管线测量

旧时,温州城的排水系统依靠密如蛛网的地表河流来泄排雨水和污水。后来经过填埋河道而修建雨污合流的下水道。如今,温州城区拥有一整套工业污水和生活污水的专用排污管道,而且最大直径达到2米,有效提升了环境质量。

一、老城排水河网

温州老城从建城时始,一街一渠,路河并列,纵横交错,密如蛛网,河道可通舟楫,又供洗涤、排污和泄洪之用。旧时,老城的雨水和污水都通过大小河道,最后经北面水门排入瓯江。温州老城的排水网络分城内和城外两大水系。

城内水系分两支,一支由小南水门入城,经登选坊,西汇于雁池,雁池水西流至信河,接纳其两侧40余条小河,经蛟翔河流入浣纱潭(今九山湖),然后北流通百里坊河,再流经白莲塘河,最后经水门(象门陡门)排入瓯江。另一支经大南水门入城,经南、北大街后河北行,其东侧接纳谢池巷河、府学巷河、县城殿巷河、瓦市殿巷河、康乐坊河、永宁巷河,最后经奉恩水门(今海坦陡门)排入瓯江。

城外水系分东、西两大支。东大支再分三支,第一支从大南门外流向东护城河至东安陡门,或经广利桥过虞师里天后宫前分流到东安陡门排入瓯江;第二支从双莲桥经蝉河过通津桥(今卖麻桥),至灰桥陡门排入瓯江;第三支从吴桥经瓦窑河,至上陡门排入瓯江。西大支再分两支,一支经水心河过将军桥,至西郭外浦桥河排入瓯江;另一支经青云桥(今清明桥)过西护城河(今九山外河)至海圣宫陡门排入瓯江。

温州老城内外的陡门大多建于明代,后经多次改建和重建,现存广化、勤奋、海坦、东安、灰桥、黎明6处陡门。

二、河道填塞而修建雨污合流下水道

随着城市发展,温州城区多数河道填塞而改建为雨污合流下水道,均先行测量,测定水流方向、下水道底高和坡度。1951~1979年,由温州市建设局测量组施测。

1934年,填塞五马街南侧河道,改建为0.4米×0.5米砌石下水道。

1951~1958年,先后填塞城区大小河道35条,改建为砌石或混凝土管道下水道。

1959年,填塞解放路后巷河道,改建成1.6米×1.8米和1.6米×2.0米下水道,从永宁巷经海坦陡门排入瓯江,总长1930米,是城区主下水道之一;晏公殿巷河改建为1米×1米砌石下水道。

1960年,填塞渔丰桥—府前街、仓桥—买醋桥、小南—府前街的河道,改建成1.5米×1.1米的砌石下水道,长度共1190米。

1965年,新建天雷巷下水道,建成直径1.4米的砖拱结构和石拱结构的大型沟道,成为信河街排水的总沟道。

1975年,改建环城东路,从飞霞南路口至公园路口砌成直径2米、长540米的大型石拱沟道;填塞公园路口至东门陡门头护城河,改建成2.7米×3.6米下水道,经东安陡门排入瓯江,总长1435米,成为城区东片排水总沟道。

1979年,填塞垟儿河作为拓宽环城东路南段和飞霞桥交叉口工程的道路用地。

1983~1984年,改建信河街下水道,经八字桥接麻行僧街口下水道,建成直径1.8米的石拱沟道,全长2245米。麻行僧街原防空地道(断面1.6米×2.5米)后用于排水沟道。信河街下水道至八字桥分两路,西接麻行僧街总道,北接天雷巷总道,成为城区西片排水总沟道。至1985年,老城区建有雨水、污水合流排水主干沟道和下水道合计88千米,面积约4.5平方千米。

1987~1988年,修建矮凳桥路和十八家路下水道,使矮凳桥以东及十八家路的一段和水产仓库向南一段两管合流,经灰桥浦排入瓯江。

1988年,重建飞霞北路下水道,全长976米,其南段长323米接环城东路下水道,北段长653米排入瓯江。

三、工业污水和生活污水专用排污管道

1971年开始,城区修建工业专用排污管道,分南线和西线两条。南线排污管道是1971年始建,1977年竣工。管线带状图由温州市建筑设计院测绘,其线路南起丽田造纸厂,经南塘街、飞霞南路、黎明路,最后由灰桥浦排入瓯江,管线全长4615米。1988~1989年,该管线扩建,东起学院路口,西至吴桥路,干线全长5242米,支线6条总长3149米。1991年1月,建成吴桥路排污支管,接入南线排污总管,全长997米。2001年,温州市经纬公司完成南塘街污水管测量1917.3米,2003年完成南塘街南段污水管测量2094.4米。

西线排污管道是 1976 年 8 月由温州市建筑设计室测量,布设导线 122 点,总长 4940.49 米,用苏光 J_2 经纬仪观测 2 测回,50 米钢卷尺量距。1982 年 12 月,建成总长 5811 米管线,从温州蜡纸厂经西山工业区和西山路,沿勤奋河东岸至郭公山麓,排入瓯江。

1987～1991 年,城区排水管道改为雨污分流,雨水就近排入内河,污水管网分东、西两个区域。1987 年东区筹建排污管线,范围东起学院路,西至信河街,南起城南大道,北达灰桥浦,形成丁字形布局,排污面积 12.1 平方千米。分两期施工,1988 年 9 月～1990 年 8 月建成一期工程,从飞霞南路至民航路东部,干线总长 3443 米;1991 年 9 月～1992 年 10 月建成二期工程,主要解决蒲鞋市、上村等地的生活污水排放。

西区排污管线始建于 1991 年,1993 年 5 月建成。东起九山外河,西至太平岭,南达水心住宅区,面积 6.3 平方千米,管线总长 2636 米,由南往北排入瓯江。

第二节　温州市区地下管线测量

温州市区城市污水系统管网的分布,由东向西分为 4 大片,11 个分片,26 个污水系统。截至 2003 年,建成污水主管道 41 条,总长 1320 千米,支管道 186 条,检查井 39005 个,5 个污水处理厂分布在蓝田、杨府山、卧旗山和经济开发区(2 厂)。温州市区四大片污水系统为东片、中心片、西片和鹿城特色园区片,见图 6 - 05。

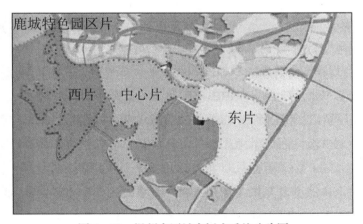

图 6 - 05　温州市区城市污水系统分片图

一、东片污水系统

东片污水系统位于大罗山以东的龙湾永嘉场,西至大罗山,南抵瑞安市界,包括永中、龙水、瑶溪、永兴、沙城、天河、海城(梅头)、灵昆和滨海新区、扶贫经济技术开发区、永强科技产业园区等地,总面积 176.58 平方千米。分 3 个片区,7 个污水处理系统,包括沿河截污、污水管道、污水泵站、污水处理厂、住宅小区污水处理工程。1999～2003 年,温州市勘察测绘研究院、温州市经纬公司、浙江省工程物探勘察院完成长约 300 千米的管线测绘工作。

东片系统设置 3 个污水处理厂,分别为永强污水处理厂、滨海新区污水处理一厂和二厂。1999 年 4 月,温州市勘察测绘研究院进行测设,2000 年 7～9 月完成 1∶500 地形图 5 幅和滨海污水处理厂土方和断面测量,2001 年进行厂区坐标放样,2002 年进行污水管网测量,2003 年 11 月布设厂区二级 GPS 控制网。

扶贫经济技术开发区污水处理系统,1992 年开始建设,已建成管径 300～600 毫米污水管道 23470 米,泵站 8 座。

龙湾片排污管线系统,分布在龙湾、龙水、瑶溪和永中镇地域,总面积 19.4 平方千米。2001 年初动工,已建成管径 300～1200 毫米干管 11927 米。永中镇已建成管径 300～2000 毫米干管 35343 米,泵站 3 座。

沙城、天河镇已建成管径 200～300 毫米污水管 19645 米,泵站 2 座。海城镇已建成管径 600～900 毫米污水管 1156 米,泵站 1 座。滨海新区已建成管径 300～1200 毫米污水管 20976 米,泵站 3 座。

二、中心片污水系统

温州市区中心片污水系统的范围,东起大罗山西麓,西以九山外河、牛山和吹台山东麓为界,南至瑞安市界,北达瓯江,总面积 144.36 平方千米,包括莲池、五马、江滨、洪殿、黎明、南门、蒲鞋市、南浦、绣山、蒲州 10 个街道,状元、梧埏、南白象、茶山、仙岩、丽岙、七都 7 个镇,南郊和三垟 2 个乡。整个污水系统分为老城区、东部区、杨府山片、梧埏片、状元片、高教园区、温州经济开发区 7 个分片,11 个污水处理系统。温州中心片污水系统内,以鹿城中心城区污水系统最为完善,包括老城、东部、杨府山 3 个污水系统,面积共 33.19 平方千米,系统内的干管、次干管和支管系统均已形成,且基本完善。

1. 老城污水系统

老城区污水系统的地域面积 4.27 平方千米,东起矮凳桥河和花柳塘河,西至九山外河,南起小南门河,北至瓯江南岸。已建成污水管道 9600 米,有下列干管 5 条。

① 信河街干管:人民路往北铺设 600、900、1000 毫米三种管道,截入百里路管径 1000 毫米污水干管,原麻行僧街 1600×2300 毫米石拱暗渠保留使用。

② 蝉街干管:人民路至广场路已建成 600～800 毫米干管,东流纳入解放路污水沟渠。

③ 解放北路干管:通永宁巷—水门头干渠,即 1600×1800、1600×2000 毫米石拱渠,全长 2.2 千米。

④ 环城东路干管:江滨路北段至望江路(环城东路—东门—陡门头)已建成 400、600、2000 毫米污水管和 2700×3600 毫米石拱渠,全长 2.1 千米。

⑤ 百里路—康乐坊—江滨路干管:自西向东铺设管径 100、1200、1400 毫米污水管,收集老城污水进入杨府山污水处理厂。

2. 东部污水系统

温州城区东部污水系统的地域面积 16.31 平方千米,已建成管道长 48.935 千米,系统污水干管比较完善,均已实行雨污分流,有下列干管 4 条。

① 牛山北路—飞霞南路—学院西路—民航路—灰桥路干管:管径 300、900、1000 毫米,接入江滨路 1600 毫米干管。2001～2002 年,温州市经纬公司施测管道 10.7 千米。

② 飞霞南路—黎明西路干管:管径 900、1000 毫米,为东郊扩容管道。2002 年建成学院路口—飞霞南路—灰桥路管道,接入江滨路 1600 毫米干管。

③ 车站大道干管：管径1500毫米，起于梧田系统总泵站，沿南塘大道—温州大道铺设1200毫米管道，经车站大道出口泵站提升，接入江滨路2000毫米污水干管，向西通过温州大道400、900毫米干管，收集划龙桥路、牛山北路、锦绣路等地污水。

④ 江滨路干管：在矮凳桥西连老城系统江滨路污水干管，向东通1400、1600、2000毫米管道，至上陡门浦进入杨府山污水系统。

3. 杨府山污水系统

杨府山污水系统的地域面积12.61平方千米，已建成管道26.163千米，有下列干管3条。

① 黎明东路干管：管径500、700、900毫米，起于划龙桥，沿府东路和黎明东路至上陡门污水泵站，提升后采用管径1000毫米重力流管，沿上陡门浦铺设江滨路管径2000毫米污水干管。该干管接纳划龙桥北、蒲州河西、江滨路南、学院东路、温迪路、惠民路、杨府山路的污水次干管，管径为400、700毫米。2004年温州市经纬地理信息有限公司完成测量综合管线8.3千米，污水管线3.2千米。

② 汤家桥路干管：管径100～1200毫米，由汤家桥南路起，至瓯海大道环岛，温州大道污水管从惠民路自西向东接入，在汤家桥河西侧设污水提升泵站，主要为接纳上江路污水。

③ 江滨路—会展路干管：起于上陡门浦，沿江滨路—会展路铺设管径2000～2200毫米重力流管道，至杨府山污水处理厂。

4. 梧埏污水系统

梧埏污水系统已建成管道长度16.617千米，其中管径800～1200毫米的污水主干管长4.2千米，该管线始于瓯海经济开发区南片污水提升泵站，经梧慈路—龙霞路—月乐街—南塘大道往北至温州大道1200毫米污水干管，在南塘大道东侧设有污水总提升泵站，规模62万立方米/日。

南塘大道管径1000毫米干管，全长1.1千米，始于瓯海大道，自南往北沿南塘大道，与月乐街1000毫米干管汇合后，经南塘大道1200毫米管道进入梧埏总提升泵站。

南塘大道—瓯海大道长约2.5千米的管径1400毫米污水压力管，接南塘大道污水泵站转入瓯海大道1600毫米重力流管。2001～2002年，温州市经纬公司施测南塘大道、南塘北街的综合管线11.3千米，污水管线1.7千米。

上江路污水干管，主要为梧埏片区污水传输管。上江路管径1600毫米干管从瓯海大道至杨府山污水处理厂。

此外，还有南白象污水系统，东起南塘大道，西抵吹台山，南与丽岙为界，北至老殿后，地域面积14平方千米，已建成管道6.63千米。仙岩和丽岙片区，包含2个污水系统，地域面积29.19平方千米。

5. 状元污水系统

东起茅竹岭，西至汤家桥河，南至大罗山麓，北至瓯江，地域面积8.05平方千米，包括状元镇和蒲州镇。该系统已建成管线总长9.715千米。

江滨路干管为管径1000～1200毫米重力流污水管，起点为状元镇ZB1泵站至蒲州水闸，沿河道南岸铺设，接入会展路1500毫米总管。

会展路干管的管径1200～1500毫米，沿机场路铺设，接纳经济技术开发区和状元片绝大部分污水，进入杨府山污水厂。2005年温州市经纬信息有限公司施测干管28千米。

6. 高教园区污水系统

该系统含三垟湿地，面积11.56平方千米。高教园区内部污水系统比较完善，主要道路埋有总长

4.7 千米、管径 300~900 毫米管道;茶白路至南塘大道有长 4.2 千米、管径 1200~1400 毫米污水主干管,接纳高教园区和茶山街道污水;茶山街道的高科路、卧龙路、环山路铺设管径 300~600 毫米的管道。2004 年,温州市经纬地理信息有限公司施测污水管线 14.91 千米。2010 年,浙江省工程物探勘察测绘院施测排水管线 112.8 千米。

南塘大道—瓯海大道管径 1400 毫米干管,经 B36－B34－B21 泵站,接纳南白象高教园区及梧埏片部分污水,还接纳仙岩和丽岙片区的污水。中途设提升泵站 B14,并接入会展路管径 2200 毫米污水干管,最后进入杨府山污水处理厂。

7. 经济技术开发区污水系统

该系统包括经济开发区、农业示范区、民营开发区、高新技术园区和黄屿片区,地域面积 10.74 平方千米,共有污水管线 45.255 千米。整个系统分为东片、西片、中片、南片和黄屿片,其中东片和西片共覆盖面积 5.5 平方千米,污水泵站 10 座。

东片污水经 ZB2、ZB3 两个总泵站提升后,由管径 400、500、1400 毫米压力管就近接入状元系统,进入江滨路 1000、1200 毫米污水干管。

西片污水经西区总泵站 ZB6 提升后,进入机场路管径 700 毫米压力管,接入状元系统会展路管径 1200 毫米干管。

中片(农业示范园区和民营开发区)处于东、西片之间,在机场路南侧中心大道河边建有一座 10 万立方米/日的污水泵站 ZB4,提升后接入机场大道管径 700 毫米压力管。

铁路以南的南片,东至高速公路,西至汤家桥,北临铁路,南至瓯海大道,为温州高新技术园区范围。该片污水管网覆盖面积 2.18 平方千米。

黄屿片位于温州大道以南,汤家桥路以东,南临铁路,东与经济开发区中片分界,包含黄屿工业区。黄屿片向温州大道铺设管径 600 毫米干管,由东向西接入汤家桥路 1000 毫米干管。

三、西片污水系统

西片污水系统范围,东与中心片为界,西抵山麓,北达仰义渔渡村,地域总面积 105.31 平方千米,包括仰义乡、双屿镇、瞿溪镇、郭溪镇、娄桥镇、潘桥镇、新桥镇 7 个乡镇和中国鞋都、鹿城工业区、黄龙居住区、瓯海横屿和官庄工业区,共有 2 个分片,6 个污水处理系统,分别由温州市勘察测绘研究院、瓯海测绘工程院、市经纬公司等单位施测。该系统主要分为鹿城西片区和三溪片区。

1. 鹿城西片区污水系统

该系统始建于 80 年代末,污水管网发达,系统比较完善,基本实行雨污分流。主要干管有 104 国道—勤奋路的管径 600、800、1000 毫米污水管,全长 2.5 千米,沿途设污水提升泵站两座;三桥路—将军桥的管径 600、900 毫米污水管;勤奋路—三桥路管径 1400 毫米污水管。此外,鹿城路、西山路、花坦头路、雪山路、过境路、江滨西路(今望江西路)建有管径 300~1400 毫米污水管共 14 千米。2003~2006 年测量鹿城西片区污水管线 15 千米。

双屿污水系统的范围,东起翠微山和太平岭,西南至五磊山,北至卧旗山,区域面积 6.94 平方千米。该系统已建成管道长度 8.583 千米,主要干管有三条,从黄龙住宅区沿太平路铺设管径 600、900、1800 毫米干管至江滨西路,与江滨西路 1400 毫米干管汇合,经 1800 毫米干管进入卧旗山污水处理厂。

中国鞋都一期污水工程自成体系,已建成 300~1000 毫米管线,总长 4.8 千米。鞋都二期和三期的污水工程也已完成。2005～2006 年,先后施测鞋都综合管线 5.709 千米和 25.133 千米。同时完成测量鹿城路—鞋都污水管道 9.013 千米。

在仰义沿江工业区,测施污水管线 3.251 千米。

2. 三溪片区污水系统

三溪片区的范围,东以葡萄棚河、金温铁路、牛山为界,西至瞿溪,南抵吹台山麓,北为景山,地域面积 28.68 平方千米。拟建新桥—娄桥、瞿溪—郭溪、潘桥 3 座污水处理厂,设 2 座泵站,已建成管道共 16.133 千米。

（1）新桥—娄桥污水系统

温瞿公路的管径 1000 毫米干管,从站前路经温瞿公路,至梅屿污水总泵站,规模 12 万立方米/日,管线全长 3.7 千米。

温金大道—站前路—西山路的管径 500～1000 毫米干管,全长 6.0 千米。在西山河南岸设一污水提升泵站,规模 3.6 万立方米/日。

葡萄棚—西山南路的管径 800、900 毫米主管,往北接入西山东路 800 毫米污水管。在西山大桥南侧会昌河水上公园内建有一座全地下式排污泵站,规模 10 万立方米/日。

高翔工业区已建有管径 300～900 毫米管道,长约 3 千米。在工业区西北端设一座泵站,规模 1.8 万立方米/日。

（2）瞿溪—郭溪污水系统

污水主干管为原三溪的排污干管,管径 1000～1200 毫米,全长 6.4 千米。

从瞿溪镇沿二号路向东至任桥,在任桥设一污水提升泵站,规模 4.5 万立方米/日。经泵站提升后,沿西十二路向北铺设管径 1200 毫米干管至温瞿路,沿温瞿路向东接入梅屿污水总泵站,已建成管道长 16.086 千米。

四、鹿城特色园区污水系统

位于温州市区西部的上戍乡和藤桥镇,也包含泽雅镇的 5 平方千米。东西长 8.0 千米,南北宽 2.5 千米,地域面积约 25 平方千米。该系统已建成污水管线总长 17.24 千米,其中污水排江管线长 4.2 千米,并设泵站一座。该区建设上戍污水处理厂,规模 8 万立方米/日,用地 10 公顷。

五、地下管线普查

根据国家部署,温州市先后四次进行地下管线普查。通过详细的地下管线普查测量,查清了温州市地下管线共有 8 大类,24 种,分别是:①给水管线,分为饮用水、消防用水 2 种;②排水管线,分为雨水、污水、雨污合流 3 种;③电力管线,分为供电、路灯、交通信号 3 种;④燃气管线;⑤电信管线,分为电信、联通、移动、铁通、吉通、网通、监控、信号、宽带 9 种;⑥军用管线,分为陆军、海军 2 种;⑦广播电视管线,分为电视、广播 2 种;⑧工业管线,分为石油、废水 2 种。这 8 大类分别属于温州自来水公司、温州市政公司、温州电力公司、温州军分区、温州广播电视局、温州电信局、温州交警大队等权属单位。

1. 1995 年城市市政公用设施普查

1994 年 12 月,建设部与国家统计局联合颁发《关于开展城市市政公用设施普查工作的通知》,浙江省建设厅和统计局于 1995 年 3 月联合制订"浙江城市市政公用设施普查实施方案",温州市区及各县

(市)都成立了普查工作领导小组或办公室,大多数镇也成立了普查机构,负责普查工作。

这次普查工作从 1995 年 6 月开始,至 1996 年 5 月基本完成。主要城市市政公用设施普查结果见表 6-21 至表 6-24。

表 6-21 　　　　　　　　　　　　1995～1996 年温州市供水管网调查统计

区域名称	管道长度（千米）	以管材区分（千米）			以管径 Φ 区分（毫米）				
		钢管	铸铁管	水泥管	＞700	500～700	300～500	150～300	＜150
温州市	632	76	286	270	23	54	203	140	212
温州市区	192	0	167	25	17	28	55	54	37

表 6-22 　　　　　　　　　　　　1995～1996 年温州市排水设施调查统计

区域名称	管道长度（千米）	以管材区分（千米）				以管径 Φ 区分（毫米）					
		钢管	铸铁管	水泥管	其他	＞700	500～700	300～500	150～300	＜150	其他
温州市	268	1	7	212	48	40	48	94	21	33	32
温州市区	74	0	3	48	23	16	17	17	5	1	19

表 6-23 　　　　　　　　　　　　1995～1996 年温州市管道排水性质调查统计

区域名称	雨水（千米）	污水（千米）	雨污合流（千米）	排水泵站（座）
温州市	82	72	114	16
温州市区	14	31	29	7

表 6-24 　　　　　　　　　　　　1995～1996 年温州市路灯调查统计

区域名称	电线杆（杆）	路灯线（千米）	架空线（千米）	地埋线（千米）	路灯（盏）
温州市	6132	550	493	57	13154
温州市区	1260	293	262	31	7215

2. 2000 年温州市区地下管线普查

1999 年底,温州市政府决定在市区开展综合管线普查,由温州市规划局制订《温州市城市地下管线普查实施方案》。2001 年 1 月,成立温州市地下管线普查领导小组,下设管线普查办公室,全面负责普查的具体工作。

这次地下管线普查范围为温州市区建成区 83.7 平方千米,东起龙湾扶贫开发区,西至鹿城黄龙住宅区和双屿镇,北起瓯江南岸,南至瓯海工业区和瓯海大道以北地区,重点是老城区,同时兼顾作为自来水水源的仰义水库给水管线的普查。

2000 年 5 月中旬,市管线办根据事先确定的工期要求,分别按区域给中标单位下达地下管线探测任务,温州市经纬公司负责质量监理。国家测绘局地下管线探测工程院的普查范围为解放路以东至状元镇及扶贫开发区,划分为 6 个区块,面积 50.8 平方千米;保定金迪地下管线探测工程有限公司的普查范围为解放路以西至黄龙住宅区和双屿镇,划分为 3 个区块,面积 32.9 平方千米。历时 6 个月,两施测单位按时完成外业探查测量和内业整理,获得如下成果。

探测地下管线总长度 2181.29 千米。按专业管线分别统计,燃气 91.17 千米,电力 95.4 千米,电信 359.06 千米,联通 45.07 千米,军用 41.03 千米,电视 50.47 千米,信号 8.05 千米,工业 32.71 千米,沪闽光缆 16.76 千米,试验区路灯 52.07 千米。按管线密度,平均每平方千米的管线长度 28.25 千米。涉及 1∶500 地形图 1339 幅,测量管线点总计 109760 点,探测明显点 77309 点,探测隐蔽点 23989 点,断面图 1210 个。

3. 2004 年温州市区市政排水管网普查

2003 年 10 月,为治理温瑞塘河的水污染,温州市政府决定进行市区市政排水管网普查,由温州市温瑞塘河整治工程指挥部负责组织实施,温州市经纬公司承担监理工作。2003 年 12 月,由普查办公室公开招标,保定金迪地下管线探测工程有限公司和浙江省工程物探勘察测绘院为中标单位。一标段范围为瓯江三桥以东的 20.06 平方千米,二标段范围为府东路以西的 21.7 平方千米。北起瓯江南岸,南至金温铁路,以灰桥浦—龟河—南塘河一线为两单位的分界。凡埋设地下的雨水、污水、雨污合流管道都要全面调查探测。

2004 年 2 月~2005 年 1 月,完成市政排水管网的外业探测和成果绘制。普查范围 41.76 平方千米,共探测管线点总数 324514 个。按管线种类划分,雨水管线点 137628 个,污水管线点 96913 个,雨污合流管线点 89985 个。完成管线探测总长 1969.80 千米。按管线种类划分,雨水管线长度 933.55 千米,污水管线长度 589.099 千米,雨污合流管线长度 447.102 千米。管线分布平均密度为每平方千米 44.59 千米,涉及 1∶500 地形图 715 幅。共查出入河排出口 3231 个,查出污染源点 21289 个。测定日入河排污量 53546.95 吨,排污户数 114678 户。

4. 2006 年温州市地下管线普查试点

2005 年 5 月 1 日,建设部《城市地下管线工程档案管理办法》颁布实施。2006 年 9 月~2007 年 2 月,温州市进行地下管线普查试点,由温州市测绘局牵头,温州市勘察测绘研究院负责,温州市经纬公司配合实施,共投入专业人员 37 人,分别组成物探组、测量组和内业组,完成成果如下。

(1)原有成果核查

温州市勘察测绘研究院选择解放路以东、车站大道以西、江滨路以南、锦绣路以北约 5 平方千米作为核查范围;温州市经纬公司选择解放路以西、勤奋路以东、锦绣路以北、瓯江以南的 5 平方千米作为核查范围。两单位通过核对原有管线图,认为大部分管线点和实地位置比较正确,错漏较少,但新增管线问题较多。

温州市勘察测绘研究院,在首次选择的范围内再圈定 1.85 平方千米进行全面普查。测量各类管线点共 25062 个,探测了给水、排水、电力、通讯等 14 种管线的总点数 23390 个,管线总长度 239.747 千米,平均密度为 129.593 千米/平方千米。其中道路管线点 7822 点,管长 114.436 千米,占总长度的 47.73%;小区管线点 15568 个,管长 125.11 千米,占总长度 52.27%。

温州市经纬公司,在探测范围内进行新管线补测和修测工作,共探测管线点 9724 点,其中明显点 6403 个,隐蔽点 3321 个,每平方千米新增管线点 5720 个;修测管线长 119.25 千米,每平方千米新增管线长度 68.916 千米。

(2)新老成果对比

这次试点数据与 2000 年、2004 年普查成果相比较,结果见表 6-25 和表 6-26。

表 6 - 25　　　　　　　　　　　2000 年和 2004 年温州市地下管线普查对比　　　　　　　　　　　单位：厘米

项目名称	平均平面点位变化		平均高程变化		管顶(底)平均变化	
对比年份	2004 年	2000 年	2004 年	2000 年	2004 年	2000 年
龟湖路	6.9	9.2	−8.8	−12.7	−7.1	−14.7
锦绣路	6	13.0	−7.1	−16.4	−4.0	−16.1
黎明路	7.4	11.8	−8.1	−16.6	−5.1	−22.4
民航路	6.7	13	−8.4	−13.7	−8.7	−17.8
上村路	9.9	7.9	−7.9	−19.4	−2.9	−18.3
学院路	9.6	11.3	−9.8	−13.8	−15.0	−17.9

表 6 - 26　　　　　　　对不同管线类别二次测量的路面地表高程进行对比获得资料　　　　　　　单位：米

电信			雨水			道路		
地表高程		差值	地表高程		差值	地表高程		差值
2000 年	2006 年		2000 年	2006 年		2000 年	2006 年	
4.427	4.402	0.025	4.438	4.566	0.072	4.53	4.386	0.148

第三节　各县(市)城镇地下管线测量

　　1995 年 3 月，按浙江省建设厅联合制定的《浙江省城市市政公用设施普查实施方案》，温州市各县(市)开展城镇地下管线普查。2000 年，尚未开展综合地下管线全面普查的，也做了些专业管线的普查。

一、瑞安市

　　保定金迪地下管线探测有限公司受瑞安市规划建设局委托，分期进行雨水、污水管线探测。2000年第一期完成老城区 6.4 平方千米，修测 5 平方千米，探测管线长度 107.559 千米，涉及地形图 128 幅。2001 年 4~8 月第二期完成安阳新区、经济开发区、上望等地，修测 4.7 平方千米，探测管线长度 230.57千米，涉及地形图 337 幅。

　　2000~2007 年，金迪地下管线探测公司受瑞安市自来水公司委托，在老城区、安阳新区、经济开发区、上望、莘塍、汀田、飞云片区完成供水管线探测管径 100 毫米以上的主管线 509.948 千米，支线 100千米。

　　2006~2007 年，金迪地下管线探测有限公司受瑞安市污水处理工程指挥部委托，在安阳新区、上望、莘塍、汀田等地进行污水管网探测，共完成管线总长 853.17 千米。

二、洞头县

　　2008 年，洞头县测绘大队和温州市经纬公司合作，开展综合地下管线探测，完成七大类管线的调查工作。探测给水管线 3.011 千米,雨水管线 4.895 千米,污水管线 2.734 千米,雨污合流管线 0.295 千米,电力管线 2.683 千米,路灯管线 4.455 千米,电信管线 3.667 千米,信号管线 0.308 千米,综合通讯管线 4.092 千米,燃气管线 0.5 千米,合计长度 26.64 千米。此后,洞头县开始地下管线动态管理,做到随做随测。

三、永嘉县

2000～2003 年,温州市经纬公司受瓯北镇政府委托,在楠江路和罗浮大街进行综合地下管线探测。完成给水管线 13.67 千米,雨水管线 1.92 千米,污水管线 1.00 千米,电力管线 0.43 千米,电信管线 6.28 千米,联通管线 4.98 千米,移动管线 0.32 千米,综合管线 1.124 千米,合计长度 29.724 千米。

四、泰顺县

2007 年,温州市勘察测绘研究院受温州新城房地产开发公司委托,进行泰顺罗阳镇新城区及金都花园一期综合管线探测,完成管线总长 20.56 千米。其中排水管线 8.332 千米,供水管线 2.738 千米,电力管线 2.38 千米,电信管线 2.593 千米,消防管线 1.581 千米,路灯管线 2.937 千米。

第六章　园林和绿化测量

　　温州园林历史悠久。清代,温州城厢有私家花园"如园""二此园"等13处之多,园林绿化一时成为风尚。1927年,温州首建城市公园"中山公园",山水交融,景色秀美。1951年,开始绿化海坦山、华盖山、积谷山、巽吉山、松台山、翠微山、杨府山、景山等山体,使之初步具有风景山的雏形。此后,相继建设江心公园、景山公园、松台公园、望江公园等城市公园,成功运用原有的山水、古树和古建筑,传承和发扬古典园林的艺术成就,绘制温州园林丰富多彩的美丽画卷。

第一节　温州市区风景山和城市公园测量

　　温州古城依山傍水,风景秀丽,周边有华盖山、海坦山、郭公山、松台山、积谷山、翠微山、杨府山、巽山、绣山、景山等,现已建成风景山和城市公园数十座。例如鹿城区有江心公园、中山公园、墨池公园、松台—九山公园、马鞍池公园、绣山公园、江滨公园、白鹿洲公园、杨府山公园、景山公园、翠微山公园等;龙湾区有河泥荡公园、炮台山公园、永昌堡遗址公园等;瓯海区有半塘公园、南白象公园、牛山公园、吹台山公园、老虎山公园等。1937~2004年,温州市区在施测大比例尺地形图的同时,对这些风景山和公园先后进行地形测量共6次。而且各公园在规划设计、建造、竣工、运营管理阶段都进行各种测量。下面择其典型公园略作简介。

一、江心公园

　　江心孤屿公园,简称江心公园,面积71.3公顷。东西双塔耸立,映衬瓯潮起伏,景色秀美。公园内有温州唯一一座全国重点寺院"江心寺"、宋文信国公祠、浩然楼、澄鲜阁、革命烈士纪念馆等著名建筑。

　　原先的江心孤屿面积只有4公顷。1974年江心公园开始扩建,面积增至14.2公顷。先后建成共青湖、碧波湖、盆景园、小飞虹、凌云桥、九曲桥、儿童乐园等,形成江中有湖的公园格局。2000年,江心公园又迎来了西扩工程,建成江心西园,西园面积达57.13公顷。西园内辟有水上世界、峡谷漂流、儿童乐园、露天剧院、渔家乐、风情街、酒店、茶楼、别墅等休闲娱乐设施。

　　如今的江心公园面积扩大了18倍,成为省级旅游风景区,国家4A级景区,年接待游客90万人次。江心公园两次扩建的设计和施工测量均由温州市勘察测绘研究院承担完成。

二、华盖山和墨池公园

华盖山,海拔 56.8 米,面积 9.13 公顷。山顶旧有华盖楼,明万历年间重建并易名为大观亭。1936年,永嘉县为进行全县土地测量,选择华盖山、海坦山、郭公山、松台山和景山埋设一等小三角点,利用华盖山巅的大观亭作为照准目标。1954 年,在南侧入口处建工农兵雕塑。1969 年,开展华盖山人防工程建设测量和华盖山隧道测量。隧道分上下两层,上层为商业街,下层为车道。1984 年,沈阳勘察测绘处用平板仪施测华盖山地形图。

墨池公园在华盖山西麓,为近代园林"玉介园"旧址,曾为温州市政府驻地,温州地市合并后复建为园林,2012 年建成墨池公园。并在华盖山西麓重建东瓯王庙,将墨池公园—东瓯王庙—华盖山三者联成一体。

三、海坦山公园

海坦山,海拔 32.5 米,面积 6.57 公顷。山上建有温州气象台的国家气象地面观测站。山北原有杨府庙,1973 年在此庙旧址周围测量划地 1.5 万平方米,修建国际海员俱乐部。1988 年 7 月为修建抱日亭进行一次测量,并测绘南面支阜慈山(叶适墓所在地)地形图。1993 年温州市勘察测绘研究院在此施测 1∶200 地形图 3 幅。2002 年再次施测国际海员俱乐部及附近地形图。

四、郭公山公园

郭公山原名西郭山,海拔 17.2 米,面积 7.5 公顷。从金沙岭拾级而上,山巅建有一座重檐六角的富览亭。郭公山南麓矗立着一座大型花岗岩郭璞塑像,北侧瓯江之滨建有一条水上栈道。1999 年 5 月,温州市勘察测绘研究院完成郭公山 1∶500 地形图 5 幅。2004 年,温州市经纬公司再次测量郭公山公园地形图。

五、松台山和松台—九山公园

松台山,海拔 36.36 米,面积 4.23 公顷。松台山南麓有著名的妙果寺,山巅有净光塔。抗战后期,在松台山的山坪上,曾建有一座"抗敌阵亡将士纪念碑",碑文铭刻"抗战中兴,神武天纵,抗战到底,始终如一"文字,由籀园图书馆馆长梅冷生奉命题撰,著名书法家方介堪书字。这是当年温州各界为纪念抗击日寇而牺牲的将士而建,可惜在 1965 年被拆毁,至今仍未复建。松台山西麓有国家基岩水准基点。

松台—九山公园,是松台山和后建的松台广场、九山公园成为一体的新称。该地有多次测量。1979年,温州地区规划设计测量组施测九山路带状地形图;1984 年,沈阳勘察测绘处用平板仪施测松台山地形图;1998～2005 年,温州市勘察测绘研究院先后 10 次为松台广场、九山公园建设完成 1∶500 地形图10 余幅。

六、积谷山和中山公园

积谷山,海拔 38.7 米,面积 0.92 公顷。山顶一亭名积谷亭,后改称留云亭,1987 年重建。山腰有云辉亭和驻鹤亭,山麓有飞霞洞、东山书院、春草池、池上楼等名胜古迹,并埋有水准基点。

中山公园,北接华盖山,南倚积谷山,面积 5.09 公顷(含水面 1.33 公顷),1927 年为纪念孙中山先生而建。当时拆除积谷山一段古城墙修建公园,1930 年 11 月 12 日建成。1952 年,温州市园林管理处按地形图进行扩建。1936 年 11 月始建中山纪念堂,建筑面积 488 平方米,1987 年 6 月～1988 年 8 月 4 日重建纪念堂为二层古典楼阁。1995 年,据温州市勘察测绘研究院 1:500 地形图,在人民东路开辟阶梯景观作为公园南大门。2000 年 9 月～2002 年 2 月,先后 4 次为中山公园的各种建筑物进行测量。

七、巽山和马鞍池公园

巽山旧名巽吉山,海拔 38.4 米,面积 1.35 公顷。山巅文笔峰,原有明代建造的雁塔,年久倾斜,1974 年因备战挖洞受震而塌倒,现已重建。东麓为温州殡仪馆旧址。2004 年,温州市经纬地理信息服务有限公司施测巽山部分山地。

马鞍池公园,隔飞霞南路与巽山相距咫尺,面积 12 公顷(含水面 2.7 公顷)。1992 年 9 月和 1995 年 5 月,温州市勘察测绘研究院两次进行前期测量,完成 1:500 地形图 10 幅。2002～2003 年,温州市勘察测绘研究院和温州市经纬公司,完成马鞍池公园 1:500 地形图 9 幅。

八、翠微山公园

翠微山,海拔 56.9 米,面积 27.5 公顷。1950 年温州市人民政府划拨山地 5.76 公顷作为园林建设用地,建设革命烈士墓,1953 年落成。山顶设有三角点。

翠微山公园,面积 29.72 公顷。公园分设青少年活动区、宗教文化区、望江生态区、教育纪念区四大功能区,为城市休闲公园及爱国主义教育基地。温州市勘察测绘研究院对翠微山进行过多次测绘。

九、景山公园和温州动物园

景山,最高峰莲花芯海拔 173 米,总面积 2.259 平方千米。1964 年,温州市园林管理处开辟为景山公园。1978～1979 年,温州地区规划设计处测量组对景山公园进行详细测量,涉及景山宾馆、雪山饭店、农科院、亚热带植物研究所、温州植物园、气功疗养院、老干部休养所、护国寺、紫霄观等。布设小三角 4 点,导线 13 点,地形图为假设坐标。1986 年,温州市勘察测绘处又测绘雪山饭店地形图 2 幅。1999 年,温州市勘察测绘研究院布设一级导线 4 点,二级导线 3 点,图根控制 118 点,四等水准,测绘景山公园地形幅 58 幅,面积 2.35 平方千米,执行 1985 版《城市测量规范》。2000 年,测绘护国寺地形图 2 幅,温州市气功疗养院 1 幅,温州动物园 7 幅。1978～2006 年,测量景山公园各种建(构)筑物及林地共 22 次,完成 1:500 地形图 80 多幅,1:200 地形图 7 幅。

温州动物园,始建于 1963 年,原址在华盖山东麓"苍蝇牢",1964 年对外开放。2000 年,根据国家二级动物园规模设计和建设,迁至景山公园进行扩建,占地 22.7 公顷,建筑面积 5000 平方米,2000 年 10 月 1 日建成开放。1998 年,温州市勘察测绘研究院进园测设,1999 年完成 1:500 地形图 7 幅及道路测量。

十、绣山公园

绣山,原名球山,曾是大型采石场,因山体爆破而极度破碎。在山石开采殆尽之时,温州市政府新址选在球山之南,决定停止开采,加固残留的三座小山体,建设球山公园。2001 年建成并对外开放。后来北方某领导来温视察,嫌"球山"粗俗,故改名为"绣山公园"。公园格局为"三山一水",最高峰海拔 37

米,公园占地面积 8.8 公顷,其中水体 7900 平方米,绿地 61800 平方米。2002 年,温州市勘察测绘研究院完成绣山公园 1:500 地形图 6 幅。2007 年,温州市经纬公司完成竣工地形图 6 幅。

十一、杨府山公园

杨府山,别名瞿屿山,海拔 139.8 米,面积 26.848 公顷。杨府山是温州城区最高的山体,所以登顶远眺,能俯看八面景物,江河如练,街陌似画。山上建有报恩亭、夕照亭、观城府、望海亭、观景台(139.8 米)等景观建筑。山顶有三等三角点。

杨府山公园在杨府山东侧,总面积 67.42 公顷(含山体 26.8 公顷)。2011 年 11 月 1 日,杨府山公园建成试开放。公园内建有人工湖"奥水"、盘溪长廊、儿童乐园、道德馆等建筑物和游乐场所。公园内还有温州市文物保护单位"上陡门"旧水闸,系明弘治九年(1496)所建。该陡门在左墩柱竖排镌刻"开平闸"三字,按各字的位置高低,决定塘河各陡门的开闸或关闸,称为"上陡门水则"。

十二、会昌河水上公园(鹿城段、瓯海段)

会昌河水上公园鹿城段,东起南塘大桥与温瑞塘河干流相连,西至西山大桥,全长 4.13 千米,南北平均宽度为 1.5 千米。2003 年 1~8 月,温州市勘察测绘研究院在鹿城段布设 GPS 二级点,施测 1:500 地形图,2005 年完成竣工图。

会昌河水上公园瓯海段,东起西山大桥,西至地质桥,长 1.7 千米;东起地质桥,西至三溪桥,长 1.5 千米,总共长 3.2 千米,绿化面积达 13 万平方米。2002 年,瓯海测绘工程院首次测量,2003 年施测公园地形图。

第二节 温州市区绿化测量

温州市区绿化建设包括道路、广场、河岸、单位、住宅、苗圃等地的植树、种花和铺设草坪。测绘各种比例尺地形图,均按规范要求标示出绿地的位置和范围。经调查测量,1987 年温州市区园林绿化面积为 131.88 公顷。

一、市树和古树名木测量

1985 年 7 月 10 日,温州市第六届人民代表大会常委会第 14 次会议通过"关于命名温州市市树、市花的决定",温州市的市树为榕树(无柄小叶榕),温州市的市花为山茶花。此时,适逢沈阳市勘察测绘处在温州市区施测 1:1000 和 1:2000 航测地形图,温州市规划局测绘管理科等单位检查发现市区的大树常常漏测,部分已绘制于图的位置普遍不准确。因此,立即拟定《关于老市区内复杂地段 1:1000 航测地形图的技术要求》,强调大榕树和各种古树名木都要以"独立树"标示。1985 年 10 月 7 日作为温市规(1985)75 号文件发往各测绘单位。此后,温州市各测绘单位普遍重视市树和各种古树名木的位置和图面检查验收,为保护市树和古树名木起了重要作用。

二、道路和广场绿化测量

城市道路绿化测量包括行道树、隔离带和步行道外侧绿化带的乔灌木种类、乔灌木比重、间隔距离等。温州市园林管理处还委托其他测绘单位进行绿化测量,成果达到温州市绿地测量的规范化和标准化要求。

1993 年,温州市勘察测绘研究院在经济开发区施测绿化带地形图 34 幅。

1996~2004 年,温州市勘察测绘研究院先后施测市区车站大道、江滨路、鹿城路、公园路、温州绕城高速鹿城段、状元交通中心西侧、扶贫开发区的主要道路绿化图,并完成星河广场的景观绿化图。

1996~1997 年,完成金丽温高速公路温州段 1:500 地形图 53 幅。

2003 年,完成甬台温高速公路乐清段的绿化面积测算。

2004 年,完成温福高速公路平阳收费站至浙闽收费站的 4 个互通站、5 个收费站、1 个服务区、1 个隧道管理站的绿化测量,完成笼山和仙岩隧道口绿化测量 1.72 平方千米。

2000~2007 年,温州市经纬公司完成飞霞南路、环城路、黎明东路、温州大道、沿江路、新城大道、府东路的道路绿化带测量。

温州世纪广场位于温州市行政中心区,总面积 17.29 公顷,是温州市最大的广场。2000~2004 年,温州市勘察测绘研究院施测世纪广场地形图,规划和建设广场绿化工程。2005 年,温州市经纬公司施测市府路、府西路、府东路、绣山路和世纪广场地形图。

三、住宅区绿化测量

住宅区的规划设计和竣工验收测量,对住宅区的绿化有明确的具体要求。例如住宅区内大块绿地、房前屋后和道路两侧小块绿地及零星绿地的绿化面积、绿地率、折算绿地率、地下室顶部的平均覆土厚度等,在竣工验收中都要逐一仔细测量,不能马虎。

2000~2005 年,温州市经纬公司完成住宅区绿化测量 785 项。2004 年,温州市勘察测绘研究院完成黄龙康园、凯盛公寓、云锦大厦、东方花苑、正茂大厦、金河大厦、丽都大厦、金龙大厦、文景花苑等 17 项住宅绿化测量。

第三节 各县(市)园林和绿化测量

温州市现存比较完整的资料是 1995 年园林绿化普查测量的数据。温州市 8 个县(市)的园林绿地总面积为 669 公顷,各城镇建成区园林绿地总面积为 618 公顷,城镇建成区道路绿化覆盖总面积 52 公顷。

一、瑞安市

1983~1990 年,先后修建湖滨公园和西山公园。1988 年,修复隆山古塔。1995 年经城镇园林绿化普查测量,全市 16 个镇的园林绿化总面积 197 公顷,城镇建成区的绿地面积共 178 公顷。

二、乐清市

1983 年,开始对道路两旁植树、街心花坛、三角花坛等绿化工程的规划设计及施工测量。1984 年在西山山麓兴建景贤公园,1986 年兴建东塔公园和黄华公园,并建造盖竹洞天,修复萧台寺、紫芝观等景点,都进行园林和绿化测量。

三、洞头县

1990 年,经测量的主要绿地有烈士墓、人民公园、东屏公园、海滨公园等,共计 6.3 公顷,人均占有绿地面积 4.44 平方米。

四、永嘉县

1958~1990 年,经测量的县城绿化面积 12 公顷,其中屿山公园 8.5 公顷,县前路街心花坛 800 平方米。1995 年的城市市政工程设施普查时,永嘉县测量上塘镇、瓯北镇、桥下镇、七都镇、巽宅镇的园林绿化总面积 43 公顷,其中 3 个公园的绿化面积 24 公顷。

五、平阳县

1995 年,经城市市政设施普查测量,全县 7 个镇园林绿地总面积 105 公顷,其中建成区园林绿化面积为 53 公顷,3 座公园的绿化面积 34 公顷。

六、苍南县

1995 年,经城市市政设施普查,全县绿化面积总共 163 公顷,其中 7 个公园的绿地面积 30 公顷。1996~2008 年,苍南县测绘所完成灵溪镇街景绿化测量 1.8 平方千米,在矾山镇完成 1.38 平方千米。

七、文成县

1995 年,城市园林绿化设施普查,测量园林绿化总面积 33 公顷,其中公共绿地 10 公顷,住宅区绿地 1 公顷,风景区林地 4 公顷,建成区园林绿地 15 公顷,建城区道路绿化 3 公顷。2005 年,大峃镇建成区的绿化面积为 91.78 公顷,其中公共绿地 32.26 公顷,人均绿化面积为 10.2 平方米。

八、泰顺县

根据 1995 年市政园林绿化设施普查测量,全县有园林绿地面积 9 公顷,其中罗阳镇 4 公顷。1988~1990 年,修建公园和抗战烈士纪念碑 1 座。截至 2007 年,罗阳镇建成区园林绿化面积达到 159 公顷。

九、城镇园林绿化普查成果

1995 年,据瑞安市 16 镇、乐清市 13 镇、永嘉县 5 镇、洞头县 1 镇、平阳县 7 镇、苍南县 13 镇、文成县 6 镇、泰顺县 4 镇的实测统计,温州市各县(市)城镇园林绿化普查成果经浙江省城市市政公用设施普查办公室验收。见表 6 - 27。

表 6-27   **1995 年温州各县(市)城镇园林绿化设施普查综合表**   单位：公顷

调查项目		瑞安市	乐清市	永嘉县	洞头县	平阳县	苍南县	文成县	泰顺县
园林绿地总面积	公共绿化	39	21	25	15	34	30	10	2
	单位附属绿地	10	11	2	—	11	12	—	1
	居住区绿地	18	40	7	—	11	7	1	4
	生产绿地	3	14	3	—	—	18	—	—
	保护绿地	4	4	6	—	49	82	—	—
	风景林地	123	32	—	—	—	14	4	2
	合计	197	122	43	15	105	163	15	9
建成区园林绿地		178	116	38	15	53	153	15	—
建成区道路绿化覆盖面积		6	8	4	—	2	29	3	—
公园个数	合计	7	5	3	1	3	7	1	—
公园面积	合计	39	18	24	15	34	30	10	—

第七章 人防工程测量

温州市的人防工程分为两种,一种是 1984 年以前修建的简易防空洞、道路地下沟渠、山体隧道等,另一种是 1984 年以后修建的平战结合人防工程,主要有大楼地下室、交通隧道、地下商业街等。尤其是平战结合的人防工程都经过严格而仔细的测量,使其战时确保起到防空保护作用。

第一节 早期人防工程测量

1949 年 5 月,因敌机经常入侵华东沿海,温州市成立人民防空指挥部,温州市公安局设立防空科,负责拉发防空警报,并动员各单位就近构筑简易防空设施。至 1956 年 5 月,温州市区共修筑 394 个防空壕,69 个掩体。1961 年,温州军分区在华盖山修建家属掩蔽所。1962 年底,温州市人民防空指挥部在华盖山修建半地下战时指挥所。1965 年,军地联合在该指挥所南侧修建斜坡坑道,与军分区家属掩蔽所连接,这是温州市区最早的国防坑道。

1969 年 9 月,温州地区和温州市革命委员会成立,并建立人民防空领导小组,下设人防办公室。遵照"深挖洞,广积粮,不称霸"的号召,发动广大群众挖筑简易防空工事。同时,由政府牵头,组建 16 个工程分指挥部,聘请专业人员测量,建设重点人防工程,包括华盖山、积谷山、海坛山、翠微山、松台山、巽山、景山、杨府山的构建坑道工程;在解放北路后巷、百里坊、府前街、麻行僧街、八字桥—大桥头、康乐坊—永宁巷、蝉街—松台山等道路下面修建地道工事。据 1973 年底普查,市区群众构筑的小型猫耳洞、防空壕、地下室尚存 623 个,面积 16458 平方米;利用省、市经费建设的重点坑道工事 17266 平方米,地道工事 8680 平方米。地道工事的结构见图 6-06。

1971 年 8 月,温州市列为国家二类人防重点城市,人防工程建设经费由国家财政直拨。1973 年,依据全国第二次人防工作会议精神,温州市人防办公室制定计划,对在建人防坑道工事进行整顿,由政府部门抽调人员组成 9 个工程指挥部,负责 12 个重点工程。温州市人防办和人防工程指挥部工程科抽调 4 名技工成立测量组,根据工程设计平面图,实地进行坑道开挖的贯通测量和高程测量。利用 1:500 地形图,在坑道口布设小三角网,测设进口节点,并定期校核开挖轴线的方位和高程。据统计,20 世纪最后 30 年间,在温州城区和市郊 17 个山头构筑坑道式人防工事,建筑面积共 9.65 万平方千米。

1980 年,国家调整政策,除海坛山、华盖山、翠微山工程转入加固改造外,其他工程全部停建或缓建。测量组人员返回原单位,测量工作由人防办工程技术人员自行完成。根据全国人防领导小组

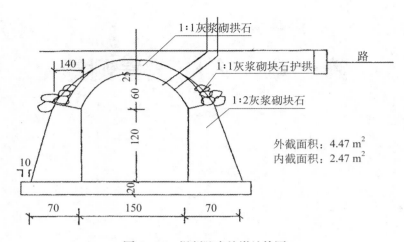

图 6-06 温州防空坑道结构图

(1979)24 号文件《关于要在 1980 年上半年对人防工程建设状况进行彻底清查和鉴定》,温州市人防办对全部竣工或停工的人防坑道工程,布设经纬仪导线和水准高程路线,采用相对坐标和相对高程完成竣工图测量,为建档提供资料。在前期建设的简易工事在城市建设中已陆续拆除或填塞,地道工事被市政部门作为排污沟渠而报废。

温州各县(市)也同期修建大量的简易人防工程。例如泰顺县 1960 年在城关沙堤修建防空洞长 160 米,在洋心街修建防空洞长 60 米。文成县在 1969~1970 年,全县城乡机关和企业单位自筑简易防空洞 1634 个,共计 4983 平方米,并挖人防壕沟 71 条,全长 2886 米。1970 年,县城开始建设防空坑道,长 150 米,宽 1.56 米,约 210 平方米,由大峃镇工程建筑队测量和建设。

第二节 平战结合的人防工程测量

平时与战时相结合的人防工程,就是把战时需要的人防工程与平时的城市建设结合起来,既能有备无患,符合战时要求,又能发挥和平时期的充分利用。

1984 年 5 月,国家人防委颁发(1984)9 号文件《关于改变结合民用建筑修建防空地下室规定的通知》,1985 年 8 月国家城乡建设环境保护部颁发(1985)464 号文件《结合民用建筑修建防空地下室实施办法》。1990 年,浙江省开始执行"结合民用高层建筑建设满堂红防空地下室"(简称"结建")。1992 年 10 月,温州市政府颁发《温州市区筹集人防建设经费实施办法》(温政[1992]33 号),重申结合高层民用建筑修建防空地下室的规定。由于温州市区社会经济发展快,地价和房价飙升,防空地下室成为解决高层建筑地下停车库的主要措施,"结建"规定得到顺利贯彻。至"十五"计划末,温州市区共修建平战结合的防空地下室 47.1 万平方米,成为人防工程的主体类型。

一、人防工程与城市建设相结合

90 年代以来,温州市区的人防工程与城市建设相结合的主要措施有下列四种。

(1) 人防工程与公益设施建设相结合。市区"结建"防空地下室,平时绝大多数用作停车场,例如白鹿洲公园单建式人防工程就是地下停车场,有效缓解了地面停车难的问题。

(2)人防工程与道路交通建设相结合。市区已经建成的交通隧道有茅竹岭隧道(长 360 米)、梅屿隧道(长 460 米和 560 米两条)、景山隧道(长 1040 米)、大罗山隧道(长 500 米)等,都是重要的潜在人防工程。此外,已建成的信河街、学院路、飞霞南路等地下过街通道,战时就是防空场所。

(3)人防工程与商业街建设相结合。典型的例子是利用华盖山交通隧道的上层人行道两侧安排营业店面,为过路行人提供购物场所,多次被评为省级"平战相结合先进单位"。

(4)人防工程与仓储建设相结合。开发利用坑道地下空间作为仓储对外租赁使用,例如翠微山隧道用作香蕉仓库,西山隧道用作海蜇皮仓库,牛山隧道用作化工仓库等。西山隧道仓库已成为浙东南海蜇皮主要供应基地。

1995～2000 年,温州市与城市建设相结合的人防工程均按国家人防和建设部规定的建设程序进行测量。具体步骤:①施测地形图作为规划设计的基础图;②依据规划部门审批的基坑设计图,测设基坑红线范围,采用 AB 坐标进行设计桩基的定位;③施工阶段先对桩基进行检测和基坑深部定位测量,对基坑护壁进行放样;④在施工中对基坑护壁进行基坑土堤沉降观测、基坑土堤主动区水平移位观测和基坑被动区观测;⑤最后是对地下室和人防工事的±0 标高复测。

温州市从事基坑建设测量的单位有温州市勘察测绘研究院岩土工程公司、浙江省天然勘察设计有限公司、浙江省地质大队工程勘察院、温州市建筑设计院等。完成较大的测量项目有人民路、黎明路、杨府山、信河街、市府大楼、邮政大楼、附二医等 9 项,工程面积共 34710 平方米;火车站站前地下室、九山体育场地下室、上陡门地下室、温大地下室、温师院地下室等 8 项,工程面积共 25500 平方米;雪山、景山、西山、白泉、巽山、杨府山、华盖山、松台山、积谷山坑道工事等 10 项,工程面积共 41489.79 平方米。

根据温州市城建档案馆库存人防工程的建筑竣工图、水电竣工图、通风竣工图、暖通竣工图,主要涉及测量的还有翠微山人防隧道、莲花路和马鞍池交叉口、划龙桥路和荷花路、上江路、天雷巷及同人花园、广景大厦、绿洲花园、杨府山住宅区、下寅安置房等工程。

温州各县(市)也同样进行人防工程与城镇建设相结合的测量,例如 2006 年 11 月,泰顺县城罗阳镇的建设路汇隆名门小区建设防空地下室,面积 741 平方米,由文成县测绘大队提供 1:500 数字地形图和放样测量。

二、人防工程建设完整性测量

2008 年,为查清已建人防工程建设的完整性,施测西山、白泉、杨府山等隧道的人防工程。以西山隧道人防工程为例,具体测量记述如下。

2008 年 7 月 17 日～8 月 14 日,浙江省测绘大队共 14 人进场施测,人防洞室总长 2 千米,布设 GPS 网 15 点,三等水准 5 点,图根导线 28 点。因人防洞室两出口互不通视,选 GPS 点 41、42、53、54 为起算控制点,布设一条附合导线和一条支导线,采用温州市城市坐标系和 1985 国家高程基准。

使用天宝 Trimbie4600LS、2 秒级拓普康 GTS－332N 全站仪、2DL200 水准仪观测,使用 IBm 便携机及台式机进行数据处理。导线网水平角观测 2 测回,边长 1 测回,垂直角对向观测 2 测回。导线网的平差使用清华山维公司 NASEW95 平差软件,导线控制网最弱点高程中误差为±7.96 毫米,最大点间误差±2.05 毫米,最大边长误差 1/2.39 万,平差后各种误差均符合要求。

第七篇
工程测量

　　工程测量是指城乡各项工程建设中的规划、设计、施工、竣工、设备安装、运营管理等阶段的各项测量。其服务对象包括港口工程、机场工程、铁路工程、公路工程、水利工程、供水工程、围垦工程、环保工程、电力工程、工矿工程测量及自然地面和各种建筑物的沉降、位移和变形测量。

第一章　港口和机场工程测量

　　温州海岸线长 1031 千米,可供利用的港口岸线 185 千米,其中深水岸线 67 千米。改革开放以来,温州港由河口港逐步向外海深水港发展。2004 年 10 月,交通部发布《全国主要港口名录》公告,全国沿海 25 个主要港口中,温州港吞吐量位列第 22 位。2006 年底,温州港共有生产性泊位 246 个,其中万吨级以上深水泊位 9 个,最大靠泊能力 5 万吨级,全港年货物吞吐量 3923.97 万吨,集装箱 28.17 万标准箱。2012 年温州港的货物吞吐量和集装箱数量更达 6996.95 万吨和 51.75 万标准箱。

　　温州龙湾国际机场,原名"永强机场",是国家一类航空口岸,是国内二级民用机场。现有 2 条各长 3200 米跑道,2 个航站楼,与 71 个城市开通航线。2006 年的旅客吞吐量为 304.59 万人次,2012 年更达 563.73 万人次,在全国 180 个机场中排名第 32 位。

第一节　港口工程测量

　　港口工程测量包括港址普查、港口选址和港口建设测量。港口工程测量的技术标准主要执行交通部颁发的《港口工程测量规范》。目前,温州港已形成"一港七区"的港口布局新格局,即老港区、杨府山港区、龙湾港区、七里港区、大小门岛石化港区、状元岙港区、乐清湾港区。此外,还有飞云江河口的瑞安港区、鳌江河口的鳌江港区和龙港港区。

一、老港区

　　温州老港区在瓯江南岸的西门郭公山至东门株柏一带。第一座码头建于清光绪十年(1884),由轮船招商局温州分局建造,故名招商码头(后名朔门一号码头),系钢质趸船浮式码头。后来又续建宝华码头(安澜硬码头旧址)、永川码头(军分区码头旧址)、平安码头(东门新码道)、株柏码头(水产码头旧址)、振华码头(又称振中码头)、麻行码头。至 1938 年,温州港共有 7 座码头。抗日战争期间,均遭日军轰炸破坏,至 1946 年仅存招商和宝华两座码头。

　　1953 年 11 月重新修建招商码头,这是当时温州港唯一的运营码头。1957 年温州港务局在朔门沿江修建一条长约 200 米、宽 9 米的平坦水泥路,把一、二号码头及附近的仓库、堆场联结在一起,形成温州港历史上第一个完整的港区"朔门港区"。后来又陆续建成多座码头,形成振华、安澜、朔门、西门 4 个港区,其中西门港区为煤炭专运港区,俗称煤场。

1958年,交通部派遣天津航道局海港测量队对温州港进行全面测量,绘制海港图。1960年6月,温州港建立海港测量队,对温州港航道和老港区码头前沿水深,进行经常性检测。1985年,温州港务局测量队完成温州港客运站建设工程测量。1989年6月,温州市勘察测绘研究院完成老港区1:500地形图8幅。

二、杨府山港区

杨府山港区位于瓯江南岸杨府山北侧,在老城区以东约4千米。该港区岸线长1600米。温州港航道整治后,1973年杨府山港区离岸40米处水深达7~9米,可靠泊5000吨级船舶。1979年12月,在杨府山港区江面设置系船浮筒2只,供5000吨级煤轮、货轮系泊和过驳作业使用。这是温州港首次设置的系船浮筒。

1983~1984年,杨府山港区一期工程建成500吨级钢筋混凝土固定式辅助码头1座,5000吨级浮式码头1座,称为杨府山一号码头。1990年6月,杨府山港区二期工程建成5000吨级码头1座和500吨级杂作码头1座。后来,由于温州城区建设瓯江南岸防洪堤"外滩"江滨公园,老港区几乎废弃,杨府山港区整体搬迁至灵昆港区和龙湾港区。

1979年10月~1980年1月,温州地区基本建设局规划设计处测量组受温州港务局委托,完成杨府山港区码头测量。平面控制用J_6经纬仪布设一级图根导线4.7千米,共48点;高程控制以温州市东部三等水准网的3个水准点为起算点,布设3条水准路线;用平板仪施测1:500地形图15幅,面积0.67平方千米。采用1954年北京坐标系,1956年黄海高程系。

1980年杨府山港区开始第一期工程建设,浙江省交通设计院布设5″级小三角,测绘1:1000地形图2平方千米。

1984年,温州市勘察测绘处完成杨府山港区煤炭码头建设工程测量。

1988年10月,温州市勘察测绘研究院为杨府山港区二期工程建设,完成三、四等水准2.0千米和1:500地形图7幅。

1989年,杨府山港区为进行第二期、第三期工程建设,委托浙江省交通设计院完成1:1000地形图3.5平方千米,并测量港区的内河沟通工程及第三期工程1:500地形图。

1991年,温州市勘察测绘研究院完成港区二级导线控制21点,1:500地形图6幅。

三、龙湾港区

龙湾港区位于瓯江南岸白楼下至炮台山之间,岸线总长2500米,陆域平原纵深广阔,水域江面宽达3000米。港区占地面积16.7公顷,使用岸线575米,前沿水深9米,金温铁路直达港区,地理位置和集散运输条件非常优越。

1959年3月,交通部勘测后决定兴建龙湾港区,并拨款备料,温州市港埠建设委员会建立。1960年5月,国家计委正式批准兴建龙湾装卸作业区。1961年1月,建成1000吨级辅助码头1座,仓库503平方米,堆场1000平方米。次年因国民经济建设政策调整,拆除已建码头。1977年11月,重新建成3000吨级煤炭码头1座。1986年,龙湾码头被列为全国"七五"计划重点工程,当年建成500吨级钢筋混凝土趸船浮式码头。1988年12月,龙湾港区的第一个万吨级码头竣工。现已建成1万吨级泊位4个,堆场12万平方米,仓库3000平方米。

1985年,温州港务局海港测量队完成龙湾港区码头建设工程测量。温州市勘察测绘处完成东起炮台山、西至茅竹岭的龙湾港区测量,布设小三角15点,一级导线4点,二级导线10点,测绘1:500地形图18幅。

1997年,温州市勘察测绘研究院完成龙湾港区石化码头1:500地形图7幅。

四、七里港区

七里港区位于瓯江河口北岸的乐清市磐石—七里—黄华一带,距瓯江口门6.8千米。位于里隆的七里港区使用岸线867米,泊位总长582米,前沿水深8～13米,是瓯江口内港口区位条件最好的天然良港。现已建成2.5万吨级泊位4个,1000吨级和500吨级泊位各1个,集装箱堆场12万平方米,仓库3000平方米。此外,还有位于磐石的温州电厂码头2万吨级煤炭专用泊位2个。

1984年11月～1985年4月,因黄华测区(磐石至七里、黄华一带)面积共45平方千米列入温州市1:2000航摄图施测范围,温州市规划设计院勘测处在此完成温州市三、四等三角控制扩展网,同时为七里和黄华码头道路施工放样的需要,加密布设一级导线115点。采用温州市独立坐标系,1956年黄海高程系。

1987年,浙江省交通厅航运局航道勘测设计室进行七里港区选址测量,在七里至黄华完成5″级小三角、四等水准及1:2000地形图4平方千米。

1993年5月,温州市勘察测绘研究院完成七里港区一级导线35点和1:500地形图42幅。

五、大小门岛石化港区

大门岛和小门岛位于洞头列岛北部,地处乐清湾口和瓯江口外。小门岛是一个石化城,有中油沥青厂和华电能源公司2家石化企业,现已建成储运能力为134万立方米的石化基地和生产能力为30万吨的高交沥青厂,成为亚洲最大的常温高压液化气中转储运基地。港口海域条件是温州七大港区中的最优者,港区岸线长3000米,航道水深大于20米,是温州港唯一能进港和靠泊30万吨级巨型海轮的深水港区。

1998年12月～1999年3月,温州综合测绘院施测小门岛测区,布设平面控制四等GPS 5点,完成1:500数字地形图1.5平方千米。

2001年6月～7月,温州综合测绘院在小门岛布设平面控制四等GPS 10点,按四等水准精度施测一级导线的光电测距三角高程,完成1:2000地形图2.4平方千米。

2002年3月,温州综合测绘院承接小门岛码头水下地形测量任务,施测范围的东西长度630米,南北方向为岸线以外水域316米和岸线以内陆地140米,施测面积0.29平方千米。平面和高程控制分别布测E级GPS点与四等水准点。测深采用SHD-130精密型测深仪,定位采用中翰ZH-120差分定位GPS系统和信标机接收系统。水下地形测量的测线间隔5米,测点间距5米,水下地形变化较大地段缩短为4米。内陆测图采用内外业一体化成图。

2006年3月～11月,洞头县规划测绘大队在小门岛布设一级导线16点,采用SET 210全站仪观测,完成1:500数字地形图3.2平方千米,洞头县独立坐标系,1985国家高程基准。

2007年,长江水利委员会水文局长江下游水文水资源勘测局,受温州市瓯江口开发建设总指挥部委托,承接温州石化基地的航道、围涂、桥梁工程地形图测量任务,完成控制测量D级GPS 21点,1:

1000 地形图 40 幅 10 平方千米,1:2.5 万地形图 2 幅。

2008 年 2 月,中交第三航务工程勘察设计院有限公司综合设计研究所完成"温州小门岛 5 万吨级油气码头工程区及附近水域水文测验"的设计。目的是了解拟建码头区及附近水域潮位及潮流特征,为码头平面布置和水工结构设计提供相关基础资料。同年 6 月,浙江省河海测绘院按上述设计,平面坐标采用 1954 年北京坐标系及经纬度地理坐标系,高程采用 1985 国家高程基准,在拟建码头水域完成如下水文测验项目。

(1)定点水文测验:测船在拟建码头中心水域进行连续 15 天的潮流观测。测点采用 GPS 定位,双锚固定,并每隔 3 小时作定位检查。潮流观测采用进口声学多普勒剖面测流仪,取样间隔 10 分钟,每次观测时间 30 秒,观测层次采用 6 点法。

(2)ADCP 走航测流断面施测:在拟建码头水域布设 3 个断面,施测连续 2 个完整潮期(约 28 小时),走航测流的路径总长约 1.8 千米。每整点施测,采样间距顺水流方向为 50 米,垂直于水流方向亦为 50 米,观测层次采用 6 点法;走航船舶按预定测线借 GPS 导航,匀速航行,船速不超过 ADCP 观测的临界速度。

(3)潮位观测:在拟建码头近岸处设临时潮位站,定点水文测验期间连续观测 1 个月,并抄录洞头长期站同步期潮位。潮位观测采用 WSH 型自记潮位仪,每整点观测一次,而在高、低平潮前后半小时进行每隔 5 分钟的加密观测。同时由专人进行水尺读数的比测。

2008 年 5 月,中交第三航务工程勘察设计院有限公司温州分院在黄大峡水道和洞头洋,测量完成"温州大小门岛 30 万吨级油轮进港航道工程 1:1 万水深图"。执行《水运工程测量规范》(JTJ203 - 2001),采用 1954 年北京坐标系。

六、状元岙港区

状元岙港区位于瓯江口外南水道南侧的状元岙岛西北沿岸,可利用岸线长 10 千米,前沿水深 14.2 米,进港航道水深 15 米以上,可乘潮进港 10 万吨级货轮,是温州港的深水港区。2007 年,建成 5 万吨级泊位 2 个,可靠泊 10 万吨级海轮。

2004 年,状元岙港区围垦一期工程由中交第三航务工程勘察设计院设计,中交第一航务工程局第二工程公司进行施工测量。围垦一期工程的围堤长 1850 米,隔堤长 730 米,吹填区面积 0.8 平方千米。2004 年 10 月正式开工,2007 年 7 月建成。施工中埋设沉降位移观测点,定期观测,竣工后继续观测,积累沉降位移资料。状元岙港区围垦工程的宗海图测量和填海项目验收测量,详见第八篇《海洋测绘》。

七、乐清湾港区

乐清湾港区位于乐清湾西海岸的南塘—南岳—蒲岐一带,这里是温州港重点发展的深水港之一。可开发港区岸线长 34 千米,疏浚后的码头前沿水深 15 米,涨潮达到 18～20 米,5 万吨级海轮不需乘潮进港,10 万吨级以下海轮需乘潮进港,但不能通行 10 万吨级及以上的巨型货轮。2007 年,建成位于南岳与蒲岐之间的浙能乐清电厂 3.5 万吨级煤炭专用泊位 2 个。

2005 年,乐清市测绘队受乐清湾港区管理委员会委托,承担乐清湾港区一期北港区的前期测量,历时 2 个多月,在南塘镇滩涂完成如下测量项目。

（1）平面控制：以四等三角点梅岙、兰无滩、山前山为起算点，布设一级 GPS 网 9 点，采用乐清市独立坐标系。观测采用五台中海达 12 通道单频 GPS 接收机，基线解算采用随机商用软件 Hi-Target GPS 后处理软件。一级 GPS 网同步环 10 个，异步环 4 个，同步环相对最大闭合差 1/247 万，最大环相对最大闭合差 1/79 万。按三个已知点进行二维约束平差，求出 GPS 点的坐标。平差后最弱点中误差为 ±24.9 毫米，最弱基线相对中误差为 1/2 万，满足《全球卫星定位系统城市测量技术规程》要求。

（2）高程控制：以临港工业园区内 2005 年布测的四等水准点作为起始点，按四等水准要求联测 9 个 GPS 点和 2 个图根点，并与临港工业园区的水准网并网平差。

（3）地形测量：测绘滩涂 1：500 数字地形图 2.07 平方千米，水下 1：500 数字地形图 2.75 平方千米，共跨图幅 122 幅。

八、瑞安港

瑞安港位于瑞安市飞云江下游南北两岸，北岸港区东起东山下埠浦口，西至城区小横山，岸线长 7000 米；南岸港区东起飞云浦口，西至飞云码道，岸线长 3000 米。由于进港航道水浅，最浅处水深只有 2.5 米，1000 吨级船舶需候潮而入。因此瑞安港的货物年吞吐量很小，1990 年为 26.57 万吨，1993 年为 39.3 万吨，2007 年增至 396.1 万吨，2012 年反而降为 372 万吨。

1980 年，浙江省交通设计院在瑞安港区布设 5″级小三角，测量飞云江口内航道 1：5000 水深图 18 千米，测量口外航道 1：1 万水深图 25 千米。1985 年，温州市勘察测绘处完成瑞安港新建和扩建码头的 1：500 地形图。1986 年，温州航运管理处完成 1：2000 瑞安港区图。

九、鳌江港

鳌江港位于鳌江下游河口段，距江口 5.5 千米，全港面积 1.6 平方千米。1956 年，列为全省五大联运港口之一。1976 年港口制定扩建规划，1980 年增加码头泊位和海运航线。1981 年，析置苍南县后，鳌江港以鳌江中心线为界，分为平阳县的鳌江港区和苍南县的龙港港区。

1. 鳌江港区

鳌江港区位于鳌江下游北岸的平阳县鳌江镇，港区岸线长 1000 米，泊位长 599 米，由鳌江老码头和新码头组成，年吞吐能力只有 80 万吨。最大的码头初建于 1964 年，1982 年 2 月扩建为钢筋混凝土高桩框架式结构，码头长 87 米，宽 11.2 米，靠泊能力 1500 吨。1990 年新建码头，共有生产码头泊位 24 个。

2. 龙港港区

龙港港区位于鳌江下游南岸的苍南县龙港镇，与平阳的鳌江港区隔江相对。龙港港区进港航道长 17 千米，其中口内航道 5 千米，口外航道 12 千米，大潮低潮位时水深只有 0.7～1.5 米，1000 吨级货轮可候潮而入。龙港港区由老码头和新码头组成，老码头位于瓯南大桥下游的方岩下，岸线长 800 米，泊位长 365 米；新码头位于老码头以东，西起殿后，东至下埠，岸线长 1500 米，泊位长 1100 米。1995 年底，龙港港区已建成大小泊位 31 个，其中 1000 吨级 4 个，500 吨级 2 个，100～200 吨级 25 个。

1971 年，浙江省交通厅航道勘测设计室测量鳌江钱仓段航道 12 千米，1980～1981 年测量口内航道 18 千米和口外航道 25 千米。

1986 年，温州航运管理处测量 1：1000 鳌江港全图，1988 年测量 1：1000 鳌江港航道水深地形图。

第二节　机场工程测量

机场测量是机场建设工程的勘测设计、施工、竣工及运营管理等所进行的各项测量工作,包括飞行跑道、停机坪、导航台、航站楼和净空区测量。改革开放以后,温州建设永强机场,现为龙湾国际机场,都进行过繁重的选址测量和施工测量等。

一、民国时期的简易机场测量

民国时期,温州曾建造过四个简易机场,三个是军用机场,一个是民用机场。使用时间较长的是南塘机场和瓯江水上机场,而中央涂机场和乐清磐石机场的使用时间短,起降飞机少,这里从略。

1. 南塘机场

南塘机场始建于 1932 年秋,1933 年 12 月建成,占地面积 1500 余亩,黄泥碎石跑道,从南塘上塘殿起,直至横渎,长约 500 米,宽 10 米。该机场作为国民党空军飞机临时停降和加油之用,每次停机 2～3 架,最多一次停机 13 架。

1938 年 2 月,侵华日军第一次轰炸南塘机场,5 月 26 日上午又来大轰炸,机场被炸毁。1945 年 12 月,出于内战需要,第三战区长官司令部电令永嘉县国民义务劳动服务团修复机场。经过 3 年的工程勘察和测量,1948 年 12 月动工重建,由梧埏警察所监督施工。1949 年 2 月,完成整地,适值温州解放前夕而中止建设。中华人民共和国成立后曾计划修复,但未付诸实施。

南塘机场选址用图,主要是军用地图中的温州图幅。1913～1932 年,浙江陆军测量局依照民国初期参谋本部颁布迅速测图计划,完成全省 1：5 万地形图和沿海地带 1：2.5 万地形图。

机场建设参照梧埏区丘地图册。1930 年,浙江省派员来永嘉县筹办土地陈报,成立丘地图册编查队。编查控制区域为城区、永强、梧埏、三溪、永临、罗浮等区,分区布置地籍图根点。图幅横 50 厘米,纵 40 厘米,每幅图实地面积 1：1000 的 300 亩,1：500 的 75 亩。完成图幅经检查员实地检查合格后上交总处。经费主要来源于预征测绘费,因购置测量仪器的经费不足,为此议定以待建南塘机场场地出租,租谷约 10 万斤收入及全县地价增值税收入的 75％分配给永嘉县,作为地政经费。

2. 瓯江水上机场

1933 年 7 月,中美合资中国航空公司经营上海至广州客班航线,在江心屿至麻行码头之间的瓯江水面设立水上机场。开始时,江中停舶一艘大舢舨,供上下旅客使用。1934 年,改设一艘长 12.2 米、宽 6.7 米的木质趸船,趸船上建有长 7 米、宽 5 米左右的候机亭。1937 年抗日战争爆发时停航弃用,撤掉所有设施。

1931 年夏,"庆云"测量艇来温州港测量,次年出版 491 号《瓯江口至温州港》和 490 号《瓯江及附近》两幅海图,这是建设瓯江水上机场的主要地形依据,并参考 1877 年以来的历次《温州港航道图》资料。

二、永强机场测量

温州永强机场位于瓯江口南岸的东海之滨。1984 年 11 月 15 日,国务院颁发(1984)160 号文件批准建造永强机场。1990年5月竣工,1990年7月12日正式通航。永强机场建成时,占地约2000亩,机场跑道长2400米,宽60米,停机坪面积7.3万平方米。机场内外设有南、北远近距导航台、航向台、下滑台、中心发信台及归航台等台站。候机楼总面积近1.2万平方米,为国内民用二级机场。

机场的选址可行性研究,先后在永兴乡的南址和沙蟾乡的北址两处进行勘察和测绘,经比较结果,选定北址兴建永强机场。

1. 机场南址选址测量

1985年2月,在温州市科学技术咨询服务公司组织下,温州市地理学会科技咨询服务处完成机场南址首级平面控制测量,以国家一等三角点"小陡门东"和三等三角点"黄石山"为已知点,布设四等三角点2座。为解决任务紧迫而连日云雾致通视差的难题,不建寻常标,选点于背景良好的高大楼房廊台设立旗标,借用近旁相距不到1米的房角线作为邻站观测的"觇标",进行照准点归心改正。

1985年2~3月,温州市水电勘测设计处、瓯海县水利电力局和永嘉县水利电力局,联合进行南址选址测量。在四等三角控制基础上,布测一、二级小三角锁各13点,并丈量2条基线,基线的全长相对中误差分别为1/14.3万和1/28.8万,最弱边相对中误差为1/3.19万,测角中误差为$\pm 3''.82$。并以温州市东部三等水准网为基础,测量三等水准路线16.4千米;测绘1:2000地形图4.3平方千米,1:5000带状地形图4.9平方千米。机场场道中轴线定向测量,测设场道方格网13点;按任务书规定位置,沿机场跑道中轴线两侧,测设地质勘探孔66点。采用1954年北京坐标系和1956年黄海高程系。

2. 机场北址测量

机场北址测量从选址到竣工,包括控制、地形、施工和净空测量,全部由温州市勘察测绘研究院承担,采用温州市独立坐标系和1956年黄海高程系。完成项目如下。

(1)控制测量

1985年10月,在国家一等三角点"小陡门东"和"鲳儿基顶"之间布设三等导线13.7千米,有沙前、八甲、蟾钟东、横山4点,并建造寻常标。在机场场区布设四等三角2点,总长12千米的一级导线网29点,总长6.3千米的二级导线网17点,二级小三角网15点。以温州市东部三等水准网为基础,布测三等水准路线16千米和四等水准路线11千米。

机场场区200米×200米方格网点平面和高程测量,共测设方格网点45点,二级导线10千米,三等水准路线15千米,输油管线控制11千米,测量一级导线8.2千米,二级导线10千米。给水管线测量一级导线4千米,四等水准4千米。

(2)地形测量

1985~1986年,测绘机场场区1:2000带状地形图5平方千米,航站区、业务油库区1:500地形图14幅0.65平方千米,输油管线(长11.9千米)1:2000带状地形图2.5平方千米及1:500地形图0.7平方千米,给水管线1:500地形图0.5平方千米。

测绘温州机场南外(南远距导航台)指点标台、北外(北远距导航台)指点标台、南近(南近距导航台)归航台、北近(北近距导航台)归航台、航向台、下滑台、全向信标台(测距仪导航台)、中心发射台等导航台台址1:200地形图共9幅。

(3)施工测量

1985~1989年,完成机场场区40米×40米方格网点高程测量,机场跑道中轴线方位测量,中轴线的定位放样测量。同时测定南外、北外指点标台,南近、北近归航台,航向台,下滑台,全向信标台,中心发射台,机场归航台等9个导航台的位置。

（4）净空测量

在机场运行管理阶段,完成跑道长2.4千米的沉降观测,机场场区土地征用地籍图测绘,9个导航台坐标数据的确定,以及机场跑道附近高建筑物位置的测定。

2001年10月,完成机场四等GPS 5点,1∶2000地形图9幅。

2006年8月,受民航温州永强机场指挥部委托,对指定的3座温州发电厂烟囱、4座电业局跨江高压铁塔、黄石山气象雷达天线、机场航管楼、机场水塔及乐清柳市寺前微波塔等建（构）筑物进行坐标和高程测定,并提供机场跑道中点至上述各建（构）筑物的磁方位和水平距离。

第二章　铁路工程测量

铁路工程测量包括线路、隧道、桥涵、站场等工程测量。温州市有金温铁路、甬台温铁路、温福铁路三条,均为改革开放后的新建铁路。新建铁路分为勘测设计和施工两个阶段。勘测设计又分为初测和定测。初测主要勘定线路中线,进行导线和水准测量,测绘 1∶5000 或 1∶2000 带状地形图,绘制路线剖面图,为设计提供详细资料。定测有放线及交点、中线、高程测设和横断面测量。施工阶段则有复测线路中线、构筑物放样和竣工测量。

第一节　金温铁路测量

金温铁路(指老金温铁路,不是新金温铁路)北起金华市金东区东孝,南到温州市龙湾港,途经金华市金东区、武义县、永康市、缙云县、莲都区、青田县和温州市瓯海区、鹿城区、龙湾区,总长度 251.51 千米。沿线有桥梁 138 座 15262 延长米,隧道 97 座 37971 延长米,道岔 212 组,道口 51 处,为二级铁路标准。由铁道部、浙江省、香港联盈兴业有限公司合资建设,这是我国第一条引进港资的地方铁路。

金温铁路温州段从瓯海区双潮乡沈岙村起,越大毛山进入鹿城区仰义和双屿,穿西山隧道进入瓯海区新桥,再入梧埏,设温州客运站,最后至龙湾港区站。温州段全长 55 千米,其中瓯海区境内长 33.36 千米,鹿城区境内长 14.99 千米,龙湾区境内长 6.65 千米。

1992 年 12 月 28 日,金温铁路沿线金华马堂车站、武义清塘隧道、永康车站、缙云仙都隧道、温州洞桥山隧道同时开工。1998 年 6 月全线建成开通。

金温铁路的工程测量始于 1915 年,当时浙江省政府向北洋政府报告"甬嘉铁路"(宁波至温州)的全线草测和投资估算。1947 年,浙江省政府决定利用美援修建金温铁路,委托浙赣铁路局勘测。同年 3 月至次年 9 月,浙赣铁路局派出 14 人组成的测量队对杭永铁路(杭州至永嘉)的内、外两线路进行测量。外线循杭甬线由宁波出岔,经奉化、临海、乐清抵达永嘉楠溪江口东岸的港头,测量里程 150 千米。内线循浙赣线由金华起,经永康、缙云、丽水、青田抵达永嘉,测量里程 231 千米。此外,内线还测量从龙游起,经遂昌、松阳至丽水的比较线 160 千米,以及从何村至武义支线 13 千米,内线总长 404 千米。测量主要隧道 4 处总长 1400 米,测绘车站 42 处,1∶10 万路线平面图 6 幅,纵为 1∶30 万、横为 1∶3000 的线路纵剖面概图 2 幅。绘制 1∶73 万《金永铁路踏勘路线图》1 张。经测绘比较,最后选定从金华起,经丽水至永嘉线路。

中华人民共和国成立后,金温铁路工程有下列几个阶段的 8 次测量。

(1)1954 年,铁道部中南设计分局为金温铁路方案研究确定线路走向,该局勘测队担任勘测任务。由于受拟建的瓯江水电站青田水库坝高的影响,线路走向的选择曾勘测多次,以进行多方案的比选。测量内容包括导线、高程和地形测量,以及绘制线路简易草测图。

(2)1958 年 7 月,铁道部第四设计院受浙江省政府委托,承担金温铁路的勘测,进行线路初测和定测,提出设计方案。测量等外导线 80 千米,各导线点高程布设五等水准路线测定,测绘 1∶2000 带状地形图 32 平方千米。测量基准为假定平面坐标系和吴淞高程。同年 12 月,金华至缙云段 66 千米先行施工,中国人民解放军铁道兵部队承担桥涵和隧道的施工测量。后来因故停止建设。

(3)1974 年,金温铁路再次进行方案研究。线路勘测设计阶段采用航空摄影测量方法成图。同年 11 月,由中国民用航空第二飞行总队进行航空摄影,摄像机类型 RC‐8,航摄焦距 113.89 毫米和 209.55 毫米,航摄比例尺 1∶14000～1∶15000,摄影面积 975 平方千米。1975 年 5 月～8 月,铁道部第四设计院完成外业控制,调绘范围为沿线两侧各 700 米,完成 1∶5000 地形图 108 幅,测区面积 452 平方千米;1∶2000 地形图 60 幅,测区面积 38 平方千米。

(4)1984 年,铁道部第四勘测设计院受浙江省计委委托承担该线可行性研究。1985 年 2 月,进行全线路 251 千米的初测,完成一级导线 247 千米共 2500 个导线点,四等水准路线 247 千米,共埋设 200 个水准点;沿线两侧各 500 米主要利用 1974 年航测地形图,并采用 1981 年浙江省测绘局在丽水测区的 1∶2 万航摄像片对局部地段调绘和补测 1∶2000 地形图;利用浙江省测绘局测绘的 1∶1 万航测地形图 58 幅,在金华附近及缙云—丽水—青田段进行各项调查和改线设计。测量基准为 1954 年北京坐标系和 1956 年黄海高程系。

(5)1986～1989 年,铁道部第四勘测设计院根据初步设计和对线路测量的要求,执行《铁路测量技术规范》,进行全线定测。

(6)1990 年 5 月～10 月,铁道部第四勘测设计院成立金温铁路勘测指挥部,设在丽水市。铁道部四院五队、地质四队、原测试队共 250 名测绘技术人员对金温铁路温州段进行精心定测,历时 140 天,测定温州段大小桥梁 56 座,隧道 19 座,涵洞 25 座。

(7)1989～1997 年,温州市勘察测绘研究院承接金温铁路温州段配套工程的测量,完成温州客运站、货运站、编组站、机务段等站房测量,完成公路与铁路立交桥 5 座、交通涵 13 个、平交道 29 个的平面单体工程测量。温州市政府决定加快铁路路基的建设,抽调温州市勘察测绘研究院 5 名测绘人员完成路基线路放样和复测工作。

(8)金温铁路全线开通后,为建设金温铁路龙湾站场,1998 年 6 月温州市勘察测绘研究院受金温铁路龙湾指挥部委托,承接龙湾站场 1∶500 地形测量任务。测区位于龙湾区状元镇御史村,测区面积 0.31 平方千米。采用解析法测制 1∶500 地形图 7 幅,温州市独立坐标系和 1956 年黄海高程系。

第二节　甬台温铁路测量

甬台温铁路北接宁波的杭甬铁路,南连温州的温福铁路。起点是宁波南站,往东与萧甬铁路北仑支线并行,至宁波东站分岔南行,穿过宁波市的 5 个县市区和台州市的 5 个县市区,经乐清市、永嘉县、鹿城区、瓯海区,贯穿 3 个地级市,14 个县级行政区,终点在瓯海区的温州南站动车站。是一条双线有砟轨道电气化高速铁路,铁路等级为国铁Ⅰ级,设计时速 250 千米。全程长 268 千米,全线设置 14 个火车站。2005 年 10 月开工,2009 年 9 月 28 日建成通车。

甬台温铁路温州段长 94.9 千米,北起乌岩山隧道的温、台分界点,途经乐清市、永嘉县、鹿城区至瓯海区潘桥枢纽站"温州铁路新客站"。温州境内特大桥 12 座 26112 延长米,隧道 17.5 座 27191 延长米。温州境内有雁荡站、绅坊站(在石帆)、乐清站(在白石)、永嘉站(在黄田)、温州南站 5 个客运站。

2004 年 3 月,铁道部第四勘测设计院进行定测,完成 1:2000 甬台温铁路用地图,成图宽度 500 米至 800 米不等。2005 年 1 月,进行补充定测后提供工作用图,沿线布设道路中线点和交点,采用 1954 年北京坐标系和 1985 国家高程基准。

2005 年 8~9 月,浙江省统一征地事务办公室勘测中心受沿海铁路浙江有限公司委托,开展甬台温铁路乐清段(58.75 千米)、永嘉段(21.91 千米)、鹿城段(3.90 千米)、瓯海段(10.385 千米)征地前期的土地勘测定界,其测量内容包括控制测量和界桩放样。铁道部第四勘测设计院原布设的控制网精度不能满足土地勘测定界要求。浙江省统一征地事务办公室勘测中心根据铁路走向布设 E 级GPS 网,每 1~2 千米设 2 点,标志埋设采用现场混凝土浇注。在沿线各段统一进行控制测量。起算点采用由浙江省交通规划设计院提供的 104 国道附近的狮子山、鲤鱼山、凤凰北山、印山 4 个国家四等三角点,以及温州绕城高速公路提供的 3 个 GPS 点。根据设计要求,各起算点平面坐标系统换算成与设计成果配套的中央子午线为 121°的成果。点位高程直接采用 GPS 拟合高程。平差计算软件使用日本拓普康随机软件 Pinnacle 中文版。E 级 GPS 网平差后,点位中误差为±3.55 厘米~±0.41 厘米。

依据甬台温铁路用地图对界桩进行放样定位,直线部分每 50 米左右一个点,曲线转折点和车站部分加密。结合实地地形采用两种方法放样,平原开阔地带用 GPS RTK 放样,在每段中间架设基准站,移动站距基准站最远距离不超过 3 千米;低山丘陵地带采用全站仪在控制点上以极坐标法放样,与放样点距离≤200 米。放样点精度±5 厘米。最后完成地类调查、面积计算、1:2000 土地勘测定界图绘制等。完成工作量见表 7-01。

表 7-01　　　　　　　　　甬台温铁路工程测量项目完成工作量一览

工程段名	GPS(点)	界址点放样(点)	权属界线调查(条)	编制 1:2000 土地勘测定界图(平方千米)
乐清段		1086	104	24
永嘉段	85	636	80	8.8
鹿城段		293	12	1.6
瓯海段		580	12	4.4
合计	85	2595	208	38.8

2005 年 9 月,浙江省统一征地事务办公室勘测中心委托浙江省测绘大队质检部对温州永嘉段土地勘测定界工作进行了专检。检测界址点 22 个,点位中误差±3.1 厘米。

2005 年 11 月,浙江省测绘大队受沿海铁路浙江有限公司委托,承接瓯海区潘桥镇陈庄村拆迁安置用地土地征用面积勘测定界测绘。采用温州市独立坐标系和 1985 国家高程基准,并提供转换后的 1980 国家坐标系的坐标成果。

2009 年 2 月,浙江省测绘大队进行甬台温铁路补充征地土地勘测定界测量,累计里程约 200 千米。

第三节　温福铁路测量

温福铁路起点是温州火车南站,往南经瓯海区、瑞安市、平阳县、苍南县和福建境内 8 个县市区,终点至福州站(北站)。贯穿 2 个省,3 个地级市,12 个县级行政区,全长 298.4 千米,其中温州段长 69.2 千米。沿途设 12 个火车站,温州境内有温州南站、瑞安站(在飞云)、鳌江站、苍南站。2004 年开工,2009 年 9 月与甬台温铁路同时建成通车。

温福铁路是一条双线有砟轨道电气化高速铁路,等级为国铁Ⅰ级,设计时速 250 千米。温福铁路行经浙闽山地,山峦叠嶂,地形崎岖,建设难度极大。桥梁和隧道长度占全线的 78.8%,温州段有飞云江大桥、鳌江大桥、平阳大桥等 7 座特大桥,共 31745 延长米;7 座大桥,共 1829 延长米;12 座中桥,共 768.8 延长米;14.5 座隧道,共 20291 延长米。

1998 年 9 月,铁道部第四勘测设计院对温州至福州正线和比较线进行航空摄影,约 1600 平方千米。1999 年 11 月,对正线和部分比较线进行航测外业工作,2000 年 6 月,完成全线 1∶2000 航测地形图 1400 平方千米。

2001 年 12 月～2002 年 9 月,完成按火车时速 140 千米线路的初测和定测工作。2004 年 2 月～5 月,在充分利用原测量资料的基础上,完成时速 200 千米的线路初测和定测工作。测量技术标准为铁道部《新建铁路工程测量规范》TB10101－99,《铁路测量技术规范》TBJ105－88,铁四院《铁路勘测细则》"四设技(2002)333 号"。

2004 年 11 月～12 月,瑞安市规划测绘队承担温福铁路瑞安段带状地形图测绘和土地勘测定界,完成一级 GPS 42 点,长 2.8 千米路段 1∶500 带状地形图。

2005 年 1 月,苍南县测绘所受沿海铁路浙江有限公司委托,承担温福铁路苍南段带状地形图测绘和土地勘测定界。温福铁路苍南段全长 23.79 千米,其中隧道总长 10.28 千米,沿线土地涉及 5 个乡镇 28 个村。在苍南县三、四等 GPS 网下加密 E 级 GPS 点 20 个,并联测委托方提供的 GPS 点 4 个(铁路坐标系),作为坐标系统换算的参数。其精度都符合《城市测量规范》要求。共完成带状 1∶500 数字地形图 2.5 平方千米,土地勘测定界面积 0.55 平方千米。

2005 年 11 月～12 月,浙江省测绘大队受温州市瓯海区铁路建设指挥部委托,承接瓯海区温福铁路拆迁安置用地的土地征用面积勘测定界测绘。

2007 年 12 月,铁道部第四勘测设计院在温福铁路工程建设期间,全线进行精密工程测量。平面控制每 5 千米左右布设 1 组 D 级 GPS 点对,精度高于 1/4 万;点对间布设五等附合导线,平差后导线全长精度高于 1/2000。高程控制按四等水准要求进行观测。平面控制桩按照《京沪高速铁路测量暂行规定》,采用混凝土桩,规格和埋设深度为 0.3 米×0.3 米×0.3 米,桩面与地面平;中线控制桩采用传统"穿线"方法放样,起闭于 GPS 点,放样精度高于 1/1 万。

2008 年 5 月～7 月,国家测绘局第二测量大队受沿海铁路浙江公司委托,承接测设温福铁路轨道基准网控制测量。从温州出发,途经平阳、福鼎、霞浦、宁德、连江,到达福州,作业范围为东经 119°22′~120°37′,北纬 25°55′~28°03′。这次测量的平面控制网采用三级控制。基础平面控制网布设三等 GPS 控制网 20 点,最弱边相对中误差小于 1/10 万,基线边方向中误差不大于 1″.7,点间距离为 4 千米;线路平面控制网布设四等 GPS 控制网 83 点,最弱边相对中误差小于 1/6 万,基线边方向中误差不大于 2″.0,点间距离 600 米;轨道控制网采用自由设站的后方交会法测量,点间距离 50~70 米一对点,共布设 2300 点。高程控制网共布设三等水准 34 千米。

2008 年 7 月,国家测绘局第二测量大队完成正线 281 千米的航测任务,摄影面积为 281 平方千米,完成 1:2000 线路带状图 281 平方千米。航测外业控制点采用 GPS 测量,用于像片调绘;航测内业进行数字化成图,采用徕卡 HELAVA 全数字摄影测量系统、JX4‑A(C)全数字摄影测量系统及数据编图系统。这次测量的技术规范为《客运专线无砟轨道铁路工程测量暂行规定》铁建设(2006)189 号、铁标 TBJ101‑85《铁路测量技术规则》、TB1419‑81《铁路线路图例符号》、TB10050‑97 版《新建铁路摄影测量规范》等。坐标系统为独立工程坐标系统,即采用 1954 年坐标系统进行高斯投影变换的平面直角坐标系统。

第四节　火车站和动车站测量

火车站测量与铁路线路工程测量一样,也需要平面控制和高程控制测量,还要绘制站场的规划、设计及施工用图,并要进行火车站建(构)筑物沉降监测。

一、温州火车站

温州火车站是金温铁路客运终点站,位于鹿城区鱼鳞浃村。主站房坐南朝北,正北面以车站大道为中轴线向左、右两翼对称布置,东西长 192 米,南北进深 22.2 米,总建筑面积 36296 平方米。与主站房相连接的是高架候车厅,铁路从高架候车厅下方通过。温州火车站由售票房、候车大厅、旅客上下火车地道、附属设施、火车站广场等部分组成。

1985 年 4 月~7 月,温州市勘察测绘处承接"蒲鞋市至火车站"的测图任务。控制测量以 1983 年"温州市三、四等三角网"为起算数据,加密一级小三角 5 点,二级小三角 19 点及二级导线 42 点;以国家二等水准点 8‑7‑2₂ 为起算点,布测三等水准路线 9.03 千米。地形测量布设图根控制 290 点,用平板仪测图法测制 1:500 地形图 116 幅。

1995 年 8 月,温州建设集团公司第一工程公司完成火车站工程定位测量。1995 年 12 月~1997 年 10 月,实施火车站建(构)筑物沉降观测,布设沉降点 37 个,进行 28 次沉降观测,最大沉降量 62 毫米,最小沉降量 5 毫米。

2002 年 7 月~2004 年 6 月,布测的温州市二等水准网,顾及温州火车站的建(构)筑物沉降观测的需要,在火车站广场东首草坪埋设一座打桩型混凝土普通水准标石和 GPS 观测墩的二等水准点。

二、温州铁路新客站(动车站)

温州铁路新客站又称温州火车南站或动车站,位于瓯海区潘桥镇境内,是温福、甬台温、新金温三大高速铁路交会的地区性枢纽站。总用地面积 19 万平方米(285 亩),其中铁路站房占地 7.12 万平方米。总建筑面积 7.1 万平方米,站房主体建筑地面 3 层,地下 2 层,总面积 4 万平方米,4 台 10 线站台柱。站台长度 450 米,基本站台宽 18 米,中间站台宽 12 米,一座净高 4.5 米、宽 12 米的出站地道,一座 16 米宽进站天桥,一座 8 米宽行包地道。2008 年 11 月 13 日,该站初步设计获铁道部批复,2009 年 1 月开工,2010 年 2 月建成投入使用。

2002 年 11 月~2003 年 5 月,温州市勘察测绘研究院在瓯海区潘桥片布设一级导线 136 点,四等水准路线 29 千米,完成 1:500 数字地形图 9.5 平方千米。作业方式选择全站仪配笔记本电脑的一体化成图方法,成图软件为清华山维 EPSW98 电子平板成图系统。该数字地形图是温州铁路新客站的规划、设计及施工用图。

第三章 公路工程测量

公路工程测量包括公路线路、桥梁、隧道等工程测量,分勘测和施工两个阶段。勘测阶段主要为公路设计提供基础资料,其内容有中线测量、线路和桥涵的纵横断面测量、线路平面图测量、用地测量、桥涵水文地质调查等。施工阶段的测量则有恢复中线、测设边坡、桥梁、涵洞及其他建筑物的平面位置和高程放样。

第一节 104 国道和 330 国道测量

温州市的国道公路有 104 和 330 两条,这两条公路始建年代久远,至今经过多次扩建和改建,面貌和路况大为改观。

一、104 国道温州段

104 国道是自北京经温州至福州,全长 2280 千米。杭州至温州段旧称杭温公路,温州段始建于民国十八年(1929)。104 国道在温州境内从乐清市湖雾三界桥起,由北向南贯穿乐清、永嘉、鹿城、瓯海、瑞安、平阳、苍南 7 个县(市、区),至浙闽交界分水关止,全长 224.5 千米,沿途有水涨大桥、清江大桥、楠溪江大桥、瓯江大桥、飞云江大桥等大、中型桥梁 19 座。

1921 年,成立浙江省道筹备处,组织测量队,派员测量杭温线,由杭州经绍兴、嵊州、新昌、天台、临海、温岭、乐清、永嘉、瑞安、平阳至浙闽边界。1934 年乐清段建成。

1936 年 7 月,全国公路交通委员会通过 7 省公路联络干线计划和专线计划,京闽公路(今 104 国道)定为干线之一。1937 年 5 月 20 日,永瑞段(温州至瑞安)通车,路基宽 7~8 米。1938 年 2 月 12 日,瑞平段(瑞安至平阳)通车,而且延至平阳桥墩(今苍南县境内)。沿途有瑞安南门"飞云江"和平阳岱口"鳌江"两个汽车渡口。1937 年抗日战争爆发后,国民政府为了部署战备路线,开始测量桥墩至泰顺公路,次年上半年动工修筑路基。1938 年 6 月开始,为阻滞日军侵犯,第三战区下令破路为田,杭温公路绝大部分均遭毁坏。

1949 年 11 月 5 日起,杭温公路全线动工修复,1950 年 11 月底基本竣工。1950 年 5 月,浙江省交通厅根据政务院《关于 1950 年公路工作的决定》,为抢修公路组织工程技术人员对 104 国道温州城区至分水关段 101 千米、绍兴至温州段 397 千米进行测量。1955 年 5 月,温州至分水关段公路由省公路局第二测量队在原公路基础上重新测设,由交通部公路局第三工程局重修施工。当年 11 月温州至平阳段竣工,1956 年元旦全线通车。新建的温分线(温州至分水关)全长 99.9 千米,路基宽 7.5～8.5 米,路面宽 3.5～5.5 米。

1981 年,104 国道温州段在乐清黄泥岭、扑头岭、永嘉梅园岭等重点路段,按二级公路标准全面拓宽改造,越岭公路基本改由隧道通行。1986 年,改永嘉梅园岭山路为沿江平原的二级公路,并测设和修建温州市区过境公路,次年 12 月通车。1988 年,进行乐清湖雾岭至跳头段老路改善复测,完成永嘉乌牛至港头段改造。1989 年,乐清清江以北公路改线工程开工,次年竣工。1990 年,先后建成 328 米长的白箬岭隧道和 227 米长的扑头岭隧道。

1996 年,乐清市水利局测量队完成 104 国道乐清段(后所至清江)加宽及改线的带状地形图测绘。

2000 年 8 月～10 月,浙江省第一测绘院和乐清市测绘队合作完成 104 国道乐清段的温州大桥北侧至虹桥镇东垟村的文明景观大道带状 1∶500 数字地形图 142 幅,面积 8.87 平方千米。路线总长度 43.2 千米,道路两侧一般测至路外 80 米,居民地及山地测至路外 25 米。并完成 E 级 GPS 119 点,等外水准路线 54.2 千米。坐标系统采用乐清市独立坐标系,同时提供 1954 年北京坐标系控制成果,高程系统采用 1985 国家高程基准。测量仪器使用 Leica GPS 双频接收机,NS_3 水准仪配合区格式木质标尺。数字地形图使用全站仪和便携机施测。

2002～2007 年,改建 104 国道苍南段,途经灵溪、凤池、观美、桥墩、五凤等乡镇,全长约 25 千米,分三期进行改建,由浙江省交通勘察设计有限公司勘察测绘。

二、330 国道温州段

330 国道温州永嘉段原在瓯江北岸,2005 年增建瓯江南岸的复线后,原来北岸老路改称 333 省道(即 49 省道),所以 330 国道分两线记述。

1. 330 国道温州段(老路)

330 国道线东起温州城区,途经永嘉瓯江北岸和青田、金华,西至建德市寿昌镇,全长 361 千米,温州段长 38 千米。1929 年 5 月经浙江省国民政府会议通过,拟建的该公路为全省十条干线之一。1933 年 1 月由浙江省公路局进行勘察、测量和施工,1934 年 10 月竣工通车,金华至温州段旧称金温公路。1938 年 6 月,为阻滞日军侵犯,国民党第三战区下令自毁公路,废路为田,永嘉县朱涂、垟湾等桥梁全部拆除。

1951 年 1 月～8 月,浙江省公路局进行勘察测量,并修建永嘉林福至清水埠公路。同时建造温州东门永川码头起,经半腰桥,越太平岭,过郑桥、双屿至梅岙的长 19 千米的公路路基。1952 年 9 月,浙江省公路局成立丽青温公路工程队。次年 3 月,华东公路管理局拨款,改由华东公路局第二工程总队负责勘测和施工,同年 10 月温州城区至梅岙公路竣工。由于梅岙轮渡码头建成,金华汽车可直达温州城区。

1971 年 6 月～1982 年,温州城区清明桥经梅岙渡口至永嘉花岩头路段,先后进行测量,逐段改建为沥青路面,改善工程均由温州公路总段工程队和永嘉段工程队负责勘测和施工。1984 年 9 月,温州瓯江大桥建成通车,330 国道由梅岙轮渡改经六岙瓯江大桥,双屿至瓯江大桥的 10.6 千米路段与 104 国道重复。1986 年,浙江省交通部门组织测量队对金华至温州段进行全线调查,对不符合二级公路标准的路段分别测量和改建。2005 年,因 330 国道温州至青田段增建瓯江南岸的复线,原瓯江北岸的 330 国道老路改称 333 省道(即 49 省道)。

2. 330国道复线温州段(新路)

由于330国道的公路宽度、质量标准、交通流量等不能满足日益增长的运输要求,省交通部门拟建330国道复线,进行复线的线路勘测设计和测量。330国道复线从丽水市青田县鹤城镇起,沿瓯江南岸,进入温州市鹿城区的沈岙村,再经双潮和临江两镇,过官岭隧道后与330国道、104国道重复线相连接。

2003年6～10月,温州市勘察测绘研究院在330国道复线温州段临江至双潮路段布设四等GPS控制点3点,三等水准点3点,施测三等水准路线25.81千米,四等水准路线64.7千米,完成面积13.2平方千米的地形测量。

第二节　省道公路测量

民国初期,浙江省议会通过省道公路建设计划,全省分为浙闽正线、浙闽副线、浙皖正线、浙皖副线、浙赣线、浙苏线六大干线,全长1527千米。其中浙闽副线和浙闽正线经由温州地区,1921年由省道筹备处测量。抗日战争胜利后,省交通管理处专设测量队和工程队,应对各条路线的测量和施工。中华人民共和国成立后,修复原有线路,兴建主要公路。依据交通部先后制定和颁发的《公路路线勘测规程》《公路路线设计规范》《公路工程地质勘察规程》《公路桥位勘测设计规程》和《公路隧道勘测规程》等测量技术法规,部分省道公路在原有基础上进行复测改建,提高了公路的技术标准,路况也得到了改善。目前温州市有省道公路8条,见表7-02。

表7-02　　　　　　　　　　　温州市省道公路一览表

省道旧编号	省道新编号	起讫地点	路线长度(千米)	测量年份	测 设 单 位
S41	S223	永嘉清水埠—仙居	101.8(温州境内)	1956～1963	浙江省交通厅公路设计室
S49	S333	永嘉六岙—缙云东渡	23.0(温州境内)	1933～2003	温州市勘测测绘研究院
S77	S332	温州市中心—永强—洞头	66.7	1961	温州地区交通局
S56	S330	瑞安飞云—景宁东坑	132.5(温州境内)	1953～1959	浙江省交通厅公路设计室
S57	S230	平阳岱口—青田鹤城	72.6(温州境内)	1957	浙江省交通厅公路设计室
S58	S331	(旧路)泰顺罗阳—分水关	104.1	1936～1956	浙江省公路局 浙江省交通厅公路设计室
		(新路)泰顺罗阳—分水关	59.3	2002	丽水市勘察测绘院
S78	S232	(旧路)苍南南水头—霞关	67.4	1956～1973	浙江省交通厅公路设计室
		(新路)苍南南水头—霞关	37.1	2004	
S52	S228	(旧路)云和—寿宁	73.8(泰顺境内)	1963～1965	福建省交通厅公路局 浙江省交通厅公路设计室
		(新路)云和—寿宁	35.4(泰顺境内)	1996	泰顺县测绘大队

一、41省道(永嘉清水埠至仙居)

41省道(现改称223省道)又名仙清线,自永嘉县清水埠起,沿楠溪江北上,经上塘、沙头、岩头、福佑、张溪至大寺基与仙居公路连接,温州境内长101.77千米。41省道(温州段)由浙江省交通厅公路设计室测设。1956年2月~1962年4月,先后建成沙头至岩头段、沙头至上塘段、上塘至清水埠段、岩头至福佑段。1962年,因岩头小港溪过水路面被洪水冲毁,省交通厅拨款进行公路勘测和改建。1971年2月~1972年4月,建成福佑至大寺基段,至此全线竣工。1980年,九丈三角岩的汽车渡口改建为大桥。1985年起,逐段改沙石路面为沥青路面,桥梁都改为永久式。1986年3月楠溪江大桥建成后,桥路立交,41省道从楠溪江大桥西端桥下通过。

2007年3月,浙江省水电设计院对41省道温州段进行防洪影响评价测量。

二、49省道(永嘉六岙至缙云东渡)

49省道(现改称333省道)又名六东线,从永嘉六岙瓯江大桥起,沿瓯江北岸西行,经梅岙、垟湾、桃湾、朱涂、林福、闹水坑,在花岩头进入青田温溪境内。然后经温溪、鹤城、石溪、船寮、海口、腊口,再经丽水城区,最后抵达缙云东渡,全长139.6千米,永嘉境内只有23千米。永嘉段是原330国道的旧路,其测量和建设情况见上述330国道温州段。

三、77省道(温州市中心至永强,上岙至洞头)

77省道(现改称332省道),又名温强线,原起温州飞霞桥,后改由汽车西站起,经人民路,向东过灰桥、杨府山、汤家桥、状元、白楼下、青山至永中镇寺前街止,全长26.3千米。1958年开始,民办公助先后建成飞霞桥至杨府山3千米,杨府山至白楼下11千米,白楼下至永中镇9.5千米,由温州地区交通局测设,1961年竣工。1982~1987年,温州灰桥至杨府山段拓宽路基,拼宽桥梁;杨府山至白楼下段进行公路改建测量,按二级公路标准改建,凿通状元至白楼下之间的长970米茅竹岭隧道;改铺灰桥至状元的沥青路面。1986~1987年,从白楼下接线修建机场公路,并贯通永梅公路(永中镇至梅头镇)。2001年,77省道汤家桥至状元段进行改建,温州综合测绘院完成该路段的纵、横断面测量。

2010年12月开工建设的77省道延伸线,即龙湾至洞头疏港公路,起点在机场大道的上岙,经灵昆大桥、灵昆岛、灵霓大堤、洞头下社、桐岙、浅门、深门,终点至状元岙深水港区,长度40.4千米,由温州综合测绘院测设。

四、56省道(瑞安飞云至景宁东坑)

56省道(现改称330省道)又名瑞东线,从104国道瑞安飞云江大桥南端起,经瑞安市仙降、马屿、平阳坑、龙湖、营前和文成县岚口、大岙、西坑,至丽水景宁县东坑镇接云寿线,全长218.96千米,温州段长132.5千米。1953年,从瑞安定线测量至文成黄坦。1955年,省交通厅测量队进行56省道勘测设计,无统一坐标。1958年,省交通厅测量队进行文成县城至百丈漈公路测量。1959年,省交通厅设计院进行文成西坑至景宁东坑71.2千米的勘测设计。1959年2月,为装运百丈漈水力发电工程处特重型设备,瑞安县成立瑞百(瑞安—百丈漈)公路指挥部,测量人员先后经过4次测设,于同年11月完成公路改善和重件运输任务。1964年8月,瑞东公路全线建成,沟通景宁与瑞安的交通,成为20世纪60年代温州市战备公路之一。1990年8月～9月,受特大洪灾袭击,文成峃口车站被冲毁,峃口大桥桥墩被冲跨,瑞安平阳坑和高楼等段公路遭损坏,经测量人员勘测,及时修复被毁路段,保证公路畅通。从1990年开始,瑞安高楼至文成大峃段铺筑沥青路面。1995年浙江省交通设计院测量大峃岭隧道1280米,高程为黄海高程,平面假设坐标。2000年,56省道改建瑞安至文成花园段14.83千米,由温州市交通规划设计院测设。

2002～2005年,改建的新56省道,从104国道瑞安飞云江大桥南端起,跨甬台温高速公路,经飞云、仙降、马屿及河头,过新建的飞云江大桥,穿塔石岭隧道、上岙岭隧道,沿飞云江北岸至高楼大桥,再傍赵山渡库区,经营前和黄岙至文成县境内,在兴川村和老56省道交汇,最后至丽水景宁县东坑镇。新56省道由浙江省交通设计院勘测设计。起点至河头,按一级公路技术标准,行车速度为100千米/小时,路基宽度20.5米;河头至终点,按二级公路技术标准,车速60千米/小时,路基宽度10.5米,有特大桥1座,大桥4座,隧道6座。2002年7月开工,2005年2月建成通车。2004年2月,浙江省测绘大队完成新56省道瑞安至高楼段用地勘测。

五、57省道(平阳岱口至青田鹤城)

57省道(现改称230省道)又名青岱线,自平阳岱口大桥沿鳌江北岸至詹家埠,经腾蛟、石龙、高楼、枫岭、李林等地,向北至文成和青田交界的十字坳口止,温州段长72.62千米。1957年3月～1972年1月,先后建成岱口至詹家埠公路16.5千米,詹家埠至腾蛟5.4千米,腾蛟至石龙16.5千米。高楼至十字坳口段是世界银行农村公路贷款项目,从1979年起,先后由浙江省交通厅设计院和瑞安县交通局,对高楼至枫岭段进行测量和设计。1983年12月～1990年7月,高楼至十字坳口段公路先后动工分期建造,全线桥梁13座,并建湖石汽车渡口。枫岭至后坑垭口段,曲折多弯道,盘旋而上,最高海拔达570米。文成至青田段22.8千米最后建成通车。

1995年和2002年,平阳县测绘大队对57省道平阳县境内段测绘带状地形图,总长29.9千米,而后又完成57省道平阳段改造工程的测绘。2004年2月,浙江省测绘大队完成57省道瑞安段(瑞枫公路)用地勘测。

六、原58省道和新58省道(分水关至泰顺罗阳)

58省道(现改称331省道)又名分泰线,自104国道浙闽交界的分水关开始,经雅中、三魁、老鹰岩至泰顺县城罗阳镇,全长104.08千米。1936年,浙江省公路局进行分水关至罗阳镇线路勘测。1955年冬,浙江省交通厅公路工程局测设该线,全线多在海拔500米以上的山区,最高处海拔达950米,弯道1600处,测量和施工难度很大。1956年2月,分水关至雅中段长42千米动工;彭溪至雅中段(23千米)的中间从烂头尾至家头坑属福建省福鼎县,由福鼎县交通局进行公路测量。1957年10月,雅中至罗阳段62.08千米抽调民工协助建设;海拔950米的老鹰岩路段,由支援山区公路建设的中国人民解放军3061部队和独立一分队施工。原58省道按简易公路标准进行测量、设计和施工,1958年7月1日竣工通车。1992年,对58省道进行部分路段截弯取直和全线"沙改油"改造,由温州市公路处设计室进行线路测量。1996年10月,泰顺县测绘大队完成莲头官坑标段拓宽改造工程4千米的施工测量。1996年底,分水关至西旸段57千米改建为山岭三级公路。原58省道全线长度缩短为92千米。

按温州市政府提出"泰顺融入温州2小时交通圈"的目标,58省道改建工程列入浙江省重点工程,按山岭二级公路标准测量和建设。2002年12月～2003年2月,丽水市勘察测绘院完成58省道改建工程测量。2003年12月,"新58省道"开工建设。路基宽8.5米,10条隧道总长13.84千米,桥梁总长1.7千米,全线缩短为59.3千米,并进行绿化、电力等附属工程建设。2007年11月底,全线建成通车。

七、原78省道和新78省道(苍南南水头至霞关)

78省道(现改称232省道)又名水霞线,从苍南县南水头的104国道开始,经观美、溪光、矾山、马站至霞关,全长67.4千米。1956年3月开始分段建设,至1973年11月全线建成通车。该公路由浙江省交通厅勘测设计。

2005年3月,作为省重点工程的78省道进行改建,称为"新78省道"。改建后全线缩短为54.5千米,按二级公路标准设计,路基宽度10米,行车时速60千米。全线有桥梁15座,总长1556.52米;隧道4座,总长5804米,其中鹤顶山隧道长2955米,顶魁山隧道长2190米。新78省道起点为104国道与甬台温高速公路观美互通处,经观美、南宋、矾山,穿越鹤顶山隧道,再经马站、沿浦,终点为霞关。改建项目由浙江省交通规划设计研究院勘察设计。

2004年8月,浙江省测绘大队完成新78省道改线地形测量和工程量测算。沿线布设三级GPS点35个,一级导线25千米;三等水准路线138.43千米,埋设水准标石10座,四等水准路线119.37千米,埋设水准标石27座;完成宽400米、长55.4千米的带状1∶2000数字地形图,面积22.16平方千米。

2005年12月,浙江省测绘大队进行新78省道土地勘测定界测量,完成1∶500地形图、地籍图、房产图和拨地定桩测量54.8千米。

八、原52省道和新52省道(云和至寿宁)

52省道(现改称228省道)又名云寿线,起自丽水云和县,经景宁县和泰顺县,至福建寿宁县。温州段从泰顺与景宁两县交界的童岭头起,经杨寮、里光、台边、司前、台石、花坪、仙稔、罗阳等地,至磨米潭止,全长73.76千米。

1963年7月和1965年8月,福建省交通厅公路局和浙江省交通厅公路设计室先后测量罗阳至磨米潭段,1969年9月动工建造,次年1月竣工。罗阳至童岭头段长68.72千米,1958年11月～1970年4月,先后建成罗阳至花坪段24千米,花坪至童岭头段44.72千米。1985年局部路段改建为混凝土路面。1990年8月,遇特大洪灾,三支岗和双港段路基被冲垮,经抢修和重建,恢复交通。

1995年,原52省道开工改建泰顺段为二级公路,称为"新52省道"。该公路从福建寿宁县东溪头友谊桥起,经罗阳、三滩、红岩隧道、司前至景宁县东坑镇龙井隧道,长35.4千米,由浙江省交通厅设计室测绘。1996年,泰顺县测绘大队完成新52省道带状地形图共300幅,测区面积11平方千米。1997年2月至9月,完成新52省道的实地放样和土石方计算,并进行红岩隧道(长2510米)的实施方案研究。2003年,新52省道经分段修建,全线竣工。

第三节　高速公路测量

高速公路分为国家高速公路和省级高速公路两种。高速国道用G表示,高速省道用S表示。温州境内投入运营的高速国道有甬台温 G15 和金丽温 G1513 两条,高速省道有诸永 S26 和绕城北线 S10 两条,4 条已通车高速公路温州段总长 289 千米。

一、沈海高速(甬台温高速)公路温州段

沈海高速(甬台温高速)公路是国家公路主骨干"五纵五横"中的组成部分。温州段总长度 151.7 千米,2003 年 12 月建成通车。该工程建设分为四段,即乐清湖雾岭至白鹭屿段,温州大桥和接线段,瓯海南白象至瑞安龙头段,瑞安龙头至苍南分水关段。

甬台温高速公路选线、定向采用航摄资料。1998 年,中国通用航空公司摄影处理中心对甬台温高速公路的航摄资料进行技术鉴定,由浙江省第一测绘院验收。航摄采用摄影仪 RC－10(2996),焦距 153.517 毫米,摄影比例尺 1∶8000,航片数量 1235 张。

1. 乐清湖雾至白鹭屿段

北起温州与台州两市交界的湖雾岭隧道中点(湖雾岭隧道总长 4.1 千米),途经乐清市的湖雾、大荆、雁荡、清江、南塘、南岳、蒲岐、天成、乐成、柳市、北白象等乡镇,南止白鹭屿,与温州大桥北引道相接,全长 63.296 千米。该段特大桥 8 座,大桥 22 座,中小桥 27 座,桥梁总长 23703.2 米,其中最长的乐清湾高架桥长 8777 米;双洞隧道 4 座,总长 7522.1 米。沿线设雁荡互通、蒲岐互通、乐清互通、白鹭屿互通 4 处,并设清江服务区。该段工程为中交第二公路勘察设计研究院勘察设计。

2000 年 11 月,浙江省第一测绘院完成"甬台温高速公路与乐清市中心工业区接口"1∶500 数字地形图,折合标准幅面 34.4 幅,面积 2.15 平方千米。为此布设 E 级 GPS 18 点,等外水准 7.74 千米。平面坐标系统采用乐清市独立坐标系,同时提供 1954 年北京坐标系成果。高程系统采用 1985 国家高程基准。

2. 温州大桥和接线段

温州大桥工程包括跨越瓯江的特大桥和接线公路两大部分。具体包括北岸接线段、瓯江北航道桥、中段七都岛高架桥、瓯江南航道桥、南岸接线段 5 个部分组成,全长 17.1 千米,双向四车道,桥面净宽 27 米。跨瓯江桥梁部分包括北航道桥、七都高架桥、南航道桥,共长 6977 米。龙湾状元至瓯海南白象的南岸接线段长 9 千米,有桥梁 8 座,双向隧道 1 座,龙湾互通 1 处。温州大桥由浙江省交通规划设计研究院勘察设计,交通部第一公路勘察设计院承担接线路段施工图设计。

3. 瓯海南白象至瑞安龙头段

该段北起瓯海南白象枢纽,南至瑞安龙头村,途经瓯海区山根、瑞安罗凤等地,跨越飞云江,全长 23.68 千米。主要构筑物有茶山高架桥、环山高架桥、四脚亭高架桥、罗凤互通高架桥、新居高架桥、三都岭隧道、飞云江特大桥等。2000 年 1 月开工建设,2002 年底建成通车。

该段工程由浙江省交通规划设计研究院勘察设计,1999 年 3～4 月完成施工图阶段的外业测量工作。对沿线的地形、地貌、软土分布、桥梁、分离立交、互交立交等位置进行详细调查研究,然后在 1∶2000 地形图上定线,定线时对"工可"的线位进行逐段调整和拟定比较方案,9 月底完成全部施工图设计。

4. 瑞安龙头至苍南分水关段

北起瑞安龙头,途经平阳县宋桥、昆阳、鳌江、钱仓、萧江及苍南县灵溪、凤池、浦亭、观美、桥墩、五凤等乡镇,终点在浙闽交界的分水关,与福建省福宁高速公路相连。温州段全长 50.919 千米,双向四车

道。其中平阳境内长 28.923 千米,苍南境内长 21.966 千米。该段桥梁 122 座,总长 17690 米,其中特大桥 10 座,大桥 38 座,中小桥 74 座。双洞隧道 3 座,共长 6944 米。沿途设平阳互通、萧江互通、苍南(沪山)互通、观美互通、分水关互通 5 个立交互通,并设苍南服务区。该段 2001 年 5 月 14 日开工,2003 年 12 月 31 日建成通车。

该段工程自瑞安龙头至平阳境内段由浙江省交通规划设计研究院勘察设计,2000 年 9～10 月进行施工图测量。苍南县境内至分水关段由中交第二公路勘察设计研究院勘察设计。苍南县境内高速公路的前期测量工程,由浙江省统一征地事务办公室勘测中心承担勘测定界图的测绘编制等工作。

2002 年,浙江省测绘大队对瑞安段进行权属调查,修测 1:2000 地籍图。2003 年 11 月,浙江省测绘大队对平阳、苍南境内的互通进行测量,完成 E 级 GPS 43 点,四等水准 59 千米。2002 年 6 月～2005 年 6 月,浙江省统一征地事务办公室勘测中心受委托,先后完成甬台温高速公路乐清段、南白象枢纽立交、瑞安段、平阳段、苍南段的地形、地籍、权属调查、面积复核为一体的土地竣工复测工作和建设用地竣工复测综合调查工作。完成的工作量汇总见表 7-03。

表 7-03 2002～2005 年完成建设用地竣工复测工作量

工程段名	平面控制	四等高程线路	界桩放样(个)	权属界线调查	1:2000 地形、地籍竣工图	施测时间
乐清段	一级 GPS 42 点、二级 GPS 205 点	150 千米	1693	220 条 64 千米	10 平方千米 竣工地籍图 67 千米	2002 年 8 月～2003 年 4 月
南白象枢纽立交	三级导线 16 点	三级高程线路 5 千米	336	6 个村	3 平方千米	2002 年 6 月～2003 年 4 月
瑞安段	E 级 GPS 12 点、二级导线 55 点	—	1314	—	竣工地形图 21.6 千米 竣工地籍图 22 千米	2005 年 6 月
平阳段	一级 GPS 43 点、二级导线 115 点	75.3 千米	1502	58 个村	12 平方千米	2003 年 10 月～2004 年 8 月
苍南段			2987	99 个村	25 平方千米	

5. 甬台温高速公路崩坍地段变形监测

2004 年 12 月 11 日深夜,甬台温高速公路乐清蒲岐至白鹭屿段(K52+463～K52+600),突然发生大崩坍,塌落岩土约 2 万立方米,堆满路面,交通完全中断。浙江省测绘大队受甬台温高速公路有限公司委托,对崩坍地段的山体边坡实施变形监测。埋设四等控制观测墩 3 个,二等监测点 12 个,并联测 D 级 GPS 3 点,三等水准路线 4 千米,完成 1:500 地形图 2 幅。

这次变形监测方法是建立监测控制网,埋设 2 个工作基准点和 1 个检核点,布设 9 个变形监测点。监测时间从 2004 年 12 月 27 日至 2005 年 1 月 8 日,通常每天定时观测 2 次,雨天增加观测次数。大爆破后,山体相对较为稳定,每 2 天或 3 天观测一次。观测仪器采用 TOPCON GTS-332 型 2 秒级全站仪,仪器标称精度±(2 毫米+2ppm×D)。水平角和垂直角均观测 4 测回,边长观测 4 测回。内业计算最后成果取值至 0.1 毫米。这次变形监测由中交第二公路勘察设计研究院进行技术指导和质量评价。

二、金丽温高速公路温州段

金丽温高速公路现称温丽高速公路,东接甬台温高速公路,西连杭金衢高速公路。全长 235.12 千米,温州段长 51.93 千米。该公路温州段起于青田和永嘉两县交界的花岩头,沿瓯江北岸经桥头和桥下两镇东行,在梅岙跨过瓯江高速公路桥,终点在南白象立交枢纽。沿途有隧道 8 座,特大桥 7 座,设桥头、桥下、双屿 3 处互通,在仰义设枢纽立交,并在永嘉桥头设立服务区。

金丽温高速公路的选线和定向,采用航摄资料。1998 年 8 月,中国通用航空公司摄影处理中心对金丽温高速公路的航摄资料进行技术鉴定,由浙江省第一测绘院验收。航摄采用摄影仪 RC-10,焦距 153.518 毫米,摄影比例尺 1∶9000,8 条航线,114 张航片。

1997 年 10 月,温州市勘察测绘研究院承接双屿镇至瓯江高速公路桥的 8 千米路段带状 1∶500 地形图测量。宽度为公路中心线两侧 50~80 米的范围,首级控制布设一级 GPS 20 点。双屿至木西岙共完成 43 幅图,其中 2 幅是山地。测绘方法是以传统的小平板量距法为主,测记法为辅,经鉴定地物点点位中误差±0.26 毫米。

瓯海古岸头至南白象立交枢纽路段,由交通部第二公路勘察设计研究院承担勘察设计。1997 年 8 月~9 月完成外业测量,1998 年 5 月完成初步设计,1998 年 12 月完成详细测量。详测期间通过对重点路段的纵、横断面设计,发现路线经过路段土石方和边坡防护工程量大,后来对路线进行调整测量,减少工程量。本项目的测设中,应用 DTM 技术将 1∶2000 地形图数字化,提高设计速度;采用 GPS 技术进行定位,建立区域整体控制网。

2001 年 4 月,浙江省统一征地事务办公室勘测中心受金丽温高速公路温州段工程建设指挥部委托,开展建设用地的竣工测量和土地调查。完成温州段一、二、三期的竣工图测绘,起于鹿城区仰义乡后京村,途经双屿镇、郭溪镇、娄桥镇,至南白象互通立交,共 2 区 6 乡镇 29 村,全长约 24 千米。完成布设 E 级 GPS 12 点,二级导线 19 点,四等水准 23.29 千米;建立界桩 1014 个,调查权属界线 29 个村,编制 1∶1000 土地勘测竣工图 4.98 平方千米。

三、诸永高速公路温州段

诸永高速公路的起点在诸暨市直埠镇,往南经东阳市、磐安县、仙居县,终点在楠溪江东岸罗溪村的永嘉枢纽,全长 225 千米。其中温州段起点为仙居与永嘉交界的括苍山隧道,经岩坦、岩头、枫林、沙头、上塘、瓯北等 10 个乡镇 77 个村,与温州绕城高速公路北线互通相接,温州段长 64.8 千米。全段桥梁 36 座,总长 16824 米,其中特大桥 4 座;全段隧道 17 座,总长 43053 米,其中最长的括苍山隧道 7479 米。全段设岩坦、枫林、花坦、古庙、永嘉互通 5 处,枢纽立交 1 处,还有分离立交 2 处,并设永嘉服务区。温州段工程于 2004 年 12 月开工,2010 年 7 月 22 日建成通车。

2003 年 6 月~9 月,浙江省测绘大队受委托,完成诸永高速公路主线 238 千米、比较线 160 千米的 1∶2000 航测数字地形图。航空摄影由南京雷斯遥感技术有限公司于 2003 年 6 月~7 月进行,使用运-五型飞机,RC-10 航摄仪,焦距 151.902 毫米,胶卷型号 AGFA200。分 39 条单航线摄影,摄影比例尺 1∶8000,摄影高度 1300~2000 米。

诸永高速公路温州段由浙江省交通规划设计研究院勘察设计。平面控制布设 D 级 GPS 85 点、E 级 GPS 561 点,均埋设标石。高程控制根据测区内的 5 个二等水准点和 13 个三等水准点,布设四等水准网 720.7 千米,埋石与 GPS 点重合 48 座,独立埋设 77 座。并联测沿线各 GPS 点。设于山头上 GPS 点高程采用三角高程或 GPS 拟合高程测定,每个隧道出入口处均埋设四等水准标石。共完成 1∶2000 航测数字地形图 218 幅,其中主线 128 幅,比较线 90 幅。

像片调绘采用放大至接近成图比例尺的单号像片进行全野外调绘,使用黑、红、绿三色清绘,调绘范围为公路中心线两侧各 400 米。采用 1954 年北京坐标系,高斯-克吕格正形投影,中央子午线 120°30′,1985 国家高程基准。

2004 年 5 月,浙江省统一征地事务办公室勘测中心受委托,开展诸永高速公路温州段征地前期的权属调查、地类调查、房籍调查测绘为一体的土地勘测定界工作。完成在浙江省测绘大队 2003 年施测的 D、E 级导线控制网下,布设 3 条图根导线共 20 点;经测设立界桩 3593 个,地类调查主线 63.3 千米,连接线 15 千米;国有土地权属界线调查 355 条;房籍调查线内 9 乡镇 641 户,线外 8 乡镇 110 户;测绘房产平面图 1.0 平方千米;编制勘测定界图 26 平方千米。

2004 年初,浙江省测绘大队施测诸永高速永嘉段的改线部分,完成 E 级 GPS 40 点,四等水准103.3 千米,地形图 15.6 平方千米。2004 年 12 月,补测诸永高速原完成的 1∶2000 地形图,布设 D 级GPS 点和四等水准 191.8 千米。2005 年 5 月,完成诸永高速永嘉段 40 平方千米范围的 1∶2000 地形、地籍、房籍图及拨地定桩等测量。

四、温州绕城高速公路北线

温州绕城高速公路北线,起于鹿城区仰义前京村,设仰义枢纽接金丽温高速公路,跨过瓯江进入永嘉县瓯北镇,再跨楠溪江,设永嘉枢纽与诸永高速公路相接,在乌牛镇穿过乌仁公路和永乐河进入乐清市北白象镇,设北白象枢纽接甬台温高速公路。主线长 26.69 千米,连接线长 3.7 千米。绕城高速公路北线建有桥梁 12 座,共长 5075 米,其中特大桥 2 座;互通立交 4 处,其中枢纽互通 2 处。

2003 年 6~8 月,国家海洋局第二海洋研究所承担温州绕城高速公路东向水下地形测量,完成 1∶1万地形图 177 平方千米,1∶2.5 万地形图 45 平方千米。2004 年 5 月,浙江省测绘大队承接该公路的测量任务,完成 D 级 GPS 28 点,一级导线 67 点;四等水准 101.3 千米,埋设水准标石 15 座;完成沿线长44.9 千米、宽 600 米、2 个互通区的带状 1∶2000 数字地形图 26.95 平方千米和数字化立体模型,坐标系统为 1954 年北京坐标系,并联测 3~4 个点进行地形图旋转和拼接。

2005 年 3~12 月,浙江省统一征地事务办公室勘测中心承接西起上戍乡岭下村,终于仰义乡前京村的鹿城段土地勘测定界工作。主线长 1.4 千米,连接线长 3.5 千米,沿线设有仰义枢纽和周岙底隧道。布设 E 级 GPS 2 点,二级附合导线 2 条 16 点。平面坐标系统为 1980 西安坐标系,中央子午线120°。弯道和互通地段每 30 米左右设 1 个界桩,直线地段界桩不超过 50 米,共立界桩 316 个。在各等级控制点架设 2″或 5″级全站仪,采用极坐标法测设,测站与测设点的距离均控制在 200 米以内。部分控制点被破坏地段采用 GPS RTK 测设。此外,还完成土地植被地类调查 4.44 千米,权属界线调查 23条,村界址线测量 306 点,房屋勘丈 77932 平方米,编制 1∶2000 土地勘测定界图 298 平方千米。

2006 年 5 月,浙江省测绘一院施测绕城高速公路北线,采用航空摄影测量资料,完成 1∶2000 数字地形图,坐标系统为 1980 西安坐标系。

第四节　主干大道测量

根据《城市道路交通规划设计规范》,城市道路分为快速路、主干道、次干道和支路四类。对于温州这样人口超过 200 万的城市而言,快速路宽 40～45 米,主干道宽 45～55 米,次干道宽 40～50 米,支路宽 15～30 米,而对于瑞安和乐清就不是这个标准。

一、瓯海大道

瓯海大道是温州市区横贯东西的主要快速干道,连接瓯海、鹿城、龙湾三区,全程无红绿灯,不设平交口,设计时速 80 千米,是温州市唯一一条宽度超百米的城市主干道,被称为"温州市第一路"。以温瑞大道为界,瓯海大道分东、西两段。

1. 瓯海大道东段

瓯海大道东段,西起温瑞大道,沿三洋湿地北侧边缘往东,两穿大罗山隧道(一穿三郎桥至西台,再穿西台至浃底),最后至永强机场,全长 18.18 千米,宽 112 米。瓯海大道分主线和辅线,主线全程是高架桥,双向 8 车道,辅线是主线两侧的地面行车道,双向 4 车道。沿线设有 6 个立体互通口。2002 年 12 月 20 日正式开工,2007 年 12 月 11 日正式通车。

2000 年,温州市勘察测绘研究院完成东段带状 1∶500 地形图 34 幅。同年 10～11 月,温州综合测绘院在东段完成二级导线 26 点和光电测距三角高程测量,并完成 1∶500 数字地形图 1.2 平方千米。2001 年,温州市瓯海测绘工程院在东段完成二级导线 25 点,四等水准 14.91 千米,1∶500 地形图 9 平方千米。

2005 年 2 月,温州综合测绘院受瓯海大道工程指挥部委托,对瓯海大道第七、八、九、十标段内的四等水准点进行复测,布设三等水准路线 14.4 千米,使用日产 ATG6 自动安平水准仪观测。

2. 瓯海大道西段

瓯海大道西段,东起温瑞大道,经瓯海区梧田、新桥、娄桥、潘桥、郭溪 5 个镇和街道的 16 个村,西抵瞿溪镇,全长 10.96 千米。瓯海大道东段开建后,先期建成的西段日显标准太低,于是进行西段的改建拓宽。经改建拓宽的瓯海大道西段宽度 78 米,主线全程也是高架桥,双向 6 车道,辅线是地面双向 6 车道。主线高架桥于 2012 年 4 月 28 日通车,该段工程在娄桥古岸头村要跨过金丽温高速公路、金温铁路和甬台温铁路。车辆从瓯海大道进入温州动车站,既可上跨直达,也可下穿进入。

2007 年 6 月,浙江省测绘大队受温州市瓯海大道工程建设指挥部委托,承担西段工程梧田、新桥、娄桥、潘桥境内面积 0.23 平方千米的土地勘测定界任务。作业采用原属温州市独立坐标系 1∶500 地形图转换成西安坐标系,作为勘测定界的工作底图。2008 年 10 月完成下列调查和测绘工作。

(1)权属调查。测绘人员在温州市国土资源管理局、瓯海大道工程建设指挥部和属地镇村干部的配合下,确认指界人员身份并填写身份证明,实地指认界址。每条界址线都在权属双方认可的前提下实地实时测定,请权属各方现场填写权属界线认定书并签名盖章。使确认工作有效合法,为土地面积计算提供依据。

(2)界桩测设和立桩。利用测区周边已知各等级控制点布设导线,全站仪在导线点上设站,据界址点坐标数据,采用极坐标法测设界桩点。水泥界桩埋设稳固后,再进行校核测量,使点位误差符合规范要求。

(3)面积计算及汇总。野外数据采集使用南方 CASS5.0 测图软件,后期数据处理采用南方 CASS5.0 信息管理软件系统。数字地形图转换成 AutoCAD2000 的 DWG 文件格式或 MAPGIS 的数据格式,有利于其他部门使用。所有的计算过程及计算资料由计算机全程工作,为成果资料进行计算机管理提供条件。

（4）勘测定界图编制。土地勘测定界图根据《土地勘测定界规程》编制，表示内容包括用地红线、用地面积、土地分类、权属界线等主题要素。

二、温州机场大道

温州机场大道是城市快速主干道，西起新城汤家桥，经状元至白楼下，最后到达永强机场，全长18.2千米，宽50米，双向10车道。机场大道属于市内道路扩建和拓展工程，1996年1月8日竣工通车。

温州机场大道分东、西两段，西段从汤家桥至状元，长6.8千米，按城市主干道一级建设。东段从状元至永强机场，长11.4千米，按二级汽车专用道路建设。全线有茅竹岭隧道，大中小桥梁28座1100延长米，立交桥6座3000延长米。

1994年5～7月，浙江省第十一地质大队测绘分队完成机场大道带状地形图测量。布设一级导线17点，二级导线17点，光电测距三角高程。完成测绘总长18千米、道路中线两侧各75米范围的带状1：500地形图147幅。

2001年，温州综合测绘院为机场大道从新城汤家桥至状元段进行改建，完成该路段的纵、横断面测量。

第五节　公路桥梁测量

公路桥梁测量指公路桥位测量，包括桥位平面控制测量、高程控制测量、桥位地形图测绘、桥头引道测量、桥址纵断面测量、桥梁施工测量等，施工完成后，还要进行竣工测量和变形观测。其中桥位地形图分为桥位总平面图和桥址地形图，内容包括河床水下地形。其技术要求和测量精度，1982年起执行交通部制定的《公路桥位勘测设计规程》。

一、温州大桥

温州大桥，是甬台温高速公路温州境内的控制性工程，由跨越瓯江的特大桥和接线公路两大部分组成。具体包括北岸接线段、北航道主桥、中段七都岛高架桥、南航道大桥、南岸接线段五个部分。北面起点是乐清白鹭屿互通立交，南面终点是瓯海南白象互通立交，中途有七都和龙湾两处互通立交，全长17.1千米，桥面净宽27米，双向4车道，实行全封闭和全立交。1995年1月开工建设，1999年11月建成通车。

跨越瓯江桥梁部分总长6977米，其中北航道主桥为双塔双索面斜拉桥，单跨270米；南航道桥通航孔为5孔54米简支梁。遵照交通部对温州大桥通航标准的要求，设计潮位3.62米（黄海），主桥通航孔净高31.3米，净宽246米；南航道桥通航孔净高13.5米，净宽50米。

南岸接线段长9千米，有龙湾互通，桥梁8座总长1389.08米，双向隧道1座。由浙江省交通规划设计研究院勘察设计，交通部第一公路勘察设计院承担接线路段施工图设计。工程监理由西安方舟监理公司、北京华宏监理公司、交通部公科所三家监理公司承担。

1. 测量和设计

浙江省测绘局受浙江省高速公路建设指挥部委托,完成航空摄影测量,提供 1:2000 带状地形图。采用 1954 年北京坐标系和高斯正形投影任意带的平面直角坐标系统,中央子午线 120°,1985 国家高程基准。路线设计先在 1:2000 地形图上定线,再据图上定线的坐标点,用 DM-504 测距仪实地测设,将大桥主要控制点桩位钉出并加以固定。在图上定线中,根据沿线地形和地质,既要研究平面线型的组合及平纵组合,又要考虑大桥与互通式立交布置的配合,并用路线透视图检查,以求整体工程的经济合理,与沿线环境相协调。纵坡设计、透视图绘制及土石方计算均采用电子计算机辅助设计。

2. 施工控制测量

开工前,对地面原放线点进行全面复测,包括导线点、水准点、百米桩、原地面线等。用全站仪与国家导线点联网,进行线位控制达到各标贯通,并布设施工水准点,定期进行复测,以保证施工标高准确。

北航道的主桥为中跨 270 米双塔双索面斜拉桥,两个主桥墩位于主航道深槽处,主墩承台尺寸 50 米×24 米×5 米,每个承台下有 28 根直径 2.5 米、长 70 米钻孔桩。施工控制的原则是斜拉索索力和主梁标高双控,索力一步到位,中跨合拢时,两侧标高误差仅为 0.7 厘米。斜拉索索力与设计索力误差在 10% 以内,其中误差小于 5% 的占 89%。1998 年 4 月起,温州大桥工程指挥部委托同济大学连续三年定期观测斜拉索索力和主梁的挠度及受力状态,检测表明,索力变化很小,变化幅度在 1% 以内。

主桥墩(40 号、41 号)承台是在钢围堰封底混凝土表面整平后,用全站仪精确放出其轴线及墩轴线,再据此放出外框线轴线,偏位小于 15 毫米,平面尺寸符合设计要求,顶面高程实测误差小于 20 毫米。主桥墩为直径 2.5 米群桩基础,桩底标高 −72.5 米,桩位偏位小于 10 厘米,倾斜度小于 1%。每根桩预埋 4 根通长 Φ50 钢管,成桩后经超声波探伤检测全部合格,桩基混凝土强度均超过设计要求。由交通部公路工程检测中心进行荷载检验和评价。

主桥塔柱呈 H 型(花瓶型),截面空腹双肢柱,分为下、中、上三个节段,采用大块提升翻模。除每 4 米节段在安装模板时进行测量,用全站仪控制其顶位置外,在完成下、中、上塔柱后,分别在标高 +34.5 米、+63.3 米、+102 米处实测每肢四角坐标,其顺桥向和横桥向方向的偏移均小于 10 毫米和 5 毫米。为避免日照的影响,塔柱模板的安装和调整观测工作,均安排在清晨气温较低且稳定的情况下进行。

引桥桥墩(37~39 号、42~44 号)承台,均按设计平面图计算承台四角点坐标,用全站仪测设,精度符合规范要求。承台断面尺寸偏差小于 20 厘米,轴线偏位小于 15 毫米。引桥其他墩桩用全站仪放线,J_2 经纬仪控制立柱的倾斜度,垂直度小于 0.3%,且不大于 20 毫米。柱顶高程偏差均在 ±10 毫米以内,轴线偏位均在 10 毫米以内,圆柱断面无偏差。盖梁断面尺寸偏差均在 ±20 毫米以内,轴线偏位不大于 10 毫米,支座顶面高程误差小于 10 毫米。

3. 路基监测

北岸路堤接线分主线和 104 国道相接的连接线。主线长 350 米,路面宽 28 米;连接线长 302 米,路面宽 22.5 米。对路基经过 18 个月沉降观测,其最大沉降值为 12.01 毫米,平均沉降率 1.44~2.35 毫米/日。

二期工程对软基路段加强沉降观测,以应对桥头跳车,委托温州市城建设计院对接线路段路面沉降进行逐月跟踪观测。通车 1 年 3 个月,软土路段沉降一般为 1~2 厘米/月,局部路段累计沉降超过 20 厘米,桥头路段因沉降而呈现明显的跳车现象。2000 年 10 月,据交通部第一公路勘察设计院完成的"路面整修设计",对接线路段进行全面的路面整修。2001 年 1 月,委托交通部公路工程检测中心对接线路面弯程、平整度和几何数据等路面技术指标进行检测,检测结果满足高速公路建设标准。

二、瓯江大桥

瓯江大桥位于 104 国道 1896K 处,南岸为鹿城区仰义练墩村,北岸为永嘉县六岙村港儿岩,是瓯江下游建成的第一座跨江大桥。桥长 735.37 米,宽 12 米,中间行车道 9 米,两侧人行道各 1.5 米,荷载汽车 20 吨,挂车 100 吨。

1935 年 5 月,永嘉县政府第五次常委会组织瓯江桥梁建筑筹备委员会,并呈文省建设厅,要求派员测量设计建造瓯江大桥。浙江省政府于 6 月批复,但未能实施。

1966 年以来,浙江省交通厅先后在青田至温州间,勘察圩仁、港头、双溪、下村、练墩、塔山、郭公山等 7 个桥位进行比较选址,最后决定对练墩、塔山两个桥位进行测量和钻探。1973 年 7 月,交通部考虑战备需要,原则同意桥位定在练墩附近,但未能及时组织实施。1981 年 11 月大桥引道工程开工,1982 年 3 月大桥主体工程动工。瓯江大桥为预应力钢筋混凝土 T 梁桥,共 18 孔,主航道 6 孔,跨径 51 米,其余 12 孔跨径各为 34.99 米。两端引道长 644.7 米,北桥头接线长 1.2 千米。

1981 年 9 月,成立瓯江大桥工程处。由浙江省交通设计院进行勘测设计,浙江省第一、二公路工程队和浙江省海港工程队联合进行大桥工程的施工测量和施工建设。1984 年 9 月大桥竣工,温州市委、市政府举行隆重通车典礼。1998 年 12 月,温州综合测绘院完成瓯江大桥南北引桥 1∶500 地形图测量。

三、乐清清江大桥

乐清清江大桥位于 104 国道清江口,南岸为清江镇渡头村,北岸为清北乡清江村。大桥长 863.702 米,行车道宽 9 米,两侧人行道各 1.5 米。主孔 5 孔,孔跨 35 米,27 孔各跨 25 米,1 孔跨 13 米。两端接线为 4.2 千米的二级公路。

1934 年,杭温公路建成通车,清江两岸设有渡口。1951 年建成汽车轮渡。1983 年 3 月 104 国道改绕方江屿大坝通过,1985 年 11 月暂撤清江车渡。1990 年清江大桥列为省、市重点建设工程,7 月由温州市交委、乐清县政府组建大桥建设指挥部,按照交通部颁布的《公路工程施工招投标管理办法》进行招标,由浙江路桥工程处中标承建。1990 年 12 月 28 日开工,1992 年 8 月 10 日通车。

清江大桥由浙江省交通设计院勘测设计,清江大桥施工测量控制网布设为南、北各两点的大地四边形。

四、飞云江大桥

飞云江大桥为 104 国道瑞安段的一大交通工程,北岸为隆山乡三圣门村,南岸为孙桥乡浦口村。该桥为预应力钢筋混凝土 T 梁桥,长 1721 米,宽 13 米,双向 2 车道,主孔跨径 62 米。浙江省交通设计院勘测设计,南京大桥施工队建设。1986 年 3 月开工,1989 年 1 月建成通车。

为使飞云江大桥主轴线能达到施工精度要求,施工队提出桥位平面控制要建立四等三角网。1987 年,浙江省交通设计院航道测设队在实地布设施工控制网。在桥轴线左右布设一个四边形组成大地双四边形,并于南北两岸各设 1 条基线,连接桥轴线成为三角网的一条边,其交角近于垂直。南岸基线长 794.35 米,北岸基线长 781.80 米。由于地形条件限制,基线长度没有达到桥轴线长度的 0.7 倍,但接近困难地段 0.5 倍的要求。6 个控制桩均用 3 米长的螺纹钢筋,用混凝土现浇灌注而成。大地双四边形网利用国家网的 1 个点的坐标和 1 个方位,量起始边和校核边接测。两条基线由浙江省测绘局外业测绘大队采用 DI20 红外测距仪对向观测,其精度分别为 1/19 万和 1/39 万。角度采用 T₂ 经纬仪观测 6 测回,测角中误差为 ±1″.3。按条件式严密平差,桥轴线相对中误差为 1/19 万,最弱边为 1/10 万。

飞云江大桥施工放样,采用 3 台秒级经纬仪进行前交定位。根据桥基由北向南推进施工的视线条件,一个站设在桥轴线南端桩上,后视桥轴线北端点,指挥定位船移动。另外两个站分别设在桥轴线南端左右两三角点上,并均后视桥轴线南端点,按设计数据进行观测。当 3 站观测数据均符合设计要求时,由桥轴线南端站向定位船发出信号,立即固定船位,然后确定点位。其他点位确定,以此类推,直至施工放样完毕。继而桥墩施工及测设桥梁中线,保证预制梁的安全架设。

五、东瓯大桥(瓯江三桥)

东瓯大桥又称瓯江三桥,是温州城区跨江特大桥。北起永嘉县瓯北镇新 104 国道,跨江心屿,穿翠微山,与鹿城路立交,终点与 104 国道过境路相接,全长 5.173 千米,其中主桥长 2.048 千米,桥宽 21.4 米,主航道通航能力为 1000 吨级。1998 年 5 月开工,2000 年 5 月竣工。

1995 年 5 月,温州市勘察测绘研究院受瓯江三桥工程指挥部委托,测量瓯江三桥 1∶500 带状地形图,测区长度 3.3 千米,宽度 150~200 米。在测区内布设 E 级 GPS 3 点组成一个闭合环。并据这两个三角点的高程,采用曲面拟合方法求出各点高程异常值,通过大地高求出正常高。观测仪器采用徕卡 GPS 200S 单频接收机。据地形情况,布设 2 条附合图根导线共 27 点,图根高程由等外水准得出。测图分别采用全站仪解析法及全站仪配 E-500 电子手簿,完成 1∶500 带状地形图 14 幅,计 0.65 平方千米。

六、七都大桥(南汊桥)

七都大桥为浙江省重点建设项目,包括南汊桥和北汊桥(待建)。南汊桥南端过瓯江路连接学院东路,北端连接七都岛纬一路。主桥长 2067 米,宽 34 米,双向 6 车道,行车时速 60 千米。引桥长 119 米,宽 34 米。并建七都岛互通 1 座,长 937 米,宽 8.5 米。大桥采用预应力变截面连续箱梁结构,主桥孔可通航 500 吨轮船。1999 年立项,2012 年 12 月 21 日建成通车。

温州市勘察测绘研究院接受七都大桥工程建设指挥部委托,完成大桥工程前期测量。平面控制测量以温州二、三等 GPS 控制网在测区附近 3 个已知点为起算点,由 8 个点组成。四等 GPS 点 4 个,为供大桥长期使用的基本网;一级 GPS 点 4 个,位于施工区域内,考虑到在施工中可能遭到破坏,仅作临时控制用。四等 GPS 点标志埋设全部采用现场混凝土浇注。观测仪器采用美国产天宝(4600LS Trimble)4 台单频接收机,作业依据《全球定位系统城市测量技术规程》(CJJ73-97)。

高程控制测量按《国家三、四等水准测量规范》(GB12898-91)施测。布设"几何水准"和"跨江红外测距三角高程测量"组合的三等水准网。陆地部分的几何水准使用日产 TUPCON 自动安平水准仪观测,跨江部分使用 TUPCON 全站仪 2″级进行双向对角线观测,每测站观测 4 测回。组合的三等水准网有多个闭合环,利用清华山维平差软件进行高程平差计算。

七、鳌江瓯南大桥

瓯南大桥位于鳌江下游,北连平阳县鳌江镇,南接苍南县龙港镇,长 777.16 米。瓯南大桥的最大特色是"桥中有桥",即主通航孔的钢桁梁能上下升降。钢桁梁与桥体合成整体,供人车通行,净空高度约10米,300吨以下的船舶可从主航孔通过。当通航船舶超过300吨时,钢桁梁需提升至桥墩顶部,最高净空高度为23米,可满足1100吨位船舶单向通航。瓯南大桥于2003年7月开工,2007年4月29日试通车。

2001年1月,中铁大桥勘测设计院测量队在桥位附近完成1:1000桥址地形图和中线纵断面测量。2002年1月完成瓯南大桥施工控制网的测设,主要包括桥址定线测量、中线纵断面修测、工程施工平面和高程控制网测量。

1. 桥址中线及其纵断面测量

为使桥位与初测桥址中线及里程系统一致,利用2001年1月初测时设立的2个四等GPS点,按一级导线精度测设本次定测的西岸、东岸桥中线控制点,使该两点均位于设计的正桥中线直线上,往东延伸设切线点。在初测桥址纵断面的基础上,利用全站仪对两岸已变化部分进行修测,并根据定测曲线要素推算断面里程,编制全桥定测中线纵断面资料。

2. 施工平面控制网测量

布设三等GPS网。在桥址中线下游东岸大堤上埋设基线点,组成共有7个控制点的主网,再在桥址中线上游楼房顶上布设控制点,组成大地四边形,作为主网的附网。主、附网共同控制大桥施工。所设控制点均现浇混凝土,埋设普通标石。执行《公路勘测规范》及《公路全球定位系统(GPS)测量规范》。使用捷创力540A全站仪测量1条中线起算边和3条检核边,用4台350型双频GPS接收机进行静态相对定位测量。切线方向点则用电子全站仪按四等精度测设于中线直线方向上。GPS网的精度为中线边的边长相对中误差为1/14.7万,最优边的边长相对中误差为1/27.4万,最弱边的边长相对中误差为1/7.2万。施工平面控制网坐标系统为桥址独立坐标系。

3. 施工高程控制网测量

在桥址附近设6个施工水准点,均现浇混凝土埋设普通水准标石。全部水准点组成3条水准路线(含跨江水准)。在桥中线附近下游的2条跨江水准路线,使用两台N3水准仪同步对向观测2个双测回,其余各测段依照国家三等水准测量要求进行往返观测。采用1985国家高程基准。高程起算点为建设单位提供的一个三等水准点,经与另一已知水准点联测检核,闭合差满足限差规定。用武汉大学研制的《现代测量控制网数据处理通用软件包》,对高差观测数据进行间接无约束整体平差,每千米水准测量高差中数的中误差为±0.9毫米,最弱点高程中误差为±1.3毫米。

八、龙港鳌江大桥

龙港鳌江大桥的北岸在平阳县钱仓镇埭头村,南岸在苍南县龙港镇咸园村。桥长369.7米,行车道宽8米,两侧人行道各宽1米,荷载汽车20吨,挂车100吨。全桥12孔,主桥8孔,每孔跨径25米,其中3孔为通航孔,净高8米;两端引桥各2孔,孔径各13米。1987年8月开工,1988年底竣工,1989年1月6日正式通车。

龙港鳌江大桥工程由苍南县城乡建设环境保护局提供桥址平面图及资料,浙江省交通设计院设计。

第四章　水利工程测量

水利工程测量是指河道的整治、海塘江堤的修筑、陡门的建造、水库的兴建等各方面的勘察测量，包括各项水利工程在规划、勘察、设计、施工、运营等各阶段所进行的测量。例如陡门在多高水位开启或关闭，海塘江堤的塘顶高程确定，河道的行洪能力和警戒水位，水库大坝的坝顶高程和总库容等。而引水工程、供水工程、海涂围垦工程等都与水利有关，本篇另辟专章介绍。

第一节　水则和河道测量

温州沿海平原的河流众多，河网稠密。温州河网平原由瓯江、飞云江、鳌江分隔为四大片，即永乐片，温瑞片，瑞平片，苍南片。各片河道的水利建设均实行"旱、洪、涝"兼顾，"蓄、引、提"结合的治水措施。

一、古代"水则"的水位测量

陡门的陡闸开或关，能实现河道泄洪、挡潮和蓄水的功能。陡闸的开关，必须遵照"水则"的规则。古代"水则"是类似现代为控制水位而设定"高程"的规则，然而它无标示高程基准面的具体参照物，属假定高程的特例。"水则"镌刻在陡门的桥柱上，可以直观地显示水位高低变化，因此虽不确知其高程基准面，也能实现适时开关陡闸而控制水位。若镌刻的"水则"遭受破坏，则难以恢复。

北宋元祐三年（1088），创立"永嘉水则"。据光绪《永嘉县志》记载，"永嘉水则"镌刻在城区谯楼前五福桥（即大洲桥）西北第一间第一条石柱北面，文字为"平字上高七寸合开陡门，至平字诸乡合宜，平字下低三寸合闸陡门。"（四行正书，经四寸五分，下平字大倍之）永瑞塘河诸乡皆按此开关陡门。

明弘治九年（1496），修建上陡门（今杨府山公园内），并在左墩石柱不同高度竖排镌刻"开平闸"三字。明清时代各乡陡门均按此"上陡门水则"开关陡闸。"上陡门水则"应是联测五福桥"永嘉水则"得出的。

1942年，华北水利委员会南迁，应浙江省政府转达八区行署请求，特派温籍工程师徐赤文率队前来温州测量。事成之后编报《浙江省瓯江、飞云江间滨海区域陡门改善计划书》，综述完成的测绘成果。假定海坦山麓水井圈石高程为10.00米，布设从永嘉广化陡门至瓯江口，再经永瑞海滨，止于瑞安东山陡门的水准网。测定各陡门闸底高程，绘制主要陡门位置图、平面图、剖面图和永瑞塘河、永强塘河河道断面图。联测原沿用"水则",得出"永嘉水则"的"开、平、闸"时的水位为7.06米、6.84米、6.74米,"上陡门水则"的"开、平、闸"时的水位为7.15米、6.92米、6.80米。制定"民国三十一年塘河区水则"为永瑞塘河区"开、平、闸"定为7.10米、6.90米、6.80米,永强塘河区"开、平、闸"定为6.60米、6.40米、6.20米。

1950年,温州地区永瑞塘河联防委员会确定"永瑞塘河系统水则",仍沿用民国时的标高,水位7.00米开闸,6.80米关闸。1955年,全省二等精密水准网已将"吴淞高程系"引进温州,温州市建设局亦开始三等水准测量,温州地区防汛防旱指挥部规定,永瑞塘河各陡门关闸标高暂定为吴淞基面5.00米。1986年,温瑞塘河管委会规定,警戒水位为黄海高程3.12米,平时最高蓄水位控制在2.72米。1991年,温瑞塘河水系管理处规定,温瑞塘河危险水位为3.62米,警戒水位为3.12米,正常水位为2.92米;永强塘河正常水位控制在2.82米。

1942年完成的水准测量具有承前启后的重要意义。先看当时联测的可信度,测得"永嘉水则"的"开、平、闸"时的水位为7.06米、6.84米、6.74米,由此可算出"开、平"和"平、闸"水位之差各为0.22米和0.10米,这与原"平字上高七寸合开陡门,平字下低三寸合闸陡门"的数值意义等同。测得"上陡门水则"的"开、平、闸"时的水位为7.15米、6.92米、6.80米,由此可算出"开、平"和"平、闸"水位之差各为0.23米和0.12米,这与1933年测量时从上陡门实地量取的2.2公寸和1.2公寸相同。从联测两处古水则的数据比较,"开、平、闸"的差值依次为0.09米、0.08米、0.06米,其平均差值仅0.08米,这说明1496年"上陡门水则"确是据1088年"永嘉水则"经联测得出。

1496年是怎样完成这项高程联测呢?两闸相距不远,选择久晴无来水、陡门关闭、风平浪静的时机,借静止的河水面为水准面,可以实现高程联测。亦有可能是通过古代的水平、照板(相当于现代水准仪上的水准管和十字丝)和度竿(即水准尺)联测。唐代李筌在其所著《太白阴经》中,对这种古代水准测量有详细记述。借静止的河水面联测高程,相当于现行的"同步改正法",完全合乎水准测量的基本原理。

至此,可以得出温州两条古水则在现代意义上的高程,1088年"永嘉水则"在"闸"时水位为吴淞4.94米(黄海3.07米),1496年"上陡门水则"在"闸"时水位为吴淞5.00米(黄海3.13米)。而1955年规定的关闸标高为吴淞5.00米,1986年和1991年规定的警戒水位为黄海3.12米。时间跨度近千年,陡门的警戒水位几乎未变。由此可知温瑞塘河区域地面高程的稳定性。

二、永乐片平原河网测量

永乐片位于瓯江下游北岸,行政区域属于乐清市和永嘉县。东濒乐清湾,西靠北雁荡山脉,总面积657平方千米,其中平原面积291.21平方千米(不包括楠溪江河谷平原)。地势西高东低,西面是北雁荡山脉,东面为滨海平原,平原地面高程为3.2~3.9米(黄海)。山地溪流直注平原河网,北部的白龙溪、四都溪汇入虹桥河网,中部的金溪、银溪、白石溪汇入乐成和柳市河网,西部的永乐交界处的仁溪直注永乐河。永乐片平原河道总长度867千米,河网水域面积17.19平方千米,总蓄水量3156万立方米。

永乐片平原河网由虹桥、乐柳、乌牛三部分组成。虹桥河网主要河流有东干河、西干河、中干河、贾岙河等。乐柳河网主要河流有银溪、县城河、乐琯塘河、东运河、市岭河、慎海二河、柳市干河、白象河、磐石东河、白浦河、排岩河等,均由水闸控制排入乐清湾或瓯江。永乐河是永嘉、乐清两县市的界河,主流长16.52千米,宽29米,水深2.5~3.0米,最后经乌牛水闸注入瓯江。

2006年9月~2007年11月,浙江省测绘大队承接乐清市河道的岸线、水域面积和断面测量及河道调查等任务。完成乐成、柳市、大荆、雁荡、虹桥、清江等河道和永乐河水域测绘和调查,包括 992 条河道的长度、水域面积和容积计算。布设 E 级 GPS 439 点,四等水准路线 420.4 千米,骨干河道 1∶1000 带状数字地形图 22.4 平方千米,宽度达 30 米河道的 1∶1000 河道横断面测量。使用仪器有 Trimble 4600LS 接收机、NA2 自动安平水准仪、数字测深仪、全站仪等。

2008 年 11 月,浙江省测绘大队完成翁垟镇前湖埭村、北白象镇中垟田村、象阳镇河道疏浚断面测量。

三、温瑞片平原河网测量

温瑞片地处瓯江与飞云江之间,系两江下游的滨海平原,行政区域分属温州市鹿城、瓯海、龙湾三区和瑞安市。流域面积 804.7 平方千米,其中平原面积 503.69 平方千米,平原地面高程为 2.7～4.3 米(黄海)。温瑞平原河网分温瑞塘河和永强塘河两片,干支流总长 949 千米,水域总面积 17.95 平方千米,总蓄水量为 6510 万立方米。

温瑞塘河的干流北起温州城区小南门桥,向南流经梧埏、南白象、帆游、河口塘、塘下、莘塍等地,然后转向西南,至瑞安东门白岩桥止,全长 33.85 千米。其中北段鹿城和瓯海境内长 13.45 千米,南段瑞安境内长 20.4 千米,河道宽度 13～100 米,平均宽度 50 米。塘河正常水位 2.92 米(黄海)。沿线有浅滩三处,即梧埏狭窄浅滩、南白象狭窄浅滩和帆游浅滩。发生洪水时,北段通过龟河、灰桥河、勤奋河、吕浦河、划龙桥河等支流,经勤奋、灰桥、黎明、蒲州等水闸排入瓯江。南段通过瑞安段塘河、中塘河、人民河,经上望、肖宅、东山下埠等水闸排入飞云江。

永强塘河的干流长 16 千米,河面宽 50 米左右,南起庄泉与梅头交界处,向北流经三甲、四甲、永昌、永兴、永中等乡镇,然后分为两支,一支往北流至蓝田陡门注入瓯江,一支向西北流至龙湾陡门和东平陡门注入瓯江。永强塘河正常水位 2.8 米(黄海)。1964 年,凿通茅竹岭隧洞,长 626 米,洞径 3 米×3 米,由此温瑞塘河的河水经茅竹岭翻水站和输水隧洞进入永强塘河。

据《温州市水利志》(1998 年版)记载,中华人民共和国成立后温瑞塘河和永强塘河水网,拆建阻水桥梁 45 座,疏浚河道 292 条,总长度 180 千米,完成土方 532 万立方米,浆砌石和混凝土 6 万立方米,增加河网蓄水量 900 万立方米,提高了河道行洪能力,改善了农田排灌面积 32.2 万亩。这些河道整治工程,都进行了周密的测量。

1942 年,华北水利委员会测量队施测完成永瑞塘河、永强塘河纵横断面图。经计算,永瑞塘河水域面积为 17.8 平方千米,永强塘河为 2.4 平方千米。

1962 年,温州地区水利工程处测量队完成温瑞塘河河道断面测绘。

1990 年,温州市水利水电勘测设计院完成市区山前河、水心河、小南河等河道断面测绘。

1991 年 4 月～1992 年 2 月,温州市勘察测绘研究院受温州市水利局河道管理处委托,编制完成《温州市河道变迁地形图》。

1998 年,瑞安市规划测绘队完成温瑞塘河帆游段河岸驳坎地形测量。1999 年,温州市水利水电勘测设计院完成温瑞塘河仙岩段 2.0 千米和汀田段 3.0 千米河岸驳坎地形测量。

2004 年,温州市勘察测绘研究院受温瑞塘河指挥部委托,为塘河整治的排水管线普查,沿河布测一级 GPS 200 余点,三、四等水准路线逾 70 千米。

2005 年,瑞安市规划测绘队完成温瑞塘河莘塍段 300 米和安阳镇 470 米河岸驳坎地形测量。

四、瑞平片平原河网测量

瑞平片位于飞云江与鳌江之间,北部为飞云江流域的瑞平平原,南部为鳌江流域的小南平原,行政区域分属瑞安市和平阳县。瑞平流域面积 347.9 平方千米,其中平原面积 234.2 平方千米。主要河流有瑞平塘河、东塘河、塘下河、吴桥河、曹村河、坡南河等。该平原河网分东、西两个片区,东片在莲花山和万盘尖以东,西太山以北,有瑞平塘河河网,即民国《平阳县志》所称"三乡八十四溪"地域,这"三乡"即旧时的平阳万全乡、瑞安南社乡和涨西乡。西片在上述诸山以西,称为马屿江南平原,有马屿河网。1963 年,飞云江潘山翻水站建成,在新渡桥至垟头河开凿隧洞和河渠 800 余米之后,马屿河网与瑞平塘河河网沟通,两地河网联成一片,合称瑞平灌区。

东片流域面积 225.3 平方千米,平原面积 184.7 平方千米,平原地面高程 3.1~3.5 米(黄海),榆垟荷花宕一带为 3 米,最低处 2.9 米。周边八十四条山溪向平原中心区的林垟一带洼地集注,形成一个向心水网,故出现"十八个水缸垟"和"二十八片垟心田",以及阁巷、榆垟、林垟八个易涝垟,其洼地易涝农田有 5.2 万亩。此片河流密布,河床宽而深,河道宽处 90 米,最深处 9 米。

西片流域面积 122.6 平方千米,平原面积 49.1 平方千米,并紧靠高峣、鹤社两座山丘。其西北面的平原地面高程 4.1~4.6 米,东南面的平原地面高程 4.0~4.5 米,曹村旧河两岸最低,地面高程为 3.9~4.2 米,曹村河上游源短流急,遇暴雨山洪,下游易成涝灾。

1951 年,浙江省水利水电勘测设计院完成仙降农田水利建设 1:500 地形图 20 幅。

1951~1963 年,为解决河道狭窄、弯道水流不畅等问题,东片进行河道整治。先后在宋埠、榆垟、练川、郑楼、宋桥、湖岭、石塘、水亭、临区、前金等地开挖河道 42 段,总长 31.08 千米,完成土方 113.26 万立方米。1963~1968 年,又在瑞平塘河、小塘河、孙桥河、郑楼河、宋桥河、河边河、汇头河、张家河、林塘头河等河段,拆除阻水桥梁 20 座,新建桥梁 10 座,共 104 孔,总长 556 米,由平阳县组织测量和施工。

1951~1955 年,根据河网治理工程规划和新建的水闸流量相适应,马屿江南平原新开河道 7 段,总长 9880 米。1962 年冬进行曹村河截弯取直,开挖许峣垟心亭至三株松 4100 米长的新河,河面宽 30 米,河底宽 10 米,河床深 4 米。1978 年 11 月又进行三株松至灯垟长 1300 米两河段截弯取直。曹村河两次整治共完成土方 43.2 万立方米,裁去大弯 1 个,小弯 4 个,缩短流程 2600 米,加快流速,使洪水顺畅下泄。

五、苍南片平原河网测量

苍南片位于鳌江下游南岸,流域面积 777.34 平方千米,其中平原面积 316.5 平方千米,平原地面高程 3~3.5 米(黄海)。鳌江南岸下游平原分为东、西两部分,东部称江南平原,西部称南港平原。鳌江最大支流横阳支江贯穿南港平原,旧时横阳支江的潮水可以上涨至灵溪。1965 年在河口建成朱家站水闸,横阳支江成为内河,并沟通两岸整个南港平原的河道,形成一个统一调度的排灌河网。南港平原和江南平原的河道总长度为 1083.8 千米,河道水域面积 20.15 平方千米,总蓄水量 4462 万立方米。

1944 年,浙江省建设厅拟在南港和江南疏浚两港河道,建闸蓄淡,灌溉农田,委托华北水利委员会驻温测量队测绘地形图,测绘面积 24 平方千米。1946 年 12 月,成立平阳南北港水利工程处,由省水利局测量队测绘南港工程地形图,进行工程设计。

1951 年,浙江省水利局温台丽办事处派测量队进行勘测规划,提出《治理南港流域涝灾的意见》。

1954 年,浙江省水利水电勘测设计院按省水利局《三角测量规范草案》,在南港布设四等三角 14 点,测绘 1∶1 万地形图 31 幅,206.5 平方千米,横断面 348 个。1954 年～1957 年,测绘南港治理工程 1∶5000 地形图 7 幅,1∶2000 地形图 7 幅,1∶1000 地形图 6 幅。1960 年～1961 年,测绘横断面 303 个。测绘基准采用紫薇园坐标系和假定高程。

1964 年,平阳县水利电力局测量南港和江南河道,经计算得出河道总长度为 1095.17 千米,河道总容积为 3949.5 万立方米。

第二节　海塘江堤测量

海塘江堤工程测量,一般有定向测量、堤岸地形测量、堤坝断面测量等,有时还涉及附近地区的水下地形测量,它为修复或新建海塘江堤提供设计和施工所需的基础资料。随着海涂泥沙的淤积,温州海岸线不断向外海延伸。因此温州海岸有三条古海塘,每条海塘都向外伸展 10 多里。第一条海塘是唐代贞元年间温州刺史路应率众修筑的,后经宋代多次重修,将土塘更造为石塘,堤塘内的河网逐渐演变成为乐琯塘河、温瑞塘河、瑞平塘河、江南塘河及其支流。第二条海塘建于明洪武至万历年间。第三条海塘建于清康熙至道光年间。中华人民共和国成立后,进行大规模的围海造地,海塘加速向海推进。至 1990 年,全市已建成标准海塘 75.55 千米,占海塘总长度的 20% 左右,其中新围垦区的标准海塘 8.57 千米。1994 年的 17 号超强台风在瑞安梅头登陆,狂风、暴雨、天文大潮三碰头,温州所有海塘几乎全线崩毁,受灾惨重。1995 年,永强修筑标准海塘长 19.1 千米,被誉为“东海第一堤”。同期重建的还有梅头至上望水闸段海塘、瓯江口南岸炮台山至蓝田陡门段江堤等。

一、永乐片海塘江堤测量

1. 乐清海塘

乐清平原第一条古海塘“刘公塘”,自乐清县城西门至琯头,长 50 余里,始建年代不详。唐贞元年间(785～805)重修。南宋绍兴初年,县令刘默率西乡民众分界重筑,增高加宽,后人为纪念刘默,命名“刘公塘”。

明代,乐清平原第二条古海塘,主要有蒲岐塘 784 丈,白沙塘 700 丈,七宝塘 1250 丈,南岸塘和陈家塘 1250 丈,老岭至沙角山塘 466 丈。

清代,乐清平原第三条古海塘,主要有新成塘(1005 丈)、黄华塘、智广塘等 15 条堤塘连成一线,共长 6707 丈;姥岭西塘、官路塘等 28 条堤塘连成一线,共长 11930 丈;县东端应乡(今虹桥)塘头塘、蒲屿塘等 10 条堤塘连成一线,共长 5079 丈。诸塘建成后扩展土地共 29515 亩。

当代,乐清平原修建海塘共 49.4 千米,塘顶高程 6.8～7.3 米(吴淞)。主要有南岳乡海塘 6343 米,蒲岐乡海塘 5188 米,天成乡海塘 2018 米,慎海乡海塘 3695 米,后所乡海塘 6048 米,万岙乡新涂海塘 2000 米,盐盆乡海塘 3350 米,海屿乡海塘 4765 米,翁垟乡海塘 12885 米,黄华乡海塘 3135 米。

2. 瓯江下游北岸江堤

瓯江下游北岸江堤,从永嘉县乌牛至乐清市岐头山,全长 16.96 千米,堤顶高程 6.5～6.7 米(吴淞)。随着瓯江河口的外移,旧时为海塘,近代称之为瓯江江堤。它处在瓯江河口潮流段,兼有挡潮和防洪的作用。按所在沿江乡镇分段,慎江乡江堤4137米,顶宽2.89米,是瓯江江堤的重要堤段,保护农田13万亩;黄华乡江堤1500米,三山乡江堤3036米,磐石乡江堤7094米,茗屿乡江堤1100米。

1981年,温州市水利电力局和永嘉县水利局测量队在三山乡布设测量控制点,埋设水泥桩,施测江岸地形图。2006年3月,浙江省水电设计院进行瓯江防洪风险断面测量。

二、温瑞片海塘江堤测量

1. 沙城古海塘

沙城古海塘,北起永嘉场沙村,南至一都长沙(塘址在今龙湾区沙村、下垟街、七甲、三甲居民点东侧),长4619丈,是一条石块构筑的大海堤,明嘉靖二十七年至三十年(1548～1551)建成。它是温州沿海平原第二条古海塘。同期还建有瑞安城东海塘。

2. 永强和瑞安的东海海塘

永强东海海塘,北起瓯江口城东水闸,南至飞云江口上望水闸,全长41.24千米。清代,在永嘉场建黄石山南塘3500丈,山北塘1500丈,并在沙城海塘外五里另建一条新海塘,瑞安从梅头后岗经上望至东山埭头修建一条新横塘,长37里。

1959年,温州市永强和瑞安塘下、莘塍等处,培修加固东海海塘38千米。瑞安新建人民塘,北起梅头,南至上望,全长16.4千米,塘顶高程7.12米(吴淞),塘顶宽2.0米,塘脚宽38米。1990年以来,温瑞片海塘全线进行标准堤塘建设,至1997年建成标准堤塘28.75千米。

1916～1919年,包括温州在内的浙江沿海陆续进行海涂和滩地地形测量。1943年,完成温州1∶1万海涂地形图。1965年,浙江省水电设计院在温瑞沿海完成1∶1万地形图。

3. 永强标准海塘

1994年11月,17号超强台风过后,浙江省政府和省水利厅在瓯海区召开"沿海海塘修复建设研讨会",依据测绘资料和设计,确定在东海海塘原址上重建"永强标准海塘"。采取塘、路、河结合布设,按50年一遇标准设计,塘脚宽60～70米,塘顶宽6～8米,塘顶防浪墙高程10.6米(吴淞),堤塘内侧开挖一条长16.9千米、宽30米的河道,以增加蓄水、排涝、泄洪能力。原25.4千米长的老海塘截弯取直,新标准海塘缩短为19.1千米。在召开研讨会之前,瓯海区水利局承担永强标准海塘的测绘和设计任务。

鉴于原海塘已全线冲毁,所以首先要制定测量方案。对遭毁海塘全线进行勘察并定位设桩,布设平面、高程控制导线和图根,测绘仪器采用全站仪、2秒经纬仪、S_3水准仪等。确定新海塘线走向规划和海塘断面规格,全线纵断面和各典型地段横断面测量和制图,计算工程量;调查全线残存的建(构)筑物,如水闸(含蓝田、城东共28座)、桥梁、残堤等,认真检查并作详细记录;海塘线与蓝田、城东中型水闸的衔接方案。

1994年9月1日,开始测量作业。从天河镇老鼠山水闸至蓝田水闸段实地定位打桩,经3天完成全线勘查,并确定新塘线大致走向。依此,新沙城水闸、新永兴水闸须从原址外移约300米,海滨2个村从原址内迁约80米。沿确定的新塘线布测导线和图根,采用假定平面坐标系,高程联测"温州市东部三等水准网"。在各水闸新址上镌刻石标,如蓝田水闸为1123号,城东水闸为1131号,杨七爷殿水闸为1142号,沙城水闸为1153号,老鼠山水闸为1164号。经导线测量和计算,老海塘截弯取直可缩短6.3千米,新塘总长度19.1千米,其中天河段1.96千米,沙城段2.68千米,永兴段5.10千米,海滨段9.36千米。在每个镇的待建海塘范围内,完成塘线内外边桩放样及海塘内侧的河道放样,距内塘脚线30米作为河道开挖边线,河宽30米,深3.5米。河道总长度16.9千米。瓯海区水利局测量队经22天日夜奋战,全面完成永强标准海塘内外业测量任务。

1994年11月,正式开工建设。1995年4月汛期前,海塘顶高达7.5～8.0米。1995年9月,外坡、内坡砌石与塘、路、河一体建成。永强标准海塘的迎水面和背水面两坡均用混凝土构建,堤顶建水泥公路,这条"三面光"海塘,被国家水利部和建设部赞为"全国一流样板堤塘"。

4. 瓯江下游南岸江堤

瓯江下游南岸江堤,西起鹿城区渔渡,东至龙湾区城东水闸,全长51.99千米。江堤各段有5种不同断面结构。

1994～1995年,龙湾区水利局完成炮台山至蓝田水闸段江堤重建测量。

1997～1999年,温州市水利电力勘测设计院完成泰山至岩门山2.0千米江堤测量。

1998年,温州综合测绘院完成杨府山标准江堤测量,平面控制布设二级导线12点,施测横断面21条,总长900米,江堤中线放样1048米。

1999年12月至2000年1月,温州市水利电力勘测设计院承担"温州市城区沿江标准堤塘建设"(杨府山码头至卧旗山段,长12千米)的测量任务。完成四等导线测量,一级导线测量,四等水准测量及陆地与水域的带状1∶500数字地形图。陆地测量为全站仪测图,水域则用SDH-13D型测深仪测图,GBX-PR信标差分接收机定位,并运用水深测量程序和自动成图软件生成等深线。采用1956年黄海高程系。

5. 飞云江下游北岸江堤

飞云江下游北岸江堤,西起瑞安横山乡,东至上望水闸,全长13.54千米。直接保护瑞安城区及飞云江农场4.5万亩农田。原堤为土堤,城区段长2.2千米,堤顶高程5.1米,堤顶宽2.0米;农场段长11.34千米,堤顶高程4.0～4.5米,堤顶宽1.0～1.5米。1992年,农场将其中3千米改建为干砌块石斜坡标准堤,堤顶高程5.22米,堤顶宽3米,达到十年一遇防洪防潮标准。

1995年,温州市水利电力勘测设计院完成温瑞沿海全长80千米的防洪堤塘测量,包括此段江堤。

6. 瑞安滨江大道标准堤塘

1994年17号超强台风过后,瑞安市滨江大道建设指挥部在飞云江北岸城区段始建标准堤塘。1994～2001年,浙江省河海测绘院多次承接此工程的有关测量任务。1994年,完成滨江大道东山至南码头沿岸1∶1000水下地形图19幅,0.6平方千米。1996年3月,在滨江大道沿岸完成断面图44幅,测量范围长2.1千米,每隔50米施测断面;在东山上埠浦口、南码头、长春路排污口、两面河排水口、滨江排污站、飞云江上游等处,完成1∶200水下地形图51幅。2001年3～4月,为标准堤塘三期工程施行地形测量和水文测验,布设首级GPS控制网7点,断面控制点136点,四等水准112千米,完成红旗闸至南门1∶1000地形图0.5平方千米和21个断面,以及西洋至口门1∶1000地形图21.6平方千米。还布设9条垂线,进行大、中、小潮同步水文观测,观测项目有水深、流速、流向、含沙量、盐度、悬沙、底质粒度、风况等。水下地形用断面法施测,仪器为DGPS和测深仪,陆域地形用全站仪配合小平板仪施测。采用1954年北京坐标系和瑞安城市坐标系,吴淞高程。

三、瑞平片海塘江堤测量

1. 瑞平东海海塘

瑞平东海海塘从飞云江口南岸起,沿海岸至平阳西湾派田村止,全长5.1千米,塘顶高程6.12米,塘顶宽度 1.6 米。瑞平海塘包含宋埠海涂分场海塘、宋埠新塘、阁巷海塘。

1984～1985 年,平阳县水利水电勘测设计所完成宋埠、墨城海涂围垦规划测量及施工放样。1997～1998 年完成西湾海涂围垦工程测量。2005～2007 年,完成宋埠和西湾海涂围垦区为台风所毁海塘及水利设施的修复测量和测设。

2. 飞云江南岸江堤

飞云江南岸江堤从飞云江南岸南码道起至宝香,全长 11.4 千米,全线都是土堤,堤顶高程 4.1～5.1 米(高出田面 1.3～1.5 米),堤顶宽 1～2 米,1958 年建成。

飞云江自马屿至云江段,处在河曲的大弯曲,经常发生塌岸。1958 年,在仙降大树埭抛石护岸。1961～1962 年,在小篁竹抛筑短丁坝护岸。1964～1983 年,多次在马屿团屿、仙降大树埭等 4 处塌岸严重地段,抛筑丁坝 46 条,控制塌岸。1983～1987 年,在塌岸严重地段平抛护岸 64 处,总长 3240 米,沿江岸段逐年回淤,坝脚渐趋稳定。

1993 年 1～10 月,瑞安市水利局设计室测量队完成飞云江沿岸焦浦、江西、八甲、云周、周长等地抛石护岸工程测量。1997 年 3 月,完成飞云江沿岸云周、繁荣、下汇等地抛石护岸工程测量。

2000 年 11 月～2001 年 2 月,温州市水利电力勘测设计院进行飞云江江堤防洪规划测量,完成四等 GPS 23 点,二等导线加密 6.10 千米,四等水准 66 千米,埋设水准标石 31 座,1∶2000 地形图 0.92 平方千米,断面测量 125 千米。

3. 鳌江北岸江堤

鳌江北岸江堤从岱口桥起,经下埠至墨城止,全长 21.65 千米。1959～1963 年,鳌江镇至岱口标准江堤建成,堤顶高程 7.3 米(吴淞),顶宽 4～5 米。

因岱口、钱仓、下厂等处的凹岸段坍塌不止,1958～1975 年先后 6 次抛石筑丁坝护岸工程 3 处。1958 年在钱仓凤桥村 1.3 千米江岸抛筑 6 条短丁坝,1963 年为缩短丁坝间距增抛 6 条短丁坝,1966 年再增抛 12 条丁坝,1964 年在岱口桥上下游塌岸地段抛石稳定江岸,1964 年在下厂至杨屿门 3 千米江岸抛筑丁坝 4 条,1975 年再抛筑 4 条短丁坝。

2000 年 11 月～2001 年 2 月,温州市水利电力勘测设计院完成鳌江江堤防洪规划测量,布设四等 GPS 30 点,四等水准 28.4 千米,共埋设水准标石 17 点,施测 1∶5000 地形图 21.2 平方千米,纵断面 57.8 千米。

四、苍南片海塘江堤测量

1. 江南海塘

古代江南海塘分阴均大埭、燕窝埭和东塘诸段。据平阳县志记载,阴均大埭始建于南宋嘉定元年(1208),从元至清曾七次冲毁,七次重建,埭址加阔一十三丈,面宽七丈,长二百余丈,古今沿用不衰。清乾隆七年(1742)修建燕窝埭,南宋宝祐年间(1253～1258 年)始建东塘。中华人民共和国成立后,改建阴均大埭为肥艚海塘,塘顶高程 4.5 米,防浪墙顶高程 5.5 米。

1958～1960 年,围垦江南海涂 6000 亩,从龙江至肥艚修建第一条江南新海塘,全长 13 千米。1968～1972 年,在第一条海塘外 500 米处的滩涂上,从龙江乡新美洲水闸至肥艚镇建第二条江南新海塘,全长 14.9 千米。1990～1991 年,从龙江至肥艚新建江南三级标准海塘,全长 11.8 千米,塘顶高程 7.7 米,防浪墙顶高程 8.7 米,塘顶宽 4.6 米。标准海塘按 20 年一遇潮位设计,它经受住 1994 年第 17 号台风在温州登陆的考验。

1973年,浙江省水利水电勘测设计院完成平阳南港片海涂1:1万地形图8幅。

1993年,温州市水利电力勘测设计院完成龙港至肥艚海涂测量,包括四等水准和1:5000地形图。

2. 鳌江南岸江堤

鳌江南岸江堤,从江口下埠至朱家站水闸,全长20千米,历代多次修筑加固。清咸丰十一年(1861),增修新陡门至直浃河下步江堤420余丈。1957年冬,沿江江堤全面培修。1984年,修建咸园至新渡段标准江堤2千米,堤顶高程7.2米(吴淞),防浪墙顶高程8.0米,堤顶宽3.5米。1987年,再建新渡至龙江水闸段标准江堤2.27千米。

3. 横阳支江江堤

横阳支江是鳌江的最大支流,其南岸江堤,俗名西塘,从渡龙三峰至凤江朱家站。元代延祐五年(1318),温州知州张仁方修筑西塘,从黄浦至流石段江堤,长五十余里,初名护安塘。元至正年间(1341～1368),西塘溃决,重筑。1920年,西塘遭台风洪水冲决,水入江南,经旬未退。1922年,以工代赈修复西塘。横阳支江北岸,除黄浦至新街段、柳垟至桥墩段有堤防外,其余地段均无江堤。

中华人民共和国成立后,重建江堤。1961～1962年,修复柳垟段江堤5.3千米,加固南岸观美至岭前江堤。1962～1963年,整治屿丰至落马头河段,加固老堤,增筑新堤,疏浚河道,拓展河床行洪断面。1964～1965年,新建凰浦至江口两岸江堤1.76千米,潘家汇截弯取直3千米。通过治理,横阳支江自桥墩水库至江口朱家站水闸,南北两岸建成标准江堤各28.81千米,达到10年一遇防洪要求。

2006～2007年,温州市勘察测绘研究院承接苍南县灵溪镇基础测绘,包括横阳支江南北两岸江堤1:500数字地形图。

五、岛屿海塘江堤测量

1. 洞头岛北岙后海塘

北岙后海塘位于九厅燕子山尾至小三盘风打岙,全长1260米。1978年动工,至1982年初石坝加高到7.5米高程时,中段300米坝体滑坡下沉3米,后经修复。1982年7～8月海塘合拢时,100米堵口段三次被冲塌,经抢堵合拢成功。1983年10月竣工。塘坝高程8.0～8.2米,顶宽3米。1985年7月30日遭8506号台风袭击,恰逢高潮位,长逾800米坝段向外滑动致海水倒灌,经紧急抢修,于当年11月修复海塘。1986年4～6月进一步加固培厚海塘,顶高高程达8.7～8.8米。

2001年4月,洞头县规划测绘大队与温州综合测绘院合作完成洞头北岙后海塘二期围垦工程1:500地形图测量及水下地形测量。

2. 大门岛黄岙海塘

黄岙海塘有内塘和外塘两条。黄岙内塘为长1600米的土石坝,坝顶高7.5米(洞头基面),顶宽4米,1955年建成。黄岙外塘为长1740米的土石坝,坝顶高8.9米(洞头基面),顶宽3.5米,1980年建成。由温州地区和洞头县水利部门完成设计和施工测量。

3. 灵昆岛海塘

灵昆岛位于瓯江口,原分南北小洲,中隔涂浦,后随泥沙淤积,两洲连成一片。清光绪六年重修版《玉环厅志·叙山》记载:"灵昆山,在厅治西南二十都,有单昆、双昆碧浮海上,桑四千顷,环以沙堤"。

灵昆岛东西长7.8千米,最大宽度3.8千米,面积19.55平方千米(浙江省测绘局测量)。西首双昆、单昆山麓为基岩海岸,其余均为泥岸。全岛四周环以海塘,总长19.35千米。灵昆岛以东有广阔的灵昆东滩,面积约 30 平方千米。

　　灵昆岛自明代开发以来,随着海涂生长和围垦,东部海塘一圈一圈地向外延伸 15 圈,这 15 条海塘名称由里到外依次为厂前段、新塘段、沙塘段、八亩段、旗盘段、王相段、叶先段、太平段、外学段、三连段、学堂段、南沙段、平安段、草茎段、大段。中华人民共和国成立后,海塘向东继续发展 7 圈,第 16 至 22 圈的名称依次为望江段、机耕段、十亩段、丰收段、1975 段、1982 段、1988 段。第 1~21 圈海塘全退为内塘。1988 段海塘建于 1988 年,全长 4600 米,塘顶高程 7.5 米(吴淞),顶宽 2.5 米,外侧块石护坡,外涂种植大米草消浪固堤。见图 7-01。

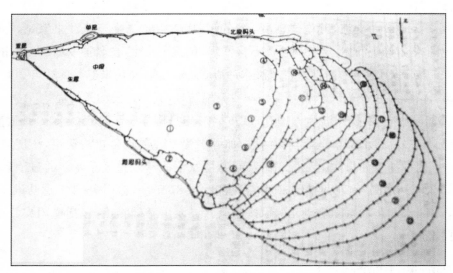

图 7-01　灵昆岛海塘发展示意图

　　1989 年 3~7 月,温州市水利电力勘测设计院测量队完成灵昆海涂 1:2000 地形图 10 幅,9.09 平方千米。

　　2003 年 7 月~2004 年 2 月,温州市勘察测绘研究院完成灵昆全岛 1:500 数字地形图 394 幅和 1:1000 数字地形图 52 幅,测绘面积共 29.4 平方千米。布设四等 GPS 首级控制网 7 点,一级 GPS 205 点,三等水准 32.74 千米,四等水准 64.40 千米。采用 Trimble 4600LS 单频接收机和应用 Trimble TGO 1.5 软件进行基线处理及平差计算,清华山维 EPSW 软件实时成图。

　　2007 年 9 月,温州市水利电力勘测设计院完成灵昆岛北防洪堤 1:1000 水下地形图 3 平方千米,九村水闸 1:500 数字地形图 0.2 平方千米。使用 GPS、全站仪和测深仪施测。

4. 七都岛江堤

　　七都岛位于瓯江下游江中,此段江面宽展,流速减缓,径流和潮流挟带的泥沙大量沉积,1000~1300 年前形成上沙、老涂、吟州古沙洲群。其东端和南端于 150~200 年前形成东江沙和前沙。1956 年,筑坝堵塞汊道,合并成椭圆形的七都岛。七都岛东西长 6 千米,南北宽 3.1 千米,面积 12.7 平方千米,全岛岸线长 14.2 千米,沿岛周边水深 2~11 米不等,西北面水道较深,东南面水道较浅。七都岛四周筑有江堤,长 20 千米,堤顶宽度 2 米。1961 年上沙段江堤外涂曾发生坍塌,采取抛石护堤。1987 年受第 7 号台风袭击,江堤损坏,抛筑 14 条短丁坝护堤。1990 年第 5 号台风后,再增筑短丁坝护堤。1961~2001 年,七都岛堤防工程的勘测、设计和施工均由永嘉县水利局完成。

2002 年 11 月～2003 年 2 月,温州市勘察测绘研究院和永嘉县勘察测绘院共同承接七都岛测区基础测绘任务。平面控制依据二等三角点磐石西山和三等三角点杨府山、外岙为起始点,布设 D 级 GPS 网 8 点,最大点位中误差±2.7 厘米,边长最大相对误差 1/13.3 万,并布设一级 GPS 97 点,最大点位中误差±1.8 厘米,边长最大相对误差 1/3.2 万。高程控制依据 I 杭广南 116 为起闭点,并从 I 杭广南 118 检测,布设四等多结点组合水准路线网,其间跨江水准利用电磁波测距三角高程代替几何水准。采用 TOPCON 2 秒全站仪、NAK2 自动安平水准仪、3 米区格式水准标尺及清华山维公司 NASEW95 平差软件。地形测量完成 1∶500 数字化地形图 12 平方千米,统一分幅,图幅 50 厘米×50 厘米。

第三节　水闸测量

据旧志记载,北宋以来特别是宋室南迁,温州邻近京畿,经济繁荣,大兴水利,修建了许多水闸。1949 年前,温州历代共建陡门 182 座,全部是圬工结构,人力钩提闸板启闭,排涝能力差。由于海涂淤积,海岸线外移,大部分老闸随之废弃,至今仍在使用的只有 14 座水闸,总排水量仅 121.7 立方米/秒。

今天,温州各种类型的水闸数量众多,分为沿海水闸、内河控制闸等。沿海水闸是阻挡咸潮和排涝排污的水闸,内河控制闸是解决低地免受涝灾和高地免受旱灾的水闸。截至 2011 年底,温州市共有各种水闸 800 多座,其中沿海水闸 420 座,共 615 孔,闸孔总净宽 1726 米,总共过闸流量 12973 立方米/秒。沿海水闸中,大型水闸 2 座,中型水闸 33 座,小型水闸 385 座。见表 7-04。本节只记述沿海水闸,内河控制闸从略。

表 7-04　　　　　　　　　　　　　　温州沿海水闸数量和分布

县市区	水闸数量（座）				总孔数	总孔净宽（米）	总过闸流量（立方米/秒）
	大型	中型	小型	总数			
鹿城	1	4	11	16	34	137.9	1859.2
龙湾	—	3	16	19	31	93.6	718.5
瑞安	—	4	65	69	92	329.2	1696.8
乐清	—	8	140	148	198	386.2	2673.5
永嘉	—	2	78	80	104	238.5	1658.8
平阳	—	5	18	23	47	163.4	1266.0
苍南	1	7	57	65	109	377.0	3100.0
全市	2	33	385	420	615	1725.8	12972.8

说明:过闸流量 1000 立方米/秒以上为大型水闸,100～1000 立方米/秒为中型水闸,100 立方米/秒以下为小型水闸。温州中型水闸 43 座,其中属于沿海水闸 33 座,另有 10 座属于内河控制闸。

一、永乐片水闸

永乐片平原是易涝地区,早在北宋治平年间(1064～1067 年),修建白沙、东山、石马、印屿 4 座陡门,至明代已建成陡门 31 座,清代又增建 15 座陡门。民国时期,在虹桥修建 8 座陡门,其中天顺陡门建于1946年,最大排水流量126立方米/秒。到民国后期,共修建陡门54座,总排涝能力只有400立方米/秒。

1949年～1989年,永乐片总共新建、改建大小水闸59座96孔,总净孔宽221米,最大排水流量共1854立方米/秒。该片主要水闸有以下6座。

乌牛水闸位于永嘉和乐清交界的乌牛溪河口处,属永嘉县管理。闸7孔,总净宽21米,最大排水流量147立方米/秒。1951年,温州专署将其列为第一个中型水闸工程,聘请浙江省水力工程队测量、设计和施工,当年底竣工。

公利水闸,闸4孔,总净宽12米,最大排水流量153立方米/秒,闸底高程吴淞1.6米,1952年竣工。

磐石水闸,闸址基岩,闸4孔,总净宽12米,最大排水流量152立方米/秒,闸底高程吴淞0.76米,1956年竣工。

双屿水闸,闸基木桩至基岩,闸5孔,总净宽15米,最大排水流量146立方米/秒,闸底高程吴淞0.22米,1957年竣工。

红卫水闸,闸3孔,总净宽18米,最大排水流量190立方米/秒,闸底高程吴淞0.8米,1967年竣工。

慎江水闸,闸3孔,总净宽9.9米,最大排水流量146立方米/秒,闸底高程吴淞0.5米,1975年竣工。

二、温瑞片水闸

罗阳建县初期(221～280年),修建月井陡门;北宋祥符年间(1008～1016年),修建塔山陡门。永嘉修建瞿屿陡门。这些是温瑞片最早的几个陡门。至清末,温瑞片共建造陡门34座。民国时期,又修建陡门38座。

沿海水闸总是随着海岸和海塘的变迁而不断外移。南宋学者陈傅良《重修石岗陡门记略》载,境内古老陡门始建于穗丰山南麓,后因离海渐远,泄水失效,北宋元丰四年(1081)迁址下移,重建石岗陡门,两者相距约6千米。这是当时永瑞塘河的主要陡门,集瑞安塘下、莘塍山溪之洪水直流入海。出于同样的原因,明隆庆三年(1569)从石岗再下移数千米在场桥龟山建闸,后又东移2.5千米建场桥陡门,1965年再次东移4.6千米易地建闸,1972年再一次易地修建新场桥水闸。

1942年,华北水利委员会测量队受请,施测永瑞片各陡门闸底高度,绘制陡门位置图、平面图、剖面图、计划图等共49幅,其中永嘉县广化陡门、上陡门、下陡门、龙湾陡门、蓝田陡门、宁城陡门、瑞安县梅头陡门、海安陡门的1∶500地形图各1幅。

1949年以后,温瑞片共建成中、小型水闸76座,其中中型水闸8座,最大排水流量共2168立方米/秒。以政区统计,瑞安市23座,鹿城区9座,龙湾区44座。

1. 瞿屿陡门(下陡门)

瞿屿陡门俗称下陡门,位于瞿屿山麓(今杨府山公园内),这是温州市尚保留遗址的最古老陡门。始建年代待考,1496年进行修理加固。1976年已废弃停用,下方淤积垦为稻田,不知何时被埋。2010年6月28日,在温瑞塘河支流"山下河"贯通河道的开挖中意外发现该陡门,同年8月18日古闸遗址完整出土。下陡门全部采用花岗岩石料构建,宽23米,6个闸墩形成5孔,每孔净宽2.8米,孔高1.8米。闸址基岩,闸底为溢流堰。每个闸墩由竖立的3根方形石柱组成,石柱上有用来安装闸板的明显齿槽。中间闸墩竖排镌刻"开平闸"水则。

下陡门水闸出土后,经温州市堤塘河道管理处测量,"开平闸"每个字字顶高程依次为 3.55 米、3.33 米、3.22 米(1985 国家高程基准),其中"闸"字顶经换算为黄海 3.16 米。据 2014 年第一期《温州通史编纂通讯》刊载的有关考证文献,五福桥"永嘉水则"、上陡门"水则"、下陡门"水则"中的"闸"字字顶高程(即关闭陡门水位)依次为黄海 3.07 米、3.13 米、3.16 米,后二者"水则"是据"永嘉水则"经水准联测确定,联测年代是上陡门为 1496 年竣工时,下陡门应在同年修理加固时或更早些。

2. 戍浦江水闸

戍浦江河口水闸位于鹿城区上戍外垟村附近的戍浦江口门,具有挡潮防淤和排涝蓄淡功能,兼有通航任务,是一座大型水闸。该水闸共 5 孔,单孔净宽 10 米,高 5.2 米,过闸流量为 1020 立方米/秒,为胸墙式平底板结构。水闸墩顶的内侧建人行桥,宽 3 米;外侧建检修桥,宽 7.5 米。水闸上游接 12 米长的钢筋砼护坦,56 米长的砼海漫及 12 米长的合金钢网石箱和抛石防冲槽。下游瓯江侧建深 1.5 米、长 36 米的消力池,后接 21 米长的砼护坦及 30 米长的砼海漫,末端是 18 米长的合金钢网石箱及抛石防冲槽。闸门采用钢结构平板门,液压机启闭。此外,水闸右侧还有宽 7.6 米的斜坡式升船机,能通行 50 吨内河船舶。戍浦江水闸两侧修建 50 年一遇的防洪江堤,总长 2047 米。该水闸于 2003 年 10 月开工,2007 年 1 月竣工验收。

3. 勤奋水闸

勤奋水闸原称海圣宫陡门,1964 年请郭沫若题写今名,位于郭公山西麓,岩石基础。上世纪 40 年代重建时,只有 1 孔,净宽 3 米,上游河宽不到 10 米。1964 年改建成 2 孔,净宽 8 米,闸底高程吴淞 1.0 米,而且上游河道拓宽至 30 米,排泄上河乡三溪河洪水入瓯江。1977 年,再次扩建为 2 孔,总净宽 16 米,最大排水流量 175 立方米/秒,河道拓宽至 50 米。温州市水电局测量队完成闸址至旸岙 1∶500 地形图和河道断面测量、河道开挖线坐标放样及工程量计算。控制资料是温州市建筑设计室测量组提供,采用 1954 年北京坐标系,吴淞高程系。

4. 蓝田水闸

蓝田水闸位于龙湾区蓝田村,是永强片最大的水闸。上游约 3 千米陡门村有古闸遗址,始建年代不详。1951 年易址重建,闸 3 孔,总净宽 9 米,闸底高程吴淞—0.18 米。2006 年 3 月 31 日再次开工重建,闸 3 孔,总净宽 18 米,最大排水流量 280 立方米/秒,闸底高程黄海—1.0 米,挡潮标准为百年一遇。新闸工程前期工作始于 2002 年,由龙湾区农林水利局施测,GPS 放样点 6 个,由青山电站刻石标 1211 引测(1976 年三等水准网)四等水准 3.5 千米,完成 1∶500 地形图 0.15 平方千米,断面 30 条长 4.5 千米。2010 年,通过竣工验收投入运行。

除上述四座水闸外,温瑞片主要水闸还有灰桥水闸,岩石基础,闸 5 孔,总净宽 15 米,最大排水流量 167.4 立方米/秒,闸底高程吴淞 2.2 米,1950 年竣工;蒲州水闸,闸 4 孔,总净宽 12 米,闸底高程吴淞 1.7 米,1956 年竣工;黎明水闸,位于上陡门原址,岩石基础,闸 5 孔,总净宽 15 米,最大排水流量 148 立方米/秒,闸底高程吴淞 1.0 米,1962 年竣工;东山下埠水闸,闸 5 孔,总净宽 15 米,最大排水流量 148 立方米/秒,闸底高程吴淞 1.29 米,1962 年竣工;岩门水闸,岩石基础,闸 3 孔,总净宽 9 米,闸底高程吴淞 1.0 米,1963 年竣工;东平水闸,岩石基础,闸 4 孔,总净宽 12 米,闸底高程吴淞 1.0 米,1971 年竣工。

三、瑞平片水闸

旧时,瑞平片平原向东海排水的陡门有沙塘、永安、丰安、平安、宋埠 5 座,向飞云江排水的有屿头、塘角、江济、周田、高岗、瓜埠、榆浦、铁甲浦、宝香、丰安、小箦竹 11 座,向鳌江排水的有下埭、黄淒、埭头、石山岩、柳庄、东洋、奇石、江口 8 座。中华人民共和国成立后,兴建较大的水闸有南码道等 16 座,最大排水流量共 936 万立方米/秒,基本达到控制河网蓄泄的要求。

南码道水闸位于瑞安市飞云镇,紧靠飞云渡江边,是瑞平水系主要排涝闸。闸 3 孔,总净宽 18 米,最大排水流量 180 立方米/秒,闸底高程黄海 1.35 米,1963 年竣工。此外,还有江溪水闸,岩石基础,闸 6 孔,总净宽 18.5 米,最大排水流量 219 立方米/秒,边孔通航,1962 年竣工;梅浦水闸,分东闸和西闸,东闸总净宽 10.5 米,西闸总净宽 12.0 米,闸底高程均为吴淞 2.25 米,1957 年和 1962 年先后竣工。

2003～2004 年,平阳县水利局完成墨城水闸断面测量。

四、苍南片水闸

苍南的南港平原和江南平原,旧时有陡门 31 座。南宋淳熙八年(1181),在金舟乡二十一都(今金乡镇)建成江南最早的乌屿陡门。南宋嘉定元年(1208),在舥艚海口阴均山麓建成阴均陡门,是江南河道排涝入海的主要水闸。截至 1990 年底,南港、江南平原共建成大、中、小水闸 20 座,总净宽 168 米,最大排水流量共 1955 立方米/秒。

1. 朱家站水闸

朱家站水闸位于苍南县凤江乡朱家站村,地处横阳支江的口门,是南港水利枢纽工程,也是温州市最大的大型水闸。该水闸启用后,鳌江最大支流横阳支江成为淡水内河,免受咸潮侵袭,并沟通南港和江南两大平原的河网。闸室分 5 孔,单孔净宽 8 米,总净宽 40 米,闸底高程吴淞 0 米,最大过闸流量 1140 立方米/秒,年平均排水量 4.05 亿立方米。闸孔高 6 米,安装 8 米×6 米弧形钢板闸门 5 扇,钢平板检修闸门 1 扇。上游引河长 1300 米,底宽 50 米,面宽 120 米;下游引河长 600 米,底宽 65.7 米,面宽 140 米。1963 年 12 月动工,1965 年 7 月竣工。该工程由浙江省水利水电勘测设计院勘测设计。

2. 舥艚水闸

舥艚古闸,由阴均陡门和东魁陡门组成,东魁陡门在阴均陡门西面 500 米处。南宋嘉定元年(1208),创建阴均陡门,历代屡坏屡修,沿用至今。清嘉庆十四年(1809),始建东魁陡门。中华人民共和国成立后,东魁陡门扩建为舥艚新闸,闸 4 孔,总净宽 12 米,闸底高程吴淞 1.85 米,1962 年竣工。1967 年,阴均陡门扩建为舥艚老闸,闸 6 孔,总净宽 24.6 米。

南港片主要水闸还有萧江水闸,闸 4 孔,总净宽 12 米,最大排水流量 140 立方米/秒,闸底高程吴淞 1.04 米,1955 年竣工。夏桥水闸,闸 4 孔,总净宽 28 米,最大排水流量 275 立方米/秒,闸底高程吴淞 0.88 米,1967 年竣工。

江南片主要水闸还有龙江水闸,闸 4 孔,总净宽 12 米,最大排水流量 140 立方米/秒,闸底高程吴淞 1.06 米,1962 年竣工。

第四节　水库测量

水库测量的项目和内容很多,除平面和高程控制测量外,还有库区、排灌系统、坝址、闸址、溢洪道、隧洞进出口、调压井、厂房、天然料场、施工场地等地形测量,另有公路、渠道、堤线、隧洞、压力管线等带状地形测量。旧社会,温州只有山塘,没有一座水库。1955年开始,温州大力兴建水库,截至2010年底,温州已建成水库311座,密度达到每38平方千米就有一座水库,平均每2.9万人就有一座水库。就规模而言,温州大型水库只有珊溪水库1座,中型水库18座,小型水库292座。可见温州水库密度很大,但大中型水库很少。

一、珊溪水库

珊溪水库是温州市唯一的一座大型水库,以城镇供水为主要功能。它的坝址在文成县珊溪镇区以上1千米处,库区位于文成和泰顺两县,泰顺的库区面积稍大于文成。珊溪水库控制流域面积1529平方千米,占整个飞云江流域总面积的41%。坝址多年平均径流量59.1立方米/秒,径流总量18.6亿立方米。水库正常蓄水位142米,相应库容12.91亿立方米;校核洪水位155.2米,总库容18.24亿立方米;防洪高水位147.67米,相应库容15.03亿立方米;死水位117米,死库容5.95亿立方米;调节库容6.96亿立方米,防洪库容2.12亿立方米。

珊溪水利枢纽工程由大坝、溢洪道、泄洪洞、发电引水隧道、发电站、升压站和牛坑溪排水系统等设施组成,还包括下游的赵山渡水库及其引水工程。大坝为混凝土面板的堆石坝,最大坝高132.5米,坝顶高程156.8米(黄海),坝顶宽10米,坝顶长度448米,上游坝坡1:1.4,下游平均坝坡1:1.57。开敞式溢洪道位于左坝头外70米,总长710米,溢流堰顶高程132.0米,由5孔弧形闸门控制,每个闸孔宽12米,高16米,最大泄流量12858.4立方米/秒,最大流速34.69米/秒。泄洪隧洞位于左岸,全长308米,进口底高程60米,圆形有压隧洞内径10米,洞内最大泄量1630立方米/秒,最大流速33.5立方米/秒。坝后式发电站安装4台×5万千瓦水轮发电机组,总装机容量20万千瓦,年发电量3.55亿千瓦时。1996年9月29日动工,2001年12月正式建成。2002年11月4日由瑞安赵山渡引水工程和潘桥陈岙泵站向温州市区送水,年供水量13.4亿立方米。

1958~1960年,上海勘测设计院第二测量队完成测量项目,主要测量内容有珊溪水库坝址1:1000地形图22幅,面积1.35平方千米;施工场地、土料场、沙石料场1:2000地形图23幅,面积10.68平方千米;三、四等水准测量280千米,五等三角点18点;珊溪水库库区纵横断面测量444千米;1:5000地形图80平方千米。坐标系统采用高斯正形投影任意带的平面直角坐标系统,高程采用1956年黄海高程系统。

1975年10月,原水电部第十二工程局设计院对珊溪水库坝址进行查勘,1977年在坝址区进行地质勘探。

1975年7~11月,华东水电设计院和温州地区水利局联合进行珊溪库区实物淹没数据调查,调查内容包括田地、房屋、经济林、用材林、桥梁、通讯线、输电线、公路、厂矿等。田地征用采用20年一遇的淹没线,房屋征用采用50年一遇的淹没线。华东水电设计院测量队在实地布设淹没界桩。

1977年至珊溪工程建设期间,华东勘测设计研究院测量队完成五等三角点21点,坝址1:500地形图39幅,坝址1:1000地形图31幅,库区横断面测量40个总长16.7千米,引测水准38.3千米,三角高程导线15.2千米,绘制纵剖面图42千米,移民安置1:1000地形图22幅,施工场地1:2000地形图49幅。

赵山渡水库是后来选定的。它的前期选址为瑞安滩脚水库,利用珊溪电站的发电尾水筑坝蓄水,经南北干渠向温州各县、市、区送水。1980年,温州地区水利局测量队和温州市水电局测量队联合进行滩脚水库选址测量,测量项目包括水库坝址、库容、南北干渠等。高程由瑞安平阳坑国家二等水准点引测,平面控制采用多边形控制网,用钢卷尺丈量基线。因受瑞安高楼乡驻地的高程限制,库容偏小,滩脚坝址方案被否定,于是坝址上移至赵山渡。

1990年7月,温州市人民政府上报浙江省政府,要求将珊溪水利枢纽工程,包括珊溪水库电站和赵山渡引水工程两部分,列入国家"八五"计划。1994年1月,国家计委以农经〔1994〕53号文件正式批准立项。确定该工程以灌溉和城市供水为主,兼有发电、防洪等综合效益。

1994年11月和1995年10月,华东勘测设计研究院先后编制完成《浙江省飞云江珊溪水利枢纽工程可行性研究报告》和《浙江省飞云江珊溪水利枢纽工程初步设计》。1996年9月,前期工程开工兴建。

1998年3月,国家计划委员会的计建设〔1998〕507号文件下达"1998国家重点建设项目通知单",珊溪水利枢纽工程列为国家重点工程之一。1999年7~10月,华东勘测设计研究院测量队完成珊溪水利枢纽工程控制测量,布设四等GPS 17点。2001年11月,完成珊溪水库大坝工程。2001年12月,珊溪水库工程正式竣工。

1978~1994年和2000~2007年,为研究珊溪水利枢纽工程对飞云江河口段的影响,浙江省河海测绘院先后受瑞安市水电局、浙江省水利水电勘测设计院和浙江珊溪经济发展有限公司委托,承接"飞云江珊溪水库蓄水前(后)水下地形测量及水文测验"任务。

2002年8月,浙江省统一征地事务办公室勘测中心受温州珊溪水利枢纽工程建设指挥部委托,承接珊溪水利工程坝区主体工程和赵山渡引水工程建设用地复测和综合调查,完成下列项目:①控制测量,珊溪坝区主体工程采用浙江省测绘局提供的3个国家军控点为起算点,布设一级GPS 10点;赵山渡引水工程布设E级GPS控制网54点,4条二级导线37点共长8.5千米。②高程测量,测区为高差较大的山地和村庄,采用三角高程。③地形测量,完成珊溪测区1:1000建设用地竣工复测图3.6平方千米,编制1:2000竣工彩色图3.6平方千米;测绘赵山渡测区1:1000地形图5平方千米。

2005年7月,浙江省测绘大队完成珊溪水库勘测定界竣工复测,包括1:2000地形测量、库区控制测量、界桩放样、权属调查等。

2006年12月,浙江省统一征地事务办公室勘测中心承接珊溪水利枢纽工程库区建设用地竣工测量,完成四等GPS控制网55点,一级GPS测量237点,水准测量407.28千米,1:2000带状地形图285平方千米。同时完成拨地钉桩、权属调查和界桩放样7378个;编制竣工地籍图,面积685平方千米。

二、中型水库

总库容1000万至1亿立方米为中型水库,温州共有18座,总库容合计只有5.343亿立方米,仅为珊溪水库的1/3.4。也就是说,温州再造这样的44座水库,共62座中型水库才抵上1座珊溪水库。见表7-05。

表 7 - 05 温州市 18 座中型水库一览表

水库名称	所在县市	集雨面积（平方千米）	总库容（万立方米）	建成年月	测 绘 单 位
桥墩水库	苍南县	138	8420	1989 年 12 月	浙江省水利水电勘测设计院、温州市水利电力局
百丈漈水库	文成县	88.6	6060	1960 年 7 月	浙江省工业设计院勘测队、浙江省水利水电勘测设计院
泽雅水库	瓯海区	102	5794	1998 年 5 月	浙江省水利水电勘测设计院、温州市水利电力勘测设计院、温州市水利电力局
三插溪水库	泰顺县	267.5	4662	1998 年 8 月	浙江省水利水电勘测设计院、泰顺县勘测设计所
北溪水库	永嘉县	132	3820	2001 年 5 月	华东勘测设计研究院
仙居水库	泰顺县	166.6	3289	2004 年 4 月	华东勘测设计研究院
淡溪水库	乐清市	46	2600	1970 年 6 月	温州地区水利电力局、浙江省水利水电勘测设计院
钟前水库	乐清市	38.7	2457	1960 年 8 月	温州地区水利电力局
吴家园水库	苍南县	33.8	2320	1962 年 12 月	温州地区水利电力局
福溪水库	乐清市	39.2	2210	1979 年 8 月	温州地区水利电力局
金溪水库	永嘉县	118	1937	1996 年 8 月	浙江省水利水电勘测设计院
高岭头一级	文成县	32.6	1778	1995 年 1 月	浙江省水利水电勘测设计院
高岭头二级	文成县	124.6	1682	1998 年 12 月	浙江省水利水电勘测设计院
林溪水库	瑞安市	52.5	1773	1978 年 2 月	温州地区水利电力局
仰义水库	鹿城区	11.5	1350	1962 年 10 月	浙江省水利水电勘测设计院、温州地区水利电力局、温州市水利电力局
白石水库	乐清市	48.5	1292	1958 年 6 月	温州专署水利局
双涧溪水库	泰顺县	71.8	1150	1990 年 7 月	温州市水利电力勘测设计院
赵山渡水库	瑞安市	2302.0	3414	2001 年 12 月	华东勘测设计研究院

1. 桥墩水库

桥墩水库位于苍南县桥墩镇仙堂村,坝址以上集雨面积 138 平方千米,水库以防洪和灌溉为主,结合发电。大坝为土石坝,坝高 50 米,坝顶高程 66.0 米(吴淞),坝顶长 605.5 米,宽 6.0 米,总库容 8420 万立方米,正常库容 5160 万立方米。大坝右岸设开敞式溢洪道,堰净宽 50 米,堰顶高程 56.97 米。坝后式电站,装机 1250 千瓦立式水轮发电机组 2 台。

桥墩水库 1958 年开工建设,1989 年 12 月建成,31 年中历经三次建库施工。1958～1960 年,大坝施工中,遭遇台风暴雨,水漫坝顶导致溃坝。1969～1973 年,复建水库大坝,竣工后发现坝基渗漏,一直限制蓄水。1980 年进行加固扩建工程,1989 年蓄水运行。2006 年 12 月,国家水利部大坝中心和浙江省水利厅对桥墩水库大坝进行安全鉴定,认定属病险水库。2007 年桥墩水库列入省"千库保安"工程实施计划。

1967～1982 年,浙江省水利水电勘测设计院完成桥墩水库 1∶1000～1∶2000 地形图 3.63 平方千米,1：500 地形图 0.38 平方千米。

1984～1989 年,温州市水利电力局测量队完成桥墩水库扩建加固工程的地形测量。

2. 百丈漈水库

百丈漈水库(飞云湖)位于文成县境内的飞云江支流泗溪百丈漈篁庄村,集雨面积 88.6 平方千米,总库容 6060 万立方米。百丈漈水库大坝由主坝和副坝组成。主坝坝型为粘土心墙坝,高 38.7 米,坝长 358 米,底宽 226 米,顶宽 6 米,坝顶高程 658.7 米。白坟和连珠坟两条副坝分别长 130 米和 120 米。百丈漈水库由浙江省水利水电勘测设计院设计,百丈漈电站工程处施工。1958 年开工,1960 年 7 月建成。

1944 年和 1946 年,浙江省政府两次派员查勘百丈漈水库坝址,欲建未成。1950 年 3～4 月,钱塘江水力发电勘测处派员来飞云江查勘,编写《百丈漈水力发电工程初步报告》,1951 年又提出工程勘测概要报告。1952 年 6 月,浙江省工业厅组织调查,次年 1 月提出《百丈漈水电站技术经济调查报告》。

1958 年,浙江省工业设计院勘测队为水库选址,测绘 1：500 地形图 28 幅 1.02 平方千米,1：5000 地形图 6 幅 22.50 平方千米。

1963～1965 年,浙江省水利水电勘测设计院完成测绘项目,包括布设三等三角 18 点,四等三角 14 点;测量四等水准 8.7 千米,埋设水准标石 18 座;测绘 1：200～1：5000 地形图 32 幅,采用 1954 年北京坐标系和 1956 年黄海高程系。

1979～1980 年,温州地区水利电力局测量队完成百丈漈水库 1：1000、1：500 地形图共 0.81 平方千米。

3. 泽雅水库

泽雅水库在瓯海区泽雅镇境内的戍浦江上游,坝址在岙外村。大坝为混凝土面板堆石坝,坝顶高程 113.8 米,坝高 78.8 米,坝顶长 308 米,坝顶宽 6 米。水库集雨面积 102 平方千米,总库容 5794 万立方米。水库泄洪最大流量 2395 立方米/秒,年平均供水 1.14 亿立方米。泽雅水库由温州市水利水电勘测设计院和葛洲坝泽雅水库施工指挥部设计和施工。1996 年动工,1998 年竣工。

1959 年首次投建,称为雷峰水库,大坝选址在麻芝川村,原设计总库容 1 亿立方米,温州市农业局测量队完成 1：5000 库容地形图测量。1960 年工程停建。1965～1970 年,温州地区水利局测量完成 1：1000 地形图 1.35 平方千米。1978 年为减少淹没损失,浙江省水利厅完成 1：2000 大坝选址地形测量,确定大坝移址于上游林岙村,改称林岙水库。1978～1980 年,温州市水电局测量队完成林岙水库平面、高程控制网和 1：1000 地形图 3 幅 0.7 平方千米,及上游 600 米高度多个配套水库(双坟、火烧桥)的测量。采用假定平面坐标系,测北极星定向,1956 年黄海高程系。

1988 年,温州市水利水电勘测设计院完成泽雅水库供水枢纽及河道 1：1000 地形图 14 幅,共 1.35 平方千米。1993～1994 年,完成泽雅水库集雨面积测量 36 平方千米和库容测量。1995～1996 年,施测长 9 千米引水隧洞,布设四等导线 15 点,四等水准 16 点 25 千米,并完成 1：500 大坝和隧洞口测图及 1：2000 库容地形图 4 平方千米。

4. 淡溪水库

淡溪水库在乐清市淡溪上游,坝址在淡溪镇石龙头村。大坝为粘土斜墙坝,坝高 31.9 米,高程 50.5 米,坝顶长 420 米,坝顶宽 6.0 米。集雨面积 46 平方千米,总库容 2600 万立方米,最大泄洪流量 264 立方米/秒。由温州地区水利电力局设计和施工。1958 年 5 月动工,1970 年 6 月建成蓄水。

1960 年 8 月,因台风洪水,水库水位升高到接近施工中的大坝坝顶,启闭机被淹,只得应急炸开闸门放空水库。1961～1967 年,大坝 6 次堵漏、翻修、加厚铺盖层,至 1970 年 6 月,达到设计坝高 31.9 米,水库关闸试蓄水。1994 年,经省水利厅批准进行扩建加固,历时 2 年竣工,配合下游河网控制,防洪灌溉能力提高 4 倍。

1962 年,温州地区水利电力局测量队和浙江省水利水电勘测设计院,完成淡溪水库集雨区域和坝址的 1∶1 万地形图 20.23 平方千米。

1988 年,浙江省水利水电勘测设计院完成淡溪水库 1∶5000～1∶1 万地形图 3.67 平方千米,1∶1000～1∶2000 地形图 0.33 平方千米,1∶200～1∶500 地形图 0.23 平方千米。

5. 钟前水库

钟前水库在乐清市白石镇钟前村的牛山脚,即白石水库库尾以上 700 米处的白石溪上。大坝为心墙土石混合坝,坝高 51.5 米,高程 123.5 米,坝顶长 184 米,坝顶宽 7.5 米。坝址以上集雨面积 38.7 平方千米,总库容 2457 万立方米,正常库容 1665 万立方米。溢洪道最大泄洪量 1332 立方米/秒。输水隧洞出口设坝后式电站,装机 2×500 千瓦。1959 年 12 月开工,1960 年 8 月竣工,1964 年正常蓄水。由温州专署水利局设计,乐清县水利局主持施工。

1959 年春,温州地区水利局测量队完成钟前水库坝址地形和库容测量。1962 年,温州地区水利工程处测量队完成钟前二级电站站区 1∶200 地形图 0.05 平方千米。2004 年,乐清水电总站钟前水库测量组进行水库除险加固前期工作,完成山场边界面积测绘。2007 年完成钟前水库溢洪道边线开挖施工放样。

6. 吴家园水库

吴家园水库坝址在苍南县藻溪镇吴家园村,库区在横阳支江的支流藻溪上游。大坝为粘土心墙坝,坝高 30.92 米,坝顶高程 50.2 米,防浪墙顶高程 51.2 米,坝顶长 237 米,坝顶宽 5 米。坝址以上集雨面积 33.8 平方千米,总库容 2320 万立方米,正常库容 1140 万立方米。溢洪道最大泄洪流量 1270 立方米/秒。1958 年 1 月开工,1962 年 12 月大坝竣工。坝后式电站的装机容量 400 千瓦,1973 年 9 月建成发电。

1958 年 7 月,温州专署水利局测量队完成吴家园水库 1∶2000 库容图和 1∶500 大坝布置图,共 40 余幅,完成大坝施工放样和隧洞开挖施工测量。1961 年 8～12 月,完成吴家园水库库容和集雨面积测量。

7. 福溪水库

福溪水库位于乐清仙溪镇福溪河段。大坝为堆石粘土斜墙坝,坝高 50 米,坝顶长 115 米,坝顶宽 7 米。大坝以上集雨面积 39.2 平方千米,总库容 2210 万立方米,溢洪道最大泄洪量 1349 立方米/秒。安装 2 台×2500 千瓦发电机,年发电量 1200 万千瓦时。温州地区水利电力局和乐清县水利局共同设计和施工,1959 年 11 月开工,1973 年 6 月下闸蓄水。

1963 年,温州地区水利电力局测量队完成福溪水库集雨面积和电站站址 1∶2 万和 1∶2000 地形图,共 10 幅,82.7 平方千米。

8. 金溪水库

金溪水库位于永嘉县巽宅镇金溪村,库区在小楠溪上游的黄坦溪上。大坝为混凝土双曲拱坝,坝高 63 米,坝顶弧长 198 米,集雨面积 118 平方千米,总库容 1937 万立方米,正常库容 1735 万立方米。装机容量 2 台×0.8 万千瓦,年发电量 3567 万千瓦时。金溪水库由浙江省水利水电勘测设计院勘测设计,丽水地区水电工程处承建大坝。1994 年 1 月开工,1996 年 8 月竣工。

70 年代,永嘉县水利电力局测量队进行金溪水库的前期测量,并在 1994～1996 年金溪水库施工期间完成监理和校核测量。

9. 林溪水库

林溪水库位于瑞安林溪乡水干岸村附近,库区在飞云江支流金潮港的支流林溪上游。大坝为粘土心墙砂砾坝,坝高 41.5 米,坝顶长 280 米。集雨面积 52.5 平方千米,流域外引水面积 8.5 平方千米。水库总库容 1773 万立方米,正常库容 1450 万立方米。溢洪道堰坝高程 78.28 米,最大泄洪流量 2055 立方米/秒。坝后式电站装机容量 1160 千瓦,年发电量 300 万千瓦时。温州地区水利局勘测设计,瑞安县水利局和湖岭区主持施工。1958 年 12 月动工,1961 年 8 月竣工,1978 年 2 月大坝翻修完成扩建增容工作。

1962 年,温州地区水利电力局测量队完成林溪水库库容和集雨区域 1∶1 万地形图 5 幅 100 平方千米。2007 年 11 月,温州市水利水电勘测设计院受瑞安市水利局委托,完成环库区四等 GPS 8 点和 1∶2000 水下地形图 5 平方千米。

10. 仰义水库

仰义水库位于鹿城区仰义乡郑家垟村,是原郑家垟水库扩建而成。大坝为粘土斜墙坝,坝高 40 米,高程 80 米,坝顶长 106 米,坝顶宽 5 米,坝顶有高 1 米的防浪墙。水库集雨面积 11.5 平方千米,流域外引水面积 0.5 平方千米。水库总库容 1350 万立方米。开敞式溢洪道的堰顶高程 74.8 米,最大流量 778 立方米/秒。1955 年 10 月开工兴建,1959 年扩建,1962 年建成。

1964 年,温州地区水利局测量队和浙江省水利水电勘测设计院测量队,完成仰义水库隧洞 1∶500 地形图 1.87 平方千米。1980 年,为仰义水库的安全运行,温州市水利局测量队完成坝址和库区 1∶1000 地形图 1.0 平方千米。1985 年水库保坝工程完成。1997～1999 年,温州市水利水电勘测设计院完成仰义水库大坝测量、库容测量和淹没范围测量。

11. 白石水库

白石水库位于乐清白石镇白石溪雷盘岩河段,大坝为砂砾壳心垟坝,坝高 32 米,坝顶长 198 米,坝顶宽 4 米。集雨面积 48.5 平方千米,总库容 1292 万立方米,正常库容 1040 万立方米。溢洪道最大流量 945 立方米/秒。坝后式电站装机容量 600 千瓦。温州专署水利局设计,乐清县主持施工。1957 年 12 月动工,1958 年 6 月竣工。

1962 年,温州专署水利局测量队在白石水库集雨区域完成 1∶1 万地形图 100 平方千米。2003 年 9 月,为白石水库的安全运行,乐清水电总站白石水库测量组完成坝址周边山场地形图 0.04 平方千米和边界测量。

三、小型水库

水库库容在 100 万～1000 万立方米为小(一)型水库,库容 10 万～100 万立方米为小(二)型水库,蓄水量 1 万～10 万立方米称为山塘。温州市有小(一)型水库 67 座,小(二)型水库 225 座,这 292 座小水库的总库容合计只有 2.38 亿立方米,仅占全市水库库容总量的 8.8%。这些小水库绝大多数是 1957 至 1964 年"大办水利"期间"土法上马"建设的土石坝,建造简陋,库容量很小。

1. 桐溪水库

桐溪水库在瑞安市桐浦镇的桐溪河上,大坝为土石坝,坝基地质为软粘土。坝高 13.74 米,防浪墙高1米,坝顶长186米。集雨面积16.9平方千米,总库容340.5万立方米,正常库容216万立方米。溢洪道最大泄洪能力413立方米/秒。1956年12月开工,1958年5月竣工。

1955年,温州地区专署水利局测量队和水电设计院测量队,完成桐溪水库1∶1000地形图37幅7.4平方千米。1992年,瑞安市水利电力局为规划桐溪水库景观工程,完成库区1∶2000地形图。

2. 秀垟水库

秀垟水库在瓯海仙岩镇秀垟村的大罗山西南坡溪谷盆地中。主坝坝高26米,坝顶长104米;副坝坝高15米,坝顶长96米。水库集雨面积1.9平方千米,总库容263万立方米。1959年11月动工,1960年3月建成。坝后一级电站装机200千瓦,1971年11月发电。

1964年,温州专署水利水电勘测设计室测量队完成秀垟水库1∶2000地形图1幅1.18平方千米。2000年12月,温州市水利电力勘测设计院完成水库除危加固和引水隧洞的定线测量。

第五章　引水和供水工程测量

　　温州平原河网、山区溪坑、水库山塘是蓄水系统,而供水系统就是修建引水工程或提水工程,再通过水渠、渡槽、隧洞、管道等将蓄水系统的原水输送到城镇水厂和农田。引水工程是跨流域调水或者同一流域中此地引调到彼地的长距离供水工程,温州大型引水工程有赵山渡引水工程和楠溪江引水工程。提水工程是从江河或溪坑中抽水,通过水渠供给农田灌溉或生活用水,其中规模大的叫翻水站,小的叫抽水机站,也是一种供水工程。温州各地共有翻水站27座,其中大型的有瓯江翻水站和飞云江翻水站。翻水站均需修建配套的输水渠道和控制闸,有的水渠长度达数十千米,沿程有明渠、暗渠、隧洞、渡槽、倒虹吸等各种构筑物。

第一节　引水工程测量

　　长距离引水工程中的线路测量是重点亦是难点,为保证工程质量,需要一套合适的平面坐标系统来减少全线控制网的长度投影变形,这就涉及平面坐标系的选择方法和准确度的验证。

一、赵山渡引水工程

　　赵山渡引水工程是珊溪水利枢纽工程的组成部分。它的拦河大闸位于瑞安西部飞云江中游干流上,距珊溪水库大坝35千米。它承接珊溪水库发电尾水和区间径流,形成河床式水库。赵山渡水库的正常蓄水位22米,相应库容2785万立方米;校核洪水位23.37米,总库容3414万立方米;调节库容427万立方米;年供水量7.3亿立方米。赵山渡拦河闸共16孔,总长257.9米,最大泄洪流量15120立方米/秒。它是温州市区、瑞安、平阳、苍南和洞头南片的城镇供水的最大水源地,可为500万人口提供优质饮用水。2002年11月4日建成并投入使用。

　　赵山渡引水工程的供水范围广,输水渠道多而长,故称输水渠系。输水渠系由干渠和分渠组成,包括总干渠、北干渠、南干渠、温州分渠、瑞北分渠、瑞南分渠、平阳分渠和平苍分渠等八个部分。总干渠和南北干渠总长62.8千米,设计引水流量36立方米/秒,加大引水流量39立方米/秒。干渠由取水口、隧洞、渡槽、倒虹吸、暗渠、节制闸、分水闸、退水闸及溢流堰等共91座建构物组成。其中隧洞18条,总长8185米;渡槽10座,总长5799米;倒虹吸9座,总长3190米;节制闸10座,分水闸10座,退水闸8座。总干渠始于赵山渡拦河闸左岸取水口,通过隧洞向东输水,经高楼渡槽越过高楼溪,再经隧洞到达马屿镇顺泰的泛浦村。泛浦接口往东北是北干渠,往南是南干渠。北干渠的输水隧洞经过马屿镇梅屿,越过金潮港渡槽到陶山,再经过桐溪,最后到达瓯海潘桥陈岙村。在陈岙出水口由陈岙泵站加压提升进入温州分渠。温州分渠从陈岙泵站分两路供应温州市区,一路通过直径 1.6 米和 1.4 米两条钢管先送到潘桥泉塘村的西向水厂,再送至郭溪的浦东水厂,并通过浦东隧洞输送到西山水厂和东向水厂;另一路经过吹台山的莲花山隧洞和大罗山的烟墩山隧洞输送到状元水厂,并经过灵霓大堤供应洞头南片地区。

从桐溪接口往东南是瑞北分渠。瑞北分渠位于瑞安境内飞云江北岸。它先向东南经过潘岱盖竹,到达瑞安安阳的江北水厂。再由安阳转向东送,最后到达塘下镇山根出水口。瑞南分渠位于瑞安境内飞云江南岸。它的取水口在南干渠的焦坑渡槽以南的东侧,老 56 省道的北侧,由焦坑泵站加压提升后,通过长 19.3 千米、直径 1.6 米的钢管,沿新 56 省道南侧往东,经马屿镇、仙降镇和飞云镇,最后到达飞云章桥村的瑞安江南水厂。

南干渠始于顺泰泛浦接口,往南由焦坑渡槽跨过飞云江干流,再通过隧洞输水到曹村。过曹村后转向东进入平阳境内,终点在平阳万全镇石塘岭村。出石塘岭出水口通过平阳分渠输水到万全水厂和昆阳水厂,供应平阳县北部的城镇用水。

从石塘岭出水口附近的北山村引水至平阳鳌江和苍南龙港,这就是平苍分渠。平苍分渠的取水口位于北山,通过长 857 米的北山涵渠将水引至北山泵站,提升后流经公公尖隧洞、马头山隧洞和观音山隧洞到塘川。在塘川埋设长 400 米的涵管将水引至钱仓山的南山下,经南山下隧洞后,用顶管技术穿越鳌江河底。过鳌江后转向东至苍南龙港水厂和临港产业基地江滨规划水厂。在钱仓山的交剪岩隧洞出口敷设水管通往鳌江水厂和平阳经济开发区规划水厂,并且预留出水口给萧江水厂。平苍分渠总长 38.39 千米,其中内径 3.4 米的隧洞长 13.3 千米,直径 1.5 米的钢管长 24.69 千米。北山泵站装机容量 5 台×900 千瓦。目前输水量 30 万立方米/日,流量 2.2 立方米/秒;2020 年输水量达到 50 万立方米/日,流量 7.47 立方米/秒。见图 7-02。

1999 年 7～10 月和 2001 年 7～8 月,华东勘测设计研究院测绘研究分院受温珊供水工程指挥部和温州供水投资开发有限公司委托,先后承接赵山渡引水工程测量任务。测量项目内容如下。

1. 平面控制测量

布设四等 GPS 控制网共 17 个点,平均边长 2.07 千米,点位主要在洞口附近,埋设 11 个混凝土桩,余为刻石标。观测数据处理采用随机处理软件及同济大学 TGPPS 平差处理软件,各路线闭合差均在限差之内,最大点位误差±2.3 厘米。

布设一级导线 67 点(含 6 条附合路线和 1 个导线网),二级导线 43 点(含 1 条附合路线和 4 条闭合路线)。一级导线全长相对闭合差均小于 1/1.5 万,最大点位误差±4.4 厘米;二级导线全长相对闭合差均小于 1/1 万,最大点位误差±1.2 厘米。

2. 高程控制测量

沿线布设四等水准路线 116 千米,包括 3 条闭合路线和 4 条附合路线,其闭合差均符合规范要求。

3. 1∶1000 线路地形图测绘

图根点以导线及极坐标法布设,采用三角高程,平均每幅图 12 点。陈岙至浦东长 12 千米,带状宽度 400 米;陈岙至青山长 29 千米,带状宽度 200 米。完成 1∶1000 带状地形图 100 幅,12.06 平方千米,图幅 50 厘米×50 厘米,自由分幅。

4. 1∶500 泵站和水厂地形图测绘

青山泵站位于山脚,测区内水田和山地各占其半,测量面积 0.234 平方千米。陈岙泵站测区主要为水田,少量是旱地、山地及房屋,测量面积 0.410 平方千米。状元水厂测区主要为旱地,少量是水田,在西台村有铁路穿过测区,测量面积 0.501 平方千米。共完成 1∶500 地形图 32 幅,1.145 平方千米。仪器采用西安平板仪及 T2DI1600,以极坐标法成图,基本等高距 0.5 米。

5. 1∶200 大样图测绘

为线路中心穿越河沟及道路处的设计用图,采用全野外数字化成图,基本等高距 0.5 米,河沟处以 0.5 米等高距测绘水下地形。完成 1∶200 大样图 73 幅,1.346 平方千米。地物点平面位置最大误差小于图上 0.6 毫米,岸上高程点最大误差小于 0.07 米,水下高程误差小于 0.2 米。

6. 线路纵断面测量

按 1∶1000 精度施测,计算机软件成图。完成纵断面图 39.046 千米。仪器使用尼康 DTM-520 全站仪。2001 年 8 月,完成陈岙至状元的输水管线纵断面测量 21.6 千米和转折点放样 54 点。

以上测量的平面坐标系统为温州市独立坐标系,高程系统为 1985 国家高程基准。执行技术标准为《城市测量规范》CJJ8-85,《工程测量规范》GB50026-93,《全球定位系统城市测量技术规程》CJJ73-97,《1∶500、1∶1000、1∶2000 地形图图式》GB/T7929-1995。

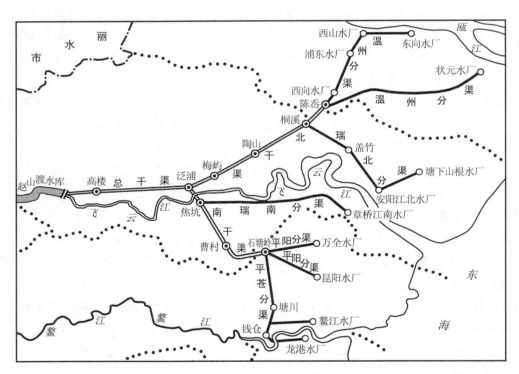

图 7-02　赵山渡引水工程的输水渠道分布

此图引自姜竺卿著《温州地理》第一册第四章

二、楠溪江引水工程

楠溪江引水工程,从永嘉楠溪江中游的末端引水穿过北雁荡山脉到达乐清,向柳市平原、乐成平原、虹桥平原和洞头南部供水。2007年12月开工,2012年3月31日正式通水。

该工程由拦河闸、输水渠道及配套设施组成。拦河闸位于永嘉沙头镇区以上800米的烈士陵园附近。总宽240米,高24米,共14孔,每孔净宽12米,为升卧式平面钢闸门,最大下泄流量18700立方米/秒。拦河闸分为右侧深槽挡水闸段、左侧滩地自由溢流闸段、右岸调流闸门和鱼道四部分组成。闸上流域面积2103平方千米,占整个楠溪江流域的86.3%。闸址的多年平均径流量72.8立方米/秒,年径流总量23.54亿立方米。闸上水库正常蓄水位9.0米,相应库容500万立方米,供水调节库容120万立方米。

输水渠道从取水口到出水口总长17.964千米,是重力无压自流输水,设计流量12.34立方米/秒,加大流量14.19立方米/秒。取水口位于拦河闸左岸上游40米的分隔挡墙位置,为双孔砼箱涵结构,单孔净宽3.5米,高2.1米。从取水口经过长892米的埋管后至拦河闸下游左岸的龙岩头,埋管采用双管C25钢筋砼结构,单管净宽2.8米,高2.1米,壁厚40厘米。在龙岩头山脚设置流量控制闸门。过控制闸后,向东南方向通过潮际—长坦隧洞穿越龙岩头山、柴山和水龙山,此段隧洞长3.962千米,净宽4.8米,高3.71米,城门洞形。在长坦村附近以倒虹吸穿过陡门溪,长坦倒虹吸管为双孔钢筋砼结构,单孔净宽2.8米,高2.1米,壁厚40厘米,长135米。倒虹吸进口高程3.730米,出口高程3.677米,穿越陡门溪底时降至2.70米。最后通过长坦—下垟隧洞穿越北雁荡山脉,在乐清北白象镇下垟村附近出口,接乐清水厂。此段隧洞长12.975千米,净宽4.8米,高3.56米,城门洞形。两段隧洞总长16.937千米。

配套设施有渔田村四个池塘的引排水涵管工程、沙头城区池塘引排水管道工程、潮际村村口池塘引排水管道工程、沙头下游3千米处的响山开发区引水管道工程。这四个配套工程主要解决沙头和崎口地区的城乡生活和工业用水问题。

目前,该工程年供水量1.58亿立方米,惠泽95万人口,其中乐清虹柳地区1.23亿立方米,永嘉沙头和崎口地区0.35亿立方米。

1988年6~7月,永嘉县水利局测量队完成第一期工程的控制测量和地形测量,成果委托温州市水利电力勘测设计院测量队复核和鉴定,符合有关规范要求。

1991年8月,温州市水利电力勘测设计院测量队和永嘉县水利局测量队完成第二期工程测量。测量内容有三等三角、三、四等测距导线、三等水准和地形测量,总长15千米隧洞的控制测量,总长6359.738米隧洞对向掘进的贯通测量,贯通误差为横向±55毫米,纵向±43毫米,高程±44毫米;3千米暗引渠测量,出水口横溪村1:500地形图4幅。1993年3~6月,进行地形补充测量。

三、瓯江翻水站引水工程

瓯江翻水站位于鹿城区临江镇山根村文山,在瓯江感潮河段末端的南岸江边。站址上游集水面积14284平方千米,多年平均径流量456.6立方米/秒,枯水期流量也有24.3立方米/秒,水量充沛。瓯江翻水站半地下式厂房安装5台大型水泵,每台配800千瓦同步电机,总装机容量4000千瓦。泵站最大扬程18.76米,最大提水流量15立方米/秒。另配备5600千伏安的变电所和35千伏的输电专线24.3千米。

瓯江翻水站配套的输水渠道总长22千米,沿途开凿山根、平山、三洲岭、金旦、下湾、曹平岭6条输水隧洞,隧洞共长8171.3米。此外,还铺设泥炭塘、平山、石鼓山、石埠4座渡槽和金岙、藤中、杏棚坑、坑古、郭溪等6条暗渠以及2座倒虹吸。瓯江淡水通过长22千米的输水渠道到达郭溪曹平泵站,曹平泵站有8台大马力离心泵,装机能力70万立方米/日。由曹平泵站加压提升通过长9千米、直径1.6米和1.4米的两条钢管输送到浦东隧洞。经过长2772米的浦东隧洞后,再送到西山水厂和东向水厂。曹平泵站还铺设一条长28千米、直径1.4米的输水管道送到状元老水厂。

瓯江翻水站工程,1971年2月动工,1981年6月完工,7月全线试通水。经三年试运行,1984年11月竣工验收交付使用。1982～1998年,每年供水量1.12亿立方米,担负着温瑞塘河沿岸50万亩农田灌溉和城乡居民生活用水及工业用水。1998年泽雅水库建成并向温州市区输水,瓯江翻水站的供水量减小。2002年11月,赵山渡引水工程建成并向温州市区和瑞安供水,瓯江翻水站改为向温瑞塘河冲污供水,每年为城市河道冲污供水1亿立方米以上,2005年冲污供水达到1.13亿立方米。

1963年,温州地区水电工程处测量队承接瓯江翻水站工程的前期测量工作,完成三等水准测量和1:500地形图155幅7.5平方千米。1970～1980年,完成引水渠道地形图14.27平方千米及各隧洞轴线测量。引水渠道总长21.4千米,其中输水隧洞6条,共长8231米。曹平岭隧洞轴线在郭溪洞口上游800米处,为避开隧洞背的坑口塘水库,需转角137°38′28″,实测全长3594.05米,纵坡1/1100,洞轴测量误差19.2厘米,高程误差2.7厘米。三洲岭隧洞,实测全长3002米,纵坡1/1750。此外,还有金旦隧洞、下湾隧洞、平山隧洞、山根隧洞,均为无压隧洞结构,方圆型断面。这次测量还包括渡槽4条,实测总长961米;暗渠6条,实测总长761米;倒虹吸2座,实测总长185.2米。土渠总长9311米,纵坡1/5000;石渠总长2216米,纵坡1/2000～1/5000。

1978～1980年,温州地区水利局水利设计室测量队,完成瓯江翻水站工程的控制测量和引水渠道测量。前者包括多个三等三角网与4条基线,三等水准60千米(含3条瓯江过江水准);后者包括隧洞8.1千米,渡槽0.5千米,明渠14千米。1980年,瓯江翻水站与温州市水利局测量队合作,完成引水渠道的平面控制和三等水准测量,引水渠道中线定向和渠道边坡、坡脚放样钉桩的施工测量。1994年,完成引水渠道沿线长约10千米1:500带状地形图2平方千米。2002年,温州市勘察测绘研究院完成瓯江翻水站1:500地形图10幅。

四、飞云江翻水站引水工程

飞云江翻水站位于瑞安马屿镇潘山村的飞云江感潮河段末端,所以又称潘山翻水站。站址以上集水面积2600平方千米,水源充沛。翻水站安装11台电动抽水机,每台165千瓦,总装机1815千瓦。进出水管道直径0.8米和0.6米,泵站最大扬程11.65米,最大提水流量11立方米/秒。输水渠道从渠首至马屿镇石牌河,总长8796米,渡槽3座,控制闸5座,泄洪闸3座。年输水量1033万立方米,灌溉飞云江南岸农田17万亩,其中瑞安马屿和仙降10万亩,平阳万全和昆阳7万亩。工程于1962年春动工,1963年11月竣工,1964年投入提水运行,1993年投入巨资进行泵站设备更新改造,并且输水渠道全面进行防渗衬砌。

2002年11月赵山渡引水工程建成运行后,使潘山翻水站所在的飞云江河道主槽向北偏移,进水口附近成为缓流区,泥沙沉积加剧,对翻水站进水造成非常严重的影响。更有甚者,翻水站提上来的江水含沙量急升,最高达到6%,这些泥沙沉积于马屿平原的河网中,降低了河网的蓄水和调蓄能力,给原本抗御旱涝能力就很低的马屿平原带来灾难性的后果。对此,温州市人大代表多次提案,要求废除潘山翻水站,启用赵山渡引水用于农灌。但考虑到赵山渡的水资源是城镇供水为主,潘山翻水站则是农灌用水为主,有继续保留使用的必要性,若废除潘山翻水站,飞云江南片将会发生供水紧缺的局面。

1961年,潘山翻水站由瑞安县水利局进行勘测和设计。机房临江部位修筑防洪堤1条,长150米,堤顶宽3米,堤顶高程13.98米。1961年12月,温州地区水利工程测量队完成潘山翻水站1:5000和1:500地形图,共23幅23.2平方千米。

1990年12月,瑞安市水利局测量队完成潘山翻水站站址1:500地形图。1991年10月,浙江省机电排灌总站核准泵站技改设计,同年10月技改工程动工,至1993年竣工。

第二节　供水工程测量

供水工程是为城镇自来水厂提供原水的工程,也包括为农田提供灌溉用水的工程,水源有水库水、河流水、地下水等。按水源所处位置的高程不同,有的经输水渠道或管道可以自流供给水厂,有的要经泵站提水后再引至水厂。

一、仙门河供水工程

仙门河供水工程由提水泵站、引水管线和自来水厂组成。提水泵站位于瓯海区娄桥仙门村的仙门河边,水厂位于诸浦山(初始方案)和底莲花山(最终方案)的旸岙水厂。

1986年4月~1987年4月,温州市勘察测绘处受温州市自来水公司委托,承接仙门引水工程测量项目。经双方实地踏勘和现场定线,测区从仙门村至浦东村再至诸浦山,全长3.7千米,分三期测量。三期的测量细节见第六篇第四章。测量技术依据是《城市测量规范》CJJ8-85和国家测绘总局1977年版《1:500、1:1000、1:2000地形图图式》。

二、泽雅水库供水工程

泽雅水库的渠首隧洞进水口位于大坝右岸,穿过两座大山,越过周岙溪谷,在岭根出水口与城市混水管网相接,经曹平泵站流入旸岙水厂。输水线路总长10.734千米,其中隧洞长9.044千米,输水钢管长1.69千米。泽雅水库供水工程由铁道部隧道局一处、葛洲坝集团公司、浙江省水电建筑第三工程处、水电部第五工程局承建。

1988年,温州市水电设计院测量队完成泽雅水库供水渠道断面测量和1:1000地形图14幅,3.5平方千米。

1994年5月,温州市勘察测绘研究院和建设部全国城市勘测GPS研究中心合作完成泽雅水库供水工程线路控制测量,布设四等GPS控制网9点。

1995年11月,温州市水电设计院完成《泽雅水库供水隧洞设计》,隧洞洞径2.4米,底坡0.5‰~2‰,日供水量52万立方米,流量6.02立方米/秒。

1996年4~5月,温州市水电设计院测量队完成泽雅水库供水隧洞工程测量,包括从大坝取水口至瞿溪泵站的5个隧洞,即水库进水口、林岙1号支洞、周岙出口、周岙进口、岭根出口。根据隧洞开挖工作面分作4段,分别布置三等导线网,利用已布设的四等GPS点起算,各段布设导线闭合环。导线水平角用J2经纬仪分左右角观测,分别观测8个和9个测回。垂直角观测两个测回,并作对向观测。导线边长对向观测 3 个测回,均进行加、乘常数和气象、倾斜改正。三等水准路线布设 18 个新点,并利用 6 个旧点,水准测量误差为±38 毫米。贯通误差分别为林岙 1 号支洞为 25 毫米,周岙出口隧洞为 75 毫米,岭根出口隧洞为 19 毫米。高程按三等水准精度测量每个洞口直至岭根洞口,各洞口均保证两个以上水准点。此外,还完成泽雅水库供水隧洞工程 1∶500 带状地形图 11 幅。这次测量技术依据为《国家三角测量和精密导线测量规范》《国家水准测量规范》《水利水电工程测量规范》《水利水电工程施工测量规范》《水利水电工程测量手册》《中短程光电测距规范》。

葛洲坝集团公司承建进水口工程施工,建成竖井一座,高 63.1 米,上、中、下三条取水平洞共长 156.54 米,三级取水口各安装斜拉闸门,配备螺杆式启闭机。进水洞后的引水主洞长 708.4 米。进水口工程于 1996 年 6 月动工,1998 年 3 月竣工。

浙江省水电建筑第三工程处承建输水主洞,长 4177 米,其中包括 1 号洞 803 米,2 号洞 1365 米,3 号洞 2009 米。1996 年 6 月动工,1998 年 3 月竣工。

铁道部隧道局一处承建最后一段主洞施工,自周岙村至岭根村隧洞长 4080 米,包括凿通隧洞、开挖调压井、通气孔钻孔、钢管安装等。1996 年 5 月动工,1998 年 3 月竣工。

水电部第五工程局承建完成 DN2000 浑水输送钢管施工,总长 1690 米,1997 年 12 月动工,1998 年 3 月完成钢管安装任务。

三、平阳县供水工程

平阳县供水工程,又称平阳县引水工程。起点水源地是南雁镇矾岩大桥的鳌江干流上,地处鳌江上游和中游的交界处,输水线路经南雁、水头、南湖、桃源、麻步、萧江、钱仓、鳌江等 8 个乡镇,终点是鳌江镇西桥第二水厂,全长逾 31 千米。其中隧洞 11 条,总长逾 19 千米,单洞最长 3 千米,输水管道逾 12 千米。该工程建成后,日供水量 14.8 万吨,可解决鳌江中下游数十万民众的饮用水问题。1997 年 12 月动工,2003 年 9 月竣工。

1996 年 9～11 月,浙江省第一测绘院受平阳县规划局委托,承担平阳供水工程前期测量,完成 D 级 GPS 11 点,E 级 GPS 75 点,测绘宽约 110 米的 1∶1000 带状地形图 71 幅。

1998 年 2 月～2000 年 7 月,温州综合测绘院受平阳引水工程指挥部委托,承担该工程的全线平面和高程控制测量,输水管线带状地形图测量及 11 条隧洞的贯通测量。具体内容如下。

1. 平面控制测量

从鳌江镇至南雁镇矾岩大桥,沿线布设平均边长 1 千米左右的四等导线 50 点,一级导线 43 点。导线的布设原则顾及每个隧洞口附近至少能看到 2 个点,确保隧洞贯通测量对控制点的密度要求。为保证首级控制网的精度,把整条支导线从起点到终点按均等的点数分成四段,每段约 10 千米,用 GPS 定位的方法测定相邻两导线点的坐标和方位角,整条线路共测定 10 个导线点的 GPS 坐标。GPS 测量精度按 C 级要求进行,从而组成 4 条附合导线,以便检验导线测量是否存在粗差,确保成果的可靠性。

2. 高程控制测量

从鳌江镇沿公路到水源口布设四等水准路线 40.93 千米,埋设 10 多个水准点。在三等水准控制下对所有四等水准点和四等导线点及一、二级导线点,按全站仪测距高程路线统一组成四等高程网,路线及环线闭合差都按四等水准的精度要求,然后统一进行四等水准网平差。高程误差在±2 厘米之内。

3. 地形图和剖面图测量

施测沿线 1：1000 带状地形图 1.23 平方千米,并完成输水路线剖面图的测量,按设计单位要求施测。

4. 隧洞贯通测量

据设计单位提供的洞口坐标,利用四等点或一级点进行实地放样。在正常情况下,利用实地给出的放样点按指定的开挖方向和高程可进行隧洞施工。利用剖面法进行地表贯通检验,对每个洞口的放样进行全面检查,贯通精度不低于一级导线的精度,并将洞口两端或轴线放样点组合在一级导线的路线中。通过检测确保放样点无误后,在隧洞轴线方向埋设 2 个以上的固定桩和 1 个检查桩。在隧洞施工测量中,及时纠正开挖过程所出现的偏差,一般进尺 500 米即从洞口到洞内检测一次。历时两年时间,完成全部隧洞贯通,其中 3 个为单向贯通,8 个为双向贯通。双向贯通最大横向误差为±5 厘米,最小横向误差为 0,高程最大误差±30 毫米。

四、平阳北港供水灌渠

平阳北港供水灌渠,又称北港引水灌渠,是平阳县最大的自流灌溉工程。渠首的堰坝位于水头镇蒲潭垟村,利用鳌江干流上的南雁水库停建后的坝址筑堰坝,拦截顺溪、怀溪、闹村溪三溪汇流之水,引灌北港平原 4 万亩农田,使其抗旱能力从原来 10 天提高到 45 天。北港堰坝长 292 米,坝高 7 米,坝顶宽 6 米,坝体采用干砌块石结构,厚 60 厘米钢筋混凝土封面。灌渠总长 20.4 千米,其中北岸水渠长 16.5 千米,灌溉农田 2.5 万亩;南岸水渠长 3.9 千米,灌溉农田 1.5 万亩。1964 年 12 月动工,历时 20 年,至 1983 年建成配套灌渠投入使用。

北港灌渠建有水头倒虹吸、詹家埠渡闸、显桥渡闸、汤家岭隧洞以及控制闸、排洪闸、公路桥、机耕桥、小渡槽、涵洞等 400 多处配套设施。分南北两个灌区,北岸灌区水渠长 16.5 千米,灌溉农田 2.5 万亩。北岸灌渠从蒲潭垟经水头镇二中附近分为两支,一支经中岙、林坑、南陀、凤巢、鹤溪、塘北至树贤,长约 12 千米,供水流量 2.5 立方米/秒,灌溉农田 1.6 万亩。另一支利用水头镇现有河道流至湖门村附近,长约 5 千米,灌溉农田 0.9 万亩。南岸灌区水渠从蒲潭垟渠首往东南经小南至南湖,总长 3.9 千米,供水流量 2 立方米/秒,灌溉农田 1.5 万亩。

2000～2001 年,平阳县测绘大队完成平阳北港灌渠带状地形图 32 平方千米。

五、文成县供水工程

1982 年,文成县大峃镇在树山垟脚首次建设水厂。珊溪水库建成后,文成县为解决县城生活用水紧缺,决定从珊溪水库引水至大峃镇,在新庄垟修建水厂,设计规模 6 万吨/日。整个供水系统采用重力自流,工程分为引水隧洞 11.4 千米、净水工程、城区管网配套三部分。1999 年 7 月,温州市勘察测绘研究院以 1996 年布设的文成县三等 GPS 控制网为起算点,布设三等 GPS 12 点,完成引水隧洞贯通测量;文成县规划建设局测量队完成地形图测绘和放样工作,采用文成县独立坐标系。1999 年 8 月文成县水利水电勘测设计所完成该供水工程设计,2006 年建成投用。

六、洞头县供水工程

2007 年 1 月 20 日,连接状元水厂的洞头县供水工程开工,同年底竣工。日供水量 7 万吨,解决了灵昆岛和洞头本岛 13 万人口的生活用水的紧缺需求。同时,为解决洞头岛地形高处居民的用水困难,还改造了原供水管网,改善了水质和降低管耗。

2003 年 4 月,温州市勘察测绘研究院完成灵昆岛至霓屿岛的海上高程传递测量,为供水工程提供高程资料。详见本篇第六章《海涂围垦工程测量》。

七、泰顺县供水工程

2006 年 6 月~7 月,泰顺县测绘大队完成泰顺县供水工程测量,测绘罗阳镇白溪村(溪底寮)至溪坪村城关水厂的输水路线 5339 米,其中隧道 4500 米。工程由温州市水利勘测设计院设计。

第六章　海涂围垦工程测量

沿海滩涂简称海涂,是指平均大潮高潮线至最低低潮线之间的淤泥质海滩,也就是海岸线至理论深度基准面之间的潮间带。据此计算,温州市的海涂资源为97.8万亩。但也有些国家将海涂资源的范围定在理论深度基准面以下5米处,那么照此计算,温州市海涂资源则为283.3万亩。为解决温州人多地少的矛盾,沿海各县、市、区都进行大规模的围海造地,由此发展起来的海涂围垦工程测量非常红火。海涂围垦工程测量是以国家平面、高程控制网为基础,进行水下地形图测量、断面测量、促淤观测、海塘和水闸工程测设等,为河工物理模型试验或数学模型计算提供测绘保障。

第一节　温州浅滩围涂和洞头半岛工程测量

温州浅滩位于瓯江口灵昆岛东海岸向洞头霓屿岛方向伸展的滩涂。在温州浅滩北侧填筑灵霓海堤和修建洞头连岛七座桥梁,使洞头列岛与大陆相连,称为洞头半岛工程。见图7-03。

填筑灵霓海堤和温州浅滩围涂,是1971年温州市综合开发瓯江河口资源时提出来的,坚持20年的前期研究后,1991年12月,温州市委、市政府联合发文成立"瓯江南口工程课题组"。1993年5月,完成《瓯江南口工程预可行性研究报告》,该报告提出续建"南口西坝"并修建"灵霓海堤",在促淤造地的同时将洞头列岛与温州陆域相连,进而开发洞头状元岙深水港资源。同年,温州市重大项目前期工作计划中列入洞头县提出的"洞头半岛工程";陈文宪市长向全国八届人大一次会议提出"建设温州(洞头)半岛工程"的议案。1994年5月,《瓯江南口工程项目建议书》上报,后无批复。1995年,瓯江南口工程改名为"温州浅滩围涂工程"和"温州半岛工程",继续研究并开工建设。2006年5月1日,温州城区至洞头正式通车。参阅第八篇《海洋测绘》。

一、灵霓海堤

灵霓海堤是温州浅滩围涂工程主要组成部分。在灵昆岛东侧到洞头霓屿岛西侧的浅滩上修建南、北两条围涂大堤,称为灵霓北堤和灵霓南堤。现已建成通车的灵霓北堤长14.568千米,拟建的灵霓南堤长约23千米。此工程能使温州城市发展空间向东延伸60千米,新增城市用地200平方千米,而且灵霓两堤之间可围涂造地86平方千米。灵霓海堤(现指灵霓北堤)1999年开始填筑,2003年4月9日开始建设堤上公路,2006年5月1日,温州城区至洞头正式通车。

1994年7月,南京水利科学研究院完成"瓯江灵霓海堤工程可行性定床水流模型试验研究"。1995年3月,温州市经济建设规划院在"瓯江南口工程"研究和"洞头五岛联桥"论证的基础上,完成《温州洞头半岛工程可行性前期论证报告》。1995年8月,温州市土地管理局、温州市经济建设规划院、温州市水利局海涂围垦处联合提出《温州市瓯江河口一期土地开发项目建议书》。1997年9月,南京水利科学研究院完成《瓯江口温州浅滩一期围涂促淤工程可行性研究报告》。1997年12月温州半岛工程建设总指挥部成立。

2002～2005年,先后委托多个勘测单位完成下列各项测量。

2002年7月～10月,国家海洋局东海海洋工程勘察设计研究院完成温州浅滩一期工程水下地形测量和断面测量。前者在宽度500米的带状水域完成1:2000水下地形图9.48平方千米;后者为1:500断面图测量,沿拟建的灵霓海堤每隔200米布测一条断面,断面方向与海堤中心线相垂直,宽度为海堤中心线两侧各250米,共计82条断面。浅滩工程区设东、西两个验潮站,测求其最高和最低潮位。

2003年4月26日～5月6日,温州市勘察测绘研究院建成灵霓海堤工程的平面和高程控制网,布测四等水准路线,将"1985国家高程基准"从灵昆岛传递至霓屿岛。在灵昆岛至霓屿岛之间海域沿基本平行灵霓海堤的轴线上,建立间距均在2000米左右的5座混凝土桩基平台作为观测台,再与已知点进行联测而确定观测台的位置。完成项目包括三等GPS 11点,三等水准测量13.8千米,四等水准测量5.6千米,红外测距三角高程测量11.4千米。

三等GPS测量,依据温州网的五溪沙、前岩山、灵昆大桥控制点3个已知点,采用天宝4600LS Trimble 8台GPS接收机施测,随机软件进行基线向量处理及平差计算。最大点位中误差±2.5厘米,最大边长相对误差1/30万。同时提供1954年北京坐标系、温州城市坐标系等3种坐标系成果。

三、四等水准测量,按三等水准测量精度,先从灵昆大桥附近的已知点向灵昆一侧的大堤控制网陆地点引测高程。陆地全部采用几何水准测量,跨海采用红外测距三角高程代替四等水准测量。霓屿岛埋设的控制点按四等水准测量精度联测。

海上高程传递测量,采用TOPCON全站仪2″级和T_2经纬仪。测量方法是将两台仪器安置在相邻观测台上,在两座相邻台中间按设计要求找到与观测台基本等距离的中点,打入特制钢管,安置棱镜和觇牌,两相邻观测台仪器各自重复观测距离和垂直角。测量工作随潮水涨落的时间安排作业。各项技术标准严格执行《城市测量规范》(GJJ8-99)和《全球定位系统城市测量技术规程》(CJJ73-97)。

2003年7月,浙江广川工程咨询有限公司完成灵霓海堤前期施工试验堤沉降观测。埋设8个断面共32块沉降板,在试验堤上布设5个测点进行观测。对试验堤两次加载,5个测点各观测7次,得出沉降速率统计。通过新建堤坝沉降规律分析,认为海堤稳定,沉降速率正常。

2004年3～4月,国家海洋局东海海洋工程勘察设计研究院宁波分院在霓屿岛南山陆域及附近海域进行地形测量,完成陆域1:2000地形图0.73平方千米,海域1:5000水下地形图7平方千米,采用1954年北京坐标系3°带,1985国家高程基准。测量仪器采用STEP-1差分GPS定位系统和无锡产SDH-13D型精密回声测深仪。

2004年9～10月,国家海洋局第二海洋研究所承担温州浅滩一期围涂工程测量,完成1:2000水下地形图9.8平方千米。

2005年4～7月,浙江省浙南综合工程勘察院承担温州浅滩一期围涂工程控制测量。以灵昆大桥附近2个三等GPS点和1个二等水准点为起算点,完成四等GPS 22点,三等水准75千米,三角高程代替四等水准联测四等 GPS 8 点。

2005 年 9 月,浙江省河海测绘院承担温州浅滩一期围涂工程南围堤水下地形测量。完成 D 级 GPS 4 点,四等水准 26.2 千米;布设水深主测线 24 条,总长 80.0 千米,完成 1∶2000 水下地形图 7 幅,3.46 平方千米;在南围堤中心线布设断面 33 个,断面线总长 18.4 千米,绘制 1∶200 断面图。陆域和海域定位均采用 GPS RTK 技术。

2005 年 9 月,上海市水利工程设计研究院承接温州浅滩一期围涂工程灵霓海堤东段堤身观测,包括主控断面地表沉降监测、地基分层沉降监测、水平位移监测、水位监测等。

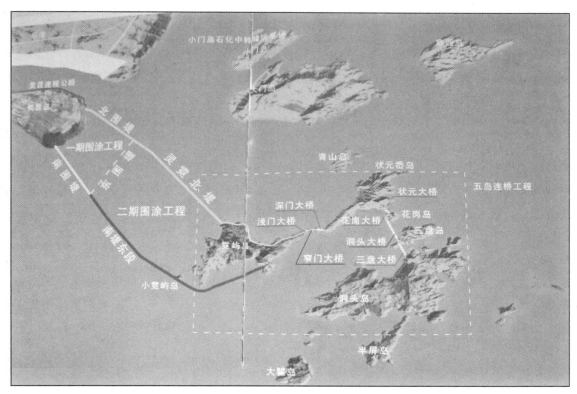

图 7 - 03　洞头半岛工程图

二、灵昆大桥

灵昆大桥是温州半岛工程的重点工程,位于瓯江南口灵昆岛西端,跨江长 2200 米。2000 年 6 月开工,2002 年 12 月 30 日竣工。2000 年 5 月,温州综合测绘院受灵昆大桥建设工程指挥部委托,承接灵昆大桥的施工测量任务。

在平面控制测量方面。灵昆大桥中轴线端点有设计坐标,为温州市独立坐标系,选择黄石山为测站,以大罗山的李王尖和大主山为起始方向,按三等精度放样,在实地标定中轴线两端点。然后据此建立相对独立的三等边角网作为施工控制网。三等边角网由 8 个点组成,角度观测 12 个测回,边长对向观测 4 个测回,进行气象改正和仪器加、乘常数改正,并投影到大地水准面上。三角形闭合差最大为 ±5″.1,极条件闭合差最大为 −0.002。采用严密平差法在计算机上作平差计算,经平差最大边长相对误差为 ±1/12 万,最大点位误差为 ±0.034 米。

灵昆大桥建成后要作变形观测,灵昆大桥监理部要求建立一个变形观测控制网,控制网点位误差限差±21毫米。为此,以大桥两端点间的中轴线为基线,对已建立的三等边角网按三等 GPS 控制网要求再次观测。GPS 点坐标与原平面坐标相比较,X 最大差值 0.015 米,Y 最大差值−0.017 米,其余点都在±0.010 米以内,最后应用此 GPS 成果。

在高程控制测量方面。布设 2 个水准点,三等水准测量精度按规范要求执行,并对其两点进行联测,为了检核水准高程,垂直角采用中丝法对向观测 4 测回,仪器高和觇标高量至毫米。由 EDM 三角高程组成的水准高程网,最大误差为 0.011 米。

三、洞头连岛七桥

洞头连岛七桥,是洞头县有史以来自行筹资建设的规模最大、投资最多的基础工程。它以 7 座宽 9.5 米的跨海大桥,连接洞头本岛、三盘岛、花岗岛、状元岙岛、霓屿岛等 5 个居住岛和 3 个无人小岛,道路全长 13.1 千米,其中桥梁总长 3.1 千米,按照国家二级公路标准设计。1996 年五岛相连工程开工兴建。1991 年～2002 年,洞头县规划测绘大队先后完成连岛七桥的地形测绘和桥位放样。

1. 三盘大桥

连接洞头本岛与三盘岛,桥长 762.5 米。基础为 87 米长的灌注桩,采用冲击成孔施工。2002 年 12 月竣工。1996 年,洞头县规划测绘大队完成北岙镇 1∶500 地形测量 2.0 平方千米,经纬仪配测距仪以测记法成图。首级控制依据测区周边已有的四等 GPS 点,采用测距仪和 J₂ 经纬仪,加密一级导线 24 点,三级导线 40 点。

2. 洞头大桥

连接三盘岛与花岗岛,桥长 1500 米。2001 年 4 月竣工。1996 年,洞头县规划测绘大队完成三盘岛控制测量一级导线 3.34 千米和二级导线 2.09 千米。1999 年 3 月～2000 年 9 月,广东省珠海测量队和洞头县规划测绘大队协作,采用解析法成图,完成三盘岛 1∶1000 地形图 1.7 平方千米。

3. 花岗大桥

连接花岗岛与中屿岛,桥长 152 米。2000 年 12 月竣工。1998 年 4～11 月,洞头县规划测绘大队以测记法完成花岗岛 1∶500 地形图 0.42 平方千米。首级控制依据测区周边已有三角点和 GPS 点,加密一级导线 6 点 1.71 千米,采用温州市独立坐标系,洞头验潮站高程。2005 年 7 月,完成花岗村 1∶500 数字地形图 0.42 平方千米,高程采用 1985 国家高程基准。

4. 状元大桥

连接中屿岛与状元岙岛,桥长 165 米。2000 年 12 月底竣工。1999 年,洞头县规划测绘大队完成状元岙岛一级导线 3.24 千米,利用清华山维公司开发的应用软件完成 1∶500 地形图 0.6 平方千米。

5. 深门大桥

连接状元岙岛与深门山岛,桥长 213 米,主跨 160 米。1998 年 10 月竣工。1999 年 11 月,洞头县规划测绘大队以测记法完成状元岙小北岙村 1∶500 地形图 0.95 平方千米,采用洞头验潮站高程。

6. 窄门大桥

连接深门山岛与浅门岛,桥长 126 米。1999 年 7 月竣工。

7. 浅门大桥

连接浅门岛与霓屿岛,桥长 130 米。1999 年 7 月竣工。

第二节　各县、市、区海涂围垦工程测量

1949 年以来,温州市围海造地取得惊人成绩,包括已围和正在圈围的海涂面积达 37.9 万亩。除温州浅滩属市本级外,其余沿海各县、市、区都分布着大小不等的围垦工程,现将有测绘资料保存的围垦工程测量记述如下。

一、丁山促淤围垦工程

瑞安丁山海涂,在飞云江口北侧的海岸潮间带,面积约 21 万亩。1972 年瑞安县向浙江省水利厅和温州地区水利局报告,要求兴建丁山促淤工程。1974 年省水利厅批准兴建,1975 年列入国家重点科研课题项目,1976 年开工,至 1984 年竣工。

丁山促淤围垦工程设计采用顺潜坝和垂直丁坝相结合的布局。顺潜坝布设在吴淞 2 米高程线滩涂上,走向与海岸线平行,北起梅头镇(今属龙湾区)北端,经场桥、海安、鲍田、新华、汀田、董田、莘民、民公、上望等乡镇,南抵飞云江口北岸,全长 16.4 千米。顺潜坝北头布设北丁坝,长 1.64 千米,南头布设南丁坝,长 2.24 千米,各与陆岸连接,构成长方形促淤区 4 万余亩。围区内的莘民、汀田、梅头乡镇界分别抛筑 1、2、3、4 号隔堤,与顺潜坝相接,构成大小不等隔田,以加速滞潮积淤。顺潜坝采用斜坡式堆石坝结构,内坡为 1∶1,外坡为 1∶2,坝顶设计高程 3.5 米(吴淞),顶宽 2～3 米,底宽 7～10 米。1983 年,顺潜坝和各丁坝建成,总长度 23.3 千米。

1973 年 4～11 月,温州地区水利电力局设计室测量队完成"瑞安丁山促淤围垦工程"1∶1 万地形图。沿梅头至上望海岸线,向海测至 0 米高程线(吴淞),面积约 66 平方千米。以后按设计完成丁山促淤工程顺潜坝、各丁坝及隔堤定位测量、海洋潮位和水质测定。

1976 年 5 月,瑞安县水利局在上关山岛建立"综合观测站",配备观测员 5 人。1977 年 1 月开始观测记录,包括潮位、风向、风速、波浪、含沙量、雨量等。

1976～1980 年,国家海洋局第二研究所和南京水科所对海区水文泥沙测验课题,进行三次测试,以单船定点全潮观测和多船定点同步全潮观测,取得比较全面的资料。

1978～1980 年,浙江省河口海岸研究所测验队受瑞安县水利局委托,分别于 1978 年 10 月、1979 年 7 月、1980 年 6 月完成围垦区 1∶2.5 万地形图测量,面积依次为 230 平方千米、150 平方千米、230 平方千米。采用技术标准为水利电力部 1964 年《水利水电工程测量规范》,1954 年北京坐标系,吴淞高程系。

1979 年 8 月～1983 年 12 月,瑞安县水利局进行滩涂冲淤观测,在促淤区布设 16 个断面观测桩,配备观测员 8 名,按时观测记录冲淤值。通过滩涂观测和断面测量,获得从 1976 至 1983 年丁山海涂围区坝内滩涂平均淤高 0.41 米。丁山促淤围垦建设过程中,结合科研课题试验,取得较好促淤效果。

1982 年夏秋间,温州地区水利电力局设计室测量队为取得 10 年来海涂淤积数据,在梅头至上望海岸线外的海涂进行第二次 1∶1 万地形图测量。

二、方江屿堵港围垦工程

方江屿位于乐清湾北部的清江河口以内 4 千米河段,三面环山,上游流域面积 134.3 平方千米。方江屿堵港围垦工程的大坝长 1279 米,坝顶高程 7.5～8.0 米(吴淞),挡浪墙顶高程 8.8 米。1970 年 12 月兴建,至 1979 年 5 月建成拦江大坝,1986 年大坝顶面铺设公路通车。

方江屿堵港围垦工程由温州地区水电局勘测设计。该工程由大坝和水闸组成,大坝有大芙坝、小芙坝、新塘坝,水闸有大芙闸、小芙闸、新塘闸。方江屿海涂围垦面积 13500 亩,开垦耕地 8400 亩。并修建翻水站,为清江 3.15 万亩农田灌溉和居民用水提供水源。

1977～1979 年,乐清县水利局测量队进行拦河大坝坝体沉降观测,大芙坝观测 21 天,总沉降量 598 毫米,在 18 天以后每天沉降稳定在 13 毫米;小芙坝观测 10 天,总沉降量 294 毫米,此后每天沉降稳定在 12 毫米。

三、永兴海涂围垦工程

永兴海涂围垦工程位于龙湾永兴镇"东海大堤"标准堤塘外侧海涂,原涂面高程 0.5～2.5 米。1994～1996 年,建成迎海面主堤长 3960 米,堤顶高程 8.2 米(黄海),北直堤长 1296 米,南直堤长 1450 米,圈围海涂 1.24 万亩。该工程分南、北两片施工,南片工程于 1997 年 4 月开工,2000 年完工,围涂面积 6720 亩;北片工程于 2002 年 12 月开工,2007 年 1 月完工,围涂面积 5680 亩。该工程是浙江省首个用国债资金建设的围垦工程,工程业主单位为瓯海区海涂围垦指挥部,监理单位为浙江省水利设计院。

1985 年,温州市海涂围垦处在永强海滨"永前闸—七甲闸"长 6 千米的海岸,完成 1∶2000 海涂地形图 13 幅 6.4 平方千米。

2002 年,温州市瓯海测绘处在龙湾区海域布设一级导线 42 点,二级导线 43 点,四等水准 51 千米,完成 1∶500 地形图 3.39 平方千米。

四、墨城海涂围垦工程

墨城海涂围垦工程位于平阳县鳌江河口北侧海岸带,海岸线长 15 千米,海涂面积 8.5 万亩。1963～1984 年,围垦该段岸线的二沙、杨屿门、郑家墩、下厂等 4 小片海涂 822 亩。1972～1985 年,修建海堤 1800 米,堤坝高程 7.1 米(吴淞),围垦土地 1500 亩。

1994 年 3 月,浙江省围海工程公司承接墨城海涂围垦工程的测量任务,完成一、二级导线 38 点和四等水准 30.4 千米,共筑海堤 9.8 千米,围垦面积 12090 亩。

1996 年 9 月,平阳县水利水电勘测设计所完成北顺堤北片 1∶2000 地形图 3.33 平方千米,筑堤 4770 米,围垦造地 6870 亩。

2002 年 3 月,完成南顺堤南片 1∶2000 数字地形图 3.3 平方千米,筑堤 5058 米,围垦造地 5220 亩。

五、大渔湾海涂围垦工程

大渔湾海域的海岸线长 47.22 千米,其滩涂属于苍南县大渔、龙沙、中墩、赤溪、信智 5 个乡镇。1984～1986 年,修筑海堤 6080 米,围垦土地 1834 亩。2009 年 12 月 25 日,在原海堤外侧开工修筑新海堤,围垦海涂。

国家海洋局第二海洋研究所受苍南县海涂围垦开发有限公司委托,进行大渔湾围垦工程可行性研究。2006 年 11～12 月,测量完成 1∶200 水下地形图 0.2 平方千米,1∶500 水下地形图 0.1 平方千米,1∶2000 水下地形图 3.6 平方千米,1∶5000 水下地形图 49.4 平方千米。2008 年 8～9 月,完成 1∶200 水下地形图 0.2 平方千米,1∶2000 水下地形图 4.0 平方千米。

六、洞头海涂围垦工程

2006 年 12 月,浙江省河海测绘院受洞头县海涂围垦工程指挥部委托,承接洞头县环岛西片围涂工程的测量任务。包括海堤轴线两侧各 200 米和隔堤两侧各 100 米的水下地形测量,围堤区陆域从水涯线向陆上测至 50～100 米或测至高程 15 米处,拟建闸基外围 50～100 米范围地形测量,沿海堤轴线及隔堤线每间隔 200 米测量横断面。完成 1∶2000 地形图 8 幅,1∶500 闸址地形图 4 幅,断面图 30 幅。水下地形测量以断面法施测,GPS RTK 无验潮技术定位,测深仪测深。采用温州市独立坐标系和洞头验潮站高程基准。

第七章 环境保护工程测量

环境问题表现为环境污染和生态破坏两个方面,城市主要是环境污染,乡村主要是生态破坏。环境污染已发展成为危害人类生存和经济发展的社会公害,在欧美国家是近代工业诞生之后出现的,在温州是改革开放以后随城市化发展而出现的。温州城市的环境问题主要表现为大气污染、水污染、垃圾污染、噪声污染和围海造地造成的生态破坏。本章仅记述污水处理厂和垃圾焚烧发电厂两方面的工程测量。

第一节 污水处理厂测量

污水处理工程由污水处理厂和污水收集管网两部分组成。目前,温州市区建有5座污水处理厂,4大片和11个分片的污水管网系统,建成污水主管道41条,总长1320千米,支管道186条。污水处理厂测量内容包括沉淀池和生化池的基坑测量、进出水管道测量、厂址建筑物测量、沉降变形监测等。

一、温州市中心片污水处理厂

温州市中心片污水处理厂位于温州市杨府山涂村原垃圾填埋场附近,建筑面积4460平方米,中国市政工程华北设计研究院设计,2006年建成投入使用。

1998年10月,温州市勘察测绘研究院在温州市中心片污水处理厂,布设4条图根闭合导线,全站仪解析法测图,完成1∶500地形图15幅。1999年2～7月,根据该厂要求,多次进行1∶500地形图补测。

2001年1月,完成二期工程坐标测量,2002年5月进行断面测量,2005年完成污水处理厂1∶500地形图9幅。

二、温州市东片污水处理厂

温州市东片污水处理厂位于龙湾区蓝田工业区,服务范围为龙湾各街道(镇)、主要工业园区和龙湾行政中心区,共133平方千米。工农业污水和生活污水经处理达到国家城市污水二级排放标准后,通过管道排入瓯江。2008年3月28日,一期工程建成投入运行,日处理污水能力10万吨。

1999年4月,温州市勘察测绘研究院完成温州市东片污水处理厂厂址范围的坐标测设。2000年7～9

月,完成厂址1：500地形图5幅。2000～2001年,完成东片污水处理厂二期土方断面测量和厂址坐标测设。2001～2002年,在龙湾区天河片布设一级GPS点4个,二级导线点121个,四等水准36.1千米,完成1：500数字地形图9.8平方千米。2005～2006年,完成龙湾区滨海园区片和扶贫开发区片1：500数字地形图的更新测量,为温州市东片污水处理厂服务范围内规划、设计、施工提供基础地形图。

2006年,温州市勘察测绘研究院、温州市经纬地理信息公司、浙江省工程物探勘察院,为永强片区的道路配套污水管道泵站工程、污水处理厂工程、沿河截污工程、住宅小区污水整治工程等,分别完成共300千米不同管线的测绘。

三、文成县污水处理厂

文成县污水处理厂位于大峃镇樟台东城村,是珊溪水利枢纽工程饮用水水源保护的重要设施。2006年7月29日开工,2014年建成投运。

工程项目由污水处理厂主体工程及配套管网工程构成,分四个标段进行公开招标。Ⅰ标段为凤溪箱涵工程,从凤洋扶贫迁村点至凤溪与泗溪交汇处,箱涵总长度4808米,由温州市瓯海市政开发有限公司承建。Ⅱ标段为泗溪箱涵工程,从文成宾馆至排门桥,箱涵总长度2180米,由浙江省山水建设有限公司承建。Ⅲ标段为泗溪管道工程,从泗溪鹤门桥至污水处理厂,管道总长5309米,检查井63座,还有导虹管2处,泵站1座,由柳州市政工程有限责任公司承建。Ⅳ标段为污水处理厂主体工程,位于樟台乡东城村东北侧坡地上,用地面积84亩,由华丰建设股份有限公司承建。

浙江省测绘大队浙南测绘工程处施测完成Ⅰ、Ⅱ标段1：500数字地形图。温州市横宇数码测绘有限公司施测完成Ⅲ标段1：500数字地形图。文成县测绘大队施测完成Ⅳ标段1：500数字地形图和施工放样工作。

第二节 垃圾焚烧发电厂测量

城市垃圾处理有填埋、堆肥和焚烧发电三种方式。由于城市周边填埋场数量有限且易造成二次污染,农业堆肥对垃圾中的无机物无法处理,相对环保又可资源再利用的焚烧发电得到大力推广。目前,温州市区垃圾焚烧发电厂共有3座,焚烧发电率已达80％,各县(市)也都修建了垃圾焚烧发电厂。

一、东庄垃圾焚烧发电厂

东庄垃圾焚烧发电厂位于瓯海区南白象镇东庄村,是伟明集团投资建设的温州市第一座垃圾发电厂。设计日处理垃圾385吨,发电功率4500千瓦,2000年1月9日动工,2000年11月28日第一期工程竣工,2003年3月第二期工程竣工。

该厂首创国内垃圾焚烧处理三个第一,即第一家由民营企业以BOT方式投资和运营管理,第一家全部采用国产化设备的焚烧厂,第一家采用半干式中和反应塔和复膜布袋过滤器烟气处理装置的焚烧厂。被业内专家誉为国产化垃圾焚烧处理设施发展的第一座里程碑。

东庄垃圾焚烧发电厂规划设计和建厂前期,由温州市勘察测绘研究院完成厂址1：500地形图测量。

二、临江垃圾焚烧发电厂

临江垃圾焚烧发电厂位于鹿城区西部的临江镇沙头村,由浙江伟明环保股份有限公司投资建造,征地面积14.3万平方米,建设用地面积6.14万平方米,总建筑面积1.42万平方米。日处理垃圾675吨,发电功率2×6000千瓦。2002年1月动工,2003年4月竣工并网发电。临江垃圾焚烧发电厂曾荣获"国家重点环境保护实用技术示范工程"称号。

2001年9月,温州市勘察测绘研究院承担临江垃圾焚烧发电厂土地征用地籍图勘测定界测量。2002年7月,温州市瓯海测绘处完成综合楼的施工放样测量。2003年4月,温州市经纬地理信息服务有限公司施测1:500厂区竣工图3幅,并计算厂区用地面积,包括主厂房、综合楼及其他配套用房。2003年5月,温州市测绘局对主厂房、综合楼及配套用房进行放线、验线、竣工测绘检验。

三、永强垃圾焚烧发电厂

永强垃圾焚烧发电厂位于龙湾区大罗山东麓的度山村。浙江伟明环保股份有限公司投资建造,中国有色工程设计研究总院设计。用地面积89亩,主厂房建筑面积1.3万平方米。日处理垃圾1000吨,发电功率2×7500千瓦。2004年3月开工,2005年6月竣工发电,通过220千伏永强变电所并入温州电网。

2004年7月,温州市勘察测绘研究院完成永强垃圾焚烧发电厂主厂房的施工放样测量,并对已建的水泵房进行实测。2005年,承担土地征用地籍图测量,完成1:500地籍图3幅。

2005年9月,温州市经纬地理信息服务公司承担该厂综合管线探测工作,完成探测管线总长1462米,其中雨水管线1065米,其余为污水、电力、电视、电信管线。并测量管线的特征点和附属物的平面坐标及高程,测绘厂区地形图和含带状地形图的综合管线图。

四、苍南云岩垃圾焚烧发电厂

苍南云岩垃圾焚烧发电厂位于云岩乡中对口村(现并入龙港镇)。该厂占地面积60亩,总建筑面积1.5万平方米。日处理垃圾400吨,年处理量14.6万吨,发电功率9000千瓦,年上网电量2620万千瓦时。该工程于2005年3月2日奠基,2008年9月17日竣工投入运营。苍南云岩垃圾焚烧发电厂工程前期测绘工作由苍南县测绘所完成。

第八章 电力工程测量

电力工程分为火力发电厂、水电站、风电场、输电线路等,每项建设工程都有平面和高程控制测量、大比例尺地形图测绘、高压或超高压架空送电线路及变电所建设测量、厂址建筑物测量和沉降变形监测等。测量技术依据为电力工业部《火力发电厂测量技术规程》(SDJ23-79),水力电力工业部及国家测绘总局《水利水电测量规范》《架空线路测量规程》(SDJ22-77)。

第一节 火力发电厂测量

1914年3月,温州普华电灯公司100千瓦发电机组建成,并向城区供电,这是温州火力发电之肇始,至今已有百年。1959年,温州东屿发电厂首台2500千瓦汽轮发电机投产。1972年,梅屿发电厂首台1.2万千瓦发电机并网发电。1990年~2005年,温州电厂分三期建成总装机容量145万千瓦的大型现代化电厂。2008年,浙能乐清电厂首期2×60万千瓦机组建成,二期2×66万千瓦机组开工建设。同年,华润浙江苍南电厂首期2×100万千瓦机组投建。

一、温州东屿发电厂

东屿发电厂位于鹿城区三板桥附近的东屿山岩基上,占地面积44429平方米。东屿发电厂分三期建设。

第一期:1957年7月,电力工业部设计总院会同苏联专家特烈柯夫来温州选择厂址,以后由上海电力设计院勘察设计。一期工程安装一台2500千瓦汽轮发电机,1958年3月开工,1959年4月投产发电,这是温州地区第一座骨干发电厂。当时名称为温州发电厂东屿发电车间,1962年10月东屿发电厂单独建厂。

第二期:浙江省计经委调给一台1500千瓦(二号机)和一台4500千瓦(三号机)汽轮发电机,由浙江省水电设计院勘察测绘和设计,1965年4月开工,1966年2月这两台机组建成投产。1979年2月,三号机发生重大事故,导致报废。1980年,安装1.2万千瓦汽轮发电机改造三号炉。

第三期:1981年,扩建一台2.5万千瓦汽轮发电机(四号机),1981年12月建成发电。同时,经国家计划委员会批准东屿发电厂配套挖潜工程,由温州地区基本建设局规划设计处负责土建设计。该规划设计处测量组完成三板桥至牛山北路东、西区域1:500地形图3幅,及牛山北路东侧河道和西山会昌河陶瓷厂南河湾的河床断面图,为电厂输灰池的可行性研究提供用图。

1990年,安装3台主变压器,容量67500千伏安。通过35千伏线路与牛山、东郊、西郊3个变电所连接,并有13条10千伏线路向市区供电。1994年委托温州东屿发电厂运行管理。2003年,随着电力体制改革,温州东屿发电厂划归中国国电集团公司管理。从建厂至2006年,累计发电28亿千瓦时。

二、梅屿发电厂

梅屿发电厂位于瓯海区郭溪梅屿村。1968年12月动工,1972年1月第一台1.2万千瓦汽轮发电机正式并网发电。1973年3月扩建一台1.2万千瓦汽轮发电机,时值"文化大革命",工程进度缓慢,1977年9月才建成发电。1979年6月,增装一台6000千瓦汽轮发电机,1980年1月建成发电。梅屿发电厂隶属温州电业局,自1972年1月投产以来,累计发电22.17亿千瓦时。

梅屿发电厂输变电安装3台主变压器,容量37200千伏安,通过35千伏线路与牛山、西郊变电所连接,并向温州化工总厂、35千伏藤桥变电所、瓯江翻水站等处直接供电。

1968年,浙江省水电设计院承接温州梅屿发电厂测量任务,完成1:1000地形图1.13平方千米,1:500地形图0.12平方千米。

三、温州电厂

温州电厂位于瓯江下游北岸的乐清市磐石镇,是华东电网南端的大型能源基地,总装机容量145万千瓦。温州电厂工程分三期建设。

一期工程:1987年征用磐东等7个村的土地共450亩为工程建设用地,1988年12月开工,1990年12月一号机组投入运行。装机2×12.5万千瓦,由中国华能发电公司、浙江省政府和温州市政府3家均等投资。

二期工程:位于一期工程北面的东门村,由浙江省电力开发公司、温州电力投资有限公司、特鲁莱国际能源有限公司分别按30%、30%、40%的比例合作投资兴建,总投资31.8亿元,装机2×30万千瓦。两台机组分别于2001年4月和9月顺利完成168小时满负荷试运行后投入商业运行。

三期工程:位于二期工程的东面和北面,南接瓯江江堤,征地涉及磐东村、沿河村、西横河村。工程项目包括烟囱主体、5号锅炉、6号机组、循环水泵房化废区等。总投资27亿元,装机2×30万千瓦,同步安装烟气脱硫设备。2005年,5号和6号机组分别完成168小时满负荷试运行后移交生产。

温州电厂220千伏出线15回,分别向220千伏蒲州、城西、楠江、垟湾、象阳、永强变电所及500千伏瓯海变电所供电;110千伏出线4回,分别向110千伏七里港、北白象变电所供电。温州电厂建有2万吨级煤炭码头和3千吨级重件码头各1座,配置卸煤机。煤场可储煤4.5万吨。灰库设在灵昆岛东部海涂,占地1025亩,可蓄灰10余年。

1987年5月,温州市勘察测绘研究院承接温州电厂工程的测绘任务。依据1984～1985年布设的黄华测区三等三角点和四等导线点,加密一级导线31点和二级导线9点;测绘1:500地形图4幅,测绘磐石镇老石山灰库、灵昆海涂灰库1:500地形图及土地征用地籍图。

1996年4～12月,浙江省统一征地事务办公室勘测中心承接温州电厂二期主厂区、灰管线、水管线及灰库的土地勘测调查和基本图测绘。完成二期主厂区拨地定桩,实测界址点176个,实测施工生活区1:500地形图0.08平方千米;征借土地面积计算和清绘勘测定界图,以及灰库用地面积及地类计算统计;配套工程土地勘测调查,包括灰库的采石场、溢洪道、灰水处理厂、半岭隧洞进出口及淡水泵房,共拨地放样界址点 154 个;补测 1∶500 地形图 0.25 平方千米,权属调查 0.1 平方千米,埋设水泥界桩 43 个。

2001 年 2~7 月,浙江省统一征地事务办公室勘测中心承接温州电厂二期工程土地勘测定界及竣工测量。完成布设二级导线 22 点,测定界址点 233 个,调查村界 53 条;测量 1∶500 竣工图 1.5 平方千米,1∶1000 竣工图 0.3 平方千米。

2001 年 4 月,浙江省测绘大队完成温州电厂厂区 1∶500 竣工图和复测厂址 1∶1000 地形图。

2002 年 8 月,浙江省统一征地事务办公室勘测中心承接温州电厂三期工程建设用地勘测定界调查。完成布设图根导线 4 点,测定界址点 45 个,调查村界 3 条,补测 1∶1000 地形图 0.3 平方千米。

四、龙湾燃机发电厂

温州龙湾燃机发电厂位于瓯江下游南岸的龙湾区龙东村。1995 年 12 月,经浙江省计划经济委员会批准立项,浙江省电力设计院设计,温州市宏业投资发展有限公司和浙江省电力开发公司共同投资建设。1996 年 9 月 28 日动工,1998 年 5 月和 1999 年 4 月,1 号、2 号和 3 号燃气轮机发电机组(单台装机容量均为 10 万千瓦)建成发电,以双回 220 千伏线路与永强变电所相连,并入温州电网。此外,还建有电厂专用 5000 吨级固定式油码头 1 座。该工程总装机容量 30 万千瓦的燃气—蒸汽联合循环发电机组顺利投产,提高了温州电网调峰容量和事故应急能力。

1994 年 9~10 月,为温州龙湾燃机发电厂可行性研究和岸滩演变分析的需要,浙江省河海测绘院受温州市电业局委托,承接炮台山至蓝田浦水下地形测量和水文测验。采用 1954 年北京坐标系和 1956 年黄海高程系,用断面法由 GPS 导航、经纬仪前方交会法定位,完成 1∶1 万水下地形图 3 幅,17 平方千米。并设立 4 个临时潮位站,布设 3 条垂线,大、中、小潮同步水文观测 26 小时,主要观测项目有水深、流速、流向、含沙量、水温、盐度、悬沙、底质粒度、海况、潮位等。

五、浙能乐清电厂

浙能乐清电厂位于乐清湾西海岸的南岳镇和蒲岐镇交界处。2005 年 5 月,浙能乐清发电有限公司成立,由浙江省能源集团有限公司控股,中国龙源电力集团公司、温州能源投资有限公司等 4 家参股投资。该工程总投资 108 亿元。一期工程投资 58 亿元,装机 2×60 万千瓦超临界燃煤发电机组。工程由电厂主体建筑、乐清湾港区的 3000 吨综合码头和 3.5 万吨级煤炭码头、循环供水系统的泵房及取水隧道、1 号和 2 号机组烟囱等组成。采用海水淡化技术,日产 2 万吨淡化水。设计单位为浙江省电力设计院和浙江省交通规划设计院。2008 年 7 月 30 日,1 号机组首次并网发电,2008 年 9 月 10 日投入商业运行。

2003 年 8 月~2004 年 3 月,浙江省河海测绘院受浙江省电力设计院委托,为浙能乐清电厂工程进行可行性研究,承接水下地形测量和全潮综合水文观测,分夏季和冬季测次。水下地形测量在夏季测次完成 1∶1000 图 62 幅,1∶2000 图 18 幅,1∶5000 图 4 幅,面积共 14.2 平方千米,布设 310 条总长 773 千米的断面测线。冬季测次完成 1∶5000 图 7 幅,面积 15.4 平方千米。采用断面法施测,GPS-RTK 无验潮技术定位,测深仪测深。水文观测在夏季和冬季测次,各在工程海域布设 11 条和 8 条垂线,布设临时潮位站 6 个和 5 个,大、中、小潮同步综合水文观测持续 27 小时。观测主要项目有水深、流速、流向、含沙量、水温、盐度、悬沙、底质粒度、海况等。

2005年6~7月,浙江省第一测绘院承接浙能乐清电厂测绘,完成E级GPS 21点,加密(包括二级导线)49点,四等水准50.4千米,1:1000数字地形图8.01平方千米,其中陆地4.73平方千米,滩涂3.28平方千米。

2007年9~10月,浙江省河海测绘院承接浙能乐清电厂码头前沿海域和进港航道、港池、锚地的测量任务。完成码头前沿海域1:1000水下地形图3幅0.36平方千米;在进港航道(从鹿西岛以东25千米至电厂码头)、港池、锚地测量1:2.5万水深图4幅97平方千米。应用侧扫声纳系统,在码头前沿扫海1:1000水深图3幅,测线长度5.1千米;在进港航道、港池、锚地探测海底障碍物,完成1:1万扫海航迹线图和重叠带图各4幅,测线长度810千米。采用断面法测量,GPS定位,1954年北京坐标系,1985国家高程基准,深度基准为当地理论最低潮面。

六、华润苍南电厂

华润苍南电厂位于苍南县肥艚镇海边,距肥艚镇区约6千米。由华润电力控股有限公司投资建设,规划建设4×100万千瓦燃煤超临界机组,分期建设。一期装机2×100万千瓦脱硫脱硝工程,年燃煤400万吨,建设3.5万吨级煤炭泊位和3000吨级综合泊位各1座,长2.5千米的挡沙防波堤,长18.25千米的进港航道。航道疏浚段长11.2千米,其中港外9.14千米,疏浚至水深-10.0米。

2005年3~4月,浙江省河海测绘院为华润苍南电厂工程进行可行性研究,承接水下地形测量和全潮综合水文测验。完成水下地形测量1:1000图62幅16平方千米,1:5000图24幅80平方千米,1:1万图18幅173平方千米;1:5000水深图18幅,1:1万水深图14幅。水文测验在同一海域布设9条垂线,进行大、中、小潮全潮同步水文测验。观测主要项目有水深、流速、流向、含沙量、水温、盐度、悬沙、底质粒度、海况等,每类潮型观测时间均为两个完整潮期。使用WSH验潮仪,布设临时潮位站2个,同时收集琵琶门、洞头、瑞安、鳌江等4个长期潮位站资料作为参考。

2005年5月~2007年1月,浙江省河海测绘院承接进港航道试挖槽工程方案的地形测量及底质取样任务。施工前完成1:1000水下地形图0.4平方千米,施工后在同一海域先后进行8次1:1000水下地形测量。底质取样7次,共取146种样品并进行化验分析。水下地形测量采用断面法施测,GPS-TK无验潮技术定位。

第二节　水电站测量

1955年泰顺建成3千瓦的东岸水电站,1956年瑞安建成28千瓦的仙岩水电站,1957年乐清建成130千瓦的岭脚水电站,这是温州最早建成的几个水电站,见表7-06。截至2011年底,温州已建成并还在运行的水电站共726座,总装机容量87万千瓦,年发电量20.6亿千瓦时。其中单站总装机容量2.5万千瓦及以上的中型水电站6座,发电机组14台,总装机容量35.5万千瓦,年发电量7.0亿千瓦时,成为温州骨干水电站,见表7-07。其他720座都属于"小水电",小水电数量占全市总数的99%。温州726座水电站中有540座是装机100千瓦以下的微型电站,占全市总数的74%。

表 7－06　　　　　　　　　　　　　　　　温州市首批小型水电站

县名	电站名称	所在乡镇	装机容量(千瓦)	建成时间	备　注
泰顺县	东岸	百丈镇	3	1955 年 3 月	泰顺第一座水电站
瑞安县	仙岩	仙岩	28	1956 年 7 月	瑞安第一座水电站
永嘉县	底岙	茗岙	5	1957 年	永嘉第一座水电站
平阳县	驷马	腾蛟	18	1957 年	平阳第一座水电站
乐清县	岭脚	城关	130	1957 年	乐清第一座水电站
文成县	山坑	樟台	8	1957 年 8 月	文成第一座水电站

表 7－07　　　　　　　　　　　单站装机 2.5 万千瓦及以上的 6 座中型水电站

水电站名称	所在县	安装机组(台)	总装机容量(万千瓦)	年发电量(万度)	建成时间
珊溪水电站	文成县	4	20.0	35500	2001 年 12 月
三插溪水电站	泰顺县	2	4.4	10570	1998 年 8 月
北溪水电站	永嘉县	2	3.6	7740	2001 年 7 月
百丈漈一级	文成县	2	2.5	5530	1960 年 8 月
高岭头二级	文成县	2	2.5	5371	1998 年 10 月
仙居水电站	泰顺县	2	2.5	4988	2004 年 7 月
合计	—	14	35.5	69699	—

一、珊溪水电站

珊溪水库是温州市最大的水利枢纽工程,详见本篇第四章第四节。

珊溪水电站的总装机容量 20 万千瓦,年平均发电量为 3.55 亿千瓦时,属中型水电站,是温州市最大水电站。引水系统布置在大坝右侧山体内,采用 1 洞供 2 机,2 条隧洞直径均为 7 米,高压管道直径为 4 米,分别向厂房内 4 台机组供水。发电厂房位于大坝下游右岸牛坑溪出口左侧,安装 4×5 万千瓦水轮发电机组。220 千伏升压站布置在公路侧,220 千伏开关站布置在山坡侧,110 千伏开关站布置在 220 千伏升压站和开关站右侧。

1979 年 9 月,水电部华东勘测设计院编制完成珊溪水电站初步设计。1994 年 1 月,经国家计委以农经(1994)53 号文件正式批准立项。1997 年 1 月,导流隧洞开工,同年 11 月截流。2000 年 5 月 12 日下闸蓄水,6 月 28 日第一台机组发电。至 2001 年 12 月,第二台、第三台、第四台机组先后建成发电,珊溪水电站工程全部竣工。

从 1996 年 9 月开工至 2001 年 11 月完成珊溪水库大坝工程的建设施工期间,华东水电测绘有限公司完成珊溪水电站施工控制网测量,布测二等平面控制网 8 点,二等水准 7.5 千米,三等水准 4.4 千米和 3 个点的三角高程测量。完成珊溪水库外部变形观测网监测。

二、百丈漈水电站

百丈漈水电站分一、二、三级，是飞云江支流泗溪的梯级电站。泗溪是飞云江中游左岸一级支流，长42千米，自然落差707米，流域面积246平方千米，可开发水力资源4.4万千瓦。1935年，国民政府资源委员会曾派测量队勘测泗溪流域水力资源，后因抗战而中止。1944~1946年，浙江省政府曾两次派员查勘百丈漈，估计发电1300余匹马力。1950年3月，浙江钱塘江水力发电勘测处来查勘泗溪，5月完成《百丈漈水力发电工程初步报告》。后经收集水文资料，再次组织查勘，编制技术经济调查报告。1957年9月，国家计委批准在文成县篁庄村兴建百丈漈一级水电站。

百丈漈一级水电站位于文成县百丈漈镇篁庄乡，利用百丈漈水库的水源发电。装机容量2.5万千瓦，属中型水电站。由浙江省工业厅设计院设计，百丈漈水力发电工程处主持施工。1958年5月动工兴建，1966年10月建成投产。该工程由水库大坝、副坝、溢洪道、发电输水隧洞和发电厂房组成。隧洞全长4589米，其中斜洞长69米，落差346.65米，最大发电流量9.42立方米/秒。发电厂房安装2台×1.25万千瓦卧轴双轮四喷嘴冲击式水轮发电机组。110千伏输电线从厂房出线至牛山变电所，全长74千米。1983年与华东电网联网，年发电量达到7000万千瓦时。

1963~1965年，浙江省水电设计院完成百丈漈一级电站输水隧洞的三、四等三角和四等水准的平面和高程控制测量。浙江省水电工程局第一处参与输水隧洞的定向和施工测量。洞长，山高，谷深，施工测量的技术难度很大，测量人员只用一年时间就完成全线高精度测量。施工时先在半山腰开5个支洞，再从12个工作面分头并进。输水隧洞贯通误差远小于规定限差，据6个贯通面统计，横向贯通误差0~21毫米，纵向贯通误差-9~31毫米，高程贯通误差-3~16毫米。

百丈漈二级水电站位于文成县大峃镇岭脚村，安装2×6000千瓦卧轴混流式发电机组，属小型水电站。1965年8月动工，1970年9月建成投产。电站工程包括拦河大坝、输水系统、厂房、升压开关站、小坑溪引水工程等。通过0.83千米110千伏支线与温州电网连接，并通过10千伏配电变压器向文成县域供电。

百丈漈三级水电站位于文成县大峃镇珊门村，距二级电站约5千米，利用百丈漈电厂尾水发电，装机容量3×800千瓦。

三、高岭头水电站

高岭头水电站在文成县西北部的飞云江水系小溪支流高岭头溪，高岭头水电站分一级和二级。高岭头一级水电站的主体工程由水库大坝、发电输水隧洞和发电厂房三部分组成。水库大坝在高岭头溪上游岗山村附近，集雨面积32.6平方千米。大坝为混凝土抛物线双曲拱坝，坝高63.2米，坝顶弧长234米，总库容1778万立方米。发电输水隧洞出口和发电厂房位于梧溪，在西坑镇田寮村，水头高450米，隧洞全长4780米，发电流量1.43立方米/秒，电站装机容量2×8000千瓦，属小型水电站。1987年11月正式开工，1995年1月竣工发电。尾水注入高岭头二级电站水库。水库大坝由丽水地区水电工程处进行测量、放样和施工，发电输水隧洞由浙江省第七矿产资源开发公司施工，压力管道和厂房建筑由文成县大峃镇第二建筑公司施工。

高岭头二级水电站的水库坝址在梧溪下段的西坑镇苍头坑村附近，坝址上游集雨面积124.6平方千米。坝型为混凝土双曲拱坝，坝高79.8米，总库容1682万立方米。发电厂房在高岭头溪下游三板桥附近,平均水头 172.9 米,发电输水隧洞长 3225.7 米,电站装机容量 2×1.25 万千瓦,属中型水电站。高岭头二级水电站董事会将电站工程委托给浙江省水电勘察设计院勘察、测量和设计。1995 年 2 月开工,1998 年 12 月建成发电。

1977～1978 年,温州地区水电设计室和文成县水电局共同进行勘测和规划。1977 年 12 月,温州地区水电设计室测量队完成高岭头水电站 1：5000、1：2000、1：1000 地形图共 163 幅,测区面积 34.4 平方千米。1978 年,完成发电输水隧洞测量。

1980～1988 年,浙江省水电勘察设计院测绘高岭头水电站 1：1000～1：2000 地形图 0.68 平方千米,1：200～1：500 地形图 0.47 平方千米。

四、三插溪水电站

三插溪水库位于泰顺黄桥乡石章坑村,库区在飞云江上游三插溪上,集雨面积 267.5 平方千米,总库容 4662 万立方米。大坝为混凝土面板的堆石坝,坝高 88.8 米,坝顶长 186 米。而三插溪水电站在坑口村,发电水头 141 米,装机容量 2 台×2.2 万千瓦,年发电量 1.057 亿千瓦时,是温州市仅次于珊溪水电站的第二大水电站。电站的发电隧洞进水口在水库左岸大坝上游 180 米处,输水隧洞全长 3729 米,洞径 4 米×4 米,最大过水流量 33.4 立方米/秒。电站主变和一回 24 千米 110 千伏出线送至罗阳变电所,并入温州电网运行。

1989 年,泰顺县决定兴建三插溪水库和电站工程,由浙江省水利水电勘测设计院和泰顺县勘测设计所共同完成三插溪水库库容和电站站址测量。1992 年 11 月,浙江省计经委批准立项。1993 年 6 月,浙江省水电设计院编制完成三插溪电站工程初步设计。1993 年,经招标选定浙江省水电建筑第二工程处承包大坝施工,铁道部十六工程局承包发电输水隧洞施工。1993 年 12 月 28 日开工,1998 年 8 月建成发电。

2001 年 3 月建成三插溪二级水电站,二级电站水库大坝位于司前镇罗干村,一、二级坝址之间的集水面积 32.6 平方千米,大坝为混凝土重力坝,坝高 21.7 米,坝顶长 92.5 米,总库容 130 万立方米,装机容量 2×0.4 万千瓦,年发电量 2343 万千瓦时,属小型水电站。

五、仙居水电站

仙居水库坝址和水电站站址都位于泰顺县罗阳镇仙稔境内,库区在飞云江支流洪口溪的上源仙居溪上。水库集雨面积 166.6 平方千米,总库容 3289 万立方米。大坝为混凝土三曲拱坝,坝长 251 米,坝高 84 米,坝顶高程 264 米(黄海)。输水隧洞长 2400 米,电站装机容量 2×1.25 万千瓦,年发电量 4988 万千瓦时,属中型水电站。浙江宇丰集团控股投资建设,委托浙江水电设计院勘察设计。2001 年 11 月 13 日动工,2004 年 7 月 2 日建成并网发电,现由泰顺仙居发电有限公司管理。

六、北溪水电站

北溪水库坝址和电站位于楠溪江上游大源溪的大岙乡北溪村。水库集雨面积 132 平方千米,总库容 3820 万立方米,是永嘉县最大的水库。大坝为混凝土双曲拱坝,坝高 82 米,坝顶高程 408 米(黄海),坝顶长 276 米。输水发电隧洞长 4530 米,电站装机容量 2×1.8 万千瓦,年发电量 7740 万千瓦时,属中型水电站。浙江之俊集团控股投资建设。1992 年委托华东勘测设计院勘察设计,2001 年 7 月竣工发电。

2004年5月在北溪水库下游建成北溪二级水电站,装机容量2台×0.4万千瓦,年发电量1720万度,是由北溪水电站远程监控运行的无人值班的电站。

七、金溪水电站

金溪水电站位于永嘉县巽宅镇金溪村,属小楠溪流域的开发工程。电站平均水头高135米,引水隧洞长3764.4米,直径2.9米,流量14.5立方米/秒。装机容量2×8000千瓦,属小型水电站。主变容量20000千伏安,110千伏高压线路长25千米,立架线铁塔58座,导线LGJ-185,输电至菇溪变电所,并入永嘉县电网供电。

浙江省水电建筑设备安装公司承担水轮发电机组和电气设备安装,温州电力承装公司承担110千伏金菇线施工安装,永嘉县水电公司承担附属工程施工。金溪电站由浙江省水电勘测设计院勘测设计。1994年1月开工,1999年11月竣工验收。

1993年,温州市水电工程处承担输水隧洞测量和建设任务,包括各个洞口的控制测量,隧洞地面贯通测量,一、二、三号支洞的开挖测量,斜洞开挖测量,厂房和升压站测量及工程建设。

八、双涧溪水电站

双涧溪水电站位于泰顺县仕阳与龟湖之间的老虎坪村附近,库区在入闽河流仕阳溪的支流双涧溪上。发电厂房在双涧溪大坝左岸,输水隧洞长1427米,水头109.74米,发电流量7.28立方米/秒,装机容量2×3200千瓦,年发电量1986万千瓦时,属小型水电站。设有8000千伏安主变1台和180千伏安厂变1台。1986年5月动工兴建,1990年7月并网发电。

1986年,温州市水电勘测设计院测量队完成双涧溪电站厂房1∶500和1∶200地形图共8幅,面积0.24平方千米。

九、洞头风力发电场

温州沿海岛屿属于全国风能资源最大区,风能密度大于300瓦/平方米,大于3米/秒的可利用时数达到7000小时以上,风能资源极其丰富。目前,温州市已建成风力发电场5座,总装机容量5.95万千瓦。涉及大规模测量的风电场只有洞头风力发电场,故不设专节,放在这里追述。

洞头风力发电场位于洞头岛西南角的白迭澳和火石山一带,是浙江省能源集团实施新能源项目中的首个风电工程。共有18台装机容量为750千瓦的风力发电机组,总装机容量1.35万千瓦,每年可提供1700万千瓦时的清洁电能。配套建设35千伏升压变电所1座和场内道路及相关设施。2008年动工,2009年建成投产。后来,在2010年10月,由浙江华仪电气股份有限公司投资的华仪电气洞头风能示范场,装机2台×780千瓦,总容量1560千瓦的风力发电机组投入使用。

2007年5月,洞头县规划测绘大队受浙能温州洞头风电项目筹建处委托,测量该项目用地范围及周边区域,完成一级导线9千米,三角高程代替四等水准网11千米,1∶500数字地形图1.4平方千米。同年6月,浙江华东水电测绘有限公司承接洞头风电场测量,完成E级GPS网6点,1∶2000数字地形图2.4平方千米,采用1980西安坐标系,1985国家高程基准。

2008年3月,洞头县规划测绘大队受浙能温州洞头风电项目筹建处委托,测绘该项目18台风力发电机用地的地籍图,完成地籍报告 18 件。

第三节　输电线路测量

输电线路测量是指跨越平原和山川的纵、横断面测量及带状地形图测量,分为勘测、施工、竣工三个阶段。在勘测阶段,根据大比例尺地形图选择高压或超高压输电线路架设的最佳方案和现场定位测量;在施工阶段,依据杆塔中心桩进行杆塔角基础放样测量;在竣工阶段,检查各杆塔之间的距离和杆塔高度,测定输电线弧垂最低点对地面、水面和已有最高建筑物的高度,线路两侧危险树高度测量及特殊杆塔的变形观测。

温州电网有 500 千伏变电所 3 座,220 千伏变电所 15 座,110 千伏变电所 75 座。

一、500 千伏变电所

1. 温东(天柱)变电所

500 千伏温东(天柱)变电所位于龙湾区天河镇,占地面积 128 亩,是温州市迎峰度夏的关键工程。2008 年 4 月 28 日正式投入使用。温东(天柱)变电所至浙能乐清电厂变输电线路(双回线),是浙能乐清电厂 2 台 60 万千瓦发电机组电力输出的唯一通道。目前投运 4 台变电容量为 75 万千伏安的主变压器,500 千伏出线间隔 2 个,线路 58 千米。

2002 年 12 月~2003 年 1 月,浙江省电力设计院按《500 千伏温东变电所工程测量任务委托书》的要求,进行前期选址。采用 TC600 全站仪配 SVCAD 电子平板测绘系统,在郑宅所址和郑岙所址分别测量 1∶1000 数字地形图,面积均为 1.5 平方千米。平面控制以大主山(三等三角点)、四甲西(三等 GPS 点)为起算点,布测 E 级 GPS 11 点。施测仪器为 Trimble5700 接收机,基线处理及平差采用 Trimble TG01.5 软件。高程控制以三等水准点温梓 17、温梓 18 为起算点,布测四等水准 15.8 千米,施测仪器为 N3 型自动安平水准仪。采用 1954 年北京坐标系和 1985 国家高程基准。执行 DL5001 - 91《火力发电厂工程测量技术规程》,GB50026 - 93《工程测量技术规范》,GB/T7929 - 1995《地形图图式》,GB/T18314 - 2001《全球定位系统(GPS)测量规范》。

2. 南雁变电所

500 千伏南雁变电所位于平阳县昆阳镇以西 8 千米的石塘岭村和白岩村之间,占地面积 112 亩。华东电力设计院和浙江省电力设计院合作设计,浙江省电力公司超高压建设分公司施工。2003 年 9 月动工,2005 年 12 月投入运行。南雁变电所一期投运 1 组主变压器,容量 75 万千伏安;500 千伏采用 3/2 断路器接线方式,共 2 串;2 回 500 千伏线路通过瓯海变电所与华东 500 千伏系统主网架相连。

2002 年 8~9 月,浙江省电力设计院按《500 千伏南雁变电所工程测量任务委托书》的要求,进行前期选址。在平阳与苍南两县间的河边、钱仓、麻步、宜山 4 处所址,依次测量 1∶2000 数字地形图 1.2、1.4、1.2、1.0 平方千米,共计 4.8 平方千米。控制测量共布测二级测距导线 11.05 千米,四等水准 12.2 千米。测量基准、执行规范、施测仪器同温东(天柱)变电所。

3. 瓯海变电所

500 千伏瓯海变电所坐落在瓯海区潘桥镇方岙村,北接金华 500 千伏双龙变电所,南接温州各地

220千伏变电所。2001年6月19日建成投运,是浙南地区首座500千伏变电所,担负着为温州市区的供电任务,可谓温州电网的心脏。

二、500千伏输电线路

500千伏输电线路有5463线、5471线、5469线、5470线、5472线、5906线、5916线7条,称为七回500千伏线路。这些线路的测量基准采用1954年北京坐标系及1956黄海高程系(5472线为1985国家高程基准)。执行技术规范是DL/T5122-2000《500千伏架空送电线路勘测技术规定》,DL/T5138-2001《架空送电线路航空摄影测量技术规程》,DL/T18314-2001《全球定位系统测量规范》。

1. 双瓯Ⅱ回输电线路(5463线)

从金华市500千伏双龙变电所至温州市500千伏瓯海变电所,沿线经过金华、雅畈、武义、丽水、青田、温州等地,是温州市第一条500千伏线路。总长173.16千米,共计杆塔345基,全线采取单回路架设。在温州市境内线路长26.37千米,杆塔53基。浙江省电力设计院设计,浙江省送变电工程公司施工,2001年6月建成投运。

双瓯Ⅱ回输电线路工程采用航测室内选线,实地定位过程中由设计人员确定转角塔位,如与原坐标不同的则重测坐标,变化大的补测断面。2006年3~4月,浙江省电力设计院承担500千伏双瓯Ⅱ回输电线路全线定位测量。完成项目有:①确定杆位。全线采用RTK-GPS并结合工测方法定位,确定各转角和直线塔位桩,实测危险断面点及风偏点,实测跨越线的平面位置和线高,实测各塔基高低腿。②平断面及拆房分图测量。测量新增地物,检测危险断面点、风偏点,采用全站仪数字化记录,内业电子传入成图。③房屋测量。实测输电线路中心线两侧50米范围内所有房屋面积及偏距,绘制1:1000房屋分幅图。④塔基断面测量。高低腿铁塔实测全方位1:200塔基断面图。

2. 塘瓯线(宁温Ⅰ回线,5471线)

原称天海5471线,起于宁波市天一变电所,途经台州市,止于温州市瓯海变电所,线路全长282.38千米,其中双回路32.90千米,共计铁塔581基,是浙江省最长的500千伏输电线路。浙江省电力设计院设计,浙江省送变电工程公司施工。2004年1月建成投运。2004年12月,在台州塘岭变电所开口至温州瓯海变电所,命名塘瓯线。温州境内线路长109.90千米,其中双回路长15.13千米,共221基铁塔,温州电业局负责18~238号塔的运行维护,

2002年5~7月,浙江省电力设计院承担500千伏宁温Ⅰ回输电线路全线终勘定位测量。作业内容有:①定杆位,全线采用GPS并结合工测方法定位,确定各转角和直线塔位桩,补测和检测危险断面点,实测各塔基高低腿断面图。采用航测室内选线,部分直线桩GPS放样有困难,采用工测方法放样。②平断面测量,测量新增地物,检测危险点和风偏点。使用中南电力设计院航测定位软件,绘制1:500和1:5000平断面定位图。③塔基断面及拆房分图测量,按全方位高低腿铁塔塔基断面测量的要求,实测塔位地貌1:200塔基断面图。并测绘1:1000房屋分幅图和1:1000风偏横断面图。

3. 瓯南线(5469线)和瓯雁线(5470线)

起于温州市500千伏瓯海变电所,途经瓯海区、瑞安市、平阳县,止于500千伏南雁变电所。为双回结合单回的500千伏线路,瓯南5469线长26.84千米,瓯雁5470线长26.81千米,其中双回路长14.64千米。浙江省电力设计院设计,浙江省送变电工程公司施工,2005年12月建成投运。

2004年2~3月,浙江省电力设计院承担500千伏瓯南输电线路工程终勘定位。作业内容有:①定

杆位,全线采用GPS并结合工测方法定位;②平断面测量,测量新增地物,检测危险点、风偏点及10千伏以上的电力线线高;③实测塔位地貌1∶200塔基断面图;④测制1∶1000房屋分幅图。

4. 塘海线(宁温Ⅱ回线,5472线)

原名宁温Ⅱ回线,起于台州市塘岭变电所,止于温州市瓯海变电所,途经台州市路桥区、温州市乐清市、永嘉县、瓯海区、鹿城区,全长117.67千米,铁塔251基,部分铁塔与塘瓯5471线同塔双回,双回部分长度15.13千米。温州境内线路长109.79千米,温州电业局负责18～251号塔运行维护。2006年9月建成投运。由浙江省电力设计院设计,浙江省送电工程公司施工。

2004年5月～7月,浙江省电力设计院承担500千伏塘海线(宁温Ⅱ回线)输电线路终勘定位测量。作业内容有:①外控调绘和航内平断面成图,利用航摄1∶1万彩色镶嵌图,结合设计人员提供的转角位置,现场调绘线路中心线左右100米范围的已建高压线、低压线、地下光缆、通讯线和新增地物等。像控点和基站点采用GPS静态联测国家控制点,单点平差。②利用海拉瓦全数字化摄影测量软件平台对数字化航片进行影像处理,结合电力测图子模块在立体数字影像中提取相关数据信息,生成架空线路测量纵、横平断面图。③确定杆位,全线采用RTK-GPS并结合工测方法定位,确定各转角和直线塔位桩,补测和检测危险断面点及风偏点,实测跨越线的平面及线高。④平断面定位及房屋分幅图测量,测量新增地物,检测危险点、风偏点及10千伏以上的电力线线高及平面位置。采用全站仪数字化记录,内业电子传入成图。⑤塔基断面测量,按全方位高低腿铁塔塔基断面测量要求,实地测量塔位地貌1∶200塔基断面图,测绘1∶1000房屋分幅图。

5. 福双Ⅰ回线(5906线)

起自福建省福州北变电所,止于金华市双龙变电所。

6. 福双Ⅱ回线(5916线)

起自福建省福州北变电所,止于金华市双龙变电所。

三、220千伏变电所

1. 慈湖变电所

220千伏慈湖变电所坐落在瓯海区慈湖的莲花山脚下,距市区约9千米,是温州市第一座220千伏变电所。1982年12月一期工程动工,1983年12月建成投入运行。主电源引自220千伏临海变电所,安装一台容量12万千伏安主变压器。1986年7月二期工程动工,1987年7月建成投入运行,安装一台容量12万千伏安主变压器。1990年,与温州电厂相接。慈湖变电所占地面积47.74亩,拥有OSFPS1-120000/220千伏及OSFPS7-120000/220千伏变压器各一台,是温州电网与华东电网连接的枢纽变电所。

1979～1982年,温州地区规划设计处测量队承担220千伏慈湖变电所测量,完成10″级小三角4点,四等水准20千米,图根控制和1∶500地形图。

2. 城西变电所

220千伏城西变电所坐落在瓯海区郭溪镇梅屿村和浦西村之间,占地面积48.6亩。浙江省电力设计院设计,浙江省送变电工程公司承担电气设备安装。1号、2号、3号主变压器分别于1996年8月、1999年9月、2005年7月先后投入运行,总容量15×3万千伏安。220千伏线路连接温州发电厂和220千伏慈湖变电所,是温州市西部重要的供电枢纽。

1993年,温州市瓯海规划局测绘处完成城西变电所1∶500地形图9幅,采用温州市独立坐标系和1956年黄海高程系。

除上述变电所外,温州市220千伏变电所还有蒲州变电所、垂杨变电所、飞云变电所等。

四、220千伏输电线路

据2006年底统计,温州市220千伏输电线路有临温线、温丽线、温慈线、温湖线、慈垂线等47条。

220千伏临温线是台州临海变电所至温州慈湖变电所,横跨高山峻岭,飞越清江、楠溪江和瓯江,全长188.16千米,其中台州电厂至临海变电所长41千米,临海变电所至慈湖变电所长147.16千米,温州电业局管辖线路长112.75千米。临温线铁塔373基,属温州电业局管辖287基,分界点位于乐清市大荆镇大树岗87号铁塔。1982年9月开工,1983年10月全线架通,同年12月31日投入运行。

1990年10月原临温线改建,开口环入温州电厂。新临温2356线从临海变电所至温州电厂全长107.77千米,铁塔263基,其中87号至263号铁塔(线路长73.63千米)由温州电业局管辖。

1980~1983年,浙江省电力设计院勘测队完成临温线220千伏输电线路测量。

五、110千伏变电所及输电线路

据温州市电业局2006年底统计,全市共有110千伏变电所75座,主变压器143台,变电容量564.75万千伏安。110千伏输电线路166条,总长1370.96千米,其中架空线路142条,长1309.34千米,电缆线路24条,长61.62千米。

1958年10月,浙江省工业设计院勘测队完成温州至青田110千伏输电线路测量45千米。1959年2月,完成温州至百丈漈110千伏输电线路测量74.20千米。

1961~1962年,浙江省水电勘测设计院完成瑞安蕉坑变电所至平阳变电所110千伏输电线路勘测18.6千米,浙江省电力安装公司施工。

1988年,温州市水电勘测设计院测量队完成平阳变电所测量,面积0.215平方千米。

1992~1993年,温州市电业局设计室完成罗阳至垂杨(玉泰1265线)110千伏输电线路测量105千米。

2000年完成雅阳至苍南(玉雅1264线)110千伏输电线路测量45千米。

2006年,文成县测绘大队承担110千伏巨屿变电所(占地面积9.8亩)测量,完成1∶500数字化地形图和工程施工放样。

第九章 工厂和矿山测量

工厂和矿山测量主要是为工矿建设的选址、设计、施工、运行管理和扩建提供基础测绘资料。测量内容有控制测量、地形测量、施工测量、设备安装测量、竣工测量、建筑物变形观测、地面沉降测量、地下管线测量及工矿区地籍测绘和房产测绘等。

第一节 工厂测量

温州市工厂多如繁星,我们选择早期大型国有企业作为工厂测量的记述对象,当然挂一漏万,在所难免。

一、温州化工厂

温州化工厂坐落在鹿城区双屿镇稽师村。自1958年建厂以来,工厂历经初建、扩建和改制等发展阶段。

1958年,浙江省工业设计院为温州化工厂建设可行性研究和规划设计阶段提供地形资料,完成1:2000地形图9.8平方千米,1:1000地形图2.05平方千米,1:500地形图10幅。

1989～1993年,扩建温州钾肥厂。温州市勘察测绘研究院多次测量温州化工厂现状图,作为钾肥厂建设可行性研究和厂区总平面布置用图。1989年完成1:500地形图11幅。1990年12月布测二级导线,完成1:500地形图7幅。1993年4月完成1:500地形图5幅。

1992年,温州市勘察测绘研究院接受委托,测绘市区西片1:2000基本地形图22幅,其中包括温州化工厂的全厂范围。

2002年8月,温州市经济贸易委员会"关于同意组建温州新温化发展有限公司等九家有限责任公司的批复"下达,温州化工厂实行股份多元化,转换经营机制,改制重组,组建温州新温化集团有限公司。为明确原温州化工厂国有资产分割给下属资产重组单位,并为其领取房产所有权证,温州市房管局测绘队进行资产重组建筑面积测量,共完成面积95306平方米。

2003年8月,温州市经纬地理信息服务有限公司为建筑物补办审批手续进行地形测量,并根据2000年测绘的1:500温州市基本图,修测改正成温州化工厂地形图。按全厂范围由东往西以50厘米×50厘米分幅,共10幅图;因厂用自来水塔在山上,独以40厘米×50厘米分幅。然后对全厂用地性质按城市规划要求划分进行测算,温州化工厂要补办审批手续的建筑物总面积为97478平方米。

二、温州市冶金机械厂

温州市冶金机械厂坐落在杨府山西南面,前身为温州动力机厂,1965年冶金工业部接管转为部办企业,易名为温州冶金机械修造厂,并迁现址建设新厂。因"文革"时期建厂进展缓慢,至80年代下放为市办企业,并改名为温州市冶金机械厂。开初,温州市勘察测绘处为该厂总平面设计用图,进行厂址地形测量,采用假定平面坐标和吴淞高程。

1987年,温州市冶金机械厂建设全面竣工,温州市勘察测绘处进行竣工测量,完成厂区控制测量和1:500地形图(厂区现状图)12幅及4种专业管线图,采用温州市独立坐标系和1956年黄海高程系。具体测量细节如下。

1. 厂区控制测量

厂区首级平面控制布设一级导线4点,总长1533米,边长使用AGA112型红外测距仪测定;加密布设二级导线18点,在等级导线基础上布设图根导线137点。厂区高程控制以市区三等水准点为起算点,布设一条四等附合水准路线,连测一、二级导线7点,全长1212米,在厂区埋设水准点4座。厂区所有导线点均采用四等水准测定。

2. 厂区1:500地形测绘

厂区1:500地形图内容复杂,既要表示地面全部地物,如厂房、车间、仓库、办公楼、住宅区、食堂及其他构筑物,还要表示地下管线,包括给水、排水、电力、电信和各种工业管线。测出各部位的碎部坐标、高程和各种要素,并编制厂区各种专业管线图。地形图统一分幅,图幅40厘米×50厘米。采用解析法测定厂区建筑物坐标69点和围墙角坐标29点。

3. 厂区管道网调查和测绘

厂区管道网分上水、下水管道和供气、电力、照明、电信管线等。管道网调查以该厂年鉴所载1:2000管线分布图作为基础图,同时请厂方各专业管线的分管人员为向导进行实地探查;对部分仍不清楚的管线起止点、解析点和三通点进行现场开挖,直接坑探,然后实地编号。管道网测量采用解析法和图解法相结合,图解法分别使用距离交会法、支距法和平板仪设站施测。通过测量,编制厂区各种专业管线图。按厂方要求绘制电力压缩空气线路图、电话通讯线路图、排水管线图、供水管线图等4种管线图。

1988年,温州市勘察测绘研究院完成冶金机械厂煤气站1:500地形图4幅。1996年12月,完成一级导线4点,二级导线18点。2000年,完成该厂1:500地形图10幅。

三、温州冶炼厂

温州冶炼厂位于温州市南郊牛山北麓。1959年6月,温州市决定开发娄桥庵下铅锌矿,同时建设温州冶炼厂。1961年温州金属电化厂并入,1966年永嘉冶炼厂并入。温州冶炼厂是华东地区唯一以铅锌生产为主,集采矿、选矿、冶炼、回收、加工为一体的综合性生产企业。1962~1969年隶属省厅主管,其间一度改名浙江省103冶炼厂,后来改为市属企业。厂区占地面积53.5万平方米,厂房建筑面积9513平方米。

1984年,温州市勘察测绘处完成温州冶炼厂厂区1:500地形图4幅。1988年5月,布设图根控制

7 点,完成厂区 1∶200 地形图。1992 年 11 月,为该厂宿舍建设测绘 1∶500 地形图。1995 年 6 月,完成该厂分厂 1∶500 地形图 6 幅。

四、华瓯钢厂

华瓯钢厂坐落在瓯江南岸,东近蒲州街道,西邻杨府山。1987 年,温州市勘察测绘处承接华瓯钢厂厂址测量任务。平面控制依据厂区外围的杨府山、蒲州东北两个三等三角点,布设一级导线 4 点和一级小三角 2 点。加密采用二级导线结点网,全区布设 25 点,长 4.9 千米。二级导线网采用近似结点网平差,用 PC - 1500 机计算,坐标系统为温州市独立坐标系。高程控制依据市区 3 个三等水准点为起算点(分别位于化工仓库大门外东首、旺增桥下、杨府山福利院内),布设 2 个水准点,水准路线长 7 千米。完成 1∶500 地形图 47 幅,面积 2.2 平方千米,其中居民区 0.3 平方千米。

第二节　矾山矾矿测量

温州矾矿原称平阳矾矿,位于苍南县矾山镇。据章鸿钊《古矿录》和《平阳县志》记载,矾山明矾石在明初洪武年间已有开采,迄今已有 600 多年开采历史。矿区面积 48 平方千米,主要分布在鸡笼山、水尾山、大岗山、砰棚岭和马鼻山五处。矿区可分上、下两个矿带,每矿带各含 3 个矿层,共 6 层矿。上矿带规模大,品位高,单层厚 2.14～18.19 米,最厚 32.20 米。产钾明矾石和钠明矾石,以钾明矾石为主。

矾山明矾石地质调查工作始于 1927 年,后又于 1929 年、1934 年、1949 年、1956 年、1963 年、1965 年、1981 年和 1985 年共进行九次详细的地质勘探工作,查清了整个矿区的资源状况。矾山矿区的测绘工作主要有控制测量、地形测量和矿井测量三个方面。

一、矿山控制测量

1. 平面控制测量

1950 年,浙江省地质调查所以测角图根作为矿区基本控制进行测量。

1956 年,华东地质局测绘大队第四分队在矾山矿区布设四等三角网 13 点和基线网,采用两根 50 米带状因瓦基线尺丈量全长 1050 米基线。该四等网从 1948 年编纂的 1∶100 万舆地图台北幅上,量取矾山镇近似地理坐标作为大地起算数据,以天体高度法测定天文方位角定向。控制面积 15 平方千米。

1965 年,浙江省冶金煤炭地质大队测量队在鸡笼山等矿区 3.5 平方千米范围内,布设四等首级控制及加密点 67 点。同年,温州矾矿测量组为矿区设计开采和建筑工程施工,在四等三角网的基础上布测四等补点或插点,以及一级小三角网的加密控制。平面控制的基准为假设。

2. 高程控制测量

1956 年华东地质局测绘大队第四分队,在矿区布设四等水准路线 30 千米,并读取 1∶5 万地形图相应位置处的高程为起算数据。该地形图按浙江省紫薇园坐标系原点假定高程 50 米。

1964 年,浙江省地质局测绘大队依据地质部《大比例尺图测量规范》,在矿区布设四等单程水准环线 47.5 千米,埋设水准标石 15 座,高程基准假设。

1965年,浙江省冶金煤炭地质大队测量队在鸡笼山矿区测量四等水准5.79千米。

二、矿区地形测量

1950年,浙江省地质调查所在矿区测绘1∶5000地形图6平方千米。

1951年,浙江省工业厅增测1∶5000地形图12平方千米,平面坐标和高程均系假定,等高距5米,地貌表示比较简单,仅概略反映矿区地形。

1956年,华东地质局测绘大队第四分队5个作业组30余人在矾山矿区测绘1∶2000地形图5.5平方千米。

1958年后,浙江省地质局测量队为矿区勘探和开采设计,测绘1∶1000地形图13.8平方千米。

1963～1964年,浙江省地质局测绘大队按1956年规范和1958年图式,测绘矿区1∶2000地形图27幅。在矾山镇布测首级图根点3点,加密图根245点,四等水准17.9千米,图根水准20.9千米,并埋石46点,完成1∶2000地形图7.17平方千米。同时,为温州化工总厂和平阳矾矿联营生产钾肥,与浙江省工业厅测量大队合测矿区1∶1000地形图2.6平方千米。

1964年以后,矾山矾矿测量组为矿区设计开采和建筑工程施工,在鸡笼山矿区工业广场和工业区测绘1∶500地形图10余幅。

1984年,浙江省化工地质大队在矿区测绘1∶2000地形图1.8平方千米,采用独立坐标和假设高程,等高距2米,技术标准采用1978年规范和1977年地形图图式。

三、矿井测量

温州矾矿大小不同的新、老采空区洞穴布满整个矿区,尤以鸡笼山为多,总面积达数十万平方米,严重危及井下开采人员的安全,影响开采设计和正确估算矾矿储量。从1956年开始,矾矿测量组在矿区布测总长逾20千米的巷道一级导线为控制,测绘1∶500采空区地形图、1∶1000各水平分层矿区平面图、1∶2000鸡笼山矿区井上井下对照图。

1965年,浙江省冶金煤炭地质大队测量队在矾山矿区测定探槽位置109条,浅井位置96个,测量1∶200坑道430米,1∶500勘探线剖面1317.4米,1∶200露天矿坑1125.6米;布设钻孔9个,测量地质点178点,测定竣工钻孔坐标高程12个,探槽坐标图解478点,测量采样点位置76个;1∶200露天矿坑平面制图661.6米。

1970年,温州矾矿测量组在国家四等三角网控制下,在鸡笼山矿区完成井口近井点加密控制测量,以四等水准进行高程联测,并在井下重新布测总长逾30千米的一级导线。包括各水平阶段间井下控制点和上下天井联系测量,建立井上井下统一的坐标系统,以及4号天井312～500米水平的贯通测量。主要是放样坑道或井筒的开挖方向及其坡度,内外导线控制点连测距离逾3千米。贯通测量精度为平面位置偏差0.06米,高程偏差0.07米。

1965～1970年,温州矾矿测量组在鸡笼山矿区测绘1∶500峒口广场地形图、1∶500采区图、1∶1000鸡笼区各水平巷道平面图及1∶1000鸡笼矿井下平面总图。

第十章 变 形 测 量

变形测量是对建筑物或构筑物及其地基,以及岩体或土体的位移、沉降、倾斜、挠度、裂缝等所进行的测量。位移、沉降、倾斜测量是变形测量的主要内容,而位移测量又包括水平和垂直位移测量。

第一节 建筑物和地面沉降监测

温州沿海平原是典型的软土地层,建筑物普遍存在沉降现象,例如信河街华侨饭店的四层主楼20年的最大沉降量达1292毫米。70年代以来,温州市建筑和测绘单位先后对温州市区50多幢重要建筑物进行沉降和变形观测,观测数据显示,沉降量在500～700毫米的占20％,100毫米以下的占44％。

一、五马街第一百货公司大楼测量

旧称博瓯百货商场,解放后称温州市第一百货公司,位于老城区五马街。1925年,许云章绸布庄业主许漱玉所建,是温州市最早使用钢筋混凝土砖混结构建成的近代最高商厦。主体四层,中部五层,高17米,占地面积1775平方米。1938年遭日机轰炸,依然完好挺立。因使用年限长久且负载过重,为安全起见,必须改造内部结构,原建筑设计图纸已佚失,有关部门要求通过测量查清各楼层平面布局。1986年3月,温州市勘察测绘研究院承接大楼修建测量任务。

主楼四层控制测量,共布设8个测图控制点,每层2个。另在街路对面选择高度适中的某楼三层设共用的标定方位点,作为各层次点位的过渡点。

平面图测绘,在每层布设的测图控制点上设站,逐一测量各层的墙壁、柱廊、台阶、楼梯、门窗等。柱子分方柱、圆柱、花柱和圆顶柱,测量以柱角为准,柱子下部有勒脚的亦予表示。内门有单扇门、双扇门、对开折门、单扇推拉门、双扇推拉门、墙内双扇推拉门和空门洞等,均予详细表示。水龙头、地漏、内水道、污水道、污水口、雨水口等,凡露出地面的均予表示。各层次地面性质加以区分,注明地面材料。不能用地形图图式符号表示的增注说明。最后提供温州市第一百货公司大楼各层平面图。

二、均瑶宾馆沉降观测

均瑶宾馆位于温州市区车站大道西侧,建于1997年,主楼地上12层,地下室1层。2003年12月21日突然发生异常沉降。2003年12月28日起,温州市勘察测绘研究院受均瑶集团委托对均瑶宾馆及南侧的均瑶大楼进行变形监测。

1. 基准点埋设和检测

在均瑶宾馆北面的车站大道黎明立交桥下和南面的中国建设银行温州分行大厦分别埋设 BM_1、BM_2 基准点,以北首的福森大楼东南角沉降钩作为工作基准点,每天检测 BM_1 和工作基准点的高差,每隔 5 天检测 BM_1、BM_2、工作基准点三点之间的高差。

2. 沉降点埋设

主楼均瑶宾馆共埋设 19 个沉降点(1～10 号、24 号、38～45 号)。南首均瑶大楼埋设 13 个沉降点(25～37 号)。

3. 沉降观测时间及方法

2003 年 12 月 28 日～2006 年 5 月 29 日,历时 2 年 5 个月,共进行 134 次沉降观测。观测采取作业人员、仪器设备、观测路线三固定的方法。使用拓普康 AT-G2 型自动安平水准仪(加测微器,精度每千米中误差±0.4 毫米),每个沉降点首次观测时,变动仪器高度取 2 次高差的中数作为第一次的高差数据。数据平差采用清华山维公司 NASEW 智能图文网平差软件。每次沉降观测均绘制沉降观测成果表,列出本次沉降量和累计沉降量。作业依据为 GB50026-93《工程测量规范》和 JGJ/T 8-97《建筑变形测量规程》。经数据统计,最大沉降量为 167.5 毫米,最小为 72.5 毫米。

均瑶宾馆经过地质纠偏、倾斜处理、基础加固等措施,现已处于稳定状况。

三、谢池巷侨宅沉降和倾斜观测

1994 年 8 月,为监测在建的谢池商城对北邻侨宅稳定性的影响,温州市东南测绘技术应用研究所接受委托,对此侨宅进行倾斜和沉降观测。

谢池巷侨宅为 5 层楼房,分东西两幢,坐北朝南。南面相隔约 10 米的街巷就是在建的谢池商城,东、西、北三面皆有 3～5 层楼房,间距仅 3～5 米,环境条件不允许采用一般方法进行倾斜观测。为此,在侨宅四周布设共 6 点的闭合导线(全长 159.462 米,方位角闭合差+13″,相对闭合差±1/17.1 万)及 5 个支点。导线采用建筑坐标系定向,其 A、B 轴与侨宅一致,并和近处路上的 Z_2、Z_3 两点联测,高程据 Z_3 算出。为防止损坏,特选择中山公园内岩石标志引测 Z_3 高程值于此。

两幢住宅共选定 8 个房角观测点,编号东幢 1～4 号,西幢 5～8 号。各房角"上点"统一视准外墙上最高的一条水平装饰线和房角的交点,经观测,从室内地坪起算的高度为 14.93 米。各房间的"下点"均预先涂以红、白漆标志,北墙和南墙为红色,东墙和西墙为白色,经观测,从室内地坪起算的高度北墙为 4.16 米,南墙为 2.69 米。室内地坪黄海高程 4.66 米。

然后,选择较佳的测站组合对各房角进行前方交会,计算出建筑坐标。各个房角"上点"的纵(横)坐标减去"下点"的纵(横)坐标,所得△X(△Y)为该房角在纵(横)轴线上,即南北(东西)轴线上的倾斜投影值。房角在平面上的总倾斜投影值为 $\sqrt{\Delta X^2+\Delta Y^2}$,该值除以上、下点的高差即为房角对垂线的倾斜角。总倾斜方位据"上点"和"下点"的纵、横坐标反算得出。房角的"下点"按理应选在与"室内地坪"同高处,但因围墙阻挡的具体困难,只能分别观测其上方 4.16 米和 2.69 米高处。为作统一比较,对于"上点"和"下点"在三维空间所联成的直线,可以延长之。也就是通过比例外插法,算出各房角在地坪高度 0 米处的坐标。侨宅东幢倾斜观测数据计算见表 7-08。

表 7－08　　　　　　　　谢池巷侨宅东幢倾斜观测数据计算表

房角编号及测点坐标		下点（米）	上点（米）	倾斜投影值	总倾斜投影值及总倾斜方位	垂向倾斜角
东幢						
1	X	6.289	6.34	0.59（北偏）	0.112	0°25′47″
	Y	43.577	43.482	－0.095（西偏）	301°50′33″	
2	X	6.265	6.317	0.052（北偏）	0.095	0°21′52″
	Y	28.858	28.778	－0.080（西偏）	303°01′26″	
3	X	23.707	23.731	0.024（北偏）	0.086	0°19′48″
	Y	28.853	28.770	－0.083（西偏）	286°07′39″	
4	X	23.707	23.744	0.017（北偏）	0.091	0°20′57″
	Y	47.537	47.448	－0.089（西偏）	280°48′50″	

侨宅已设有许多沉降钩，对之作统一编号。东幢编为 24～32 号，共 9 点；西幢编为 23 号和 33～41 号，共 10 点，并作沉降观测。沉降点的高程变动可与房屋倾斜值的变化相互佐证。仪器采用 J_2 经纬仪、S_3 水准仪和 EL－5100 计算器。

三、温州海洋渔业公司理鱼车间沉降和倾斜观测

温州海洋渔业公司位于龙湾区白楼下瓯江岸边。理鱼车间为 36 米×54 米长方形建筑，东首三层混合结构，西首二层框架结构。1987 年建成后，车间墙体、砼柱出现多处裂缝，温州市建筑公司三分公司及时对建筑物进行沉降测量及裂缝贴并检查。

1988 年 10 月 24 日，温州市勘察测绘研究院受温州海洋渔业公司委托，对理鱼车间进行沉降观测。12 月 10 日进行首次倾斜观测，沉降和倾斜观测实行定人、定时、定仪器。观测仪器为 NAK2 自动安平水准仪和威特 T_2 经纬仪。

1. 沉降观测

在车间四面外墙布设 12 个沉降标志，车间内 4 条主轴线均匀布设 25 个沉降标志。沉降观测基准点"Ⅳ渔水-1"埋设在距理鱼车间约 150 米的山边基岩上，其高程据温州市东部三等水准网基岩点 110 号，距本点约 600 米，经往返三等水准观测得出高程。各沉降点以四等精度双转点法布测闭合环测定。

从 1988 年 10 月 24 日开始，经 1988 年 12 月 10 日、1989 年 1 月 23 日、1989 年 8 月 2 日、1991 年 5 月 2 日、1992 年 4 月 3 日、1993 年 2 月 23 日共进行 7 次沉降观测。因理鱼车间靠近瓯江，每次观测均选择在最高潮位进行。按沉降量曲线图统计，累计最大沉降量 116～123 毫米，平均沉降速度约 0.08 毫米/日。

2. 倾斜观测

倾斜观测标志设置在建筑物四个墙角棱线，各用圆头螺丝预埋上、下标志，上标志在屋檐下 2～3 厘米，下标志在车间地平标高之上 2～3 厘米。

观测采用直接投影法，即对建筑物上、下墙角埋设标志进行交会投影于地面，用图解方式量出该建筑物的倾斜位移值，按倾斜位移值和建筑物高度求算倾斜率。为此，在理鱼车间东北角和西北角各设一组仪器观测站，东北角组 2 处分设在建筑物墙体延长线东侧和建筑物正北稍偏西的瓯江江岸固定砼墩

上;西北角组 2 处分设在建筑物正西一层屋边的水泥地上和正北的瓯江中固定水泥平台上。离墙角观测点的距离均相当于 1.5~2.0 倍的建筑物高度。

1988 年 12 月 10 日~1993 年 2 月 23 日,共进行 6 次建筑物倾斜观测,与沉降观测后 6 次时间完全同步。经测量和计算,最大倾斜位移值,西北角为偏北东 58.1 毫米,东北角为偏北东 31.0 毫米。建筑物最大倾斜率,西北角为 15′55″,东北角为 08′45″。

四、华盟广场深基坑开挖施工监测

华盟广场位于车站大道与温州大道交叉口东北角,主楼 40 层,高 150 米,裙楼 5 层,地下室 2 层。建筑物 ±0.00 绝对标高 5.45 米,地下室地坪高 -1.00 米(1985 国家高程基准)。由于软土地基的地质条件差,地下水位高,该高层建筑深基坑开挖施工对周边密集的建筑群影响较大。温州市勘察测绘研究院受建设单位委托,承接华盟广场深基坑开挖施工进行全过程监测,及时反馈监测信息,实行动态管理和信息化施工,以保证围护结构稳定及周边建筑物的安全。该工程围护结构采用两道支撑单排钻孔灌注桩支护体系,最大深度 16.65 米。华盟广场施工监测自 2004 年 9 月至 2005 年 4 月,历时 8 个月。

1. 监测内容

包括深层土体位移监测,支撑竖向位移监测,混凝土支撑内力监测,孔隙水压力监测,支撑结构的顶面沉降监测,周围建筑物的沉降和倾斜监测,周边道路及管线的沉降和位移监测。

2. 基准点和监测点布置

在施工影响范围以外并便于长期稳定保存的区域埋设三个基准点,一个为打桩型二等水准点,另两个为建成多年的高层建筑沉降钩。

深层土体水平位移监测,测斜孔共埋设 5 个监测点;支撑结构的轴力监测共 4 组,每组截面的 4 个角点分别埋设振弦式钢筋计;在基坑的北侧和东侧各埋设一组孔隙水压力监测点。支撑结构的顶面沉降监测,共布置 14 个监测点;周围建筑物的沉降和倾斜监测,共布置 8 个监测点;基坑东面建筑物的倾斜观测设在基坑一侧的 4 个面;周边道路及管线的沉降和位移监测,共布置 9 个道路监测点,1 个管线监测点。

3. 监测仪器和方法

专项监测仪器有 CX-03B 型测斜仪,振弦式钢筋计,BSY 系列电感调频式孔隙水压力测试仪。沉降观测采用索佳 PL1 型水准仪及配套铟瓦标尺。道路地表和管线位移监测采用 T_2 经纬仪基准线法,使 T_2 经纬仪与基准参考点成一直线。建筑物倾斜监测采用 T_2 经纬仪投影法测量。

4. 监测成果汇总

支撑结构的顶面沉降监测,累计最大沉降量为 10 毫米,未超过设计单位设定的变形量警戒值。道路和管线的沉降和位移监测,西面道路地表和管线的沉降和位移分别达到 83 毫米和 99 毫米,均大于变形量警戒值。由于施工合理,管理到位,周围地表和管线监测点连续 3 次变化速率未超过 3 毫米/日,处于相对稳定状态。建筑物沉降和倾斜监测,各监测点沉降变化很小,最大值 12 毫米,相应的倾斜量也较小,均在设计单位设定的变形量警戒值范围内。

五、九山体育场的鉴定测量

九山体育场位于九山北路与游泳池路交叉口的西北面。400 米 8 条跑道田径运动场内有 104×69

平方米足球场。体育场规模和标准按国家级比赛标准技术要求,百米直道长度的绝对误差要求在4厘米以内。根据比赛破竞赛记录规定,误差值只能为正值,直弯道全长绝对误差在+13厘米以内,直弯道左右斜度要求向里面倾斜,不能超过规定倾斜度。1989年,温州市勘察测绘院受温州市体育运动委员会委托,承担该体育场鉴定测量。这次鉴定测量内容包括体育场平面鉴定测量,跑道直道长度鉴定测量,南北两个半圆弯道半径鉴定测量,高程鉴定测量。鉴定测量结论如下。

(1)东直道比原设计长度增长0.034米,西直道增长0.026米。按体育场跑道直道实际长度与设计长度之间允许误差(每百米±0.040米),边长误差达到允许误差要求。

(2)北弯道实际半径比设计半径增长0.004米,实际弯道长度比理论长度113.098米增长0.016米;南弯道实际半径比设计半径增长0.005米,实际弯道长度比理论长度增长0.007米。

(3)田径场直弯道道牙外边缘的理论总长398.115米,而实际直弯道外边缘总长为东直道85.994米+西直道85.986米+北弯道113.114米+南弯道113.105米=398.199米,比理论总长增长0.084米。按直弯道全长400米田径场的实际和设计长度之间允许误差为+0.130米,实际跑道全长误差达到允许误差2/3以内,合乎规定标准。

(4)跑道直道方向坡度为1/8500,小于1‰,达到设计要求,施工质量良好。直弯道向里坡度最大为7‰,最小2‰,均小于1/100的规定要求。体育场内的104米×69米足球场,按四周边缘测定标高,计算各边缘坡度最小为1‰,最大为6‰,经场地平整可以达到3‰坡度要求,认为基本合格。

这次测量仪器及设备为瑞典产红外测距仪AGA112型,北京光学仪器厂J₂经纬仪,瑞士WILD产NAK2型自动安平水准仪,经同济大学检验的常州产718型50米钢卷尺,江苏无锡大箕山二仪厂产KL-20型10Kg拉力弹簧称,天津海军气象仪器厂产温度计,通风干湿表DHM2型。

六、温州市体育中心体育场的鉴定测量

温州市体育中心位于市区锦绣路与南塘大道交叉口东北面,体育场为8条跑道半圆式两圆心400米标准田径场,内有国内比赛105×68平方米足球场。由中国奥星体育设施建设技术中心设计。1998年9月,温州市勘察测绘研究院受温州市体育中心委托进行鉴定测量。

鉴定测量体育场的项目和要求有体育场南北、东西轴线方位;轴线中心线,即中心点和两侧圆心是否三点成直线;四角直弯道交叉点是否成直角;两半圆塑胶白线外侧每隔5米定一测点,用钢尺丈量外侧边沿半径长度,每隔5米定测点测定高程;直道长度往返各量一次;跑道的左右倾斜度不得超过8/1000;足球场由中线向两侧倾斜度不得超过4/1000;跑道理论长度为东直道+西直道+π(北弯道半径+0.3)+π(南弯道半径+0.3)=400.00米。鉴定测量特殊规定还有按国家级比赛标准技术要求,百米直道长度的绝对误差要求在4厘米内,破竞赛记录规定的误差值只能为正值,直弯道全长绝对误差在+13厘米内,直弯道左右斜度要求向里面倾斜,不能超过规定倾斜度。

该次鉴定测量内容有体育场平面鉴定测量,跑道直道长度鉴定测量,南北两个半圆弯道半径鉴定测量,高程鉴定测量。所用仪器为索佳SET/2100型全站仪,WILD NAK2型自动安平水准仪,经西安野外基线场鉴定常州产50米钢卷尺。

鉴定测量结论如下:①按体育场跑道直道实际长度与设计长度之间允许误差,每百米为±0.040米。测量的直道长度比设计长度增长0.032米,边长误差达到允许误差要求。②北弯道实际半径比设计半径增长0.004米,南弯道实际半径比设计半径增长0.005米。③田径场跑道长度实际鉴测长度

为400.041米,比设计长度增长0.041米,在国家级比赛标准技术要求误差直弯道全长绝对误差在±13厘米以内,合于技术标准。④跑道直道方向东、西跑道坡度为0,达到设计要求,场地平整,施工质量良好。⑤直道向里坡度,最大为6‰,最小3‰;弯道向里坡度,最大为9‰,最小3‰;除西北45°方向弯道向里坡度稍大外,其他均达到8‰的设计要求。⑥体育场内的105米×68米足球场,中心线向两侧倾斜度,其南、北圆弧中心向两侧为1‰～3‰。跳远和三级跳远助跑道向跑进方向坡度为0,质量良好。

七、永强平原地面沉降和位移监测

2002年7月,温州市环境监测站组织有关地质灾害治理专家对永强平原地面沉降区进行全面调查,初步查明地面沉降的成因、现状、发展趋势、产生的危害及经济损失,为地面沉降分析、预测和防治奠定基础。

温州市环境监测站为对地面沉降的定性分析提供定量的数据支持,委托温州综合测绘院对永强平原地面平均沉降量和各区域沉降和位移情况进行定期监测。作业技术依据为《国家一、二等水准测量规范》《全球定位系统城市测量技术规程》《温州城市地质调查项目》。

1. 建立地面沉降监测网

2003年7月,温州综合测绘院根据《温州城市地质调查项目》的总体要求,在永强平原建立地面沉降三维动态监测网,控制监测面积达100平方千米。采用水准测量与GPS测量相结合的方法进行地面沉降监测。

布设一级监测点,选用符合要求的以前布设在永强的9个二等水准点,其中6点为埋设于基岩和岩层的永久性水准标石,3点为经打桩等特殊处理的永久性标石;同时满足水准测量与GPS观测要求的有7个点,只作水准测量的有2个点。选Ⅱ温州004基岩点作为本监测网的高程起算点。

布设二级监测点,主要用于地面沉降和位移监测,布设于整个监测区域,在沉降漏斗中心区的监测点密度大于一般地区,并避开道路、河道、建筑物及近期规划区域内建设对监测点的影响。

2. 地面沉降监测网的监测

2004～2007年,每年定期进行4次沉降监测。该监测网共有37个测段,组成6个闭合环,水准线路总长度逾180千米。4次沉降监测的精度完全满足国家二等水准测量的各项技术指标,并对6个基岩点的原高程与一级监测点施测得出的高程进行比对,最大相差2.4毫米,监测数据可靠。测量仪器为德国产蔡司DINI12电子水准仪配合3米铟瓦条码水准标尺。

3. 地面位移监测

2004年12月和2005年12月进行两次GPS测量,采用天宝Trimble 4600Ls(单频)接收机,同时进行野外数据采集。按四等GPS网精度进行观测、基线处理、平差计算。平差后最大点位中误差为±4毫米,边长最大相对点位中误差为1/3.6万。

根据沉降监测数据分析,2005年、2006年、2007年平均地面沉降量依次为−30毫米、−28毫米、−9毫米。由于温州市政府采取限制地下水开采量,地面下沉速率逐年在减缓。

八、温瑞平原东部水准点沉降测量

温瑞平原属于瓯江口与飞云江口之间的滨海淤积软土地层,地表承载能力低。温州市水利和市政部门对历年水准测量成果进行分析,发现除 8－7－2$_2$(巽山下)、8－7－14$_1$(塘下沙门山下)、8－7－8(帆游山下)三个基岩水准点外,其余水准点沉降明显。1975～1976 年,温州市水利局布测温州市东部三等水准网,对温瑞平原东部的温－1 线三等水准点(1959 年埋石测量)和 8－7 线二等精密水准点(1954 年埋石测量)进行联测,水准点位下沉情况见表 7－09。

表 7－09　　　　　　　　　温瑞平原东部部分水准点沉降情况

线　　名	水准点名	地　点	沉降量(毫米)	备　　注
温-1线	温-1-1	海安	22	沿东海海岸至瓯江南岸
	温-1-3	七甲	51	
	温-1-4	龙湾	48	
	温-1-5	状元	124	
	温93	下陡门	28	
8-7线	8-7-2	巽山下非岩层点	4	沿温瑞塘河
	8-7-121	塘下	41	
	8-7-12	塘下	43	
	8-7-16	塘下	88	

注:沉降量＝原高程值－1976 年观测值;1976 年观测值根据 8－7－2$_2$、8－7－14$_1$、8－7－8 等联测得出。

第二节　大坝和大桥变形监测

大坝和大桥的监测分为施工监测和运行监测,在内容上包括几何形态监测和截面应力监测。一旦监测发现异常情况,立即查找原因并及时进行补救处理。

一、水库大坝变形监测

水库安全度汛是防汛抗洪的难点和重点,中小型水库的安全度汛是防汛工作的一个薄弱环节。温州市小型水库数量占 93.9%,绝大部分缺少必要的安全监测设施,检查手段落后,隐患很大,一旦发生暴雨洪水,极易引发突发事故。因此建立一套智能化、自动化、信息化的大坝在线监测系统,迫在眉睫。

1. 珊溪水库大坝

2000 年 4 月～2009 年 12 月,浙江华东水电测绘有限公司受委托承接珊溪水库大坝变形监测任务。2000 年 4 月首次观测,后在 2001 年 6 月、2002 年 6 月、2004 年 10 月、2005 年 11 月、2006 年 11 月、2007 年 11 月、2008 年 11 月先后进行 7 次复测,2009 年 12 月为最后一次复测,共进行了 9 次监测。

变形监测网布设一等边角网 6 点,一等水准路线 10.57 千米。布设工作基点及变形观测点共 43 点,构成二等边角网,并布设二等水准路线 2.93 千米。平面坐标系为任意直角坐标系,高程系统为 1956 年黄海高程系。采用技术标准为 SL52－93《水利水电工程施工测量规范》,GB12897－91《国家一、二等水准测量规范》,国家测绘总局 1975 年版《国家三角测量和精密导线测量规范》,SL60－94《土石坝安全监测规范》。

2. 白石水库大坝

1958年6月白石水库大坝竣工时,在大坝顶面设置3个木桩作为竖向及水平位移的标点进行观测。1963年12月大坝加固时设置混凝土标志5点,观测频率为非汛期2个月观测1次,汛期1个月观测1次,超汛限水位或台风暴雨期间随时加测。沉降和位移观测资料齐全。水库运行初期大坝水平位移、沉降量、沉降速率均较大,然后明显趋缓。至2003年7月,最大沉降速率为2.2毫米/年。变形观测最初由温州专署水利局测量队承担,观测仪器为经纬仪和水准仪。

3. 钟前水库大坝

1973年,温州地区水电设计室在大坝坝体内埋设7支测压管,开始观测。观测项目有渗流量、沉降、位移等。1983年又增设7支测压管。根据观测数据分析,大坝坝体进行多次抢修加固,并限制蓄水位。

4. 淡溪水库大坝

1971年,在大坝顶部和下游坝坡上设置4排16个标点进行沉降和位移观测。1971~1983年,Ⅰ-2号(第一排2号点)沉降量最大,平均每年1.22毫米;Ⅳ-4号(第四排4号点)沉降量最小,平均每年0.32毫米。Ⅰ-4号(第一排4号点)向上游位移量最大,平均每年0.41毫米;Ⅱ-3号(第二排3号点)向下游位移量最大,平均每年0.36毫米。

5. 福溪水库大坝

1960~1973年,在右坝布设Ⅰ-1、Ⅰ-2、Ⅰ-3三个观测点,先期总沉降量分别为608毫米、770毫米、584毫米。1973年4月18日增设沉降位移观测桩6个。

二、温州大桥变形监测

温州大桥全长17.1千米,其中桥梁长6977米,主桥为斜拉索大桥,主跨274.00米,边跨133.75米,主塔高度115米。温州市勘察测绘研究院受温州市甬台温高速公路指挥部委托,承接温州大桥变形监测。

1. 主塔位移监测

在大桥北岸布设3个相互通视的基准点,作为主塔位移监测的基本控制,每期观测前对其进行检测,确保基准点稳定。在塔柱顶部外侧面中心线上施工时已安装固定的反光棱镜,利用J₂级全站仪进行塔柱监测。观测采用测一条边和一转角的形式,通过观测值反算出各桥墩的两个塔柱间夹角和各塔柱间轴线距离,对各塔柱相邻关系进行比较分析。

2. 主桥桥面沉降监测

根据国家行业标准《建筑变形测量规程》JGJ/T 8-97,采用三级沉降观测。高程基准点选择在主塔上布设,分别在3个主塔上各布设一个基准点,每次观测前进行检测,确保其稳定可靠。分别在两个桥墩桥面两侧有规律地布设锚固定点作为观测点,共设置64点,并进行有序的编号。每次根据实测高程制作沉降观测表,进行比较分析。主桥面层中线高程布设点顺桥向分别量出5.75米为第一点,然后每隔16.0米设一个观测点,共布设36个观测点。每次根据实测高程画出曲线变化图,进行比较分析。不同周期观测时,均用固定仪器和观测人员,在基本相同的环境和条件下观测。

温州大桥变形监测自2001年开始至2004年,每年观测两次。根据2002年4月2日和2004年6月2日两次测量成果比较,通过数据分析,两个主塔墩均有向东南偏移的现象,而两个主塔墩整体之间相对稳定。主桥面沉降情况正常。

第三节　防灾抗灾测量

温州台风暴雨频发,造成部分地区洪涝、崩塌、滑坡、泥石流等自然灾害,人民生命财产遭受严重损失。因此测绘部门要密切关注雨情、汛情、滑坡、泥石流等各种自然灾害的发生发展趋势,充分发挥测绘地理信息资源优势,配合开展灾害监测预警和隐患排查,为灾情研判、处置决策和应对部署等提供准确而翔实的科学依据。

一、苍南县农村防灾抗灾测量

2006 年 8 月 10 日,第 8 号超强台风"桑美"在苍南马站登陆,近中心最大风力达 60 米/秒。这是苍南县有史以来最强劲的台风,造成深重的灾难,沿海 2 万多间房屋倒塌,17 多万间房屋受损。灾后重建,测绘先行。苍南县测绘所和温州市勘察测绘研究院组织 6 个测绘组,奔赴各个重灾区,测绘 1∶500 地形图 152 幅 5 平方千米,为灾后重建的新村规划和土地报批提供基础资料。

2006 年,完成地质灾害点调查,选择应急避险移民点 5 处,测绘 1∶500 地形图 0.4 平方千米。同年,苍南县规划建设局组织实施舥艚镇沿海农村住房防灾能力普查试点,温州市勘察测绘研究院通过对 1∶5000 航空摄影图的调绘并进行野外修测,完成 1∶2000 数字地形图 18 平方千米。

2007 年,苍南县规划建设局又筹集资金 160 万元,组织实施沿海地区的龙港、芦浦、金乡、炎亭、大渔、石砰、龙沙、中墩、赤溪等 9 个乡镇的农村住房防灾能力普查。温州市勘察测绘研究院完成 1∶2000 数字地形图 100 平方千米。

二、乐清市农村防灾抗灾测量

2004 年,乐清市北部遭受 14 号台风"云娜"袭击,引发特大泥石流灾害,农村住房倒塌,损失惨重。为提高农村住房防灾抗灾能力,乐清市测绘队完成应急避险移民点 1∶500 地形图 13 幅;温州市勘察测绘研究院施测乐清市仙溪镇和龙西乡 1∶500 地形图,并通过实测地形图分析,建立三维数学模型,进行模拟演示。

2006 年,温州市勘察测绘研究院信息中心根据乐清市仙溪镇和龙西乡农村住房防灾抗灾能力的调查,开发乡镇版农村住房防灾信息系统。该软件充分利用测绘成果 DLG 数字线划图、DEM 数字高程模型、DOM 数字正射影像图,为农村房屋调查建立图文相结合的数据,提高农村住房防灾决策的科学性。浙江省建设厅将此作为指定软件进行推广,后来陆续被宁波、舟山、温州近 100 个乡镇采用。

2007 年,温州市勘察测绘研究院信息中心应浙江省建设厅要求,开发浙江省沿海地区农村住房防灾管理信息系统(市县版),为农村防灾在县市级提供更宏观的辅助决策。乐清市测绘队为防灾普查,完成蒲岐和清江 1∶500 地形图 4.27 平方千米。

三、文成县农村防灾抗灾测量

2005 年,因遭受台风灾害需要救灾,文成县测绘大队在石垟乡枫龙村、上垟村等 3 个村的安置点,施测 1∶500 地形图。

2006年,因遭受地震灾害需要安置,文成县测绘大队在珊溪镇李井村、山根垟村等5个村的安置点,施测1∶500地形图2.5平方千米;在黄坦镇石垟村、共宅村、垟笨村、底庄村和云湖乡包山垟村、潘山村及仰山乡4个村的安置点,施测1∶500地形图1.6平方千米。

文成县玉壶镇项司山斜坡位于玉壶镇北面,距县城18千米。项司山斜坡为大型不稳定山体,斜坡变形监测由浙江省第十一地质大队承担。2001年初,提交勘查设计书并开展野外工作,完成1∶2000地质与工程地质测绘1.5平方千米,1∶2000地质剖面0.37千米,1∶500专项环境地质、地质灾害测绘0.22平方千米,工程地质钻探207.54米11个孔;1∶500地形测量0.5平方千米,1∶500地形剖面测量1.92千米,工程点测量12个,斜坡变形监测点3个。其中地形测量由温州综合测绘院承担,采用温州市城市坐标系,布设GPS控制点10个,工程控制点均用经纬仪和红外测距仪以GPS控制点为基点进行测量,部分GPS控制点作为监测点。

文成县珊溪镇和平村岭角湾的滑坡区,距珊溪镇区约3千米,斜坡为陡坡,高差30～50米,坡度大于25°。2007年,温州综合测绘院承担滑坡区变形监测,提交《文成县珊溪镇和平村滑坡区勘查暨防治工程设计》,采用地质测绘、工程测量、监测及采样测试等技术手段,完成1∶500地形测量0.18平方千米,1∶500地形剖面测量1千米,1∶1000地质与工程地质测绘0.18平方千米,1∶500专项环境地质、地质灾害测绘0.18平方千米。

第八篇
海洋测绘

认识海洋,利用海洋,开发海洋,让海洋更好地为经济服务,已成为温州市一项重大的战略任务。海洋测绘是海洋测量和海图绘制的总称,其任务是对海洋及其邻近的海岸、河口和港口进行测量和调查,编制各类海图和航行资料,为航海、国防、海洋开发和海洋研究服务。海洋测绘的主要内容有海洋控制测量,水深测量,航标测量,海岸和水下地形测量,水文要素测验,以及各种海图和海洋资料的编制,海洋地理信息的分析和应用。

第一章　海洋测量基准和控制测量

海洋测量基准,除与陆地测量相同的大地、平面、高程、重力、长度和时间基准外,还有海平面基准,包括深度基准面、平均大潮高潮面等。航海图投影也与陆图投影不同,一般采用墨卡托投影或中心投影。海洋测绘的主体水深测量,属于有时间座标的定时观测海面升降的四维测量。

第一节　海洋测量基准

海洋测量基准是指测量所依据的各种起算面、起算点及其坐标系统,主要包括海洋平面基准、高程基准、重力基准和长度基准等。其中海洋高程基准有当地平均海面、黄海高程基准面、理论深度基准面、平均大潮高潮面等。

一、平面坐标系

19 世纪中期,英国海军在浙江沿海测制海图,采用独立平面坐标系,每幅图以某个或几个独立的测图控制点作为平面控制的基础。

50 年代初期,全国尚无统一的天文大地网,海军海道测量队在浙江海域的平面控制都采用独立坐标系。测区附近如有载明经纬度的旧三角天文点,则利用之作为起算数据进行布网;不然就实量基线并作天文观测,采用克拉克椭球直接在椭球面上计算。1952 年改用白塞尔椭球,1954 年按全国统一要求改用克拉索夫斯基椭球,在高斯-克吕格投影面上计算。1960 年后,全省各海域开始基本海道测量,当时全国天文大地网已在浙江布设,所有平面控制都在此基础上加密或进行联测,并对 1953～1956 年施测的舟山群岛和温台沿海二等补充网及三、四等三角点进行改造,都统一到 1954 年北京坐标系。

二、高程基准和高程系统

1840～1910 年,英国海军在浙江沿海测制海图,其高程基准面采用大潮高潮面。民国时期,高程基准面采用坎门 0 点、吴淞 0 点或当地平均海面,少数采用大潮高潮面。中华人民共和国成立后,海道测量仍继续使用坎门 0 点和吴淞 0 点,直至"1956 年黄海高程系"启用,才渐趋统一。远离大陆的海岛,采用当地平均海面起算的高程系统。随着"同步改正法"被列入"规范"并普遍应用,各海岛验潮站均与大陆验潮站同步观测归算至 1956 年黄海高程系。

东海舰队海测大队对浙江各地"当地平均海面"与"1956年黄海高程系"作过验证。温台海域各验潮站的差值如表8-01所示。表中差值均为正,即当地平均海面高于黄海平均海面。

表8-01　　　　　　温台海域各验潮站当地平均海面与1956年黄海高程系差值　　　　　　单位:厘米

站名	差值	站名	差值	站名	差值	站名	差值
南韭山	46.8	东矶列岛	25.0	披山	25.2	黄华	21.9
坛头山	36.0	头门岛	21.4	漩门	25.0	温州	23.2★
石浦	36.0★	浪矶	24.6★	坎门	24.5	洞头	19.3
健跳	26.7	海门	24.7★	清江渡	21.4★	瑞安	12.5★
渔山	25.1	下大陈	21.6	乐清	26.7★	南麂	19.6

注:表中星号★表示验潮站与国家水准点联测所得的差值。

1971年8月17日~9月15日,温州市革委会围垦海涂指挥部办公室对瓯江河口水文测验中的4个长期站和1个短期站,各取一个月同步观测资料,得出"当地平均海面"与"1956年黄海高程系"的差值为黄华20.2厘米,龙湾37.4厘米,温州65.3厘米,梅岙81.8厘米,花岩山89.3厘米。溯江而上,上游站的差值均大于下游站,符合河流的平均海面自河口向上游递增的特点。

国家海洋部门根据坎门验潮站1959~1984年的潮位观测资料,计算得出坎门平均海面在"1985国家高程基准"之上21.91厘米。

三、深度基准面

深度基准面是测量航海图所载水深的起算面。1922~1948年采用大潮低潮面,1949~1956年采用略最低低潮面。1958年起正式采用理论最低低潮面,即理论深度基准面,简称深度基准面,是按照苏联弗拉基米尔公式计算得出。1975年后,近海测量使用的定点验潮站深度基准面,是按经验公式$L-K(H_{M2}+H_{S1}+H_{K1}+H_{01})$计算求得。

对30天潮位观测资料,用潮汐调和分析法可分解成100多个分潮。验潮站的深度基准面,通常只取用最主要的8个或11个分潮求取。按8个或11个分潮得出的理论最低低潮面是在"当地平均海面"之下的数值,还要按"同步改正法"或直接通过水准联测改正,得出理论最低低潮面在统一的高程基准面之下的数值。深度基准面数值不是全国统一的,每个验潮站控制范围一般仅100~200千米,凡数值变动超过±10厘米,要启用相邻验潮站的深度基准面。

1975年6月,交通部、国家海洋局、海军司令部联合召开审定各开放港口深度基准面数值会议,总参测绘局、航海保证部等23个单位参加。会上审定包括温州港在内的全国18个港口及其附近37个验潮站的深度基准面数值,从此改变了中国深度基准面历史上的混乱局面。

四、平均大潮高潮面

平均大潮高潮面位于"当地平均海面"之上,同样要按潮汐调和常数通过计算得出,并归化到统一的高程基面上。海岸线是平均大潮高潮面时的海陆分界线,平均大潮高潮面也是灯塔灯光中心高度的起算面。

各个基面之间与海图要素的关系见图8-01。

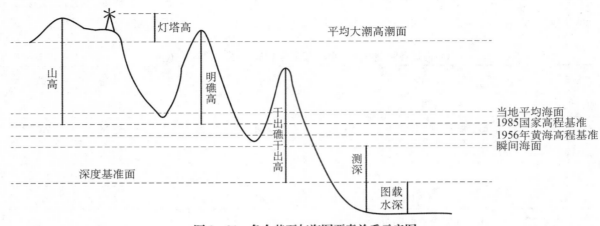

图 8 - 01　各个基面与海图要素关系示意图

第二节　海洋平面控制测量

　　1885～1887 年,英国海军在中国东南沿海从珠江口到长江口进行大三角测量,并作平差计算。其中浙江省从七星岛至花鸟山有三角点 28 点,交会点 25 点,在花鸟山、大戢山、韭山列岛 3 点作天文观测。1928 年,民国政府海道测量局开始施测浙江沿海大三角网,完成从象山港至温州湾大三角 8 点,二等三角 17 点,三等三角 103 点,至 1930 年已与长江下游大三角网联接。1931～1932 年,在温州湾施测大、小三角 38 点,并选点作天文观测。

　　中华人民共和国成立后,在温台海域各岛屿、海岸及主要河口两岸,都作过平面控制测量。测量的技术标准为总参测绘局 1953 年译印苏联《二、三、四等三角测量细则》,国家测绘局 1959 年《一、二、三、四等三角测量细则》,1975 年《国家三角测量和精密导线测量规范》,航海保证部 1962 年《海道测量规范平面控制测量部分》(草案),1975 年《海道测量规范·控制测量》,国家技术监督局 1990 年和 1998 年《海道测量规范》,2001 年《全球定位系统(GPS)测量规范》。

一、二等和三、四等三角测量

　　1953～1954 年,海军海道测量队完成舟山海域北起花鸟山、南至南韭山的二等三角补充网共 72 点,这是中国现代海洋测绘在较大范围内建立正规平面控制网的开始。1956 年,该队组建的大地分队以南韭山为已知点,在台州、温州海域继续布测二等三角补充网共 80 点,瓯江口南岸有黄石山、李王尖等点。1955～1956 年,海道测量队三分队,在温州湾包括玉环、洞头、南麂诸岛与大陆沿岸施测三、四等三角点 153 点。

　　1960～1964 年,东海舰队海测大队在温台海域的岛屿和大陆沿岸,施测三、四等三角点 276 点。其间 1962 年 6～11 月,第二大地队以 1954～1958 年总参测绘局完成的宁波—瑞安一等三角锁和仙居区二等基本锁为基础,采用插网和插点方法发展三、四等点,并加密海控点,为 1964 年"乐清湾—瓯江口沿岸基本海道测量"提供平面控制。其精度指标见表 8 - 02。

表 8 - 02　　　　　　　　　　　　　1964年乐清湾至瓯江口沿岸基本海道测量精度指标

等级	$m=\pm\sqrt{[ww]/3n}$	$m=\pm\sqrt{[vv]/r}$	三角形最大闭合差 W	观测角最大改正数 V	相对点位中误差
三等	$\pm1''.7$	$\pm2''.6$	$+6''.7$	$+4''.1$	±0.16 米
四等	$\pm1''.7$	$\pm3''.3$	$-8''.3$	$-6''.6$	±0.11 米

1958年,天津航道局海港测量队以总参测绘局一、二等三角点资用坐标为基础,布测三等三角锁从瓯江口岐头至江心屿共 20 点,平均边长 4.8 千米(最长 7.7 千米),起始边据军测的瓯江口南岸二等基线扩展。全部建造原木锥形标。点名有岐头山、单昆山、小港山、磐石、磐石西山、黄石山、前岩山、黄屿、胜美尖、杨府山、龟山等。

1973年,因原三等锁标石遭损残缺,且测区扩大,新布测四等三角锁从青山岛(重山)至梅岙共 19 点,平均边长 7.7 千米(最长 19.7 千米),全部建造钢筋混凝土锥形标。四等三角锁东端接一等边(小陡门东—霓屿山),西端接三等边(二等点永宁山至三等点大毛山)。点名有重山、黄大岙、大五星、大荆山、沙头山、岐头、金光岙、单昆山、黄石山、磐石西山、前岩山、胜美尖、杨府山、翠微山、岩门山等。这是瓯江口内外航道测量的平面控制基础,连续使用至今。

二、海控一、二、三级点和补充点测量

海控点是在国家一至四等三角点之间布设的加密点,均需构成图形进行双向测定,它是水深测量和海岸地形测量的基础。海控点按其精度分为一、二、三级点,简称 H_1、H_2、H_3,另有补充点 H_b,边长一般在 1～7 千米,三角形各内角或求距角不小于 25°。各级海控点测量的主要精度指标,定位中误差一级点为 ±0.3 米,二级点为 ±0.4 米,三级点为 ±0.6 米;测角中误差一级点为 $\pm5''$,二级点为 $\pm5''$,三级点为 $\pm10''$。

1960～1988年,东海舰队海测大队在浙江省各岛屿和大陆沿岸布测一、二、三级海控点共 2178 点,其中 1964 年前布测 1858 点,均按规定埋设标石,建造舰标。这些海控点相当部分在温台海域。测量仪器开始时用 T_2010 型经纬仪,1980 年起用微波测距仪和红外测距仪。

1964年5～10月,北海舰队海测大队近海中队在南下支援测量中,完成"乐清湾—瓯江口沿岸基本海道测量"期间,造标 144 座,埋石 120 点,观测 191 点,发展海控点 132 点。

1979年,上海海测大队在楠溪江口以 1973 年布测的温州港四等三角锁为基础,加密海控一级点 6 点,在梅岙上游加密海控二级点 19 点。1983 年,温州市海涂围垦处在瓯江北口加密海控一级点 2 点。1986年,天津海测大队沿瓯江口两岸使用激光极坐标定位仪加密布设海控一级导线。

补充点 H_b 一般使用交会法测定,观测限差同海控三级点,可作为 1：2.5 万或更小比例尺测图的平面控制基础。在温台沿海和瓯江口两岸,各海测单位按补充点要求测定大量助航标志、塔尖、高烟囱、导航仪岸台天线杆和专门设置的"白涂标",并测定对测深及航海定位有使用价值的天然目标,如海上独立岩峰、礁石、山顶著石著树等。

三、GPS 测量

2004年3～4月,浙江省河海测绘院在瓯江下游温溪以下河段和口外的中水道、南水道,布设 D 级

GPS 10 点,E 级 GPS 16 点。

2004 年 10～11 月,浙江省测绘大队浙南测绘处自琵琶门至平阳嘴沿岸海域,以四等三角点舥艚、炎亭为起始点,布设 D 级 GPS 29 点,E 级 GPS 23 点。

2007 年 3 月,浙江省河海测绘院在飞云江的赵山渡至上望河段,布置 D 级 GPS 13 点,E 级 GPS 4 点。

第三节　海洋高程控制测量

过去,温州市海洋高程控制测量主要为建立验潮站而在一些岛屿进行高程联测。如今为满足海洋测绘的要求,温州市完成了大量的海洋高程控制测量。其依据的技术标准是国家测绘局 1958 年《一、二、三、四等水准测量细则》,1974 年《国家水准测量规范》,1991 年《国家三、四等水准测量规范》,航海保证部 1975 年《海道测量规范·控制测量》。

一、高程三、四等水准测量

1957～1959 年,多个单位在温州沿海和河口布测三、四等水准路线。

1960～1988 年,东海舰队海测大队布设三、四等水准路线 252 条,总长 507 千米,其中 1964 年前 237 条 477 千米,相当部分在温台海域。

1964 年 5～10 月,北海舰队海测大队近海中队在支援完成"乐清湾—瓯江口沿岸基本海道测量"期间,布设水准支线 7 条,总长 30 千米。

1975～1976 年,为瓯江南口工程建设的需要,温州市水电局布测温州市东部三等水准网。

1983 年,温州市海涂围垦处在瓯海县水电局支援下,为实施瓯江北口江岸岸滩崩坍监测,以二等精密水准 8 - 5 线为基础,布测乐清白象至柳市的沿江四等水准路线 31 千米;另以温州市东部三等水准网为基础,布测 6 个结点、全长 44 千米的灵昆环岛四等水准网共 68 点。

2004 年 10～11 月,浙江省测绘大队浙南测绘处在琵琶门至平阳嘴沿岸施测四等水准路线 44 千米。

2004～2005 年,浙江省河海测绘院,在瓯江口施测四等水准 74 千米。2000～2007 年,在飞云江赵山渡至上望河段施测四等水准 207 千米。

二、三角高程测量

海岛因大气折光系数经常变化,特别是视线贴近沙地或水面时,三角高程测量很难获得良好成果。1960～1988 年,东海海测大队为保证海岛三角点和海控点的高程精度,均以水准测得高程的点为起闭点,选择距离较短、三角高程测量往返测高差不符值较小的边作为推算路线,不超过 5 条边,闭合不符值按条件观测法进行平差。每个点至少有 3 个方向推算求得的高程值,在限差内取中数。

1962 年 6～11 月,东海海测大队第二大地队在松门、坎门、乐清湾、瓯江口海区三、四等三角点和海控点的三角高程测量中,使用 T$_2$010 经纬仪观测,K 值取 0.15～0.17。设站点和交会点的真高分别采用逐渐趋近法平差,其中设站点误差平均为±0.05 米,最大±0.17 米;交会点误差平均为±0.07 米,最大±0.20米。

三、红外测距三角高程测量

1972年7月20日～8月3日,温州市革命委员会围垦海涂指挥部办公室在瓯江北口和南口两岸,分别设立主、副潮位站进行半个月的同步观测,将吴淞0点从瓯江口南北两岸大陆分途向跨江距离2.3千米的灵昆岛传递,互差仅±27毫米。

1984年,华东水电勘测设计院测量队在飞云江口外,完成跨海红外测距三角高程测量。全程11千米,依托小岛分为3段,从大陆传递高程基面至海岛"上干山"潮位站,达到三等水准测量精度。

2003年,温州市勘察测绘研究院布测三等组合水准路线,先通过红外测距将1985国家高程基准用三角高程测量方法,从灵昆岛通过按四等水准测量精度要求进行高程引测至霓屿岛固定水准点,再向洞头本岛西端跨海3.6千米传递,经连岛各桥施测三等水准构成闭合环,闭合差达到限差要求。并从洞头本岛向青山岛、大门岛、鹿西岛陆续跨海传递,跨海距离依次为1.9千米、3.5千米、3.8千米。

海道测量单位在岛屿的各类验潮站,大多按"规范"采用"同步改正法",从大陆向海岛传递高程基面。同步改正法是用"平均海面"作为水准面,从大陆向不同距离的各个海岛传递高程的方法。海岛高程历来大多使用"当地平均海面",精度较差。1958年,海司海道测量大队潮汐组首次用同步改正法转测大陆沿岸和各海岛之间的高程。同步改正法简便实用,操作方便,精度又较高,解决了沿海岛屿与大陆统一高程基准面的历史难题。

第二章 水深测量

水深测量,是在潮位不断变化的海面操纵船艇,按测图预定的测线航行,同步测定水面测点的平面位置和测点至水底的垂直距离。因此,它要顾及潮位高低的变化,是非三维测量而是含有时间座标的四维测量。此外,还包括水底物质探测、水底航行障碍物探测、海水水文测验等。

外业标准图幅为 50 厘米×70 厘米、70 厘米×100 厘米、80 厘米×110 厘米三种。采用高斯-克吕格投影,测图比例尺≥1:1 万是 3°带,<1:1 万是 6°带。水深从深度基准面起算,勾绘 0、2、5、10、20、30、40 米等几种等深线。在深度基准面以上至平均大潮高潮面以下的礁石和海涂,其高度(专称"干出")亦从深度基准面起算,按图式规定在干出数字下加负号,如 4_{-5},表示干出 4.5 米。

第一节 古代和近代海道测量

古代航海图是一代代被称为"舟师"或"船师"的航海人员经过长期航行所积累的知识总结产品,都采用形象画法。明代的海洋测绘领先于世界,嗣后渐趋停滞状态,而西欧国家逐步形成新法海洋测绘和海道测量学,晚清传入中国。

一、古代时期

春秋时期,探测水深用杆子,汉代始用测深锤,沿用至今通称测深杆和水铊。唐代开始用"下钩"法测量海深,"以绳结铁"可测约 60 尺深的浅水区。后来测绳改用铜绳,测深可达 70 余丈。

明初,郑和率领庞大船队七下西洋,后人据此编绘以南京为起点,经浙闽粤沿海,直至东南亚和东非的《郑和航海图》。郑和船队经过温台海域,留下海门至蒲门的航海图和过洋牵星图。图上记载披山岛经大门岛至洞头岛的航线,以及南麂岛至台山岛的航线,既有航线的方向和水深,又有量测的距离。

明嘉靖年间,胡宗宪总督直隶、浙江、福建、江西军务,为防御倭寇,聘请郑若曾等人编辑《筹海图编》。其中就有温州幅,是温州古代非常珍贵的海防军事地图,内容丰富,绘制精细。记载温州海域、沙洲、岛屿、港湾以及军事设防的卫、所、巡检司、寨、堡、烽堠等。

二、晚清时期

1840 年鸦片战争以后,海权尽丧,列强遍测中国沿海海图。清末,海军处运筹司设立测海科,在各水师学堂开设测绘课程,编制实测航海图集《八省沿海全图》《御览江浙闽沿海图》等。

清道光十二年(1832),英国商船在我国东南沿海侦察、测量。1840～1845 年英国军舰遍测珠江口至长江口海域。1849 年起,英军海道测量局已公开出版中国的海图,至清末达 150 多幅。

1989 年,杭州大学地理系编制出版《浙江近代历史海图集》。该图集涉及温台海域的英版海图有 1843 年测的 3 幅,分别为 1754 号《东引岛至温州湾》(1∶30 万),1759 号《温州湾至韭山列岛》(1∶30 万),1763 号《温州湾及附近》(1∶7 万)。

清光绪五年(1879),温州府海防同知郭钟岳缩绘的《浙江温州府海防营汛图》,包括玉环、温中、温左、瑞安四营水汛,玉环、乐清、大荆、磐石、温城、温右、平阳七营陆汛,玉环、永嘉、乐清、瑞安、平阳一厅四县水陆兼辖。这张出现多种有数学基础的温州府军事布防地图,不仅显示点位坐标和任意两地间的距离,而且图内布满密密的水深点,属于有三维坐标的"立体图"。

三、民国时期

1915 年,浙江外海水上警察厅聘用外籍人员测绘岱山至洞头 1∶10 万海图 20 幅,图幅按《千字文》顺序排号。这是浙江沿海首次自行组织的新法海洋测绘。

1921 年 10 月,民国政府在海军部设海道测量局。1926 年正式参加国际海道测量机构。1929 年有测绘人员约 50 人,测量舰艇 4 艘共 1938 吨。

1931～1932 年,海道测量局"甘露"号测量舰来温州,完成洞头三盘岛至南、北麂列岛之间海域的水深测量 1100 平方千米,测定明礁和暗礁 30 多处;1933 年进行洞头至三门湾之间海域的水深测量,1937 年 5 月又测量渔山列岛至北麂列岛之间海域。该舰装有当时最先进的"外海锤测机"用于测量水深。

1933 年 8 月,"长风"号巡防艇测量乐清湾,次年 1 月完成。1938 年 1 月,海道测量局奉令暂行裁撤,测量舰艇悉遭日本侵略军炸沉。

抗日胜利后,民国政府接管侵华日本海军"上海航路部"和汪伪政府"水路测量局",1946 年恢复海道测量局。1922～1937 年、1946～1949 年,用新法实测海图 63 幅,测深线逾 4 万千米,出版海图约 130幅,其中温台海域 10 幅。深度单位和高程单位多用英尺,制图为墨卡托投影,图幅为全开,出版单位是海道测量局。基本情况见表 8-03,1916 年中国海关测量的 11 号图一并列入此表。

民国时期海图的数学基础、图载内容、表示方式以及分幅编号等方面已经初步规范化。平面控制采用中国沿海的三角控制网,水深基准多数采用平均大潮低潮面,少数采用平均大潮高潮面,高程基准采用当地平均海平面,制图投影采用墨卡托投影,大比例尺图采用平面图法。深度单位有英寻与英尺合用或只用其一,后期也有用米;高程单位为英尺,后期也有用米,不少方面还受英国航海图模式的影响。

表 8 - 03　　　　　　　　　　　　　民国时期温台沿海海道图基本情况

序号	图号	图名	比例尺（基准纬度）	测量年份	深度基准面	高程基准面	图廓范围
1	11	温州港	1∶24200	1916	一般大潮低潮面	大潮高潮面	120°37′.5～120°51′.5 27°56′.0～28°04′.0
2	990	三门湾及石浦港	1∶60000（30°N）	1929	平均大潮低潮面	平均海面	121°30′.5～122°06′.0 28°54′.5～29°15′.6
3	498	石浦港①	1∶20000（29°12′N）	1929	平均大潮低潮面	平均海面	121°46′.5～121°58′.5 29°08′.0～29°15′.5
4	1120	渔山列岛至韭山列岛	1∶100000（30°N）	1929～1930	平均大潮低潮面	平均海面	121°30′.0～122°27′.0 28°50′.0～29°26′.0
5	495	台州列岛及附近②	1∶45000（30°N）	1931	平均大潮低潮面	平均海面	121°43′.0～121°59′.5 28°20′.7～28°37′.2
6	491	瓯江（由江口至温州口岸）③	1∶25000（30°N）	1931	平均大潮低潮面	平均海面	120°37′.0～120°52′.0 27°56′.5～28°05′.5
7	490	瓯江及附近	1∶40000（30°N）	1931～1934	平均大潮低潮面	平均海面	120°52′.0～121°15′.4 27°50′.0～28°04′.5
8	489	东瓜屿至三盘门暨黑牛湾（百劳港）	1∶40000（30°N）	1932	平均大潮低潮面	平均海面	120°53′.0～121°16′.5 27°38′.5～27°53′.0
9	492	乐清湾及附近暨坎门港④	1∶50000（30°N）	1933～1934	平均大潮低潮面	平均海面	120°51′.4～121°21′.1 28°01′.3～28°19′.7
10	496	台州湾暨椒江（第一版）⑤	1∶40000（30°N）	1933	平均大潮低潮面	平均海面	121°16′.0～121°40′.0 28°30′.0～28°44′.0
11	704	台州湾暨椒江（第二版）⑤	1∶40000（30°N）	1933～1943	平均大潮低潮面	平均海面	121°16′.0～121°40′.0 28°30′.0～28°44′.0

　　注：①附林门港道图 1∶10000、石浦口岸图 1∶12000　②附台州列岛淀泊图 1∶20000

　　③附温州口岸图 1∶12500　④附坎门港图 1∶20000　⑤附海门口岸图 1∶12500

第二节　现代基本海道测量

　　中华人民共和国成立后,海洋测绘空前发展。1949 年 6 月组建华东军区海军海道测量局,1951 年 2 月改隶军委海军,1953 年 7 月扩编为海司海道测量部,1957 年 7 月组建海司海道测量大队,1959 年 11 月改称海司航海保证部。1960～1961 年扩编为分属东海、南海、北海舰队的 3 个海测大队。测绘技术和装备不断更新,逐步走向现代化、数字化和自动化的海洋测绘之路。

　　定位仪器从 50 年代的六分仪、三杆分度仪,到 70 年代的国产航测-1 型定位仪、近导-4 型定位仪,再到 80 年代的海上微波测距仪、阿戈(ARGO)定位系统、GPS 测量系统。测深装备由测深杆、水铊、显示式测深仪、记录式测深仪,更新为高精度数字式测深仪、海底地貌探测仪。测量船艇由小吨位的通用船艇,换装成包括 1000 吨以上的专用船艇。水位观测设备从普通水尺、自记验潮仪更新为自动水位遥报仪。计算设备从算盘、数表、手摇计算机到电子计算器、微型计算机。制图由单一的系列比例尺航海图,增加海底地形图和专题海图。海洋测绘力量不断壮大,历年在温州海域测绘的有海军、交通部、国家海洋局、水利部、地矿部及浙江省的测绘队伍,温州市也有几支测绘小分队。

按离海岸近远,现代基本海道测量分为沿岸、近海、远海三种海域的基本海道测量,沿岸海域指距海岸线 10 海里以内,近海海域指距海岸线 10~200 海里,远海指距海岸线 200 海里以远。这里的远海范围是我国大陆架外缘以东海域,即冲绳海槽西缘以东海域,不属于温州海域。

一、沿岸海域基本海道测量

1955~1956 年,海道测量队三分队在温州湾、乐清湾施测 1∶2.5 万水深图,使用六分仪定位、三杆分度仪记入,水铊测深,测船有渔威号和海务 3 号,间或雇用民间风帆船。

1960 年 4 月 15 日,东海舰队海道测量大队开始东海海区的基本海道测量,首测浙江北部花鸟山至舟山本岛沿岸海区,1963 年起移至浙南、闽北沿岸。1964 年北海舰队海道测量大队近海中队的 2 个大地测量组、3 个地形测量组、7 个水深测量组分乘 8 艘测量艇南下东海协助施测。施测海域北起台州松门角,南至瓯江口,包括隘顽湾、乐清湾、温州湾和玉环岛、大门岛、霓屿、洞头岛之间的大小水道和航门。

1964 年 5 月 11 日~10 月 21 日,东海和北海海测大队在温州进行"乐清湾—瓯江口沿岸基本海道测量",共测水深图 11 幅,其中 1∶1 万 2 幅,1∶2.5 万 7 幅,1∶5 万 2 幅,测深线共长 1.38 万千米。其平面控制是东海海测大队于 1962 年布设,测深中只加密部分海控点。高程起算面,乐清湾北部使用定海验潮站(1959~1960 年)和坎门验潮站(1958~1960 年)的当地平均海面;乐清湾南部至瓯江口使用 1956 年黄海平均海面;大门岛至洞头岛之间使用坎门验潮站和沙埕验潮站(1957~1962 年)的当地平均海面。水深测量期间共设立验潮站 14 处。使用六分仪后方交会定位,派尔 -2 型测深仪测深,最大测程 100 米,精度±0.2 米。测区态势参阅图 8-02"温州市沿海海图"(据 75-1003 测图,1971 年版)。

至 1966 年 10 月,完成浙江省沿岸基本海道测量。历经六年半,全省共测图 124 幅,其中 1∶5000 图 7 幅,1∶1 万 27 幅,1∶2.5 万 69 幅,1∶5 万 21 幅;测深线全长 14.01 万千米。以航海保证部出版的民用第二代 1∶1 万海图示例,见图 8-03,取自 10537 号《温州港》,图内有 0、2、5 米等深线和灯桩、宝塔、码头等。

沿岸海域基本海道测量,需要多人协同作业。测艇上有测角、测深、记簿、定位、指挥和舵手等岗位,必须沿预定测深线等速航行,同步测角和测深,做好测点编号和时间记录。测深仪在测前和测后都要在不同深度用水铊或检查板校核,绘出曲线图,分档量取改正数。每日收测,定位点经校核绘上小圆并依次序联线,图板、记簿、测深记录纸要三相校对。然后量出"测深",经测深仪和水位改正得出"图载水深"记入图板。报告图板另由内业分队制作,工序繁多,六分仪测角要作倾斜角分析改正,定位仍用三杆分度仪或绘制圆弧格网。重新量取"测深",绘出水位曲线图并分带求取水位改正数,检查测深仪改正数,改正"测深"为"图载水深",记入报告图板,最后按规定标准整饰完成。

1991 年 10 月~12 月,温州市东南测绘技术应用研究所受温州航运管理处和洞头航管所委托,与温州市水电勘测设计院测量队协作,完成洞头三盘港控制测量、水深测量和 1∶2000 岸线地形测量。高程采用洞头验潮站高程基准。温州水文站从上干山岛、琵琶山、龙湾等潮位站,通过海面传递,已联测"黄海 0 点"至洞头验潮站。为固定这个数据,洞头县水电局在水桶雷港货运码头附近新设水准点"洞头校 2",并从洞头验潮站转测基面至此。平面控制布设一级双结点附合导线共 14 点,总长 6.6 千米。起始

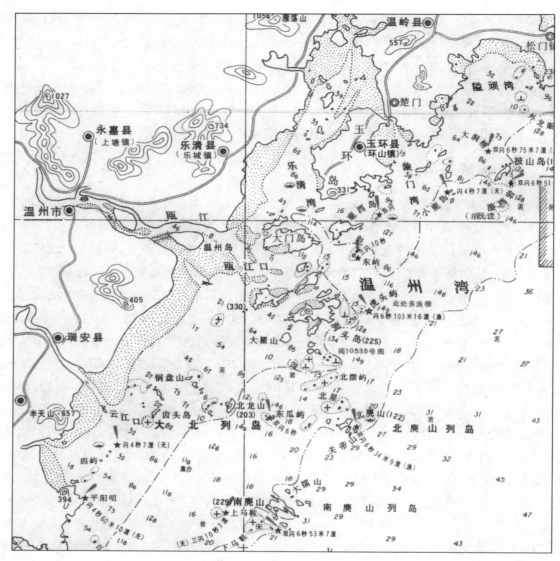

图 8 - 02 温州市沿海海图

图 8 - 03 1∶1 万海图示例

点为洞头城市四等网"燕儿山"和"Ⅳ-7"(在"三个盘")。高程采用"电磁波测距三角高程测量"方法施测,达到四等水准测量精度。岸线测量以水深测量分幅为基础,完成图幅为50厘米×35厘米的地形图4幅。

二、近海海域基本海道测量

过去,在离岸较远无法依托沿岸控制点定位的海域,要观星定位,定位误差很大,达1～2海里。现代使用高精度无线电仪器定位,可以满足定位中误差不超过图上±1.5毫米的要求。

1958年,海司海道测量大队从苏联引进CT-1型无线电坐标仪1套,该仪器使用中波波段,通常采用距离差即双曲线方式作业,可5舰同时施测,起始坐标必须联测已知点得出,标称工作距离150千米。又引进纳尔-5型测深仪,最大测程2000米。1959年5月16日,首测渤海湾塘沽港附近1:5万图幅。1960年8月苏联撤走专家,停止供应设备,海道测量在艰难中延续。

1967年,东海海测大队组建近海测量队,1968年装备华南机械厂首批仿制的航测-Ⅰ型导航仪和上海中原电器厂仿制的SDH-3型测深仪。航测-Ⅰ型导航仪的作业距离150千米,波长640米,最佳定位中误差±50米。SDH-3型测深仪最大测程500米,精度±0.2米。1969年5月先在浙北近海进行试测,次年南进,第三年测量温台近海海域,完成温州近海北麂、南麂等海域的水深测量。经过八年的努力,到1976年10月,浙江省近海海域基本海道测量全部告成。共完成水深海图25幅,其中1:5万5幅,1:10万16幅,1:20万4幅;测深线总长13.35万千米。图8-04是15-1026号的水深测量海图局部示例。

浙江省沿岸和近海基本海道测量完成后,接着是地貌易变海域和港湾的复测及复杂海区和舰船特殊活动区的扫测等。例如1986年在洞头至沙埕港海域复测水深图9幅,测深线长1.04万千米;1987年在洞头海域复测水深图12幅,测深线长1.3万千米。

三、远海海域基本海道测量

远海是指离岸200海里以外的海域。在浙江省东海海域的具体范围,南起我国钓鱼岛和赤尾屿,北至日本五岛列岛附近,面积近30万平方千米。浙江省的这项远海测量由东海舰队海测船大队和北海舰队海测船大队协作完成。

1988～1992年,完成浙江省远海基本海道测量,共测水深海图18.5幅,其中1:10万1幅,1:20万17.5幅,墨卡托投影,基准纬度30°;测深线总长14.8万千米,测区面积24.6万平方千米。因出色完成东海大陆架的全部实测任务,1993年中央军委给东海舰队海测船大队记集体一等功,给北海舰队海测船大队记集体二等功。

1990年4月～1992年6月,东海和北海海测船大队共出动2000多人,主力测量船5艘,在温台海域的东海大陆架协同进行测量。完成1:20万水深图,墨卡托投影;使用阿士泰克(ASHTECH)GPS接收机定位,SC-4型测深仪测深;水文观测点34个,实测水文要素,计算声速改正数;设立定点验潮站39处,预报潮高改正测深。

海测使用GPS定位与陆测有不同特点。第一,船在海上的横摇、纵摇或起伏运动,引起船体频繁的周跳;第二,接收机安装在舰船上,而舰船本身是一个巨大的金属导体,它对卫星信号的反射极强,会形成严重的多路径干扰,引起天线接收中心的变化;第三,海水面对信号的反射很强,也能引起多路径干扰。实测数据表明,船体和水面造成的反射波的强度几乎与直接波的强度相同。在极端情况下,多路径造成的 P 码测量误差可达几米,对 C/A 码可达几十米。在作业过程中,测量单位针对上述情况采取对策,使产生的误差得以消除或部分消除,保证了测量精度。在远海测量一般都采用多星定位,要求精度更高时则采用差分法。海测的坐标系统转换是根据海军航海保证部 1989 年 2 月有关坐标转换参数的通知进行的。

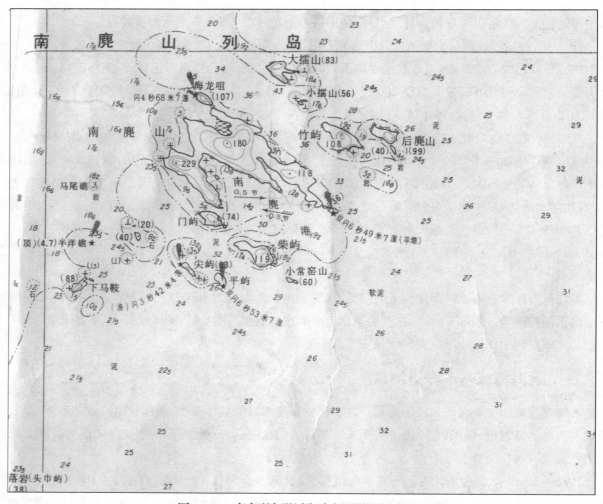

图 8-04 南麂列岛附近海域水深测量海图示例

第三章 航道测量

航道测量是指对通航水域进行的测绘工作,包括沿岸海域和河流中下游通航水道的水下和陆上地形测量、水流观测、地磁偏差测量、航行障碍物测量以及航道图绘制等工作,重点是港口航道测量。主要工作分为水深测量和陆上地形测量两部分。

第一节 瓯江和温州湾航道测量

瓯江,全长 379.93 千米,流域面积 18168.75 平方千米。上游段龙泉溪长 192.4 千米,宽 100～200 米;中游段大溪长 94.6 千米,宽 250～400 米;下游段长 92.9 千米,宽 400～800 米,最宽处达 2400 米。青田温溪至河口 78 千米为感潮河段,其中温溪至梅岙 25 千米为河口径流段,河床比较稳定;梅岙至龙湾 38 千米为河口过渡段,河床最不稳定;龙湾至口门 15 千米为河口潮流段,河床相对比较稳定。主流走向南北道常变,近 30 年来主流走江心屿南港—七都岛北支—灵昆岛北口。

瓯江自岐头出口之后,经北、中、南三条水道与东海相通。北水道在乐清东海岸与洞头大门岛之间,至小门岛再分为沙头水道、大小门水道;中水道在大门岛与霓屿岛之间,又分为三支,北支为黄大岙水道(大门岛南侧),中支为重山水道(青山岛与状元岙岛之间),南支为深门水道;南水道在洞头霓屿岛与龙湾区东海岸之间。如今由于瓯江南口堵港工程和灵霓海堤的建成,南水道不复存在,仅剩北水道和中水道。近百年来,主航道一直走中水道的黄大岙水道。

1877 年公布《温州港港章》,划定瓯江龙湾炮台与磐石炮台的连线为温州港的东港界,可见当时温州港纯为河口港。如今温州港建设为"一港七区",成为典型的海港。20 世纪 90 年代温州港分为内港和外港,内港为六岙瓯江大桥上游 1 千米处至河口岐头灯桩的水域;外港为河口岐头灯桩以东水域。温州内港受水深条件限制,海轮一般在锚地候潮或过驳减载后再靠泊码头。内港有磐石装卸锚地、黄华候潮锚地、楠溪江口过驳锚地、西门避风锚地等;外港有小五星锚地、黄大岙引水检疫锚地、洞头峡避风锚地、乐清湾(大麦屿)避风锚地等。

温州内港航道全长 47.5 千米,自上向下可分为四段。第一段从起点至江心屿南港郭公山,长 12 千米,最浅水深 1.1 米,可乘潮通航 500 吨级海轮;第二段从郭公山经灰桥至杨府山,长 6.5 千米,灰桥浅滩水深不足 2.5 米,可乘潮通航 3000 吨级海轮;第三段从杨府山至龙湾炮台山,1985 年因七都南支淤浅,北支成为主航道,长 14 千米,最浅水深 2.9 米,可乘潮通航 5000 吨级海轮;第四段从龙湾炮台山经磐石至岐头,长 15 千米,浅滩水深超过 4 米,可乘潮通航万吨级海轮。

温州外港主要航道有沙头航道和黄大岙航道。沙头航道从岐头至小五星岛,长 12 千米,最浅水深 2.5 米,1970 年前为进出港主航道,后因逐年淤浅,1973 年调整为辅助航道。黄大岙航道从岐头至青菱 屿引水检疫锚地,长 14 千米,最浅水深 4.5 米,可乘潮通航万吨级以上海轮。黄大岙航道从小五星岛向 东南经大门岛、鹿西岛之间,再接外海,最浅水深 12 米,是大小门港区的出海通道。玉环半岛与横址山 岛之间的深槽是乐清湾港区的出海通道。状元岙港区远离瓯江口,航道最浅水深 14.6 米。

一、近代航道测量

1832 年,英国为侦察中国沿海的军事、政治和经济情况,由东印度公司派"阿美士德"号船作试探性 航行。2 月 26 日从澳门出航,全船 70 多人,船长礼士专门测量航道和海湾,绘制航海图。5 月 18 日~ 25 日,在瓯江口外侦察和测量。

1843 年,英国军舰对温州港南、北口水道进行测量,并绘制海图。

1876 年 9 月 13 日,《中英烟台条约》签订,温州港辟为对外通商口岸。次年 1 月,海关总税务司英人 赫德委派英籍税务司好博逊筹设温州海关,3 月 2 日乘"凌风"号艇抵达温州。凌风艇对温州港内航道 经半个月测量,在朔门沿岸选定关址。

1877 年 4 月 1 日,瓯海关建立。同日,第一艘英籍客货轮"康吉"号自上海驶抵温州港。4 月 10 日, 开辟上海至福州航线,中途兼靠温州。温州沿海客运航线自此开始。

据温州港务局资料室《档案资料目录》(1992 年调查),近代航道图有英版 1877 年《温州港航道图》, 1885 年《温州列岛水深图》;中国海关测量的 1916 年《温州港》(比例尺 1:24200),1919 年《十八家— 七都》,1925 年《楠溪口—七都》,1931 年《杨府山》,1932 年 1:12500 无名图幅,1934 年《引水用图》, 1935 年《瓯江口附近水深图》等。其中 1877 年《温州港航道图》是温州港现存最早用新法测绘的海 图。中日甲午战争后,日本在我国沿海和港口加紧海道测量,在瓯江口有日版 1935~1937 年间测绘 的海图。

20 世纪 20 年代中期,温州港因遭特大洪水袭击,航道变迁较大。1931 年 9 月,民国政府海军部海 道测量局庆云艇来测量温州港,至次年 1 月 31 日完成,新发现礁石 3 处,出版海图 2 幅,即 490 号《瓯江 及附近》1:4 万海图,491 号《瓯江口至温州港》1:2.5 万海图。这是近代我国自行测绘的温州港航道 图。其深度基准面、高程基准面、图廓范围见前面的表 8-03。

二、现代航道测量

温州港航道自然变迁很大,必须整治和疏浚,每年都要进行多次局部检测,每隔三、四年必须进行全 面测量。为完成频繁的航道检测、水文测验、整治施工、航标维护等,温州港务局委托天津航道局代培专 业技术人员,经两年学习,于 1960 年 3 月在全国诸中型港口中率先建立海港测量队。

温州港近 50 年来航道测量事业空前发展,全测 12 次,检测数十次。1958~1991 年,温州港有 8 次 全面测量,主要由天津航道局承测。其中 1979 年由上海航道局承测,1983 年由温州港务局和温州市海 涂围垦处协作完成。同期,温州港务局完成 17 次局部检测,另有其他单位承担的局部测量。全测范围, 温州内港上溯至梅岙和垟湾,包括楠溪江口的雅林、千石以下河段,1:1 万测图,某些整治段 1:5000; 外港延至大门岛、霓屿岛、乐清湾海域,1:2.5 万测图。图幅 100 厘米×70 厘米,1954 年北京坐标系,高斯-克吕格 3°带投影。深度为"理论最低低潮面"以下的米值,高度为"黄海平均海面"以上的米值。1958 年和 1973 年,布测温州港首级平面控制网和水位控制网,沿用至今,仍可续用。1992～2006 年,温州港又完成 4 次全面测量,皆由上海海测大队承担。各次测量情况择要记述如下。

1. 1958 年首次全测

1958 年 4～7 月,天津航道局海港测量队奉交通部航道管理局命令施测温州港,并为复测奠定基础。平面控制布设从岐头至江心屿的三等三角锁,通过前方交会测定大量补充点,因常遭破坏,后来每次全测都要增补约 40 点。高程控制抄用当地水准点资料。水位控制布设长期站黄华和临时站磐石、状元桥、梅园、杨府山,依托已有的永久站龙湾、江心屿,计算各站的理论最低低潮面和平均海面,并用于改正测深。使用水铊或测杆测深,六分仪后方交会定位,测船租借民间机帆船。首次全测范围较小,口内至江心屿,口外近大门岛。口内测图 1∶2.5 万《双昆—瓯江口》,口外测图 1∶5000《小五星附近》。技术标准参照海军译印的苏联《水深测量规范》。测量完成后,向温州港务局先提供透明纸底图,而全部测量成果包括报告图板,送航海保证部检查验收。1960 年海军出版温州港第一张现代海图。

首次全测最大难题是探测航行障碍物。1954 年 12 月 13 日,温州海防大队 109 号机帆船从温州夜航洞头,在黄大岙航道因触及侵华日军于 1939 年设障的沉船桅杆,船上 67 名军政干部全部罹难。如此重大事故发生后,当年底及次年 2 月中旬交通部两次组织力量,清除温州港航道沉船障碍物。1955 年 6 月,温州港务局发动群众,清除自清代以来沿海渔民在灵昆岛北南水道为定点张网捕鱼打下的竹桩 287 门(用长 5 米以上的茅竹杆,两桩合成一门,俗称"横洋")。1955 年 10 月～1957 年 5 月,上海打捞队在温州港打捞沉船 3 艘,但仍存安全隐患。旧海军利用 30 年代日版旧图编绘的 1∶3.5 万海图上有 35 处航行障碍物的概位或疑位,务必逐个测定。施测单位经反复探测,最后测定礁石和沉船各 5 处,注销 25 处。1962 年 2～5 月,省交通厅工程局又打捞出 1 艘木质船和 2 艘钢质船。至此,温州港的航行障碍物才基本搞清楚。

2. 1964 年全测

测量范围上溯扩大至梅岙,下游包括灵昆南口。图幅有《瓯江南口》《岐头—七里》《七里—七都涂》《七都涂附近》《温州港》《温州港—梅岙》。测深始用显示式测深仪。

3. 1966 年全测

测量范围向口外大门岛、霓屿岛一带扩展,开始探索黄大岙航道的通航前景。

4. 1970 年全测

为配合老港区整治,测量 1∶5000 图幅《振华码头—河田》和《河田—礁头》。

5. 1973 年全测

这次测量范围很大。1958 年布设的三等三角锁日显残缺,且测区扩大,新布设自青山岛至梅岙的四等三角锁。并重建水位控制网,依据 1964 年"沿岸基本海道测量"海军确定的坎门、黄大岙东头的观音礁、霓屿岛南山、黄华、龙湾、江心屿共 6 个站,增布华秋洞、甘露嘴、小五星、黄大岙西头的乌仙嘴、海思、磐石、状元桥、乌牛、杨府山、温州化工厂、礁头、梅岙共 12 个临时站,都按同步观测资料(7 天或 15 天),以内插法确定其"理论最低低潮面""平均海面",并列入海军资料。完成《东海浙江省温州港控制点、验潮站资料汇编》。测深始用记录式测深仪,定位方法同前。完成测图 9 幅,有 1∶2.5 万《乐清湾》《南口及黄大岙水道》共 2 幅,1∶1 万《南口》《岐头—垟田》《垟田—七都涂》《七都涂附近》《七都涂—振华码头》共 5 幅,1∶5000《振华码头—河田》《河田—礁头》共 2 幅。另编制 1∶5 万《东瓜屿—坎门港》《乐清湾—坎门港》共 2 幅。

6. 1979年全测

测量范围同1973年全测,唯在梅岙以上和楠溪江口上溯范围更大些。1979年4月～1980年2月,由上海航道局承测,参加人员54人。平面和水位控制沿用1973年布局,并在梅岙—垟湾河段和楠溪江口加密海控点。完成水深图共10幅,报告图板改用聚酯薄膜绘制。控制测量、地形岸线测量、水深测量执行航海保证部1975年《海道测量规范》和1972年《海图图式》。

7. 1983年全测

由温州港务局和温州市海涂围垦处协作完成,分工测量磐石以上河段和灵昆北南口。瓯江南口工程于1979年4月建成锁江潜坝,各方都十分关注对北口航道的影响和南口的促淤效果。由于缺少海测设备和测绘人员,于是温州市海涂围垦处向温州港务局借调两名"老海测"并带测深仪,请海军37622部队支援两名航海兵负责定位并带六分仪,瓯海县水电局也派来测量员,终于严格按照规范要求,完成多幅1:1万海测图,有1983年施测的《灵昆北口(里隆—磐石)航道检测图》和《灵昆南口水下地形图》,1984年施测的《灵昆北口(岐头—磐石)航道图》。还完成"瓯江北口江岸岸滩崩坍监测"的第一、二次监测任务。平面和水位控制按1973年布局,加密海控一级点、交会补充点10余点;设立海思、黄华、磐石临时站,结合龙湾永久站以改正测深。

8. 1986年全测

平面控制在1973年四等三角锁的基础上,沿瓯江口两岸使用激光极坐标定位仪布设海控一级导线。测深始用跟踪式激光测距仪以极坐标方式定位,测船直接反射激光。测量范围与1973年全测相同。完成1:2.5万海测图3幅,有25-86-01《乐清湾附近》、25-86-02《大门岛附近》、25-86-03《岐头—龙湾》,图廓范围见表8-04。还完成1:1万海测图8幅,有10-86-01《岐头—单昆山》、10-86-02《瓯江南口》、10-86-03《单昆山—七都涂》、10-86-04《七都涂附近》等。温州港1958～1991年航道测量基本情况汇总见表8-05。

除上述单位的航测外,还有其他单位完成如下航道测量。

1965～1966年,浙江省交通厅航道勘测设计室完成瓯江丽水至青田段86千米1:5000航道图,1973年完成瓯江温溪下花门至礁头段25千米航道图。

1982年9月,温州港务局和温州市地理学会科技咨询服务处协作完成瓯江"礁头—垟湾河段固定断面定期监测";地理学会咨询处承担76号～99号断面桩位的测定,平面位置从3个H_2级以上点作前方交会,高程联测二等水准"8-6"线得出。

1982年和1985年,温州市地理学会科技咨询服务处两次受外垟公社委托,先后在西洲岛南江(驿头)完成1:1000水下地形图各4幅及独立控制网,经纬仪前方交会定位,测深仪测深。

1990年5月,温州市航运管理处和温州市测绘学会科技咨询服务部在楠溪江口协作完成平面、高程控制及地形岸线测量,测绘1:2000航道图3幅,图幅100厘米×70厘米。

表8-04　　　　　　　　　　　温州港1986年全测1:2.5万图幅图廓范围

图号	图名	比例尺	图廓范围(东经)	图廓范围(北纬)
25-86-01	乐清湾附近	1:2.5万	120°56′19″～121°11′35″	27°58′42″～28°08′12″
25-86-02	大门岛附近	1:2.5万	120°56′19″～121°11′35″	27°50′06″～27°59′36″
25-86-03	岐头至龙湾	1:2.5万	120°47′54″～120°58′00″	27°50′06″～28°03′06″

表 8－05   **1958～1991 年温州港航道测量基本情况**

测量年份	1：5000	1：1 万	1：2.5 万	总幅数	测量单位	测量范围
1958 年★	3	2	2	7	天津航道局	江心屿—大门岛（黄大岙）
1960 年	—	4	—	4	温州港务局 上海市河道工程局	礁头—磐石
1961 年	—	4	—	4	温州港务局	礁头—磐石
1963 年	—	4	—	4	温州港务局	梅岙—七都涂
1964 年★	—	6	2	8	天津航道局	梅岙—岐头、南口
1965 年	—	3	—	3	温州港务局	三条江—龙湾
1966 年★	—	6	2	8	天津航道局	垟湾—大门岛、霓屿岛
1668 年	—	5	—	5	温州港务局	江心屿—岐头
1969 年	—	2	—	2	温州港务局	梅岙—楠溪江口
1670 年★	2	5	2	9	天津航道局	垟湾—大门岛
1972 年	—	1	—	1	温州港务局	楠溪港
1973 年★	2	5	2	9	天津航道局	礁头—大门岛、乐清湾
1975 年	—	2	—	2	温州港务局	江心屿—杨府山
1976 年	—	1	—	1	温州港务局	江心屿—杨府山
1977 年	—	1	—	1	温州港务局	振华码头—七都嘴
1978 年	—	1	—	1	温州港务局	振华码头—七都嘴
1979 年★	—	6	4	10	上海航道局	垟湾、楠溪口—大门岛、乐清湾
1980 年	—	2	—	2	温州港务局	江心屿—七都涂
1981 年	—	3	—	3	温州港务局	七都涂—岐头、南口
1982 年	—	1	—	1	温州港务局	江心屿—梅园
1983 年★	—	7	1	8	温州港务局 温州市海涂围垦处	垟湾—岐头、南口
1986 年★	—	8	3	11	天津航道局	垟湾—大门岛、乐清湾
1987 年	—	2	—	2	温州港务局	七都涂—岐头
1988 年	—	1	—	1	温州港务局	江心屿—梅园
1991 年	—	1	2	3	温州港务局	礁头、龙湾—大门岛
全测	7	45	18	70	—	—
检测	—	38	2	40	—	—
合计	7	83	20	110	—	—

注：表中有星号★为"全测"，其余为"检测"。

9. 1992～2006 年的四次全测

1992～2006 年，温州港完成 4 次全面测量，皆由上海海测大队承担。比 1958～1991 年全测，这次测量有若干新的特点。第一是各次测量范围、图幅划分、比例尺固定不变；第二是执行一系列新发布的技术标准；第三是测绘技术方法及装备越来越先进，施测人员越来越少，成图编绘实现全面现代化和数字化。但基本保持不变的是平面控制和水位控制。

（1）测量范围

西起永嘉礁头附近，东达洞头鹿西岛，南起霓屿岛，北至甘露嘴，只有 2006 年全测至乐清湾。各次测量图名和图廓范围见表 8-06。

表 8-06　　　　　　　　　　　　　　1992～2006 年温州港全测情况

测量年份	图名	比例尺	图廓范围	
			东　经	北　纬
1992、1998、2002、2006 年	温州港 A	1：2.5 万	120°42′45″～120°57′45″	27°53′15″～28°02′30″
1992 年	温州港 B	1：2.5 万	120°35′00″～120°42′45″	28°00′42″～28°04′06″
1998、2002、2006 年			120°35′00″～120°43′18″	27°59′23″～28°04′06″
1992、1998、2002、2006 年	大门岛附近	1：2.5 万	120°56′45″～121°11′35″	27°53′20″～28°02′25″
2006 年	乐清湾	1：5 万	120°57′18″～121°18′00″	27°55′00″～28°21′30″

（2）技术标准

采用交通部 1985 年《沿海、港口航道图制图标准》，1988 年《沿海、港口航道测量规范》，1996 年《海道测量规范补充规定》，1997 年《计算机海图制图技术规定》，2001 年《水深测量数据采集与处理系统技术规定》；国家技术监督局 1990 年《海道测量规范》《海图图式》，1998 年《海道测量规范》《中国航海图编绘规范》《中国海图图式》，2001 年《全球定位系统（GPS）测量规范》。

（3）技术及装备

1992 年，大门岛附近和温州港岐头至杨府山测区采用 FALCON-IV 型微波测距定位系统，其他测区采用 POLAFIX 型激光极坐标定位仪，自动记录、计算和打印。测深采用 DESO-11 型和 DESO-20 型记录式测深仪。

1998 年，定位采用 DGPS 技术，选择 1973 年和 1986 年布设的控制点对面山、乌仙头、里隆、状元桥、海坦山，架设"DGPS"差分台。差分台设立后与已知点进行 2 小时固定点比对，比对点选在乌仙头，得出定位中误差等于±1.9 米。测深采用 KNUDSEN 320 型和 INN 448 型测深仪。

2002 年，采用定位仪 Trimble 4700，测深仪 DESO-17 型和 KNUDSEN 320 型。

2006 年，定位采用 DGPS 技术。差分数据接收中国沿海 RBN/DGPS"台州石塘"基准台的差分信号，选用控制点同 1998 年。测深采用 DESO-30 型回声测深仪和声速仪。还有 Leica TC1700 全站仪、侧扫声纳系统、8 套压力式自动水位遥报仪。1992～2006 年的 4 次全测中，2006 年范围最大，测区面积达 1446 平方千米，完成主测深线 3220 千米，检查测深线 284 千米；而施测人员最少，从 22 人递减至 11 人。

（4）平面控制和水位控制

平面控制沿用 1973 年四等三角锁，包括后来加密的海控一、二级点；高程系统改用 1985 国家高程基准。水位控制亦沿用 1973 年布局，在原址设站。唯 2006 年全测因扩至乐清湾底部，新增东山码头、东门头、漩门头、双屿码头、大麦屿、小门岛、虎头屿、小五星 8 个站，均为自动遥报潮位站；老站有坎门、观音礁、乌仙嘴、南山、洞头、黄华、海思、磐石、龙湾、乌牛、状元桥、杨府山、清水埠、江心屿、金灶、礁头

16个站。各站补充埋设水准点,确保每站不少于2个。工作中发现状元桥和杨府山两站潮位异常,向浙江省地理信息中心抄取"杭广南-116"高程,经联测确定是原水准点沉降,即予更正。

测深改正潮位值大多采用直线分带。2006年在观音礁、洞头、虎头屿、坎门、大麦屿、大门岛、乌仙嘴、黄华站的范围内,采用三角分带。

1992~2006年的四次全测,因比例尺缩为1:2.5万和1:5万,所以采用高斯-克吕格6°带投影。

(5)成图编绘

成图采用墨卡托投影,《温州港》A、B和《大门岛附近》三幅图基准纬度定27°59′,《乐清湾》幅基准纬度定28°08′。2006年成图按四色要求编绘。编图方法是根据编图资料采用CARIS软件在工作站上绘制线划版和普染版,并由数据转换程序将CARIS数据转换成MAPGIS数据;根据线划版采用MAPGIS软件绘制汉字注记版、经合版、交互编辑,输出中文全要素样图;审校合格后,生成EPS格式数据,存储于光盘,供激光照排系统输出中卫全要素分版加网胶片,用于印刷原图,再编绘出电子海图。

三、航道整治和疏浚测量

瓯江航道整治措施就是在河床一定的位置抛填石块,构筑顺坝、丁坝或潜坝,改变水流方向,从而达到彼地冲深、此地淤浅的目的。在水域筑坝必须先行测量,才能控制坝体轴线和高程,引导施工船只定点定量抛填石块。疏浚测量是为航道挖泥、挖深和竣工结算而作的水下测量及测图,必须在疏浚前、疏浚后和疏浚中要有连续的海测保障。

温州港先后完成四期结合疏浚的航道整治,多起大规模的航道疏浚。

1. 瓯江第一、二期航道整治工程

瓯江下游第一、二期整治工程,又称三条江整治工程,它位于永嘉礁头至东门振华码头河段,见图8-05。

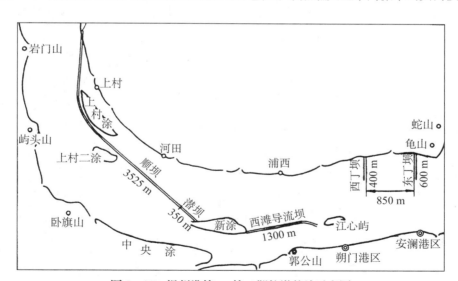

图8-05　温州港第一、第二期航道整治示意图

瓯江因江心屿分汊而成北港和南港,50年代初期两港涨落潮分流量大致相近。后来南港日趋萎缩,落潮分流量1953年2月占55%,1970年1月只占15%,导致瓯江南岸的温州老港区严重淤积。朔门码头在1962年已无法停靠3000吨级海轮,至1969年基本干出,低潮见滩;东门安澜码头水深也不到

5米,并继续恶化,整个老港区有自然淤塞之虞。航道整治总体方案是"塞干强支,束水攻沙",引落潮主流进入老港区以刷深河床,确保港区航道和码头有5米以上的水深和200米的槽宽。

第一期主体工程有三项内容。①上村—新涂导流顺坝,全长3875米,由顺坝和深水潜坝组成。顺坝长3525米,坝顶高程2.5米;潜坝长350米,坝顶高程0米。1970年1~10月施工。②三条江南进口至朔门港区开挖深槽,全长4150米。西面进口宽450米,槽底高程－4.5米;航道槽宽60米,槽底高程－3.0米。1970年2~8月施工。③新涂至江心屿的西滩导流堤,全长1300米,1970年10月~1971年4月施工。第③项工程是在施工中冒出新问题后,通过补充模试论证才增加的。1970年10月第①项工程行将完成时,江心屿西滩发生切滩,进入南港的水流在此再分流到北港,经局部动床模试,确定必须在江心西滩全线抛筑导流堤,以保护滩面。

第二期主体工程也有三项内容。①在江北河道填筑龟山丁坝组,其中西丁坝长400米,东丁坝长600米,两坝间距850米;设计坝顶高程1.0米,因施工疏忽检测,实际坝顶高程达2.5米。1972年11月~1973年6月施工。②郭公山至振华码头航道开挖深槽,全长2525米,槽宽120米,槽底高程－4.0米。1972年3~8月施工。③在江心屿东端抛筑象岩潜水丁坝,长200米。1973年12月~1974年3月施工。第③项工程也是后加的,当第二期工程竣工后,进入南港的主流有一股沿江心屿南岸东下的分流,为把这股分流引向朔门和安澜码头前沿,确定抛筑象岩潜水丁坝。

1970~1974年的瓯江航道整治施工规模很大。第一期工程先后动员近万名民工参与,在瓯江两岸开辟50来个采石场,组织100多条载重10吨的民船,把块重100~200公斤的石块运到坝位,逐块抛填。顺坝较长,分五段抛筑。潜坝分四层抛填,先抛至－4.5米,继至－3.0米,再至－1.5米,最后至0米左右。施工管理和测量人员乘坐报废货驳驻泊现场调度,间或下小舢舨靠前指挥。筑坝轴线以水中浮标和陆地导标联合定位。规定抛石船只随潮而动,涨潮时驶至坝位,视准桅杆予以标定,待高平潮时抛石。落潮到低平潮时,测量人员上坝测量签标,测定和认可抛石方量。日潮和夜潮都要施工,因此工程进展较快,1970年1月开工,当年底基本完成。

第二期工程先抛筑西丁坝,再为东丁坝。船只减少到60多条,夜潮不再施工,便于调度,有利控制工程质量。第二期工程于1972年3月开始,至1974年3月完成。据统计,两期工程共抛石50.9万立方米,疏浚航道280.4万立方米。

三条江整治工程从根本上改变了老港区逐年淤浅的严重局面。南港的落潮分流量反转递增,从1970年1月的15%增至1975年10月的67%;航道和码头水深复归5米以上,能使3000吨级货轮航行和靠泊。此外,北港的促淤效果也非常显著,从上村—新涂—江心屿直至东端象岩丁坝一线的北邻水域都已成涂。江心屿公园原先占地只有60亩,1974年迎来了扩建,面积增大了一倍多;2000年又扩建了江心西园,面积扩大了18倍,达到1070亩。1978年9月,在全国科技大会上,"温州港航道整治模型试验"获重大科技奖。同时,"温州港航道整治"获交通部重大科技奖。

2. 瓯江第三、四期航道整治工程

瓯江第三、四期航道整治工程,又称杨府山新港区航道整治工程,它位于江心屿至杨府山河段。三条江整治工程完成后,下游瓯江南岸杨府山一带始现深槽。为使"杨府山深漕"水域稳定发展,并增大灰桥浅滩的水深,决定实施第三、四期航道整治工程。见图8-06。

第三、四期工程的内容主要由抛筑老虎山丁坝、灰桥浦外的下挑丁坝和顺坝及灰桥浅滩的挖槽工程组成。1977年8~12月,第三期工程在杨府山对岸的永嘉中村附近抛筑一条老虎岩丁坝,长1300米,

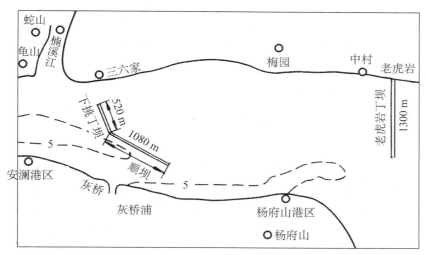

图 8-06 温州港第三、第四期航道整治工程示意图

将北岸靠梅园一带深槽落潮水流引向七都方向,冲刷七都嘴附近浅滩航道和七都南支西口。同时,在七都嘴抛石护坡,石量10.8万立方米。1979年5~6月,在灰桥浅滩挖槽,长720米,挖泥13.0万立方米。

1982年2~10月,第四期工程在楠溪江口东侧三六家附近水域抛筑潜坝,长1600米,坝顶平均高程0米。其中下挑丁坝520米,顺坝1080米,共抛石6.0万立方米。该坝将瓯江靠北岸和楠溪江的落潮流引向靠南岸灰桥一带,冲深灰桥浅滩的航道。同时,在灰桥浅滩挖槽,长730米,底宽120米,平均挖深1.5米,工程量12.3万立方米,使灰桥浅滩航道水深达3米以上。有关施工管理和测量情况同一、二期整治,只是三六家丁坝、顺坝在瓯江中流,对位置和高程的测量要求更高些。

1987年7号台风和12号台风先后过境,瓯江上游山洪暴发,灰桥浅滩重新回淤。上海航道局二处504号挖泥船前来挖泥15万立方米,最浅水深从0.6米增至2.4米;同时,温州港务局对丁坝、顺坝进行补缺加固和抛石加高。1990年8~9月,温州遭受百年未遇的特大暴雨和洪水,灰桥浅滩航道水深又减至1.1~1.3米。为此,温州港务局再次对三六家顺坝抛石加高加固,并挖泥疏浚浅滩航道,长570米。

3. 瓯江航道疏浚测量

1984年,掘挖洞头黄大岙航道的乌仙头与青菱屿两深槽之间水深不足2米的"沙岗",以及乌仙头深槽以西至瓯江口长约2500米、宽约500米、水深4.2米的中水道浅段。共挖槽长2100米,挖泥23.5万立方米。1985年对两槽间水深进行多次检测,基本无变化。

2008年,温州港蓝海航道测绘有限公司受温州市瓯江口工程建设指挥部委托,在瓯江南口和北口完成1:2000测图,面积共12.6平方千米。七里港至乌仙头航道测量长度17.8千米,测量宽度为航道两侧各250米水域。2009年,在灵霓海堤北沿水域完成1:1000航道图4.7平方千米;在大门临港产业基地完成1:5000航道图18.9平方千米,范围东起乌仙头,西至岐头,南起沙头水道三角沙,北至小门岛北导堤。

2009年6月,浙江省河海测绘院受温州港城发展有限公司委托,完成"温州港30万吨航道浅段试挖槽水下地形测量",测图比例尺1:2000。测区的中心位置在状元岙港东偏南9千米处,范围为长3千米、宽1千米的西北—东南走向航槽。采用GeoSwath plus多波束测深系统,结合GPS差分法定位。水位控制在测区附近设立临时水位站,其深度基准面通过"同步改正法"从洞头、坎门永久水位站引测。完成主测深线63千米,检查测深线8千米,经主检比对共600点,互差全部在±0.2米以内。

第二节　飞云江航道测量

飞云江，全长 194.62 千米，流域面积 3729.1 平方千米。上游段从源头至文成岘口，长 109.3 千米，宽 50～100 米；中游段从岘口至瑞安平阳坑，长 28.8 千米，宽 100～350 米；下游段从滩脚至河口，长 56.5 千米，河口宽达 3000 米，下游为感潮河段。马屿以上河床比较稳定，马屿以下为强潮区。每天四次的汹涌潮水使海陆双向来沙不能沉积，呈现黄水浊流；并且潮水强大的侵蚀作用使马屿以下的飞云江下游形成许多巨大的河曲，河槽极不稳定，滩槽变化频繁，冲淤多变。飞云江口外棋布着北龙山岛、长大山岛、凤凰山岛、齿头山岛、上干山岛等大小岛屿组成的大北列岛，其中上干山潮位站是 70 年代设立的长期站。

一、飞云江航道测量

1980 年，浙江省交通设计院测量飞云江口内 1∶5000 和口外 1∶1 万航道图，控制均为 5″级小三角。

1986 年，温州航运管理处测量 1∶2000 瑞安港区图。1990 年完成小横山至河口 18 千米航道测量，面积 27 平方千米；完成港区 319 个断面测量，总长 8 千米，面积 10.8 平方千米。

1978～1994 年，浙江省河海测绘院受瑞安水利局和浙江省水利水电勘测设计院委托，为研究珊溪水利枢纽工程对飞云江河口段的影响，在赵山渡至上望之间河段先后施测 12 次，共完成断面图 210 幅和 1∶1 万水下地形图 54 幅，测量面积共 390 平方千米。平面位置使用经纬仪前方交会或视距，水深测量用测深仪或测深杆。前期测图采用 1954 年北京坐标系，高斯-克吕格 6°带投影，吴淞基面；1993 年起为高斯-克吕格 3°带投影，1985 国家高程基准。主要技术标准为《水利水电工程测量规范》。

2000～2007 年，浙江省河海测绘院受温州市珊溪水利枢纽工程建设总指挥部浙江珊溪经济发展有限责任公司委托，在飞云江滩脚至上望布设首级 GPS 控制网 7 点，断面控制点 136 点，四等水准 112 千米。完成断面测量 89 个，含金潮港 10 个，断面线总长 61.4 千米，面积 43 平方千米。先后施测 10 次，共完成断面图 741 幅和 1∶1 万水下地形图 42 幅。使用全站仪配合测深仪和 RTK GPS 无验潮进行。采用基准为高斯-克吕格 3°带投影，1985 国家高程基准。主要技术标准为国家技术监督局 1993 年《工程测量规范》，2001 年《水运工程测量规范》。

二、河道截弯取直和航道疏浚测量

沙洲湾截弯取直工程位于瑞安市龟岩和下林之间，弯径 4.68 千米，阻碍洪水宣泄。1934 年，经测量后开挖新河 1.3 千米，缩短河长 3.38 千米。

金潮港截弯取直工程位于瑞安市丰和乡棠梨埭附近，弯径 4.05 千米。1952 年，开挖新河 0.6 千米，缩短流程 3.45 千米。

1970 年以来，瑞安港航道淤浅严重，大吨位船只靠泊困难。1981 年，对西门和南门港区进行挖泥疏浚，总挖泥量 2.9 万立方米，水深分别增加 2 米和 1 米，历 10 多年无回淤。1986 年，温州航管处对西门和南门港区及其下游 150 米范围内进行局部导流疏浚，至今码头前沿水深一直保持 3.5～4.5 米，流向稳定。

第三节　鳌江航道测量

　　鳌江,全长 81.52 千米,流域面积 1544.92 平方千米。上游段从源头至南雁镇矾岩大桥,长 24.1 千米;中游段从矾岩大桥至水头镇詹家埠,长 17.2 千米;下游段从詹家埠至狮子口,长 40.2 千米,为感潮河段,平均宽度近 400 米。狮子口是鳌江的老河口,它位于平阳鳌江镇海城与苍南龙港镇新美洲之间。现因围海造地,鳌江新河口在平阳西湾的杨屿山与苍南肥艚镇的琵琶山之间的连线上,狮子口至新河口长 7.5 千米。下游钱仓附近有涌潮现象,河床受潮汐冲淤显著,航道很不稳定。

　　横阳支江又名南港,是鳌江下游南岸的最大支流。原长 67.5 千米,经 22 处人工截弯取直后,现长 60.5 千米。横阳支江下游原是感潮的咸水河段,1965 年在河口朱家站修建一座五孔大型水闸,使横阳支江整条河流成为淡水内河。见图 8-07。

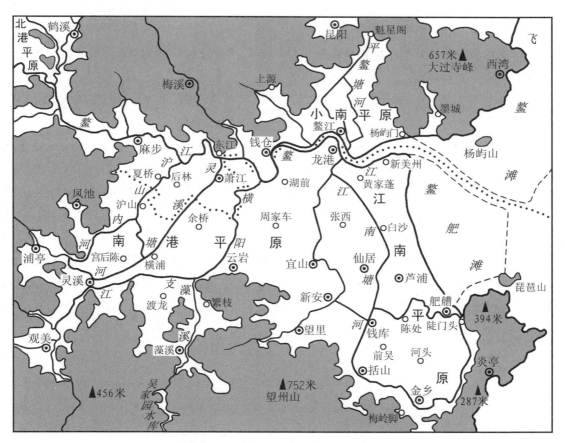

图 8-07　鳌江下游水系和平原分布图

一、鳌江航道测量

　　鳌江航道分为内航道和外航道,内航道自鳌江镇至龙江下埠村,全长 2 千米,平均宽度 250 米,水深 3～4 米,最浅 1 米左右。外航道可分两段,第一段自龙江下埠村至狮子口,长 4 千米,平均宽度 400 米,水深 3～4 米；第二段自狮子口至杨屿山—琵琶山之间海域，长 7.5 千米，水道宽度 300 米，水深 1.5～2.0 米。内、外航道可乘潮通行 2000 吨级船舶。

1960 年，浙江省水电设计院完成横阳支江水下地形图测量。

1964 年，平阳县水利局完成南港和江南河网测量，得出河网总长度为 1095.17 千米，水面面积为 17.90 平方千米，河道容积为 3645.9 万立方米。

1985 年苍南县水电局测量南港和江南河网，与 1964 年成果相比较，长度缩短了 95.13 千米，水面面积增加了 1.84 平方千米，河道容积增加了 916.3 万立方米。

1990～1991 年，温州市水电局再次测量南港和江南河网。

1960 年，钱塘江工程局测验队完成鳌江麻步至狮子口 1∶5000 水下地形测量 9 平方千米。采用断面法，前方交会定位，1954 年北京坐标系，吴淞基面。

1979 年，浙江省河口海岸研究所测验队受平阳县水利局委托，完成鳌江钱仓至狮子口 1∶1 万水下地形测量 6 平方千米。

1971 年，1981 年，1986 年，浙江省交通设计院和温州航运管理处先后三次测量鳌江钱仓至河口（包括口外杨屿山）1∶5000 航道图。

1987 年，温州航运管理处委托温州市水电设计院和温州港务局勘测设计室，测量鳌江水头至钱仓 28.8 千米的 1∶2.5 万航道图。

1986 年，1988 年，1991 年，温州航运管理处先后三次测量鳌江港 1∶1000 港区图，范围沿江 1.2～4.2 千米，各次不等。

二、航道疏浚测量

1938 年，为防御日寇舰艇侵入鳌江，平阳县在狮子口构筑 439 米长的水下封锁坝。1958～1960 年，平阳航管所航养队对封锁坝进行爆破，先在南侧疏浚清理出 200 米宽航道，水深达到 4 米，供 2000 吨级船舶乘潮航行。

70 年代以来，鳌江下游泥沙淤积，航道渐浅，影响海轮出入。1983 年，对鳌江下游南北航道进行一次疏浚，挖泥量达 4.3 万立方米，航道水深大大改善。1988 年，温州航运管理处对鳌江港区测图后，再次组织人力对港区航道进行挖泥疏浚。

第四章 航标测量

　　航标是助航标志的简称,是标示航道方向、界限和碍航物的标志,是帮助引导船舶航行、定位和警告的人工标志,为各种水上活动提供安全信息。在分布上分为海区航标和内河航标两大类,按工作原理有视觉航标、音响航标和无线电航标三类,在建造历史上分为古代航标、近代航标和现代航标。视觉航标的数量最多,使用最普遍,历史最久远,有建在陆域的灯塔、灯桩、立标等,有建在水域的浮标、灯浮、灯船等。音响航标一般附设于灯塔,在雾天启用,有雾号、雾炮等。无线电航标问世最晚,现已发展为全天候的助航导航设施。本章记述温州港和温州海区的航标建设情况、航标测量记录及其位置数据信息。

第一节 江心屿双塔古航标

　　江心屿东峰之巅的东塔建于唐咸通十年(869),西峰之巅的西塔建于北宋开宝二年(969)。据《中国航标史》编写组成员、温州航标处高级工程师张居林考证,江心屿东西双塔为温州港船舶进出的古航标,这有宋、明、清代诗词和地方志书为证。宋代杨蟠诗云:"孤屿今相见,元来却两峰,塔灯相对影,夜夜照蛟龙。"温州《孤屿志》载:"公元969~1890年江心双塔彻夜灯光高照,引导来往瓯江船舶进出。"张居林进一步考证得出,江心双塔前后重叠时的方位,恰等同于当年瓯江口梅园—江心屿段主航道轴线的方位,因此成为导标型航标。凡船舶进出温州港,只要保持在"视江心双塔前后重叠无偏离"的状态下航行,即真航向260°,就能沿着这段主航道中轴线安全抵达转向点,再往南去港区停靠。"导标型航标"对前后两座导标的距离和高度差都有严格要求,江心双塔都能满足船舶航行的"导标"要求。看似神仙点化,实为温州古代航海人的长期航行实践所创造的奇迹。

　　1998年,国际航标协会第十四届会议在欧洲召开,"江心双塔古航标"经申报,终成大会评审通过的"世界百座历史文物灯塔",成为我国入选5座古航标之一。会后出版《世界文物灯塔图集》,"江心双塔古航标"登在亚洲篇的首页。2005年5月18日,国家邮政总局发行历史文物灯塔纪念特种邮票一套5枚,江心双塔选列其中。温州市和上海海事局主办的"2007中国航海日温州航标展"上,有大量图片展示江心双塔古航标,包括"江心屿双塔特种邮票首发暨世界历史文物灯塔揭牌仪式"图片、绘有双塔导标线的温州港海图、考证者肖像等。见图8-08。

　　江心东塔缺失塔尖塔刹,塔顶长树,也没有塔檐回廊,这是温州近代屈辱历史的见证。据史载,清道光年间的东塔塔身高近30米,六面七层,砖木结构,每层外围均有回廊,塔檐重叠,内设木梯可登临。光

图8-08 绘有江心双塔导标线的温州港海图

绪三年(1877)四月,英国首任驻温领事抵温,在江心屿东塔下圈占土地建造领事馆。竟以东塔夜栖鸟群吵扰他们安睡和鸟粪污其房顶为借口,光绪二十年(1894)强令温处道台拆除东塔塔顶和飞檐回廊。塔顶既拆,鸟雀常衔树籽在此啄食,于是东塔便呈现奇妙的"树塔"景观。

东塔年久失修,又受塔树根系挤占,有坍倒之忧。温州市文物管理部门准备修复东塔,拟将挖去塔树,恢复塔尖和飞檐走廊。先登报公开征求市民意见,竟引发一场全市性持续17年的争论。"要塔别要树,要树塔难留"的观点受到质疑,呼吁要求树、塔共存。2006年8月7日,最后决定保留原貌,修旧如旧。当年年底东塔修复工程竣工。

东塔塔下岩石上至今保留着国家最早在温州市埋设的二等水准点"8-5-191",高程为5.074米(黄海),是1953~1956年由华东水准测量队等单位从青岛"国家高程原点"引测过来的。1958年首次测定东西双塔的经纬度。

1987年7月23日,温州市测绘管理部门通过水准测量、布设平面控制网、实量基线、前方交会并观测垂直角,以"8-5-191"为起始点,测定东塔和西塔的高程和比高。东塔高程45.497米,比高25.86米;西塔高程50.603米,比高33.97米。《温州日报》1987年7月31日以《你猜"江心"双塔有多高?》文章作过报导。

第二节 近代航标测量

近代航标皆由外国列强操纵的"海关总税务司署"所属机构建设和管理。清咸丰八年(1858),中英签订《通商章程善后条约·海关税则》后,中国海关主权尽丧,有关航道和航政管理,对外通商港口的航标建设及维护,以及船钞费(吨税)征收等,都归新制海关主管。清光绪二年(1876),温州开埠。次年4月1日"瓯海关"建立,在征税之外亦插手港口管理,成为温州港的主管部门,温州港和沿海航道的航标均由瓯海关建设和管理。1929年,民国政府实现订实关税税则权之完全自主,而海关管理航标的模式不变。

温州港近代最早的航标"立标"建于1878年,随后浮标、灯桩、灯塔陆续建成。至1948年12月,瓯海关共有航标17座,其中灯塔1座、灯桩1座、立标6座、浮标9座。

光绪四年(1878)七月,瓯海关在江心屿东面象岩礁石上竖立一铁柱,高25英尺(7.6米),直径9英寸(10厘米),顶端悬挂一个蓝色圆球,圆球直径3英尺(0.91米),作为"立标",这是温州港第一座航标。光绪十一年(1885)在温州港内4处浅滩附近抛设红色和黑色浮木桶各1只,作为"浮标"。还在岸边插立竹竿,上悬球形标志,作为一般立标。

光绪三十二年温州港开埠30周年日(1906年9月13日),在江心屿东端象岩礁石上立标悬挂红色煤油灯一盏,作为夜间航行标志,这是温州港第一座"灯桩"。1918年,在江心屿上游7千米的北岸礁下村沿江处,建造高16英尺(4.86米)的"礁港灯塔",塔分2层,上层置灯,下层为司灯人居所。这是瓯海道尹黄庆澜呈省获准募捐所建,常年经费开支"在永嘉县公益费项下每年拨银120元,按季动支"。抗日战争期间,港内航标一度停用,抗战胜利后,象岩灯桩重新发光,并在各沉船处抛设绿色浮标。

光绪二十一年(1895),浙海关在台州三门湾外建"北渔山灯塔",属特级灯,列为当时中国灯光之最。光绪三十四年(1908),瓯海关在飞云江口外建"冬瓜屿灯塔",闽海关在沙埕港外建"七星山灯塔"。还有唯一由渔民自建自管的"虎头屿灯塔"。这4座灯塔是温台沿海近代的主要航标。

虎头屿灯塔位于洞头岛东侧6海里的虎头屿岛。1932年始建,是当地渔民为洞头洋渔场自建的灯楼,有专人掌灯看管。该灯塔由北岙镇顶寮人林环岛(又名林栋)主持建设。1932年,林栋回乡探亲时,多次与渔民一起渡海登上虎头屿勘察地形,绘出虎头屿形势图,选塔址,绘塔形,拟定施工方案,估算材料和经费。后又发动各岛渔民募集资金,亲临现场监督施工,建成砖木结构灯楼,用4盏煤气灯导航。虎头屿灯塔建成,能使洞头各乡渔船在暴风雨之夜安然归家,不致漂浮在狂浪骇涛的黑黝黝汪洋之中,肇横祸而遭惨变。1941年日军侵占温州和洞头,终止导航。现存灯塔是1965年重建,与原先灯楼完全迥异。见图8-09。

图8-09　洞头虎头屿灯塔原貌示意图(右上图为1965年重建)

灯塔的建设测量,除确定中心位置和高程外,还有为维护灯塔正常运行的附属设施测量。附属设施包括灯守人员的工作和生活用房、登岛补给码头、登塔上山道路、围墙、避雷和通讯设施等,这些设施的设计和建设都需要周密而详细的测量。

第三节　现代航标测量

中华人民共和国成立后,航标归交通部航务总局管理。1953年7月,交通部管理的海上航标移交海军海道测量局接管。1958年,海军将沿海商港和以商为主的军商合用港以及近海短程航线的航标移交交通部管理,涉及港口有温州、海门等17处。此后,按照"统一规划,统一制度,分工负责,自建自管"的航标管理原则,沿海航标逐步形成由海军、交通、水产部门分管的格局。1953～1982年,温台沿海航标(自石浦港至沙埕港),主要由海军温州水警区"温州海道测量段"负责管理。

1983年,"温州航标区"成立,隶属上海航道局航标测量处,1986年隶属上海海上安全监督局,1999年改属上海海事局。2005年,改名"温州航标处"。温州航标区(处)主要担负着北起石浦港,南至沙埕港(北纬27°08′～29°04′,海岸线长231海里)的海上公用干线和温台地区港口水域公用干线航标的管理和维护。在台州和温州设有海门航标站(台州)、瓯江航标站(灵昆)、瑞安航标站、洞头航标站以及石塘DGPS站和AIS管理维护中心,配备有多艘中小型航标工作船和航标巡检艇。

一、温州港现代航标

1953年,温州港开始夜航,在楠溪江口以东约4千米的潮峃附近浅滩航道上,设立两只浮标,如有夜航船舶,临时悬挂煤油灯指示航向。1954年6月,海军温州水警区在温州港内设置电气灯桩8座。1955年3月,温沪航线畅通,港内又陆续增设灯桩。至1957年末,温州港共有航标16座,其中灯桩14座,灯浮2座;5座夜间仍以煤油灯发光。1958年末,基本改用干电池为能源,港务部门专设航标管理员。温州港近代最早的航标"象岩灯桩"改建成钢筋混凝土电气灯桩,见图8-10。

图8-10　温州港第一座航标——象岩灯桩(重建)

1961 年,对"水上助航标志"进行改革,并逐步改建龙湾、磐石、岐头等多处简易灯桩为混凝土或角铁灯桩。1965 年末,航标增至 33 座,其中灯桩 15 座,灯浮 18 座。

1973 年,交通部天津航道局海港测量队在布测青山岛至梅岙的四等三角锁时,对瓯江两岸及口外所有视界内的灯桩和显著的人工、自然目标,均行前方交会测定其位置,其中今仍在使用的有小五星灯桩、黄大嘴灯桩、半洋礁灯桩、岐头灯桩、七里灯桩、仓下灯桩、磐石灯桩、龙湾灯桩、马蹄山灯桩、琯头灯桩、七都嘴灯桩、象岩灯桩、狮岩灯桩、礁头灯桩等;今已撤除的龙目礁灯桩、双昆灯桩、洼洲灯桩、开垟灯桩、楠溪口灯桩、蛇山灯桩等。

二、温台沿海现代航标

1954 年 6 月,海军温州水警区首建洞头港田尾山灯桩,年内又建玉环黄门山灯桩、坎门头灯桩、瑞安北麂牛皮山灯桩、温岭松门角灯桩。这些航标是为海军舰艇航行而建,也是为开辟民用沿海航线之用,同时亦起渔业航标的作用,1958 年后陆续移交温州专署水产局维护管理。

1954 年 3 月 13 日夜,玉环县 100 多条钓业渔船在披山以东 30 海里的洋面作业,因突起风暴,在归途中迷失方向误入张网渔区,船舵被网桩勾掉而不幸翻船,132 名渔民身亡大海,引起坎门渔村数千渔民骚动。省长沙文汉来当地召开善后会议,渔民认定"渔区没有航标是这场事故的主因",因此省政府向海军要求紧急支援调拨航标技术干部。1955 年 6 月,皖籍海军航标员张居林来到温州专署水产局,兼任航海、航标、海测、土建等专业技术工作。在国家水产部和海军的大力支援下,当年秋天在张网渔区设置了 4 座大型灯浮标。嗣后在南起平阳镇下关(今苍南霞关)、北到台州三门湾的广阔海域完成勘察设计,1956 年 9 月开始施工,经三年努力,建成首批渔业航标共 35 座,加上海军移交的 4 座,总共 39 座,其中灯塔 1 座,灯桩 31 座,灯浮标 7 座。31 座灯桩中有大陈下屿灯桩、洞头百蛙头灯桩、草屿灯桩、赤礁灯桩、香炉礁灯桩、飞云江口小凤凰灯桩、南齿头灯桩等;而位于干出礁上的施工极其艰难的有大陈莲子礁灯桩、黄岩鲤鱼背礁灯桩、南麂半洋礁灯桩、洞头下乌礁灯桩、鳌江口百亩田礁灯桩等 6 座。各灯桩初选的位置,在勘察阶段用六分仪后方交会定位,以查实是否与现用海图相符。建成后再次观测定位,并上报观测数据和经纬度位置,航海保证部出示航海通告,载于海图。

1954 年 4 月,浙江省水产厅批准重建洞头虎头屿灯塔。同年 12 月建成高约 5 米的石砌桩身,灯光如前仍以煤气灯为光源。1965 年,洞头县人大代表在省人代会上提案,要求再次重建虎头屿灯塔,并加强灯光。温州专署水产局和洞头县水产局随即筹划,经批准后交航标员张居林负责实施。由于灯光、动力、雾号等设备当时国内还不能制造,又无进口渠道,只能选择代用品。从勘察、设计、施工到测试,经过一年努力,温台沿海第一座现代化灯塔终于 1966 年元旦正式发光。虎头屿新灯塔为白色方锥形混凝土塔身,灯高 111 米,射程 18 海里。虎头屿高程 99.3 米,四周陡峭,仅岛西南方稍缓可攀登。1974 年经国家农牧渔业部批准,虎头屿灯塔列为国际灯塔。

三、温台沿海航标的全面现代化建设

1984 年 4 月 12 日,温州港重新对外开放。该年在大门青菱屿外设立检疫灯浮标 1 座。1991 年,在大五星岛附近建立测速标和罗经校正标各 2 组,共 8 座,在乐清岐头角至大门岛航道两岸设 2 对海底电缆标。

由于瓯江航道变迁频繁,航行困难,从洞头大门岛检疫锚地到温州老港区 28 海里主航道上,布标密度居国内中型港口的首位。1990年底,该航道共有航标61座,其中灯桩26座,灯浮35座。1995年,共有航标66座,其中灯塔1座,灯桩22座,灯浮35座,测速标和罗经校正标8座。各种航路标志在初次设立时就要准确测定位置,尔后凡灯浮等水标每次遇灾害性天气后,必须检测水标位置是否移动。

海底电缆标的设立若未及时定位,时常发生电缆被锚泊船只损坏,导致洞头全县停电事故。1992年元旦过后,温州市东南测绘技术应用研究所受温州航标区和洞头县电业局应急委托,组织人员赴大门岛、青山岛、鹿西岛等设标地点先概略定位,向海事部门提供经纬度。当年10月,上海海测大队来温州港进行全测,跨岛加密控制网,再予以准确测定。

1985～1995年,温台沿海调整航标布局,建成现代化灯塔链。重建北渔山灯塔,新建北麂岛灯塔和西台山灯塔。三大灯塔灯光射程均为25海里,是船舶安全进出温州港的主要助航标志。同时新建大茶花、洛屿、平阳嘴、顶草屿4座灯塔,改建冬瓜屿灯塔。温台沿海现代化灯塔链共有9座灯塔,见图8-11。

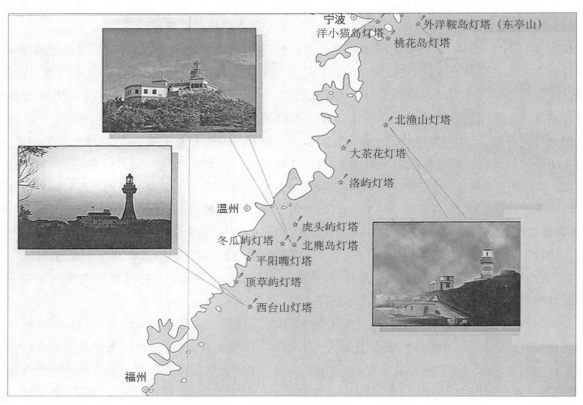

图8-11 1995年东海浙东南现代化灯塔链

1996～2007年,温台沿海继续完善现代化灯塔链,新增和改建8座灯塔,分别为台州列岛下屿灯塔,状元岙港北圆屿灯塔,南麂列岛稻挑山灯塔和平屿灯塔,海门港牛头颈山灯塔,石浦港弥陀岛灯塔,东矶列岛东矶岛灯塔,披山岛下浪档岛灯塔。

沿海沿江航道新建跨海跨江桥梁,经常发生夜航船舶碰撞桥墩的事故,因此需要增设大量桥墩禁戒灯桩和桥涵灯浮。如瓯江上的温州大桥、东瓯大桥、飞云江高速公路大桥、鳌江瓯南大桥、台州的椒江大桥、灵江大桥、洞头大桥等大型桥梁,每座桥梁的航标多超出10座。为显示水上新建的构筑物,在瓯江南口潜坝和灵霓海堤北侧,设置禁航灯桩和灯浮。这些专用航标通常由业主单位设立,交温州航标处代管。

1985～1995年,苍南县新建霞关门灯桩、舥艚龙眼灯桩、观音礁灯桩、芙蓉礁灯桩、中墩避风坝灯桩;乐清市新建百岱渔港灯桩共8座。2004～2007年,洞头县新建中心渔港拨浪鼓灯桩、东沙渔港防波堤灯桩;苍南县新建舥槽港1号灯浮共3座。这些都是为渔业生产服务的航标。

2006年,上海海测大队在温州港、乐清湾、大门岛附近进行航道测量,为检查航标位置测量灯浮88座,系船浮筒30只,灯桩6座。

随着水运经济规模的扩大和国防建设的需要,沿海无线电航标不断发展。20世纪20年代开始设置无线电指向标,50年代组建无线电指向标网,60年代开始安装雷达应答器,筹建中、远程无线电导航系统。90年代建设差分全球定位系统(RBN/DGPS基准站)。21世纪初建成AIS岸台和AIS航标应答器、AIS船舶自动识别系统,建设航标遥测遥控系统及虚拟航标。至2007年底,温台海域大部分灯塔和青菱屿灯桩、岐头灯桩、龙湾灯桩、上头屿灯桩及某些进港灯浮上,都设有雷达应答器。并在北麂岛灯塔、西台山灯塔和灵昆岛设立船舶自动识别系统AIS基站。创建适用于电子海图的虚拟航标6座。无线电航标遥测遥控系统,已控制温台海区航标总量的30%以上,效果良好。

四、新建北麂岛灯塔的测绘

北麂岛灯塔位于北麂岛最高处的仙人峰之巅,海拔123.6米。1989年10月,交通部上海海上安全监督局温州航标区委托浙江省科技咨询中心测绘服务部,承担灯塔的选址、施工、灯塔中心位置鉴定等测绘工作。外业由瑞安市水电勘测设计室、温州市水电勘测院测量队、龙湾区农林水利局测量队三个单位完成,技术设计、踏勘选点、成果检查和内业计算由温州市测绘学会组织实施。新建后的北麂岛灯塔雄姿见图8-12。从1989年10月28日进场踏勘至1991年3月25日完成灯塔中心位置鉴定,前后历时18个月,六度登岛施测。采用1954年北京坐标系,1956年黄海高程系,灯塔位置精度指标,平面和高程均为±0.6米,作业执行《工程测量规范》,并参考《海道测量规范》和《国家水准测量规范》。完成如下项目:

图8-12　北麂山灯塔新貌

1. 平面控制测量

测区有国家二等三角点仙人山（又称北麂山）和四等三角点关头波山、大明甫。利用四等边仙人山—关头波山发展一级小三角，布测锁部在已知方向一侧由三个单三角形组成的线形锁，平均边长 589 米，三角形内角最小值 29°45′，其余均在 46°以上。使用 J_6 经纬仪观测 6 个测回，各项限差合限。在仙人山点联测另一已知方向大明甫。点位坐标使用 PC-1500 电算经平差得出。为检核起算边，再选线形锁 A_2-A_3 边作红外双向测距。布测经纬仪红外测距附合导线 2 条，共 20 点，长 2 千米，用于 1:500 和 1:1000 测图和灯塔公路、灯塔建筑的施工放样。按小三角点规格埋石，顶部为球缺形，并刻"十"字。

2. 高程控制测量

测区原有"北麂验潮站瓷水准点 BM"，惜站已撤，又不知有关数据。为满足灯塔位置高程精度 ±0.6 米的要求，应再设立验潮站，用同步改正法从大陆转测高程基准面。委托方未予采纳，因此以仙人山为起算点，布测至"BM"的四等水准支线，往返观测。仙人山顶至山脚这一段，水准路线合并于前述经纬仪导线，共用埋石点。水准路线高程从 123.6 米降到 6.969 米，总长虽仅 3.48 千米，就设站数而言相当于平地 25 千米。使用 S_3 水准仪和区格式木质水准标尺，均按规范规定进行检验。水准观测各项限差合限。观测结果作尺长改正，高差和高程表由两人分别编制。

3. 地形图测绘

测绘 1:500 地形图 1 幅，主要供选址、申报征地、土地平整和灯塔建筑设计之用。图上有高程点、等高线、梯田、地面工事（碉堡、战壕等）、地下坑道出入口及其他建筑设施。地形要素表达细致，清绘美观。又测绘 1:1000 地形图 2 幅，主要供建设灯塔公路的设计之用。

4. 灯塔公路定线测量

按委托方提供的道路设计图，先在实地草定道路中桩，测定其平面坐标和高程；再测定转折角、边长、纵断面和横断面，绘出平面图和纵、横断面图；最后按设计单位给出的道路断面计算工程土石方量。困难路段是按委托方在实地设定的中桩测量。

5. 灯塔和附属建筑物的坐标放样

按委托方提供的建筑设计图实施，精度要求主轴线点 ±2 厘米，建筑物角点 ±10 厘米。放定后，前者在实地埋设水泥桩，后者打下木桩，标出灰线。依照设计的灯塔中心数据，算出其坐标。设计图上建筑物明显分为西、东两片，各依主轴线"1-2"和"2-3"配置。因此确定分片按建筑坐标系放样，在"1-2"上选"A"点，在"2-3"上选"C"点，作为西、东两片建筑坐标系的原点，并算出其坐标。

6. 灯塔中心位置的鉴定

按设计数据算出灯塔中心的坐标，并向温州航标区提供，灯塔也已在 1990 年 12 月放光。但新建一座灯塔关系到百年大计和万国商船的航行安全，交通部上海海上安全监督局因灯塔位置尚须鉴定，仍未发布启用公告。因此委托要求按海控二级点精度测定灯塔（光）中心的平面位置，点位中误差要求 ±0.4 米；以国家二等三角点仙人山高程 123.6 米为准，测定灯塔基底地面高程。提供包括高斯坐标及大地坐标的测绘成果表和技术总结。

鉴定测量于 1991 年 3 月完成。两年前布测的线形锁 A_1、A_2、A_3 点和关头波山（Ⅳ）的地面标志保存良好。为准确测定灯塔尖 P 的位置，逐点设站观测 P 的方向和联测各已知方向（夹角），所有夹角的新观测值和原观测值之差最大为 $-11''.3$（限值 $\pm14''.1$）。先按不完全方向测回组进行测站平差，经平差后待定点 P 的方向最大改正值为 5″.3。再按变形戎格公式，直接计算 P 点的坐标。四个测站点每次选用两个进行计算，共可组合成 6 个组。所得 6 组 P 点坐标取算术平均值即灯塔尖（灯光中心）的高斯坐标，这一值的中误差为 $M_x = \pm 0.014$ 米，$M_y = \pm 0.010$ 米。使用 PC-1500 将高斯坐标换算为经纬度，并以逆运算校核。按委托方要求，受托方只测定灯塔地面从仙人山三角点（123.6 米）连测的高程。经测定，灯塔地面（在灯塔值班房门槛上）低于仙人山三角点 1.298 米，故灯光高程为 122.30 米。

五、航标总量及重要航标数据

据温州航标处提供资料，截至 2007 年底，温台海区共有航标 576 座（不含渔标、军标、内河标），其中公用 340 座，专用（代管）236 座，而 1948 年底瓯海关航标只有 17 座。按各航标站分管海区的航标统计，瓯江航标站 116 座，其中公用 51 座，代管 65 座；台州航标站 200 座，其中公用 140 座，代管 60 座；瑞安航标站 106 座，其中公用 64 座，代管 42 座；洞头航标站 154 座，其中公用 85 座，代管 69 座。详见表 8-07。温州港、瑞安港、鳌江港的航标数量统计见表 8-08。温台海区重要航标位置数据见表 8-09，这是航标测量的核心成果。

另据温州市海洋与渔业局渔政渔监处提供资料，截至 2007 年底，温州市共有渔业航标 21 座，其中灯塔 1 座，灯桩 19 座，灯浮 1 座，视程最大的是虎头屿灯塔和百亩田礁灯桩。

表 8-07　　　　　　　　　温台海区和各站分管航标数量统计表（2007 年）

范围	合计	灯塔	灯桩	灯浮	浮标	桥梁标志	雷达应答器	AIS	RBN/DGPS	虚拟航标
全海区	576	16	286	173	9	57	23	5	1	6
瓯江站	116	0	58	47	1	6	2	2	0	0
台州站	200	7	107	33	8	29	11	2	1	2
瑞安站	106	6	44	29	0	18	6	1	0	2
洞头站	154	3	77	64	0	4	4	0	0	2

表 8-08　　　　　　　　　各港历年航标数量统计表

港口	年份	合计	灯塔	灯桩	灯浮	浮标	导标	桥梁标志	雷达应答器	AIS
温州港	1957	16	0	14	2	0	0	0	0	0
	1965	33	0	15	18	0	0	0	0	0
	1990	61	0	26	35	0	0	0	0	0
	1995	66	1	22	35	0	8	0	0	0
	2007	116	0	58	47	1	0	6	2	1
瑞安港	1986	4	—	—	—	—	—	—	—	—
	2000	4	—	—	—	—	—	—	—	—
	2007	45	0	28	11	0	0	6	0	0
鳌江港	2000	20	—	—	—	—	—	—	—	—
	2007	21	0	1	8	0	0	12	0	0

表 8－09 　　　　　　　　　　　　　　温台海区重要航标数据表(2007 年)

航标名称	初建/改建(重建)年份	位　置		灯高(米)	射程(海里)	备　注
		东　经	北　纬			
北麂岛灯塔	199/(1990)	121°12′14″.84	27°37′33″.21	135.8	25	温台沿海③
北渔山灯塔	1895/(1987)	122°15′36″.0	28°53′02″.5	103.6	25	温台沿海①
西台山灯塔	1991	120°41′37″.8	27°00′30″.0	143.7	25	温台沿海②
冬瓜屿灯塔	1908/1995	121°03′04″.6	27°38′10″.0	79	15	温台沿海①
虎头屿灯塔(渔)	1932/(1965)	121°14′47″.8	27°50′08″.7	111	12	温台沿海①
大茶花灯塔	1988	121°47′11″.5	28°38′35″.0	41	16	温台沿海①②
洛屿灯塔	1988	121°43′54″.2	28°16′12″.6	79.8	16	温台沿海①②
平阳嘴灯塔	1995	120°41′08″.0	27°28′38″.1	66.2	16	温台沿海①②
顶草屿灯塔	1995	120°33′38″.2	27°14′42″.5	58	16	温台沿海①②
小五星灯桩	(2006)	121°04′16″.0	28°01′13″.4	16	7	温州港①
黄大嘴灯桩	—	121°02′38″.0	27°56′52″.5	17	7	温州港①
岐头灯桩	(2003)	120°57′25″.4	27°58′52″.5	13	8	温州港①
磐石灯桩	—	120°49′39″.2	27°59′17″.5	12	8	温州港①
龙湾灯桩	—	120°48′09″.3	27°58′19″.0	13	8	温州港①
象岩灯桩	1906/(1958)	120°38′43″.1	28°01′44″.6	15	4	温州港①
礁头灯桩	1919	120°35′46″.0	28°03′55″.0	5	4	温州港①
东山下埠灯桩	—	120°39′28″.0	27°44′18″.0	7	3	瑞安港①
洞头港口灯桩(渔)	1954	121°09′26″.5	27°49′10″.8	13.4	7	洞头港①
百蛙头灯桩(渔)	1957	121°10′28″.0	27°52′23″.7	13.8	7	三盘港①
江心东塔	869	120°38′37″.32	28°01′49″.30	45	—	温州港③
江心西塔	969	120°38′24″.77	28°01′47″.27	51	—	温州港③
龟山塔	295/(1084)	120°39′28″.81	28°04′40″.79	—	—	温州港③
蛇山塔	295/(1084)	120°39′35″.62	28°02′41″.88	—	—	温州港③
横趾山灯桩	1997	121°08′34″.0	28°01′03″.0	60	7	乐清湾①
百亩田礁灯桩(渔)	1956	120°43′16″.0	27°24′19″.5	6.5	10	鳌江口南①
青菱屿灯桩	—	121°04′.8	27°56′.5	21	5	洞头列岛②
下屿灯塔	2007	121°54′.5	28°23′.6	153.5	16	台州列岛②
北圆屿灯塔	1964/2001	121°13′.4	27°55′.9	43.7	16	洞头列岛②
稻挑山灯塔	2006	121°07′.7	27°28′.0	24.8	16	南麂列岛②
平屿灯塔	1970/1998	121°04′.0	27°25′.3	62	18	南麂列岛②
牛头颈山灯塔	1955/1998	121°27′.0	28°41′.1	32.7	15	椒江口②
弥陀岛灯塔	1955/1996	122°00′.7	29°03′.1	40.4	16	石浦港外②
东矶岛灯塔	1955/1996	121°56′.1	28°43′.4	91.3	16	东矶列岛②
下浪珰岛灯塔	1956/1996	121°31′.7	28°04′.3	59.7	16	披山岛②
石塘 DGPS	—	121°36′47″.0	28°15′45″.0	—	300 千米	温岭县石塘②

注：①抄自《1986 航标表》，②抄自《2008 航标表》，③按测量所得高斯坐标自行换算。

第五章　海洋划界测量

海洋划界测量是指为划定海洋的主权界限和管辖界限而进行的测量。主权界限属于国家的海域疆界,包括领海、毗连区、专属经济区和大陆架的界限,管理界限是国内沿海省、市、县管辖海域的界线及单位、个人的海域使用权界线。

第一节　国家领海基线测量

1951 年联合国海洋法委员会成立。1958 年联合国通过《大陆架公约》。1982 年 12 月 10 日通过《联合国海洋法公约》。1994 年 11 月 16 日《联合国海洋法公约》正式生效。该公约的主要内容包括领海、毗连区、专属经济区、大陆架、公海范围及海事争端的解决等。这是人类历史上篇幅最大的一部国际法典,国际海洋法律制度从此发生重大变革。

一、国家首次领海基线测量

1958 年 9 月 4 日,我国发表《中国政府关于领海的声明》,宣布我国的领海宽度为 12 海里(22.2 千米),以连接大陆岸上与沿海岛屿上各基点之间的直线为基线,从基线向外延伸 12 海里的水域为中国的领海。领海基线采用直线基线法,由相邻基点之间的直线连线组成。按总参测绘局主持下制定的实施计划,各测点须在实地选点埋石,测定点位坐标,完成周边的地形和水深测量。测点分为基准点、基线点和方位点。基准点是测量基线点和方位点的起始点,按二等三角点精度观测;基线点和方位点则根据不同的地理条件采用小三角、视距导线、前方和后方交会或联合交会等方法测定。执行总参测绘局和国家测绘局 1958 年《一、二、三、四等三角、水准、天文、基线测量细则》(修订本)。

1958 年 9 月 25 日,周恩来总理指示海军:"今年 11 月底完成国家领海基线测量任务。"这次领海基线测量的单位有海司海道测量大队、各舰队测量队、总参测绘局、大军区和省(市)测量人员及国家气象局水文人员,总共 849 人。组成 36 个测量组,66 个验潮站,在全国沿海(除台、澎、金、马及南海诸岛)分八个区域全面展开测量。参测人员克服各种困难,共测定领海基线点 101 个,12 月 26 日结束外业工作。1959 年 1 月 17 日,海司海道测量大队完成内业整理,上报领海基线测量资料。

浙江海域的测量任务由海司海道测量大队和东海舰队机动测量队共同承担。外业于 1958 年 11 月底完成,共测定 11 个领海基线点,各项限差均符合要求。

二、全国领海基线复测

1985 年,北海、东海、南海三大舰队海测船大队和福建基地测量队,按海司航海保证部报经总参批复的《领海基点测量方案》,开赴沿海各省进行领海基线复测。根据不同的地理条件,测点分为基准点、基线点和方位点三种。基准点必须是海控三级点以上的等级点;基线点和方位点用导线或前方交会按补充点要求测定,两组坐标位移差应小于±1 米。不能登陆的敌占岛屿和西沙群岛的基线点采用图解量取坐标。在各个测点上埋设花岗岩或青石制作的永久性标志,规格 40×40×40 立方厘米,标石面上镌刻"中国×××"的相应点名。作业执行航海保证部 1975 年《海道测量规范》。

1985 年 7 月~10 月,东海舰队海测船大队派出千吨级近海测量船和登陆艇各一艘,复测浙江海域的领海基点共 7 点;而首次测定的其余 4 点因不再作为基点,所以这次免测。基线点和方位点的复测均采用红外测距仪支导线法测定平面坐标,基线点皆计算点位的大地坐标及相邻点间的平面距离和坐标方位角。

1992 年 2 月 25 日,第七届全国人大常委会第 24 次会议通过《中华人民共和国领海及毗连区法》,规定我国领海的宽度从基线量起为 12 海里,重申对所列各群岛及岛屿的主权。1996 年 5 月 15 日,第八届全国人大常委会第 19 次会议批准履行《联合国海洋法公约》,并发表"中华人民共和国政府关于领海基线的声明",正式宣布了 77 个领海基点,其中大陆和沿海岛屿领海基点 49 个,西沙群岛领海基点 28 个,依次连接成闭合的领海基线。温州平阳南麂列岛最东端的稻挑山岛就是其中一个基点。稻挑山往北的基点有台州列岛 2 岛和 1 岛、宁波海区的渔山列岛、舟山海区中街山列岛的两兄弟屿;往南的基点有福建海区的东引岛、东沙岛、牛山岛等。这些基点的直线连线称为领海基线。领海基线往外延伸 12 海里是我国领海,毗邻领海外从领海基线往外延伸 24 海里是我国的毗连区,从领海基线量起的 200 海里(370 千米)的海域都属于我国的专属经济区。

温州海区的领海基点只有稻挑山 1 处,温台海区有 3 处,见表 8-10。考虑到领海基线的连续性,表中增列北端的宁波市渔山列岛和南端的福建宁德市东引岛。

表 8-10 　　　　　　　　　　温州附近的的国家领海基线点编号、名称及位置

编　号	点　名	位置(经纬度)	
15	渔山列岛(宁波)	东经 122°16′.5	北纬 28°53′.3
16	台州列岛 1 岛	东经 121°55′.0	北纬 28°23′.9
17	台州列岛 2 岛	东经 121°54′.7	北纬 28°23′.5
18	稻挑山(温州)	东经 121°07′.8	北纬 27°27′.9
19	东引岛(宁德)	东经 120°30′.4	北纬 26°22′.6

稻挑山是温州市平阳县南麂列岛靠东边的一个小岛,岛长 400 米,宽仅 100 米,附近有鸬鹚礁和立人礁分列两旁,象条挑着稻禾的"串担",故名稻挑山。1996 年 5 月,平阳县政府受国家委托在此立碑为志。图 8-13 是稻挑山国家领海基点石碑,石碑正面镌刻国徽和"中国—领海基点—方位点—稻挑山"4 行字,碑座镌刻"中华人民共和国政府立　一九九六年五月"。

图 8 - 13　稻挑山国家领海基点方位点碑

第二节　国家海洋疆界测量

新的国际海洋法律制度确立后,国家海洋疆界是专属经济区或大陆架的外部界限。中国与日本之间的东海宽度不足 400 海里(740 千米),平均宽度只有 210 海里,这就产生了中日专属经济区的重叠问题。2003 年开始,随着东海油气田的开发,中日东海划界问题上的矛盾日趋尖锐。日本方面依据 1982 年公布的《联合国海洋法公约》,坚持按中间线原则划分。我国政府根据 1958 年联合国《大陆架公约》的"自然延伸法则"划分,即东海大陆架东缘与冲绳海槽之间水深 200 米等深线作为中日东海分界线。中国政府声明,东海目前尚未划界,所谓"中间线"是日本单方面提出来的,中国从来没有接受,今后也不会接受。

一、东海大陆架

根据国家地矿部上海海洋地质调查局于 1986 年编制的 1∶100 万《东海海底地形图》,东海的海底地形是西北高,东南低,整个地形可分为东海大陆架和冲绳海槽两大区域。东海大陆架占东海总面积的65%,平均宽度 400 千米,北宽南窄,北部从长江口至日本奄美岛之间宽 550 千米,南部从温州湾至日本多良间岛之间宽 400 千米,再往南至台湾海峡仅宽 200 千米,平均水深 72 米。冲绳海槽占东海总面积的35%,是一长条形的深沟,北部水深 600～800 米,南部水深 2500 米左右,最大水深 2719 米。见图 8 - 14。

中国固有领土钓鱼岛位在东海大陆架上,与琉球群岛隔着冲绳海槽。钓鱼岛并不是单一岛屿,而是包括主岛钓鱼岛和南小岛、北小岛、赤尾屿、黄尾屿等多个小岛在内的总称,共计约 6 平方千米的陆地面积和周边 17 万平方千米的海域面积。钓鱼岛离温州市大陆海岸 356 千米。2012 年 9 月 10 日,日本政府不顾中方一再严正交涉,宣布"购买"钓鱼岛及其附属的南小岛和北小岛,实施所谓"国有化",这是对中国领土主权的严重侵犯。9 月 11 日,中国外交部发布关于钓鱼岛问题的严正声明,重申钓鱼岛及其附属岛屿自古以来就是中国的固有领土。

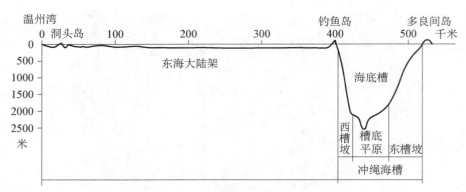

图 8 - 14　东海南部海底地形剖面图

二、国家海洋疆界测量和划界申请

1999 年,联合国 200 海里以外大陆架界限委员会设定 10 年限期,要求《联合国海洋法公约》协约国必须在 2009 年 5 月 13 日前提交本国的大陆架划界案,同时要提交基本图件,包括海底地形图、海底地质构造图、海底地貌图、海洋重力异常图与磁力异常图。2008 年 11 月 12 日,日本向联合国提交划界申请,主张的外大陆架范围包括与我国存在争议的东海广大海域。我国政府也抓紧国家海洋疆界的测量,并在限期前向联合国提交划界申请和基本图件。

浙江海域的国家海洋疆界测量,就是"东海大陆架外缘"测量。而我国基本海道测量按海域距岸线的远近分为沿岸、近海和远海,这属于远海海域测量。

1975～1977 年,国家海洋局第二海洋研究所在东海大陆架和冲绳海槽进行大面积水深测量,提交 1∶50 万和 1∶100 万水深图、海底地形图和典型地形剖面图,填补了 20 世纪 70 年代中国在该海区缺乏系统测绘资料的空白。

1988 年开始,海军东海海测船大队对我国东海大陆架外缘进行基本海道测量。1990 年 4～7 月,在浙江省温台海区远海的国家海洋疆界进行测量,东海海测船大队 3 艘测量船在我国钓鱼岛、赤尾屿及其以北海域完成 1∶20 万测图,测深线 1.8 万千米;北海海测船大队 2 艘测量船在东海海测船大队测区北面完成 1∶20 万测图,测深线 1.6 万千米。定位采用阿戈(ARGO)DM - 54 型定位系统和 GPS,在南麂岛、下大陈岛、朱家尖岛、花鸟山等 4 处设置岸台。测深采用国产 SC - 4 型数字式测深仪,实测水文资料以计算测深仪声速改正数。布设多处定点验潮站对测深进行潮位改正。详见第五篇第一章第三节。

第三节　温州海域的勘界和宗海图测量

各省际、市际、县际的海界,当事双方多早有共识,即以历史上形成的习惯线为准,亦有些当事双方对局部海域的归属存在争议。改革开放以来,海洋开发事业日渐繁荣,随之因海界混淆不清而产生的矛盾也日趋增多。为此,在浙江省海域勘界领导小组的组织下,温州市海洋与渔业局海域管理处作为海界归口管理部门,从 21 世纪初年就启动海界的统一划定工作,力求分界合理和界点准确,有利于保护海洋环境和海洋资源,实现社会和谐和经济发展。

一、温州市管辖海域的勘界测量

海界划定大体按如下程序进行：①当事双方先提交绘有各自主张界线的海界图。②在上一级海域勘界领导小组的主持下，借总参测绘局最新版1：5万海图，进行现场勘界和会议协商，力争双方取得共识后签订书面协议。如经反复协商，双方仍无法统一，则由上一级政府予以裁定。③按当事双方协商一致确定的海界或上级裁定的海界，绘制于1：5万海图上。④凡从海岸线向领海基线伸展的海界，起点重合于陆域勘界确定的海岸点，外点都要落在国家领海基线上，再以"同纬度直线"延伸至领海外部界限为止，这是此次勘界的统一规定。⑤委托专业测绘单位采用GPS测定各海界拐点的坐标，对于海域实地无明显标志的海界点，则从海图上通过图解量取坐标。⑥上报审批的海域勘界文件，包括绘有海界的1：5万海图，注有海界点编号和坐标的海界略图，当事双方签订的协议书或上级的裁定书。⑦上级批准公布。

2003年，温州市与台州市的市际海界已划定，共有海界点18点，并上报审批。该市际海界起自乐清湾顶的大陆海岸，沿南偏西方向至乐清湾口，转向东南再往东，至玉环坎门与洞头北爿山岛之间。此线涉及乐清市、洞头县与温岭市、玉环县的海界权益。

2003～2006年，温州市内各县（市、区）际的海界，已经全部划定，并上报审批。苍南县与平阳县的海界起自鳌江新河口航道中心线，向东南延伸，共有海界点6点；平阳县与瑞安市的海界起自飞云江口南岸的大陆海岸，向东南延伸，共有海界点13点；瑞安市与龙湾区的海界起自大陆海岸，向东南偏东方向延伸，共有海界点3点；瑞安市与洞头县的海界位于东海之中，大致呈东西方向，共有海界点5点；龙湾区与洞头县的海界在东海之中，大致呈南北方向，共有海界点3点；洞头县与乐清市的海界起自瓯江北口东侧，向东北转东方向延伸，共有海界点3点。至于市际和县际的江界，其划分属行政区域界线的陆域勘界。

然而，苍南县与福鼎市的省际海界尚未划定，特别是七星岛的归属问题，双方各执一词，互不退让，成为悬案。

二、海域使用权管理和宗海图测量

2002年1月1日，我国颁布《中华人民共和国海域使用管理法》。2006年，国家海洋局制定《海域使用权管理规定》，浙江省制定《浙江省海域使用管理办法》和《浙江省海域使用权申请审批管理办法》。

2007年，国家海洋局制定《填海项目竣工海域使用验收管理办法》，财政部和国家海洋局《关于加强海域使用金征收管理的通知》（财综[2007]10号）规定海域使用金标准为1500元/公顷·年，填海造地建设项目用海实行一次性计征海域使用金，按50年计征。2009年起改按海域等级计征不等的海域使用金。

国家海域使用权管理测量，首先是海籍调查中的宗海图测量，再是填海项目竣工后的验收测量。2006年浙江省施行海域使用权管理以来，温州市各测量单位受委托完成的宗海图测量已有几百宗，涉及海水养殖、海上建桥、填海围垦等不同用海单位和个人；但填海项目的验收测量涉及用海单位较少，只完成几十宗。现以"温州港状元岙港区围垦工程的海域使用权申请和竣工验收测量"为例，作具体记述。

1. 状元岙港区填海海域宗海图测量和使用权申请

浙江省人民政府于2005年6月21日批准温州市状元岙深水港工程建设指挥部填海用海面积

49.87公顷,并附图和界址点坐标。项目海域使用权证书编号为国海证053300722号,海域使用权登记编号为浙2005011。海域使用论证单位为宁波市海洋环境监测中心和浙江东华海洋资源咨询有限公司。

该海域使用宗海图测量单位为温州港蓝海测绘有限公司,宗海图比例尺1:7000,1954年北京坐标系。标注有20个界址点的图形及周边地形地物,各界址点经纬度,各相邻界址点间边长。注明用海面积748.1亩(49.87公顷),占用岸线1201.8米。

宗海图是海域使用申请人的主要报批图件,也是海域使用权证书和宗海档案的附图。宗海图可以利用海籍图数据借助计算机辅助绘制,也可从海籍图上蒙绘或复制成图,并填注有关内容。宗海图包括宗海位置图和宗海平面图,宗海位置图的内容包括海籍编号、宗海面(点)、水深渲染、毗邻陆域要素、明显标志物、一个以上的坐标点、指北线、比例尺等;宗海平面图的内容包括所处海籍图编号、本宗海籍编号、用海类型、宗海面、界址点及界址点号、界址边长、相邻宗海界址及其海籍编号、指北线、比例尺、测量单位及测量人员等。制作要求按《国家海洋局海籍调查规程》5.4.5条规定执行。图幅一般用A4纸,宗海过大或过小时可调整比例尺绘制。

2. 状元岙港区填海竣工验收测量

2008年10月14日,国家海洋局温州海洋环境监测中心站和协作单位"温州市横宇数码测绘有限公司"受温州市瓯江口开发建设总指挥部委托,对温州港状元岙港区围垦工程填海项目实际填海的界址、面积进行测量,为验收单位浙江省海洋与渔业局对该工程填海竣工验收提供测量依据。测量在温州市海洋与渔业局派员现场监督见证下进行。

(1)测量范围

以海域使用权证书确权的用海范围为准,对工程实施后实际所填海域的用海面积进行鉴定测量。采用1954年北京坐标系,WGS-84大地坐标系,1985国家高程基准,高斯-克吕格3°带投影,中央子午线为东经120°。

(2)控制测量

采用委托单位提供的资料,经校核原控制网精度可满足验收测量的要求。

(3)高程测量

控制点高程采用拟合高程的方法测量。围堤堤顶高程及宗海内部吹填的高程,均采用三角高程极坐标法实测。围堤设计高程6.3米,实际平均高程6.23米,平均误差-0.07米;宗海内部设计高程5.0米,实际平均高程5.06米,平均误差0.06米。

(4)界址点测量

围堤部分(J_1-J_{12})先实测堤顶中心线坐标,依据《海籍调查规程》要算至在海涂下面的"围堤坡脚外缘线",结合围堤典型断面竣工图,由堤顶中心向外推算得出。其余自然岸线据批准用海界址点坐标放样,并经委托单位现场确认。界址点的"实测"或"放样"全部采用全站仪连接便携式计算机,清华山维EPSW2005软件成图。

宗海图界址点经纬度属1954年北京坐标系,而验收测量界址点坐标是WGS-84坐标系,因此对后者进行投影转换,统一为1954年北京坐标系,最后在AUTO CAD平台绘制竣工验收图,实际填海面积为48.75公顷,比批准用海面积小了1.12公顷。

第六章 海岛、海岸和海涂测量

温州是个海洋大市,海域辽阔,海岛数量众多,海岸线曲折而漫长。温州海域总面积为 68954 平方千米,是陆域面积的 5.8 倍。全市共有大小海岛 435 个,海岛总面积 136.48 平方千米。大陆海岸线北起乐清湾顶的跃进水闸,南至浙闽交界的虎头鼻,全长 355 千米;海岛海岸线长 676.6 千米,几乎是大陆海岸线的 2 倍。两者合计海岸线长度 1031.6 千米。

第一节 海岛测量

海岛是国家海防的前哨,港湾的天然屏障,也是开发海洋资源的基地,因而海岛测量倍受重视。历次测绘的全省或全市基本地形图,海岛都是选择大比例尺并领先施测。

一、温州市海岛数量调查和面积量算

温州市岛屿众多,分为海洋岛和河流冲积岛两类。面积较大的河流冲积岛有瓯江的灵昆岛、七都岛、江心屿、西洲岛和大荆溪口的盛家塘岛等。海岛主要分布在洞头列岛、大北列岛、北麂列岛、南麂列岛、七星列岛和南部沿海及乐清湾内。

据 2010 年温州市海洋与渔业局调查统计,温州海域的海洋岛有 435 个,其中洞头 171 个,瑞安 95 个,苍南 84 个,平阳 66 个,乐清 19 个,总面积 136.48 平方千米。这些海岛散布在南北长 147.64 千米、东西宽 79.59 千米的温州海域中。其中面积大于 20 平方千米有洞头县的大门岛和洞头岛 2 个,面积 4～12 平方千米的有洞头县霓屿岛、鹿西岛、状元岙岛、乐清市的西门岛和平阳县的南麂岛 5 个,面积 2～4 平方千米的有洞头县的小门岛、大瞿岛、半屏岛、苍南县的北关岛和瑞安市的北龙岛 5 个,面积 1～2 平方千米的有洞头县的大三盘岛、青山岛、南策岛、苍南县的南关岛、官山岛和瑞安市的北麂岛 6 个,面积 0.1～1 平方千米的有洞头北策岛、瑞安凤凰山岛等 50 个。面积 0.1 平方千米以下的岛屿有 367 个,占全市海岛总数的 84.4%。

温州海岛分为有常住人口岛和无常住人口岛。有常住人口岛俗称住人岛或有人岛,总共 37 个,其中洞头和瑞安各 14 个,乐清、平阳和苍南各 3 个,总面积 124.71 平方千米,见表 8-11。无常住人口岛俗称无人岛,总共 398 个,其中洞头 157 个,瑞安 81 个,苍南 81 个,平阳 63 个,乐清 16 个。温州无人岛面积都很小,均在 1 平方千米以下,绝大部分在 0.1 平方千米以下,总面积仅 11.77 平方千米,占全市海

岛总面积的 8.6%。一般说来,有人岛面积大于无人岛,但也有例外,例如瑞安北麂的有人岛"过水屿"面积仅 0.028 平方千米,而洞头的无人岛"北策岛"面积达 0.835 平方千米。

表 8-11 　　　　　　　　　　　温州市住人海岛一览表 　　　　　　　　　　　单位:平方千米

县市	岛名	所在乡镇	面积	县市	岛名	所在乡镇	面积
洞头县	大门岛	大门镇	28.6	瑞安市	北龙岛	东山街道	2.69
	洞头岛	北岙街道	24.0		北麂岛	东山街道	1.98
	霓屿岛	霓屿街道	11.56		凤凰山	东山街道	0.82
	鹿西岛	鹿西乡	8.70		齿头山	东山街道	0.67
	状元岙岛	元觉街道	5.50		下岙岛	东山街道	0.60
	小门岛	大门镇	3.80		关老爷山	东山街道	0.54
	大瞿岛	东屏街道	2.30		铜盘山	东山街道	0.52
	半屏岛	东屏街道	2.30		长大山	东山街道	0.51
	大三盘岛	北岙街道	1.62		大明甫岛	东山街道	0.49
	青山岛	元觉街道	1.25		上干山	东山街道	0.39
	南策岛	半屏街道	1.06		大峙山	东山街道	0.30
	胜利岙岛	北岙街道	0.37		冬瓜屿	东山街道	0.25
	花岗岛	元觉街道	0.30		玉树段岛	东山街道	0.20
	屿仔	北岙街道	0.08		过水屿	东山街道	0.028
平阳县	南麂岛	鳌江镇	7.64	乐清市	西门岛	雁荡镇	6.37
	竹屿	鳌江镇	0.80		白沙岛	雁荡镇	0.72
	大檑山	鳌江镇	0.67		小横床岛	清江镇	0.31
苍南县	北关岛	马站镇	3.66				
	南关岛	马站镇	1.79				
	官山岛	赤溪镇	1.32				

注:以上住人岛 37 个,面积共 124.71 平方千米。

2008 年温州进行无居民海岛名称的清理和标准化工作,对全市无居民海岛进行逐个登岛甄别、界定和核实,核实后的温州海岛总数 435 个,其中洞头县 171 个。1990 年 8 月～1993 年 10 月,温州市进行历时三年的海岛资源综合调查,调查报告称,温州海岛总数 439 个。2010 年实施《中华人民共和国海岛保护法》时,洞头出版《洞头县无居民海岛调查图集》,该图集称洞头县拥有海岛 186 个,其中住人岛 14 个,无人岛 172 个。为什么温州市及各县、市的海岛数量莫衷一是?原因是多方面的。

第一,海岛数量应以大比例尺海图为依据,而海图的绘制以"理论深度基准面"为基础的。理论深度基准面是 1956 年起中国海军海道测量部在全国海洋测绘中统一采用这一标准作为基准面,同时也作为潮汐水位的起算面。后来在 1958 年、1965 年、1971 年、1975 年多次将理论深度基准面的数值作了调整。直至 1990 年 12 月 1 日开始实施国家标准《海道测量规范》(GB12327-90),将理论深度基准面的数值作了最后一次调整。正确的海图应以 1990 年的标准进行测绘,但是目前我们使用的海图多是陈旧的海图,有的甚至是英国海军、美国海军、日本海军及汪伪海军测绘的海图,所用的基准面是"特大潮低潮面""寻常大潮低潮面""略最低低潮面""最低低水位""吴淞零点"等基准面作为起算面,而非"理论深度基准面"。

第二,实地查勘海岛时多以"高潮时露出海面"作为海岛划分依据。这个"高潮"是查勘时的高潮,还是农历八月十五的高潮,没有统一标准。也有人以"有无木本植物"作为依据,更有人以"面积500平方米以上"作为依据,这些都是错误的。

第三,由于人工填海围涂,导致原先的海岛与大陆相连,这些海岛灭失应予注销。自上世纪80年代至2009年,温州全市共有24个海岛灭失,这些海岛应予注销剔除。

第四,由于历史原因和社会变迁,相邻地区的部分海岛形成事实上的权属矛盾和管辖使用纠纷,甚至发生暴力冲突。这种情况发生在县与县之间,市与市之间,甚至发生在省与省之间。目前,温州境内的浙江省与福建省争议的海岛有5个,温州市与台州市争议的有2个,乐清与洞头争议的有9个,苍南与平阳争议的有3个,洞头与龙湾争议的有1个。例如2010年6月乐清市人民法院开庭审理了乐清翁垟镇沙头村与洞头县关于五星山海岛的纠纷,根据温州市海域勘界行政区域划分,五星山坐落在洞头县境内,但历史上乐清沙头人在该岛进行过开发活动,现持有乐清市政府核发的林权证。这真是"清官难断海岛事"。

二、海岛地形图测绘

海岛地形图测绘的技术标准,民国时期按浙江陆军测量局《1∶2.5万、1∶5万速测地形图技术要求》,中华人民共和国成立后主要按1959年《1∶1万、1∶2.5万、1∶5万、1∶10万比例尺地形测量基本原则》和相应的规范和图式。现代测制的海岛各种比例尺地形图,均为1954年北京坐标系,1956年黄海高程系,部分图幅绘有潮信表、回转潮流图等。

1. 1∶1万地形图

浙江省沿海1∶1万地形图共249幅,覆盖温州市全部海岛,由总参测绘局组织测绘。温台沿海岛屿地形图主要在1978～1979年航摄测制,海部要素据1966年出版的1∶2.5万海图转绘,1980年出版,共115幅。1989年开始,用航空摄影测量的方法对1∶1万地形图进行修测更新。1∶1万海岛地形图为高斯-克吕格3°带投影,基本等高距5米,均采用1961年版图式,增改若干符号。

2. 1∶2.5万地形图

1917～1932年,浙江陆军测量局和浙江省陆地测量局在全省1∶5万地形图迅速测图的同时,对沿海岛屿从北而南测绘1∶2.5万地形图,约120幅,覆盖温州市大部分岛屿。矩形分幅,图廓尺寸36厘米×46厘米,每幅图经差7′.5,纬差5′.0;杭州紫薇园坐标系,高程从紫薇园原点假定标高50米起算,采用1914年地形图图式。

中华人民共和国成立后,总参测绘局组织测绘浙江沿海岛屿1∶2.5万地形图,大体分三个阶段。第一阶段是1958～1960年平板仪测图,约130幅,覆盖大部分岛屿,采用1958年版图式。第二阶段是1963～1967年平板仪测图,基本是修测1958～1960年版的地形图,采用1961年版图式。第三阶段是1981年出版1∶2.5万地形图,约150幅,覆盖全部沿海岛屿。其中大部分图幅依据1978～1979年测制的1∶1万航测原图缩绘,1980年编绘完成,1981年出版。海部要素分别据1963～1970年出版的1∶2.5万或1∶5万海图转绘,采用1971年版图式和1975年版海图图式。1∶2.5万地形图为高斯-克吕格6°带投影,基本等高距5米。

3. 1∶5万地形图

1923～1932年,浙江陆军测量局和浙江省陆地测量局在测绘全省大陆1∶5万地形图的同时,施测海岛1∶5万地形图65幅。矩形分幅,图廓尺寸36厘米×46厘米,每幅图经差15′,纬差10′;杭州紫薇园坐标系,高程从紫薇园原点假定标高50米起算。

中华人民共和国成立后,总参测绘局组织测绘浙江海岛1∶5万地形图,共85幅,覆盖全部岛屿,部分岛屿在大陆图幅内。全省海岛测绘大体分三个阶段,第一阶段是1956～1962年,用航空摄影测量方法测制。第二阶段是1963～1972年,进行修测更新,一般在原地形图上修测,地形变化大的海岛再次航测或利用新测1∶2.5万地形图重新编绘。第三阶段是1978年以后,又在部分海岛进行修测或重新编绘。

温台沿海岛屿地形图测绘分两种情况,有些海岛图幅是利用1962年或1969年编绘的1∶5万地形图原版,即1970～1971年修测和清绘地物版,1971年出版,采用1969年版图式,共17幅。有些海岛图幅是1963～1964年航摄绘制,1965～1968年完成航测外业,1969～1972年制图和出版,采用1969和1971年版图式,共16幅。1∶5万地形图为高斯-克吕格6°带投影,基本等高距10米,多数图幅绘有方位圈。

4. 1∶10万地形图

浙江省沿海1∶10万地形图,共25幅,基本覆盖所有海岛,部分岛屿在大陆图幅内,也有一些远离大陆的海岛未被测绘。1∶10万地形图是总参测绘局组织编绘,其基础资料来自1969～1972年用航空摄影测量方法测制或编绘的1∶5万地形图,海部要素根据1∶2.5万、1∶5万或1∶10万海图转绘。基本等高距20米。1963年、1971年、1972年出版的分别采用1958年、1969年、1971年版地形图图式。成图时间是1962～1974年,大多数图幅是1971年编绘出版。

第二节 海岸测量

海岸测量,主要是对大陆和海岛的岸线位置和海岸性质的测量,既测海岸线,又测沿岸地形。岸线以上地形一般只测岸线至陆地300～500米地带,岸线以下地形属于水深测量的范围,但因岸线附近经常干出,且多明礁、暗礁等航行障碍物,以海测方法施测十分困难,所以亦列入海岸地形测量范围。1990年,国家技术监督局颁发的《海道测量规范》中"海岸地形测量"章规定,海岸线实测范围应是海岸线以上向陆地测进图上1厘米(≤1∶2.5万)～2厘米(≥1∶1万),海岸线以下测至半潮线,与水深测量图相拼接。

一、历次海岸线测量

1931～1932年,民国政府海道测量局"甘露"舰在温州湾进行水深测量期间,完成岸线测量并兼绘山形。

1951～1954年,海道测量队在温州港区使用平板仪施测岸线地形,其他一般只"测记"岸线的轮廓点和附近的显著地物。测量人员使用六分仪沿着岸线边走边测边记,并勾绘草图,回到驻地再绘于水深图板。

1955～1956年,根据总参测绘局"在沿岸2000米范围内和海中岛屿的地形测量由海军承担"的意见,海道测量队三分队按译印的苏联《平板仪测量规范》和国际分幅,始用大平板仪实测温台沿海玉环、洞头两县岛屿和乐清县、温州市的海岸线,高程系统采用坎门验潮站的多年平均海面。完成1:2.5万岸线地形图20幅,面积共246平方千米,岸线总长272千米,迈出规范化岸线测量的第一步。

1958年开始,全国海区基本海道测量,按其《技术设计书》的"地形岸线测量的范围和内容"规定,测量范围为岸线和岸线以上的图上2～4厘米范围内的地貌地物,岸线以下的海滩地貌、沟汊、植被及礁石的位置和高度。北海舰队海测大队近海测量中队在南下支援"乐清湾—瓯江口沿岸基本海道测量"中,完成岸线地形图26幅,其中1:1万3幅,1:2.5万23幅,测量岸线总长680千米。为解决新测地形岸线与总参测绘局原有地形图经常无法拼接的问题,1960年明确规定"凡测区已有总参测绘局的同比例尺地形图者,利用地形图全要素版蓝晒后修测,测到完全衔接为止。"地形岸线测量执行总参测绘局《平板仪测量规范》,航海保证部制定的《地形岸线测量技术指示》,1963年和1978年颁布的《海道测量规范·地形岸线测量》两种版本。

1960～1969年,东海海测大队在浙江的基本海道测量中,完成岸线地形图248幅,其中1:5000图13幅,1:1万实测64幅,1:2.5万实测132幅,1:2.5万修测38幅,1:5万图1幅,总测图面积797平方千米。

1970～1989年,东海海测大队在浙江的岛屿测量调查中,完成岸线地形图172幅,其中1:5000图10幅,1:1万实测106幅,1:1万修测41幅,1:2.5万修测15幅,总测图面积213平方千米。这些岸线地形图,均含温台海域的岸线测量。

1979年,上海航道局进行温州港第6次全测,施测海岸线100千米。

二、岛屿测量调查

基本海道测量中,海岸地形测量的测图比例尺与该地的水深测量相同,这就部分海岛而言是偏小的。为满足国防建设和经济发展的需要,1964年提出"岛屿测量调查",作业依据航海保证部《岛屿调查提纲》,后来从调查转向测量为主。在岛屿测量调查中,岛屿各要素采用测量和调查两种手段获取。海岛测量范围依据岛屿周围海底地貌变化缓急程度确定,基本比例尺为1:5000或1:1万。东海各岛屿岸线地形实测或修测,长度不及1000米的岛屿一律实测。岸线以上向陆地测进图上2厘米,岸线以下向海方向施测200～300米,广阔海滩测至2米等深线。

浙江"岛屿测量调查"始于1972年,至1989年基本完成,由东海海测大队施测。其间的1988年,在温州湾至石塘完成1:1万水深测图5幅,1:1万岸线地形图30幅,其中实测12幅,修测18幅,测图面积57平方千米。1989年在大港湾至崲顽湾完成1:1万水深测图8幅,测深长度0.67万千米;1:1万岸线地形图19幅,其中实测12幅,修测7幅,测图面积47平方千米。

第三节　海涂测量

海涂是指平均大潮高潮线至最低大潮低潮线之间的海滩,也就是海岸线至理论深度基准面之间的潮间带。据此计算,温州市的海涂资源为97.8万亩。海涂测量的环境条件非常险恶,若采用一般的海测方法,水浅浪高,潮汐涨落,适测时间短,测艇随时有搁浅的危险;若采用一般的陆测方法,因海涂承载力很差,涂上潮沟遍布,步履十分艰难,而且同样要待潮作业,还要严防急潮带来的安全隐患。

一、近代海涂测量

1943 年,浙江省水利局考虑到全省耕地面积不足,而温台沿海各县可垦海涂甚多,亟宜大举开发。因此成立两支海涂测量队,从事平阳、瑞安、乐清、玉环和温岭、黄岩、临海、三门等县滨海海涂测量。温属滨海海涂测量队在北起乐清后唐街,南至平阳南监盐场,共完成 1∶1 万地形图 54 幅,图廓尺寸为纬差 2′,经差 3′,海涂地形点密度为每隔 200 米测 1 点。台属滨海海涂测量队在北起三门湾,南至温岭南关,共完成导线测量 206 千米,水准测量 270 千米,1∶1 万地形图 62 幅,面积 380 平方千米,其中海涂面积 206 平方千米。根据测量成果报告,分析各片海涂优劣,提出开发利用意见。

二、现代局部海涂测量

1960～1980 年,浙江省河口海岸研究所测验队在象山港、漩门港、乐清湾、飞云江口外、鳌江口外陆续进行局部海涂测量。测量面积逾 1600 平方千米,其中 1∶1 万图 530 平方千米,1∶2.5 万图 1050 平方千米,还有少量 1∶5000 测图。采用 1954 年北京坐标系;高程系统在飞云江口外和鳌江口外为吴淞高程系,其余均为 1956 年黄海高程系。

三、全国海岸带和海涂资源综合调查温州试点区海涂测量

为充分合理地开发利用中国海岸带丰富的资源,加速沿海经济的发展,国务院于 1979 年 8 月批准国家科委、国家农委、军委总参谋部、国家海洋局、国家水产总局等"关于开展全国海岸带和海涂资源综合调查的请示"报告。国家科委等部门决定先在温州进行试点,然后再在全国沿海各地展开。1979 年 10～12 月,浙江省河口海岸研究所测验队受试点单位委托,在乐清湖雾至平阳琵琶门(今苍南琵琶山)的沿海海岸潮间带(包括洞头主要岛屿),测量完成 1∶2.5 万海涂地形图 944 平方千米。图幅有乐清盐场、灵昆岛、大门岛、霓屿岛、天河盐场、梅头盐场、瑞安海涂、飞云江口、上关山等。经量算,温州沿海在理论最低低潮面以上的海涂资源面积为 89.4 万亩,其分布见表 8 - 12。表内大渔湾、沿浦湾非本次实测,而据已有海图资料量算得出。海涂地形图为 1954 年北京坐标系,测深经潮高改正,归算到 1956 年黄海高程基准面上。

表 8 - 12　　　　　　　　　　　1979 年温州市海涂资源面积分布情况　　　　　　　　　　面积单位：万亩

市县	乐清		温州	温州、瑞安	瑞安、平阳	平阳		洞头	总计
地点	湖雾—蒲岐	蒲岐—岐头	灵昆岛	瓯江口—飞云江口	飞云江口—琵琶门	大渔湾	沿浦湾	诸岛屿	—
面积	8.6	12.3	6.4	29.4	22.9	3.5	1.7	4.6	89.4

四、浙江省海岸带和海涂资源综合调查海涂测量

根据国务院批文,浙江省人民政府于 1981 年 3 月下达(1981)21 号文件,决定开展全省海岸带和海涂资源综合调查研究工作。浙江省河口海岸研究所测验队担负海涂地形测量任务。海涂地形测量的目的是为各专业组调查提供工作底图,为海涂总面积和分类面积的量算提供基础资料,为编制资源综合调

查图集提供依据。

这次海涂地形测量的范围,除杭州湾及温州湾至琵琶门已测外,涉及全省大陆沿海海涂,即从甬江口至乐清湾。地形图比例尺为1∶5万,技术标准是《中国海岸带和海涂资源综合调查规程》和浙江省的"实施大纲"及《海洋测量规范》。采用1954年北京坐标系,1956年黄海高程系。图廓60厘米×80厘米。海涂地形以断面形式测量,断面基本间距500～1000米,视地形变化而定。每个断面的点距200～500米,变化复杂地段适当加密。测量期间在沿海先后布设13个临时验潮站。

1982～1984年,共测图13幅,计1900平方千米。其中镇海崎头至石浦是1982年施测,石浦至璇门港是1983年施测,乐清湾是1984年施测。成果按规定进行两级验审,通过省级验收。至此,浙江省沿海海涂均有实测地形图,填补了历史的空缺。

五、瓯江口外滨海区大比例尺海涂测量

1985年春夏之交,由温州市海涂围垦处完成永强海涂大比例尺应急测量任务。测量范围为永强滨海区永前闸至七甲闸地段,属瓯江南口工程的促淤区,海岸线长6千米。以陆测方法施测,平均测至海岸线外500米,共完成1∶2000测图13幅,面积6.4平方千米。

平面控制布设南北走向、横跨陆地和海涂的5″级小三角锁共22点,两头选定用钢卷尺量距的起始边。起始边一端点对国家点(鲳儿基顶、大主山、黄石山、小陡门东)进行后方四标三角交会定位,北端点 $m_S=\pm0.12$ 米,南端点因图形欠佳,只能由北端点推算出南端点坐标。全锁测角中误差4″.23,最弱边相对中误差1∶22079。高程控制联测温州市东部三等水准网。

这次测量最难的是海涂点的三角观测。海涂点先埋设长1米的木桩,经观测计算全锁质量良好。为能长期保存,并结合海涂冲淤观测之需,改埋0.15米×0.15米×1.50米的花岗岩石桩。这些大石桩是委托民工用船乘大潮时提前运至点位附近抛下备用。改埋时,用两架经纬仪先标定原木桩中心,而后在拔掉木桩处立即用两仪器的视线上立正石桩。两人抱桩架高,第三人攀住桩顶,在轻微晃动桩体的同时,大家一起用力将石桩压入涂泥。石桩的底部预先活圈一绳索,可用来随时校移桩位,埋定时的点位偏离量均≤3毫米。海涂采用极坐标法按100米间隔的断面施测,点距50～70米。在5″级锁的海涂点架设经纬仪,观测视距、垂直角和方向角,计算出坐标。高程精度按《海道测量规范》要求为±0.1米,平面精度则按规范规定放宽一倍为图上±0.3毫米,这样最大视距可增至500米而不致影响测图质量。

第七章　江河水文测验和河工模型试验

水文测验亦称水文观测,即在海洋、江河、湖泊的某一地点或断面上观测各种水文要素,并对观测资料进行分析整理,为河口工程的物理模型试验或数学模型试验提供基础资料,从而预测修建水利工程后河流所发生的演变规律,用来制定工程规划,并进一步控制河床演变过程。

第一节　江河水文测验

水文测验的主要内容有水位、流量、流速、流向、盐度、含沙量、悬移质和推移质泥沙的数量及颗粒级配等观测。这里主要记述瓯江、飞云江、鳌江三大河流的河口水文测验和计算成果。

一、瓯江河口

1953年以来,瓯江河口完成多次全潮水文测验,口内同步观测水位和流速,并计算进出潮水量,口外加测流向。

(1) 1953年2月,在江心屿北港和南港首次进行水文测验。此后,为监测两港分流量的变化,15年中测验11次,分别为1960年6月,1961年5月,1961年7月,1964年11月,1965年4月,1966年10月,1970年1月,1970年5月,1970年10月,1972年3月,1975年10月。1961年7月～1975年1月,在江心屿上游的三条江断面亦有9次水文测验,其中7次与江心屿南北港同步进行。

(2) 1961年2月～4月,南京水利科学研究所等单位完成瓯江口内外的水文测验。沿瓯江口外航道轴线布设№1～№4站进行大、小潮各一昼夜全潮同步水文测验。№1站在岐头口,№2站在小五星附近,两站适在沙头水道进出口;№3站在乐清湾口横址山西侧,№4站在黄大岙航道青菱屿附近。并从大门岛东头经洞头峡,再从瓯江南口至龙湾站布设№5～№11站进行定点水流观测。

(3) 1961年7月,温州港务局在三条江、江心屿南北港、龟山、杨府山、七都南北支断面进行全潮水文测验,为温州港首个河工模型提供水文验证资料。温州港第一、二期整治工程方案即靠此模型选定。

(4) 1971年8月16日～31日,山东海洋学院海洋系师生在温州港务局海港测量队协作下,在灵昆南北口断面"垟田至小陡门"和七都南北支断面"马蹄山至状元桥",分别进行枯水期大中小潮全潮同步水文测验。测验项目有水位、流速、流向、悬沙、底沙等,并计算输沙量。测流使用国产HMLI型海流仪和旋杯式河流流速仪,悬沙使用国产海洋用颠倒采水器分层采样。参加人员共195人,最后提供《1971

年8月瓯江口水文测验报告》。

这次水文观测的断面位置从1:1万航道图选定,测船租借龙湾渔业大队进行水下地形测量,近岸端用陆测方法接至吴淞5.5米。据实测纵断面图确定垂线位置,经测量定位引导测船进点,用四锚固定,观测期间船位不变。沿江设立11个临时潮位站,加上原有4个永久潮位站,共15个潮位站,进行15个潮位站的同步观测。永久站为龙湾、江心屿、梅岙、花岩头,临时站为黄华、垟田、小斗、琯头、乌牛、状元桥、杨府山、三条江、礁头、岐头、七里。临时潮位站录用当地知青进行观测。"温围指办"并利用黄华站和4个永久站8月17日~9月15日共30天的潮位资料,进行潮汐调和分析计算,取得各站潮汐调和常数和潮汐非调和常数。各测验断面情况见表8-13。

表8-13　　　　　　　　　1971年水文测验各断面情况表(吴淞0点)

断面	灵昆北口	灵昆南口	七都北支	七都南支
断面线长度	2250米	2000米	695米	1080米
水深	1.8~14.0米	1.0~4.2米	5.3~7.9米	3.8~8.7米
垂线数	5	4	3	4

据测验和计算结果,大潮实测最大表面流速,灵昆北口断面涨潮2.0米/秒,落潮2.2米/秒,南口断面涨落潮均为1.3米/秒。大中小潮全潮进(出)潮量,灵昆断面约7亿立方米,大中小潮分别为进潮7.8、7.3、6.1亿立方米,出潮7.9、6.8、5.3亿立方米,各潮南北口都按三七分配。七都断面约4亿立方米,大中小潮分别为进潮4.8、4.5、3.6亿立方米,出潮4.5、4.1、3.4亿立方米,各潮南北支都按六四分配。灵昆断面平均含沙量,大、中潮为3公斤/立方米,小潮为2公斤/立方米,每个全潮随潮流运动的泥沙,大、中潮为200万吨,小潮为100万吨。

(5)1972年7月20日~8月3日,应南京水利科学研究院河港研究所瓯江组要求,为确定在模型试验中瓯江南北口潮汐能否采用同步控制,"温围指办"组织7个潮位站进行补充水位观测。结果表明瓯江南北口潮汐可采用同步控制。

各临时站人员从灵昆公社短期录用复员军人和知青共27人前往测量。7个站点设置,在灵昆岛新设灵南站(位于东南岸南口念七份浦)、北段站、海思站3个,恢复1971年水文测验老站黄华、七里、小斗3个,另有龙湾永久站1个。通过四等水准使各老站潮位皆从吴淞0点起算,北岸黄华和七里站从黄华新码头"温港测3"引测,南岸龙湾和小斗站从龙湾村三等水准点"温-1-4"引测,灵昆岛上3个潮位站统一为"水尺0点"。由于瓯江南、北口宽度都超过2000米,限于仪器条件无法实施跨江水准测量,于是采用主、副站"七里—北段"和"小斗—海思"(距离皆是2.3千米)的15天同步潮位观测资料中58个高、低潮值,借鉴海道测量通常只用于近海的现行方法"根据涨、落憩瞬间相应海面高度联测成果计算平均水位",试行高程基面的跨江传递。其精度按全长8千米的四等组合水准路线"七里—北段—海思—小斗"的闭合差衡量,限差为±57毫米。该路线中间"北段—海思"距离3.4千米,通过几何水准传递。结果表明,吴淞0点在北段站"水尺0点"上-48毫米,在海思站"水尺0点"上-22毫米,即从南北大陆分途跨江传递的实际闭合差为±26毫米,不及限差之半。最后取平均值-35毫米改正灵昆岛暂定的"水尺0点",实现陆、岛7个站的潮位资料统一归算至吴淞0点。

再以各站同期的半月平均海水面,采用"同步改正法"校核,得出吴淞0点和灵昆岛"水尺0点"的差值,"七里—北段"为－47毫米,"小斗—海思"为－20毫米,平均值－34毫米,这与前者几乎一致。

灵昆潮位站"水尺0点"统一后,比对各站的潮位曲线均近似重合,因此,瓯江灵昆南北口的潮汐在模试中可采用同步控制。同时表明,龙湾以下的瓯江河口亦可在两岸配置主、副站,采用同步改正法传递高程,但要避开河流弯道减少河流横比降影响,并选择枯水季节减少河流纵比降影响。利用平均海面传递高程,具有良好的精度,而且比跨海水准测量更方便有效。1971年水文测验的同步潮位观测资料已显示北岸黄华等站的日平均海面普遍低0.11～0.13米。初疑水准测量出问题,后经查实是起始水准点高程张冠李戴,其差值恰是0.107米。

为固定灵昆岛上的"吴淞0点",1972年埋设简易水准标石"围指测1"和"围指测2"。《灵昆岛上吴淞0点的确定方法与精度及瓯江河口的平均水面问题》是对此项高程基面联测的专题论述。

(6)1975年10月,温州港务局在瓯江河口江心屿至龙湾断面,进行全潮水文测验。江心屿南北港断面小潮7条垂线,龟山断面大潮7条垂线,杨府山断面特大潮7条垂线,七都南北支断面(状元与乌牛)中潮6条垂线,龙湾断面小潮7条垂线,为1972年扩建、1979年修改的河工模型提供水文验证资料。温州港第三、四期整治工程方案靠此模型选定。

(7)1979年,温州港务局组织水文测验,除1975年10月的各个断面外,在瓯江口外北、中、南水道的小五星、黄大岙、南山进行同步水文测验,历时24天。

(8)1987年5月,温州港务局组织水文测验,观测流速和流向,为当年新建河工模型提供水文验证资料。瓯江七都南北支(状元与蹄山)和龙湾断面大潮全潮同步进行,磐石和灵昆南北口(海思与七里)断面中潮全潮同步进行。瓯江口外在小五星、黄大岙、南山断面分别布设5、6、4条共15条垂线,继在黄大岙拦门沙一带纵横布设9条垂线,岐头口布设3条垂线,先后同步进行。水位站有黄大岙西头、岐头、海思、龙湾、瑁头、状元、江心屿等。

二、飞云江河口

1978年8月14日～22日,在飞云江河口段的上望、下埠、瑞安、涂头断面首次进行大中小潮全潮同步水文测验。上望断面大潮涨落潮的平均流速,涨潮为0.81立方米/秒,落潮为0.80立方米/秒;平均流量涨潮为9080立方米/秒,落潮为6570立方米/秒;平均含沙量涨潮为1.98公斤/立方米,落潮为2.08公斤/立方米;平均输沙率涨潮为14.7吨/秒,落潮为12.2吨/秒。

1993年,浙江省河海测绘院受温州市水利局委托,在飞云江下游的潘山和马屿各布设1条垂线进行大中小潮同步水文测验,观测项目有水深、流速、流向、盐度、含沙量、悬沙及底沙粒度等。每潮汛从低平潮开始连续观测26小时。

2001年,浙江省河海测绘院受温州珊溪水利枢纽工程建设总指挥部委托,在飞云江下游的潘山、马屿、仙降各布设1条垂线,进行大中小潮同步水文测验,观测项目同前。

2007年,浙江省河海测绘院在飞云江河口段的潘山至上望,共布设8个断面12条垂线,进行大、小潮同步水文测验,观测项目不变,同时设立7个临时潮位站进行潮位观测。

以上各次水文测验主要执行水利部1975年《水文测验手册》,国家技术监督局1994年《海滨观测规范》,交通部1998年《海港水文规范》。

三、鳌江河口

1960 年,钱塘江工程局测验队设置鳌江河口、鳌江港、钱仓、萧家渡、麻步 5 个断面共 14 条垂线,进行中、小潮全潮同步水文测验。鳌江港断面平均含沙量 5 公斤/立方米,最大逾 20 公斤/立方米。鳌江河口断面平均潮流量 1000 立方米/秒,最大涨潮流量 3000 立方米/秒。

1978 年,浙江省河口海岸研究所测验队设置鳌江港和琵琶门 2 个断面共 4 条垂线,进行大、中潮全潮同步水文测验,观测项目有流速、流向、含沙量、盐度、潮位、底质等。

1987 年,温州航运管理处设置江口村和鳌江镇 2 个断面共 6 条垂线,进行大潮全潮同步水文测验,参加人员 40 余人。

1991 年,温州航运管理处设置新美洲、龙港镇、江口村、鳌江镇 4 个断面共 12 条垂线,分两组进行大潮全潮同步水文测验。

第二节 河工物理模型试验

河工模型试验可以模拟一定的空间和时间内修建工程后的河床演变过程和发展趋势,因此近一个世纪以来,这种解决工程问题的手段越来越多地加以利用,它的理论和技术也日趋成熟。河工物理模型试验的具体步骤,一是航道图测量和全潮水文测验,二是河工模型建造,三是河工模型验证,即观测模型河床的冲淤变化,与自然河道在不同年月先后测量的两航道图水深变化作对比验证。河工物理模型试验有定床模型试验和动床模型试验之分。

一、瓯江河口河工模型试验的项目

1962～2004 年,瓯江河口先后启动许多起整治工程、疏浚工程和围海工程,这些工程的"河工模型试验",全部委托南京水利科学研究院河港研究所专门成立的"瓯江组"完成。共有 21 项,其中 1～8、13、16、19 项列述如下。

(1)温州港第一期整治工程模型试验(1968～1969 年)

(2)温州港第二期整治工程模型试验(1971 年 10 月～1972 年 10 月)

(3)瓯江灵昆南口堵坝围垦定床模型试验(1972 年 10 月～1974 年 6 月)

(4)瓯江灵昆南口堵坝围垦定床模型补充试验(1976 年 9 月)

(5)瓯江灵昆北口护岸模型试验(1979 年 10 月)

(6)瓯江杨府山新港区航道整治模型试验(1979 年 12 月)

(7)瓯江杨府山新港区航道整治动床模型试验(1980 年 12 月)

(8)瓯江灵昆南口围垦模型试验研究(定床、动床)(1988 年)

(13)瓯江灵昆南口堵坝围垦对航道影响模型试验研究(1992 年 2 月)

(16)瓯江灵霓海堤工程可行性定床水流模型试验研究(1994 年 7 月)

(19)温州浅滩围涂工程定床水流模型试验研究(2001 年 3 月)

为此,"瓯江组"先后 5 次新建、扩建、修改瓯江河口河工模型。模型建造年月、水平比尺、垂直比尺、自然地形依据、验证水文资料、进潮口位置和使用情况集中列于表8-14。

表8-14　　　　　　　　　　　　　　　瓯江河口河工模型概况

模型建造年月	水平比尺	垂直比尺	自然地形依据	验证水文资料	进潮口位置	使用情况
1962年新建	600	60	1960年测量	1961年7月测验	龙湾	1～2项模试
1972年10月扩建	600	60	1970年全测	1971年8月测验	岐头	3～4项模试
1979年修改	600	60	1975年8月测量	1975年10月测验	岐头	5～7项模试
1987年新建	1000	100	1986年全测	1987年5月测验	北、中、南水道	8～18项模试
2000年4月新建	1000	100	1998年全测	——	北、中、南水道	19～21项模试

二、瓯江河口河工模型建造测量

瓯江河口河工模型试验均由温州市立项委托,而且80年代前的每项模型试验都派出许多辅助人员,全力参与模型建造测量和资料整理分析。现以1972年9月"瓯江灵昆南口堵坝围垦定床模试"扩建模型的建造测量为例加以记述。

瓯江河口第一个河工模型,依据1960年航道全测图建造,下限只达龙湾断面。1972年扩建模型是老模型的延长,下限要延至灵昆南北口外。北口至岐头附近,南口至海岸线外约4千米。新模型按1970年航道全测图建造,礁头以上按1966年测图。其水平比尺 $\lambda_L=600$,垂直比尺 $\lambda_y=60$,时间比尺 $\lambda_T=87$,流速比尺 $\lambda_V=6.95$,流量比尺 $\lambda_Q=25.2\times10^4$,均与老模型相同。整个模型占地面积约2000平方米。

生潮水池跨越口外浅滩,与瓯江南北口水流走向大致垂直。北口和南口潮汐分别由2扇推板式尾门同步控制。主流上游至梅岙以上10千米,再接以30千米长扭曲河道,已超出潮区界。支流楠溪江仅至第二弯道处,其上亦用扭曲河道代替。主流圩仁站和支流楠溪江径流量选用文德里水量计控制。断面糙率由验证试验确定。实际工序如下:

1. 制定模型断面框架设计图

经勘查试验场周边,老模型可以延长。从1960年测图上找出原设计龙湾断面延伸线两端的B、D点(模型距离7.54米),移绘至1970年测图。顺BD线,从B点上延3.50米定为A点,从D点下延3.00米定为E点,AE长14.04米,作为矩形网的左边。矩形的上、下边由A、E各向右方延伸25.00米得出 A_{25} 和 E_{25} 点,并标出中间延伸5、10、15、20米的各点。自B点下延3.50米定为C点,C点亦向右方延伸25米得出 C_{25} 点,CC_{25} 正好通过灵昆岛中部。断面线基本间距取实地400米(模型0.667米),其方向视河床地形特点而定,尽量取与矩形AE边相平行。参阅图8-15。

2. 试验场地测设控制网的布设

为测设各断面,先布设平面和高程控制网。平面控制网采用与老模型相同的假定坐标系,就是移1970年测图中的框架设计于试验场。在老模型的龙湾断面延伸线上,据留存的B、D点定出A、E两点(距离14.04米),作为矩形的短边,再以25.00米为长边,在试验场地构建矩形控制网,最后用对角线长度(28.673米)校核,要求误差≤1∶5000。合格后再细分各边定出全部点。

高程采用假定起始点的吴淞基面,向下为正,向上为负,类同水深。在场外山边和场内"灵昆岛"埋

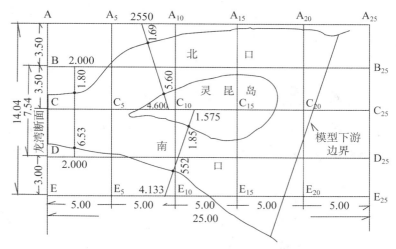

图 8 - 15　灵昆南北口模型断面框架设计图

设基本水准点和工作水准点,据试验场地面与所埋点的高差,先给出工作水准点的模型高程为吴淞26.41厘米。再通过水准测量得出基本水准点高程,并经常检查两水准点间高差的稳定性。

3. 断面量取、绘图和装定

断面从西往东顺序编号,每个断面先量取起终点位置的横坐标。设某断面起终点在 BB_{25}、DD_{25} 轴线上,则以 b、d 表示起终点,用 Bb、Dd 代表这个横坐标。在各断面线上读出该断面各所选深度点的距离和深度,并每隔3~4点取一点改化为吴淞基面下,再按1:60缩为模型值,留作模型断面建后检验的检查点。岸线点视为吴淞高程-5.50米(模型值-9.17厘米),类同深度点一起量出,按量得的距离在模型现场打下岸线桩。

绘图就是把全断面各个所选深度点绘在玻璃板上连成断面,通过自制专用尺直接化实地距离为模型距离,化实地水深为吴淞基面下的模型水深。一个断面往往要用多块玻璃板连续绘制,每块玻璃板均注明长度和下沿高程、上沿高程;检查点和岸线点加以标志,两岸线点读取的两距离之差等于断面总长。

使用 N_3 水准仪,后视模型工作水准点得出视线高;按各块玻璃板注明的上沿高程,先算出其装定时应有的前视读数,依此指令玻璃板的上提和下放,而玻璃板的平面位置按断面两端早先打下的岸线桩就位。初步装定后,变动水准仪视线高进行校核,当误差≤±1毫米固定之,现场交模型瓦工按玻璃板上绘制的断面线,在背面用水泥沙浆堆砌出竖立的断面。

4. 断面建造质量的检验

待模型断面固结后,用红漆标出岸线点和检查点,再拆除玻璃板,立即检验模型断面各点的建造高程与自然高程的差值,一般以±1毫米为限;差值近±2毫米者,必须返工改正。全部断面各点经检验,粗差均经改正合格,依岸线桩砌上边墙,高度-9.17厘米,再在断面之间垫沙并用水泥沙浆抹面,连结各断面成整体河床。接长断面共54个,模型总长228米,至11月18日完成。经全面检验,高程中误差在±1毫米以内。随后对龙湾以上直至礁头的56个断面也按1970年测图改建,岸线照旧。

5. 测设各水位站和水文测验垂线位置

测设方法类似断面。水位站安装记录式水位仪时,控制基座高于岸线平面12.4~25.4厘米;安装后调整水位仪,确定水位仪记录纸上吴淞0点的位置。

模型修建一直在露天进行,1972年严冬将临时,才搭建草棚。当年模试工地的条件很差,连试验人员办公室也只是个铁皮顶盖的小房,没有任何降温和保暖设施,夏如蒸笼,冬似冰窟。1979年草棚才改建为钢架结构房。

三、瓯江河口河工模型试验中的水文测验

河工物理模型建造后的模型验证和工程试验,仍离不开"微模"的水文测验和地形测量。它的基础性工作内容都是反复观测模型里的水位和流速,并计算进出潮量,动床模试还要测绘河床地形。也以1972年9月"瓯江灵昆南口堵坝围垦定床模试"为例叙述。

河工模型验证和工程试验,进潮口和上游无潮点要同时放水造潮造径流。先验证模型,再预演自然河流在兴建"工程"后的水流运动,观测其变化以探究结论,为工程项目的可行性研究提供基本依据。

该模型测设8处水位站,分别为黄华、垟田、小斗、龙湾、乌牛、江心屿、礁头、梅岙,并测设25条垂线,分布在灵昆南北口垂线9条,七都南北支垂线7条,江心屿南北港垂线9条。每组不同潮汐和径流量的匹配要反复试验,而每次试验都要重复2~3遍。瓯江河口属半日潮,高潮—低潮—高潮为12小时25分钟,在模型里重复3遍约需25分钟,一般每天要进行多组试验。每次试验要盯着各站水位仪的运转,首次模试用的水位仪尚无自动记录装置,需人工观测记录,更显紧张。

各水位站的潮位记录都要订正时间误差后读取水位,再与原型水位一起绘出水位曲线图比对。验流是撒下纸片用照相机同步摄取正形投影下纸片的移动轨迹,摄影底片放大后量出轨迹长度以计算流速。南口堵坝最担心的是洪水壅高导致"水漫温州城",经过多次试验得出结论:"当百年一遇的洪水和天文大潮相遇时,高潮位最大壅高值在龙湾—乌牛一带,为19厘米,温州为13厘米。"这个13厘米就出自模型里的2毫米。

1972年9月~1974年6月、1975年3月~1976年9月、1979年3月~8月,温州市先后派出30来人,包括温州市水电局干部5人,参与"瓯江灵昆南口堵坝围垦"的多次定床物理模试和数学模型计算,完成模型建造测量、模试中的水文验测及资料整理分析工作。人员流动多,但总能保持3~4人在场,而主要技术骨干数年里始终坚守在试验工棚。1994年7月,完成《瓯江灵霓海堤工程可行性定床水流模型试验研究》报告。

二十年前相对落后的模试条件,如今已完全改观。测量仪器方面,潮位由数字编码跟踪式水位仪测量,流速用光电旋浆式小流速仪配合水面的跟踪仪测量,潮位和流速讯号由数据采集接口装置输入计算机存盘,可进行离线处理。经计算机处理后给出沿程潮位过程线、流速过程线、垂线单宽流量、断面的涨落潮流量过程曲线、全潮的总潮量等。基本实现试验过程和资料分析整理的全部自动化,缩短试验周期,节省人力物力。从前,潮汐控制系统只能控制一个边界口门,瓯江口外尚无条件进行模试;如今模型试验采用一台计算机、三套生潮设备和三套可逆调速仪分别控制三个边界口门的潮汐水位,实际潮位与给定潮位之间的误差一般控制在1毫米以内。

第三节　河工数学模型计算

预测河流演变过程的方法有河工物理模拟和数值模拟两种,它们是专门研究水流和泥沙运动以及

河床演变的技术。与物模相比,发达国家的数模在应用上已居于领先地位,但物模在重大水利工程及科研方面的应用仍有不可替代的作用,数学模型仍然不能完全替代物理模型。在许多情况下,常采用数学模型与物理模型相结合的研究方式,以求得问题的解决。

一、瓯江河口河工数学模型计算

瓯江灵昆南口围垦堵坝工程对瓯江下游水位影响,即堵坝后瓯江的泄洪和进潮量问题,分两次进行河口数学模型计算,并完成成果报告。

1. 第一次数学模型计算(1971年9月至1972年2月)

1971年9月5日,山东海洋学院海洋系承担这一课题研究。首先建立数学模式"偏微分方程组及数值解法",再收集整理与地形测量、水文测验有关的原始资料,包括"计算参数及定解条件的数值",含地形参数、阻力系数、边界条件、初始条件等,最后进行"验证计算及工程方案计算"。

地形参数是指河道过水断面面积A、水面宽度B、水力半径R,均取自1970年瓯江河口全测图。从河口岐头至青田圩仁长80千米河段,共选定33个断面,并绘出断面图。从各断面图在水位-1米至6米(吴淞)的范围内每隔1米量取A和B,而R=A/B。

以青田圩仁站流量和乐清岐头站水位作为边界条件。为此,专程前往圩仁水文站抄取1971年水位和流量资料,采用最小流量40立方米/秒和最大流量12200立方米/秒的典型流量值。

1971年9月5日～23日,增设岐头和七里两个临时潮位站,并延长已设黄华站的观测时日,三站作同步观测。初始条件采用1971年9月5日1时瓯江各选定断面的水位和流量。水位由已有水位站实测资料通过内插求得;流量依据圩仁站实测值,结合研究河段的水位变化和河床地形,利用连续方程计算得出。

验证计算,采用1971年9月5日至7日的瓯江各潮位站资料验证,建立的"偏微分方程组"能否正确描述南口堵坝前该河段的水流运动? 也就是将计算得出的水位与实测水位相比较,若能近似正确地描述,才可用来研究未来工程实施后的水流运动,并从中正确选定符合河道实际状况的阻力系数C。

"温围指办"部分人员参与计算参数的计算,计算在石油部九二三厂电子计算机上完成。1972年2月,山东海洋学院海洋系完成并提供研究成果《瓯江灵昆南口围垦堵坝对瓯江水位影响的计算》。

2. 第二次数学模型计算(1972年9月至1976年9月)

第二次数学模型计算由南京水利科学研究所河港室瓯江组主动立项承担,以期与河工物理模型的试验成果进行比较。先建立问题的数学模式"基本方程组",继而导出适用于单一河道、汊道、筑坝汊道(三条江及江心屿南北汊道)的不同基本方程组及其数值解法。后续计算所用原始资料与第一次计算大同小异。地形参数亦取自1970年瓯江河口全测图,共选定69个断面。以青田圩仁站流量和乐清黄华站水位为边界条件。验证计算,从1971年水文测验资料中,选8月21日大潮时圩仁流量40立方米/秒,支流楠溪江流量0立方米/秒,以及8月23日大中潮时圩仁流量12000立方米/秒,支流楠溪江流量1500立方米/秒,分别验证枯水期和洪水期流量情况。

经数月准备,先作手算,1973年8月开始上机计算。诸多疑难逐一破解,只因"筑坝汊道"所采用的迭代程序常不收敛,计算再无进展。"筑坝汊道水力计算"建立的"基本方程组"是非线性的方程式"五元三次联立方程组",需用试算法迭代求解。一般先给主要未知数"过坝流量Q"取值令为已知量X,代入联立方程组求解出其余4个未知数后再求Q,若算出的Q值不等于X,则以此Q值作为第二次的取值代入计算。如此周而复始一次次迭代,如果迭代程序是收敛的,各次求解的 Q 值将逐步趋近取值,最后实现 Q＝X。"筑坝汊道"左汊筑有顺坝和潜坝,因水流方向和水位变化,过坝水流有 10 种不同的状态,因此"五元三次联立方程组"亦有 10 种不同的函数形式。水位变化既有水位高低的变化,导致仅潜坝过流或潜坝和顺坝同时过流;而且还有坝上、坝下水位差的变化,导致潜坝和顺坝的过坝水流各有淹没流或临界流的区别。坝前液面＞1.5 倍坝下液面属临界流,否则为淹没流。

面对困境,温州市水电局协助河工模试的测绘人员,主动利用业余的夜晚和假日探索这个难题。接着提出一种新的迭代法"割线插入迭代法",该法用于求解单调减函数或单调增函数,都是收敛的。1973年 6 月～1974 年 5 月,经过一年连续的探索,完成《在筑坝汊道上过坝水流的全潮过程与水力计算"割线插入迭代法"的提出、证明和应用》,全文共 5 万字,附有计算资料和各 $Q＝\varphi_N(X)$ 图象,当即提交南京水利科学研究所河港室瓯江组参考。瓯江河口第二次数学模型计算中困扰多时的迭代问题,基本上就是按此思路解决的。

计算先在南京计算所进行,后在上海计算中心 709 型计算机上完成。1976 年 9 月南京水利科学研究所向温州市水电局提交《瓯江灵昆南口堵坝潮位、潮流量计算成果》和《瓯江河口潮汐水力计算》。

二、鳌江河口河工数学模型计算

1988 年,温州航运管理处委托南京水利科学研究院进行鳌江港第一期整治工程数学模型试验计算,当年 11 月完成《鳌江港淤积原因及治理措施初步研究报告》。该报告显示,上游下泄流量为 100 立方米/秒时,鳌江站涨、落潮流比值接近于 1;当小于 100 立方米/秒时,鳌江站以上河段将会淤积;当超过 100 立方米/秒时,鳌江站无涨潮流,此时鳌江站以上河段将会发生冲刷。鳌江干流下泄流量超过100 立方米/秒的频率不足 3％,多年平均径流量为 16.6 立方米/秒。鳌江上游来沙量不多,但海域来沙量甚为丰富。枯水期鳌江涨潮平均含沙量可达 6～8 公斤/立方米,这是造成河道泥沙淤积的主要物质来源。该报告又指出,比较 1981 年和 1986 年鳌江水下地形图,可见除龙港港区发生局部冲刷外,鳌江港区以上河段淤积比较严重。岱口、沿浦、鳌江港、龙港港 4 个弯道深槽的最大淤积厚度分别为 0.9 米、0.75 米、2.1 米、0.6 米,龙港港区以下至河口淤积量较小。全河段累计泥沙淤积量为 66 万立方米。鳌江河口段泥沙淤积的主要原因是上游建造水库和支流建闸,下泄径流减少,纳潮量亦减少;潮波变形加剧,涨潮输沙量大于落潮输沙量。

1990 年,温州航运管理处委托南京水利科学研究院进行鳌江航道治理规划研究。当年经温州市水电局同意,在鳌江南岸新渡下游,修筑轻型竹木结构试验丁坝两条,一条长 69 米,另一条长 50 米,丁坝间距 210 米,坝顶高程 2.5 米(吴淞),当年 10 月建成。根据 1987 年和 1991 年两次水文测验成果,以及1986 年和 1991 年两次水下地形图比较,试验竹木丁坝取得一定效益。具体收效表现在断面平均涨潮流速增加 12％,落潮流速增加 34％;同次涨潮流速与落潮流速的比值,从 1987 年的 1.46 减少为 1.22。航道深度增加,弯道深槽－2 米以下水深平均增加 1.1 米,断面最大水深达到－3.9 米,鳌江码头前沿水深增加 1.0 米,码头滩地降低 0.6～0.8 米。航槽拓宽 2～3 米,深槽比 1986 年拓宽 45 米。

鳌江从狮子口入海后,在滩涂间流向杨屿山—琵琶山海域,尚未形成河岸线。口外 10 千米左右岛屿成列,海域来沙丰富,滩涂日见生长。鳌江河口随着海涂围垦不断向海延伸,杨屿山已与大陆连接,其趋势可能推至口外岛屿一线,在琵琶山附近入海。

第八章 瓯江南口堵坝工程测量

瓯江河口因灵昆岛分汊为北口和南口,百余年来,主航道一直稳定在北口,而南口日趋淤浅,低潮时大部干出。1971年5月27日,温州市革委会围垦海涂指挥部和办公室成立(下称"温围指"和"温围指办"),调集建筑、水利、港航、测绘人员,研究提出《瓯江南口围垦工程初步规划报告》,拟在瓯江南口从灵昆岛西端的双昆山至永强黄山村上荡建造堵江促淤大坝,实现"堵支强干,优化航道,促淤围海17万亩,灵昆接大陆成半岛"。经过八年探索,完成一系列测绘、水文测验、坝址钻探、5次物理和数学模拟、初步设计等,国家和省内的多次科技会议予以评论审议,南口堵坝对泄洪和进潮量的影响有了定性和定量的数据,并完成了各个子课题的研究。

1978年启动试验性堵口,进行立堵施工;1979年启动试验性平堵施工,建成瓯江南口锁江潜坝。1995年立项的"温州浅滩工程"和"洞头半岛工程",都是在瓯江南口工程积累的研究成果基础上规划和实施的。2006年建成的灵霓海堤和在建的"瓯飞滩"围垦工程都属于瓯江南口工程的子课题研究项目。2007年开港的"状元岙深水港"的最初设想和创议也出自瓯江南口工程的研究。关于南口工程曲折的历程见本志第十三篇专记《瓯江南口工程梗概》。

第一节 探索南口堵坝对口外主航道的影响

瓯江河口的海、陆来沙都很丰富,口外浅滩密布,海涂不断生长,年平均淤积厚度3~10厘米。70年代就有海涂资源40.4万亩,其中灵昆东滩6.4万亩,洞头诸岛边滩4.6万亩,瓯飞边滩29.4万亩。瓯江南口堵坝工程实施后,是否影响口外大门岛的乌仙头至青山岛全长8千米的主航道"黄大岙航道"的通航,成为南口堵坝工程研究的一大主要课题。

一、天津海港测量队的"水深比较资料"

天津海港测量队曾在1958年、1964年、1970年、1973年对温州港作过多次全测,加上1937年中国海军利用日版资料编绘的1:3.5万航道图,该测量队1973年通过这些历年航道测量图的比较分析,向"温围指办"提供《浙江省瓯江口黄大岙航道的变迁情况》,即1937~1973年水深比较资料,并附上黄大岙航道变迁示意图,见图8-16。

"水深比较资料"认为黄大岙航道变迁剧烈。1937~1958年水深都超过5米,此后形成"沙岗"并出

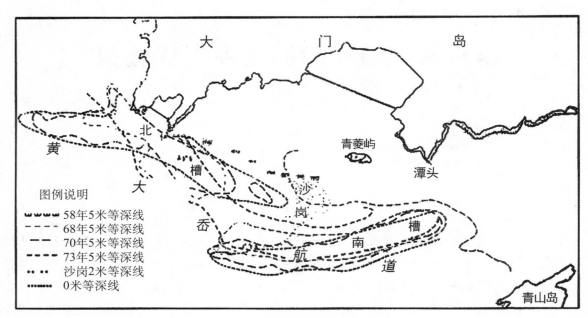

图 8‑16　黄大岙航道变迁示意图

现北槽和南槽，"沙岗"其实就是北槽尚未冲开的"出口"。三者不断变化，北槽 5 米等深线向东南方向延伸，"沙岗"向东南方向位移，南槽 5 米等深线向南迁移。岐头至乌仙头航道逐年刷深，而沙头水道岐头角和重山水道中沙浮标位水深逐年变浅。据 1973 年测量，"沙岗"水深 2.0 米，宽度 50～70 米，向东南方向位移年均约 100 米，最浅深度基本稳定。"沙岗"西侧坡降较缓，联结北槽；东侧坡度较陡，紧挨着青菱屿深水区。

　　"水深比较资料"认为黄大岙航道变迁的原因是"南口淤浅引起北口航道涨落流的增强，继而引起黄大岙航道涨落流的增强"。黄大岙北槽航道是落潮流塑造出来的，南槽则是涨潮流所致。当南口堵坝，北口增加原从南口下泄的潮量，北槽的落潮流必然随之更强。这有利于早日冲开"沙岗"拦门沙，或者把拦门沙推向青菱屿深水区而不再碍航。

二、温州市水电局测量队探索拦门沙问题

　　浙江省和温州地区交通部门认为，黄大岙航道长期存在的主要问题是在青菱屿附近始终存在着一条长 400 米、水深 2.5 米的拦门沙"门槛"。若南口堵坝，原从南口下泄年约 85 万吨的泥沙改从北口入海，可能引起航道的恶化。

　　温州市水电局测量队为探索黄大岙航道的拦门沙问题，依据航海保证部 1974 年 6 月出版的 10536 号 1：3.5 万海图《瓯江口附近》和水文资料，在"水深比较资料"的基础上，撰写《瓯江灵昆南口堵坝促淤围垦工程对口外主航道的影响》，1978 年 11 月 4 日向"浙江省海涂围垦国家重点科研课题第三次协作会议"汇报。

　　该《影响》认为瓯江北南口的垟田、小斗断面以东的口外是水下地形剧烈变化的海域，总面积 330 平方千米。按地貌特点在温州浅滩划线，可分为北南两水域。北水域 208 平方千米，其中干出滩 67 平方千米，水深≥5 米海域 21 平方千米，潮容量为 7.0 亿立方米；南水域 122 平方千米，其中干出滩 67 平

千米,无水深≥5米海域,潮容量为3.5亿立方米。而垟田和小斗两断面每潮进出的潮量有1971年实测资料,各为2.4亿立方米和1.1亿立方米。大体而言,进出瓯江北口垟田断面的全潮共9.4亿立方米×2的潮量,全部流经口外的北水道和中水道的各分水道;进出瓯江南口小斗断面的全潮共4.6亿立方米×2的潮量,则全部流经口外的南水道。绘出各分水道的断面图,再按不同水位量算出水面宽度和断面面积。在平均水面下,北、中、南水道断面面积分别为3.8、8.1、6.4万平方米,而垟田和小斗断面面积只有1.5和0.8万平方米。

据《温州港航道整治一、二期工程总结》,1968~1970年,温州—龙湾—黄华河段河床发生强烈冲刷共2129万立方米;瓯江枯水期每个全潮在口内落淤的泥沙大潮达40万吨,小潮20万吨,一个月累计就有上千万吨,这些泥沙在短暂的汛期会被洪水带回口外。泥沙容重以1.5吨/立方米计,17万亩促淤区淤高可达3米,能容纳泥沙约5亿吨;85万吨泥沙如在北水域平均落淤,厚度仅3毫米。这些数字都属于差别悬殊的不同量级。历史上每年有数百万吨泥沙下泄,而“门槛”的水深始终不变,所以南口堵坝后85万吨泥沙改由北口入海,不会引起黄大岙航道的恶化。况且,南口堵坝后北口虽增加了35%的输沙量,但亦增加30%的流速,而水流的挟沙能力是流速的2~3倍。

第二节　堵口大坝测量

1978年12月15日,堵江指挥部发布瓯江南口全线永久断航紧急通告,并立即组织施工船队抛石堵江,停止立堵,投入平堵施工。至1979年4月30日,平堵抛石9.2万立方米,完成锁江潜坝的首期工程。潜坝位于灵昆岛双昆山至黄山村两坝头之间,全长2785米,底宽15~25米。堵前1978年12月海测资料,潜坝河床高程北段-1.9米,中段-0.6米,南段-0.3米,平均高程-0.80米(吴淞);堵后1979年11月海测资料,潜坝坝顶高程北段-0.4米,中段-0.4米,南段0.7米,最高3.3米,平均高程0.08米(吴淞);1980年7月陆测资料,潜坝坝顶平均高程0.80米(吴淞)。

一、堵江大坝轴线(端点桩)测量

1978年12月,温州市水电局测量队在规划大坝轴线上,兼顾立堵建成的北、南坝头走向,选埋端点桩和副桩各2座,桩体为0.2米×0.2米×1.0米花岗岩,按海控一级点要求测定其座标。1号和4号桩为副桩,埋于灵昆岛内堤和上岙村后山。先定4号桩,架设经纬仪按选定的大坝轴线引导3号、2号、1号桩埋设。测量结果如下:

大坝北端桩(2号桩,离岸40米):东经120°50′47″.15　X=3097　366.4

北纬27°58′22″.58　Y=21　288　086.4

大坝南端桩(3号桩,离岸5米):东经120°49′15″.74　X=3096　183.2

北纬27°57′42″.71　Y=21　285　565.2

大坝全长(2~3号桩):2785.0米,其中在水域长度2740.0米。

大坝座标方位角:64°51′33″.5。

二、堵江大坝的工程测量（1978年1月～1980年7月）

1978年1月，温州市建筑设计室受温州市水电局委托，在坝址轴线上布设钻孔2只，查明钻探深度25米范围内的土质和岩性分布情况，并选不同深度取样试验。据钻探资料，坝址有厚度约5米的细沙层，下为淤泥质粘土。钻孔位置在大坝轴线上，经纬仪前方交会图解定位，孔1和孔2距南端桩719米和1134米。钻孔标高利用龙湾水位站潮位得出，孔1布在河床沙凹处，标高-0.52米；孔2布在沙背上，标高1.64米。钻探使用手钻30型钻机（φ127毫米），于1978年1月25日～2月15日在并联的两只15吨木帆船上施工。

1978年7月，堵江指挥部采用简易陆测方法完成坝址河床断面测量，干出滩段数据可用，水下段精度不佳。堵前河床断面情况参照1970年和1973年瓯江河口全测图水深资料绘算。

1978年12月，温州港务局海港测量队支援温州市水电局测量队，在大坝轴线及上下游各200米范围内完成1∶1万坝址河床纵断面图测量，断面间距100米，1954年北京坐标系，6°带，黄海深度基准面。这是平堵施工开始前唯一的坝址河床断面测量，资料弥足珍贵。

1979年11月，浙江省河口海岸研究所测验队执行"全国海岸带和海涂资源综合调查温州试点"的海涂地形图测量任务，范围包括龙湾以下的瓯江北、南口。应温州市水电局要求，北、南口断面间距缩短为1000米和500米，11月15日特地在堵口潜坝坝址施测少量纵横断面。这次测量成果大体反映了首期平堵施工完成后的潜坝断面实况，并提供灵昆岛断面桩成果表和南岸断面桩图说。

1979年12月，温州市水电局测量队完成1幅1∶200南坝头平板仪测图，含潜坝段65米，黄海高程基准面。

1980年6月，浙江省河口海岸研究所测验队受温州市水电局委托，完成潜坝上下游各300米范围内的横断面（间距100米）和纵断面测量，1∶1万测图，测深仪记录显示出潜坝每个横断面的全貌和最高点。此外，还完成瓯江北口和南口水下地形断面测量，北口只测双昆灯、单昆山、断面桩C_{23}、C_{22}、C_{20}和灵东闸的6个断面，南口断面间距500米，1∶2.5万测图。

1980年7月，温州市水电局测量队乘大潮低潮潜坝干出的短暂时机，通过等外水准从南坝头的南端桩起抢测潜坝纵断面。发现坝体有多个缺口，水深逾米；而且潜坝建成后不到一年，坝体已长满牡蛎、藤壶之类，堆石间隙全为泥沙充填。测量人员相互帮扶，多次涉足急流，终在傍晚潜坝快被淹没时赶测到北坝头的北端桩，个个衣衫湿透如泥猴，入夜寻宿灵昆农家。这次陆测取得最真实的潜坝纵断面数据。此前早几天已从三等水准点Ⅲ-111（5.544米）至大坝南端桩，Ⅳ-102（5.975米）至大坝北端桩进行联测，全程闭合差小于10厘米。

依据前述多次测量资料，绘出坝址河床纵断面图和潜坝纵断面图，计算河床和潜坝平均高程h和坝址在若干特定水位下的水面宽度B及过水断面面积A，详见表8-15。堵前以1973年10月瓯江河口全测图为准，堵后以1980年7月陆测资料为准，按平均海面计算（吴淞2.1米），南口坝址堵后余留的过水断面面积仅相当于堵前的38%；而按平均大潮高潮面计算（吴淞4.8米），堵后余留的是堵前的60%。

表 8 - 15　　　　　　　　　　河床(潜坝)平均高程、水面宽度和过水断面面积汇总表

测量时间	测量单位	平均高程 h (吴淞)		水面宽度 B	过水断面面积 A	
				吴淞 2.1～4.8 米	吴淞 2.1 米	吴淞 4.8 米
1970 年 10 月	天津航道局	河床	−0.79 米	2700 米	7803 平方米	15093 平方米
1973 年 10 月	天津航道局		−0.81 米	2740 米	7973 平方米	15371 平方米
1978 年 12 月	温州港务局		−0.80 米	2450 米	7105 平方米	13720 平方米
1979 年 11 月	省河口海岸所	潜坝	0.08 米	2320 米	5058 平方米	10950 平方米
1980 年 6 月	省河口海岸所		0.92 米	2320 米	2738 平方米	9002 平方米
1980 年 7 月	温州市水电局		0.80 米	2320 米	3016 平方米	9280 平方米

第三节　瓯江河口水域测量及信息深处理

瓯江南口堵江大坝的施工采取分阶段渐进式试堵,目的是缓减对北口航道、北口江岸和口外航道的影响,并跟踪监测其实际效果,为后续施工提供基本依据。1979 年 2～4 月首期试验性平堵建成锁江潜坝,南口的过水断面已大大缩减,其后最重要的就是水域定期测量和对测量信息的深处理。

一、水域航道图和水下地形图测量

1958～2006 年天津航道局、上海航道局等单位完成瓯江河口的 12 次全测,1981 年和 1991 年温州港务局完成 2 次检测,大多包括瓯江北口、南口和口外水域。这些测绘的航道图都是重要的基础资料。此外,1978～1994 年还进行多次水域测量。

1978 年 12 月,浙江省交通局航道设计室完成 1:5000 瓯江北口(单昆—黄华)航道图,1954 年北京坐标系,吴淞深度基准面。

1979 年 11 月,浙江省河口海岸研究所测验队完成瓯江北口和南口断面测量,1980 年 6 月受温州市水电局委托再次施测。

1981 年 8 月,温州港务局受"工地留守组"委托,完成 1:1 万瓯江南口水下地形图测量,1954 年北京坐标系,3°带,吴淞深度基准面。

1986 年 9 月,浙江省河口海岸研究所测验队受瓯海县水电局委托,完成 1:2.5 万瓯江北口航道图测量,1954 年北京坐标系,3°带。

1994 年 9～10 月,浙江省河海测绘院受温州市电业局委托,为温州龙湾电厂建设,在瓯江南口龙湾炮台山至蓝田浦完成 1:1 万水下地形图 3 幅,共 17 平方千米。

二、测量信息的深处理

1980 年 1 月 8 日～13 日,国家科委海洋组海岸河口分组第二次会议在温州召开,温州市水电局应约撰文《"瓯江南口围垦"勘测情况与筑潜坝后半年来的变化》,到会汇报。该文主要依据有 1970 年 10 月和 1973 年 10 月全测图,1978 年 12 月瓯江北口航道图,1978 年 12 月坝址河床纵断面图,1979 年 8 月

全测图，1979年11月北南口断面测量图和潜坝纵横断面图。该文通过绘制大量断面图，列述潜坝、北口航道、南口促淤区半年来的变化，从深槽和浅滩的三维数据进行对比分析，有定性的评估，也有定量的冲淤数值。

1981年4月23～28日，为审查"温州试点调查成果"，全国海岸带和海涂资源综合调查技术指导小组扩大会议在莫干山召开，温州市革委会和市水电局与会代表联名提出《关于要求在瓯江南口一带建立"海涂资源利用开发实验区"的建议》。其中列述瓯江南口潜坝建成后近二年来的变化及若干认识，新增依据是1980年6月潜坝纵横断面测量图和北、南口断面测量图，1980年7月潜坝纵断面测量资料，1981年1月检测完成的北、南口航道图。

1986年3月～1987年12月，浙江省科协和温州市科协、丽水地区科协联合组织科学考察队完成《瓯江流域水资源综合开发考察报告》，其中专题九为《瓯江灵昆南口堵坝对港口、航道影响的分析》，再新增1981年8月瓯江南口水下地形图，1983年和1986年全测图，1986年9月瓯江北口航道图为依据。

1992年6月，瓯江南口工程课题研讨会召开，环境影响课题组汇报《瓯江灵昆南口抛潜坝后航道变化情况介绍》，来自温州港务局和瓯海县水电局的该课题组成员分别汇报《灵昆南口堵坝工程对港池航道水深影响的初步分析》和《南口抛潜坝后航道实测情况和对堵口的利弊分析》。三篇文章共同论据截至1992年瓯江河口的全部水域测量信息，各自进行不同的深处理。该研讨会达成如下共识："潜坝堵后对瓯江口内外航道有一定影响，既有好的影响，也有某些不利影响；而后者通过整治能保障航道和港区不致恶化。潜坝堵后，据北口江岸6处固定断面的多次监测资料，江岸岸滩无明显变化。"

三、新一轮大规模水下地形测量

2001年，为修建灵昆大桥和灵昆连接公路，该工程指挥部在南口潜坝上又加高0.42米，作为临时性运输通道，因此潜坝平均高程增至1.22米（吴淞）。按新高程计算，在平均海面下的南口余留过水断面仅相当于堵前26%；而在平均大潮高潮面下的余留过水断面是堵前的54%。

2001年10月、2002年4月和7月，浙江省河海测绘院受温州市水利局委托，先后三次测绘瓯江下游梅岙至黄华段1∶1万水下地形图13幅，图幅50厘米×50厘米。

2004年4月～2005年12月，浙江省河海测绘院受浙江省水利厅委托，先后四次测量瓯江下游温溪至黄华段1∶1万水下地形图14幅；瓯江口外1∶5万水下地形图2幅，范围为大门岛、洞头岛、鹿西岛、大瞿岛、瓯飞边滩，面积共763平方千米。

2004年9月，温州市政府组织专家对浙江省水利河口研究院的《瓯江河口综合规划报告》进行初审。《会审纪要》指出："南口封堵可能是再造一个新温州的重大举措，本身能促淤土地11万亩，同时联结温州浅滩工程与瓯飞边滩围垦工程，形成一片约30万亩的大陆域，意义重大，影响深远。原则上同意南口封堵的规划方案，但需进一步深入研究和论证。瓯江口门上下要进行较大规模水下地形测量，为南口工程专题研究的数学模型计算、物理模型试验提供基础资料。"

2005年4～7月，浙江省河海测绘院受温州市发展计划委员会委托，完成瓯江河口从梅岙至口门1∶1万水下地形图和水深图各5幅；完成瓯江口外1∶2.5万水下地形图和水深图各4幅，范围包括乐清湾、鹿西岛、洞头半岛、瓯飞边滩海域，面积共971平方千米。平面控制利用前几年布设的E级GPS点共16点，1954年北京坐标系，3°带；高程控制施测四等水准35千米，1985国家高程基准；水位控制布设临时验潮站27个。这些水下地形图和水深图分别采用吴淞基面和深度基准面，执行国家技术监督局

1998年《海道测量规范》。

第四节 瓯江北口江岸岸滩崩坍监测

江岸堤防稳定的基础在岸滩,岸滩监测可及早发现危及江岸的隐患。参照南科所1979年《瓯江灵昆北口护岸模型试验报告》,1980年4月温州市水电局首先提出监测北口江岸断面的具体位置,经征求省内外有关专家意见后确定。在瓯江北口共布设6条监测断面1～6号,其中5号断面在南北两岸均进行监测,其余只在北岸进行监测。

各监测断面在监测端埋设主端桩,大多位于堤岸上,并在旁边300米左右埋设副桩,在南岸非监测端选择已有埋石点为端桩。灵昆北口监测断面的布设见图8-17。各监测断面端点坐标、高程和断面方位、长度,都是今后继续进行监测的基础,列于表8-16。

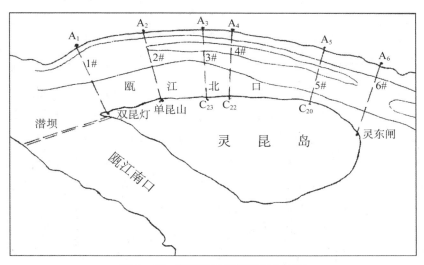

图8-17 瓯江北口监测断面布设图

主端桩的平面位置用后方交会法按海控一级点精度±0.3米测定,副桩据主端桩用引点法测定。1954年北京坐标系,3°带,高程布设四等水准路线测定。

各监测断面施测1:1000图,其监测区段可分陆地、滩涂、水下三部分。陆地部分使用一般地形测量方法施测。滩涂部分按间距20米的测深线,测至上下游各100米处,在主端桩或副桩设站,使用经纬仪观测视距、垂直角和方向角,计算三维坐标记入。水下部分最为重要,施测也最困难,要求点位中误差≤±1.5米,深度误差≤±0.2米。主断面线进行两次重复测深,要求较差≤0.4米,在其上下游各20米处亦布线测深。各线浅水与滩涂部分至少重叠2点(图上20毫米),其较差亦以0.4米为限;深水测至航道深槽,北岸各断面深槽距岸约300米,水深10米左右,最深14米。

岸滩崩坍监测,实际属于固定断面不定期数字化监测,1983～1992年已进行4次监测。各监测断面主端桩、端桩的平面坐标和高程及断面方位等都是首次监测前确定的,即使桩位损坏,仍可按坐标设站续测。因测绘技术和仪器设备的进步,各次监测手段不同,第一、二次条件最差,但亦达到预定的精度要求。

表 8 - 16　　　　　　　　　各监测断面端点坐标、高程和断面方位、长度表

断面号	端点	H(黄海)	X	Y	断面方位
					断面长度
1	A₁ 双昆灯	3.20	3098 000.64 3095 893.40	40 582 091.21 40 583 002.92	156°36′14″ 2296.01 米
2	A₂ 单昆山	5.27	3098 610.73 3096 295.84	40 584 074.35 40 584 583.38	167°35′54″ 2370.18 米
3	A₃ C₂₃	5.15 5.12	3098 715.63 3096 385.06	40 585 883.10 40 585 981.47	177°34′59″ 2332.65 米
4	A₄ C₂₂	5.61 4.66	3098 700.04 3096 433.86	40 586 668.91 40 586 631.69	180°56′27″ 2266.48 米
5	A₅ C₂₀	5.68 4.48	3098 269.62 3096 459.94	40 588 904.93 40 588 449.80	194°07′01″ 1866.03 米
5	C₂₀ A₅	4.48 5.68	3096 459.94 3098 269.62	40 588 449.80 40 588 904.93	14°07′01″ 1866.03 米
6	A₆ 灵东闸	15.7	3097 578.90 3095 811.16	40 591 277.18 40 590 394.04	206°32′46″ 1976.07 米

1983 年 11 月第一次监测和 1984 年 7 月第二次监测,均由温州市海涂围垦处完成。使用人力摇橹的小舢板,借事先设立的导标,选择涨憩前后 0.5～1.0 小时由外向岸进行施测。定位由设在主端桩和副桩的两架经纬仪,在测深小舢板上的手旗统一指挥下即测深的同时前方交会测定。交会距离不大于 400 米,交会角一般不小于 30°,点位计算出坐标记入。其高程用安装在小舢板上的 JQC - 50 - 2 型晶体管测深仪测深,经附近临时水位站同步观测资料改正得出。临时站水位 0 点先与主端桩联测。为何不用机动船测深? 主要是经纬仪交会测定时操作仪器速度上的限制和减少非同时交会产生的误差,小舢板摇撸时速约 2 千米,每隔 15～20 秒钟交会测定一次,点距在 1∶1000 图上是 0.8～1.1 厘米。资料经内业整理编绘《实测图图集》,包括两大部分,第一部分是 1∶1000 各监测断面水下地形图,绘有陆地、滩涂和水下地形,并在空白处加绘 1∶5000 断面桩布置与断面方向图,粘贴在断面线上拍摄的对景图。第二部分是各监测断面纵断面图,高程比尺 1∶100,起点距比尺 1∶1000,对滩涂和水下部分的第一次和第二次测点分别用 3 种不同符号“⊙●○”表示,以显示各重叠部分的较差。图集开头部分还有“说明”和“北口监测断面布设总图”。

1986 年 9 月,第三次监测是浙江省河口海岸研究所测验队受瓯海县水电局委托完成。使用机动船安装 PS - 10E 精密音响测深仪测深,经纬仪前方交会法定位。《实测图图集》编绘同第一、二次。

1992 年 11 月,第四次监测是上海海测大队赴温州港工程测量队受温州市经济建设规划院南口工程课题组委托完成。因 1 号断面的 A₁、2 号断面的 A₂、5 号断面灵昆岛侧的 C₂₀ 这三个主端桩已损毁,故按原点位坐标补设新桩施测。定位采用极坐标法,使用 POLAFIX 型激光极坐标定位仪,自动记录;测深采用 DESO - 20 型记录式测深仪。各断面的所有高程点位的起点距一律归算到以首次监测时确定的起点位置为准。水位控制选择磐石、黄华两潮位站作同步观测,采用潮位分带法改正水深。《实测图图集》编绘同前。

第九章　海图荟萃

按照海图的内容和用途可分为海防图、航海图、海底地形图、专题海图等。海防图自南宋开始编绘,直至晚清,较有代表性的是明嘉靖刻版的《筹海图编》。航海图又称水道图,亦始于南宋,著名的有明代《郑和航海图》,19世纪中叶以后的《八省沿海全图》《御览江浙闽沿海图》,民国时期的《浙江沿海海道图》。中华人民共和国成立后,完全依据基本海道测量资料编制系列比例尺航海图。改革开放以来,随着海洋事业的发展,海底地形图和专题海图的编制逐渐兴隆,种类不断增多,水平日益提高。

第一节　古代海防图

海防图是古代用于沿海防御的军事地理图籍,例如《南宋海防图》,元代朱思本《舆地图》中的《海运图》,明代《三才图会》中的《浙江沿海总图》,郑若曾的《筹海图编》,茅元仪的《武备志·海防》,清代《海国闻见录》《七省沿海全图》等。温州古代海防图有明万历年间蔡逢时《温处海防图》2卷,清代温州知府组织编绘《温州全图》,郭钟岳按《海防营汛图》原图缩绘成的《浙江温州府海防营汛图》等,其中较著名者选述如下。

一、明代《筹海图编》

《筹海图编》,是明嘉靖三十五年(1556)胡宗宪总督浙江军务时,为防御倭寇侵扰,聘请郑若曾等人收集海防资料,编辑而成的一部沿海地区军事地理图籍,初刻于嘉靖四十一年(1562)。《筹海图编》图文并茂,叙说详尽,堪称最详备而又完整的中国古代海防军事地图。胡宗宪评价说:"自岭南迄辽左,计里辨方八千五百多里,沿海山沙险厄延袤之形,盗踪分合入寇径路,以及哨所应援,水陆攻战之具,无微不核,无细不综。"英国科技史专家李约瑟称郑若曾是海岸地理学权威。作为明代抗倭最高军事长官的胡宗宪在《筹海图编》中已经把钓鱼岛等岛屿列入中国海防区域。

《筹海图编》共13卷,图114幅,含《舆地全图》《日本国图》《日本入寇图》各1幅,《沿海郡县图》39幅,《沿海山沙图》72幅。《日本入寇图》标示倭寇入侵路线,在较大河口和海湾有17处标注倭寇由此入侵到何地的说明。《沿海郡县图》为行政区域图,按省分卷,均有总图和分图,夸大表示府、州、县等治所。卷五有《全浙沿海总图》1幅,温州、台州、宁波、绍兴、杭州、嘉兴府图各1幅。各图的方位不一,多数上为大陆,下为海域,但浙江温台地区改为左大陆,右海域。

《沿海山沙图》是迄今所能见到的最早、内容详备而又完整的海防军事地形图。南起广东,北至辽东,其中浙江21幅,内容丰富,绘制精细。图上无画方,上为海域,绘波纹加浪花,海中沙洲用曲线圈起;下为大陆,山脉和岛屿采用传统的形象画法,沿海河流和港湾均注名称,军事设防卫、所、巡检司、寨堡、烽堠等都夸大表示。

二、清代《七省沿海全图》

《七省沿海全图》为周北堂编制,采用中国传统的写景画法,刊行于清道光二十三年(1843),石印本。全图为折叠式长卷,成册装帧,按当今计页法共45页,每页尺寸为29.8厘米×21.8厘米。该图自北至南将沿海奉天、直隶、山东、江苏、浙江、福建和广东七省长卷连续绘出。其中浙江占4页,北起马迹山,南至南关岛,东达陈钱山,西抵杭州府。共载有府址6处,州址1处,县址24处,江河入海口8处,大小岛屿136个,其他地名47处。图幅上方为大陆,下方为海洋,海岸线大致居中,取任意方位绘制,小范围内地形地物的相对位置大致准确,而较大范围就相去甚远。海部未载深度值,只有少数水浅或水深的笼统说明。总体上看,该图只能提供沿海形势之大略,数学精度很差,属于古代海防舆图。

三、清代《温州全图》

清道光二十一年(1841)二月,温州知府组织绘制海防图集《温州全图》。据知府于鼎培题识介绍,"右图为玉环、温中、温左、瑞安四营水汛,为玉环、乐清、大荆、磐石、温城、温右、平阳七营陆汛,为玉环、永嘉、乐清、瑞安、平阳一厅四县水陆兼辖。"图集在绘成不久的1846年竟然有7幅,后又增2幅入藏英国国家博物馆,全部是形象画法"纸地色绘"的"官绘本",这是1841～1843年英军侵略浙江沿海时被掠夺去的。这套图集的海防图有下列几种。

(1)《浙江温标中营海汛舆图》,图幅36厘米×78厘米,方位上南下北,描绘温州府瓯江口一带沿海岛屿、山岭、溪流及清军温州镇标水师中营巡航的海汛界址。贴红签墨书图题,图文贴红签登录水师巡船数目。

(2)《玉环厅地舆图》,图幅49厘米×47厘米,图题佚。方位上南下北,描绘温州府属玉环厅境内的山川险要、岛屿分布和绿营兵洋汛防区界址。还有同名另图,54厘米×66厘米,方位上南下北,描绘温州府属玉环厅境内的山海形势、岛屿分布及绿营兵洋汛防区界址。注文贴红签,记录海水深度。两幅图的画法各异。

(3)《浙江温州府瑞安县海图》,图幅43厘米×65厘米,贴红签墨书图题,加盖"瑞安县守御衙门印",纸地绢裱,叠成书状。附图说《开洋图注论》,记述海上航道与里程。

此外,还有《磐石营城汛四至交界图》《平阳营舆图》《平阳营沿海界址图》《乐清县舆图》《大荆营水陆舆图》《浙江温州镇标右营陆汛舆图》6幅地图。

四、《浙江温州府海防营汛图》

清光绪五年(1879),温州府海防同知郭钟岳按《海防营汛图》原图,手工缩绘制成。此图流失百年,2006年7月温州市博物馆从海南民间收藏者手中购回入藏。图幅横0.64米,纵1.37米,装裱成立轴形式。图上注明方位上北下南,左西右东。全图清晰地标出温州海陆、岛屿分布和军事布防。在图北和图南空白处,写有长长的款识,阐述图名和图历,温州府和各县的位置、四至及各重要地点间的距离。图北左侧题:"按《皇朝中外一统舆图》,温州正东为琉球首里王城之山,北通古城;东北为琉球之大岛,日本之七岛;东南与台湾相峙。台湾今属内地,琉球为日本所并,我中国之守在四裔者,东则以日本为先矣。日本乃三韩古倭国,明季时扰浙边,今幸与中华辑睦,固无远虑,然安而不忘危,此君子之心也。……光绪五年端阳前一日署温州府海防同知江都郭钟岳绘并识。"郭钟岳关于日本国之言,卓有先见。

该图是温州市博物馆入藏的唯一采用形象画法的温州全域图。从图中可见当时温州面向海域的军事驻防和防守状况。对照今图,可知地名和县境的变化、岛屿和海岸线的变迁等信息。然此图采用传统的形象画法,难与温州海域完善的近代海图并列。

第二节　航海图和海底地形图

航海图直接用于航海定位,保证航行安全。古代航海图当首推《郑和航海图》,后有《渡海方程》《海道针经》等。19世纪中叶始行新法海洋测绘,浙江沿海有外国人测绘的《英版实测航海图》,有中国人自己编制的《八省沿海全图》《御览江浙闽沿海图》《大清一统海道总图》等。民国时期测绘编制的有《浙江沿海海道图》《浙江海区近代历史海图集》等。中华人民共和国成立后,更有第一代至第五代系列比例尺的航海图。按照比例尺和制图区域大小,航海图可细分为海区总图、航行图和港湾图,而港湾图又可分为港区图、港口图、码头图、港池图、锚地图等。

一、《郑和航海图》

明永乐三年至宣德八年(1405～1433),郑和率领战船等种类齐全的大小海船200余艘,将士卒2万余人,七次下西洋,最远到达非洲东岸的慢八撒(今肯尼亚蒙巴萨)。根据实测资料累次校正和补充针路(航线)、牵星数据、浅滩、礁石、岛屿、港口、地名等,按郑和舰队最后一次航线为基本依据编绘《自宝船厂开船从龙江关出水直抵外国诸番图》,后人多简称为《郑和航海图》。原图为高20.3厘米、全长560厘米、包含109条针路航线、500多个地名的手卷式航海图。

明天启元年(1621)茅元仪辑《武备志》,首次刊行《郑和航海图》,将原图改成书本式,共24页,其中茅元仪序1页,航海图20页,过洋牵星图2页(4幅),空白1页。航海图中标明了航线所经亚非各国的方位、航线距离、海水深度,以及航行方向的牵星高度,何处有礁石或浅滩也都一一注明。

1961年中华书局影印出版《郑和航海图》单行本,其中第7页和第8页记述经过台州海门至温州蒲门海域的航海图和过洋牵星图。图上有"针路"说明,如披山至洞头岛航线"用坤未针(今217°.5),二更,船取黄山(今大门岛),打水十七、八托,至中界山(今洞头岛)"。又如南麂山至台山航线"用丹坤针(今225°)及坤未针(今217°.5),三更,船取台山,打水二十托"。"更"是郑和航海量测距离的单位,一更相当于60里。

二、《英版实测航海图》

1840年鸦片战争后,英国海军部在中国沿海实测并出版大量航海图。浙江海区有单幅23幅,其中13幅图目现仍能在英国海军部的海图索引图 No. J2 中检索到。在温台沿海共3幅,图号和图名是 No. 1754 东引岛至温州湾,No. 1759 温州湾至韭山列岛,No. 1736 温州港及附近。

以 No. 1759 温州湾至韭山列岛为例,1843～1878年测量,现存图1891年出版;比例尺1:28.9万,墨卡托投影,基准纬度27°10′N;深度基准面为一般大潮低潮面,深度单位英寻;高程基准面为大潮高潮面,高程单位英尺;图幅范围120°20′～123°11′E,27°50′～29°30′N,标有经纬线;全开图,面积38.03英寸×25.02英寸。附石浦泊地与石浦港分图1幅,1843年测量,比例尺1:99620,范围121°47′.3～122°05′.3E,28°27′.8～29°14′.2N。图中除水深点、等深线、底质等基本内容外,还有潮流、航行障碍物、航道、磁差等标注。

三、《八省沿海全图》

《八省沿海全图》是我国19世纪自行编制的一部重要海图集,也是我国最早的一部大型实测航海图集,无论在图幅数量和海域广袤上,还是在内容丰实和编制方法上都无愧称冠。每幅海图都具有严密的数学基础和较高的制图精度,是当时国内流行的传统写意法绘制的其他地图所无法相比的。在海图上可以进行比较准确的量算,如点位坐标、航线航向、水平距离、岸线长度、水域面积、水体体积、深度剖面、航道选择等。因此,该套《全图》不但具有很高的史料价值,而且还有直接的工程应用价值,成为研究海区时空变化规律的前期基础资料。

《八省沿海全图》成书于19世纪80年代,编制者佚名,石印本。总共79幅,其中奉天至广东总图1幅,直隶5幅,奉天6幅,山东5幅,江苏3幅,长江7幅,浙江12幅,福建12幅,广东23幅,台湾5幅。覆盖中国沿海大部分海区,基本上包括当时刊行的各种航海图。《全图》折叠装帧,厚达尺许。从整体上看,编制所用资料是以中国沿海《英版实测航海图》为基础,经过筛选、翻译、补充和修订,比较系统完整地反映19世纪中国沿海海区和长江等水道及其附近的详细情况。

浙江沿海诸图共12幅,北起长江口,南至温州湾,西自杭州湾的澉浦,东及舟山群岛的马鞍列岛,经纬度范围是120°28′～123°10′E,27°38′～31°27′N。其中温台海域仅1幅,位列浙江沿海总图第二张,图名为"自温州湾至黑山列岛"(今渔山列岛),比例尺1:29.9万,图幅对开,图廓范围120°28′～122°18′E,27°38′～28°52′N。

该套图集中的浙江沿海诸图特征有下列五个方面。

(1)图幅以对开为主,兼有全开和8开;比例尺以1:5万～1:10万为主,最小1:30万,最大1:2万。中小比例尺图采用墨卡托投影,大比例尺港湾图为平面图,陆地高程从平均大潮高潮面起算。

(2)图载内容以各港口进口航道为主体,重点表示与航行有关的要素。

(3)水下地形以水深数字为主,并辅以等深线表示。等深线一般有1、2、3、5、10、20拓(英寻),深度基准面为当时英国海军部采用的平均大潮低潮面。

(4)陆地地形的山形用晕滃法或晕渲法表示,并在主要山头注记高程。可作海上航行标志和定位目标的陆地地形地物都有明确的表示。在各港口进口图上有详尽的进港对景图,绘制精细真实,图形形象直观,注记言简意赅。

（5）单位用英制。陆地高程采用英尺。海部水深 11 英寻以内,英寻和英尺合用,整数为英寻,小数为英尺;11 英寻以上,以英寻表示,小数凑整的为英寻。

四、《御览江浙闽沿海图》

《御览江浙闽沿海图》是一部实测航海图集,朱正元编纂,成书于清光绪二十三年至二十八年(1897～1902),石印本,系朝廷内府用图。图集以英版航海图为基础,经检测、修订和补充重新编纂成图。图集共 36 幅,以《千字文》前 36 个字为序,一字一图。图集以京师子午线代替格林尼治子午线。图集的计量单位试图统一采用中国市制,但实际难以实现,反显混乱。如水深以大潮低潮面起算,单位为英尺或拓,用阿拉伯数字注记;高程单位为市尺,改阿拉伯数字为汉字注记;直线比例尺用海程制(海里和链);陆上距离、灯塔高程和灯光射程、潮位高度用市里、市丈、市尺、市寸。

图集以海图为主,并附有图说、图式和海图使用说明等内容,附有江苏、浙江、福建图说各 1 本。特别是海图的使用方法更为详尽,如墨卡托投影特性介绍、图上量算方法、陆地地形及对景图的透视方向、深度基准面介绍、潮汐基本常识等,给使用者带来了方便。英国海军于 1885～1887 年测量长江口至珠江口大三角网,《御览江浙闽沿海图》采用的资料大部分属此三角网的坐标系统,部分海图未纳入此系统的,在图中注明天文测量经纬度点,图廓不标注经纬度。该套《御览图》包含的海域较小,但海图质量优于《八省沿海全图》,堪为 19 世纪我国编纂海图集的又一部佳作。

浙江海区以《千字文》的“天地玄黄,宇宙洪荒,日月盈仄”依次为序号,每字 1 幅,共 12 幅,前 3 幅为总图,后 9 幅为分图。与温台海域有关的 3 幅,分别为地字号“自爵溪所至温州口(附海门卫分图)”,玄字号“自温州口至南北关”,盈字号“温州”。

该图集编制有五大特点:①经过实地调查,对“西图增改”,提高图集质量上下了功夫。②鉴于英版航海图的“筹边不足”,因此尽量增加陆地海防的内容,如驻防情况、炮台位置等,并以文字详加说明,使之兼具航海与海防的功能。③增加图式 20 多种,如在天字号图上,载有主要图式和海图使用的基本方法。④图中附有对景图,分图记载各主要地点的高潮时刻、潮高、潮差等。⑤力求自成体系,自立规范,标榜国产特色。如摒弃原版图号,改按《千字文》排序;图幅的配置“由总而分,而又分,递为详晰”,先总图后分图,自北至南统一分幅编号;地名、注记、各种文字一律使用汉字;摒弃格林尼治子午线,代以“京师”子午线为起始子午线,此线以东为东经,以西为西经,二者经度相差 116°28′38″。

五、民国时期的《浙江海区近代历史海图集》

民国时期的《浙江海区近代历史海图集》,杭州大学地理系汪家君、吴松柏编制,福建省地图出版社 1993 年 3 月出版。全集共 28 幅图,其中全开图 24 幅,对开图 4 幅,8 开折叠活页盒装,黑色印刷。

该图集选用 1912～1948 年的国内外测绘资料,经过筛选订正,运用现代海洋测绘理论和技术,精工编制而成。作者将不同时期海图的数学基础转换为统一的数学基础,如统一采用 1954 年北京坐标系,理论最低低潮面,高程采用当地平均海面,墨卡托投影,基准纬线为 30°N,单位都换算为米制,用阿拉伯数字注记等。该图集在编制上既保持原图风貌,又按统一的技术规范对各图要素进行处理,是将近代历史海图统一规范订正为现行常规系统历史海图集的一次有益尝试。

该《海图集》的基本结构,图目 1 幅,索引图 1 幅,浙江海区及附近 1 幅(1:100 万),浙江海区北部、中部、南部各 1 幅(1:25 万),温州湾附近 7 幅,台州湾附近 4 幅,三门湾附近 3 幅,象山港至杭州湾 4

幅,舟山群岛 4 幅,分幅图的比例尺为 1:1.2 万。

该《海图集》选用的原图多来自民国时期编制的《浙江沿海海道图》。《浙江沿海海道图》中有 1:100 万《浙江海区及附近》海道图,1:25 万《浙江海区南部》海道图(台山列岛至台州列岛),《浙江海区中部》海道图(台州列岛至韭山列岛),《浙江海区北部》海道图(韭山列岛至嵊泗列岛),还有温州湾附近、台州湾附近、三门湾附近等分区海道图。

六、现代系列比例尺航海图

中华人民共和国成立后,海军海道测量局和航海保证部已经编制出版第一代至第五代系列比例尺航海图,各代航海图大多分为军用、民用和外轮用图。从第二代起,在编绘出版时,凡比例尺小于 1:1 万海图所用原图全部转换为墨卡托投影,水深也作取舍。图廓四周用经纬度表示,东西为渐长纬度和公里尺,南北为经度。图内加绘用于航海的方位圈,标注图名、比例尺、测量年月、潮信、图号和出版年月。

1. 第一代航海图

1950 年秋开始编制,当时无制图规范和细则,只是制定分幅和编号方案,沿用民国时期海道测量局《水道图图例》,1954 年 1 月起自行制订《海军水道图图例》。比例尺系列为 1:100 万、1:50 万、1:25 万、1:10 万四种,港湾编制用 1:2.5 万或 1:1 万及更大比例尺图。用三色印刷。分军用、民用两种海图出版,其区别仅在军港和军用航标方面,其他内容完全一致。航行图采用墨卡托投影,1:100 万、1:50 万、1:25 万图均取基准纬度 30°N,1:10 万取本图中纬。港湾图和江河图采用中心投影或平面图,1954 年改用高斯-克吕格投影。资料来源比较复杂,有海道测量队新测的港湾和主要航道图,有民国时期测量的海部和陆部资料,还有采用英、日、美、法等国测绘的外版海图。没有统一的坐标系统,高程和深度基准面五花八门,无法进行改算,是强行拼凑在一起的,精度不高。但绘制质量很好,具有航行目标清晰、山形易于辨认等优点。其中包括温台沿海在内的浙江省航海图有54 幅。

2. 第二代航海图

1960 年开始编制,1964 年以后陆续出版。军用版比例尺有 1:100 万、1:50 万、1:20 万、1:10 万四种,沿岸及港湾用 1:5 万或 1:2.5 万及更大比例尺图。民用版比例尺有 1:150 万、1:75 万、1:30 万、1:15 万四种,另编制较大比例尺的港湾图。采用 1954 年北京坐标系,1956 年黄海高程系,以略最低低潮面为深度基准面,70 年代制定《外轮用图出版规则》。外轮用图比例尺采用 1:75 万、1:50 万、1:15 万,另有总图和开放港口港湾图;说明注记用中英文两种文字,地名注记用汉语拼音。所有航海图均以黑、棕、紫红、浅蓝四色印刷,有扫海资料的增印绿色。助航标志和航行障碍物一律以黑色印刷,再套印紫红色标志,如危险圈、灯光符号、方位圈、渔珊等。大量删减陆部要素。测深点密度由原来图上 0.5~0.8 厘米/点,改为 0.8~1.5 厘米/点,使航海图更清晰易读。

第二代航海图均采用全国基本海道测量成果,个别海域以外版海图水深补充,用直体数字表示,已经全覆盖沿岸和近海海域。温台沿海民用第二代航海图的图号、图名、比例尺、基准纬度(或 L_0)、测量年月、出版年月、图廓范围等见表 8-17。

表 8－17　　　　　　　　　　　温台沿海民用第二代航海图基本情况表

序号	图号	图名	比例尺（基准纬度）	测量年份	出版年月	图廓范围
1	75－1003	长江口至乌丘屿（包括台湾北部）	1：75 万（30°N）	据 1964 年版海图编绘	1971 年 11 月	118°50′00″～124°10′00″ 24°46′00″～31°32′00″
2	30－1010	韮山列岛至台山列岛	1：30 万（30°N）	据 1963 年版海图编绘	1970 年 8 月	120°21′～122°31′ 28°46′～29°30′
3	15－1025	渔山列岛至玉环岛	1：15 万	—	1972 年 8 月	—
4	15－1026	温州港至沙埕港	1：15 万（30°N）	1964、1968 年	1972 年 12 月	120°22′10″～121°54′30″ 72°07′00″～28°05′00″
5	15－1027	—	—	—	—	—
6	10534	乐清湾附近及坎门港①	1：5 万（28°10′N）	1964、1968 年	1972 年 7 月	121°15′36″～121°24′36″ 28°00′30″～28°05′15″
7	10535	坎门港至北龙山	1：5 万（27°52′N）	1964、1965、1968 年	1972 年 9 月	120°57′10″～121°18′20″ 27°38′30″～28°05′18″
8	10536	瓯江口附近	1：3.5 万（27°56′N）	1971、1973、1974 年	1974 年 6 月	120°48′00″～121°09′15″ 27°49′00″～28°02′20″
9	10537	温州港②	1：2 万（L_0＝123°）	1970～1972 年	1974 年 4 月	120°39′00″～120°51′00″ 27°55′30″～28°03′00″
10	10518	—	—	—	—	东矶列岛一带
11	10519	—	—	—	—	上、下大陈岛一带

注：①附坎门港 1：2 万，璇门 1：1.25 万。②附温州港码头 1：1 万。

3. 第三代航海图

1980 年开始准备，拟订《中国海区航海图制图规范》《海图图式》《海图分幅方案》《海图编号规定》等技术文件，1981 年 6 月海军司令部、交通部、水产总局联合召开"航海通告、航海图书资料改革工作会议"，审定技术文件。1983 年开始试生产，1985 年正式出版发行第三代航海图。

温州海域的民用第三代航海图有三幅，分别为 13741 号《温州港》，1：2.5 万，基准纬度 28°N，附温州码头 1：1.2 万图和状元桥码头 1：1.2 万图，1979 年、1982 年、1983 年测量，1985 年 6 月出版；13710 号《温州湾及附近》，1：10 万，1985 年 12 月出版；13735 号《鹿西岛至北龙山》，1：5 万，基准纬度 27°49′N，1964 年、1965 年、1979 年测量，1986 年 4 月出版。

4. 第四、第五代航海图

1987 年海军海洋测绘研究所引进海图自动制图系统，完成自动编绘全要素海图的研究，制图工作逐步走向自动化。1990 年国家技术监督局发布国家标准《海图图式》GB12317－90、《航海图编绘规范》GB12318－90、《中国航海图图式》GB12319－90，均于 1990 年 12 月 1 日实施。依据这些海图法规，编制出版第四代航海图。

随着全国各地沿岸、近海、远海基本海道测量的完成,在国家海洋疆界之内均已采用本国海测资料编制航海图。同时,编制航海图的范围向着太平洋和世界各大洋扩展。为使新世纪的海图能与国际海图接轨,1998年12月我国又拉开生产第五代航海图的序幕,现在市面上看到的最新版海图就是第五代航海图。

七、《东海港湾锚地图集》

1963年开始,海军航海保证部陆续编制出版《东海港湾锚地地图集》,1967年出版舟山群岛图集,1973年出版浙东沿岸图集,1976年出版福建沿岸图集,80年代初再版。其中第一册全部是浙江海区,有东海总图1幅,舟山群岛附近总图1幅,舟山群岛分图4幅,港湾、水道、锚地、岛屿图79幅。第二册有浙江沿岸总图1幅,浙江沿岸分区图4幅,港湾、锚地、水道、岛屿图63幅。温州港和海门港在第二册内。

八、《中国沿海主要港口图集》

1988年,海军航海保证部编制出版《中国沿海主要港口图集》,其中有浙江省港口图10幅。除宁波港区和海门港区为平面图外,其余均为墨卡托投影,基准纬度为本图中纬,1954年北京坐标系;高程除舟山群岛为当地平均海面外,其余均为1956年黄海高程系统;深度为理论最低低潮面,单位均为米。该《图集》中,温台沿海的主要港口图有3幅,名称和比例尺分别为《瓯江口》1∶15万,《温州港》1∶3万,《海门港》1∶2万。

九、《东海海底地形图》

1977年12月,中国科学院海洋研究所根据1∶75万海图和1∶150万罗兰海图编制出版《东海海底地形图》,比例尺为1∶200万,墨卡托投影,基准纬线30°N,包含浙江海区和温州海区。该图主要是反映海底地形,以等深线加分层设色表示,设7段蓝色由浅而深。深度0～25米,等深距5米;25～50米,等深距5米;50～100米,等深距10米;100～200米,等深距20米;200～1000米和1000～2000米,等深距100米;2000～3500米、3500～6000米、6000米以上,等深距均为500米。

十、《东海地形图》

《东海地形图》是国家海洋局第二海洋研究所编制,1987年出版,上海中华印刷厂印刷。比例尺1∶100万,图幅范围为东经117°～131°,北纬21°～36°,双标准纬线等角圆锥投影,标准纬线为23°N、33°N,是一幅完整反映东海海区高质量的海底地形图,其中浙江海区占有重要位置。

这张地形图中的海洋要素有海岸线、水底沙州、浅滩、干出滩(分沙滩、泥滩、砾石滩、岩石滩)、明礁、暗礁、干出礁、底质、水深点、特殊水深、等深线及注记等。该图主要特点如下。

(1)海底地形显示清楚,图上海底地形分为5个层次,即50米等深线的海岸带,150～200米水深的大陆架边缘,琉球群岛的海底高地,大陆架与琉球群岛之间的冲绳海槽,琉球群岛以外的琉球海沟。

(2)表示手法较好,虽以等深线表示为主,但立体感较强。

(3)印刷质量较高,海底层次明显,一目了然。

(4)等深线及其深度注记密度合适,清晰易读。

此外,还有东海海区海洋鱼类资源调查组和中国科学院海洋研究所 1974 年 12 月编制的 1∶100 万《东海渔场海底障碍物分布图》,第二海洋研究所 1985 年编制的 1∶100 万《东海地貌图》《东海沉积物类型图》,海军测绘部门 1986 年 12 月编制出版的《中国沿海航路图集》第二册《长江口至沙埕港》等。

第三节　专题海图

专题海图的种类很多,例如海洋地质图、海底地貌图、海洋底质图、海洋水文图、海洋气象图、海洋生物图、海洋地球物理图、海洋资源环境图、海洋军事图等。现以《中国海岸带和海涂资源综合调查图集·浙江省分册》为例介绍温州专题海图。

中国海岸带和海涂资源综合调查是国务院于 1979 年 8 月批准并组织的大型科研项目,参加单位有国家科委、国家农委、军委总参谋部、国家海洋局、国家水产总局等。先在温州进行试点,然后再在全国沿海各地展开。1979 年 10～12 月,完成温州试点的外业作业,1981 年出版温州试点的三项成果,其中《温州试点区图志》共有专题海图 25 幅。后来完成全国调查任务后,1988 年出版发行《中国海岸带和海涂资源综合调查图集》,《温州试点区图志》就归入该图集的《浙江省分册》。《浙江省分册》中的"HA34乐清湾至沙埕港"就是《温州试点区图志》的内容。

《中国海岸带和海涂资源综合调查图集·浙江省分册》是浙江省海岸带和海涂资源综合调查领导小组和浙江省测绘局组织编制,1988 年由成都地图出版社出版,多色印刷,4 开本装订。这是浙江省历史上第一部具有现代水平的特大型综合性专题地图集。《浙江省分册》反映浙江省海岸带和海涂资源综合调查各专业的主要成果。运用现代地图制图学原理,采用地图、文字和表格相结合的形式,每幅图的背页都有文字说明,有的还附有表格。

《浙江省分册》共有专题海图 136 幅,基本比例尺为 1∶20 万,全省共分 6 个海区,其图号和图名分别为 HA29 钱塘江口,HA30 杭州湾,HA31 舟山群岛至马鞍列岛,HA32 象山港至三门湾,HA33 台州湾附近,HA34 乐清湾至沙埕港。图集的数学基础,陆地采用 1956 年黄海平均海面为高程起算基准,海域水深和干出滩水深从理论最低低潮面起算,地图投影基本图幅采用高斯投影,中央经线 $L_0 = 120°30'$,1954 年北京坐标系。《浙江省分册》具有下列五个方面的特点。

(1)《浙江省分册》是多学科协作的成果,资料比较完整,能全面地反映浙江省海岸带的基本特色。

(2)基本图幅的分幅、比例尺、编号和排列顺序都是统一的,与其他沿海各省、市、区的地图集分册能协调统一。

(3)《浙江省分册》各图幅是根据作者原图,先编绘彩色样图,经原图作者审校,再正式编制成图,作业中使用整列符号模片等。因此,其规格较高,质量较好。

(4)多数图幅要素比较多,内容较复杂,平均为 10.5 印色,但各要素表示尚清楚,图面比较清晰易读。

(5)《浙江省分册》比部颁编辑大纲规定必做的图幅增加 16 幅,增加地势、海洋化学中的硝酸盐、亚硝酸盐、活性硅酸盐、铵盐、微生物、工程地质、工农业产值、交通现状和旅游资源图等,更能反映浙江省海岸带和海涂资源丰富的特点。

《中国海岸带和海涂资源综合调查图集·浙江省分册》图幅基本情况见表 8－18。

表 8－18　　　　　　　　《中国海岸带和海涂资源综合调查图集·浙江省分册》图幅基本情况

序号	图幅名	比例尺	幅数	备注
1	浙江省政区图	1：110 万	1	
2	浙江省海岸带地势图	1：70 万	1	
3～8	地形图	1：20 万	6	
9	浙江省海岸带气候图	1：150 万 1：300 万 1：1000 万	1	
10～15	潮汐、波浪、海流图	1：20 万	6	
16～21	盐度、活性磷酸盐分布图	1：40 万	6	
22～26	溶解氧、PH 值分布图	1：40 万	5	钱塘江口幅未做（下同）
27～31	硝酸盐、亚硝酸盐分布图	1：40 万	5	
32～36	活性硅酸盐、铵盐分布图	1：40 万	5	
37～42	地质图	1：20 万	6	
43～48	第四纪地质图	1：20 万	6	
49～54	水文地质图	1：20 万	6	
55～60	底质图	1：20 万	6	
61～62	工程地质图	1：20 万	2	钱塘江口和杭州湾两幅
63～68	地貌图	1：20 万	6	
69～74	土壤图	1：20 万	6	
75～80	植被图	1：20 万	6	
81～85	浮游植物图	1：40 万	5	
86～90	浮游动物图	1：40 万	5	
91～101	潮间带生物图	1：40 万	11	春秋两季 HA31 只有一幅
102～106	底栖生物图	1：40 万	5	
107～111	游泳生物（鱼类）图	1：40 万	5	
112～116	微生物图	1：40 万	5	
117～122	环境质量状况图	1：40 万	6	
123～128	土地利用现状图	1：20 万	6	
129～134	开发利用设想图	1：20 万	6	
135	浙江省海岸带工农业产值分布图	1：70 万	1	
136	浙江省海岸带交通现状及旅游资源图	1：70 万	1	

第九篇
地图制图

　　地图与星图、海图不同,绘制地图时要有"地图投影"数学法则,要有分层设色的等高线表示地形起伏,要有指向标、比例尺、图例和注记等基本要素。地图制图包括地图编制、地图整饰和地图制印等工序。温州市现存的地图可分为舆地图、普通地图、专题地图三大类,这里不涉及海图,温州海图见第八篇《海洋测绘》。

第一章　舆地图的编制

地图的发展经历了原始地图、传统地图和实测地图三个阶段。原始地图是人类社会初期出现的简陋地图,尚未摆脱图画和神话传说,传说中国最早的原始地图是夏禹时的《九鼎图》。西晋出现了裴秀的"制图六体",这种制图学理论使古地图进入了形象画法和"计里画方"的传统制图阶段。明万历十年(1582)以后,利玛窦等西方传教士相继来华,带来了地图投影和经纬度测量等实测制图方法。舆地图简称"舆图",是指古代传统地图。1973 年 12 月在长沙马王堆三号汉墓出土《西汉初期长沙国深平防区地形图》以后,舆地图是指汉代以来至实测地图出现之前的所有古地图。舆地图只反映基本地理要素如山脉、河流、居民地、道路网的平面位置,地貌地物用写景法或象形符号表示。

第一节　全国和浙江舆地图

宋、元、明三代的舆地图,存世者为数极少,清代的舆地图数量较多,内容也很丰富。其中绘有温州的现存舆地图最早是宋代的石刻地图《九域守令图》《华夷图》和《禹迹图》。现择著者而记之。

一、北宋刻石《九域守令图》

北宋宣和三年(1121)石刻地图《九域守令图》,图面 127 厘米×99 厘米,标有东西南北四个方位。图的下方是 409 个字的题记,碑记文字大部分已剥落。推算比例尺为 1：201 万,这是中国最早以县为单位而绘制的全国行政区域图。该图海岸线比其他宋代地图准确,山东半岛、雷州半岛和海南岛的轮廓已接近今图。山脉用写景法表示。河流用单曲线勾绘,河名加框标注在河的上源。除河套以上的一段黄河河道画得不够准确外,其他江河的平面图形,以及府、州、县的相对位置,大体正确,惟行政区名讹字、脱字较多。该图浙江境内绘有钱塘江、京杭运河、浙东运河、鉴湖、太湖和四明山等,名称注记中,除了杭、湖、秀、明、越、台、婺、衢、严、温、处等 11 个州外,还有 65 个县名,但注记位置不甚准确。这也是在全国舆图中注有浙江的州、县全部名称的最早一幅地图。该图碑于 1964 年被发现,原置四川省荣县文庙的正殿后面,现移存于四川省博物馆,为中国已知立石最早的石刻地图。

二、南宋刻石《华夷图》

《华夷图》是宋代石刻地图,图刻石碑现存放在西安碑林。此图的底本是唐代贾耽于贞元十七年

(801)完成的《海内华夷图》。贾耽是唐代地理学家和地图制图学家,他在 55 岁时组织画工绘制《海内华夷图》,花了 17 年时间,完成了这幅巨大的唐代中国全图。该图的幅面约 10 平方丈,比西晋裴秀的《地形方丈图》大 10 倍,可见工程之浩大,在中国和世界地图制图学史上具有重要意义。贾耽的最大贡献就在于采取了以一寸折成百里的比例方法,也就是人们常说的"计里画方"法,比裴秀的分率法显得更为精密。而裴秀的"制图六体"和贾耽的"计里画方",就成为中国古代舆图绘制的基本法则。这幅《海内华夷图》的图域范围不限于唐代本土,还包括了作者所了解的唐域以外的周边"百余国",大致包括今天的亚洲。这幅图是古今对照,双色绘画,用"古墨今朱"的标识方法区别古今地名的异同,开创了我国沿革地图的先例。此外,还将与地图有关的考证和说明文字另撰专书,作为该图的附件。可惜该图原件没有刻石保留,原图已佚。

逾 335 年,到了南宋绍兴六年(1136),将贾耽原图经过改动、省略和缩绘,刻石为《华夷图》保留至今,是一幅全国地图。图中既保存了一些唐代地名,也有些已改用宋代地名。现存的宋代石刻《华夷图》未画方格,但注明了东、西、南、北方向。图中将全国主要山脉、河流及各州的地理位置都绘画了出来,还画出了长城,许多城镇的位置都比较正确。图中黄河、长江等大河的流向大抵近实,但误差较大,江河河源不够准确,海岸线轮廓尤为失真。

三、南宋刻石《禹迹图》

现存《禹迹图》有两方碑刻,一方石碑存放在西安碑林,另一方石碑存放在镇江焦山碑刻博物馆。西安碑林《禹迹图》上注齐国"阜昌七年(即南宋绍兴六年,1136 年)四月刻石",与上述《华夷图》同刻在共一石碑的正反两面上。《禹迹图》图面 80.5 厘米×78.5 厘米,是中国现存最早的"计里画方"全国舆图,也是世界上最早以数学网格绘制的地图。图中方格横 70 方,竖 73 方,共 5110 个方格;网格边长 1.1 厘米,每方折地百里,按宋制折算,比例尺应为 1∶500 万。《禹迹图》假托大禹治水遍行中国的足迹,描绘出 500 多个地名和近 80 条有名称的河流,70 多座有标名的山脉,5 个有标名的湖泊。尤其是长江、黄河的走向及山东半岛海岸线均与今实体几乎相同,只是长江和黄河的源头并不准确。今人仍不知道该图的绘制者是如何达到如此高的准确程度。今浙江境内刻有杭、秀、湖、明、越、台、婺、衢、睦、温、处等 11 个州,还有天台山、会稽山和浙江(钱塘江)。

《禹迹图》的绘制者究竟是谁? 由于图中未标明作者,文献中也没有明确记载,所以至今仍是学术界争论不休的一个问题。一种较流行的说法是北宋沈括于熙宁九年(1076)在三司使任内奉敕编绘《天下州县图》,历时 12 年,于元祐二年(1087)完成。此图今已佚失,共包括 1 幅大图,19 幅小图,而《禹迹图》就是其中之一。持这一观点的人推测,元丰三至五年(1080~1082)沈括在陕西知延州,于是在长安绘制成《禹迹图》,晚年回镇江定居时,又将《禹迹图》副本交府学保存,并在绍兴十二年(1142)在镇江再次刻石,这就是《禹迹图》在西安和镇江有两方石刻的由来。但也有很多人不同意上述说法,提出六条反对理由加以否定。因此有人说《禹迹图》是根据唐代贾耽绘制的《海内华夷图》修改而成,也有人说制图者是北宋初期《太平寰宇记》的作者乐史。

镇江石碑《禹迹图》是南宋绍兴十二年(1142)刻石的,图面 83.6 厘米×79 厘米。

四、明代刻本地图集《广舆图》

元代至大四年至延祐七年(1311~1320),朱思本用十年时间绘成巨幅的全国《舆地图》。该图用"计里画方"法把小幅的分图合并为长宽各 7 尺、幅面 49 平方尺的《舆地图》,图中绘有当时各行省的境界。朱思本利用祭祀名山河海的机会到各地游历,足迹遍达今浙江、湖南、湖北等十省,所以该图是实际考察和书籍知识相结合的成果。然该图现已佚失。

明嘉靖二十年(1541)前后,罗洪先(1504～1564)把朱思本绘成的巨幅舆地图,分绘成可以刊印成册的 45 幅小图,加附图 68 幅,共计地图 113 幅,绘画工整,镌刻精细,取名《广舆图》。这是一册早期刻本的分省地图集,流传甚广,影响极大。罗洪先因上疏得罪皇帝被贬,自此不入仕。被贬后,专心于元人朱思本《舆地图》阙略讹误处的订正增广工作,"积十余寒暑",终于完成《广舆图》2 卷。因《舆地图》"长广七尺,不便卷舒",故缩编为图集形式,实用方便,易于保存。并参照其他地图,增绘九边图、洮河、松藩诸边图、黄河图、漕运图、海运图、朝鲜、朔漠、安南、西域图等图幅,汇总成《广舆图》。《广舆图》因其精确易得,故成明、清以来诸多传统舆图编绘时所据之底本。

《广舆图》后世多有翻刻,现存各地有六种版本。其中河南省图书馆馆藏的明嘉靖四十三年(1564)胡松增补本是罕见的珍贵图册,图册共有三册,合为一函。图册竖长 35 厘米,宽 23 厘米。文首说明:"大明舆地东起朝鲜,西至嘉峪,南至滨海,北连沙漠,道路行繁各万余里。南北直隶府,二十二州、六属府、三十县。"图册中的舆地总图一幅,分图有北直隶舆图、河直隶舆图、山西舆图、陕西舆图、河南舆图、浙江舆图、江西舆图、湖广舆图、四川舆图、福建舆图、广东舆图、广西舆图、云南舆图、贵州舆图、辽宋边图、蓟州边图、内三关边图、宣府边图、大同外三关边图、宁夏固兰边图、甘肃山丹边图、洮河边图等,共24 幅分图,图面每幅宽 46 厘米,竖长 35 厘米,每幅对折入册。每幅舆图都有文字说明达数千字,包括该地区的军事、行署、盐政及其他纪事。其中《浙江舆图》是浙江省历史上第一幅行政区域图,绘有杭州、嘉兴、湖州、宁波、绍兴、金华、衢州、严州、温州、台州、处州等 11 个府的境界及主要河流和山脉,除全省州、县名称外还有卫、所名称等。图中使用 24 种几何图形作为图例,取代沿用的形象符号,中国古代舆地图系统地使用图例符号,此为始举。

五、清康熙《皇舆全览图》

清康熙四十七年至五十七年(1708～1718),历经十年测绘完成的全国地图(缺新疆哈密以西及西藏部分地区),定名为《皇舆全览图》。这是中国最早以测量经纬度点为控制,用仪器实际测绘的全国地图,其覆盖面积之大,测绘精度之高,完成速度之快都是当时世上罕见的。该图以北京的经线为本初子午线,伪圆柱投影,范围为西经 40°至大海,北纬 15°～55°,纬度每隔 5°为一排,共八排,俗称《八排图》。每排图号由东向西编号,第一排 5 幅,第二排至第四排每排 6 幅,第五排 7 幅,第六排 6 幅,第七排 4 幅,第八排 1 幅,共计 41 幅。单色墨印,每幅图廓尺寸 76.6 厘米×52.0 厘米。

浙江位于第五排第 2 幅、第六排第 2 幅内,每幅各有 50 个方格,每个方格经纬差各为 1°。两幅图的经度,左图廓均为 0°,右图廓均为 10°;纬度分别为 25°～30°和 30°～35°。比例尺约为 1:140 万。图上用象形符号绘出山脉、河流、湖泊等,海岸线较完整,沿海岛屿较多。居民地按府、县、所(寨)三级表示,均有注记名称。图的内容比较简单,但以实测资料为基础,并运用地图投影的理论和方法编制,在浙江省尚属首次。

1921 年,在沈阳故宫发现 41 块铜版地图,据考证是清《皇舆全览图》原本之一,为康熙五十七年(1718)绘制,满州金梁题名为《清内府一统舆地秘图》,并在封页左侧写有序文,文载:"《清内府一统舆地秘图》世传二本,一为康熙年制,一为乾隆年制。"

六、清皇家舆图目录《萝图荟萃》

清内务府造办处专门设有舆图房，对所收藏舆图进行管理。清乾隆年间，在几位大臣主持下，内务府造办处舆图房两次将其收藏的舆地图分类编成目录，该"清皇家舆图目录"称为《萝图荟萃》，萝图的意思是罗列图籍。

第一次是乾隆二十六年(1761)春，大臣阿里衮、福隆安主持修编。经舆图房裘日修、王际华等考证，舆图共 258 件，与浙江有关 25 件；江海图共 40 件，与浙江有关 9 件；名胜图共 31 件，与浙江有关 6 件，包括浙江名胜图一卷。

第二次是乾隆六十年(1795)冬，奉帝之命，大臣王杰、福长安主持修编，将新收藏的舆图进行分类。经舆图房董诰、彭元瑞等考证，舆图有浙江各府府图 11 件，浙江名胜四十景图及图说 3 册，与温州有关的海塘图 1 件。

民国二十五年(1936)，国立北平故宫博物院文献馆编印了《清内务府造办处舆图房图目初编》，该舆图目录大致参照清乾隆的《萝图荟萃》分类，共分舆地、风土、江海、河渠、名胜等 13 类。

七、清道光《皇朝一统舆地全图》

清道光十二年(1832)，杰出的训诂学家、舆地学家李兆洛绘制《皇朝一统舆地全图》，比例尺约为 1∶270 万，现藏于北京图书馆。该图是在康熙《皇舆全览图》和乾隆《内府舆图》(即《十三排皇舆全图》)底图上进行综合取舍，补充现势资料后编绘而成。该图 8 排 64 幅，其中 47 幅有图，另 17 幅只有方格及经纬网的双重网格，或布置图题、题解、跋、索引等内容。该图采用绘画方格和经纬网于同一图上，这种从实际出发的双重网格并存的地图曾在国内广为流行，在中国地图史上有进步意义。从整体来说，该图较清代前期的地图有较大的进步。

后世多有翻刻，存世多种版本，均印成书册面世。其中清光绪二十八年(1902)刊印的《皇朝一统舆地全图》分省地图集，由总图、各省分图和说明文字组成，现存全国测绘资料信息中心。该地图集共有地图 30 幅，其中总图 3 幅，一幅为东半球图，一幅为西半球图，一幅为清朝疆域全图，简略绘出各省的位置和疆界所至。分省舆图 27 幅，其中第 6 幅为《浙江全图》，经纬线均以北京起算，全图在东经 3°～11°，南纬 17°～26°范围内，共 72 个方格，每个方格的经纬差各为 1°。图幅 23 厘米×18 厘米，比例尺约为 1∶250 万。图内山脉用象形符号表示，主要河流均用双线绘出。居民地有省治、府治、县治，县以下部分村镇仅注名称无符号表示，绘制完整。海岸线绘得比较正确，海域用波纹表示。山名和河名注记比较详细。图后附有说明，内容主要是浙江省位置、政区建置、各府县名称及治所驻地等。

八、清光绪《浙江全省舆图并水陆道里记》

清光绪十六年至十九年(1890～1893)，浙江省舆图局测绘《大清会典图》浙江部分。在这基础上，1894 年石印出版《浙江全省舆图并水陆道里记》，装订成 20 本，是一部绘制较精确的省、府和厅、州、县地图集。府图每方为 20 里，县图每方为 5 里，无图说。地图要素有府、县境界，并注邻县名称；居民地表示至村，注记密度较大；河流分单线、双线绘出，桥梁绘制详细；道路以府署、县治为中心，用连珠点绘至各主要乡村；山体用写景法描绘。该地图集较好地反映各府、县的自然地理和人文景观，是浙江省首次以实测资料为基础绘制，并有比例尺概念，内容详细。

民国四年(1915),浙江省内河水上警察厅将原图进行修订重版,行政区域改为 4 道 75 县,钱塘道领 20 县,会稽道领 20 县,金华道领 19 县,瓯海道领 16 县,含旧温、处府。

第二节　温州舆地图

存世的温州舆地图比较多,有载于古代各种地方志书的,也有今人辑录的。例如北京图书馆馆藏地图《舆图要录》中就有温州舆图 14 种,浙江省测绘资料档案馆馆藏的温州古地图共有 32 种,王子强主编的《中国古代地图辑录·浙江省辑》中也有温州舆图 223 幅。

一、明万历《温州府境图》

据史载,北宋祥符年间,在《瓯越经》内有一幅温州府境图,已佚。明万历三十三年(1605)《温州府境图》是迄今所见最早的舆地图。见图 9 - 01。

图 9 - 01　明万历三十三年(1605 年)《温州府境图》

该图与现代地图一样,上北下南,左西右东,但山地均用写景法表示,江海水域用波纹表示。显示温州古城墙围绕着郭公山、海坦山、华盖山、积谷山、松台山延伸,城外有护城河环绕。温州府城北有乐清县,南有瑞安县和平阳县,西有泰顺县,西北为青田县界,西南为福宁州界和福安县界,东为大海。北邻瓯江及江心屿、七都岛、灵昆岛,南望飞云江和鳌江。城东绘有军事要地宁村所、永昌堡、永嘉场、梅头山。明洪武十九年(1386),因倭寇侵犯,汤和奉旨整顿海防,在温州沿海建立卫所,共建三卫九所,分别

第一章 舆地图的编制

为温州卫(辖海安所、瑞安所、平阳所),金乡卫(辖蒲门所,壮士所,沙园所),磐石卫(辖宁村所、蒲岐所、后千户所)。尔后,磐石卫又增设永昌堡所、永嘉场所。

二、清康熙《温州府图》

该图载于康熙《永嘉县志》。北至乐清县界,南至福鼎县界,西至青田县界,东接大海。温州府城北临瓯江,有城墙和护城河环绕,城西主要水系郭溪、瞿溪、雄溪注入城河。沿城墙注明郭公山、海坦山、华盖山、积谷山和松台山,稍远处南有巽山和奶头山,西有太平岭和西山。同时注明七道城门,北有永清门和望江门,东有镇海门,外接大校场;南有瑞安门和永宁门,西有来福门,西北有迎恩门。还有三道水门,北面水门接浦通瓯江,南面二道水门接城河。城内有河一条,河东注总镇府、永嘉县、开元寺、府学、县城隍庙、县学、小校场等,河西注海防厅、温州府、都堂府、火药局、谯楼、粮楠厅、县仓等。

北城外绘有瓯江和江心屿及东西双塔,注江心寺;瓯江口绘七都和灵昆山并加注。地名注记,江北有江头、河田、灵福;南城外有山川坛,东城外有瞿屿台、新埭台、茅竹寨、龙湾台、黄石嘴台、宁村所、沙村台、永兴堡、永昌堡、七甲台、四甲台、大梅头台等,均外加方框;西城外有上戍、社稷坛、厉坛、养济院等。见图9-02。

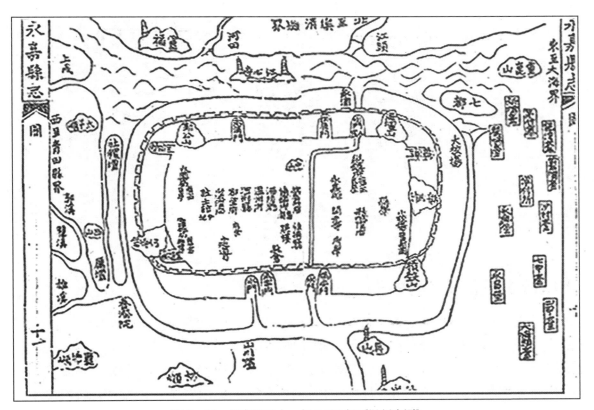

图9-02　清康熙二十一年(1682年)《温州府图》

三、清雍正《温州府图》

该图载于《雍正浙江志》,地图方位为上南下北,左东右西。境界北至台州府黄岩县界,南和西南至

467

福建建宁府界,东(左)至大海,西(右)和西北至处州府青田县界,东北至台州府太平县界,东南至福建福州府界。详见图 9－03。

图内府城城墙有 7 座城楼和城门,城内注记温州府。绘出乐清县、瑞安县、平阳县、泰顺县的城墙及县城公署,海防要地绘有宁村所、永昌堡、永嘉场。以写景法突出山脉,绘有 13 处森林符号。并绘出乐清东塔和西塔,江心屿东西双塔和瑞安隆山塔。水面以波浪符号着重表示瓯江和大海,并以双线表示飞云江、楠溪江及温州塘河。

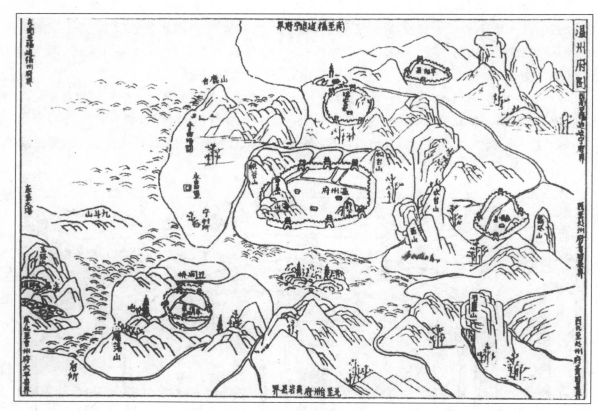

图 9－03　清雍正《温州府图》

四、清乾隆《温州府境全图》

该图北至黄岩县界,南至福建福宁州界,西至处州青田县界,东至大海。图内有温州府和永嘉县、瑞安县、乐清县、平阳县、泰顺县的府城和县城。温州城内注记温处道、温州府、永嘉县、温州镇等公署机构,西城外注记教场。水系有瓯江、飞云江、瞿溪、温瑞塘河,顺瓯江而下,有江心寺、七都涂、双昆、单昆序列江中,还有隔海相望的玉环营和玉环城。东向陆地有宁村所、永嘉场老城(盐场)、新城、巡检所、梅头岭、梅头所、海安所、双穗场(盐场)等。瓯江北岸有蒲岐所、长林场(盐场)、磐石城等。南面有沙城、墨城、蒲壮城、分水关等名称注记。泰顺县城北面有石步岩和石村司等注记。该图还以图例符号表示江心东西双塔、楠溪江口罗浮双塔、乐清东塔和西塔、泰顺文祥塔等 7 座名塔。以写景法表示山脉,江海尽绘波浪。详见图 9－04。

图 9 - 04　清乾隆二十七年(1762 年)《温州府境全图》

五、清光绪《永嘉城池坊巷图》

该图载于清光绪八年《温州府志》。图中显示温州古城基本保持东晋建城时倚江、负山、通水的面貌及东庙、南市、西居、北埠的格局。城市功能分区明确,布局严谨合理。城内一坊、一渠、一桥形成水陆交通网络,"楼台俯舟楫,水巷小桥多",颇具鲜明的江南水乡城市特色。

郡城跨山而筑,长 2977 丈,城内面积约 3.8 平方千米,辟有 7 道城门,分别为镇海门(东门)、瑞安门(大南门)、永宁门(小南门)、来福门(三角门)、迎恩门(西门)、永清门(麻行门)、望江门(朔门)。城垣四面环水,北面为瓯江,东面、南面和西面都有护城河。城内水系纵横交错,水源充足,湖泊星布,东有伏龟潭,南有雁池,西南有蜃川和浣沙潭,北面有潦波潭,中央有冰壶潭,与河渠连在一起。瑞安门和永宁门旁各设水门一座,引会昌湖之水,注入城内各河渠,汇于望江门东侧的奉恩水门(今海坦陡门),排入瓯江。见图 9 - 05。

温州古城以水巷和小桥为主的特点赫然图上,共有坊巷 184 条,大小桥梁 185 座。注记主要山体、河流和 60 多条街巷名称。重要政府机关以符号表示并注名称,有温处道,总镇,校士馆;温州府,旧同知署,通判,城守营,圣庙,府学;永嘉县,县丞,典史,县学;学校有东山书院和中山书院;宗教场所有城隍庙,关帝庙,杨府庙,东瓯王庙,平水王庙,三港庙,九圣庙,五灵庙,文昌庙,胡公庙,宣灵王庙,神农庙,茶场庙,天宁寺,嘉福寺,妙果寺,开元寺,资福寺,宿觉寺,普觉寺,四贤寺,双忠祠,忠祠,忠义节孝祠,仓圣祠,薛祠,青龙殿等;民间园林有周园、张园、曾园。地图以写景表示温州古城的城垣、斗山和江海,结合名称注记显示温州古城的城池坊巷。

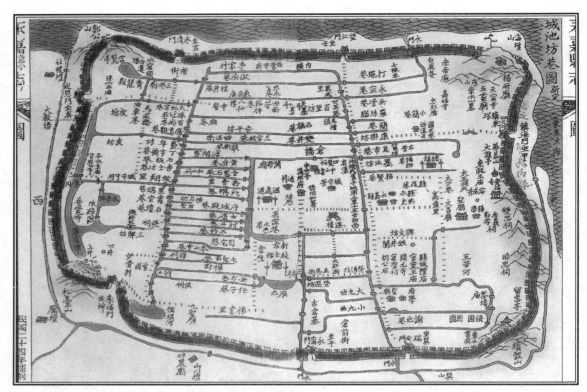

图 9 - 05　清光绪八年(1882)《永嘉城池坊巷图》

温州舆地图大多刊载于古代志书中,据不完全统计,温州府的舆地图有 9 种,见表 9 - 01。

表 9 - 01　　　　　　　　　　　　　　　　温州府舆地图一览

图名	编制年代	说　　明
温州府图	明弘治十六年(1503)	主修官知府吉水邓准,编纂人永嘉王瓒,藏鄞县范氏天一阁
温州府图	明嘉靖十六年(1537)	编纂人张孚敬,藏鄞县范氏天一阁
温州府境图	明万历三十三年(1605)	主修官知府丹阳汤日贻,编纂人王光蕴,舆地图 2 卷,藏玉海楼
温州府图	清康熙二十一年(1682)	康熙《永嘉县志》
温州府图	清康熙二十四年(1685)	王国泰、汪广、魏裔寿修,李璋、全大起编纂,首卷地图 7 幅,藏玉海楼
温州府图	清雍正七年(1729)	刊于《雍正浙江志》
温州府图	清乾隆二十年(1755)	刊于清乾隆《浙江郡邑道里记》
温州府境全图	清乾隆二十七年(1762)	主修官李琬,齐召南、汪沆编纂,藏玉海楼
温州府图	清光绪十七年(1896)	刊于清光绪《浙江便览》,共 2 幅

六、《中国古地图辑录·浙江省辑》

《中国古代地图辑录》分上下卷本,主编王子强,星球地图出版社 2005 年出版。该图集从 150 余种古籍图书中辑录地图 1000 余幅,所选底本均为 1911 年之前版本。《浙江省辑》分册包含全省的总图、府图、县图、乡村图以及城池图,最早的图为南宋绍兴九年(1139)。浙江全图共 8 幅,从 1461 年至 1896

年,跨时 435 年。

　　收录温州区域地图共计 223 幅,其中温州府地图 6 幅,分别为 1684 年温州府图,1736 年温州府图,1736 年温州府海防图,1762 年温州府境全图,1829 年温州府图,1896 年温州府图。

　　永嘉县地图 14 幅,分别为 1882 年永嘉县城池坊巷图,1762 年海防全图(一)至(三),1762 年永嘉县境图,1882 年永嘉县境图,1882 年永嘉县境分图(一)至(六),1882 年永嘉县海防图,1882 年永嘉场图。

　　瑞安县地图 4 幅,分别为 1809 年瑞安县境图,1762 年瑞安县境图,1762 年瑞安县城图,1809 年瑞安县城图。

　　乐清县地图 6 幅,分别为 1762 年乐清县境图,1826 年乐清县全图(一)至(三),1762 年乐清县城图,1826 年乐清县城图。

　　平阳县地图 4 幅,分别为 1758 年平阳县境图,1762 年平阳县境图,1758 年平阳县治图,1762 年平阳县城图。

　　泰顺县地图 5 幅,分别为 1729 年泰顺县境之图,1762 年泰顺县境图,1878 年泰顺地舆全图,1729 年泰顺县治图,1762 年泰顺县城图。

　　此外,还有玉环 8 幅,青田 32 幅。

七、北京图书馆馆藏《舆图要录》

　　《舆图要录》于 1997 年 2 月 1 日出版,刊出馆藏地图共 6827 种,其中涉及温州区域有如下 14 种。

　　(1)《温州府属全图》:清光绪年间 20 里方图,彩色绘本,图幅 61 厘米×49 厘米。该图内容与清光绪二十年(1894)浙江官书局石印《浙江省舆图并水陆道里记》中《温州府总图》基本相同,仅道路绘画更为详细。

　　(2)《温州内洋图》:清光绪年间彩色绘本,未注比例尺,图幅 47 厘米×45.7 厘米。

　　(3)《温州外洋图》:清光绪年间彩色绘本,未注比例尺,图幅 63 厘米×92.5 厘米。该图范围东至大洋,西至温州城,北至玉环厅,南至福建火门。

　　(4)《永嘉县全图》:1932 年 2 月永嘉县政府绘制,彩色石印本,1∶5 万,图幅 45 厘米×31.5 厘米。

　　(5)《永嘉县城市全图(1)》:1933 年 10 月邓逸梅绘制,温州美术公记印务局彩色石印本,1∶5 万,图幅 68.5 厘米×50.5 厘米。

　　(6)《永嘉县城市全图(2)》:1934 年 2 月永嘉县政府建设科绘制,彩色石印本,1∶5000,图幅 47 厘米×65.5 厘米。附新旧街道名称对照表。

　　(7)《永嘉县附近图》两幅:1934 年 4 月参谋本部福建省陆地测量局绘制,1∶30 万,图幅 86 厘米×69 厘米。分上下两幅。

　　(8)《平阳县图》:清光绪年间彩色绘本,未注比例尺,图幅 47 厘米×45.4 厘米。

　　(9)《平阳县志图》:1925 年平阳县修志局绘制,石印本 1 册,各图比例不等,图幅 27.5 厘米×17.5 厘米。

　　(10)《平阳外洋图》:清光绪年间绘本,未注比例尺,图幅 41.6 厘米×48.2 厘米。

　　(11)《泰顺县分区详图》:1933 年 8 月邱师杰编制,彩色石印本,1∶12.5 万,图幅 52.2 厘米×50.4 厘米。附县城简图。

　　(12)《乐清县图》:清光绪年间绘本,未注比例尺,图幅 31.5 厘米×36.7 厘米。

(13)《乐清县全图》：1933年8月乐清县政府绘制，彩色石印本，1：10万，图幅63.4厘米×46.4厘米。附县城及附近村庄图。

(14)《雁荡山全图》：1933年9月伊钦恒编制，彩色石印本，1：2万，图幅42厘米×60厘米，附图说。此图根据浙江省陆地测量局地形图，并参考实地观察所得资料编绘而成，主要山峰注有高度。

八、浙江省测绘资料档案馆馆藏温州古地图(共32种)

(1)温州府(9种)

清光绪温州古城城池坊巷图，温州二十里方图，浙江郡邑道里图温州府图，温州府海防图(浙江通志附图)，温州府图(浙江通志附图)，清光绪温州府图，温州府境全图，明万历三十三年温州府境图(彩绘)，温州交通线路图(彩绘)。

(2)永嘉县(8种)

永嘉县五里方图，1928年永嘉县城区全图(彩色)，1928年永嘉县城区全图，1937年实测永嘉县城厢街巷详图，1942年永嘉县全图，1942年浙江省永嘉县乡镇区域详图，浙江省永嘉县第二区灵昆全图(近代)，浙江省永嘉县西南十都丘地编号图(近代)。

(3)瑞安县(6种)

瑞安县城图，瑞安县五里方图，1925年瑞安县全图，1938年瑞安县图，瑞安县图(近代)，瑞安区域图(蓝晒)。

(4)乐清县(3种)

乐清县五里方图，乐清县城图，清光绪乐清县图(蓝晒)。

(5)平阳县(3种)

平阳县五里方图，平阳县城图，1946年平阳县略图。

(6)泰顺县(3种)

清乾隆泰顺县境图，清雍正泰顺县治图，泰顺县五里方图。

第三节 温州各县舆地图和名胜舆图

保存至今的温州府、县地方志有50多种，每种志书都刊载一幅或多幅舆地图。北雁荡山、南雁荡山、江心屿、仙岩等风景区的志书中也有很多名胜舆图，例如《广雁荡山志》中就保存27幅舆图。

一、温州各县舆地图

温州各县舆地图亦大都刊载在各种志书和图经中。早在南朝就有《永嘉郡志》，隋唐有《永嘉图经》，宋代有《长兴集》《永嘉重建三十六坊记》《舆图记胜》《永嘉志》《永宁篇》《乐清图经》等。元代有《温州路志》《东瓯志》《永嘉县志》《永宁志》《瑞安州志》《乐清县志》《平阳州志》等。明代270年期间，温州各县共修县志15种，主要是《永嘉县志》《瑞安县志》《乐清县志》《平阳县志》《泰顺县志》等。清代各县共修县志29种。以上县志和图经均刊有各县的舆图，据初步汇集资料，列表9-02。

表 9 - 02 　　　　　　　　　　　　温州各县历代舆地图一览

县名	编 制 年 代	所 在 志 书	编 纂 人
瑞安县	明嘉靖三十四年(1554)	嘉靖瑞安县志	刘畿修,朱绰等纂
	清康熙二十六年(1687)	康熙瑞安县志	范永盛修,章起鸿等纂
	清乾隆十四年(1749)	乾隆瑞安县志	陈永清修,章昱、吴庆云纂
	清嘉庆十三年(1808)	嘉庆瑞安县志	张德标修,王殿金、黄徽义纂
乐清县	宋代	乐清县图经	无考
	明永乐年间(1403~1424)	永乐乐清县志	无考
	明隆庆六年(1572)	隆庆乐清县志	胡用宾修,候一元纂
	清道光六年(1826)	道光乐清县志	刘荣玠修,鲍作雨、张振夔纂
永嘉县	明嘉靖四十五年(1566)	嘉靖永嘉县志	程文箸修,王叔杲纂
	明万历三十年(1602)	万历永嘉县志	姚永济修,王光蕴纂
	清康熙二十一年(1682)	康熙永嘉县志	王国泰、郑廷俊修,林占春、周天锡纂
	清乾隆二十六年(1761)	乾隆永嘉县志	崔锡修,齐召南、汪沆纂
	清咸丰年间(1851~1861)	咸丰永嘉县志	王景澄纂
	清光绪八年(1882)	光绪永嘉县志	张宝琳修,王棻、孙诒让纂
平阳县	元大德十一年(1307)	平阳州志	皮元修,章嚞纂
	明弘治五年(1492)	弘治平阳县志	王约修,孔彦雍纂
	明隆庆六年(1572)	隆庆平阳县志	朱东光修,侯一元纂
	清顺治八年(1651)	顺治平阳县志	马腾霄修,陈文谟纂
	清康熙十二年(1673)	康熙平阳县志	石金和修,施鋐纂
	清康熙三十三年(1694)	康熙平阳县志	金以垵修,吕弘浩等纂
	清乾隆二十五年(1760)	乾隆平阳县志	徐恕修,张南英、孙谦等纂
	民国十四年(1925)	民国平阳县志	王理孚修,符璋、刘绍宽等纂
泰顺县	明万历元年(1573)	万历泰顺县志	王克家修,张庆旸等纂,侯一元等订正
	明崇祯六年(1633)	崇祯泰顺县志	涂鼎鼐修,包大方、周家俊等纂
	清康熙二十二年(1683)	康熙泰顺县志	刘可聘纂修
	清雍正七年(1729)	雍正泰顺县志	朱国源修,朱廷琦等纂
	清光绪五年(1879)	泰顺分疆录	林鹗纂修,林用琳续编,董宪曾参校

二、名胜舆图

(1) 明代《三才图会》和清雍正《浙江通志》中的名胜舆图

明《三才图会》地理九卷绘有南雁荡山、江心寺名胜舆图。这些图都以写景法绘图,由于幅面较小,仅反映每个名胜区的一部分。清雍正《浙江通志》卷一也刊有与此类似的名胜舆图,幅面较大,绘图水平较高,基本能勾勒出名胜区全貌,每个景点都有地理名称注记。

(2) 北雁荡山志名胜舆图

从元代永嘉李孝光起,至民国蒋希召 300 多年间,共编纂 10 种版本的雁荡山志,这些志书大多插入舆图。10 种版志是雁山十记,雁山志(明嘉靖十八年乐清朱谏版本),雁山十景记,万历雁山志,雁山四记,雁荡山志,游雁荡山记,雁山志(乐清施元孚编),广雁荡山志,雁荡山志。其中广雁荡山志就有 27 幅舆图,分别是东瓯雁荡山方图,乐清县雁荡山四境图,雁荡山四谷总图;东外谷图,东内谷图,西外谷图,西内谷图;东外谷石门潭图,石景洞图,东内谷碧霄洞图,灵峰图,朝阳洞图,铁城嶂图,灵岩图,五霄峰图,西外谷斤竹洞图,石门图,雁湖图,梅雨岩图,梯云谷图,西内谷常云峰图,铁城嶂图(实为大龙湫图),能仁寺图,芙蓉峰图;南阁会仙峰图,散水岩图,北阁仙桥图。

（3）南雁荡山志名胜舆图

南雁山志(明崇祯十一年编)、雁荡山全志、南雁荡山志,均插入舆图。

（4）江心志名胜舆图

江心志(清康熙三年编)、孤屿志(清嘉庆十三年编),均插入舆图。

（5）其他风景志名胜舆图

仙岩志(清光绪九年编)、仙岩志(明崇祯六年写本,清康熙二十四年刊本,1933 年排印本)、白云山志、白龙山志等志书,均插有风景舆图。

第二章 普通地图和地图集的编制

地图按内容通常分为普通地图和专题地图两大类,普通地图是综合反映地面一般地理要素的地图,包括各种自然地理要素和社会经济要素,是使用最普遍的一类地图。地形图属于普通地图类,考虑到地形图是唯一具有基本比例尺系列的地图,覆盖面广,反映的地理要素最多,因此也有人将地形图从普通地图中独立出来而单独列类。

第一节 系列比例尺地形图

地形图的比例尺有 1∶500、1∶1000、1∶2000、1∶5000、1∶1 万、1∶5 万、1∶10 万、1∶20 万、1∶25 万、1∶30 万、1∶50 万、1∶100 万等,形成系列比例尺。比例尺大于 1∶5 万的地形图都经实地测绘完成,小于 1∶5 万的地形图都是缩编而成,1∶10 万或更小比例尺地形图编制依据的原图都是 1∶5 万或更大比例尺的实测地形图。地形图是编制其他普通地图和各种专题地图的基础图。

一、1∶10 万地形图

1∶10 万地形图是国家基本比例尺系列地形图的重要组成部分。浙江省最早的 1∶10 万地形图是宣统二年(1910),浙江省督练公所参谋处测绘股根据《浙江全省舆图并水陆道里记》,编制杭州府、嘉兴府等 1∶10 万地形图 5 幅,但没有温州幅。该种地形图不是以等高线表示地形起伏,而是以晕滃法表示地貌。

1. 民国 1∶10 万地形图

1915 年,浙江省陆军测量局依据清光绪年间《浙江全省舆图并水陆道里记》,对省内各道进行实地调查。1929~1930 年,参谋本部陆地测量总局根据这次实地调查资料及 1∶5 万迅速测图,编绘出版 1∶10 万单色石印地形图,共 118 幅,其中与江苏、安徽、江西拼接的分别是 5、9、4 幅,覆盖浙江全省。图廓尺寸为 49.5 厘米×26.8 厘米。南图廓外中央有数字比例尺和线段比例尺。内图廓四边绘有标记经纬度的短线,但图内不连接,亦无方里网,只在 4 个图廓点注明经纬度。平面坐标采用紫薇园坐标系,高程多数以紫薇园原点假定 50 米起算,其中 25 幅图采用气压计测量。图内居民地有依比例和不依比例两种表示方法;水系用双线,湖泊水域内绘有密集晕线;道路和铁路出图廓有至最近市、县名注记;地貌用等高线表示,等高距 50 米,每 250 米加粗等高线,有高程注记点;植被有森林、草地等分类。这套

1∶10 地形图所依据的资料基础较差,其总体质量不高。

2. 新中国 1∶10 万地形图

1957~1969 年,总参谋部测绘局根据 1∶5 万地形图,历时 13 年,陆续编绘完成浙江省 1∶10 万地形图,全省共计 94 幅。其中温州市西南 4 幅,是据 1957 年出版的 1∶5 万地形图编绘,1958 年出版。

为保持 1∶10 万地形图的现势性,从 70 年代初开始,总参谋部测绘局对上述地形图进行修测更新。1971~1972 年,先依据 1971 年以前出版的第二代 1∶5 万地形图,编绘出版杭州湾、舟山群岛、宁波、温州沿海地区 1∶10 万地形图 30 幅;从 1973 年起历时 8 年,陆续编绘出版浙江内陆 1∶10 万地形图 64 幅。这套新的 1∶10 万地形图,基本等高距为 20 米,国际标准分幅,高斯-克吕格 6°带投影,1954 年北京坐标系,1956 年黄海高程系。图廓为 50 厘米×37 厘米,图内绘有方里网格,4 个图廓点注有经纬度,内、外图廓间绘有分度带,用来量取图内点的地理坐标。地形图的内容表示同 1∶5 万地形图。

在地物地貌的精度方面,地物对于附近野外平面控制点的位置中误差,平地和丘陵地不超过图上 0.5 毫米,山地和高山地不超过图上 0.75 毫米。图上高程注记点对于附近野外高程控制点的高程中误差,平地不超过 5.0 米,丘陵地不超过 7.0 米,山地不超过 10.0 米,高山地不超过 20.0 米。等高线对于附近野外高程控制点的高程中误差,平地不超过 6.0 米,丘陵地不超过 9.0 米,山地和高山地等高线与图上所注的高程和在倾斜变换点上求得的高程都相适应。

按国际标准统一分幅,温州市域覆盖 1∶10 万地形图 17 幅。图号为 H-51-121、122、123、133、134、135;G-51-1、2、3、13、14、15;G-50-12、24、36;G-51-25、26。温州市区在 H-51-134 幅。

二、1∶20 万地形图

1972 年前曾编绘出版过 1∶20 万地形图,之后被 1∶25 万地形图所取代,所以它不是国家基本比例尺系列地形图的重要组成部分。

1. 民国 1∶20 万地形图

1926 年 11 月,参谋本部制图局制印。每幅图经差为 1°,纬差为 30′,无方里网,图中绘有等高线,图廓边有等高线注记。图中注明为直鲁联军用图。浙江全省共 34 幅,其中温州地区 6 幅,分别为 H512006001 永嘉县、H512006002 温岭县、G512001001 瑞安县、H512006002 洞头县、G512002001 霞浦、G502001006 泰顺县。

2. 华东 1∶20 万地形图

1949 年 3 月,中国人民解放军华东军区司令部翻印,单色图,图廓尺寸为 46.0 厘米×36.4 厘米,无经纬度和方里网。浙江境域 26 幅。绘有等高线,基本等高距为 100 米,无高程系统和等高线注记,部分山峰有高程注记。居民地分省城、县城、镇、村四级,都用不同圆形符号表示。道路分铁路、公路、大道和小路,还有水系、省界和县界。绘制较粗略。

3. 新中国 1∶20 万地形图

总参谋部测绘局根据 1964~1965 年出版的 1∶10 万地形图,并参考交通、水利和行政区划等资料,1971~1972 年编绘出版。高斯-克吕格 6°带投影,国际分幅,1954 年北京坐标系,1956 年黄海高程系,1969 年版图式。全国统一编绘,其中浙江省共 27 幅,涉及温州 7 幅。该地形图绘制技术熟练,符号规格统一,各种要素关系正确,印刷精良,图面清晰易读,是浙江省历史上质量最好、精度最高的 1∶20 万地形图。

三、1∶25 万地形图

1∶25 万地形图是国家基本比例尺地形图的重要组成部分,它能在较大范围内全面地反映自然地理条件和社会经济概况,供各经济建设部门用作拟定总体和区域规划,研究经济布局,进行自然资源调查和开发利用之用。

1. 中国东部地区美制 1∶25 万地形图

中国东部地区统一编制和分幅的 1∶25 万地形图中,浙江省共 22 幅,英文原版地图,图幅经纬差均为 1°,方里网经纬差均为 5′。高程以浙江坎门中等海水面为 0 米起算,绘有等高线,基本等高距为 100 米,高程注记点较少且不均匀。名称注记以居民地为主,还有山名、河名、湖名等。图廓外绘有磁偏角,并注"磁偏角系 1945 年图幅中心之值,年变率西偏 1′"。由此可知该图是 1946~1948 年美国编绘的地形图。

2. 华东 1∶25 万地形图

1951 年华东军区司令部编绘出版,与浙江省有关的 22 幅,其中涉及温州 3 幅。该图是以美制 1∶25 万地形图透绘成稿,并参照 1∶5 万与 1∶10 万地形图等资料修正和充实。全图为中文注记。

3. 1989 年 1∶25 万地形图

1989 年,国家测绘局根据 1986 年编绘、1987 年出版的 1∶5 万地形图编制出版,与浙江省有关的共 17 幅,其中涉及温州 3 幅。四色套印,全国统一分幅,高斯-克吕格 6°带投影,1954 年北京坐标系,1956 年黄海高程系,图幅经差为 1°30′,纬差为 1°,方里网 4 厘米×4 厘米,基本等高距为 50 米,等高线刻绘精细,地形地貌要素齐全,载负量合适,综合程度恰当,刻绘技术水平较高,是新中国第一代具有相当水平的 1∶25 万地形图。

四、1∶30 万地形图

1966 年前曾编绘出版过 1∶30 万地形图,之后被 1∶25 万地形图所取代,所以它不是国家基本比例尺系列地形图的重要组成部分。

1. 民国 1∶30 万地形图

全国统一编制,统一分幅编号,图号由东向西、由北往南编排。与浙江省有关的共 20 幅,现存总参谋部测绘局档案馆。

2. 1∶30 万东部各省联界图

民国政府为中国东部各省的省界联接情况而编制的地形图,多面体投影,按经差 1°30′,纬差 1°00′计算出每幅图的图廓长度,以几何做图方法展绘。与浙江省有关的共 12 幅,其中与江西联界的有永嘉、永嘉下、上饶、上饶下 4 幅,与福建联界的有永嘉下、连江 2 幅。现存总参谋部测绘局档案馆。

3. 中华人民共和国 1∶30 万地形图

中国人民解放军南京军区 1965 年编绘,1966 年出版,3 色印刷。高斯-克吕格 6°带投影,1954 年北京坐标系,1956 年黄海高程系。与浙江省有关的共 15 幅。基本等高距为 100 米,地物、地貌要素齐全,图面清晰易读,印刷质量尚好。

五、1∶50 万地形图

1∶50 万地形图是在全国范围内综合反映相关区域的自然地理条件和社会经济概况的基本地图。

这种比例尺地形图用途广泛,深受欢迎。

1. 陆空海军共用1∶50万地形图

1951年,中央军委测绘局编制出版。与浙江有关的共6幅,其中涉及温州3幅。由于编图使用的基本资料陈旧,精度不高,随新测地图品种的增加,这些图渐被淘汰。

2. 国家1∶50万地形图

1971~1973年,总参谋部测绘局编绘全国新的1∶50万地形图,1972年出版。全国总共227幅,其中浙江省6幅,而图号G-51-A、H-51-C、G-50-B这3幅涉及温州市。这套地形图按照1969年颁布的《1∶50万地形图编绘规范》编制,高斯-克吕格6°带投影,1954年北京坐标系,1956年黄海高程系。图幅经差3°,纬差2°;方里网经差30′,纬差20′。基本等高距为100米,用分层设色等高线表示地貌,在浙江图幅分0~500米、500~1500米、1500米以上三个层次,显示地貌的基本形态和特征。高程注记点密度每方里网格有10~15点,且分布较均匀。水系表示完整,类型清楚;道路分铁路、公路、简易公路、大车路、乡村路和小路绘出,等级分明;仅有部分地区绘有植被符号或注记。居民地的市、县依比例尺表示,公社和村分别用不同圆形符号绘之。四色印刷,地理名称注记详细,海部要素基本齐全,图廓外绘有图例和图幅接合表等,成图质量较好,基本满足用图的需要。

六、1∶100万地形图

1. 1∶100万中国舆图

该图在1949年前先后编制三次,都有浙江的图幅。

第一次是1923~1924年,借鉴当时日本1∶100万东亚舆图内容和规定,由北京参谋本部第六局下设的制图局编制。图幅经差、纬差均为4°。

第二次是1930~1938年,按照国际1∶100万世界地图的技术规定,由陆地测量总局编制。图幅经差6°,纬差4°,并用国际统一编号。因抗日战争爆发,未正式出版。

第三次是1943~1948年,亦由陆地测量总局编制。按照国际1∶100万世界地图的技术规定,采用拉勒孟氏改良多圆锥投影,经差6°,纬差4°,质量较好。其中与浙江有关的4幅。

2. 国家1∶100万地形图

1956年国家测绘总局成立,经中央有关部门研究,决定由国家测绘总局和总参谋部测绘局承担编制1∶100万地形图任务。1959年完成编绘,1960年出版,其中与浙江省有关的4幅,图号为H50,H51,G50,G51,后3幅涉及温州地区。这是中华人民共和国建立后的第一代1∶100万地形图,其内容的完备程度,大范围的现势性等方面都比较好。

1976年,国家测绘总局决定重编1∶100万地形图,邀请总参测绘局、武汉测绘制图学院、南京大学地理系科学研究院和有关省测绘局,成立研究小组,拟定规范图式初稿,编出样图。1977年12月召开会议修改定稿,1979年《1∶100万地形图编图规范图式》正式出版。编图由陕西、黑龙江、四川省测绘局具体承担,1984年完成全部编绘和刻绘工作,1985年出版,多色印刷。这是第二代1∶100万地形图。等角圆锥投影,国际统一分幅和编号,图幅经差6°,纬差4°,方里网经纬度差各为1°。等高线分50米、200米、500米、1000米、1500米、2000米,高程注记点很少,水系表示完整。道路分铁路、主要公路、一般公路、大路和小路。植被用符号以绿色表示。居民地按人口划分,50万人口以上的以比例尺表示,其他分别用不同图形符号绘出。境界绘有省和县界。注有主要地理名称,海部要素比较齐全。图廓外绘有图例、图幅接合表等。

3. 浙江省 1：100 万地形图

1984 年浙江省测绘局、浙江省国土整治办公室编制，1985 年出版。三色印刷，全省一幅。双标准纬线正轴等角圆锥投影，1954 年北京坐标系，1956 年黄海高程系。等高距分为 50 米和 200 米，200 米以上每隔 200 米绘一条等高线。其他内容和表示方法与国家第二代 1：100 万地形图相同。

4. 国家 1：100 万 DLG 数据图

2004 年 1 月，国家地理信息中心编制全国 1：100 万 DLG 数据图，中文名称为"数字线划地图"。DLG 数字线划地图是与现有线划基本一致的各地图要素的矢量数据集，且保存了各要素间的空间关系信息和相关的属性信息，是 4D 产品的一种。该套地图的分幅和编号与前国家 1：100 万地形图相同。2009 年 10 月，国家地理信息中心再次编制完成全国 1：100 万 DLG 数据图。

第二节　浙江省普通地图和地图集

所有的浙江省地图和地图集都包含温州市的内容，尤其比例尺较大的省图或省集更有丰富的温州市图幅资料，是温州人使用地图中必不可少的工具。

一、浙江省普通地图

从清末开始直至今天，浙江省编制出版了很多不同比例尺的普通地图，有全开张，两全开张，15 对开幅，也有粗糙和精致之别。大部分浙江省普通地图是行政区域图，是悬挂办公室的首选地图。

1. 清末 1：85 万《浙江省全图》

清宣统二年（1910），上海商务印书馆出版，多色印刷，全开张。全图绘有省、府、县界，11 个府图面分色。居民地分省治、府治、直隶厅治、县治、大镇、村集、商埠等；交通分铁路、公路、大路、小路、航路；水系表示较详细，山脉用素描绘出，还表示电缆、故城、灯塔、沙滩等，经纬度注至度。该图 1912 年出第二版，1915 年出第三版。第三版全省分钱塘、金华、会稽、瓯海四道，道界以点线加色带绘出。该图特点是行政区域表示完整，地理名称注记详细，水系、交通等要素反映清楚。

2. 1927 年 1：100 万《浙江省明细地图》

1927 年，武昌亚新地图学社编制出版，多色印刷。图廓尺寸为 45.5 厘米×70.1 厘米。图上注有经纬度，经度以北京为中央子午线，全省由东经 2°至东经 8°。该图以行政区划为主。境界绘有省界和县界，各县分别用黄、红、紫、绿 4 色普染政区。地貌用象形符号表示山脉和山峰；水系绘制较完整；交通绘有铁路、内河航路、汽车路和人行路。地理名称注记详细。1938 年，该地图第六次出版，除经度改由格林威治起算外，其他内容与前版相近。

3. 民国时期《浙江省全图》

1914～1929 年，浙江省陆军（地）测量局先后 5 次出版，图名不变，比例尺不断变更。1914 年版未标比例尺，1925 年版 1：120 万，1927 年版 1：56 万，1928 年版 1：112 万（再版 2 次），1929 年版 1：40 万（再版 3 次）。1：40 万《浙江省全图》以行政区域为主，四色印刷，两全开张，基本资料来自速测 1：5 万地形图。地貌用等高线细致表示，水系绘制较完整，较好地反映交通情况，地理名称注记密度较大，图面较清晰。

4. 1958 年 1∶50 万《浙江省行政区划图》

1958 年,浙江省民政厅编制出版,多色印刷。境界分省、专区、市、县界,居民地分 6 级,图上对全省嘉兴、建德、宁波、舟山、金华、台州、温州 7 个专区和杭州、宁波、温州 3 个市表示显明,52 个县和嘉兴、湖州、绍兴、金华 4 个县级市反映清楚。道路交通和水系绘制完整,沿海绘出海岸线和海涂。地理名称注记较密集,主要山峰注有名称。图内插图有杭州市区、宁波市区、温州市区(1∶3.75 万)3 幅。这是中华人民共和国成立后,第一幅浙江省普通地图。

5. 1962 年 1∶40 万《浙江省地图》

1962 年,浙江省地质局编制出版,高斯-克吕格投影,以 1∶25 万俄文版编绘图作为基础资料,以 1∶10 万、1∶25 万和部分 1∶5 万地形图及航摄像片等作为参考资料,以一、二、三、四等三角点作为拼图的依据。地图分两版多色印刷,一版是行政区划图,另一版是分层设色等高线表示的地形图。省、专区、市、县界加印红色带,表示全省 6 个专区、3 个市、62 个县。插绘杭州市区图,还绘有图例和高度表。

6. 1975 年 1∶50 万《浙江省地图》

1972 年,浙江省测绘管理处编制,浙江省测绘局 1975 年出版,高斯-克吕格投影。地图分两版多色印刷,一版是政区图,另一版是等高线表示地形图。各政区用不同颜色普染,嘉兴、绍兴、宁波、舟山、金华、台州、丽水、温州 8 个地区和杭州市在图上很醒目,64 个县和杭州、宁波、温州 3 个市的政区也很清楚。插绘杭州市区图,还绘有图例。

7. 1983 年 1∶25 万《浙江省地图》

1983 年,浙江省测绘局编制出版,共 15 对开幅,采用双标准纬线正轴等角圆锥投影,标准纬线为北纬 28°00′、30°30′,中央经线为东经 120°30′,六色印刷。该图以 1∶10 万地形图为基本资料,是浙江省至今比例尺最大的普通地图。

8. 1989 年 1∶50 万《浙江省地图》

1989 年,浙江省测绘局编制出版,双标准纬线正轴等角圆锥投影,基本资料是 1983 年出版的 1∶25 万《浙江省地图》,并以新测 1∶1 万地形图为参考资料,县市政区的现势资料至 1988 年止。地图的数学精度好。

地图分两版多色印刷。一版以行政区域为主,多色普染,杭州、宁波、温州、嘉兴、绍兴、湖州、舟山、金华、衢州 9 个市和台州、丽水 2 个地区及 54 个县,一目了然。另一版表示地形,高度以分层设色等高线表示,首层 0～100 米,第二层起每层递增 200 米,共 11 层,用棕色由浅而深,较清晰地显示山脉走向、地形类型和分水岭被切割的特征,平原、盆地、丘陵、山地比较分明,水系密度较大且较完整,与地形的关系清楚。海岸线和海涂表示正确完整,海岛绘制详细。海部深度以等深线加分层设色表示,首层 0～5 米,第二层 5～10 米,第三层起每层递增 10 米,共 11 层,用蓝色由浅而深,海深层次分明。这是浙江省海部要素表示最详细、最完整的一幅全省普通地图。

9. 1989 年 1∶70 万《浙江省地图》

1989 年,浙江省测绘局编制,中国地图出版社出版,多色印刷。该图以政区为主,每个县、市都用不同颜色普染,境界线加印色带。地理名称注记密度较大,图右下角绘有"浙江省政区简表"和"杭州市区略图"。印刷质量好,图面清晰,各要素齐全,是一幅较好的政区一览图。

10. 1989 年 1∶100 万《浙江省地图》

1989 年,浙江省测绘局综合测绘大队编制,广东省地图出版社出版。双标准纬线正轴等角圆锥投影,是在1:50万浙江省地图(1989年版)基础上编制的彩色政区图。内容比较简单,突出政区、境界、交通和水系。各县、市区域用不同颜色普染,名称用红色注记。图面比较清晰,阅读方便。图内绘有政区简表,列出各市、地所辖的县、市、区名称。

二、浙江省普通地图集

地图集或地图册比普通挂图的比例尺更大,内容更详细,而且便于携带,是市民非常实用的地图工具。浙江省先后编制了五种不同类型的地图集(册),简述如下。

1. 1962年《浙江省地图集》

1962年,浙江省地质局编制,16开本,多色印刷,仅有打印稿,未正式出版。图集由序图和市县图两部分组成,共计86幅,其中序图12幅,含有全省行政区划图、地形图、气候图、水系图、土壤图、植被图、交通图等。县图每县一幅,共56幅,唯温州市除市图外还有市区图,舟山县除县图外还有本岛图。

2. 1981年《浙江省地图册》

浙江省测绘局编制,1981年9月地图出版社首次出版,32开本,多色印刷。1982年2月再版,发行量15万册。该图册共有地图72幅,其中序图3幅,为全省政区图、地势图和交通图,市县图69幅。除岱山和嵊泗合1幅,其他各市县均为1幅,每幅图都有文字说明。这是浙江省历史上第一本公开出版的地图册,也是中国第一本销往港、澳、台地区和日本等国的地图册。

3. 1989年《浙江省地图册》

1987年,浙江省测绘局开始重新编制《浙江省地图册》,1989年中华地图学社首次出版。32开本,多色印刷,印数10万册,分塑料套和平装两种。新编《浙江省地图册》共有地图78幅,其中序图4幅,城市街区图8幅,市县地图66幅。每幅图背面印有文字说明,重点介绍历史沿革、自然环境、名优特产、名胜古迹等五方面,编辑和印刷质量都较高,突出主图,用色适宜。该地图册经济效益和社会效益都比较好,获得省测绘科技进步一等奖。

4. 1990年《浙江省城市地图册》

1988~1989年,浙江省测绘局综合测绘大队编制,1990年2月中华地图学社首次出版,32开本,多色印刷。图册有图72幅,其中序图3幅,城镇图69幅。3幅序图为浙江省行政区域图,浙江省交通图,浙江省风景名胜图,每幅序图都有文字和表格说明。69幅城镇图的序列依次为杭州市、嘉兴市、湖州市、绍兴市、宁波市、舟山市、金华市、衢州市、丽水地区、台州地区、温州市及所属各县(市)。温州市序列为永嘉县城、瑞安市区、文成县城、泰顺县城、苍南县城、平阳县城、龙湾区、洞头县城、乐清县城。这是浙江省第一部反映各市、区和县城面貌的地图册。图册详细表示每个市、区、县城的街道、政府机关、企事业单位和各类服务设施的分布。街区主次分明,繁华街道突出,主要交通、邮电、旅馆、医院等服务设施也予以表示,绿化用地用绿色印刷。每幅图附有名优特产和名胜古迹的简要文字介绍。

5. 2007年《浙江省地图集》

该图集是一部全面、直观、形象反映浙江省自然地理特征和社会经济发展的大型综合性地图集,同时也是一项涉及多学科、多领域的地理信息系统工程。该图集是2007年浙江省第一测绘院编制,地图出版社出版,规格260毫米×374毫米,印数5000册。该图集汇集专题地图52幅,普通地图79幅,城区地图74幅,彩色图片350余帧,简介文字共约20万字。

《浙江省地图集》由序图组、人口资源环境图组、社会经济图组、发展规划图组、区域地理图组和索引六大部分组成,全集由中国政区图开篇,以浙江省政区为中枢,以县、市图为主体,综揽全省自然环境和社会经济全貌。索引收录县、市图中出现的乡镇、街道、海岛、山峰、风景名胜区、自然保护区、森林公园、主要旅游点等地名5千余条。

该图集充分借鉴国内外大型地图集的成功经验,以浙江省测绘局提供最新的多种比例尺数字线划地图、卫星遥感影像数据、数字高程模型等地理空间数据为基础,结合多方面自然与人文信息,在计算技术、数据库技术、遥感技术和地理信息系统技术的支持下,采用数字地图制图技术编制而成,并附有《图集》光盘。

第三节　温州市普通地图和地图集

温州市普通地图有温州市全境、温州市区、各县(市)的普通挂图和地图集之分,它们综合、全面地反映一定时期温州的自然地理要素和社会经济现象,包含地形、水系、植被、居民点、街路坊巷、交通网、政区界线等内容。

一、温州市普通地图

温州市全境的普通地图在不同时期编制过多幅,往往成为办公室挂图,很受欢迎。其中地形图以1986年6月1∶18万《温州市地图》著称,政区图以1993年5月1∶17.5万《温州市行政区划图》闻名。

1. 1964年1∶20万《温州市全图》(蓝图)

1964年温州地区水电设计室绘制,图幅115厘米×105厘米。图内分别使用不同大小圆符号表示市、县、区、公社驻地和村庄,省、市、县、区界及水系和道路齐全,市内茶场、林场、苗圃、农场、特产试验场、农业试验场、鱼场、牧场、良种场、原种场等,均注名称。

2. 1965年1∶20万《温州区域图》

1965年温州地区专署民政科监制,郑文中临图,温州市代印所承印。图幅85厘米×75厘米。居民地分地(市)、县、区、乡及村,以不同大小圆符号表示,个别大城镇绘出实际范围。温州市、瑞安县、乐清县、平阳县、泰顺县、玉环县、青田县及宁村所城、海安所城、沙园所城均增绘城墙图式;永嘉县、文成县、洞头县的县城绘圆形符号。道路表示大路和小路,缺公路;水系表示详细,境界分地(市)、县、区界。该图因单色印刷,清晰度较差。

3. 1978年1∶7.5万《温州市地图》

1978年温州市革命委员会供稿,浙江省测绘局编制,图幅75.0厘米×117.4厘米。境界有市界和公社界,市界加印淡紫色色带。全市32个公社均用不同颜色普染,范围清楚。温州市革委会所在中心区绘出实际范围,公社和大队革委会驻地以圆圈表示。道路分公路和大路,各以棕色实线和虚线表示。水系以蓝色表示,包括河流、溪流、水库、水渠等。图上还标有较大的工厂、苗圃、农场、植被、桥梁、水闸、轮渡、水电站等。山峰用棕色绘出三角尖并注名称。各公社名称采用红色注记。图下插入图例和温州市区图。

4. 1983年1∶20万《温州市行政区划图》(蓝图)

1983年7月温州市地名办公室编制,未出版。图幅83厘米×90厘米。北界黄岩和仙居,南界福建福鼎,西界寿宁和云和。图内详细表示市、县、区、镇、街道、公社、生产大队、居委会、自然村和农场的位置和名称,以及公路、河流和大型水库等。南图廓附温州市行政区划统计表(截至 1982 年 12 月)。

5. 1986 年 1∶18 万《温州市地图》

1986 年 6 月温州市人民政府供稿,浙江省测绘局编制,彩色套印。比例尺 1∶18 万,图幅 95 厘米×107 厘米,对开 4 幅拼合。居民地均用黑色注记名称。市、县人民政府驻地绘出实际范围,镇、乡、行政村、自然村及企事业单位用不同的圆形符号表示。省界、地市界、县区界以不同境界符号表示,并以紫灰色带加宽。道路分干线公路和支线公路,以不同粗细红色线表示。水系包括河流、湖泊、水库等;海岸线、滩涂、锚地、航线和里程等均予标注,水部注记均用蓝色表示。地形用等高线表示,山峰注记高程。桥梁、渡口、码头、堤塘、盐田、港口、山隘、电站、游览点、泉、气象站、水文站、塔、庙、亭、牌坊、碑、古墓、古窑、古迹等地物均按规定图式用黑色表示。图左下、右下角分别插入温州城区图和图例。这是温州市第一幅最完整、最详细的普通地形图。

6. 1993 年 1∶17.5 万《温州市行政区划图》

1993 年 5 月温州市民政局地名委员会编稿,浙江省地名档案馆制图,上海中华印刷厂印刷。图幅105 厘米×144 厘米,铜板纸多色印刷,11 个行政区划单位用不同颜色普染显示,一目了然。左上角附温州城区街巷图,左下角附龙湾区状元镇街巷图,右下角附温州经济技术开发区图。图中很多地名标注到自然村级,图例种类详尽,内容丰富且现势性强。虽然标明"内部用图",但发行量大,广受市民欢迎,是一张精致实用的政区图。

7. 1997 年 1∶22 万《温州市地图》

1997 年 3 月温州市规划局和地质矿产部遥感中心共同编制,图幅 83 厘米×105 厘米,铜板纸多色印刷。各县(市、区)以不同颜色普染区分,其境界加紫灰色带。市、县驻地以粉红色按实际范围绘出,镇、村以大小不同的圆形符号区分,市场和企事业单位以黑色小圆点表示。铁路和公路采用不同粗细的红线表示,在建高速公路以黄色虚线表示。河流、湖泊、水库和海岸线、滩涂、航线、里程、桥梁、渡口等,均一一标出。少数山峰注明高程。其他独立地物的表示和插图,类同 1986 年 1∶18 万温州地图。该图是一张政区图,内容丰富,清晰易读。

二、温州市区普通地图

温州市区,民国时期是指永嘉县城区及瓯江南岸部分,1981 年地市合并前是指"温州市",1981 年以后才是"温州市区",三者实为同一地域。继 1882 年绘制《永嘉城池坊巷图》后,1928 年以来有《永嘉县城区全图》《实测永嘉县城厢街巷详图》《永嘉县城区统计地图》《温州市区街道参考图》《温州市市区街道图》《温州市地图》《温州市城区地图》《鹿城区行政区划图》《温州市三区图》等。

1. 1933 年《永嘉县城区全图》

1928 年秋,黄聘珍首次编绘《永嘉县城区全图》,后佚失。1933 年 1 月 3 日,黄聘珍再次绘制该图,保存至今。该图由温州美本印刷公司印刷,中华书局、商务印书分馆、美本印刷公司发行。该图显示永嘉县城完整的城墙,城门有镇海门(东门)、大南门、小南门、三角门、西门、麻行门、朔门 7 座。山体用晕滃法表示,有郭公山、海坦山、慈山、华盖山、积谷山、松台山 6 座。水系北有瓯江,另三面有护城河,城内有九山河、沿街河网和桥梁。全城街道用点线表示,东北有上岸街、行前街等,南面有花柳塘、虞师巷、蝉河、荷花等,西北有打索巷、上横街、下横街等,而最显明的是居中的南北大街、信河街、百里坊等。主要单位有永嘉县政府、县党部、教育局、邮政局、缉私局、轮船局、医院、中小学等。城外瓯江中有江心孤屿和东西双塔,瓯江沿岸有招商局码头、海关码头、海圣宫码头、永清码头、龙湾码头、楠溪码头、瑶头码头、乌牛码头等18座码头。全图图面清晰,内容丰富,颇具早期实测地图特色。下面图9-06是原来大图的缩图,难免图中注记文字看不清楚,只能窥其廓貌。

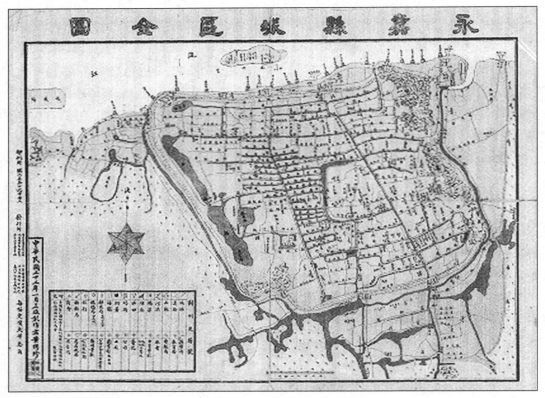

图9-06 1933年《永嘉县城区全图》

2. 1937年1:5000实测《永嘉县城厢街巷详图》

1937年2月,永嘉县地政处参照1936年实测完成的城厢地籍图缩编成《永嘉县城厢街巷详图》,比例尺1:5000,图幅75厘米×56厘米,完整而准确地彩绘永嘉县城厢的大街小巷、城垣及山形水系,注记周详,多色印刷,是难得的一幅温州城区图。松台山、郭公山、海坦山、慈山、华盖山、积谷山、巽山,还有球山和石子山,均用综色的等高线表示,等高距2米,山顶注高程。东图廓外下方注明"标高假定浙江省陆地测量局内紫薇园原点以五十公尺起算",所以海坦山的标高为104.28公尺。

积谷山北建中山公园,西南建运动场,原城墙拆除一段,其余城墙完整。温州城注明8座城门,分别为东门、大南门、小南门、三角门、西门、象门、永清门、北门,可见当时已不再使用古城门名称。城外护城河上有涨桥、中山桥、彩云桥、广利桥、永宁桥、清明桥、大桥头。城内街巷"一坊一渠一桥"的水乡布局,详细清晰。主要街道有北大街、南大街、五马街、信和街、百里坊、康乐坊等;主要水域有九山河、落霞潭、放生池、白莲塘、月湖、墨池等。城厢9镇已突破古城范围,城外"厢"的分布范围确切清楚。城内有中央镇、南市镇、海坦镇、莲池镇、落霞镇,城外有城东镇、城南镇、集云镇、广化镇。城外城东镇有行前街、江西栈等,城南镇有虞师里、蝉河、花柳塘、蒋家巷、锦春坊、万利桥等,集云镇有坦前、任宅前等,广化镇有下横街、上横街、江边路、粗糠桥等。东、南城外邻接第三区瞿江乡和德政乡，西城外邻接第四区忠孝乡。缩图见图 9－07。

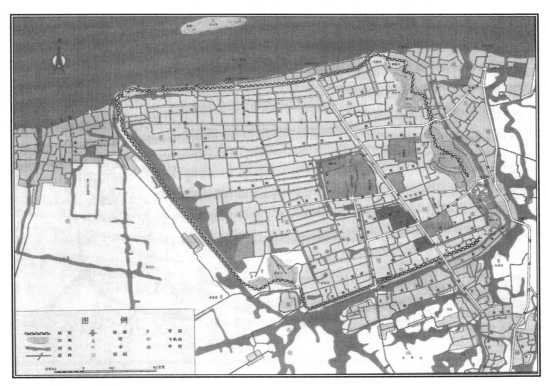

图 9－07　1937 年实测《永嘉县城厢街巷详图》

该图标注单位较多，记载着抗战前夕温州的社会经济状况。政治和军事单位有永嘉县政府、县党部、保安司令部、县公安局、地方法院、第四监狱、瓯海关、瓯海关监督总署、盐务总局、地政处、永嘉县仓、防空监视所等。公众和社会单位有民国日报社、邮局、电话局、电灯公司、中国航空公司温州水上飞机场、永瑞轮船局、中国银行地方分行、交通银行、瓯海实业银行、永瑞地方农民银行、商业银行、中国国货公司、永嘉县商会、九镇联合会、江苏会馆、同仁社、普安药局、救济院、民众教育馆、民众俱乐部、游民习艺所、中央大戏院、温州大戏院、光华电影院等。文化、教育、医疗单位有孔庙、图书馆、东山书院、温州高中、联立中学、瓯海中学、温州初中、温中附小及二部、南光小学、瓯江小学、永清小学、康乐小学、海坦小学、养性小学、养真小学、崇性小学、幼稚园、瓯海医院、白累德医院、地方医院等。还有很多寺、观、塔、亭等。图的左下角插入图例，图外附有新旧街道名称对照表，见表 9－03。

表 9－03　　　　　　　　　　　1937 年永嘉城区新旧街道名称对照表

旧名称	府前街	道前街	府城殿巷	五马街	县城殿巷	蝉街	南北大街	大新街	百里坊	信河街	大南门外	小南门外	西门外	朔门外	铁井栏	江西栈	麻行僧街
新名称	民权路	民族路	民生路	中山路	中山东路	中山西路	中正路	公安路	复兴路	新民路	仁爱路	信义路	和平路	望江路	兴文路	永东路	永清路

3. 1945年1：8000《永嘉县城区统计地图》

1945年永嘉县政府统计室编制,正中印刷厂承印,高声出版社发行。该图比例尺1：8000,范围比1937年实测图有所扩大,东边扩至新码道和永楠路,南边扩至巽山和蒲鞋市,西边基本不变。城墙已拆除,只绘城基。城内街道和河网表示详细。全图标有中央镇、南市镇、海坛镇、莲池镇、落霞镇、城东镇、城南镇、集云镇、广化镇9镇。图的最下方附有统计表、图例、城郊略图、各镇中心学校、新旧名称对照表等,其中"新旧街道名称对照表"与1937年实测图相同。统计资料有气候、人口、工业、商业、金融、教育、卫生、社会救济、名胜共9项。1933年3月人口统计为33447户,139533人。见图9－08。

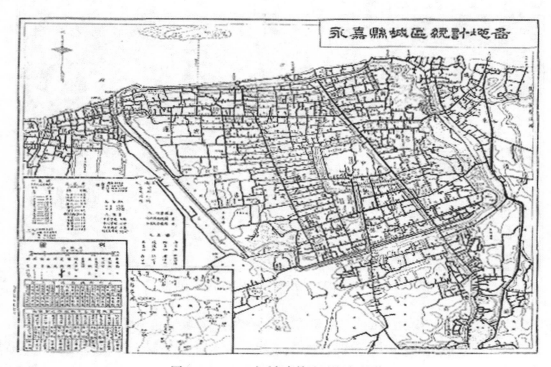

图9－08　1945年《永嘉县城区统计地图》

4. 1951年《温州市区街道参考图》

1951年10月绘制,图幅80厘米×74厘米。该图未绘河道水系,主要表示市区街道全貌。图中"人民广场"地处温州古城的中心,原址是历朝温州府署和近代永嘉县政府所在地,抗日战争期间被侵华日军炸毁,解放后平整废墟,辟为广场,成为市区人民体育比赛和各项重大活动的集聚地。人民广场周边街巷稠密,住房和店铺栉比,成为温州城的闹市区。这里凝聚着历史名城的千年沧桑,遗憾的是"文革"期间广场前的"钟楼"被捣毁,如今人民广场也被填毁,改建为硬化地面的停车场。见图9－09。

5. 1964年1：5万《温州市市区街道图》

1964年温州市建筑工业局编制,未正式出版。该图较好地反映市区街路坊巷的全貌,街和坊主次分明,每条街路坊巷都注示名称,河道水系完整。郭公山、海坛山、华盖山、积谷山、松台山都用等高线表示。绘制质量尚好,图面清晰,但图幅较小。

6. 1999年1：1.25万《温州市城区地图》

1997～1999年浙江省测绘局第二分院和温州市测绘局共同编制,温州市经纬地理信息服务有限公

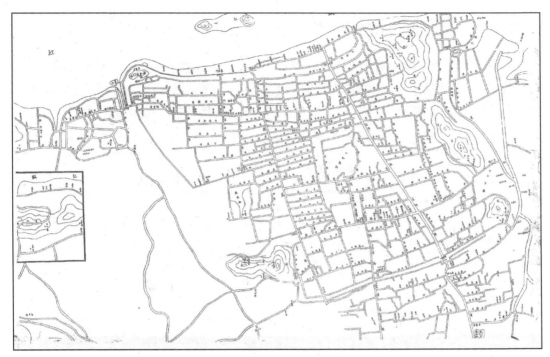

图 9 - 09　1951 年《温州市区街道参考图》

司提供部分资料并负责实地校对。图面全开 2 幅,采用进口铜版纸彩印。这是首幅彩色的温州市城区地图,地理信息很多。范围东起龙湾经济开发区西片,西至双屿镇、鹿城工业区,北起瓯北镇,南至梧埏镇和瓯海经济开发区。该图绘有地貌和水系(包括桥梁、渡口、码头);较全面地表示城市各项建设,如金温铁路、疏港公路、车站大道、城南大道和改建后的府前街、胜利路、小南路、飞霞南路、安澜亭、人民路、马鞍池路、新村路、西城路、环城东路。图内有各类学校及科研单位 80 所,文化、体育、新闻、出版、医疗、卫生等机构 40 多处,金融、财政、保险、工商、电讯、电业、交通运输等单位 60 多处,各种市场和农贸市场40 多处,旅游、宾馆、饭店 130 处,各种住宅、公寓、花苑、安居工程组团 60 多处。还有区、乡镇、街道等各级行政机关,各市局和公检法单位。

7. 2002 年《鹿城区行政区划图》

2002 年鹿城区民政局和浙江省第十一地质大队编制,重点是行政区划。主图较为简单,政府驻地以不同大小红星表示,街道办事处、乡镇驻地以绿色圆状符号表示,社区居委会以黑色小圆表示;区界、乡镇界均用红色表示;道路分铁路、公路、一般公路和小路;水系有主要河流、小溪、桥梁、水库。图西南角载有鹿城区(12 个街道,4 个镇,6 个乡)社区居委会、村委会等统计资料,还有图例。图面清晰易读,实用性强。

8. 2004 年《温州市三区图》

2004 年 11 月浙江省第一测绘院、温州迈普地理信息有限公司编制,湖南地图出版社出版发行。图幅 150 厘米×107 厘米,没有标注比例尺,定价 98 元。图内以桔红色和浅绿色分别普染鹿城区、瓯海区和龙湾区。注明市政府、区政府、乡镇政府、街道办事处、社区居委会驻地及行政村、自然村名称。表示市、区、乡镇界,河流和水渠,铁路、高速公路、国道公路等各级道路及附属的桥梁、隧道、车站等。在图的最下方附有"温州市三区行政区划简表"和 65 厘米×30 厘米的"温州中心城区图"。

三、温州各县(市)普通地图

温州各县(市)普通地图编制始于民国时期,浙江陆地测量局在测制全省地形图基础上编制各县行政区划图和县城地图。中华人民共和国成立后,各县(市)大多是提供资料,委托浙江省测绘管理处或浙江省地质局测绘大队等单位编制成图,幅面以全开张为多,多色印刷。部分幅面小的地图作为县地名志、县志的插图。各县(市)普通地图编制情况汇总于表9-04。

表9-04   **温州市各县(市)普通地图汇总表**

县(市)名称	地图名称	编制时间	编制及出版单位
瑞安县(市)	瑞安县乡都划分示意图	清乾隆年间	据《瑞安县志》绘制
	瑞安县区镇乡区划图	1948年5月	据瑞安县图绘制
	瑞安县地图	1966年	
	瑞安市地图	1988年	瑞安市人民政府地名办
	瑞安市行政区划图	1992年9月	
	瑞安市行政区域图	2000年6月	
	瑞安市政区图	2002年10月	瑞安市地名办公室编
乐清县	乐清县全图	1933年	
	乐清县行政区划图	1971年	
永嘉县	永嘉县全图	1933年	
	永嘉县政区图	1944年	
	永嘉县地图	1973年	
平阳县	平阳县地图	1963年	
苍南县	苍南县行政区划图	2005年7月	苍南县人民政府和省地名档案馆编
	苍南县地图		省地矿测绘大队、苍南县人民政府
文成县	文成县拟划县界图		
	文成县政区图	1985年	文成县地名办公室
泰顺县	泰顺县旧都图		
	泰顺县行政区划图	1959年	
	泰顺县地图	1978年	
	泰顺县图	1984年	
	泰顺县行政图	1987年5月	
	泰顺县政区图	1992年	

四、温州市普通地图集

温州市普通地图集(册)编制出版不多,主要是2003年出版的《温州市实用地图册》,这是温州市地图界集大成的一大壮举,颇具震撼。

1. 1983 年《温州市瓯海县地图集》(内部发行)

温州市地名委员会和瓯海县地名委员会编制,1983 年 9 月温州市图书馆出资印刷,未正式出版,只对内发行。地图集共 49 幅图,其中序图 13 幅,区社(镇)图 36 幅。16 开本。

2. 2003 年《温州市实用地图册》

2003 年 5 月出版,由温州市规划局、宣传部、新闻出版社、测绘局、民政局、地名办公室、厂长经理人才公司、浙江省第一测绘院等单位组成编委会,由第一测绘院编制。该地图册共 182 页,其中地图 150 页,其他名录和交通信息 32 页。这本地图册是当时全省内容最丰富,包含地理事物最全面的地图册,它的设计、编制、图例、色彩、印刷工艺等均属上乘佳作。共分六个部分。

(1)序图:含浙江省地图、温州市政区图、温州市卫星影像图、温州市交通旅游图、温州市区图、温州市城区图 6 幅。

(2)行业图:含 28 个专业分布图,即社会管理、科研教育、文体卫生、邮电交通、外地驻温办事处、公交、能源、水电、市政、金融、房地产、商业、交易市场、宾馆酒店、旅游公司、休闲娱乐、服装、鞋业、五金、眼镜、灯具、制笔、烟具、家具、建筑装饰、材料、陶瓷化工、印刷、工艺美术、合成革、纺织品、阀门泵业、食品、广告和其他。

(3)县、市、开发区图:共 19 幅图,包括各市图、县图和县城城区图,及温州市经济开发区和瓯海经济开发区图。

(4)乡镇街道图:共 19 幅图,其中龙湾区 2 街 2 镇,瓯海区 7 镇,永嘉县 1 镇,乐清市 3 镇,平阳县 3 镇,苍南县 1 镇。

(5)风景区图:含 3 个风景区图,即雁荡山风景名胜区,楠溪江风景区,南麂列岛海洋自然保护区。

(6)其他:温州市人民政府驻外办事处名录表,有北京、天津、上海、杭州、厦门、深圳、西安、成都等办事处。涉外机构共列 33 个单位。交通信息方面,航空有温州至全国各大城市的 33 条航线,铁路有温州始发站 13 个车次,公路注明客运中心、新城站、汽车西站、新南站等,水运注明安澜亭码头、内河码头、龙湾码头等,温州市区公交注明 75 条线路的起始点站名及途经站名。

第三章 专题地图和地图集的编制

专题地图按内容可分为自然地理、社会经济和其他专题地图三类。自然地理地图包括地质图、地貌图、地势图、地震图、水文图、航道图、气象气候图、土壤图、植被图、动物图、综合自然地理图等。社会经济地图包括人口图、城镇图、交通图、旅游图、风景名胜图、地名图、文化图、历史图、科技教育图、工业图、农业图、经济图等。其他专题地图包括规划图、工程设计图、军用图、环境图、教学图等。

第一节 自然地理专题地图

温州市自然地理专题地图主要有地质图和水系图两大类。地质图有普通地质图、地质矿产图、工程地质图、水文地质图等,水系图有江河分布图、河道分布图、水井分布图、航道桥梁分布图等。

一、地质图

温州市地质图的主要编制单位是浙江省第十一地质大队。就工程地质图而言,浙江省第十一地质大队着重编制区域工程地质图,也编制部分工程建设单项工程地质图。温州市勘察测绘研究院主要编制温州城市建设工程的单项工程地质图,如国贸大厦、国鼎大厦、阳光花园、温州医学院、国际大酒店等。通过工程地质勘察,测定各地地质分层及各层的物理学指标,如基岩层、坡积层、洪积层、滨海—河流冲积层、潮间浅滩带湖沼相沉积层—泥炭层、滨海海积地层及人工杂填土层。浙江省第十一地质大队历年来完成主要矿产、水文和区域地质图编制项目,见表9-05。

表9-05　　　　浙江省第十一地质大队历年来完成主要矿产、水文和区域地质图编图项目

序号	图　名	比　例　尺	编制年月
1	浙江省温州市工程地质图		1984年12月
2	温州市龙湾经济技术开发区综合工程地质图	1∶1万	1985年10月
3	温州市地质矿产图	1∶5万	1985年10月
4	永强寺前街幅综合工程地质图	1∶5万	1986年12月
5	永强寺前街幅综合水文地质图	1∶5万	1986年12月
6	永强供水水文地质实际材料图	1∶2.5万	1987年10月

续　表

序号	图　　　名	比　例　尺	编制年月
7	龙湾经济技术开发区永强供水综合水文地质图	1：2.5 万	1987 年 11 月
8	永强供水地下水资源开采利用分区图	1：2.5 万	1987 年 11 月
9	永强供水承压水水化学图	1：2.5 万	1987 年 11 月
10	马屿镇成矿规律及预测图	1：5 万	1987 年 12 月
11	山门街成矿规律及预测图	1：5 万	1987 年 12 月
12	苍南县西半幅、文成县东半幅成矿规律及预测图	1：5 万	1987 年 12 月
13	永强寺前街幅地质矿产图	1：5 万	1987 年 12 月
14	苍南县西半幅、文成县东半幅地质图	1：5 万	1987 年 12 月
15	马屿镇地质图	1：5 万	1987 年 12 月
16	山门街地质图	1：5 万	1987 年 12 月
17	永强水文地质图	1：1 万	1989 年 10 月
18	温州地质矿产图	1：5 万	1989 年 10 月
19	温州市南半幅、乐清县南半幅地质矿产图	1：5 万	1990 年 5 月
20	梧埏镇地质矿产图	1：5 万	1990 年 5 月
21	梧埏镇幅综合工程地质图	1：5 万	1990 年 5 月
22	温州市南半幅、乐清县南半幅综合水文地质图	1：5 万	1990 年 5 月
23	梧埏镇幅综合水文地质图	1：5 万	1990 年 5 月
24	洞头县综合水文地质图	1：5 万	1990 年 12 月
25	洞头岛水文地质图	1：1 万	1990 年 12 月
26	洞头县水资源开发利用图	1：5 万	1990 年 12 月
27	洞头岛水资源开发利用图	1：1 万	1990 年 12 月
28	浙江省飞云流域河口平原综合工程地质图	1：1 万	1993 年 11 月
29	浙江省飞云流域水资源开发利用图	1：1 万	1993 年 11 月
30	浙江省飞云江流域河口平原综合水文地质图	1：10 万	1993 年 11 月
31	浙江省飞云江流域河口平原综合水文地质图	1：5 万	1993 年 11 月
32	浙江省飞云江流域综合地质环境图	1：1 万	1993 年 11 月
33	永嘉枫林镇幅地质图	1：5 万	1995 年 12 月
34	永嘉碧莲镇幅地质图	1：5 万	1995 年 12 月
35	温州市北半幅、乐清县北半幅地质图	1：5 万	1995 年 12 月
36	浙江省瑞安市地质矿产图	1：10 万	1999 年 11 月
37	北山镇幅地质图	1：5 万	2000 年 12 月
38	玉壶镇幅地质图	1：5 万	2000 年 12 月
39	湖屿桥镇幅地质图	1：5 万	2000 年 12 月
40	文成县西半幅地质图	1：5 万	2000 年 12 月

二、水系图

温州市不同时期编制的水系图主要有河流干支流分布图、江河航道图、航道桥梁图、城区河道图、城区水井图等,现将与水有关的专题地图按编制时间顺序排列如下。

1. 1934年《永嘉县城区公井分布图》

温州郡建城时,在城内开凿公用水井28口。南宋时,郡守颜延之又增凿公用水井72口。加上历代居民在住宅院内开凿自用井和公井,明代统计城区有水井千口。至1950年时,城区水井总数达2600余口。各个古井水质清洌,是理想的饮用水源地,尤其是海坛山、华盖山、积谷山、松台山、郭公山麓的古井水质更佳。1934年,永嘉县卫生事务所为搞好环境卫生工作绘制《永嘉县城区公井分布图》,标明的公井有135口,分布范围东起上岸街和忠孝路,西至西门外的翠微山脚,南至双莲街,北抵瓯江南岸。见图9-10。1952年,温州市建设局按各界人民代表改善市民饮水卫生的提案,重修公井32口,并仿效1934年《永嘉县城区公井分布图》,再次绘制公井分布图。1990年1月,温州市防疫站对城区129口公井采样检测水质,检测项目有酸碱度、氨氮、耗氧量、氯化物等9项。按水质评价,上等井24口,中等井66口,下等井39口。2009年普查时,城区尚有水井634口。

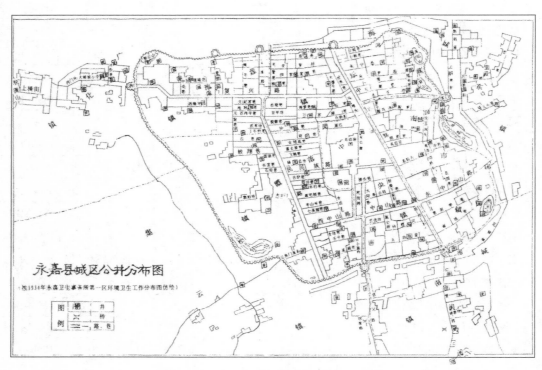

图9-10 1934年《永嘉县城区公井分布图》

2. 1950年《温州市旧城区河道分布图》

1950年,温州市建设局编制《温州市旧城区河道分布图》。图幅范围东起矮凳桥,西至广化桥和浦桥河,南起马鞍池和水心河,北抵瓯江南岸。全图只表示河道、水闸和山体,桥梁、街巷等其他要素均略。图面标注温州城内大小河流70多条,原图注记较乱,不易辨认,故本志重新清绘,并打上简体字注记,见图9-11。各河名称列下(括号字是编者新加的)。

朱(株)柏浦、矮凳桥河、花柳塘河、陡门浦、东门河、谢池(巷)河、府学巷河、县城殿巷河、墨池坊河、瓦市殿巷河、康乐坊河、大简巷河、永宁(巷)河、打绳(巷)河、马鞍池、荷花河、蝉河、第一桥河、纱帽河、晏公殿巷河、状元河、道前河、仓桥河、三官殿巷河、李家村河、屯前河、大街河、水门河、垟头河、全坊巷河、蝉街河、七星殿巷河、岑山寺巷河、城西河、周宅祠巷河、木杓(巷)河、甜井巷河、古炉(巷)河、府城河、飞鹏(巷)河、嘉会(里巷)河、金锁(匙巷)河、黄府(巷)河、沧河、倪衙巷河、安平坊河、天窗巷河、信河、三牌坊河、大士门河、放生池、落霞潭、蛟翔(巷)河、吉士坊巷河、石板(巷)河、丁字桥(巷)河、庆年坊河、应道观(巷)河、百尚寺河、珠冠(巷)河、百里坊河、象门(街)河、徐衙(巷)河、白莲塘、九山河、城下河、水心河、兵河、第一溇、粗糠桥河、浦桥河、月湖等。此外,还有标注水闸5处,广化内闸、广化外闸、海圣闸、海坛闸、永安闸;标注山体5处,郭公山、海坛山、华盖山、积谷山、松台山,另有巽山未注名称。

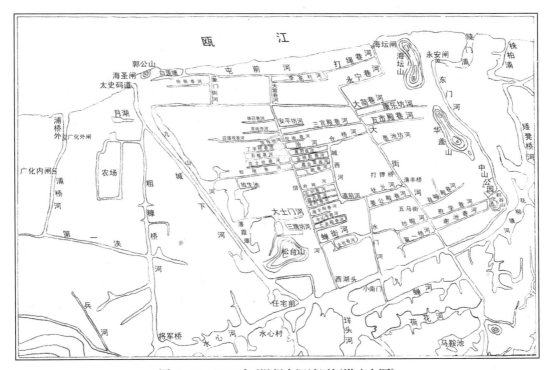

图 9 - 11　1950 年《温州市旧城区河道分布图》

3. 1972 年《温州地区航道桥梁图》

1972 年 2 月,温州地区航运管理处编制,蓝晒图。图幅 75.0 厘米×70.4 厘米,比例尺 1∶10 万。图内绘有航道河流和桥位,注明河名和桥名。在温州市区、乐清县、瑞安县、平阳县鳌江镇范围,在桥梁密度高而无法标注桥名时只标编号,在图空白处注示桥名,全图共有 17 处。图内绘有瓯江、飞云江、鳌江及市、县界线。地名注记很少,仅注区域名,如虹桥、柳市、永强、梧埏、藤桥、永临、莘塍、塘下、仙降、马屿、麻步、珊溪、灵溪、宜山、钱库、金乡等,均用粗黑体字,其他与桥梁有关的地名用仿宋体注明。该图的河流和桥梁的分布一目了然,是一幅很有价值的古桥分布图。

4. 1972 年《温州地区航道图》

1972 年 6 月,浙江省交通邮政局和温州地区航运管理处共同编制,图幅 112 厘米×80 厘米,比例尺 1∶10 万。图幅范围北至碧莲、枫林、芙蓉,南至金乡、藻溪、灵溪,东沿海岸,西达瑞安平阳坑和青田温溪。地图内容主要表示各条航道线及航道经过的地名,每一航道的地名之间和航道交叉点之间都注明航道里程,用公里表示。全图除瓯江、飞云江、鳌江、海岸线和境界线外,只有地区、县、人民公社驻地、客货站、客货停靠埠名称及航线公里数,其他与航道无关的地物地貌一概舍去。图右下方绘有插图,表示瑞安平阳坑至文成岱口,再到泰顺百丈口的航道,同样注明里程。

5. 1980 年《温州地区水系图》(4 幅)

1980 年,温州地区基本建设局规划设计处测量组编制,全开 4 幅,比例尺 1∶20 万。范围东起玉环县,西至龙泉县和遂昌县,北起黄岩县,南抵福建省福安县和霞浦县。图上主要表示大小水库和全部江河溪坑的流水线,另有公路、境界、村镇并注记名称。县城依实际范围表示,乡镇以两同心大小圆符号表示,村以一个小圆符号表示。绘制在透明纸上,进行蓝晒成图。图幅右下方绘有全域水系图。

6. 1991 年《温州市区(鹿城、龙湾)河道名称分布图》

1991 年,温州市勘察测绘研究院受温州市航运管理处委托编制,比例尺 1∶1 万。图上每条河流名称均用黑体字注记,其他地物很简单,只绘公路和居民地,市、镇、乡、村以大小圆符号和字体区分。

7. 1991 年《温州市河道变迁地形图》(64 幅)

1991 年 4 月,温州市勘察测绘研究院受温州市水利局河道管理处委托编制《温州市河道变迁地形图》,比例尺 1∶2000。先据 1984 年 1∶2000 航测地形图(共 64 幅)转绘全部河道,并与 1962 年 1∶2000 地形图为主进行重叠绘制,再以 1936 年地籍图和 1953～1957 年的 1∶500 地形图进行核对。编制同时,确定侵占河道违章户 1000 余户,面积 2 万余平方米。

第二节 社会经济专题地图

温州市编制的社会经济专题地图有各种交通图、旅游图、景区图、地名图、医院图、市场图、商务图、工商图、房地产图、环卫图、城市规划图、农业区划图、气象站分布图、运动会场馆图、历史文化街区村镇分布图等。

一、交通图

1986 年 5 月,浙江省测绘局和温州市地名办公室首次编制《温州市交通图》,图幅 51 厘米×36 厘米。内容比较简单,主要注明长途汽车站、轮船码头、公共汽车停靠站等。

1994 年,温州市勘察测绘研究院和温州市公交公司联合编制首版《公共交通乘车指南》,彩色印刷。该图表示温州市公交线路和停靠站,范围东起杨府山,西至翠微山,南起瓯海经济开发区,北抵瓯江南岸。

2000 年,温州市勘察测绘研究院和温州市公交公司再次编制《温州市公共交通乘车指南》,温州公交印刷厂印刷,彩色套印。图幅 52 厘米×37 厘米。范围东起汤家桥路,西至三桥路,南至瓯海经济开发区,北靠瓯江。图面分别表示调度室、公交停靠站、大巴路线(红线)、中巴路线(绿色),注明每条路线的起终点和路线号。图右下角附有"近郊交通图",左下角附有"社会服务承诺奖励及赔偿办法"。图背面列出 36 条大、中巴路线的起始站、途经站、终点站名称。全图没有广告,是一张完全表示公共交通的乘车指南图。

温州市编制的其他交通图见表 9-06。

表 9 – 06　　　　　　　　　　温州市编制的各种交通图汇总表

图　　名	出版年月	编制单位
温州公共交通乘车指南	1994 年	温州市公交集团公司
温州公共交通乘车指南	2000 年	温州市公交集团公司
温州市文明行车指南图	2003 年 6 月	浙江省第一测绘院
温州市停车场分布图	2003 年 6 月	温州市方圆地理信息开发有限公司
金丽温高速公路地图	2004 年	
温州市高速公路平阳、苍南段卫星影像图	2004 年	
甬台温高速公路地图	2004 年	
永嘉县公路图	2004 年	
永嘉邮路图	2004 年	
温州市森林公园旅游交通图	2007 年 2 月	温州市森林公园旅游有限公司

二、旅游图

1979 年,温州市场上还见不到旅游图,唯有当年出版的温州市道路里程图。1983 年 5 月,浙江省测绘局编制第一张《温州市交通游览图》。此后发展很快,至 2007 年有 27 个版本的旅游图,大部分是浙江省测绘局编制,见表 9 – 07。现选择不同特色的旅游图略加说明。

1. 1988 年《温州市交通旅游图》

温州市勘察测绘研究院和浙江省测绘局综合测绘大队共同编制,该图发行量较大,1988～1993 年共发行 15 万张。该图内容比较丰富,除温州市区图外,附有海陆空的起讫站、温州经济技术开发区位置图,图的反面还有温州市全境图,雁荡山、楠溪江、仙岩、瑶溪 4 处风景区的 15 幅景点彩图及介绍。

2. 1998 年《温州观光导游地图》

1996 年,浙江省测绘局第二测绘院编制,1998 年出版。该图主要特点是幅面广大,内容丰富,正反两面共有彩图 46 幅。首为温州市城区图,还有龙湾经济开发区图,机场通航全国城市图,以及温州主要风景区的插图,有雁荡山、楠溪江、仙岩、寨寮溪、岷岗、茶山、洞头、玉苍山等景区插图。

3. 1998 年《金温铁路沿线交通旅游图》

浙江省测绘局第二测绘院编制,表示金温铁路过境的市、县地图。地图以彩色表示沿途各市、县和境界,主要水系和公路及沿路风景点名称,并分别插入温州市、青田县、丽水市、缙云县、永康市、武义县、金华市 7 个城区图并加说明。正面绘有铁路沿线影像图,以红色字体突出风景点名称,同时插入雁荡山、楠溪江、仙都、方岩、双龙洞等游览图,瑶溪、泽雅、石门洞、南明山、大莱口等风景区配有照片和说明。还有沿线的主要酒店、宾馆等插图。

4. 1998 年《温州市交通旅游图》

浙江省测绘局第一测绘院编制,1998 年 4 月出版。主要特点是在城区图版面下方插入温州交通指南、公交中巴车起止路线、市区行车线示意图,并附有龙湾镇、状元镇、瞿溪镇、永中镇、瓯北镇 5 幅镇区图。反面有温州市交通图和温金铁路沿线图,又附有温州市 8 县县城的城镇图,分别为瑞安城关镇,乐清乐成镇,永嘉上塘镇,洞头北岙镇,平阳昆阳镇,苍南灵溪镇,文成大峃镇,泰顺罗阳镇。还有温州 7 个风景区地图,分别为北雁荡山、南雁荡山、中雁荡山、楠溪江、瑶溪、泽雅、仙岩,并配有风景彩图。这是一幅比较完整的交通旅游图。2001年10月再次改版印刷,两次共印10万份。

5. 2004年《温州市交通旅游图》

浙江省第一测绘院和温州市迈普地理信息有限公司编制,图幅长88厘米,宽58厘米。该图正面是温州市中心城区图,东面范围扩大至七都岛和龙湾状元镇、瑶溪镇,北面扩大至永嘉瓯北镇和乌牛镇,西边扩至中国鞋都,南边扩大到茶山镇和温州高教园区,突出金温铁路和金丽温、甬台温高速公路。城区主要街道和各种注记清楚。图右侧附有铜铃山国家森林公园、百丈漈风景区等12幅景区彩图,图下方注有服务单位名称和电话。图反面有温州市域图、龙湾城区图、海城街道图、灵昆镇图及楠溪江旅游图;另有交通指南,包括航空线路、铁路、水运、客运信息等。全图展示了温州发展的风貌,是一幅创新的交通旅游图。

温州各县(市)编制的各种旅游图很多,现不一一说明,详见表9-08。

表9-07 温州市编制的各种旅游图汇总表

序号	图　　名	出版年月	编制单位
1	温州市交通游览图	1983年5月	浙江省测绘局
2	温州市揽胜图	1985年3月	浙江省测绘局
3	温州市交通旅游图	1988年	浙江省测绘局综合测绘大队、温州市勘察测绘研究院
4	温州市交通旅游图	1991年4月	浙江省测绘局综合测绘大队
5	温州经济交通旅游图	1994年	浙江省测绘局综合测绘大队、温州市委宣传部
6	温州地名导游图	1994年12月	浙江省地名档案馆
7	温州市商贸交通旅游图	1996年2月	西安天测测绘科技开发有限公司
8	温州观光导游地图	1996年5月	浙江省测绘局第二测绘院
9	温州市经济交通旅游图	1996年7月	浙江省测绘局第二测绘院
10	温州市交通旅游图	1997年7月	浙江省第二测绘院
11	金温铁路沿线交通旅游图	1998年1月	浙江省第二测绘院
12	温州市交通旅游图	1998年4月	浙江省第一测绘院
13	温州市观光导游图	1998年9月	浙江省第二测绘院、温州市旅游局
14	温州市交通旅游图	1999年1月	浙江省第二测绘院
15	温州市商务交通旅游图	1999年8月	浙江省第二测绘院
16	温州市交通旅游图	2000年5月	浙江省第二测绘院
17	温州市交通旅游图	2001年1月	浙江省第二测绘院
18	温州市交通旅游图	2001年4月	浙江省第一测绘院
19	温州市交通旅游图	2001年10月	浙江省第一测绘院
20	温州市交通旅游图	2002年5月	浙江省第一测绘院、温州市迈普地理信息有限公司
21	温州市交通旅游图	2003年	浙江省第一测绘院、温州市迈普地理信息有限公司
22	温州市交通旅游图	2004年10月	浙江省第一测绘院、温州市迈普地理信息有限公司
23	温州市交通旅游图	2005年	温州市迈普地理信息有限公司
24	温州市旅游观光图	2005年8月	温州市勘察测绘研究院、温州市旅游局
25	温州市交通旅游图	2006年2月	浙江省第一测绘院、温州市迈普地理信息有限公司
26	温州商务旅游指南图	2007年	浙江省第一测绘院、温州市迈普地理信息有限公司
27	温州市交通旅游图	2007年9月	浙江省第一测绘院

表 9－08　　　　　　　　　　温州市各县(市)编制的交通旅游图汇总表

县(市)	图　名	出版时间	编制单位
瑞安县 (市)	瑞安交通旅游图	1990 年 11 月	浙江省测绘局综合测绘大队
	瑞安经济交通旅游图	1994 年	浙江省测绘局综合测绘大队
	瑞安经济交通旅游图	1996 年 5 月	浙江省第二测绘院
	瑞安市旅游交通图	1998 年 10 月	瑞安风景旅游管理局、浙江省测绘大队
	瑞安经济交通图	2005 年 5 月	浙江煤炭测绘院、瑞安市人民政府办公室
	瑞安交通旅游图	2006 年 11 月	省第一测绘院、瑞安市委宣传部、瑞安风景旅游管理局
	瑞安经济交通旅游图	2007 年 5 月	
乐清县 (市)	乐清市经济交通旅游图	1996 年 1 月	浙江省第二测绘院
	乐清市交通商贸旅游图		
	乐清市交通旅游图	1997 年 12 月	浙江省第一测绘院、乐清市地名办公室
	乐清市工商贸交通旅游图	2000 年 4 月	浙江省第二测绘院
	乐清市商贸交通旅游图	2006 年 5 月	省测绘资料档案馆、乐清市测绘队、乐清风景旅游管理局
洞头县	洞头交通旅游图	1994 年	浙江省测绘院
	洞头县交通旅游图	1996 年 6 月	洞头县建设局、浙江省测绘大队
	洞头县导游图	2004 年 5 月	洞头县风景旅游管理局、浙江省测绘大队
	洞头县导游图	2007 年 10 月	洞头县风景旅游管理局
永嘉县	永嘉县交通旅游图	1993 年 10 月	浙江省综合测绘大队
平阳县	平阳县工商交通旅游图	1994 年 10 月	浙江省逸仙测绘技术公司、平阳县规划勘测设计室
	平阳县商务交通旅游图	2003 年 5 月	浙江省第二测绘院、温州市迈普地理信息有限公司
泰顺县	泰顺县经济交通旅游图	1996 年月	浙江省测绘二院
	泰顺县导游图	2005 年 9 月	泰顺县风景旅游管理局
	泰顺县交通旅游图	2006 年 7 月	浙江省第一测绘院、温州市迈普地理信息有限公司

三、风景名胜图

温州市山青水秀,风光旖旎,旅游资源丰富,全市旅游风景区面积占陆地总面积的 20％,每个风景区都编绘有多种风景名胜图,为游客提供导览。

1.1980 年《雁荡山灵岩风景示意图》

1980 年,雁荡山管理局编制《雁荡山灵岩风景示意图》。该图用写景法绘制,属于粗糙的示意图,无比例尺。图中标有 75 个景点,其中个别景点不属灵岩区范围。

2.1981 年 1∶2.5 万《北雁荡山风景名胜分布图》

1981 年,温州市地名办、乐清县地名办和雁荡山管理局共同组织 10 多人,在北雁荡山风景区所在的 14 个公社、450 平方千米范围内调查 504 处风景名胜,完成北雁荡山风景名胜系列图 24 种。图件由温州地区基本建设局规划设计处测量组编制。开始时,先据 1∶2.5 万地形图编制全域的"雁荡山风景名胜地理底图",作为编制各种地图的基础图。该图只绘画水系、道路、村落、瀑布、寺院等符号,名称在调查核实时填图。然后按调查成果编制不同比例尺、不同图名的各种风景名胜地图 14 种,其中主要图件有下列四种。

(1)1:2.5 万《北雁荡山风景名胜分布图》,图幅全开二幅,绘有全部风景区和风景点和名称注记,并附景点名称分类统计表和羊角洞风景区插图,可作办公室挂图。

(2)1:2.5 万《雁荡山风景名称分布图》,该图重点表示风景名称,并有行政区划、游览线路、道路网、水系等。

(3)1:5000《雁荡山灵峰区标准地名示意图》,标注的景点有峰 40 座,嶂 8 座,石 31 处,门 7 处,洞 23 处,瀑 3 处,潭 4 处,寺 5 处,院 3 处,亭 10 处,桥 3 处,共 169 处。

(4)1:2500《灵岩区地名图》,标注的景点有峰 16 座,嶂 6 座,岩 22 处,石 12 处,门 3 处,洞 12 处,瀑 2 处,潭 2 处,共 101 处。

3. 1985 年《雁荡山历史分区示意图》

1985 年,温州市规划管理处编制《雁荡山历史分区示意图》。该图属示意图,无比例尺,主要表示历史分区界线和旅宿点,标有南宋之前旅游路线、明代徐霞客旅游路线、清代之后旅游入口等。

4. 1998 年《雁荡山风景区》地图

1998 年,雁荡山旅游管理局编制,同年由测绘出版社出版。用蓝、绿、红色影像图描绘雁荡山风景区,山区用红色表示,海域和水系用蓝色表示,公路用红色表示,清晰明朗,美观漂亮。背面还有大龙湫、灵峰、灵岩、三折瀑景区分图和雁荡山对外交通图、温州航线图、黄岩航线图。见图 9-12。

图 9-12　1998 年雁荡山风景区图

同时,还编制出版 1:5 万《雁荡山导游图》,图中标注雁荡山全境风景点,并附有雁荡山简介,郭沫若 1964 年题字,"二灵一龙"导游图。

5. 1980 年《大若岩风景名称图》

1980 年 12 月,温州市地名办和永嘉县地名办测绘人员前往永嘉大若岩风景区进行风景名称的调查,据调查结果绘制《大若岩风景名称图》。该图是绘制楠溪江风景区图的底图之一,图幅 88 厘米×42 厘米,使用透明纸描绘,为晒蓝图使用。该图的总图为"大若岩风景区分布图",并附有插图 5 幅,分别为大若岩风景区位置图、十二峰景点分布图(26 处)、百丈漈景点分布图(22 处)、陶公洞平面图、陶公洞景点分布图(31 处)。

6. 1982 年《楠溪江风景区图》

1982 年,为申报国家级风景名胜区,永嘉县地名办绘制出版《楠溪江风景区图》。这是一幅完整的楠溪江风景区地图,包括小楠溪的大若岩景区、张溪至四海山的四海山景区、鹤盛溪的石桅岩景区、花坦溪的水岩景区、孤山溪的北坑景区、峙口至陡门的陡门景区,另有楠溪江沿江农村文化景区以及避暑狩猎区,总共 8 个景区,475 个景点,总面积 850 平方千米。

7. 1992 年《瑶溪风景区图》

据 1986 年和 1992 年温州市勘察测绘研究院测绘的 28 幅瑶溪地形图编制完成《瑶溪风景区图》。该图包括千佛塔景区、龙岗山景区、瑶溪泷景区、钟秀园景区、金钟瀑景区五大景区的十大景观。

四、其他专题地图

除了上述交通图、旅游图、景区图外,温州市社会经济专题地图还有医院分布图、市场分布图、商务指南图、房地产分布图、环卫分布图、运动会场馆分布图、历史文化街区村镇分布图等。

1. 1998 年《温州医疗信息交通图》

1995 年 2 月,浙江省医院管理研究中心供稿,浙江省测绘院编绘,1998 年 9 月由中华地图学社出版。该图显示温州全市 33 家医院的地理分布,并附有各个医院的名称、地址、电话、介绍及彩照。背面印有 6 幅小图,分别是温州市区 22 家医院,瑞安 2 家医院,乐清 3 家医院,永嘉 2 家,平阳和苍南各 1 家医院的所在地地图。该图编制思路较好,全区域各大医院基本齐全,但编图时间太长,历时三年半,出版前进行修改补充。

2. 1997 年《温州市市场导向经济图》

1997 年 9 月,浙江省测绘局第二测绘院和温州市工商行政管理局联合编制。图正面是温州市区域图,显示全市近百家市场名称和位置,温州市区农贸市场 7 家,其他专业市场 18 家,郊区和各县(市)63 家市场,见表 9-09。图背面是温州市市场导向经济图,东起汤家桥,西至鹿城工业区,北靠瓯江,南至瓯海经济开发区。该图以彩色表示多种地理要素,并附有 48 家市场的名称、地址、电话,还有各市场的广告彩图 27 幅。

3. 2002 年《浙江省第十二届运动会温州导游图》

2002 年 9 月出版,浙江省第一测绘研究院和温州市迈普地理信息有限公司编制。该图正面是彩色温州市全域图,显示温州市区及各县(市)的交通、水系和村镇,并用蓝色表示十项运动赛区。背面是彩色温州城区图,东起汤家桥,西至金丽温高速公路,北依瓯江,南至瓯海大道,并用蓝色表示各项运动比赛场地和时间。在版面的四方边沿,标示浙江省第十二届运动会各比赛场馆,包括地址、比赛项目和时间、承办单位、参赛单位和参加人数。这是一张良好的运动会导游图。

表 9 - 09　　　　　　　　**《温州市市场导向经济图》中的郊区和各县(市)市场分布情况**

县(市、区)	市场总数	镇名(市场数)
龙湾、瓯海	10	永中镇(4)、状元镇(3)、梧埏镇(1)、南白象镇(1)、瞿溪镇(1)
瑞安市	12	城关镇(5)、鲍田镇(2)、塘下镇(2)、莘塍镇(2)、汀田镇(1)
乐清市	14	柳市镇(6)、虹桥镇(4)、乐成镇(3)、清江镇(1)
永嘉县	6	瓯北镇(3)、黄田镇(1)、桥头镇(1)、梅岙(1)
平阳县	7	鳌江镇(5)、昆阳镇(1)、水头镇(1)
苍南县	9	龙港镇(5)、灵溪镇(4)
文成县	1	大峃镇(1)
泰顺县	4	罗阳镇(1)、雅阳镇(1)、泗溪镇(1)、筱村镇(1)

4. 2005 年《温州鞋革行业商务指南图》

2005 年 3 月,《中国皮革》杂志社温州站和温州市迈普地理信息有限公司采编供稿,浙江省第一测绘院编制。正面是温州鞋革行业分布图和瓯海制革制鞋基地图及龙湾、茶山、瑞安经济开发区鞋革业图,绘有各种鞋类园区和基地,并附有温州市鞋革行业概况说明。背面是彩色温州市中心城区图,东起状元镇龙腾路,西至双屿中国鞋都,北起瓯北镇,南至瓯海经济开发区,城区的鞋业单位均标示在图上,各种注记齐全。该图共选创中国名牌的鞋业单位 38 幅彩照,同时刊登温州鞋革企业和协会团体名录,包括制鞋业、合成革、化工、鞋机、鞋材等,并附有交通指南,包括航空、铁路及公路运输。这是一幅综合展示温州鞋革行业的商务地图。

除上述地图外,温州市其他的社会经济专题地图见表 9 - 10。

表 9 - 10　　　　　　　　**温州市其他社会经济专题地图汇总表**

序号	图 名	出 版 年 月	编 制 单 位
1	温州市房地产指南图	1995 年 1 月	温州市房产管理局、杭州大学测绘科学研究所
2	温州市市场导向经济图	1997 年 9 月	浙江省第二测绘院、温州市工商行政管理局
3	温州医疗信息交通图	1998 年 9 月	浙江省测绘院、中华地图学社
4	温州市房地产指南图	2000 年 6 月	温州市房地产协会、浙江省第二测绘院
5	温州市房地产位置分布图	2000 年 10 月	温州市房地产协会、浙江省第二测绘院
6	浙江省第十二届运动会温州导游图	2002 年 9 月	浙江省第一测绘院
7	温州鞋革行业商务指南图	2005 年 3 月	浙江省第一测绘院、温州市迈普地理信息公司
8	温州历史文化街区村镇分布图	2006 年 7 月	温州市勘察测绘研究院
9	温州市气象站分布图	2006 年 10 月	温州市勘察测绘研究院
10	温州市市区环卫设施分布图	2006 年 11 月	温州市勘察测绘研究院
11	温州市区环卫分布图	2006 年 11 月	温州市勘察测绘研究院

第三节　专题地图集

1993～2007年,温州市编制的专题地图集和地图册有城市规划地图集、企业地图集、工商地图册、农业资源地图集、地名图册等多种。

一、《温州市城市总体规划图集》(1993～2010年)

1983～2003年,温州市城市总体规划图集共编制四次,第一次是1983年编制各种规划图17幅,第二次是1985年编制各种规划图21幅,第三次是1998年编制各种规划图31幅,第四次是2003年编制各种规划图26幅。温州市各县(市)也分别编制县(市)级总体规划图集。

1986年,浙江省人民政府批准《温州市城市总体规划》(1985～2000年)。根据中共温州市委、温州市人民政府关于"第二次创业"的战略部署,1987年温州市规划局组织200多人,历时11个月,对原规划进行修编,完成文本23万字,绘制图纸232幅,包括11个街区的1∶1000控制性详细规划图。以这些图纸为基础,编制《温州市城市总体规划图集》(1993～2010年),该图集有各种规划图34幅,俱列如下:

(1) 温州市城市规划区范围图
(2) 温州市城市总体规划市域城镇布局现状图
(3) 明万历三十三年温州府境图
(4) 清乾隆二十七年温州府境图
(5) 清光绪八年城池坊巷图
(6) 民国二十六年城厢街巷图
(7) 温州市城市总体规划市域城镇体系规划图
(8) 温州市城市总体规划市域风景旅游区规划图
(9) 温州市沿海地区中部卫星影像图
(10) 温州市城市总体规划市区南北城镇发展规划图
(11) 温州市城市总体规划城市发展远景构想图
(12) 温州市城市总体规划城市用地评价图
(13) 温州市城市总体规划城市用地现状图
(14) 温州市城市总体规划城市图
(15) 温州市城市总体规划城市教育设施(学校)规划图
(16) 温州市城市总体规划城市公共设施用地规划图
(17) 温州市城市总体规划城市绿地系统规划图
(18) 温州市城市总体规划城市环境保护规划图
(19) 温州市城市总体规划城市交通网络规划图
(20) 温州市城市总体规划城市港口岸线规划图
(21) 温州市城市总体规划城市道路交通规划图

（22）温州市城市总体规划城市公共交通规划图

（23）温州市城市总体规划城市给水排水工程规划图

（24）温州市城市总体规划城市防洪及河湖水系工程规划图

（25）温州市城市总体规划城市电力电信工程规划图

（26）温州市城市总体规划城市无线电空域规划图

（27）温州市城市总体规划城市煤气工程规划图

（28）温州市城市总体规划城市环境卫生设施规划图

（29）温州市城市总体规划城市消防规划图

（30）温州市城市总体规划城市地下空间利用及人防规划图

（31）温州市城市总体规划城市郊区规划图

（32）温州市城市总体规划城市近期建设规划图

（33）温州市城市总体规划旧城区道理及停车场（库）规划图

（34）温州市城市总体规划温州市经济技术开发区规划图

二、《温州市百镇企业地名图集》

1995 年 12 月，由温州市地名委员会和哈尔滨地图出版社编制出版。共有序图 6 幅，各镇地图 127 幅。6 幅序图是温州市政区图、地势图、交通图、风景名胜图、雁荡山风景导游图、楠溪江风景导游图。127 幅各镇地图中，温州市区 22 幅，瑞安市 23 幅，乐清市 19 幅，永嘉县 7 幅，洞头县 5 幅，平阳县 12 幅，苍南县 22 幅，文成县 8 幅，泰顺县 9 幅。此外，还插入温州市城区图 2 幅，以及瑞安市城关镇、乐清市乐成镇、洞头县北岙镇、泰顺县罗阳镇、苍南县灵溪镇、龙港镇街区图、瓯海经济开发区、瑞安市江南开发区各 1 幅。每幅图都有文字说明，介绍各镇概况及主要企业的地址和联系方法。

三、《温州市交通旅游工商地图册》

1992 年 4 月～1995 年 9 月，浙江省测绘局综合测绘大队、温州市勘察测绘研究院、中华地图学社、温州市信通贸易公司联合成立编委会，编制《温州市交通旅游工商地图册》。该地图册为 16 开本，彩色印刷。计有温州市全图、温州市区图、温州市风景名胜图 3 幅序图，各县（市）图 8 幅，各县（市）城关图 8 幅，温州市城区图 5 幅，外加部分区、镇分图。每一幅图均附有简介。这本地图册共印 1.5 万册，1995 年 9 月 29 日首发。

四、《温州市农业资源地图集》

1986 年，温州市农业区划办公室委托浙江省第十一地质大队，编制温州市行政区划图、水系图、综合农业区划图、主要矿产资源分布图、人口密度分布图、畜禽和水产资源分布图。比例尺 1：75 万。1987 年，温州市农业区划办公室、浙江省测绘局综合测绘大队在上述图件基础上扩编，编制完成《温州市农业资源地图集》。16 开本，多色印刷。图集共 27 幅图，由序图、农业自然资源图和农业区划图三部分组成。每幅图都配有文字说明，反映温州市农业自然资源调查和农业区划的主要成果。

五、《温州市地名图册》

1985～1990年,在全省地名普查的基础上,温州市及各县(市、区)都编纂了地名志。每部地名志都附有按乡镇编制的地名图,最后汇总成《温州市地名图册》。该图册共收录瑞安市、永嘉县等8个县(市、区)的地名图611幅。

第四章　地图印刷和编绘技术

地图制印包括地图编制、地图绘制和地图印刷三个主要部分。地图制印与印刷业的发展密切相关，从旧时的拓印、雕版印刷、石版印刷发展到现代的胶印机平版印刷，80年代又发展到原图直接静电复印。新世纪之初，随着空间技术和数字技术的发展，又出现了电子地图、三维地图、数控立体地图、3D激光电子沙盘等新技术。由于印刷技术的发展，与之配套的地图编绘技术也得到同步进展。地图制印的技术标准是国家测绘局颁发的《地图制印规范》及其他有关规定。

第一节　地图印刷技术

温州市印刷历史悠远。从宋代开始，在石刻地图的石碑上拓印地图。明代温州出现大量雕版印刷地图，弘治和万历年间的地方志中都有雕版印刷地图。石印地图最早是从清同治二年（1863）开设的浙江官书局开始，1895年瑞安城关出现石印制版工艺技术，一直风行到民国时期。1926年浙江省陆军测量局将石版印刷改为锌版印刷，1942年温州传入锌版印刷技术。中华人民共和国成立后，采用胶印机平版印刷地图，1986年开始推广四色胶印，1988年逐步改用预涂感光版（PS版）晒版工艺。

一、古老的地图印刷术

旧时，温州古老的地图印刷术有拓印、雕版印刷和石版印刷。温州现存各种地方志的小幅附图都是木板雕版印刷，大幅地图只见于1895年以后的石版印刷，石版印刷地图一直延续到20世纪60年代。

1. 拓印

宋代开始温州就有拓印地图。先用浸湿的坚韧薄纸铺在石碑上，外面覆盖毡布，随后用木槌和刷子轻轻敲打和揩抹，直到纸凹入石碑文字或线条的罅隙处为止。待纸干后用丝团或棉絮在纸上刷墨，除了凹入石碑罅隙处的地图线条和文字以外，纸面均需着墨，最后揭下就成了墨底白字的拓印地图。

2. 雕版印刷

雕版印刷是在石刻拓印的基础上发展起来的一种反刻木版拓印法，温州市存世的雕版印刷地图较多。先在稍厚而平滑的木板上粘贴描绘工整的薄而近乎透明的地图稿纸，稿纸正面和木板相贴，地图文字和线条就成了反体，笔划清晰可辨。雕刻工人用刻刀把版面没有字迹的空白部分削去，就成了字体凸出的阳文，这与字体凹入的石碑阴文截然不同。印刷的时候，在凸起的雕版上均匀涂墨，然后把纸盖在上面,轻轻拂拭纸背,地图字迹和线条就留在纸上了,这就是白底黑字的雕版印刷地图。

北宋时期,温州雕版印刷盛行,仙岩慧光塔出土的北宋明道二年(1033)刊印的雕版佛经,瓯海白象塔出土的北宋大观三年(1109)刊印的雕版佛经,可见当时温州雕版印刷技术的卓越水平。南宋时代,温州雕版印刷更上了一个新台阶,现存的宋版《大唐六典》30卷就是温州的刻本,出于温州州学,列为国子监官方名版书。

3. 石版印刷

石版印刷,简称"石印",不用繁琐费时的雕刻,区别于凸版印刷和凹版印刷,它是一种平版印刷工艺,这是1798年一位德国人发明的。分为石板制版和石版印刷两道工序。石板制版时,在一块打磨过的平整而光滑的石板上,用含油脂的蜡笔绘上地图,然后用水湿润石板,用油墨滚筒上墨,利用油水相斥原理,油墨只能粘附在已绘画的线条上而空白区域不吸墨,从而使粘着油墨的石版可以印刷地图。后来,金属板代替石板,照相制版工艺取代手工蜡笔绘画,这种平版印刷工艺更上一层楼,一直延续到60年代。

石印地图最早见于清同治二年(1863)开设的浙江省官书局印制的《浙江省垣城厢图》和大版石印《浙江省舆图并水陆道里记》,其中包括温州区域。民国时期石印地图以浙江陆军和陆地测量局为主,集中印刷全省1:2.5万、1:5万和1:10万地形图,同时印刷该局编制的普通地图和专题地图。印刷时使用手摇石印机,早期用石版印刷,操作笨重;1926年改用锌版印刷,比较轻便,工人相应减少。

二、现代胶印机印刷

90年代以来,温州包装印刷业界先后引进1800余台先进印刷设备,现今拥有德国罗兰、海德堡等公司的高速多色胶印机,加拿大雅佳发高速柔埋性印刷机,日本激光全息图像印刷机和网屏机,瑞士电雕机以及国内生产的全自动电脑印刷机。2001年温州市印刷企业发展到2227家,其中专业制版47家。全市印刷从业人员9万余人,其中技术人员3千多人。苍南县龙港镇荣获"中国印刷城"称号。温州市印刷业的发展,为温州地图印刷提供优越条件。

用胶印机印刷地图,具有图文精细、层次丰富、颜色鲜亮、色调柔和、印刷速度快、多色套印准确、版面耐印率高、适于大批量印刷、地图品质佳等优点,是一种占绝对统治地位的印刷方式。胶版印刷先要制版,制版类似于洗相片的显影和定影,图文的线条亲墨,非图文的空白部分亲水,由于图文和空白都是平的,所以胶版也是一种平版。

1. 胶印地图的制版

地图制版分翻版、晒版和打样等工序,主要设备有翻版机、拷版机、晒版机、打样机等。翻版目的是将多色的地图原稿制作成分色版,进行分色套印。早期翻版采取多次照相进行分涂,以后改为铬胶翻版分涂。70年代末采用软片拷贝,并用撕膜方法代替手工分涂,制作普染分色版。晒版是将经过分色的图形晒制到金属印版上,提供给胶印机印刷。早期采用阳像晒版(PVA版)和阴像晒版(蛋白版)。1988年起,逐步改用预涂感光版(PS版)晒版。PS版的优点是制版速度快,耐印率高,产品质量好,预涂感光性能稳定,并减少污染。这是地图制版感光材料的新发展。经过分色制版后,先用打样机按设计要求打印出样图,提供审校,以检查制版和分色过程的错误和精度,纠正地图设色,提高印刷图形各要素的套合精度。

2. 胶印地图的印刷

印刷时,将制作好的胶版安装在胶印机版面辊筒上,开动机器,使版面辊湿上水,再辊上油墨。印版上水上墨后,先把印版上的油墨转移到橡皮布(胶皮)滚筒上,然后橡皮布滚筒与纸张接触,在压印滚筒的压力下将油墨转移到纸张上,获得印刷品。

温州地图印刷单位不多,大多测绘单位把编制好的地图原图送交外地专业地图出版社承印。浙江省第十一地质大队的地质图,大部分由该大队印刷厂印刷,精度较高的送杭州浙江省地质大队印刷。

三、地图复印

测绘单位向使用单位提供地图或设计图,一般数量少,时间急,各供图单位普遍采用快速复制方法制图,早期采用晒蓝图,1980年以后普遍使用静电复印机复印地图。

1. 重氮晒图

1950年开始,各供图单位普遍采用重氮晒图。先用薄而坚韧的半透明硫酸纸蒙绘编好的地图,然后将硫酸图纸铺在重氮晒图纸上,叠合放进晒图机上,即可自动曝熏成蓝色线条和文字的地图,时间不过1～2分钟。由于重氮晒图设备简单,操作方便,成图迅速,成本低廉,一时成为各测绘单位普遍使用的复制地图的方法。60年代,温州市的浙江省第二建筑公司(六建)专门设立晒图室,用晒图架日光晒制,氨熏成图。70年代,各测绘、设计和建设单位普遍购置晒图机和重氮晒图纸,安装在无强光直射的普通房间里晒制。

2. 静电复印

70年代后期,温州市始有静电复印机。1980年,各机关单位普遍使用复印机快速复印资料和文件,继而温州市各测绘单位用二底图或原稿图在静电复印机上复制地图。静电复印地图的优点很多,光敏半导体材料的灵敏度比较高,因此复印过程比较短,适合于快速成图;复印原图适用面广,透明稿、不透明稿、单面稿、双面稿、成册稿等都行,对蓝色、紫色、铅笔稿都可以复印,还可以缩小或放大地图;操作简单,成本低廉,图像清晰,反差大,耐日晒,耐老化,适用于档案长期保存。然而,静电复印的缺点是线条的解像力很低,一般只有5～8线/毫米,即使湿法显像也不超过20线/毫米,因此复制地图不够精致;其次是"边缘效应"不能完全消除,造成图幅四周变形,影响质量。

第二节　地图编绘技术

地图编绘分为地图编制和地图绘制两部分。地图编制,宋代至满清以"计里画方"法为主,民国时期以经纬度制图法取代"计里画方"法。中华人民共和国成立后,地图投影成为现代地图的数学基础。地图绘制,早期直接刻绘在竹片、木板或石碑上,后来发展为用毛笔绘制在绢、帛或纸上。民国时期以绘图纸裱版绘图为主,70年代出现在聚酯薄膜上绘图。

一、地图编制技术

地图编制是一项非常复杂的系统工程,要考虑的问题很多,其中最重要的是地图投影、数学基础的展绘和地图内容的转绘,以及地图综合等。

1. 地图投影

中国传统的地图编制技术是"计里画方"法,它是把地球表面看作平面来处理。温州有十里和五十里方图。明末意大利人利玛窦带来西方地图编制技术,其中主要的是地图投影。地图投影就是把球状的地球表面事物描绘在平面图纸上的一种数学方法。

清康熙年间编制《皇舆全览图》，是中国第一次采用地图投影法，为伪圆柱投影，图上经线和纬线都是直线，斜交成梯形网格，所以这种投影又称梯形投影。国际地图学界对该图评价很高，认为是当时世界上最精确的地图。这为中国近代地图制图学的建立和发展奠定基础。

民国时期，浙江测制的1∶2.5万和1∶5万地形图都采用兰勃特正形割圆锥投影，1∶10万的调查图及1∶30万的东部各省联界图均采用多面体投影。从而以经纬度制图法取代"计里画方"法。

中华人民共和国成立后，浙江省测制的1∶2.5万、1∶5万、1∶10万地形图均为高斯-克吕格6°带投影，据此编制的1∶20万、1∶30万、1∶40万、1∶50万地形图，同样采用高斯-克吕格投影。海图为墨卡托投影。也有不少地图选择其他投影，例如1∶25万、1∶50万、1∶100万的浙江省地图都采用双标准纬线正轴等角圆锥投影。地图投影已成为现代地图的主要数学基础。

2. 数学基础的展绘和地图内容的转绘

地面上的点经过投影，变换成平面坐标，这些坐标必须精准地展绘到图纸上。早期，温州市各测绘单位的展点用钢质直尺、杠规、分规等简陋器具，尔后用方眼坐标尺、日内瓦尺等，再发展为手摇式直角坐标仪和电动刺点仪，1995年以后使用计算机自动展绘。在展绘好具有数学基础的图版上，再将制图资料的内容转绘上去。

早期的转绘方法用手工转绘，如网格法、缩放仪法等；尔后发展为光学仪器转绘，用照相机、复照仪、光学纠正仪等转绘。1987年以后逐步转用电子仪器转绘，如静电复印机等。展绘和转绘的手段不断更新，精度逐步提高。

3. 制图综合

制图综合是现代地图制图学中的一个理论问题，更是测绘生产中的实践问题。简言之，一张地图不能堆砌过多的地理内容，以至于密密麻麻，阅读困难，所以地图综合就是对图中地理事物的取舍做到恰到好处。

温州市在地图制图中多数都有国家制定的技术标准为依据，没有标准的也有经过讨论批准的技术设计、编辑大纲等，实际作业中都以这些作为制图综合的依据。具体而言，一是对地理事物的取舍都按从高级到低级、主要到次要、整体到局部的程序进行；取舍的方法有资格法和定额法，资格法是按规定的数量和质量标准取舍，定额法是按单位面积选取地理事物的数量。二是对地理事物形状的概括，是通过删除、夸大、合并、分割等方法实现。三是对地理事物的数量和质量特征的概括，如长度、深度、坡度、密度、面积等。例如1986年6月出版的1∶18万《温州市地图》和1993年5月出版的1∶17.5万《温州市行政区划图》的制图综合做得比较好。

二、地图绘制技术

地图绘制分为地图清绘、地图映绘、地图刻绘等。地图绘制技术是用绘图工具描绘或刻绘地图内容，用线条、符号、注记和色彩显示地图内容的操作技术。地图绘制技术迅速发展，从早期的用小钢笔在绘图纸上描绘，到后来使用成套绘制工具绘制地图，再到电脑绘图，如今是数字化成图。地图注记的文字和数字，过去是手工书写，后来改为照相植字，如今变为电脑打字，字体越来越多，外形越来越漂亮。

1. 裱板蓝图绘图

民国时期，温州地图绘制都用小钢笔在绘图纸上绘图。到了50年代，为防止图纸伸缩变形，各测绘单位都采用裱板蓝图绘图。将绘图纸浸湿后裱糊在铅锌版或 5 层胶合版上,裱糊液是由淀粉加水或明胶加水烧制成的混合液,裱糊后在阴晾处风干即可使用。

编绘或清绘蓝图一般用复照仪,控制点和网展绘用方眼坐标尺,图上各种文字和数字均用手写。多数地图全部内容清绘在一个图版上,称为一版清绘;有的复杂地图,用分版清绘,一般蓝、棕色一版,其他颜色为另一版。

2. 照相植字

地图上的各种注记文字和数字,历来都是由人工手写,因此绘图人员必须精于各种大小字体的书写,并要求字迹端庄漂亮,但一般绘图员很难达标。70 年代照相植字机闻世,高质量的地图都使用照相植字代替人工书写。

照相植字是在照相植字机上将预先制好的汉字或外文字符、地图符号等,依照相原理复制出来,然后剪出每字的小方块,粘贴在地图上的适当地方。这种由照相植字剪贴的原图经拍照后再制版印刷的地图就非常漂亮。

3. 聚酯薄膜绘图

1978 年,温州市开始用聚酯薄膜代替绘图纸绘图。聚酯薄膜的透明度好,达 70%～75%;伸缩变形很小,在±30℃条件下长度几乎不变,最大伸缩量每米不超过±0.2 毫米;清绘原图可直接复制或翻版制版,免除了白纸测图的透明纸转绘工序,大大简化工艺流程,缩短成图周期,提高工效,降低成本;薄膜耐水耐拉耐酸耐碱,牢固耐用,不易老化,携带和保存方便。

使用的聚酯薄膜有 0.07、0.02 和 0.01 毫米等不同厚度的规格。多数绘图薄膜是由上海长征文化用品商店供应,都已经过机械打毛或化学涂层处理,质量绝佳。聚酯薄膜绘图时需选用专用墨水,完成铅笔图后直接用黄山松烟墨自磨墨水或选用中华牌绘图墨水清绘。绘图作业完成后,为防止墨迹脱落,可用清漆甲 3 份、清漆乙 2 份、二甲苯 2.5 份配置成“保护膜”,涂布在清绘原图上。

4. 刻图法

刻图法是制图和印刷原图的一项工艺,它用透明片基涂布一层化学药膜,翻晒蓝图后,用刻图仪器和工具刻制出各种地图要素,制成透明阴像图形的印刷原图。刻出的线条均匀,边线光滑,线号尺寸准确,修改工作量少,也可直接翻晒制版,省去复照。1957 年我国开始进行刻图法研究试验,1961 年正式用刻图法出版了几幅地形图。1976 年浙江省地质局测绘大队开始引进刻图法,1981 年全省推广,从此温州也使用刻图法刻制地图。刻图法和绘图法比较,具有速度快、质量好、操作简便、减少工序、降低成本等优点。

三、地貌的绘制方法

古代地图的地貌用象形符号和写景法表示,最多见的是笔架式或三角式的山形符号表示地貌。清末的一些石印地图,已用晕渲法表示地貌。如今采用晕渲法表示地貌,更多的地形图都是使用等高线和分层设色等高线表示地貌起伏。

1. 晕滃法

在地形图上顺坡面流水线方向绘制一系列不连续的短线,叫晕滃线。以长短不同、粗细不同、疏密不同的晕滃线表示地形坡度的陡缓,并建立一定的立体感,就是晕滃法地图。晕滃法由德国人莱曼(J. Lehmann)1799 年创制,当光线垂直照射时,陡坡面所受到的光线愈少,晕滃线就愈粗愈密;缓坡面所受到的光线愈多,晕滃线就愈细愈疏。晕滃法绘图有直射晕滃法和斜射晕滃法两种。晕滃法在 19 世纪的西方曾经是表示地貌的主要方法。到 19 世纪后半叶逐渐让位于更科学的等高线法。到 20 世纪中叶被绘制更方便、立体感更强的晕渲法所取代,现在晕滃法已较少使用。

国内最早使用晕滃法的地图是由西方人绘制的,有西方人带来的晕滃法地图和西方人在中国绘制的晕滃法地图。西方人来到中国后,建立租界,占据港口,绘制了许多晕滃法地图,大部分绘制精良。外国人绘制的标准晕滃图为晕滃法制图在中国的传播提供了参考和指引。中国人绘制的晕滃法地图最早见于清同治年间(1862~1875 年)的《厦门旧城市图》,用很不标准的晕滃法符号绘制,只能算中国晕滃法的雏形。光绪二十一年(1895)呈送会典馆的《湖北舆图》和《安徽舆图》是用晕滃法绘制的,这说明当时官方已采用新式的晕滃法绘图方法,也说明当时国内已经有受过这方面训练的绘图人才。

2. 晕渲法

晕渲法是应用阴影原理,以色调的明暗和浓淡变化表现地貌起伏的一种方法。假设光源在某一固定位置发出强度不变的平行光线,地形各部位的受光量取决于坡面同光源方向的夹角,阳坡迎光面受光多而亮,即渲以明亮色调,阴坡背光面受光少而暗,即渲以阴暗色调;坡度愈陡受光量愈少,即渲以浓色调,坡度愈缓受光量愈多,即渲以浅色调。应用绘画技术进行地形立体造型,通常用毛笔或美术喷笔为工具,用水墨画单色晕渲,或用水彩或水粉绘制彩色晕渲。此法立体感强,富有表现力,通俗易懂。

晕渲地图最早出现于 18 世纪初期。1701 年俄国人谢明、列麦佐夫所编绘的《西伯利亚地图集》中的一些地图,是最早的晕渲法绘制的。1716 年德国人高曼所绘的世界地图,也采用晕渲法显示地形。19 世纪后半叶出现了多色平版印刷术,晕渲的制印显得便利经济,得到普遍采用。到 20 世纪晕渲技术更加成熟,随着半色调网目制印的出现,晕渲法获得了精美的印刷效果。20 世纪中叶晕渲法取代了晕滃法,成为主要而有效的地形立体显示法,一直延用到今天。

《大清帝国图》就是使用晕渲法表示地形,图中的温州括苍山和洞宫山显示得很清楚。1981 年浙江省测绘局编制出版的《杭州市交通游览图》,1986 年出版的《浙江省情》中的《地势图》,1989 年出版的《浙江省农业区划地图集》中的《地势图》等,都使用晕渲法。温州市交通旅游图也经常使用晕渲法表示景区山地。

地貌晕渲的立体感强,便于读图,它是艺术与科学的结合,更增加地图的艺术感。它的缺点是晕渲地貌没有数量的概念,不能在图上确定任意点的精确高程和坡度,因此常与分层设色等高线法相配合,用于小比例尺地图和专题地图上的地貌显示。

传统制图中,地貌晕渲都是手工描绘完成的。随着计算机技术、图形图像技术和空间可视化技术的发展,目前采用计算机 DEM 数据自动进行地貌晕渲,称为数字地貌晕渲。其基本原理是将地面立体模型的连续表面分解成许多小平面单元,当光线从某一方向投射来时,测出每个小平面单元的光照强度,计算阴影浓淡变化的黑度值,并把它垂直投影到平面上。由于是用小平面单元构成一种镶嵌式的图形,所以选定的平面单元越小,自动晕渲图像就越连续自然。

3. 等高线法

1728 年,荷兰工程师克鲁基最早用等深线来表示河流深度和河床形态,后来又把它应用到表示海水的深度,1729 年库尔格斯首次制作等深线海图。再后来把等深线原理应用到陆地上表示地貌高低起伏形态,就出现了等高线绘图法。1791 年,法国都朋特里尔绘制了第一张等高线地形图,裘品-特里列姆用等高线绘制了法兰西地貌图。18世纪末至19世纪初,等高线逐渐应用于测绘地形图中。19世纪后半叶,等高线法冲破不易识别的阻碍,取得公认。此后,等高线法成为大比例尺地形测图的最基本方法。

目前,初中一年级课本中就有等高线的识别和使用知识,而且小孩子们都掌握得很好,这里就不多赘述。你如仍嫌不足,就去阅读任何大比例尺地形图,都用分层设色等高线表示地貌。你如找不到大比例尺地形图,就去读1986年6月温州市人民政府供稿,浙江省测绘局编制的1:18万《温州市地图》,对开四幅拼合,是温州市最完整、最详细的用等高线表示的普通地形图。

第三节 地图编绘技术的发展和创新

当今世界已进入太空和电子社会,传统的纸质模拟地图已越来越被数字电子地图和卫星影像图所取代。而平面的二维电子地图得到广泛应用的同时,又出现立体的三维电子地图、数控立体地图、3D激光电子沙盘等。电子地图集成多种测绘成果数据,以崭新的形式向社会公众展示,提供新的商务和办公手段。人们通过触摸屏和移动通讯网,无论在家中还是在户外公共场所,都能方便快捷地进行位置相关信息查询。

一、模拟地形图数字化

浙江省测绘资料档案馆、浙江省测绘局第一测绘院、国家基础地理信息中心等单位已经完成全省范围的1:1万、1:5万模拟地形图的数字化,编绘成数字线划地图(DLG)、数字高程模型(DEM)和数字正射影像图(DOM),极大地扩大的模拟地形图的应用领域。

1. 1:1万模拟地形图数字化

1996~2009年,浙江省测绘资料档案馆对全省1:1万模拟地形图进行数字化,已经完成覆盖浙江全省1:1万模拟地形图(1975~1990年施测)的3D数字化。2000年完成192幅,包括温州市三区(鹿城、龙湾、瓯海)、瑞安市、乐清市、永嘉县、平阳县、苍南县;2005年完成大北列岛8幅;2006年完成重测更新的209幅,包括泰顺县、文成县、苍南县、瑞安市、平阳县、温州市区少部分,并完成洞头县20幅,南麂列岛4幅,北麂列岛2幅。浙江省测绘局测绘资料档案馆已经建立1:1万地形图3D数据库。模拟地形图数字化的常见产品有下列三种。

(1) 1:1万数字线划地图(DLG)

数字线划地图(DLG)是与现有线划基本一致的各地图要素的矢量数据集,是一种更为方便地放大、漫游、查询、检查、量测、叠加地图。其数据量小,便于分层,能快速生成专题地图,所以也称作矢量专题信息(DTI)。此数据能满足地理信息系统进行各种空间分析要求,视为带有智能的数据。可随机进行数据选取和显示,与其他几种产品叠加,便于分析和决策。DLG地图的技术特征为地图内容、分幅、投影、精度、坐标系统与同比例尺模拟地形图一致,图形输出为矢量格式,任意缩放均不变形。DLG地图可应用于工程的选址、城市管理、农业气候区划、环境工程、大气污染监测、道路交通建设和管理、自然灾害的监测、地貌变迁等领域。

(2) 1:1万数字高程模型(DEM)

数字高程模型(DEM),是通过有限的地形高程数据实现对地面地形的数字化模拟,它是用一组有序数值阵列形式表示地面高程的一种实体地面模型,是数字地形模型(DTM)的一个分支。DTM是描述包括高程在内的各种地貌因子,如坡度、坡向、坡度变化率等因子在内的线性和非线性组合的空间分布,其中DEM是零阶单纯的单项数字地貌模型。描述地表起伏的DEM数据集,可用于建设三维立体景观、挖填土石方量算、地表面积精确量算、洪水淹没分析等与高程有关的应用。数据格式采用Geotin的DEM格式,可转换为Arcinfo、Erdas等软件接受的Grid格式,也可直接转为x、y、z的文本文件,再由用户写成自己需要的格式。

(3)1:1万数字正射影像图(DOM)

数字正射影像图(DOM)是对航空或航天相片进行数字微分纠正和镶嵌,按一定图幅范围裁剪生成的数字正射影像集,它是同时具有地图几何精度和影像特征的图像,每个点都带有精确坐标。DOM具有精度高、信息丰富、直观逼真、获取快捷等优点,可从中提取自然资源和社会经济发展的历史信息或最新信息,为防治灾害、公共设施建设规划等应用提供可靠依据,还可从中提取和派生新的信息,实现地图的修测更新。该图的技术特征为数字正射影像,地图分幅、投影、精度、坐标系统与同比例尺地形图一致,图像分辨率为输入大于400dpi,输出大于250dpi。由于DOM是数字的,在计算机上可局部开发放大,具有良好的判读性能、量测性能、管理性能等,如用于农村土地发证、指认宗界地界、土地利用调查等。DOM可作为独立的背景层,与地名注记、图廓线公里格、公里格网及其他要素层复合,制作各种专题地图。数据格式采用Erdas直接可打开的Geotiff格式。

2. 1:5万模拟地形图数字化

2005～2006年,已经完成覆盖浙江全省的1:5万模拟地形图的3D数字化图。1:5万数字线划图和1:5万数字正射影像图的数据格式同前1:1万图。1:5万数字高程模型,采用Arcinfo的Coverage格式。

2006年,覆盖全省的1:5万数字线划图,采用1980西安坐标系3°带。数据格式采用Microstation的DGN格式,也可转换为AutoCad的Dwg/Dxf格式以及Mapinfo、Arcinfo等常用的几种格式。

2001～2006年,浙江省测绘局第一测绘院、浙江省测绘资料档案馆和国家基础地理信息中心对浙江省1:5万模拟地形图进行数字化,建立4D数据库。见表9-11。

表9-11　　　　　　　　　　　　浙江省1:5万地形图4D数据库一览

序号	制 作 单 位	地形图题名	入档年月	数 量
1	浙江省第一测绘院	浙江省1:5万DRG数据	2001年8月	315幅硬盘1个
2	浙江省测绘资料档案馆	浙江省1:5万DRG处理后数据(tif)	2004年11月	315幅光盘3个
3	国家基础地理信息中心	浙江省1:5万DEM数据	2002年11月	329幅硬盘1个
4	国家基础地理信息中心	浙江省1:5万等高线矢量数据	2004年4月	328幅光盘4个
5	浙江省测绘局	浙江省1:5万DLG数据一院170幅、二院91幅、中心63幅	2006年3月	324幅光盘3个
6	国家基础地理信息中心	浙江省1:5万DLG数据及数据说明	2006年6月	354幅光盘1个
7	浙江省第一测绘院	浙江省1:5万电子地图数据(SHP)及文档	2006年10月	333幅光盘5个
8	浙江省地理信息中心	浙江省1:5万卫星遥感DOM生产数据(已脱密)	2007年12月	327幅硬盘1个

3. 地理信息数据转换成图

2006 年 7 月,浙江省第一测绘院受瑞安市测绘管理所委托,为建设统一的地理信息基础框架,将瑞安市各单位、各部门的有关地理信息数据统一转换到温州城市坐标系中,按技术设计书执行,转换数字图 3750 幅,转换栅格图 15800 幅。

二、影像图

影像地图是利用航空像片或卫星遥感影像,通过几何纠正、投影变换和比例尺归化,运用一定的地图图例和注记,直接反映地表事物的地图。影像地图综合了航空像片和线划地形图两者的优点,既包含航空像片的丰富内容信息,又能保证地形图的整饰和几何精度。它广泛应用于现代国防、精细农业、林业防护、防灾减灾、城乡建设、环境保护、重大工程、交通指挥、土地规划利用、国土资源勘查等领域。

航空摄影测量经历了从 20 世纪 30 年代模拟测量到 70 年代的解析摄影测量,从 80 年代末数字摄影测量兴起,发展到当今的全数字化摄影测量。其核心技术得益于计算机技术、通信技术、航空和航天遥感技术及数字图像理论技术的发展,由于 GPS、RS、GIS 的"3S"高科技的渗入,使得影像地图充满传奇般绚丽色彩。

1. 温州市卫星影像图

2003 年 7 月,浙江省测绘局编制完成温州市卫星影像图,比例尺 1∶12 万,范围为温州市区三区及各县(市),图面清晰,色彩显明。市县驻地和乡镇分别用蓝色和紫色注记,风景区用淡红色注记,山峰用白色表示,铁路用黑色表示,水系用蓝色表示,各级境界用不同的白色线条加紫黄色带表示,高速公路和国道线用黄色表示。

2. 温州市区卫星影像图

2002 年 1 月,浙江省地理信息中心制作完成温州市区卫星影像图,采用法国 SPOT 和美国 TM 影像数据,比例尺 1∶4 万,图面的各种地物、地貌影像清晰。市、区驻地用红星表示,风景名胜用橙色字体注记,境界、山峰、乡村道路均用白色表示,水系用蓝色表示,耕地用绿色表示,居民地用紫色表示,省道用红色表示。

3. 温州市系列影像图

2007 年,温州市勘察测绘研究院地理信息中心编制完成温州市 1∶5000 的 DLG、DEM、DOM 数据建库及数据综合浏览系统的建设,并编制出版温州市多幅影像图,有龙湾区影像图(挂图),蒲州街道影像图,瑞安市影像图,瑞安市区影像图,以及瑞安市塘下镇、飞云镇、仙降镇、马屿镇等影像图。

三、电子地图

电子地图又称数字地图,是利用数字方式存储和阅读的地图,是一种可通过电脑复制、打印、输出和屏幕阅读,能提供查询、统计、分析等功能的地图。电子地图种类很多,如 DLG 地形图、DRG 栅格地形图、DOM 影像图、DEM 高程模型以及各种专题地图。这些地图是国家地理信息系统的重要组成部分,是其他各专业部门信息管理和分析的载体,包括城市规划、建设、交通、旅游、汽车导航等许多部门。电子地图集成各种测绘成果数据和其他相关专题资料,向社会公众展示,提供新的商务和办公手段。人们通过城市街道触摸屏或移动通讯网,无论在家中还是在户外公共场所,都能方便快捷地进行位置相关信息查询。

全国范围内,国家测绘局已编成 1:400 万、1:100 万、1:25 万、1:10 万、1:5 万、1:1 万的电子地图。2006 年编制的覆盖浙江全省的 1:5 万电子地图,采用 1980 西安坐标系 3°带,数据格式采用 Arcinfo 的 shp 格式,在 1:5 万数字线划图的基础上加工而成,并按照面向 GIS 的要求强化了属性信息以及空间拓扑关系等,具有现势性强、信息丰富、数据量小等特点。

浙江省地图网站地理信息覆盖全省,可阅读电子地图、影像地图、三维地图等不同形态的地图,包含行政区划、地貌、水系、交通、居民地等基本的地理要素,也包含生活服务、交通餐饮、旅游等诸多便民服务信息。网站站址 www.zjditu.cn 或 www.浙江地图.cn,可呈现浙江省电子地图、温州市区及各县(市)电子地图。

温州市电子地图产业化正在形成发展中。目前,许可电子地图编制的只有温州市勘察测绘研究院和温州市综合测绘院,而具有测量资质的 42 个单位均把开发应用和维护电子地图作内部信息系统进行研究和开发。温州市测绘局与温州市市政园林局、房产管理局、公安局、港务局、林业局、国土资源局、温州医学院、文化广电新闻出版局以及瑞安市、乐清市、平阳县规划建设局和鹿城区、瓯海区市政园林局等15 个单位签订协议,共建共享温州市地理空间信息资料和各单位专业范围的 DLG、DOM、DEM 图,促进电子地图的产业化。

此外,温州市东易网络科技有限公司主要经营数字城市建设、电子商务运营网站建设及推广等业务,相继推出具有地域特点的电子商务平台"城市之窗""温州消费网"。温州数码城信息产业有限公司也在开发电子网络有关商务平台服务工作。

四、立体地图

按照一定的比例尺直接或间接地显示地貌地物的立体形态图,称为立体地图。它分为传统立体模型、三维电子地图、数控立体地图、3D 激光电子沙盘等。

1. 传统立体模型

传统立体模型是根据地形图、航空像片或实地地形,按一定的水平和垂直比例尺,用泥沙、粘土、石膏、水泥、橡胶、泡沫塑料等材料制成实物模型或沙盘,它具有形象直观、制作简便、经济实用的特点。温州市用于城市建设、规划和方案展示的立体模型很多,例如温州市城建档案馆展示厅的温州市区立体模型,各开发商为展示和销售楼盘亦制作立体模型,还有表示单体住宅和一些古建筑的微缩模型,温州港航道整治和瓯江口围垦工程为进行河工模试而建造高精度的瓯江河口模型。

温州市图书馆的温州城市规划展示厅内,有一座"温州市大都市模型",占地 17 米×14 米。模型范围东起七都岛,西至景山,北起瓯北永宁山麓,南到茶山高教园区,瓯江贯穿全境。杨府山、华盖山、松台山、翠微山、巽山等山体和塘河水系,以及金温铁路、甬台温高速公路、瓯江的三座大桥、市区的街区、公园、住宅小区、高层建筑和许多规划建设项目,都能清晰而直观地显示出来,从而能近距离明察温州的自然地貌特点和城市建设全貌。

温州制作的立体模型很多,下列模型都曾名噪一时:

温州市防洪模型(温州市防汛指挥部)

温州市旧城改造模型(温州市旧城改建指挥部)

温州市安居工程模型(温州市安居工程指挥部)

杨府山改建工程 CBD 模型(杨府山改建工程指挥部)

温州市三垟生态园模型(温州市生态园区)

温州市副城区龙湾总体规划模型(温州市图书馆城市规划展示厅)

温州市龙湾中心区规划模型(瓯龙模型公司制作)

温州市瓯海大道规划模型(瓯龙模型公司制作)

温州市洞头县半岛工程模型(瓯龙模型公司制作)

洞头县总体规划模型(1:8000,温州市图书馆城市规划展示厅)

洞头县模型(洞头红色娘子军展示厅)

温州大学模型(1:500,温州大学博物馆)

温州市古建筑缩微模型(徐衙巷陈阿兴制作)

2. 三维电子地图

三维电子地图,又称 3D 电子地图,是利用计算机的三维可视化及投影技术,结合遥感、GIS 等地理信息技术,开发研制三维地理信息系统平台,能够快速处理海量的地形数据并进行地形仿真,制作出形象逼真的三维电子地图。这种立体地图具有很高的计算精度和运行稳定性,可在大屏幕投影屏上看到真实感极强的立体画面。使用者可对三维电子地图进行操作,包括 360°水平旋转,仰俯角 90°至−90°变化,动态无级缩放,开启三维视图窗口进行观察。

将电子地图叠加卫星或航空遥感影像的三维地形,能更有效反映地形地貌特征,直观显示出动态的三维物体,并依据三维地形和遥感数据进行各种地形辅助分析。例如直观场景中的距离量测,高差、坡度、面积、体积的测算等。温州市规划局、国土资源局、公安局、科技局、林业局、农业局、环境保护局、市政园林局、中国联通温州分公司以及温州市各测绘单位,都已建立 GIS 三维地理信息系统平台,并利用这个平台建立三维电子地图,只要打开平台,都可看到立体电子地图。

3. 数控立体地图

电子地图是在电脑屏幕二维平面上显示,与人的视觉习惯有很大的差异。数控立体地图以电子地图为基底,在主要技术上增添各种软硬件系统,例如集成模数传感技术、数据库技术、军事标图系统功能、触摸屏显示技术、多媒体显示技术、实时定位显示技术、网络信息传输技术等功能。除包含地图所涉地理区域和目标实体形象外,还有经纬度和海拔高程数据、地理属性分析说明和统计资料、语音解说、地面摄影和录象、航空摄影或卫星摄影、公开网页截取、大比例尺地形图截图等。由于数控立体地图的信息量丰富,现势性强,实现了环境综合信息的传输和显示,温州市凡已建立 GIS 三维地理信息系统平台的测绘单位均在使用。

4. 3D 激光电子沙盘

激光沙盘是一个长宽各 1 米、高 0.5 米的空体玻璃箱,箱中密封着各种惰性气体和气压传感器、温度传感器、空气悬浮颗粒传感器。电脑把信息传输给激光发射器,激光发射器便向"沙盘"发射一定频率的激光。当几台激光发射器把信息连续快速射向箱内气体后,就会出现一幅清晰的彩色立体图景,并随着输入信息的变化而变化,如山川、道路、车站、机场等。联接激光沙盘的电脑可以判断和转换航空航天影像、录像或普通地图,可将平面地图转换成立体地图,显示出高层建筑物、高架桥梁、大坝、轮船、汽车等,不仅静态显示,还能动态显示。如今城市建设规划展示已在使用 3D 激光电子沙盘。

激光控制式数字沙盘是运用多通道图像融合技术、三维立体空间后台处理系统、智能化中控系统集成技术，结合传统物理沙盘与弧幕双向互动演示，增设了激光指点互动功能，通过手中的激光笔点选沙盘上的点，弧幕上会出现相应的数字内容。激光笔发出信号给接收器，接收器接收到信号同步转发至智能控制系统，智能控制系统根据接收到的信号，控制沙盘 LED 灯亮起以及控制投影机播放影片。从而让参观者形象生动地获取简明、优美、逼真的动态信息。通过激光笔对沙盘进行交互操作，能够让讲解员通过激光笔进行演示，行动自由，方便灵活。

第十篇
测绘仪器

　　工欲善其事,必先利其器。测绘仪器是测绘生产的重要物质条件,测绘仪器的更新和发展直接影响到测绘生产的效率、强度和质量,并带来测绘模式的改变。从测绘仪器的发展来看,大体可分为简易测量器具、常规测绘仪器、电子测绘仪器及数字化测绘系列等。就温州市来说,从清末的示意图,到 20世纪 80 年代的模拟图,再到 90 年代以来的数字化地图,就是不同测绘仪器获得的结果。

第一章　测绘仪器的更新

在温州,从古代到晚清以简易测绘器具为主,常规测绘仪器的应用则始于 20 世纪初期。电子测绘仪器应用于 20 世纪 80 年代以来的测绘生产,近年来数字化制图更是风生水起,蓬勃发展。由于电子测绘仪器、全站仪、GPS 接收机的应用以及各种绘图软件的开发,测绘技术系统同传统测绘的概念已有革命性的突破。

第一节　传统测绘仪器

传统测绘仪器包括古代的简易测量器具和改革开放以前使用的常规测绘仪器两大类。常规测绘仪器多为光学仪器,依靠手工操作和肉眼读数,因而测绘成品差错率较大,精度较差。然而,今天在温州很多建筑工地和马路施工中,仍能看到大量的光学测绘仪器作为测量工具在使用中。

一、简易测量器具

温州自南宋以来社会经济发展较快,随着农田、水利、城市街坊的整治需求,以简易测绘仪器为主的测绘作业逐渐推行,此时的仪器主要为简易测量器具,可分为水利测量器具、土地丈量器具、舆图测绘仪器等。

1. 水利测量器具

劳动人民在历代漫长治水过程中,采用立于水中测量水位高低的"水则"来记载水文,调节水利,测验农田地势。北宋元祐三年(1088),温州创建"永嘉水则"于城区谯楼前五福桥石柱上,以管理各陡门起闭。南宋淳熙四年(1177),知州韩彦直疏浚护城河,测定河长 2300 丈,在谯楼前设水平测站测量水利。明弘治九年(1496),温州镌刻新水则于上陡门,起闭闸门以水则为准。1942 年,华北水利委员会南迁,派员到温州测量塘河和陡门,用水准测定各水闸高程,联测原有水则,制定新水则,以城区海坦山麓井圈石上第 1 号水准点假定高程 10.00 米起算,测得五福桥原"永嘉水则"开、平、闸时的水位高程,并测定温瑞塘河区和永强塘河区的开、关闸门新水则的水位高程。

2. 土地丈量器具

古代土地面积清丈工具为绳、竿、弓。在麻绳或竹绳上标记一定的长度单位,在竹竿、木杆或竹篾索尺上刻制一定的长度单位,用木料或竹竿制成两脚规形的弓作为丈量器具,用以清丈土地面积。清代的长度单位有营造尺、量地尺、裁衣尺的区别,1营造尺＝32厘米,1量地尺＝34.5厘米,1裁衣尺＝35.5厘米。土地丈量统一采用量地尺,"十寸为一尺,十尺为一丈,一百八十丈为一里"。浙江省舆图局采用量地尺为长度计量标准,制成测杆,有五尺杆和一丈杆两种丈量器具,用以测里。

3. 舆图测绘仪器

清代浙江在舆地图测绘中,开始制造简易的测绘仪器,并逐步引进西方测绘仪器。同治三年(1864),清政府令浙江沿海各县测制舆图。光绪十五年(1889),清政府诏令各省测制地图报送会典馆,规定这次测绘地图的外业仪器有全圆仪、象限仪、矩度仪、定向盘和测杆等,内业计算器具有算盘、对数表、函数表、计算尺等。清光绪八年(1882)刊行的《永嘉城池坊巷图》,可谓这一时期使用简易测量器具测制的成果。此图无比例尺,只有概略方位,仅反映当时城区城垣、街坊分布的示意图,就现代测绘学而论谈不上数学精度和地理要素的表达。

二、常规测绘仪器

20世纪初至80年代期间,温州使用常规测绘仪器进行作业。陆地测量的主要常规测绘仪器为光学经纬仪(J2、J6、J10级)、水准仪(S3、S10级)、平板仪(P3级)等,海洋测量仪器主要为六分仪、测深仪等。当时温州市各测绘单位和部门拥有的经纬仪、水准仪、平板仪"老三仪"的数量当以数百台计。进口经纬仪以美国产的开依、日本产的仿开依、德国产的蔡司、瑞士产的克恩居多,用于工程、地籍的控制测量为主。至20世纪80年代,温州市在用的常规测绘仪器几乎全部改用国产仪器。国产常规测绘仪器品牌介绍如下。

1. 经纬仪系列

J2级经纬仪的生产厂家主要是苏州第一光学仪器厂(DJ2)、北京光学仪器厂(TDJ2)、西北光学仪器厂、上海光学仪器厂(第三光学仪器厂)、江西光学仪器厂等。

J6级经纬仪的生产厂家主要是北京光学仪器厂(TDJ6)、南京1002厂、杭州红旗光学仪器厂、西北光学仪器厂、徐州光学仪器厂等。

2. 水准仪系列(S3级)

主要生产厂家是北京测绘仪器厂、天津第二光学仪器厂、靖江测绘仪器厂、杭州光学仪器厂、江西光学仪器厂等,还有苏州第一光学仪器厂生产的自动安平水准仪(DSZ2)。

3. 平板仪系列(P3级)

主要生产厂家是陕西测绘仪器厂DGP型、上海光学仪器厂101型、连云港光学仪器厂DP型、西安1001厂DP$_3$-1型、杭州光学测绘仪器厂生产的原苏联101型和匈牙利MOM型。

4. 航测仪器

主要集中于温州市勘察测绘研究院和瓯海测绘工程院,共有两种。①2323型立体坐标量测仪4台(改装型),X、Y、Q、P的推送精度分别为15、10、10和5U,90年代初应用于市域1:500航测作业。②JX-4CDPS数字摄影仪,可以完成矢量测图,用于DEM、TIN、DOM三维城市多种作业,2004年应用于温州市域1:5000航测作业。

5. 海测仪器

定位仪器主要是六分仪和导航仪,有广州南华机械厂生产的航测-1型导航仪、天津产的近导-4定位仪,80年代引进美国ARGO阿戈定位系统,90年代后采用GPS定位。

测深仪器主要是 20 世纪 70～80 年代使用普通测深仪和高精度测深仪,其后使用无锡产的 SDH-13 型超声测深仪。

第二节　现代测绘仪器

20 世纪下半叶,电子计算机的出现使测算速度大大提升,测绘数据通过电子计算机运算变得更加精确和快捷,加上卫星空间技术的发展,进一步推动了测绘事业向现代测绘阶段迈进。在此基础上研制出电子经纬仪、电子水准仪、激光测距仪、全站仪、GPS 接收机、数码航摄仪、全数字摄影测量系统等先进仪器,推动测绘工作的自动化、数字化和智能化。

一、现代测绘仪器

要大幅度提高测绘作业生产效率及精度,只是提高电子测绘仪器的性能是不够的,还必须将电子数据处理技术在测量中得到应用。21 世纪初开始,温州市各测绘单位以全站仪、遥感影像、全球卫星定位 GPS 等手段获得空间数据,以微机为数据变换、交换、处理和存储手段,以数字化地形测图为基础,以 GIS(地理信息系统)为产业的现代测绘技术正在崛起。数字化对测绘仪器提出了更新更高的要求。因此,现代测绘仪器还应包括微机及打字机、绘图仪、数字化仪等外延设备。

1. 电子水准仪

电子水准仪又称数字水准仪,型号为 DS 开头,通常 D 字省去,因而按偶然中误差精度分为 S05、S1、S3、S10 四个等级。S05 级和 S1 级为精密水准仪,用于一、二等水准测量;S3 级和 S10 级为普通水准仪,用于三、四等水准测量。温州大部分测绘单位都使用普通水准仪。温州市建筑设计处曾拥有 1 台瑞士产的 Wild N3 精密水准仪(S05 级),为全市水准仪中精度最高的仪器。

2. 电子测距仪

电子测距仪分为激光测距仪、超声波测距仪、红外测距仪等,其中激光测距仪使用最为广泛,手持式激光测距仪测程为 300 米以下,多用于房产测量和地籍测量,望远镜激光测距仪可测距 500～3000 米。

20 世纪 80 年代,温州市首先使用电子测距仪的单位为温州市勘察测绘研究院,该院于 1984 年 4 月购进 1 台瑞典产的阿嘎 AGA-112 型光电测距仪,此仪器是与北京光学仪器厂生产的 TDJ2 经纬仪搭装的,其技术参数为测角精度±2″,测距精度±(5 毫米+5ppm×D),测程为二棱镜 2500 米。该院还购置进口红外测距平板仪 1 台。

此后,浙江省第十一地质大队购进超小型红外测距仪索佳 Redmini 型,温州地区水电局测量队购进瑞士产的克恩 Kevn-502 测距仪。瑞安规划测绘队使用国产 DCH-2 型红外测距仪,主要技术参数为测距精度±(5 毫米+5ppm×D),测程为单棱镜 10 米～1300 米,三棱镜 10 米～2000 米。

由于电子测距仪与经纬仪搭载在野外作业中可同时测角和测距,同时显示水平角、垂直角和距离,并快速读取,可消除读数误差,采用双轴倾斜传感器来检测仪器的倾斜,自动补偿垂直角和水平角的倾斜误差,进而所有数据通过电子处理直接输入磁卡记录,并接入微机处理,比之常规测绘仪器大大提高了工效。90 年代初,温州市各测绘单位均购置了红外电子测距仪。

20 世纪 80 年代中期至 90 年代初,温州市各测绘单位使用的电子测距仪基本上以进口居多。至 20

世纪 80 年代末期,国产电子测距仪开始面市,此时的电子测距仪与经纬仪搭载,可谓是全站仪诞生前的一款过渡型式。温州市各测绘单位常用的仪器有以下几款:

瑞士威特 Wild-DI1001、DI1600,索佳 SOKKIA-RED2A、RED2L,拓普康 TOPCON-DM-S2,宾得 PENTAX-MD-20。主要技术参数为测角精度±2″～5″,测距精度±(5 毫米+3ppm×D),测程为 1.5 千米～2.0 千米。唯威特测距仪的测程为 2.5 千米,测距精度±(3 毫米+2ppm×D)。

国产测距仪为常州第二电子仪器厂生产的 DCH-2 测距仪(配苏光 DJ₂ 经纬仪);南方测绘仪器公司生产的 ND2000、ND3000 测距仪,配南方电子经纬仪 ET-02,与 ET-05 组成速测全站仪 ETD-2、ETD-5。其主要技术参数为测角精度±2″～5″,测距精度±(5 毫米+3ppm×D),测程为 2 千米。

21 世纪初开始,温州市各房产测绘队普遍使用手持式激光测距仪,测量房屋长、宽、高数据,代替过去的钢尺和皮尺作业。由于其重量轻、测程精度高、测量速度快、目标点无需站人、在黑暗环境条件下仍可作业、可装在经纬仪上测距等优点,因而得到广泛使用。

3. 全站仪

全站仪是集光、电、机为一体的新型测角、测距仪器。全站仪与光学经纬仪比较,将光学度盘换成光电扫描度盘,将人工测微读数换成自动记录和显示读数,既可简化操作,又能避免读数误差,具有自动记录、存储、计算和数据通讯功能。现今整体性全站仪的测距发射轴、接收轴和望远镜的视准轴为同轴结构,这对提高测距精度非常有利。全站仪按功能分为四类,其中智能型全站仪可在无人干预的条件下自动完成多个目标的识别、照准和测量,可用于角度测量、距离测量、三维坐标测量、导线测量、交会点测量、放样测量等多种用途。内置专用软件后,功能还可进一步拓展。

90 年代中期,温州各测绘单位常用的全站仪有下列各种:

瑞士徕卡(Leica)TC305、TC302,索佳(SOKKIA)SET5F、SET2C,拓普康(TOPCON)GTS211D、GTS311S,宾得(PENTAX)PCS215、PCSV₂ 等。主要技术参数为测角精度 2″～5″,测程 2 千米～3 千米,测距精度±(3 毫米+2ppm×D),内存储量 3000 点左右(XYZ)。徕卡全站仪测角精度 2″,测距精度±(2 毫米+2ppm×D),内存储量 8000 点(XYZ)。

1995 年 10 月,南方测绘仪器公司生产我国首台全站仪 NTS-202,其主要技术参数为测角精度 2″,测程 1.8 千米,测距精度±(5 毫米+5ppm×D)。2009 年该公司生产的全站仪数量超 1 万台,其型号为 NTS-352 等。主要技术参数为测角精度 2″,测距精度±(2 毫米+2ppm×D)。该公司的产品及软件还有测距仪、电子经纬仪、全站仪、GPS 接收机等,在温州市测绘、交通、铁路、海运、水利、城建等单位都占有一定份额。

北京光学仪器厂生产的全站仪 BTS6082C,苏州第一光学仪器厂生产的全站仪 OTS712,其主要技术参数为测角精度 2″,测距精度±(3 毫米+2ppm×D),内存储量 8000 点(XYZ)。以上两厂是我国著名的专业测绘仪器生产厂家,其产品在温州市拥有固定用户。就全站仪而言,20 年间的硬件精度稳定,测角精度 2″,测程 3 千米左右,测距精度±(2 毫米+2ppm×D)。

2010 年,温州市勘察测绘研究院拥有一台 TPS1000 型电子速测仪,该仪器属测量机器人型,具有马达驱动和自动目标识别装置,从而提高了重复照准和放样测量精度。其测角精度 0.5″～1″,测距精度±(1 毫米+1ppm×D),为温州市电子测绘仪器精度之最。

二、数字化测图

数字化测图就是把采集的各种地貌和地理信息转化为数字形式,通过数据接口传输给计算机进行处理,得到内容丰富的电子地图,而且计算机还可绘出地形图和各种专题地图。在地形测量发展过程中,数字化测图是一次根本性的技术变革。这种变革主要表现在地形信息的载体不再是纸质图,而是计算机的存储介质(磁盘或光盘),其提交的成果是可供计算机处理、远距离传输、多方共享的数字地形图数据文件,并通过数控绘图仪可输出地形图。另外,利用数字地形图可生成电子地图和数字地面模型(DTM)。更具深远意义的是数字地形信息作为地理空间数据的基本信息之一,成为地理信息系统(GIS)的重要组成部分。

目前,数据采集的方法主要由野外地面数据采集法、原图数字化法和航片数据采集法。换言之,数字化测图就是利用电子全站仪或其他电子测量仪器进行野外数字化测图,也可利用数字化仪对过去测制的纸质地形图进行数字化,也可利用航摄、遥感像片进行数字化测图等技术。利用上述技术将采集到的地形数据传输到计算机,由数字成图软件进行数据处理,经过编辑和图形处理,最后生成数字地形图。数字化测图与图解法测图相比,以其高自动化、全数字、高精度的显著优势而具有广阔的发展前景。

数字化成图是由制图自动化开始的。20世纪50年代,美国国防制图局开始研究制图自动化问题,这一研究同时推动了制图自动化配套仪器的研制和开发。70年代初,制图自动化已形成规模生产,在美国、加拿大及欧洲各国,在相关重要部门都建立了自动制图系统。大比例尺地面数字测图是70年代电子速测仪问世后发展起来的,80年代初全站型电子速测仪的迅猛发展加速了数字测图的研究和应用。我国从1983年开始开展数字测图的研究工作。目前,数字测图技术已作为主要的成图方法取代了传统的图解法测图。其发展过程大体上可分为两个阶段。

第一阶段主要利用全站仪采集数据,电子手簿记录,同时人工绘制标注测点点号的草图,到室内将测量数据直接由记录器传输到计算机,再由人工按草图编辑图形文件,并键入计算机自动成图,经人机交互编辑修改,最终生成数字地形图,由绘图仪绘制地形图。这虽是数字测图发展的初级阶段,但人们看到了数字测图自动成图的美好前景。

第二阶段仍采用野外测记模式,但成图软件有了实质性的进展。一是开发了智能化的外业数据采集软件,二是计算机成图软件能直接对接收的地形信息数据进行处理。目前,国内利用全站仪配合便携式计算机或掌上电脑进行数字测图,或者直接利用全站仪内存的大比例尺地面数字测图,这些方法都已得到广泛应用。

90年代中期,温州市各个持证测绘单位开始数字化地形图测制,首先是1∶500地形图,然后数字房产、数字地籍测图等次第展开。采用的软件主要有清华山维公司的EPW96-EPWS2005和南方测绘仪器公司的CASS-2.0～9.0。

2002年初,温州城区已实现数字化地形测图,至2007年12月,温州市区已完成1∶500数字化地形图450平方千米;瑞安、乐清、永嘉、平阳、苍南、文成、泰顺、洞头8县(市)完成1∶500数字化地形图,共600平方千米左右。2007年7月,温州市域开始进行第二次数字地籍调查测量。1∶500数字地形、数字地籍、数字房产等基础测绘已呈常态化。数字地图在电脑中,配以软件,可以很方便制作各种城市规划、交通、铁路、海运等电子地图和立体模型,而且精度高,可以动态修测,深得各界青睐。

截至2010年12月,温州全市42个持证测绘单位的电子测绘仪器、数字化系列仪器及使用的软件统计如下：

全站仪：包括进口和国产的 2″级和 5″级，合计 179 台；

电子测距仪和电子经纬仪：共 28 台；

精密水准仪：包括电子、自动安平等，合计 13 台；

测深仪：包括水下、地下及航测仪器等，合计 24 台；

GPS 接收机：单频、双频及 RTK 差分机等，合计 81 台；

软件：外业测图、内业量算及地理信息系统等，常用的有 EPSW、CASS、MAPIS、Walk、ABRDS 等，共计 344 套。

第三节　全球卫星定位系统

20 世纪 90 年代，出现了载波相位差分技术，又称 RTK 实时动态定位技术。这种测量模式是位于基准站的 GPS 接收机通过数据链将其观测值及基准站坐标信息一起发给流动站的 GPS 接收机，流动站不仅接收来自参考站的数据，还直接接收 GPS 卫星发射的观测数据组成相位差分观测值，进行实时处理，能够实时提供测点在指定坐标系的三维坐标成果，在 20 千米测程内可达到厘米级的测量精度。实时差分观测时间短，并能实时给出定位坐标。随着 RTK 技术的不断完善以及更轻小型、价格更低廉的 RTK 模式 GPS 接收机的出现，GPS 数字测图系统将成为地面数字测图的主要方法。

一、全球卫星定位系统(GPS)

目前可供利用的全球卫星定位系统有美国的 GPS、俄罗斯的 GLONASS（格洛纳斯）、欧盟的 GALILEO（伽利略）和中国的 COMPASS（北斗）。美国的全球定位系统 GPS 于 1994 年全面建成，并投入全球的商业运行，具有海、陆、空全方位实时三维导航与定位功能。

在地球上任何地方的 GPS 接收机接收人造卫星发出的电波，并进行解析，以测量出该地方的位置。不受时空条件限制，可以全天候作业，广泛应用于社会经济的各个领域。GPS 由以下三个主要部分组成：①空间卫星部分由 24 颗人造卫星组成，卫星轨道高度 2 万千米，约为地球直径 1.5 倍，运行周期约 11 时 58 分。这些卫星分布在互成 60°的 6 个轨道面内，这样就能使地面上任何地点、任何时刻都能收到 4 颗卫星发射的讯号，以满足定位需求。②地面监控部分通过注入站对卫星进行调整，保证卫星正常运行轨迹。③用户设备部分由 GPS 接收机硬件、数据处理软件及微机处理机组成。

虽说 GPS 定位系统具有灵活机动、全天候、快速而准确定位，但仍受环境影响，例如接收机不能架设在有强电磁场或发射源的地方，不能架设在湖边或者玻璃屋顶的地方。这些地方收到 GPS 数据的数量较少，质量较差，难以准确进行定位工作，在具体作业时都应充分顾及。通过实践，人们在 GPS 定位和导航作业中，总结出实时动态差分法(RTK)及连续运行 GPS 参考站(CORS)，为此提高了工效，降低了成本。

二、北斗卫星系统

从国家战略安全和商业利益考虑，我国独立自主开发北斗卫星定位系统是十分必要的。2000～

2003年,中国建成由3颗卫星组成的北斗卫星试验系统,至2012年建设北斗导航、定位系统,形成中国及周边地区的覆盖能力。至2020年,北斗卫星系统将拥有35颗卫星,能覆盖全球任何地方。

北斗系统不仅可以导航和定位授时,还能发送短文,定位精度小于10米,且具兼容性,在同一终端上可以同时接收北斗、GPS、格洛纳斯的信号。这样既能提高定位精度,还增加了备份。目前,中国北斗系统尚以军事应用为主,待完全建成后会进行商业运作,人们将享受到北斗系统所带来的种种方便和快捷。

三、全球定位系统在温州测绘业中运用

1988年10～12月,中国陆地海洋卫星定位网协调委员会应用GPS卫星定位技术在杭州、宁波、宁海、黄岩、温州的松台山基岩点5个水准点上联测,求得坐标和高程数据。这是中国第一期GPS卫星定位网的组成部分,也是浙江省接收卫星定位测量的开端。发展到今天,温州已经建立"温州市连续运行卫星定位综合服务系统(WZCORS)",详见第二篇第七章《GPS测量》。

1. 温州市连续运行卫星定位综合服务系统(WZCORS)

2007年10月,温州市连续运行卫星定位综合服务系统(WZCORS)正式启动,至2010年12月该系统建成。从此,基层单位只需购置一台接收机即可进行作业,整个测绘作业方式和成本费用大大改观。对比1983年,花了一年时间才完成温州城区250平方千米的首级控制网,而今仅用几个月时间就完成温州全市包括山区、海岛在内的近1万平方千米的控制网络,简直是天壤之别。随着GPS技术发展,并渐趋成熟,必将给测绘领域带来一场深刻的技术革命。

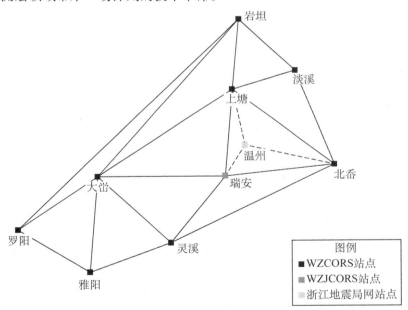

图 10-01　温州市连续运行卫星定位综合服务系统(WZCORS)

温州CORS平均边长50千米左右,较好的覆盖了整个温州,包括西部山区和东部洞头海岛。见图10-01。目前GPS测量的精度如下:

实时动态:水平精度$\pm(10+1\times10^{-6}\times D)$毫米,垂直精度$\pm(20+1\times10^{-6}\times D)$毫米。

静态:水平精度$\pm(3+1\times10^{-6}\times D)$毫米,垂直精度$\pm(5+1\times10^{-6}\times D)$毫米。

就GPS接收机而言,20世纪90年代GPS刚面市时,全是进口产品,价格昂贵,一般中、小测绘单位无力问津。1995年南方测绘仪器公司首次推出国产单频GPS接收机NG200S,1998年推出双频NGK600,2005年推出双频S80的RTK机,2010年又推出双频S82的RTK机。此外"中海达"的HD8700,"华测"的R30等机型在温州市场中也占有一定份额。相反,近年来原先各种型号的进口GPS接收机很少见到。由于国产GPS接收机价格大幅下降,现今温州市各持证测绘单位皆备有GPS接收机,并在日常作业中广泛使用。

2. 温州丙级以上持证测绘单位GPS接收机使用状况

温州市持证测绘单位使用GPS接收机比较普遍,据不完全统计,包括单频、双频及RTK差分机等,全市GPS接收机共有81台,有的一个单位甚至拥有10多台。温州丙级以上持证测绘单位的GPS接收机及其他测绘仪器使用状况,见表10-01。

表10-01　　　　　　　　　　2011年温州市持证测绘单位测绘仪器一览表(丙级以上)

单位名称	一般全站仪	精密水准仪	全球定位仪(GPS)	软件(内外业)	测深仪	航测仪	备注
温州市勘察测绘研究院	35	2	6	30	1	2	甲级
温州综合测绘院	16	2	9	20	1		甲级
温州市瓯海测绘工程院	8		3	20		2	乙级
浙南测绘工程处	24	1	15	30	1		丙级
永嘉县勘察测绘院	15		7	15			乙级
温州市水利电力勘测院	8	1	7	6	5		丙级
瑞安市规划测绘队	10	1	4	15			丙级
乐清市测绘队	9		4	10			丙级
平阳县测绘大队	5		3	5			丙级
苍南县测绘所	6		6	10			丙级
温州浙南测绘公司	2		3	5			丙级
瓯海区房产测绘队	2		3	10			丙级
文成县测绘大队	4		4	10			丙级
温州市横宇数码测绘公司	9	3	5	10	1		丙级
温州港务局测绘队	2			10	5		丙级

注:全市持证测绘单位共42家,表中仅为部分丙级及以上资质单位的测绘仪器情况。

第二章　测绘仪器生产、检定和销售

民国时期,因受技术人员和仪器条件限制,温州测量事业落后,较大规模的地政、工测、海测等一般都由省里或省外专业测绘队伍承担。20世纪30年代,为了地政测量需要,温州地区曾向当时的浙江地方银行贷款6万元法币,购置进口经纬仪10台,以测量小三角锁、导线、地籍等。改革开放以来,温州市开办了30多家测绘仪器生产企业,多以生产木、铝三脚架等仪器配件为主。

第一节　温州市测绘仪器生产

改革开放以来,温州市测绘仪器生产能力大为提高,现已具有一定的生产规模。以平阳光学仪器厂试制成功的ZS-10型自动安平水准仪和温州市华杰测绘仪器有限公司生产的DSZ3A型自动安平水准仪最为著称。

一、温州市测绘仪器生产发展概况

20世纪50年代,温州在常规测绘仪器的试制方面非常薄弱,仅有几间小规模的工厂以生产三脚架等辅件为主,其中温州测绘仪器厂算是影响面较大。该厂80年代为国家机械部定点批准的生产国际标准的三脚架企业,有一定的规模和水平,产品由部统销,但到90年代,因厂房拆迁而整厂停产。

20世纪90年代以来,随着测绘仪器的发展,温州各专业测绘仪器厂生产轻型支架的对中杆(CDJ-3Q)、加重型对中支架(CDJ-3Z)、AD10三爪式连接器(带光学对点器)、AD10三爪式基座、AK11Z单镜框、AK13ZO叉架式单镜框、AK30三镜框、微型菱镜系列ADSmin103、ADSmin101、ADSmin104A以及电子测距轮系列等。

截至2009年,温州全市生产、销售测绘仪器和设备的厂家共有30多家,专业生产企业4家,分别为天测光学仪器公司,华昌测绘仪器厂,南方建筑仪器厂,华杰测绘仪器有限公司。他们主要按国际标准生产DSZ3A系列自动安平水准仪及木质或铝合金三脚架、铝合金塔尺系列、花杆系列、对中杆系列、建筑工程检测尺系列(指针式和水准式)、公路工程检测尺、路面弯沉仪、混凝土回弹仪、测量手簿系列、放大镜系列、坡度测量仪、多功能磁力线坠等检测仪器和配件。据2009年全国测绘仪器产品统计,温州市生产的三脚架数量占全国产量的1/2以上,其产品已形成系列化、标准化。

二、温州市生产的常规测绘仪器选介

温州历史上是个小商品生产繁荣、作坊式结构普遍、现代工业基础薄弱的城市,在常规测绘仪器制造中除个别厂家曾试制出样机外,都以生产木、铝合金三脚架等仪器配件为主。就常规测绘仪器的试制和生产而言,影响较大的有以下几项。

1. ZS-10 型自动安平水准仪

1977 年 5 月,平阳光学仪器厂试制成功全省首台 ZS-10 型自动安平水准仪。同年 9 月经浙江省机械局测试,基本符合国家"仪(Y)144-63"部颁标准。该仪器整平系统采用球形接触安平结构,脚架和仪器联结紧凑而稳定,可节省每个测站的安平时间,有利于提高工效。安平补偿器型式是活动关节摇摆式,采用"空气阻尼",停摆时间在 2 秒之内。仪器的主要技术参数如下:

望远镜放大倍数:19 倍	有效孔径:29mm	视场角:1°30′
视距乘常数:100^{+1m}	加常数:+0.35m	补偿器倾斜范围:±10′
安平精度:<±10″	安平时间:<2″	圆水准器角值:8′/2mm
每公里往返中误差:m≤±10mm/km		

ZS-10 型自动安平水准仪结构简单轻便,外观新颖,价格低廉,测量速度快,适合农田水利基本建设和一般工程测量。经浙江省工业设计院、浙江"五·七"农垦场、平阳矾矿、温州地区建筑公司等单位使用,一致认为该产品有先进独到之处,能快速自动整平,使用方便。1979 年 9 月,浙江大学、上海光学仪器研究所、江西光学仪器厂、浙江工业设计院等二十多个单位参加该产品的技术鉴定会,进行性能测定检查和图纸技术资料审查,认为 ZS-10 型自动安平水准仪性能基本合格,可以使用。这是浙江省最早试制成功的自动安平水准仪。后来由于材料、工艺、资金及进口仪器冲击等原因,致使该仪器未能扩大生产,形成市场,仅停留在样机试制阶段就夭折了,实在令人遗憾。

2. DSZ3A 型自动安平水准仪

从 20 世纪 80 年代末开始,基础测绘、农田水利、城建、道路桥梁施工等广泛展开,各单位对自动安平水准仪需求量甚大,为此温州市华杰测绘仪器有限公司于 1997 年开始批量生产普及型 DSZ3 自动安平水准仪。该仪器有 24、28、32 三种倍率,采用空气阻尼,燕尾式分划板,无制动无限水平微动系统,翻盖式水准器观察窗,精度较高,每公里往返测量中误差 m≤±3.0 毫米/千米。

该型仪器由该公司完成总体设计及工艺图纸。为加快进度,降低成本,采用通行的系列化生产方式。其物镜、目镜、变焦菱镜等光学件及中轴等部分加工件均使用外协件和非标准件,关键部件由自己公司加工、组装和检验。该仪器外观新颖,使用方便,自投产以来质量稳定,销路通畅,每月生产量为 800 台左右。见图 10-02。

按用户需求,该公司还可定量生产 DSZ2 型自动安平水准仪,每公里往返测量中误差 m≤±1.0 毫米,加 FS1 测微器可达 m≤±0.5 毫米。

3. 金属测量标志的批量生产

20 世纪 80 年代前,温州地区各测量单位的埋设标志以木桩和石桩为主,木桩保存时间短,对中精度低,石桩笨重,不便携带。1988 年,温州测量标志厂创建,并专业生产各种金属埋设测量标志。根据

《城市测量规范》(CJJ8－1999)规定的埋设金属测量标志的具体工艺要求,批量生产铜质和不锈钢的平面控制点标志、高程控制点标志、图根控制点标志、沉降观测点标志等。经过不断努力,产品质量符合规范要求,产品规格齐全,降低生产成本,终于获得发展,并得到华东、华北等地有关测量单位支持。

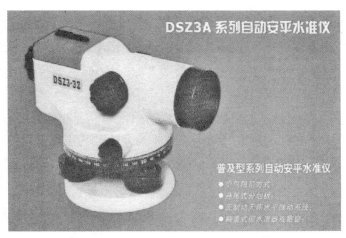

图 10－02　DSZ3A 系列普及型自动安平水准仪

第二节　温州市测绘仪器检定和销售

国家法律明确规定,测绘仪器作为计量器具,属于依法管理范围。因此,测量仪器计量检定工作应严格执行国家计量的有关法规。为保证测量仪器技术指标的一致和准确,国家质量技术监督局颁发了多项测绘仪器检定规程的国家标准,由此建立了完善的全国测绘仪器生产和销售的检定体系。

一、测绘仪器检定

在测绘作业期间必须保持仪器性能处于良好状态,这是提高测绘生产效率和保证测绘成果质量的重要环节。总结多年来测绘生产实践,我国已建立起测绘仪器的使用、保养、检定的一整套制度,现行的各种测绘规范和细则均有严格规定。例如在测绘成果质量检查和验收中,规定要首先交验测绘仪器检定记录,如测绘仪器性能和精度指标不合格,所测成果不予验收。在现行的各种测绘规范、规程、细则中,均规定了各种测绘仪器鉴定的项目、限差和方法,对每台仪器检定结果都应该列出书面检定报告,以备检查,并依此作为所有测绘项目验收的必要条件。

常规测绘仪器的检验测定一般由作业人员在作业前、后检定,精度很高的仪器或特殊设备要送省测绘局检定。电磁波测距仪、电子经纬仪、全站仪、GPS 接收机等测绘仪器,要集中温州统一送省测绘局检定。80 年代中期以前,测距仪的检定只能送陕西省礼泉县国家"物理测距长度鉴定场"检定,该场的基线长 18 千米,为此给基层测量单位带来不少经济和时间上负担。1986 年"杭州长度检定场"建成后,该场基线长 3008 米,温州所有测距仪就可在省内检定,并以检定报告的署章日期为该仪器送检的时效凭证。2001 年开始,温州市计量技术研究院可以检定经纬仪、水准仪、水准标尺等测绘仪器。2010 年 9

月,温州市榜峰光学仪器公司经国家认可委员会批准,可检测经纬仪、水准仪、垂准仪、全站仪等测绘仪器。

二、测绘仪器销售商店

2010 年,温州市从事测绘仪器销售的商店约有 30 家,年销售额约为 2000 万元。销售的仪器品种和规格很多,有常规测绘仪器、电子测绘仪器及仪器辅件,如木铝三脚架系列、花杆系列、搭尺系列、路面弯沉测定仪器等。水准仪是所有测绘仪器中使用量最大的一种常规仪器,在温州市一般五金商店或百货公司都有销售。

谢池巷天信仪器公司是温州城区最早从事测绘仪器销售和修理业务的商店。此外,天地、南方、新宇、榜峰四家商店都具有一定规模,它们的专业标准和服务水平均为温州市同行中的佼佼者。他们经销仪器的同时都兼顾测绘仪器的维修业务,而且一般都直接面对建筑工地、航运、交通等施工部门,点对点服务是一种常用手段。

第十一篇
测绘管理

测绘管理泛指政府行政管理和测绘单位内部管理。本篇涉及测绘行政管理的法律、条例、规定、办法和测绘部门的规范性文件，测绘单位的资质管理、技术管理和质量管理，以及测量标志保护管理和地图编制、出版和发行管理。

第一章 测绘法规和政策

为了加强测绘管理,促进测绘事业发展,1992年12月我国颁布《中华人民共和国测绘法》。据此,浙江省和温州市政府发布了一系列执行《测绘法》的地方性条例、规定、办法和测绘部门的规范性文件,形成了比较完善的测绘法规政策体系。这些测绘法律、法规和重要政策,内容包括基础测绘、地图编制、海洋测绘、不动产测绘、测绘遥感、测量标志、测绘成果质量、测绘成果知识产权保护、地理信息资源建设和开发利用等。

第一节 浙江省测绘法规和政策

测绘法律体系是测绘事业发展的法制基础。早在民国时期,行政院、参谋本部、陆地测量总局等制定和颁发并在温州实施的有《陆地测量标志条例》《水陆地图审查条例》《地图发行规则》等。中华人民共和国成立后,浙江省逐步形成比较完善的测绘法规和政策体系。1955年3月,浙江省人民委员会颁发《大地测量标志委托保管办法》。1959年9月又颁发《浙江省关于执行〈全国测绘资料工作暂行规定〉的补充规定》《浙江省关于逐步统一测绘技术规格的暂行规定》和《浙江省测绘工作协作的暂行方案》三个测绘管理规定。1984年12月,浙江省人民政府颁发《浙江省测绘工作管理暂行规定》,1988年2月又颁发《浙江省测绘工作管理办法》。20世纪90年代以来,浙江省人大常委会、省人民政府高度重视测绘法制建设和测绘行政管理,1991~2007年,浙江省人大常委会颁发1个地方性法规,浙江省人民政府颁布5个政府规章和7个测绘行政管理规范性文件。见表11-01。

一、《浙江省测绘工作管理办法》

1984年12月,根据国家颁发的有关测绘法规,浙江省人民政府办公厅颁发浙政办〔1984〕53号《浙江省测绘工作管理暂行规定》,共11条。经过三年多的实践,根据浙江测绘行业发展需要进行全面修改和补充,1988年2月1日,浙江省人民政府颁发浙政〔1988〕5号《浙江省测绘工作管理办法》,共7章31条。

该《办法》规定,凡在浙江省境内从事测绘生产的单位和个人,均应持有本省或者外省、市测绘主管部门颁发的《测绘许可证》,并按其规定的业务范围从事测绘生产。规定外国人和港、澳、台地区人员进入浙江省境内进行测绘活动,须经国务院测绘主管部门或省人民政府批准,由省测绘局发给《临时测绘许可证》,并遵守国家法律、法规和省有关规定。

　　该《办法》规定,测绘资料档案管理执行国家和省颁发的有关规定,并实行分级、归口管理。测绘资料档案实行版权所有、有偿提供的制度。使用有关测绘成果成图,不得转让和出版;未经提供单位同意,不得复制翻印。对外提供各种测绘资料,必须执行国务院和省的有关规定,经必要的技术处理后,送省测绘局审查批准。

　　该《办法》规定,对在发展测绘事业和科学技术中成绩显著的单位和个人,由各级人民政府和测绘管理部门给予表彰和奖励。

表 11 - 01　　　　1955～2007 年省人民政府、省政府办公厅制定颁发的测绘与地理信息管理规范性文件

文 件 名 称	文　　号	颁发年月	颁发机关
浙江省大地测量标志委托保管办法	浙农办字第 1599 号	1955 年 3 月	省人民政府
浙江省关于执行《全国测绘资料工作暂行规定》的补充规定	地字第 0642 号	1959 年 9 月	省人民政府
浙江省关于逐步统一测绘技术规格的暂行规定	地字第 0642 号	1959 年 9 月	省人民政府
浙江省测绘工作协作的暂行方案	地字第 0642 号	1959 年 9 月	省人民政府
关于加强保护测量标志的通知		1963 年 4 月	省人民政府 省军区司令部
批转《关于加强编绘、印刷和复制本省地图管理工作的报告》	地字 617 号	1963 年 5 月	省人民政府
关于进一步加强保护测量标志的通知	地字 642 号	1963 年 6 月	省人民政府
关于测量标志保护、检查和维修暂行办法	议地字 1028 号	1963 年 11 月	省人民政府
关于加强对国防工程设施、测量标志保护工作的通知	公字 379 号	1964 年 7 月	省人民政府
批转省测绘管理处《关于实行测绘资料归口管理问题的报告》	委地字 591 号	1964 年 12 月	省人民政府
印发测绘资料管理情况的材料	地字 26 号	1966 年 3 月	省政府办公厅
转发省测绘局《关于全省测绘资料、档案保密检查情况的报告》	浙政办〔1982〕32 号	1982 年 3 月	省政府办公厅
关于颁发《浙江省测绘工作管理暂行规定》和《浙江省测量标志管理实施办法》的通知	浙政办〔1984〕53 号	1984 年 12 月	省政府办公厅
转发省测绘局《关于开展全省测量标志检查的报告》	浙政办〔1986〕41 号	1986 年 9 月	省政府办公厅
转发省测绘局《关于对外提供测绘资料若干问题的报告》的通知	浙政办〔1987〕14 号	1987 年 4 月	省政府办公厅
浙江省测绘工作管理办法	浙政〔1988〕5 号	1988 年 2 月	省人民政府
关于印发《浙江省建设厅、浙江省测绘局职能配置、内设机构和人员编制方案》的通知	浙政办发〔1996〕20 号	1996 年 1 月	省政府办公厅
关于做好基础测绘 1∶10000 地形图更新工作的通知	浙政办发〔1997〕48 号	1997 年 2 月	省政府办公厅
关于印发《浙江省测绘局职能配置、内设机构和人员编制规定》的通知	浙政办发〔2000〕131 号	2000 年 8 月	省政府办公厅
转发省测绘局《关于加强地图产品管理工作意见》的通知	浙政办发〔2000〕196 号	2000 年 11 月	省政府办公厅
转发省测绘局等部门《关于整顿和规范地图市场秩序的意见》的通知	浙政办发〔2002〕4 号	2002 年 2 月	省政府办公厅
转发省测绘局等部门《关于进一步加强地图市场监督管理工作意见》的通知	浙政办发〔2003〕97 号	2003 年 12 月	省政府办公厅
转发省测绘局等部门《关于加强国家版图意识宣传教育和地图市场监管实施意见》的通知	浙政办发〔2005〕67 号	2005 年 8 月	省政府办公厅

二、《浙江省测绘管理条例》

1992 年 12 月 28 日,《中华人民共和国测绘法》公布,自 1993 年 7 月 1 日起施行。1996 年 5 月 8 日浙江省第八届人大常委会第 47 号公告公布《浙江省测绘管理条例》,共 8 章 51 条,自 1996 年 7 月 1 日起施行。

该《条例》规定,测绘管理实行统一管理和分级、分部门管理相结合的原则。省、市、县测绘管理部门负责管理本行政区域内的测绘工作,其他有关部门按职责分工,负责管理本部门的测绘工作。测绘应当使用国家统一的测绘基准和测绘系统,以及国家测绘技术标准或者行业标准。

该《条例》规定,在浙江省境内需要进行以测绘为目的的遥感及航空摄影的,申请测绘的单位应当将测绘项目计划报送省测绘局审核,并由省测绘局报送省军区批准。承担测绘任务的单位必须具备与其所从事的测绘工作相适应的技术人员、经计量检定合格的仪器、设备和设施,并按规定取得测绘资格证书。省测绘局按规定负责全省测绘单位的测绘资格审查工作。承担测绘任务的单位必须按规定向省测绘局或者项目所在地的市(地)测绘管理部门进行测绘任务登记。测绘人员进行测绘时,必须持有测绘工作证件。

该《条例》规定,因建设、城市规划和科学研究的需要,局部地区可以按规定经批准建立相对独立的、与国家平面坐标系统相联系的平面坐标系统。大城市、中等城市和大型建设项目建立相对独立的平面坐标系统的,由省测绘局审核,经国务院有关部门或者省人民政府批准,报国务院测绘行政主管部门备案;小城市建立相对独立的平面坐标系统的,由项目所在地的市(地)测绘管理部门审核,报省测绘局批准;建制镇建立相对独立的平面坐标系统的,由项目所在的县(市)测绘管理部门审核,经市(地)测绘管理部门批准,报省测绘局备案。

该《条例》规定,省测绘局依法管理全省地图编制工作。省新闻出版局会同省测绘局管理全省地图出版工作。地图应当由国务院出版行政管理部门批准的具有相应地图出版资格的出版社出版。本省行政区域内的地方性地图必须报经省测绘局或者国务院测绘行政主管部门审核。展示各类未出版的绘有国界线或者省界线的地图,必须经省测绘局审核。承担地图编制、印刷的单位,必须经省测绘局测绘资格审查。承印保密地图和内部地图的印刷单位,必须具备保密条件。

该《条例》规定,测绘单位进行以测绘为目的的遥感及航空摄影的,其摄影底片必须经省军区审查后方可使用。向境外的组织或者个人提供属于国家秘密的测绘成果,应当报经省测绘局审查批准。浙江省行政区域内的重要地理信息数据,经省测绘局审核,并同省其他有关部门会商后,报省人民政府批准发布。省测绘局负责对全省基础测绘、地籍测绘、行政区域界线测绘以及房产测绘等测绘成果,实施质量监督。

该《条例》规定,建设永久性测量标志的单位应当对永久性测量标志设立明显标记。永久性测量标志由建设单位或者测绘管理部门委托当地乡(镇)人民政府或者企事业单位负责保护管理。省测绘局主管全省测量标志工作,具体负责一、二等点测量标志的管理和维护工作。市(地)、县(市)测绘管理部门具体负责行政区域内三等点以下测量标志的管理和维护工作。地上和地下的永久性测量标志以及在使用中的临时性测量标志受法律保护。

三、《浙江省测绘管理条例》(修订)

2002年8月29日,修订后的《中华人民共和国测绘法》公布,自2002年12月1日起施行。2005年7月29日,经浙江省第十届人大常委会第十九次会议通过,以第42号公告公布新修订的《浙江省测绘管理条例》,共10章64条,自2005年9月1日起施行。

新《条例》在以下条款有新的调整和突破:

新《条例》规定,县级以上政府测绘主管部门负责本行政区域内测绘工作的统一监督管理,明确其依法履行的"管理和监督测绘资格和测绘市场、管理实施基础测绘"等9条职责,从法律上保证市、县测绘统一监督管理的有效行使。具体规定省、市、县组织实施的基础测绘项目及其成果更新周期。规定县级以上政府应当将基础测绘纳入本级国民经济和社会发展年度计划及财政预算。

新《条例》规定,地图内容表示必须符合国家和省的有关规定,保证地图的质量,维护国家主权、安全和利益。公开出版、展示、登载、引进地图或者引进、生产地图产品的,有关单位必须将试制样图或样品报测绘管理部门审核批准。地图和地图产品进出口,海关应当查验国务院测绘行政主管部门或者省测绘管理部门的地图审核批准文件和样品。加强和规范地图市场管理。

新《条例》规定,测量标志实行义务保管与发放津贴相结合的制度,改变了一直以来我国测量标志实行义务保管的制度,进一步调动测量标志保管员的积极性。

新《条例》规定,地理信息资源应当实行共建共享,避免重复测绘。县级以上地方政府应当协调所属部门建立地理信息资源共享和地理信息数据交换制度和运行机制。基础测绘成果和国家投资完成的其他测绘成果,用于国家机关决策和社会公益事业的,应当无偿提供。

新《条例》明确,消费者对房屋面积和测绘成果有异议的,有权委托具有测绘质量检验资质的机构鉴定。这一条款为房屋购买者解决房屋面积测绘不准或分摊不合理的投诉指出可以申请鉴定的路径。

四、《浙江省测绘成果管理实施办法》

1991年2月19日,根据《中华人民共和国测绘成果管理规定》,浙江省人民政府令第5号发布《浙江省测绘成果管理实施办法》,共20条,自发布之日起施行。

该《办法》规定,测绘成果实行分级归口管理。省测绘局主管全省测绘成果的管理和监督工作,各地、市、县测绘管理部门主管本行政区域内测绘成果的管理和监督工作,省政府有关部门负责本部门专业测绘成果的管理工作,军队测绘主管部门负责军事部门测绘成果的管理工作,省测绘资料档案馆具体负责全省基础测绘成果以及有关专业测绘成果的接收、搜集、整理、储存和提供使用,省测绘局可根据需要授权地、市测绘管理部门储存和提供该行政区域的基础测绘成果。

该《办法》规定,各测绘单位完成的基础测绘成果和专业测绘成果,应当按《测绘成果管理规定》第七条的要求于次年第一季度向省测绘资料档案馆汇交成果目录或副本。各部门、各单位需要使用基础测绘成果,必须向所在地测绘管理机构或测绘成果管理单位提出申请,到省测绘资料档案馆领用或转办。

五、《浙江省测量标志保护办法》

1999年2月3日,根据《中华人民共和国测量标志保护条例》《浙江省测绘管理条例》和其他有关法律法规,经浙江省人民政府第17次常务会议审议通过,浙江省人民政府令第111号发布《浙江省测量标志保护办法》，共 21 条，自发布之日起施行。

该《办法》适用于浙江省境内测量标志的设置、使用、拆迁、保管、维护、维修和其他与测量标志相关的活动。测量标志属于国家所有。国家对永久性测量标志占用的土地拥有永久使用权。

该《办法》规定，省测绘局主管浙江省测量标志保护工作，并具体负责一、二等测量标志的管理；市（地）、县（市）测绘主管部门主管本行政区域内的测量标志保护工作，并根据职责分工具体负责三等以下（包括三等）测量标志的管理；其他设置测量标志的部门负责管理本部门专用测量标志的保护工作。各级测绘主管部门和其他设置测量标志的部门可以委托测量标志设置地的乡级人民政府或者有关单位保管测量标志；永久性测量标志应当实行委托保管。测量标志实行有偿使用制度。

该《办法》规定，工程建设应当避开永久性测量标志，确需拆迁或使之失去使用效能的，工程建设单位应当根据该标志等级，报请有关测绘主管部门批准。永久性测量标志的迁建费用由工程建设单位承担。微波站、雷达站、广播电视发射装置等大功率无线电发射源的建设选址，应当距离永久性测量标志400 米以上（2010 年 12 月 21 日修改为 200 米以上）；确需在 400 米范围内选址的，建设单位应当将选址方案报请有关测绘主管部门批准。对损坏测量标志、妨害测量标志使用效能的行为，依法追究行政责任、赔偿责任、治安管理处罚直至追究刑事责任。

六、《浙江省基础测绘管理办法》

2000 年 10 月 12 日，根据《测绘法》《浙江省测绘管理条例》和有关法律法规，经浙江省人民政府第43 次常务会议审议通过，浙江省人民政府令第 122 号发布《浙江省基础测绘管理办法》，共 5 章 34 条，自2000 年 11 月 1 日起施行。这是浙江省在全国率先出台关于基础测绘管理的政府规章。

该《办法》规定，市、县（市）政府测绘主管部门负责组织实施的基础测绘项目：建立经省人民政府或其测绘主管部门批准的基础平面控制网、高程控制网和空间定位网；测制基本地图（1∶500 或 1∶1000或 1∶2000 比例尺）；建立基础地理信息系统；根据基础地理信息系统更新周期，对前述项目的内容进行复测或者更新；其他基础测绘项目。

该《办法》规定，基础地理信息定期、及时更新的原则：基础地理信息系统须及时补充现势资料；全省统一布设的平面控制网、高程控制网和空间定位网每 5 至 10 年复测改造一次；1∶1 万比例尺基本地图，平原和沿海地区不超过 5 年更新一次，丘陵和低山地区每 5 至 10 年更新一次，其他地区 10 至 15 年更新一次。

该《办法》规定，实施基础测绘项目，实行项目公开、择优确定承揽单位的原则。基础测绘成果的检查验收，由测绘主管部门组织，法定测绘质量监督检验机构实施。基础测绘成果由测绘主管部门统一提供使用。承揽基础测绘项目的单位及使用基础测绘成果的用户，未经测绘主管部门的许可，不得擅自复制或以任何方式向第三方提供、转让。基础测绘成果的使用，实行无偿使用和有偿使用相结合的原则。基础测绘成果用于政府规划、决策、行政管理、国防建设和社会公益事业的，可以免收或减收使用费。基础测绘成果实行资源共享。政府有关部门、单位进行专业测绘时，必须充分利用已有的基础测绘成果，不得重复测绘。

七、《浙江省地图管理办法》

2004 年 11 月 11 日，根据《测绘法》和其他有关法律法规，经浙江省人民政府第 30 次常务会议审议通过,浙江省人民政府令第 182 号公布《浙江省地图管理办法》,共 7 章 38 条,自 2005 年 1 月 1 日起施行。原于 1997 年 12 月 5 日发布的《浙江省地图编制出版管理办法》同时废止。

该《办法》适用于浙江省行政区域内编制、印刷、出版、引进、展示、登载地图,或者生产、销售绘有国界线、省级以上行政区域界线的地图产品以及相关的管理活动。各级政府应当加强地图管理,保证地图质量,维护国家主权利益;应当加强对国家版图意识的宣传教育,增强公民的国家版图意识。

该《办法》规定,市、县(市、区)人民政府测绘行政主管部门负责本行政区域内地图、地图产品和地图市场的统一监督管理工作,其他有关部门按照职责分工负责地图的出版、印刷、广告和地图产品的生产、销售的监督管理工作。编制地图的单位,应当具有相应的测绘资质;出版地图的出版社,应当具有相应的地图出版资格;从事地图资料收集或者在地图上进行修测的人员应当持有测绘作业证件。展示或登载的地图,应当载明制作名称和地图审核号。通过互联网出版地图的,应当符合有关法律、法规、规章的规定。非公开出版的地图,不得公开发行和销售。禁止买卖书号出版地图。

该《办法》规定,生产地图产品的企业管理人员和相关技术人员应当具有相应的地图知识。工商行政管理部门应当加强对辖区内地图产品生产经营情况的监督检查。外经贸主管部门在审批涉及地图产品的加工贸易业务时,应当验证国务院测绘行政主管部门或者省测绘局核发的地图审核批准文件。进出口的地图和地图产品,海关必须凭国务院测绘行政主管部门或者省测绘局的地图审核批准文件和样品通关。销售地图或者地图产品的企业或个人,在购进地图或者地图产品时,应当验证提供方的地图审核批准文件,不得销售无地图审核批准文件的地图或者地图产品。

该《办法》规定,公开出版或引进地图,展示或登载未出版的地图,或者生产、引进地图产品的,必须报省测绘局或者由其委托的测绘行政主管部门审核。浙江省内出版或者生产的中、小学教学用地图和附有地图的教材、教学资料、教学用品等应当经省教育行政主管部门会同省测绘局审定。审核批准的地图或地图产品,由地图审核部门编发地图审核号。

该《办法》规定,行政区划地图和非公开出版的地图不得发布广告。公开出版的交通、旅游、城区等专题地图,其广告所占的版面不得超过整个版面的四分之一。

第二节　温州市测绘规范性文件

改革开放以来,温州市人民政府、温州市规划局认真贯彻落实国家和浙江省人民政府的测绘法规、规章和政策,相继制定了五个规范性文件。

一、《温州市测绘管理办法》

1987 年 7 月 24 日,根据《浙江省测绘工作管理暂行规定》和有关测绘法规,温州市人民政府颁发温政〔1987〕47 号《温州市测绘管理办法》,共 15 条。

该《办法》规定,温州市规划局是温州市人民政府统一归口管理全市测绘工作的职能部门,其主要职责是统一管理、规划和协调全市的测绘工作;对进入本市测绘的单位进行登记验证、业务指导和质量监督;负责测绘资料的验审、管理和提供使用;协助省测绘管理部门核查对外提供测绘资料和监督地图出版;接受省测绘局的委托,审批颁发和注销《测绘许可证》;组织测绘专业人员的业务培训和考核以及测绘信息交流;组织城镇规划区内的建筑红线放样和红线实地核查。

该《办法》规定,凡在温州市从事测绘业务的单位必须持有《测绘许可证》,无证单位不准经营测绘业务。持证单位经营测绘业务不准超越《测绘许可证》规定的范围,并不准转手倒包测绘业务。对外地测绘单位实行登记验证制度。

该《办法》规定,测绘单位除了执行国家测绘技术标准外,城市测量必须执行城乡建设部颁发的《城市测量规范》,水域测量执行海军航海保证部颁发的《海道测量规范》。测绘工作完成后,由市规划局视情组织力量进行检查验收,省规定限额由省测绘局组织验收。

该《办法》规定,测绘成果使用单位向市规划局抄录和领取的各种测绘资料,须妥善保管,不得遗失、泄密、转抄、转借和复制。确因工作需要复制时,须经市规划局批准。对外商提供资料,执行国家有关规定经技术处理后,送市规划局初审并转报省测绘局批准。

该《办法》规定,确因建设需要,须移动、拆除或覆盖测量标志时,应事先报市规划局批准。迁移或重建测量标志及重新测量所需经费和材料由建设单位负责。

二、《温州市测绘管理办法》(修订)

1996 年 5 月 8 日,《浙江省测绘管理条例》公布,1996 年 7 月 1 日起施行。1998 年 8 月 31 日,温州市人民政府第 23 号政府令发布新修订的《温州市测绘管理办法》,共 8 章 50 条。

新《办法》规定,温州市规划局是全市测绘业的行政主管部门,负责管理本行政区域内的测绘工作,温州市测绘局具体办理测绘管理事务。县(市)测绘行政主管部门负责管理本行政区域内的测绘工作,乡镇人民政府应当协助测绘行政主管部门做好测绘管理工作。

新《办法》规定,市、县(市)城市规划区的大比例尺地形图,按照 1∶500 或 1∶1000 测制,近期建设规划区应按 1∶500 测制,地形图更新周期一般为 3 至 5 年。

新《办法》规定,编制本市公开出版的地图和涉及市级以上行政区域界线的地图,应当将地图样图送市测绘行政主管部门审查,同意后报省测绘局审核,其他地图报市测绘行政主管部门审核同意后方可印制,地图编制单位应当在地图出版前 30 日内汇交地图副本。

新《办法》规定,基础测绘成果由市、县(市)测绘行政主管部门统一管理和提供,基础测绘成果归国家所有,并按测绘的综合成本实行有偿提供,专业测绘成果由测绘项目单位负责管理,按规定汇交成果目录或副本。

三、《温州市测绘管理办法》(第二次修订)

2005 年 7 月 29 日,修订后的《浙江省测绘管理条例》公布,2005 年 9 月 1 日起施行。2008 年 12 月 7 日,经温州市人民政府第 17 次常务会议审议通过,以温政令 108 号发布再次修订的《温州市测绘管理办法》,共 8 章 53 条,2009 年 1 月 1 日起施行。

新《办法》在以下方面有新的调整和突破:

新《办法》明确了市、县(市)测绘行政主管部门负责本行政区域测绘工作的统一监督管理,并规定了具体的工作职责。在本市从事测绘活动,应当使用国家规定的测绘基准、测绘系统和温州城市坐标系统。测绘基准和系统的引用应当以四等(含)以上控制点为起算点。应当执行国家、省测绘技术规范、标准和本市测绘技术规定。

新《办法》规定,基础测绘是公益性事业,实行统筹规划、分级管理、定期更新、保障需求、促进应用的原则,并规定了市、县(市)测绘行政主管部门负责组织实施本行政区域内8类基础测绘项目。明确了市、县(市)测绘行政主管部门应当会同同级发改部门编制本行政区域的基础测绘规划和年度计划,市、县(市)人民政府应当将基础测绘列入本级国民经济和社会发展年度计划,所需经费列入本级财政预算。

新《办法》规定,市、县(市、区)人民政府应当加强空间信息基础设施建设,建立地理空间信息数据交换机构,促进基础地理信息资源共享。市、县(市)测绘行政主管部门应当建立本行政区域统一的地理空间基础框架平台,向社会提供服务。

新《办法》规定,外地测绘单位在本市从事测绘业务前,应当持有效的测绘资质证书等材料,向市测绘行政主管部门进行测绘资质备案。测绘行政主管部门应当对依法取得测绘资质证书的单位实施测绘资质监督检查,按照规定进行年度注册与日常检查。新《办法》取消了测绘项目单位报送测绘项目计划和测绘任务登记的规定。

新《办法》规定,市、县(市、区)人民政府应当加强对编制、印刷、出版、发行、展示、登载地图及地图产品生产、销售活动的管理,加强对国家版图意识的宣传教育,增强公民的国家版图意识。

四、《关于加强地图编制出版管理的通知》

1998年10月29日,为贯彻落实《中华人民共和国地图编制出版管理条例》《浙江省地图编制出版管理办法》,温州市人民政府办公室印发了《关于加强地图编制出版管理的通知》(温政办〔1998〕107号),共3个部分10条。

该《通知》规定,地图编制出版实行计划管理、地图编制审批、试制样图初审、临时性经营地图广告许可证、出版审批等制度,明确了非法编制出版地图的,由测绘、工商、出版、公安等行政管理部门按各自职责依法予以处理。

五、《关于切实加强测绘工作的实施意见》

2009年12月28日,为贯彻落实《国务院关于加强测绘工作的意见》《浙江省人民政府关于加强测绘工作的意见》,温州市人民政府印发了《关于切实加强测绘工作的实施意见》(温政发〔2009〕76号),共5个部分14条。

该《意见》紧密围绕新时期温州社会经济发展的需要,从加强测绘工作的重要性、指导思想和工作目标、"数字温州"建设、统一监管、保障措施等5个方面对全市测绘工作作出了全面的部署。

六、《温州市基础测绘"十一五"规划》

基础测绘规划和经费是基础测绘工作开展的前提和基础。1999年之前,温州市的基础测绘计划管理体制、经费投入机制不健全,基础测绘工作缺乏长期性规划指导,年度计划没有列入国民经济和社会发展计划序列,基础测绘经费未纳入同级财政预算,保障乏力。

1998年8月15日,温州市政府第三次常务会议决定于1999年启动基础测绘并开始逐年安排基础测绘经费。见表11-02。2002年开始,温州市本级基础测绘开始列入温州市国民经济和社会发展年度计划,市本级基础测绘经费纳入市级财政预算。所辖两市六县的基础测绘从2006年开始全部列入了当地的国民经济和社会发展计划,其经费基本上全部纳入同级财政预算。至此,温州全市基础测绘计划管理体制和财政投入机制基本建立,基础测绘工作在计划和经费的双重保障下也逐步进入正轨。

2006 年,《温州市基础测绘"十一五"规划》作为温州市"十一五"规划体系中一个重点专项规划,由温州市规划局会同温州市发改委组织编制,并于 2007 年 7 月经温州市政府发布实施。同时,各县(市)基础测绘"十一五"规划全部列入当地政府的"十一五"规划目录体系予以编制,并由当地政府发布实施。

表 11 - 02   **1999～2007 年温州市本级基础测绘投入及完成项目明细表**

年份	投入经费 (万元)	主要完成项目
1999 年	200	城市中心区和城区外围 1：500 数字线划地形图 46 平方千米
2000 年	291.5	旧城区和城区外围 1：500 数字线划地形图 50 平方千米
2001 年	401.4	鹿城区、瓯海区、龙湾区 1：500 数字线划地形图 102 平方千米
2002 年	557.5	鹿城区、瓯海区、龙湾区 1：500 数字线划地形图 135 平方千米
2003 年	795	鹿城区、瓯海区、龙湾区 1：500 数字线划地形图 147 平方千米;480 平方千米 DLG 入库;1：2000 地形图缩编 225 平方千米。
2004 年	964	旧城区及城区外围 1：500 数字线划地形图 50 平方千米更新及入库;1：2000 地形图缩编 192 平方千米;覆盖市区和瑞安平原地区二等水准网。
2005 年	1094	3442 平方千米 1：5000 的 3D 产品生产;覆盖大都市区 7000 平方千米的温州市三维测绘基准;1：500 数字线划地形图 50 平方千米更新;温州市中、小比例尺电子数据入库。
2006 年	665	1：500 数字线划地形图 50 平方千米更新及入库;基础地理信息平台管理制度及数据标准体系建设;市域 2.5 米卫星影像数据订购;温州市城市三、四等控制加密网。
2007 年	619.8	1：5000 的 3D 数据建库及集成展示;温州市 220 平方千米沿海沿江滩涂水下地形测量;1：500 数字线划地形图 50 平方千米更新及入库;地下管线普查试点工程。

第二章 测绘资质、技术和成果质量管理

随着经济飞速发展,温州市测绘事业蓬勃兴旺。同时,基层测绘特别是县级测绘行政管理工作跟不上规章要求,出现较多问题。比如测绘市场不统一、不规范问题凸显,违法测绘和无序竞争现象较严重;测绘技术人员短缺,借用他人证书来申报资质;测绘成果不汇交,造成重复测绘,资源浪费;测绘成果保密措施不到位,特别是遥感影像数据的保密使用日趋复杂,甚至可以直接从市场上购买;测绘执法力度不严,执法装备水平低,制约了执法效能的提高。因此,全面加强测绘市场统一监管,加强测绘资质监督管理,加强测绘技术的严格管理,加强测绘成果质量的监督检验和验收等,推动测绘事业健康快速发展。

第一节 测绘资质管理

测绘资质是指测绘单位从事测绘活动的素质和能力。测绘资质管理是测绘行政管理的重要内容,是测绘管理部门加强测绘市场监督管理的重要手段。温州市测绘资质管理始于 1986 年,当时称为"测绘资格审查"。1986 年 6 月,国家测绘局颁发《测绘许可证试行条例》,当年 10 月浙江省测绘局印发《浙江省〈测绘许可证试行条例〉实施办法》,开始实行测绘资格审查和《测绘许可证》管理制度。1995 年 1 月,国家测绘局颁发《测绘资格审查认证管理规定》。1995 年 7 月浙江省测绘局印发《浙江省测绘资格审查认证管理实施细则》,开始实行《测绘资格证书》管理制度。2002 年 8 月《测绘法》修订,将原《测绘法》规定的"测绘资格"修订为"测绘资质"。2004 年 2 月国家测绘局颁发《测绘资质管理规定》。2004 年 9 月浙江省测绘局印发《浙江省测绘资质管理实施细则》,开始实行《测绘资质证书》管理制度。

一、测绘资质单位的基本条件

1986 年 6 月,国家测绘局颁发《测绘许可证试行条例》,规定取得《测绘许可证》必须具备的条件。1989 年 3 月,浙江省测绘局印发《浙江省测绘许可证管理实施办法》,明确规定获得《测绘许可证》必须具备的基本条件:①必须是一个生产实体,从事测绘工作的在编职工人数在 5 人以上;②有在编或聘任的工程师 1 名和在编从事测绘生产 4 年以上的初级技术职称的测绘人员 2 名以上;③具有与所承担测绘项目相适应的仪器设备和工作用房;④测绘产品能达到国家或部颁技术标准;⑤有保证产品质量的检

验制度和检验人员；⑥承担地籍测绘项目的单位除上述条件外，还应按国家和部颁技术标准进行过地籍测绘的试生产，并有合格产品；⑦科研单位或大、中专院校，除上述①～⑤条件外，须有测绘生产实践经验的专业教师3人以上担任技术负责，作业人员允许有学员代替。

1995年1月，国家测绘局颁发《测绘资格审查认证管理规定》，明确申请《测绘资格证书》应当具备的基本条件：①有相适应的仪器设备和设施；②有规定数量的专业技术人员、技术工人和质量检验人员；③有固定的生产单位住所地；④有健全的技术、质量与资料管理制度；⑤要有法人单位或独立建制的单位。至2007年，国家测绘局对测绘单位申请测绘资质的基本条件未作改变。温州市均执行国家测绘局制定的基本条件。

二、测绘资质分级标准

测绘资质分为甲、乙、丙、丁四级，每一级都有具体标准。分级标准包括通用标准和专业标准。通用标准是指对申请不同测绘资质统一适用的标准。申请测绘资质时，必须达到通用标准中的各项指标。测绘资质分级标准始于1995年。1995年1月，国家测绘局颁发《测绘资格审查认证管理规定》，明确《测绘资格证书》分为甲、乙、丙、丁四级。甲、乙级测绘资格标准由国务院测绘行政主管部门制定；丙、丁级测绘资格标准由省、自治区、直辖市人民政府管理测绘工作的部门制定。1995年6月，国家测绘局颁发《甲、乙级测绘资格证书分级标准》。1995年7月，浙江省测绘局制定《浙江省丙、丁级测绘资格证书分级标准》（浙测发〔1995〕41号）。

丙级通用标准：①是独立建制的测绘生产实体，有3年以上从事相应测绘生产的资历和良好的社会信誉；②有1名在编的测绘工程师主持技术工作，单位测绘职工的人数不少于15人，其中测绘专业高级职称的技术人员不少于1人，中级职称的不少于2人，初级职称的不少于3人；③具备本专业技术特长和相应的测绘仪器设备，能够按照本专业的技术法规进行测绘生产，成果质量符合要求；④有技术管理和质量检验制度，有专职的质量检验人员；⑤有完整的资料档案管理制度和保密措施。

丁级通用标准：①是独立建制的测绘生产实体，测绘职工总数不少于5人，有1名测绘工程师主持测绘工作，初级测绘技术职称或具有中级以上技工的技术人员不少于2人；②具备本专业的技术特长和相应的测绘仪器设备，能按照本专业的技术法规进行测绘生产，成果质量符合要求；③有技术管理和质量检验制度，有兼职质量检验人员；④有完整的资料档案管理制度和保密措施。

2000年和2004年，国家测绘局分别颁发《测绘资格审查认证管理规定》和《测绘资质管理规定》，明确规定甲、乙、丙、丁分级标准均由国家测绘局制定，浙江省执行国家标准。2009年3月，国家测绘局颁发《测绘资质分级标准》，明确规定省测绘局可以根据本地实际情况，适当调整乙、丙、丁级的考核标准。据此，2009年6月，浙江省测绘局制定《浙江省丙、丁级及测绘质量检验机构测绘资质标准》（浙测〔2009〕52号），从主体资格、专业技术人员、仪器设备、办公场所、质量管理、测绘成果及资料档案、保密管理、测绘业绩等8个方面进一步细化国家测绘局制定的通用标准。

专业标准是根据不同测绘专业的特殊需要制定的专项标准，每一项标准又分设若干项专业范围。申请测绘资质时，必须达到专业标准中至少一个专业类别的资格条件。甲、乙、丙、丁级专业标准由国家测绘局制定，省级测绘管理部门可以调整丙、丁级专业标准。从1986年6月国家测绘局实施测绘资格审查和测绘许可证制度，至2009年3月修订出台《测绘资质分级标准》，23年中，测绘资质专业标准的划分共调整过5次。1986年国家测绘局第一次设定的专业标准为大地测量、摄影测量与遥感测绘、地形测量、工程测量、地籍测量、海洋测绘、地图制图与地图印刷。之后,每次设定专业标准都有调整。

测绘资质专业标准的划分调整,反映了测绘技术的更新。20 世纪 80～90 年代,测绘技术逐渐由传统的模拟测绘向数字化测绘转变。在此背景下,1995 年国家测绘局《测绘资格审查认证管理规定》中,首次增加了"数字化测绘与地理信息系统工程"专业标准,并对传统测绘进行归并,将地形测量并入工程测量中。进入 21 世纪,数字化测绘体系基本建成,数字化不再是测绘生产的一个环节,而是融入每一项测绘业务并贯穿始终。同时,国家开始提出构建信息化测绘体系。因此,国家测绘局在 2000 年《测绘资格审查认证管理规定》中,取消了数字化测绘这一专业标准,将地理信息系统工程独立设置为一个专业标准。随着航空摄影技术的广泛应用和数码航空摄影技术的发展,2004 年,国家测绘局首次将测绘航空摄影列入测绘资质专业标准。

三、测绘资质审查和发证

1986 年 10 月,浙江省开始进行测绘资格审查和发放《测绘许可证》,温州市规划局负责县(市)属测绘单位资格初审,并报省测绘局审核发证。1987 年,温州市首批获测绘许可证的单位共 21 家。1991 年,经第一轮测绘许可证复审换证后,其中 7 家因规定的资格条件不足被注销,全市测绘持证单位仅 14 家。

1995 年 7 月,浙江省测绘局根据国家测绘局《测绘资格审查认证管理规定》《甲、乙级测绘资格证书分级标准》和《各等级测绘资格证书作业限额规定》,印发《浙江省测绘资格审查认证管理实施细则》和《浙江省丙、丁级测绘资格证书分级标准》(浙测发〔1995〕41 号),1995 年 7 月～1996 年 6 月,组织开展全省第一次测绘资格审查认证工作。温州市持原《测绘许可证》的 14 家测绘单位全部获得《测绘资格证书》。

2000 年 9 月,省测绘局印发《关于开展全省测绘资格复审换证工作的通知》(浙测〔2000〕81 号),2000 年 9 月～2001 年 3 月,全面完成全省《测绘资格证书》持证单位的测绘资格复审换证工作。这次复审换证的重点是审核测绘持证单位的高、中级技术人员是否仍符合原持证等级的要求。经复审,温州市原有的 22 家《测绘资格证书》持证单位中,批准换发甲级证书 1 家,乙级证书 1 家,丙级证书 7 家,丁级证书 12 家。注销了 1 家不符合持证条件单位的持证资格。

2002 年 8 月 29 日,《中华人民共和国测绘法》修订发布,将原《测绘法》规定的"测绘资格"更名为"测绘资质"。2004 年 2 月,国家测绘局颁发《测绘资质管理规定》。2004 年 9 月,浙江省测绘局印发《浙江省测绘资质管理实施细则》和《关于开展测绘资质复审换证工作的通知》,开展全省第一次测绘资质复审换证工作,于 2005 年 12 月底结束。温州市规划局负责全市乙、丙、丁级测绘单位的测绘资质复审换证的受理、初审及转报工作。全市应参加复审换证测绘单位共 33 家,经复审,31 家获得《测绘资质证书》,取消了温州市土地管理局劳动服务公司、温州创新工程测绘有限公司 2 家单位测绘资质。

截至 2007 年底,温州市测绘持证单位 42 家,其中甲级 2 家,乙级 2 家,丙级 10 家,丁级 28 家。见表 11－03。

表 11 - 03 　　　　　　　　　　　　**2007 年底温州市测绘资质证书单位明细**

序号	单 位 名 称	测绘资质等级	证 号
1	温州市勘察测绘研究院	甲	33001014
2	浙江省第十一地质大队（温州综合测绘院）	甲	33001023
3	温州市瓯海测绘工程院	乙	33103010
4	永嘉县勘察测绘院	乙	33103011
5	温州浙南测绘有限公司	丙	33103028
6	温州港蓝海航道测绘有限公司	丙	33103015
7	温州市民信房地产测绘有限公司	丙	33103017
8	温州市方园地理信息开发有限公司	丙	33103016
9	乐清市测绘队	丙	33103004
10	瑞安市规划测绘队	丙	33103008
11	苍南县测绘所	丙	33103014
12	平阳县测绘大队	丙	33103005
13	泰顺县测绘大队	丙	33103009
14	温州市横宇数码测绘有限公司	丙	33103027
15	温州市经纬地理信息服务有限公司	丁	33103019
16	温州市规划信息中心	丁	33103031
17	温州市大禹测绘有限公司	丁	33103025
18	瑞安市云江水电勘测设计所	丁	33103020
19	乐清市房地产测绘队	丁	33103021
20	温州市七里规划管理分局测量队	丁	33103022
21	乐清市大地勘察测绘设计有限公司	丁	33103035
22	苍南县房地产测绘有限公司	丁	33103024
23	文成县测绘大队	丁	33103006
24	文成县房产测绘队	丁	33103033
25	永嘉县房地产测绘队	丁	33103032
26	洞头县规划测绘大队	丁	33103002
27	泰顺县房地产测绘队	丁	33103007
28	温州市水利电力勘测设计院	丁	33103003
29	温州市城建设计院	丁	33103001
30	瑞安市房地产测绘队	丁	33103012
31	温州市瓯海区房地产测绘队	丁	33103023
32	温州市鸿远房产测绘有限公司	丁	33103034

序号	单 位 名 称	测绘资质等级	证　号
33	平阳县诚信房产测绘有限责任公司	丁	33103029
34	乐清市水利水电测绘队	丁	33103026
35	国家海洋局温州海洋环境监测中心站	丁	33103039
36	温州市立民房地产测绘有限公司	丁	33103037
37	温州市志图测绘有限公司	丁	33103041
38	温州市东纬土地信息咨询有限公司	丁	33103018
39	文成县水利测量队	丁	33103030
40	瑞安市中瑞测量有限公司	丁	33103040
41	瑞安市土地调查登记事务所	丁	33103038
42	洞头县宏大房地产测绘有限公司	丁	33103036

四、测绘资质监督管理

2007 年以前,测绘资质监督管理实行"年度检验"办法。2007 年以来,实行国家测绘局颁行的《测绘资质监督检查办法》规定的年度注册与日常检查相结合的制度。年度注册是指测绘行政主管部门按年度对测绘单位进行书面形式的核查,确认其是否继续符合现有测绘资质的基本条件,以及对违反测绘法律法规的行为依法做出处理。日常检查是对测绘单位日常从事测绘活动过程中遵守测绘法律法规情况和资质标准符合情况而进行的检查。

1. 年度检验

1997 年 6 月,国家测绘局颁发《〈测绘资格证书〉持证单位年度检验办法》,规定颁证机关依法对《测绘资格证书》持证单位每年进行一次检查验证,确认其是否继续具备法律法规规定的测绘资格条件。测绘资格年检的起止日期为每年 1 月 1 日至 4 月 15 日。2000 年 8 月国家测绘局颁发的《测绘资格审查认证管理规定》和 2000 年 9 月浙江省测绘局印发的《浙江省测绘资格审查认证管理实施细则》,进一步明确"在《测绘资格证书》有效期内,由发证机关负责进行年度检验"的规定。温州市规划局受省测绘局委托,负责全市乙、丙、丁级《测绘资格证书》持证单位年度检验工作,至 2007 年实施测绘资质年度注册为止。

2. 年度注册

2007 年 1 月,浙江省测绘局根据国家测绘局《测绘资质监督检查办法》,印发《浙江省测绘资质监督检查实施办法》(浙测〔2007〕11 号),规定测绘资质监督检查实行年度注册与日常检查相结合的管理制度。测绘资质年度注册实行分级管理,省测绘局委托设区的市测绘管理部门对本行政区域内的丙、丁级测绘单位进行年度注册。2007 年 1 月,浙江省测绘局印发《关于开展 2007 年测绘资质年度注册工作的通知》(浙测〔2007〕12 号),年度注册工作自 2 月开始至 4 月底结束。温州市需参加年度注册的单位共 32 家。经审查,符合测绘资质年度注册条件予以注册的 25 家;未按时报送年度注册材料或年度注册材料不齐全,予以缓期注册的 6 家;不符合年度注册条件不予注册的 1 家。

3. 日常监督管理

温州市各级测绘管理部门采取多种措施,加强测绘资质日常监督管理。浙江省测绘局自 2003 年以来,就测绘资质管理先后制定《切实履行测绘工作统一监督管理职能的通知》(浙测〔2003〕36 号)、《测绘资质审查有关政策性问题的通知》(浙测〔2004〕105 号)、《测绘资质审批有关事项的通知》(浙测〔2005〕72 号)、《浙江省测绘资质监督检查实施办法》(浙测〔2007〕11 号)等多个规范性文件,为完善测绘资质管理制度,规范测绘市场管理提供政策依据。2004 年,温州市规划局会同工商行政主管部门开展全市测绘市场秩序整顿和规范工作,查处了 3 家单位无《测绘资质证书》从事测绘活动的违法行为。2005~2007 年,温州市及各县(市)测绘管理部门对全市所有测绘资质单位相继进行了测绘资质年度监督检查,对检查中发现问题的 12 家单位发放了整改通知,对 1 家单位进行了行政处罚。

第二节 测绘技术管理

加强测绘技术管理是提高测绘成果质量的重要环节。民国时期,温州没有统一的测绘技术管理机构,都是各系统各部门自订技术标准进行测量。改革开放以后,《测绘法》规定,从事测绘活动应当执行国家规定的测绘技术规范和标准。国家和地方测绘管理部门颁发了一整套测绘技术规范和技术标准,并进行严格的技术管理,使温州市的测绘成果质量有一个质的飞跃。

一、测绘技术标准

20 世纪 80 年代前,温州的测绘单位大多执行各自系统制定的技术标准或单位内部的技术规定进行测量。早期的测绘项目以土地测量和水利工程测量为主,采用的标准有民国期间的《浙江省土地测量登记程序》《浙江省土地测量规则》等。新中国成立初期,浙江省水利厅制订《三角测量规范草案》《大比例尺 1∶5000~1∶200 地形测量规范》等。此类标准都为各系统或部门为满足自身业务而专门制定,仅限于系统内部使用,未形成统一的国家和省级技术标准。

进入 20 世纪 80 年代,温州进入城市建设的大发展、大建设时期,测绘项目特别是城市地形测量急剧增加,测绘质量亟需提高。为此国家和省局不断加大测绘技术标准的制定力度,测绘技术标准日趋完善,为测绘技术标准的执行奠定了基础。同时,测绘管理机构对质量监督管理的力度进一步加强。1987 年,温州市人民政府颁发的《温州市测绘管理办法》第六条规定任何单位和部门在我市规划区、规划控制区内进行测绘工作,必须执行城市建设环境保护部颁发的《城市测量规范》,水域测量执行海军航海保证部颁发的《海道测量规范》。此后,温州市绝大多数测绘单位已基本采用上述标准和国家测绘局 1988 年制定的《1∶500、1∶1000、1∶2000 地形图图式》及其他国家相关标准。

90 年代以来,国家已基本建立一套完备的测绘技术标准体系,各类国家标准和行业标准已相当完善。温州各类测绘项目均采用了相应的国家测绘技术标准。随着地理信息技术的兴起,为满足地理信息数据的采集、更新、入库和应用的需求,《1∶500、1∶1000、1∶2000 地形图要素分类与代码》(GB14804-1993)等一批国家标准和行业标准相继出台。2003 年,浙江省测绘局发布了《浙江省 1∶500、1∶1000、1∶2000 基础数字地形图测绘技术规定》(试行)(ZCB001-2003)。两年后以此为基础,正式发布实施《1∶500、1∶1000、1∶2000 基础数字地形图测绘规范》(DB33/T 552-2005)。

温州市规划局在组织实施基础测绘项目的过程中,以现行国家标准和行业标准为基础,结合温州实际,相继制定了一些地方性的技术规定和内部规范。主要有 1998 年的《温州市基础测绘技术规程》、1999 年的《温州市地下管线普查技术规程》、2002 年的《温州市基础地理信息系统数据标准化方案》以及2007 年的《温州市控制测量技术规程》《温州市基础地理信息数据采集规程》《温州市基础地理信息数据建库规程》《温州市 1∶500、1∶1000、1∶2000 数字地形图图式》《温州市地下管线探测及信息化管理技术规定》等。

二、测绘技术设计的行业管理和审批

温州市规划局对测绘项目技术设计进行审批管理,始于 1987 年 7 月《温州市测绘管理办法》颁布后,至 2004 年《行政许可法》颁布而终止,共延续了 18 年。《温州市测绘管理办法》第五条规定"埋设永久性测量标志的一、二级导线测量""比例尺 1∶5000 面积 10～50 平方公里,比例尺 1∶2000 和 1∶1000 面积 2～10 平方公里,比例尺 1∶500 面积 1～5 平方公里的地形测量"等测绘项目,须将技术设计书报温州市规划局审批,超过此限额的,须报省测绘局审批。1987～2004 年,温州市规划局根据技术设计管理原则,对规定限额内的测绘项目的技术设计审批,经历两大阶段。1987～1998 年间,由于温州测绘项目较少,管理较正规,温州市规划局共审批"乐清县柳市镇、虹桥镇 1∶500 比例尺地形测量"等测绘项目技术设计书近 30 余个。1998 年,《温州市测绘管理办法》修订后,由于办法未对需审批的测绘项目技术设计书的限额作明确规定,且此后温州市的测绘项目激增,对测绘项目设计书的审批管理相对较宽松。至 2004 年《行政许可法》颁布后,温州市对所有的行政审批许可事项进行清理,测绘项目的技术设计的审批管理至此终结。

第三节　测绘成果质量管理

测绘成果质量是指测绘成果满足国家规定的测绘技术规范和标准,以及满足用户期望目标和需求的程度。《测绘法》规定,"测绘单位应当对其完成的测绘成果质量负责,县级以上人民政府测绘行政主管部门应当加强对测绘成果质量的监督管理"。

一、测绘成果质量管理规定

晚清至民国,测绘成果质量管理大多包含在测绘章程和规则之内,未另行制定测绘成果验收办法。中华人民共和国成立后,国家和省有关测绘部门陆续制定颁布测绘成果成图检验规定,对测绘产品质量的管理逐步进入正轨。

1986 年,为加强测绘成果质量监管,温州市规划局下发了《对建设项目加强测绘管理的通知》(温市规〔1986〕31 号)和《关于〈对建设项目加强测绘管理的通知〉的补充通知》(温市规〔1989〕27 号),对建设项目地形图的图式、分幅、坐标系统的采用及成果的验收等多方面进行了规定,简化了审批程序,提高了工作效率,进一步促进了测绘单位完善自我质量检验机制。

1998 年,温州市规划局下发《关于印发〈温州市测绘任务登记管理暂行规定〉的通知》(温市测

〔1998〕23 号)和《关于印发〈温州市测绘产品质量检验暂行规定〉的通知》(温市测〔1998〕24 号),规范了测绘项目的登记管理,形成了温州市测绘产品质量分级检验制度。

1999 年,为加强房产测绘质量管理,温州市规划局发布了《关于实施房产测绘产品质量监督检验的暂行规定》,明确面积在 1000 平方米以上的房产测绘工程项目,属房产测绘产品质量监督检验的范围,1000 平方米以下的由单位自检。2004 年,温州市房产管理局印发了《房屋面积测绘成果质量验收规定及评定标准(试行)》(温房字〔2004〕100 号)。

2004 年,《浙江省测绘单位测绘成果及资料档案管理和质量保证体系考核办法》发布实施,浙江全省开始对测绘持证单位和测绘资质申请单位进行全面的质量保证体系考核。按照该《办法》的要求,温州市的市、县两级测绘主管部门负责对丙、丁级资质测绘单位的考核工作,并进行定期复查。通过对测绘单位的考核和日常的监督检查,全市测绘单位内部质量管理体系初步建立,各项质量管理的规章和制度得以有效执行,质量管理水平显著提高。

此外,国家和省测绘主管部门颁布的相关测绘产品质量管理规定,主要有 1960 年国家测绘总局制定的《大地—地形测量检查验收细则》,1978 年发布的《测绘成果成图检查验收规定》,1989 年的《测绘成果检查验收规定》和《测绘产品质量评定标准》,1997 年的《测绘生产质量规定》和《测绘质量管理规定》,80 年代的《浙江省测绘局测绘成果成图质量管理规定》和《年度测绘成果成图质量考核办法》,1996 年的《浙江省测绘产品质量监督检验规定》,2004 年的《浙江省测绘单位测绘成果及资料档案管理和质量保证体系考核办法》,2006 年的《浙江省测绘成果委托检验管理暂行规定》等。

二、测绘产品质量的监督检验和验收

温州市的测绘产品质量管理是通过监督检验和产品验收两方面来实施的。二十年间,经监督检验和验收的测绘产品质量良好。

1. 测绘产品质量监督检验

1996 年以前,温州市测绘产品的质量监督主要是通过测绘主管部门对测绘项目设计书的审批、限额以上测绘项目的验收、测绘项目立项和备案等措施来实施对测绘产品的质量监管。随着国家测绘局《测绘质量监督管理办法》《浙江省测绘产品质量监督检验的规定》出台,温州市逐步实施测绘项目产品质量的专项监督检验,主要采用监督检验和日常检查监督两种方式。监督检验是通过有重点地对测绘产品质量进行抽检,主要为每年年初由温州市规划局将 1～2 个需进行年度监督检验的测绘单位上报省测绘局,列入浙江省年度测绘质量监督检验计划,由省测绘局委托省测绘质量监督检验站负责实施产品检验,检验结果于第二年发文公布。经统计,1998～2007 年间,温州市共对 13 家测绘单位 16 个测绘项目进行了质量监督检验,未发现质量不合格现象。见表 11 - 04。日常检查监督主要是对日常质量监督中发现或用户反映,或群众举报,反映质量问题较多的测绘产品进行检查。

2. 测绘产品验收

20 世纪 80 年代,国家加强对测绘产品的质量管理,颁布了《测绘生产质量管理规定》《测绘产品检查验收规定》等一系列规章制度。1984 年,温州市测绘管理机构建立后,温州市对测绘产品的验收工作步入正轨,并逐步制度化和常态化。温州市规划局按照相关的法规和规章,依法对规定限额的测绘项目进行质量验收。1987～2007 年间,除浙江省测绘质量监督检验站验收项目外,温州市共对 40 个达到规定限额的测绘项目进行了质量验收。

表 11 - 04　　　　　　　　　1998～2007 年温州市测绘产品质量监督检验明细表

年份	受检单位名称	受检项目名称	检 查 结 果
1998 年	温州市勘察测绘研究院	银河居住区 1：500 地形图测量	合格
		金丽温一级公路工程测量	合格
1999 年	温州市瓯海测绘处	瞿溪镇 1：500 地形测量	合格
	温州市综合测绘院	苍南县钱库测区 1：500 地形测量	合格
2000 年	永嘉县测绘队	永嘉县上塘镇渭石村 1：500 地形图测量	合格
	浙江省煤田地质局测绘大队湖州分队	泰顺县城南郊区 1：500 地形图测量	合格
	国家测绘局第二地形大队	平阳县八个镇 1：500 地籍图测绘	合格
2003 年	温州市勘察测绘研究院、	待补充	合格
	浙江省第十一地质大队	待补充	合格
	平阳县测绘大队	昆阳镇城东片 1：500 地形图	合格
2005 年	洞头县测绘大队	洞头县 1：500 霓屿片地形图测绘	合格
2006 年	温州市水利电力勘测设计院	温州市蒲州套闸 1：500 地形图	合格
	泰顺县测绘大队	泰顺县第一中学 1：500 竣工图	合格
2007 年	温州市大禹测绘有限公司	温州市龙王寺水库 1：1000 地形图	合格
	文成县测绘大队	文成县大峃镇珊门 1：500 地形图	合格
	浙江省测绘大队	平阳县顺溪古建筑群测区 1：500 地形图	合格

注：2001 年、2002 年因资料不全未统计，2004 年未开展质量监督检验。

三、测绘生产单位的产品质量管理

1996 年以来，浙江省测绘局相继出台了《浙江省测绘产品质量监督检验规定》（浙测〔1996〕112 号）、《浙江省测绘局关于测绘质量工作的实施意见》（浙测〔1997〕91 号）、《浙江省测绘单位测绘成果及资料档案管理和质量保证体系考核办法》（浙测〔2004〕88 号）、《浙江省测绘单位建立质量管理体系指导手册》（2004 年 9 月）、《浙江省测绘成果委托检验管理暂行规定》（2006 年 4 月）等质量管理规定，温州市各测绘单位的测绘质量管理逐步得到加强，逐步完善了质量管理制度。

1. 全面质量管理

全面质量管理，简称 TQC，是测绘单位在开发质量、保证质量和提高质量过程中运用的整套制度、技术和方法的总称。质量管理小组（简称 QC 小组）活动的内容一般以改善测绘产品质量和加强质量管理为中心，灵活多样地开展工作。QC 小组的活动程序按照 PDCA 的计划、实施、检查、处理 4 个阶段 8 个步骤进行。全面质量管理融合了信息论、系统论和控制论，是一套先进的科学管理方法，是提高企业单位现代化管理的必由之路。1988 年，温州市勘察测绘处率先开始推行全面质量管理工作，1990 年 11 月通过了省建设厅的验收。1992 年 1 月，省测绘局印发《浙江省测绘局全面质量管理实施办法》（浙测发〔1992〕6 号），温州市其他主要测绘单位按照主管部门的要求，陆续开展全面质量管理活动。至 1997 年各测绘单位相继开展质量管理体系认证为止。

2. 质量管理体系认证

ISO9000 系列标准是第一套管理性质的国际标准,它提供了规范的质量管理体系和有效的质量控制方法。它是世界各国质量管理和标准化专家在先进的国际标准的基础上,对科学管理实践的总结和提高,既系统全面,又简洁扼要。1994 年 7 月 1 日正式公布。

1997 年 12 月,根据国家测绘局《关于加强测绘质量工作的若干意见》,浙江省测绘局印发《关于加强测绘质量工作的实施意见》(浙测〔1997〕91 号),提出"测绘单位要积极采用科学的质量管理方法,在继续推行全面质量管理的同时,参照 ISO9000 系列标准,建立健全质量管理体系,条件成熟的单位可申请通过质量管理体系认证机构的正式认证。"之后,温州市各主要测绘单位逐步开展测绘质量管理体系认证工作。

2004 年 9 月,浙江省测绘局印发《浙江省测绘单位测绘成果及资料档案管理和质量保证体系考核办法的通知》(浙测〔2004〕88 号),将质量保证体系考核作为全省测绘单位测绘资质审查认证的必备条件。实行这一措施后,有效地促进了测绘单位质量管理体系贯标、认证的积极性和主动性,对提高科学管理水平,保障测绘产品质量起到很大促进作用。至 2007 年,温州市勘察测绘研究院、浙江省第十一地质大队综合测绘院、温州市水利水电勘测设计院、温州市房地产测绘队、永嘉县勘察测绘院等单位通过了测绘 ISO9000 的 1∶2000 质量管理体系认证。

第三章　测量标志保护和地图管理

测量标志是陆地和海洋标定测量控制点位置的标石、觇标以及其他标记的总称。测量标志分为永久性测量标志和临时性测量标志。永久性测量标志是指各等级的三角点、水准点、基线点、导线点、重力点、天文点、军用控制点和卫星定位点的木质觇标、钢质觇标和标石标志,以及用于地形测图、工程测量和变形测量的固定标志和海底大地点设施。

第一节　测量标志保护管理

温州市不同时期设立的测量标志点曾多达 1922 座,至 2008 年检查时只剩 1188 座永久性测量标志,完好率仅 61.8%。这说明这些测量标志由于自然损坏和人为破坏,在时间长河中易损易坏,需要经常性的保护管理和维护维修。

一、测绘标志的立法保护

1955 年 12 月 29 日,周恩来总理签署发布《关于长期保护测量标志的命令》。1981 年 9 月,国务院、中央军委联合发布《关于长期保护测量标志的通告》。1984 年 1 月,国务院公布《测量标志保护条例》。1996 年 9 月,根据《测绘法》,国务院重新制定《测量标志保护条例》,对保护测量标志提出新的要求。

1955 年 3 月,根据国务院的命令、通告和条例,浙江省人民委员会颁发《大地测量标志委托保管办法》。1963 年 11 月又发布《关于测量标志保护、检查和维修暂行规定》。1984 年 12 月,浙江省人民政府办公厅发布《浙江省测量标志管理实施办法》。1999 年 2 月,浙江省人民政府发布《浙江省测量标志保护办法》,2010 年 12 月又作了部分修正。1997 年 9 月,浙江省测绘局、省公安厅、省军区司令部联合印发《关于加强测量标志保护的通知》(浙测〔1997〕65 号)。1999 年 12 月,浙江省测绘局制定《浙江省测量标志拆迁、赔偿管理规定》(浙测〔1999〕98 号)。这些法规、规章和规范性文件的制定和贯彻实施,有力地保障了温州市测量标志的保护和管理。

二、测量标志委托保管

20 世纪 50 年代前期,浙江省的测量标志交给标志所在地的乡政府代管,乡政府在标志点附近选择人员负责保管。20 世纪 50 年代后期,各测量标志建设单位埋设的各类测量标志委托当地乡政府、公社或生产大队保管,并办理"测量标志委托保管书"和"测量标志占地志愿书"。1965 年 2 月起,浙江省测绘管理处在开展测量标志检查过程中,对 50 多个市、县的测量标志落实归口管理和重新办理委托保管。同年 3 月,浙江省军区发出通知,"根据国防部指示精神,要求广大民兵加强对测量标志的保护"。至1965 年底,测量标志的委托保管基本上落实到区、公社、生产大队和民兵组织。

1986 年全省第一次测量标志普查和 1997 年全省第二次测量标志普查,对完好或基本完好的各类测量标志全部落实了保管员,办理了委托保管手续,建立新的健全测量标志保管制度。2002 年之前,测量标志实行义务保管制度。2003～2007 年,全市测量标志全部实行义务保管与发放津贴相结合的制度,给测量标志保管员每个点 100 元津贴。

三、测量标志的检查和维修

1998 年底之前,温州市开展了两次测量标志检查和两次测量标志普查。1963～1965 年第一次测量标志检查由浙江省测绘管理处直接组织检查,1980～1982 年第二次测量标志检查和 1986 年第一次测量标志普查由温州市及县(市)城乡建设部门组织实施。

1. 1997 年第二次测量标志普查

1997 年 4 月,浙江省人民政府办公厅下发了《关于开展全省第二次测量标志普查工作的通知》。1997 年 6 月,温州市政府成立了以分管副市长为组长,市规划、交通、财政、水利、土地、公安、军分区等 7个部门领导参加的温州市第二次测量标志普查协调小组,1997 年 7 月,各县(市)陆续成立由政府分管领导挂帅的协调小组,于是温州市第二次测量标志普查工作全面展开。至 1998 年 12 月底,经过全市235 名普查人员一年多的努力,查明在温州市行政区域内不同时期设立的 1922 座测量标志点,完好或基本完好的各类测量标志有 1246 点,完好率占普查总点数的 64.8%。其中三角点、GPS 点、军控点等平面控制点完好率为 64.8%,水准点完好率为 61.4%。普查中对完好的测量标志按统一规定埋设警示桩或镶嵌警示牌,重新绘制标志点的标记,重新落实保管员,办理委托保管手续。对部分损坏的点进行了维修。其中永嘉县投入 2 万多元,对 122 座水准点加制 40 厘米×40 厘米的水泥护筒进行保护。

2. 2008 年永久性测量标志保护管理

2007 年 6 月,浙江省测绘局在龙游召开全省永久性测量标志保护管理试点工作验收会。2007 年10 月,温州市在乐清开展永久性测量标志保护管理试点工作,至 2008 年 11 月完成。

2008 年 10 月,浙江省测绘局下发《关于开展永久性测量标志分类保护管理工作的通知》和《浙江省永久性测量标志分类保护管理工作实施方案》(浙测〔2008〕94 号),对全省永久性测量标志保护管理工作进行全面部署。同年 11 月,温州市在乐清召开了全市永久性测量标志保护管理试点工作现场会,全市永久性测量标志保护管理工作全面展开。经过近 2 年的普查工作,全市查明 400 座重点保护管理的永久性测量标志中有 29 座破坏或失去使用效能,破坏率为 7.3%;查明 914 座一般性保护管理的永久性测量标志中有 97 座破坏或失去使用效能,破坏率达 10.6%。对完好的 371 座重点保护管理的测量标志进行了维修和维护,重新落实了保管员,签订了用地协议,办理了 90 座测量标志"土地使用权证"和 280座测量标志"土地他项权证",有 1 座在部队用地内没有办理。对完好的 817 座一般保护管理的测量标志进行了必要的维修和维护,重新登记造册,对部分重要的测量标志点重新落实保管员。将完好的1188 座永久性测量标志全部由规划和国土部门联合发文纳入规划和国土审批系统。2010 年 12 月,温州市本级和 2 市 6 县全部将测量标志保护管理成果汇交到浙江省测绘资料档案馆。

第二节　地图管理

地图在社会经济和人们日常生活中具有重要的作用,而且温州市是印刷生产大市,涉及地图图形的产品较多。多年来,温州市人民政府十分重视地图管理工作。1998 年 10 月,温州市人民政府办公室印发《关于加强地图编制出版管理的通知》。2005 年 11 月,建立温州市国家版图意识宣传教育和地图市场监管协调指导小组,加强地图市场监管,严肃查处各种地图违法违规行为,促进了温州地图市场繁荣和健康有序发展。

一、地图编制出版管理

1998 年前,温州市地图编制出版管理主要由国家测绘总局和浙江省测绘局负责。1998 年 10 月,温州市规划局向浙江省测绘局上报《关于要求将地图编制出版管理的部分职能委托温州市规划局行使的请示》,浙江省测绘局同意将温州市行政区域内的地图初审职权委托给温州市规划局行使。1998 年 10 月 29 日,温州市人民政府办公室印发《关于加强地图编制出版管理的通知》(温政办〔1998〕107 号),规定温州市地图编制出版由温州市规划局实行计划管理和地图编制初审制度。2004 年 11 月,浙江省人民政府颁布《浙江省地图管理办法》,而后温州市的地图编制出版管理只对地图现势性进行审查。1999～2004 年,温州市共对 21 项地图进行了立项和初审。

二、地图市场监督管理

温州市地图市场的监督管理主要是对地图和地图产品进行专项整治和地图市场专项检查,一旦发现"问题地图",马上进行整改。

1. 地图宣传品市场专项整治

2004 年,根据浙江省整顿和规范地图市场秩序工作办公室《关于开展对地图宣传品专项整治工作的通知》要求,温州市规划局会同市工商局和新闻出版局,联合对温州市本级的地图宣传品市场进行大规模的检查,各县(市)也对当地的地图宣传品市场进行检查。温州市共出动 200 多检查人次,重点对机场、车站、码头、文化市场、小商品市场、工艺品市场进行检查,查处了市本级 1 起个体加工场生产的汽车防滑垫地图产品,其中漏标台湾、海南及南海诸岛,严重损害国家利益,并通过温州都市报予以曝光。同时,在检查中对 30 多起展示有问题的地图产品进行了改正。

2. 地图市场专项检查

2005 年 8 月,浙江省政府办公厅《转发省测绘局等部门关于加强国家版图意识宣传教育和地图市场监管实施意见的通知》(浙政办发〔2005〕67 号)。温州市政府于 2005 年 11 月成立温州市国家版图意识宣传教育和地图市场监管协调指导小组,由市规划局、市委宣传部、外办、教育局、外经贸局、工商局、文化广电新闻出版局、温州海关 8 个部门领导组成。各县(市)相继成立国家版图意识宣传教育和地图市场监管协调指导小组。2005 年 12 月,温州市各级测绘、工商、文化广电新闻出版行政主管部门对地图登载、展示和地图产品生产、销售进行了全面检查,全市共查处 50 多起"问题地图"。

2005年12月,温州市各中小学校对教材和教辅材料中使用的地图、校园内张贴的各类地图及附有地图图形的各类教具进行自查,并对检查中发现的"问题地图"和破损严重、褪色的墙上挂图进行了整改。在全市各类学校自查中,共发现30多处瓷砖地图和教辅地图漏绘钓鱼岛、赤尾屿等现象,并进行了整改。

2005年12月,温州市委宣传部、市规划局和市文化广电新闻出版局联合下发《关于开展新闻媒体和出版物地图检查工作的通知》(温宣通〔2005〕41号)。各新闻单位对刊登和播放的新闻、广告和各类出版物中涉及地图图形有否经测绘行政主管部门审核,进行了认真自查。

3. 地图市场日常监管

2006年开始,温州市建立了地图日常监管制度,经常组织人员对地图市场、互联网、公共服务区和企业经营场所进行巡查,特别加大对"问题地图"产品易发、多发部位的巡查力度。开展全市地图市场年度检查工作,温州市、县(市)协调指导小组组织当地测绘、工商和文化广电新闻出版行政主管部门组成联合检查组,对本地区的地图产品生产企业、车站、码头、文化用品市场和小商品市场,以及电视、报刊、政府、企事业单位网站等进行了一次年度检查。2006～2007年,温州市共收缴违法违规地图及地图产品5815件,对50家生产、销售有"问题地图"产品的单位进行了整改。

第十二篇
测绘科研和学术活动

改革开放以来,温州市测绘科研和学术活动蓬勃发展,科学实验、科技创新和新技术推广应用遍地开花。其中最新的发展成果是地理信息系统的建设,为政府部门、企事业单位和社会公众提供影像图、地形图、三维地图等地理信息成果在线服务,建成"数字城市"地理空间框架平台,温州政务版平台已为全市130多个专业信息系统提供地理信息服务,公众版平台"天地图"更为全民提供全天候在线服务,深度融入和服务于温州经济社会发展。

第一章　测绘科技和教育

测绘科学和技术包括大地测量、工程测量、摄影测量、遥感技术、地图制图、地理信息工程等多个方面。这些方面的思想创新、科技创新和学术繁荣是温州测绘科技人员的不懈努力和孜孜求索获得的。

第一节　科学实验、科技创新和新技术推广应用

超越仪器条件限制,钻研测量方法,用普通常规仪器获取良好的测绘成果,这是温州测绘人的科学实验壮举。改革开放初期,温州人首用聚酯薄膜取代木浆图纸测图,利用常规仪器和电子计算器试行数字化测量并获得成功。继而推广一系列新设备、新技术落户温州,如航空摄影测量成图、电磁波测距、GPS 测量、全站仪应用、全数字化测图等都是温州测绘人科技创新和推广新技术的典型事例。

一、用普通常规仪器获取良好的测绘成果

温州市在仪器条件欠佳之时,如何改进作业方法并精心施测而取得良好成果的事例很多,如长度居全国第 2 位的隧洞贯通测量、首级控制三等水准测量和三等三角测量等。

1. 1965～1966 年百丈漈二级 2.5 万千瓦水电站输水隧洞测量

该隧洞位于文成县飞云江支流泗溪海拔逾 500 米的崇山峭壁间,全长 4589 米,当时列全国第 2 位。施工先从进水口至出水口间开凿 5 个支洞,再从 12 个工作面分头并进,温州水电工程处测量人员仅用一年时间就全线贯通。测量仪器仅有借来的旧式 T_2 经纬仪和普通水准仪各 1 台,量距全靠一条经与基线尺比对检验的 30 米长普通钢卷尺。每次进洞定线至少 4 小时,最长达 13 小时,认真校核,终出精品。测量质量几乎达到本工程指挥部规定的力争"无误差"要求。各个贯通面横向贯通误差 0～+21 毫米(总和+58 毫米,限差±150 毫米),纵向贯通误差-9～+31 毫米(总和+18 毫米,限差±50 毫米),高程贯通误差-3～+16 毫米(总和-5 毫米,限差±30 毫米)。

2. 1975～1976 年首用国内试产水准仪实施温州市东部三等水准网测量

该水准网含 4 条路线,5 个结点,总长 110 千米,全线共有以岩层标石为主的各类水准标石标志 81 点。该项目由温州市水电局测量队施测。起始点是 3 个国家二等水准点(黄海),作业依据 1974 年《国家水准测量规范》。当时三等水准测量本应沿用进口仪器,但因文革末期仪器条件的限制,只能从水电局仓库中选用一台上海光学仪器厂 1962 年试产的水准仪(№62026,无型号标志,相当于 S_3 型)。测量

前,按规定对水准仪进行全面检验和校正。经检验,该水准仪技术参数有 3 项略低,望远镜放大倍率 24 倍,略低于要求的 30 倍;望远镜有效孔径 37 毫米,略低于要求的 42 毫米;水准器分划值 24″.8/2 毫米,略低于要求的 20″/2 毫米。为此,观测中采取严于规范的要求,视线长度从规定≤75 米缩短为≤65.9 米;标尺黑面从规定只取中丝读数改为取三丝读数平均数,而每站高差取黑、红面的权中数(黑面权 2,红面权 1)。水准标尺为区格式木质标尺,亦按规定进行全面检验和校正。31 个测段中,测段往返测高差不符值△≤5 毫米者占 64%,作业中没有因测段或路线闭合差超限而重测。4 条路线中,每千米水准测量高差中数的偶然中误差 $M_\triangle$ 分别为±1.23、±1.81、±0.62、±2.07 毫米。平差后 5 个结点的高程中误差为±5.2～±6.6 毫米。全部成果"测站各项观测误差"符合限差规定,达到《我国水准仪系列标准》对所用仪器的精度指标 m≤3 毫米的要求。该项测量竣工时仍在文革期间,测量成果经省厅驻温州市水电工程处工程师韦乙晓检查认可后,即交付使用。1986 年经浙江省测绘局验收,评为良级品。

3. 1981～1983 年首用国产苏光 J_2 型经纬仪实施温州市三、四等三角网测量

该项目由温州市城市规划管理处组织实施,采用城市中心经线为中央子午线的任意带坐标系。三等网共 29 点,平均边长 3.9 千米,由 10 个中心多边形和 1 个完全四边形组成;四等插点共 14 点,平均边长 2.0 千米。各点建造钢筋混凝土普通锥形标。该网以 3 个国家二等三角点为起始点、起始方位和固定角条件,布设 3 条红外测距边为起始边。观测采用国产苏光 J_2 经纬仪 2 台,组织 2 个测量组分工完成。作业依据《国家三角测量和精密导线测量规范》,成果符合各项限差要求。按间接观测平差程序在西门子计算机上平差。平差后三、四等三角网测角中误差分别为±1″.25 和±1″.33,最弱边相对精度分别为 1:12.6 万和 1:18.5 万。1985 年经浙江省测绘局验收,评为良级品。本次作业使用苏光 J_2 作三等网观测并达到规范精度,在国内尚属首例。

二、初期数字化测量依托常规仪器和电子计算器起步

20 世纪 80 年代电子计算器刚引进时,温州测绘人就对传统的经纬仪前方交会法和经纬仪方向距离法试行计算器编程,算出各测点坐标再绘图,数字化测量自此起步。

1. 1979 年瓯江北口江岸岸滩固定断面数字化崩坍监测

1979 年,瓯江南口堵江大坝平堵施工时,必须精密监测北口江岸岸滩稳定情况。因此,温州市水电局在北口选定 6 条监测断面,埋设主端桩和端桩并测定其平面坐标和高程。1983 年、1984 年温州市海涂围垦处实施第一、二次监测,人工摇橹装有测深仪的小舢板视导标沿预定断面线向岸慢速前行,测深仪和岸上两经纬仪同步测深和交会,使用 EL-5100 计算器编程计算出测点的平面坐标,深度经水位改正换算为高程值。1992 年,委托上海海测大队作第四次监测,定位采用 POLAFIX 激光极坐标定位仪。各次监测按测点平面坐标和高程绘制 1:1000 水下地形图,并一律归算到以主端桩为 0 点,再绘出纵断面图。

2. 1985 年瓯江口外滨海区大比例尺数字化海涂测量

温州市海涂围垦处施测,共完成 1:2000 地形图 13 幅,面积 6.4 平方千米。沿着海塘先布设横跨陆地和海涂的 5″级小三角锁,采用极坐标法施测间距 100 米的海涂断面线。在海涂 5″级锁点上架设经纬仪,观测视距、垂直角和方向角,用 EL-5100 计算器编程算出测点的三维坐标,采用聚酯薄膜图幅,依据衬托在下的厘米纸记入点位绘图。

3. 1986 年温州市制定和实施"规划红线放样管理程序"

划定红线要用"审图"合格的地形图并注明坐标,"红线放样"和"红线核查"均据红线坐标和择定的测站点反算得出方向和距离后测设。点位精度要求±5 厘米。"道路中线"是划定红线的主要依据,1986 年规划的城南大道(今锦绣路)率先埋设中桩并定位,实现对沿路建设的坐标控制。

4. 1989~1991 年开展解析法地籍测绘试验

这次试验取极坐标法施测,使用经纬仪、钢卷尺或红外测距仪,地籍界址点坐标用程序型计算器算出。温州市勘察测绘研究院在鹿城水心住宅区西片完成 0.3 平方千米,乐清市规划勘测设计室在北白象镇,苍南县规划土地测绘所在灵溪镇各完成 0.2 平方千米。

5. 1989~1992 年浙江省第十一地质大队测绘分队的数字化测量

使用经纬仪和钢卷尺取极坐标法在城市建筑区测绘 1∶500 数字化图,工序是外业先记录测量数据(点号、方向、距离)并绘草图,内业用程序型计算器编程算出点位坐标,用两块小三角板按坐标记入点位绘图。当时称"测记法成图",可充分利用雨天作业,提高工效,且精度高。在山区使用红外测距仪测距,观测地形点的方向角和垂直角,测绘 1∶500 数字化地形图。

6. 1990 年建(构)筑物的数字化测设

新建北麂岛灯塔,所处山坡地保留自然形态不作平整,测设依据设计的建筑物主轴线、角点坐标和择定的测站点,反算出方向和距离后实施。温州市高层建筑和港工构筑物的桩基施工,随着"规划红线放样管理程序"的实施,均依红线先测设建筑 AB 坐标系,各桩位按设计的 AB 坐标系反算后测设。

三、航空摄影测量成图

现代测绘普遍采用航空摄影测量成图,但前期仅限于≤1∶1 万图,温州是最早完成大比例尺航测地形图的少数城市之一。1983 年 10 月,温州市地理学会测绘学组承办省测绘学会大比例尺航测成图学术讨论会,主题是探讨温州市大比例尺航测地形图技术方案。浙江省测绘局多位航测专家和温州市相关部门领导与会,会议由省测绘学会 3 位理事和温州测绘学组组长共同主持,取得预期结果。1984 年 4 月,浙江省测绘局委托中国民航工业航空服务公司第二飞行总队完成航摄,航摄比例尺 1∶7500,并对航摄资料进行验收。1984~1986 年,温州市委托沈阳市勘测处完成温州市区 1∶2000 航测地形图 156 幅,其中心片同时完成 1∶1000 图 88 幅。

1994~1997 年,温州测绘单位首次自力完成温州市区三区 1∶500 航测地形图 2535 幅。1994 年 10 月,委托秦岭航摄遥感中心实施航空摄影测量,摄影比例尺 1∶3000,特邀省测绘局等单位专家对航摄资料组织验收。1994 年 12 月,温州市勘察测绘研究院组织航测队,购置航摄成图仪器,完成 1∶500 图 1730 幅;委托沈阳勘察测绘院在温州市中心片完成 1∶500 图 288 幅;瓯海测绘处和铁道部专业设计院合作在灵昆岛完成 1∶500 图 517 幅。

2004~2006 年,中国测绘科学研究院受温州市规划局委托,对温州市大都市区规划范围实施 1∶1 万航空数字摄影测量,完成 1∶5000 的 3D 地形图 511 幅。

四、电磁波测距

电磁波测距快速准确,解决了常规测量沿用基线尺量测长度的难题。1981 年、1983 年、1984 年温州市测绘学组先后邀请国家石油部温籍测量工程师、同济大学测量系和北京光学仪器厂专家,来温州主讲红外测距仪的基本原理、使用方法、成果计算、误差鉴定、精度分析等技术知识。1984年温州市勘测处率先从北光引进瑞典AGA112型红外测距仪,1985年温州水电勘测院引进瑞士Kien厂DM103光电测距仪。1986年,第十一地质大队测绘分队引进日本产TM_6经纬仪RED2L光电测距仪,瑞安市规划测绘队、温州市城建设计处、瓯海县水电局测量队等相继引进国产常州DCH-2型红外测距仪。从此,温州市测绘生产中普遍使用电磁波测距。

首例红外测距是1983年委托同济大学测定温州市三、四等三角网起始边。1985年起市属各测绘单位相继采用红外测距,例如测量温州市区和清水埠一、二级导线,永强四等导线,仰义水库长5.4千米隧洞,青田和瑞安三等三角网起始边等。后来开展的解析法地籍测量和数字化地形图测量,也都依靠电磁波测距。城市平面控制以导线测量居多,钢卷尺量距工作量大,采用红外测距后提高了精度和工作效率。

三角高程代替等外、四等、三等水准测量,亦先后推广使用电磁波测距。首例是1984年8月瑞安县水电局委托华东勘测设计院测量队,在飞云江口大陆海岸向海岛"上干山"水位站传递高程。该水位站因兴建丁山促淤围垦工程而设立,连续观测已近10年,但一直未与国家水准网联测。此次高程传递路线总长11千米,利用中间的小岛分为3段传递,各段长1.7千米、5.1千米、4.2千米。每段测距边使用DI4-L光电测距仪按单向观测3组,每组3次,垂直角使用两台T_3经纬仪同时对向观测,每组4~6测回。成果高程中误差±30毫米,相当于三等水准测量的精度。

温州市多个单位结合测绘生产进行电磁波测距代替等外、四等水准测量的试验。2003年温州市勘察测绘研究院完成洞头列岛"跨海红外测距三角高程测量"和"几何水准"组合的三等水准路线。1986年,天津海测大队来温州港测量,首用跟踪式激光测距仪定位,温州港务局测量队随后引进。1992年,上海海测大队来温州港测量,使用FALCON-IV型微波测距定位系统。1990年,温州发电厂210米高烟囱建设施工,水电部第十二工程局测量队使用激光准直仪严格控制其垂直误差。1996年以后,温州全市各房地产测绘单位大量引进手持激光测距仪进行生产。

五、电子计算

1980年前,测量计算使用三角函数表、对数表、手摇计算机、计算尺、算盘等传统工具,作业十分繁琐困难,错误率也很高,电子计算器的应用解决了这一难题。

1981年,温州港务局测量队率先引进具有带三角函数功能的CASIOfx-120电子计算器,编制出6项键盘操作专项程序,分别为坐标增量、边长和方位角、前方交会、后方交会、坐标换带、直角坐标和地理坐标互换计算,计算简便,减少差错。此法应用于航道测量,并在测绘学组交流。1982年,温州市海涂围垦处引进EL-5100电子计算器,编制出前方交会地形点计算程序,首次在科技咨询项目"瓯江礁头—垟湾河段监测断面桩位测量"中应用。此后,各测绘单位相继引进FX-180P、FX-3600P等多种型号的电子计算器。

1984年,温州港务局测量队引进PC-1500袖珍计算器,利用其自动打印和绘图的功能,编制出"整理码头水深资料"程序。同年,温州测绘人员参加省测绘学会举办的"电子计算器在测绘工作中的应用经验交流会"和"PC-1500培训班",电算技术得以迅速普及和提升。至1987年,温州全市各测绘单位已基本配齐PC-1500袖珍计算器。

温州市勘测处首创"PC－1500 系列袖珍计算机 BASIC 指令系统"，能接受并执行用户自选的扩展指令如矩阵求逆、极坐标和直角坐标互换等，从而简化 BASIC 编程，提高运算速度。电子计算器的应用扩大到导线网、线形三角锁、三四等三角网和水准网的计算，在地籍测量中作界址点记录和面积量算等。各测绘单位引进和自编的程序达 200 余个。1996 年瑞安市规划测绘队编制出"fX－4500P 计算导线近似平差程序"，并接受温州市测绘学会委托，举办"fX－4500P 计算器培训班"。电子计算器由于体积小，功能多，尤适用于外业测量，各单位继续不断引进新型的升级产品。

六、全球定位系统 GPS 测量

1992 年 6 月，温州市测绘学会扩大理事会传达和讨论温州市科协和省测绘学会文件，提出"力争在温州市早日实现 CAD 机助制图和建立 GPS 控制网"。1994 年学会年会中，请北京测绘设计院专家来讲解"空间 GPS 定位技术"。同年，"温州市城市控制三等 GPS 测量扩展网"由全国城市测量 GPS 应用研究中心和温州市勘察测绘研究院及有关县（市、区）测绘队合作完成，共 142 点，分布于市区、永嘉、瑞安和平阳。1995 年，温州市勘测测绘研究院率先引进 3 台徕卡 GPS 接收机，次年在文成县初试 GPS 测量，共完成 28 点。1996～1997 年，温州市测绘学会举办 GPS 测量演示会，多篇 GPS 论文参加华东六省一市测绘学会和省测绘学会学术交流；市属和各县（市、区）测绘单位加速引进 GPS 接收机，多者 7～9 台。1998 年起，各县（市、区）陆续建立 GPS 首级网，普遍施测 GPS 一、二级导线。

DGPS 测量和 GPS－RTK 测量是 GPS 测量的新发展，适用于地形碎部测量、工程放样和海洋测深定位等。GPS 测量任一未知点，必须与已知点同步观测，而 DGPS 和 GPS－RTK 测量则为各未知点或流动站事先选择一个或多个已知点作为共用的基准站（差分台）。1998 年，上海海测大队在温州港测量，自行选择已知点架设 DGPS 差分台，2006 年接收中国沿海 RBN/DGPS"台州石塘"基准台的差分信号。2001 年温州综合测绘院为洞头北岙海涂围垦工程测量 1∶2000 水下地形图，2004～2005 年省测绘大队浙南工程处和浙江省河海测绘院在琵琶门南到平阳嘴沿岸海域测深，三家均采用 DGPS 技术。2005～2007 年，温州市勘察测绘研究院、温州市水电勘测院、苍南县测绘所、泰顺县测绘大队相继引进 GPS－RTK。2007 年，浙江省河海测绘院在飞云江河口段采用 GPS－RTK 无验潮测深。1989 年，海军海测船大队在温州东面国家海洋疆界测量，引进阿士泰克（ASHTECH）GPS 接收机，采用三星或二星单点定位。2007 年，GPS 综合信息服务网"温州市连续运行参考站网络"（WZCORS）开始建设。

七、全站仪应用

全站仪在温州市的推广应用，与 GPS 近乎同步。1993 年，同济大学教授虞润身的《徕卡 1610 电子全站仪的特性及其计量检测》一文首载于《温州测绘》。1994 年温州市测绘学会年会上，请生产商介绍和展示索佳全站仪。1995 年学会会员大会邀请虞润身教授作电子全站仪专题讲座，并请南方测绘仪器公司等厂商演示多款全站仪。温州市勘察测绘研究院率先引进宾得全站仪，至 1996 年全市已有索佳、拓普康、宾得、南方等不同型号全站仪 11 台，其中市勘测院 4 台，温州综合测绘院、温州市、瑞安、乐清、永嘉、泰顺、瓯海房管局测量队各 1 台。

温州市数字化测图的起步，始于电子计算器的应用，但还是半手工式的。自从引进全站仪以后，地形和地籍外业测量趋向全自动化。1992 年启动的 CAD 机助制图试验获得进展，实现地形测量内外业一体化成图。鉴于全站仪高效的功能，各单位纷纷引进，数量日增。至 2007 年，全市各测绘单位拥有全站仪 179 台。据估计,目前全市各施工单位拥有全站仪逾 300 台。

八、全数字化测图

温州市测绘学会 1995 年会员大会上,建议实施全数字化测图代替常规地形测量,即采用全站仪野外采集观测信息输入计算机,通过内外业一体化软件进行数据处理,利用图形编辑功能在自动绘图仪上绘制地形图。为此,全市许多测绘单位添置 PC 机和笔记本电脑。温州市勘察测绘研究院早在 1993 年就有电脑 PC - 386 型机 4 台,PC - 486 型机 2 台,建立了 CAD 工作站。瑞安市规划测绘队于 1996 年引进南方测绘仪器公司开发的 CASS 成图软件,1999 年增至 7 套,全队告别平板仪测图。瓯海区规划局测绘处于 1996 年引进清华山维 EPSW 电子平板软件,经 3 年完成瞿溪、沙城、梧埏等镇 1:500 测图。温州市勘察测绘研究院于 1997 年和 1999 年先后引进南方 CASS 3.0 软件和清华山维 EPSW 软件。永嘉、苍南、乐清、文成等县(市)测绘单位也都购置了类似软件组织试测。

温州引进的测图软件分二次成图和一次成图两类。二次成图即在野外先用全站仪采集数据,然后在室内输给计算机编辑成图,如南方 CASS 软件和瑞德 RDMS 软件,优点是野外设备简单,但外业需绘草图备忘。一次成图即采用便携式笔记本电脑,用电线与全站仪连接,在野外直接成图,如清华山维 EPSW 软件,优点是测图直观,但所需野外设备较多。

1999~2004 年,温州市规划局委托市勘测研究院、温州综合测绘院、瓯海测绘工程院、永嘉县勘察测绘院,共同施测 1:500 全要素野外数据采集的基础地形图,完成覆盖温州市区平原地区的全数字化地形图 8720 幅 464 平方千米,温州市独立坐标系,1985 国家高程基准,提供光盘并输出薄膜图一套。

2000~2002 年,瑞安市土地管理局开展全数字化地籍调查,涉及 23 个乡镇。这是浙江省县级单位首次大面积 1:500 全数字化地籍测绘,共完成测图 1944 幅 57.89 平方千米,提供光盘并输出薄膜图、地籍表册成果一套,地籍界址点数学精度高。

第二节　地理信息系统建设

地理信息系统建设包括基础地理信息系统建设和各专题地理信息系统建设两大部分。基础地理信息系统建设的主要目标是建立地理信息数据库,为城市规划、建设、管理和城市信息化提供各类基础数据,推进城市信息资源的共享。各专题地理信息系统建设以基础地理信息为基础,结合本专题信息,面向应用,是有限目标和专业特点的地理信息系统。

一、基础地理信息系统数据库建设

2002 年底,温州市规划局启动基础地理信息系统数据库建设,委托市勘察测绘研究院对市区 1:500 数字基础地形图进行处理建库。首期入库数据主要是老城区 1:500 数字线划图 80 平方千米,以《温州市基础地理信息数据标准化方案》为入库标准,采用北京安图科技有限公司开发的安图 BASEMAP 数据生成管理软件进行数据处理入库。2003 年和 2004 年,又有 1:500 数字线划图 319 平方千米和 97 平方千米入库,从而基本完成 500 平方千米的市本级平原区域 1:500 基础地理信息数据的建库工作。2004 年,温州市规划局组织完成与省测绘局共享 1:1 万、1:2.5 万、1:25 万系列中小比例尺数字线划图数据的入库。2005～2007年,据每年约50平方千米的1∶500数字线划图的更新情况,进行跟踪入库,实现定期更新。

2005年,完成对市本级控制成果和各类基础地形图、影像数据的全面整理入库。2007年,完成1∶5000数字线划图(DLG)、数字正射影像图(DOM)、数字高程模型(DEM)等3D数据的处理入库,基本建立以3D数据和大地成果数据为主,以元数据库、地名数据库、基础地形图产品库为辅的温州市基础地理信息系统数据库。

2000年后,瑞安市、永嘉县等各县(市)的基础地理信息系统建设也有不少成果。2004年,瑞安市由清华山维公司GIS事业部和瑞安市规划测绘队共同实施建库,系统采用Sunwaw GIS图形平台,开发语言为MS Visual C+6.0,建成数据库容量约20GB,主要包括地形图、影像图、控制点库、地名库等。数据库平台采用MS SQL Sever2000,数据库接口采用ADO 2.0组件。该系统具备常用的查询、空间量算和分析、数据的输入输出、历史数据管理和更新及系统安全等功能。

二、基础地理信息系统开发

温州市基础地理信息系统的开发与数据库建设是同步进行的。2002年,温州市规划局委托北京安图科技有限公司实施基础地理信息系统的开发建设,由温州市勘察测绘研究院负责项目数据生产,市规划信息中心负责项目监理。至2003年,一期项目开发建设完成,基本实现基础地理信息的处理、入库、调用、管理的相关功能,完成数据的标准化。但由于资金不足及该系统功能尚有缺陷,未进行后续的深入开发。

2005年,因MICROSTATION的基础地理信息系统已无法满足日常管理和应用的需求,温州市规划局启动基础地理信息系统的"升级改建"。升级改建以测绘成果管理和分发子系统的建设为切入点,以自身直属基础测绘保障队伍的技术力量为保障,采用主流GIS平台软件Super Map和关系型数据库Oracle11g,开发大型空间数据管理系统。系统实现多元、多尺度空间数据和非空间数据的一体化管理,以及海量数据的空间可视化、快速浏览、多种方式查询、检索、定位、空间分析、数据统计等。

历经多年的建设和完善,温州市基础地理信息系统已形成地理空间数据库管理及应用主系统、数据预入库处理子系统和信息化数据采集子系统三大功能系统,涵盖基础地理信息数据采集、加工、建库、管理、应用、更新等整个业务流程,较好地满足基础地理信息管理和应用的需求。

三、各专题地理信息系统建设

世纪之交,温州市规划、国土、环保等信息化水平较高的政府部门率先开展专题地理信息系统的开发。继后,有条件的企事业单位逐步开展各类专题地理信息系统的建设和原有系统的升级改造,取得良好的经济和社会效益。见表12-01。

1. 温州市地籍管理信息系统

2000年8月,温州市土地管理局联合省土地勘测规划院和武汉中地信息工程公司,利用国产MAPGIS软件合作开发温州市地籍管理信息系统。历时7个半月,于2001年4月基本完成系统开发和544幅地籍图的数据转换、编辑及数据建库。该系统作为一个综合性土地信息系统(LIS)的子系统,数据组织管理先进,地籍图建库符合规范,设计合理,实现市局、分局、管理所三级内部联网,较好地满足温州市地籍管理的日常业务流程,以及对空间信息的查询、更新、输出等操作和应用需求。

表 12－01　　　　　　　　　　　　　**2000～2007 年温州市专题地理信息系统汇总**

部　　　门	系 统 名 称	GIS平台	数据库平台	开发方式
温州市规划局	规划信息动态监控系统	SuperMap	SQL Server	自主开发
	地下管线管理信息系统	ArcView	FoxPro	委托开发
	街道社区管理信息系统	SuperMap	SQL Server	自主开发
	农村住房防灾管理信息系统	SuperMap	SQL Server	自主开发
	测绘成果管理与分发系统	SuperMap	SQL Server	自主开发
	浙江省沿海地区农村住房防灾管理信息系统	SuperMap	SQL Server	自主开发
温州市国土资源局	土地利用规划系统	MapGIS	Oracle	委托开发
	地籍管理信息系统	MapGIS	Oracle	委托开发
温州市公安局	警用地理信息系统综合应用支撑平台	ArcGIS	Oracle	委托开发
温州市科学技术局	温州湿地类型查询系统	ArcGIS	Access	自主开发
温州市林业局	森林资源管理和森林防火指挥系统	ArcGIS	Oracle	委托开发
温州市农业局	农业地理信息系统	ArcGIS	SQL Server	委托开发
温州市环境保护局	污染源在线监测系统	ArcView	SQL Server	委托开发
中国联通温州分公司	通信网络资源管理系统	Geomedia	Oracle	委托开发
温州市管道燃气有限公司	燃气管网地理信息系统	ArcGIS	SQL Server	委托开发

2. 温州市地下管线管理信息系统

2001 年 5 月,温州市地下管线普查领导小组办公室和国家测绘局地下管线勘测工程院共同开发完成温州市地下管线管理信息系统。该系统采用美国环境研究所 ESRI 公司的桌面 GIS 系统 ArcView,集成温州市管线普查的 14 类共 2181 千米综合管线数据和 1339 幅数字化地形图数据,具备数据录入、数据监理、显示控制、检索查询、属性统计、数据管理、纵横断面、系统分析、图形输出、数据转换、系统维护等 11 项功能,利用 GIS 技术实现对市本级首次地下管线普查数据的有效管理。

3. 温州市规划信息查询系统

2001 年 8 月,温州市规划信息中心利用 Auto CAD Map 开发建设温州市规划信息查询系统。该系统在规划局内网部署,实现对各类规划信息的查询、检索和业务办公辅助。通过该系统可实现各级比例尺线划地形图、影像图、管线图的调阅,同时实现规划总平、规划道路网、用地红线、规划地籍信息的查询和动态更新,大大提高规划管理的信息化水平和工作效率。

4. 温州市规划信息动态监控系统

2004 年 8 月,温州市规划信息中心受市规划局委托,开发规划温州市信息动态监控系统。该系统采用 B/S、C/S 混合架构设计完成,数据更新维护部分采用 C/S 架构,用户操作使用界面以 B/S 架构为主。该系统统筹规划局各业务处室的规划审批工作,跟进并掌握已批、在批规划项目状态及规划实施状况,在同一系统环境下实现对各个规划层面信息的管理、统计和查询,更好地贯彻落实"阳光规划"工程。

5. 浙江省沿海地区农村住房防灾管理信息系统

2005 年,浙江省建设厅委托温州市勘察测绘研究院研发"浙江省沿海地区农村住房防灾管理信息系统"。该系统分省级版、市县版、乡镇版三级模式,采用 C/S 和 B/S 相结合的网络结构,基本实现灾前根据气象预报来预测分析可能发生的灾情,查询统计应撤离人员和需加固的房屋,制定相应的应急预案;灾害发生后使用该系统能够迅速统计上报受灾情况,同步更新农房抗灾能力、人口伤亡、灾害易发区等信息,以及进行卫生防疫管理。该系统为全省农村防灾救灾的辅助指挥提供强有力的地理信息支撑,填补国内农村住房信息化管理和防灾抗灾领域的空白。

6. 温州市燃气管网地理信息系统

2006 年,温州市管道燃气有限公司委托上海时博飞奥自控有限公司,开发完成温州市燃气管网地理信息系统一期 GIS 工程。该系统针对温州市燃气管网管理业务需求,利用 ARCGIS 平台,应用地理信息和计算机技术,集成市本级基础地理信息成果及鹿城、瓯海、龙湾三区的燃气管网数据,较好地实现管网检索、地图显示、属性查询、抢修辅助决策等各项功能,提高温州市管道燃气的事故应急处置能力和安全管理水平。该系统于 2005 年 9 月份立项,2006 年通过验收正式运行。

第三节 测绘教育

清光绪二十一年(1895),孙诒让等 9 人发起创办瑞安算学书院,后改名学计馆,二品衔候补道、温处兵备道宗源瀚出俸钱赞助开办费。光绪二十五年三月八日(1899 年 4 月 17 日),瑞安学计馆部分学生和馆外治算学者组织天算学社,孙冲任会长。同年六月,乐清集资设立算学馆,陈咏香任馆长,所设课程有数学、代数、测绘、微积分 4 科,教员 1 人,生徒 30 名。

宣统元年(1909),浙江陆军测绘学堂成立,浙江现代测绘教育也由此始。1913 年,浙江陆军测量局开办陆军测量学校。为适应浙江土地测量的需要,1928 年浙江省测量界同仁创办浙江测量讲习所,1934 年奉省教育厅饬令改组为杭州私立大陆高级测量科职业学校。至 1949 年春,共培养 845 名地籍测量人才,平阳人蔡秉长历任所长和校长,温州测量界前辈很多出自该所和该校,他们对温州早期测量事业发挥了先锋作用。

1941~1943 年,浙江省民政厅委托永嘉县新群高级中学,代办初级地政人员训练班,设地政、清丈两班,共办三期。抗日战争期间,北洋工学院南迁泰顺百丈口,该校若干非测绘专业设有测量课程。

1941 年,李毓蒙在瑞安东山创办私立毓蒙工业职业中学。李毓蒙(1891~1961 年)是位有诸多发明创造的工业家,出身寒微,刻苦钻研技术,穷力为民办学。抗战期间,他设在各地的分厂遭日寇破坏,均陷困境,因此 1945 年冬,毓蒙工业职业中学迁址温州城区西郊太平寺,由友人余毅夫续办。1947 年,该校改名温属六县联立工业职业学校,1948 年又改称浙江省立温州高级工业职业学校。

中华人民共和国成立以后,温州本地非测绘专业设有测绘课程的院校有下列数所:

1. 浙江省立温州高级工业职业学校

1949 年温州解放,该校由人民政府接办,迁址九山窦妇桥(今胜昔桥)。该校土木专业有专职测量教师,开设测量课程和测量实习课,仪器设备有普通水准仪和游标经纬仪各 10 来台。1952 年,温州和杭州、宁波三所高级工业职业学校合并,成立浙江省工业干部学校。后又几度迁并,最终并入今浙江工业大学。温州高级工业职业学校为温州市输送了大量测量人才。

2. 瓯江水电专科学校

1958年,台州水电学校成立,同年12月台州专区撤销并入温州专区,该校改为温州水电学校。1959年,该校划归瓯江水电站工程建设指挥部主办,更名为瓯江水电专科学校,水工专业设有测绘课程。1961年,瓯江水电站工程下马,学校停办。

3. 温州市城乡建设职工中等专业学校

前身为创建于1980年的温州市建筑技术进修学校,1981年成立温州市建筑职工中等专业学校,1985年改名为温州市城乡建设职工中等专业学校,并迁址至上陡门前庄路179号至今。该校是浙南地区唯一一所从事培养建筑专业人才的中职学校,目前设有建筑施工与管理、工程造价、市政施工与管理、建筑设备安装、建筑装饰等专业,开设测绘课程。建校三十年来,为温州建设行业培养专业技术人才数万人。

4. 温州职业技术学院

1999年,由温州业余科技大学、温州商业学校、温州经济学校、温州机械工业学校4校合并而成。该校建筑工程系建筑施工专业开设测绘课程。

5. 温州大学

2006年2月,由温州师范学院和温州大学合并组建新的温州大学。老温州大学的建筑工程系有专职测绘教师和仪器设备,设有测绘课程。合并后的新温州大学建筑与土木工程学院、瓯江学院均设有测绘课程。

此外,1988年3～7月,温州市测绘学会和温州大学联合举办测绘技术人员培训班,招生对象为单位正式职工,招收具有高中学历并有2年测绘工龄或初中学历并有5年测绘工龄的学员18人。1982～1988年,温州市和各县建设部门组织村镇规划测量学习班,共12期,培训学员681人,其中结业后从事规划测量259人。

第二章 测绘著述和论文

温州测绘学术繁荣,测绘科研项目众多,它们的成果多用著述和论文表达出来,并流传后人。特别是改革开放以来温州市测绘科技论文多达 336 篇,其中获奖论文 90 篇,获奖工程项目 21 项。这些测绘科技论文有利于测绘科技信息交流和成果推广,促进温州测绘科技的发展。

第一节 测绘著述

自古至今,温州人撰写的有关测量和测绘的创造性著作以及集合众人成果编著的书籍很多,我们将其集中一起,称为温州人的测绘著述。据不完全统计,测绘著述共有 28 种,其中古代 4 种,近代 11 种,现代 13 种,简述如下:

《真腊风土记》(校注本)元代温州人周达观著,现代夏鼐校注,北京中华书局 1981 年出版。该书记述真腊国(今柬埔寨)都城吴哥的自然、交通、商贸、人文地理和温州港至真腊的航路。

《浑天仪说》元代平阳人陈刚著,这是温州关于浑天说的最早著作。

《管窥外编》元代平阳人史伯璿著,阐述天地结构和大小、天体论、天象论、潮候等并作论证,最为突出的是在日、月食天象论的探索中对地体投影暗虚说的论证。

《温处海防图略》2 卷,明代宣城蔡逢时纂,万历二十四年刻本。

《平阳黄氏数学启蒙》清代平阳人黄庆澄编,清光绪二十三年上海算学报馆刻本。黄庆澄还有《代数》7 卷、《几何第十卷析义》2 卷、《比例新术》1 卷、《开方提要》1 卷。

《乐清太阳地平经纬度表》《乐清中星地平经纬度表》《乐清更点中星表》郑士芬著,稿本。

《土地问题》黄通编,上海中华书局 1930 年版。

《日球与月球》平阳李锐夫(即李蕃)著,上海商务印书馆 1930 年版。

《永嘉地政事业移交书》张鑫著,1931 年石印。

《采矿工程》胡荣铨著,上海商务印书馆 1934 年版。

《铁路与公路》洪瑞涛著,交通出版社 1935 年版。

《坐标制》平阳李锐夫编著,南京正中书局 1936 年版。

《大地测量学》平阳张树森编著,南京钟山书局 1933 年初版,1934 年再版。全书分四大编二十二章,内容包括三角测量、天文测量、水平测量、地图画法等。

《最小二乘法》平阳张树森编著,中国科学图书仪器公司 1942 年出版发行。全书共 10 章,分别为绪论,误差或是率之定律,观测之调整,观测之精度,直接观测,观测量之函数,多量独立观测,定约观测及三角网之调整,正则方程式之解法,误差之研讨。作者在序言中说:"是书编著以满列门氏最小二乘法为蓝本。首四章叙述最小二乘法之原理、法则及公式。余六章为各种观测之调整与精度之计算等,纯系实例,尤注重于测量之应用。"

《平面测量学》平阳张树森编著,上海中国科学公司 1932 年初版,1956 年中国科学技术出版社第三次出版。该书是作者集几十年教学经验几经修改整理而成。全书共 10 篇,分别为距离测量,罗盘仪测量,经纬仪测量,水平测量,视距测量,平板仪测量,地形测量,仪器之整理,计算,制图。

《实用天文测量学》平阳张树森编著,中国科学图书仪器公司 1952 年出版。该书先述天文测量的应用原理,次述经纬度、方位角和"时"的测法。理论务求简明,测法重在实用,举例切合实际,使读者易于了解。凡学天文测量者须先习球面三角,特辟专编附后。每章均附练习题。

《石油勘探中的测点工作》胡锦荣编著,石油工业出版社 1959 年 5 月出版。

《瓯江南口围垦工程资料汇编第一号(1971～1978)》温州市水电局 1978 年汇编,共 15 篇资料,铅印本。包括工程初步规划报告,水文测验报告,定床模型试验报告,两次数学模型计算报告,坝址地质勘查报告等。

《全国海岸带和海涂资源综合调查温州试点区报告文集》全国海岸带和海涂资源综合调查温州试点工作队编著,华东师范大学出版社 1981 年 2 月出版。全书正文七篇,分别为水文气象,地质地貌,海岸及沉积,土壤,生物,滨海沼泽,土地利用。

《数字地面模型》柯正谊、何建邦、池天河著,中国科学技术出版社 1993 年出版。

《地下工程测量》汤文良编著,吉林科学技术出版社 2000 年出版,共 15 万字。

《温州市测绘学会成立二十周年特刊(1980～2000)》2001 年 6 月出版发行。该书原载《温州测绘》第 17 期,全书分八篇。责任编辑王国俊、施正琛、蒋露平,温州市测绘学会第四届理事会审定。

《钻前土建工程基本知识》汤文良编著,石油工业出版社 2002 年出版。钻前工程是油田勘探开发前的先期工程。全书 24 万字,分 7 章,分别为地基土物理性质和容许承载力,公路路线勘测与设计,四级公路与井场施工,工程材料知识,水准测量和水准仪,钻井队住房和施工,给水方案与建造。

《半岛梦园》胡方松、李亚媚、陈春东著,中央文献出版社 2007 年出版。全书阐述瓯江河口资源综合开发的科研探索和工程技术难题,从 1971 年提出"瓯江南口围垦工程"写起,至 2006 年 4 月 29 日灵霓海堤通车,延至 2007 年的继续建设。全书分为 4 个单元,40 章,共 26 万字。内容翔实厚重,具有丰富的技术史料价值。

《瓯江河口论丛》王国俊著,香港天马图书有限公司 2003 年出版。作者自选 1954～1994 年间发表的文章 26 篇,共 30 万字,分编两辑。第一辑 21 篇,均与瓯江河口资源有关的综合开发内容;第二辑 5 篇,主要是海洋测绘传统技术方法的若干创新。

《大罗经纬》王国俊著,香港天马出版有限公司 2008 年出版。全书共 45 万字,分测绘工程,测绘管理,测绘学会,建设监理与规划等辑。

《土地调查方法原理》柯正谊、王建弟、李子川著,科学出版社 2011 年出版。

第二节　测绘科技论文

温州测绘人在多年工作中,对测绘专业技术领域的一些现象和问题进行科学研究和科学试验,通过分析、演绎、论证、归纳,最后写成科学总结。有试验性、理论性、观测性的具有创新意义的研究成果,也有新技术、新工艺、新材料、新产品、新方法、新理念的报告。这里收录论文名篇91篇,其中登载于期刊的71篇,在全国、华东地区和浙江省学术会议上宣讲并获优秀论文奖的20篇。在浙江省学术会议上宣讲而非会议优秀论文,这里均从略。

一、在全国重要期刊和省级期刊上发表的论文

《如何确定双曲线微小网的控制范围》载军内期刊《海道测量通讯》1962年第2期。

《用模拟法代替图解法求水位改正数》载《海道测量通讯》1964年第8期。上海辞书出版社1981年版《测绘词典》中入选"模拟法水位改正"词条。

《"碳酸盐岩成分定名尺"介绍》载《石油勘探与开发》1980年第5期。此尺系作者研制,1978年11月在石油工业部地质地球物理科学大会上获奖。

《价值模型在开发油藏工程中初步应用》载《石油勘探开发》第19卷第4期。

《一次成功的生产性实测——使用苏州第一光学仪器厂J$_2$经纬仪进行三、四等三角网观测的总结》载《测绘通报》1984年第2期。

《有明显进展的地名工作》载《城乡建设》1987年第11期。

《在PC－1500机上建立测量控制点坐标数据库的方法》载《测量员》1987年第12期。

《关于水深测量定位中误差限差的商榷》载《上海测绘》1988年第2期。

《析古今街巷名称看温州城市水环境》载《地名知识》1988年第1期。

《城市地名的分类规律和特点》载《地名文汇》1989年第6期。

《瓯江口外滨海区的滩涂测量》载《海洋工程》1989年第七卷第二期。

《城镇地籍测量的几个问题的看法》载《华东测绘情报》1989年第1期。

《温州市洞头"半岛工程"的重大意义和效益初析》入选人民交通出版社1998年版《中国综合运输体系发展全书》。

《测绘企业创新经营的实践与思考》载《科技信息》2007年第16期。

《平阳县顺溪古建筑群测绘的文化内涵》载《科技信息》2007年第22期。

《论城市测量平面坐标系统的选择——大比例尺基本地形图普遍采用国家统一3度带系列的必要性和可行性》载《科技信息》2008年第7期。

《再论城市测量平面坐标系的选择——怎样处置"投影长度变形"超限的问题》载《科技信息》2008年第8期。

《瓯江北口江岸岸滩的崩坍监测》载《浙江测绘》1984年第2期。

《专题地图的编绘》载《浙江测绘》1984年第2期。

《城市规划,统一坐标制定位和测绘管理》载《浙江测绘》1987年第2期。

《学会的生命力、实力和凝聚力》载《浙江测绘》1989 年第 2 期。

《优化设计在建筑物鉴定中的应用——标准游泳池泳道鉴定测量》载《浙江测绘》1990 年第 2 期。

《发挥学会智力优势，主动参与决策咨询》载《浙江测绘》1991 年第 2 期。

《沉降曲线特性初探》载《浙江测绘》1992 年第 3 期。

《坐标成图法的精度分析及其特点》载《浙江测绘》1993 年第 1 期。

《伸长脚架法在城市及隐蔽地区测量中的作用》载《浙江测绘》1993 年第 1 期。

《原控制网归算为 GPS 网坐标系统方法的选择》载《浙江测绘》1996 年第 2 期。

《从柳市镇测量谈控制网方案的选择》载《浙江测绘》1996 年第 3 期。

《按比例计算高程异常值的实用性》载《浙江测绘》1996 年第 4 期。

《高程控制网结点法平差程序》载《浙江测绘》1997 年第 1 期。

《规划建筑物真三维摄影测量视图》载《浙江测绘》1997 年第 3 期。

《乐清市规划管理信息系统的介绍》载《浙江测绘》2000 年第 1 期。

《测绘资料管理系统简介》载《浙江测绘》2000 年第 1 期。

《加强管理，振兴测绘》载《浙江测绘》2001 年第 1 期。

《浅析瑞安市城市控制网》载《浙江测绘》2001 年第 1 期。

《谈温州市基础测绘 1∶500 数字地形图质量及质量检验的组织实施》载《浙江测绘》2001 年第 3 期。

《基于 MAPGIS 的城市规划管理信息系统的设计》载《浙江测绘》2002 年第 2 期。

《可定制的图文办公软件设计》载《浙江测绘》2002 年第 3 期。

《乐清市 GPS 城市控制网的建立及其坐标转换》载《浙江测绘》2002 年第 3 期。

《藤桥供水管网信息管理系统设计方法初探》载《浙江测绘》2002 年第 4 期。

《关于温州市独立坐标系投影面的问题》载《浙江测绘》2003 年第 1 期。

《高层建筑放样技术浅谈》载《浙江测绘》2003 年第 3 期。

《FX - 4500P 计算器导线近似平差程序》载《浙江测绘》2004 年第 1 期。

《隧道的贯通测量及其测量误差分析》载《浙江测绘》2004 年第 4 期。

《Excel 在坐标转换中的应用》载《浙江测绘》2005 年第 1 期。

《对瑞安市控制网的认识与思考》载《浙江测绘》2005 年第 1 期。

《GPS 在泰顺洪溪电站控制测量中的应用》载《浙江测绘》2005 年第 2 期。

《GIS 基础数据源更新与质量控制系统的设计》载《浙江测绘》2005 年第 2 期。

《GIS 在农村住房防灾管理信息系统中的应用》载《浙江测绘》2005 年第 4 期。

《温州市二等水准网的选埋构想与实施》载《浙江测绘》2005 年第 4 期。

《软基地段控制点沉降量初探》载《浙江测绘》2005 年第 4 期。

《关于斜拉索大桥变形监测设计与数据分析方法探讨》载《浙江测绘》2006 年第 1 期。

《对房屋面积预测工作的几点体会》载《浙江测绘》2006 年第 1 期。

《水下地形测量误差来源及处理方法探讨》载《浙江测绘》2006 年第 3 期。

《瑞安市房地产测绘工作现状和问题探讨》载《浙江测绘》2006 年第 3 期。

《温州市城市新平面基准的建立》载《浙江测绘》2007 年第 1 期。

《甬台温高速公路崩坍地段的变形监测》载《浙江测绘》2007年第2期。

《遥感影像镶嵌自动匀光的研究》载《浙江测绘》2007年第2期。

《在数字城市构建中GPS测量技术方案的选择》载《浙江测绘》2007年第3期。

《GPS似大地水准面精化数据模型精度实测》载《浙江测绘》2007年第4期。

《论城市基本地形图投影长度变形超限问题》载《浙江测绘》2008年第1期。

《大比例尺地形图更新技术方法研究和认识》载《浙江测绘》2008年第2期。

《基于ArcGIS的地图符号库建立及符号化实施》载《浙江测绘》2008年第2期。

《基于Ajax技术开发公众地图服务网站的应用研究》载《浙江测绘》2008年第2期。

《关于中小城市测绘管理几个问题的探讨》载《浙江测绘》2008年第2期。

《温州永强平原地面沉降监测网的建立和数据分析》载《浙江测绘》2008年第3期。

《浅谈城市地下管线竣工测量全过程》载《城市勘测》2006年增刊。

《浅谈软土地区地下管线沉降原因及防治方法》载《城市勘测》2007年增刊。

《浅谈为城市河道污染治理的市政排水管网普查工作特点及要点》载《城市勘测》2007年增刊。

《浅谈在城市地下管线普查中专业管理权属单位的重要作用》载《地下管线管理》2007年第3期。

《对做好地下管线普查后管线动态管理的几点看法》载《城市勘测》2008年增刊。

二、在全国、华东地区和浙江省学术会议上宣讲的论文

《从"三条江整治工程"的成功实践看南口围垦工程》1974年11月在温州市邀请国内专家审查"模试"成果的瓯江灵昆南口堵坝促淤围垦讨论会上宣讲。

《瓯江灵昆南口堵坝促淤围垦工程对口外主航道的影响》1978年11月在海涂围垦国家重点科研课题第三次协作会议上汇报宣讲。

《瓯江南口围垦工程勘测情况与筑潜坝后半年来的变化》1980年1月在国家科委海洋组海岸河口分组第二次会议上汇报宣讲。

《关于要求在瓯江南口一带建立"海涂资源利用开发实验区"的建议》1981年4月在全国海岸带和海涂资源综合调查温州地区试点成果审查会议上宣讲,会议专门安排一天,召集数十位专家论证。

《边角并测大地网平差理论的研究》在中国测绘学会1981年大地测量学术讨论会上宣讲。

《关于水深测量定位中误差限差的商榷》1985年全国水深测量学术讨论会上宣讲。

《瓯江北口江岸岸滩的崩坍监测》1984年在中国海岸工程学会全国第三届海岸工程学术讨论会上宣讲,入选本届论文集。

《关于瓯江"南口工程"围海范围和工程布局的探讨》1993年在中国海岸工程学会全国第七届海岸工程学术讨论会上宣讲,入选本届论文集。

《温州市洞头"半岛工程"的重大意义和效益初析》1995年在苏浙闽沪航海学会联合主办的"九五期间港口与航道发展学术研讨会"上宣讲交流;1997年在中国海岸工程学会全国第八届海岸工程学术讨论会上宣讲,入选本届论文集。

《优化设计在建筑物鉴定中的作用——标准游泳池泳道鉴定测量》1990年在华东六省一市测绘学会第二次综合性学术交流会上宣讲,被评为会议优秀论文。

《沉降曲线特性初探》1992年在华东六省一市测绘学会第三次综合性学术交流会上宣讲,被评为会

议优秀论文。

《GPS卫星接收机天线相位中心的检测及其方法的改进》1996年在华东六省一市测绘学会第五次综合性学术交流会上宣讲,被评为会议优秀论文。

《乐清市规划管理信息系统的介绍》2000年在华东六省一市测绘学会第七次综合性学术交流会上宣讲,被评为会议优秀论文。

《关于斜拉索大桥变形监测设计和数字分析方法的探讨》2004年在首届长三角科技论坛数字区域与地理空间技术分论坛上宣讲,入选分论坛优秀论文集。

《温州市大气折光系数K值的计算》1989年在浙江省测绘学会第四次会员代表大会上宣讲,被评为会议优秀论文。

《机助编制温州市土地征用地籍图》1993年在浙江省测绘学会第五次会员代表大会上宣讲,被评为会议优秀论文。

《城市导线网测量评分与模糊综合评判》1991年在浙江省测绘学会大地测量学术讨论会上宣讲,被评为会议优秀论文。

《电子计算机在控制网平差和优化设计中的作用——BJPC系统介绍》1991年在浙江省测绘学会大地测量学术讨论会上宣讲,被评为会议优秀论文。

《按比例计算高程异常值的实用性》1996年在浙江省测绘学会大地测量学术讨论会上宣讲,被评为会议优秀论文。

《乐清市GPS城市控制网的建立及其坐标转换》2002年在浙江省测绘学会大地测量学术讨论会上宣讲,被评为会议优秀论文。

2004年在浙江省测绘学会上宣讲论文3篇,篇名未详。

第三节　获奖论文和获奖工程项目

改革开放以来,温州测绘科技工作者撰写了大量测绘科技论文,很多获得全国和浙江省优秀论文奖,这是温州测绘人的荣誉和自豪。本节收录获奖论文90篇,获奖工程项目21项。

一、获浙江省科协、温州市科协历届自然科学优秀论文奖篇名

1. 浙江省科协1978～1994年度

《温州市东部新的三等水准网的建立》作者王国俊,1978～1980年度较佳论文。

《瓯江北口江岸岸滩的崩坍监测》作者王国俊、钱云明,1985年度三等奖。

《苏一光J_2经纬仪的实测精度》作者王学权,1985年度三等奖。

《沉降曲线特性初探》作者汤文良,1994年度三等奖。

2. 温州市科协第三届(1985～1987年度)

《城市规划、统一坐标制定位和测绘管理》作者王国俊、池圣文、钱云明,二等奖。

3. 温州市科协第四届(1988～1990年度)

《略谈城市平面控制网设计》作者陈远新,二等奖。

《关于水深测量定位中误差限差的商榷》作者王国俊，二等奖。

《我院 AGA112 型测距仪常数变化分析》作者汤文良，三等奖。

《大中型工程测量三个环节管理》作者施正琛、郑源煜，三等奖。

《温州九山体育场的鉴定测量》作者施正琛，三等奖。

《从信息的角度看地图与地图制图》作者曾庆伟，三等奖。

《连点量距测角法在地质勘探工程测量中的应用及精度分析》作者陈远新，三等奖。

《对开展温州市地籍测绘的设想》作者徐公美，三等奖。

《电磁波测距间接高程测量精度评估》作者汤文良，三等奖。

《试论建设项目的红线放样管理》作者王国俊，三等奖。

《城市地名的分类与特点》作者蒋露平，三等奖。

《关于隧洞地面控制的讨论》作者王云夫，三等奖。

《学会的生命力、实力和凝聚力》作者王国俊，二等奖。

4. 温州市科协第五届(1991～1992 年度)

《沉降曲线特性初探》作者汤文良，二等奖。

《国产 DCH－2 型测距仪在城市控制测量中的使用》作者方汉，三等奖。

《建筑物沉降观测》作者杨文生，三等奖。

《略谈 1∶500 测记法成图》作者金珍林，三等奖。

《要切实抓好"三图并出"工作》作者池圣文，三等奖。

《三边交会等权平差法》作者陈新帀、汤文良，三等奖。

《关于瓯江"南口工程"围海范围和工程布局的探讨》作者王国俊，三等奖。

《发挥学会智力优势，主动参与决策咨询》作者王国俊，三等奖。

《沉降曲线方程和深层水泥搅拌复合地基置换率 fu 的讨论》作者汤文良，三等奖。

5. 温州市科协第六届(1993～1994 年度)

《温州市 GPS 扩展控制网实施概述》作者汤文良，二等奖。

《深圳市房地产市场情况调查》作者王国俊，三等奖。

《普通水准仪故障浅析》作者陈盛华，三等奖。

对大比例测图检查验收标准的几点看法》作者邓正兴，三等奖。

《Fx－4500p 计算器附合导线近似平差程序》作者黄道松、李上銮，三等奖。

《洞头"半岛工程"的重大意义和效益初析》作者王国俊，二等奖。

《价值模型在开发油藏工程中初步应用》作者汤文良，二等奖。

6. 温州市科协第七届(1995～1996 年度)

《GPS 卫星接收机天线相位中心的检测及其方法的改进》作者黄道松、杨文升，二等奖。

《内外业成图一体化的新技术应用》作者宋克坚、施正琛，三等奖。

《对改进测绘行业管理工作的几点思考》作者池圣文，三等奖。

《从柳市镇的测量谈控制网方案的选择》作者陈远新，三等奖。

《原控制网归算为 GPS 坐标系统方法的选择》作者汤文良，二等奖。

《按比例计算高程异常值使用》作者汤文良、施正琛，三等奖。

7. 温州市科协第八届(1997~1998 年度)

《高程控制网结点法平差程序》作者施正琛、卢明岳,三等奖。

《对推广一体化成图的几点看法》作者陈盛华、叶国晨,优秀奖。

《规则建筑真三维摄影测量视图》作者卢明岳,优秀奖。

《城市主干道路 GPS 控制网和导线网的比较》作者汤文良,优秀奖。

《方向交会在测记法测图中的应用》作者林棉弟,优秀奖。

《浅谈土地详查数据的处理》作者倪仕铁、金秀林,优秀奖。

8. 温州市科协第九届(1999~2000 年度)

《高程异值计算的建议》作者汤文良,优秀奖。

《谈数字化测图软件中图式处理》作者陈盛华、魏兴斌,优秀奖。

《剖面法石方测量中几个问题的解决方法》作者张东海,优秀奖。

《多媒体技术在地理信息系统中的应用》作者周星炬,优秀奖。

《用 MAPGIS 软件编绘"工商地图册"的方案探讨》作者池万荣,优秀奖。

《浅析用 Excel 来计算 EDM 三角高程高差的应用》作者项谦和,优秀奖。

《卫星定位技术(GPS)在城市主干道路控制测量的应用》作者于文国,优秀奖。

《试论商品房公用建筑面积的分摊》作者曾庆伟,优秀奖。

《测绘资料管理系统的简介》作者陈盛华、周宏明,优秀奖。

9. 温州市科协第十届(2001~2002 年度)

《用 Visual Lisp 语言编制尺寸标注程序》作者曾庆伟,三等奖。

《GPS 控制测量在重点工程中的实践探讨》作者郑瀚,优秀奖。

《温州市建立 GPS 参考站网络的必要性和可行性研究》作者宋克坚、叶海亮,优秀奖。

《对基层测绘单位发展 GIS 的思考》作者陈盛华,优秀奖。

《2 米水准标尺分划线每米真长的测定》作者黄道松、张东海、吴锦荣,优秀奖。

《苍南县三、四等 GPS 网的建立及坐标系统的最后选择》作者潘克初,优秀奖。

《瑞安市地籍调查的质量监理》作者王国俊,优秀奖。

《藤桥供水管网信息管理系统设计方法初探》作者房志刚,优秀奖。

《基于 GIS 底层接口函数 DB - Lib 的数据库快速访问》作者项谦和、陈春雷,优秀奖。

10. 温州市科协第十一届(2003~2004 年度)

《隧道的贯通测量及测量误差分析》作者廖雄,优秀奖。

《以 GIS 为核心的数字化成图系统初探》作者黄小毛,优秀奖。

《关于斜拉索大桥变形监测设计与数据分析方法的探讨》作者黄小明,优秀奖。

《在 MicroStation 中将 DGN 格式数据输出为 DWG 文件的实践探讨》作者危永利、叶海亮,优秀奖。

《温州市车载 GPS 系统电子地图设计与制作》作者张成立、危永利,优秀奖。

《温州市数字房产分幅平面图测绘情况介绍》作者吴晨峰、曾庆伟,优秀奖。

《永嘉县城乡一体化基础地理信息系统建设及应用》作者唐文新、祝颖,优秀奖。

《浅析洞头县高程控制网中的跨海高程测量》作者朱善铿、李弘国,优秀奖。

《地下管线监理中几点行之有效的工作方法》作者朱博、郑源煜,优秀奖。

11. 温州市科协第十二届（2005～2006年度）

《软土地区深基坑施工监测的实践与思考》作者黄小明、黄清明、朱善铿，三等奖。

《GPS 在农村住房防灾管理信息系统中的应用》作者付建德、徐刚，三等奖。

《软基地段控制点沉降量初探》作者吴锦荣，三等奖。

《Excel 在坐标转换的应用》作者蔡国标，优秀奖。

《水下地形测量误差来源及处理方法探讨》作者孙家兵、缪满定，优秀奖。

12. 温州市科协第十三届（2007～2008年度）

《甬台温高速公路崩塌地段的变形监测》作者项谦和，三等奖。

《温州市永强平原地面沉降监测网的建立和数据分析》作者金珍林，三等奖。

《基于 Aiax 技术开发公众地图服务网站的应用研究》作者徐刚，三等奖。

《浅谈为城市河道污染治理的市政排水管网普查工作特点及要点》作者朱博，优秀奖。

《GPS 似大地水准面精化数据模型精度实测》作者吴锦荣、阮建武、陈再炯，优秀奖。

二、获国家、浙江省其他部门优秀论文奖篇名

《大坡度山区总图运输平面布置的特点》作者张如秋，1981年度国家石油部优秀论文二等奖。

《试论温州市经济开发区的定点》作者王国俊，浙江省地理学会1983～1986年度优秀论文奖。

《雁荡山风景名胜调查和编图》作者郑源煜，浙江省地理学会1983～1986年度优秀论文奖。

《低空摄影测量大比例尺地形图的试验报告》作者徐公美，1988年度全国水利水电测量学术会议优秀论文奖。

《高层建筑物轴线点引测及精度》作者汤文良，1993年度中国建筑学会工程勘察学术委员会优秀论文三等奖。

《引水冲污改善水质的探讨》作者汤文良，1993年度中国建筑学会工程勘察学术委员会优秀论文三等奖。

《城乡结合部村镇规划若干问题的探讨》作者张如秋，1995年度浙江省建设厅优秀论文三等奖。

三、获奖工程项目

1. 温州市人民中路、西路城市地形测量　1989年度国家建设部优秀工程勘察项目三等奖

2. 温州市三、四等三角网测量　1990年度浙江省建设厅优秀工程勘察项目三等奖

3. 北麂列岛灯塔选址可行性研究　1990年度浙江省科协优秀科技咨询项目二等奖

4. 瑞安市待开发土地调查研究课题　1991年度浙江省土地管理局优秀科技成果一等奖

5. 运用路线价法评估基准地价的研究　1993年度国家土地管理局科技进步二等奖

6. 运用路线价估价法评估基准地价的研究——温州市基准地价评估课题报告成果　1993年度浙江省土地管理局科技进步一等奖

7. 温州机场工程测量　1993年度国家建设部优秀工程勘察项目三等奖和1993年度浙江省建设厅优秀工程勘察项目一等奖

8. 温州市水心街道地籍测量　1993年度浙江省建设厅优秀工程勘察项目二等奖

9. 温州市河道变迁地形图编绘　1993年度浙江省建设厅优秀工程勘察项目二等奖

10. 瑶溪镇瑶溪村建设规划　1994 年度浙江省建设厅优秀设计二等奖

11. 苍南县龙港镇西城路街景规划设计　1994 年度浙江省建设厅优秀设计三等奖

12. 温州市城市控制 GPS 扩展网测量　1996 年度全国第五届优秀工程勘察项目国家银质奖

13. 温州市主干道路控制测量　1998 年度浙江省建设厅优秀工程勘察项目二等奖

14. 乐清市城市控制 GPS 测量　2000 年度国家建设部优秀工程勘察项目二等奖

15. 温州市经济开发区 1∶500 基础测绘　2001 年度浙江省建设工程钱江杯二等奖

16. 仙岩测区 1∶500 数字化地形图　2003 年度浙江省建设厅优秀测绘工程二等奖

17. 七都岛测区 1∶500 数字化地形图　2003 年度全国城市勘察测绘优秀工程三等奖

18. 永嘉县城乡一体化基础地理信息系统　2004 年度全国地理信息系统优秀应用工程银奖

19. 温州市二等水准网测量　2005 年度浙江省优质测绘产品一等奖

20. 甬台温高速公路崩坍地段变形监测　2007 年度浙江省建设工程钱江杯(优秀勘察设计)三等奖

21. 温州市城市二等 GPS 网测量　2008 年度浙江省建设工程钱江杯二等奖

第三章 学术团体和学术活动

　　温州市测绘人员参加的全省性和全市性学术团体,主要有浙江省测绘学会和温州市测绘学会、温州市地理学会、温州市建筑学会、温州市水利学会等。温州市测绘学组和测绘学会团结全市测绘科技工作者,积极参与省测绘学会和市科协组织的各类学术活动,并自主举办各项学术活动,包括学术研讨、学术交流、决策咨询、科技咨询服务、科技情报交流、科学普及、科普宣传、在职人员培训和继续教育等。并创办测绘学会会刊《温州测绘》,接受委托编写《温州市测绘志》。

第一节 学术团体和学术期刊

　　1926 年,浙江测量协会成立,1928 年定名为浙江测量学会。1930 年,《浙江测量杂志》创刊。这是近代浙江省测绘界同仁自发组织的学术团体和编辑发行的学术期刊。1979 年 4 月,浙江省测绘学会正式成立,召开第一次会员代表大会。1980 年 4 月温州测绘人首次参加省测绘学会,1982 年 12 月增至 6 名,参加省测绘学会第二次会员代表大会,并当选为理事。2005 年省测绘学会召开第八次会员代表大会,温州会员增至 168 名,当选理事增至 6 人,并有常务理事。

一、温州市测绘学会

　　20 世纪 60 年代,温州市地理学会成立,是温州市四个老学会之一。1979 年,温州市地理学会召开第四届会员大会,3 名测绘人员向地理学会申请入会,同年 4 月批准入会。1980 年地理学会年会决定建立测绘、气象、地质、地震学组,并增补测绘理事。1980 年 4 月 7 日,温州市地理学会测绘学组成立,成员 6 名,这是温州测绘界最早的学术性群众组织。1980 年 12 月地理学会拥有会员 64 人,测绘学组 11人;1984 年 11 月拥有会员 90 人,测绘学组 30 人;1988 年 8 月召开会员大会时,原测绘学组 47 名成员中有 18 人仍保留地理学会会籍。

　　1987 年 3 月 13 日,温州市科协批复同意建立"温州市测绘学会筹建委员会",经筹委会积极发展,会员从 47 名增至 71 名。同年 10 月,温州市测绘学会召开首届会员大会,差额选举产生第一届理事会。1989 年 12 月 25 日,温州市科协批复同意"温州市测绘学会从市二级学会升格为市一级学会"。此时会员 112 名,另有团体会员 3 个单位 144 人。会员具有高级技术职称 11 名,中级 38 名,初级 56 名;兼为省测绘学会会员 63 人。温州市测绘学会是在温州市地理学会测绘学组的基础上,历时 7 年,发展为温州市二级学会,再历时 3 年,升格为温州市一级学会。1990 年 1 月,测绘学会召开升格后的首次年会暨颁发"从事测绘事业 30 年"荣誉证书大会,见图 12 - 01。

图 12 - 01　1990 年 1 月学会升格后首次年会

温州市测绘学会隶属于温州市科学技术协会并受其领导,业务上受浙江省测绘学会的指导。温州市测绘学会是全市测绘科技工作者自愿组成的学术性群众团体,是依法成立的社团法人组织。它的宗旨是团结全市测绘科技工作者,面向经济建设,促进测绘科技的发展和科技人才的成长和提高,为社会主义现代化建设作出贡献。它的任务是开展学术交流活动,宣传测绘科普知识,推广先进技术和科学管理经验,编辑出版会刊《温州测绘》及有关技术资料,开展科技咨询和技术服务,对会员进行继续教育和技术培训,表彰奖励优秀学术论文和科普作品及学会活动积极分子,举办为会员服务的事业和活动,反映会员的意见和呼声。

1991 年 4 月 10 日,按中华人民共和国《社会团体登记管理暂行条例》和温州市民政局温民社团批字(1991)第 50 号文件,温州市测绘学会向市社会团体登记管理处办理登记领证手续(温社登字第 022号)。1994 年 6 月 8 日,经温州市民政局核准,测绘学会改为社会团体法人,赋于代码"50210660 - 6"。

1987 年,温州市测绘学会首届一次会员大会通过第一个《温州市测绘学会章程》,嗣后历届一次会员大会对章程都作些修改。现以 2007 年第六届一次会员大会通过,并经社团登记管理机关核准的章程为例,内容共 8 章 51 条。章程规定,会员分为个人会员和团体会员。个人会员条件:①具有助理工程师和相当于助理工程师以上职称或获得硕士以上学位的测绘科技人员;②高等本科毕业从事测绘工作 1 年以上,或大专毕业从事测绘工作 3 年以上,或中专毕业从事测绘工作 5 年以上,具有一定学术水平和工作能力的科技人员;③未具规定学历,但已从事测绘工作 8 年以上,并具有相当学术水平和工作经验,或作出较大贡献的测绘科技人员;④热心积极支持学会工作,并从事测绘组织管理工作的领导干部。团体会员条件:具有一定数量与测绘专业有关的科研、教学、生产、经营等企事业单位人员,以及有关学术性群众团体,愿意参加本会有关活动,并支持本会工作。

温州市测绘学会成立至今已历 6 届,每届皆由会员大会选举产生理事,组成理事会。首届理事会聘请韦乙晓、张勇升担任顾问。历届理事会均聘请挂靠单位领导担任名誉理事长,起初只挂靠温州市规划局;1994 年 4 月开始多头挂靠,增加挂靠温州市土地管理局和省第十一地质大队,一度还挂靠温州市房产管理局。历届名誉理事长有杨秀珠、张秀峰、章方泰、杨伟锋、黄伟龙、蔡剑虹、徐增培、蔡建胜、吴宏伟,周晨晖、吴跃民。基层组织按会员所在部门和县(市、区)分编为会员组,第六届有 20 个会员组,包括 3 个老测绘组。温州市测绘学会历届一次会员大会日期、会员数和理事会组成见表 12-02,第二至第五届理事长先后任温州市科协第五至第八届委员。

表 12-02　　　　　温州市测绘学会历届一次会员大会日期、会员数和理事会组成

届数	换届日期	个人会员	团体会员	理事人数	常务理事数	理事长	副理事长	秘书长
第一届	1987 年 10 月 12 日至 14 日	71	—	9	—	王国俊	施正琛、朱初光	钱云明
第二届	1990 年 11 月 24 日至 25 日	127	3	13	—	王国俊	施正琛、陈远新、徐公美	杨文生
第三届	1995 年 5 月 27 日至 28 日	174	8	17		施正琛	陈远新、黄道松、杨文生	钱云明
第四届	1999 年 5 月 22 日至 23 日	227	12	20	—	施正琛	陈远新、黄道松、王晓秋	王洪涛
第五届	2003 年 9 月 20 日	331	18	27	9	陈远新	王洪涛、曾庆伟、陈盛华	王向民
第六届	2007 年 5 月 26 日	441	43	33	11	陈远新	王洪涛、陈盛华、张成立	周宗甫

截至 2007 年 11 月 30 日,温州市测绘学会共有个人会员 449 人,其中兼为浙江省测绘学会会员 168 人,兼为中国测绘学会资深会员 13 人;团体会员 43 个单位。个人会员的技术职称,高级 47 名(含教授级 2 名),中级 186 名,初级 190 名。

理事会内部机构,首届理事会设秘书组、学术组、咨询组(科技咨询服务部)、教育科普组、《温州测绘》编委会 5 个机构。第二届理事会撤消学术组而细分为控制、工测、制图、地籍、海测、仪器、综合、航测与遥感、物业评估 9 个专业组;保留其他各组,增设离退休会员联络组。第三至第五届理事会归并部分内部机构。第六届理事会改设学术委员会、《温州测绘》编辑部、《温州市测绘志》编写组、科普教育专业组、大地与工程测量专业组、GIS 与制图专业组、地籍测量专业组、房产测量专业组、测绘经济与管理专业组、秘书组、测绘之家活动小组等。

温州市测绘学会多年来重视自身建设。坚持积极发展会员,民主办会,财务年审。每年召开会员大会,温州市人大、市政府、市科协、市民政局和省测绘局、省测绘学会领导经常莅会讲话。理事会每季召开会议,到会率保持 80%～85%,重要议题均经充分协商决定,并印发"会议纪要"。理事认真"理"事,勤为会员服务。学会严格会籍管理,多次进行会员登记,会员入会申请表齐全,按入会时序编号,并发放会员证,印发《会员名录》。1995 年开始,学会建立档案,分 8 大类 30 项,并建立清册,档案完整有序,一目了然。

1988 年,学会与市规划局联函致省测绘局和省测绘学会,要求给从事测绘工作满 30 年的职工颁发"长期从事测绘事业荣誉证书"。1989 年国家测绘局将此列入经常性工作,当年温州市获荣誉证书者 57 名(含非会员 9 名),1991 年 8 名(含非会员测绘长辈吴启政和金显儒)。1992 年 7 月,温州市科协编印《温州科技闻人集》(第一集),测绘学会和市水利学会共同推荐的韦乙晓在列。协助省测绘学会编写《浙江省测绘机构和专家学者名录》(测绘出版社 1992 年 11 月出版),温州市测绘学会 11 位会员入录。

对伤病住院会员普遍进行探望,春节重点慰问,为高龄会员祝寿,对亡故会员前往吊唁。1991 年 2 月召开首次"离退休会员春节座谈会",见图 12-02。2000 年起,每年 12 月 31 日举办离退休会员座谈会,由各县(市、区)会员组轮流承办。岁岁金秋,还组织老测绘会员参观温州市重点工程建设。2004 年

7月,学会凭借多年积累的财力购置温州大厦411房,面积112.08平方米,建立"测绘之家",规定每月2天为老测绘会员定期集中活动日。因此,学会凝聚力强,大家都将学会视为自己欢聚的"测绘之家",从事测绘工作60年的高龄会员郑德三甚至还积极赞助学会购房。1999年6月,会员邢文旗在弥留之际还要交最后一次会费,委托妻子就近送给老理事长转交学会。

1980～2007年,每年评选学会工作先进集体和积极分子,累计评选32个单位次和126人次;同期,获浙江省测绘学会和温州市科协积极分子和优秀会员共17人次和12人次。1990～2008年度,温州市测绘学会连续6次评为浙江省测绘学会先进集体;评为温州市科协1990年度的先进集体、两个年度的二星级学会和两个年度的三星级学会。

图10-02　1991年2月首次离退休会员春节座谈会

二、学术期刊《温州测绘》

1982年8月15日,温州市地理学会测绘学组的学术性、信息性内部刊物《温州测绘》创刊,每年一期,主编王国俊。《发刊词》申明主要任务是贯彻党的百花齐放、百家争鸣的方针,交流测绘工作经验,开展测绘学术讨论,推广测绘技术革新成果,普及测绘科学知识,介绍省内外测绘科技动态。此外,也发表会员撰写的自然资源开发利用、农业区划、城镇规划、航道整治等方面的文章。

温州市测绘学会历届理事会均设《温州测绘》编委会。第一至第五届主编王国俊,副主编前两届徐公美、叶邦权、施正琛、蒋露平,后三届蒋露平、张如秋、曾庆伟。第六届主编施正琛,副主编胡昌顺和项谦和。刊物稿源主要选自学会年会和学术会议交流的论文,少量为编委会组稿和会员投稿,间或发表一些有水平的外地约稿。对会员已在省级以上期刊发表的论文不再予以刊出,而对青年会员和初次来稿者的论文则实行倾斜。选文先委托专家初审,再经编委会讨论决定。审稿、编辑、排版、校对和印刷都严格把关,差错极少。头四期无稿酬,第5期起实行低稿酬。版面和印刷不断改进,从机械打字换成电脑打字,第10期起从油印改为胶印,封面从单色过渡到彩色。每期印数从120本递增至1000本,发行范围增至温州市有关部门和浙江省主要测绘单位及外省部分测绘学会。

截至2007年,26年共出版25期,第22～23期合刊。期刊累计180万字,发表各类文章262篇。1984年,全国科技情报检索刊物《中文科技资料目录·测绘》,将《温州测绘》列为国内引用期刊之一,编号274。如第1～10期被题录报导论文63篇,总共录入论文102篇。历期《温州测绘》(第1～16期)见

图 12-03。

图 12-03　历期《温州测绘》

第二节　学术活动

学术活动指学术研讨、学术交流和决策咨询,包括参加全国、全省和全市的学术活动、科技咨询服务、科技情报交流、科学普及、科普宣传、在职人员培训和继续教育等。1980 年以来,温州市测绘界的各项学术活动空前活跃。

一、全市性学术研讨、交流和决策咨询

温州市测绘学会积极参加温州市科协、温州市地理学会组织的各类学术活动,并自主举办多种学术活动,例如每年年会暨学术交流会,专题或综合性学术研讨会,新技术演示会,专题学术报告会,考察和参观活动等。截至 2007 年底,总共 58 次,参加人数 4660 人次,提供论文 336 篇。其中在测绘学组阶段 17 次,430 人次,50 篇;学会阶段 41 次,4230 人次,286 篇。

1980 年,在温州市地理学会年会上,测绘学组演讲《规划测量是城市规划的基础》《温州市城市规划中的几个重要问题——土地、港口、供水及环境保护》。1981 年,测绘学组邀请温州市有关部门领导和外地温籍同行共 31 人交流座谈,会后向温州市科协提出《关于改进温州测绘工作的十项建议》。1982 年,举办"温州市城区平面和高程控制学术讨论会",会后温州市城市规划管理处制定"平面控制网设计",再邀学组评述,听取意见。1983 年,承办浙江省测绘学会"大比例尺航测成图学术讨论会",其间受温州市城市规划管理处委托,邀请部分外地代表座谈,听取城市规划测量的经验和意见;嗣后,测绘学组向市委、市政府和城乡建委提出《关于在温州市建立专业测绘队伍的建议》。1984 年,测绘学组代表在温州市科协学会工作会议上作《改变本市测绘落后面貌,振兴温州经济》宣讲。当温州列为全国对外开放 14 个沿海港口城市之一,测绘学组代表参加市科协科技考察团赴厦门经济特区考察,提出《温州经济开发区选址方案》,学组又受市人大和市经济开发委员会领导委托,完成《试论温州市经济开发区的定

点》。两篇文章都建议选址龙湾,这与上报方案一致。1984 年,为答复省科协征询意见函"您认为在您所从事的学科或行业中,目前主要存在的问题是什么?"测绘学组复函,建议国家尽早制定"测绘法"。

1987 年温州市测绘学会正式成立后,会员日增,学术活动更加活跃。每次年会都有学术交流和专题报告,特别是 1987 年的一届一次年会、1989 年的一届二次年会、1990 年的一届三次年会、1994 年在平阳召开的二届四次年会、2000 年学会成立二十周年的四届二次年会、2006 年在瑞安召开的五届四次年会等会议,学术气氛浓烈,影响很大。

学会举办的专题或综合性学术研讨会、新技术演示会,主要有 1988 年综合性学术交流会,1990 年水准测量学术交流会,1991 年计算机机助成图演示会,1992 年大比例尺地形测图学术交流会;1995 年温州市持证单位常规测量仪器操作竞赛,共有 9 个单位报名参加,苍南县规划土地测绘所获得第一名,见图 12-04;1997 年测绘新技术演示会;1999 年测绘经济与管理研讨会;2000 年数字化成图经验交流会,在雁荡山举行;2001 年测绘新技术发展研讨会,在仙岩举行;2002 年 GPS 新技术发布会及 GPS 技术应用经验交流会,上海天测科技有限公司承办,在温州举行;2004 年房产测绘技术交流会;2005 年测绘经济与管理研讨会,在石桅岩举行;大地与工测学术交流会,在玉环举行;2006 年甬温测绘学术交流会,与宁波市测绘学会联办,在温州市举行;2004 年测绘新仪器、新产品演示会,与温州天地测绘技术有限公司合办。

图 12-04　1995 年 11 月学会举办常规仪器操作竞赛活动

学会举办的专题学术报告会,主要有 1984 年卫星多普勒定位技术学术报告会,武汉测绘学院大地测量专家施品浩、鄂栋臣主讲并演示全套仪器设备;1986 年 6 月测绘工作座谈会,省测绘局副局长、总工虞乐南主讲,测绘学组作"关于温州市测绘管理工作的简要意见和建议"发言,听取对发展测绘事业的意见;1991 年工程测量的现状与发展趋势讲座,浙江大学张勇升教授主讲;2002 年地理信息系统技术讲座,浙江大学刘南教授、刘仁义副教授主讲;2003 年 GPS 与测绘新技术学术报告会,澳大利亚北澳州地理信息中心主任菲利浦·拉德先生主讲;2006 年 GPS 参考站网建设与应用新技术讲座,吴星华博士、施品浩教授主讲;2006 年地籍测量与地籍信息系统建立研讨会,陈建弟高工和封宁博士主讲。

学会举办的主要考察和观察活动,1982 年 5 月温州港和瓯江南口工程观察活动暨海道测量技术报告会,观察温州港整治工程和瓯江南口堵江潜坝工程及水深测量演示,3 位会员分别讲述海测的控制、水深测量、深度基准面及成图。见图 12-05。1982 年 7 月受温州市地理学会委托承办瓯江大桥桥址和瓯江翻水站工程观察活动。1991年灵昆岛资源和规划考察。1985年9月16日至22日,温州市科协组织以地理学会为主的27人,开展大罗山旅游资源考察,测绘学组2人按专题分工撰写《大罗山水资源和水文初步调查》《大罗山风光》。1986~1987年,浙江省和温州、丽水科协组织64人,开展瓯江流域水资源综合开发考察,测绘学组2人在"瓯江南口专题组"和"温州市区供水专题组"参与撰写有关考察报告。1987年10月,温州市科协等三个单位经温州市委批准召开"温州市首次科学季谈会",测绘学组代表就会议两主题之一"瓯江河口资源的开发和利用"作中心发言。1991年,温州市科协"市级学会座谈会",测绘学会代表作"发挥学会智力优势,主动参与决策咨询"宣讲。1992年6月27日至7月12日,温州市科协组织"温州市赴广州、珠海、深圳科技考察团",市人大副主任、市地理学会名誉理事长魏忠任团长,由市科技群团主要领导11人组成,测绘学会代表分工考察港口建设和国土资源利用等专题,撰写《"珠海市国土资源利用情况"考察报告》《深圳市房地产市场情况调查》,还参与撰写《城以港兴,港为城用——珠海市高栏港建设前期工作经验专题调研报告》。

图12-05 1982年5月瓯江南口堵江潜坝观察活动

二、参加全国性和全省性学术活动

测绘学组阶段参加全国性学术活动10次,参加全省性学术活动12次。例如1980年在南京举行的全国海岸带和海涂资源调查、海岸工程、河口海岸泥沙问题学术讨论会,1983年在哈尔滨举行的大地测量讲学班,1984年在青岛举行的航测和遥感新技术讲学班,1985年在广州举行的城市测绘业务管理讲座,1987年在北京举行的第二届发展中国家海岸及港口工程国际会议。参加全省性学术活动主要有1980年激光准直测定水库大坝变形学术讨论会和激光地形测量学术讨论会,1981年城市规划测量和大比例尺航测成图学术讨论会,1982年浙江省地理学会第四次会员代表大会暨学术会议,1983年土地面积量测学术讨论会,1984年施工测量和变形观测学术讨论会和测绘教学学术讨论会,1986年浙江省土木建筑学会区域城镇布局规划学术讨论会,1982年和1985年浙江省测绘学会第二、三次会员代表大会。

1987年由学组转为学会后,1987~1995年期间参加全国性和全省性学术活动共19次。例如1990年在杭州举行的全国普通测量学和测量平差课程教改研讨会,1993年在南京举行的中国测绘学会第五次会员代表大会,1993年在烟台举行的近代测量平差及其应用学术交流会,1995年在宜昌举行的中国测绘学会地市测绘学会工作经验交流会。参加全省性学术活动主要有1987年在温州举行的全省工程测量综合性学术交流会,1988 年在杭州举行的测绘成果成图质量管理研讨会和电磁波测距三角高程测量代替等级水准测量学术讨论会,1991 年在杭州举行的地籍测量学术研讨会,1994 年在安吉举行的工程测量专业综合性交流会,1989 年和 1993 年浙江省测绘学会第四、五次会员代表大会。

1996～2007 年期间,参加全国性学术活动主要有 1997 年在北京举行的中国测绘学会第六次会员代表大会,1998 年在成都举行的控制测量与数据处理学术研讨会,2000 年在厦门举行的浙闽测绘学会大地测量、工程测量学术交流会,2005 年在宁波举行的全国工程测量学术交流会。同期,参加全省性学术活动主要有 1996 年浙江省工程测量综合性学术交流会,2000 年浙江省测绘和地质学会浙江青年论坛,2002 年 RTK GPS 技术应用研讨会,2003 年测绘技术与信息交流综合学术年会,2004 年浙江省大地测绘学术交流会,2005 年第二届中国浙江学术节开幕式暨特邀报告会,1997 年、2001 年、2005 年浙江省测绘学会第六、七、八次会员代表大会。

三、测绘科技咨询服务

1982 年 4 月 13 日,温州市科协批复同意建立温州市地理学会科技咨询服务处,地理学会确定由测绘学组具体负责,这是温州市第一个科技咨询机构。1982 年 10 月 30 日,温州市科技咨询服务公司成立,地理学会科技咨询服务处转为其下属机构之一,公司对下属各处一律实行合同和财务的统一管理。开展测绘科技咨询既切合社会需求,又为测绘成员提供共同作业和互相学习的机会,亦是测绘学组活动经费的来源。

1987 年 5 月,浙江省首次颁发测绘许可证,"温州市地理学会科技咨询服务处"获许从事测绘业务。同年 10 月,温州市测绘学会成立,并建立"温州市测绘学会科技咨询服务部",省测绘局将原颁发给地理学会的"测绘许可证"易名为测绘学会。1988 年是测绘科技咨询最活跃的一年。此后,因归口管理部门进行内部整顿而大受影响。

1982～1991 年的十年期间,科技咨询服务处完成许多项目的测绘工作,主要有 1982 年的瓯江礁头—垟湾河段监测断面桩位测量及苍南霞关渔港 1∶2000 水深图测量,1984 年的虹桥镇规划控制测量,1985 年的永强机场南址首级平面控制测量、温州造船厂控制和地形测量、双屿镇控制测量和地形图代理验收、温州中医院地形图、瓯江南口龙东滩涂测量等 10 多项。1987～1991 年共完成大小项目 50 多个,最大的项目是 1988 年测绘永嘉县清水埠镇 1∶500 地形图 4.8 平方千米;较大项目有永强四等导线测量、楠溪江河口 1∶2000 航道图测量、瓯北镇西部四等三角和一、二级导线测量以及北麂灯塔选址可行性研究等。由于学会咨询组拥有资深工程师组成的中坚骨干,技术过硬,责任心强,所承担测绘项目成果卓著,获得好评。例如清水埠 1∶500 地形图测绘,从长远发展着想,宁愿多费精力坚持采用温州市独立坐标系,主动跨江联测温州市城市三等三角网,最后经省测绘局验收,四等三角和一、二级导线成果评为良,验收组对四等三角测量很满意。

1991 年,由于浙江省测绘局因"非实体型科技咨询服务部停发测绘许可证",测绘工作就此停止。同年 4 月,测绘学会发动老测绘人自愿参股成立"温州市东南测绘技术应用研究所",在经济上这是独立法人单位,自主经营,自负盈亏。测绘学会可借此继续开展科技咨询活动,但因多种原因,实际完成的测绘项目很少。

1995 年,测绘学会主办的温州市大地综合测绘服务部开业,此后每年都给学会提供盈利 1 万～2 万元,至 2001 年底停办。2000 年,温州市测绘学会与杭州天地测绘技术有限公司商洽入股;2003 年末,两家合股创办的温州天地测绘仪器有限公司开业。

四、测绘科技情报交流

改革开放以前,温州市测绘科技情报工作与浙江省之间缺乏联系。1978年9月浙江省测绘科技情报站成立,1984年11月创办信息性刊物《浙江测绘简讯》,双月刊。1986年6月召开"全省测绘科技情报工作座谈会",成员单位由原7个增至11个,温州市规划局测绘管理科为新增单位之一。至1989年,省情报站成员单位已有87个,温州市约占10个,包括温州市测绘管理部门以及市勘察测绘处、市城建设计处、市水电勘测院测量队等。从此,温州市测绘管理部门经常派人向省局和杭州、宁波学习,还远去江苏省取经,获得各地关于测绘管理方面的政策性文件、管理措施和经验教训等。同时,经常向《浙江测绘简讯》报导温州测绘信息,收集和整理测绘科技情报并传递给全市各测绘单位。温州市各主要测绘生产单位都有专人负责科技情报工作。

温州市测绘学会非常关注各地测绘科技信息,收集《华东测绘情报》、中国有色矿产地质情报网《测绘情报简讯》、全国测绘科技情报网《网讯》、全国科技情报检索刊物《中文科技资料目录·测绘》、各省测绘期刊和《浙江测绘简讯》《浙江地质测绘》等期刊,《浙江测绘》更是每期必订。此外,测绘学会对外赠送各期《温州测绘》,进行交流。全国测绘科技情报网1987年11月在长沙举行的经验交流和信息开发会议,华东测绘科技情报网1988年举行的中小城市测绘工作会议,温州市测绘学会均派代表参加。温州市测绘学会与宁波、金华、丽水测绘学会经常有人员往来,交流测绘情报,应邀参加对方会员大会和重要学术研讨会。

2001年11月,全国测绘科技信息网华东第十六次会议"信息交流会"在永嘉县举行,出席代表共130名,永嘉县勘察测绘院等单位多名代表参会。国家测绘局局长陈邦柱和省测绘局局长顾德渊莅会讲话,并为永嘉县勘察测绘院新大楼剪彩。

五、科学普及、科普宣传、在职人员培训和继续教育

1980～1983年,温州市地理学会在工人文化宫经常举办"地理知识讲座",测绘学组主讲"瓯江翻水站工程与温州市饮水问题""万里长江第一坝——葛洲坝""瓯江口的金滩宝岛及开发之路"等。

1989年9月22日至27日,温州市科协举办庆祝中华人民共和国成立40周年、温州市科协成立30周年暨科技之路科普宣传周活动,科普展览在市工人文化宫展出,测绘学会展品占6大版面(1.8米×1.2米),分十年成就、城市测绘、测绘新仪器和新技术、温州市勘察测绘研究院概况四个部分;第五部分为光电测距仪实物展出及测距演示,瓯海水电局测量队协办。展出期间分发《温州市测绘事业四十年成就简介》《高程和高程基准面》等科普宣传资料。

1990年,测绘学会升格后的首次年会上,举办全市测绘成果成图观摩展,共有10个持证测绘单位参加,永嘉县会员组以《俯首甘为孺子牛》为题介绍老测绘人李宝荣先进事迹。1993年7月1日,《中华人民共和国测绘法》开始施行日,测绘学会配合测绘管理部门,置办大型图片,组织街头宣传,发放宣传报刊3000份。此后连年坚持这项普法宣传。

每年5月和9月,温州市科协举办科普宣传周或宣传日活动,测绘学会均积极参与。例如2001年5月15日在松台广场,测绘科普展出卫星遥感地图、先进测绘仪器设备、3S新技术、房屋面积量算等图片以及电子地图演示,同时分发"测绘标志保护"等科普资料。

温州市科协开展科普征文活动,2005 年测绘学会推荐三篇文章,其中《3S 技术与数字地球》获一等奖,《地图、电子地图和地理信息系统》获三等奖;2007 年亦推荐三篇文章,其中一篇获三等奖。

2006 年,温州市科协推出市级重点学会科普活动,12 月 16 日测绘学会在温州大学建工学院举办测绘新技术重点科普活动,请省测绘学会副理事长徐韬教授作"地理信息技术与电子地图应用"专题科普讲座,参加人员有本学会和兄弟学会会员以及温州大学建工学院和温州职业技术学院师生共 207 人。

1988 年 3 至 7 月,测绘学会与温州大学联合举办测绘技术人员培训班,招生对象为单位正式职工,具有高中学历并有二年以上测绘工龄或初中毕业学历并有五年以上测绘工龄。招生工作由测绘学会承担,温大负责教学。经半年学习,全班 18 名学员考试合格,由温大发给结业证书。1988 年和 1991 年,测绘学会与温大建工系合办地图编绘讲学班、地形图清绘学习班、测绘仪器培训班。

1996 年 3 月 1 日,测绘学会承办测绘工人技术等级考核培训班,学员来自温州八县和鹿城、瓯海的城建、规划、土地、房管、交通、水利部门长期从事测绘的工人,共 115 人,分别参加高、中、初级技术等级培训。通过 27 天学习,并经全面考核合格,取得高级工人技术等级 14 名,中级 43 名,初级 58 名;并由温州市人事局、劳动局颁发测绘工人技术等级证书和岗位证书。2001 年 4 月 21 日,学会再次承办工程测量工人技术等级培训班,参加高、中、初级培训共 102 人,历时 19 天,经考核全部合格。2004 年,学会邀请北京清华山维软件公司来温州举办 EPSW 软件升级应用培训,参加者 50 人。

温州市测绘学会还鼓励并组织在职人员继续教育,面向全国高校,经学会推荐,会员报名参加测绘本科函授。浙江省测绘学会经常组织在职人员继续教育,温州市测绘学会大多安排人员参加,例如 1987 年杭州煤炭工业学校开办工程测量专业代培中专班,学会积极联系温州市各测绘单位,参加培训 7 名。还有 1984 年测绘仪器技术讲座会、1988 年城市测量规范和地形图图式学习班、浙江省第一期地籍测量培训班等,测绘学会都推荐人员参加。

六、编写《温州市测绘志》

2005 年 9 月 23 日,测绘学会五届九次理事会决定,趁许多老测绘人健康岁月,依靠学会的智力和财力,组织编写《温州市测绘志》,并议定编纂委员会和编辑部人员。2006 年 1 月 12 日,完成"编写大纲"(初稿)。2006 年 5 月 27 日,向五届四次会员年会通报,重点落实编辑部和市直各单位及各县(市)的资料收集小组名单。主编王国俊,编委施正琛、方汉、郑源煜、孙少华,办公室主任张如秋。2009 年 12 月,编辑部人员分工完成各篇初稿并讨论修改,交编纂委员会审定。

2006 年 5 月,温州市地方志编纂委员会下达《关于同意将温州市测绘志列入温州市志分志的复函》(温志函〔2006〕01 号)。据此,温州市规划局局长办公会议决定市局专门成立编委会,编写工作由测绘学会承担,测绘学会建立的"编纂委员会"终止活动。2007 年 6 月 30 日和 7 月 14 日,学会理事长陈远新两次主持召开编辑部会议,讨论修改"编写大纲",完成大纲"二稿"。2007 年 7 月 16 日,温州市规划局办公室发出温市规办字(2007)68 号《关于成立温州市测绘志编纂委员会的通知》,确定编纂委员会和编辑部成员。

2007 年 10 月 13 日,黄伟龙副主任(市规划局副局长)主持召开《温州市测绘志》编辑部成员扩大会议,经协调明确原学会编辑部成员皆为执笔人员。据各方对"编写大纲二稿"的意见,主编编写"凡例、编写大纲及全书框架设计"(送审稿),11 月 9 日经执笔人员讨论通过。2007 年 11 月 16 日,温州市规划局主持召开"温州市测绘志编写大纲评审会",会议决定"原则同意按送审的'编写大纲及全书框架设计'进行编写"。应邀参加评审的专家有《中国测绘史》副总编吴承园、《浙江省测绘志》编纂撰稿杨彬镛和崔福官、温州市志办《温州年鉴》副主编殷惠中、温州市志办主任柯小敏和有关部门领导和专家34人。根据评审意见,主编对"送审稿"再次修改完善后上送。2008年3月13日,编纂委员会副主任黄伟龙主持召开"编写大纲定稿会议",签发"编写大纲";并代表温州市规划局,与温州市测绘学会正式签订委托编写协议。编写工作自2008年4月3日正式启动。

测绘学会与市测绘局协同,发动学会会员和测绘管理部门,组成各县(市)资料搜集汇编组。温州市地方志编纂委员会办公室发出2008年1号文件《关于要求协助征集温州市测绘志资料的函》,学会理事长持此文件,率执笔人员深入各有关委局、各县(市)调查收集资料,并赴杭州走访10多个测绘单位,多方求索,终于基本完成资料搜集这一基础工作。

《浙江省测绘志》主编虞乐南、《中国测绘史》副总编吴承园寄来修志的指导性长信。2010年3月25日,温州市志办王贤良副主任偕《温州年鉴》陈又新主编,主持召开"温州市测绘志编写情况汇报会",听取学会和各执笔人汇报。陈又新说:"大纲纵横适当,分类科学;凡例不错,测绘志书的特点都考虑到了。"并讲述编写志书应遵循的要点和注意事项,对送阅的试稿进行点评。会后就共性问题专门来函指导。2010年5月,测绘学会出版《温州测绘》第27期"温州市测绘志部分篇章试稿专辑",听取意见,鼓励信心。

2014年10月~2015年4月,委托两位会员校对,终于完成全志"终结送审稿",经执笔人签署认可,2015年6月送交市规划局审核。温州市测绘志从启动编写5年多来,温州市勘察测绘研究院一直为编写组提供办公室、资料室和打字文印服务。接下来情况见书尾《编后记》。

第十三篇
测绘人物和
文献辑录

在人类历史长河中,人物是一个永恒的主题,尤其是杰出人物,足以使一方地域的文化增辉生色。温州代有人杰,名流荟萃,群星璀璨,歆动中外,这是温州作为历史文化名城的突出标志。

第一章 测 绘 人 物

温州测绘人为家乡的测绘事业发展而呕心沥血,殚精竭虑,奋斗终身,他们是"温州测绘"精神的开创者和传承者。特别是温州市测绘系统的领导干部和技术人员是测绘行业的带路人和领航者,是我们全体测绘人员学习的榜样。

第一节 人物简介

本节介绍温州测绘前辈名人以及 2007 年底前去世的温籍和在温州从事重要工程测绘的知名人物,并附表格六张,简介现今温州市测绘管理机构和测绘学术团体负责人,具有高级职称的测绘科技人员,市级以上劳模和先进工作者,荣立二等功以上的先进人物,人大代表,政协委员,以及因公殉职人员。

洪守一(1769～1860 年)

洪守一,字观亭,号贯之。祖籍安徽歙县,在温州经商后定居瑞安城关。清道光二十四年(1844),捐银四千余两,与胡学全、胡永息、蔡梦兰、潘森等合力,发动温瑞塘河沿河村民,历时三年,疏浚塘河 40 余里,建石桥 50 余座。瑞安知县孙源为此撰写《重建瑞安官塘碑记》。道光二十九年(1849),捐银千两重建被飓风损坏的塘口横跨塘河的石桥。后又独力修建飞云江自城关西门至礁石的损坏江堤 20 多处,乡人感其义举,官府奏加六品衔义士,终年 92 岁。

宗源翰(1834～1897 年)

宗源翰,字湘文,江苏上元(今南京市)人。历任衢州、湖州、嘉兴、宁波知府,政绩卓著,升署杭嘉湖兵备道。光绪廿年十二月(1895 年 1 月),调任温处兵备道。长于文学,尤善舆地,著有《颐情馆集》《浙江省舆图并水陆道里记》等。

清同治年间,二品衔候补道宗源瀚驻守宁波,创办辨志精舍,聘余姚黄炳垕(1815～1893 年)主讲天算课。凡十余年,明、越两州之士多得其指授,天算之学遂为浙冠。这是浙江省测绘教育之始。

光绪十六年(1890 年),浙江省舆图局成立,调宗源瀚任督办,主持测绘大清会典图。他力邀精于天文算法和测地学的黄炳垕,帮助商订有关技术要求,两人经两个多月的研讨,制定浙江省测绘史上第一部近万字的舆图测绘技术规范《测绘章程》,共 20 条。章程条文清楚,规定具体,要求明确。1893 年,完成会典图浙江部分上送。1894 年,据这次实测资料以"计里画方"法绘制编撰《浙江省舆图并水陆道里记》,石印出版,含全省各府、县图共 20 册。

光绪廿一年(1895)初,宗源瀚来温履职。是年 11 月,孙诒让等 9 人发起创办瑞安算学书院(后改名学计馆),宗源瀚首出俸钱赞助开办费,府县相继响应。温州测绘教育实萌于斯。光绪廿三年(1897)春,宗源瀚病逝,陈虬撰挽联颂扬他"遗爱遍瓯括一十五县,公原不死,究竟莽莽,感恩如我更无门。"

徐宗达(生卒年和籍贯不详)

民国期间,曾三次在温州城内疏河治水。清末民初,温州水利失修,居民多想浚河通水。1916 年,浙江省水利委员会派第一测量队来温州测量地形。测量队长陈勉卿会商徐宗达,从事河道测量及规划。1918 年 11 月一个月内制成城河干道草图一纸,及沿江陡门距程与高程。不久黄道尹召开水利会议,增补徐宗达、徐赤文、吕维周三人为地方委员,由徐宗达主持一切工务。先拆修海坦陡门,再浚大街河、永宁巷河、信河街河、沧河、百里坊河、木杓巷河、蝉河及万岁里河等。完工之日,放水冲污,河水滚滚泻入瓯江,大街河之污臭一洗而清。但规划中开通三角城河与新建象门新陡门,因意见不一而停顿,虽徐赤文等人力争,终因环境不具备而作罢。1938 年,温州群众又要浚河,徐宗达兼主工务,顺遂群众意见,开通三角城河,舟船交通称便,信河之水亦较清洁。但终因限于财力,未完成整个治河方案,浚河不结而束。1946 年,徐宗达复归温州,又为地方义务参加水利工作,开通象门,建造新陡门,同时拆建东门浦桥陡门,重新拆修海坦陡门,并修建广化陡门和海圣宫陡门,完成了三进二出的口门方案。1955~1957 年,受温州市建设局委托,按三等要求布测温州城区应急水准网 122 千米,埋石 94 点,完成全部外业观测与内业平差,提供成果表。

徐赤文(1887~1963 年)

徐赤文,名宗溥,浙江温州人。1916 年毕业于北洋大学,历任华北水利委员会技正、工程师兼水文课长、山西省工程总处主任、广东珠江口水利局技术主任、贵州都江工程处长、华北水利委员会委员等职。新中国成立后,应中央水利部部长傅作义邀请,赴京任职,途经丽水,因腰伤而回温养病。1951 年 4 月任浙江省水利局温台办事处主任,兼温州市水利委员会副主任。1953 年 5 月任温州市人民政府副市长,1954 年 4 月调任浙江省农业厅副厅长,1956 年 2 月任浙江省水利厅长,兼任中科院浙江分院副院长。

徐赤文在家乡时间虽然不长,但对温州水利事业非常热心,并作出贡献。1917 年他大学毕业逗留温州之际,就开始筹划温州城河疏浚事宜。他奔走联系各界人士,争取温处道尹重视疏浚河道,增建陡门,提高排污排水能力。1933 年,徐赤文回家休假期间,再次谋划温州城河水利工程,新建三角城头、象门二座水闸,增加排洪和排污能力,清洁城内河水。1950 年 2 月,担任灰桥水闸技术顾问,4 月 15 日完工。在他担任温丽台办事处总工期间,参加温州专署第一个五年水利计划草案编制,派出测量队对平阳南港和乐清虹桥两个涝区进行勘测设计。1963 年,徐赤文在杭州逝世,浙江省委书记江华为治丧委员会主任,省长周建人主祭,各界沉痛悼念一代水利名人。

蔡秉长(1887~1974 年)

蔡秉长,字公刚,浙江平阳人。1912~1914 年担任浙江陆军测量局地形科科长,1927 年~1928 年担任浙江省陆地测量局地形科科长。1929 年创办私立浙江测量讲习所,并任所长。1937 年抗战私立大陆高级测量科职业学校正式批准成立,担任校长。1940 年任平阳县地籍整理处处长。1946~1949 年年初,任浙江省地政局技工。蔡秉长一生从事测量工作,创办测量学校,培养测绘人才,为民国时期浙江省的地形测量、测绘教育、土地陈报、地籍整理等作出贡献。

张树森(1898～1984年)

张树森,浙江平阳人。1922年6月,毕业于南京河海大学水利工程系,毕业后曾在福建省泉州市安溪公路局任技士、工程科科长。1927～1937年,在南京任中央大学土木系讲师,讲授测量学和大地测量学。1940～1948年,任浙江大学及其龙泉分校土木系副教授、教授。1949～1970年,任浙江大学土木系主任、教授。张树森从事测量教学40余年,为培养中国测绘人才作出贡献。在测量著作方面,有1932年出版的《平面测量学》、1933年出版的《大地测量学》、1941年出版的《最小二乘法》、1952年出版的《实用天文测量学》、1965年出版的《测量学》等。1984年11月13日,病逝于杭州。

林环岛(1904～1941年)

林环岛,又名林栋、林云涛、杨志恒,温州洞头北岙镇顶寮人。早年就读于浙江第十师范学校,接受"五四"新文化运动思想。1926年在上海暨南大学读书时加入中国共产党,同年冬投笔从戎,到福建参加北伐,次年"四·一二"事件后,他到缅甸、越南等地领导华侨爱国活动。1931年1月15日被缅甸当局驱逐出境。翌年回洞头探亲时,深入渔村,体察民情,多次与渔民一起渡海登上虎头屿考察地形,绘出虎头屿形势图、远视图、近视图,为建造灯塔选址,准备材料、经费和施工方案。后又发起召开谈话会,邀请各界有识之士和热心公益事业人士共商建造灯塔工程。在林环岛的主持下,1932年以民间集资方式在虎头屿建成灯楼一座,用4盏煤气灯导航,为民造福。此灯标在抗日战争中停止导航,1954年4月由省农业厅水产局重建为灯塔。后经修整,1974年经农牧渔业部批准,定为国际灯塔。

萧铮(1904～?)

萧铮,字炼心,号青萍,温州鹿城区人。1919年夏,考入浙江省立第十中学(今温州中学),受五四运动影响,与同学张冲、郑亦同等人一起组织"醒华学会"。后赴德国柏林大学求学,致力研究土地问题。德国毕业后,又获韩国建国大学荣誉经济学博士。萧铮是我国最早推行孙中山"平均地权"主张的地政专家,历任中央政治学校地政系主任、国民党六届中央常务委员、国防最高委员会委员、经济委员会副主任委员、经济部政务次长、立法委员等。1940年,创设中国地政研究部,任董事长,兼亚洲土地改革及农村发展中心董事长和土地改革纪念馆董事长,还是《土地改革》月刊发行人。

1932年冬,他在南京首创全国第一所地政学院,开设土地政策、测绘技术、土地登记、陈报等专业课程。地政学院内设研究室,聘任留法经济学硕士张森(永强人)、黄通(平阳人)、沈炼之(鹿城人)、洪孟节(瑞安人)等为教授。1933年1月,推选为南京地政学会(中国土地改革协会前身)理事长。他在江苏省首先创设地政局。1934年,全国选定江苏省的嘉定、常熟、六合和浙江省的杭州、永嘉(温州)为全国地籍登记整理的试点县。1935年4月,永嘉县地政处成立,张鑫任副主任,工作人员最多时达六百人左右,历年来所整理绘制的图籍表件相当准确全面,成绩显著,这与萧铮的支持和帮助是分不开的。永嘉县地政处开办之初,为解决测绘仪器紧缺,萧铮帮助张鑫向浙江地方银行贷款,订购到20世纪30年代最先进的进口经纬仪10台。

赴中国台湾地区后,任台湾地区土地银行董事长,参与指导土地改革运动,对台湾地区农业发展贡献良多。曾任国民党中央评议委员,总统府国策顾问,著有《平均地权之理论体系》《土地改革之理论与实践》等。

表 13－01
温州市测绘管理机构负责人

姓名	性别	出生年月	籍贯	民族	政治面貌	职务	机 构 名 称	任 职 期 限
王国俊	男	1932 年 11 月	温州	汉	九三社员	科长	温州市规划处测绘管理科	1985 年 9 月～1986 年 10 月
滕德寿	男	1948 年 11 月	永嘉	汉	无党派	科长	温州市规划局勘测管理科	1986 年 11 月～1989 年 9 月
王国俊	男	1932 年 11 月	温州	汉	九三社员	主持	温州市规划局勘测管理科	1989 年 10 月～1991 年 10 月
林心聪	男	1963 年 4 月	永嘉	汉	无党派	副处长（主持）	温州市规划局勘测管理处	1991 年 11 月～1994 年 11 月
钱云明	男	1937 年 5 月	平阳	汉	中共党员	主持	温州市规划局勘测管理处、温州市测绘管理处、温州市测绘局	1994 年 12 月～1997 年 5 月
王洪涛	男	1968 年 10 月	辽宁台安	汉	无党派	副局长（主持）	温州市测绘局	1997 年 6 月～1998 年 6 月
单武忠	男	1956 年 7 月	永嘉	汉	中共党员	局长	温州市测绘局	1998 年 7 月～2002 年 10 月
林力明	男	1954 年 4 月	温州	汉	中共党员	副局长（主持）	温州市测绘局	2002 年 11 月～2004 年 1 月
潘兵	男	1971 年 10 月	温州	汉	中共党员	局长	温州市测绘局	2004 年 2 月～2006 年 9 月
王洪涛	男	1968 年 10 月	辽宁台安	汉	无党派	副局长（主持）	温州市测绘局	2006 年 10 月～2007 年 12 月

　　注：1985 年 8 月 13 日，温州市城乡建设委员会发文〔1985〕167 号，在温州市规划处内成立测绘管理科，人员编制 4 人。9 月 10 日，温州市规划处〔1985〕68 号文"决定成立测绘管理科"，所列负责人以此为开端。

表 13－02
温州市测绘学术团体负责人

姓名	性别	出生年月	籍贯	民族	政治面貌	职务	任 职 期 限	备注
王国俊	男	1932 年 11 月	温州	汉	九三社员	理事长	1987 年 10 月～1995 年 5 月	第一至二届
施正琛	男	1939 年 3 月	温州	汉	无党派	副理事长理事长	1987 年 10 月～2003 年 5 月	第一至四届
朱初光	男	1932 年 1 月	宁波	汉	九三社员	副理事长	1987 年 10 月～1990 年 11 月	第一届
陈远新	男	1959 年 11 月	乐清	汉	中共党员	副理事长理事长	1990 年 11 月～至今	第二至六届
徐公美	男	1931 年 12 月	瑞安	汉	中共党员	副理事长	1990 年 11 月～1995 年 5 月	第二届
黄道松	男	1960 年 3 月	瑞安	汉	中共党员	副理事长	1995 年 5 月～1999 年 5 月	第三届
杨文生	男	1935 年 2 月	温州	汉	中共党员	副理事长	1995 年 5 月～1999 年 5 月	第三届
王晓秋	女	1967 年 12 月	乐清	汉	中共党员	副理事长	1999 年 5 月～2003 年 5 月	第四届
王洪涛	男	1968 年 10 月	辽宁台安	汉	无党派	副理事长	2003 年 5 月～至今	第五至六届
曾庆伟	男	1965 年 10 月	河南信阳	汉	九三社员	副理事长	2003 年 5 月～2007 年 5 月	第五届
陈盛华	男	1954 年 11 月	乐清	汉	九三社员	副理事长	2003 年 5 月～至今	第五至六届
张成立	男	1960 年 6 月	温州	汉	无党派	副理事长	2007 年 5 月～至今	第六届

表 13－03 温州市高级测绘人才

姓名	性别	出生年月	籍贯	民族	政治面貌	专业	职称	从事测绘年数	所 在 单 位
韦乙晓	男	1914 年 4 月	东阳	汉		测量	高级工程师	42	温州市水电设计院
徐公美	男	1931 年 11 月	瑞安	汉	中共党员	航测	高级工程师	42	华东勘察设计研究院
朱初光	男	1932 年 1 月	宁波	汉	九三社员	测量	高级工程师	42	温州市水利电力勘测设计院
王国俊	男	1932 年 11 月	温州	汉	九三社员	海测	高级工程师	42	温州市规划局
杨文生	男	1935 年 2 月	温州	汉	中共党员	测绘	高级工程师	42	温州市城建档案馆
徐瑞钰	男	1935 年 7 月	乐清	汉	中共党员	测绘	高级政工师	42	温州综合测绘院
郑源煜	男	1935 年 8 月	温州	汉	中共党员	测绘	高级工程师	42	温州市勘察测绘研究院
史习之	男	1936 年 1 月	余姚	汉	无党派	工测	高级工程师	42	温州市水电工程处
王学权	男	1936 年 9 月	苍南	汉	中共党员	测绘	高级工程师	42	温州市政园林局
汤文良	男	1936 年 10 月	温州	汉	中共党员	测绘	高级工程师	44	温州市勘察测绘研究院
沈宝宗	男	1936 年 12 月	苍南	汉	中共党员	工测	教授	42	新疆农学院
张如秋	女	1937 年 4 月	温州	汉	九三社员	工测	高级工程师	31	温州市规划设计研究院
邓正兴	男	1938 年 7 月	四川达县	汉	中共党员	工测	高级政工师	42	温州综合测绘院
施正琛	男	1939 年 3 月	温州	汉	无党派	大地测量	教授	39	温州市勘察测绘研究院
林体楷	男	1940 年 8 月	文成	汉	中共党员	工测	高级工程师	42	温州市水电局
吴吟咗	男	1942 年 9 月	温州	汉	中共党员	林业	高级工程师	42	温州市勘察测绘研究院
吴坚	男	1943 年 10 月	乐清	汉	无党派	工测	高级工程师	42	温州大学
黄崇金	男	1945 年 11 月	温州	汉	九三社员	港口工程	高级工程师	30	温州市航运管理处
陈春涛	男	1949 年 3 月	温州	汉	无党派	工程地质	高级工程师	32	温州市水力电力勘测设计院
项有法	男	1952 年 12 月	温州	汉	中共党员	水利	高级工程师	29	市半岛工程建设指挥部
陈盛华	男	1954 年 11 月	乐清	汉	九三社员	光仪	高级工程师	12	温州市瓯海测绘工程院
房志刚	男	1956 年 6 月	黑龙江	汉	中共党员	测绘	高级工程师	16	温州市瓯海测绘工程院
余选发	男	1957 年 10 月	安徽	汉	无党派	测绘	高级工程师	26	洞头县规划测绘大队
陈实	男	1958 年 8 月	湖南	汉	中共党员	航测与遥感	高级政工师	20	温州综合测绘院
陈远新	男	1959 年 11 月	乐清	汉	中共党员	测绘	教授级高级工程师	29	温州市勘察测绘研究院
黄道松	男	1960 年 3 月	瑞安	汉	中共党员	工测	高级工程师	6	瑞安市规划测绘队
张海印	男	1960 年 12 月	河北	汉	九三社员	测量	副教授	24	温州大学
于文国	男	1963 年 4 月	沈阳	汉	无党派	测量	高级工程师	23	温州市勘察测绘研究院
蔡国标	男	1963 年 1 月	乐清	汉	无党派	工测	高级工程师	24	乐清市测绘队
朱春华	男	1963 年 2 月	诸暨	汉	中共党员	工测	高级工程师	24	永嘉勘察测绘院
楼元仓	男	1963 年 6 月	东阳	汉	中共党员	勘察	高级工程师	26	温州市勘察测绘研究院

姓名	性别	出生年月	籍贯	民族	政治面貌	专业	职称	从事测绘年数	所在单位
吴锦荣	男	1963 年 9 月	瑞安	汉	中共党员	工测	高级工程师	13	瑞安市规划测绘大队
林大雪	男	1963 年 12 月	苍南	汉	民建	道路桥梁	高级工程师	14	平阳县交通局
汪 波	男	1965 年 7 月	平阳	汉	无党派	工民建	高级工程师	6	永嘉县勘察测绘院
张国合	男	1965 年 10 月	河南汝南	汉	中共党员	工程测量	高级工程师	11	温州市瓯海区房地产测绘公司
曾庆伟	男	1965 年 10 月	河南	汉	九三社员	制图	高级工程师	21	温州市民信房地产测绘有限公司
张 革	男	1966 年 8 月	河北沧州	满	无党派	测量	高级工程师	20	温州市勘察测绘研究院
王晓秋	女	1967 年 12 月	乐清	汉	中共党员	工测	高级工程师	17	乐清市测绘队
李 敏	男	1969 年 11 月	瑞安	汉	九三社员	水利	高级工程师	11	瑞安市云江水电勘测设计院
付建德	男	1969 年 12 月	河南	汉	中共党员	测绘	高级工程师	18	温州市勘察测绘研究院
张 钊	男	1970 年 2 月	福建	汉	中共党员	测绘	高级工程师	13	国家海洋局温州市海洋环境监测中心
李根法	男	1971 年 5 月	东阳	汉	无党派	计算机	高级工程师	19	温州市房地产测绘队
黄小明	男	1971 年 11 月	江西临川	汉	中共党员	测绘	高级工程师	14	温州市勘察测绘研究院
宋克坚	男	1971 年 12 月	温州	汉	中共党员	大地测量	高级工程师	16	温州市勘察测绘研究院
刘 勇	男	1971 年 12 月	湖南	汉	中共党员	测绘	高级工程师	16	温州市水利电力勘测设计院
卢明岳	男	1972 年 3 月	瑞安	汉	无党派	摄影测量与遥感	高级工程师	16	温州市勘察测绘研究院
周星炬	男	1973 年 8 月	永嘉	汉	九三社员	摄影测量与遥感	高级工程师	10	温州市国土资源局
刘广华	男	1973 年 9 月	江西	汉	中共党员	水利水电工程	高级工程师	8	温州市水利电力勘测设计院
刘 浩	男	1973 年 10 月	温州	汉	中共党员	城市规划	高级规划师	5	温州市规划信息中心

注：从事测绘年数以参加工作时起至退休年龄或至 2007 年 12 月 31 日为限。

表 13 - 04　　　　　　**先进人物表（市级以上劳模和先进工作者，立二等功以上者）**

姓名	性别	出生年月	籍贯	民族	政治面貌	所在单位	称号	授予单位	授予时间	备注
林新发	男	1935 年 10 月	平阳	汉	中共党员	平阳县矿冶公司	社会主义建设积极分子	国家测绘总局	1959 年 1 月	
徐瑞钰	男	1935 年 7 月	乐清	汉	中共党员	温州综合测绘院	社会主义建设积极分子	国家测绘总局	1959 年 1 月	
孙少华	男	1936 年 2 月	平阳	汉	中共党员	温州市建筑设计研究院	先进生产者	宁夏回族自治区	1959 年 10 月	享受省级劳模待遇

续 表

姓名	性别	出生年月	籍贯	民族	政治面貌	所在单位	称号	授予单位	授予时间	备注
房志刚	男	1956年6月	黑龙江	汉	中共党员	温州市瓯海测绘工程院	劳动模范	黑龙江省人民政府	1980年5月	
王学权	男	1936年9月	苍南	汉	中共党员	温州市政园林局	先进生产工作者	温州市人民政府	1983年3月 1984年3月	
林棉弟	男	1965年4月	平阳	汉	无党派	浙江省第十一地质大队测绘分队	测绘行业先进工作者	浙江省测绘局 浙江省人事厅	1991年9月	
汤文良	男	1936年10月	温州	汉	中共党员	温州市勘察测绘研究院	测绘行业先进工作者	浙江省测绘局 浙江省人事厅	1991年9月	
黄道松	男	1960年3月	瑞安	汉	中共党员	瑞安市规划测绘队	城市勘测先进工作者	建设部	1993年10月	
郑源煜	男	1935年8月	温州	汉	中共党员	温州市勘察测绘研究院	城市勘测先进工作者	建设部	1993年10月	
施正琛	男	1939年3月	温州	汉	无党派	温州市勘察测绘研究院	科技工作先进个人	浙江省建设厅	1996年2月	
沈茂金	男	1943年7月	温州	汉	无党派	温州瓯海水利局	劳动模范	温州市人民政府	1999年4月	
林春岳	男	1959年2月	温州	汉	无党派	龙湾区水利局	二等功	浙江省人民政府	2001年10月	

表13-05　　市级以上人大代表和政协委员

姓名	性别	出生年月	籍贯	民族	政治面貌	职务	称号	届次	任期
池圣文	男	1931年6月	温州	汉	民革党员	副主任科员	政协委员	第五届	1988~1993年
陈盛华	男	1954年11月	乐清	汉	九三社员	总工程师	政协委员	第六届	1993~1998年

表13-06　　因公殉职人员

姓名	性别	出生年月	籍贯	民族	政治面貌	职务	所在单位	殉职时间地点	殉职原因
王峰	男	1967年	温州	汉	无党派	临时测工	温州市勘察测绘研究院	1985年	工作时溺水
盛定洲	男	1962年10月	永嘉	汉	无党派	测工	永嘉县水利电力局测量队	1994年10月 上塘镇	跑尺触电

第二节　人物名录

本节收录获得"从事测绘工作30年"荣誉者65名,2007年12月31日前具有中级职称者210名,测绘单位主要负责人62名。

一、获得"从事测绘工作30年"荣誉者名录(名次排列不分前后)

1. 首批57名(1989年)

王国俊	池圣文	钱云明	施正琛	郑源煜	汤文良	王雄壮	李岩庆	石亚鸣	张维持
傅定奎	张真平	沈筱华	张如秋	王学权	孙少华	杨文生	杨尹青	韦乙晓	朱初光
史习之	刘义广	吴友山	徐公美	徐瑞钰	邓正兴	吴国璋	陈明松	张金龙	尤志源
金友希	叶显彪	王春生	董永林	白翠丽	金松龙	林景芳	方汉	商仲生	汤俞忠
赵锦镛	林洪柱	蔡崇枢	王茂瑞	郑德三	蔡绍枢	蔡模	王镇中	王正祥	李宝荣
邢文旗	林新发	周锡鉴	林珊多	黄长金	王义	严其美			

2. 第二批8名(1991年)

朱松瓯	金显儒	吴启政	蒋根福	王祥麟	黄献希	林长达	余积旁

二、中级人才名录(2007年12月31日前具有中级职称者,名次排列不分前后)

陈新币	李世旗	叶智奇	金晖	何云龙	金琛琛	池万荣	厉志敏	黄通湖	叶海亮
郑瀚	陈斌	郭巧平	朱善铿	危永利	郑碎宝	车建华	傅建业	王惊鸿	金珍林
张成立	任兰花	张贤	秦豪抒	朱长进	周可平	林伯云	徐晓章	龙刚	潘宝松
林心聪	贾建军	单玉明	蒋露平	林棉弟	赵清弟	周伟光	周可斌	李名权	夏胜德
王敏	叶炳煜	缪满定	金宏雷	田金海	周宗甫	王向民	胡昌顺	倪小岳	冯艳萍
陈勇	吴轶	袁长	全圆	朱博	苏立人	赵亦武	倪仕铁	林海明	苏琴
林小乐	姜亮	项谦和	周天平	陈二标	吴晨峰	陈洪浩	陶义	周轶挺	李夏松
徐长军	李橙	范武雷	芮海涛	陈时万	张兴林	蔡燕	朱小军	李根法	王益元
林春岳	季建胜	王胜利	林小勇	蔡祥瑞	徐兴奎	叶国晨	叶建国	潘光中	王德仁
魏兴斌	夏周贤	黄小毛	刘建华	吴剑川	汪建仲	黄林光	唐文新	叶金鑫	许峰
彭瑞翔	曾益峰	邢永红	郑九溪	刘良巧	陈光勇	尤建利	余东海	杨二民	郑祝银
朱建伟	彭兆芬	李上銮	蔡建平	叶锋	张东海	廉立刚	吴秋红	李守昌	陈再炯
余蓓蕾	缪德友	曾廷明	金德珠	高振军	张泽龙	戴时可	廖进峰	陈洪巨	吴明松
潘尚照	陶俭华	许开锐	谢炳凯	叶德勇	邓伦棉	张松明	陈加枢	吴建波	金焱
傅许忠	杨友平	徐志成	叶传品	黄海兵	高晓丽	洪宇	黄凌云	黄连飞	林小春
李庆董	郑国清	白洪杨	潘克初	金立枢	夏顺森	江海鸥	金亦小	许敏	周玉斌
刑伟济	兰定光	陈旭红	蒋葆荣	刘铮	高起月	赵青云	沈宋来	吴先闹	严永村
钱克创	廖雄	夏克光	徐世春	高立成	张善干	陈学明	蔡平祥	曾焕超	曾文平

蒋根福　傅定奎　朱松瓯　王正祥　黄长金　沈筱华　沈茂金　王云夫　方　汉　陈增令
王雄壮　王祥麟　孙少华　钱云明　张维持　唐增森　胡锦荣　洪玉余　汤俞忠　林新发
戴绍荣　许成伉　颜福达　刘国清　陈增玉　余积旁　叶邦权　杨尹清　陈自班　林　毅

三、测绘单位主要负责人名录

2007年12月31日前,甲、乙级资质单位收录连续担任三年以上党、政正职,丙、丁级资质单位收录三年以上主要负责人。

温州市勘察测绘研究院:楼元仓　吴吟哐　施正琛　郑源煜　王雄壮　李岩庆

浙江省第十一地质大队温州综合测绘院:周可平　王胜利　陈远新　张成立

浙江省测绘大队浙南测绘工程处:项谦和

温州市瓯海测绘工程院:叶国晨　魏兴斌

永嘉县勘察测绘院:陈胜　黄林光　叶新杰

温州市水利电力勘测设计院:刘勇　蒋根福　朱初光

温州港蓝海航道测绘有限公司:李夏松

温州市民信房地产测绘有限公司:毕一江

瑞安市规划测绘队:易会钏　郑祝银　黄道松

乐清市测绘队:洪宇　王晓秋　叶邦权

平阳县测绘大队:陈邦友

苍南县测绘所:潘克初　郑国清

泰顺县测绘大队:高起月

温州市横宇数码测绘有限公司:周可斌

温州浙南测绘有限公司:潘宝松

温州市规划信息中心:王波

国家海洋局温州海洋环境监测中心站:陈宝和

温州市经纬地理信息服务有限公司:郑源煜

温州市七里规划管理分局测量队:周成旺

温州市大禹测绘有限公司:林春岳

温州市立民房地产测绘有限公司:芮海涛

温州市东纬土地信息咨询有限公司:张越

温州志图测绘有限公司:朱小军

温州市鸿运房产测绘有限公司:葛宗寅

温州市方园地理信息开发有限公司:卢婉秋

温州市瓯海区房地产测绘队:张福东

瑞安市房地产测绘队:朱建伟

瑞安市土地调查登记测绘事务所:钟鲁宾

瑞安市云江水电勘测设计所:李敏

瑞安市中瑞测量有限公司:张晓东

乐清市水利水电测绘队：马青峰

乐清市大地勘察测绘设计有限公司：黄凌云

乐清市房地产测绘队：陈丹炜

永嘉县房地产测绘队：余东海

平阳县诚信房产测绘有限责任公司：张松明

苍南县房地产测绘有限公司：江海鸥

文成县测绘大队：周强　周玉斌

文成县水利测量队：刘甫

文成县房产测绘队：陈永胜

泰顺县房地产测绘队：张善干

洞头县规划测绘大队：郭钧　曾焕超

洞头县宏大房地产测绘有限公司：郭燕芬

第二章 文献辑录

　　本章收录有关温州古今测绘的背景资料，分"碑文"和"专记"两种，各按时间顺序辑录。其实两者差异不大，碑文是古代简短的专记，来源于碑刻；专记则是现代详细的记述，来源于文字档案。

第一节 古代碑文

　　这里收录温州潮候、平水王周凯整治"三江"、明代整修温瑞塘河的塘路三篇，都来源于碑刻。宋时开始，温州各地渡口和船埠普遍立有潮候木牌或石碑，《洞头县志》录有清代潮候表，据此整理成"温州潮候表"，这是旧时劳动人民的经验总结，大体可用。但与当今国家海洋信息中心编制的《潮汐表》、温州市海洋与渔业局、温州市水利局公示的潮汐时间相差较大。

一、温州潮候表

农历日期		洞头（三盘港）		瓯江（江心屿）		飞云江（西门）		鳌　江	
		涨潮	平潮	涨潮	平潮	涨潮	平潮	涨潮	平潮
初一	十六	5:35	10:00	6:05	10:30	6:15	10:40	6:25	10:50
初二	十七	6:00	10:35	6:30	11:00	6:40	11:10	6:50	11:20
初三	十八	6:55	11:10	7:25	11:40	7:30	11:50	7:40	12:10
初四	十九	7:20	11:50	7:50	12:20	8:00	12:40	8:10	13:00
初五	二十	8:00	12:30	8:30	13:00	8:40	13:20	9:00	13:40
初六	廿一	8:30	13:10	9:00	13:40	9:20	13:55	9:45	14:25
初七	廿二	9:10	14:00	9:40	14:30	10:00	14:50	10:30	15:10
初八	廿三	9:50	14:50	10:20	15:20	10:40	15:40	11:10	16:10
初九	廿四	11:00	16:00	11:30	16:30	11:50	16:45	12:10	17:00
初十	廿五	11:50	17:10	12:20	17:40	12:35	17:45	12:55	17:55
十一	廿六	13:20	18:10	13:50	18:40	13:50	18:40	13:55	18:50
十二	廿七	14:30	19:00	15:00	19:30	15:00	19:30	15:10	19:40
十三	廿八	15:40	19:50	16:10	20:20	16:10	20:20	16:20	20:30
十四	廿九	16:40	20:40	17:10	21:10	17:10	21:10	17:20	21:20
十五	三十	17:20	21:20	17:50	21:50	17:55	21:55	18:00	22:10

　　说明：表中"涨潮"就是每天第一低潮的潮位最低的中间时刻，"平潮"就是每天第一高潮的潮位最高的中间时刻。

二、温州横山仁济庙碑 (明)宋濂

神讳凯,字公武,姓周氏,世居临海郡之横阳。生而雄伟,身长八尺余,发垂至地。善击剑,能左右射,博文而强记。家虽贫,躬耕以养父母。及司马氏平吴,与陆机兄弟入洛,张华荐之。神知晋室将乱,独辞不就。时临海属邑曰永宁、曰安固、曰横阳、地皆濒海,海水沸腾,蛇龙杂居之,民罹其毒。神还自洛,乃白于邑长,随其地形,凿壅塞而疏之,遂使三江东往于海,水性既顺,其土作乂。永康中,三江逆流,飓风挟怒潮为孽,邑将陆沉,民咸惧为鱼。神奋然曰:"吾将以身平之!"即援弓发矢,大呼冲潮而入。水忽裂开,电光中见神乘白龙东去,但闻海门有声如雷,而神莫知所在矣。俄而水势平,江祸乃绝。邑长思其功,号其里曰平水,且建祠尸祝之。(节录)

按:作者宋濂(1310~1381年),字景濂,号潜溪,浙江浦江人。被朱元璋征用,累官至翰林学士,著有《宋学士全集》。

三、重筑瓯南塘路记 (明)周大章

瓯城南达瑞安八十里,故有塘,即群志所载"南塘驿路"、陈止斋所谓"石塘百里,巨石纵横鳞萃"是已。塘属永嘉者三分之一,属瑞安者三分之二,实闽越孔道。元季修筑城垣,悉毁之。承平少兵旅,使客至瑞有东安馆驿,亦废革。惟设埠头船夫,以备供应。陆行循邮道,间关二危岭;舟行不信宿而达,人固利于舟而不乐于由陆。然天□即水不可恃,兵旅客辐辏,则舟亦不足给,船户之困于瑞特甚。行旅之艰,南北胥病焉,故思驿路者非一人。今督府大司刘公先于令瑞安。下车值倭寇之变,闽越胥惊干戈,使客南北路驿,供应者病于乏舟,则多索徭值;供事者病于徒步,则攘夺农船,鞭捶船户。匪直民不能支,虽官府亦莫之禁。时有复驿筑塘为谓者,公曰:"二事诚不可慢视,较莫急于筑塘。然权不专在余,而费□滋大,民方荼毒,寝食且不遑,将谁为役乎?庸俟之。"丙辰夏,公赴召内庭,后十载,历大中丞司马,开府两浙。丙寅春,提兵珍矿寇于三衢,乃东巡于瓯。瑞父老复以塘为请,公首肯之。遂属郡伯城丰李公廷观综其事,檄两邑令。方经始,而瑞令吾乡朱君□擢惠郡判,公特留之,俾殚厥役。朱君乃率幕尉莆阳郑君瑜、义士邵元性,度境内桥若干所,塘若干丈,庸值石从若干缗,属桥于耆民,属塘于圩里,计其费以请,永嘉亦如之。公捐俸金、出以帑若干以倡。时有事兹土若宪副泾阳查公绛、藩参劳公堪企、郡伯各佐以俸资。百执事与好义民悉输钱,赞力协衷经理。郡伯以时巡行考成焉,自冬十月迄春三月而且告竣,合糜金若干两。于是吉行不患于阽危,师行不必于待舟。舟行则风雨引缆而无事停泊,暮夜则水陆相保而勿恤,有戍纾船户,省船钱,居者行者,莫不称便。从阽邮舍而衷其多,要地中道,建公署于仙岩,以备驻骖父老,又即公署之北为祠,伐石请们言,以纪公休绩。余时叨命出令瑞,式观厥成。而刘公实余帮人,余素辱公厚,能知公而成梁降道,又王政之急务,不可以无纪也。尝试宋纪重修温州石塘记,谓其役甚大,邦人亟请于州于部,使者给公帑。输民钱七百三十余万,米四百斛,更十载,无成绩。至郡守沈公枢糜钱一千一百万,六阅月而就绪,率以为神。故其时塘虽积坏,不过倾者为嵌陷者为汇耳。不至如今之片石不完,什桥存无一二者,且塘废二百余者,功卒勿克集。今公一加意焉,遂举二百年之坠。(下略,节录)

第二节　现代专记

现代专记辑录《金温铁路筹建纪事》《关于开发状元岙港并兴建灵霓海堤的创议和论证》《瓯江南口工程梗概》三篇。

一、金温铁路筹建纪事

1915年,浙江省政府曾向北洋政府报告,要求修建"甬嘉铁路",并作了踏勘选线准备。1918年,孙中山先生在《建国方略》一书中指出:"温州在浙省之南,瓯江之口,此港比之宁波,其腹地较广,其周围地区皆为生产甚富者,如使铁路发展,必管有相当之地方贸易无疑。"

1930年3月,平阳县政府第一届行政会议,将"兴筑矾山轻便铁路"列为议决案,提出"明矾出口本在赤溪,近年以来迭遭匪劫,矾馆多向北迁,集中流石改由鳌江运出海口。""矾山至流石一段,陆运滞钝,急应兴筑轻便铁道。"

1936年6月23日,《温州新报》刊载,"铁道部为发展交通,计筹金温铁路。所需经费,拟发行公债拨充,由沿路就地筹募。"同时提到"是路完成后,温处两属往来南京者均可直达,而两地货物亦可流通内地,预料营业当较杭江段为佳。"1937年2月26日第八区行政第五次会议和6月8日第八区行政督察专员公署第四次行政会议,先后由永嘉县政府建设科科长伊钦恒、会员杨振霖等提议建筑温金铁路一案,并经会议决议通过,呈请省政府转咨铁道部计划建筑。

抗日战争时期,金温铁路金华段曾修建金华至武义约40公里铁路,侵华日军将武义的氟矿运往日本,开矿工人达6000余人。抗日战争结束前夕该段铁路拆毁。1947年10月,永嘉县参议会曾电请中央早日拨款兴建金温铁路。同时函请旅京、沪、杭等地同乡,一致响应。但国民党中央政府复电:"经费支绌,尚难举办"。1948年11月,《中国民报》载:"杭温铁路前有省府委托浙赣路局代为测勘,并绘制路线图。加测龙游至遂昌之比较线,业已全部勘测完竣,并绘制路线图。比较结果,以金华经武义、永康、缙云、丽水而达永嘉一线较为平坦,工程经济,故已决定采用此路线,以金华为起点。"

中华人民共和国成立后,金温铁路被列入第二个五个计划后期建设项目。1958年,由铁道部第四设计院设计,计划金温铁路全长384公里,起点为金华,经过永康、缙云、丽水、青田、永嘉、瑞安、平阳等县,终点到达平阳矾山。为适应"大跃进"形势需要,决定提早兴建。1958年12月,金华至黄碧街48公里,由铁道兵负责施工,参加民工达2.6万人,完成土方79万立方米,完成桥涵圬工2835立方米,共使用投资257万元。1959年4月,因国家"缩短基建战线"而全部停工。

1983年冬,温州市委书记袁芳烈会同丽水、金华两地,联合向省委、省府建议修建金华至温州铁路。1984年,浙江省委书记王芳带领有关部门领导,视察规划中的金温铁路沿线。同年,由浙江省人民政府以浙政发〔1984〕253号文,报请国务院审批金温铁路项目建设,并委托铁道部第四设计院(武汉)勘测设计,至1985年初完成全线初测任务。2月10日,浙江省计经委在温州主持召开"金温铁路可行性研究报告"审查会议,由铁道部中国地方铁道协会、上海铁路局及沿途各地、市、县共45个单位参加。1985年4月6日,国家计委以计交〔1985〕500号文《关于金华至温州地方铁路项目建议书的复函》,同意金温铁路项目按地方铁路规格修建。当月,浙江省和铁道部按基本建设程序,联合报送了任务书。5月,又由浙江省计经委在武汉召开金温铁路"金华至缙云段设计方案"审查会议,对该段线路走向及主要技术标准做了进一步审查。同年 12 月,在温州召开"金温铁路初步设计鉴定会",有铁道部副部长、中国地方铁路协会会长李克非,铁道部鉴定委员会主任沈之介,还有铁道部工务局、上海铁路局、杭州铁路分局、铁道部第四设计院等单位的高级工程师、总工程师及负责人共 100 余人参加了会议。由于地方建设资金未能落实等原因,设计任务未予批复。

1985 年间,经浙江省委、省政府批准,在杭州设立金温地方铁路开发公司,任命茅明灿为党委书记,屠建国、叶锦尧为正、副经理;在温州设立金温铁路温州段建设指挥部,任命戴松年为党委书记兼指挥,黄绍元为党委副书记兼常务副指挥,陈柏林为副指挥。温州市沿线所辖的瓯海县、鹿城区、龙湾区相继设立分指挥部。金华、丽水地区铁路领导小组办公室及沿线所辖县建设指挥部相继成立。1986 年底,金华至丽水全线与丽水至温州的重点工程定测图纸资料均已完成,勘测设计费达 1000 余万元。1987 年 7 月,中国管理科学院系统工程研究所派员来温州考察,为修建金温铁路对开发浙西南地区经济,乃至全浙江省的经济发展的紧迫性与可行性,专撰咨询报告。

1988 年 4 月 14 日,华东铁路建设指挥部指挥长李轩考察了金温铁路建设,并提出以"商民合办"方案建设金温铁路。5 月间,浙江省经济规划院受省政府委托,就建设金温铁路的经济效益与可行性为题,提出咨询报告。6 月 13 日,省铁路领导小组、省经济规划院在温州召开金温铁路建设座谈会,柴松岳副省长出席会议,就金温铁路资金筹措办法和建成后的经济效益等问题进行研讨。浙江省计经委于 7 月 9 日召开主任办公会议,讨论了金温铁路建设问题后,以浙计经建〔1988〕442 号文向浙江省人民政府提出《关于建设金温铁路的报告》,经省政府同意,以浙计经建〔1988〕514 号文向国家计委递呈《要求批复金温铁路设计任务书和申请使用世界银行贷款的报告》。当年,温州市领导先后率团到香港,与乐清籍侨胞南怀瑾先生洽谈筹资修建金温铁路事宜。为了争取中外合资修建金温铁路,1989 年金温铁路温州段建设指挥部再次派员赴京向国家计委汇报,同时派员赴广州等地学习中外合资修建高速公路的经验。

根据全省统一安排,金温铁路的定测、复测工作于 1990 年 2 月底开始,至 1990 年 10 月 3 日结束。铁四院在丽水市白云山庄成立了金温铁路勘测指挥部。温州段测量是从 1990 年 5 月 19 日开始,至 1990 年 10 月 3 日结束,历时 140 天。铁道部四院的五队、地质四队、原测试队共 250 名技术人员,爬山涉水,顶风雨,战高温,从瓯海双潮乡沈岙村起,途经鹿城直至龙湾前站,进行了精心定测。当年,浙江省人民政府以〔1990〕56 号文《关于报送合资建设金华至温州铁路设计任务书》上报国家计委。10 月 24 日,国务院以计工〔1990〕1462 号文印发了《关于浙江省利用外资合资建设金华至温州铁路请示的通知》,同意利用外资合资建设金温铁路。当年底,温州市政府和南怀瑾先生的香港联盈发展有限公司签订了合资建设金温铁路意向书、协议书和设计审议纪要等文本。

1991 年 1 月,浙江省计经委副主任陈同海赴香港与联盈发展有限公司签署了项目可行性研究报告。9 月 16 日,国家计委〔1991〕1473 号《关于合资建设温金铁路可行性研究报告的批复》中指出,金温铁路总投资 1.72 亿美元,折人民币 9.29 亿元,标准为二级铁路。温州市委书记孔祥有、市长陈文宪等先后到香港与南怀瑾先生恳谈兴建金温铁路大业。1992 年初,浙江省副省长柴松岳率团赴香港,签订了合资成立浙江金温铁路开发有限公司的合同。1992 年 11 月 18 日,中外合资金温铁道开发有限公司正式开业。12 月 18 日,金温铁路沿线金华马堂车站、武义清塘隧道、永康车站、缙云仙都隧道、温州洞桥山隧道同时开工,省人大常委会主任陈安羽和温州市委书记孔祥有为温州段开工典礼剪彩,市长陈文宪启动开工爆破按钮。

金温铁路温州段线路从瓯海区双潮乡沈岙村开始,越大毛山进入鹿城区仰义和双屿,穿西山隧道进入瓯海区新桥镇和梧埏镇,最后到达龙湾港站,全段长 55 千米。其中瓯海区境内 33.36 千米、鹿城区境内 14.99 千米,龙湾区境内 6.65 千米。

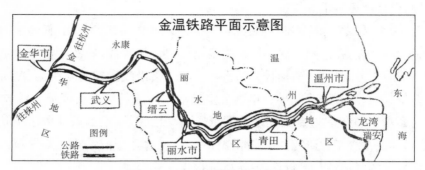

图 13-01   金温铁路平面示意图

二、关于开发状元岙港并兴建灵霓海堤的创议和论证

前言:"创议"在新世纪初已成现实。2003 年 4 月 9 日灵霓海堤开工,2006 年 4 月 29 日实现陆岛通车,2004 年 6 月 16 日状元岙深水港动工,2007 年开港。

一、1980 年 1 月 8 日,在温州雪山饭店召开的国家科委海洋组海岸河口分组会议上,汇报宣讲《"瓯江南口围垦工程"勘测情况与筑潜坝后半年来的变化》中提出,如果各方面一致行动,早日把洞头诸岛与大陆连接起来,修建灵昆岛直达霓屿岛的顺坝,瓯江河口东延到青山岛一线会很快实现。将来,铁路可以直达霓屿岛以东,瓯江河口直通深海,建设一个东海之滨的深水港口,不是没有条件的。(摘自温州市水电局 1979 年 12 月 9 日应约撰写 3 万多字的专题汇报稿,副局长张巨陆审稿,围垦科王国俊撰稿并宣讲)

二、在 1981 年 2 月首版《全国海岸带和海涂资源综合调查温州试点区报告文集》第 394~417 页《温州试点区海涂资源合理利用调查报告》中指出,从远景发展看,瓯江南口堵港后势必加快灵昆岛以东海涂淤涨速度,随着国民经济发展,通过工程措施,将来使洞头县的霓屿和大陆连接,把状元岙建设成温州地区的深水港,可以靠泊 5 万~10 万吨级的巨轮,这种远景不是不可能的。(全国海岸带和海涂资源综合调查温州试点工作队土地利用专业组组长、中国科学院地理研究所蔡清泉撰稿)

三、1980 年 12 月 30 日,温州市地理学会测绘学组在"温州市地理学会第五次会员大会暨学术交流会"上宣讲《温州市城市规划中的几个重要问题——土地、港口、供水及环境保护》,测绘学组王国俊撰稿宣讲。该文原稿第二节"港口问题"提出如下创议,并进行全面论证。

温州港所处地理位置优越,港口潜在条件很好,可以建设成为上海港的左右港。要大力发展这种优势,以"港"促"工"促"铁",实现三者的全面发展。考虑到温州港在全国十八个海港中的当前地位与远景发展,考虑到现代化船舶的大型化趋势与国内外许多港口缺乏前瞻而走过的弯路,应该把温州市的港口规划想得大一些,最大限度地发挥港口的潜在优势。大麦屿港区与温州诸港区联系困难,只宜作为中转油港。据温州市副市长胡显钦在《温州市科技报》发表《温州市城市规划的设想》,温州港的最大外港在七里,规划泊位 1 万～3 万吨级。这太低了!作为港口规划的远景部分,要考虑搞一个与温州诸港区能密切联系的 5 万吨级以上的港区。温州有这样的潜在条件。

温州老港区因航道条件所限,目前 1000 吨级的船舶就得候潮出入,而 5000 吨级的船舶每月仅有 7～12 天可以候潮进出港。今后,老港区和现在建设中的杨府山港区、龙湾港区,都只能作为温州港的内港,只有 3000～5000 吨级的泊位。按目前航道的演变趋势,龙湾港区建设万吨级泊位可能难以实现。规划中的七里港区,水深 9～13 米,这是好的条件,但出口通道不理想,不能满足 1 万～3 万吨级船舶自由出入;为接通外港 5 米等深线,尚需挖槽 3～4 千米;为接通 10 米等深线,则需挖槽 18 千米,挖槽后的航道日常维护费用很大;对温州城市而言,七里港独处瓯江北岸,交通联系也不方便,这些都是不利条件。

纵观洞头县状元岙—青山岛一线,却有建设 5 万吨以上港区的潜在条件,见图 13‑02。

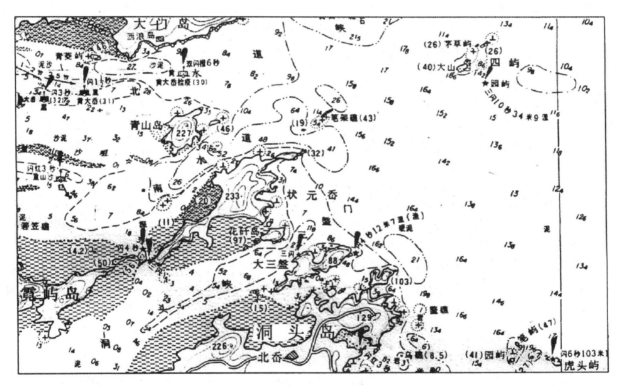

图 13‑02 状元岙港形势图

(1) 河口总是不断向外海延伸的,按近百年尤其是最近几十年来瓯江河口的演变情况,将来以状元岙—青山岛一线为河口的总趋势已较明显。

(2) 状元岙兼有海港与河港之利,不易淤积,出海近,出海通道的水深都在 14.6 米以上;5 万吨级的巨轮可以自由出入,10 万吨级的海轮也可乘潮出入;与温州内港则有黄大岙水道和重山水道相通。

(3) 重山水道南侧的状元岙岛北海岸东段,岸线长 3 千米,为基岩海岸,20 米等深线离岸一般不到 200 米,有利于修建深水码头;重山水道北侧的青山岛南海岸,亦有 1 千多米的基岩海岸,沿岸水深同上。两岛之间的水域,南北相距 1.3 千米,东西长 4.0 千米;水深都大于 20 米,多数深 30～60 米,最大深度 72 米,水域中央有高 16 米的鸡冠礁。

（4）状元岙为岩石岛，主峰海拔 232 米,陆地面积 5.5 平方千米,另有滩涂 6.0 平方千米;青山岛主峰海拔 227 米,陆地面积 1.3 平方千米,另有滩涂 0.5 平方千米。两岛同属洞头县元角公社,共有 8 个生产大队,居住人口 1 万多人,主要分布在状元岙岛的南海岸和西海岸。

（5）状元岙以 10 千米为半径的外围,分布有鹿西岛、四屿、洞头岛、霓屿岛和大门岛等,近处有笔架礁、大三盘等岛屿。外围岛屿的高程多数在 200 米以上,这是有利的屏障,对战备、抗风、防浪都很有利。状元岙可修建深水码头的北海岸,仅 42°～90°方位上较为开阔,其间 60°方位上还有高 40 米的四屿。据多年气候统计资料,这一带风向比较稳定,夏季(6～8月)以南和西南风为主,其余三季以北和东北风较多,全年无遮蔽方位上的来风天数很少。大麦屿水域离此 17 千米,洞头诸岛的很多港湾就在附近,也有利于各类船舶疏散避风。

综上所述,状元岙岛有许多优越的建港条件。如在状元岙建港,唯一制约条件是陆上交通和淡水供应问题。此处离温州城区 55 千米,若要建港,先要修建大陆至灵昆岛的灵昆大桥和灵昆岛至霓屿岛的灵霓海堤,还有修建霓屿岛至状元岙岛的浅门大桥和深门大桥。初看这似乎难以实现,然而由于灵霓海堤堤址处几乎都是低潮时干出的海涂,平均高程为黄海基面上－2.8 米～－1.3 米,而且当地石料来源方便,在技术上完全可行,在经济上也是合算的。如果各方面共同努力,设想完全可以成为现实。初步估算,如以堤顶高程 6 米,堤顶宽 20 米,边坡 1:3 计,南口大坝需堆石约 120 万立方米,灵霓海坝则需堆石约 450 万立方米。经过霓屿与状元岙两岛的道路共长 12 千米,需要开山凿洞。比较可取的办法是沿滩涂填筑疏港公路,路程将缩短为 10 千米,所需堆石约 300 万立方米。疏港公路一旦实施,港区所需淡水就可借路输送。

三、瓯江南口工程梗概

瓯江河口因灵昆岛分汊为北口和南口。近百年来,主流稳定在北口,而南口则日趋衰亡,低潮时大部干出。这里海、陆泥沙来源都很丰富,口外海涂不断生长,年平均淤积厚度 3～10 厘米。70 年代有海涂资源 40.4 万亩,包括灵昆东滩 6.4 万亩,瓯江口至飞云江口边滩 29.4 万亩,洞头诸岛边滩 4.6 万亩。

（一）1971 年提出瓯江南口围垦工程初步规划报告,坚持八年探索

1971 年 5 月 27 日,调集建筑、水利、港航、测绘科技人员,成立温州市革委会围垦海涂指挥部及其办公室(下称"温围指"及"温围指办"),办公室主任张奇,继任卜策。提出《瓯江南口围垦工程初步规划报告》,在瓯江南口从双昆山至龙湾上荡修建堵江促淤大坝,连接灵昆岛和永强大陆。预计十年左右,在坝下东南海域从温州浅滩东北端至温瑞交界的老鼠山东促淤海涂 17 万亩;堵支强干,促使航道刷深,有利温州港的发展。并提出洪水位壅高、进潮量减少、护岸等相关问题。本着"积极慎重,围垦与治港相结合,上下游、左右岸兼顾"的工程导向,前期先要搞清南口堵坝对瓯江泄洪、进潮量的影响,搞清南口堵坝对坝上河段航道、北口航道、口外海区黄大岙航道的影响以及北口七里江岸的护岸措施,还有围海范围和工程布局(堤、闸、河、桥、路)及促淤效益研究。鉴于子课题很多,非短时可成,1973 年 5 月"温围指"及"温围指办"撤销,前期研究移交温州市水电局继续进行。

温州市水电局坚持八年探索,完成系列测绘、水文测验、坝址钻探、五次物理和数学模拟、初步设计

及《从"三条江整治工程"的成功实践看"南口围垦工程"》等专论,国家和浙江省多次举行科技会议予以评论审议。南口堵坝对泄洪和进潮量的影响问题有定性定量的结论,当百年一遇的洪水和大潮相遇的情况下,高潮位最大壅高值19厘米。堵坝后集中北口通过的进出潮量,与堵前分从北、南两口通过的总量十分接近;枯水期龙湾、温州的高潮位,堵后与堵前基本一致。南口堵坝对口内航道的影响问题,模试作出定性"总的有利"的结论。浙江省和温州地区交通部门仍然担心引起"航道的恶化"。

（二）1978年启动试验性堵口,进行立堵施工

限于水利科学的发展水平,南口堵坝对航道的影响问题,模试很难作出定量的能让担心者放心的结论。因此,需要启动"试验性堵口",先堵少部分断面,并跟踪监测试堵后河床和航道及北口江岸的变化,为后续施工提供基本依据。

在浙江省委副书记、前任温州地委书记陈作霖支持下,1977年12月26日"温州市瓯江灵昆南口堵江促淤围垦工程指挥部"建立(以下称"堵江指挥部"),温州市革委会副主任、市委组织部部长韩公俊任指挥,调集全市人财物力,分黄山、灵昆两头组织试验性立堵施工。温州军分区和海军温州水警区大力支援。1978年5月20日～1979年1月31日,立堵抛石9.2万立方米,另用于施工道路4.4万立方米。大坝两端共延伸420米,其中灵昆坝头240米,黄山坝头180米,坝顶高程5.5米(吴淞),坝顶宽8米,坝底宽25～35米。立堵后期,坝头坍滑日趋严重。

（三）1979年启动试验性平堵施工,建成南口锁江潜坝

1978年,"浙江省海涂围垦国家重点科研课题第三次协作会议"在雁荡山举行,浙江省委委托省农垦局,就地邀请与会专家召开论证"南口工程"座谈会,听取意见。温州市三位领导参与会议,温州市水电局提供三项资料,《瓯江南口围垦工程资料汇编(1971～1978)》《瓯江灵昆南口堵坝促淤围垦工程对口外主航道的影响》《对堵口大坝施工的几种设想》。11月4日凌晨4时,会议代表赶潮去南口现场考察,由温州市水电局与会代表系统介绍工程情况。当日下午召开技术座谈会,应邀与会的国内知名专家一致认为堵口总的有利于航道整治,赞同"先平堵至高程1米"分阶段渐进式的堵口施工方案。1978年11月28日,浙江省农垦局以〔1978〕196号文件《关于上报灵昆南口堵坝促淤围垦问题座谈会经过和意见的报告》向省计委报告,表示同意举办该工程。1979年1月9日浙江省交通局以〔1979〕12号文件向省计委报告,表示对该工程积极支持;提出北口磐石至黄华一带护坡"必须采用适当的护岸结构,并与堵坝工程统一设计同时施工"。温州港务局领导和南京水科所专家一起来到工地商讨,各方普遍认为"先平堵至高程1米"方案可行。温州市水电局立即委托南京水科所进行"瓯江灵昆北口护岸模型试验",并在北口布设6条固定监测断面,不定期对江岸岸滩实施崩坍监测。

1978年12月15日,"堵江指挥部"发布"关于瓯江灵昆南口全线永久断航的紧急通告",并立即组织船队进场抛石,投入"试验性平堵施工"。1979年2～4月,平堵抛石9.2万立方米,完成锁江潜坝。潜坝在灵昆与黄山两坝头之间,全长2320米,底宽约15～25米,坝顶平均高程0.80米(吴淞)。

（四）20世纪80年代南口工程在艰难中延续

80年代,关于河口资源开发的国家综合调查和全国性科技会议接连在温州举办,促进了瓯江南口

试验性堵坝工程。"南口工程"的观测、测量、保坝等项工作在艰难中延续。

浙江省和温州地区交通部门坚持"护岸应与堵坝工程同时建造",提出"不可用丁坝",要用钢板桩护岸,堵坝一时难以大上。1979年7月,堵江指挥部精简施工机构和人员,建立工地留守组,委托温州市水电局代管,职责是保坝、观测、维护断航标志。"保坝"重点是潜坝,还是南北坝头?温州市水电局的意见是保潜坝,但工地留守组施工员于1979年11月16日在年终总结会上提出异议,并提议"继续立堵",应在南坝头再立堵500米。关系到南口工程大局的潜坝,面临存毁之争。

1980年1月8～13日,国家科委海洋组海岸河口分组第二次会议在温州召开,温州市水电局到会汇报《"瓯江南口围垦"勘测情况与筑潜坝后半年来的变化》,并要求会议帮助解决"对潜坝两种截然相反的评价"。这次《会议纪要》中明确表述:"南口堵坝应采取平堵方式,现有缺口应抓紧在汛前修复;坝脚要采取防冲措施。堵坝施工应分期加高,边加高边观测,以利于北口的防护。"1980年3月3日,温州市水电局召开瓯江南口围垦工程大坝施工问题技术讨论会,达成与前述《会议纪要》基本一致的认识。温州市水电局经请示市委领导同意,3月中旬向工地留守组下达决定:"停止立堵,以利潜坝安全和南口河段促淤;立即填补好潜坝上还没有护底的缺口;视现有财力,对潜坝北段加宽加高,以减轻水流对灵昆岛南岸的冲刷"。1980年4月,停止立堵,转入潜坝的平堵补缺,直至秋后资金不继而停止。

1981年4月,浙江省交通厅发出(1981)浙交函55号《对"温州地区试点调查报告"意见的函》,函中指出南口工程"护岸应与堵坝工程同时建造,不宜用丁坝护岸型式;南口堵坝后,在下游出口将会形成新的拦门沙,其发展趋势可能引起航道恶化。在以上两问题未郑重解决前,堵口工程仓促上马是不慎重的。"

潜坝建后二年来,从测量和观测资料分析,河床和江岸无明显的不利变化,本是再次加高潜坝至吴淞1.5～2.0米的好时机。然而1981年8月温州地、市合并,堵江指挥部的工地留守组撤销,南口工程移交新建的瓯海县。

1982年11月13日,瓯海县人民政府发(1982)71号文件报浙江省人民政府,要求拨款38.55万元填补潜坝北段缺口。1983年1月4日,浙江省农垦局复函:"南口工程牵涉面大,有关单位意见未统一,有待于继续积累资料。请继续进行观测、测量工程。"1988年9月,瓯海县水利局委托南京水科院进行"瓯江灵昆南口围垦模型试验研究",主要研究瓯江南口不同封堵方式对航道的影响。

1986年3月～1987年12月,浙江省科协和温州市科协、丽水地区科协,联合组织一支64人的科学考察队,完成《瓯江流域水资源综合开发考察报告》。"瓯江南口堵坝对港口航道影响的分析"是这次考察的九个专题之一。1987年10月8日,温州市科学技术协会、温州市社会科学学会联合会、温州市经济研究中心联合召开温州市首次科学季谈会,"瓯江河口的开发和利用"是这次会议两大主题之一。1981～1990年,温州市测绘人员在参加温州市地理学会、市测绘学会、浙江省地理学会、省测绘学会、省水利学会、中国海洋工程学会的学术活动中,不断为南口工程鼓与呼。

(五)1991年成立课题组,完成瓯江南口工程预可行性研究报告和项目建议书

瓯江南口工程从1971年提出之日起,都是温州市的"一号工程",温州市历任领导都非常重视。毕庶璞听取倡议,建立第一个"指挥部";1973年英宜之深入南京模试工地,始终关注前期研究;张冰痕、韩公俊建立第二个"指挥部",进行"试堵";1983年地市合并后,刘锡荣筹划"再次加高潜坝";90年代初,孔

祥有再次把"老一号"提上议事日程,南口工程迎来"三上"。1991年12月16日,温州市委办、市府办联合发文,决定成立"温州市经济建设规划院瓯江南口堵坝造地工程课题组",后改称"瓯江南口工程课题组",由规划院长徐立任组长,成员来自水利、港航、城建等部门共23人。分为环境影响评价组、工程技术经济组、土地利用规划组、经济效益测算组四个专题组,从港口发展、围海拓疆、城市东移、海岛经济、水资源等多方面进行全方位综合研究。同时,再次委托南京水利科学研究院进行南口堵坝的定床、动床模型试验,委托杭州大学对瓯江河口泥沙推移质进行数学模型分析,委托浙江省交通设计院作瓯江河口航道分析,委托上海海测大队对北口江岸固定监测断面进行测量。

1992年6月16日~17日,举行瓯江南口工程课题研讨会,与会人员有课题组成员和陈文宪、陈荣等市四套班子主要领导及各有关部门代表。先听取各专题组汇报,再分组讨论。重点研讨南口堵坝后十余年来对航道和江岸的实际影响,核实数据。研讨会达成如下共识:潜坝堵后对瓯江口内外航道有一定影响,既有好的影响,也有某些不利影响,不利影响应通过整治,保障航道和港区不致恶化;潜坝堵后,据北口江岸6条固定断面的多次监测资料,江岸岸滩无明显变化。

这次研讨会赞同工程专题组关于围海范围和工程布局的汇报。汇报发言指出,围海范围共17.11万亩,分为两期。首期工程要建造灵霓海堤西段、续建南口西坝、兴建南口东坝和东海一号大坝,这四条堤坝与瓯飞永丁围区北部边界所围成的区域共7.11万亩。二期工程要建造东海二号大坝、灵霓海堤东段,与永丁围区中部边界所围成的区域共10.00万亩。首期围区共需建堤坝20.8千米,平均每万亩3.0千米;二期围区共需再建堤坝34.0千米,平均每万亩3.4千米。

工程专题组的汇报还附规划理由说明"南口为何要堵?"若南口不堵,南口以外海域不能促淤成陆,灵昆东滩和瓯飞滨海边滩要分两片开发。首期只能围海2.67万亩,要建堤坝17.8千米,平均每万亩6.7千米;二期只能围海8.10万亩,要建堤坝37.8千米,平均每万亩4.7千米。不仅围涂面积减少,而且每万亩围堤加长,费用增大;围区南北临海,今后抗台保堤的难度和风险增大。南口堵坝是实现大面积促淤的最佳选择,所得连片土地为温州城市东移带来巨大效益。

灵霓海堤应力争先建,这是一着会使全盘皆活的好棋。有利于南口整片海涂促淤;有利于水流归顺和集中,刷深瓯江口外航道水深不及5米的过渡段;可以造就15千米长的新岸线,为洞头半岛工程解决最大的难题;为今后在状元岙修建5万~10万吨级深水港口码头打下最重要的基础。

1993年5月,温州市经济建设规划院瓯江南口工程课题组完成《瓯江南口工程预可行性研究报告》。1993年10月7日~9日,浙江省经济建设规划院接受评估委托,在温州组织召开瓯江南口工程预可行性研究专家论证会。1993年11月9日,向温州市人民政府送达《关于瓯江南口工程预可行研究报告的评估报告》。1994年5月,温州市经济建设规划院上报《瓯江灵昆南口堵坝围涂工程项目建议书》。

然而,天有不测风云。上报的《瓯江灵昆南口堵坝围涂工程项目建议书》突然无声,瓯江南口工程面临第三次"下马",被称为无声的"三下"。1995年,原属瓯江南口工程子项的"灵霓海堤"和"温州浅滩围垦"改在"温州洞头半岛工程"和"温州浅滩工程"名下进行研究和开工建设。1995年8月,温州市土地管理局依据《瓯江南口工程预可行性研究报告》提出《温州市瓯江河口一期土地开发项目建议书》,同年12月南京水利科学研究院接受委托,完成《瓯江口"温州浅滩围涂工程"预可行性研究报告》,1997年9月完成《瓯江口"温州浅滩"一期围涂促淤工程可行性研究报告》。这些研究报告和工程项目名称都避开了"南口工程"四字。

（六）2001年无意间南口锁江潜坝又加高0.42米

南口潜坝纵、横断面的高程，是南口工程的关键数据。据胡方松著《半岛梦圆》记述，在2000年6月8日动工的灵昆大桥开工阶段为解决建材运输问题，灵昆大桥工程指挥部对南口潜坝又加高2米，变成一条"漫水公路"，在每天退潮时段作为临时性的运输通道。为查明"加高2米"的准确性，龙湾区农林水利局提供的"浙江省河海测绘院于2008年12月完成瓯江南口测量"数据，潜坝顶部平均高程-0.65米（黄海），相当于吴淞基面上1.22米。南口潜坝原平均高程吴淞0.80米，现为吴淞1.22米，事实上无意间加高0.42米，并非加高2米。

（七）新世纪南口工程再次被温州市政府列入预可研究的重大项目

南口工程销声匿迹十年之后，于2004年9月，温州市政府组织专家对浙江省水利河口研究院编制的《瓯江河口综合规划报告》进行初审。审后《纪要》指出，南口封堵可能是再造一个新温州的重大举措，意义重大，影响深远。原则上同意南口封堵的规划方案，但需进一步深入研究和论证；瓯江口门内外要进行较大规模水下地形测量，为南口工程专项研究提供基础资料。2005年4~7月，浙江省河海测绘院受温州市发展计划委员会委托，完成瓯江口内至梅岙1∶1万水下地形图和水深图各5幅，瓯江口外包括乐清湾、鹿西岛、洞头半岛、瓯飞边滩海域1∶2.5万水下地形图和水深图各4幅共971平方千米。而在此前，受温州市水利局和省水利厅委托，2001年10月~2002年7月测量瓯江口内至梅岙1∶1万水下地形图13幅×3次；2004年4月~2005年12月测量瓯江口内至温溪1∶1万水下地形图14幅×4次，瓯江口外1∶5万水下地形图2幅。

2011年，《温州日报》有文章呼吁将南口潜坝再加高0.78米，达到吴淞2米；在跟踪测量无恙后，甚至加高到吴淞3米。那时，南口的过水断面在平均海面下早已断流，南口围垦的夙愿就实现了。大潮高潮面相当于吴淞4.8米，南口大坝高程吴淞3米，在大潮高潮面之下仅1.8米，此时过水深度1.8米×河宽2320米，得出大潮高潮面下过水断面为4176平方米，仅是1979年堵前全断面15371平方米的27.2%。当然，这是群众的建议。

主要参考文献

中国测绘史(测绘出版社 2002 年版)

中国航标史(叶嘉畲主编,广州市新闻出版局 2000 年版)

近代历史海图研究(汪家君著,测绘出版社 1992 年版)

当代中国的测绘事业(中国社会科学出版社 1987 年版)

海洋法相关公约及中英文索引(厦门大学)

测绘词典(上海辞书出版社 1981 年版)

真腊风土记(周达观著,夏鼐校,1981 年版)

郑和航海图(中华书局 1961 年影印出版)

中国沿海的应用潮汐(王志豪著,内部版)

浙江省测绘志(中国书籍出版社 1996 年版)

海洋测绘(期刊,总 1～112 期)

浙江测绘(期刊,总 1～100 期)

浙江省测绘资料目录(第一册,1980 年)

浙江省测绘资料目录(第二册,1992 年)

温州市水利志(何健主编,中华书局 1998 年版)

温州市交通志(吴炎主编,方志出版社 1994 年版)

温州市城市建设志(中国建筑工业出版社 1993 年版)

温州测绘(期刊,总 1～28 期)

温州近代史(胡珠生著,2000 年版)

温州地理(姜竺卿著,上海三联书店 2015 年版)

温州地方文献要目

浙江省土地局年刊·测量(民国十九年)

浙江省土地测量概况(民国三十八年)

中华地政史(萧铮著,1984 年版)

半岛梦圆(胡方松等著,2007 年版)

大罗经纬(王国俊著,2008 年版)

瓯江南口工程资料汇编(1971～1978 年)

温州市建筑学会成立二十周年纪念册

温州市志(中华书局 1998 年版)

温州年鉴(2004 年,2005 年,2006 年,2007 年)

瑞安市志(中华书局 2003 年版)

乐清市志(中华书局 2000 年版)

苍南县志(浙江人民出版社 1997 年版)

平阳县志(汉语大字典出版社 1993 年版)

永嘉县志(方志出版社 2003 年版)

洞头县志(浙江人民出版社 1993 年版)

飞云江志(中华书局 2000 年版)

鳌江志(中华书局 1999 年版)

广雁荡山志(清曾唯辑,浙江摄影出版社 1990 年版)

浙江省瓯海县地名志(1989 年版)

新建铁路甬台温(1、2、3、4 册)

永嘉交通大事记

温州电厂综合报告

珊溪水利

浙江省瓯江飞云江间滨海区域陡门改善计划书(徐赤文)

参加永嘉城河水利委员会之回忆(徐宗达)

李毓蒙先生诞辰一百周年、毓蒙工校创建五十周年纪念册

全国海岸带和海涂资源综合调查温州试点区报告文集(华东师大出版社 1981 年版)

温州港航道整治第一、二期工程总结(南京水科院、浙江省交通局、温州港务局)

温州市测绘学会历年工作报告和历次理事会纪要

温州市测绘学会成立二十周年(1980～2000)特刊

编 后 记

在温州市地方志编纂委员会和温州市规划局领导下,温州市测绘学会编纂完成《温州市测绘志》,这是温州市第一部系统全面地记述温州测绘事业的历史进程和各个时期发展变化的科技型专业性志书,是《温州市志》分志之一。本志书经历十三年的磨练,终有今朝的付梓杀青,甚为欣喜。整个编纂过程,大体分为前期准备阶段、资料搜集和编写阶段、测绘学会自审阶段、温州市规划局和有关单位审核阶段、温州市志办和专家评审阶段、最后修改阶段,六个阶段分述如下:

第一,前期准备阶段,从 2005 年 9 月开始至 2008 年 3 月。2005 年 9 月,温州市测绘学会第五届第九次理事会根据会员建议和讨论决定,趁许多老年测绘工程师健康岁月,依靠学会的智力和财力,组织编写《温州市测绘志》。为此,成立编纂委员会及编辑部,确定主编和编委人员。编辑部提出初步实施意见,两次拟定《编写大纲》,按大纲确定执笔人员和编写内容。温州市规划局和测绘局非常关注测绘学会的这一首创建议,向温州市志办申报立项。2006 年 5 月,温州市志办批复同意立项编纂《温州市测绘志》,作为《温州市志》分志之一。2007 年 4 月,温州市规划局局长办公会议决定"委托测绘学会编写"。同年 7 月温州市规划局成立"温州市测绘志编纂委员会",原学会"编辑部"改称"编写组",原成员皆任执笔人负责编写,其余人员分工搜集各项专题资料。编写组修改完成"凡例、编写大纲及全书框架设计",11 月 16 日温州市规划局主持召开评审会议,经部、省专家和温州市志办及有关部门领导评审通过。参加评审"编写大纲"的有《中国测绘史》副总编吴承园、《浙江省测绘志》编纂撰稿人崔福官和杨彬镛、《温州年鉴》副主编殷惠中、温州市志办主任柯小敏、温州市政协科教文卫委员会副主任蒋露平等 34 人。2008 年 3 月 13 日,温州市规划局编纂委员会予以签发,并与测绘学会签订委托编写协议。

第二,资料搜集和编写阶段,从 2008 年 4 月开始至 2012 年 10 月。测绘学会与市测绘局协同,发动理事、会员和测绘管理部门一起组成各县(市)资料搜集汇编组,并持温州市志办"关于要求协助征集《温州市测绘志》资料的函",深入温州市有关委局、县(市)和省城测绘单位多方求索资料。编写组坚持学、议、写相结合,学有良师送教,议有同行协助。先写"试稿",2010年3月温州市志办主持召开"测绘志编写情况汇报会",听取测绘学会和各执笔人汇报并点评"试稿",学会出版"试稿专辑",鼓励信心,再写"初稿""二稿";试稿重在学写和厘清各种资料的归口,交互阅稿,查出乱象,议定各篇分界,防止越界和重复。2011年10月至2012年2月,测绘学会多次召开各篇章征询意见会。2012年6~8月,编写组对"二稿"逐篇集中评审,指点短缺,避免重复。各篇执笔人参考评审意见,修改完成"送审稿"。志书经三度修改和充实,从近100多万字缩减至70多万字。2012年10月,志书"送审稿"每篇一本,交集学会。

第三,温州市测绘学会自审阶段,从2012年11月开始至2015年5月。学会数度商请专家审稿未成,2013年3月平阳林顺道先生接受委托初审"送审稿"。5月16日学会召开执笔人员会议,林先生讲述数万字的初审意见。林先生审改是认真仔细的,尤在版式和行文规范方面提出了很多好意见,但问题是打乱原篇章结构,不少篇章节都需重新组合,这偏离了已审定的"编写大纲",执笔人员意见很大,不愿接受。9月27日,温州市测绘学会与温州市规划局行业管理处主持召开执笔人员会议,经讨论决定执笔人按原篇章结构再改回来。2014年11月至2015年4月,完成志书"终结送审稿",经执笔人签字认可,并由会员郑九溪、郑国清全面校对。5月,"终结送审稿"经林先生再次审阅后送温州市规划局审核。

第四,温州市规划局和有关单位审核阶段,从2015年6月开始至2017年10月。温州市规划局对"终结送审稿"先作审核。据温州市志办、市规划局联函"关于《温州市测绘志》(送审稿)》征求意见的函",再送温州市直各有关单位、各县(市)测绘与地理信息局审核修改。2015年8月审核意见集中回馈编写组。编写组对审核修改意见,凡用文字或数字明确表达增、改内容,符合记述时限和范围的都予照办。但对修改篇章架构的意见不予采纳,例如对建议删除"航标测量"章和"国家海域使用权管理和宗海图测量"节的意见不予采纳。经过再次修改,于是完成"专家评审前稿"。

第五,温州市志办和专家评审阶段,从2017年10月开始至2018年3月。经温州市志办和温州市测绘与地理信息局多渠道推荐并征求本人同意后,由温州市规划局专函礼聘8位专家组成评审组,有浙江省测绘与地理信息局周方根和许金成,温州市志办张声和和毛少甫,温州市政协科教文卫委员会副主任蒋露平,温州市国土资源局赖红松博士,温州市地理学会原秘书长姜竺卿,温州市规划局地理信息管理处副处长倪小岳。2017年10月27日,《温州市测绘志》志稿光盘和打印装订的3卷文本,由市测绘学会发送给各位专家审阅。经五个月的认真审阅,2018年3月16日在温州市规划局四楼会议室召开专家评审会议,最后专家组组长、《温州市志》主编张声和签署"评审意见"。专家组认为:"志稿真实反映了温州市测绘历史和现状,资料翔实,重点突出,实用性强。编写大纲以及全书框架设计的篇、章、节次序和分类清晰,内容丰富,特色鲜明,详今明古,图文并茂,专业性强,基本反映了温州测绘专业的时代特色和区域特点,是一部质量较好的专业志稿。"同意通过终审,经修改后可交付出版。

第六,最后修改阶段,从 2018 年 5 月 29 日开始至 10 月底。对评审组专家提出的很多修改意见,专家组和局领导一致聘请温州市地理学家姜竺卿担任全书最后修改工作。经过五个月的夜以继日的修改润色,终于完成全书的"出版稿"。根据专家组和局领导的"三个删除"嘱托,出版稿删除了非温州行政区域内的测绘内容,删除了各篇章节之间的重复内容,删除了无病呻吟的文字,版面字数由原来的 108 万字缩减为 85 万字。而且,对于内容过少的少数篇章节进行合并,使全书文稿匀称协调。

这些好事多磨的反复审阅和修改,一方面说明参与者一丝不苟的认真负责态度,另一方面旷日持久拖延了志书的付梓时间。尽管修改期间增添了一些新的内容,但仍感截至资料"老旧",这是本志书最大的缺憾。

《温州市测绘志》撰稿人共六位。王国俊撰写凡例、总述、第八篇《海洋测绘》、第十一篇《测绘管理》、第十二篇《测绘科研和学术活动》,施正琛撰写第二篇《大地测量》、第七篇《工程测量》,郑源煜撰写第三篇《地形测量》、第六篇《城市测量》、第九篇《地图制图》,方汉撰写第四篇《资源勘察和区域规划测绘》、第五篇《政区界线、地籍和房产测绘》、第十篇《测绘仪器》,孙少华撰写大事记、第一篇《测绘机构》、第十三篇第一章《测绘人物》,张如秾撰写第十三篇第二章《文献辑录》。

除测绘学会和测绘局协同组织的"资料搜集汇编组"广闻博采,集中力量搜集整理测绘资料外,还有 100 多个单位和个人提供了文字、地图、照片等资料。主要单位有温州市图书馆古籍和地方文献部,温州市城市建设档案馆,温州市规划信息中心,温州市瓯江开发建设总指挥部,温州市海洋与渔业局,温州市水利局,温州市水利电力勘测设计院,温州市电业局设计室,温州市高速公路建设指挥部,温州港务局,温州市国土资源局,温州市住房和城乡建设委员会,温州市环境保护局,温州市林业局,温州市民政局,温州市印刷协会,温州市勘察测绘研究院,温州综合测绘院,温州市瓯海测绘工程院,温州市民信房地产测绘有限公司,温州市横宇数码测绘有限公司,温州市经纬地理信息服务有限公司,永嘉县勘察测绘院,瑞安市规划测绘队,乐清市测绘队,苍南县测绘所,平阳县测绘大队,文成县测绘大队,泰顺县测绘大队,洞头县规划测绘大队,瑞安市房地产测绘队,永嘉县房地产测绘队,平阳县规划局,乐清市水电总站,以及全国城市测量 GPS 应用研究中心,国家测绘局第二测量大队,国家海洋局第二海洋研究所,海军海洋测绘研究所,铁道部第四勘测设计院,能源部华东勘测设计研究院,上海海事局温州航标处,天津海测大队,上海海测大队,浙江省测绘局,浙江省第一测绘院,浙江省测绘资料档案馆,浙江省河海测绘院,浙江省统一征地事务办公室勘测中心,浙江省水利水电勘测设计院,浙江省交通设计院,浙江省电力设计院,浙江省工业设计院测量队,浙江省建筑设计院勘测队,浙江省测绘大队浙南测绘工程处,坎门验潮站等。

提供资料的个人有(排名不分先后)倪小岳,张成立,汤文良,徐公美,朱初光,林新法,王正祥,李宝荣,徐瑞钰,徐宗达,王学权,林体楷,蒋根福,沈茂金,王云夫,郑九溪,王国俊,施正琛,方汉,孙少华,郑源煜,陈远新,林顺道,黄小明,项谦和,郑国清,金珍林,付建德,周宗甫,叶国晨,陈胜,高起月,吴锦荣,黄林光,王惊鸿,郑巧露,何芳,刘浩,郑约,姚如松,孙建华,李捷,朱轶群,范与李,钱哓京,吴承园,王德高,钱燮超,张刚,赵宝勋,葛新大,李大鹏,季国雄,卞浪平,叶久长,郭森轩,夏勇忠,任少华,韩公俊,徐立,周程熹,姚一宁,缪满定,钱云明,张居林,朱盛启,郑志斌,姜竺卿,邓正兴,刘铮,吴建波,张慧萍,苏立人,周强,林新发,郑祝银,郭巧平,郭钧,曾庆伟,蔡国标,潘克初。对上述单位和个人在此一并致谢。

由于诸多原因,本志书仍存在挂一漏万和讹误差错之处,恳请行家和读者指正。

《温州市测绘志》编辑部

2018 年 10 月

《温州市测绘志》编纂委员会

主　任：冯金考

副主任：叶显国、黄伟龙

顾　问：张声和、叶建辉、谢作雄、徐少云、彭魏滨、王洪涛

委　员：王国俊、施正琛、胡昌顺、黄存伟、陈远新、宋克坚

《温州市测绘志》编辑部

主　编：王国俊

副主编：施正琛、陈远新

成　员：王国俊、施正琛、陈远新、郑源煜、方汉、孙少华、张如秋、周宗甫、倪小岳

总校稿：姜竺卿

图书在版编目(CIP)数据

温州市测绘志/温州市测绘志编纂委员会编. —上海:上海三联书店,2019.4
ISBN 978 - 7 - 5426 - 6637 - 6

Ⅰ.①温… Ⅱ.①温… Ⅲ.①测绘工作-概况-温州
Ⅳ.①P205

中国版本图书馆 CIP 数据核字(2019)第 042040 号

温州市测绘志

策　　划 / 王爱军
编　　者 / 温州市测绘志编纂委员会

责任编辑 / 杜　鹃
装帧设计 / 一本好书
监　　制 / 姚　军
责任校对 / 张大伟

出版发行 / 上海三联书店
　　　　　(200030)中国上海市漕溪北路 331 号 A 座 6 楼
邮购电话 / 021 - 22895540
印　　刷 / 上海盛通时代印刷有限公司

版　　次 / 2019 年 4 月第 1 版
印　　次 / 2019 年 4 月第 1 次印刷
开　　本 / 889×1194　1/16
字　　数 / 1100 千字
印　　张 / 39.25
书　　号 / ISBN 978 - 7 - 5426 - 6637 - 6/P・4
定　　价 / 139.00 元

敬启读者,如发现本书有印装质量问题,请与印刷厂联系 021 - 37910000